U0317608

钢-混凝土组合巨型柱结构
——试验、理论与技术

曹万林　著

科 学 出 版 社

北　京

内 容 简 介

本书结合超高层建筑巨型柱结构设计需求，阐明多重组合巨型柱的概念，明确其截面形状由三角形、四边形、圆形组合，截面构造由型钢柱、钢管混凝土柱、钢筋混凝土柱组合，截面材料由型钢、混凝土组合的构造特征。本书还介绍了系列多腔钢管混凝土巨型柱和型钢混凝土巨型柱的受压性能、抗震性能及典型巨型柱框架抗震性能试验与主要结果，并给出了相应的理论分析方法及构造措施。

本书可供高等院校土木工程专业的学生学习，也可供建筑结构领域工程设计和研究人员参考。

图书在版编目(CIP)数据

钢-混凝土组合巨型柱结构：试验、理论与技术/曹万林著. —北京：科学出版社，2022.9

ISBN 978-7-03-073018-3

Ⅰ. ①钢…　Ⅱ. ①曹…　Ⅲ. ①钢筋混凝土柱-钢筋混凝土结构

Ⅳ. ①TU375.3

中国版本图书馆 CIP 数据核字（2022）第 158175 号

责任编辑：任加林 / 责任校对：赵丽杰

责任印制：吕春珉 / 封面设计：耕者设计工作室

科学出版社出版

北京东黄城根北街 16 号

邮政编码：100717

http://www.sciencep.com

北京中科印刷有限公司 印刷

科学出版社发行　各地新华书店经销

*

2022 年 9 月第 一 版　开本：787×1092 1/16

2022 年 9 月第一次印刷　印张：35 1/2

字数：822 000

定价：350.00 元

（如有印装质量问题，我社负责调换〈中科〉）

销售部电话 010-62136230　编辑部电话 010-62139281

前　　言

超高层建筑采用钢-混凝土组合柱的工程越来越多，钢-混凝土组合柱作为超高层建筑的主要竖向构件，其受力性能提升与构造优化是高层建筑抗震设计的关键。钢-混凝土组合巨型柱结构指钢-混凝土组合巨型柱作为结构主要竖向构件的结构。作者从2002年开展异形截面型钢混凝土柱受力性能研究以来，较系统地进行了钢-混凝土组合柱的受压性能和抗震性能研究，特别是进行了系列多腔钢管混凝土巨型柱和型钢混凝土巨型柱的受压性能、抗震性能及典型巨型柱框架抗震性能试验与理论研究及工程实践；阐明了多重组合巨型柱的概念，明确其截面形状由三角形、四边形、圆形组合，截面构造由型钢柱、钢管混凝土柱、钢筋混凝土柱组合，截面材料由型钢、混凝土组合的构造特征，给出了相应的理论分析方法及构造措施。本书是作者从事钢-混凝土组合巨型柱结构研究的部分成果总结。

全书共分13章。第1章绪论介绍了钢-混凝土组合巨型柱结构的相关研究。第2章介绍了不同构造巨型钢管混凝土柱腔体轴压性能。第3章介绍了矩形钢管混凝土柱往复拉压性能。第4～5章分别介绍了五边形、六边形钢管混凝土巨型柱受压性能与抗震性能。第6章介绍了六边形钢管混凝土巨型柱框架抗震性能。第7章介绍了八边形钢管混凝土巨型柱受压性能与抗震性能。第8章介绍了异形截面钢管混凝土巨型分叉柱受压性能与抗震性能。第9～12章分别介绍了圆形钢管混凝土巨型柱、圆形截面型钢混凝土巨型柱、矩形截面型钢混凝土巨型柱、异形截面型钢混凝土巨型柱抗震性能。第13章介绍了异形截面多腔钢管混凝土柱承载力计算方法。

本书的研究成果是在作者及团队成员共同努力下取得的。团队成员张建伟教授、董宏英教授、乔崎云副教授，博士生彭斌、杨光、武海鹏、殷飞、赵立东、李翔宇等，硕士生王智慧、徐萌萌、李瑞建、张境洁、段修斌、赵洋、宋钰、陈钱佳、郭华镇、陈学鹏、秦嘉、郭瑞洁、王浩等，对本书的试验和理论研究做了大量的工作。薛素铎教授为本书的研究成果做出了贡献。殷飞为本书出版做了资料整理工作。武海鹏为本书的出版做了大量细致的工作，做出了重要贡献。

作者与同济大学吕西林院士团队，以及奥雅纳工程咨询（上海）有限公司北京分公司、华东建筑设计研究院有限公司、大连市建筑设计研究院有限公司、北京市建筑设计研究院有限公司、中国中元国际工程有限公司等有关设计团队合作，依托实际工程开展了研究，诚挚地感谢这些团队和各位专家。

本书研究工作得到了国家自然科学基金面上项目（项目编号：51178010、51578020、52078014）、国家自然科学基金青年科学基金项目（项目编号：51408017、51808014）、北京市科技计划重大项目（项目编号：D09050600370000）和北京学者计划（2015～2021）的资助，特此致谢。

限于作者的经验与水平，书中难免存在不足之处，恳请同行批评指正。

作　者
2021 年 12 月于北京

目 录

第1章 绪 论

据世界高层建筑与都市人居学会[1]按建筑高度统计，截至2019年5月，已建成或封顶的高度在世界前100的超高层建筑中，我国占54座；在建的高度在世界前100的超高层建筑中，我国占56座。我国已成为世界上高层和超高层建筑发展最快的国家。

由于超高超限的大型标志性建筑的结构高度越来越高，建筑平面和立面布置也更复杂，给结构设计带来了诸多新的挑战。

我国全部国土均在地震区，截至2019年5月，中国在建或已建成的300m以上超高层建筑[1]，22.2%分布在6度区（0.05g），58.6%分布在7度区（0.10g），5.8%分布在7度半区（0.15g），13.4%分布在8度及以上区，且高层建筑大多位于京津冀、长三角、珠三角等地震区，特别是位于北京（0.20g，8度区）、天津（0.17g，7度半区）等高烈度区。研发高层和超高层建筑高效抗震结构体系及其高性能构件备受国内外学者的关注。

丁洁民等[2]分析表明，超高层建筑主要采用框架-核心筒、框筒-核心筒、巨型框架-核心筒和巨型框架-核心筒-巨型支撑4种抗侧力体系，且其适用高度依次增大；对我国2018年底前的高度超过250m的超高层建筑所采用的结构体系进行统计分析表明，巨型框架结构体系可较好地适用于高度300m以上的超高层建筑。周建龙等[3]对超高层建筑结构体系的经济性进行了分析，表明为使结构获得最大的抗侧效率，应尽可能使结构布置支撑化、周边化、巨型化和伸臂桁架化。

巨型框架为巨型框架-核心筒和巨型框架-核心筒-巨型支撑抗侧力体系的高效抗侧力结构。巨型框架由巨型柱-巨型梁构成，巨型框架设置巨型支撑后形成巨型桁架。我国已建成或封顶的标志性的超高层建筑均采用了巨型柱，且大多采用了巨型框架。其中，主体结构高度超过500m的上海中心大厦[4-5]、深圳平安金融中心[6-7]、天津高银117大厦[8]、广州周大福金融中心（广州东塔）[9]、天津周大福金融中心[10]和北京中国尊大厦[11]均采用了巨型柱。除天津周大福金融中心外，其余均采用了巨型框架。

巨型框架是巨型结构的一种[12]，其概念产生于20世纪60年代末，它由作为主结构的巨型框架和作为次结构的楼层框架组成。主结构为主要抗侧力体系，次结构起辅助作用，并将承担的楼面荷载传递到主结构。与传统结构相比，巨型框架结构打破了以楼层为单元的建筑格局，具有更大的结构布置灵活性和更好的结构性能。在建筑造型方面，巨型框架结构的空间布置灵活，可提供较好的建筑使用空间和采光条件；在结构方面，主次结构受力明确，充分发挥了不同材料的性能，结构整体抗侧刚度较大，可满足超高层建筑抗震、抗风性能的要求；在施工方面，可快速施工，经济效益好。

巨型柱作为巨型框架关键竖向受力构件，承担了较多的竖向荷载，一般采用型钢混凝土柱或钢管混凝土柱，其截面面积较大（几平方米到数十平方米），截面形状受建筑造型影响而不规则，通常截面构造也较为复杂。图 1-1（a）为上海中心大厦采用的矩形截面型钢混凝土柱（柱截面面积为 17m²）；图 1-1（b）为深圳平安金融中心采用的五边形截面型钢混凝土柱（柱截面面积约为 19m²）；图 1-1（c）为天津高银 117 大厦采用的六边形多腔体钢管混凝土柱（柱截面面积约为 45m²）；图 1-1（d）为广州东塔采用的矩形截面多腔钢管混凝土柱（柱截面面积约为 21m²）；图 1-1（e）为天津周大福金融中心上部楼层采用的异形截面型钢混凝土角柱（柱截面面积为 7m²）；图 1-1（f）为北京中国尊大厦采用的八边形多腔钢管混凝土柱（柱截面面积为 63m²）。

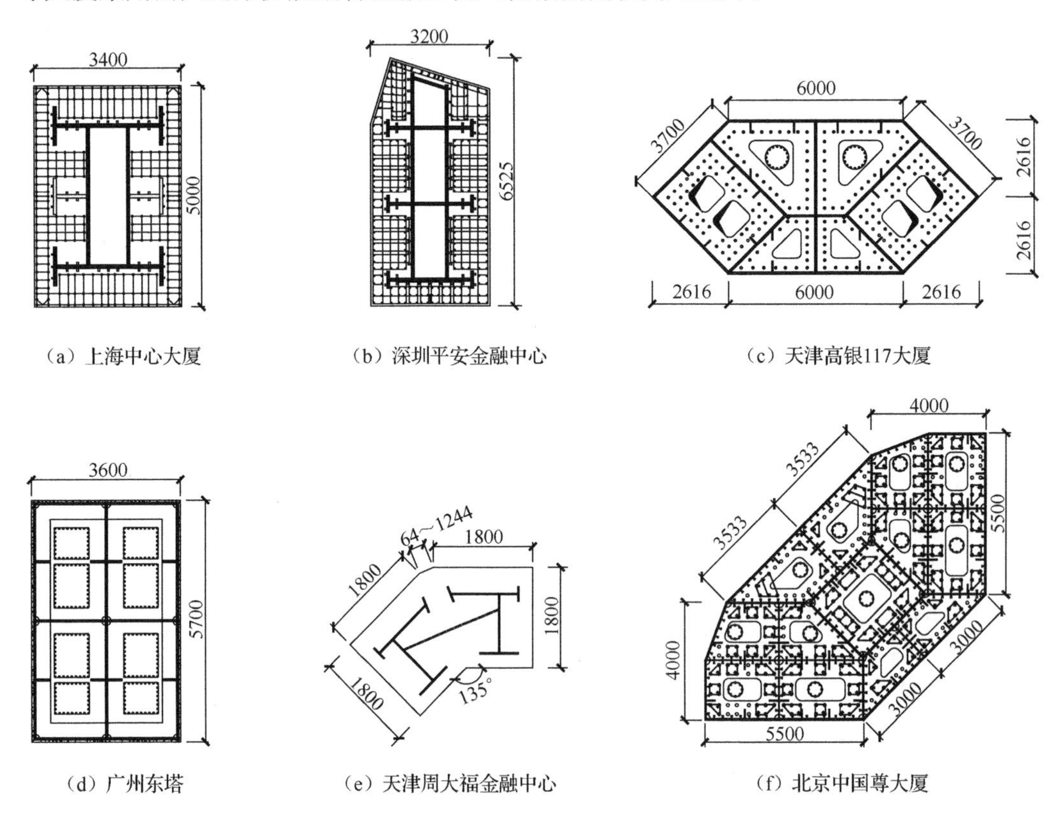

（a）上海中心大厦　（b）深圳平安金融中心　（c）天津高银117大厦

（d）广州东塔　（e）天津周大福金融中心　（f）北京中国尊大厦

图 1-1　典型超高层建筑中应用的钢-混凝土组合巨型柱截面示意图（尺寸单位：mm）

巨型框架结构构件尺度巨大，通常采用钢-混凝土组合构件，已远超出传统工程经验的范畴，其抗震性能的优劣是工程界关注的关键技术问题。

巨型框架结构中钢-混凝土组合巨型柱一般布置在建筑平面的角部，通过伸臂桁架与核心筒连接，在弯矩作用下巨型柱一侧受压、一侧受拉，提高了结构刚度，使得结构侧移减小并使伸臂以下核心筒弯矩减小。为进一步提高巨型框架结构抗侧刚度，使所有巨型柱均充分发挥抗倾覆力矩作用，在设置伸臂的楼层设置环带桁架，形成加强层。另外，在巨型柱之间设置巨型支撑可使巨型框架承担水平剪力和倾覆力矩的能力进一步提高。

巨型框架结构承担结构整体的水平剪力通常占 50%左右，承担结构整体的倾覆力矩占 60%以上，这是与普通框架-核心筒抗侧力体系中框架结构的重要区别。例如，上海中心大厦在小震作用和风荷载作用下，巨型框架在 X 向和 Y 向承担的水平剪力占 50%～60%，倾覆力矩占 76%[13]；北京中国尊大厦巨型框架在 X 向和 Y 向承担的水平剪力占 40%～50%，倾覆力矩占 67%[14]。巨型柱承担了较多的竖向荷载、较大比例的水平剪力和倾覆力矩。提升巨型柱受力性能对提高整个巨型框架结构抗震性能至关重要。

巨型框架中巨型柱构件尺度较大，通常采用型钢混凝土巨型柱、钢管混凝土巨型柱、钢巨型柱。因型钢混凝土（steel reinforced concrete，SRC）巨型柱和钢管混凝土（concrete filled steel tubular，CFT）巨型柱可以充分发挥钢材和混凝土的力学性能，如承载力高、刚度大、延性好，因此应用较多。

为满足建筑外形的需要，巨型柱截面有时设计成异形截面。为更好地约束混凝土，型钢混凝土巨型柱中，型钢较均匀地分散在柱截面中，呈现较复杂的截面构造形式。钢管混凝土巨型柱较多设计成多腔体形式。

本书作者分析了钢-混凝土组合巨型柱特点，提出多重组合巨型柱的概念，明确了其截面形状由三角形、四边形、圆形组合，截面构造由型钢柱、钢管混凝土柱、钢筋混凝土柱组合，截面材料由型钢、混凝土组合的多重组合巨型柱的构造特征[15-18]。

多重组合巨型柱截面多数为复杂截面，包括截面形状为异形截面和复杂的截面构造。国内外学者对型钢混凝土巨型柱和钢管混凝土巨型柱进行了一些研究。

1. SRC 巨型柱

SRC 巨型柱截面型钢的布置形式可分为分离式、实腹式、格构式和实腹分腔式。分离式 SRC 柱仅在混凝土中包裹几个单独的型钢，用以提高巨型柱在相应方向的承载力，施工方法简单，但含钢率较低。实腹式 SRC 柱通常在其截面布置一个完整的型钢，可以是冷轧的也可以是钢板焊接的，合肥恒大中心［图 1-2（a）］、大连绿地中心［图 1-2（b）］、武汉绿地中心［图 1-2（c）］等超高层建筑均采用了这种 SRC 柱。格构式 SRC 柱通常在截面角部布置型钢，型钢之间通过缀板或缀条连接，形成格构式钢骨架，如图 1-3 所示。实腹分腔式 SRC 柱型钢一般由钢板焊接而成，具有钢板围成的独立腔体。国内超高层建筑较多的采用这种形式，如上海中心大厦［图 1-1（a）］、深圳平安金融中心［图 1-1（b）］、合肥宝能城［图 1-4（a）］、大连绿地中心［图 1-4（b）］等。

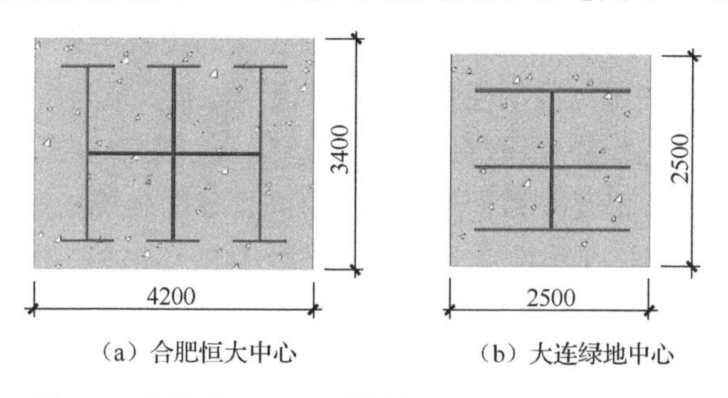

（a）合肥恒大中心　　（b）大连绿地中心

图 1-2　实腹式 SRC 巨型柱截面（尺寸单位：mm）

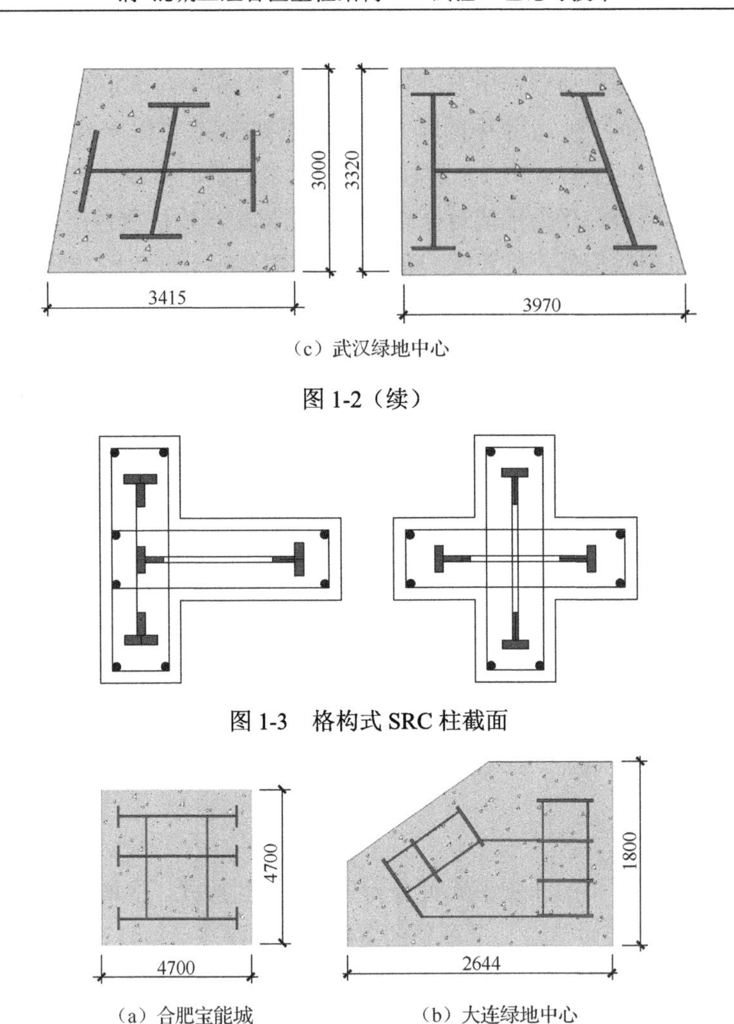

（c）武汉绿地中心

图 1-2（续）

图 1-3　格构式 SRC 柱截面

（a）合肥宝能城　（b）大连绿地中心

图 1-4　实腹分腔式 SRC 巨型柱截面（尺寸单位：mm）

国内外学者对常规的型钢混凝土柱已有较多的研究，相关成果被纳入《组合结构设计规范》（JGJ 138—2016）、ACI-318、AISC-LRFD、Eurocode 4 规程等。关于较大尺度的 SRC 巨型柱的研究相对尚少。

崔大光等[19]利用 ETABS 截面设计器对某超高层建筑型钢混凝土巨型柱截面进行了双向偏心受压校核分析，给出了等效平面相关曲线法的校核结果，对比了考虑型钢作用及不考虑型钢作用两种情况对巨型柱受力性能的影响。杜义欣等[20]对某工程复杂截面型钢混凝土巨型柱进行了缩尺模型压弯性能试验研究，柱截面如图 1-5 所示。研究表明，巨型柱在压弯状态下基本满足平截面假定，型钢间可靠的连接能提高构件的延性。陆新征等[21]为研究 SRC 巨型柱弹塑性受力特点，采用 MSC.MARC 软件建立了巨型柱精细化有限元模型，提出了简化巨型柱建模途径。彭肇才等[22]对深圳平安金融中心某巨型柱关键节点进行了小震和中震下的弹塑性分析，对实际工程有一定的指导意义。吴兵等[23]以沈阳宝能金融中心 T1 塔楼项目为背景，对比分析超大截面矩形钢管混凝土柱和型钢混凝土柱的力学性能。肖从真等人对分散型钢混凝土柱（图1-6）进行压弯性能试验和低周反复荷载试验研究，分析其抗震性能和受力机理，提出承载力和刚度设计方法[24-25]。

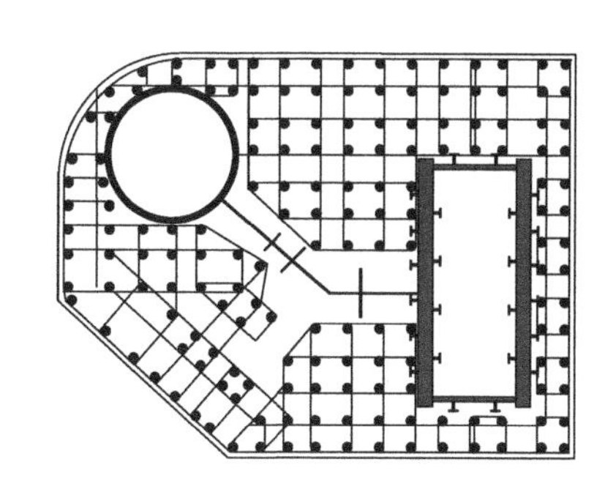
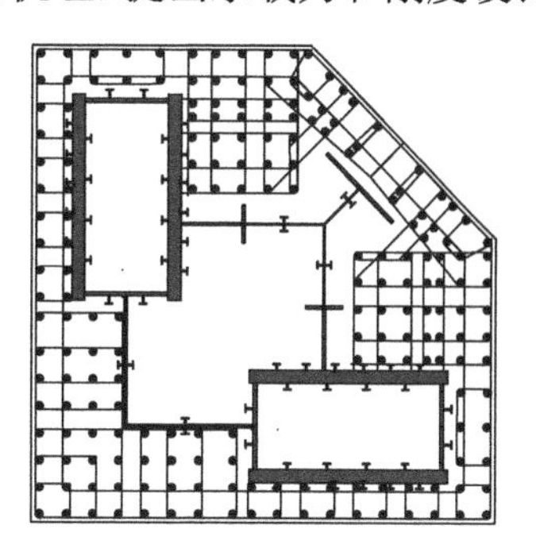

图1-5　某复杂异形截面SRC柱

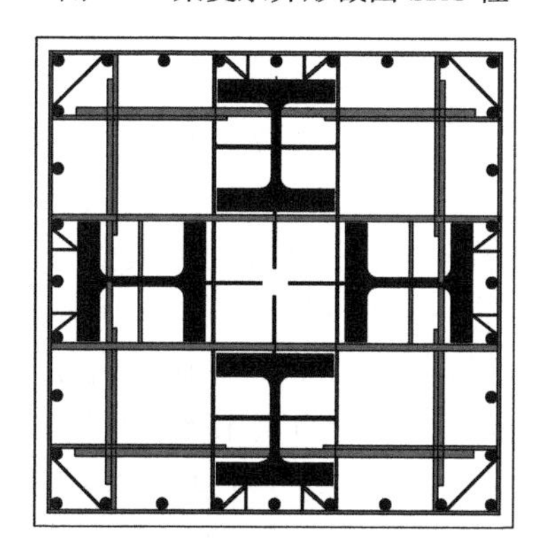

图1-6　分散型钢混凝土柱

本书作者团队对SRC柱进行了系列研究，部分成果见文献[26]～文献[32]，其中文献[5]、文献[26]～文献[28]由作者与吕西林、周建龙等合作完成。

2. CFT巨型柱

钢管混凝土充分利用钢管和混凝土两种材料在受力过程中的相互组合作用，充分发挥两种材料的优点，不仅使混凝土的塑性和韧性性能大幅提高，而且可以避免或延缓钢管发生局部屈曲，从而使钢管混凝土具有承载力高、塑性韧性好、经济效果好、施工方便等优点。

钢管混凝土巨型柱按照截面形状可分为常规截面CFT巨型柱和异形截面CFT巨型柱。常规截面CFT巨型柱其截面面积较大，内部一般布置有竖向加劲肋、环向加劲肋、栓钉、钢筋笼等构造。武汉中心、海口塔采用了该类CFT巨型柱，如图1-7所示。尽管常规截面CFT巨型柱与普通尺度的圆形或方形截面巨型柱形状相似，但由于其截面尺寸巨大、构造复杂，其受力性能也有一定的差异。

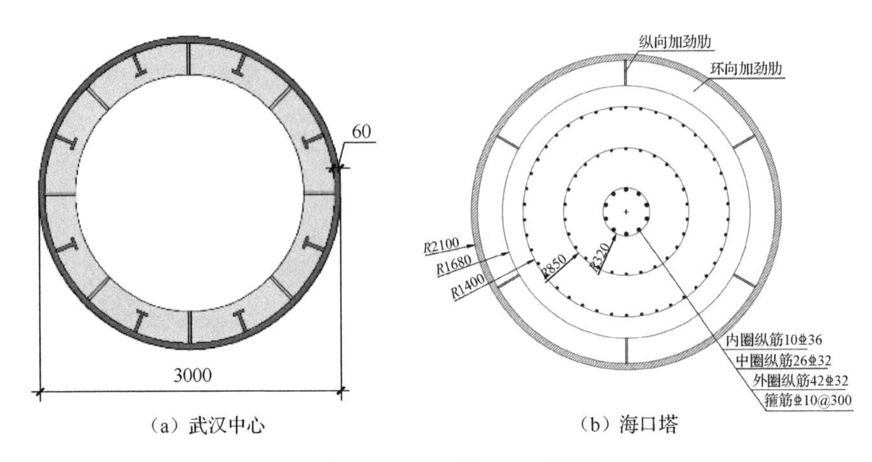

（a）武汉中心　　（b）海口塔

图 1-7　常规截面 CFT 巨型柱（尺寸单位：mm）

在巨型框架结构中，有时因建筑设计需要，CFT 巨型柱被设计成不规则异形截面。天津高银 117 大厦、北京中国尊大厦采用了该类 CFT 巨型柱，如图 1-1（c）、（f）所示。

受加载设备限制等原因，较大尺度的 CFT 巨型柱试验及理论研究相对较少。李红明等[33]建立了巨型钢管混凝土框架结构柱等效简化模型。范重等[34]介绍了巨型方钢管混凝土柱正截面与斜截面承载力的计算方法以及巨型方钢管混凝土柱试验研究情况，给出了施工阶段验算的实例。杨蔚彪等[35]基于北京中国尊大厦，通过有限元分析及 1/12 缩尺模型试验，对异形截面多腔钢管混凝土分叉节点从构造与受力性能等方面进行了专门的研究。罗金辉、张元植等完成了设分配梁传力构造的巨型钢管混凝土柱轴压系列试验，对比分析了破坏模态、极限承载力、分配梁应变分布规律，并进行了数值模拟[36-38]。姚攀峰[39]研究了多腔钢管钢筋混凝土短柱轴压承载力实用计算方法，对正方形二等分四腔体钢管钢筋混凝土短柱进行轴压承载力的理论推导，得到了相应的承载力公式。徐礼华等[40-41]进行了多边多腔钢管自密实高强混凝土短柱试件的轴心受压和偏心受压性能试验研究，考虑了混凝土强度、钢管壁厚、钢筋笼、偏心率等参数对其受力性能的影响。Xu 等[42-43]、Han 等[44]基于某超高层建筑进行了六边形截面钢管混凝土柱轴心受压、纯弯、压弯性能试验，并进行了有限元分析。

作者团队较系统地进行了异形截面 CFT 巨型柱受力性能研究，部分成果见文献[45]～文献[84]，其中文献[45]成果与殷超合作完成，文献[51]～文献[53]成果与王立长合作完成，文献[59]～文献[62]成果与杨蔚彪合作完成，文献[70]～文献[72]成果与薛素铎合作完成。

综上研究表明，巨型框架结构是一种受力性能优越的高效抗震体系，构造合理的 SRC 巨型柱和 CFT 巨型柱均具有良好的受压性能和抗震性能。目前，大型复杂超高层建筑巨型柱结构（巨型柱作为主要竖向构件的结构）抗震设计中，对巨型柱及巨型柱框架的受力性能提出了更高的要求，国内外学者和工程界十分关注如下问题：①异形截面多腔钢管混凝土巨型柱的受压性能和抗震性能；②异形截面型钢混凝土巨型柱的受压性能和抗震性能；③巨型框架-巨型支撑结构抗震性能；④材料本构层次的弹塑性有限元分析方法；⑤多重组合 SRC 巨型柱及 CFT 巨型柱各组成部件之间的相互作用机理及定量分析方法；⑥复杂截面 SRC 巨型柱及 CFT 巨型柱承载力计算方法；⑦SRC 巨型柱及 CFT 巨型柱构造措施。

本书作者团队与多家设计研究单位合作，依托大型超高层建筑巨型柱结构实际工程，利用 4000t 大型加载装置进行了较大尺度的 56 个巨型柱模型受压性能和 36 个巨型柱模型低周反复荷载下抗震性能试验研究，并利用大型装置进行了巨型柱框架-巨型支撑结构低周反复荷载下抗震性能试验研究。基于试验，建立了力学计算理论模型，进行了数值模拟，优化了构造设计，为工程设计提供了支持。本书主要介绍了作者及其团队完成的系列多腔钢管混凝土巨型柱和型钢混凝土巨型柱的受压性能、抗震性能，以及典型巨型柱框架抗震性能试验、理论研究成果与工程实践案例。

参 考 文 献

[1] Council on Tall Buildings and Urban Habitat. Tallest Buildings [EB/OL]. [2019-05-15]. https://www.skyscrapercenter.com/buildings.
[2] 丁洁民, 吴宏磊, 赵昕. 我国高度 250m 以上超高层建筑结构现状与分析进展[J]. 建筑结构学报, 2014, 35(3): 1-7.
[3] 周建龙, 包联进, 钱鹏. 超高层结构设计的经济性及相关问题的研究[J]. 工程力学, 2015, 32(9): 17-23.
[4] 丁洁民, 巢斯, 赵昕, 等. 上海中心大厦结构分析中若干关键问题[J]. 建筑结构学报, 2010, 31(6): 122-131.
[5] 曹万林, 武海鹏, 周建龙. 钢-混凝土组合巨型框架柱抗震研究进展[J]. 哈尔滨工业大学学报, 2019, 51(12): 1-12.
[6] 傅学怡, 吴国勤, 黄用军, 等. 平安金融中心结构设计研究综述[J]. 建筑结构, 2012, 42(4): 21-27.
[7] 傅学怡, 余卫江, 孙璨, 等. 深圳平安金融中心重力荷载作用下长期变形分析与控制[J]. 建筑结构学报, 2014, 35(1): 41-47.
[8] 刘鹏, 殷超, 李旭宇, 等. 天津高银 117 大厦结构体系设计研究[J]. 建筑结构, 2012, 42(3): 1-9.
[9] 赵宏, 雷强, 侯胜利, 等. 八柱巨型结构在广州东塔超限设计中的工程应用[J]. 建筑结构, 2012, 42(10): 1-6.
[10] 汪大绥, 周健, 王荣, 等. 天津周大福金融中心塔楼结构设计[J]. 建筑钢结构进展, 2017, 19(5): 1-8.
[11] 杨光, 曹万林, 董宏英, 等. 异形截面多腔钢管混凝土巨型分叉柱轴压性能试验研究[J]. 建筑结构学报, 2016, 37(5): 57-68.
[12] 李君, 张耀春. 超高层结构的新体系：巨型结构[J]. 哈尔滨建筑大学学报, 1997, 30(6): 21-27.
[13] 蒋欢军, 和留生, 吕西林, 等. 上海中心大厦抗震性能分析和振动台试验研究[J]. 建筑结构学报, 2011, 32(11): 55-63.
[14] 刘鹏, 殷超, 程煜, 等. 北京 CBD 核心区 Z15 地块中国尊大楼结构设计和研究[J]. 建筑结构, 2014, 44(24): 1-8.
[15] 曹万林, 张建伟, 王敏, 等. 型钢-钢管混凝土异形柱: ZL200620158789.4[P]. 2007-12-12.
[16] 曹万林, 彭斌, 张建伟. 多腔钢管混凝土叠合柱及其制作方法: ZL201010152439.8[P]. 2012-07-04.
[17] 张建伟, 胡建华, 曹万林, 等. 一种带钢筋笼多腔体钢管混凝土柱及实施方法: ZL201410019499.0[P]. 2016-08-17.
[18] 曹万林, 殷飞, 董宏英, 等. 异形截面多腔钢管内置圆钢管混凝土组合巨型柱及作法: ZL201510112733.9[P]. 2017-06-16.
[19] 崔大光, 孙飞飞, 李国强, 等. 巨型型钢混凝土柱双向偏心受压校核分析方法[J]. 力学季刊, 2007, 28(2): 340-345.
[20] 杜义欣, 田春雨, 肖从真, 等. 某工程复杂截面型钢混凝土巨型柱压弯性能试验[J]. 建筑结构, 2011, 41(11): 53-56.
[21] 陆新征, 张万开, 卢啸, 等. 超级巨柱的弹塑性受力特性及其简化模型[J]. 沈阳建筑大学学报(自然科学版), 2011, 27(3): 409-417.
[22] 彭肇才, 黄用军. 平安金融中心巨型结构节点分析与设计[J]. 广东土木与建筑, 2011(6): 7-9.
[23] 吴兵, 傅学怡, 孟美莉, 等. 沈阳宝能金融中心超大截面矩形钢管混凝土柱结构设计[J]. 建筑结构, 2017, 47(5): 15-20.
[24] Xiao C Z, Deng F, Chen T, et al. Experimental study on concrete-encased composite columns with separate steel sections[J]. Steel and Composite Structures, 2017, 23(4): 483-491.
[25] 邓飞, 肖从真, 陈涛, 等. 分散型钢混凝土组合柱抗震性能试验研究[J]. 建筑结构学报, 2017, 38(4): 62-69.
[26] 曹万林, 郭华镇, 吕西林, 等. 不同配钢型式圆截面型钢混凝土巨型柱抗震性能[J]. 自然灾害学报, 2019, 28(6):1-9.
[27] 董宏英, 梁旭, 曹万林, 等. 内置十字型钢高强混凝土巨型圆柱的抗震性能[J]. 北京工业大学学报, 2021, 47(4): 383-393.

[28] 曹万林, 赵洋, 宋钰, 等. 不同配钢率方形截面型钢混凝土巨型柱抗震试验[J]. 地震工程与工程振动, 2019, 39(5): 241-250.
[29] 曹万林, 陈钱佳, 董宏英, 等. 直角梯形截面型钢混凝土巨型柱抗震性能试验[J]. 地震工程与工程振动, 2021, 41(3):22-31.
[30] Dong H Y, Liang X, Cao W L, et al. Seismic behavior of large-size encased cross-section steel-reinforced high-strength concrete circular columns[J]. Structures, 2021, 34:1169-1184.
[31] Yin F, Wang R W, Cao W L, et al. Experimental and analytical research on steel reinforced high-strength concrete columns with different steel sections[J]. Structures, 2021, 34: 4350-4363.
[32] Yin F, Wang R W, Cao W L, et al. Experimental study on the seismic behavior of large-size square and rectangular steel reinforced concrete columns with high and normal strength concrete[J]. The Structural Design of Tall and Special Buildings, 2021, 31(3): e1908.
[33] 李红明, 唐柏鉴, 王治均. 巨型钢管混凝土框架结构柱模型等效简化理论分析[J]. 四川建筑科学研究, 2011, 37(5): 1-3.
[34] 范重, 仕帅, 赵长军. 超高层建筑巨型钢管混凝土柱性能研究[J]. 施工技术, 2014, 43(14): 11-18.
[35] 杨蔚彪, 宫贞超, 常为华, 等. 中国尊大厦巨型柱分叉节点性能研究[J]. 建筑结构, 2015, 45(18): 6-12.
[36] 张元植, 罗金辉, 李元齐, 等. 巨型钢管混凝土柱分配梁构造下竖向荷载传递机理研究(II): 数值分析[J]. 土木工程学报, 2016, 49(12): 16-26.
[37] 罗金辉, 刘匀, 张元植, 等. 设分配梁巨型钢管混凝土柱轴压承载性能试验研究[J]. 同济大学学报(自然科学版), 2018, 46(9): 1201-1210.
[38] 张元植. 设传力措施的巨型方钢管混凝土柱抗震性能有限元分析[J]. 建筑结构学报, 2018, 39(11): 20-28.
[39] 姚攀峰. 多腔钢管钢筋混凝土短柱轴压承载力实用计算方法[J]. 建筑结构, 2017,47(S2):255-259.
[40] 徐礼华, 徐鹏, 侯玉杰, 等. 多边多腔钢管自密实高强混凝土短柱轴心受压性能试验研究[J]. 土木工程学报, 2017, 50(1): 37-45.
[41] 徐礼华, 宋杨, 刘素梅, 等. 多腔式多边形钢管混凝土柱偏心受压承载力研究[J]. 工程力学, 2019, 36(4): 135-146.
[42] Xu W, Han L H, Li W. Performance of hexagonal CFST members under axial compression and bending[J]. Journal of Constructional Steel Research, 2016, 123:162-175.
[43] Xu W, Han L H, Li W. Seismic performance of concrete-encased column base for hexagonal concrete-filled steel tube: experimental study[J]. Journal of Constructional Steel Research 2016, 121: 352-369.
[44] Han L H, Hou C C, Xu W. Seismic performance of concrete-encased column base for hexagonal concrete-filled steel tube: Numerical study[J]. Journal of Constructional Steel Research, 2018, 149: 225-238.
[45] 曹万林, 张境洁, 段修斌, 等. 矩形钢管混凝土柱往复拉压荷载下工作性能试验研究[J]. 世界地震工程, 2012, 28(2): 1-7.
[46] 曹万林, 彭斌, 王智慧, 等. 底部加强型多腔钢管混凝土巨型柱抗震性能试验研究[J]. 地震工程与工程振动, 2012, 32(2): 120-129.
[47] 曹万林, 王智慧, 彭斌, 等. 腔内带钢筋笼多腔钢管混凝土巨型柱轴压性能试验研究[J]. 结构工程师, 2012, 28(3): 135-140.
[48] 彭斌, 曹万林, 王智慧, 等. 不同方向水平力下多腔钢管混凝土巨型柱抗震性能研究[J]. 世界地震工程, 2012, 28(2): 90-97.
[49] 彭斌, 曹万林, 王智慧, 等. 多腔钢管混凝土柱巨型框架抗震性能试验研究[J]. 结构工程师, 2012, 28(3): 128-134.
[50] 曹万林, 段修斌, 张境洁, 等. 往复偏心拉压荷载下矩形钢管混凝土柱工作性能试验研究[J]. 结构工程师, 2012, 28(4): 133-138.
[51] 王立长, 曹万林, 徐萌萌, 等. 五边形截面钢管混凝土巨型柱受压性能试验研究[J]. 建筑结构学报, 2014, 35(1): 77-84.
[52] 曹万林, 武海鹏, 王立长, 等. 不同加载方向下五边形截面钢管混凝土巨型柱抗震性能试验研究[J]. 建筑结构学报, 2014, 35(1): 69-76.
[53] 曹万林, 徐萌萌, 董宏英, 等. 不同构造五边形钢管混凝土巨型柱轴压性能计算分析[J]. 工程力学, 2015, 32(6): 99-108.
[54] 曹万林, 徐萌萌, 武海鹏, 等. 五边形钢管混凝土巨型柱偏压性能计算分析[J]. 自然灾害学报, 2015, 24(1): 114-122.
[55] 曹万林, 武海鹏, 张建伟, 等. 轴压及轴拉作用下异形截面多腔钢管混凝土巨型柱抗震性能试验研究[J]. 建筑结构学报, 2015, 36(S1): 199-206.
[56] 张建伟, 胡建华, 乔崎云, 等. 不同构造措施对异形截面多腔体钢管混凝土柱的力学性能影响[J]. 北京工业大学学报, 2015, 41(8): 1172-1178.

[57] Wu H P, Cao W L, Qiao Q Y, et al. Uniaxial compressive constitutive relationship of concrete confined by special-shaped steel tube coupled with multiple cavities[J]. Materials, 2016, 9 (2): 86.
[58] 武海鹏, 曹万林, 董宏英, 等. 异形截面多腔钢管混凝土柱轴压承载力计算方法研究[J]. 建筑结构学报, 2016, 37(9): 126-133.
[59] 杨光, 曹万林, 董宏英, 等. 异形截面多腔钢管混凝土巨型分叉柱轴压应变试验分析[J]. 自然灾害学报, 2016, 25(6): 138-149.
[60] 杨光, 曹万林, 董宏英, 等. 巨型钢管混凝土分叉柱节点压弯性能试验研究[J]. 北京工业大学学报, 2018, 44(1): 88-96.
[61] 杨光, 曹万林, 董宏英, 等. 异形截面多腔钢管混凝土巨型分叉柱偏压性能试验研究[J].建筑结构学报, 2018, 39(6): 41-52.
[62] 杨光, 曹万林, 董宏英, 等. 异形截面多腔钢管混凝土巨型分叉柱轴压性能试验研究[J]. 建筑结构学报, 2016, 37(5): 57-68.
[63] 董宏英, 李瑞建, 曹万林, 等. 不同腔体构造矩形截面钢管混凝土柱轴压性能试验研究[J]. 建筑结构学报, 2016, 37(5): 69-81.
[64] 曹万林, 陈相家, 武海鹏, 等. 不同构造异形截面多腔钢管混凝土柱抗震性能试验研究[J].结构工程师, 2016, 32(2): 132-139.
[65] 乔崎云, 李翔宇, 曹万林, 等. 异型截面多腔钢管混凝土分叉柱抗震性能试验研究[J]. 地震工程与工程振动, 2016, 36(2): 1-8.
[66] Wu H P, Qiao Q Y, Cao W L, et al. Axial compressive behavior of special-shaped concrete filled tube mega column coupled with multiple cavities[J]. Steel and Composite Structures, 2017, 23(6): 633-646.
[67] Wu H P, Cao W L. Seismic performance of pentagonal concrete-filled steel tube megacolumns with different bottom constructions[J]. Structure Design Tall and Special Buildings, 2019, 28(10):e1613.
[68] Qiao Q Y, Wu H P, Cao W L, et al. Seismic behavior of bifurcated concrete filled steel tube columns with a multi-cavity structure[J]. Journal of Vibroengineering, 2017, 19(8): 6222-6241.
[69] 乔崎云, 梁旭, 曹万林, 等. 多腔钢管混凝土分叉柱力学性能有限元分析[J]. 哈尔滨工业大学学报, 2017, 49(12): 75-81.
[70] 殷飞, 董宏英, 曹万林, 等. 不同构造多腔钢管混凝土巨型柱抗震性能试验研究[J]. 建筑结构学报, 2018, 39(3): 67-76.
[71] 殷飞, 薛素铎, 曹万林, 等. 异形多腔钢管混凝土柱往复轴压性能试验[J]. 哈尔滨工业大学学报, 2019, 51(12): 94-103.
[72] 殷飞, 薛素铎, 曹万林, 等. 多腔钢管混凝土异形柱不同方向抗震性能试验研究[J]. 建筑结构学报, 2019, 40(11): 150-161.
[73] 武海鹏, 乔崎云, 曹万林, 等. 轴拉下异形截面多腔钢管混凝土巨型分叉柱抗震性能试验[J]. 建筑结构学报, 2018, 39(7): 84-94.
[74] 武海鹏, 乔崎云, 曹万林, 等. 不同构造异形截面多腔钢管混凝土分叉柱抗震性能试验[J]. 土木工程学报, 2018, 51(6): 23-31.
[75] 武海鹏, 曹万林, 董宏英, 等. 不同加载方向异形截面多腔钢管混凝土分叉柱抗震性能试验[J]. 振动与冲击, 2018, 37(18): 78-85.
[76] Zhao L D, Cao W L, Guo H Z, et al. Experimental and numerical analysis of large-scale circular concrete-filled steel tubular columns with various constructural measures under high axial load ratios[J]. Applied Sciences, 2018, 8(10): 1894.
[77] 赵立东, 曹万林, 刘亦斌, 等. 不同腔体构造圆钢管混凝土短柱抗震性能试验[J]. 建筑结构学报, 2019, 40(5): 96-104.
[78] 武海鹏, 曹万林, 董宏英. 基于“统一理论”的异形截面多腔钢管混凝土柱轴压承载力计算[J]. 工程力学, 2019, 36(8): 114-121.
[79] 曹万林, 王如伟, 殷飞, 等. 异形截面多腔钢管混凝土巨型柱偏压性能[J].哈尔滨工业大学学报, 2020, 52(6): 149-159.
[80] Yin F , Xue S D , Cao W L, et al. Experimental and analytical study of seismic behavior of special-shaped multicell composite concrete-filled steel tube columns[J]. Journal of Structural Engineering, 2020, 146(1):04019170.
[81] Yin F, Cao W L , Wang R W, et al. Behavior of hexagonal multicell CFST columns under lateral cyclic loads: Experimental study[J]. Engineering Structures, 2021, 230(11):111700.
[82] Yin F, Cao W L, Xue S D, et al. Behavior of multicell concrete-filled steel tube columns under eccentric loading[J]. Journal of Constructional Steel Research, 2020, 172:106218.
[83] Yin F , Xue S D, Cao W L , et al. Behavior of multi-cell concrete-filled steel tube columns under axial load: Experimental study and calculation method analysis[J]. Journal of Building Engineering, 2020, 28:101099.
[84] 董宏英, 秦嘉, 曹万林, 等. 带肋圆钢管混凝土柱抗震性能研究[J]. 建筑结构学报, 2021, 42(S2): 278-287.

第 2 章　不同构造巨型钢管混凝土柱腔体轴压性能

2.1　试 验 概 况

2.1.1　试件设计

以北京中国尊大厦底部巨型柱截面长轴两端受力较大的矩形截面腔体为原型，如图 2-1 所示。设计了 6 个 1/4 缩尺不同构造的矩形钢管混凝土柱模型试件，各试件截面尺寸均为 510mm×640mm，试件高 2000mm，钢管壁厚 16mm，各轴心受压试件构造及几何尺寸如图 2-2 所示。

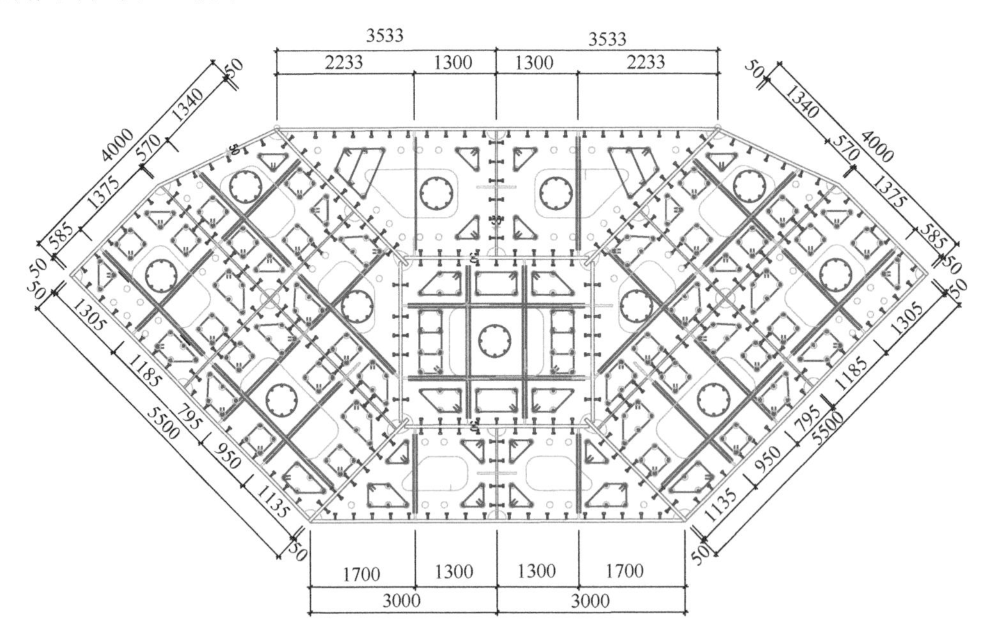

图 2-1　北京中国尊大厦底部巨型柱截面构造示意图（尺寸单位：mm）

各试件区别在于截面腔体构造不同。试件 CFST-1 腔体内无附加构造；试件 CFST-2 在试件 CFST-1 腔体内通高加设截面为 8mm×75mm 的竖向加劲肋；试件 CFST-3 在试件 CFST-2 的腔体两组对边竖向加劲肋间每隔 150mm 焊接 2 根直径 6mm 的水平拉结钢筋；试件 CFST-4 在试件 CFST-3 的钢管内壁上均布焊接直径 5mm、长 25mm、间距 75mm 的栓钉；试件 CFST-5 在试件 CFST-4 的腔体内沿高度每隔 500mm 焊接 1 块 16mm 厚带孔洞的横隔板，横隔板中部较大孔洞用于设置钢筋骨架，便于浇筑混凝土，横隔板上分布较多的直径为 25mmm 的孔洞用于穿过竖向构造钢筋，横隔板上设置孔洞对其约束钢管横向变形影响不大，但对浇筑混凝土的密实性非常有利；试件 CFST-6 在试件 CFST-5 腔体构造基础上，加设直径 6mm 的竖向钢筋及直径 2mm、间距 60mm 的箍筋，分别形成三角形、方形、圆形钢筋骨架。试件矩形钢管上、下端部焊接 550mm×680mm×8mm 钢板封堵，上部封堵钢板留有浇筑混凝土的孔洞。钢管及钢板采用 Q345 钢材；纵向钢筋采用 HPB300 级钢筋，箍筋采用镀锌铁丝。

试件钢管由钢板焊接而成，部分试件钢结构制作过程如图 2-3 所示，其中图 2-3（a）为矩形钢管腔体内设置的竖向加劲肋、拉结筋，图 2-3（b）为矩形钢管钢板焊接，图 2-3（c）为在矩形钢管腔体内设置的横隔板，图 2-3（d）为矩形钢管腔体内设置的钢筋骨架。

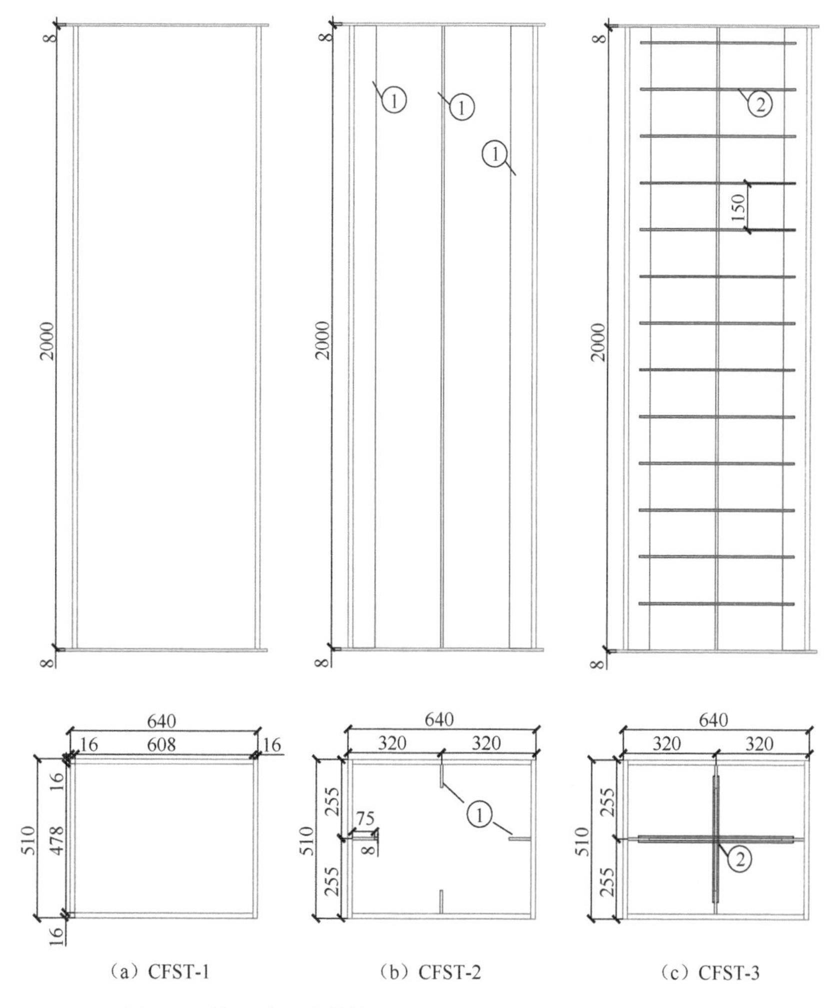

图 2-2　轴心受压试件构造及几何尺寸（尺寸单位：mm）

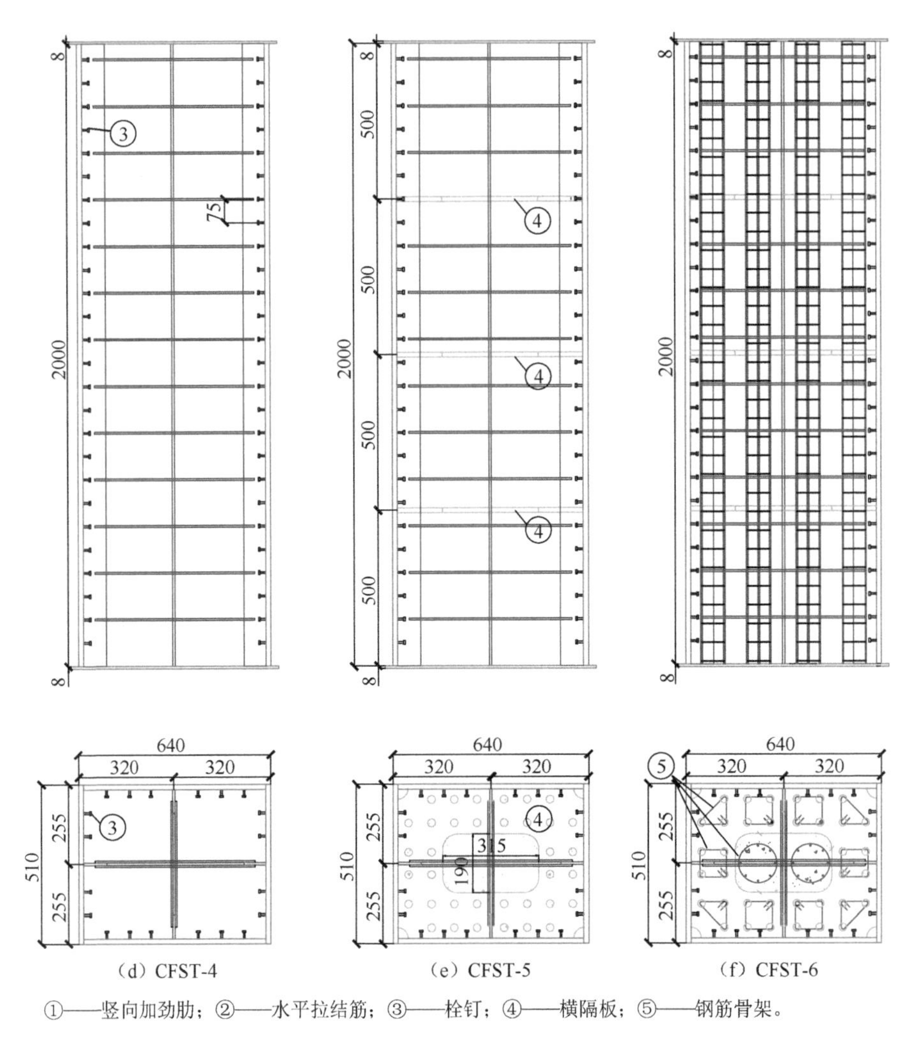

①——竖向加劲肋；②——水平拉结筋；③——栓钉；④——横隔板；⑤——钢筋骨架。

图 2-2（续）

(a) 设置的竖向加劲肋、拉结筋　　(b) 矩形钢管钢板焊接

图 2-3　试件钢结构制作过程

（c）腔体内设置的横隔板

（d）设置的钢筋骨架

图 2-3（续）

混凝土浇筑时采用分层浇筑的方法，每次浇筑高度约 40cm，并同时使用振捣棒进行振捣，以保证混凝土在腔体内部的密实性。试件照片如图 2-4 所示。

图 2-4　试件照片

2.1.2　材料性能

钢管采用 Q345 钢材，钢筋骨架纵筋采用 HRB300 级钢筋，实测钢材的力学性能如表 2-1 所示。

表 2-1　钢材力学性能

钢材规格	屈服强度 f_y/MPa	抗拉强度 f_u/MPa	弹性模量 E_s/MPa
16mm 厚钢板	336.91	530.38	2.08×10^5
8mm 厚钢板	370.80	498.33	2.08×10^5
$\phi6^*$钢筋	386.40	598.80	1.97×10^5
$\phi2^*$钢筋	239.14	356.32	1.53×10^5
$\phi5$ 栓钉		636.32	

* 单位 mm。

浇筑混凝土过程中留置 150mm×150mm×150mm 标准立方体试块和 150mm×150mm×

300mm 的标准棱柱体试块，并与试件在同等条下进行养护。混凝土设计强度等级为 C50，实测其立方体抗压强度平均值为 56.73MPa，弹性模量为 2.68×10^4MPa。

2.1.3　测点布置与加载方案

采用 40000kN 多功能电液伺服实验系统加载，加载端配有单向刀铰支座，装置如图 2-5 所示。为研究重复荷载作用下试件的力学性能及其退化过程，采用单向重复加载方式。首先预加载 2000kN 并持荷不少于 5min，随后按荷载控制进行逐级加载，每级增量为 2000kN，加载至该级荷载后持荷不少于 5min，每级加载完成后均卸载至 2000kN，以防止试件倾覆。极限荷载前采用荷载控制加载；极限荷载后，按位移控制加载，每级增量为 2mm，当荷载下降至极限荷载的 80%左右后，位移增量调整为 3mm，直至试件钢板出现撕裂，试验结束。

图 2-5　试验加载装置

试件四个侧面中部 1000mm 标距内布置位移计，以测试柱中部的轴向变形；试件中部截面布置 12 个应变测点，每个测点沿环向及纵向各布设一个应变片，以测量该测点的纵向变形与环向变形。试件钢管四面钢板每面的上、中、下部对应布置轴向应变和横向应变测点，轴向应变测点编号分别为 a-i、b-i、c-i，表示试件上、中、下第 i 面钢板轴向应变测点；横向应变测点编号分别为 A-i、B-i、C-i，表示试件上、中、下第 i 面钢板横向应变测点。测点布置如图 2-6 所示。

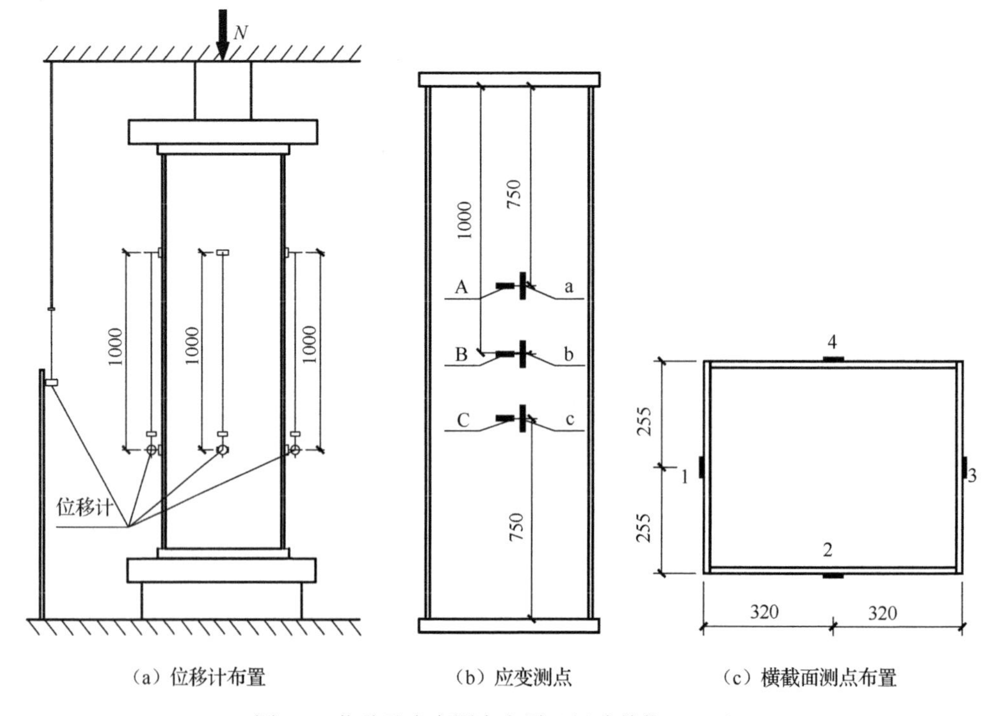

图 2-6　位移及应变测点布置（尺寸单位：mm）

2.2　试验结果及分析

2.2.1　破坏特征

试件 CFST-1：当荷载加载至极限荷载的 60%左右时，试件中段钢管表面漆皮出现横纹，端部出现 45° 斜纹，之后漆皮褶皱发展加快；当荷载达到极限荷载时，钢管漆皮脱落；当荷载下降到极限荷载的 80%左右时，试件中部和端部钢管出现起鼓变形，随后钢板变形迅速加快；当荷载下降至极限荷载的 70%左右时，试件中段截面角部钢板撕裂，试件破坏。试件最终破坏照片如图 2-7（a）所示。

试件 CFST-2：当荷载加载至极限荷载的 50%左右时，试件端部 1/4 柱高处钢管表面漆皮出现横纹和 45° 斜纹；当荷载达到极限荷载时，钢管漆皮交叉裂纹增多，并有漆皮脱落；当荷载下降至极限荷载的 80%左右时，距上端 3/8 柱高处截面钢管出现起鼓变形；当荷载下降至极限荷载的 70%左右时，试件中段截面角部钢板撕裂，试件破坏。试件最终破坏照片如图 2-7（b）所示。

试件 CFST-3：当荷载加载至极限荷载的 50%左右时，试件中段和端部钢管表面漆皮出现横纹和 45° 斜纹；当荷载达到极限荷载时，漆皮裂纹变长、变密；当荷载下降至极限荷载的 80%左右时，试件中段和端部 1/4 柱高处截面钢管出现起鼓变形；当荷载下降到极限荷载的 60%左右时，试件中段截面角部钢板撕裂，试件破坏。试件最终破坏照片如图 2-7（c）所示。

试件 CFST-4：当荷载加载至极限荷载的 50%左右时，试件中段和端部钢管表面漆皮出现横向及 45° 交叉裂纹；当荷载达到极限荷载时，钢管漆皮裂纹增多并有少量漆皮脱落；当荷载下降至极限荷载的 85%左右时，距上端 1/4 柱高处截面钢管出现起鼓变形；当荷载下降至极限荷载的 75%左右时，试件中段截面角部钢板撕裂，试件破坏。试件最终破坏照片如图 2-7（d）所示。

试件 CFST-5：当荷载加载至极限荷载的 50%左右时，试件靠近上端 1/3 柱高处钢管表面漆皮出现较多的横纹；当荷载达到极限荷载时，距上端 1/5 柱高处钢管出现起鼓变形，横纹密集，并有 45° 斜纹；当荷载下降至极限荷载的 90%左右时，试件钢管出现第 2 个鼓包，鼓包出现在横隔板之间；当荷载下降至极限荷载的 55%左右时，距上端 1/4 柱高处截面角部钢板撕裂，试件破坏。试件最终破坏照片如图 2-7（e）所示。

试件 CFST-6：当荷载加载至极限荷载的 50%左右时，试件中段钢管表面漆皮出现横纹；当荷载达到极限荷载时，钢管漆皮裂纹变密，靠近上端 3/8 柱高处截面钢管出现起鼓变形；当荷载下降至极限承载力的 70%左右时，试件钢管出现第二个鼓包，鼓包出现在横隔板之间；当荷载下降至极限荷载的 60%左右时，距上端 3/8 柱高处截面角部钢板撕裂，试件破坏。试件最终破坏照片如图 2-7（f）所示。

试验过程中，试件 CFST-1、CFST-2 和 CFST-3、CFST-4 的起鼓变形均在矩形钢管混凝土柱的中部发展，且一面只有 1 处起鼓变形，近似于灯笼状；试件 CFST-5 和试件 CFST-6 的起鼓变形出现在横隔板之间，有的面出现了 2、3 处起鼓变形，且较迟出现局部屈曲，表明横隔板对矩形钢管混凝土柱横向变形有强约束作用。

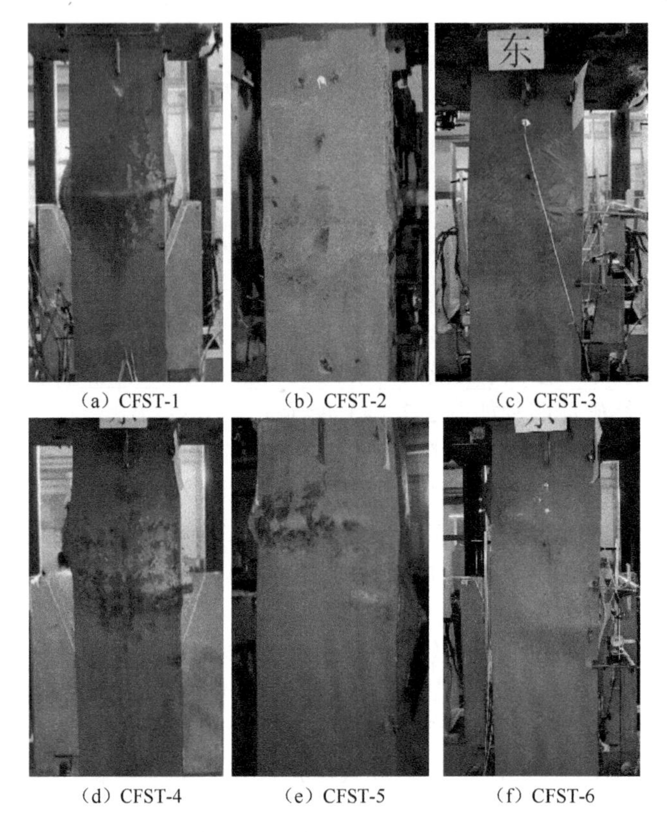

（a）CFST-1　（b）CFST-2　（c）CFST-3

（d）CFST-4　（e）CFST-5　（f）CFST-6

图 2-7　试件最终破坏照片

2.2.2　轴向荷载-位移曲线

实测所得各试件的轴向荷载-位移（N-Δ）关系曲线如图 2-8 所示。图 2-8 中，N 为施加的轴向荷载，受压时为正值；Δ 为试件中段 1000mm 标距范围各位移计实测轴向位移的均值，压缩时为正值。各试件的骨架曲线对比如图 2-9 所示。

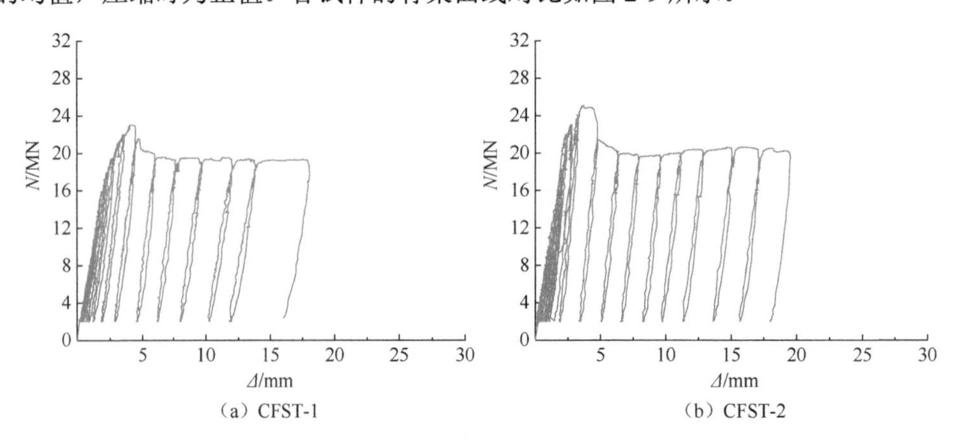

（a）CFST-1　（b）CFST-2

图 2-8　轴向荷载-位移关系曲线

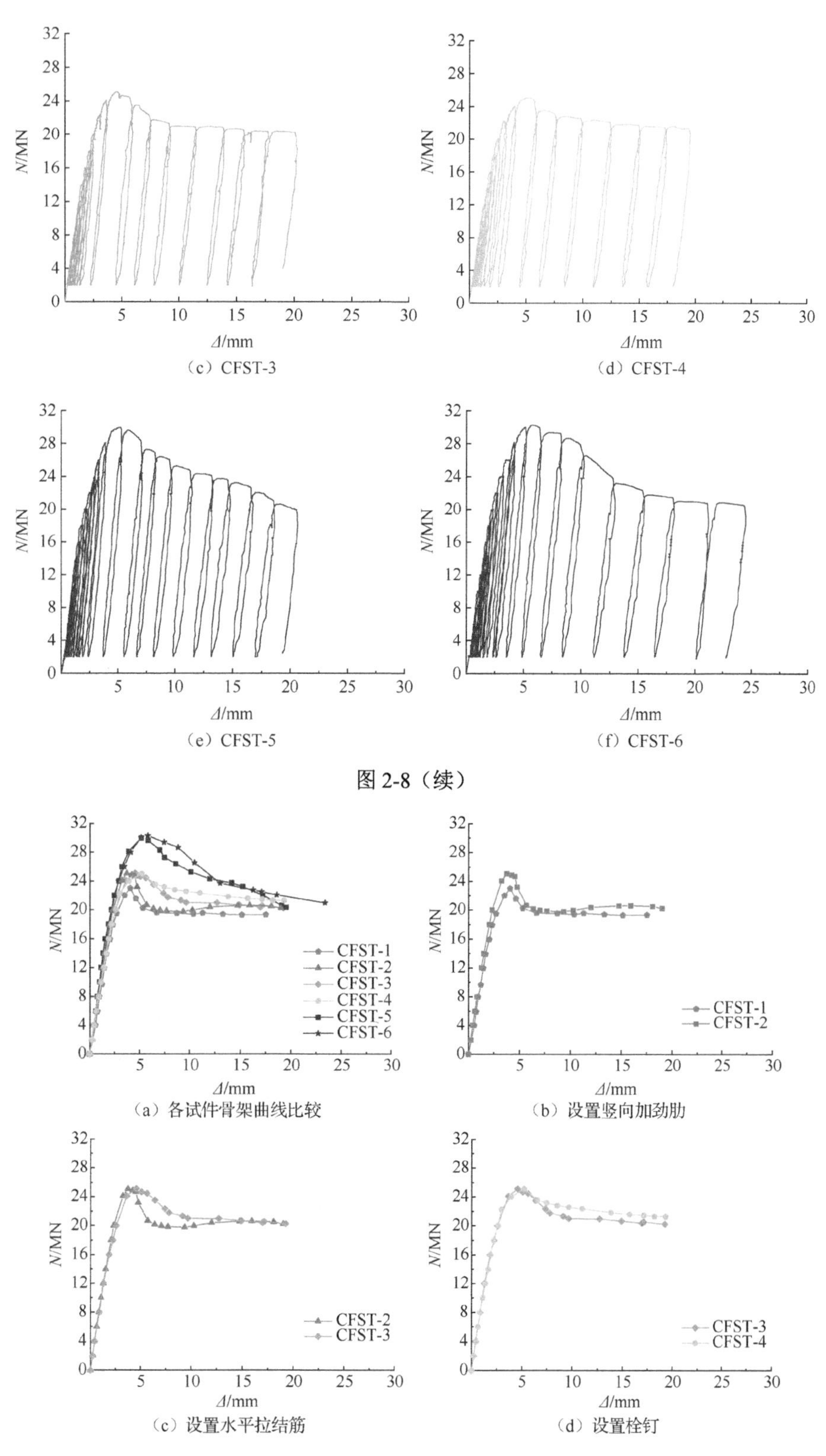

（c）CFST-3　（d）CFST-4

（e）CFST-5　（f）CFST-6

图 2-8（续）

（a）各试件骨架曲线比较　（b）设置竖向加劲肋

（c）设置水平拉结筋　（d）设置栓钉

图 2-9　骨架曲线对比

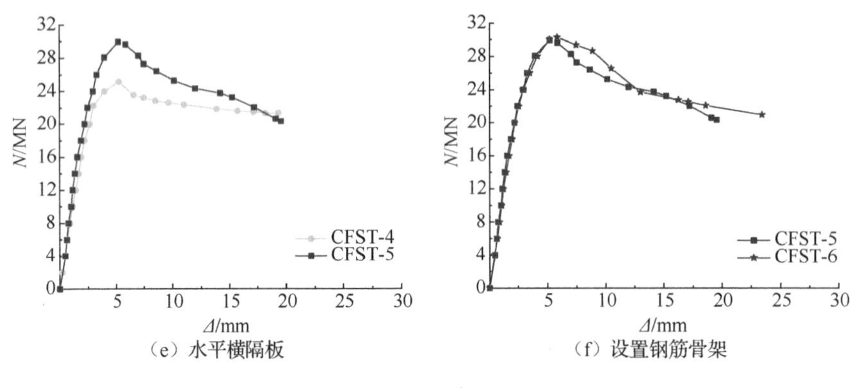

（e）水平横隔板　　（f）设置钢筋骨架

图 2-9（续）

由图 2-8 和图 2-9 可知以下几点。①钢管腔体内加设竖向加劲肋可提高试件的刚度、承载力、延性和耗能。②钢管腔体内竖向肋板间焊接水平拉结筋对试件的前期受力性能没有明显的影响，承载力接近；但在试件后期变形过程中，拉结筋可有效约束截面横向变形，提高试件极限荷载后的受力性能。③钢管腔体内壁焊接栓钉对试件达极限承载力前的受力性能影响不大；试件达极限承载力后，栓钉可充分发挥增强钢管与混凝土共同工作性能的作用，提高了试件后期承载力，减慢了试件性能退化。④钢管腔体内焊接横隔板后试件的初始刚度有所增大，承载力显著提高，耗能能力增强。⑤钢管腔体内增设钢筋骨架对试件达极限承载力前的受力性能提高不明显，这与试件钢筋骨架影响混凝土浇筑密实度有关；试件达极限承载力后，钢筋骨架发挥了对钢管腔体内混凝土的约束作用，试件后期受力性能稳定，延性明显提高。

2.2.3　承载力

实测所得各试件的特征荷载见表 2-2。表 2-2 中，N_y 为屈服荷载，N_u 为极限荷载。由试验所得骨架曲线及极限荷载点，按照能量相等的原则，屈服点确定示意图如图 2-10 所示，其中 B 为极限荷载点，极限位移点 C 由荷载下降至 85%N_u 确定；D 为试件初始弹性阶段 OA 延长线上一点，过 D 点做水平线，与过 C 点的垂线交于 E 点；D 点根据能量相等的原则确定，使得曲线 $OABC$ 与水平轴围成的面积与 ODE 与水平轴围成的面积相等，即 $S_{OABC}=S_{ODE}$。D 点定义为试件的屈服点，对应屈服荷载 N_y 和屈服位移 Δ_y。

表 2-2　试件的特征荷载

试件编号	N_y/MN	N_u/MN
CFST-1	20.801	23.026
CFST-2	22.112	25.102
CFST-3	22.385	25.134
CFST-4	22.791	25.161
CFST-5	26.094	29.971
CFST-6	26.255	30.303

由表 2-2 可知：试件腔体构造不同，对试件屈服荷载、极限荷载均有不同程度的影响。不同腔体构造的试件 CFST-2、CFST-3、CFST-4、CFST-5、CFST-6，与腔体内无构造的试件 CFST-1 相比，屈服荷载分别提高了 6.3%、7.6%、9.6%、25.4%和 26.3%，极限荷载分别提高了 9.0%、9.2%、9.3%、30.2%和 31.6%。分析实测特征荷载可知：采用钢管腔体内加设竖向加劲肋、拉结筋、栓钉的构造措施，对试件的屈服荷载和极限荷载都有所提高，但效果不显著；采取钢管腔体内加设横隔板的构造措施，对试件的屈服荷载和极限荷载都有较大幅度的提高。

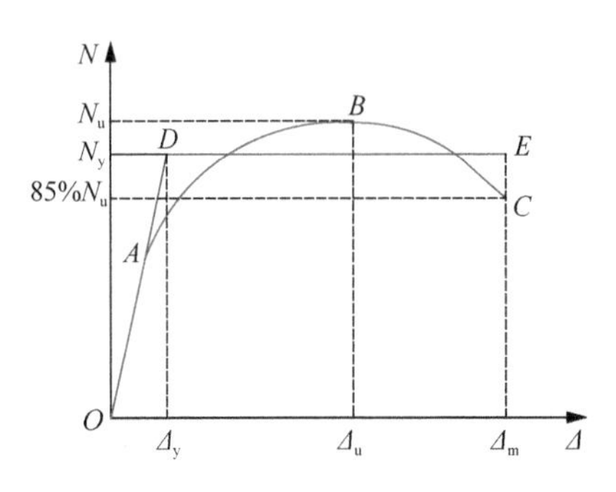

图 2-10　屈服点确定示意图

2.2.4　耗能

由于各试件的加载过程有差异[1]，以图 2-8 荷载-位移关系曲线的外包络线与水平轴围成的面积作为试件耗能的代表值。实测所得各试件从初始到极限荷载的耗能 E_u、从初始至试件破坏前全过程的耗能 E_h 见表 2-3，相应的耗能比较柱状图如图 2-11 所示。

表 2-3　试件耗能值

试件编号	E_u		E_h	
	试验值/(MN·mm)	相对值	试验值/(MN·mm)	相对值
CFST-1	57.768	1.0000	322.544	1.0000
CFST-2	57.917	1.0026	373.165	1.1569
CFST-3	74.896	1.2965	389.976	1.2091
CFST-4	90.691	1.5699	405.293	1.2566
CFST-5	109.700	1.8990	457.595	1.4187
CFST-6	109.527	1.8960	549.221	1.7028

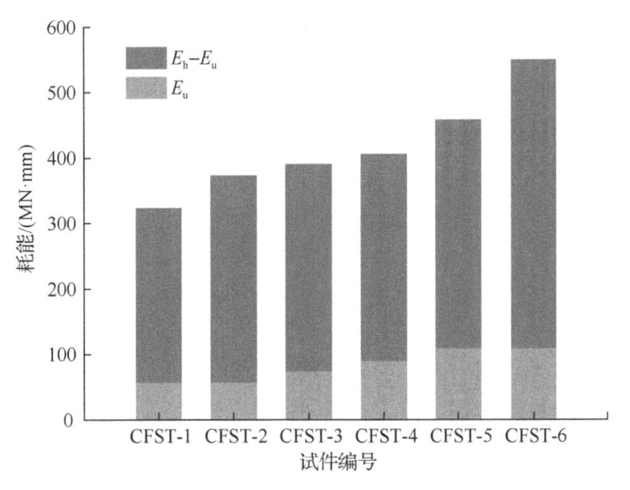

图 2-11　耗能比较柱状图

由表 2-3 可知：与试件 CFST-1 相比，钢管腔体内采取不同构造措施的试件 CFST-2、CFST-3、CFST-4、CFST-5、CFST-6 达到极限荷载时的耗能 E_u 分别提高了 0.26%、29.65%、56.99%、89.90%和 89.60%；试件变形全过程的耗能 E_h 分别提高了 15.69%、20.91%、25.66%、41.87%和 70.28%。

不同钢管腔体内构造试件耗能比较：试件 CFST-2 比试件 CFST-1 的 E_u、E_h 分别提高了 0.26%和 15.69%，说明腔体内部设置竖向加劲肋可明显提高矩形钢管混凝土柱的全过程耗能，主要作用体现在试件的后期受力阶段；试件 CFST-3 比试件 CFST-2 的 E_u、E_h 分别提高了 29.32%和 4.50%，说明腔体内部设置水平拉结筋可明显提高矩形钢管混凝土柱前期受力阶段的耗能；试件 CFST-4 比试件 CFST-3 的 E_u、E_h 分别提高了 21.09%和 3.93%，说明腔体内部设置栓钉可明显提高矩形钢管混凝土柱前期受力阶段的耗能；试件 CFST-5 比试件 CFST-4 的 E_u、E_h 分别提高了 20.96%和 12.90%，说明腔体内部设置水平横隔板可明显提高矩形钢管混凝土柱的前期和后期受力过程的耗能；试件 CFST-6 比试件 CFST-5，E_u 接近，E_h 提高了 20.02%，说明腔体内部设置钢筋骨架可明显提高矩形钢管混凝土柱的全过程耗能，主要作用体现在试件的后期受力阶段。在腔体内设置竖向加劲肋、水平拉结筋、栓钉、水平横隔板和钢筋骨架五种措施中，腔体内设置水平横隔板的构造对提高试件耗能能力贡献显著，腔体内钢筋骨架构造对提高试件后期耗能性能作用明显。

2.2.5　刚度退化

实测 6 个试件的轴压刚度-轴向应变（K-ε）关系曲线如图 2-12 所示，轴压刚度 K，由竖向轴力 N 与试件 1000mm 标距段平均轴压位移的比值确定；横坐标 ε 为 1000mm 标距段位移平均值计算得到的轴向应变[2]。

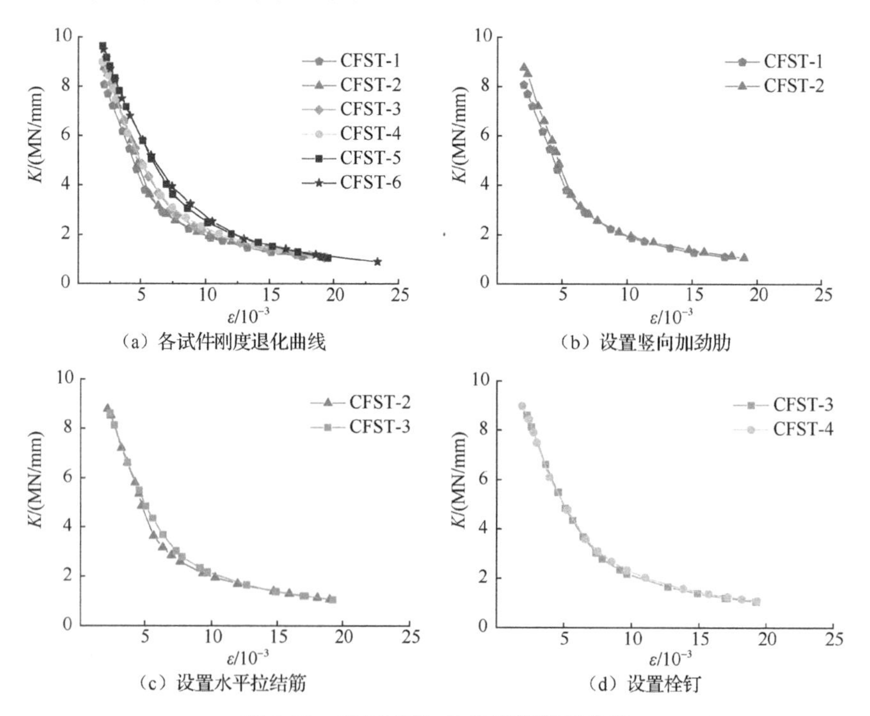

图 2-12　轴压刚度-轴向应变关系曲线

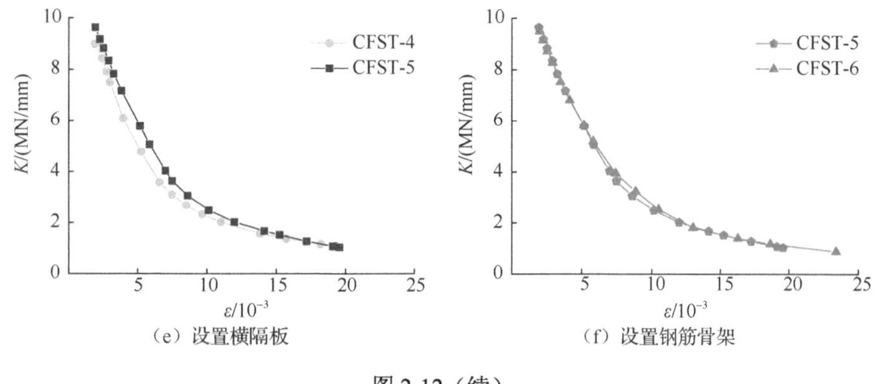

（e）设置横隔板　　（f）设置钢筋骨架

图 2-12（续）

由图 2-12 可见：试件 CFST-2 与试件 CFST-1 相比，前期刚度有所提高，后期刚度退化变化不明显，说明腔体内设置竖向加劲肋可提高矩形钢管混凝土柱的前期刚度；试件 CFST-3 与试件 CFST-2 相比，前期刚度接近，后期刚度退化有所减慢，表明腔体内设置水平拉结筋，能够在一定程度上延缓刚度退化；试件 CFST-4 与试件 CFST-3 相比，刚度退化曲线差别不大，表明栓钉对试件刚度影响不明显；试件 CFST-5 与试件 CFST-4 相比，初始刚度明显增大，刚度退化明显变慢，表明腔体内设置横隔板能提高构件刚度和变形过程的稳定性；试件 CFST-6 与试件 CFST-5 相比，变形中后期刚度退化变缓，表明钢筋骨架可提高试件全过程变形的稳定性。

2.2.6 应变

实测所得试件中部截面竖向应变测点 b-1、b-2、b-3、b-4 的应变均值为 ε_s，压应变为负，相应轴向荷载-竖向应变（N-ε_s）曲线如图 2-13（a）所示；实测所得试件中部截面横向应变测点 B-1、B-2、B-3、B-4 的应变均值为 ε_h，拉应变为正，相应轴向荷载-横向应变（N-ε_h）曲线如图 2-13（b）所示。

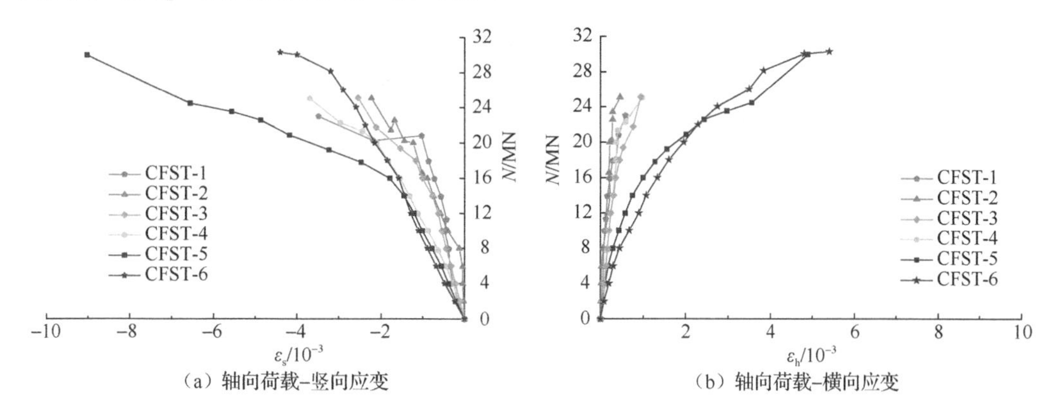

（a）轴向荷载-竖向应变　　（b）轴向荷载-横向应变

图 2-13　轴向荷载-应变关系曲线

表 2-4 给出了各试件在 $N_u/4$、$N_u/2$、$3N_u/4$、N_y、N_u 各阶段的竖向应变和横向应变实测值并进行了比较。

表 2-4 试件不同变形阶段中部应变实测值

试件编号	$\frac{1}{4}N_u$			$\frac{1}{2}N_u$			$\frac{3}{4}N_u$			N_y			N_u		
	ε_h	$\lvert\varepsilon_s\rvert$	$\frac{\varepsilon_h}{\lvert\varepsilon_s\rvert}$	ε_h	$\lvert\varepsilon_s\rvert$	$\frac{\varepsilon_h}{\lvert\varepsilon_s\rvert}$	ε_h	$\lvert\varepsilon_s\rvert$	$\frac{\varepsilon_h}{\lvert\varepsilon_s\rvert}$	ε_h	$\lvert\varepsilon_s\rvert$	$\frac{\varepsilon_h}{\lvert\varepsilon_s\rvert}$	ε_h	$\lvert\varepsilon_s\rvert$	$\frac{\varepsilon_h}{\lvert\varepsilon_s\rvert}$
CFST-1	67.3	346.1	0.19	127.1	447.6	0.28	257.5	816.9	0.32	420.5	2640.1	0.17	578.1	3490.1	0.17
CFST-2	29.7	62.7	0.47	182.2	625.5	0.29	208.8	1154.0	0.18	282.0	1928.2	0.15	454.5	2231.5	0.20
CFST-3	122.1	464.1	0.26	261.7	1172.4	0.22	369.9	1943.5	0.19	596.7	2969.3	0.20	935.1	2546.5	0.37
CFST-4	123.9	473.7	0.26	253.4	1175.2	0.22	368.8	1937.5	0.19	652.8	3105.6	0.21	977.7	3695.7	0.26
CFST-5	261.9	718.3	0.36	875.6	1609.4	0.54	2417.3	4836.2	0.50	3981.5	7369.4	0.54	4890.1	9025.2	0.54
CFST-6	404.7	833.9	0.49	1224.7	1521.3	0.81	2445.9	2456.4	0.99	3475.2	2909.9	1.19	5396.2	4402.5	1.23

由图 2-13 可知以下几点。①各试件中部截面的竖向应变均得到较充分发展，均较大幅度超过了钢板屈服应变；各试件的横向应变明显小于竖向应变，除腔体内设置横隔板的试件 CFST-5、CFST-6 的横向应变均超过钢板屈服应变外，其他试件的横向应变尚未达到钢板屈服应变。②与试件 CFST-1 相比，柱内加入竖向加劲肋后的试件 CFST-2，竖向荷载-应变关系曲线初期的斜率明显变小，而后期斜率与试件 CFST-1 基本一致，说明在试件受力初期，竖向加劲肋有效地限制了试件的竖向变形的发展，而后期效果不明显。③试件 CFST-1 和试件 CFST-2 在荷载为 20000kN 左右时，竖向应变有明显的突变，而试件 CFST-3、CFST-4、CFST-5、CFST-6 的竖向应变发展均匀，说明钢管内部加入拉结筋、栓钉、横隔板和钢筋骨架后，限制了核心混凝土受压破坏后产生应力集中现象的影响，不同程度地保证了钢板与混凝土的协同工作。④试件 CFST-1、CFST-2、CFST-3、CFST-4 的横向应变在极限荷载前均未达到屈服应变，试件 CFST-5、CFST-6 中部的竖向应变与横向应变均明显增大，并达到屈服应变。说明柱墙体加入横隔板和钢筋骨架后钢板受力更加均匀。⑤与试件 CFST-5 相比，增设钢筋骨架的试件 CFST-6 中部的纵向应变发展速率明显变慢，横向应变变化不大，说明钢筋骨架的增加可有效减缓试件的纵向应变发展速率。

由表 2-4 可见：试件 CFST-2 在第一阶段时 $\varepsilon_h/|\varepsilon_s|$ 达到 0.47，竖向加劲肋提高了试件的含钢率，在试件受力初期有效地限制了试件的竖向变形；除此之外，试件 CFST-1、CFST-2、CFST-3、CFST-4 不同变形阶段的 $\varepsilon_h/|\varepsilon_s|$ 绝大部分在 0.2 左右，并无明显变化的规律；而试件 CFST-5 在不同变形阶段的 $\varepsilon_h/|\varepsilon_s|$ 绝大部分在 0.5 左右，试件 CFST-6 在不同变形阶段的 $\varepsilon_h/|\varepsilon_s|$ 绝大部分大于 0.5，且随着变形的增加，$\varepsilon_h/|\varepsilon_s|$ 越来越大，说明柱内加入横隔板后，有效保证了试件竖向及横向同时受力变形，保证了外部钢板与混凝土的协同工作，受力过程中可吸收更多的能量，更加充分地发挥了外部钢板的作用；柱内增加拉结筋和栓钉的试件 CFST-3、CFST-4 并未为外部钢板的均匀受力起到明显作用。

2.3 承载力计算

2.3.1 极限轴压承载力计算

基于 Mander 等[3]提出的约束混凝土受压本构关系，考虑钢管、纵向加劲肋、横隔板对混凝土抗压强度的影响，进行轴压承载力计算。

1. 试件 CFST-1

如图 2-14 所示，假定矩形钢管对混凝土的约束分为有效约束区（阴影部分）和弱约束区（空白部分）两个部分；混凝土有效约束区与弱约束区的边界线为抛物线；其中，L 为钢管混凝土截面高度，B 为钢管混凝土截面宽度，t_1 为钢管壁厚，σ_{sv} 为钢管横向应力，σ'_{la} 为钢管对混凝土的平均约束应力。

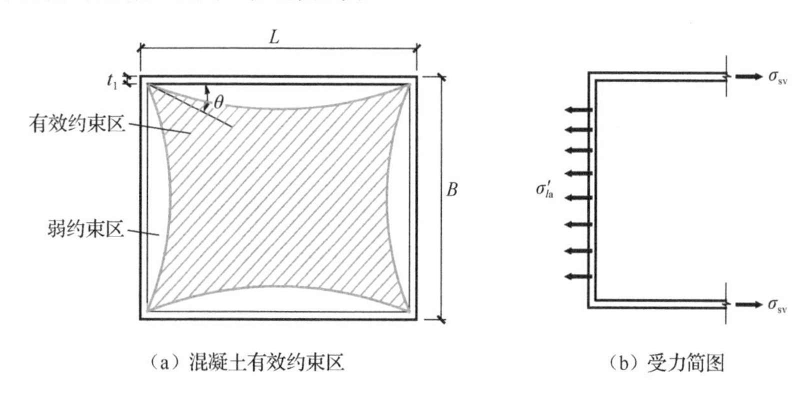

（a）混凝土有效约束区　　（b）受力简图

图 2-14　试件 CFST-1 截面有效约束区及受力

混凝土弱约束区面积 A'_1 为

$$A'_1 = 2\times\frac{(B-2t_1)^2\tan\theta}{6} + 2\times\frac{(L-2t_1)^2\tan\theta}{6} = \frac{\left[(B-2t_1)^2+(L-2t_1)^2\right]\tan\theta}{3} \tag{2-1}$$

有效约束区面积 A_1 为

$$A_1 = A_c - A'_1 = (B-2t_1)(L-2t_1) - \frac{\left[(B-2t_1)^2+(L-2t_1)^2\right]\tan\theta}{3} \tag{2-2}$$

式中，A_c 为横截面核心混凝土面积；θ 为抛物线起始点切线夹角，取 45°[4]。

取图 2-14（b）所示单元体进行分析，单元体沿纵向高度为 500mm。由力的平衡条件可得

$$2\times 500\sigma_{sv}t_1 = 500\sigma'_{la}\frac{(B-2t_1)+(L-2t_1)}{2} \tag{2-3}$$

则

$$\sigma'_{la} = \frac{4\sigma_{sv}t_1}{B+L-4t_1} \tag{2-4}$$

式中，σ_{sv} 为钢管横向应力，由文献[5]可得 σ_{sv} 为 $0.19f_y$；f_y 为钢管钢板屈服强度；σ'_{la} 为钢管对混凝土的平均约束应力。

由式（2-4）可得，钢管对混凝土有效约束应力 σ_{l1} 为

$$\sigma_{l1} = K_{e1}\sigma'_{la} \tag{2-5}$$

式中，K_{e1} 为横向有效约束系数，等于混凝土有效约束区截面面积与混凝土截面面积的

比值，即 $K_{e1}=A_1/A_c$。

参照文献[6]，核心约束混凝土抗压强度为

$$f_{cc}=f_{co}\left(-1.254+2.254\sqrt{1+\frac{7.94\sigma_{l1}}{f_{co}}}-\frac{2\sigma_{l1}}{f_{co}}\right) \tag{2-6}$$

式中，f_{co} 为混凝土轴心抗压强度。

综上可得承载力

$$N=\sigma_s A_s+f_{cc}A_c \tag{2-7}$$

式中，σ_s 为钢管纵向应力，$\sigma_s=0.89f_y$[5]；A_s 为钢管截面面积；f_{cc} 为核心约束混凝土抗压强度。

2. 试件 CFST-2 ~ 试件 CFST-4

试验结果表明：试件 CFST-2 在试件 CFST-1 基础上加设竖向加劲肋后，承载力明显提高；试件 CFST-3 在试件 CFST-2 基础上加设横向拉结筋后，与试件 CFST-2 承载力接近，这与拉结筋设置的量值不大有关；试件 CFST-4 在试件 CFST-3 基础上加设栓钉后，与试件 CFST-2 承载力接近。因拉结钢筋及栓钉对试件承载力贡献很小，故试件 CFST-3、CFST-4 的承载力计算中，不考虑拉结筋及栓钉对承载力的贡献，即试件 CFST-2～试件 CFST-4 的承载力计算式相同。

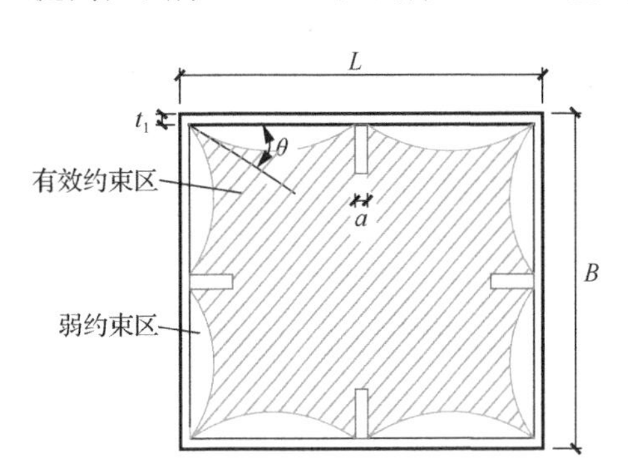

图 2-15　试件 CFST-2 截面有效约束区

因竖向加劲肋强化钢板的约束作用，混凝土截面弱约束区与试件 CFST-1 截面相比明显减小。试件 CFST-2 截面有效约束区如图 2-15 所示。

弱约束区面积 A_2' 为

$$A_2'=\frac{4\times\left[\left(\frac{1}{2}B-t_1-\frac{1}{2}a\right)^2+\left(\frac{1}{2}L-t_1-\frac{1}{2}a\right)^2\right]\tan\theta}{6}=\frac{(B+L-4t_1-2a)\tan\theta}{6} \tag{2-8}$$

有效约束区面积 A_2 为

$$A_2=A_c-A_2' \tag{2-9}$$

引入式（2-4）并考虑横向有效约束系数可得，带竖向加劲肋钢管对混凝土有效约束应力 σ_{l2} 为

$$\sigma_{l2}=K_{e2}\sigma_{la}' \tag{2-10}$$

式中，K_{e2} 为横向有效约束系数，等于混凝土有效约束区面积与混凝土截面面积的比值，即 $K_{e2}=A_2/A_c$。

核心约束混凝土抗压强度为

$$f_{cc}=f_{co}\left(-1.254+2.254\sqrt{1+\frac{7.94\sigma_{l2}}{f_{co}}}-\frac{2\sigma_{l2}}{f_{co}}\right) \tag{2-11}$$

叠加钢管、竖向加劲肋和核心约束混凝土部分的承载力，可得

$$N=\sigma_s A_s+f_j A_j+f_{cc}A_c \tag{2-12}$$

式中，f_j 为竖向加劲肋屈服强度；A_j 为竖向加劲肋截面面积。

3. 试件 CFST-5

试件 CFST-5 中设置了横隔板，横隔板增强了钢管沿竖向对混凝土的约束。试件 CFST-5 沿竖向约束及受力如图 2-16 所示。

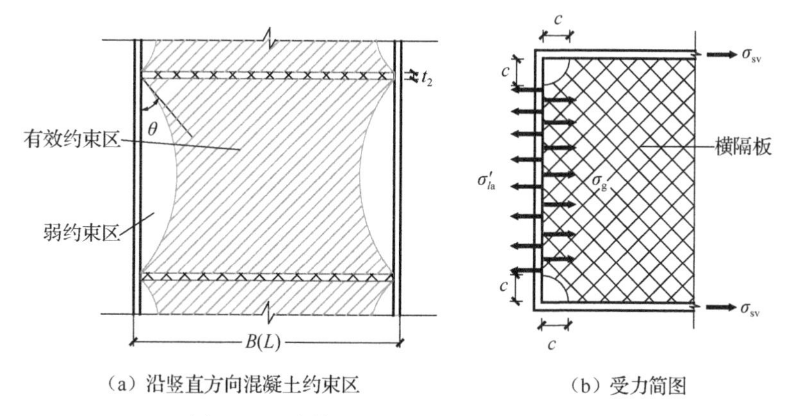

(a) 沿竖直方向混凝土约束区　　(b) 受力简图

图 2-16　试件 CFST-5 沿竖向约束及受力

有效约束效应系数为

$$K_{e3}=\frac{A_3(1-\lambda)}{A_c'} \tag{2-13}$$

式中，λ 为横隔板开孔率；A_c' 为上下横隔板与钢管所围混凝土截面面积；A_3 为竖向混凝土有效约束区面积。

$$A_3=A_c'-A_3'=A_c'-\frac{(500-t_2)^2\tan\theta}{6} \tag{2-14}$$

式中，A_3' 为竖向混凝土弱约束区。

取如图 2-16（b）所示单元体进行分析，单元体沿试件高度取 500mm（横隔板上下各 250mm），由力的平衡条件，可得

$$2\times 500\sigma_{sv}t_1+\sigma_g\frac{(B-2t_2-2c)+(l-2t_2-2c)}{2}=500\sigma_{lb}'\frac{(B-2t_1)+(l-2t_1)}{2} \tag{2-15}$$

则

$$\sigma_{lb}'=\frac{4\sigma_{sv}t_1+500\sigma_g(B+L-4t_2-4c)}{500(B+L-4t_1)} \tag{2-16}$$

式中，σ_{lb}' 为带横隔板钢管对混凝土的平均约束应力；σ_g 为横隔板应力，根据试验所测

横隔板应变 σ_g 取其屈服强度。

引入式（2-16）并考虑横向、纵向有效约束系数可得，带横隔板钢管对混凝土有效约束应力 σ_{l3} 为

$$\sigma_{l3} = K_e \sigma'_{lb} \tag{2-17}$$

式中，K_e 为同时考虑横向约束效应和纵向约束效应所得带横隔板钢管混凝土试件综合约束效应，其计算式为

$$K_e = K_{e2} K_{e3} \tag{2-18}$$

核心约束混凝土抗压强度 f_{cc} 为

$$f_{cc} = f_{co}\left(-1.254 + 2.254\sqrt{1 + \frac{7.94\sigma_{l3}}{f_{co}}} - \frac{2\sigma_{l3}}{f_{co}}\right) \tag{2-19}$$

可得试件 CFST-5 承载力 $N = \sigma_s A_s + f_j A_j + f_{cc} A_c$。

4. 试件 CFST-6

对于试件 CFST-6 的承载力计算，在试件 CFST-5 承载力计算基础上，考虑腔体内钢筋骨架纵筋对承载力的贡献，计算式为

$$N = \sigma_s A_s + f_j A_j + f_{s1} A_{sl} + f_{cc} A_c \tag{2-20}$$

式中，f_{s1} 为纵筋屈服强度；A_{sl} 为纵筋截面面积。

2.3.2 轴压承载力试验值与计算值比较

试件轴压承载力的比较见表 2-5。由表 2-5 可知，试件轴压承载力的试验值 N_{ue} 与公式计算值 N_{uc} 的比值 N_{ue}/N_{uc} 为 0.98～1.04，与有限元计算值 N_{us} 的比值 N_{ue}/N_{us} 为 0.94～1.02，符合较好。

表 2-5　试件轴压承载力的比较

试件编号	N_{ue}/MN	N_{uc}/MN	N_{us}/MN	N_{ue}/N_{uc}	N_{ue}/N_{us}
CFST-1	23.026	23.380	24.588	0.98	0.94
CFST-2	25.102	24.776	25.491	1.01	0.98
CFST-3	25.134	24.776	26.306	1.01	0.96
CFST-4	25.161	24.776		1.02	
CFST-5	29.971	28.704	29.260	1.04	1.02
CFST-6	30.303	29.145	29.964	1.04	1.01

注：N_{ue}、N_{uc}、N_{us} 分别为试件轴压承载力的试验值、公式计算值、有限元计算值。

2.4 数 值 分 析

2.4.1 模型建立

通过选取合理的材料本构关系，建立精细的有限元分析模型，并将试验结果与数值模拟结果进行比较分析。在此基础上，改变影响试件力学性能的主要设计参数，进行有

限元拓展分析，探讨不同设计参数对矩形钢管混凝土柱轴压受力性能的影响规律。

混凝土选用损伤塑性模型进行模拟，本构关系参照文献[7]建议的方钢管混凝土应力-应变关系，可较好地反映套箍系数对钢管内约束混凝土力学性能的影响，混凝土应力-应变关系曲线如图 2-17（a）所示。计算套箍系数时，横隔板和水平拉结筋按照等体积配钢率原则转换为横截面钢材面积。混凝土抗压强度和弹性模量根据材料性能试验结果确定，泊松比取 0.2。钢管及钢筋采用软件中提供的等向弹塑性模型模拟，钢材应力-应变关系采用理想弹塑性模型，即屈服后的应力-应变曲线简化为平直线，如图 2-17（b）所示。图 2-17 中，E_s 为钢材的弹性模量，钢材屈服强度 f_y、弹性模量取实测值，泊松比取 0.3。

$$y=\begin{cases}2x-x^2 & x\leqslant 1\\ \dfrac{x}{\beta_0(x-1)^{\eta}+x} & x>1\end{cases}\tag{2-21}$$

$$x=\frac{\varepsilon}{\varepsilon_0},\quad y=\frac{\sigma}{\sigma_0}\tag{2-22}$$

$$\sigma_0=f_c'\tag{2-23}$$

$$\varepsilon_0=\varepsilon_c+800\xi^{0.2}\cdot 10^{-6}\tag{2-24}$$

$$\varepsilon_c=(1300+12.5f_c')\cdot 10^{-6}\tag{2-25}$$

$$\eta=1.3+1.5/x\tag{2-26}$$

$$\beta_0=\frac{(f_c')^{0.1}}{1.2\sqrt{1+\xi}}\tag{2-27}$$

以上式中：f_c' 为混凝土轴心抗压强度；ε_c 为混凝土峰值压应变；ε_0 为约束混凝土峰值压应变；ξ 为套箍系数。

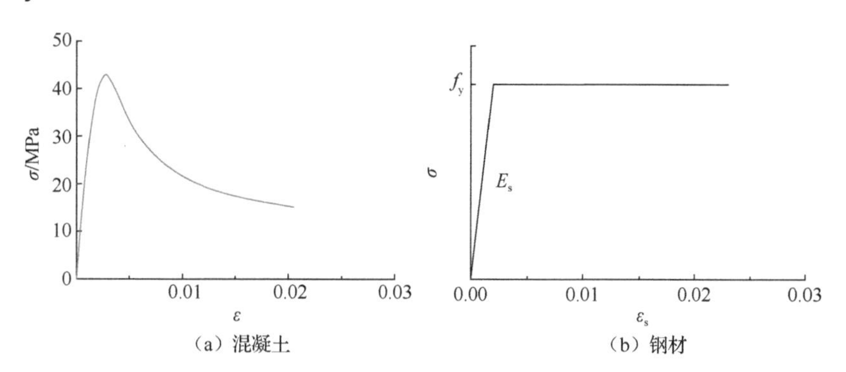

（a）混凝土　　（b）钢材

图 2-17　材料应力-应变关系曲线

单元选取及网格划分：混凝土采用 8 节点三维减缩积分实体单元 C3D8R，采用结构化网格划分技术；钢管、加劲肋及横隔板采用四节点缩减积分壳单元 S4R，采用中性轴算法的自由网格划分技术；钢筋采用三维桁架单元 T3D2。

根据文献[8]：钢管与内部混凝土界面法向接触采用“硬接触”，切向接触采用库仑摩擦模型，摩擦系数取 0.2；加劲肋与钢管之间采用绑定约束，忽略其与混凝土间的相互作用；横隔板与钢管之间采用绑定约束，与内部混凝土的接触同钢管与内部混凝土的接触相同。钢管混凝土柱底部采用约束所有平动自由度的边界条件，上部采用刚性块施加荷载，施加位移荷载，采用竖向一次性加载。

图 2-18 给出了其中 5 个试件轴向荷载-轴向位移（*N*-*Δ*）试验与有限元计算骨架曲线比较。由于试件 CFTS-4 的有限元分析结果与试件 CFTS-3 基本相同，故未给出试件 CFTS-4 的有限元分析结果。由图 2-18 可见，各试件计算所得 *N*-*Δ* 关系曲线与试验结果符合较好。由表 2-5 可见，试件轴压承载力的试验值与有限元计算值的比值 N_{ue}/N_{us} 为 0.94～1.02，也符合较好。

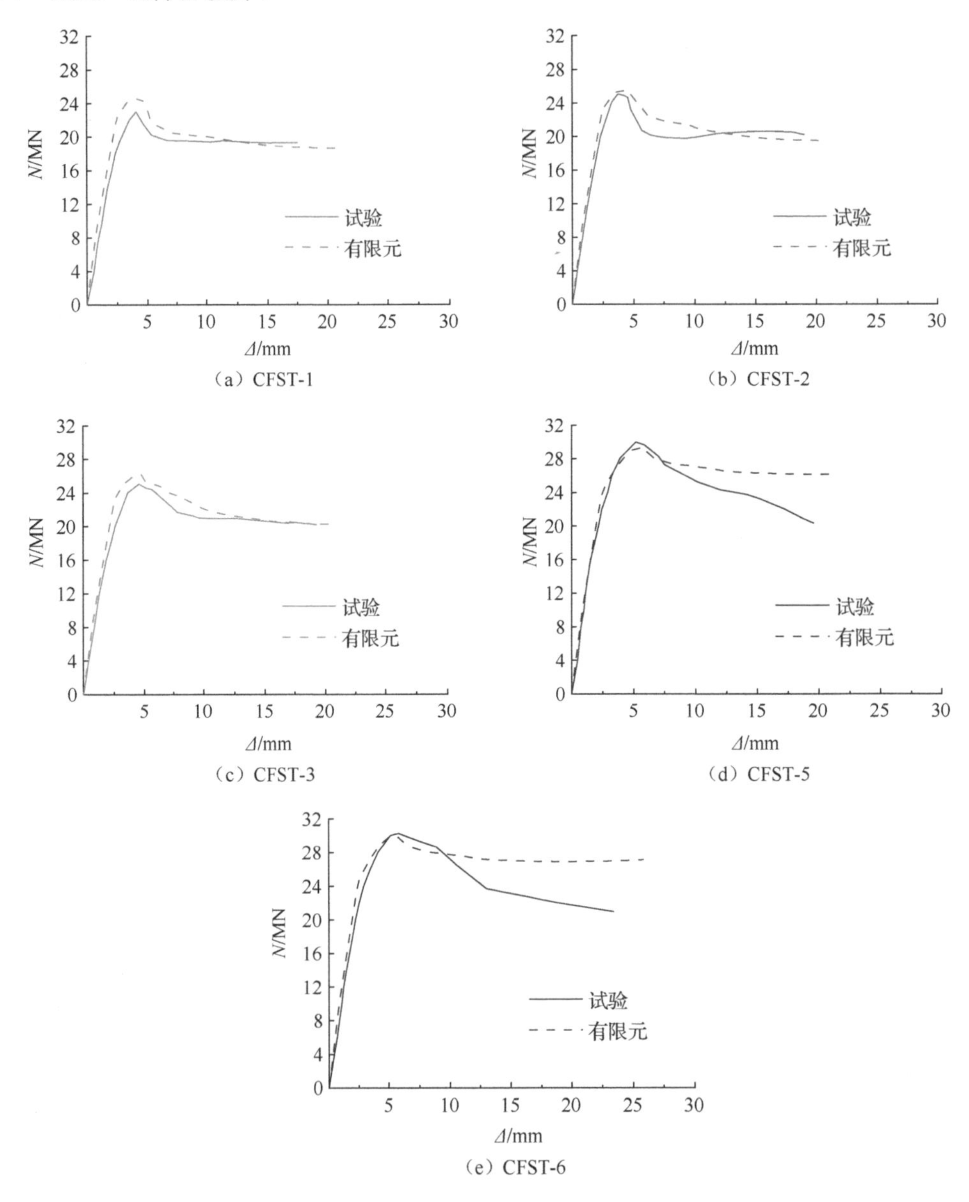

图 2-18　轴向荷载-轴向位移试验与有限元计算骨架曲线比较

图 2-19 给出了部分试件加载至极限荷载及加载至轴向位移 20mm 时，钢管的 von Mises 应力云图和混凝土损伤云图，为便于分析变形情况，变形缩放系数取为 5。可见各试件受力有限元分析结果与试验损伤特征符合较好。

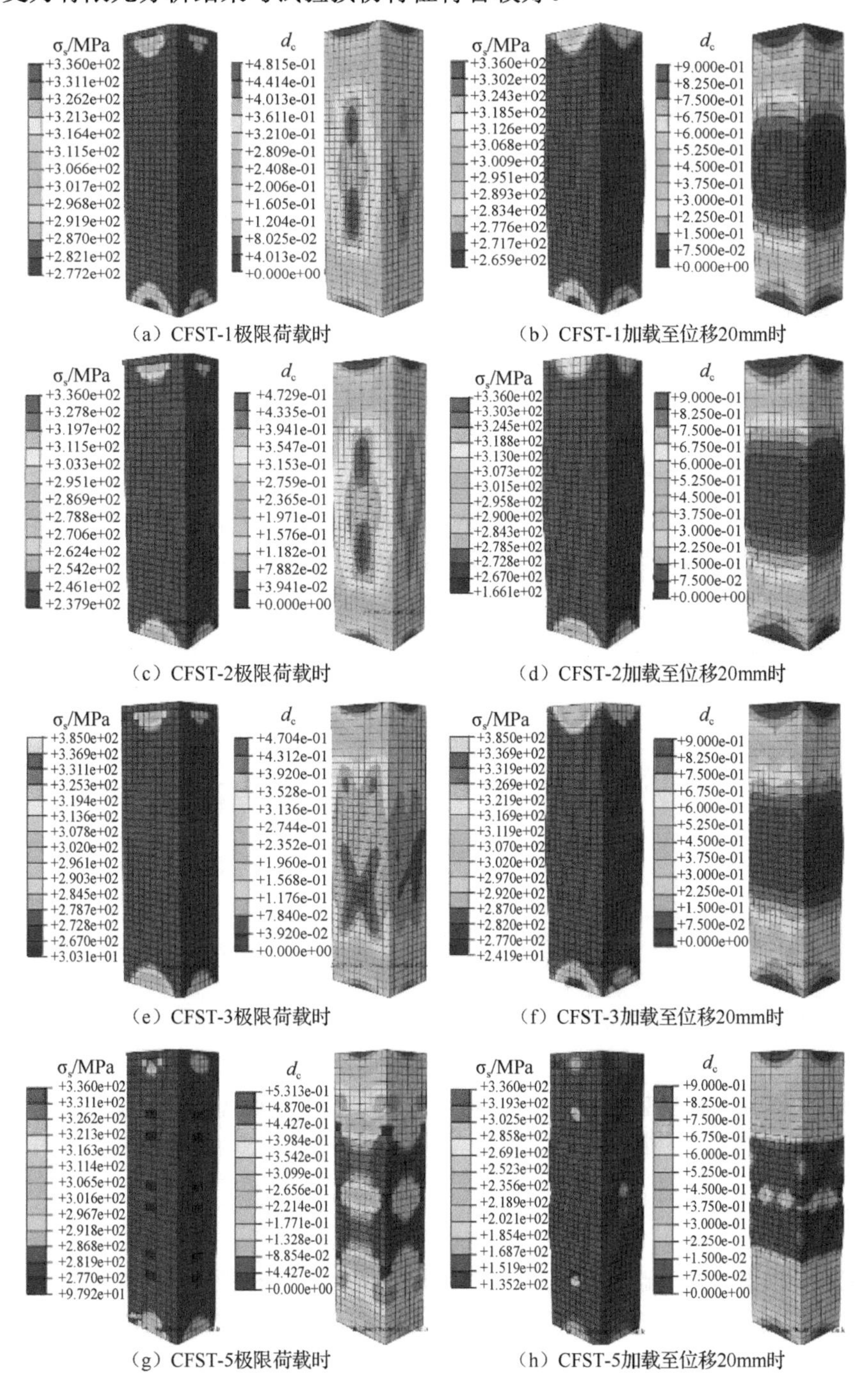

（a）CFST-1极限荷载时　（b）CFST-1加载至位移20mm时

（c）CFST-2极限荷载时　（d）CFST-2加载至位移20mm时

（e）CFST-3极限荷载时　（f）CFST-3加载至位移20mm时

（g）CFST-5极限荷载时　（h）CFST-5加载至位移20mm时

图 2-19　钢管的 von Mises 应力云图和混凝土损伤云图

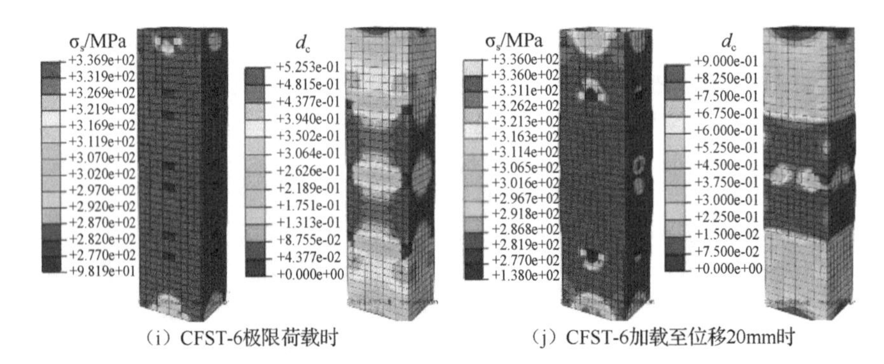

（i）CFST-6极限荷载时　　（j）CFST-6加载至位移20mm时

图 2-19（续）

2.4.2　参数分析

1. 横隔板厚度

以试件 CFST-5 为基础，设计了 6 个不同横隔板厚度的钢管混凝土柱模型，除横隔板厚度 t 不同外，其他参数均相同。6 个模型编号为 CFST-5a～CFST-5f，横隔板厚度分别为 4mm、8mm、12mm、16mm、20mm 和 24mm。不同横隔板厚度模型的轴向荷载-轴向位移(N-Δ)全过程曲线如图 2-20 所示，轴压承载力有限元计算值-横隔板厚度(N_{us}-t)关系曲线如图 2-21 所示。由图 2-21 可见：随着横隔板厚度增加，试件承载力提高，但提高的幅度逐渐减小。

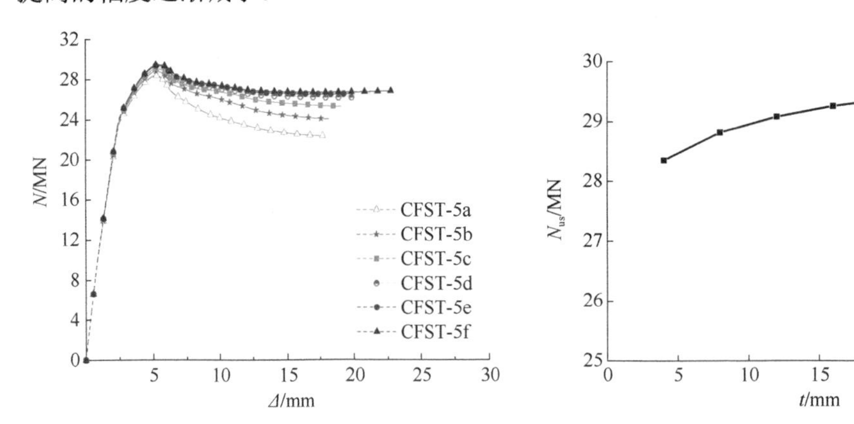

图 2-20　不同横隔板厚度模型的轴向荷载-轴向位移全过程曲线

图 2-21　轴压承载力有限元计算值-横隔板厚度关系曲线

2. 混凝土强度等级

以试件 CFST-5 为基础，设计了 5 个不同混凝土强度的模拟钢管混凝土柱模型，除混凝土强度不同外，其他参数均相同。5 个模型编号分别为 CFST-5A～CFST-5E，混凝土强度等级分别为 C30、C35、C40、C45 和 C50。不同混凝土强度模型的轴向荷载-轴向位移(N-Δ)全过程曲线如图 2-22 所示，轴压承载力有限元计算值-混凝土强度(N_{us}-$f_{c,m}$)关系曲线如图 2-23 所示。由图 2-23 可见，随着混凝土强度提高，试件的承载力明显提高。

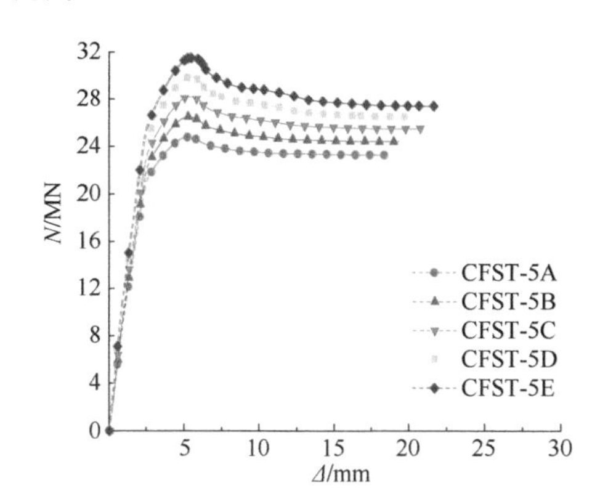

图 2-22　不同混凝土强度模型的 N-Δ 全过程曲线

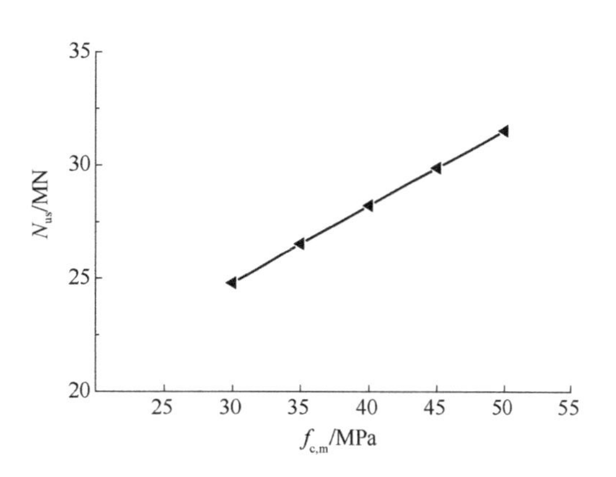

图 2-23　轴压承载力与混凝土强度关系曲线

3. 矩形钢管壁厚

以试件 CFST-5 为基础，设计了 6 个不同钢管壁厚的矩形钢管混凝土柱模型，除钢管壁厚不同外，其他参数均与试件 CFST-5 相同。6 个模型编号为 CFST-5Ⅰ～CFST-5Ⅵ，钢管壁厚分别为 8mm、12mm、16mm、20mm、24mm 和 28mm。计算所得不同钢管厚度模型的轴向荷载-轴向位移（N-Δ）全过程曲线如图 2-24 所示，轴压承载力有限元计算值-钢管壁厚（N_{us}-t）关系曲线如图 2-25 所示。由图 2-25 可见：钢管壁厚增加，试件承载力和刚度均明显增大。

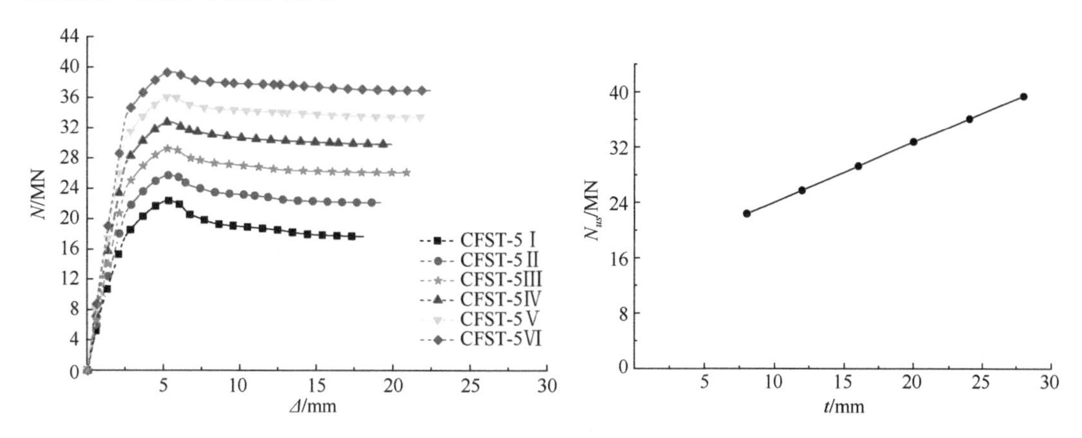

图 2-24　不同钢管厚度模型的轴向荷载-轴向位移全过程曲线

图 2-25　轴压承载力有限元计算值-钢管壁厚关系曲线

2.5　小　　结

本章进行了不同构造的矩形钢管混凝土柱模型试件重复加载方式，研究了各试件的破坏过程、滞回曲线、承载力、耗能、刚度退化和应变，分析了腔体内加设竖向加劲肋、水平拉结筋、栓钉、横隔板和钢筋骨架对试件轴压性能的影响，并对试件轴压性能进行了有限元模拟，主要结论如下。

（1）设置竖向加劲肋，可明显提高试件刚度、承载力、延性和耗能；竖向肋板间焊接水平拉结筋后，对试件前期受力性能影响不大，这与试件水平拉结筋量值较小有关，但在试件后期变形过程中仍可有效约束截面横向变形，提高受力性能；钢管内壁焊接栓钉，对极限荷载前的受力性能影响不大，达极限荷载后栓钉发挥了增强钢管与混凝土共同工作性能的作用，减慢了性能退化。

（2）钢管腔体内设置横隔板后，试件初始刚度有所增大，承载力、耗能能力显著提高；钢管腔体内增设钢筋骨架后，对极限荷载前的性能影响不大，试件达承载力后，钢筋骨架发挥了对混凝土的约束作用，试件后期受力性能稳定，延性明显提高。

（3）提出了矩形钢管混凝土柱腔体无构造、设置竖向加劲肋、水平拉结筋、栓钉、横隔板、钢筋骨架 6 种情况 4 种类型的轴压承载力计算方法，计算结果与试验符合较好。

（4）有限元分析结果表明：钢管腔体内横隔板厚度增加，试件承载力提高，但提高的比例逐渐变小；钢管腔体内混凝土强度提高，或钢管壁厚增厚，试件承载力均明显提高；钢管壁厚应与混凝土强度合理匹配。

作者与奥雅纳工程咨询（上海）有限公司北京分公司、北京市建筑设计研究院有限公司合作，以北京中国尊大厦巨型柱截面长轴两端受力较大的矩形截面腔体为原型，进行了 6 个 1/4 缩尺不同构造的矩形钢管混凝土柱模型试件的轴向重复加载试验及理论分析。

本章研究为北京中国尊大厦及类似工程巨型框架的多腔钢管混凝土巨型柱腔体构造设计提供了依据。

参 考 文 献

[1] 牛海成, 曹万林. 钢管高强再生混凝土柱轴压性能试验研究[J]. 建筑结构学报, 2015, 36(6): 128-136.

[2] 曹万林, 牛海成. 圆钢管高强再生混凝土柱重复加载偏压试验[J]. 哈尔滨工业大学学报, 2015, 47(12): 31-37.

[3] Mander J B, Priestley M J N, Park R. Theoretical stress-strain model for confined concrete[J]. Journal of Structural Engineering, 1988, 114(8):1804-1826.

[4] 查晓雄, 黎玉婷, 钟善桐. 圆形、多边形、实、空心钢管混凝土柱轴压组合强度统一公式[J]. 钢结构, 2010(增刊): 177-181.

[5] Sakino K, Nakahara H, Nishiyama M S. Behavior of centrally loaded concrete-filled steel-tube short columns[J]. Journal of Structural Engineering, 2004, 130(2): 180-188.

[6] Huang C S, Yeh Y K, Liu G Y, et al. Axial load behavior of stiffened concrete-filled steel columns[J]. Journal of Structural Engineering, 2002, 128(9): 1222-1230.

[7] 韩林海, 陶忠. 钢管混凝土结构:理论与实践[J]. 福州大学学报, 2001, 29(6): 24-34.

[8] Baltay P, Gjelsvik A. Coefficient of friction for steel on concrete at high normal stress[J]. Journal of Materials in Civil Engineering, 1990, 2(1): 46-49.

第 3 章　矩形钢管混凝土柱往复拉压性能

3.1　试 验 概 况

3.1.1　试件设计

试验共设计了 4 个矩形钢管混凝土柱模型试件，4 个试件的编号分别为 DZ-1、DZ-2、DZ-3、DZ-4，其中试件 DZ-1、DZ-2、DZ-3 为轴心拉压往复加载试件，试件 DZ-4 为偏心往复拉压加载试件。为研究钢管内壁设置栓钉时与不设置栓钉时受力性能的差异，4 个试件均采用了在同一个试件中 1/2 杆长范围内设置栓钉，另外 1/2 杆长范围内不设置栓钉的设计方案。

模型柱的总长度为 3120mm，其中两端矩形截面钢板厚度为 60mm，杆长取中部等截面杆长为 3000mm。考虑试件两端与加载装置固定后试件两端的支撑条件介于铰接与固接之间，杆长的确定取模型柱总长度为 3000mm，这样可以避免轴心往复拉压条件下试件沿弱轴发生整体失稳破坏。

4 个矩形钢管混凝土柱模型试件的截面轮廓尺寸均为 280mm×370mm。钢管钢板厚度分 3mm 和 6mm 两种，3mm 厚度钢板矩形钢管混凝土柱的配钢率为 3.73%，6mm 厚度钢板矩形钢管混凝土柱的配钢率为 7.39%。试件设计图如图 3-1 所示。

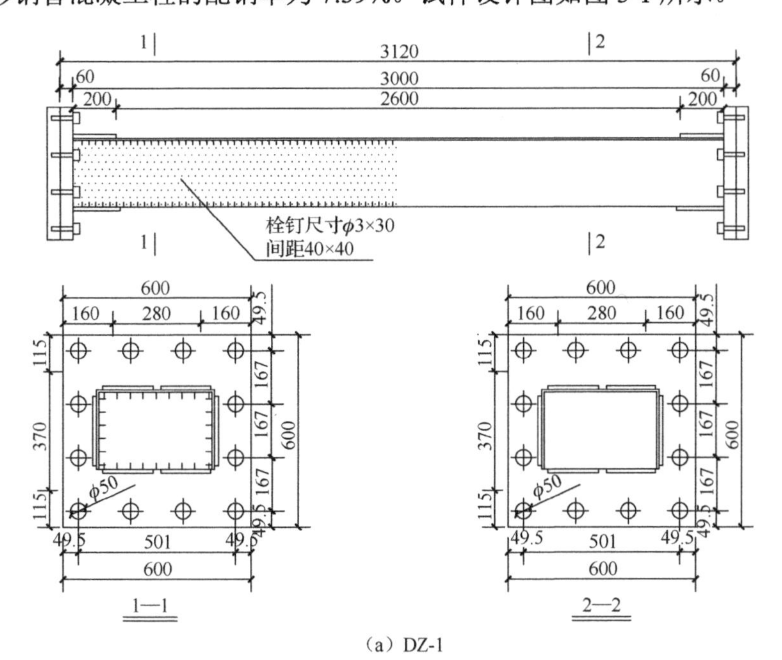

（a）DZ-1

图 3-1　试件设计图（尺寸单位：mm）

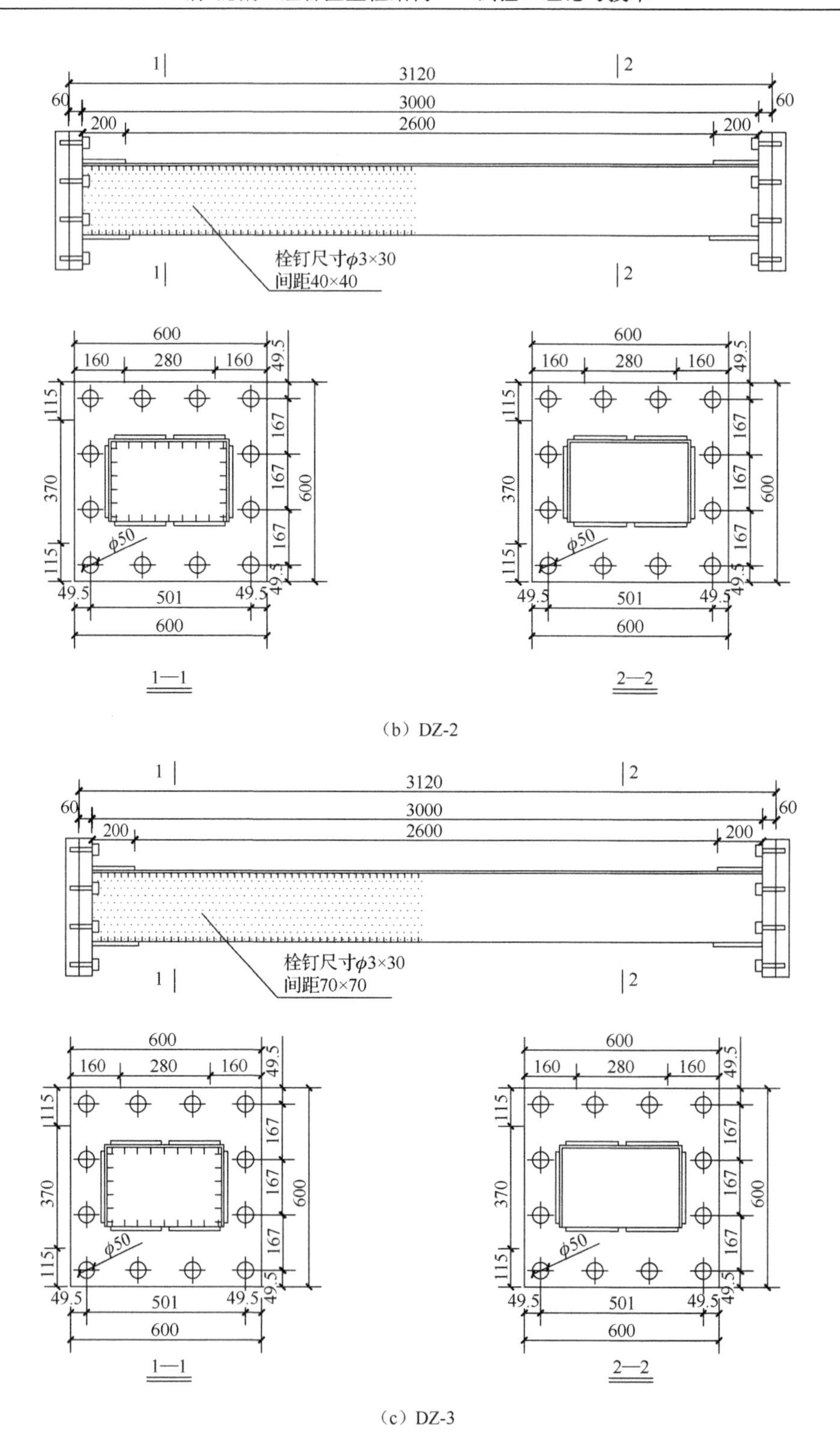
3120
3000
2600
60
200
栓钉尺寸φ3×30
间距40×40
1—1
2—2
600
160
280
501
49.5
115
370
167
φ50
（b）DZ-2
栓钉尺寸φ3×30
间距70×70
（c）DZ-3

图 3-1（续）

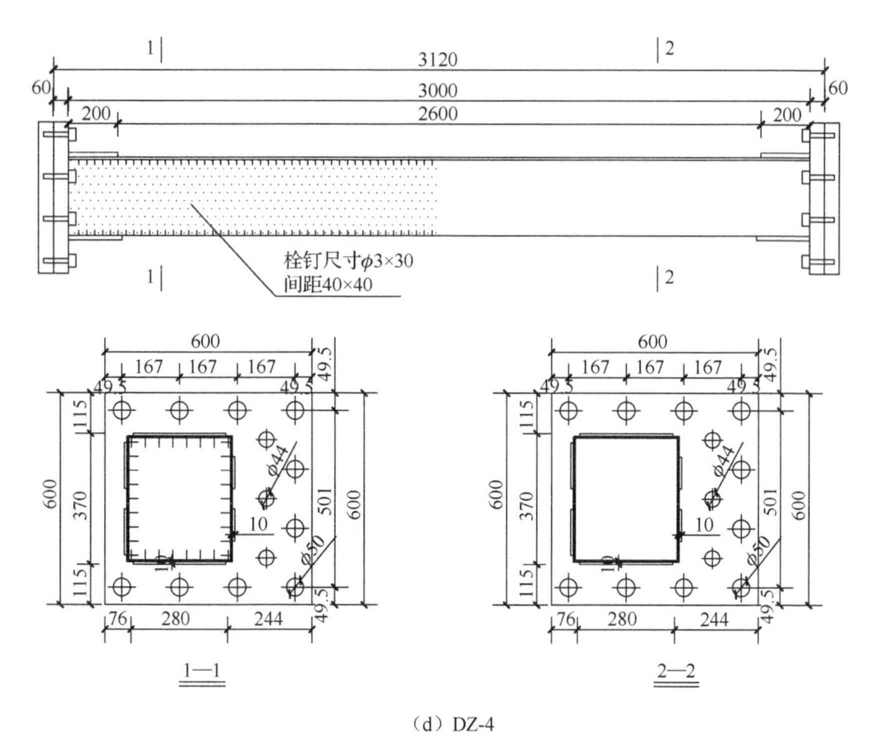

（d）DZ-4

图 3-1（续）

试件主要参数见表 3-1。为提高矩形钢管混凝土柱中钢板与腔体内混凝土共同工作性能，在各试件左段 1/2 杆长设置了栓钉，以与右段 1/2 杆长不设置栓钉的情况进行比较。栓钉直径为 3mm，长度为 30mm；栓钉间距分为两种，一种为 40mm× 40mm，另一种为 70mm×70mm。

表 3-1　试件主要参数

试件名称	截面面积/m^2	配钢率/%	钢板厚/mm	钢板强度等级	混凝土强度等级	偏心距/mm	栓钉间距
DZ-1	0.1036	3.73	3	Q235	C40	0	40mm×40mm
DZ-2	0.1036	7.39	6	Q235	C40	0	40mm×40mm
DZ-3	0.1036	7.39	6	Q235	C40	0	70mm×70mm
DZ-4	0.1036	7.39	6	Q235	C40	84	40mm×40mm

3.1.2　试件制作

矩形钢管采用钢板焊接而成，两端设计成矩形端头，同时对偏心往复拉压试件在矩形端头与柱体之间设置斜向钢板形成牛腿，这样既有利于端部荷载有效向柱体传递，又有利于试件的加载定位和保障其稳定性。矩形柱试件左端端头开设 1 个圆孔，便于混凝土灌入并振捣密实。矩形柱腔体内栓钉布置如图 3-2 所示，部分试件钢结构加工如图 3-3 所示。

图 3-2　矩形柱腔体内栓钉布置

图 3-3　部分试件钢结构加工

混凝土采用 C40 细石混凝土，实测标准立方体混凝土试块力学性能见表 3-2，实测钢材力学性能见表 3-3。

表 3-2　实测标准立方体混凝土试块力学性能

混凝土强度等级	养护天数/d	抗压强度$f_{cu,m}$/MPa	混凝土弹性模量E_c/MPa
C40	28	41.97	3.30×10^4

表 3-3　实测钢材力学性能

钢材类型	屈服强度f_y/MPa	极限强度f_u/MPa	延伸率 δ/%	钢材弹性模量E_s/MPa
3mm 厚钢板	293	445	25.6	2.05×10^5
6mm 厚钢板	285	416	30.0	2.03×10^5

3.1.3　加载方案及测点布置

采用往复拉压试验装置进行矩形钢管混凝土柱往复拉压试验，加载装置示意图如图 3-4 所示，加载现场如图 3-5 所示。在试件上布置两个电子百分表，其中百分表 1 用于测试试件有栓钉段钢管混凝土柱 1200mm 标距内的相对位移，用 Δ_1 表示，百分表 2 用于测试试件无栓钉段钢管混凝土柱 1200mm 标距内的相对位移，用 Δ_2 表示。偏心受力柱跨中挠度采用人工测量。在轴力加载过程中，作动器施加压力的方向为正，施加拉力的方向为负。

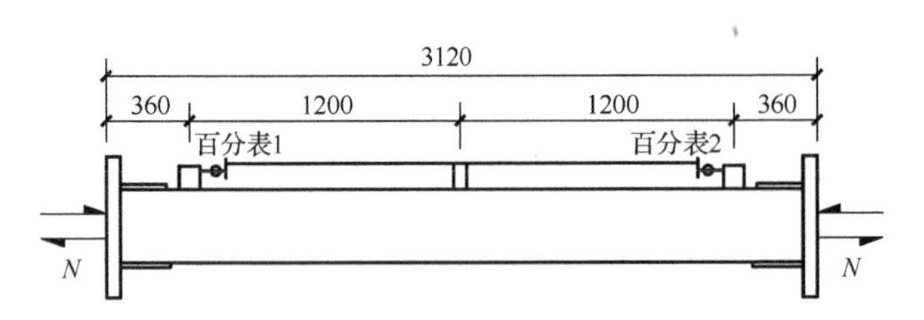

图 3-4　加载装置示意图（尺寸单位：mm）

图 3-5　加载现场

试验采用位移控制分级加载，试件达到极限荷载后仍继续加载，至试件受压时承载力下降到近 85%极限荷载或试件严重破坏时停止试验。

对于轴心往复拉压试件，在侧面钢板上布置应变测点，在试件长度方向的正中部布置一个应变测点，并以该应变测点为中心，向左右两端每隔 200mm 布置一个应变测点，共计布置了 13 个应变测点，编号分别为 $\varepsilon_{i\text{-}j}$（i=1，2，3，为试件序号；j=1，2，3，…，13，为测点）。对于偏心往复拉压试件，在两侧钢板上布置应变测点，在试件长度方向的正中部布置一个应变测点，并以该应变测点为中心，向左右两端每隔 200mm 布置一个应变测点，共计布置了 26 个应变测点，编号分别为 $\varepsilon_{4\text{-a}j}$、$\varepsilon_{4\text{-b}j}$（$j$=1，2，3，…，13）。各试件应变测点布置如图 3-6 所示。

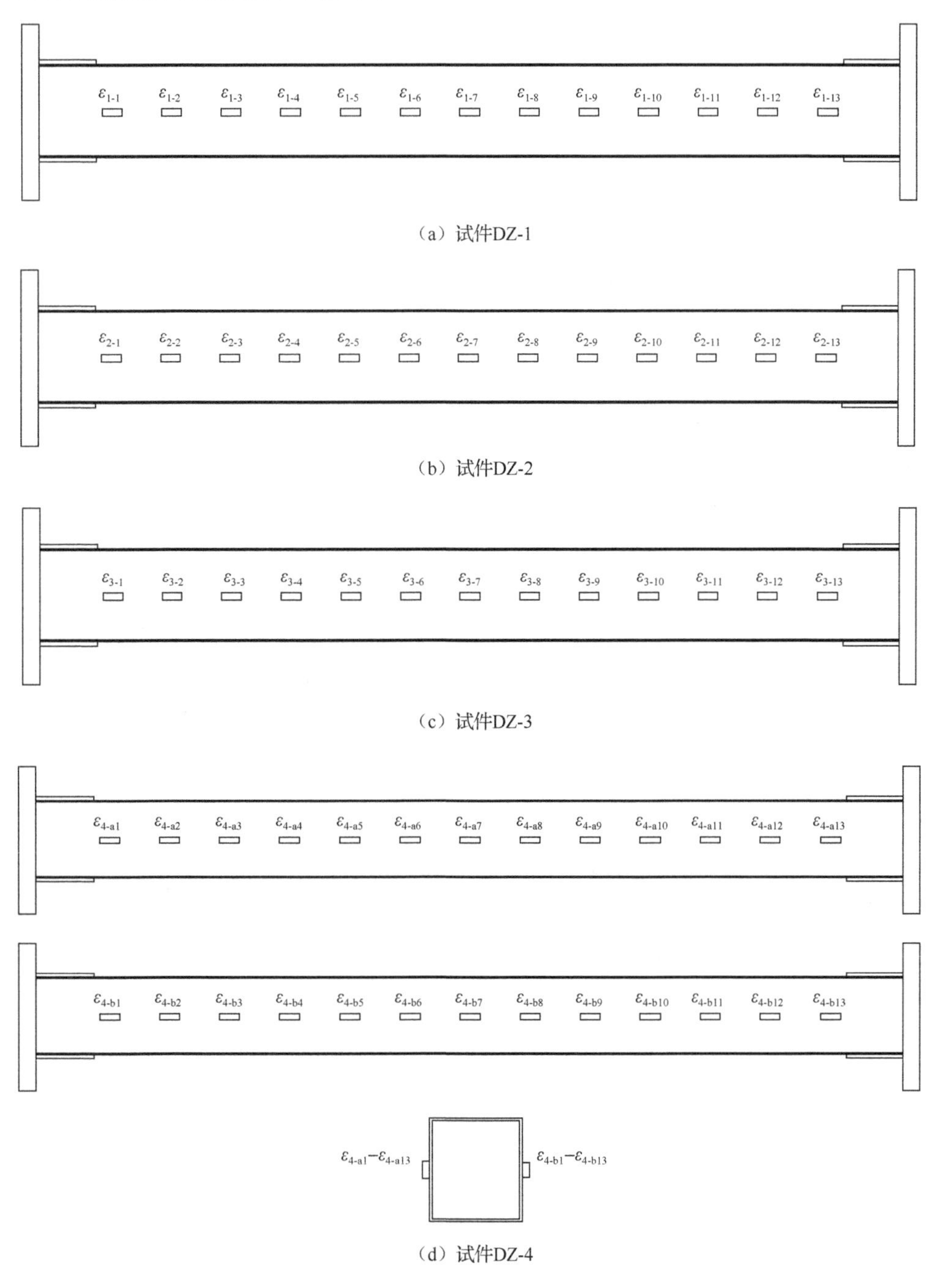

（a）试件DZ-1

（b）试件DZ-2

（c）试件DZ-3

（d）试件DZ-4

图 3-6　试件应变测点布置

3.2　试验结果及分析

3.2.1　承载力

实测所得各试件的受拉、受压的明显屈服荷载、极限荷载实测值见表 3-4。表 3-4 中 F_y 为试件的明显屈服荷载，受压为正、受拉为负；F_u 为试件极限荷载。

表 3-4　明显屈服荷载、极限荷载实测值

<table>
<tr><th rowspan="3">试件编号</th><th colspan="5">受拉</th><th colspan="5">受压</th></tr>
<tr><th colspan="3">F_y/kN</th><th colspan="2">F_u/kN</th><th colspan="3">F_y/kN</th><th colspan="2">F_u/kN</th></tr>
<tr><th>有栓钉段</th><th>无栓钉段</th><th>有栓钉段/无栓钉段</th><th>有栓钉段</th><th>无栓钉段</th><th>有栓钉段</th><th>无栓钉段</th><th>有栓钉段/无栓钉段</th><th>有栓钉段</th><th>无栓钉段</th></tr>
<tr><td>DZ-1</td><td>−989.36</td><td>−891.16</td><td>1.11</td><td>−1140.49</td><td>−1140.49</td><td>1694.77</td><td>1583.75</td><td>1.07</td><td>2235.17</td><td>2235.17</td></tr>
<tr><td>DZ-2</td><td>−1603.28</td><td>−1468.29</td><td>1.09</td><td>−1928.33</td><td>−1928.33</td><td>2299.39</td><td>2124.18</td><td>1.08</td><td>2603.12</td><td>2603.12</td></tr>
<tr><td>DZ-3</td><td>−1494.49</td><td>−1377.44</td><td>1.08</td><td>−1890.59</td><td>−1890.59</td><td>2214.18</td><td>2109.90</td><td>1.05</td><td>2509.20</td><td>2509.20</td></tr>
<tr><td>DZ-4</td><td>−1385.25</td><td>−1319.77</td><td>1.05</td><td>−1674.15</td><td>−1674.15</td><td>1891.76</td><td>1788.35</td><td>1.06</td><td>2289.48</td><td>2289.48</td></tr>
</table>

由表 3-4 可见：各试件受拉时，有栓钉段的屈服荷载比无栓钉段的屈服荷载高，其中试件 DZ-1 提高了 11%，试件 DZ-2 提高了 9%，试件 DZ-3 提高了 8%，试件 DZ-4 提高了 5%；各试件受压时有栓钉段的屈服荷载比无栓钉段的屈服荷载高，其中试件 DZ-1 提高了 7%，试件 DZ-2 提高了 8%，试件 DZ-3 提高了 5%，试件 DZ-4 提高了 5%。这说明栓钉能够提高钢板与混凝土共同工作的性能，延缓构件发生局部屈曲。栓钉对提高构件的承载力有一定作用。

3.2.2　刚度

实测所得试件在各阶段有栓钉段与无栓钉段受拉时的刚度列于表 3-5，试件各阶段有栓钉段与无栓钉段受压时的刚度列于表 3-6。表 3-5、表 3-6 中 K_0、K_y、K_u 分别为初始弹性刚度、明显屈服割线刚度、极限荷载时的割线刚度；$\beta_{y0}=K_y/K_0$ 为屈服刚度与初始刚度的比值，它表示试件从初始到屈服时刚度的衰减度。

表 3-5　各阶段有栓钉段与无栓钉段受拉时刚度

<table>
<tr><th rowspan="2">试件编号</th><th colspan="2">K_0/(kN/mm)</th><th colspan="2">K_y/(kN/mm)</th><th colspan="2">K_u/(kN/mm)</th><th colspan="2">β_{y0}</th></tr>
<tr><th>有栓钉段</th><th>无栓钉段</th><th>有栓钉段</th><th>无栓钉段</th><th>有栓钉段</th><th>无栓钉段</th><th>有栓钉段</th><th>无栓钉段</th></tr>
<tr><td>DZ-1</td><td>988</td><td>933</td><td>634</td><td>586</td><td>483</td><td>473</td><td>0.64</td><td>0.63</td></tr>
<tr><td>DZ-2</td><td>1658</td><td>1624</td><td>996</td><td>947</td><td>730</td><td>706</td><td>0.60</td><td>0.58</td></tr>
<tr><td>DZ-3</td><td>1634</td><td>1600</td><td>934</td><td>894</td><td>727</td><td>690</td><td>0.57</td><td>0.56</td></tr>
<tr><td>DZ-4</td><td>1560</td><td>1534</td><td>888</td><td>862</td><td>664</td><td>639</td><td>0.57</td><td>0.56</td></tr>
</table>

表 3-6　各阶段有栓钉段与无栓钉段受压时刚度

试件编号	K_0/(kN/mm)		K_y/(kN/mm)		K_u/(kN/mm)		β_{y0}	
	有栓钉段	无栓钉段	有栓钉段	无栓钉段	有栓钉段	无栓钉段	有栓钉段	无栓钉段
DZ-1	6133	6099	3025	2931	2829	2693	0.49	0.48
DZ-2	7144	6951	3897	3726	3062	2829	0.55	0.54
DZ-3	7012	6944	3818	3709	3023	2757	0.54	0.53
DZ-4	6552	6518	3438	3311	2972	2692	0.52	0.51

由表 3-5 可知，试件受拉时，有栓钉段的初始刚度、屈服刚度与极限刚度比无栓钉段的刚度均大，有栓钉段的刚度衰减比无栓钉段的刚度衰减慢。由表 3-6 可知，试件受压时，有栓钉段的初始刚度、屈服刚度与极限刚度比无栓钉段的刚度均大，有栓钉段的刚度衰减比无栓钉段的刚度衰减慢，说明加设栓钉可减缓试件刚度的退化。

实测所得试件 DZ-1、DZ-2、DZ-3、DZ-4 有栓钉段和无栓钉段的轴向刚度-轴向应变（K-ε）曲线的比较分别如图 3-7 所示。在图 3-7 中，纵坐标 K 为轴向刚度，它由轴向力 F 与杆件有栓钉段或无栓钉段 1200mm 标距内相对位移的比值确定；横坐标 ε 为杆件有栓钉段或无栓钉段 1200mm 标距内的轴向应变。

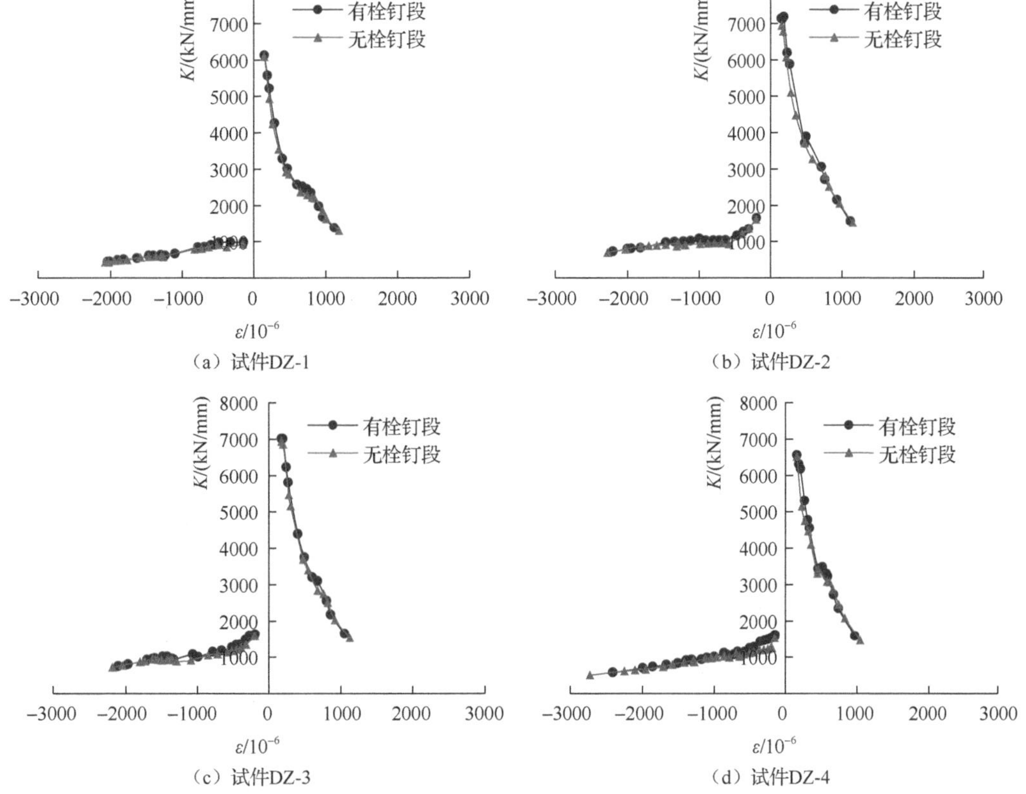

（a）试件DZ-1　（b）试件DZ-2　（c）试件DZ-3　（d）试件DZ-4

图 3-7　轴向刚度-轴向应变（K-ε）关系曲线

由图 3-7 可知，各试件的抗压刚度（规定压应变为正、拉应变为负）明显大于抗拉刚度；抗拉时，各试件有栓钉段和无栓钉段的刚度退化规律在某一时段内比较接近，但无栓钉段在抗拉的后期出现部分截面钢板屈服发展较快的现象，因此其后期刚度不够稳定。抗压时，总体上有栓钉段工作性能较为稳定。无栓钉段在弹塑性变形阶段出现了某些截面在拉压反复荷载过程中钢板拉屈服再受压屈服的现象，这一现象表明无栓钉段特别容易出现局部区域截面先破坏的现象，进而导致整个试件刚度急剧下降，直至丧失承载力。

3.2.3　位移

实测所得各试件受拉、受压时的特征位移值分别列于表 3-7 和表 3-8。表 3-7、表 3-8 中 Δ_y 为屈服位移；Δ_u 为与极限荷载对应位移，定义为弹塑性位移。

表 3-7　试件受拉特征位移

试件编号	Δ_y/mm		Δ_u/mm	
	有栓钉段	无栓钉段	有栓钉段	无栓钉段
DZ-1	1.56	1.53	2.36	2.41
DZ-2	1.61	1.55	2.64	2.73
DZ-3	1.60	1.54	2.60	2.72
DZ-4	1.56	1.52	2.52	2.62

表 3-8　试件受压特征位移

试件编号	Δ_y/mm		Δ_u/mm	
	有栓钉段	无栓钉段	有栓钉段	无栓钉段
DZ-1	0.56	0.54	0.79	0.83
DZ-2	0.59	0.57	0.85	0.92
DZ-3	0.58	0.57	0.81	0.91
DZ-4	0.55	0.54	0.77	0.85

由表 3-7、表 3-8 可见，同一试件中屈服位移有栓钉段较大，而弹塑性位移无栓钉段较大；试件 DZ-2 比试件 DZ-3 的延性好，说明减小矩形钢管混凝土柱腔体内的栓钉间距可提高试件的延性。

3.2.4　荷载-位移曲线

实测各试件的荷载-位移（F-Δ）滞回曲线如图 3-8 所示，相应的骨架曲线如图 3-9 所示，其中，轴向荷载 F 为加载装置对试件所施加的拉压往复荷载，轴向位移 Δ 为试件有栓钉段 1200mm 标距内和无栓钉段 1200mm 标距内的相对位移。

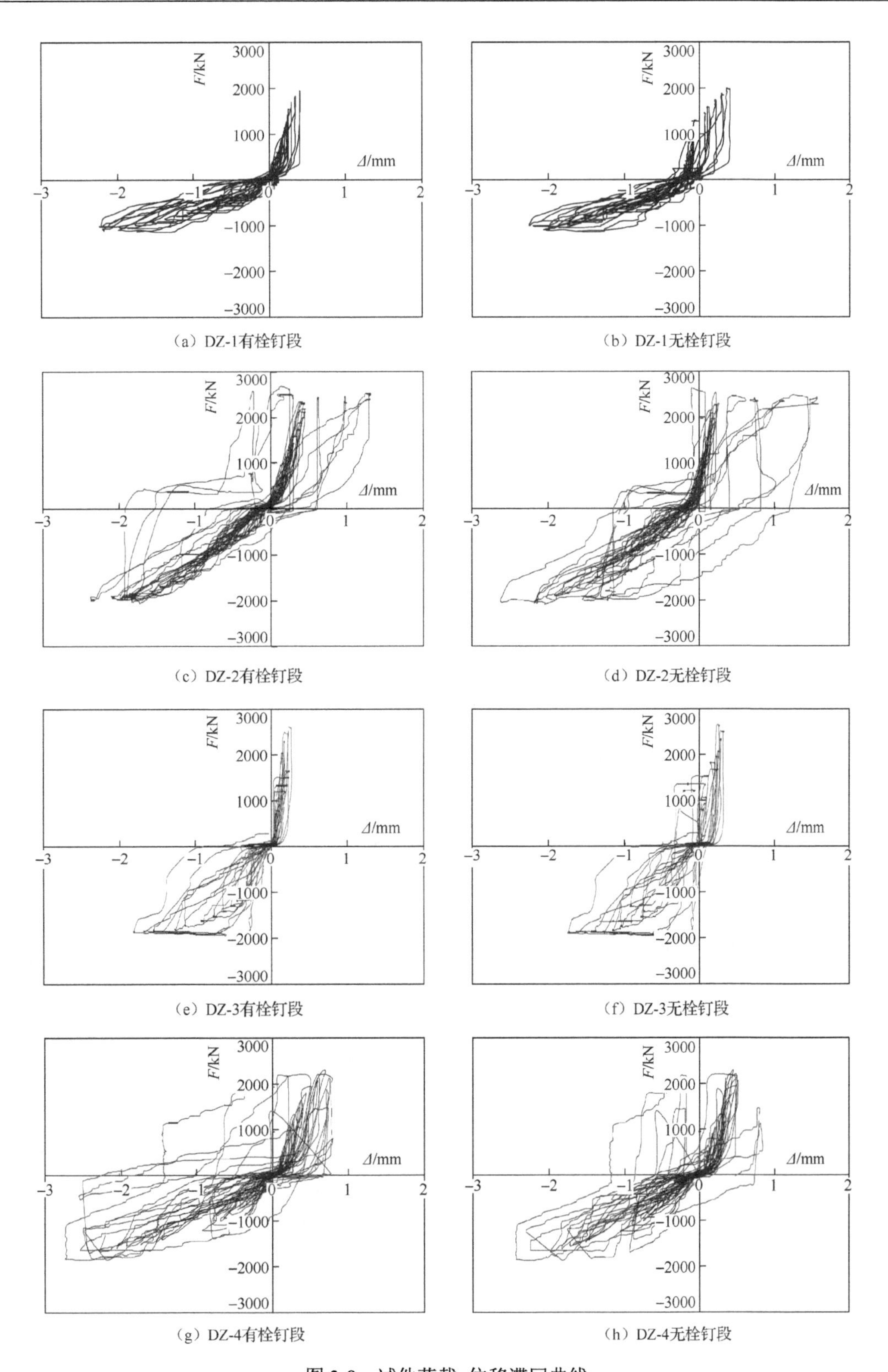

（a）DZ-1有栓钉段　（b）DZ-1无栓钉段

（c）DZ-2有栓钉段　（d）DZ-2无栓钉段

（e）DZ-3有栓钉段　（f）DZ-3无栓钉段

（g）DZ-4有栓钉段　（h）DZ-4无栓钉段

图3-8　试件荷载-位移滞回曲线

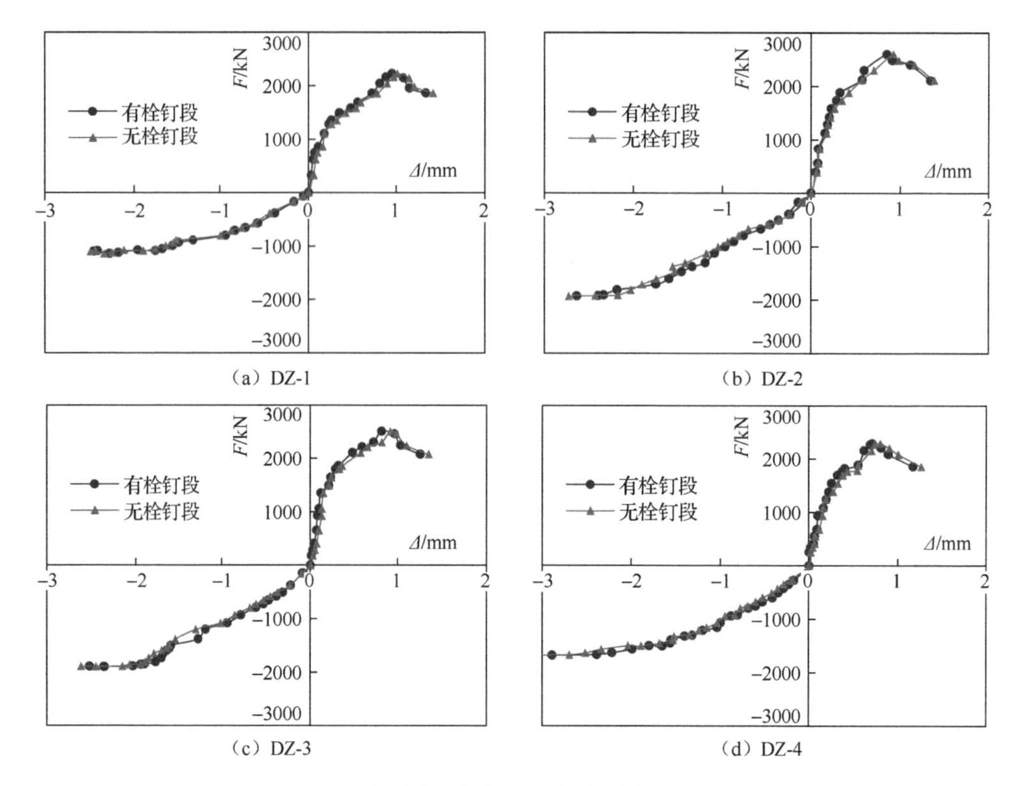

（a）DZ-1　（b）DZ-2　（c）DZ-3　（d）DZ-4

图 3-9　荷载-位移骨架曲线

由图 3-8 和图 3-9 可得以下结论。

（1）试件有栓钉段的工作性能较无栓钉段好，有栓钉段的荷载-位移曲线在往复荷载过程中前期残余变形较小，表现为每级荷载加载再卸载曲线更接近原点。

（2）试件受拉时，有栓钉段的变形与无栓钉段的初始阶段变形相差不大，因为该阶段钢管内壁与混凝土的黏结作用相对较大，此时栓钉的作用尚未充分发挥，钢管与混凝土均共同工作良好；随着拉压往复荷载下试件轴向变形的加大，钢管内壁与混凝土的黏结作用逐步退化乃至于到最后阶段消失，这种条件下栓钉的作用由小到大，在变形中后期得到充分发挥。

（3）试件受压时，有栓钉段的应变随着加载级数的增加而呈稳定提高的趋势，而无栓钉段的应变随着加载级数的增加却呈现出非稳定性变化的特点，这是因为无栓钉段在拉力荷载作用下混凝土损伤开裂相对严重，当反过来施加压力时，已开裂的混凝土裂缝并不能完全复位闭合，这样钢管的应变也不能恢复到原来的值，由此出现了无栓钉段受压时的应变反而比有栓钉段相应受压时的应变大的现象，说明了栓钉段在拉压往复荷载作用下其性能稳定性相对差，而有栓钉段的工作性能较为稳定。

3.2.5　破坏特征

试件的破坏照片如图 3-10 所示。

(a) DZ-1

(b) DZ-2

(c) DZ-3

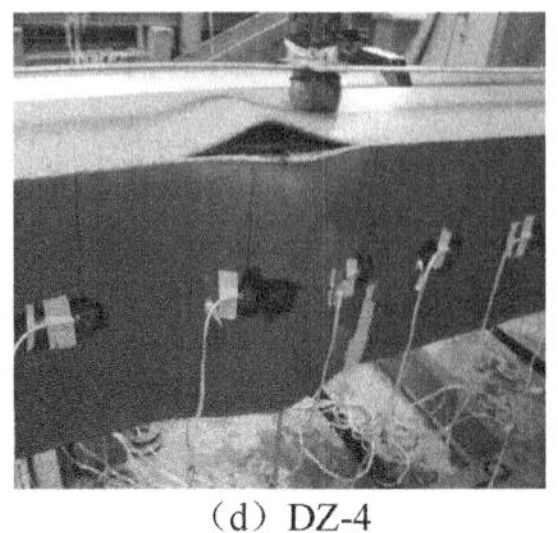
(d) DZ-4

图 3-10　试件的破坏照片

图 3-10 和试验过程表明：

（1）3 个轴向往复拉压试件 DZ-1、DZ-2、DZ-3 的破坏特征为试件无栓钉段钢板屈曲、外鼓，弹塑性变形后期钢管焊缝开裂，钢管内混凝土损伤和局部破坏；试件有栓钉段屈服，但局部屈曲程度明显轻于无栓钉段，相应有栓钉段的钢管混凝土损伤程度较轻。

（2）偏心往复拉压试件 DZ-4 的破坏特征为试件无栓钉段钢管混凝土受压一侧钢板有三处起鼓，有栓钉段钢管混凝土受压一侧钢板有一处起鼓，说明加设栓钉增强了钢管与混凝土共同工作的性能；在往复拉压过程中，钢管受拉、受压翼缘反复屈服变形过程中可起到消耗地震能量的作用。

3.3　承载力计算

3.3.1　计算公式

试件 DZ-1、DZ-2、DZ-3 为轴心往复拉压荷载作用下的试件，破坏为轴心破坏，图 3-11 为轴心受压试件截面图。

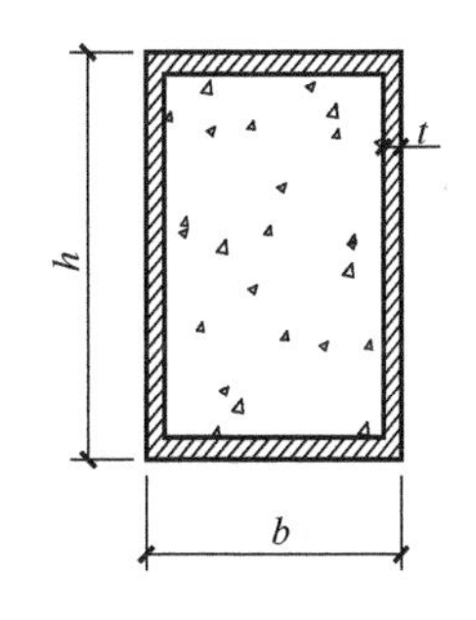

图 3-11　轴心受压试件截面图

在《矩形钢管混凝土结构技术规程》(CECS 159：2004)给出的钢管混凝土轴心受压承载力和轴心受拉承载力计算公式的基础上，考虑钢管混凝土柱在轴向拉压往复荷载作用下材料性能的退化，给出考虑其材料性能退化修正系数的承载力计算公式如下。

受压承载力为

$$N = \alpha_1 (f_y A_s + f_c A_c) \tag{3-1}$$

受拉承载力为

$$N = \alpha_2 A_{sn} f_y \tag{3-2}$$

式中，α_1 为钢管混凝土柱在拉压往复荷载作用下考虑材料性能退化的受压承载力计算修正系数，取 0.54；α_2 为钢管混凝土柱在拉压往复荷载作用下考虑材料性能退化的受拉承载力计算修正系数，取 0.92；N 为钢管混凝土柱在拉压往复荷载作用下轴心承载力；f_y、f_c 为钢材、混凝土的抗压强度；A_s、A_c 为钢管、管内混凝土的截面面积；A_{sn} 为钢管混凝土柱受拉时钢管的截面面积。

考虑试验的目的之一是研究在往复拉压荷载下试件工作性能退化的问题，而在初始阶段之后的每级拉压荷载施加完成后，其构件的性能均有一定程度的退化，因此实际施加的每一级压力值均小于试件一次性施加压力至其达到极限荷载的相应荷载值。

矩形钢管混凝土的钢板对腔体内的混凝土的约束作用主要集中在角点，因而钢管对混凝土的约束效应对于提高矩形钢管混凝土的轴心受压强度承载力的贡献有限，因此未考虑矩形钢管混凝土构件的钢板对其腔体内混凝土的约束作用。

钢管混凝土受拉时，由于混凝土的抗拉强度很低、很快就开裂，因而不能承受纵向拉力。钢管在纵向受拉时，径向将缩小，但受到内部混凝土的阻碍，处于纵向和环向受拉而径向受压的三向应力状态。忽略相对很小的径向压应力，则为纵向和环向双向受拉的应力状态。由于钢管混凝土轴心受拉时，只由钢管承受拉力，故钢管混凝土在往复荷载作用下的受拉承载力计算公式只按钢管受拉计算。

3.3.2 计算结果

按式（3-1）、式（3-2）计算所得各试件承载力计算值与实测值的比较见表 3-9，计算值与实测值符合较好。

表 3-9 试件承载力计算值与实测值比较

试件编号	受压			受拉		
	计算值/kN	实测值/kN	相对误差/%	计算值/kN	实测值/kN	相对误差/%
DZ-1	2140	2235	4.251	1048	1140	8.070
DZ-2	2588	2603	0.576	2096	1928	8.714
DZ-3	2588	2509	3.149	2096	1890	10.899

3.4 小 结

本章对矩形钢管混凝土柱在往复拉压荷载作用下的受力性能进行了研究，分析了各个试件的承载力、位移、刚度、退化过程、栓钉的作用、滞回特性及破坏过程，给出了承载力及刚度计算公式，主要结论如下。

（1）设栓钉段的钢管混凝土相对于不设栓钉段的钢管混凝土工作性能稳定，特别是在弹塑性变形后期，无栓钉段容易出现薄弱的截面，这种薄弱的截面在轴向往复拉压荷载作用下性能退化较快，易导致整个构件后期承载力、刚度的快速下降。因此，在矩形钢管腔体内设置栓钉可明显提高构件的抗拉、抗压工作性能，提高构件的极限承载力，加强钢管混凝土的综合抗震能力。

（2）增加矩形钢管的钢板厚度，可明显提高钢板对栓钉的约束能力，从而提高栓钉与混凝土共同工作的性能。因此，设计中应将矩形钢管的钢板厚度与栓钉参数合理匹配，以从构造上保障钢管腔体内栓钉与混凝土共同工作性能的可靠性。

（3）钢管混凝土柱的钢板之间的连接采用焊接方式，变形过程中，钢板连接的焊缝处于截面的棱角处，应力集中现象易于发生，这样往往导致钢板焊缝首先损伤乃至开裂破坏，一旦截面周边钢板焊缝开裂，其钢管混凝土柱的工作性能将较快地退化，使应力重新分布，进一步导致其他部位的焊缝损伤破坏，最后引起整个截面承载力严重退化，因此，提高钢管混凝土柱钢板间连接的焊接质量十分必要。

（4）所给出的矩形钢管混凝柱在往复拉压荷载作用下的承载力计算方法可供类似工程构件设计计算参考。

作者与奥雅纳工程咨询（上海）有限公司北京分公司合作，结合天津高银 117 大厦多腔体钢管混凝土巨型柱设计中遇到的大震下巨型柱承受较大拉力的实际，着力解决往复拉压荷载作用下钢管腔体构造对刚度及受力性能退化的影响规律问题。

本章研究为天津高银 117 大厦及类似工程巨型框架的多腔体钢管混凝土巨型柱的计算分析提供了依据。

第 4 章　五边形钢管混凝土巨型柱受压性能与抗震性能

4.1　受压性能试验

以大连国贸中心大厦中的五边形钢管混凝土巨型柱为原型，分析实际结构中可能出现的受力情况，设计 3 种不同的截面构造，进行轴压和偏压性能试验。

4.1.1　试件设计

结合实际工程中巨型柱的受力情况，确定柱的 3 种截面形式，如图 4-1 所示。

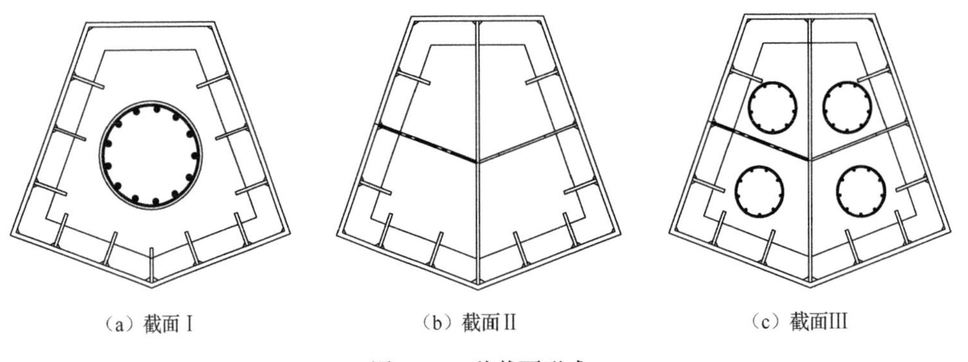

图 4-1　3 种截面形式

截面 I 的外钢管由五块钢板焊接而成，腔体内设 1 个钢筋笼，形成单腔体设钢筋笼构造；截面 II 的外钢管由五块钢板焊接而成，截面对称轴位置设一块整体分腔隔板，在整体隔板及两侧外钢管间各设一分格隔板将截面分成四个腔体，形成四腔体构造；截面III是在截面 II 构造的基础上，四个腔体内增设钢筋笼，形成四腔体设钢筋笼构造。试验拟采用 40000kN 大型压力机进行加载，根据模型承载力试算及设备的承载能力，试件模型采用 1/5 缩尺，6 个试件的设计图如图 4-2 所示。试件 CF-1 采用截面 I，为轴心受压试件。试件 CF-2 和试件 CF-2a 均采用截面 II，其中 CF-2 为轴心受压试件，CF-2a 为偏心受压试件，偏心距为 200mm。试件 CF-3、试件 CF-3a 和试件 CF-3b 均采用截面III，其中试件 CF-3 为轴心受压试件，试件 CF-3a 和试件 CF-3b 为偏心受压试件，偏心距为 200mm。试件 CF-3a 与试件 CF-3b 的区别在于试件 CF-3a 截面腔体内分腔隔板及竖向肋板在柱高度中部连续，试件 CF-3b 截面腔体内分腔隔板及竖向肋板在柱高度中部断开。为了使缩尺试件更准确地反映实际结果中巨型柱的受压性能，模型试件所采用的钢板、钢筋的级别及混凝土等级均与实际工程相同，原型试件与模型试件的详细参数见表 4-1。

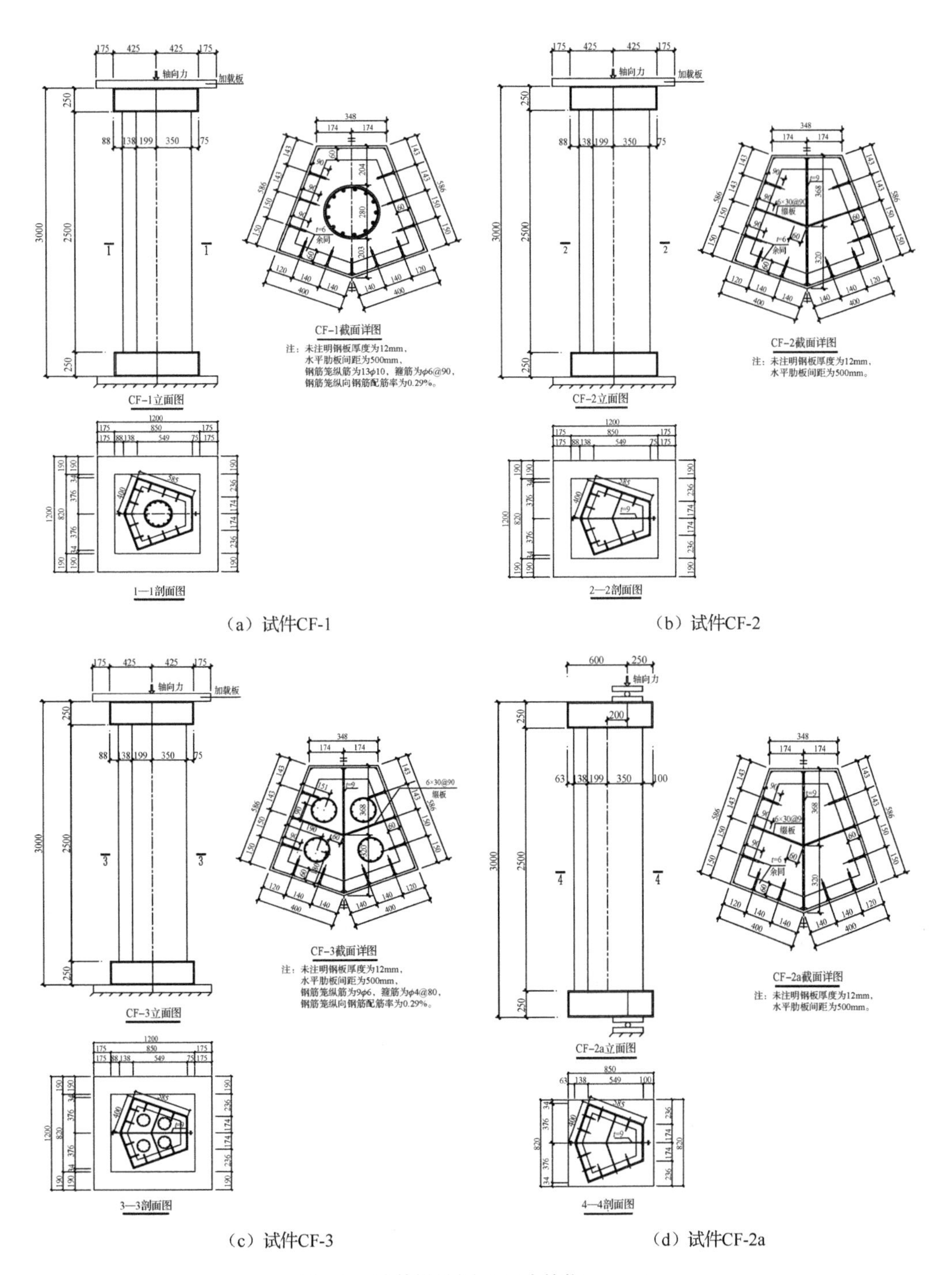

图 4-2　试件设计图（尺寸单位：mm）

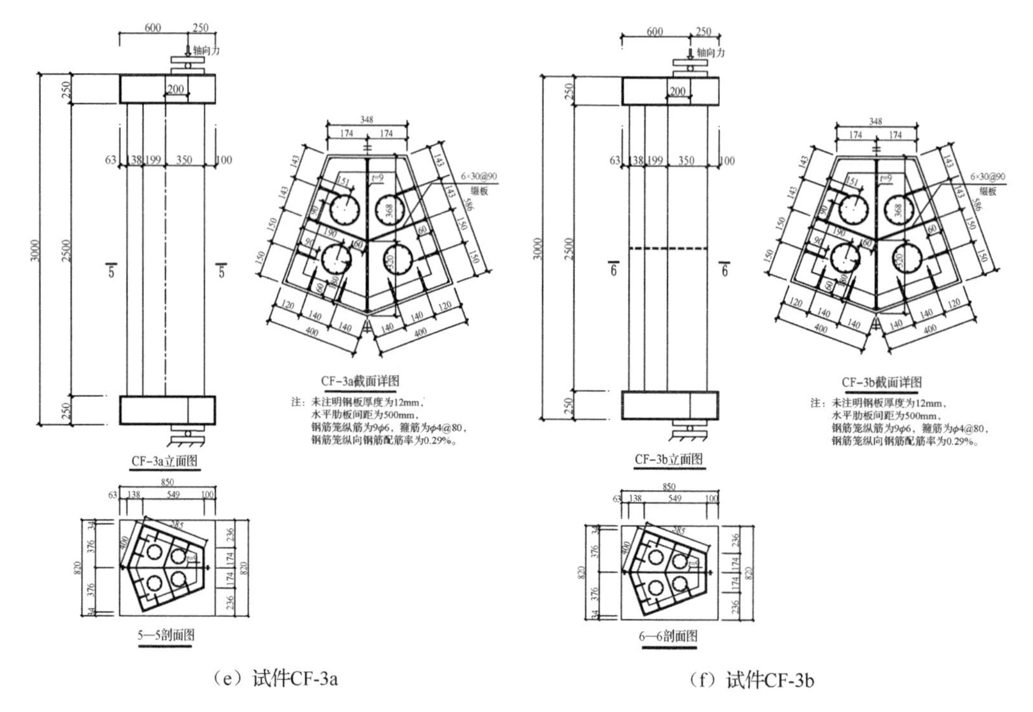

（e）试件CF-3a　　　　（f）试件CF-3b

图 4-2（续）

表 4-1　原型试件与模型试件的详细参数

试件类型	组合柱	截面面积/m^2	配钢率/%	外钢板厚/mm	配筋率/%	钢板强度等级	钢筋强度等级	混凝土强度等级
原型试件	MC1	8.84	9.55	60	0.29	Q345B	HRB400	C50
	MC2	8.84	11.14	60		Q345B		C50
	MC3	8.84	11.14	60	0.29	Q345B	HRB400	C50
模型试件	CF-1	0.354	9.55	12	0.29	Q345B	HRB400	C50
	CF-2	0.354	11.14	12		Q345B		C50
	CF-3	0.354	11.14	12	0.29	Q345B	HRB400	C50
	CF-2a	0.354	11.14	12		Q345B		C50
	CF-3a	0.354	11.14	12	0.29	Q345B	HRB400	C50
	CF-3b	0.354	11.14	12	0.29	Q345B	HRB400	C50

4.1.2　模型制作

五边形多腔体钢管混凝土巨型柱外钢管及腔体内钢板的连接均为焊接，外钢管间的连接焊缝采用手工超声波探伤检测，均符合Ⅰ级焊缝质量要求；腔体内配置的钢筋笼与腔体钢板通过短筋点焊定位。为便于加载，巨型柱模型两端均设计截面为 850mm×820mm×250mm 的矩形端头，上端端头开设 4 个圆形孔洞，钢结构部分完成后从预留孔洞内灌入混凝土并振捣密实。3 种截面巨型柱模型试件制作现场及混凝土浇筑现场照片如图 4-3 所示。

（a）试件CF-1

（b）试件CF-2、CF-2a

（c）试件CF-3、CF-3a、CF-3b

（d）混凝土浇筑

图 4-3　模型试件制作现场及混凝土浇筑现场

4.1.3　材料性能

根据《金属材料　拉伸试验　第 1 部分：室温试验方法》（GB/T 228.1—2021），对模型中采用的每种厚度的钢板切割制作 3 个标准拉伸件，进行拉伸试验；浇筑混凝土过程中留置标准混凝土试块，养护 28d 后进行试验。实测钢材的力学性能见表 4-2，实测 C50 混凝土立方体抗压强度为 51.11MPa，与设计的 C50 普通混凝土强度等级基本一致，相应的弹性模量为 3.45×10^4MPa。

表 4-2　实测钢材的力学性能

材料	位置	屈服强度 f_y/MPa	极限强度 f_u/MPa	弹性模量 E_s/(10^5MPa)	延伸率 δ/%
6.0mm 厚钢板	周边竖向及水平肋板	416	528	2.10	27.5
10.0mm 厚钢板	对称轴分腔隔板	409	498	2.12	27.6
12.0mm 厚钢板	外钢管	373	525	2.06	27.4
ϕ4 钢筋	截面Ⅲ钢筋笼箍筋	260	366	1.96	22.2
ϕ6 钢筋	钢筋笼：截面Ⅰ箍筋、截面Ⅲ纵筋	382	582	2.07	31.3
ϕ10 钢筋	截面Ⅰ钢筋笼箍筋	310	473	2.05	36.7

4.1.4　试验方案与测点布置

1. 加载方案

根据五边形多腔体钢管混凝土巨型柱轴压及偏压试验要求，采用北京工业大学的大型结构构件加载试验装置进行轴压及偏压试验，该试验装置的竖向加载可达 40000kN，试验加载装置照片如图 4-4 所示。

图 4-4　试件加载装置（北侧拍摄）

试验采用竖向单调重复加载，即在加载至每级荷载后卸载（为保证试验加载的安全，加载完后不完全卸载，而卸载至 2000kN），便于分析每级荷载下的残余变形。试验前，先试加载 2000kN，以观测加载系统和各测点工作的可靠性，而后开始加载。加载采用分级加载的方式，每级加载至该级荷载峰值后持荷 5min，观测试件的变形与损伤情况。弹性阶段采用荷载控制加载，每级荷载近似取计算极限荷载的 1/6；当试件屈服后，采用位移控制加载。用 IMP 数据采集系统实时记录竖向荷载、竖向位移和钢板应变，人工测试试件变形。

2. 位移计布置

1）轴心受压试件

为测试各轴心受压试件的应变，除在试件中部截面钢板上布置应变测点外，还在受压变形较为均匀的试件中段 1600mm 标距内布置了电子位移计，用实测所得该标距内的相对位移除以其标距 1600mm，便可得该标距内的平均应变。试验共布置 3 个竖向位移计，其中：位移计 1 用于测试上部竖向千斤顶刚性反力平台至巨型柱底部水平支撑刚性试验台座之间的相对位移，该位移可用于荷载施加过程中所做功的计算；位移计 2 用于测试巨型柱对称轴直边一侧中段 1600mm 标距内的相对位移；位移计 3 用于测试巨型柱对称轴尖角一侧中段 1600mm 标距内的相对位移。位移计 2 和位移计 3 可用于分析试件截面两端变形的协同性。位移计 1 测得数据用 $\varDelta_1$ 表示，位移计测得数据用 $\varDelta_2$ 表示，位移计 3 测得数据用 $\varDelta_3$ 表示。轴心受压试件的位移计布置如图 4-5（a）所示。

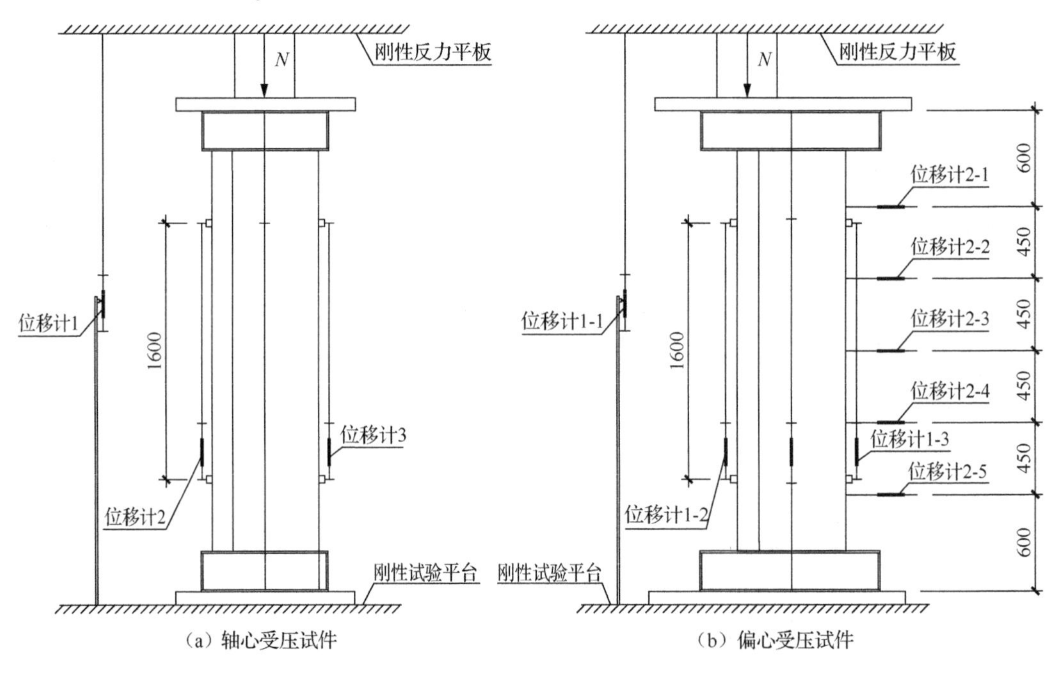

（a）轴心受压试件　　（b）偏心受压试件

图 4-5　位移计布置（尺寸单位：mm）

2）偏心受压构件

偏心受压试件位移计的布置分为两组，第一组位移计用于测试各偏心受压试件的竖向变形，第二组位移计用于测试各偏心受压试件的侧向变形。

第一组布置 3 个位移计，其布置方式同轴心受压试件一致，其中：位移计 1-1 用于测试上部竖向千斤顶刚性反力平台至巨型柱底部水平支撑刚性试验台座之间的相对位移，该位移可用于荷载施加过程中所做功的计算；位移计 1-2 用于测试巨型柱对称轴直边一侧中段 1600mm 标距内的相对位移，该位移可用于分析该区段的平均应变；位移计 1-3 用于测试巨型柱对称轴尖角一侧中段 1600mm 标距内的相对位移，该位移可用于分析该区段的平均应变。位移计 1-1 测得数据用 $\Delta_{1\text{-}1}$ 表示，位移计 1-2 测得数据用 $\Delta_{1\text{-}2}$ 表示，位移计 1-3 测得数据用 $\Delta_{1\text{-}3}$ 表示。

第二组布置 5 个位移计，这 5 个位移计用于测试巨型柱高度中部 1800mm 范围内 5 个截面的水平挠度，5 个截面间的距离为 450mm。这 5 个位移计的编号从上至下依次为 2-1、2-2、2-3、2-4 和 2-5，由于试件的高度为 3000mm，故位移计依次距试件顶部 600mm、1050mm、1500mm、1950mm 和 2400mm。巨型柱上端为竖向可动铰支座，下端为固定铰支座。位移计 2-1 测得数据用 $f_{2\text{-}1}$ 表示，位移计 2-2 测得数据用 $f_{2\text{-}2}$ 表示，位移计 2-3 测得数据用 $f_{2\text{-}3}$ 表示，位移计 2-4 测得数据用 $f_{2\text{-}4}$ 表示，位移计 2-5 测得数据用 $f_{2\text{-}5}$ 表示。偏心受压试件位移计的布置如图 4-5（b）所示。

3. 应变测点布置

为更全面地了解加载过程中试件各部分的变形并考虑到截面的对称性，在五边形截面钢管混凝土巨型柱对称轴的一侧布置应变测点，测点分别布置在外钢管、分腔隔板、周边水平及竖向肋板、钢筋笼钢筋上，同时根据腔体内钢筋与混凝土协同工作的原理，在核心混凝土内设一根钢筋，布置应变片以测试混凝土的变形。

试件 CF-1：为测试试件中部外钢管同一截面不同位置的应变，从北到南沿逆时针方向在外钢管布置了 7 个竖向应变测点，它们依次为 $\varepsilon_{1\text{-}1}$、$\varepsilon_{1\text{-}2}$、$\varepsilon_{1\text{-}3}$、$\varepsilon_{1\text{-}4}$、$\varepsilon_{1\text{-}5}$、$\varepsilon_{1\text{-}6}$ 和 $\varepsilon_{1\text{-}7}$；为测试试件中部同一截面水平肋板的应变，从南到北沿逆时针方向在截面内水平肋板上表面布置了 6 个应变测点，它们依次为 $\varepsilon_{1\text{-H1}}$、$\varepsilon_{1\text{-H2}}$、$\varepsilon_{1\text{-H3}}$、$\varepsilon_{1\text{-H4}}$、$\varepsilon_{1\text{-H5}}$ 和 $\varepsilon_{1\text{-H6}}$；为测试试件中部同一截面竖向肋板的应变，从南到北沿逆时针方向在截面内竖向肋板侧面布置了 6 个应变测点，它们依次为 $\varepsilon_{1\text{-S1}}$、$\varepsilon_{1\text{-S2}}$、$\varepsilon_{1\text{-S3}}$、$\varepsilon_{1\text{-S4}}$、$\varepsilon_{1\text{-S5}}$ 和 $\varepsilon_{1\text{-S6}}$；为测试试件中部同一截面钢筋笼的纵筋应变，从南向北环向布置了 3 个应变测点，依次为 $\varepsilon_{1\text{-Z1}}$、$\varepsilon_{1\text{-Z2}}$ 和 $\varepsilon_{1\text{-Z3}}$；为测试试件截面钢筋笼的箍筋应变，在距柱顶 1000mm、1500mm 和 2000mm 的位置共布置了 3 个应变测点，依次为 $\varepsilon_{1\text{-G1}}$、$\varepsilon_{1\text{-G2}}$ 和 $\varepsilon_{1\text{-G3}}$；为测试试件截面腔体内核心位置混凝土的应变，按照核心位置钢筋和混凝土协同工作的原理，在钢筋笼中心布置了一根直径为 6mm 的钢筋，并沿该钢筋的高度布置了 3 个应变测点，测点距柱顶分别为 1000mm、1500mm 和 2000mm，测点编号依次为 $\varepsilon_{1\text{-C1}}$、$\varepsilon_{1\text{-C2}}$ 和 $\varepsilon_{1\text{-C3}}$。试件 CF-1 的应变测点布置如图 4-6（a）所示。

试件 CF-2：为测试试件中部外钢管同一截面不同位置的应变，从北到南沿逆时针方向在外钢管布置了 7 个竖向应变测点，它们依次为 $\varepsilon_{2\text{-}1}$、$\varepsilon_{2\text{-}2}$、$\varepsilon_{2\text{-}3}$、$\varepsilon_{2\text{-}4}$、$\varepsilon_{2\text{-}5}$、$\varepsilon_{2\text{-}6}$ 和 $\varepsilon_{2\text{-}7}$；为测试试件中部水平肋板同一截面不同位置的应变，从南到北沿逆时针方向在截面内水平肋板上表面布置了 6 个应变测点，它们依次为 $\varepsilon_{2\text{-H1}}$、$\varepsilon_{2\text{-H2}}$、$\varepsilon_{2\text{-H3}}$、$\varepsilon_{2\text{-H4}}$、$\varepsilon_{2\text{-H5}}$ 和 $\varepsilon_{2\text{-H6}}$；为测试试件中部对称轴整体隔板同一截面不同位置的应变，在整体隔板中部布置了 4 个应变测点，从北到南编号依次为 $\varepsilon_{2\text{-F1}}$、$\varepsilon_{2\text{-F2}}$、$\varepsilon_{2\text{-F3}}$ 和 $\varepsilon_{2\text{-F4}}$；为测试试件中部两侧分格隔板的应变，在截面对称轴一侧的分格隔板上布置了一个应变测点，编号为 $\varepsilon_{2\text{-Y}}$；为测试试件中部竖向肋板同一截面不同位置的应变，从南到北沿逆时针方向在中部竖向肋板侧面

布置了 6 个测点，它们依次为 $\varepsilon_{2\text{-S1}}$、$\varepsilon_{2\text{-S2}}$、$\varepsilon_{2\text{-S3}}$、$\varepsilon_{2\text{-S4}}$、$\varepsilon_{2\text{-S5}}$ 和 $\varepsilon_{2\text{-S6}}$，其中 $\varepsilon_{2\text{-S1}}$ 测点与 $\varepsilon_{2\text{-F4}}$ 测点重合。试件 CF-2 的应变测点布置如图 4-6（b）所示。

试件 CF-3：为测试试件中部外钢管同一截面不同位置的应变，从北到南沿逆时针方向在外钢管布置了 7 个竖向应变测点，它们依次为 $\varepsilon_{3\text{-}1}$、$\varepsilon_{3\text{-}2}$、$\varepsilon_{3\text{-}3}$、$\varepsilon_{3\text{-}4}$、$\varepsilon_{3\text{-}5}$、$\varepsilon_{3\text{-}6}$ 和 $\varepsilon_{3\text{-}7}$；为测试试件中部水平肋板同一截面不同位置的应变，从南到北沿逆时针方向在截面内水平肋板上表面布置了 6 个应变测点，它们依次为 $\varepsilon_{3\text{-H1}}$、$\varepsilon_{3\text{-H2}}$、$\varepsilon_{3\text{-H3}}$、$\varepsilon_{3\text{-H4}}$、$\varepsilon_{3\text{-H5}}$ 和 $\varepsilon_{3\text{-H6}}$；为测试试件中部对称轴整体隔板同一截面不同位置的应变，从北到南布置了 4 个应变测点，它们依次为 $\varepsilon_{3\text{-F1}}$、$\varepsilon_{3\text{-F2}}$、$\varepsilon_{3\text{-F3}}$ 和 $\varepsilon_{3\text{-F4}}$；为测试试件中部两侧分格隔板的应变，在截面对称轴一侧的分格隔板上布置了一个应变测点，编号为 $\varepsilon_{3\text{-Y}}$；为测试试件中部竖向肋板同一截面不同位置的应变，从南到北沿逆时针方向在截面内竖向肋板侧面布置了 6 个测点，它们依次为 $\varepsilon_{3\text{-S1}}$、$\varepsilon_{3\text{-S2}}$、$\varepsilon_{3\text{-S3}}$、$\varepsilon_{3\text{-S4}}$、$\varepsilon_{3\text{-S5}}$ 和 $\varepsilon_{3\text{-S6}}$，其中测点 $\varepsilon_{3\text{-S1}}$ 与测点 $\varepsilon_{3\text{-F4}}$ 重合；为测试试件 4 个腔体内核心部分混凝土的应变，根据混凝土与钢筋协同工作的原理，在截面对称轴一侧两个腔体钢筋笼的核心位置各布置了一根直径为 6mm 的钢筋，并在两根钢筋上各布置了 3 个应变测点，共计 6 个测点。两根钢筋上测点位置距柱顶距离分别为 1000mm、1500mm 和 2000mm，测点编号依次为 $\varepsilon_{3\text{-C1}}$、$\varepsilon_{3\text{-C2}}$、$\varepsilon_{3\text{-C3}}$、$\varepsilon_{3\text{-C4}}$、$\varepsilon_{3\text{-C5}}$ 和 $\varepsilon_{3\text{-C6}}$。试件 CF-3 的应变测点布置如图 4-6（c）所示。

试件 CF-2a：为测试试件中部外钢管同一截面不同位置的应变，从北到南沿逆时针方向在外钢管布置了 7 个竖向应变测点，它们依次为 $\varepsilon_{2\text{a-}1}$、$\varepsilon_{2\text{a-}2}$、$\varepsilon_{2\text{a-}3}$、$\varepsilon_{2\text{a-}4}$、$\varepsilon_{2\text{a-}5}$、$\varepsilon_{2\text{a-}6}$ 和 $\varepsilon_{2\text{a-}7}$；为测试试件中部水平肋板同一截面不同位置的应变，从南到北沿逆时针方向在截面内水平肋板上表面布置了 6 个应变测点，它们依次为 $\varepsilon_{2\text{a-H1}}$、$\varepsilon_{2\text{a-H2}}$、$\varepsilon_{2\text{a-H3}}$、$\varepsilon_{2\text{a-H4}}$、$\varepsilon_{2\text{a-H5}}$ 和 $\varepsilon_{2\text{a-H6}}$；为测试试件中部对称轴整体隔板同一截面不同位置的应变，从北到南布置了 4 个应变测点，编号依次为 $\varepsilon_{2\text{a-F1}}$、$\varepsilon_{2\text{a-F2}}$、$\varepsilon_{2\text{a-F3}}$ 和 $\varepsilon_{2\text{a-F4}}$；为测试试件中部对称轴两侧分格隔板的应变，在截面对称轴一侧的分格隔板上布置了一个应变测点，编号为 $\varepsilon_{2\text{a-Y}}$；为测试试件中部竖向肋板同一截面不同位置的应变，从南到北沿逆时针方向在截面内竖向肋板侧面布置了 6 个测点，它们依次为 $\varepsilon_{2\text{a-S1}}$、$\varepsilon_{2\text{a-S2}}$、$\varepsilon_{2\text{a-S3}}$、$\varepsilon_{2\text{a-S4}}$、$\varepsilon_{2\text{a-S5}}$ 和 $\varepsilon_{2\text{a-S6}}$，其中 $\varepsilon_{2\text{a-S1}}$ 测点与 $\varepsilon_{2\text{a-F4}}$ 测点重合。试件 CF-2a 的应变测点布置如图 4-6（d）所示。

试件 CF-3a：为测试试件中部外钢管同一截面不同位置的应变，从北到南沿逆时针方向在外钢管布置了 7 个竖向应变测点，它们依次为 $\varepsilon_{3\text{a-}1}$、$\varepsilon_{3\text{a-}2}$、$\varepsilon_{3\text{a-}3}$、$\varepsilon_{3\text{a-}4}$、$\varepsilon_{3\text{a-}5}$、$\varepsilon_{3\text{a-}6}$ 和 $\varepsilon_{3\text{a-}7}$；为测试试件中部水平肋板同一截面不同位置的应变，从北到南沿逆时针方向在截面内水平肋板上表面布置了 6 个应变测点，它们依次为 $\varepsilon_{3\text{a-H1}}$、$\varepsilon_{3\text{a-H2}}$、$\varepsilon_{3\text{a-H3}}$、$\varepsilon_{3\text{a-H4}}$、$\varepsilon_{3\text{a-H5}}$ 和 $\varepsilon_{3\text{a-H6}}$；为测试试件中部对称轴整体隔板同一截面不同位置的应变，从北到南布置了 4 个应变测点，它们依次为 $\varepsilon_{3\text{a-F1}}$、$\varepsilon_{3\text{a-F2}}$、$\varepsilon_{3\text{a-F3}}$ 和 $\varepsilon_{3\text{a-F4}}$；为测试试件中部对称轴两侧分格隔板的应变，在截面对称轴一侧的分格隔板上布置了一个应变测点，编号为 $\varepsilon_{3\text{a-Y}}$；为测试试件中部竖向肋板同一截面不同位置的应变，从北到南沿逆时针方向在截面内竖向肋板侧面布置了 6 个测点，它们依次为 $\varepsilon_{3\text{a-S1}}$、$\varepsilon_{3\text{a-S2}}$、$\varepsilon_{3\text{a-S3}}$、$\varepsilon_{3\text{a-S4}}$、$\varepsilon_{3\text{a-S5}}$ 和 $\varepsilon_{3\text{a-S6}}$，其中测点 $\varepsilon_{3\text{a-S1}}$ 与测点 $\varepsilon_{3\text{a-F4}}$ 重合；为测试试件截面 4 个腔体内核心混凝土的应变，根据混凝土

与钢筋协同工作的原理，在截面对称轴一侧两个腔体钢筋笼的核心位置各布置了一根直径为 6mm 的钢筋，并在两根钢筋上各布置了 3 个应变测点，共计 6 个测点，两根钢筋上测点位置距柱顶距离分别为 1000mm、1500mm 和 2000mm，测点编号依次为 $\varepsilon_{3a\text{-}C1}$、$\varepsilon_{3a\text{-}C2}$、$\varepsilon_{3a\text{-}C3}$、$\varepsilon_{3a\text{-}C4}$、$\varepsilon_{3a\text{-}C5}$ 和 $\varepsilon_{3a\text{-}C6}$。试件 CF-3a 的应变测点布置如图 4-6（e）所示。

试件 CF-3b：该试件与试件 CF-3a 的不同仅在于腔体内分腔隔板和竖向肋板在试件中部断开，目的是研究不同施工方式对试件受压性能的影响。为测试试件中部外钢管同一截面不同位置的应变，从北到南沿逆时针方向在外钢管布置了 7 个竖向应变测点，它们依次为 $\varepsilon_{3b\text{-}1}$、$\varepsilon_{3b\text{-}2}$、$\varepsilon_{3b\text{-}3}$、$\varepsilon_{3b\text{-}4}$、$\varepsilon_{3b\text{-}5}$、$\varepsilon_{3b\text{-}6}$ 和 $\varepsilon_{3b\text{-}7}$；为测试试件中部水平肋板同一截面不同位置的应变，从南到北沿逆时针方向在截面内水平肋板上表面布置了 6 个应变测点，它们依次为 $\varepsilon_{3b\text{-}H1}$、$\varepsilon_{3b\text{-}H2}$、$\varepsilon_{3b\text{-}H3}$、$\varepsilon_{3b\text{-}H4}$、$\varepsilon_{3b\text{-}H5}$ 和 $\varepsilon_{3b\text{-}H6}$；为测试试件中部对称轴分腔钢板断开位置上下截面的应变，从北到南在对称轴分腔隔板断开位置的上下边缘分别布置了 4 个应变测点，分腔隔板下部测点依次为 $\varepsilon_{3b\text{-}F1X}$、$\varepsilon_{3b\text{-}F2X}$、$\varepsilon_{3b\text{-}F3X}$ 和 $\varepsilon_{3b\text{-}F4X}$，分腔隔板上部测点依次为 $\varepsilon_{3b\text{-}F1S}$、$\varepsilon_{3b\text{-}F2S}$、$\varepsilon_{3b\text{-}F3S}$ 和 $\varepsilon_{3b\text{-}F4S}$；为测试试件中部对称轴两侧分格隔板断开位置上下截面的应变，在截面对称轴一侧分腔隔板断开位置上下边缘各布置了一个应变测点，编号分别为 $\varepsilon_{3b\text{-}YX}$、$\varepsilon_{3b\text{-}YS}$；为测试试件中部竖向肋板断开位置上下截面的应变，从南到北沿逆时针方向在截面内竖向肋板断开位置的上下边缘侧面各布置了 6 个测点，下部测点依次为 $\varepsilon_{3b\text{-}S1X}$、$\varepsilon_{3b\text{-}S2X}$、$\varepsilon_{3b\text{-}S3X}$、$\varepsilon_{3b\text{-}S4X}$、$\varepsilon_{3b\text{-}S5X}$ 和 $\varepsilon_{3b\text{-}S6X}$，上部测点依次为 $\varepsilon_{3b\text{-}S1S}$、$\varepsilon_{3b\text{-}S2S}$、$\varepsilon_{3b\text{-}S3S}$、$\varepsilon_{3b\text{-}S4S}$、$\varepsilon_{3b\text{-}S5S}$ 和 $\varepsilon_{3b\text{-}S6S}$，其中测点 $\varepsilon_{3b\text{-}S1X}$、$\varepsilon_{3b\text{-}S1S}$ 分别与测点 $\varepsilon_{3b\text{-}F4X}$、$\varepsilon_{3b\text{-}F4S}$ 重合；为测试试件截面 4 个腔体核心混凝土的应变，根据混凝土与钢筋协同工作的原理，在截面对称轴一侧两个腔体钢筋笼的核心位置各布置了一根直径为 6mm 的钢筋，并在两根钢筋上各布置了 3 个应变测点，共计 6 个测点，两根钢筋上测点位置距柱顶距离分别为 1000mm、1500mm、2000mm，测点编号依次为 $\varepsilon_{3b\text{-}C1}$、$\varepsilon_{3b\text{-}C2}$、$\varepsilon_{3b\text{-}C3}$、$\varepsilon_{3b\text{-}C4}$、$\varepsilon_{3b\text{-}C5}$ 和 $\varepsilon_{3b\text{-}C6}$。试件 CF-3b 的应变测点布置如图 4-6（f）所示。

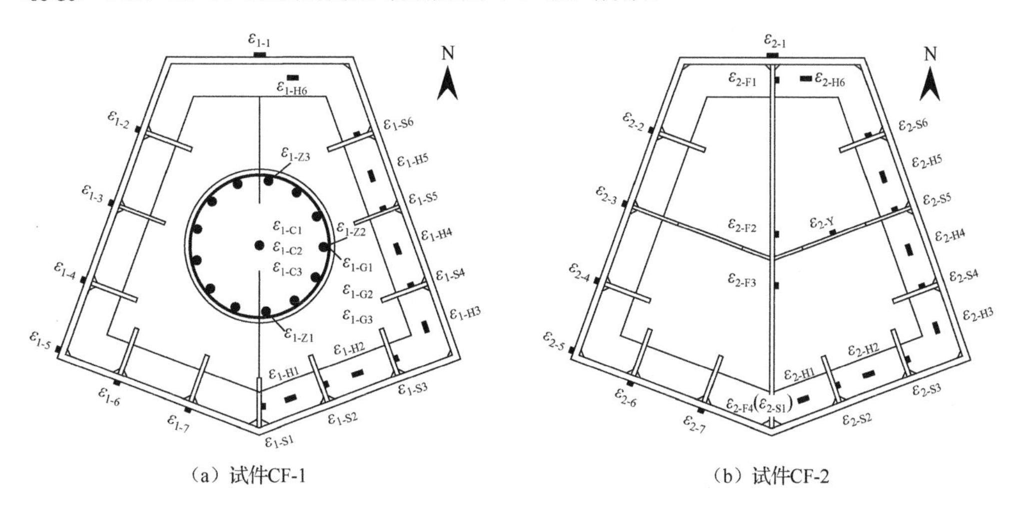

（a）试件CF-1　　（b）试件CF-2

图 4-6　应变测点布置

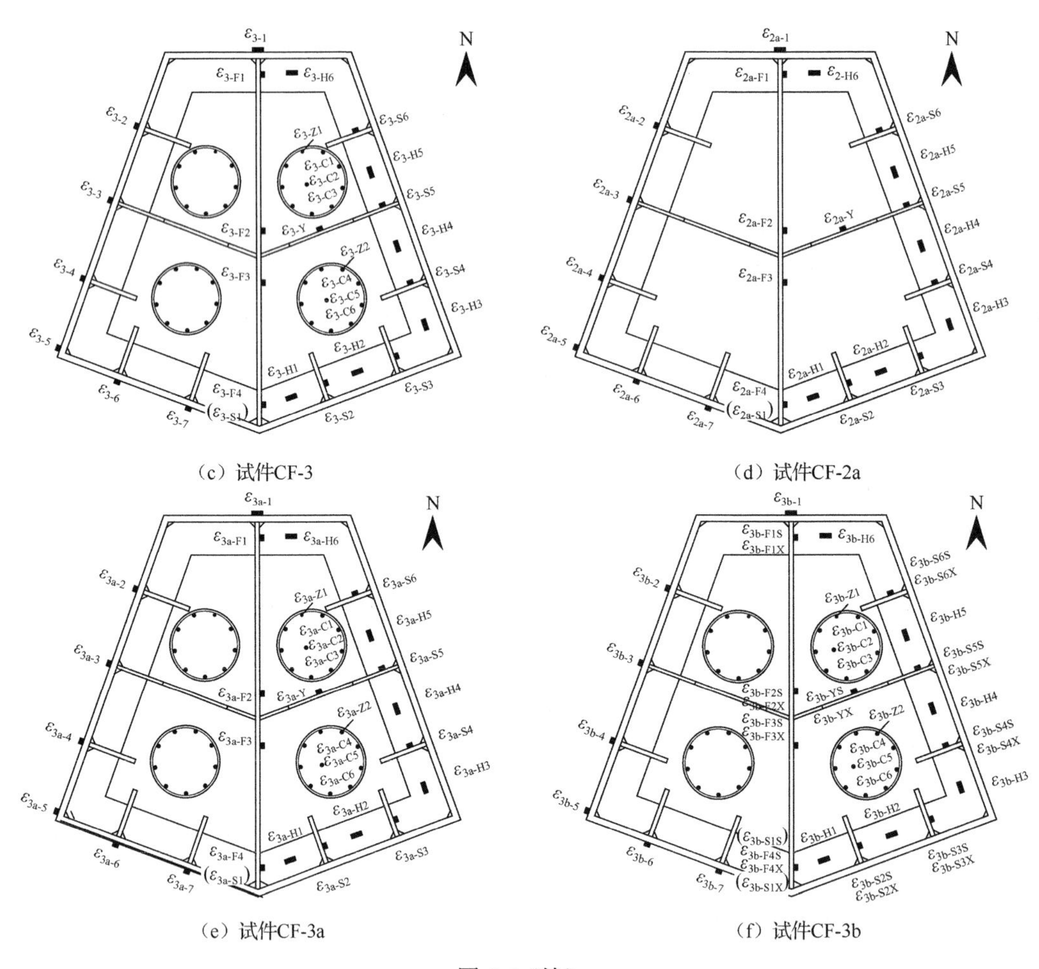

（c）试件CF-3　　（d）试件CF-2a

（e）试件CF-3a　　（f）试件CF-3b

图 4-6（续）

4.1.5　轴压试验结果

1. 试验现象

为便于描述试验现象，对各试件外钢管进行编号，如图 4-7 所示。

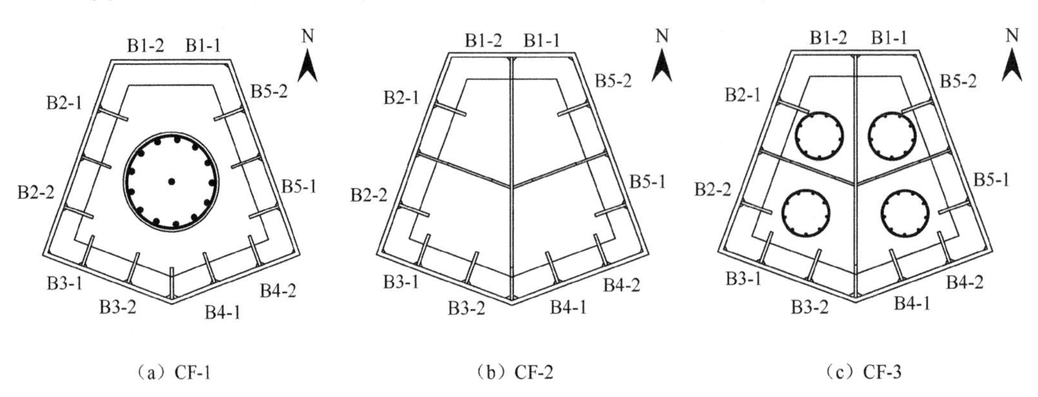

（a）CF-1　　（b）CF-2　　（c）CF-3

图 4-7　各试件外钢管编号

试件 CF-1、CF-2、CF-3 屈曲破坏过程部分照片分别如图 4-8～图 4-10 所示。

（a）钢板 B4-2 与 B5-1 连接焊缝附近漆皮爆裂

（b）钢板 B4-2 柱脚漆皮爆裂

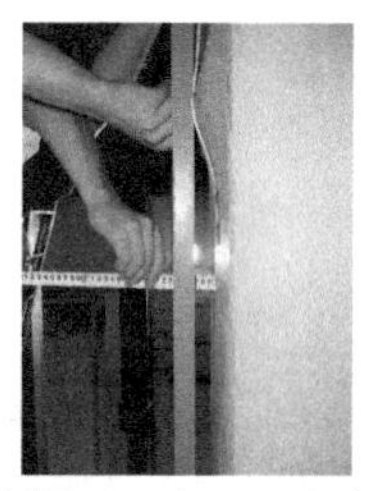

（c）钢板 B1-1 与 B1-2 凸起屈曲

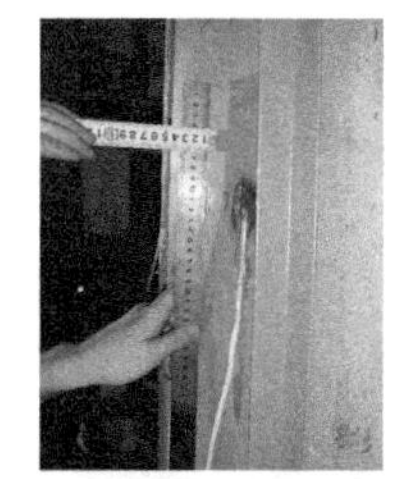

（d）钢板 B3-1 与 B3-2 凸起

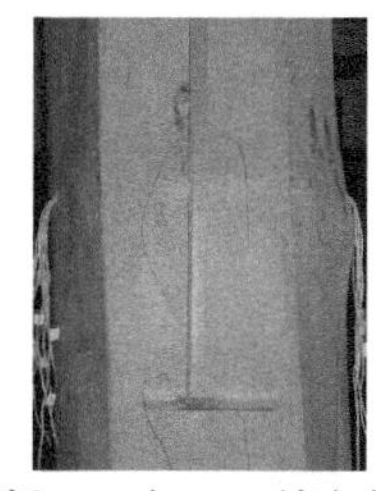

（e）钢板 B1-1 与 B1-2 漆皮水平褶皱

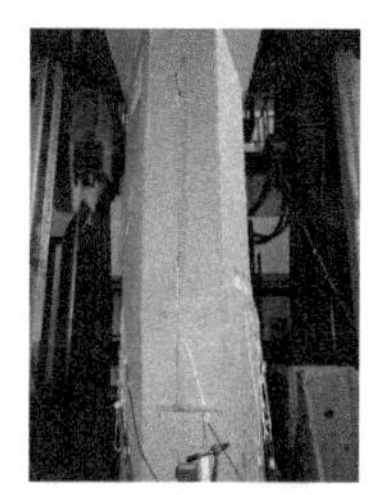

（f）柱整体屈曲

（g）钢板 B2-2 与 B3-1 连接焊缝撕裂

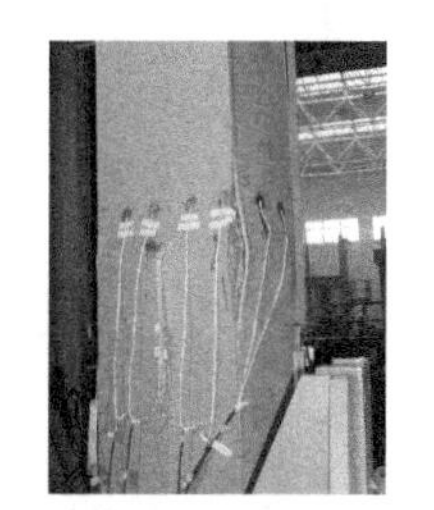

（h）试件最终破坏时的局部

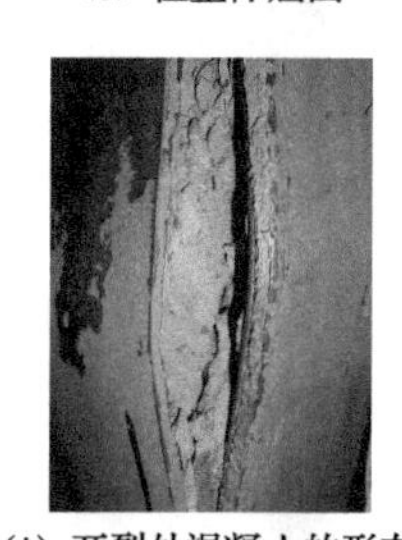

（i）开裂处混凝土的形态

图 4-8　试件 CF-1 屈曲破坏过程部分照片

（a）钢板 B1-1 漆皮褶皱

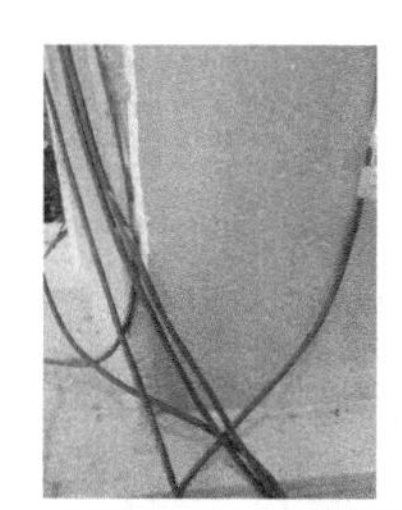

（b）钢板 B5-2 底部漆皮褶皱

（c）钢板 B1-1 漆皮爆裂

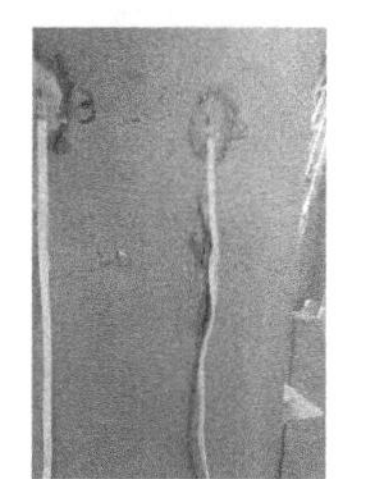

（d）钢板 B5-2 凸起、漆皮爆裂

（e）钢板 B5-1 漆皮褶皱

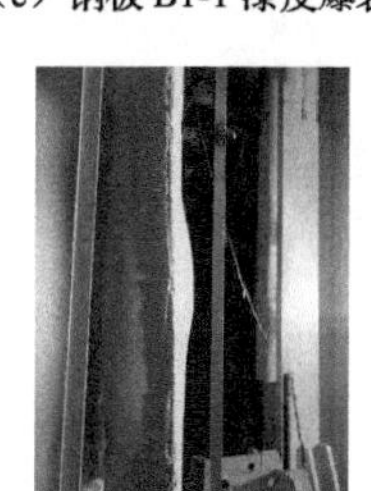

（f）钢板 B2-1、B2-2 凸起

图 4-9　试件 CF-2 屈曲破坏过程部分照片

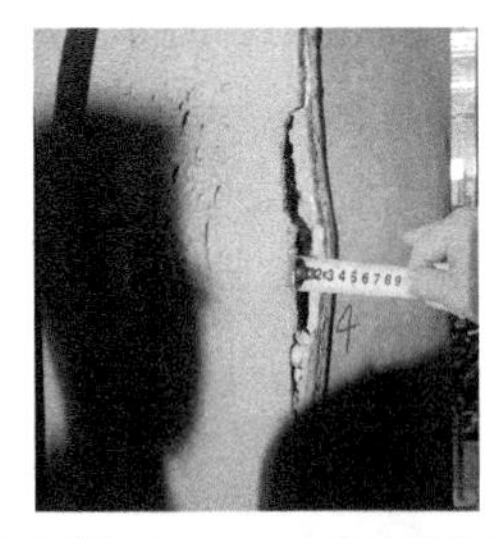

（g）钢板 B2-2、B3-1 连接焊缝开裂

（h）钢板 B1-2 与 B2-1 连接焊缝附近漆皮爆裂

（i）试件最终破坏时的局部

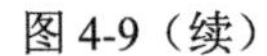

图 4-9（续）

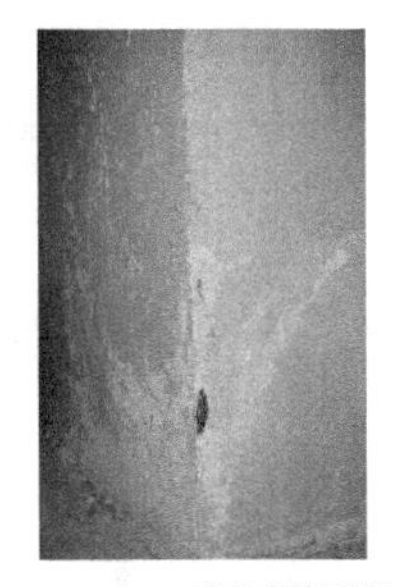

（a）钢板 B4-2、B5-1 连接焊缝附近漆皮脱落

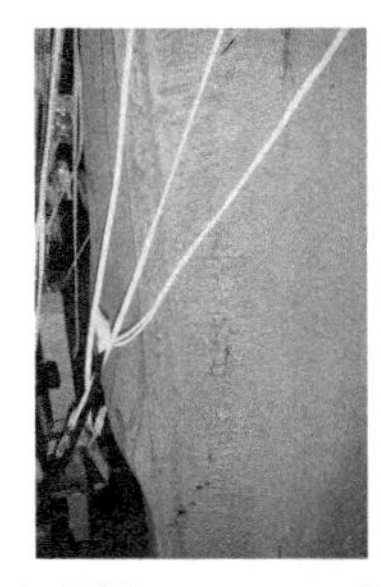

（b）钢板 B4-2、B5-1 凸起

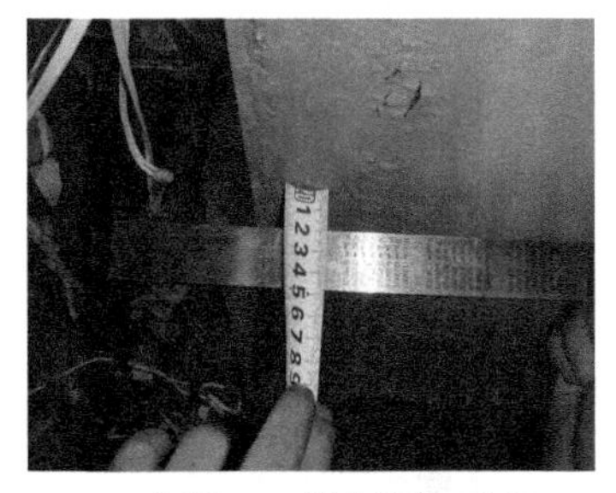

（c）钢板 B4-1 漆皮爆裂、凸起

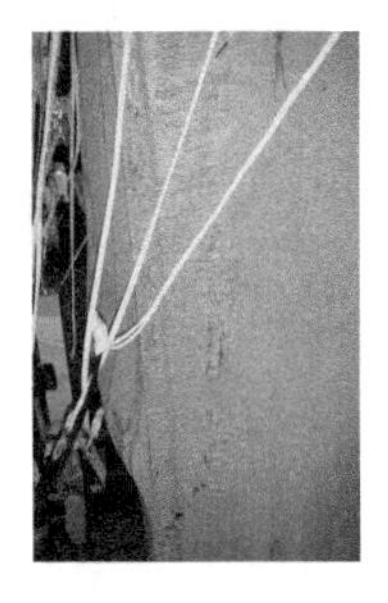

（d）钢板 B3-2 凸起，钢板 B4-1 漆皮爆裂

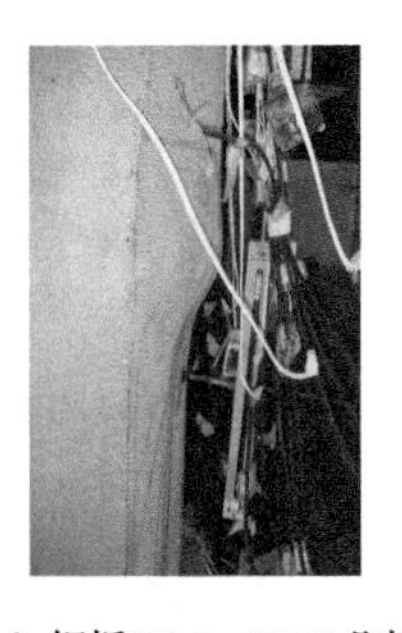

（e）钢板 B2-1、B2-2 凸起

（f）试件最终破坏时的整体屈曲

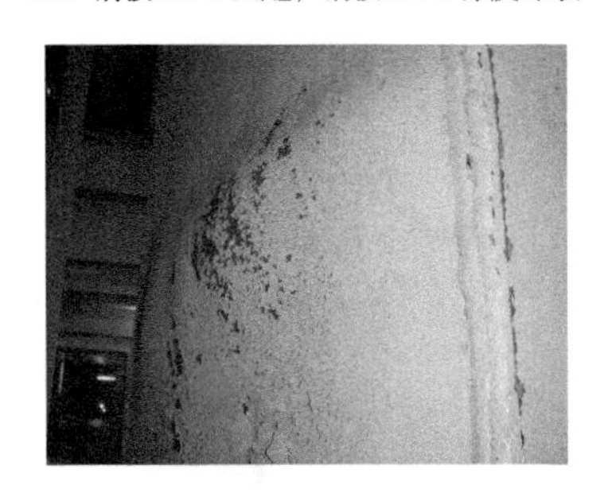

（g）试件破坏时钢板 B4-1、B4-2 凸起

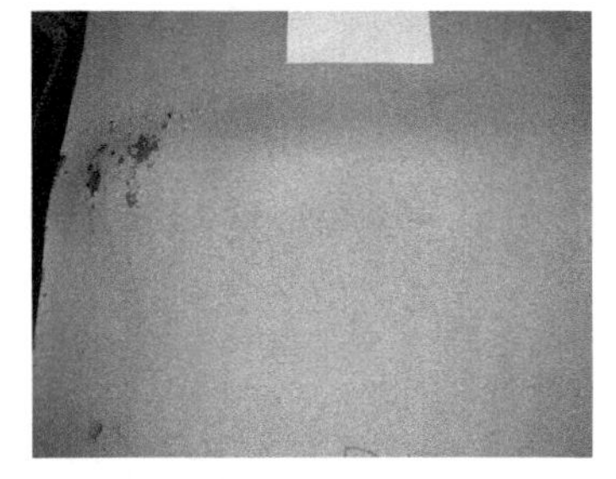

（h）试件破坏时钢板 B5-1、B5-2 凸起

（i）试件最终的破坏形态

图 4-10　试件 CF-3 屈曲破坏过程部分照片

2. 荷载-变形曲线

实测所得各试件的荷载-位移（N-Δ）曲线如图 4-11 所示，骨架曲线如图 4-12 所示。图 4-11、图 4-12 中纵坐标 N 表示试验中施加的竖向荷载，受压时为正值；横坐标 Δ 表示试件中部 1600mm 标距范围内的相对位移，压缩时为正值。

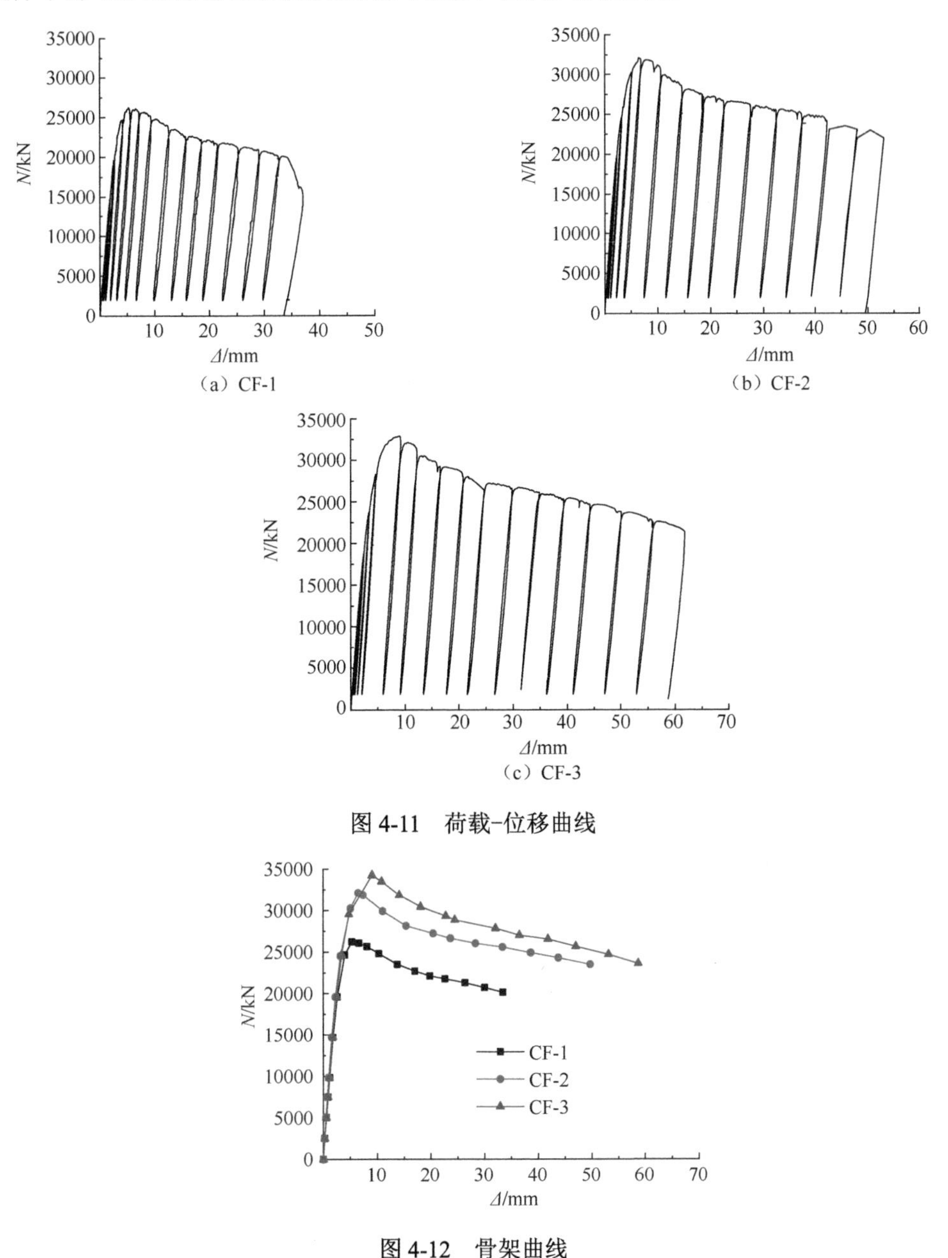

（a）CF-1　（b）CF-2　（c）CF-3

图 4-11　荷载-位移曲线

图 4-12　骨架曲线

实测所得各试件的特征荷载值见表 4-3，其中，N_y 为屈服荷载；N_u 为峰值荷载；Δ_u 为峰值荷载对应的位移；相对值是各试件的屈服荷载、峰值荷载与试件 CF-1 的屈服荷载、峰值荷载的比值；N_y/N_u为屈强比。

表 4-3　特征荷载值

试件编号	N_y/kN	N_u/kN	Δ_u/mm	N_y/N_u
CF-1	20233.6	26232.6	5.306	0.771
CF-2	24688.7	32118.5	6.479	0.769
CF-3	26513.5	33496.2	7.373	0.792

由表 4-3 可知：

（1）四腔体无钢筋笼试件 CF-2 与单腔体带钢筋笼试件 CF-1 相比，屈服荷载、峰值荷载分别高出 22.0%、22.4%，表明四腔体的截面构造对提高柱的承载力作用显著。

（2）四腔体带钢筋笼试件 CF-3 与四腔体无钢筋笼试件 CF-2 相比，屈服荷载、极限荷载分别提高 9.0%、5.3%，表明在截面腔体内增设钢筋笼对提高巨型柱的轴压承载力作用明显，后期变形能力较好，更适用于抵抗大震作用下的变形。

将布置在试件中部截面外钢管、对称轴整体隔板、分格隔板、竖向肋板上应变片所测数据整理，分析截面各部分构造在受力过程中发挥的作用，所分析应变测点的位置如图 4-13（a）所示。为分析各应变测点应变值与试件中部 1600mm 标距平均应变的相符性，将实测荷载-测点应变曲线与荷载-平均应变ε_α曲线进行比较，如图 4-13（b）～（d）所示。图 4-13 中标距平均应变为试件中部 1600mm 标距范围内实测的竖向位移与 1600mm 的比值。

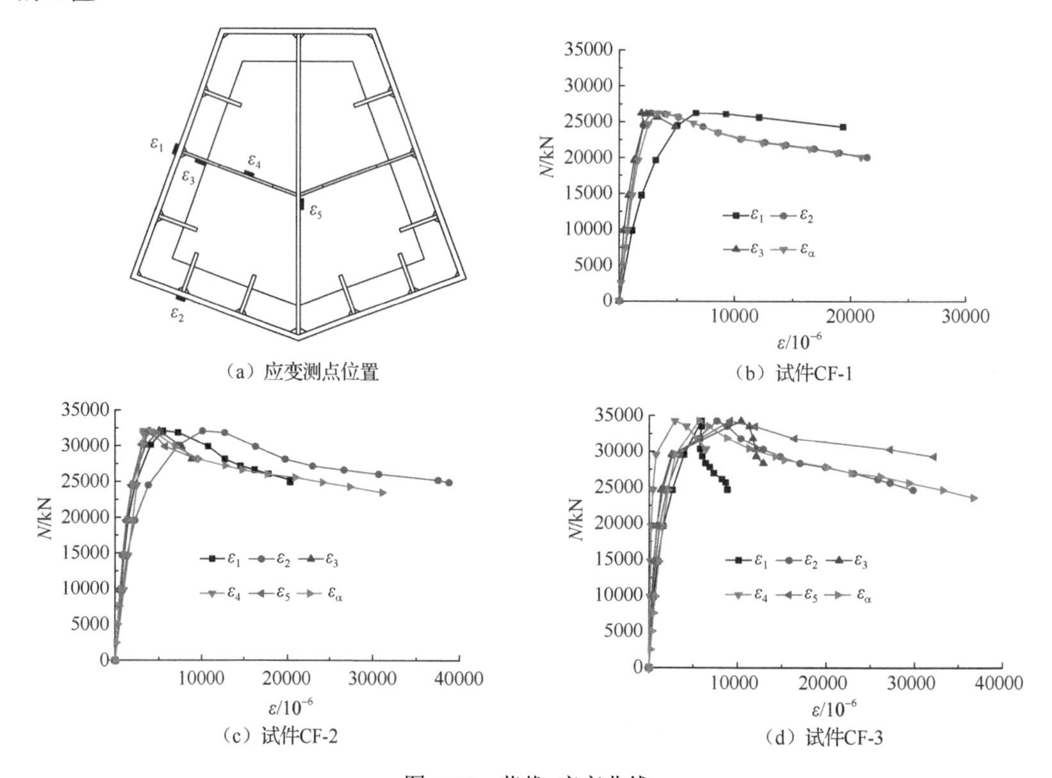

（a）应变测点位置　　（b）试件CF-1

（c）试件CF-2　　（d）试件CF-3

图 4-13　荷载-应变曲线

由图 4-13 可见，当试件加载至峰值荷载时，实测各试件的外钢管、竖向肋板、对称轴整体隔板及分格隔板的应变均达到或超过了钢板屈服应变的 1.811×10^{-3}（12mm 外钢管的屈服荷载 F_y 与弹性模量 E_s 的比值），故在进行试件极限承载力计算时可认为钢板均达到了屈服。

3. 刚度

实测所得各试件的刚度-应变（K-ε）曲线比较如图 4-14 所示，图中纵坐标 K 为刚度，它由竖向压力 N 与试验所测 1600mm 标距段相对位移 $\varDelta$ 的比值确定；横坐标 ε 为 1600mm 标距段的平均应变。

4. 残余变形

实测所得试件 CF-1、CF-2、CF-3 的相对残余变形-应变（$\varDelta_p$-ε）关系曲线如图 4-15 所示，图中 $\varDelta_p$ 为各循环加载残余变形与最大弹塑性变形的比值；ε 为试件中部 1600mm 标距平均应变，该平均应变取各循环加载弹塑性位移峰值与1600mm标距段相对位移的比值。

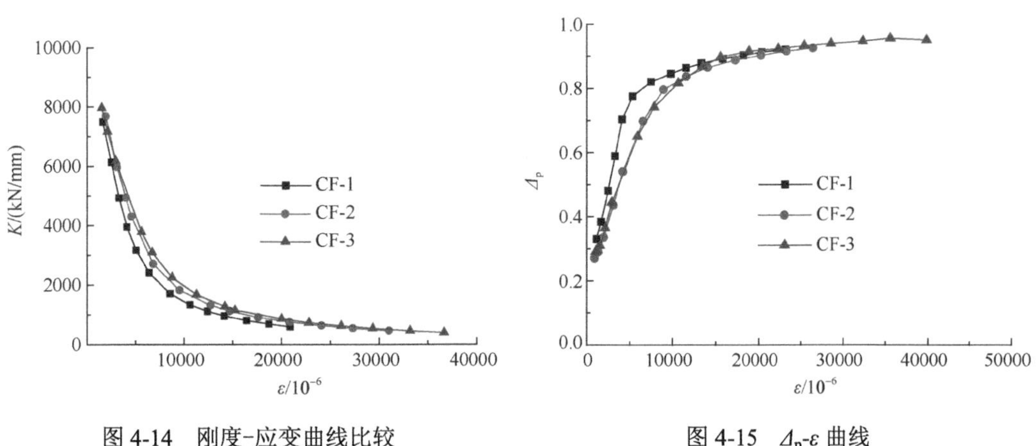

图 4-14　刚度-应变曲线比较

图 4-15　$\varDelta_p$-ε 曲线

由图 4-15 可得以下结论。

（1）相同应变下，四腔体试件比单腔体试件残余变形小，四腔体设钢筋笼试件与四腔体无钢筋笼试件残余变形过程相近。外钢管达屈服应变 1.811×10^{-3} 时，试件 CF-1、CF-2、CF-3 的相对残余变形分别为 0.398、0.318、0.331；外钢管应变为 2 倍屈服应变时，CF-1、CF-2、CF-3 的相对残余变形分别为 0.633、0.481、0.490；外钢管应变达 3 倍屈服应变时，CF-1、CF-2、CF-3 的相对残余变形分别为 0.776、0.617、0.615。

（2）试件 CF-2 和 CF-3 的相对残余变形-应变（$\varDelta_p$-ε）关系曲线接近，相同应变下它们的残余变形均比单腔体试件小。单腔体设钢筋笼试件 CF-1，其应变达到外侧钢板屈服应变的 12.8 倍时，试件破坏严重，此时的相对残余变形值为 0.922；四腔体无钢筋笼试件 CF-2，其应变达到外侧钢板屈服应变的 14.6 倍时，试件破坏严重，此时的相对残余变形值为 0.926；四腔体设钢筋笼试件 CF-3，其应变达到外侧钢板屈服应变的 22.0 倍时，试件整体屈曲，此时的相对残余变形值为 0.951。结果表明，在腔体内增设钢筋笼能显著提高构件后期的塑性变形能力。

5. 耗能

实测所得各试件的耗能值见表 4-4，其中 N 为曲线下降至峰值荷载的 85%对应的荷载；Δ 为所对应的弹塑性位移；E 为耗能，等于荷载下降至峰值荷载的 85%时荷载-位移骨架曲线所包络的面积；E 相对值为各试件耗能与 CF-1 耗能的比值。由表 4-4 可知，四腔体构件 CF-2 较单腔体构件 CF-1 耗能提高 47.9%，设钢筋笼四腔体试件 CF-3 较无钢筋笼四腔体试件 CF-2 耗能提高 30.3%。结果表明，截面分腔构造及钢筋笼均能有效提高五边形截面柱的耗能能力。

表 4-4　各试件的耗能值

试件编号	N/kN	Δ/mm	E/(kN·mm)	E 相对值
CF-1	22231.30	18.524	384762.31	1.000
CF-2	27233.22	20.658	569148.97	1.479
CF-3	28471.77	22.434	685520.07	1.782

4.1.6　偏压试验结果

1. 试验现象

试件 CF-2a、CF-3a、CF-3b 屈曲破坏过程部分照片如图 4-16～图 4-18 所示。

(a) 钢板 B1-1、B1-2 漆皮褶皱、漆皮脱落

(b) 钢板 B5-2 漆皮褶皱

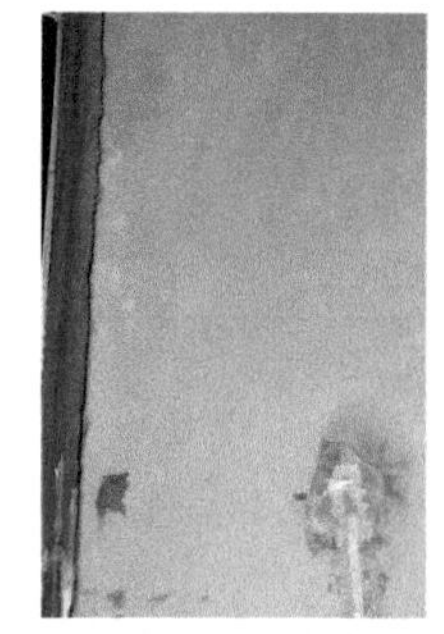

(c) 钢板 B2-1 漆皮褶皱

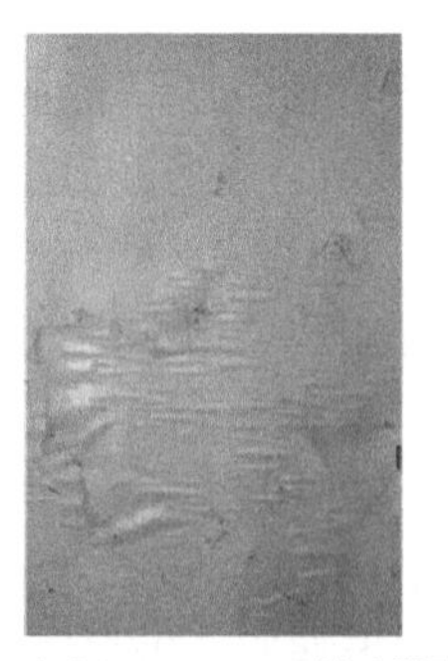

(d) 钢板 B1-1、B1-2 漆皮爆裂

(e) 加载过程中柱整体屈曲

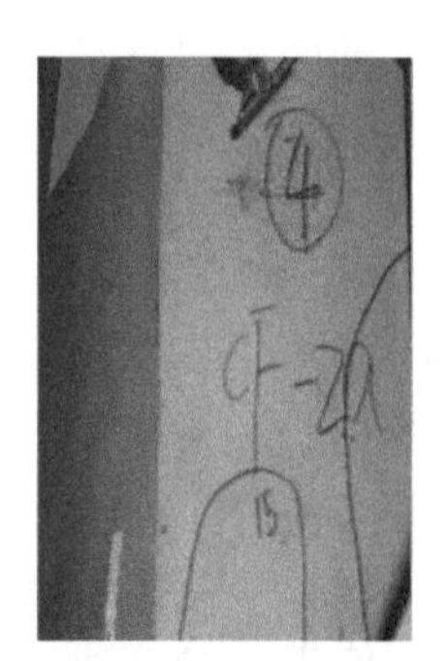

(f) 钢板 B1-1 与 B1-2 凸起分布

图 4-16　试件 CF-2a 破坏过程部分照片

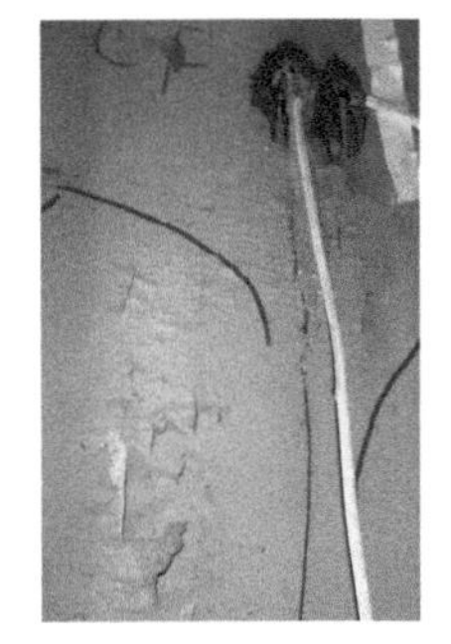

（g）钢板 B1-1 与 B1-2 漆皮爆裂

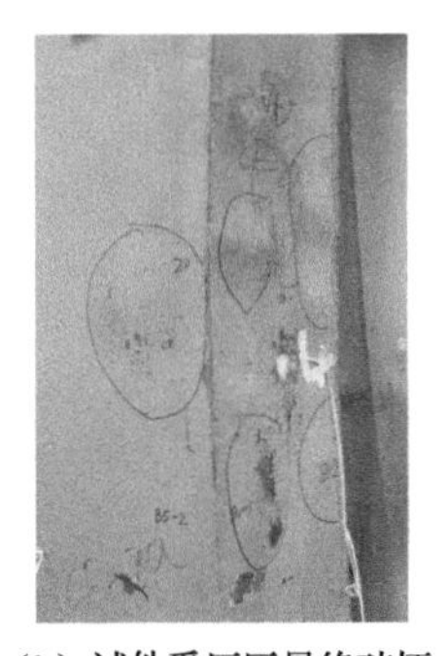

（h）试件受压区最终破坏

（i）试件受拉区最终破坏

图 4-16（续）

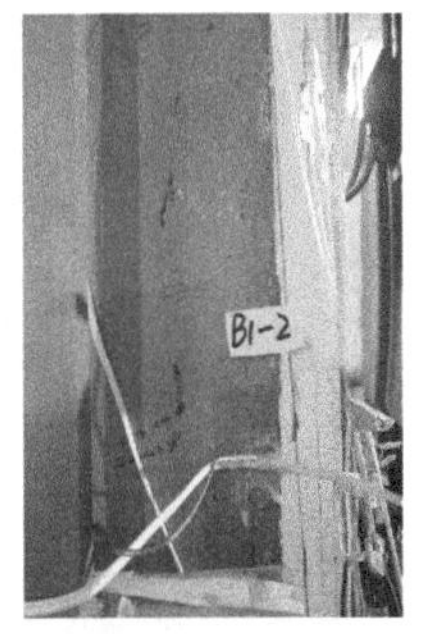

（a）钢板 B1-2 表面涂漆出现裂纹

（b）钢板 B5-2 表面涂漆出现褶皱

（c）钢板 B1-2 表面涂漆爆裂脱落

（d）钢板 B2-1 表面涂漆出现褶皱

（e）钢板 B5-2 表面涂漆出现竖向裂纹

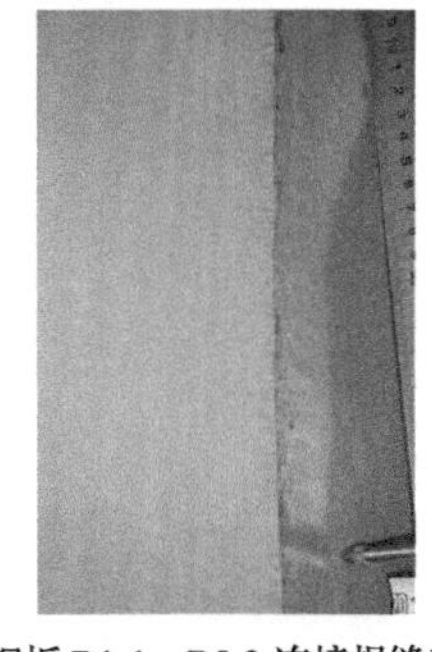

（f）钢板 B1-1、B5-2 连接焊缝表面涂漆出现褶皱

（g）加载后期柱整体屈曲

（h）柱受拉区最终破坏

（i）柱受压区最终破坏

图 4-17　试件 CF-3a 破坏过程部分照片

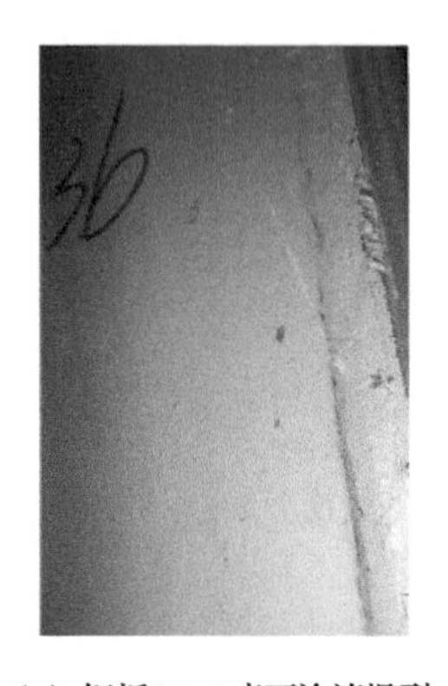

（a）钢板 B1-2 表面涂漆爆裂

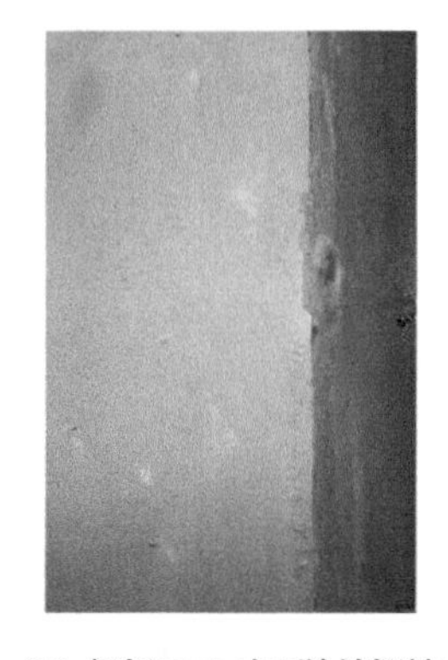

（b）钢板 B5-2 表面涂漆褶皱

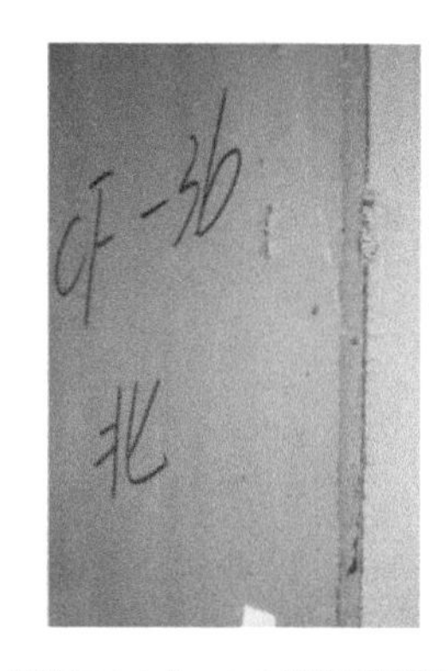

（c）钢板 B1-2 与 B2-1 连接焊缝附近涂漆爆裂

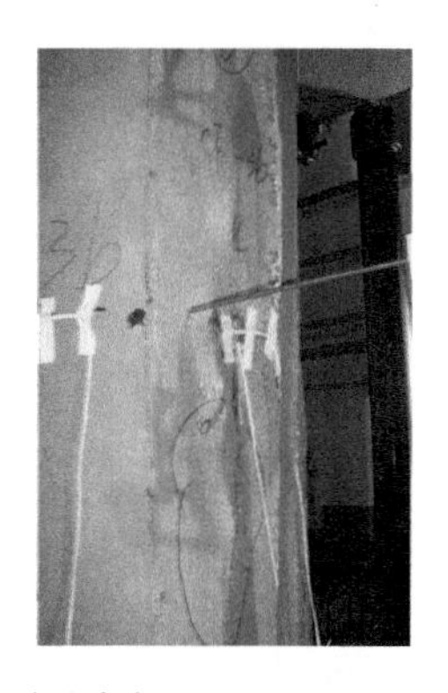

（d）钢板 B1-1、B1-2 凸起

（e）钢板 B3-2、B4-1 中部被拉裂

（f）钢板 B1-1 中部凸起

（g）试件受压区最终破坏

（h）试件受压区中部破坏

（i）试件受拉区最终破坏

图 4-18　试件 CF-3b 屈曲破坏过程部分照片

2. 荷载-挠度曲线

实测所得各试件的荷载-侧向挠度（N-f）曲线如图 4-19 所示，骨架曲线比较如图 4-20 所示。两图中纵坐标 N 表示试验中施加的竖向荷载，受压时 N 为正值；横坐标 f 表示试件中部侧向挠度。

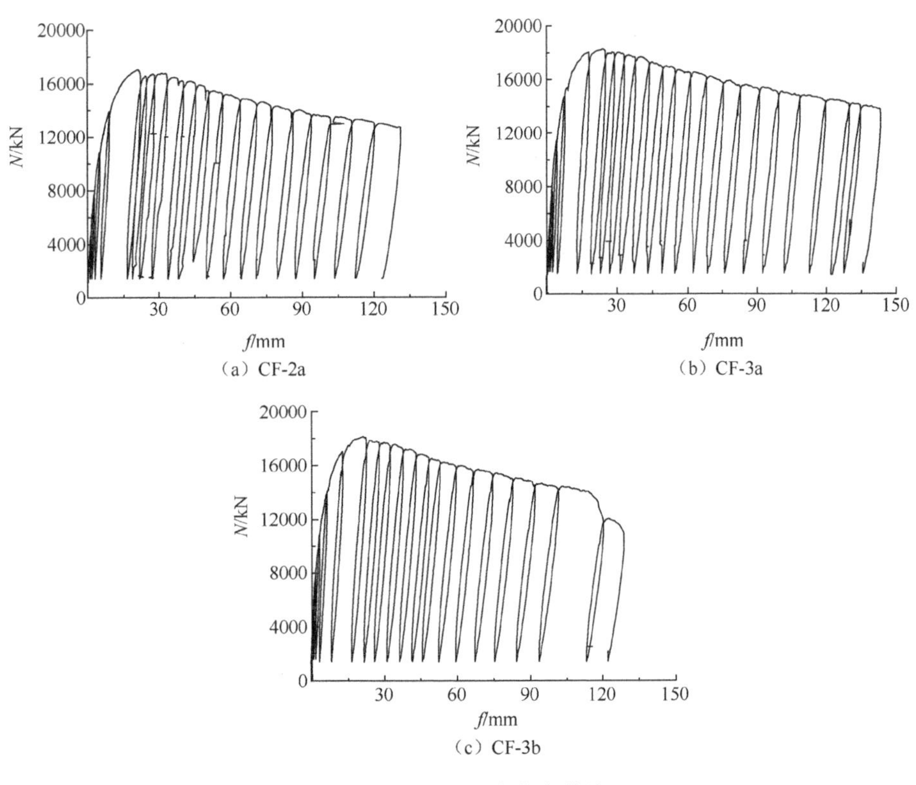

图 4-19　荷载-侧向挠度曲线

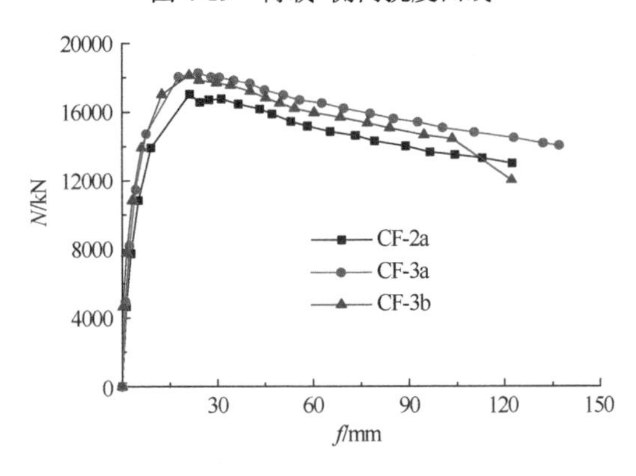

图 4-20　骨架曲线比较

实测所得各试件的特征荷载值见表 4-5。表 4-5 中，N_y 为屈服荷载；N_u 为极限荷载；N_y/N_u 为屈强比。

表 4-5　特征荷载值

试件编号	N_y/kN	N_u/kN	N_y/ N_u
CF-2a	9922	17037	0.582
CF-3a	10821	18283	0.592
CF-3b	10830	18140	0.597

由图 4-20 及表 4-5 可得以下结论。

（1）截面Ⅲ四腔体设钢筋笼试件 CF-3a 和截面Ⅱ四腔体无钢筋笼试件 CF-2a 相比，其屈服荷载提高 9.1%，极限荷载提高 7.3%，并且试验中试件 CF-3a 的损伤破坏程度比试件 CF-2a 明显轻。在腔体内设钢筋笼能显著提高构件的承载力及变形能力。

（2）截面Ⅲ隔板及肋板连续型试件 CF-3a 与截面Ⅲ隔板及肋板断开型试件 CF-3b 相比，屈服荷载及极限荷载均较为接近，但在加载后期，试件 CF-3b 出现受拉区中部钢板拉裂、承载力急速下降的现象。试件的分腔隔板及竖向肋板在中部断开，对构件承载力没有显著的影响，但是大变形下容易出现突然破坏，不适于在设防烈度较高的建筑中使用。

（3）3 个试件的跨中挠度随荷载增长的规律一致，曲线形状相似。试件 CF-2a 与试件 CF-3a 相比，在达到峰值荷载前 CF-2a 的挠度增长较 CF-3a 的挠度增长快，说明在腔体内增设钢筋笼能提高试件的抗侧向刚度。

将布置在试件中部截面外钢管受拉侧及受压侧钢板应变片所测数据整理，分析拉压区随荷载增加的变形规律，所分析应变片的具体位置如图 4-21（a）所示。3 个偏压试件的荷载-应变曲线如图 4-21（b）～（d）所示。

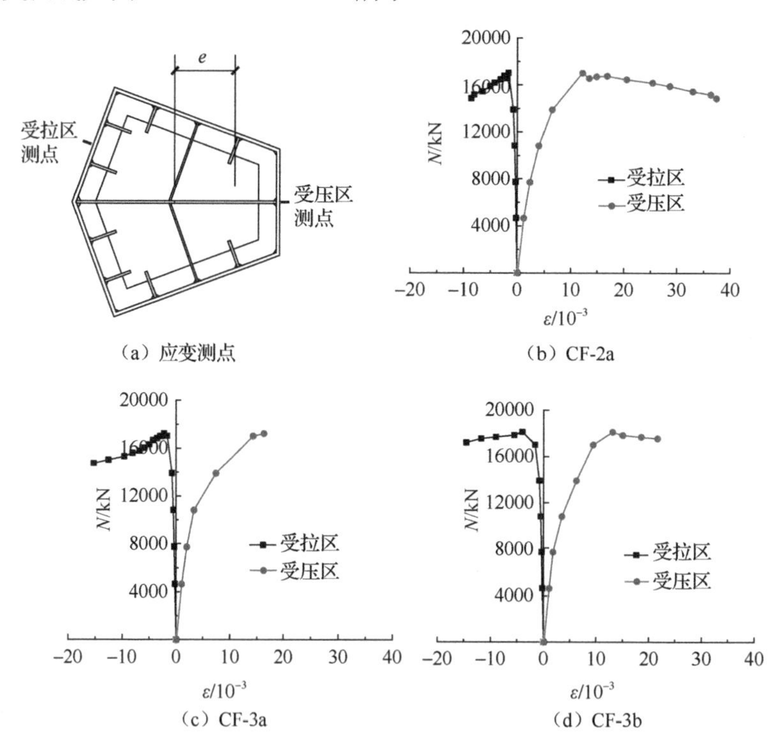

（a）应变测点　（b）CF-2a

（c）CF-3a　（d）CF-3b

图 4-21　荷载-应变曲线

从图 4-21 中可知：①3 个试件受压区及受拉区应变均随荷载增加而逐渐增大，拉区应变较压区应变增长的明显慢，这与试验过程中受压区整体隔板两侧出现大量鼓包相吻合；②加载至试件的峰值荷载时，试件受压区及受拉区钢板应变均已超过屈服应变

1.811×10^{-3}，五边形截面巨型柱受拉区和受压区协同工作良好；加载后期，试件 CF-3b 受拉区钢板应变远大于钢板屈服应变，且由于分腔隔板及竖向肋板中部断开截面薄弱，导致试验过程中受拉区钢板被拉裂。

3. 刚度

实测所得各试件的刚度-应变（K-ε）曲线比较如图 4-22 所示。图 4-22 中纵坐标 K 为刚度，它由竖向荷载 N 与试验所测 1600mm 标距段相对位移 $\varDelta$ 的比值确定；横坐标 ε 为 1600mm 标距段的应变。

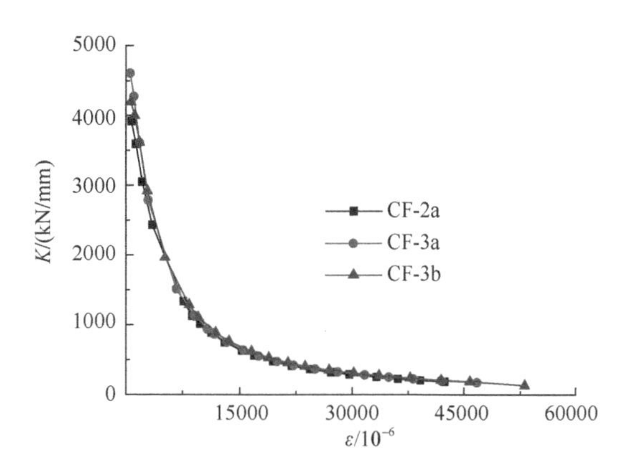

图 4-22　刚度-应变曲线比较

由图 4-22 可知：①四腔体无钢筋笼试件 CF-2a 与四腔体设钢筋笼试件 CF-3a 相比，各阶段刚度值及刚度曲线的变化规律基本一致。说明在五边形钢管混凝土柱内是否设置钢筋笼，对试件的刚度没有明显影响。②分腔隔板及竖向肋板断开型试件 CF-3b 与分腔隔板及竖向肋板连续型试件 CF-3a 相比：加载各个阶段的刚度值几乎完全相同，说明截面内分腔隔板及竖向肋板中部的断开或连续对受力过程中钢管混凝土柱的刚度没有显著影响。

4. 平截面假定

实测所得每级荷载下偏心受压试件 CF-2a、CF-3a、CF-3b 中部外钢管同一截面不同位置处截面应变的分布曲线如图 4-23 所示，图中坐标轴 x 表示各应变片距截面形心的距离；纵坐标 ε 表示对应各应变片的应变值。由图 4-23 可见，各应变值的连线大致为一条直线，说明该试件应变分布基本符合平截面假定。

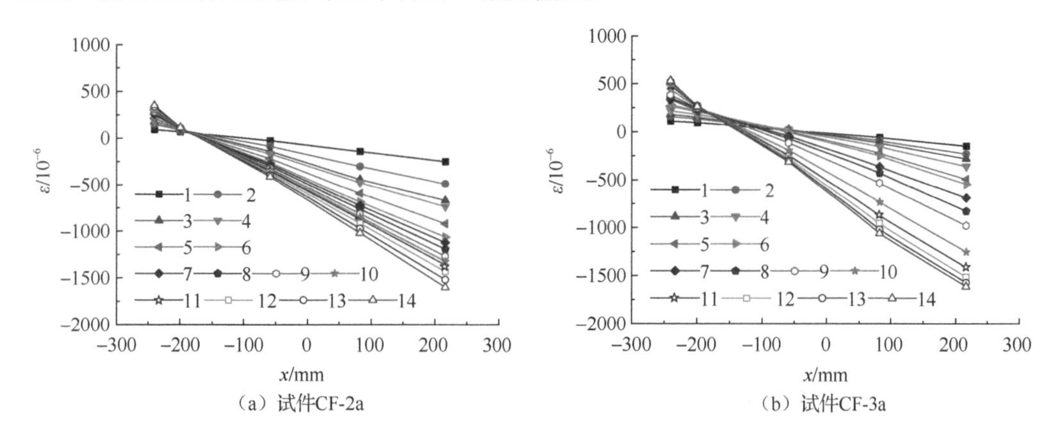

（a）试件CF-2a　　（b）试件CF-3a

图 4-23　截面应变的分布曲线

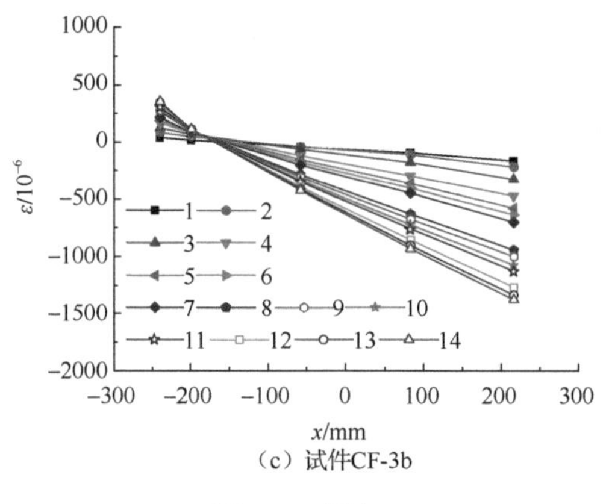

（c）试件CF-3b

图 4-23（续）

5. 侧向挠度分布

实测所得偏心受压试件 CF-2a、CF-3a、CF-3b 的侧向挠度沿试件高度分布的曲线如图 4-24 所示，图中横坐标 f 表示试件加载过程中各级峰值荷载对应侧向挠度；纵坐标 Z 为试件截面距其下部支座的高度。各试件的高度均为 3000mm。

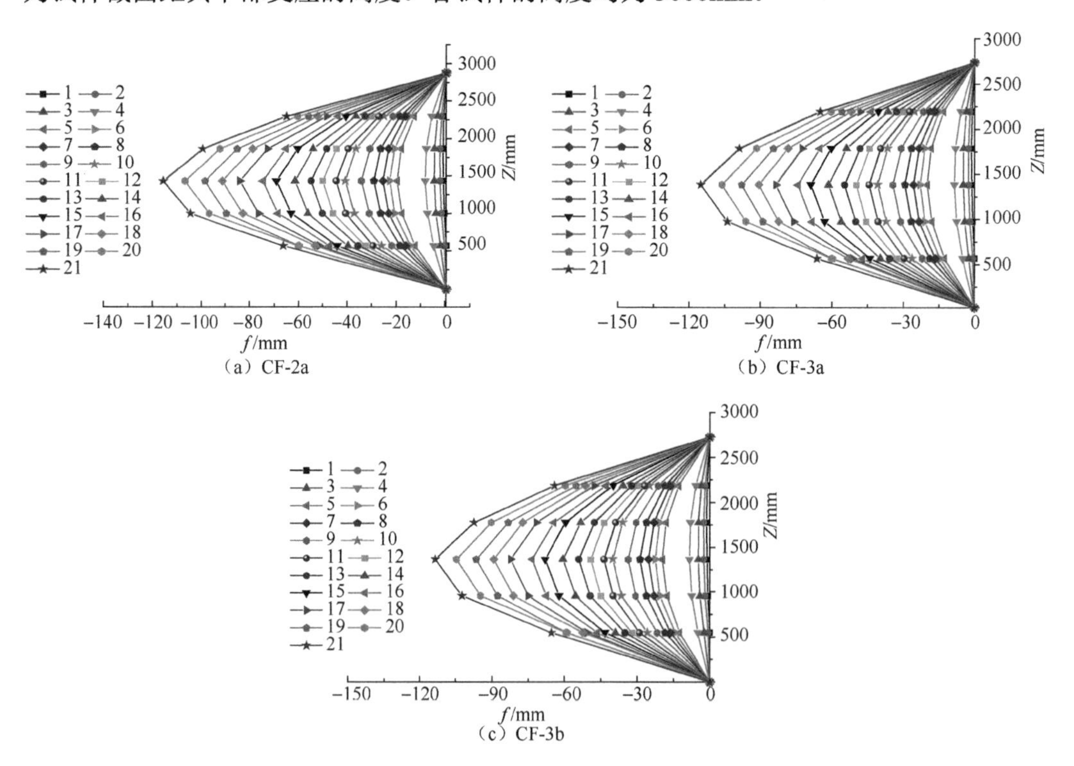

（a）CF-2a　（b）CF-3a　（c）CF-3b

图 4-24　侧向挠度沿试件高度分布的曲线

由图 4-24 可得以下结论。

（1）3 个偏心受压试件的挠度曲线沿试件高度中点的对称性较好，基本符合正弦半波曲线，说明各位移测点所测位移的变化规律符合等截面试件的构造特点。

（2）3 个试件在第四循环至第五循环加载过程中，即荷载达极限荷载的 80%左右时，挠度均出现较快发展的现象。

（3）试件 CF-3b 与试件 CF-3a 相比：试件 CF-3b 在第 19 循环加载至第 20 循环加载过程中，试件中部挠度出现急速发展的现象，破坏特征为受拉区截面钢板拉伸撕裂，显示出后期工作性能较差、破坏带有突然性的特点。

4.2　受压试件有限元分析

4.2.1　试件概况

1．材料性能

混凝土采用 ABAQUS 软件中提供的损伤塑性模型（damaged plasticity），本构关系借鉴文献[1]提出的考虑钢管对混凝土的约束的核心混凝土纵向应力-应变关系曲线，根据截面构造的不同，考虑截面外钢管、内部肋板及钢筋笼对核心混凝土的约束，分别计算各试件的混凝土应力-应变关系。将各试件核心混凝土的应力-应变关系曲线与文献[2]给出的单轴混凝土应力-应变曲线相比，曲线变化规律类似，但峰值点较高，变形能力较好，如图 4-25 所示。计算分析中，取试验得到的混凝土立方体抗压强度和棱柱体弹性模量，泊松比取 0.2。σ-ε曲线方程如下。

当 $x \leqslant 1$ 时

$$y = 2x - x^2 \tag{4-1}$$

当 $x > 1$ 时

$$y = \frac{x}{\beta(x-1)^{\eta} + x} \tag{4-2}$$

式中，$x = \dfrac{\varepsilon}{\varepsilon_0}$；$y = \dfrac{\sigma}{\sigma_0}$。

$$\sigma_0 = \left[1 + (-0.0135\mu^2 + 0.1\mu)\left(\frac{24}{f_c'}\right)^{0.45}\right] f_c' \tag{4-3}$$

$$\varepsilon_0 = 1300 + 12.5 f_c' + \left[1330 + 760\left(\frac{f_c'}{24} - 1\right)\right]\mu^{0.2} \tag{4-4}$$

$$\eta = 1.6 + 1.5 / x \tag{4-5}$$

$$\beta = \frac{(f_c')^{0.1}}{1.35\sqrt{1+\mu}} \tag{4-6}$$

式中，f_c' 为混凝土圆柱体轴心抗压强度，$f_c' = 0.79 f_{cu,k}$；μ 为延性系数。

钢材及钢筋采用 ABAQUS 软件中提供的等向弹塑性模型，应力-应变曲线采用弹性无强化二折线模型，屈服后的应力-应变关系简化为平直线。选用的钢材应力-应变关系曲线如图 4-26 所示。钢材的屈服强度、弹性模量取实测值，泊松比取 0.3。

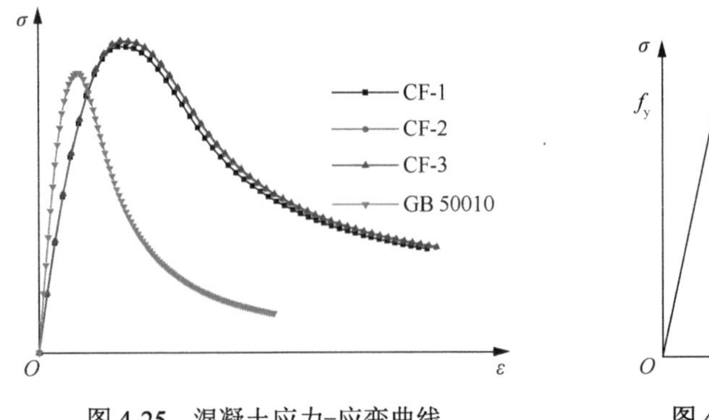

图 4-25　混凝土应力-应变曲线

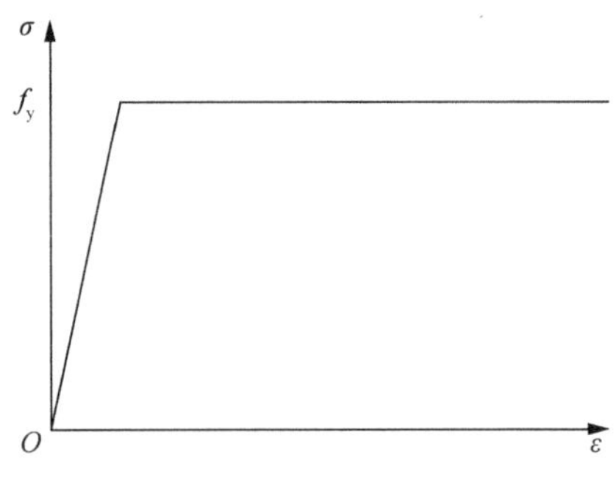

图 4-26　钢材应力-应变关系曲线

2. 接触模拟

钢管与内部混凝土界面法向接触采用硬接触，切向接触采用库仑摩擦模型。文献[3]中建议摩擦系数 0.2～0.6，经大量试算，本模型取 0.2；钢管混凝土柱与基础及加载梁的连接均采用绑定约束（tie）；钢筋笼嵌入（embed）混凝土中。

3. 单元类型与网格划分

混凝土采用 8 节点三维减缩积分实体单元 C3D8R，采用结构化网格划分技术；外钢管、水平及竖向肋板、截面对称轴及两侧的分腔隔板采用 4 节点缩减积分壳单元 S4R，采用中性轴算法的自由网格划分技术；钢筋采用三维桁架单元 T3D2。

4.2.2　试验试件的有限元模拟

1. 轴压试件的有限元模拟

利用 ABAQUS 有限元软件对轴压试件 CF-1、CF-2、CF-3 进行数值模拟。图 4-27～图 4-29 分别给出了 3 个试件的部分数值模拟结果，包括混凝土损伤云图、钢管应力云图，并与试件试验实测损伤形态进行了比较，同时比较了计算与实测骨架曲线。模拟结果与试验符合较好。

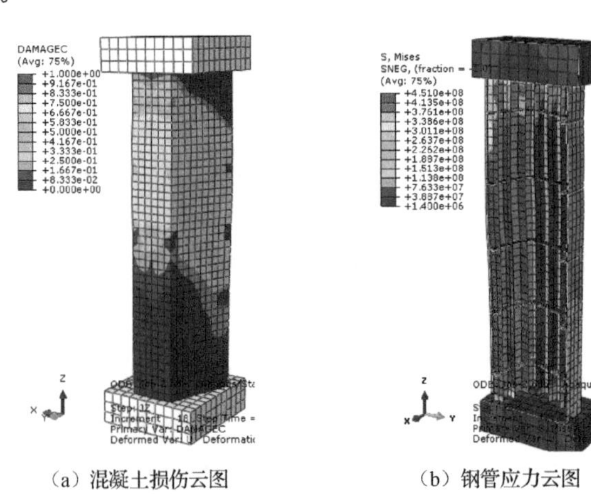

（a）混凝土损伤云图　　（b）钢管应力云图

图 4-27　试件 CF-1 模拟与试验结果比较

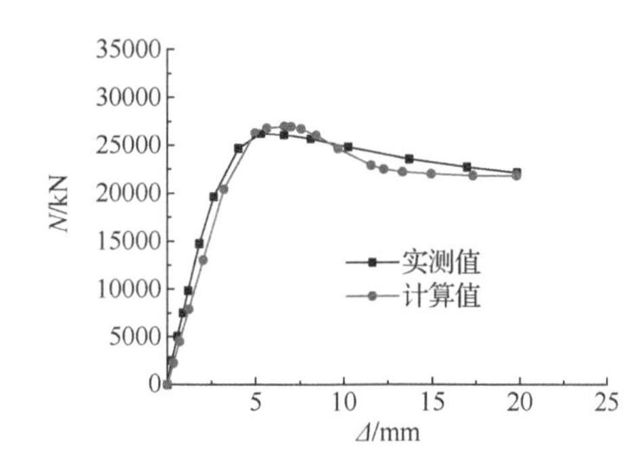

（c）试件损伤照片　　（d）骨架曲线比较

图 4-27（续）

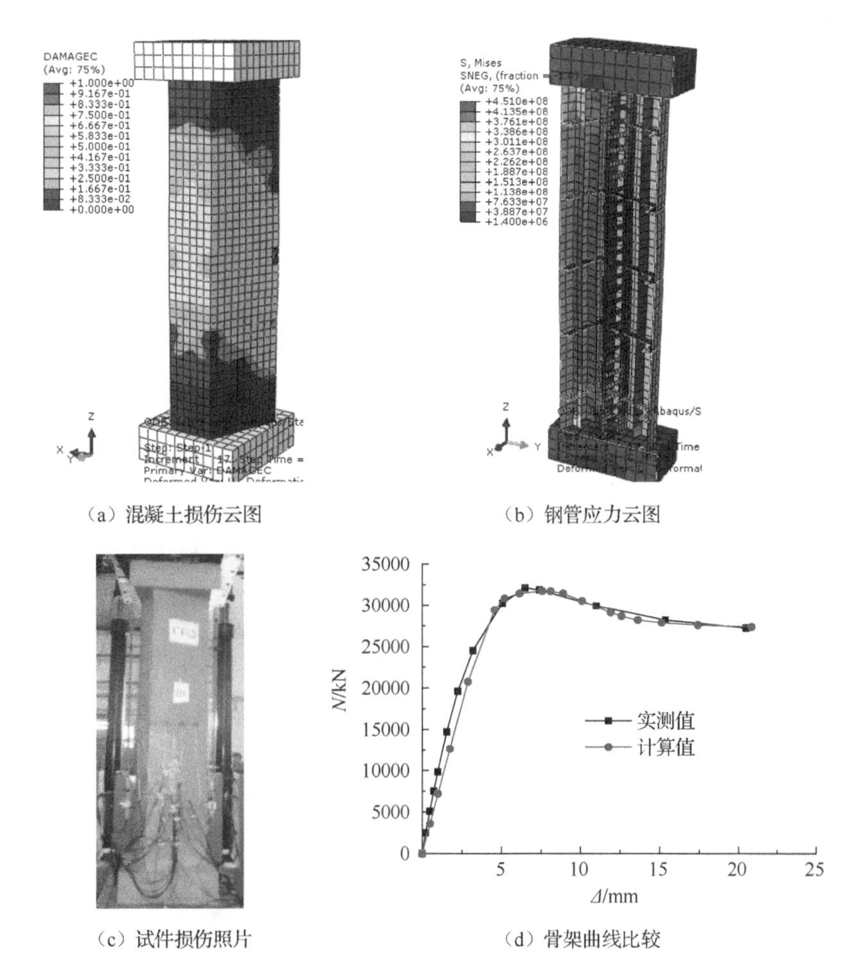

（a）混凝土损伤云图　　（b）钢管应力云图

（c）试件损伤照片　　（d）骨架曲线比较

图 4-28　试件 CF-2 模拟与试验结果比较

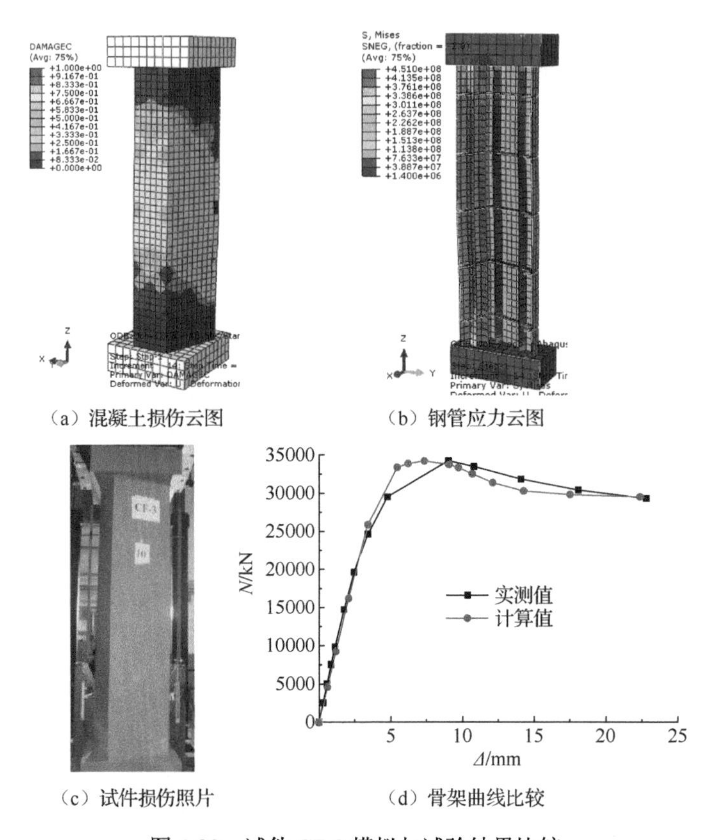

（a）混凝土损伤云图　（b）钢管应力云图

（c）试件损伤照片　（d）骨架曲线比较

图 4-29　试件 CF-3 模拟与试验结果比较

2. 偏压试件的有限元模拟

利用 ABAQUS 有限元软件对偏压试件 CF-2a、CF-3a、CF-3b 进行了数值模拟。图 4-30～图 4-32 分别给出了 3 个试件的部分数值模拟结果，包括混凝土损伤云图、钢管应力云图，并与试件试验实测损伤形态进行了比较，同时比较了计算与实测荷载-跨中挠度曲线。计算值结果与试验值符合较好。

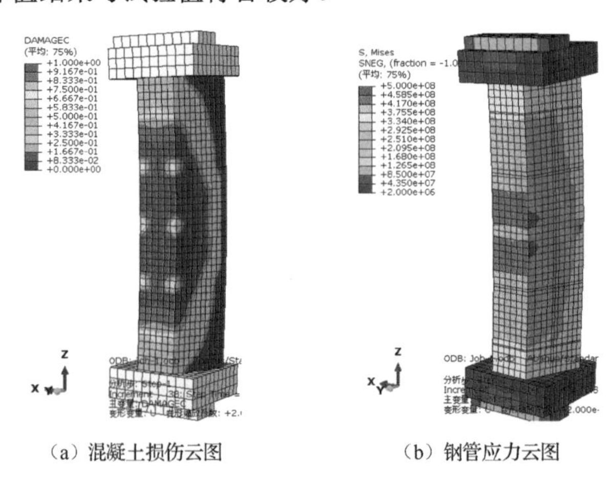

（a）混凝土损伤云图　（b）钢管应力云图

图 4-30　试件 CF-2a 模拟与试验结果比较

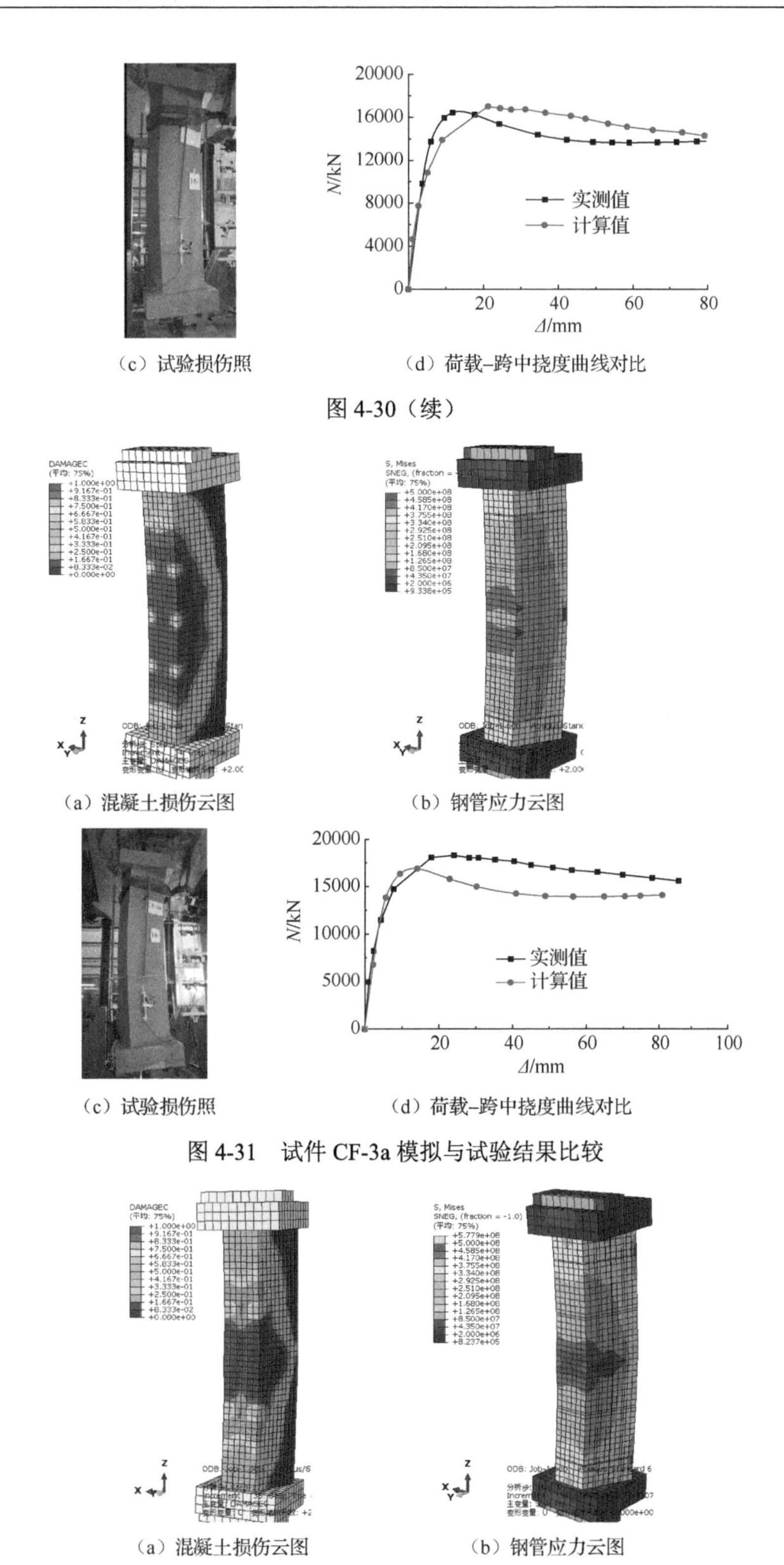

（c）试验损伤照　　（d）荷载–跨中挠度曲线对比

图 4-30（续）

（a）混凝土损伤云图　　（b）钢管应力云图

（c）试验损伤照　　（d）荷载–跨中挠度曲线对比

图 4-31　试件 CF-3a 模拟与试验结果比较

（a）混凝土损伤云图　　（b）钢管应力云图

图 4-32　试件 CF-3b 模拟与试验结果比较

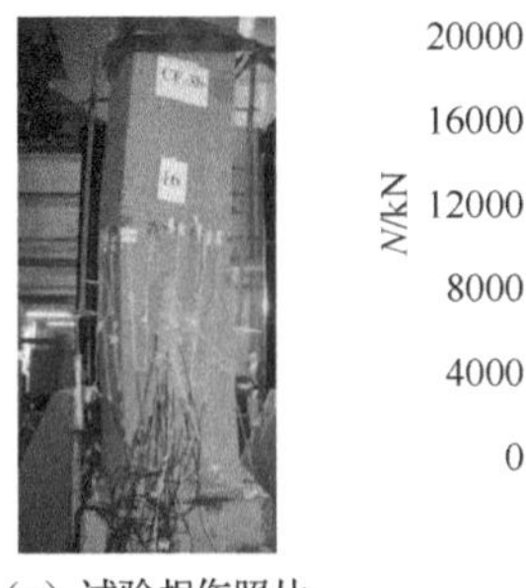
（c）试验损伤照片

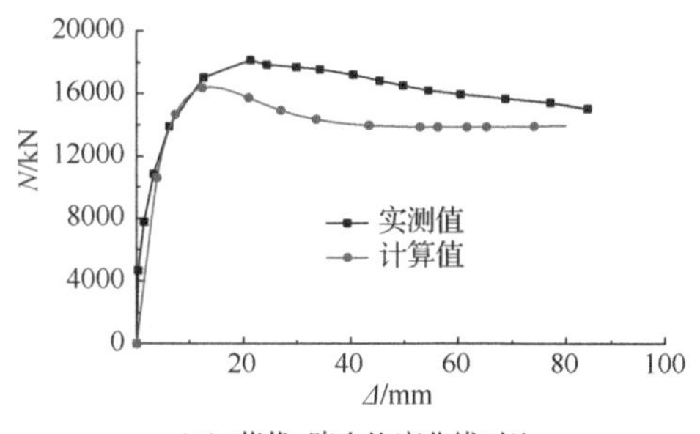

（d）荷载-跨中挠度曲线对比

图 4-32（续）

4.2.3　试件的参数分析

1. 轴压试件的参数分析

1）外钢管的厚度

模拟分析外钢管厚度分别为 10mm、12mm 的两种不同外钢管钢板厚度的五边形截面柱轴压性能，其中外钢管钢板厚 12mm 试件为试验试件，其模拟结果如图 4-27～图 4-29 所示。模拟所得外钢管钢板厚 10mm 试件受压混凝土损伤云图、试件外钢管钢板和钢管腔体肋板应力云图、骨架曲线比较如图 4-33 所示。计算表明，减小外钢管板厚，五边形截面不规则性引起受力过程中的偏心有所加大，构件承载能力和变形能力有所降低。

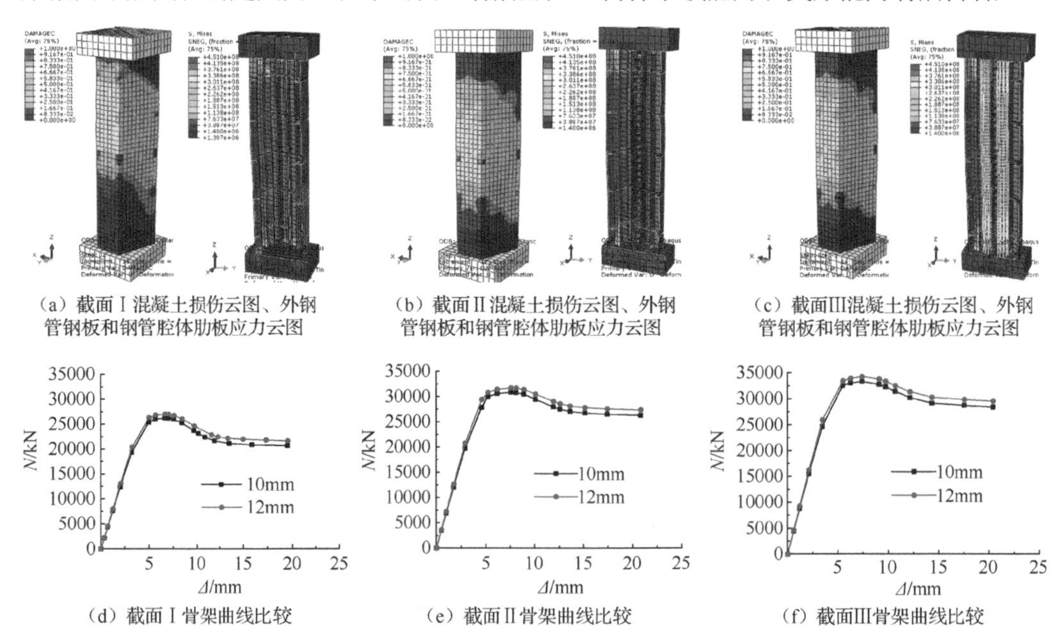

（a）截面Ⅰ混凝土损伤云图、外钢管钢板和钢管腔体肋板应力云图　（b）截面Ⅱ混凝土损伤云图、外钢管钢板和钢管腔体肋板应力云图　（c）截面Ⅲ混凝土损伤云图、外钢管钢板和钢管腔体肋板应力云图

（d）截面Ⅰ骨架曲线比较　（e）截面Ⅱ骨架曲线比较　（f）截面Ⅲ骨架曲线比较

图 4-33　外钢管钢板厚 10mm 试件应力及骨架曲线比较

2）对称轴分腔隔板厚度

模拟分析腔体内截面对称轴整体分腔隔板厚度分别为 8mm、10mm 和 12mm 的五边

形截面柱轴压性能，其中 10mm 厚对称轴隔板试件为试验试件，模拟所得 8mm、10mm 和 12mm 对称轴隔板的三个试件轴压下混凝土损伤云图及骨架曲线比较如图 4-34 所示。分析表明，增大截面对称轴分腔隔板的厚度，试件截面内力分布更均匀，腔体内混凝土损伤有所减缓，试件承载力略有提高。

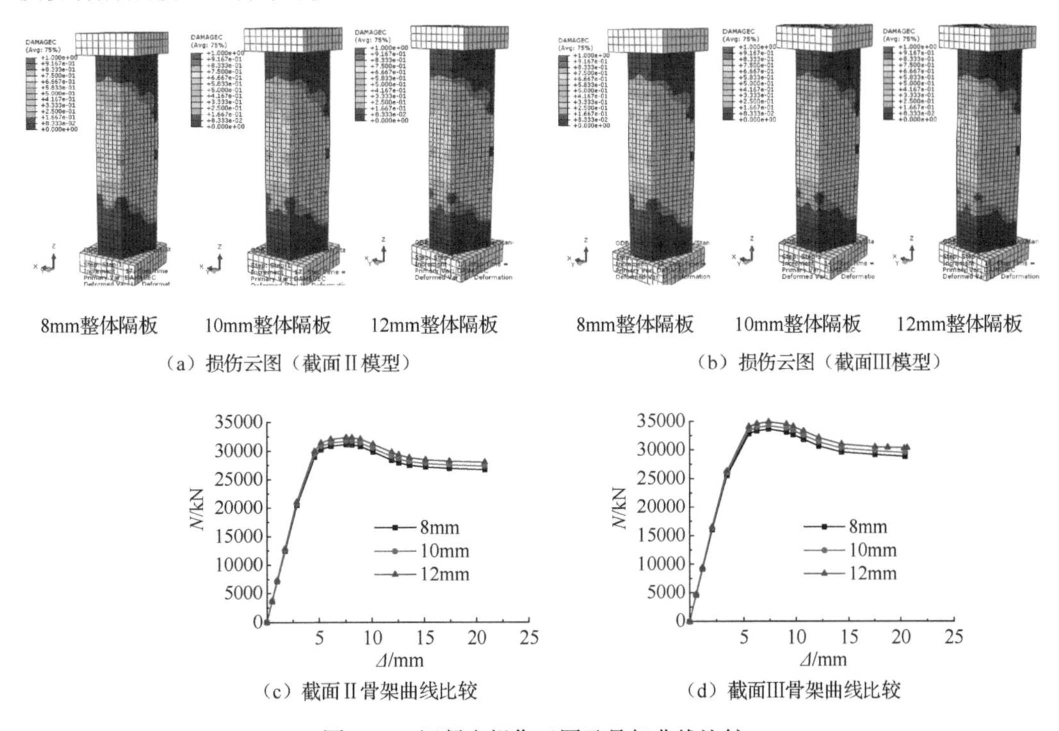

图 4-34　混凝土损伤云图及骨架曲线比较

3）竖向肋板的作用

模拟分析腔体内取消竖向肋板试件的轴压性能，计算所得腔体内不设竖向肋板试件和腔体内设 6mm 厚竖向肋板试件的混凝土损伤云图、钢管肋板云图及骨架曲线比较如图 4-35 所示。分析表明，加设竖向肋板，可增强外钢管的稳定性，截面内力分布更均匀，承载力有所提高。

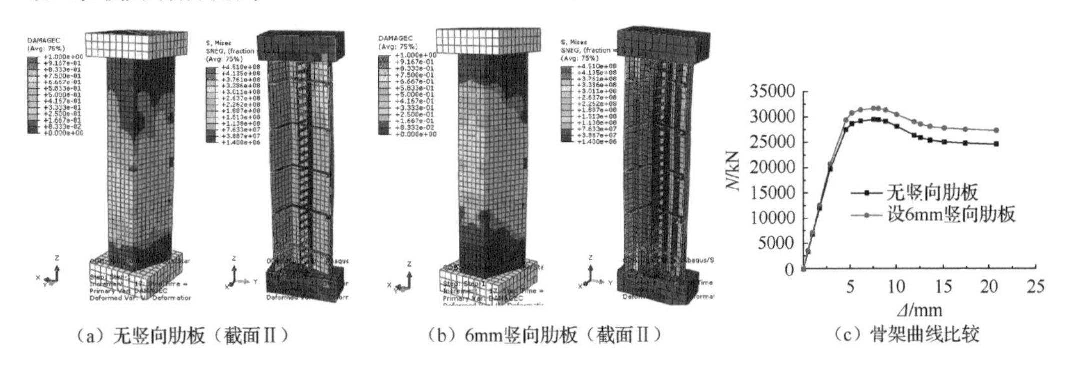

图 4-35　混凝土损伤云图、钢管肋板云图及骨架曲线比较

4）竖向肋板的厚度

模拟分析竖向肋板厚度为4mm、6mm的五边形截面柱轴压性能，其中6mm厚竖向肋板试件为试验试件，模拟所得4mm、6mm竖向肋板试件轴压下混凝土损伤云图及骨架曲线比较如图4-36所示。分析表明，减小竖向肋板厚度对钢管混凝土外钢板的稳定性不利，承载力略有降低。

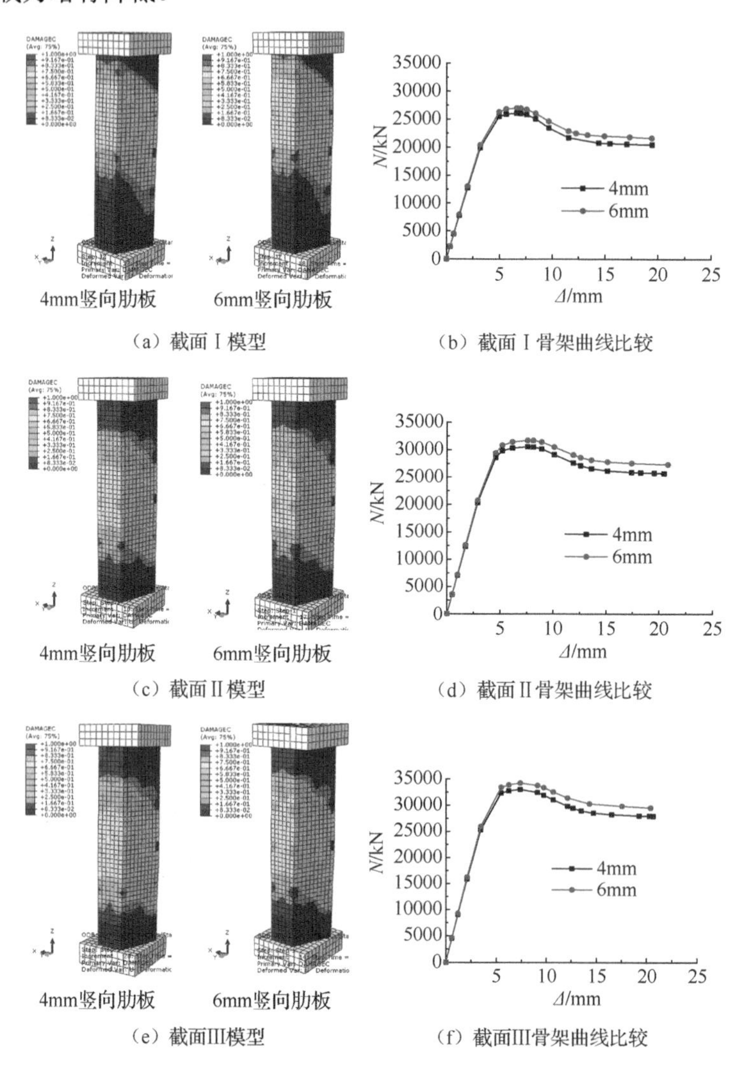

（a）截面Ⅰ模型　　（b）截面Ⅰ骨架曲线比较

（c）截面Ⅱ模型　　（d）截面Ⅱ骨架曲线比较

（e）截面Ⅲ模型　　（f）截面Ⅲ骨架曲线比较

图4-36　混凝土损伤云图及骨架曲线比较

2. 偏压试件的参数分析

1）外钢管的厚度

模拟分析外钢管厚度分别为10mm、12mm的五边形截面柱偏压性能，其中外钢管厚12mm试件为试验试件，其模拟结果如图4-30～图4-32所示。模拟所得外钢管厚10mm试件受压区混凝土损伤云图、外钢管应力云图、荷载-跨中侧向挠度曲线对比如图4-37所示。

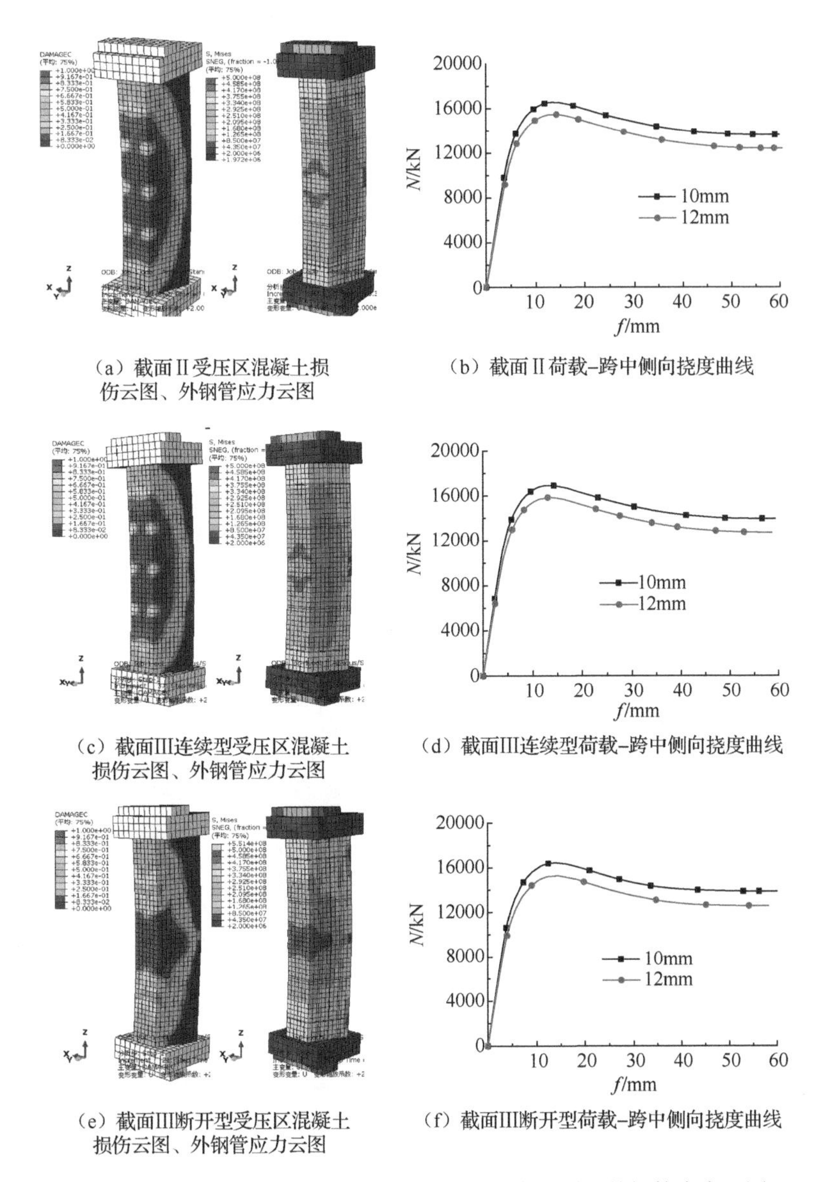

（a）截面Ⅱ受压区混凝土损伤云图、外钢管应力云图

（b）截面Ⅱ荷载-跨中侧向挠度曲线

（c）截面Ⅲ连续型受压区混凝土损伤云图、外钢管应力云图

（d）截面Ⅲ连续型荷载-跨中侧向挠度曲线

（e）截面Ⅲ断开型受压区混凝土损伤云图、外钢管应力云图

（f）截面Ⅲ断开型荷载-跨中侧向挠度曲线

图 4-37　外钢管厚 10mm 试件受压区混凝土损伤云图、外钢管应力云图、荷载-跨中侧向挠度曲线对比

分析表明，减小外钢管板厚，五边形截面不规则性引起加载过程中的跨中侧向挠度有所加大，构件承载能力和刚度有所降低。

2）对称轴分腔隔板的厚度

模拟分析腔体内截面对称轴整体分腔隔板厚度分别为 8mm、10mm 和 12mm 的五边形截面柱偏压性能，其中 10mm 厚对称轴隔板试件为试验试件，模拟所得 8mm、10mm、12mm 厚对称轴隔板的三个试件的混凝土损伤云图、外钢管应力云图及荷载-跨中侧向挠度曲线对比如图 4-38 所示。

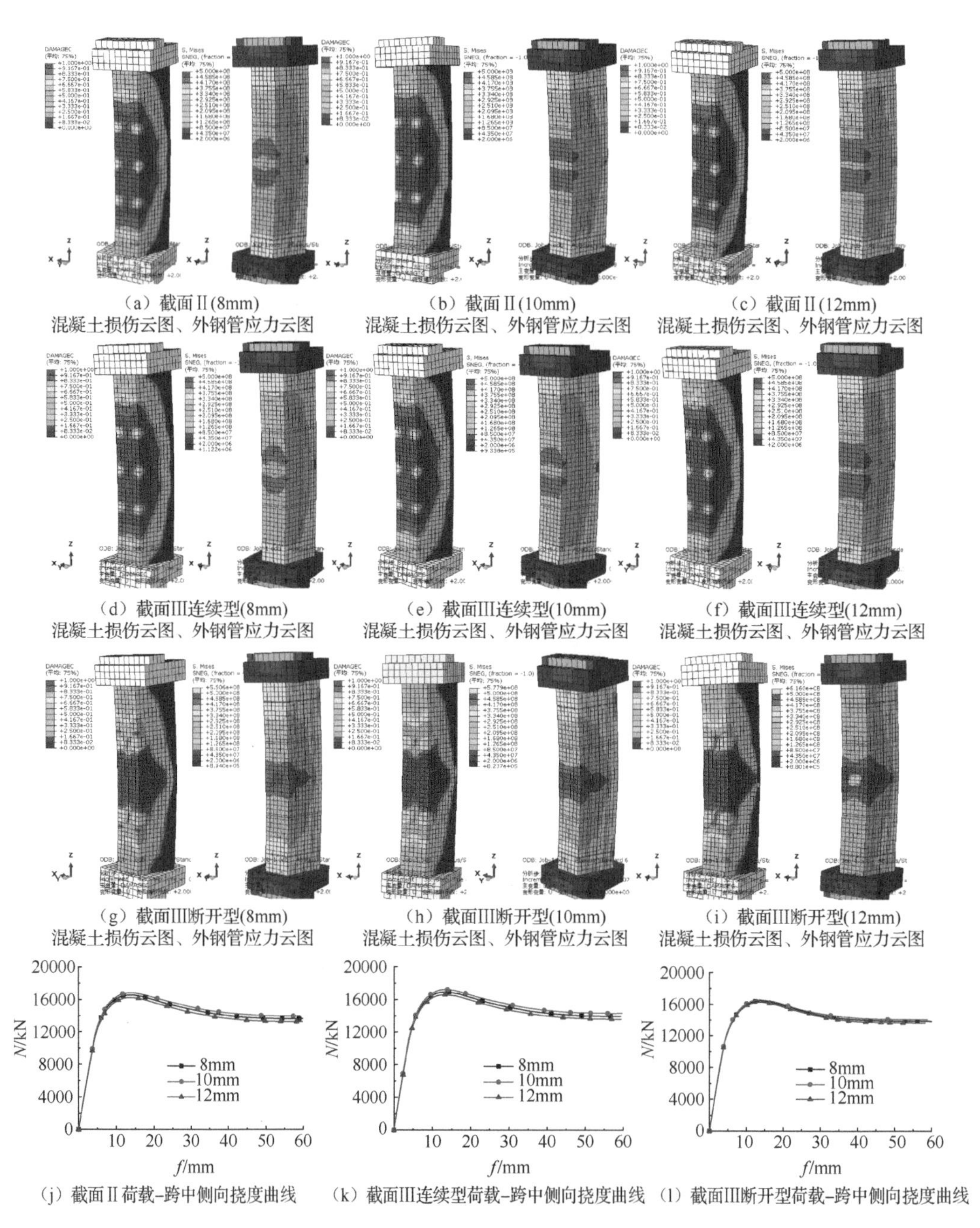

（a）截面Ⅱ(8mm) 混凝土损伤云图、外钢管应力云图

（b）截面Ⅱ(10mm) 混凝土损伤云图、外钢管应力云图

（c）截面Ⅱ(12mm) 混凝土损伤云图、外钢管应力云图

（d）截面Ⅲ连续型(8mm) 混凝土损伤云图、外钢管应力云图

（e）截面Ⅲ连续型(10mm) 混凝土损伤云图、外钢管应力云图

（f）截面Ⅲ连续型(12mm) 混凝土损伤云图、外钢管应力云图

（g）截面Ⅲ断开型(8mm) 混凝土损伤云图、外钢管应力云图

（h）截面Ⅲ断开型(10mm) 混凝土损伤云图、外钢管应力云图

（i）截面Ⅲ断开型(12mm) 混凝土损伤云图、外钢管应力云图

（j）截面Ⅱ荷载-跨中侧向挠度曲线

（k）截面Ⅲ连续型荷载-跨中侧向挠度曲线

（l）截面Ⅲ断开型荷载-跨中侧向挠度曲线

图 4-38　不同对称轴分腔隔板厚度试件对比

分析表明，增大截面对称轴隔板的厚度，试件截面内力分布更均匀，腔体内混凝土损伤有所减缓，对试件承载力和刚度提高不明显。

3）竖向肋板的厚度

模拟分析竖向肋板厚度为 4mm、6mm 的五边形截面柱偏压性能，其中 6mm 厚竖向肋板试件为试验试件，模拟所得 4mm、6mm 厚竖向肋板试件偏压下混凝土损伤云图及荷载-跨中侧向挠度对比如图4-39所示。分析表明，增大截面周边竖向肋板的厚度，试件截面内力分布更均匀，腔体内混凝土损伤有所减缓，对试件承载力及刚度略有提高。

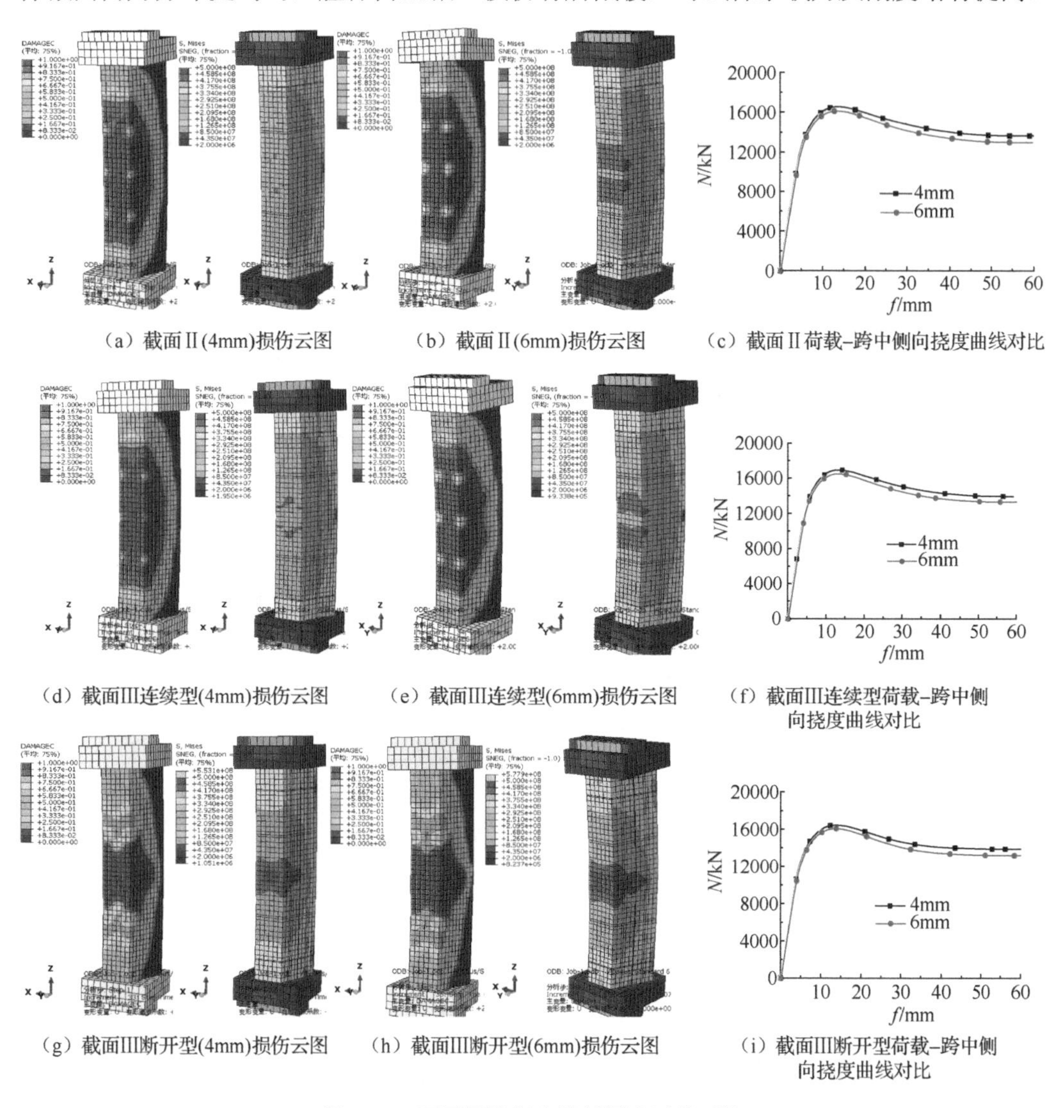

（a）截面Ⅱ(4mm)损伤云图　（b）截面Ⅱ(6mm)损伤云图　（c）截面Ⅱ荷载-跨中侧向挠度曲线对比

（d）截面Ⅲ连续型(4mm)损伤云图　（e）截面Ⅲ连续型(6mm)损伤云图　（f）截面Ⅲ连续型荷载-跨中侧向挠度曲线对比

（g）截面Ⅲ断开型(4mm)损伤云图　（h）截面Ⅲ断开型(6mm)损伤云图　（i）截面Ⅲ断开型荷载-跨中侧向挠度曲线对比

图4-39　不同周边竖向肋板厚度试件对比

4.3　抗震性能试验

4.3.1　试件设计

设计10个五边形截面钢管混凝土柱模型试件，模型按1/7.5缩尺。试件分两组，两组试件主要区别在于水平加载方向不同，第一组试件沿截面对称轴方向加载，第二组试件沿垂直截面对称轴方向加载。试件截面均为五边形，分3种截面构造，截面Ⅰ为单腔体，腔内配置钢筋构造；截面Ⅱ为 4 腔体，腔体内未配置钢筋构造；截面Ⅲ为 4 腔体，每个腔体均配置钢筋构造。截面Ⅲ底部构造又分为 3 种，第 1 种为底部截面角部未加强、竖向钢板均连续的基本型构造；第 2 种为底部截面角部未加强、竖向加劲肋及分腔隔板在底部断开的弱化构造，主要考虑便于施工的要求；第 3 种为底部截面角部贴焊角钢加强、竖向钢板均连续的加强型构造。10 个试件的截面外钢管、外钢管及其内侧壁上焊接的水平和竖向加劲肋均相同。外钢管五个边的钢板厚均为 8mm，水平和竖向加劲肋钢板厚均为 4mm。

第一组 5 个试件沿截面对称轴方向施加水平荷载，编号分别为 CM-1a、CM-2a、CM-3a、CM-3c、CM-3e；第二组 3 个试件沿垂直截面对称轴方向施加水平荷载，编号分别为 CM-1b、CM-2b、CM-3b、CM-3d、CM-3f。试件 CM-1a、CM-1b 为单腔体腔内配置钢筋截面构造，纵筋 9ϕ8，截面配筋率为 0.29%，箍筋ϕ4@60；试件 CM-2a、CM-2b 为 4 腔体腔内未配置钢筋截面构造，截面先用 6mm 厚实心隔板分成两个腔体，再用两个 4mm 厚对称分格隔板分成 4 个腔体，分格隔板板条长 85mm，截面高 20mm，格间净距 40mm；试件 CM-3a、CM-3b 钢构与试件 CM-2a 相同，不同在于 4 个腔体内均配置了钢筋，纵筋 4ϕ6，截面配筋率与试件 CM-1a 相同，为 0.29%，箍筋ϕ3@70；试件 CM-3c、CM-3d 截面构造与试件 CM-3a、CM-3b 相同，区别在于其竖向加劲肋和分腔隔板在基础顶面处断开不连续；试件 CM-3e、CM-3f 为试件 CM-3a、CM-3b 四角内侧贴焊角钢∟70×8。试件对称轴方向截面高 458mm，垂直对称轴方向截面高 500mm。10 个试件的设计图如图 4-40 所示，主要设计参数见表 4-6。

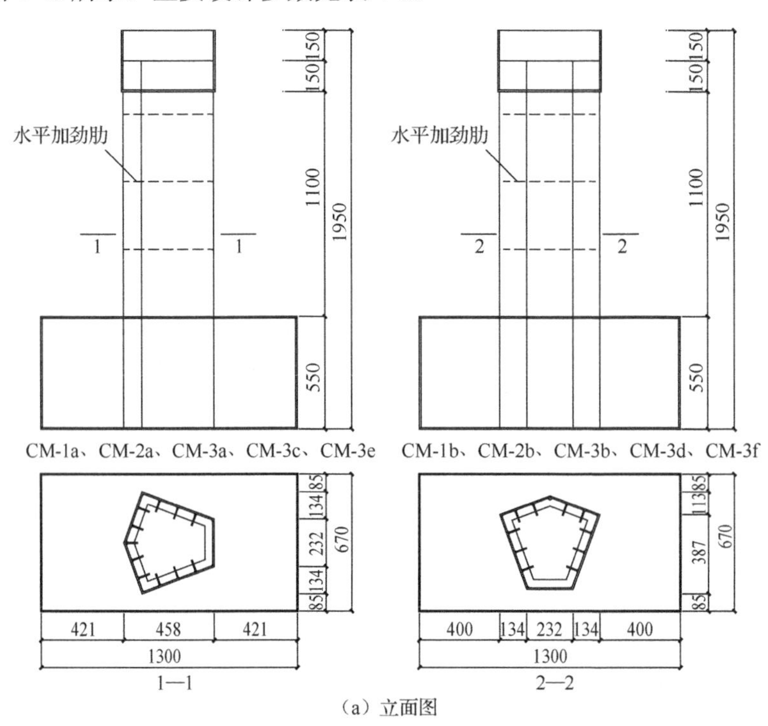

（a）立面图

图 4-40 试件的设计图（尺寸单位：mm）

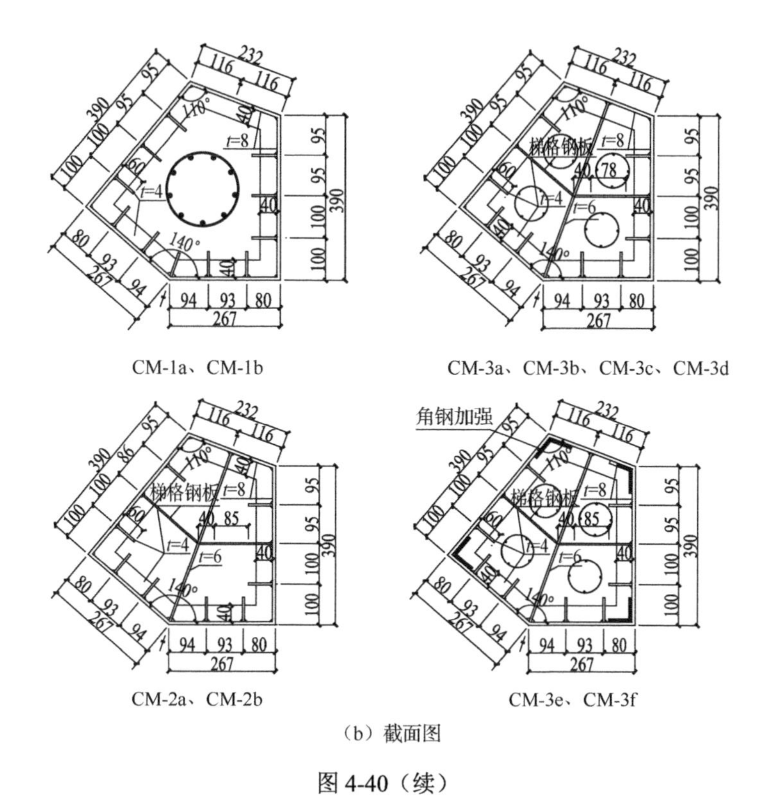

CM-1a、CM-1b　　　　CM-3a、CM-3b、CM-3c、CM-3d

CM-2a、CM-2b　　　　CM-3e、CM-3f

（b）截面图

图 4-40（续）

表 4-6　主要设计参数

试件编号	腔体数量	截面面积 A/mm²	截面类型	特殊构造	加载方向	等效钢管屈服强度 $\overline{f_y}$ /MPa	配钢率		配筋率 ρ_3/%	套箍系数 ξ
							ρ_1/%	ρ_2/%		
CM-1a	1	157180	I		长轴	439.0	7.71	1.68	0.29	1.164
CM-1b					短轴					
CM-2a	4		II		长轴	436.3		3.85	0	1.369
CM-2b					短轴					
CM-3a			III		长轴	432.0			0.29	1.395
CM-3b					短轴					
CM-3c				底部断开	长轴					
CM-3d					短轴					
CM-3e				角部加强	长轴	435.5				1.788
CM-3f					短轴					

注：$\overline{f_y}=\dfrac{\sum f_{yi}A_{si}}{\sum A_{si}}$ 为等效钢管屈服强度，f_{yi}、A_{si} 分别为钢板或钢筋的屈服强度、截面面积；ρ_1 为外钢管钢板配钢率；ρ_2 为腔体分隔钢板及纵向加劲肋配钢率。

4.3.2　材料性能

试件外钢管钢板用 8mm 厚 Q345 钢材，实心隔板用 6mm 厚 Q345 钢材，梯格钢板及水平和竖向加劲肋均用 4mm 厚 Q345 钢材。试件截面混凝土采用同一批 C50 细石混凝土浇筑。实测材料性能：混凝土立方体抗压强度为53.2MPa，弹性模量为3.50×10^4MPa；实测钢材力学性能指标（钢材屈服强度f_y、极限强度f_u、弹性模量E_s、延伸率δ）见表4-7。

表4-7　钢材力学性能指标

钢材类型	f_y/MPa	f_u/MPa	E_s/MPa	δ/%
4mm 钢板	395.2	506.7	2.11×10^5	23.50
6mm 钢板	416.5	528.2	2.10×10^5	27.50
8mm 钢板	450.6	550.8	2.09×10^5	33.00
ϕ4 钢筋	260.1	366.0	1.96×10^5	22.20
ϕ6 钢筋	382.5	582.4	2.07×10^5	31.30
ϕ8 钢筋	610.2	639.4	2.03×10^5	16.50

4.3.3　试件制作

五边多腔钢管混凝土巨型柱各腔体钢板间的连接均为焊接，水平及竖向肋板与外围钢板的连接也采用焊接，腔体内配置的钢筋与腔体钢板通过短筋点焊定位。试件端头设计为长方体，既利于竖向荷载传递，又便于施加水平荷载。试件矩形截面端头上部无盖板，混凝土从上端孔灌入并振捣密实。部分试件配钢和配筋照片如图4-41所示，试件混凝土浇筑现场如图4-42所示。

（a）截面Ⅰ

（b）截面Ⅱ

（c）截面Ⅲ

图4-41　部分试件配钢和配筋

图4-42　混凝土浇筑现场

4.3.4　试验方案

试验在北京工业大学工程结构实验中心进行，加载装置及加载现场如图4-43所示。试验时，首先施加轴向荷载2100kN，并在试验过程中保持不变；之后，分级施加低周反复水平荷载，并通过柱根部截面在加载方向两端外钢管钢板的拉应变是否达到屈服应变，判断试件的屈服。水平加载点位置距基础顶面1250mm，各试件试验轴压比及设计轴压比见表4-8。试件屈服前主要按荷载控制，首先施加荷载150kN，此后每级荷载为50kN，每级荷载循环一次；试件屈服后按位移控制，初始每级位移为2mm，当试件水平位移达20mm后，每级位移为3mm，每级位移均循环一次；当正负两向荷载均下降至极限荷载的85%时认为试件被破坏，停止加载。在试验过程中保持反复加载的加载、卸载速率一致。当截面对称轴方向加载时，规定截面棱角受拉为正向。

（a）试验现场

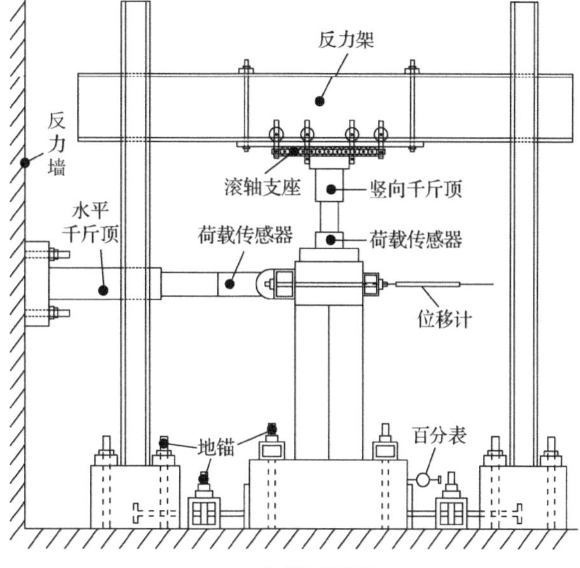

（b）加载装置示意

图4-43　加载装置及加载现场

表4-8　试件轴压比

试件编号	试验轴压比		设计轴压比	
	η_{t1}	η_{t2}	η_1	η_2
CM-1a	0.169	0.187	0.281	0.321
CM-1b				
CM-2a	0.157	0.172	0.255	0.286
CM-2b				
CM-3a	0.156	0.171	0.253	0.286
CM-3b				
CM-3c	0.187	0.189	0.319	0.323
CM-3d				
CM-3e	0.138	0.173	0.217	0.289
CM-3f				

注：表中轴压比均由柱根部截面参数计算所得，η_{t1}、η_1计算中考虑了梯格钢板、竖向加劲肋、钢筋的贡献，而η_{t2}、η_2计算中未考虑梯格钢板、竖向加劲肋、钢筋的贡献。

4.3.5　测点布置

1. 位移与荷载测点

位移与荷载测点布置如图4-43（b）所示。在试件柱头与水平千斤顶轴线同高处布置水平位移计，位移计距基础顶面高度为1250mm，在试件基础端面布置监测水平滑移的位移计，在竖向千斤顶和水平拉压千斤顶端部布置荷载传感器。荷载、位移通过IMP系统自动采集，人工观测钢管变形和损伤过程。

2. 应变测点布置

为了便于描述和分析，对试件截面的外侧钢板及钢板两端节点进行编号：外侧钢板编号从与截面对称轴垂直的边开始，沿顺时针方向进行，依次为钢板 B1、B2、B3、B4、B5；钢板两端节点编号从与截面对称轴垂直的边右侧棱角开始，沿顺时针方向进行，依次为节点 1、2、3、4、5。试件截面外侧钢板及节点编号如图 4-44 所示。

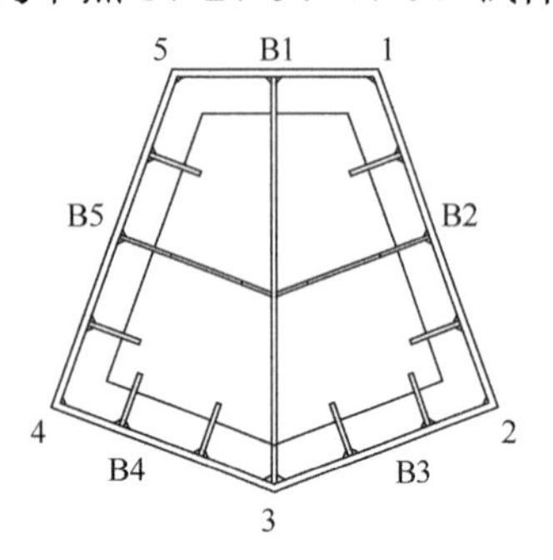

图 4-44　试件截面外侧钢板及节点编号

试件 CM-1a、CM-2a、CM-3a、CM-3c、CM-3e，沿截面对称轴施加低周反复水平荷载。考虑模型柱截面尺寸较小，截面腔内的加劲肋较薄且尺寸较小，应变测点主要布置在外钢管钢板外侧。由于截面的对称性，只在试件对称轴的一侧外钢管钢板外侧布置应变测点。为测试试件底部外钢管钢板在不同高度的最大应变，在离中和轴较远的受拉和受压边缘布置应变测点，其中，布置在钢板 B1 上的应变测点编号从下至上依次为 $\varepsilon_{i\text{-}1}$、$\varepsilon_{i\text{-}2}$、$\varepsilon_{i\text{-}3}$、$\varepsilon_{i\text{-}4}$、$\varepsilon_{i\text{-}5}$，布置在钢板 B3 接近节点 3 上的应变测点编号从下至上依次为 $\varepsilon_{i\text{-}11}$、$\varepsilon_{i\text{-}12}$、$\varepsilon_{i\text{-}13}$、$\varepsilon_{i\text{-}14}$、$\varepsilon_{i\text{-}15}$，各应变测点距基础顶面依次为 50mm、150mm、250mm、350mm、450mm，最上应变测点的高度为 450mm，与截面高度 458mm 接近；为测试试件外钢管钢板在不同截面高度的应变，在外钢管钢板与竖向加劲肋焊接位置布置应变测点，一方面考虑了应变测点的工作稳定性，减小了钢板屈曲对应变测试结果的影响，另一方面起到了同时采集外钢管钢板与腔内加劲肋协同工作下的应变，这与结构分析中首先关注节点位移，之后再由节点位移推算杆件位移的道理类似，布置在周边钢板 B2、B3 上的应变测点依次为 $\varepsilon_{i\text{-}6}$、$\varepsilon_{i\text{-}7}$、$\varepsilon_{i\text{-}8}$、$\varepsilon_{i\text{-}9}$、$\varepsilon_{i\text{-}10}$；为测试实心隔板沿截面高度的应变，在相应试件实心隔板基础顶面处布置了 4 个应变花测点，依次为 $\varepsilon_{i\text{-F}1j}$、$\varepsilon_{i\text{-F}2j}$、$\varepsilon_{i\text{-F}3j}$、$\varepsilon_{i\text{-F}4j}$（$j$=x，y，z）；为测试纵向钢筋应变，在基础顶面处布置了相应的应变测点，编号为 $\varepsilon_{i\text{-Z}1}$、$\varepsilon_{i\text{-Z}2}$。应变测点编号角标中，$i$ 为试件标识，i=1a、2a、3a、3c、3e。沿对称轴方向加载试件的应变测点布置如图 4-45 所示。

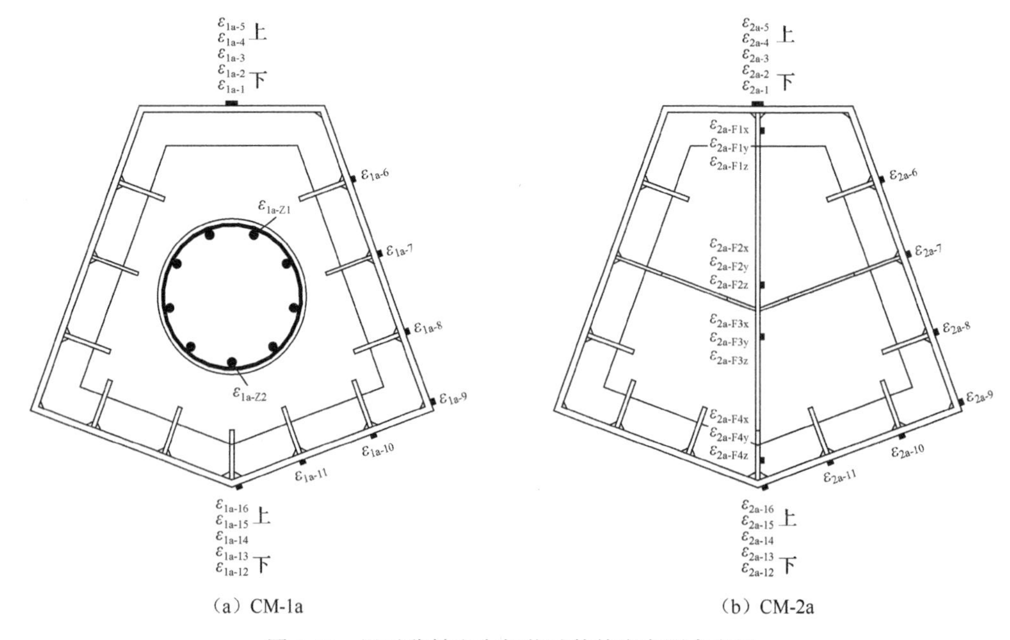

图 4-45　沿对称轴方向加载试件的应变测点布置

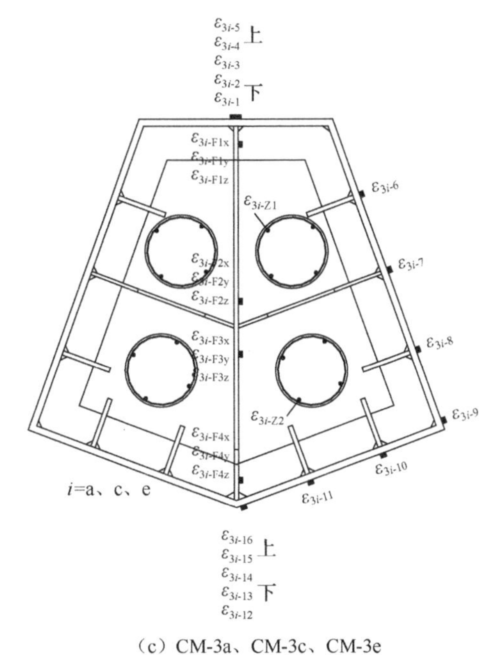

（c）CM-3a、CM-3c、CM-3e

图 4-45（续）

试件 CM-1b、CM-2b、CM-3b、CM-3d、CM-3f 沿垂直于截面对称轴施加低周反复水平荷载。考虑模型柱截面尺寸较小，截面腔内的加劲肋较薄且尺寸较小，因此应变测点主要布置在外钢管钢板外侧。为测试试件底部一定高度范围内距中和轴较远的钢板 B2、B5 与梯格钢板相接处的应变沿试件高度变化情况，在相应位置从下至上布置了应变测点。其中，布置在钢板 B2 上的应变测点从下至上依次为 $\varepsilon_{i\text{-}4}$、$\varepsilon_{i\text{-}5}$、$\varepsilon_{i\text{-}6}$、$\varepsilon_{i\text{-}7}$、$\varepsilon_{i\text{-}8}$，布置在钢板 B5 上的应变测点从下至上依次为 $\varepsilon_{i\text{-}17}$、$\varepsilon_{i\text{-}18}$、$\varepsilon_{i\text{-}19}$、$\varepsilon_{i\text{-}20}$、$\varepsilon_{i\text{-}21}$，各测点距试件基础顶面的距离依次为 50mm、150mm、250mm、350mm 和 450mm，最上应变测点的高度为 450mm 与截面高度 500mm 接近。为测试基础顶面处钢板在不同截面高度位置的应变，在外钢管钢板与腔内竖向加劲肋相接位置布置应变测点，布置在外钢管钢板上的应变测点沿顺时针依次为 $\varepsilon_{i\text{-}1}$、$\varepsilon_{i\text{-}2}$、$\varepsilon_{i\text{-}3}$、$\varepsilon_{i\text{-}9}$、$\varepsilon_{i\text{-}10}$、$\varepsilon_{i\text{-}11}$、$\varepsilon_{i\text{-}12}$、$\varepsilon_{i\text{-}13}$、$\varepsilon_{i\text{-}14}$、$\varepsilon_{i\text{-}15}$、$\varepsilon_{i\text{-}16}$、$\varepsilon_{i\text{-}22}$、$\varepsilon_{i\text{-}23}$；由于试件腔内实心隔板在沿与腹板垂直方向施加反复水平荷载时，其实心隔板离中和轴较近，未在实心隔板设置应变测点。为测试纵向钢筋应变，在基础顶面处布置了相应的应变测点，编号为 $\varepsilon_{i\text{-Z1}}$、$\varepsilon_{i\text{-Z2}}$。应变测点编号角标中，$i$ 为试件标识，i=1b、2b。沿垂直于对称轴方向加载试件的应变测点布置如图 4-46 所示。图 4-46（c）中 i=b、d、f。

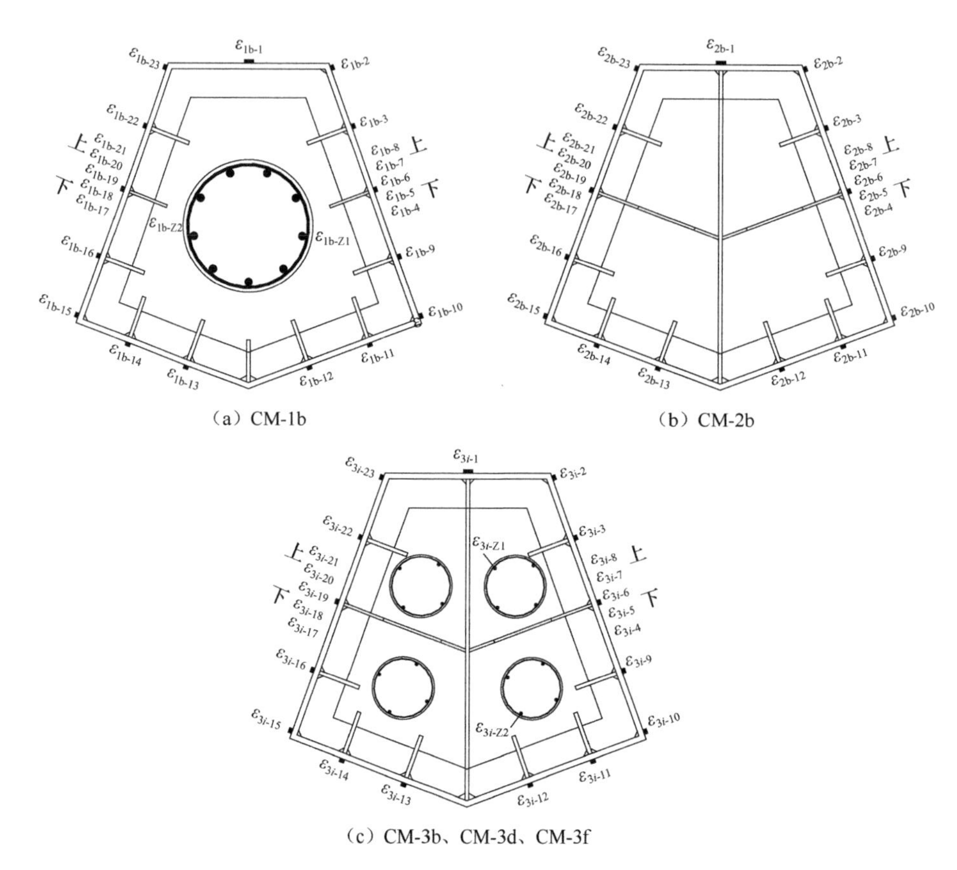

（a）CM-1b　　（b）CM-2b

（c）CM-3b、CM-3d、CM-3f

图 4-46　沿垂直于对称轴方向加载试件的应变测点布置

4.3.6　试验结果分析

1. 试验现象

由于各试件的截面形状相同，截面构造相似，各试件的损伤破坏过程也基本相似，仅对部分典型试件关键时刻的试验现象进行描述。

1）沿截面对称轴加载试件

试件 CM-1a、CM-2a、CM-3a、CM-3c、CM-3e 的损伤破坏过程基本相同，主要经历了钢板漆皮起皱、钢板局部起鼓变形、钢板拉裂现象。以试件 CM-3a 为例，对试验过程进行描述。其中，试件 CM-1a 与试件 CM-3a 相比，无分腔构造，外钢管钢板由于无分腔钢板的约束，受拉时变形较强，损伤破坏略缓；试件 CM-3c 分腔隔板和竖向加劲肋在基础顶面处断开，钢板拉裂现象出现较早，试件损伤屈服发展过程较快；试件 CM-3e 在角部内侧贴焊了角钢，试件截面棱角处的拉裂发生的时刻较晚，试件损伤屈服过程发展较慢。

试件 CM-3a，试验加载至位移 22mm 前，虽沿加载方向两端外钢管钢板已屈服，但由于变形较小，无明显现象；加载至位移 22mm 时，正向加载外钢管底部棱角 5 区域受压侧钢板 B5 漆皮轻微起皱，负向加载钢板 B3、B4 大部分漆皮轻微起皱；随着加载的继续进行，外钢管漆皮起皱范围向中性轴、向上发展；至 32mm 时，钢板 B1、B3、B4 全截面，钢板 B2、B5 大部分截面底部漆皮明显起皱并部分脱落；加载至极限荷载、约 1/33 位移角时，正向钢板 B1 受压屈曲起鼓变形约 2mm，棱角 3 区域钢板出现轻微拉裂现象，负向加载棱角 1、5 区域钢板拉裂 10mm，但受压侧钢板无明显屈曲变形。之后，随着受拉侧钢板拉裂长度的增加和受压钢板屈曲起鼓变形的增大，试件承载力下降；约 1/25 位移角时，钢板 B1 损伤破坏严重，致使承载力快速下降，试件进入破坏阶段。

试件 CM-3a 在试验过程中的部分损伤与破坏照片如图 4-47～图 4-56 所示。

图 4-47　第 15 级荷载负向加载钢板 B1 漆皮出现水平裂纹

图 4-48　第 16 级荷载负向加载节点 5 焊点开裂

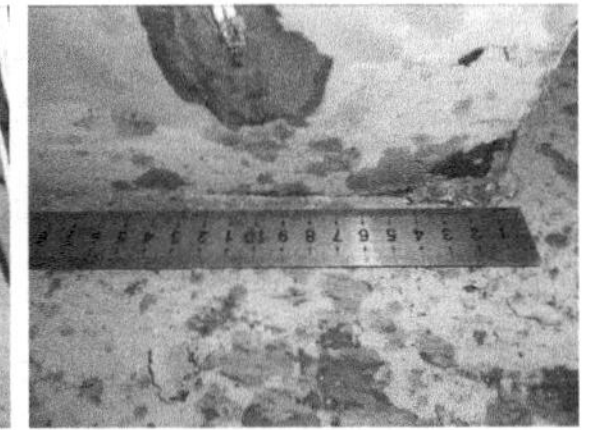

图 4-49　第 17 级荷载 3 节点开裂，B2 钢板开裂 40mm

图 4-50　第 18 级荷载 3 节点开裂，B2 钢板根部开裂 160mm

图 4-51　第 19 级荷载 B1 钢板鼓突 3mm，B2 钢板根部开裂 190mm

图 4-52　第 21 级荷载 B1 钢板鼓突 7mm，1 节点根部钢板拉裂

图 4-53　第 22 级荷载 B1 钢板起鼓，B5 钢板开裂 50mm

图 4-54　第 23 级荷载 B1 钢板鼓突 10mm，1 节点拉裂

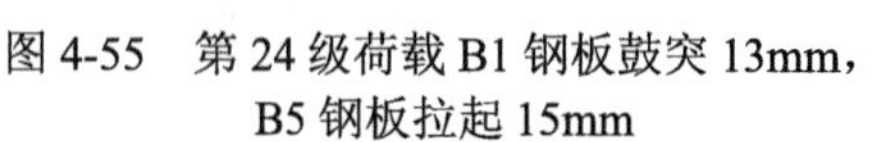
图 4-55　第 24 级荷载 B1 钢板鼓突 13mm，B5 钢板拉起 15mm

图 4-56　第 25 级荷载 B1 钢板鼓突 15mm，B1 钢板拉起 30mm

2）沿垂直于截面对称轴加载试件

试件 CM-1b、CM-2b、CM-3b、CM-3d、CM-3e 损伤过程基本相同，损伤主要发生在柱下部。以试件 CM-3b 为例，对试验过程进行描述，各试件由于实心分腔钢板位于中性轴附近，发挥作用不明显，因此各试件的外钢管受力状态基本相似，试验过程也基本相似。

试件 CM-3b 在试验加载至 22mm 前，无明显现象；加载至 22mm 时，截面受压侧钢板 B5 小范围漆皮起皱并脱落，受拉侧棱角 1、2 处焊缝出现微小可见裂纹；随着荷载的继续增大，钢板 B2～B5 均出现不同程度的漆皮起皱及脱落现象；当加载至极限荷载、约 1/32 位移角时，棱角 2、4 区域出现钢板拉裂现象；之后，随钢板被拉裂长度的增大，试件承载力下降；加载至约 1/25 位移角时，棱角 2、4 区域钢板损伤破坏严重，承载力快速下降，试件进入破坏阶段。

在试验过程中试件 CM-3b 的部分损伤与破坏照片如图 4-57～图 4-63 所示。

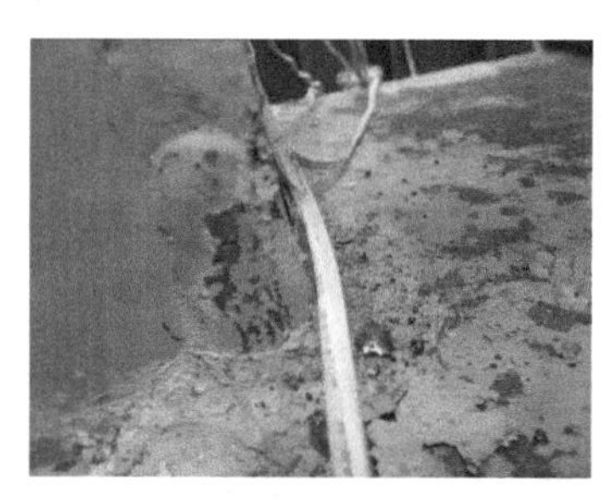

图 4-57　第 10 级荷载 1 节点漆皮褶皱，B5 钢板焊缝开裂

图 4-58　第 11 级荷载 B1 钢板漆皮掉渣

图 4-59　第 20 级荷载钢板拉裂延伸至 B2 钢板 80mm

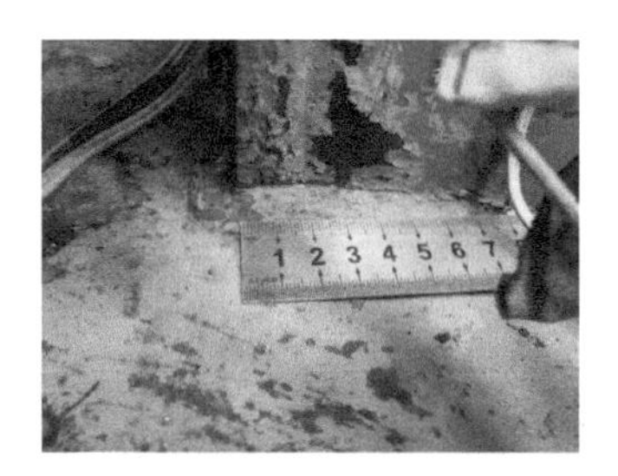
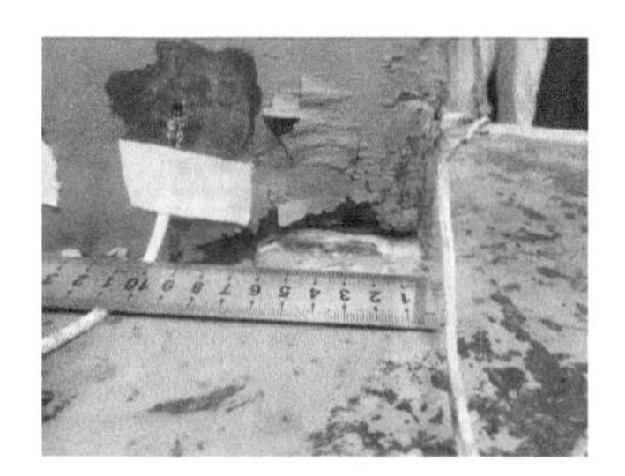

图 4-60　第 21 级荷载 B4 钢板拉裂，B3 钢板拉裂

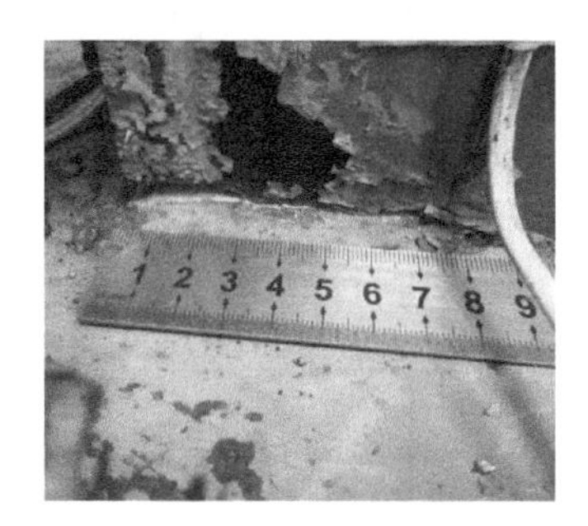
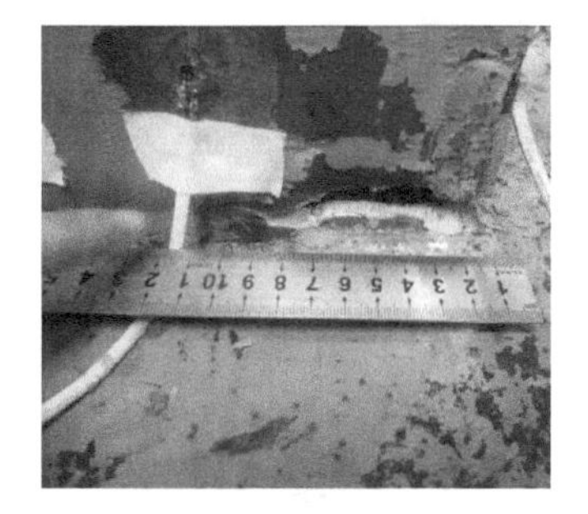

图 4-61　第 22 级荷载 4 节点裂缝延伸，2 节点裂缝延伸

图 4-62　第 23 级荷载 4 节点拉起 14mm，2 节点钢板裂缝延伸

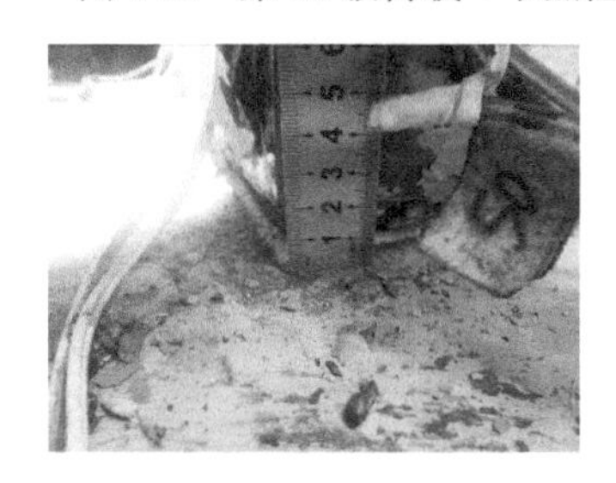

图 4-63　第 24 级荷载 4 节点钢板拉起 20mm，B2 钢板裂缝贯通

2. 荷载-位移曲线

实测所得沿截面对称轴加载的 5 个试件的荷载-加载点水平位移（F-Δ）、荷载-位移角（F-θ）滞回曲线如图 4-64 所示。图 4-64 中，F 为水平荷载，Δ 为柱顶水平荷载加载高度处的位移，该位移高度距试件基础顶面 1250mm，蓝色实线为 1/100（1%）位移角，红色为 1/50（2%）位移角。

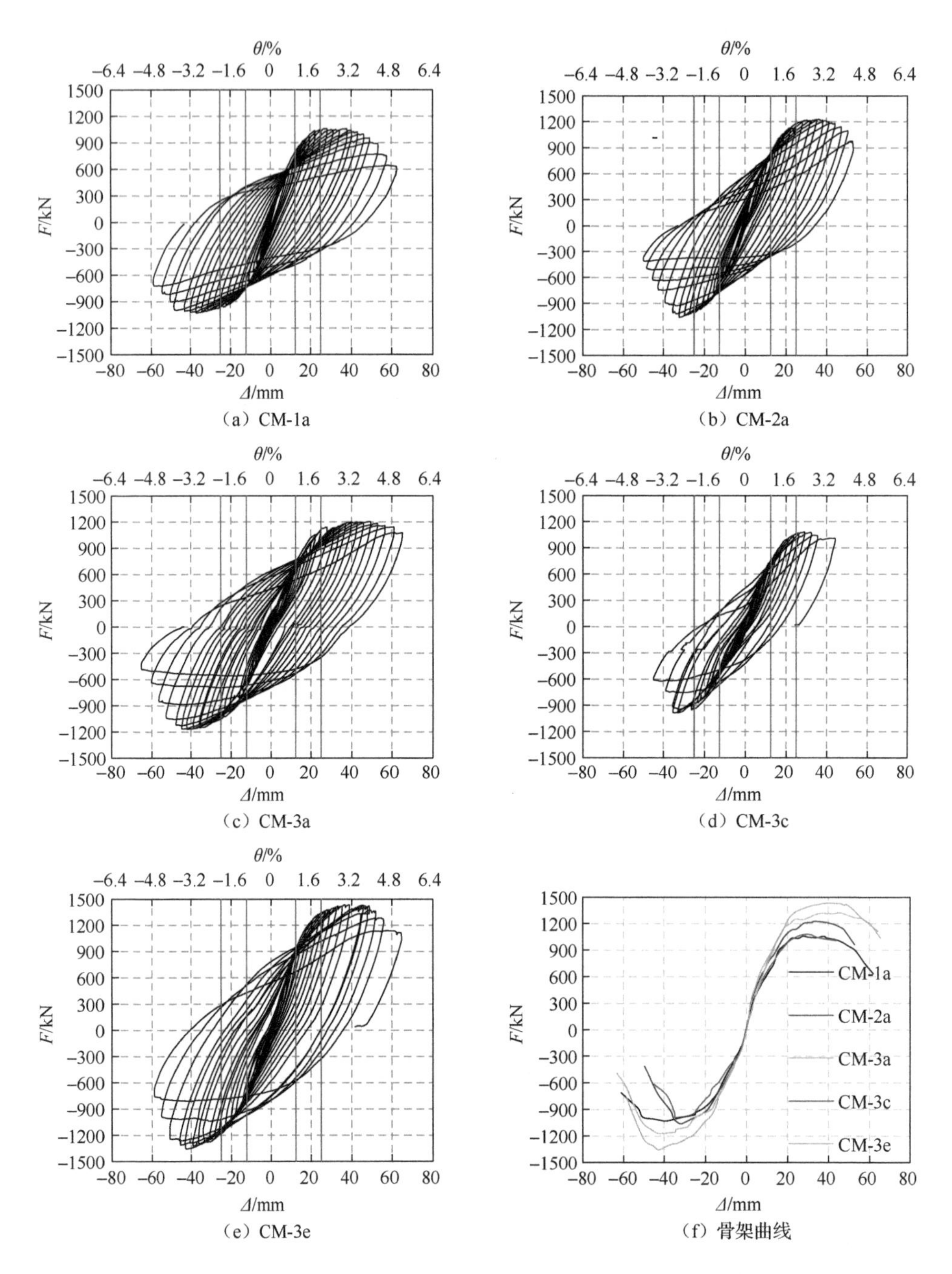

图 4-64　沿截面对称轴加载试件的荷载-加载点水平位移、荷载-位移角滞回曲线

实测所得沿垂直于截面对称轴加载的 5 个试件的荷载-加载点水平位移（F-Δ）、荷载-位移角（F-θ）滞回曲线如图 4-65 所示。图 4-65 中，F 为水平荷载；Δ 为柱顶水平荷载加载高度处的位移，该位移高度距试件基础顶面 1250mm；蓝色实线为 1/100（1%）位移角，红色为 1/50（2%）位移角。

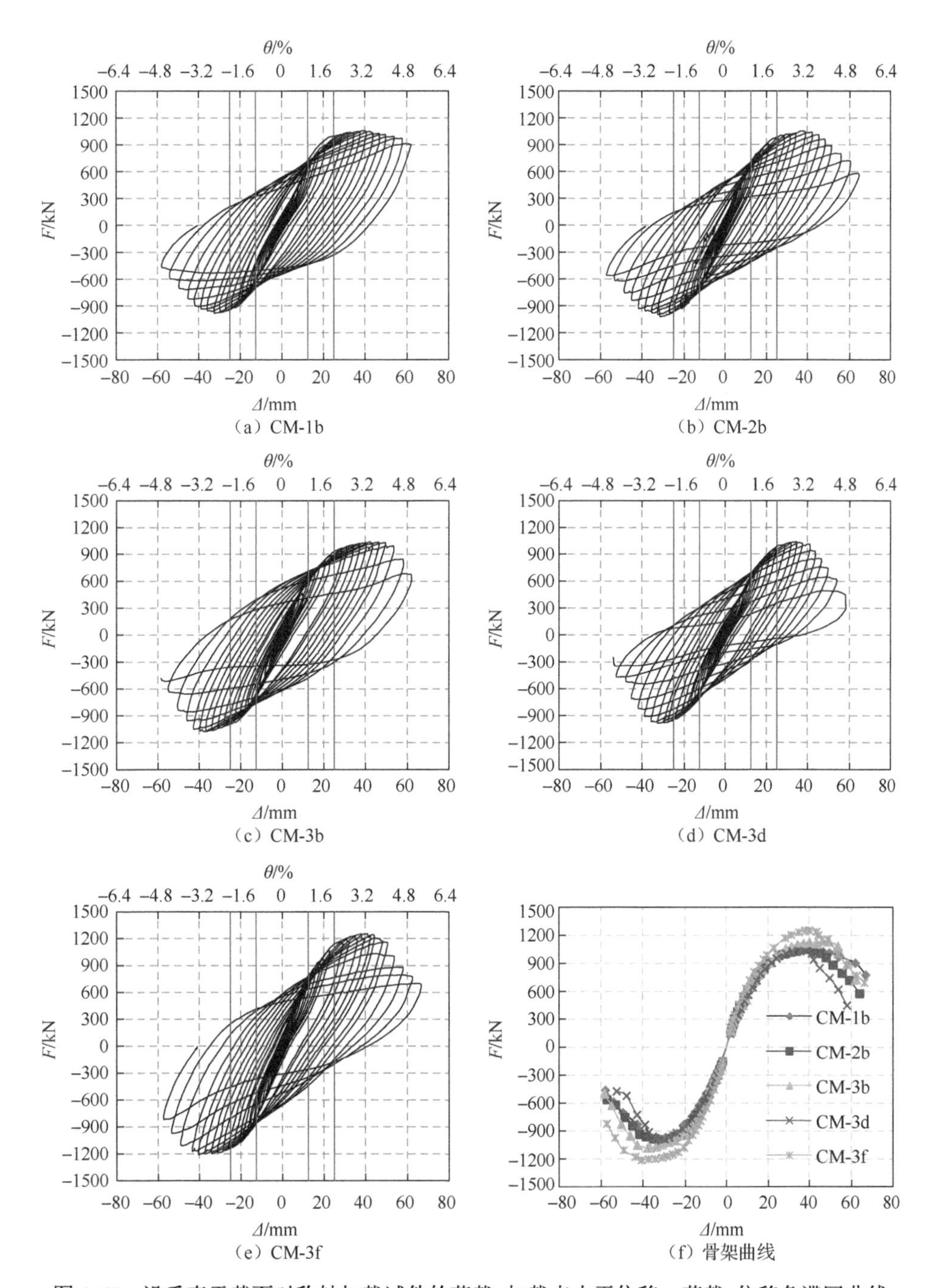

（a）CM-1b　（b）CM-2b　（c）CM-3b　（d）CM-3d　（e）CM-3f　（f）骨架曲线

图 4-65　沿垂直于截面对称轴加载试件的荷载-加载点水平位移、荷载-位移角滞回曲线

分析图 4-64、图 4-65 可知以下结论。①各试件的滞回环饱满，均具有良好的抗震耗能性能。②腔体内配置钢筋的试件，其滞回环更为饱满。③沿截面对称轴方向加载时的 5 个试件，正负两向受力性能不对称，负向达到极限荷载后荷载下降较快，说明负向受力时因受拉钢板面积相对小，致使截面屈服损伤过程发展较快；正向达极限荷载后荷载则下降较慢，这是由于正向加载受拉钢板面积较大，钢材屈服损伤发展过程较慢的缘故。

④沿垂直对称轴方向加载时的 5 个试件，正负两向受力性能对称，屈服损伤过程发展相对均衡。⑤底部截面腔体分割钢板和竖向加劲肋断开试件 CM-3c、试件 CM-3d，与相应钢板连续试件 CM-3a、试件 CM-3b 相比，承载力明显降低，其中沿截面对称轴方向加载试件减小比例较大；耗能和弹塑性变形能力明显减小，其中沿截面对称轴方向加载试件减小幅度较大，这是由于沿对称轴方向施加水平荷载时，腔体分割钢板、竖向加劲肋与外钢管钢板共同工作，类似于工字型钢截面的受力特征，而沿与对称轴垂直方向施加水平荷载时，腔体分割钢板距中性轴较近，对承载力和刚度的贡献相应比对称轴方向加载情况小。⑥截面四角内贴焊等边角钢的试件 CM-3e、CM-3f，与试件 CM-3a、CM-3b 相比，承载力和抗震耗能能力均显著提高，沿截面对称轴加载试件的正负两向性能相差比例明显减小。

3. 承载力

实测所得各试件主要阶段结果见表 4-9。在表 4-9 中，F_y 为名义屈服荷载，由 R.Park 法确定；F_p 为峰值荷载；F_y/F_p 为屈强比；Δ_y 为明显屈服位移；Δ_p 为峰值荷载对应位移；Δ_u 为弹塑性位移，是荷载下降至极限荷载 85%时的最大位移；各阶段位移角 $\theta=\Delta/H$，其中 H 为加载点至基础顶面距离；延性系数 $\mu=\Delta_u/\Delta_y$。实测所得各试件 1/100（1%）、1/50（2%）位移角下试件承载力 F_θ 与峰值承载力 F_p 的比值如图 4-66 所示。

表 4-9　主要阶段结果

试件编号	加载方向	名义屈服值				峰值				极限值（0.85F_p）		F_y/F_p	μ
		F_y/kN	均值	Δ_y/mm	θ_y	F_p/kN	均值	Δ_p/mm	θ_p	Δ_u/mm	θ_u		
CM-1a	(+)	933	903	17.30	1/67	1055	1044	37.72	1/32	52.71	1/23	0.865	2.839
	(−)	-874		-20.18		-1032		-39.51		-53.68			
CM-2a	(+)	992	952	16.79	1/69	1225	1142	33.03	1/38	50.32	1/29	0.834	2.407
	(−)	-912		-19.61		-1059		-32.21		-37.31			
CM-3a	(+)	1083	1010	16.69	1/68	1315	1243	36.23	1/33	62.86	1/22	0.813	3.110
	(−)	-937		-20.20		-1170		-40.52		-51.85			
CM-3c	(+)	887	870	16.41	1/64	1081	1034	28.86	1/40	43.90	1/31	0.841	2.067
	(−)	-853		-22.61		-987		-32.94		-36.77			
CM-3e	(+)	1253	1192	20.58	1/57	1431	1393	38.69	1/31	50.24	1/22	0.856	2.553
	(−)	-1131		-23.45		-1355		-42.66		-62.17			
CM-1b	(+)	885	857	20.23	1/61	1054	1019	38.58	1/35	61.96	1/24	0.841	2.553
	(−)	-829		-20.72		-985		-32.41		-42.59			
CM-2b	(+)	856	854	17.93	1/69	1053	1038	38.06	1/36	50.94	1/26	0.823	2.614
	(−)	-853		-18.26		-1023		-31.44		-43.66			
CM-3b	(+)	910	899	20.44	1/63	1130	1104	40.17	1/32	56.60	1/24	0.814	2.612
	(−)	-887		-19.34		-1077		-37.66		-47.30			
CM-3d	(+)	875	845	19.94	1/65	1038	1011	36.81	1/37	44.10	1/30	0.836	2.154
	(−)	-815		-18.54		-985		-30.00		-38.79			
CM-3f	(+)	1001	999	19.80	1/65	1252	1231	40.12	1/31	51.60	1/24	0.812	2.684
	(−)	-998		-18.64		-1210		-40.57		-51.59			

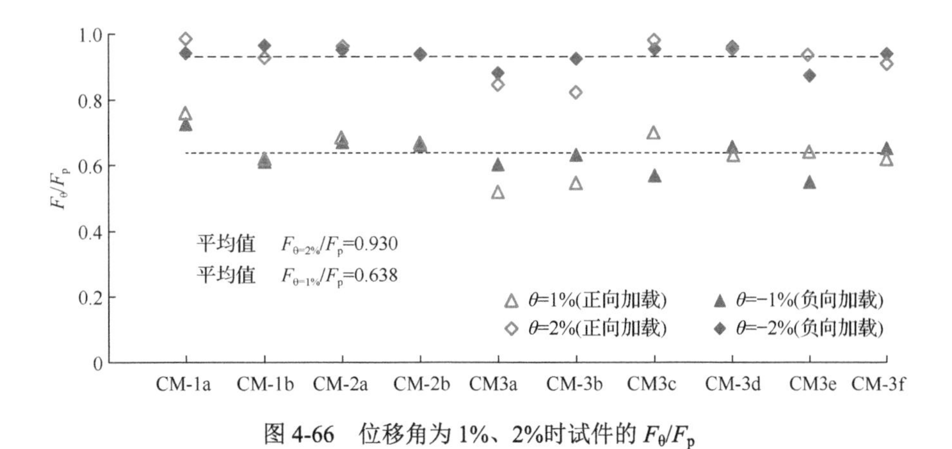

图4-66　位移角为1%、2%时试件的F_θ/F_p

分析表4-9和图4-66可知：①截面构造对试件沿对称轴方向承载力的影响相对较大，四腔体配筋试件CM-3a与单腔体配筋试件CM-1a相比，屈服荷载、峰值荷载均值分别高11.8%、19.0%；角部加强型试件CM-3e与试件CM-3a相比，屈服荷载、峰值荷载均值分别高18.0%、12.1%；底部断开型试件CM-3c与试件CM-3a相比，屈服荷载、峰值荷载均值分别低 13.9%、16.8%。②截面构造对试件沿垂直对称轴方向承载力影响相对较小，试件CM-3b与试件CM-1b相比，屈服荷载、峰值荷载均值分别提高4.9%、8.3%；试件CM-3f与试件CM-3a相比，屈服荷载、峰值荷载均值分别高11.1%、11.6%；试件CM-3c与试件CM-3a相比，屈服荷载、峰值荷载均值分别低6.0%、8.4%。③相同截面构造下，加载方向对试件承载力有明显影响，且截面构造相对较强的试件影响程度也较强。试件CM-3c与试件CM-3d相比，屈服荷载、峰值荷载均值分别提高3.0%、2.3%；试件CM-1a与试件CM-1b相比，屈服荷载、峰值荷载均值分别提高5.4%、2.4%；试件CM-2a与试件CM-2b相比，屈服荷载、峰值荷载均值分别高11.5%、10.0%；试件CM-3a与试件CM-3b相比，屈服荷载、峰值荷载均值分别提高12.3%、12.6%；试件CM-3f与试件CM-3e相比，屈服荷载、峰值荷载均值分别提高19.3%、13.2%。④加载至位移角为1%时，各试件此时承载力平均为其峰值承载力的63.8%；加载至1/50位移角时，各试件此时承载力平均为其峰值承载力的93%，说明各试件均具有良好的承载力储备，形成的结构具有良好的抗倒塌能力。

4. 位移与延性

实测所得各试件的特征位移值见表4-9。

分析表4-9可知：①各试件均具有良好的弹塑性变形能力，屈服位移角均值为1/64，弹塑性位移角均值达1/25。②沿对称轴方向加载时，截面构造对试件弹塑性变形影响明显，试件CM-3a与试件CM-1a相比，最大弹塑性位移高7.8%；试件CM-2a负向可能存在较重初始缺陷，试件损伤屈服发展较快，负向最大弹塑性位移较小；试件 CM-3c与试件CM-3a相比，最大弹塑性位移低29.7%。③沿垂直对称轴方向加载时，截面构造对试件弹塑性变形影响很小，除试件CM-3d外，其余各试件最大弹塑性位移相差较小。

5. 耗能

实测各试件的耗能代表值 E_p 见表 4-10。表 4-10 中耗能代表值取各试件水平荷载下降至极限荷载 85%及之前滞回曲线外包络线围成的面积，以减弱试件加载历程差异对耗能值比较的影响。

表 4-10　试件耗能代表值

试件编号	耗能 E_p/(kN·mm)	相对值	试件编号	耗能 E_p/(kN·mm)	相对值
CM-1a	102930	1.000	CM-1b	95663	1.000
CM-2a	85228	0.828	CM-2b	86821	0.908
CM-3a	126956	1.233	CM-3b	97738	1.022
CM-3c	50198	0.488	CM-3d	71214	0.744
CM-3e	131422	1.277	CM-3f	100850	1.054

分析表 4-10 可知：①腔体内配置钢筋的试件，其滞回环更为饱满，耗能能力更强，这是腔体内配置钢筋对混凝土的约束作用增强其抗压能力、减慢其性能退化的缘故。②沿截面对称轴方向加载试件，试件 CM-2a 耗能比试件 CM-1a、CM-3a 分别低 17.2%、40.5%，这是其腔体内未配置钢筋仅配置实心隔板，受拉钢板屈服损伤发展较快，变形能力较弱的缘故；底部断开型试件 CM-3c 耗能较试件 CM-3a 低 60.5%；角部加强型试件 CM-3e 与试件 CM-3a 接近。③沿垂直对称轴方向加载试件，试件 CM-1b 与试件 CM-3b 和试件 CM-3f 耗能能力接近；试件 CM-2b 耗能能力较试件 CM-1b、CM-3b 分别低 9.2%、11.4%，说明实心隔板在该方向作用较弱；试件 CM-3d 较试件 CM-3a 耗能低 26.2%。

4.4　抗震性能有限元分析

本构关系及模型建立过程同 4.2 节。

4.4.1　单调 F-Δ 关系曲线计算

1. 试验试件底面锚固滑移转角模型

由于试验试件制作原因，试件需柱身插入基础内一定深度后才能达到完全固接，在基础顶面处截面并非完全固接，此处截面的转角包括两部分：一部分为基础内柱身变形导致的非完全固接转角，另一部分为外力作用下截面材料应变转角。在纤维模型和有限元模型中，试件在基础顶面即柱底面处为完全固接，因此，在 F-Δ 关系曲线计算结果与试验结果对比时，应去除试验试件底部非完全固接转角引起的试件柱头水平位移。其中，沿对称轴方向加载试件 CM-3a，沿垂直于对称轴方向加载试件 CM-1b、CM-2b、CM-3b、CM-3f 在距基础顶面 50mm 高度处沿加载轴两端布置了监测竖向变形的位移计，通过在钢板表面焊接钢杆将位移引出，位移计距试件钢板表面距离为 70mm。底部竖向位移测点布置示意图如图 4-67 所示，位移计布置照片如图 4-68 所示。

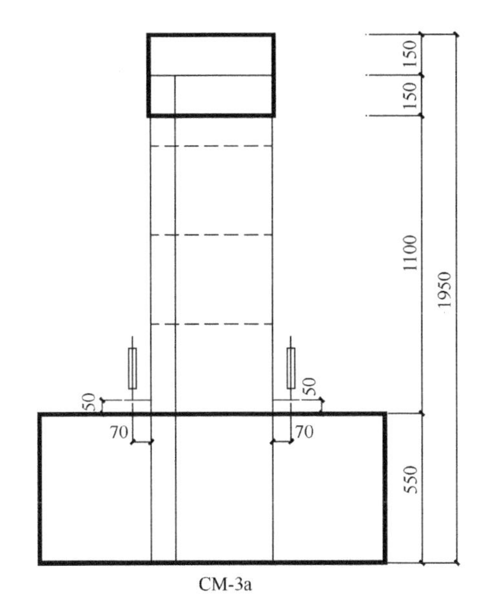

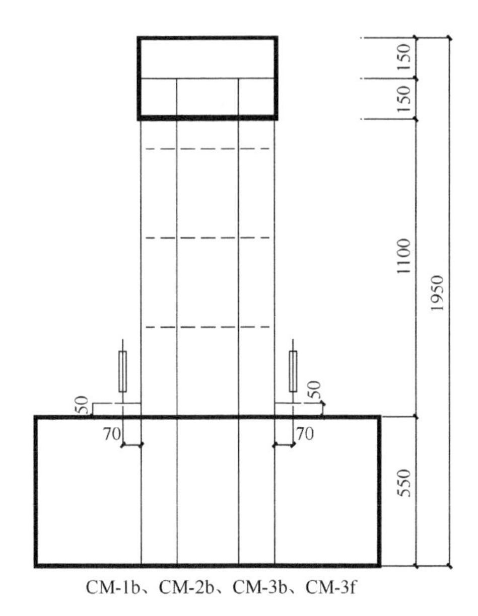

图 4-67　底部竖向位移测点布置示意图（尺寸单位：mm）

图 4-68　底部竖向位移计布置照片

各试件的柱身外钢管钢板均通过焊接的方式与基础底板连接，与基础顶板存在间隙无连接，基础内部在柱身棱处布置了平行于加载方向的竖向加劲肋，以提高柱身在基础内部的锚固性能。虽各试件的内部构造不尽相同，但各试件柱身在基础内的锚固构造是相同的，故主要通过对各试件柱身根部截面非完全固接截面转角数据进行回归分析，建立统一的非完全固接导致的截面转角模型。

为简化计算便于应用做如下基本假定。

（1）截面在变形过程中始终保持平面。

（2）柱身基础顶面处截面与距基础顶面 50mm 处测试截面具有相同的转角。虽基础内填混凝土约束了柱身水平方向的变形，但对柱身竖直方向的变形约束能力有限，根据各试件柱身在基础内的锚固形式可知，试件柱身根部钢板竖向应力主要通过基础内部柱身钢管传递至基础底板，小部分应力通过基础内加劲肋传递至基础，同一截面位置钢管钢板在基础内的应力表现为上部大、下部略小的趋势，钢管钢板在基础内累积应变产生变形，上述为柱身在基础顶面处为非完全固接的机理；柱身在基础内的高度为 550mm，基础顶面处截面与测试转角截面相距 50mm，基础顶面处的转角相对于测试截面略小。

（3）柱身基础顶面处截面非固接转角在屈服前与截面弯矩正相关，屈服后为一定值。基础内柱身由于受到了基础的约束，截面承载力较基础顶面处高，加之试件屈服前主要以弹性变形为主，屈服后塑性变形不断增加，基础内构造发挥的作用也越大，基础内柱身塑性变形发展较慢，故塑性变形主要在基础外柱身累积。因此，规定柱身基础顶面处截面非固接转角在试件屈服时达到一最大值，此后保持不变，实际上柱身基础顶面处截面非固接转角在试件承载力进入下降段后会有一定减小，本节忽略不计。

实测所得5个试件正负两向平均归一化荷载-非固接转角（F/F_y-θ_f）曲线如图4-69所示。图4-69（a）为沿对称轴方向加载试件曲线，图4-69（b）为垂直于对称轴方向加载试件曲线。根据实测结果，进行了数据拟合，得到了两组试件的非固接转角模型，拟合结果与实测符合较好，为纤维模型法和有限元法数据分析提供了依据。

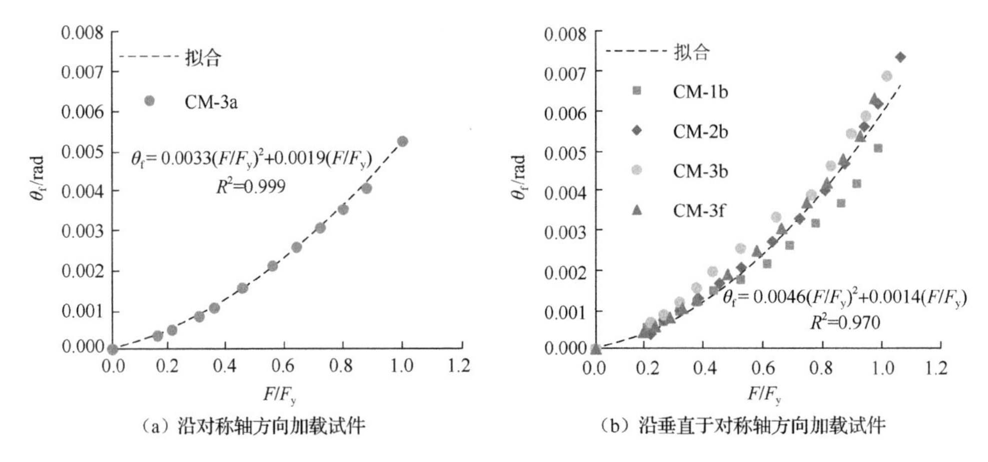

（a）沿对称轴方向加载试件　　（b）沿垂直于对称轴方向加载试件

图4-69　归一化荷载-非固接转角曲线

2. 计算与试验结果对比

由于试件低周反复荷载试验得到的骨架曲线与单调加载试验曲线基本一致，主要依据有限元法对试件进行在单调荷载下的数值分析，将得到的F-Δ关系曲线与扣除非完全固接转角引起的水平位移后的实测曲线对比，如图4-70所示，其中非完全固接转角引起的水平位移Δ_f=$\theta_f h$，h为基础顶面至加载点高度。

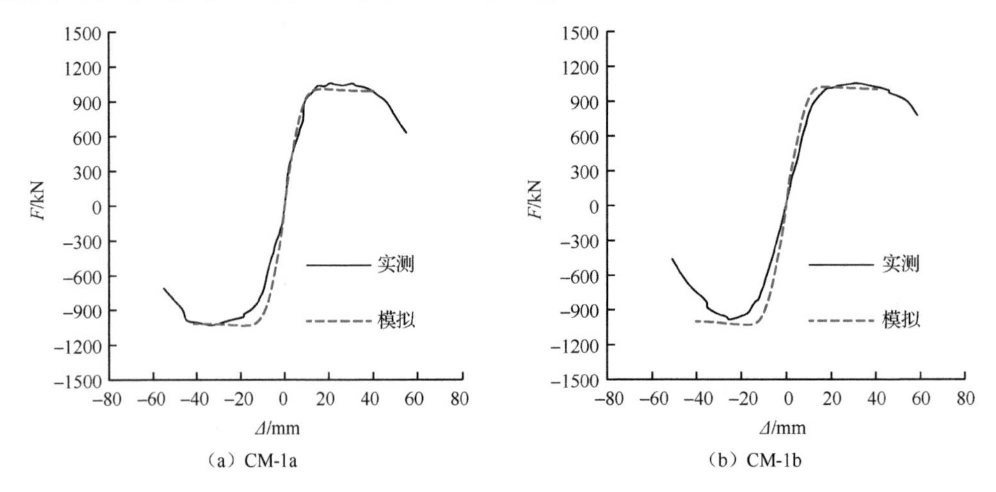

（a）CM-1a　　（b）CM-1b

图4-70　模拟所得F-Δ关系曲线与实测曲线比较

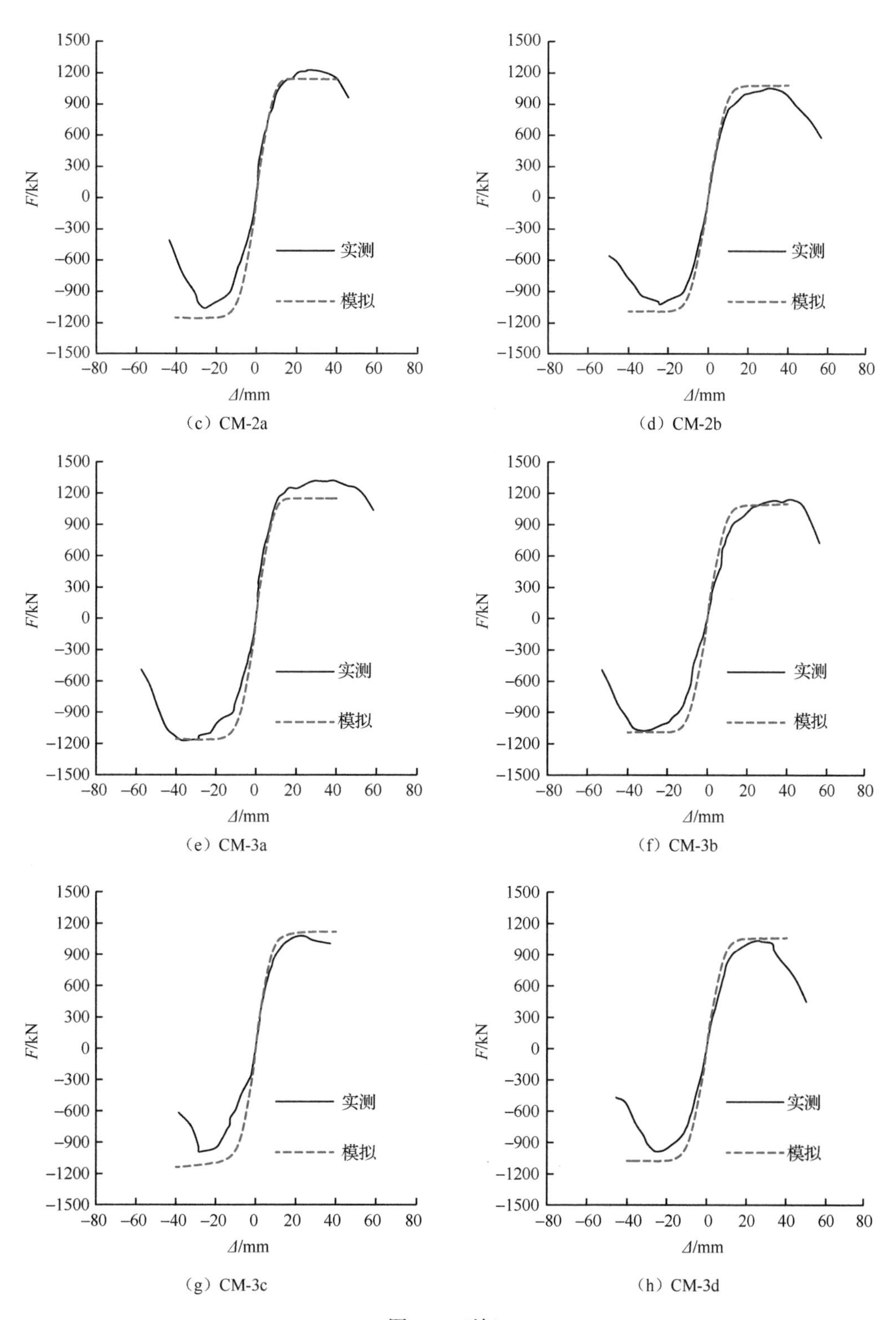

（c）CM-2a

（d）CM-2b

（e）CM-3a

（f）CM-3b

（g）CM-3c

（h）CM-3d

图 4-70（续）

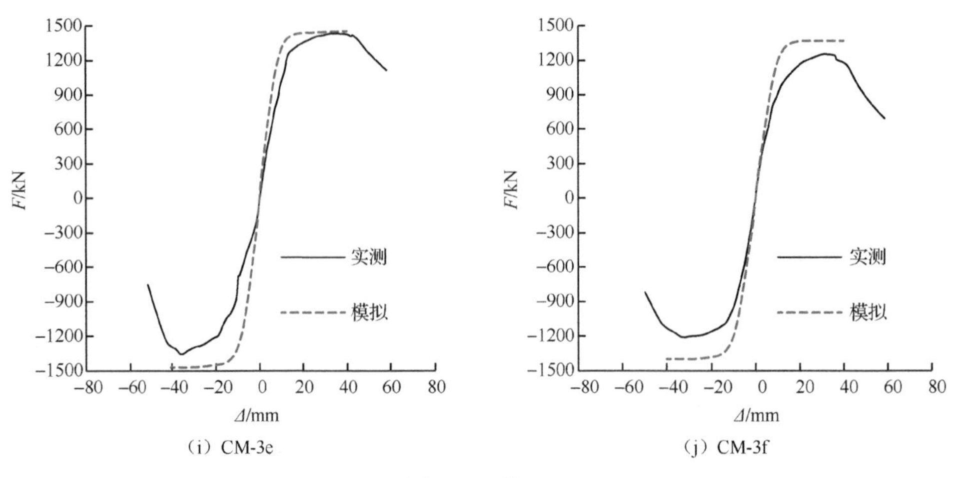

图 4-70（续）

由图 4-70 可知，模拟与实测结果符合较好。说明采用的钢材和混凝土本构模型、有限元建模方法及底部截面非固接转角模型均是合理的，以上方法可用于异形截面多腔钢管混凝土柱数值分析。

4.4.2 有限元云图

有限元模拟得到了各试件的屈服损伤全过程，主要结果有钢管的应力、混凝土应力、混凝土损伤等。其中，峰值荷载时试件钢管与混凝土的状态是较为重要的内容，本节将对不同构造试件进行对比分析。由图 4-70 可知，有限元分析所得各试件峰值荷载对应的位移在 15～18mm，且峰值荷载后荷载-位移曲线基本保持为平直段，为便于比较取 Δ=18mm 时的试件力学状态进行分析，此时各试件均已达峰值荷载。

1. 沿截面对称轴方向加载试件

1）钢管屈服及应力状态

峰值荷载（Δ=18mm）时，沿截面长轴方向加载试件钢管屈服状态分布如图 4-71 所示，腔体实心分隔钢板屈服状态如图 4-72 所示，钢管 Mises 应力云图如图 4-73 所示，腔体实心分隔钢板 Mises 应力云图如图 4-74 所示。图 4-71～图 4-74 在平行于对称平面的附近平面剖开，以便于观察试件内部状态，由于试件对称，故未显示部分的云图与给出的云图对称。

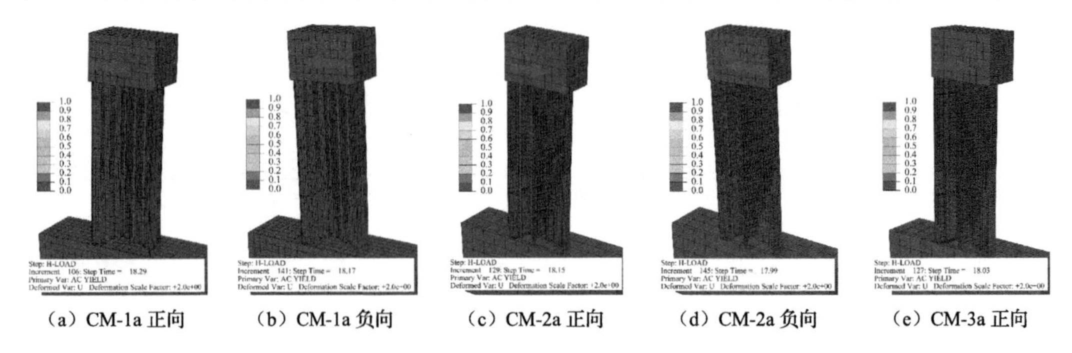

图 4-71　峰值荷载（Δ=18mm）时对称轴加载试件钢管屈服状态

（f）CM-3a 负向　（g）CM-3c 正向　（h）CM-3c 负向　（i）CM-3e 正向　（j）CM-3e 负向

图 4-71（续）

（a）CM-2a 正向　（b）CM-2a 负向　（c）CM-3a 正向　（d）CM-3a 负向

（e）CM-3c 正向　（f）CM-3c 负向　（g）CM-3e 正向　（h）CM-3e 负向

图 4-72　峰值荷载（Δ=18mm）时对称轴加载试件腔体实心分隔钢板屈服状态

（a）CM-1a正向　（b）CM-1a负向　（c）CM-2a正向　（d）CM-2a负向　（e）CM-3a正向

图 4-73　峰值荷载（Δ=18mm）时对称轴加载试件钢管 Mises 应力云图

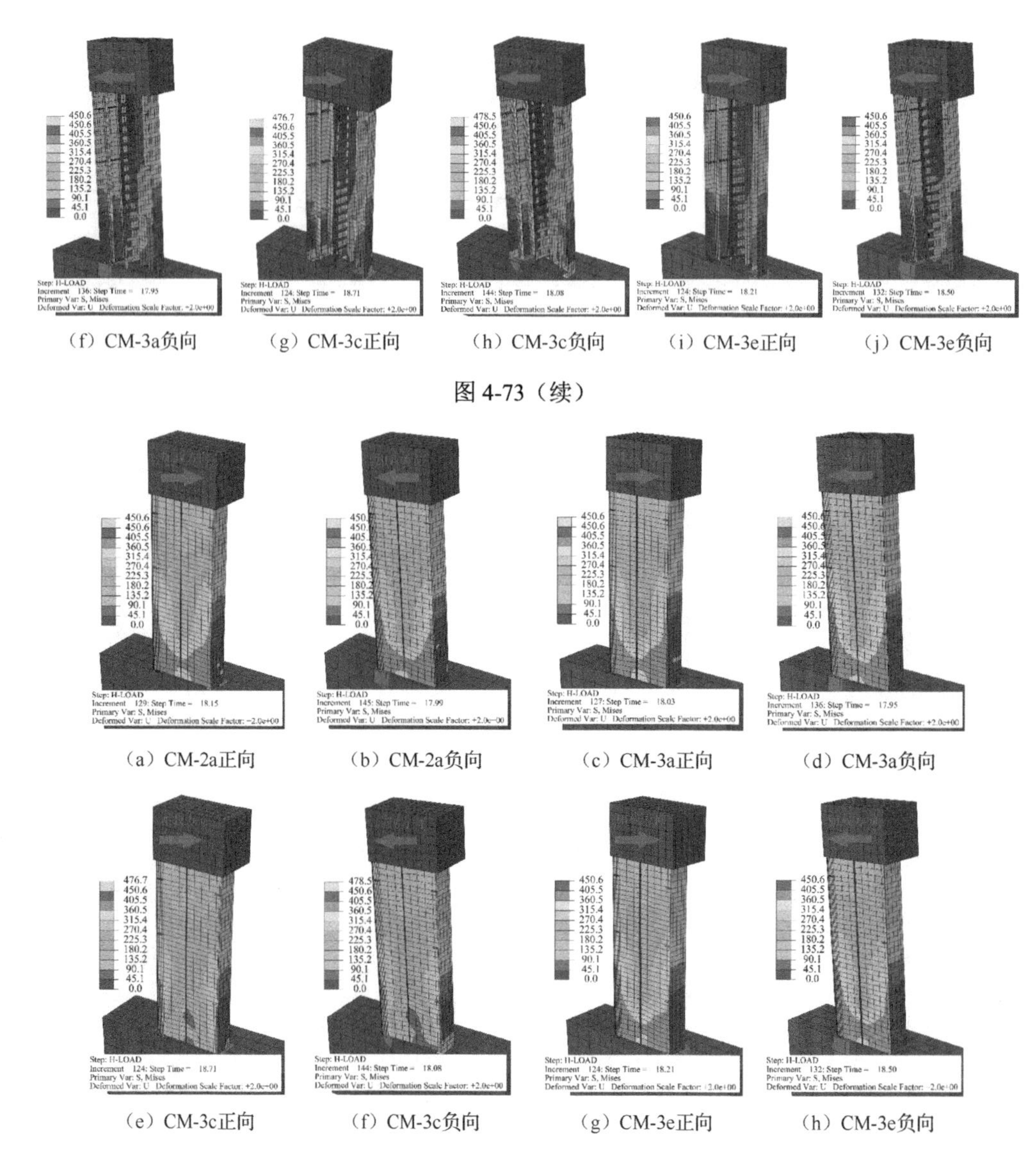

（f）CM-3a负向　（g）CM-3c正向　（h）CM-3c负向　（i）CM-3e正向　（j）CM-3e负向

图 4-73（续）

（a）CM-2a正向　（b）CM-2a负向　（c）CM-3a正向　（d）CM-3a负向

（e）CM-3c正向　（f）CM-3c负向　（g）CM-3e正向　（h）CM-3e负向

图 4-74　峰值荷载（Δ=18mm）时对称轴加载试件腔体分隔钢板 Mises 应力云图

由图 4-71～图 4-74 可见：沿截面对称轴方向加载试件峰值荷载时，各试件外钢管钢板底部大多进入屈服状态，表现为距中和轴越远，进入屈服状态的钢板越向试件高度发展；除底部断开型试件 CM-3c，其余各试件实心腔体分隔钢板底部截面也进入屈服状态，分布规律与外钢钢管钢板相似；梯格腔体分隔钢板因距中和轴较近，未进入屈服状态；竖向加劲肋部分屈服，与相近位置的外钢管钢板屈服状态一致；水平加劲肋未进入屈服状态。综上所述，各试件塑性铰域高度约为一倍加载方向截面高度。不论正向还是负向加载，受压侧钢材屈服面积较多，无分腔构造试件 CM-1a 表现更为明显。除底部断开型试件 CM-3c，各试件外钢管及实心分腔隔板在试件底部对称平面基本呈抛物线形分布，且各试件区别不大。底部断开型试件 CM-3c 外钢管钢板的应力明显高于试件

CM-3a，实心分腔隔板应力较小呈“X”形分布，分腔隔板作用发挥有限。各试件梯格分腔隔板在正向加载时应力较小，负向加载时应力相对较大。

2）混凝土受压损伤与纵向应力

峰值荷载（Δ=18mm）时，沿截面对称轴方向加载试件混凝土受压损伤云图如图 4-75 所示，混凝土纵向应力（S33）云图如图 4-76 所示。图 4-75、图 4-76 在平行于对称平面的附近平面剖开，以便于观察试件内部状态。由于试件对称，未显示部分的云图与给出的云图对称。

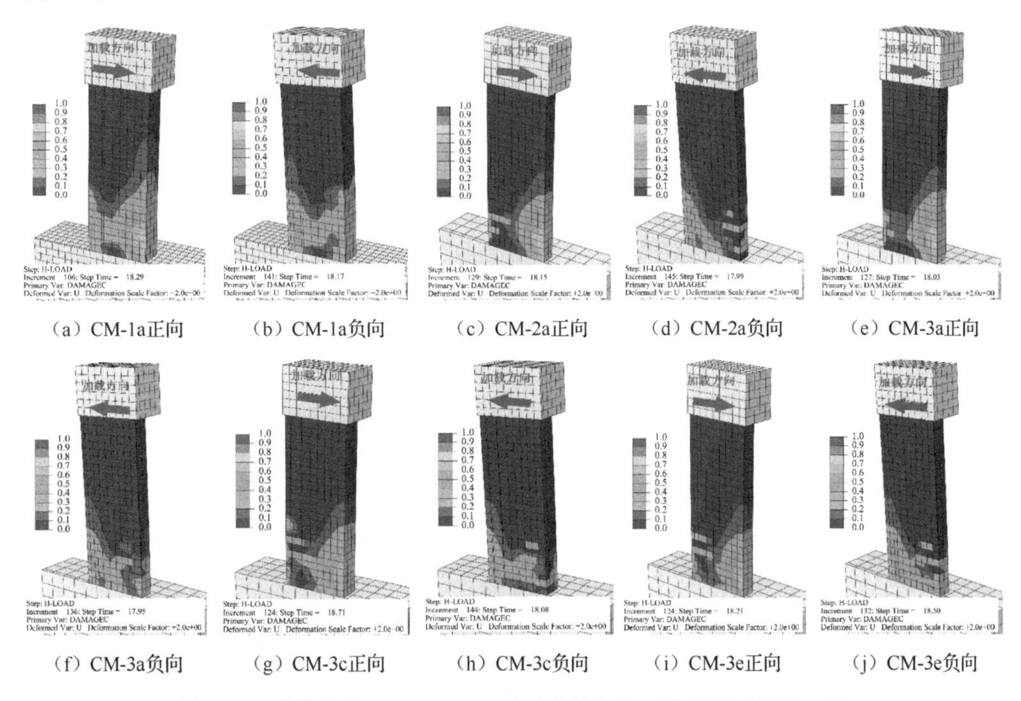

（a）CM-1a正向　（b）CM-1a负向　（c）CM-2a正向　（d）CM-2a负向　（e）CM-3a正向

（f）CM-3a负向　（g）CM-3c正向　（h）CM-3c负向　（i）CM-3e正向　（j）CM-3e负向

图 4-75 峰值荷载（Δ=18mm）时对称轴加载试件混凝土损伤云图

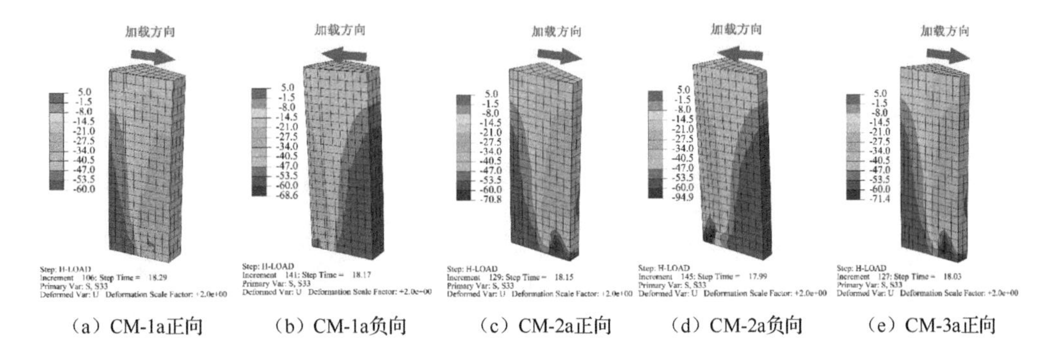

（a）CM-1a正向　（b）CM-1a负向　（c）CM-2a正向　（d）CM-2a负向　（e）CM-3a正向

图 4-76 峰值荷载（Δ=18mm）时对称轴加载试件混凝土纵向应力（S33）云图

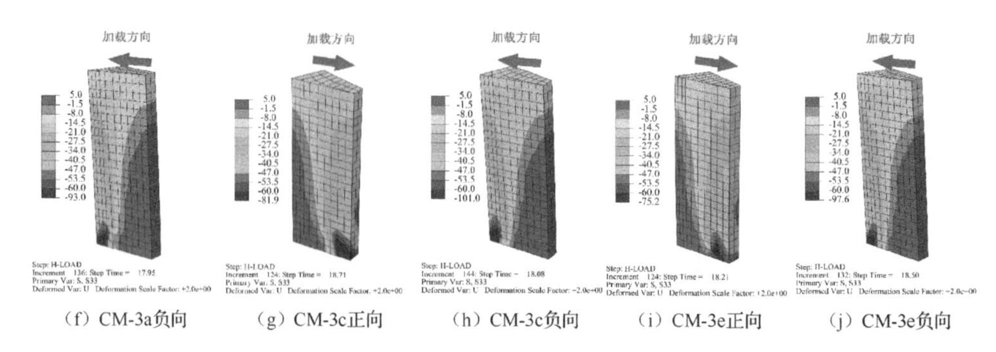

（f）CM-3a负向　（g）CM-3c正向　（h）CM-3c负向　（i）CM-3e正向　（j）CM-3e负向

图 4-76（续）

由图 4-75、图 4-76 可见，沿截面对称轴加载试件峰值荷载时：①各试件混凝土受压侧损伤相对较重，损伤最重的位置位于试件底部略上的位置；无分腔构造试件 CM-1a 较其余各试件损伤较重。②各试件混凝土受拉区呈斜向分布，受压区距中性轴较远的角部在底部截面相对较大，基础顶面上第一层水平隔板截面的应力也相对较大，这是由于此处钢管对混凝土的约束能力相对较强。

2. 沿垂直于对称轴方向加载试件

1）钢管屈服及应力状态

峰值荷载（Δ=18mm）时，沿截面长轴方向加载试件钢管屈服状态分布如图 4-77 所示，腔体实心分隔钢板屈服状态如图 4-78 所示，钢管 Mises 应力云图如图 4-79 所示，腔体实心分隔钢板 Mises 应力云图如图 4-80 所示。由于加载方向垂直于对称轴，各试件正向加载与负向加载时的受力性能一致，图 4-77～图 4-80 仅给出了正向加载时的云图，各图在平行于对称平面的附近平面剖开，以便于观察试件内部状态。

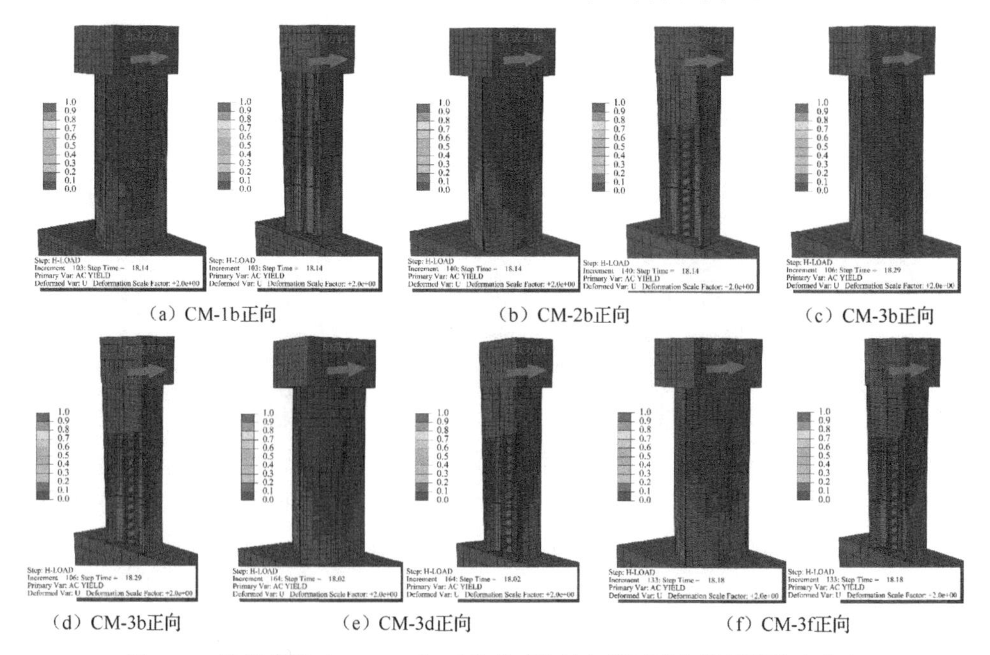

（a）CM-1b正向　（b）CM-2b正向　（c）CM-3b正向

（d）CM-3b正向　（e）CM-3d正向　（f）CM-3f正向

图 4-77　峰值荷载（Δ=18mm）时垂直对称轴加载试件钢管屈服状态分布

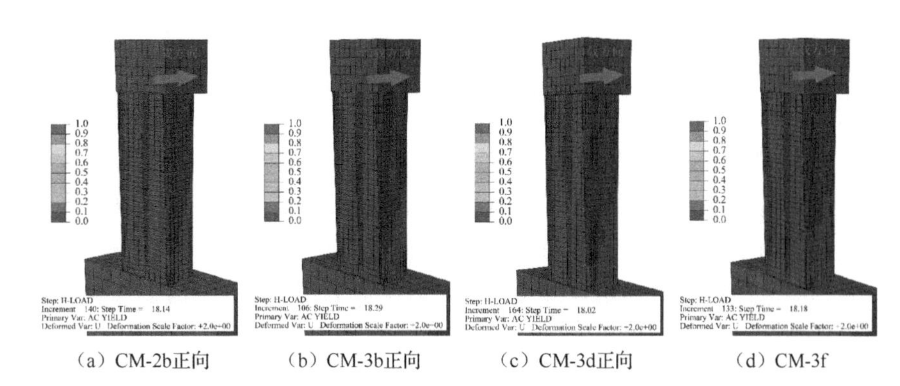

（a）CM-2b正向　（b）CM-3b正向　（c）CM-3d正向　（d）CM-3f

图 4-78　峰值荷载（Δ=18mm）时垂直对称轴加载试件腔体实心分隔钢板屈服状态

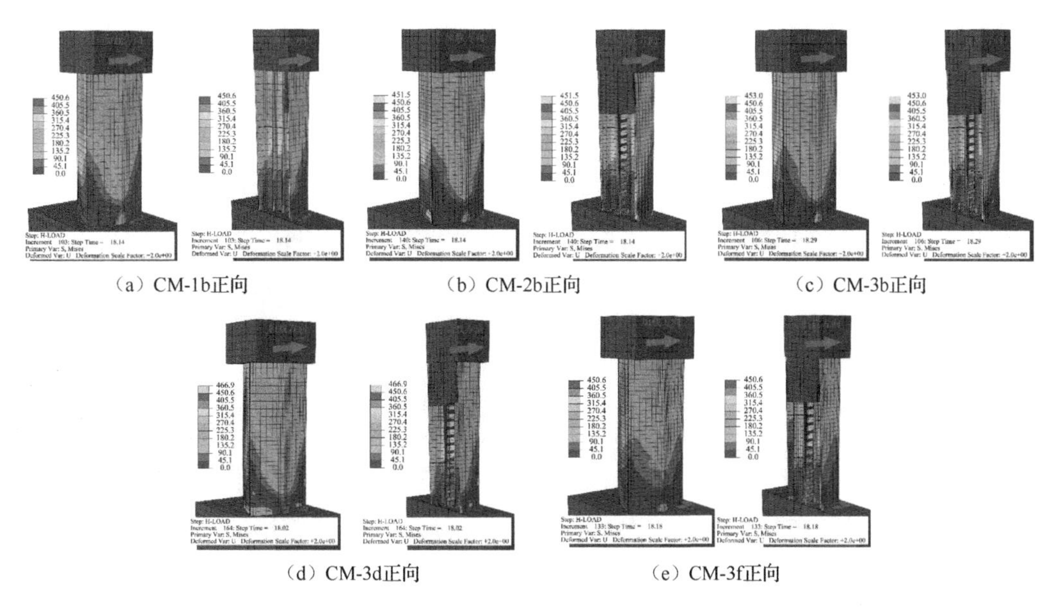

（a）CM-1b正向　（b）CM-2b正向　（c）CM-3b正向

（d）CM-3d正向　（e）CM-3f正向

图 4-79　峰值荷载（Δ=18mm）时垂直对称轴加载试件钢管 Mises 应力云图

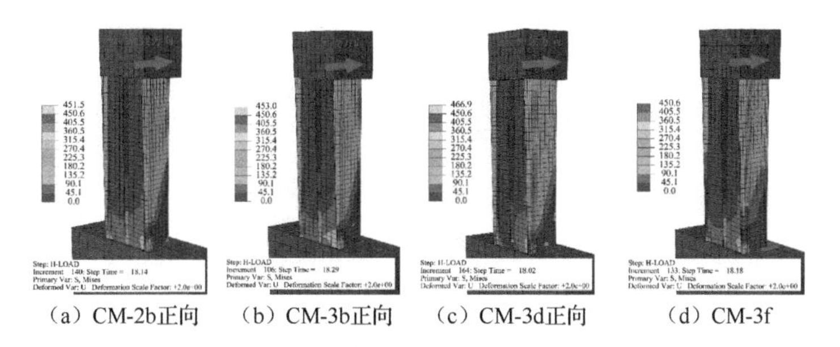

（a）CM-2b正向　（b）CM-3b正向　（c）CM-3d正向　（d）CM-3f

图 4-80　峰值荷载（Δ=18mm）时垂直对称轴加载试件腔体实心分隔钢板 Mises 应力云图

由图 4-77～图 4-80 可见，沿垂直于截面对称轴方向加载试件峰值荷载时：①各试件外钢管钢板大多进入屈服状态，关于加载方向呈抛物线分布；实心隔板由于距中性轴较近，未进入屈服状态；竖向加劲肋的屈服状态与附近外钢管钢板的屈服状态相近；水平加劲肋未进入屈服状态。②无分腔构造试件 CM-1b 钢板屈服面积相对较小，底部断开型试件 CM-3d 钢板屈服面积也相对较小，角部加强型试件 CM-3f 钢板屈服面积相对较大。③分腔构造、底部断开构造、角部加强构造对试件应力分布有明显影响，高应力区域较其他试件面积明显增大，特别是底部断开构造，应力发展速度更快。④各试件梯格腔体分隔钢板纵向板条应力相对较大，水平板条应力相对较小。⑤各试件实心腔体分隔钢板距中性轴较近，应力很小。

2）混凝土受压损伤与纵向应力

峰值荷载（Δ=18mm）时沿截面对称轴方向加载试件混凝土受压损伤云图如图 4-81 所示，混凝土纵向应力（S33）云图如图 4-82 所示。图 4-81、图 4-82 在垂直于对称平面的形心所在平面剖开，以便于观察试件内部状态。试件性能关于加载方向对称，故未给出负向加载时的云图。

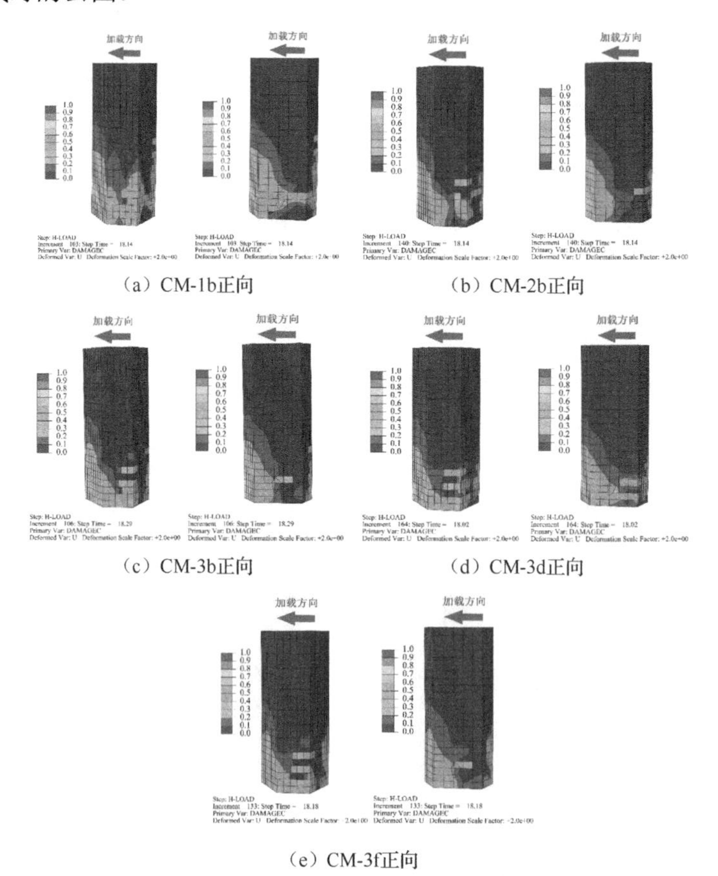

（a）CM-1b正向　（b）CM-2b正向

（c）CM-3b正向　（d）CM-3d正向

（e）CM-3f正向

图 4-81　峰值荷载（Δ=18mm）时沿垂直于截面对称轴加载试件混凝土受压损伤云图

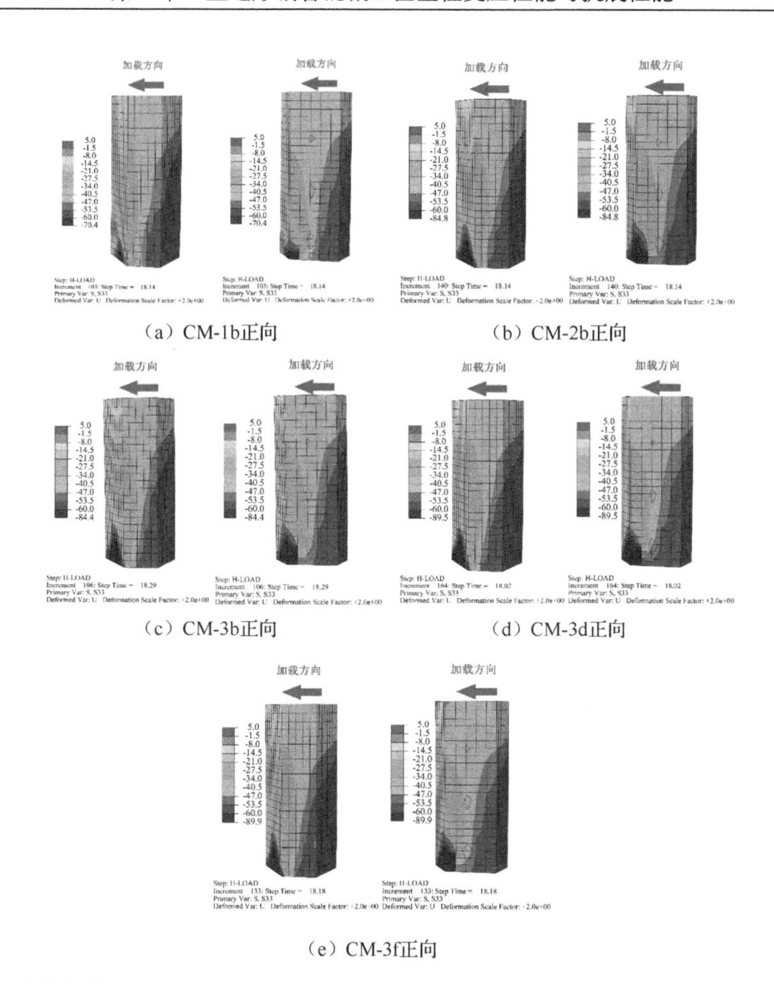

（a）CM-1b正向　（b）CM-2b正向

（c）CM-3b正向　（d）CM-3d正向

（e）CM-3f正向

图 4-82　峰值荷载（Δ=18mm）时沿垂直于截面对称轴加载试件混凝土纵向应力（S33）云图

由图 4-81、图 4-82 可见，沿垂直于截面对称轴加载试件峰值荷载时：①各试件混凝土受压侧损伤相对较重，损伤最重的位置位于试件底部略上的位置；无分腔构造试件 CM-1a 较其余各试件损伤较重。②各试件混凝土受拉区呈斜向分布，受压区距中性轴较远的直线边中部混凝土在底部截面相对较大，而非角部混凝土，这是由于角部混凝土距中性轴较远。结合损伤云图可以判断，角部混凝土由于变形较大，损伤较重，已进入下降段。

4.5　工程案例与应用

大连国贸中心大厦位于大连市中山区友谊广场西北侧，紧邻城市中心干道中山路。大连国贸中心大厦总建设高度为 370m，地上 86 层，地下 7 层，占地面积约 1.1 万 m^2，总建筑面积约 32 万 m^2。该工程采用外巨柱框架+内型钢混凝土筒体超高层混合结构，主体塔楼平面为切角矩形[4]。该结构主体塔楼的长宽比及高宽比均较大，南北向抗侧刚度较小，考虑截面布置及结构抗侧刚度的影响，结构角部采用五边形截面巨型柱。工程实景及现场施工图如图 4-83 所示。

（a）实景

（b）大连国贸中心大厦现场施工图

图 4-83　大连国贸中心大厦

作者与大连市建筑设计研究院有限公司合作，针对大连国贸中心大厦结构中关键竖向构件五边形多腔体钢管混凝土巨型柱进行了试验和理论研究，重点对该类巨型柱的构造作法进行了细化研究，提出了构造措施。所提出的构造措施，既结合了该工程的具体设计，又关注了类似工程设计的共性。

本章研究为大连国贸中心大厦五边形多腔体钢管混凝土巨型柱设计提供了依据。

4.6　小　　结

本章以大连国贸中心大厦五边形钢管混凝土巨型柱为原型，进行了 6 个 1/5 缩尺的巨型柱受压性能试验和 10 个 1/7.5 缩尺的巨型柱低周往复荷载试验，主要结论如下。

（1）五边形钢管混凝土巨型柱的分腔构造加强了钢管对腔体内混凝土的约束，可明显提高五边形截面巨型柱的抗压强度。

（2）五边形钢管混凝土巨型柱腔体内设置的钢筋笼与腔体内分腔隔板共同形成对腔体内混凝土的复合约束，腔体内核心混凝土抗压承载力明显提高，试件的抗压能力明显增强。

（3）五边形钢管混凝土巨型柱四腔体分腔隔板及竖向肋板中部断开型试件与分腔隔板及竖向肋板中部连续型试件，在受压时荷载-位移曲线没有明显的差异，但在加载后期分腔隔板及竖向加劲肋板中部断开型试件受拉区钢板突然被拉断、承载力急速下降，对于抵抗大震作用下的变形不利，在承受低周往复荷载时承载力、变形、耗能等性能有较大幅度的降低。

（4）五边形钢管混凝土巨型柱不同水平方向的受力性能有明显差异，沿截面对称轴方向加载与沿垂直对称轴方向加载相比，试件承载力较高，刚度较大，耗能能力较强。

参 考 文 献

[1] 韩林海. 钢管混凝土结构：理论与实践[M]. 2 版. 北京: 科学出版社, 2007.

[2] 中华人民共和国住房和城乡建设部. 混凝土结构设计规范(2015 年版): GB 50010—2010[S]. 北京: 中国建筑工业出版社, 2015.

[3] Baltay P, Gjelsvik A. Coefficient of friction for steel on concrete at high normal stress[J]. Journal of Materials in Civil Engineering, 1990, 2(1): 46-49.

[4] 王立长, 王想军, 纪大海, 等. 大连国贸中大厦超高层结构设计与研究[J]. 建筑结构, 2012, 42(2): 74-80.

第 5 章　六边形钢管混凝土巨型柱受压性能与抗震性能

5.1　受压性能试验

5.1.1　试件设计

本章设计了 6 个多腔体钢管混凝土巨型柱模型试件，试件按 1/12 缩尺，模型试件截面的原型为天津高银 117 大厦多腔体钢管混凝土巨型柱截面。模型柱的总高度为 3000mm，该高度的确定，既考虑了轴心受压条件下避免试件沿弱轴发生整体失稳破坏，又考虑了按圣维南原理的柱中部区段具有必要的长度。

6 个多腔体钢管混凝土巨型柱模型试件的截面尺寸和钢板尺寸完全一致，试件设计图如图 5-1 所示。在巨型柱模型试件上、下端部设置矩形截面柱端，上、下柱端的高度均为 250mm，截面宽度均为 1200mm。柱端的侧板、底板、顶板均用 10mm 厚 Q235 钢板制作。

6 个多腔体钢管混凝土巨型柱模型试件截面的 Y 轴方向外廓尺寸均为 936mm，X 轴方向外廓尺寸均为 436mm。试件 CFST1 的 6 个腔体均设有钢筋笼，各钢筋笼的钢筋直径分别为$\phi 8$、$\phi 10$ 和$\phi 12$，该试件灌注 C30 混凝土，为轴心受压试件。试件 CFST2 的 6 个腔体均设有钢筋笼，各钢筋笼的钢筋直径分别为$\phi 8$、$\phi 10$ 和$\phi 12$，柱头、柱脚分别设置了 262mm×262mm 的牛腿，该试件灌注 C30 混凝土，为大偏心受压试件，偏心距为 200mm，偏心率为 0.459。试件 CFST3 的 6 个腔体内取消了钢筋笼，以比较它与腔体内设置钢筋笼试件的受力性能，该试件柱头、柱脚分别设置了 180mm×180mm 的牛腿，腔体内灌注 C40 混凝土，为轴心受压试件。试件 CFST4 的 6 个腔体均设有钢筋笼，各钢筋笼的钢筋直径分别为$\phi 8$、$\phi 10$ 和$\phi 12$，该试件腔体内灌注 C40 混凝土，为轴心受压试件。试件 CFST5 的 6 个腔体均设有钢筋笼，各钢筋笼的钢筋直径分别为$\phi 8$、$\phi 10$ 和$\phi 12$。该试件柱头、柱脚分别设置了 180mm×180mm 的牛腿，该试件腔体内灌注 C40 混凝土，为小偏心受压试件，偏心距为 100mm，偏心率为 0.229。试件 CFST6 的 6 个腔体均设有钢筋笼，各钢筋笼的钢筋直径分别为$\phi 8$、$\phi 10$ 和$\phi 12$。该试件柱头、柱脚分别设置了 262mm×262mm 的牛腿，该试件腔体内灌注 C40 混凝土，为大偏心受压试件，偏心距为 200mm，偏心率为 0.459。

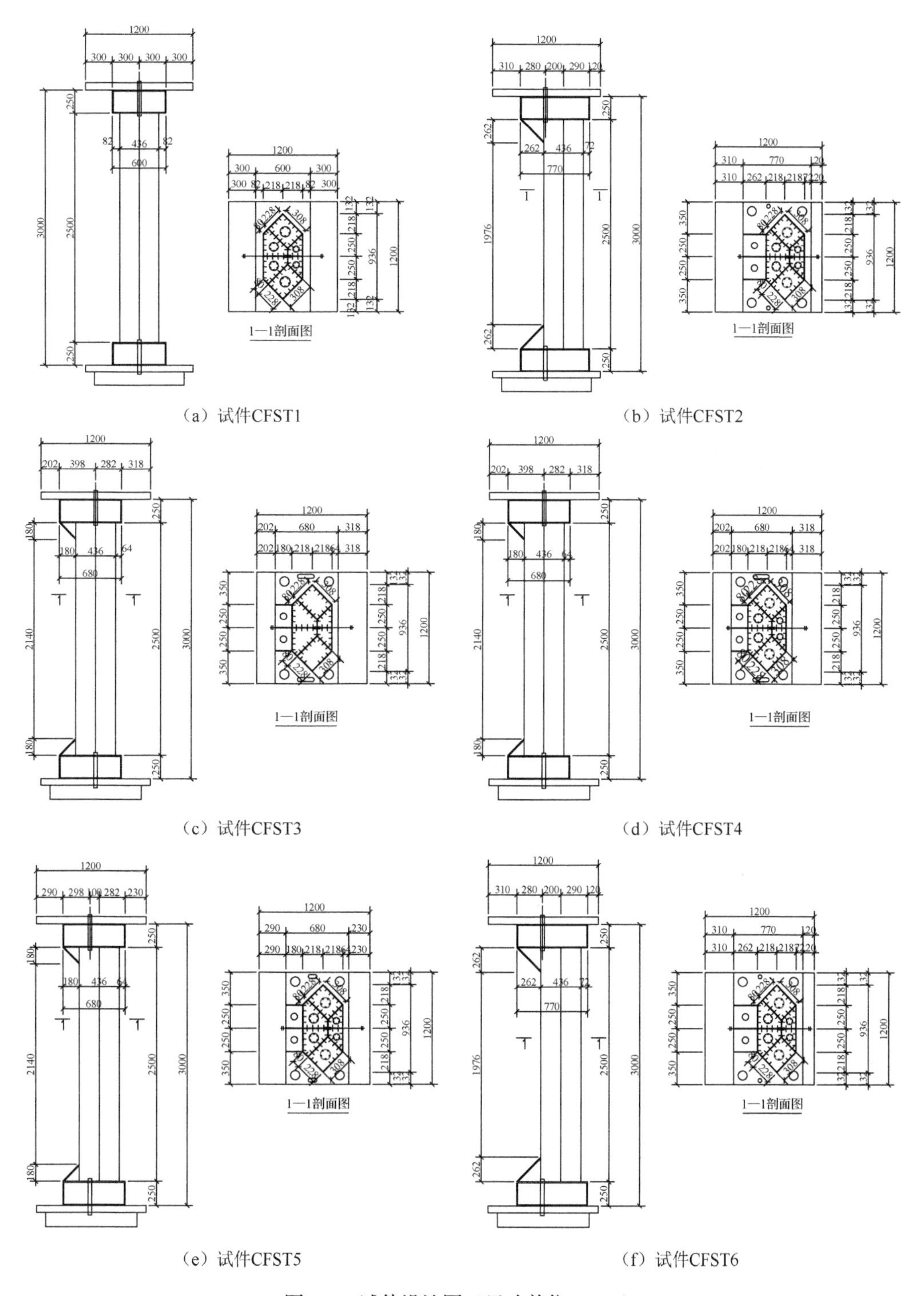

图 5-1　试件设计图（尺寸单位：mm）

试件原型与模型的主要参数见表 5-1。原型用普通粒径混凝土浇筑，混凝土强度等级为 C70；模型用细石混凝土浇筑，考虑细石混凝土可达到的强度等级所限，细石混凝土强度等级设计为C40，同时还有两个试件的细石混凝土强度等级设计为C30；原型多腔体钢管混凝土的钢板材料为Q390GJ，该钢板材料与C70混凝土材料相匹配，其钢板强度与混凝土强度的比值为5.57；模型多腔体钢管混凝土的钢板材料为Q235，该钢板材料与C40混凝土材料匹配时，其钢板强度与混凝土强度的比值为5.88，该比值与原型相应比值5.57比较接近，也就是说，模型的钢板材料与混凝土材料的强度匹配和原型比较接近。为加强对多腔体钢管混凝土巨型柱的各腔体内混凝土的约束，以及控制大体积混凝土的开裂，在巨型柱各腔体内配置了钢筋，钢筋强度等级为HPB235，该等级的钢筋强度与钢板强度匹配。多腔体钢管混凝土巨型柱各腔体钢板上焊接栓钉，以加强钢板与混凝土之间共同工作的性能，栓钉的直径为4mm，长度为30mm，栓钉间距为60mm×60mm。

表5-1　试件原型与模型的主要参数

试件类型		截面面积/m^2	配钢率/%	钢板/mm	配筋率/%	钢板强度	钢筋强度	混凝土强度	偏心率
原型	MC1	45	6.00	60	0.80	Q390GJ		C70	
模型	CFST1	0.313	6.00	5	0.80	Q235	HPB235	C30	0.000
	CFST2	0.313	6.00	5	0.80	Q235	HPB235	C30	0.459
	CFST3	0.313	6.00	5	0.00	Q235		C40	0.000
	CFST4	0.313	6.00	5	0.80	Q235	HPB235	C40	0.000
	CFST5	0.313	6.00	5	0.80	Q235	HPB235	C40	0.229
	CFST6	0.313	6.00	5	0.80	Q235	HPB235	C40	0.459

5.1.2　试验方案与测点布置

根据多腔体钢管混凝土巨型柱轴压及偏压试验技术要求，采用北京工业大学的大型结构构件加载试验装置进行多腔体钢管混凝土巨型柱轴压及偏压试验，该试验装置的竖向加载可达40000kN。试验加载装置如图5-2所示。

试验采用竖向单调重复加载。在试验过程中，首先试加载2000kN，以观测加载系统和各测点工作的可靠性。加载采用分级加载的方式，每级加载至该级荷载峰值后持荷5min，并采集和观测试件的变形与损伤情况。弹性阶段采用荷载控制加载；当试件屈服后，采用荷载和位移联合控制加载。用IMP数据采集系统实时记录竖向荷载、竖向位移和钢板应变，人工测试试件变形。在试件中部1650mm标距内布置位移计，以测试受压应力较为均匀的该区段轴向变形。在试件钢板表面布置应变测点。

加载分为轴心受压和偏心受压两种，其中偏心受压又分为小偏心受压和大偏心受压。试验共设计了6个1/12缩尺的多腔体钢管混凝土巨型柱模型试件，其中轴心受压模型试件3个，小偏心受压模型试件1个，大偏心受压模型试件2个。6个试件的编号分别为CFST1、CFST2、CFST3、CFST4、CFST5和CFST6，其中CFST1、CFST3和CFST4为轴压构件，CFST5为小偏心受压构件，CFST2和CFST6为大偏心受压构件。

将巨型柱截面南北向轴定为X轴，东西向轴定为Y轴。为便于分析，巨型柱截面的外侧钢板按变形特点和区域分为 A、B、C 三类。A 类外侧钢板为与弱轴（该巨型柱弱轴均为 Y 轴）平行的北侧钢板和南侧钢板，北侧钢板用 A1 表示，南侧钢板用 A2 表示，南北两侧钢板又由腔体肋板分成东西两区域。A1-1 表示北侧西部钢板，A1-2 表示北侧东部钢板，A2-1 表示南侧西部钢板，A2-2 表示南侧东部钢板。B 类外侧钢板与 A1 钢板连接并与 A1 钢板呈 135°，东北侧钢板用 B1 表示，西北侧钢板用 B2 表示。B1、B2 钢板均由腔体肋板分成两区域，B1-1 表示东北侧北部钢板，B1-2 表示东北侧东部钢板，B2-1 表示西北侧北部钢板，B2-2 表示西北侧西部钢板。C 类外侧钢板与 A2 钢板连接并与 A2 钢板呈 135°。C 类钢板中部未涉及与腔体肋板连接，C-1 表示东南侧钢板，C-2 表示西南侧钢板。巨型柱外侧钢板编号如图 5-3 所示。

图 5-2　试验加载装置

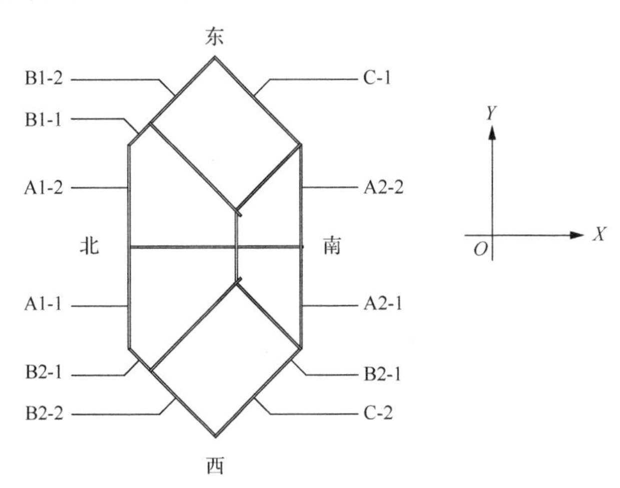

图 5-3　巨型柱外侧钢板编号

1. 位移测点布置

1）轴心受压试件

试验共布置 3 个电子位移计，其中位移计 1 用于测试上部竖向千斤顶刚性反力平台至巨型柱底部水平支撑刚性试验台座之间的相对位移。位移计 2 用于测试巨型柱与弱轴平行的北立面中段 1650mm 标距内的相对位移，该位移一方面可分析该区段的平均应变，另一方面可与位移计 3 所测得的位移进行比较以研究与弱轴平行的两侧变形差异。位移计 3 用于测试巨型柱与弱轴平行的南立面中段 1650mm 标距内的相对位移，该位移一方面可分析该区段的平均应变，另一方面同样可与位移计 2 所测得的位移进行比较。位移计 1 的位移用 Δ_1 表示，位移计 2 的位移用 Δ_2 表示，位移计 3 的位移用 Δ_3 表示。

2）偏心受压构件

试验共布置 8 个电子位移计，8 个位移计分成两组，第一组位移计用于测试竖向位移，第二组位移计用于测试巨型柱的挠度。第一组位移计有 3 个，其中位移计 1-1 用于测试上部竖向千斤顶刚性反力平台至巨型柱底部水平支撑刚性试验台座之间的相对位移。位移计 1-2 用于测试巨型柱与弱轴平行的北立面中段 1650mm 标距内的相对位移，该位移一方面可分析该区段的平均应变，另一方面可与位移计 1-3 所测得的位移进行比较以研究与弱轴平行的两侧变形差异。位移计 1-3 用于测试巨型柱与弱轴平行的南立面中段 1650mm 标距内的相对位移，该位移一方面可分析该区段的平均应变，另一方面同样可与位移计 1-2 所测得的位移进行比较。第二组位移计有 5 个，这 5 个位移计用于测试巨型柱沿高度 5 个截面位置的水平位移，这 5 个位移计的编号从上至下依次为 2-1、2-2、2-3、2-4、2-5。位移计 2-1 距巨型柱试件顶部 600mm，位移计 2-2 距巨型柱试件顶部 1050mm，位移计 2-3 距巨型柱试件顶部 1500mm，位移计 2-4 距巨型柱试件顶部 1950mm，位移计 2-5 距巨型柱试件顶部 2400mm。巨型柱顶部和底部为铰支座，其水平位移为 0。位移计 1-1 的位移用 $\Delta_{1\text{-}1}$ 表示，位移计 1-2 的位移用 $\Delta_{1\text{-}2}$ 表示，位移计 1-3 的位移用 $\Delta_{1\text{-}3}$ 表示；位移计 2-1 的位移用 $f_{2\text{-}1}$ 表示，位移计 2-2 的位移用 $f_{2\text{-}2}$ 表示，位移计 2-3 的位移用 $f_{2\text{-}3}$ 表示，位移计 2-4 的位移用 $f_{2\text{-}4}$ 表示，位移计 2-5 的位移用 $f_{2\text{-}5}$ 表示。试件位移计布置如图 5-4 所示。

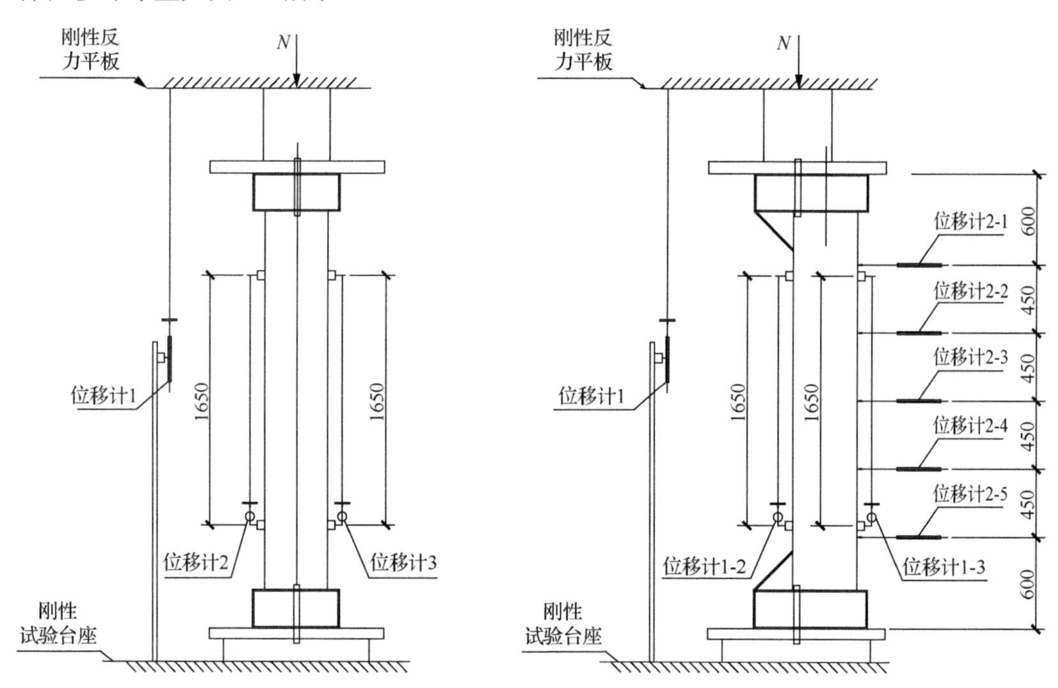

图 5-4　试件位移计布置（尺寸单位：mm）

2. 应变测点布置

在与弱轴平行的南侧和北侧钢板上分别布置应变测点，一方面测试沿柱高与弱轴平行的南侧和北侧钢板应变分布情况，另一方面测试与弱轴平行的南侧和北侧钢板应变的差异，这一应变差异与试件的弯曲变形有关。

试件 CFST1 的南侧钢板应变测点编号从下至上依次为 $\varepsilon_{1\text{-a1}}$、$\varepsilon_{1\text{-a2}}$、$\varepsilon_{1\text{-a3}}$、$\varepsilon_{1\text{-a4}}$、$\varepsilon_{1\text{-a5}}$、

$\varepsilon_{1\text{-a6}}$、$\varepsilon_{1\text{-a7}}$、$\varepsilon_{1\text{-a8}}$、$\varepsilon_{1\text{-a9}}$、$\varepsilon_{1\text{-a10}}$、$\varepsilon_{1\text{-a11}}$、$\varepsilon_{1\text{-a12}}$、$\varepsilon_{1\text{-a13}}$和$\varepsilon_{1\text{-a14}}$；北侧钢板应变测点编号从下至上依次为$\varepsilon_{1\text{-b1}}$、$\varepsilon_{1\text{-b2}}$、$\varepsilon_{1\text{-b3}}$、$\varepsilon_{1\text{-b4}}$、$\varepsilon_{1\text{-b5}}$、$\varepsilon_{1\text{-b6}}$、$\varepsilon_{1\text{-b7}}$、$\varepsilon_{1\text{-b8}}$、$\varepsilon_{1\text{-b9}}$、$\varepsilon_{1\text{-b10}}$、$\varepsilon_{1\text{-b11}}$、$\varepsilon_{1\text{-b12}}$、$\varepsilon_{1\text{-b13}}$和$\varepsilon_{1\text{-b14}}$；测试中部同一截面不同位置钢板应变测点编号从南到北逆时针方向依次为$\varepsilon_{1\text{-a8}}$、$\varepsilon_{1\text{-c1}}$、$\varepsilon_{1\text{-c2}}$、$\varepsilon_{1\text{-c3}}$、$\varepsilon_{1\text{-c4}}$、$\varepsilon_{1\text{-c5}}$、$\varepsilon_{1\text{-c6}}$、$\varepsilon_{1\text{-c7}}$、$\varepsilon_{1\text{-c8}}$、$\varepsilon_{1\text{-c9}}$、$\varepsilon_{1\text{-c10}}$和$\varepsilon_{1\text{-b8}}$，其中$\varepsilon_{1\text{-a8}}$和$\varepsilon_{1\text{-b8}}$应变测点与北侧钢板及南侧钢板中部应变测点重合。

试件 CFST2 的南侧钢板应变测点编号从下至上依次为$\varepsilon_{2\text{-a1}}$、$\varepsilon_{2\text{-a2}}$、$\varepsilon_{2\text{-a3}}$、$\varepsilon_{2\text{-a4}}$、$\varepsilon_{2\text{-a5}}$、$\varepsilon_{2\text{-a6}}$、$\varepsilon_{2\text{-a7}}$、$\varepsilon_{2\text{-a8}}$、$\varepsilon_{2\text{-a9}}$、$\varepsilon_{2\text{-a10}}$、$\varepsilon_{2\text{-a11}}$、$\varepsilon_{2\text{-a12}}$和$\varepsilon_{2\text{-a13}}$；北侧钢板应变测点编号从下至上依次为$\varepsilon_{2\text{-b1}}$、$\varepsilon_{2\text{-b2}}$、$\varepsilon_{2\text{-b3}}$、$\varepsilon_{2\text{-b4}}$、$\varepsilon_{2\text{-b5}}$、$\varepsilon_{2\text{-b6}}$、$\varepsilon_{2\text{-b7}}$、$\varepsilon_{2\text{-b8}}$、$\varepsilon_{2\text{-b9}}$、$\varepsilon_{2\text{-b10}}$和$\varepsilon_{2\text{-b11}}$；测试中部同一截面不同位置钢板应变测点编号从南到北逆时针方向依次为$\varepsilon_{2\text{-a7}}$、$\varepsilon_{2\text{-c1}}$、$\varepsilon_{2\text{-c2}}$、$\varepsilon_{2\text{-c3}}$、$\varepsilon_{2\text{-c4}}$、$\varepsilon_{2\text{-c5}}$、$\varepsilon_{2\text{-c6}}$、$\varepsilon_{2\text{-c7}}$、$\varepsilon_{2\text{-c8}}$、$\varepsilon_{2\text{-c9}}$、$\varepsilon_{2\text{-c10}}$和$\varepsilon_{2\text{-b6}}$，其中$\varepsilon_{2\text{-a7}}$和$\varepsilon_{2\text{-b6}}$应变测点与北侧钢板及南侧钢板中部应变测点重合。

试件 CFST3 的南侧钢板应变测点编号从下至上依次为$\varepsilon_{3\text{-a1}}$、$\varepsilon_{3\text{-a2}}$、$\varepsilon_{3\text{-a3}}$、$\varepsilon_{3\text{-a4}}$、$\varepsilon_{3\text{-a5}}$、$\varepsilon_{3\text{-a6}}$、$\varepsilon_{3\text{-a7}}$、$\varepsilon_{3\text{-a8}}$、$\varepsilon_{3\text{-a9}}$、$\varepsilon_{3\text{-a10}}$、$\varepsilon_{3\text{-a11}}$、$\varepsilon_{3\text{-a12}}$和$\varepsilon_{3\text{-a13}}$；北侧钢板应变测点编号从下至上依次为$\varepsilon_{3\text{-b1}}$、$\varepsilon_{3\text{-b2}}$、$\varepsilon_{3\text{-b3}}$、$\varepsilon_{3\text{-b4}}$、$\varepsilon_{3\text{-b5}}$、$\varepsilon_{3\text{-b6}}$、$\varepsilon_{3\text{-b7}}$、$\varepsilon_{3\text{-b8}}$、$\varepsilon_{3\text{-b9}}$、$\varepsilon_{3\text{-b10}}$、$\varepsilon_{3\text{-b11}}$、$\varepsilon_{3\text{-b12}}$和$\varepsilon_{3\text{-b13}}$；测试中部同一截面不同位置钢板应变测点编号从南到北逆时针方向依次为$\varepsilon_{3\text{-a7}}$、$\varepsilon_{3\text{-c1}}$、$\varepsilon_{3\text{-c2}}$、$\varepsilon_{3\text{-c3}}$、$\varepsilon_{3\text{-c4}}$、$\varepsilon_{3\text{-c5}}$、$\varepsilon_{3\text{-c6}}$、$\varepsilon_{3\text{-c7}}$、$\varepsilon_{3\text{-c8}}$、$\varepsilon_{3\text{-c9}}$、$\varepsilon_{3\text{-c10}}$和$\varepsilon_{3\text{-b7}}$，其中$\varepsilon_{3\text{-a7}}$和$\varepsilon_{3\text{-b7}}$应变测点与北侧钢板及南侧钢板中部应变测点重合。

试件 CFST4 的南侧钢板应变测点编号从下至上依次为$\varepsilon_{4\text{-a1}}$、$\varepsilon_{4\text{-a2}}$、$\varepsilon_{4\text{-a3}}$、$\varepsilon_{4\text{-a4}}$、$\varepsilon_{4\text{-a5}}$、$\varepsilon_{4\text{-a6}}$和$\varepsilon_{4\text{-a7}}$；北侧钢板应变测点编号从下至上依次为$\varepsilon_{4\text{-b1}}$、$\varepsilon_{4\text{-b2}}$、$\varepsilon_{4\text{-b3}}$、$\varepsilon_{4\text{-b4}}$、$\varepsilon_{4\text{-b5}}$、$\varepsilon_{4\text{-b6}}$和$\varepsilon_{4\text{-b7}}$；测试中部同一截面不同位置钢板应变测点编号从南到北逆时针方向依次为$\varepsilon_{4\text{-a7}}$、$\varepsilon_{4\text{-c1}}$、$\varepsilon_{4\text{-c2}}$、$\varepsilon_{4\text{-c3}}$、$\varepsilon_{4\text{-c4}}$、$\varepsilon_{4\text{-c5}}$、$\varepsilon_{4\text{-c6}}$、$\varepsilon_{4\text{-c7}}$、$\varepsilon_{4\text{-c8}}$、$\varepsilon_{4\text{-c9}}$、$\varepsilon_{4\text{-c10}}$和$\varepsilon_{4\text{-b7}}$，其中$\varepsilon_{4\text{-a7}}$和$\varepsilon_{4\text{-b7}}$应变测点与北侧钢板及南侧钢板中部应变测点重合。

试件 CFST5 的南侧钢板应变测点编号从下至上依次为$\varepsilon_{5\text{-a1}}$、$\varepsilon_{5\text{-a2}}$、$\varepsilon_{5\text{-a3}}$、$\varepsilon_{5\text{-a4}}$、$\varepsilon_{5\text{-a5}}$、$\varepsilon_{5\text{-a6}}$、$\varepsilon_{5\text{-a7}}$、$\varepsilon_{5\text{-a8}}$、$\varepsilon_{5\text{-a9}}$、$\varepsilon_{5\text{-a10}}$、$\varepsilon_{5\text{-a11}}$和$\varepsilon_{5\text{-a12}}$；北侧钢板应变测点编号从下至上依次为$\varepsilon_{5\text{-b1}}$、$\varepsilon_{5\text{-b2}}$、$\varepsilon_{5\text{-b3}}$、$\varepsilon_{5\text{-b4}}$、$\varepsilon_{5\text{-b5}}$、$\varepsilon_{5\text{-b6}}$、$\varepsilon_{5\text{-b7}}$、$\varepsilon_{5\text{-b8}}$、$\varepsilon_{5\text{-b9}}$、$\varepsilon_{5\text{-b10}}$和$\varepsilon_{5\text{-b11}}$；测试中部同一截面不同位置钢板应变测点编号从南到北逆时针方向依次为$\varepsilon_{5\text{-a7}}$、$\varepsilon_{5\text{-c1}}$、$\varepsilon_{5\text{-c2}}$、$\varepsilon_{5\text{-c3}}$、$\varepsilon_{5\text{-c4}}$、$\varepsilon_{5\text{-c5}}$、$\varepsilon_{5\text{-c6}}$、$\varepsilon_{5\text{-c7}}$、$\varepsilon_{5\text{-c8}}$、$\varepsilon_{5\text{-c9}}$、$\varepsilon_{5\text{-c10}}$和$\varepsilon_{5\text{-b6}}$，其中$\varepsilon_{5\text{-a7}}$和$\varepsilon_{5\text{-b6}}$应变测点与北侧钢板及南侧钢板中部应变测点重合。

试件 CFST6 的南侧钢板应变测点编号从下至上依次为$\varepsilon_{6\text{-a1}}$、$\varepsilon_{6\text{-a2}}$、$\varepsilon_{6\text{-a3}}$、$\varepsilon_{6\text{-a4}}$、$\varepsilon_{6\text{-a5}}$、$\varepsilon_{6\text{-a6}}$、$\varepsilon_{6\text{-a7}}$、$\varepsilon_{6\text{-a8}}$、$\varepsilon_{6\text{-a9}}$、$\varepsilon_{6\text{-a10}}$、$\varepsilon_{6\text{-a11}}$、$\varepsilon_{6\text{-a12}}$和$\varepsilon_{6\text{-a13}}$；北侧钢板应变测点编号从下至上依次为$\varepsilon_{6\text{-b1}}$、$\varepsilon_{6\text{-b2}}$、$\varepsilon_{6\text{-b3}}$、$\varepsilon_{6\text{-b4}}$、$\varepsilon_{6\text{-b5}}$、$\varepsilon_{6\text{-b6}}$、$\varepsilon_{6\text{-b7}}$、$\varepsilon_{6\text{-b8}}$、$\varepsilon_{6\text{-b9}}$、$\varepsilon_{6\text{-b10}}$和$\varepsilon_{6\text{-b11}}$；测试中部同一截面不同位置钢板应变测点编号从南到北逆时针方向依次为$\varepsilon_{6\text{-a7}}$、$\varepsilon_{6\text{-c1}}$、$\varepsilon_{6\text{-c2}}$、$\varepsilon_{6\text{-c3}}$、$\varepsilon_{6\text{-c4}}$、$\varepsilon_{6\text{-c5}}$、$\varepsilon_{6\text{-c6}}$、$\varepsilon_{6\text{-c7}}$、$\varepsilon_{6\text{-c8}}$、$\varepsilon_{6\text{-c9}}$、$\varepsilon_{6\text{-c10}}$和$\varepsilon_{6\text{-b6}}$，其中$\varepsilon_{6\text{-a7}}$和$\varepsilon_{6\text{-b6}}$应变测点与北侧钢板及南侧钢板中部应变测点重合。试件 CFST1～CFST6 应变测点布置如图 5-5 所示。

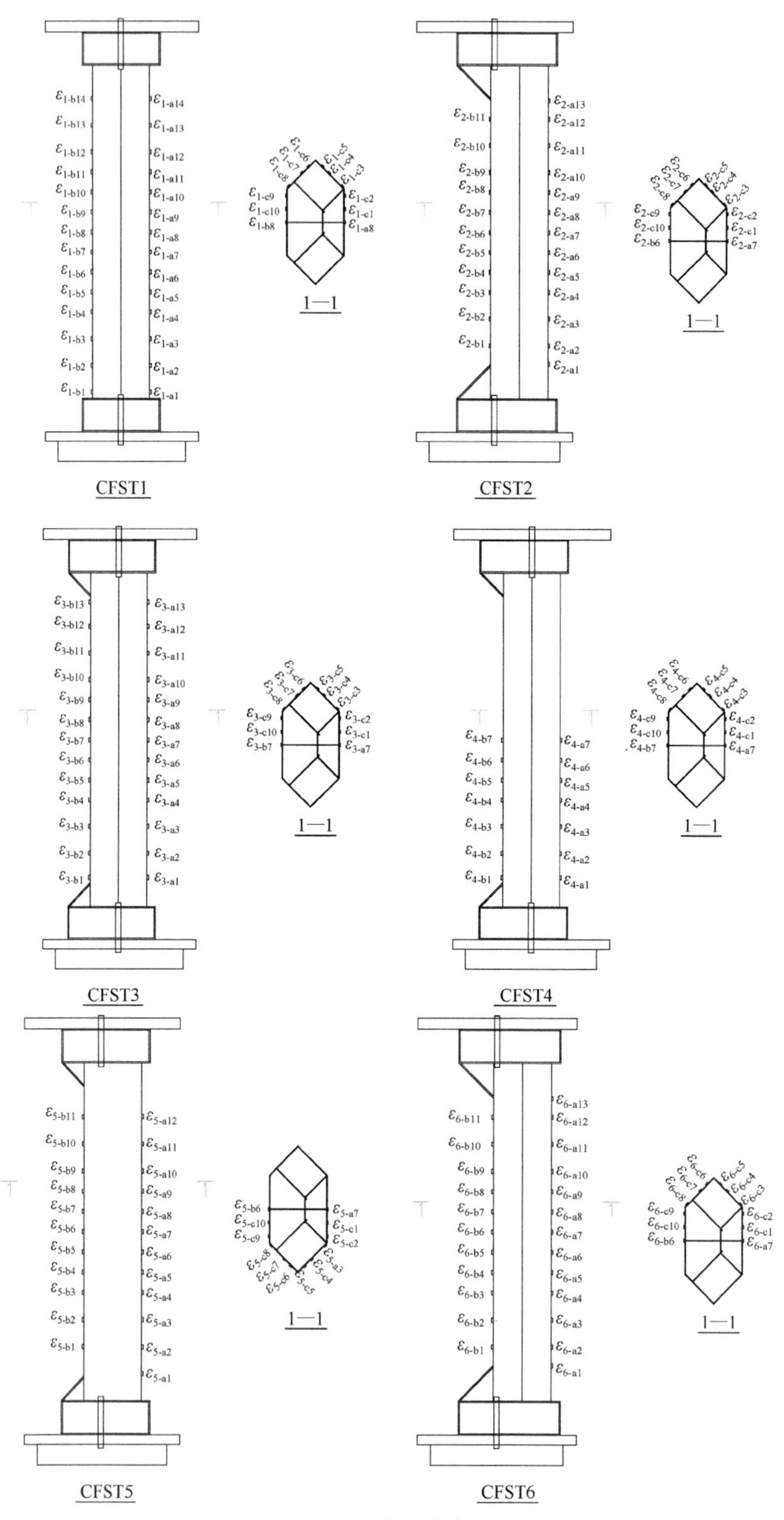

图 5-5　应变测点布置

5.1.3　材料性能

混凝土标准立方体抗压强度及相应弹性模量实测值见表 5-2，钢材力学性能实测值见表 5-3。

表 5-2　混凝土标准立方体抗压强度及相应弹性模量实测值

混凝土强度等级	立方体抗压强度 $f_{cu,m}$/MPa	弹性模量 E_c/MPa
C30	30.68	3.00×10^4
C40	41.97	3.30×10^4

表 5-3　钢材力学性能实测值

钢材规格	屈服强度 f_y/MPa	极限强度 f_u/MPa	弹性模量 E_s/MPa
5mm 钢板	295.50	428.00	2.06×10^5
ϕ8 钢筋	334.00	445.00	2.05×10^5
ϕ10 钢筋	362.50	445.50	2.07×10^5
ϕ12 钢筋	326.00	423.00	2.04×10^5

5.1.4　模型制作

多腔体钢管混凝土巨型柱各腔体钢板间的连接均为焊接，栓钉与钢板的连接也采用焊接，腔体内配置的钢筋与腔体钢板通过短筋点焊定位。巨型柱模型两端设计成矩形截面，同时对偏心受压试件在矩形截面端头与柱体之间设置 45° 钢板形成牛腿，这样既有利于端部荷载有效向柱体传递，又有利于试件的加载定位，保障其稳定性。巨型柱试件上端矩形截面端头开设 6 个圆形孔洞，它们分别对应着巨型柱的 6 个腔体，混凝土从巨型柱试件上端孔洞灌入并振捣密实。模型制作及施工照片如图 5-6 所示。

(a) 巨型柱腔体内钢筋和栓钉的配置

(b) 封闭巨型柱端部钢板后孔洞部位可见的钢筋

(c) 巨型柱混凝土浇筑现场

图 5-6　模型制作及施工照片

5.1.5　轴心受压试验结果

1. 破坏特征

试件 CFST1 屈曲破坏过程部分照片如图 5-7 所示。

（a）C-2 钢板起鼓屈曲

（b）A1-1、A1-2 钢板起鼓屈曲

（c）A1-1 与 B2-1、B2-1 与 B2-2 钢板连接焊缝附近漆皮爆裂

（d）B1-1 与 B1-2、B1-1 与 A1-2 钢板连接焊缝附近漆皮爆裂

（e）B2-2 与 C-2、C-2 与 A2-1 钢板连接焊缝附近漆皮爆裂

（f）B2-1 与 B2-2 钢板焊缝撕裂

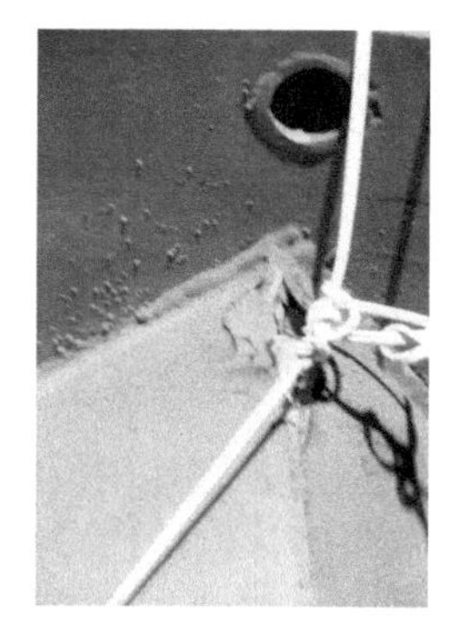

（g）B2-2 与 C-2 钢板连接焊缝撕裂

（h）A2-1 与 C-2 钢板连接焊缝撕裂

（i）B2-2 与 C-2 钢板连接焊缝撕裂

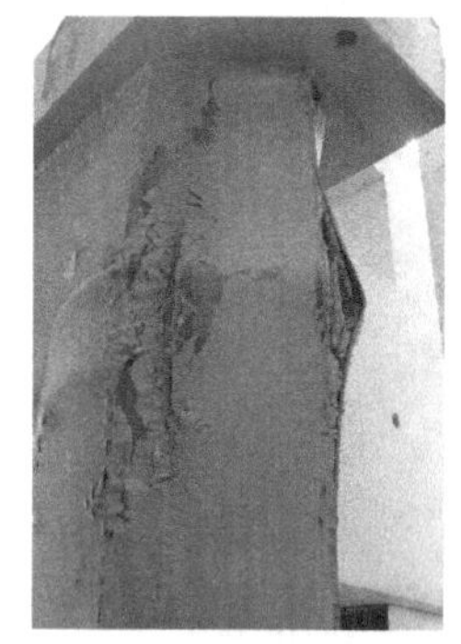

（j）试件最终破坏时的局部

（k）试件最终破坏时整体形态

（l）试件最终破坏局部照片

图 5-7　试件 CFST1 屈曲破坏过程部分照片

试件 CFST3 屈曲破坏过程部分照片如图 5-8 所示。

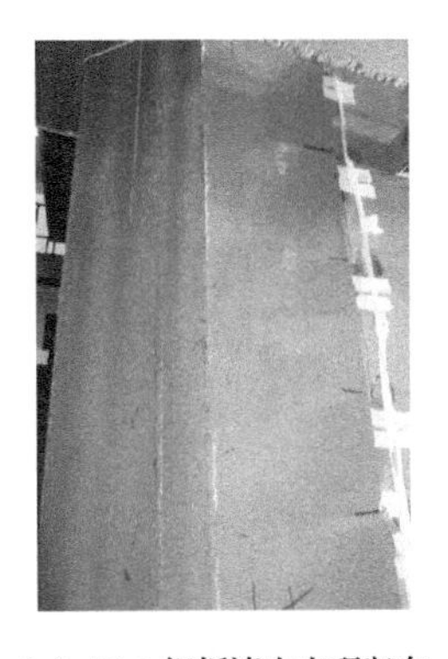

（a）A1-2 钢板漆皮出现竖向分段鼓包

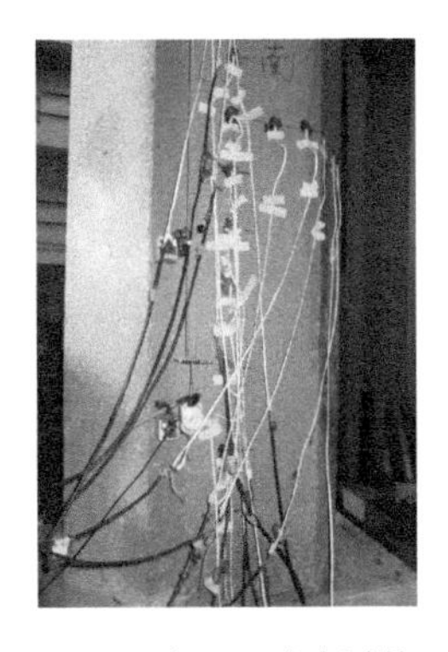

（b）C-2 与 A2-1 钢板连接焊缝附近漆皮出现 45°裂纹

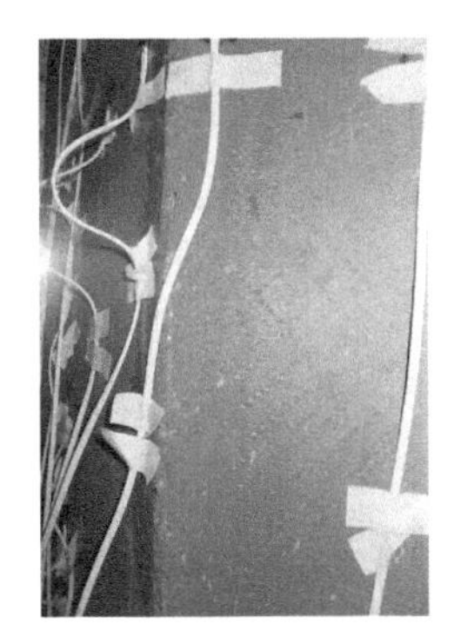

（c）C-2 钢板漆皮 45°交叉裂纹

（d）A2-2、C-1 钢板出现鼓包

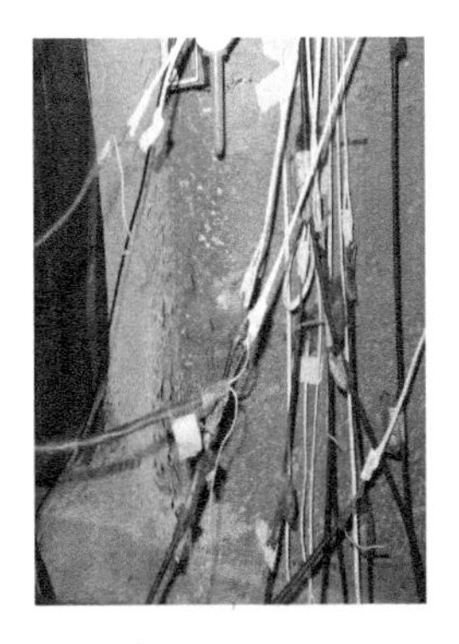

（e）C-2 钢板柱底鼓包

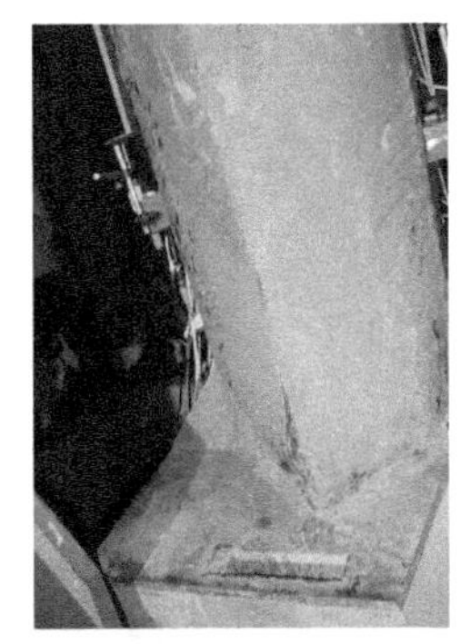

（f）B2-2 与 C-2 钢板连接焊缝撕裂

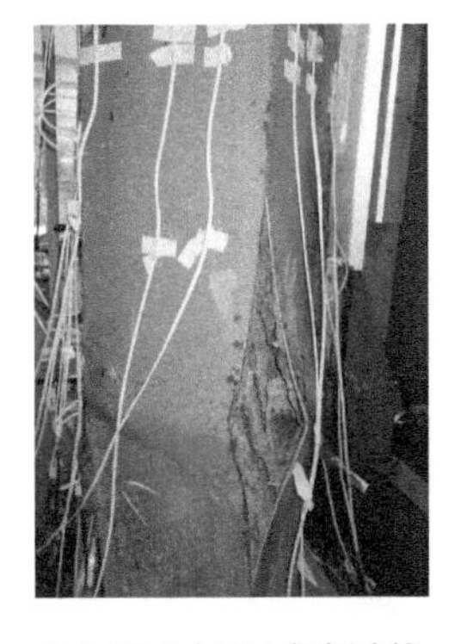

（g）B1-2 与 C-1 钢板连接焊缝裂口

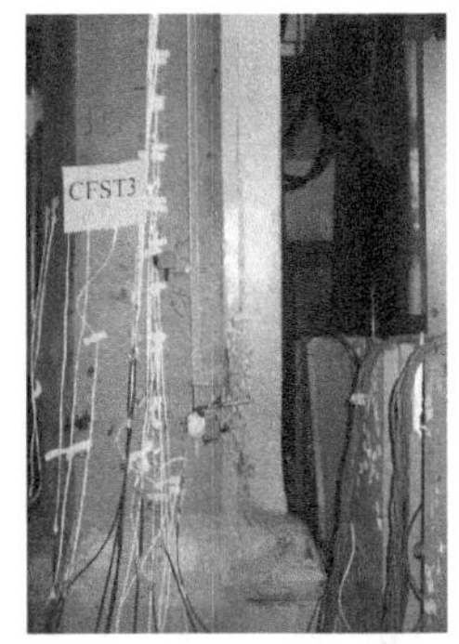

（h）A1-1、A1-2 钢板鼓包

（i）试件最终下部焊缝撕裂严重

（j）试件最终下部周圈屈曲破坏

（k）试件最终破坏时下部屈曲严重

（l）试件最终破坏漆皮严重剥落

图 5-8　试件 CFST3 屈曲破坏过程部分照片

试件 CFST4 屈曲破坏过程部分照片如图 5-9 所示。

(a) A1-1、A1-2 钢板出现鼓包，B2-1、B2-2 钢板漆皮 45°爆裂

(b) B1-2 钢板出现鼓包

(c) B2-2 钢板上端出现鼓包

(d) B1-1 与 A1-1 钢板连接焊

(e) A1-1、A1-2 钢板上端出现鼓包

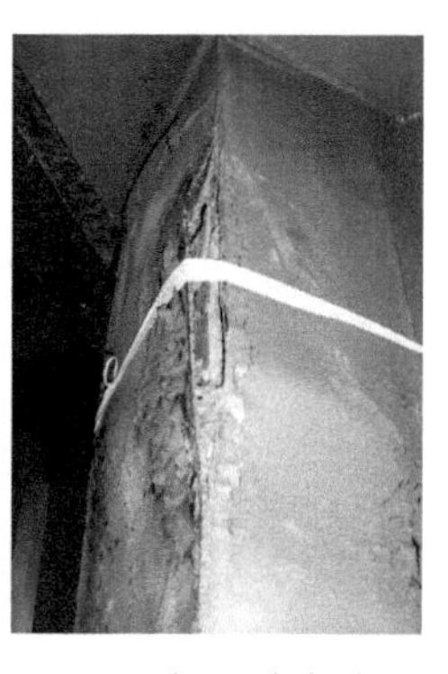

(f) B1-2 与 C-1 钢板连接焊缝裂口缝撕裂

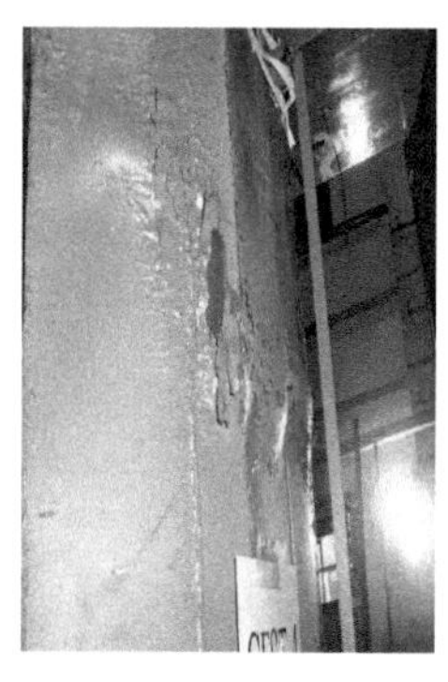

(g) B1-1 与 A1-2 钢板连接焊缝撕裂

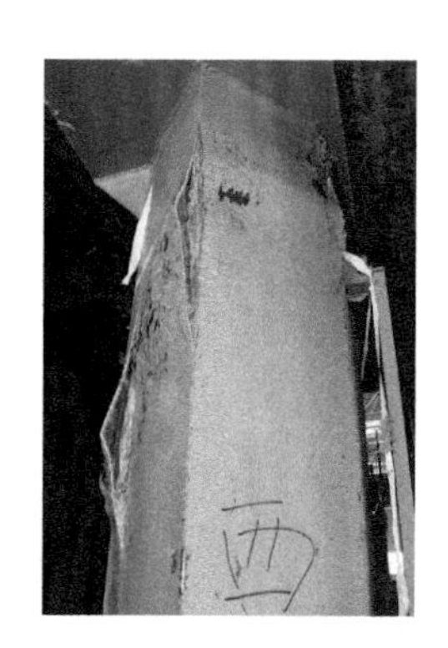

(h) B2-2 与 B2-1、C-2 钢板连接焊缝裂口

(i) 试件最终上段屈曲破坏严重

(j) 试件上端焊缝开裂严重

(k) 试件最终开裂屈曲严重

(l) 试件最终南侧上端破坏形态

图 5-9　试件 CFST4 屈曲破坏过程部分照片

2. 轴向荷载-变形曲线

实测所得试件 CFST1、CFST3、CFST4 的轴向荷载-位移（N-Δ）曲线如图 5-10 所示，相应的骨架曲线对比如图 5-11 所示，图中纵坐标 N 表示试验中施加的竖向压力，受压时 N 为正值；横坐标 Δ 表示试件中段标距 1650mm 范围的相对位移，压缩时 Δ 为正值。

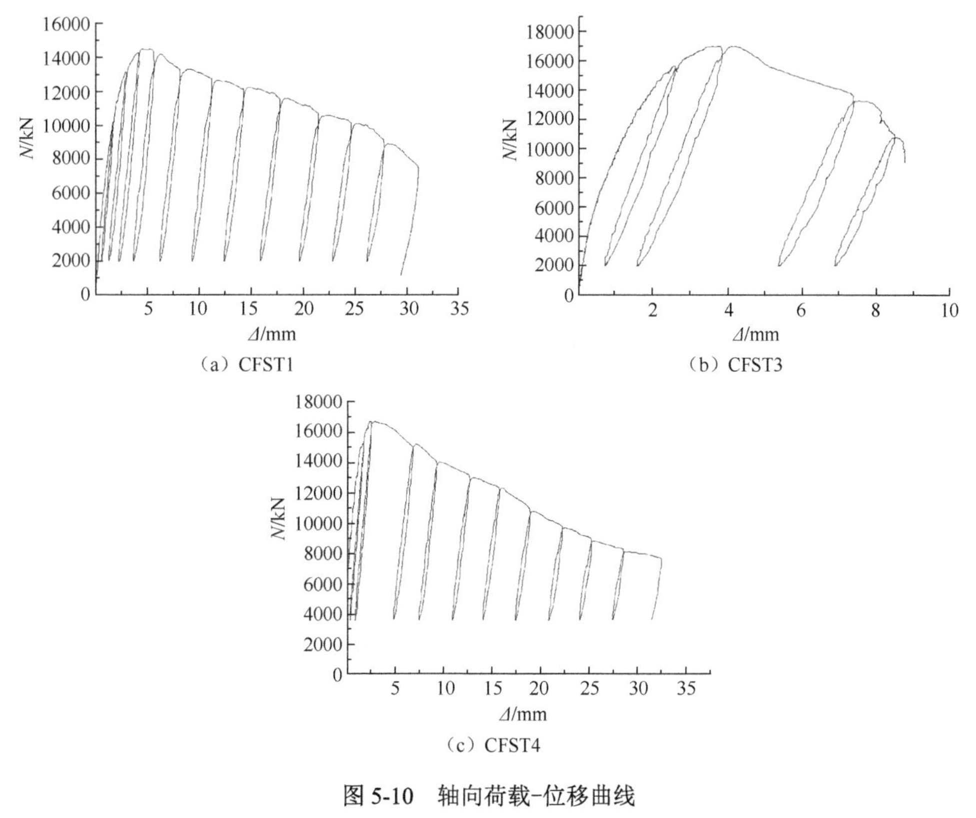

图 5-10　轴向荷载-位移曲线

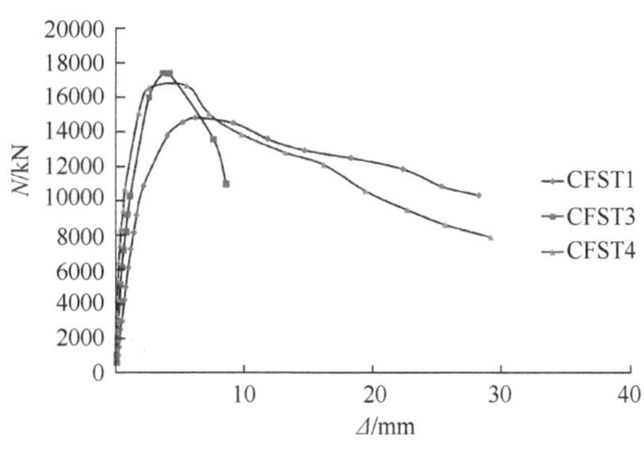

图 5-11　骨架曲线

由图 5-11 可见，3 个试件在加载初期荷载-位移曲线基本呈弹性，卸载后试件的残余变形很小；当试件屈服后，随着加载循环次数的增加和竖向位移的增大，刚度逐步退化，卸载后残余变形加大；当竖向荷载达到极限荷载后，承载力随竖向位移的增加而降低；试件 CFST1 与试件 CFST4 的荷载-位移曲线形状基本相同，它们与试件 CFST3 的区别在于截面腔体内加设了钢筋笼，因此延性明显好于试件 CFST3。

耗能能力分析：将 3 个试件骨架曲线与水平轴包含的面积近似作为 3 个试件在受压过程中耗能的比较值，实测所得试件 CFST1、试件 CFST3、试件 CFST4 的耗能分别为 337159.49kN·mm、118103.55kN·mm、351588.59kN·mm，加设钢筋笼的试件 CFST4 的耗能能力是未加设钢筋笼的试件 CFST3 的 2.98 倍。

3. 承载力

实测所得各试件的特征荷载值见表 5-4。

表 5-4　特征荷载值

试件编号	N_y/kN	N_u/kN	N_y/N_u
CFST1	12002	14800	0.811
CFST3	15143	17400	0.870
CFST4	14380	16680	0.862

注：N_y 为屈服荷载，N_u 为极限荷载，N_y/N_u 为屈强比。

由表 5-4 和图 5-11 可见：由于混凝土强度等级的不同，腔内 C40 混凝土试件 CFST4，与腔内 C30 混凝土试件 CFST1 相比，其屈服荷载、极限荷载分别高 19.81%和 12.70%；腔内 C40 混凝土试件 CFST3 和试件 CFST4 的区别在于试件 CFST4 加设了腔内钢筋笼，试件 CFST4 与试件 CFST3 的屈服荷载、极限荷载接近，但是试件 CFST4 比试件 CFST3 具有更强的弹塑性变形能力和耗能能力，在试件屈服至极限荷载乃至极限荷载水平持续区段的过程中，试件 CFST4 的弹塑性变形比试件 CFST3 提高 138.50%，说明腔体内设置钢筋笼对提高试件的延性和耗能能力十分有效。

4. 刚度

实测所得各试件的刚度-应变（K-ε）曲线比较如图 5-12 所示，图中纵坐标 K 为刚度，它由竖向压力 N 与试验所测 1650mm 标距段相对位移 Δ 的比值确定；横坐标 ε 为 1650mm 标距段的平均应变。

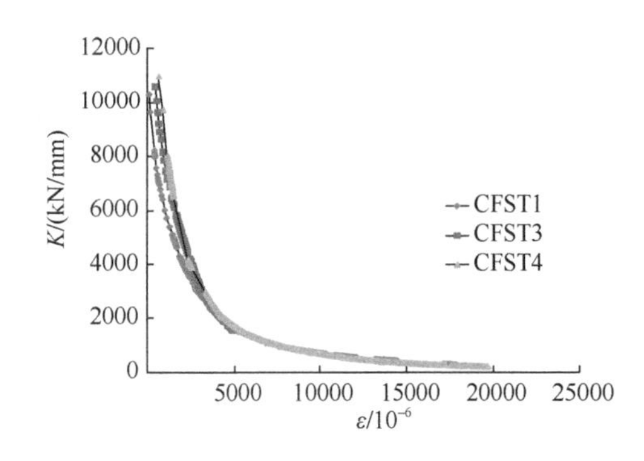

图 5-12　刚度-应变曲线比较

实测所得各试件不同变形阶段 1650mm 标距段抗压刚度值列于表 5-5。表 5-5 中分别给出了初始弹性、（1/3）ε_y、（2/3）ε_y、（3/4）ε_y、ε_y、（4/3）ε_y、（5/3）ε_y、$2\varepsilon_y$ 各变形阶段的刚度实测值，ε_y 为钢板的屈服应变，钢板的材性试验所得屈服应变为 1.435×10^{-3}。

表 5-5　不同变形阶段 1650mm 标距段抗压刚度值

试件编号	不同变形阶段的刚度 K/(kN/mm)							
	初始弹性	（1/3）ε_y	（2/3）ε_y	（3/4）ε_y	ε_y	（4/3）ε_y	（5/3）ε_y	$2\varepsilon_y$
CFST1	10304.30	7919.34	6255.45	5890.56	5163.89	4251.05	3606.54	3009.55
CFST3	10608.25	10549.09	7936.13	7475.03	6383.72	5251.91	4274.67	3428.24
CFST4	11000.34	10723.42	9306.04	8469.28	6787.83	5341.30	4036.01	3499.85

由表 5-5 和图 5-12 可得以下结论。

（1）3 个轴心受压试件的刚度随应变增大而衰减的规律较为接近。各试件的刚度 K

随应变 ε 增大而衰减的规律可分为三个阶段：第一阶段为刚度速降阶段，第二阶段为刚度次速降阶段，第三阶段为刚度缓降阶段。

（2）轴心受压试件 CFST3 与 CFST4 相比，试件 CFST4 初始刚度比试件 CFST3 高 3.70%，后期试件 CFST4 的刚度也高于试件 CFST3。当试件 CFST3 达到极限荷载位移 4.12mm 后，该试件的承载力急速下降，破坏时的弹塑性位移为 8.55mm，1650mm 标距内平均应变为 5.184×10^{-3}，试件退出工作，因而试件 CFST3 的刚度-应变曲线在 ε 为 5.184×10^{-3} 时终止，而此后试件 CFST4 的弹塑性位移仍在发展，直到最大弹塑性位移为 29.06mm，相应 1650mm 标距内平均应变达 0.018，该应变值为试件 CFST3 相应应变值的 3.40 倍，也就是说试件 CFST4 的刚度-应变（K-ε）曲线全过程比试件 CFST3 延长了 2.40 倍，表明试件 CFST4 具有相对好的工作性能。

（3）轴心受压试件 CFST1 与 CFST4 相比，试件 CFST4 初始刚度比试件 CFST1 高 6.75%，后期试件 CFST4 的刚度也高于试件 CFST1；试件 CFST4 与试件 CFST1 刚度-应变曲线的全过程发展趋势较为接近，所达到的弹塑性最大位移也比较接近，这与二者均采取在钢管腔体内加设钢筋的措施密切相关，它们比钢管腔体内未加设钢筋的试件 CFST3 性能稳定。

对 3 个试件抗压刚度进行计算分析后发现以下几点。

（1）若计算中取 C30 混凝土实测弹性模量为 3.00×10^4MPa，C40 混凝土实测弹性模量为 3.30×10^4MPa，5mm 厚钢板实测弹性模量为 2.06×10^5MPa，腔体内钢筋笼的 $\phi8$、$\phi10$、$\phi12$ 纵筋的弹性模量分别为 2.05×10^5MPa、2.07×10^5MPa、2.04×10^5MPa，用实测混凝土、钢板及钢筋弹性模量，按公式 $EA=E_sA_s+E_cA_c$ 计算各试件抗压刚度，计算所得试件 CFST1、试件 CFST3 和试件 CFST4 初始抗压刚度分别为 8192.86kN/mm、8227.07kN/mm 和 8546.99kN/mm。将计算所得各试件抗压刚度与表 5-5 实测初始弹性刚度相比，3 个试件计算所得刚度分别比实测刚度小 20.49%、22.45%和 22.30%。分析其原因主要是计算公式中的混凝土弹性模量未考虑钢管对混凝土的约束作用。

（2）若考虑多腔钢管对各腔体内混凝土的复合约束作用，并用提高混凝土弹性模量的方法来考虑相同压力下约束混凝土变形小即刚度大的特点，其约束混凝土的弹性模量近似按提高 30%考虑，计算所得试件 CFST1、试件 CFST3、试件 CFST4 初始抗压刚度分别为 9704.56kN/mm、10076.68kN/mm 和 10398.16kN/mm，与表 5-5 实测初始弹性刚度相比，仅分别小 5.82%、5.01%和 5.47%，符合较好。

5. *残余变形*

实测所得试件 CFST1、CFST3、CFST4 的相对残余变形-应变（Δ_p-ε）关系曲线如图 5-13 所示，图中纵坐标 Δ_p 为试验所得 1650mm 标距段各循环加载的最大弹塑性位移与卸载完成时的弹塑性位移比值的倒数；横坐标 ε 为 1650mm 标距段某一循环加载的最大弹塑性位移所对应的平均应变。

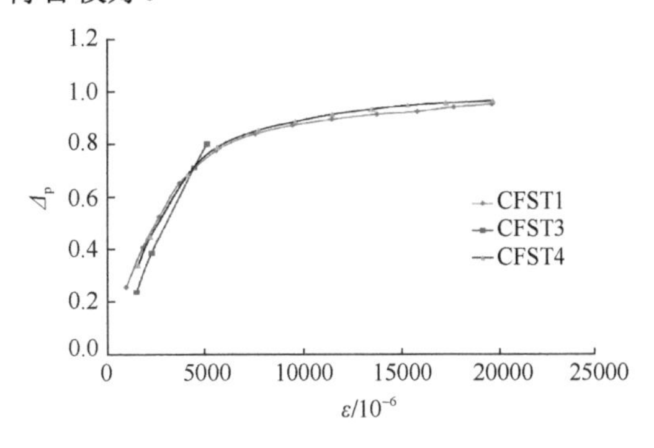

图 5-13　相对残余变形-应变关系曲线

由图 5-13 可见：3 个试件的相对残余变形-应变之间的关系曲线比较接近；残余变形 Δ_p 的相对值随应变 ε 的增长而增加，但增加的速度经历了从快到慢的过程。初始阶段残余变形相对值增长较快，而后期残余变形相对值增长较慢，趋于平缓，这是由于 Δ_p 的相对值小于 1 的缘故。达到试件屈服应变时，试件 CFST1、试件 CFST3 和试件 CFST4 的相对残余变形值分别为 33.5%、24.4%和 33.9%；达到试件屈服应变 2 倍时，试件 CFST1、试件 CFST3 和试件 CFST4 的相对残余变形值分别为 52.9%、47.8%和 57.0%；达到试件屈服应变 3 倍时，试件 CFST1、试件 CFST3 和试件 CFST4 的相对残余变形值分别为 71.5%、71.6%和 72.3%。腔体内无钢筋笼的试件 CFST3，其应变达到 3.6 倍屈服应变时，试件破坏，此时相对残余变形值为 80.7%；腔体内有钢筋笼的试件 CFST1 和试件 CFST4，其应变达到 8 倍屈服应变时，试件损伤严重，此时试件 CFST1、试件 CFST4 的相对残余变形值分别为 89.8%、91.7%。腔体内设置钢筋笼对提高巨型柱的变形能力十分有效。

5.1.6　偏心受压试验结果

1. 破坏特征

试件 CFST2、CFST5、CFST6 屈曲破坏过程部分照片如图 5-14～图 5-16 所示。

（a）A1-1 钢板漆皮竖向分段鼓包焊缝漆皮横向裂纹

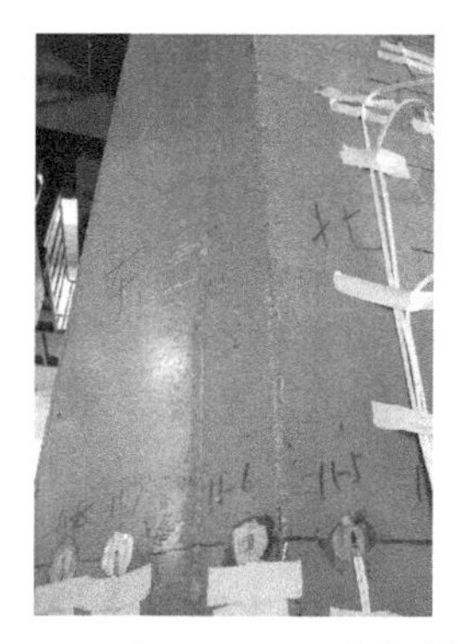

（b）B1-1 与 A1-2、B1-2 钢板连接

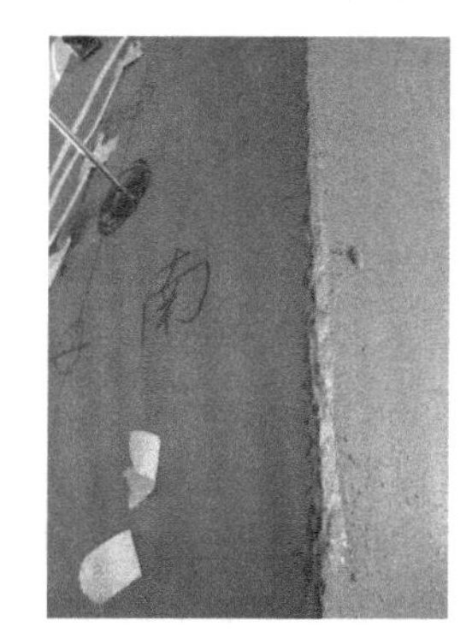

（c）A2-1 钢板漆皮横向裂纹

（d）A1-1、A1-2 钢板出现鼓包，漆皮呈 45°爆裂

（e）A1-1、A1-2 鼓包加剧，漆皮爆裂严重

（f）B2-1 与 A1-1、B2-2 钢板连接焊缝附近漆皮爆裂

图 5-14　试件 CFST2 屈服破坏过程部分照片

（g）B2-2 钢板出现鼓包

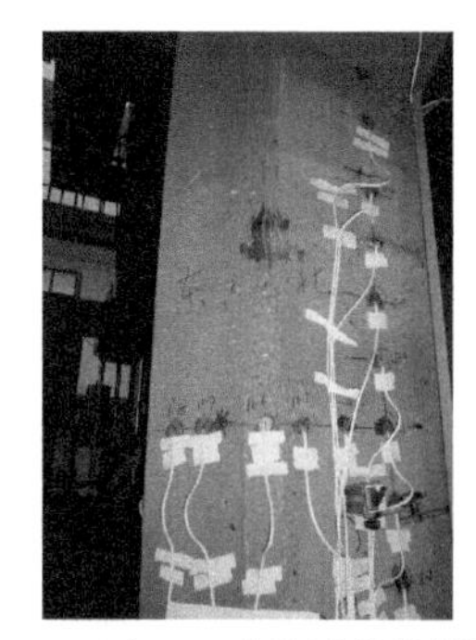
（h）A1-1 与 B2-1 钢板连接焊缝撕裂

（i）试件弯曲变形

（j）试件最终破坏时受压区照片

（k）试件最终破坏时受拉区照片

图 5-14（续）

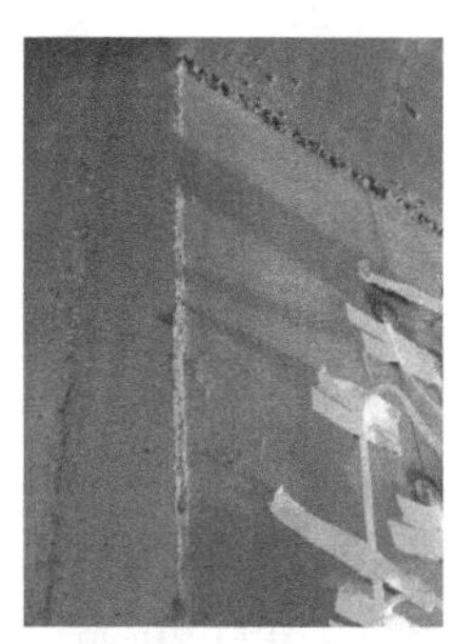
（a）A1-2 钢板漆皮出现竖向分段鼓包

（b）B2-1、B2-2 钢板漆皮出现 45°交叉裂纹

（c）A1-1、A1-2 钢板起鼓

（d）B1-1 与 A1-2 钢板连接焊缝附近漆皮爆裂

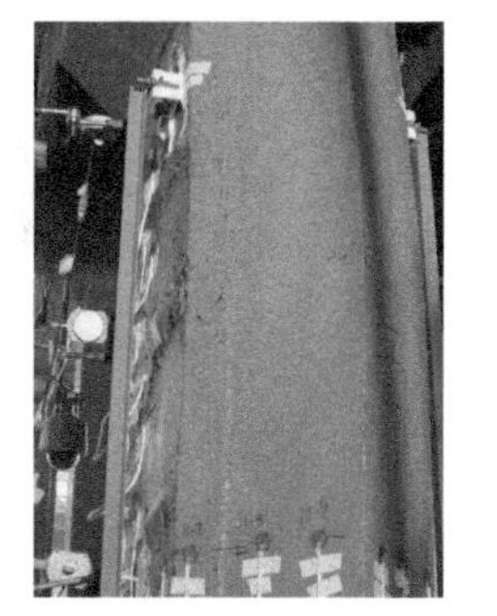
（e）钢板起鼓、漆皮爆裂变形加剧

（f）B1-2 钢板起鼓

图 5-15　试件 CFST5 屈服破坏过程部分照片

（g）B1-1 与 A1-2 钢板连接焊缝撕裂

（h）试件加载及整体弯曲变形

（i）试件最终多面多侧起鼓

（j）试件最终受压区多处起鼓

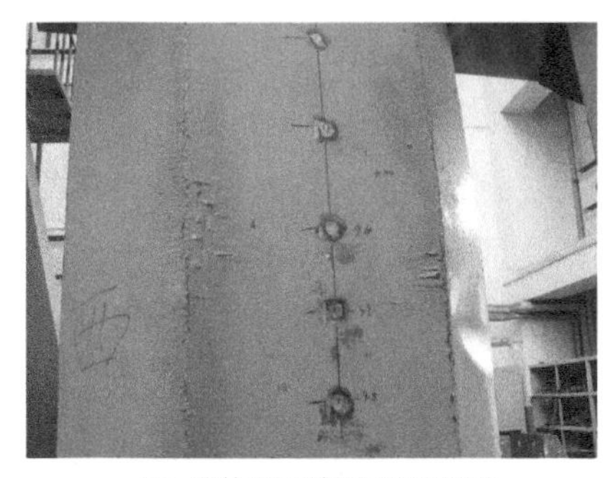
（k）试件最终受拉区破坏形态

图 5-15（续）

（a）A1-1 钢板漆皮出现竖向分段鼓包

（b）A1-1、A1-2 钢板起鼓

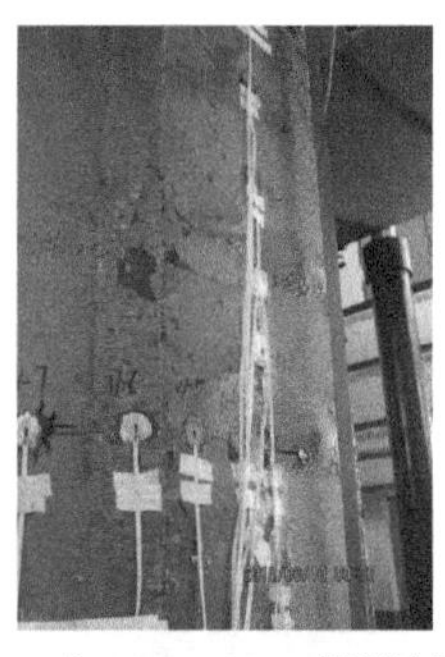
（c）B1-1 与 A1-2、B1-2 钢板连接焊缝附近漆皮爆裂

（d）B2-2 钢板起鼓

（e）钢板起鼓、漆皮爆裂变形加剧

（f）试件加载及整体弯曲变形

图 5-16　试件 CFST6 屈服破坏过程部分照片

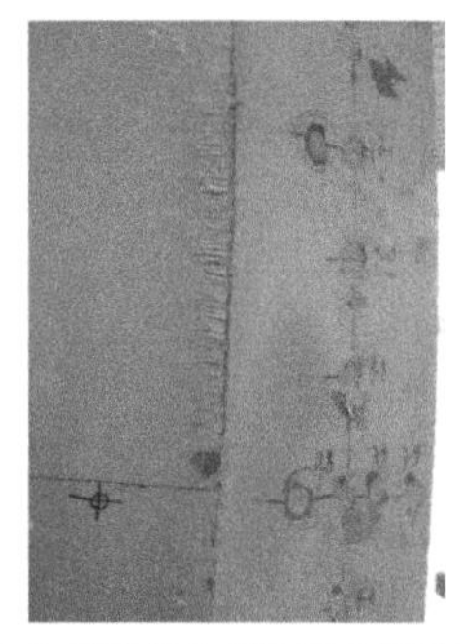

（g）试件最终受拉区破坏形态

（h）试件最终受压区破坏形态

（i）试件最终受压区漆皮剥落

图 5-16（续）

2. 轴向荷载-变形曲线

实测所得试件 CFST2、CFST5、CFST6 的轴向荷载-位移（N-$\varDelta$）曲线如图 5-17 所示，图中纵坐标 N 表示试验中施加的竖向压力，受压时 N 为正值；横坐标 $\varDelta$ 表示试件中段标距 1650mm 范围的相对位移，压缩时 $\varDelta$ 为正值。

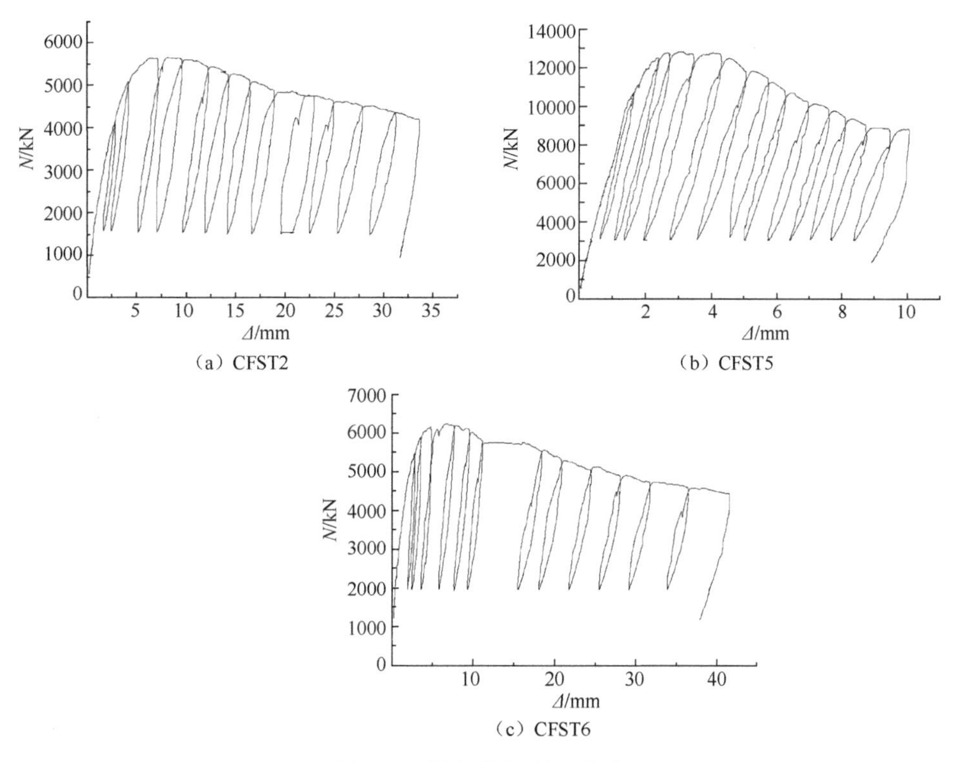

（a）CFST2　（b）CFST5　（c）CFST6

图 5-17　轴向荷载-位移曲线

3. 承载力

实测所得各试件的特征荷载值见表 5-6，表中 F_y 为屈服荷载，F_u 为极限荷载，F_y/F_u 为屈强比。

表 5-6　特征荷载值

试件编号	F_y/kN	F_u/kN	F_y/F_u
CFST2	4500	5800	0.776
CFST5	6181	12830	0.482
CFST6	5275	6300	0.837

由图 5-17 及表 5-6 可得以下结论。

（1）大偏心受压试件 CFST2、CFST6 相比：工作性能较好的为试件 CFST6，其极限荷载比试件 CFST2 高 8.62%。两个试件的弹塑性发展过程非常接近，试件 CFST6 的弹塑性最大位移达 41.52mm 时，试件破坏，相应的荷载下降至 4399kN（为相应极限荷载的 69.83%）；试件 CFST2 的弹塑性最大位移达 33.57mm 时，试件破坏，相应的荷载下降至 4366kN（为相应极限荷载的 75.28%）。试件 CFST6 最大弹塑性位移比试件 CFST2 增大了 23.68%。

（2）小偏心受压试件 CFST5、大偏心受压试件 CFST6 相比：试件 CFST5 极限荷载比试件 CFST6 高 103.65%。两个试件的弹塑性发展过程明显不同，试件 CFST5 的弹塑性最大位移为 9.89mm 时，试件破坏，相应的荷载下降至 8832kN（为相应极限荷载的 68.84%）；试件 CFST6 的弹塑性最大位移达 41.52mm 时，试件破坏，相应的荷载下降至 4399kN（为相应极限荷载的 69.83%）。试件 CFST6 最大弹塑性位移比试件 CFST5 增大了 319.82%。

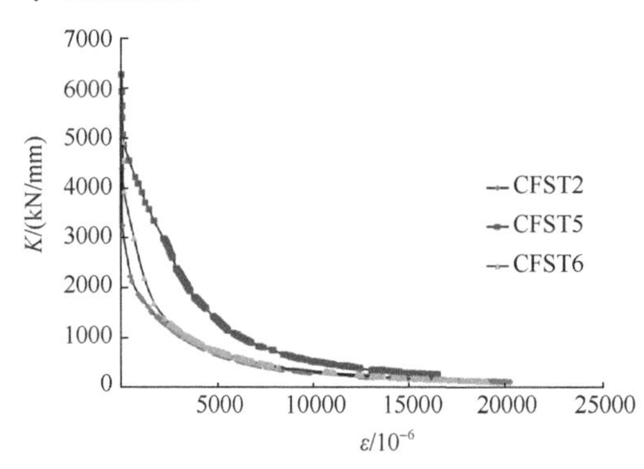

图 5-18　刚度-应变曲线比较

4. 刚度

实测所得各试件的刚度-应变（K-ε）曲线比较如图 5-18 所示，图中纵坐标 K 为刚度，它由竖向压力 N 与试验所测 1650mm 标距段相对位移 Δ 的比值确定；横坐标 ε 为 1650mm 标距段的平均应变。

实测所得各试件不同变形阶段 1650mm 标距段抗压刚度值列于表 5-7。表 5-7 中分别给出了初始弹性、（1/3）ε_y、（2/3）ε_y、（3/4）ε_y、ε_y、（4/3）ε_y、（5/3）ε_y、$2\varepsilon_y$ 各变形阶段的刚度实测值，ε_y 为钢板的屈服应变，钢板的材性试验所得屈服应变为 1.435×10^{-3}。

表 5-7　不同变形阶段 1650mm 标距段抗压刚度实测值

试件编号	不同变形阶段的刚度 K/(kN/mm)							
	初始弹性	（1/3）ε_y	（2/3）ε_y	（3/4）ε_y	ε_y	（4/3）ε_y	（5/3）ε_y	$2\varepsilon_y$
CFST2	4400.00	2353.16	1858.85	1803.23	1624.82	1422.83	1268.41	1119.74
CFST5	6284.36	4537.40	4082.47	3975.82	3619.75	3225.74	2906.97	2425.96
CFST6	4937.66	3416.02	2623.45	2442.22	2009.97	1615.12	1364.26	1205.76

由图 5-18 及表 5-7 可知以下结论。

（1）各试件的刚度 K 随应变 ε 增大而衰减的规律可分为三个阶段：第一阶段为刚度速降阶段，第二阶段为刚度次速降阶段，第三阶段为刚度缓降阶段。

（2）大偏心受压试件的刚度 K 随应变 ε 增大而衰减的规律较为接近；小偏心受压试件的刚度衰减速度慢于大偏心受压试件，说明偏心受压的二阶效应对试件轴向刚度的衰减过程影响明显。

（3）大偏心受压试件 CFST2、CFST6 相比：试件 CFST6 初始刚度比试件 CFST2 高 12.22%；两个试件的刚度衰减发展过程比较接近，但 CFST6 的刚度一直大于 CFST2，这说明在大偏心受压条件下试件 CFST6 的性能较好。

（4）小偏心受压试件 CFST5、大偏心受压试件 CFST6 相比：试件 CFST5 初始刚度比试件 CFST6 高 27.27%；两个试件的刚度衰减发展过程的曲线也有所不同，试件 CFST5 的刚度衰减速度慢于试件 CFST6。

5. 残余变形

实测所得试件 CFST2、CFST5、CFST6 的相对残余变形-应变（Δ_p-ε）关系曲线如图 5-19 所示，图中纵坐标 Δ_p 为试验所得 1650mm 标距段各循环加载的最大弹塑性位移与卸载完成时的弹塑性位移比值的倒数；横坐标 ε 为 1650mm 标距段某一循环加载的最大弹塑性位移所对应的应变。

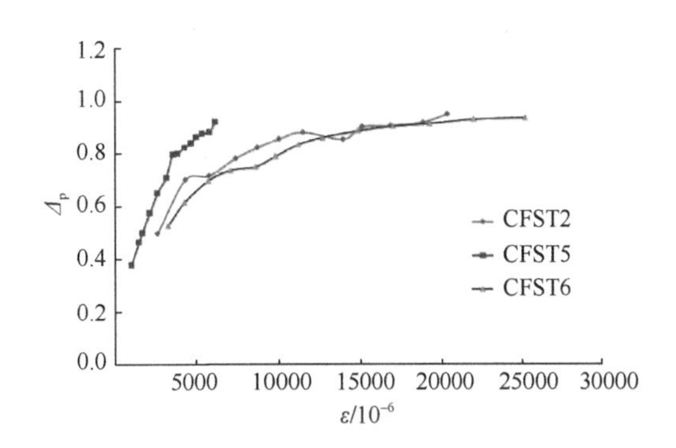

图 5-19　相对残余变形-应变关系曲线

由图 5-19 可得以下结论。

（1）各试件的相对残余变形 Δ_p 随应变 ε 的增长而增加，但增加的速度经历了从快到慢的过程：初始阶段相对残余变形增长较快，而后期相对残余变形增长较慢，趋于平缓，这是由于 Δ_p 小于 1 的缘故。

（2）大偏心受压试件 CFST2、CFST6 相比：试件 CFST6 和试件 CFST2 的相对残余变形-应变的曲线发展趋势较为接近。

6. 平截面假定

实测所得偏心受压试件 CFST2、CFST5、CFST6 的截面应变随着截面高度变化曲线分别如图 5-20 所示，图中横坐标 X 表示应变测点距长轴的距离；纵坐标 ε 为各应变测点在不同加载阶段的相应应变值，这些应变测点布置在试件中部同一截面外侧钢板上。

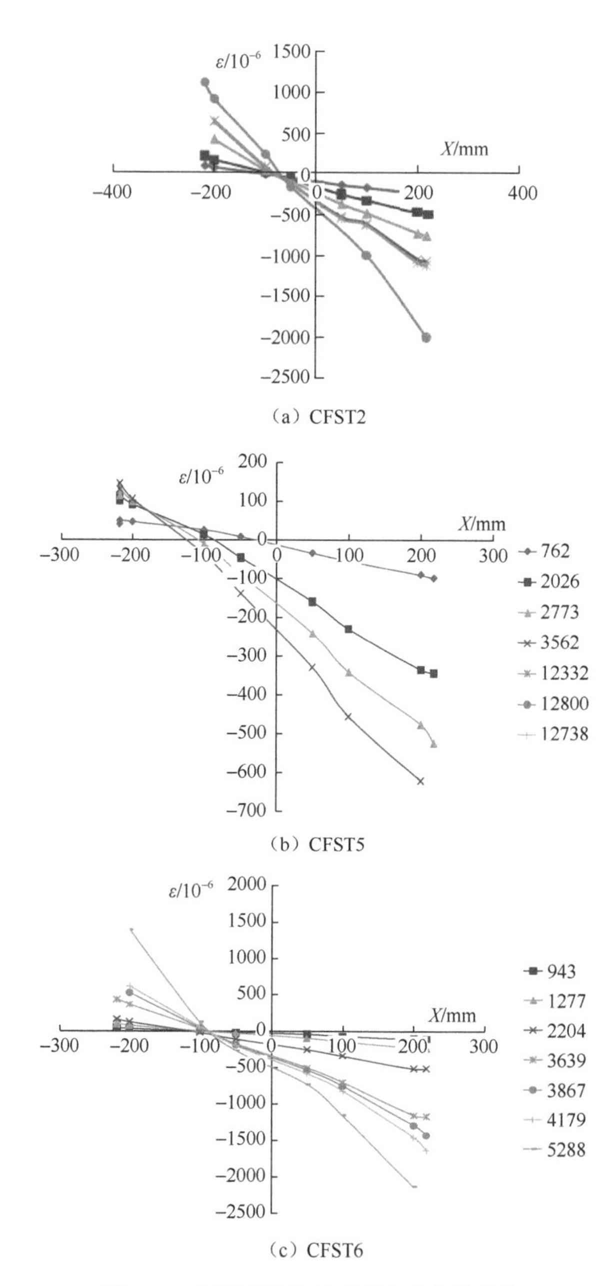

图 5-20　截面应变随着截面高度变化曲线

由图 5-20 可知：在偏心受压条件下多腔体钢管混凝土巨型柱的截面应变基本符合平截面假定。

7. 挠度曲线

实测所得偏心受压试件 CFST2、CFST5、CFST6 的侧向变形随着杆轴高度变化曲线如图 5-21 所示，图中横坐标 f 表示实测试件的侧向挠度；纵坐标 Z 为试件截面距其下部支座的高度。各试件的高度均为 3000mm。

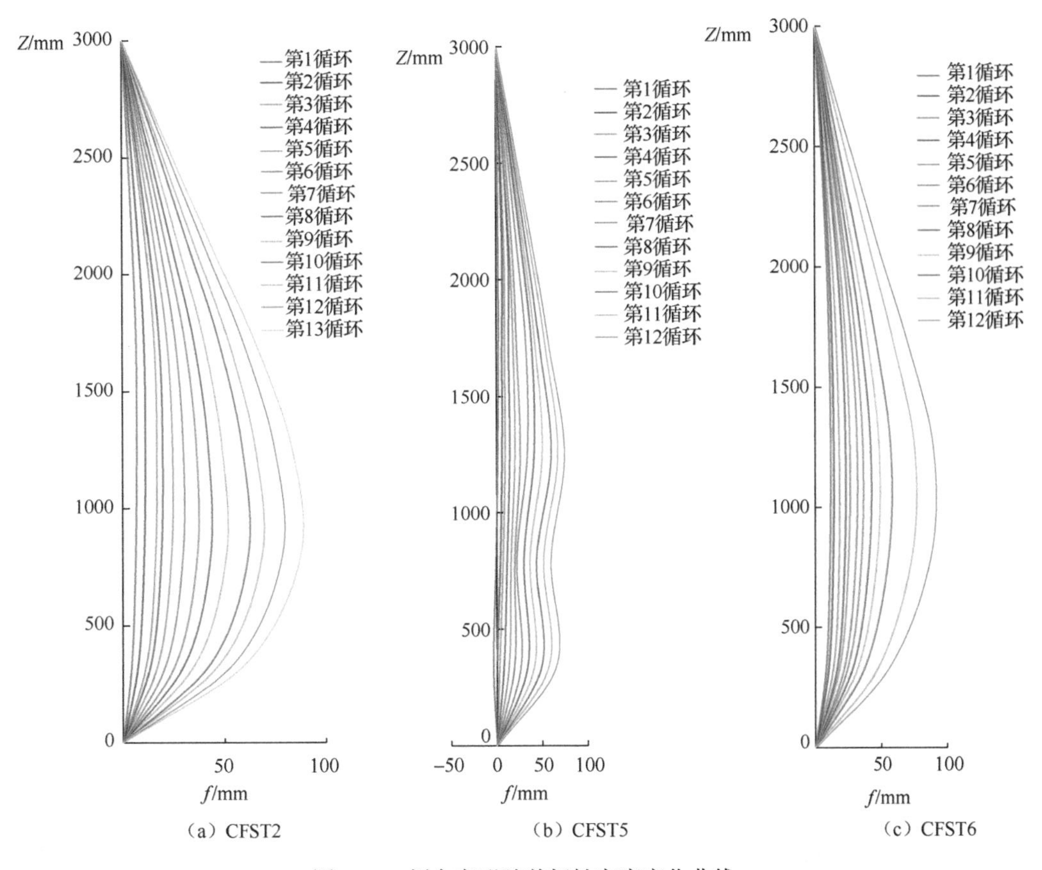

（a）CFST2　（b）CFST5　（c）CFST6

图 5-21　侧向变形随着杆轴高度变化曲线

由图 5-21 可见，各偏压试件的侧向挠度均随着竖向荷载的增加而加大；大偏压试件 CFST2、CFST6 的侧向挠度曲线变化相对小偏压试件 CFST5 规律性较强，具有挠度曲线相对光滑的特征。

通过对 6 个 1/12 缩尺的多腔体钢管混凝土巨型柱模型进行抗压试验，分析研究了各个试件的破坏特征、应变、承载力、骨架曲线、残余变形、刚度及其退化过程、平截面假定及挠度曲线，试验研究结果如下。

（1）多腔钢管混凝土巨型柱，由于多个腔体钢管形成了对腔体内混凝土的复合式约束，比单腔体钢管混凝土柱对混凝土的约束能力增强，提高了巨型柱的抗压强度与刚度。同时，多腔钢管混凝土还可实现大体积混凝土的分区浇筑，以避免由于大体积混凝土施工造成的混凝土开裂等初始缺陷。

（2）设置钢筋笼的多腔体钢管混凝土巨型柱与不设置钢筋笼的巨型柱相比：其腔内钢筋笼强化了对腔体内混凝土的约束，提高了腔体内混凝土抗压刚度和承载力，综合抗压工作性能明显提高。实测所得，有钢筋笼的试件的荷载-变形曲线时段较长，工作性能相对稳定，有利于抗震设计中充分发挥巨型柱在弹塑性变形过程中消耗地震输入结构能量的作用。

（3）由于混凝土强度等级的不同，灌注 C40 混凝土的试件比灌注 C30 混凝土的试件的大偏心抗压性能稳定。

（4）在偏心受压条件下，多腔体钢管混凝土巨型柱的截面应变基本符合平截面假定。

（5）研究的多腔体钢管混凝土巨型柱具有良好的抗压工作性能，可用于超高层建筑巨型柱设计。

5.2　抗震性能试验

5.2.1　试件设计

设计了 12 个 1/25 缩尺的、截面形状为六边形的多腔钢管混凝土巨型柱模型试件，试件编号分别为 CZ-1、CZ-2、CZ-3、DZ-1、DZ-2、DZ-3、XZ-1、XZ-2、XZ-3、QZ-1、QZ-2、QZ-3。其中，CZ-1、CZ-2、CZ-3 为普通型多腔钢管混凝土巨型柱模型试件，其水平力沿截面长轴方向加载；QZ-1、QZ-2、QZ-3 为底部加强型多腔钢管混凝土巨型柱模型试件，其水平力沿截面长轴方向加载。DZ-1、DZ-2、DZ-3 水平力沿截面短轴方向加载；XZ-1、XZ-2、XZ-3 水平力沿与截面长轴呈 45° 夹角方向加载；CZ-1、CZ-2、DZ-1、DZ-2、XZ-1、XZ-2、QZ-1、QZ-2 的竖向荷载为轴向压力；CZ-3、DZ-3、XZ-3、QZ-3 的竖向荷载为轴向拉力。各模型试件设计图如图 5-22 所示。

图 5-22（a）为异形截面多腔钢管混凝土巨型柱试件的横截面尺寸；图 5-22（b）所示 CZ-1 和 CZ-2 的设计图一致，这两个试件的区别仅在于试验时所施加的轴压比不同；图 5-22（c）为 CZ-3 的正立面设计图，该试件柱顶设置了受拉孔；图 5-22（d）为 DZ-1、DZ-2、DZ-3 的剖面图；图 5-22（e）为 XZ-1、XZ-2、XZ-3 的剖面图；图 5-22（f）为 QZ-1、QZ-2、QZ-3 底部截面左右两个角处焊接的等边角钢，等边角钢厚度为 6mm、边长为 45mm。各试件的截面外形和腔体一致，外形为六边形，内含六个腔体。各试件施加水平荷载的高度相同，加载点至基础顶面的距离均为 1125mm。各试件的腔体内设置了钢筋笼，以提高其延性，钢筋笼的配筋率为 0.8%；异形截面多腔钢管混凝土柱的含钢率为 6.2%。

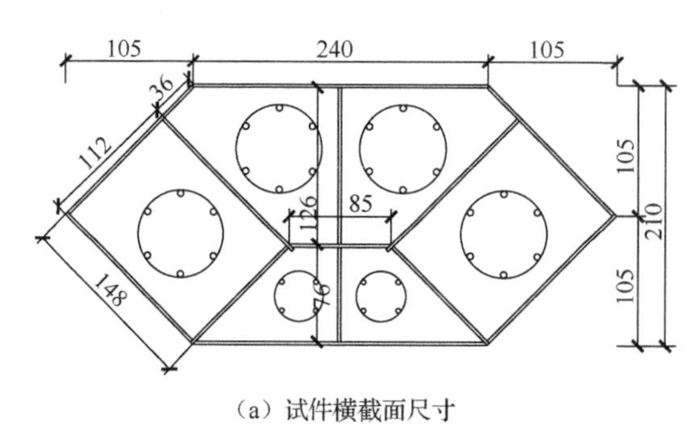

（a）试件横截面尺寸

图 5-22　试件设计图（尺寸单位：mm）

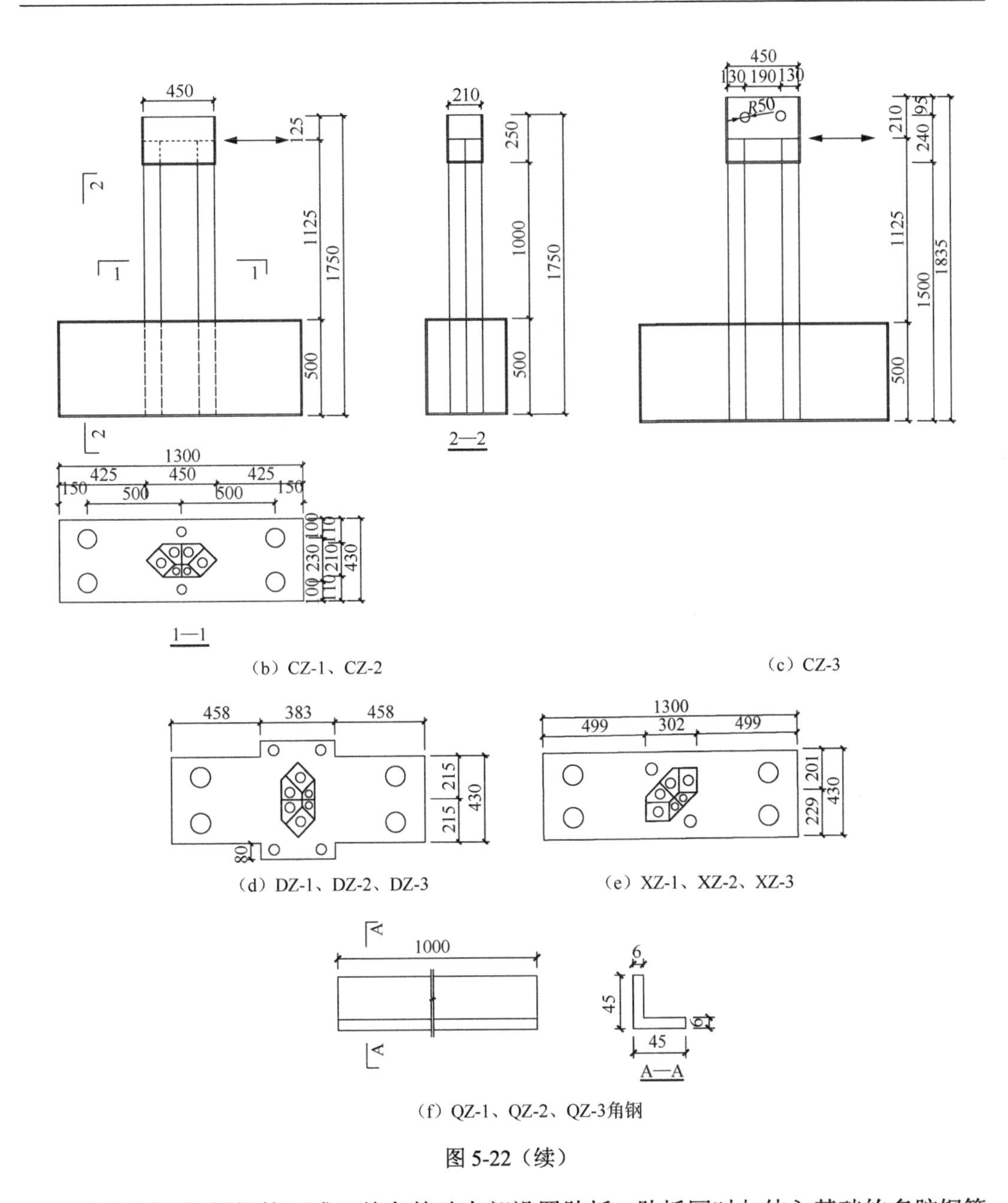

（b）CZ-1、CZ-2

（c）CZ-3

（d）DZ-1、DZ-2、DZ-3

（e）XZ-1、XZ-2、XZ-3

（f）QZ-1、QZ-2、QZ-3角钢

图 5-22（续）

基础采用钢板焊接而成，并在基础内部设置肋板，肋板同时与伸入基础的多腔钢管柱和基础钢板内壁焊接，基础外钢板和内部肋板厚度均为 6mm，试件加载梁也采用钢板焊接而成，钢板厚度为 8mm。12 个多腔钢管柱的钢板厚度均为 2.5mm。多腔钢管与各腔体内钢筋焊接在基础底板上，每个腔体内的钢筋笼采用细钢筋绑扎并与钢筋点焊连接以防止混凝土浇筑时移动。

5.2.2　材料性能

12 个试件均采用 C40 细石混凝土浇筑，实测混凝土标准立方体抗压强度为 43.2N/mm^2。

钢结构制作过程如图 5-23 所示。实测钢材力学性能见表 5-8。

表 5-8　实测钢材力学性能

材料	屈服强度 f_y/MPa	极限强度 f_u/MPa	弹性模量 E_s/MPa	延伸率 δ/%
2.5mm 厚钢板	310	427	2.06×10^5	31.1
6.0mm 厚钢板	289	419	2.06×10^5	31.1
8.0mm 厚钢板	281	410	2.06×10^5	27.8
45mm×45mm×6mm 角钢	281	412	2.06×10^5	31.1

(a) 多腔钢管

(b) 试件组装

(c) 试件组装完成

(d) 钢管内钢筋束

(e) 钢管内套管及钢筋束

图 5-23　钢结构制作过程

5.2.3　加载方案及测试内容

1. 加载装置

试验加载装置包括：油压控制系统、水平和竖向千斤顶，试件基础通过地锚螺栓与试验室台座锚固。对于轴力为压力的试件，竖向千斤顶与试件加载梁之间放置刚性垫板；对于轴力为拉力的试件，竖向千斤顶通过连接端头与试件加载梁连接。加载端头示意图如图 5-24 所示。竖向压力下反复荷载试验装置如图 5-25（a）所示，竖向拉力下反复荷载试验装置如图 5-25（b）所示。

图 5-24　加载端头示意图

(a)

(b)

图 5-25　试验加载装置

2. 加载制度

试验中，首先施加轴向荷载，并在加载过程中控制轴向荷载不变，之后在试件长轴方向施加低周反复水平荷载。初始阶段采用位移与荷载联合控制加载，弹塑性阶段主要采用位移控制加载。加载点至基础顶面的距离为 1125mm。轴压试件 CZ-1、DZ-1、XZ-1、QZ-1 的轴压比为 0.5，试件 CZ-2、DZ-2、XZ-2、QZ-2 的轴压比为 0.25。轴拉试件 CZ-3、DZ-3、XZ-3、QZ-3 的轴拉比为 0.2。

3. 测试内容及测点布置

在试件加载梁顶端沿水平荷载施加方向布置了位移计，在基础侧面沿水平荷载施加方向布置了百分表。用 IMP 数据采集系统采集试件的水平位移、基础滑移值、水平荷载值和竖向荷载值。由于试件多腔钢管的破坏情况主要集中在柱脚区域，测量的应变全部是钢管应变，应变片的布置集中在试件柱脚截面上，应变测点布置如图 5-26 所示。在加载过程中，记录钢板屈服与屈曲及混凝土的破碎，记录现象发生的位置、尺寸和相应的荷载及所在循环次数。测点的位移、荷载、应变由 IMP 应变仪及计算机控制采集。

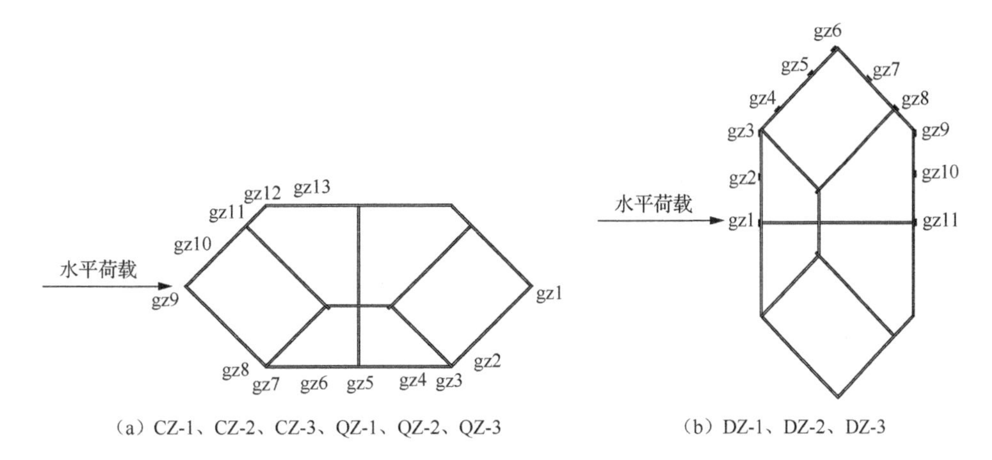

(a) CZ-1、CZ-2、CZ-3、QZ-1、QZ-2、QZ-3　　(b) DZ-1、DZ-2、DZ-3

图 5-26　应变测点布置

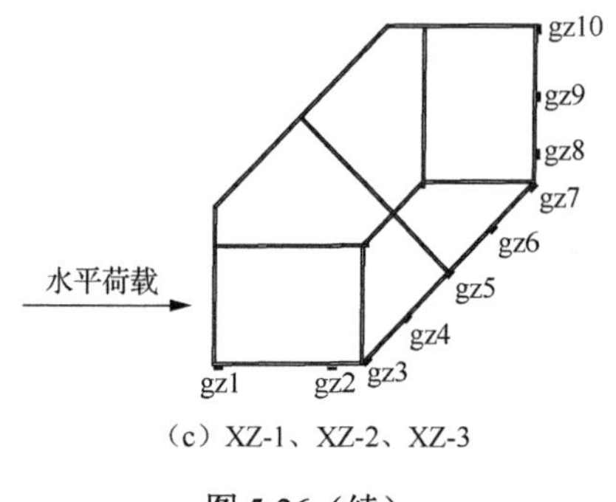

（c）XZ-1、XZ-2、XZ-3

图 5-26（续）

5.2.4 承载力

实测所得各试件的特征荷载实测值见表 5-9，表中 F_y 为屈服荷载，F_u 为极限荷载。

表 5-9 特征荷载实测值

试件编号	F_y /kN			F_u /kN		
	正向	负向	均值	正向	负向	均值
CZ-1	200.85	200.99	200.92	240.52	234.45	237.49
CZ-2	209.47	209.90	209.69	253.33	235.67	244.50
CZ-3	172.39	168.32	170.36	218.95	196.88	207.92
DZ-1	115.35	154.76	135.06	165.21	181.97	173.59
DZ-2	112.21	156.52	134.37	160.80	184.94	172.87
DZ-3	115.87	138.12	127.00	168.75	182.78	175.77
XZ-1	158.74	149.38	154.06	194.97	187.78	191.38
XZ-2	163.21	148.82	156.02	200.31	191.75	196.03
XZ-3	128.42	147.45	137.94	174.14	180.06	177.10
QZ-1	253.93	250.94	252.44	324.56	322.81	323.69
QZ-2	244.16	258.44	251.30	311.14	307.54	309.34
QZ-3	217.41	226.94	222.18	301.07	295.17	298.12

由表 5-9 可知以下几点结论。

（1）水平力沿长轴方向作用的试件 CZ-1、CZ-2、CZ-3 的特征荷载：与水平力沿短轴方向作用的试件 DZ-1、DZ-2、DZ-3 相比，其屈服荷载均值分别高 48.77%、56.06%、34.14%，极限荷载均值分别高 36.81%、41.44%、18.29%；与水平力沿 45° 方向作用的试件 XZ-1、XZ-2、XZ-3 相比，其屈服荷载均值分别高 30.42%、34.40%、23.50%，极限荷载均值分别高 24.09%、24.73%、17.40%。

（2）加强型试件 QZ-1、QZ-2、QZ-3 与普通型试件 CZ-1、CZ-2、CZ-3 相比：屈服荷载均值分别提高了 25.64%、19.85%、30.42%；极限荷载分别提高了 36.30%、26.52%、43.39%。这表明，加强型试件的承载力比普通型试件明显提高。

（3）轴拉试件比轴压试件的水平承载力略有降低，其中轴拉比为 0.2 的试件 CZ-3、DZ-3、XZ-3、QZ-3 承载力分别比轴压比为 0.25 的试件 CZ-2、DZ-2、XZ-2、QZ-2 降低了 14.96%、−1.61%、9.66%、3.63%。

（4）轴压比较大的试件 CZ-1、DZ-1、XZ-1、QZ-1 与轴压比较小的试件 CZ-2、DZ-2、XZ-2、QZ-2 相比，屈服荷载和极限荷载均相近，表明当轴压比不很大的条件下，轴压比对多腔钢管混凝土柱的承载力影响并不显著，这是由于多腔钢管对其腔内混凝土约束作用较强、混凝土强度退化较慢的缘故。

5.2.5　位移与延性

1. 位移

实测所得各试件的特征位移实测值如表 5-10 所示，表中 Δ_y 为试件屈服位移，Δ_u 为试件与极限荷载对应的位移，Δ_d 为试件的弹塑性位移。Δ_d 的确定：加强型试件 QZ-1、QZ-2、QZ-3 弹塑性位移的确定，以荷载不低于普通型试件为标准，将其荷载不小于普通型试件最大弹塑性位移所对应的荷载时的位移，作为其最大弹塑性位移；取试件极限荷载下降到 85%时的位移为其最大弹塑性位移；各阶段位移角 $\theta=\Delta/h$，其中 h 为加载点至基础顶面距离，h=1125mm，不同阶段的实测位移角反映了试件的变形能力。延性系数为 $\mu=\Delta_d/\Delta_y$。

表 5-10　特征位移实测值

试件编号	Δ_y /mm		$\theta_y=\Delta_y/h$		Δ_u /mm		$\theta_u=\Delta_u/h$		Δ_d /mm		$\theta_d=\Delta_d/h$		μ
	正向	负向	正向	负向	正向	负向	正向	负向	正向	负向	正向	负向	
CZ-1	14.70	12.99	1/77	1/87	31.27	31.18	1/36	1/36	62.15	56.59	1/18	1/20	4.29
CZ-2	13.08	13.45	1/86	1/84	31.08	33.45	1/36	1/34	63.21	58.38	1/18	1/19	4.58
CZ-3	12.98	12.07	1/87	1/93	44.02	21.72	1/26	1/52	55.60	55.22	1/20	1/20	4.42
DZ-1	14.53	18.85	1/78	1/60	23.14	50.41	1/49	1/22	67.34	81.75	1/17	1/16	4.47
DZ-2	12.67	16.75	1/89	1/54	35.65	41.38	1/32	1/27	62.25	69.32	1/18	1/16	4.47
DZ-3	12.27	15.02	1/92	1/75	50.12	37.62	1/23	1/30	61.51	60.13	1/18	1/20	4.46
XZ-1	17.24	13.83	1/65	1/81	40.54	29.73	1/28	1/38	80.04	69.28	1/14	1/14	4.81
XZ-2	13.62	11.55	1/83	1/97	33.86	29.08	1/33	1/39	66.93	56.19	1/17	1/20	4.89
XZ-3	16.86	13.79	1/67	1/82	35.46	31.44	1/32	1/36	64.50	60.30	1/15	1/13	4.07
QZ-1	13.44	13.90	1/84	1/81	34.46	41.23	1/33	1/27	68.71	71.23	1/16	1/16	5.12
QZ-2	11.27	13.83	1/100	1/82	38.33	33.90	1/29	1/33	58.52	63.01	1/19	1/18	4.84
QZ-3	11.41	11.66	1/99	1/97	32.82	31.80	1/34	1/35	54.21	52.31	1/21	1/22	4.62

由表 5-10 可知以下几点结论。

（1）各试件屈服位移角、与极限荷载对应的弹塑性位移角、弹塑性最大位移角均较为接近，其中，屈服位移角均值为 1/83，与极限荷载对应的弹塑性位移角均值为 1/34，弹塑性最大位移角均值为 1/18。可见，研究的异形截面多腔体钢管混凝土巨型柱具有良好的弹塑性变形能力。

（2）加强型试件 QZ-1、QZ-2、QZ-3 的延性系数分别比普通型试件 CZ-1、CZ-2、CZ-3 略有提高，提高的均值为 9.7%。这是由于加强型试件在截面长轴两端角部内贴焊接了热轧角钢，增强了角部抗拉、抗压能力，有效地限制和延缓了其角部焊缝的开裂与发展。

（3）水平力沿短轴方向作用的试件 DZ-1、DZ-2、DZ-3 的特征位移：与水平力沿长轴方向作用的试件 CZ-1、CZ-2、CZ-3 相比，其屈服位移均值高 13.65%、极限荷载对应的位移均值高 23.66%、最大弹塑性位移均值高 14.57%；与水平力沿 45°方向作用的试件 XZ-1、XZ-2、XZ-3 相比，其屈服位移均值高 3.68%、极限荷载对应的位移均值高 19.09%、最大弹塑性位移均值高 1.27%。

（4）水平力沿截面短轴作用的试件 DZ-1、DZ-2、DZ-3 的延性系数：与水平力沿截面长轴方向作用的试件 CZ-1、CZ-2、CZ-3 相比，其延性系数均值仅高 0.83%；与水平力沿 45°方向作用的试件 XZ-1、XZ-2、XZ-3 相比，其延性系数均值降低了 2.69%。多腔钢管混凝土柱内各腔体互相约束，有效延缓了腔内混凝土的破坏，使各试件从屈服位移到弹塑性最大位移的比例接近，即延性系数接近。

2. 刚度

实测各试件刚度及其退化系数列于表 5-11，表中 $K=F/\Delta$ 为试件抗侧移刚度，其中 F 为水平荷载，Δ 为与水平荷载对应的位移；K_0 为试件的初始弹性刚度，K_y 为各试件屈服时的割线刚度。各试件刚度-位移角（K-θ）关系曲线如图 5-27 所示。

表 5-11　实测各试件刚度及其退化系数

试件编号	K_0 /(kN/mm)			K_y /(kN/mm)		
	正向	负向	均值	正向	负向	均值
CZ-1	69.35	58.54	63.95	13.66	15.47	14.57
CZ-2	67.16	58.97	63.07	16.01	15.61	15.81
CZ-3	59.22	54.64	56.93	13.28	13.95	13.61
DZ-1	22.90	20.42	20.66	7.94	8.21	8.08
DZ-2	20.01	18.37	19.19	8.86	9.34	9.10
DZ-3	14.58	13.86	14.22	9.44	9.20	9.32
XZ-1	48.12	36.43	42.28	9.21	10.80	10.00
XZ-2	50.05	31.55	40.80	11.98	12.88	12.43
XZ-3	23.09	18.98	21.04	7.62	10.69	9.16
QZ-1	68.13	67.96	68.05	18.89	18.05	18.47
QZ-2	70.20	69.98	70.09	21.66	18.69	20.18
QZ-3	68.95	63.60	66.28	19.05	19.46	19.26

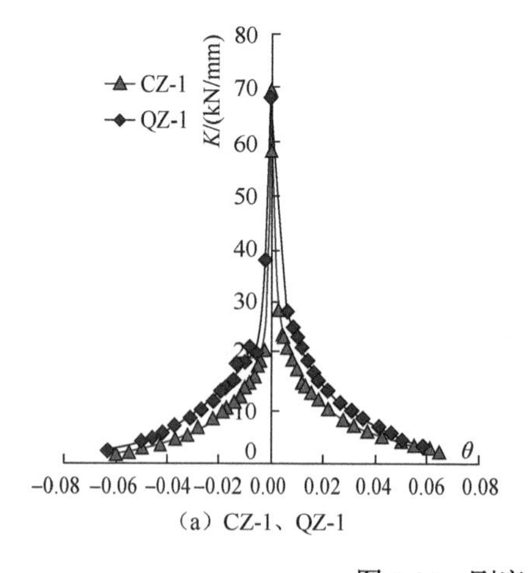

（a）CZ-1、QZ-1

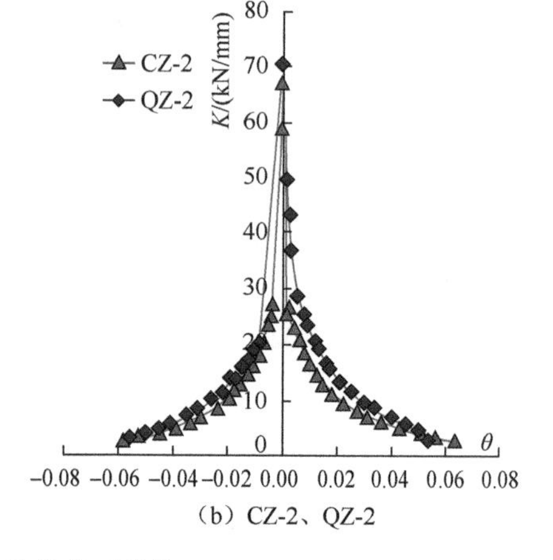

（b）CZ-2、QZ-2

图 5-27　刚度-位移角关系曲线

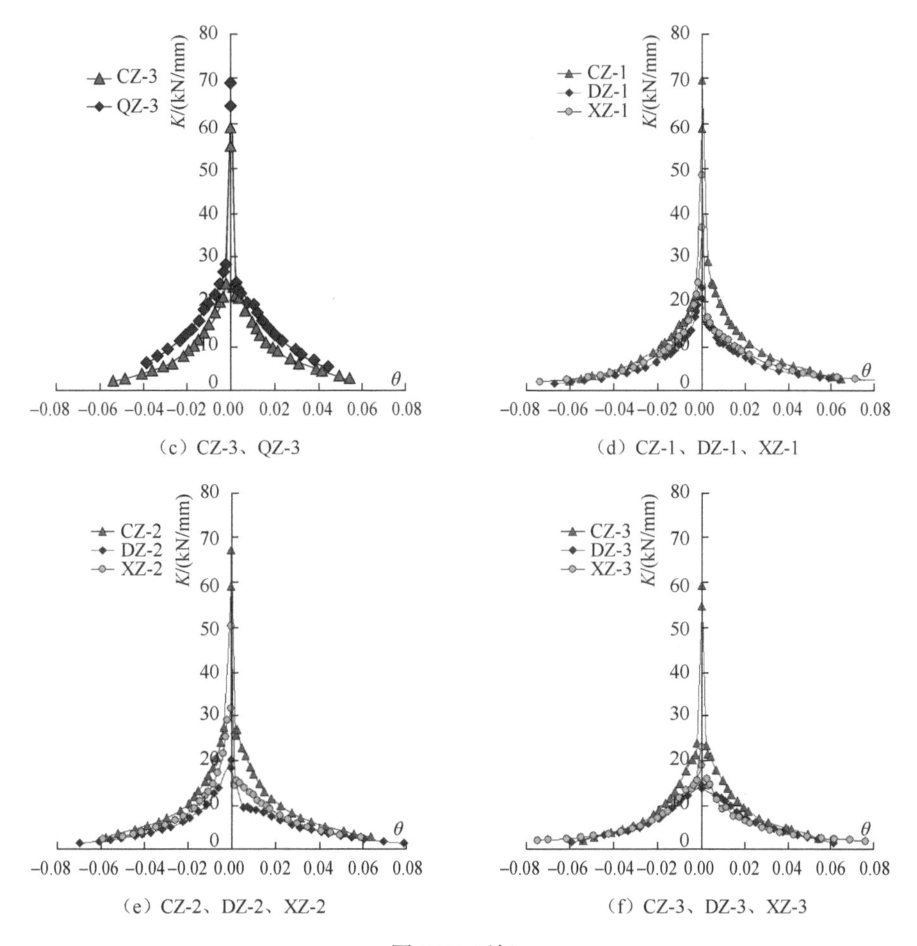

（c）CZ-3、QZ-3

（d）CZ-1、DZ-1、XZ-1

（e）CZ-2、DZ-2、XZ-2

（f）CZ-3、DZ-3、XZ-3

图 5-27（续）

由表 5-11 和图 5-27 可得以下结论。

（1）加强型试件 QZ-1、QZ-2、QZ-3 的刚度均高于普通型试件 CZ-1、CZ-2、CZ-3，初始弹性刚度分别提高了 6.41%、11.14%和 16.41%，明显屈服割线刚度分别提高了 26.81%、27.61%和 41.42%。加强型试件 QZ-1、QZ-2、QZ-3 的刚度退化速度略为减慢，其弹塑性变形过程发展相对平稳。

（2）试件 CZ-1、CZ-2、CZ-3 的刚度大于试件 XZ-1、XZ-2、XZ-3 和试件 DZ-1、DZ-2、DZ-3 的刚度，其初始弹性刚度分别高 51.26%、54.57%、170.64%和 195.22%、228.63%、300.35%，明显屈服割线刚度分别高 45.58%、27.19%、48.72%和 80.37%、73.74%、46.08%。试件 DZ-1、DZ-2、DZ-2 的刚度退化速度较慢，其弹塑性变形过程发展相对平稳。

5.2.6　滞回曲线

实测所得各试件水平荷载-水平位移（F-Δ）滞回曲线如图 5-28 所示，图中 F 为水平荷载，Δ 为柱顶水平荷载高度处的位移。

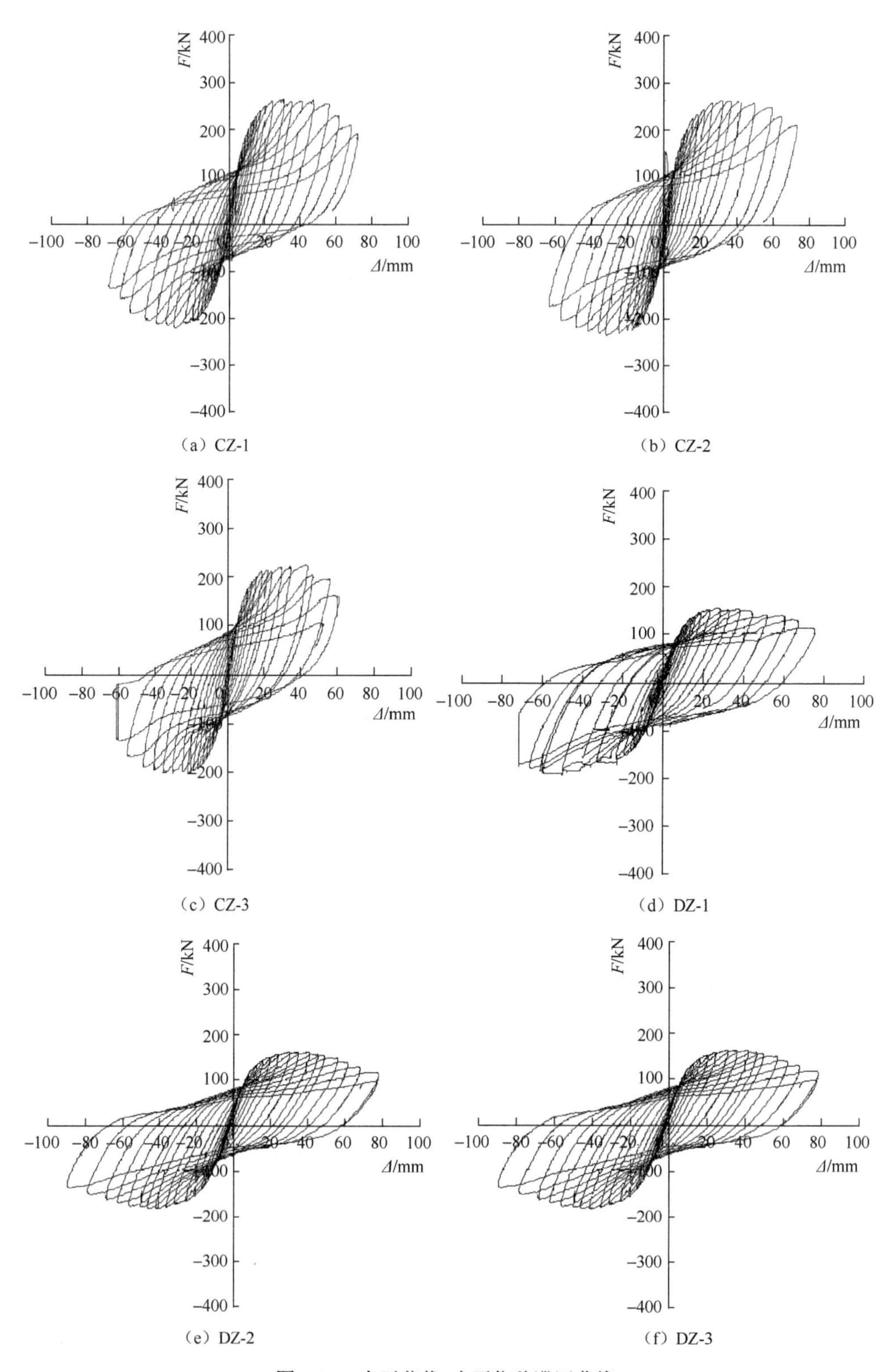

图 5-28　水平荷载-水平位移滞回曲线

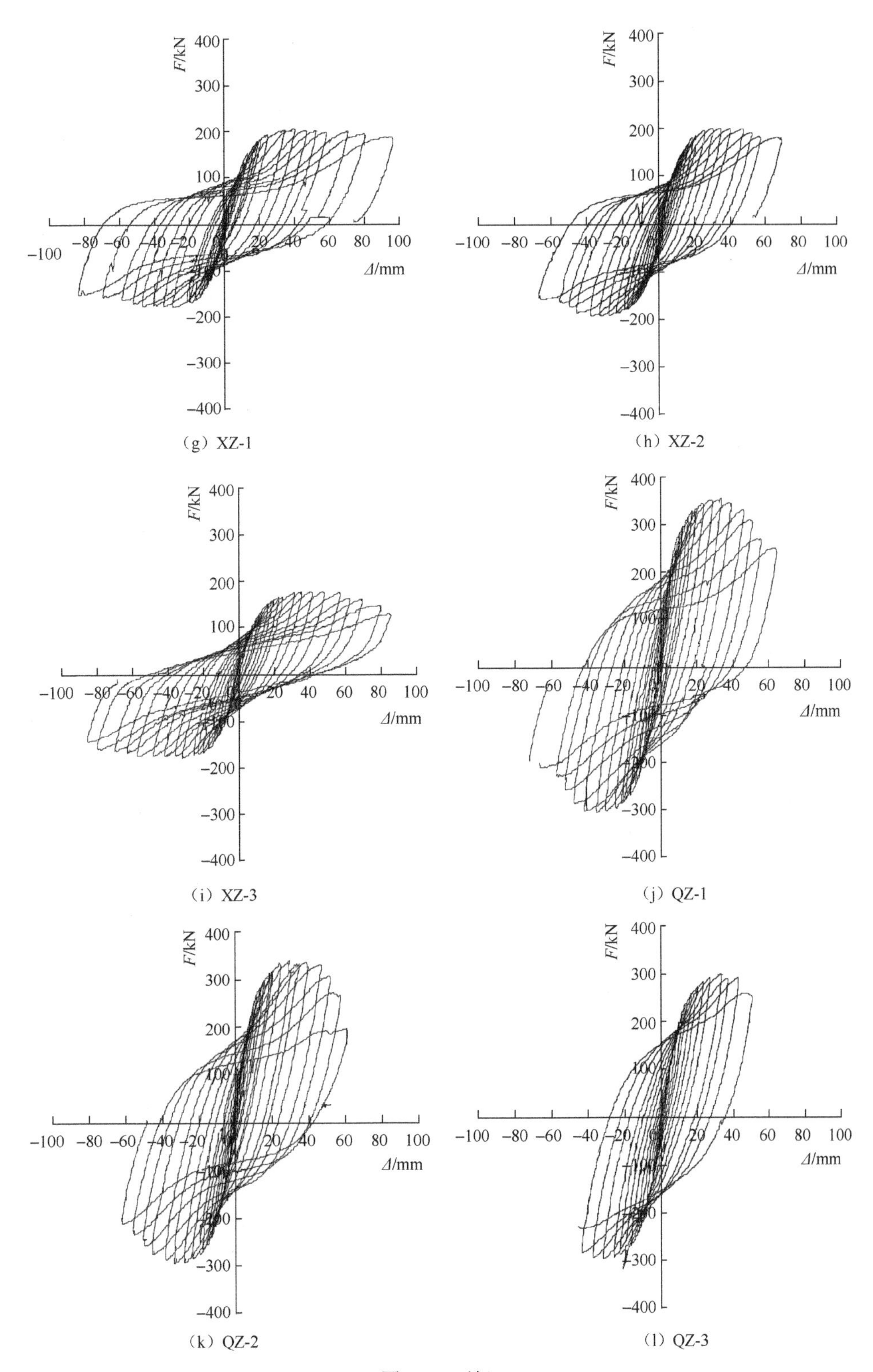

图5-28（续）

由图 5-28 可知：底部加强型试件 QZ-1、QZ-2、QZ-3 与普通型试件 CZ-1、CZ-2、CZ-3 相比，滞回曲线饱满，中部捏拢现象较轻，抗震性能明显提高；正负两向在相同侧向位移角下，其承载力在变形全过程中均显著提高。

5.2.7 耗能

由于各试件的加载历程不尽相同，将滞回曲线的包络线包围的面积代表试件耗能值，以用作比较。实测各试件耗能值如表 5-12 所示。由表 5-12 可知，相同参数下，水平力沿截面长轴方向施加的试件耗能能力较强，试件 CZ-1、CZ-2、CZ-3 与试件 XZ-1、XZ-2、XZ-3 相比，耗能提高了 1.82%、12.46%、1.02%；试件 CZ-1、CZ-2、CZ-3 与试件 DZ-1、DZ-2、DZ-3 相比，耗能提高了 29.38%、12.09%、0.63%。加强型试件 QZ-1、QZ-2、QZ-3 与普通型试件 CZ-1、CZ-2、CZ-3 相比，耗能提高了 16.69%、30.01%、25.51%。

表 5-12　实测各试件耗能值

试件编号	耗能 E_p/(kN·mm)	耗能相对值	试件编号	耗能 E_p/(kN·mm)	耗能相对值	试件编号	耗能 E_p/(kN·mm)	耗能相对值	试件编号	耗能 E_p/(kN·mm)	耗能相对值
CZ-1	27030	1.294	DZ-1	20892	1.000	XZ-1	26547	1.271	QZ-1	31541	1.510
CZ-2	26914	1.288	DZ-2	24011	1.149	XZ-2	23932	1.146	QZ-2	34990	1.675
CZ-3	21363	1.023	DZ-3	21229	1.016	XZ-3	21148	1.012	QZ-3	26813	1.283

5.2.8 骨架曲线

不同底部构造及加载方向试件骨架曲线比较如图 5-29 所示。其中图 5-29（a）为试件 CZ-1、QZ-1 骨架曲线比较；图 5-29（b）为试件 CZ-2、QZ-2 骨架曲线比较；图 5-29（c）为试件 CZ-3、QZ-3 骨架曲线比较；图 5-29（d）为试件 CZ-1、DZ-1、XZ-1 骨架曲线比较；图 5-29（e）为试件 CZ-2、DZ-2、XZ-2 骨架曲线比较；图 5-29（f）为试件 CZ-3、DZ-3、XZ-3 骨架曲线比较。

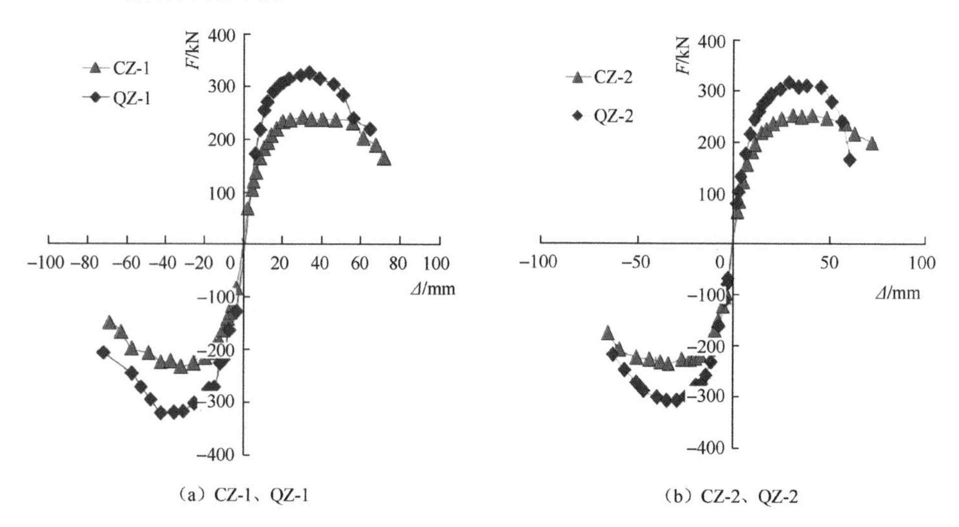

（a）CZ-1、QZ-1　　　　（b）CZ-2、QZ-2

图 5-29　不同底部构造及加载方向试件骨架曲线比较

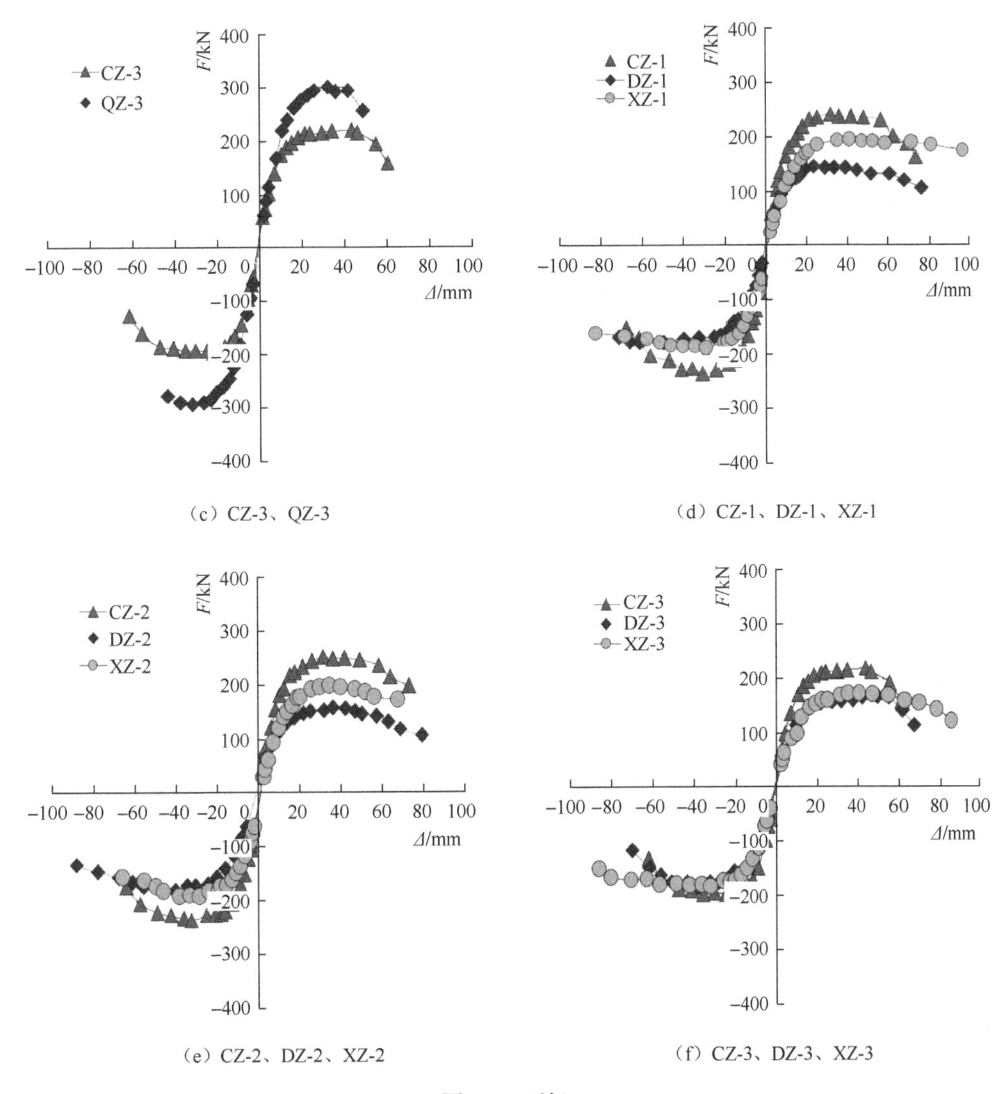

（c）CZ-3、QZ-3　　（d）CZ-1、DZ-1、XZ-1

（e）CZ-2、DZ-2、XZ-2　　（f）CZ-3、DZ-3、XZ-3

图 5-29（续）

由图 5-29 可见：图 5.29（a）、（b）中加强型试件的承载力、刚度和耗能能力均比普通型试件明显提高，轴压比较大的试件提高程度略高；图 5.29（c）中轴拉加强型试件的承载力比普通型试件显著提高。图 5.29（a）、（b）、（c）变形后期，加强型试件的骨架曲线仍呈覆盖普通型试件骨架曲线的趋势，此时所对应的位移角多数达到和超过了 1/20，为框架结构弹塑性位移角限值 1/50 的 2.5 倍。通过图 5.29（d）、（e）、（f）比较可以看出，承载力的值受水平力作用方向的影响较大。水平力沿长轴方向作用的试件承载力较高、沿短轴方向作用的试件承载力较低、沿 45° 方向作用的试件承载力介于前两者之间。

不同轴压比试件骨架曲线比较如图 5-30 所示。

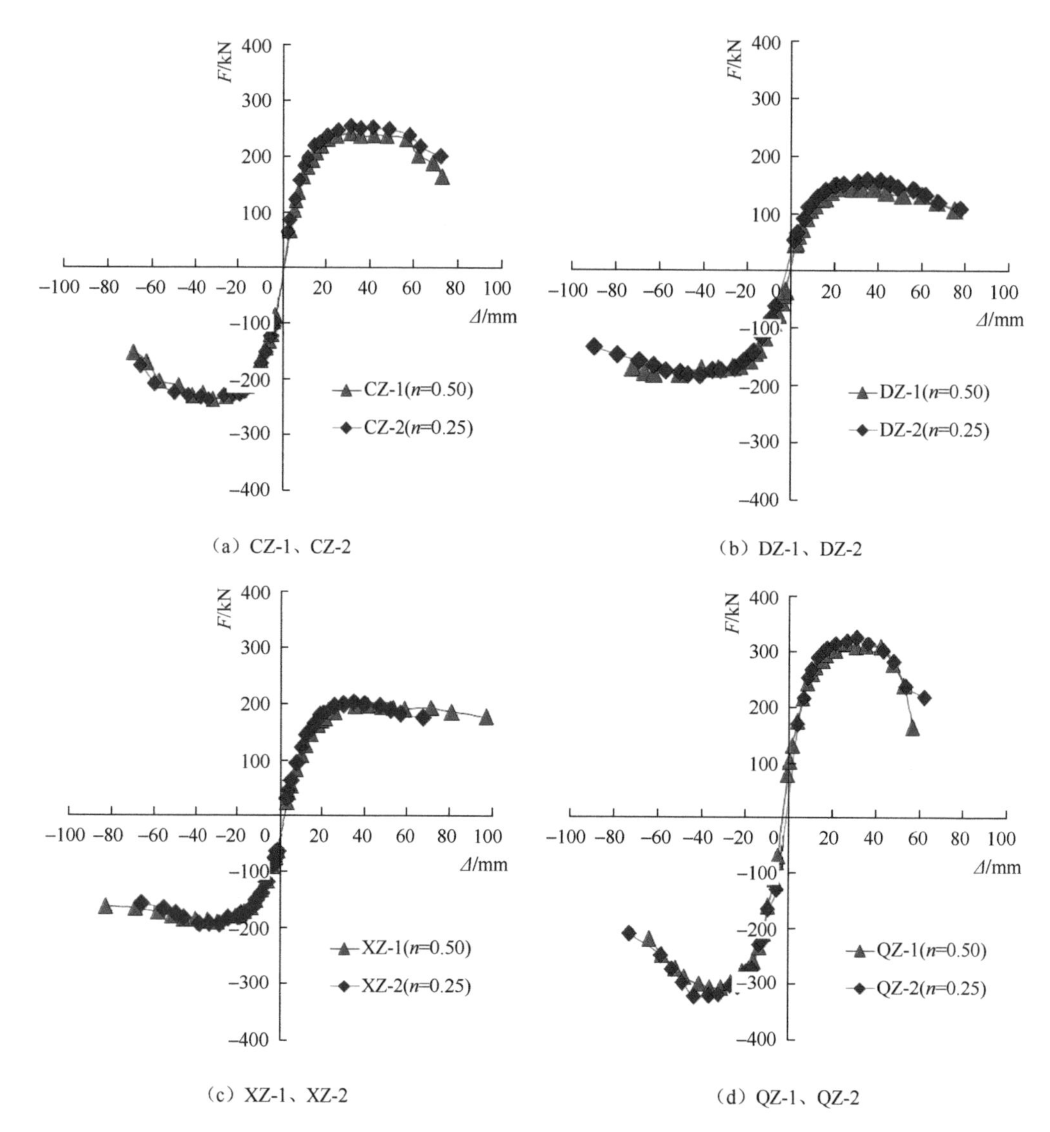

（a）CZ-1、CZ-2　　（b）DZ-1、DZ-2

（c）XZ-1、XZ-2　　（d）QZ-1、QZ-2

图 5-30　不同轴压比试件骨架曲线比较

由图 5-30 可见：由于试件是多腔体钢管混凝土柱，在轴压比不太大的情况下，轴压比的改变对试件的骨架曲线影响不大。这是因为，试件最大轴压比为 0.50，并且该轴压比是用材料强度设计值计算的，构件的实际抗压能力比轴压比 0.50 所对应的轴力还相差一倍之多，加之多腔体钢管对混凝土有明显的约束作用，这些因素的耦合作用，使得轴压比 0.25 下的试件与轴压比 0.50 下的试件性能相差不多。

不同轴向力作用方向下试件骨架曲线比较如图 5-31 所示。图 5-31（a）为轴拉试件 CZ-2 与轴压试件 CZ-3 骨架曲线比较图；图 5-31（b）为轴拉试件 QZ-2 和轴压试件 QZ-3 骨架曲线比较图。分析图 5-31 可知：对于试件相同仅有轴压、轴拉区别的普通型试件 CZ-2、CZ-3，轴压下承载力相对较高，抗震性能相对较好，这是轴向拉力使弯曲破坏的受拉侧钢板加速了屈服和弹塑性变形的缘故；对于试件相同仅有轴压、轴拉区别的加强型试件 QZ-2、QZ-3，轴压下承载力相对略高，抗震性能总体相差不多，这是加强型试件在受拉和受压侧远端钢板焊接角部均用热轧角钢进行了加强、提高了钢板自身抗拉和抗压能力的缘故。

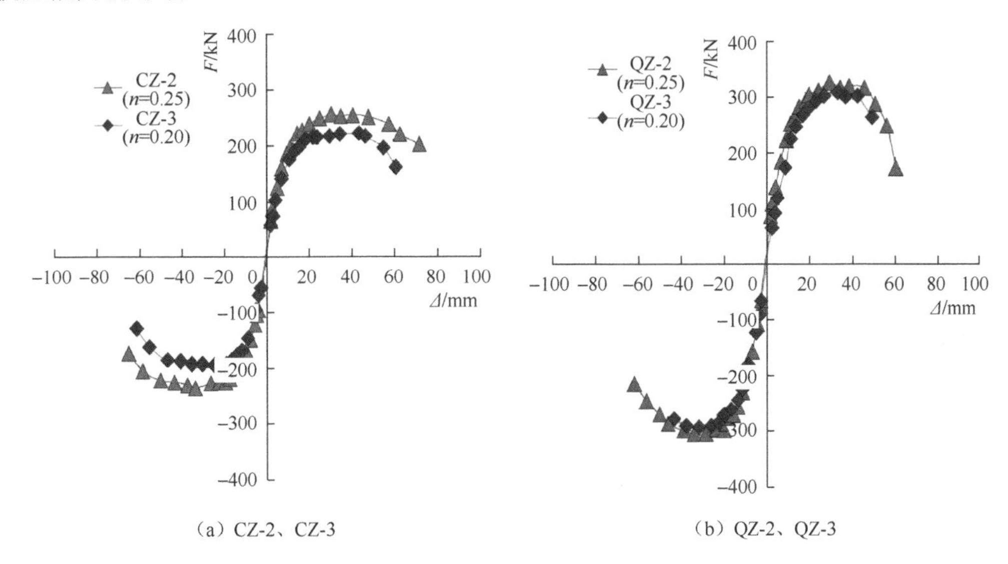

（a）CZ-2、CZ-3　　（b）QZ-2、QZ-3

图 5-31　不同轴向力作用方向下试件骨架曲线比较

5.2.9　破坏特征

各试件的试件破坏现象如图 5-32～图 5-43 所示。

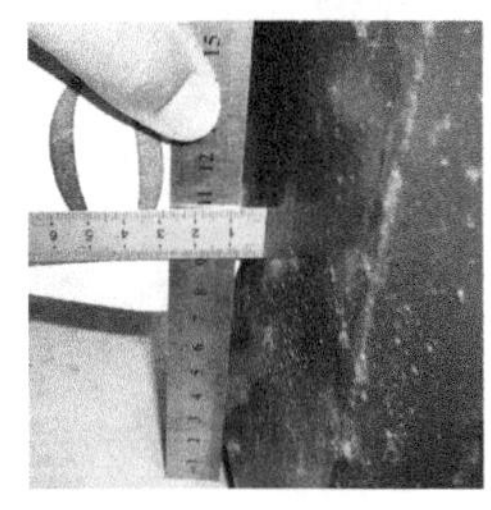

（a）第 10 循环加载完毕

（b）第 11 循环负向加载完毕

（c）局部最终破坏现象（一）

（d）局部最终破坏现象（二）

图 5-32　试件 CZ-1 破坏现象

（a）第 10 循环负向加载完毕

（b）第 13 循环负向加载完毕

（c）第 16 循环负向加载完毕

（d）局部最终破坏现象

图 5-33　试件 CZ-2 破坏现象

（a）试件最终破坏照片

（b）第 11 循环负向加载完毕

（c）局部最终破坏现象（一）

（d）局部最终破坏现象（二）

图 5-34　试件 CZ-3 破坏现象

（a）第 17 循环加载完毕

（b）第 19 循环正向加载完毕

（c）局部最终破坏现象（一）

（d）局部最终破坏现象（二）

图 5-35　试件 DZ-1 破坏现象

（a）第 17 循环加载完毕

（b）第 19 循环正向加载完毕

（c）局部最终破坏现象（一）

（d）局部最终破坏现象（二）

图 5-36　试件 DZ-2 破坏现象

（a）第 17 循环加载完毕

（b）第 18 循环正向加载完毕

（c）局部最终破坏现象（一）

（d）局部最终破坏现象（二）

图 5-37　试件 DZ-3 破坏现象

(a) 第 17 循环加载完毕

(b) 第 19 循环正向加载完毕

(c) 局部最终破坏现象（一）

(d) 局部最终破坏现象（二）

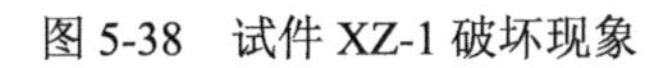

图 5-38　试件 XZ-1 破坏现象

(a) 第 13 循环加载完毕

(b) 第 17 循环正向加载完毕

(c) 第 19 循环正向加载完毕

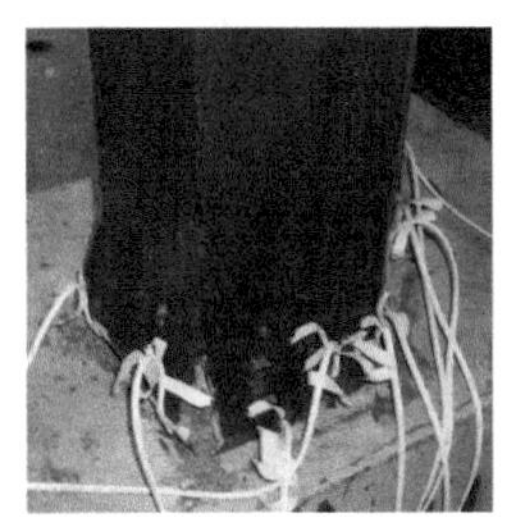

(d) 局部最终破坏现象

图 5-39　试件 XZ-2 破坏现象

(a) 第 10 循环正向加载完毕

(b) 局部试件最终破坏状态（一）

(c) 局部试件最终破坏状态（二）

(d) 局部试件最终破坏状态（三）

图 5-40　试件 XZ-3 破坏现象

(a) 局部试件最终破坏状态（一）

(b) 局部试件最终破坏状态（二）

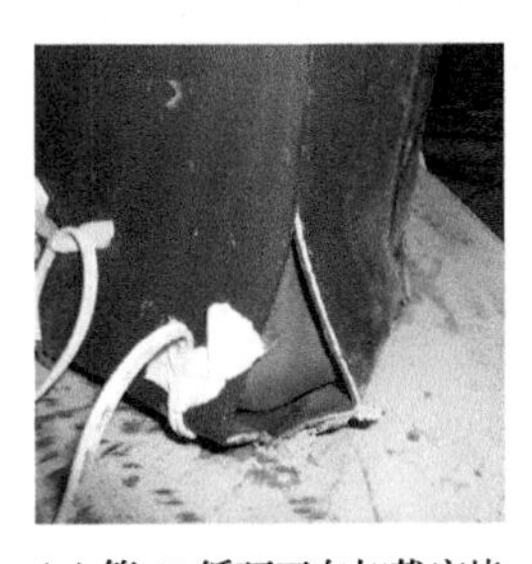

(c) 第 10 循环正向加载完毕

(d) 局部试件最终破坏状态（三）

图 5-41　试件 QZ-1 破坏现象

(a) 局部试件最终破坏状态（一）

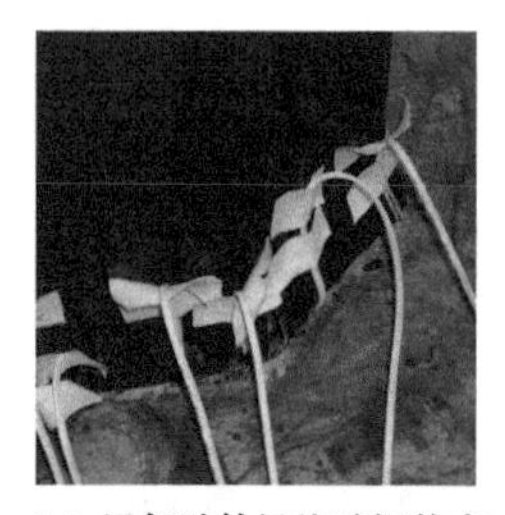

(b) 局部试件最终破坏状态（二）

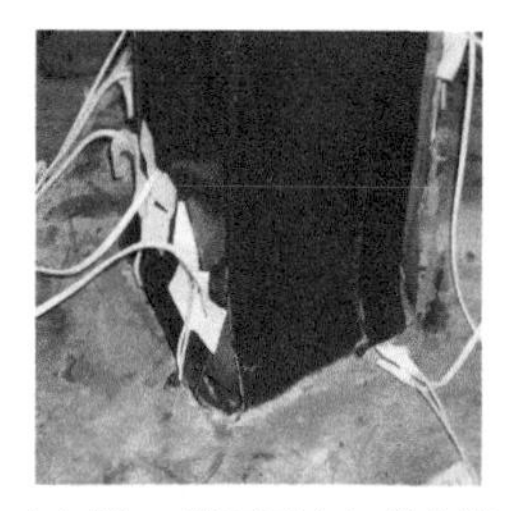

(c) 第 10 循环正向加载完毕

(d) 局部试件最终破坏状态（三）

图 5-42　试件 QZ-2 破坏现象

(a) 第 10 循环正向加载完毕

(b) 局部试件最终破坏状态（一）

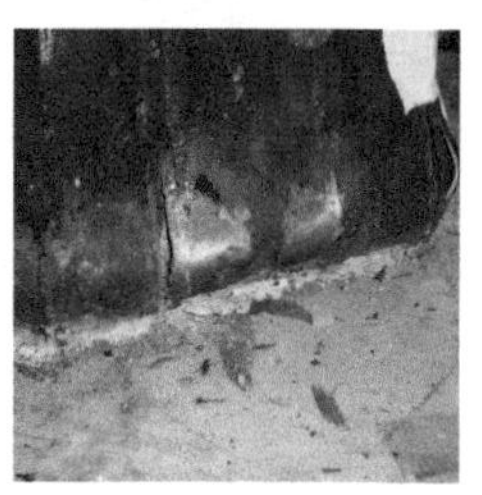

(c) 第 10 循环正向加载完毕

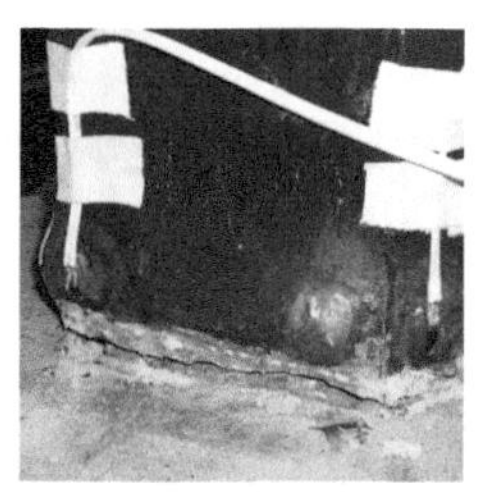

(d) 局部试件最终破坏状态（二）

图 5-43　试件 QZ-3 破坏现象

通过对 12 个 1/25 缩尺的异形截面多腔钢管混凝土柱试件的低周反复荷载试验，分析研究了各个试件的承载力、延性、刚度及其退化过程、耗能能力、滞回特性及破坏过程，试验研究结果表明以下几点。

（1）加强型试件比普通型试件的刚度、承载力、延性、耗能能力均有所提高，二者在弹塑性变形过程中的刚度退化规律接近。

（2）异形截面多腔体钢管混凝土巨型柱，水平力沿截面长轴作用的试件与沿截面短轴作用的试件相比，其承载力较高，刚度较大，耗能能力较强；水平力沿与长轴及短轴呈 45° 方向作用的试件，其承载力、刚度和耗能能力介于水平力沿截面长轴作用的试件和沿截面短轴作用的试件之间。

（3）受拉试件比受压试件的承载力有所降低：普通型试件降低了 14.96%，加强型试件降低了 3.63%，说明加强型试件即便在轴向拉力下，仍有相对较高的水平承载力。

（4）研究的异形截面多腔体钢管混凝土巨型柱有较好的弹塑性变形能力，其综合抗震性能良好，可满足工程抗震设计需要。

5.3　抗震性能有限元分析

5.3.1　分析过程

1. 单元选取

试件的多腔钢管采用 8 节点六面体线性减缩积分格式的三维实体单元 C3D8R，钢

管的弹性模量为 2.0×10^{5}MPa，泊松比为 0.300；多腔钢管内的混凝土也采用 8 节点三维减缩积分实体单元 C3D8R，混凝土的弹性模量为 2.6×10^{4}MPa，泊松比为 0.167；各腔体内的钢筋笼采用两结点线性三维桁架单元（T3D2），并嵌入混凝土中；模型的基础和加载梁也采用 8 节点实体单元。

2. 网格划分

模型的网格划分是有限元计算一个十分重要的环节，网格质量的好坏直接关系到分析能否顺利、快速地完成，也关系到能否得到高精度的分析结果。好的网格需要满足合适的单元类型、良好的单元形状、适当的网格密度。根据大量的试算与调整，试件单元网格划分如图 5-44 所示。

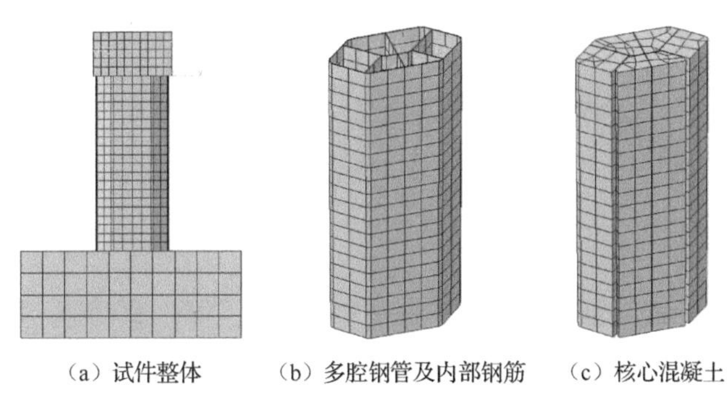

（a）试件整体　（b）多腔钢管及内部钢筋　（c）核心混凝土

图 5-44　单元网格划分

3. 接触模拟

采用钢管与混凝土的界面模型由截面法线方向的接触和切线方向的黏结滑移构成。钢管与混凝土的界面法向采用硬接触，垂直于接触面的压力可以完全地在界面间传递，钢管与混凝土界面切向为有限滑移。

4. 边界条件及加载方式

试件基础底部与侧面定义为固定端。试件的竖向荷载施加在与加载梁顶面耦合的参考点上，即在参考点上施加集中力，该集中力被认为均匀地分布在加载梁的顶面；水平荷载施加在与加载梁侧面耦合的参考点上。荷载第一步为施加竖向荷载，第二步在加载梁侧面施加水平方向的荷载。

边界条件和加载方式如图 5-45 所示。

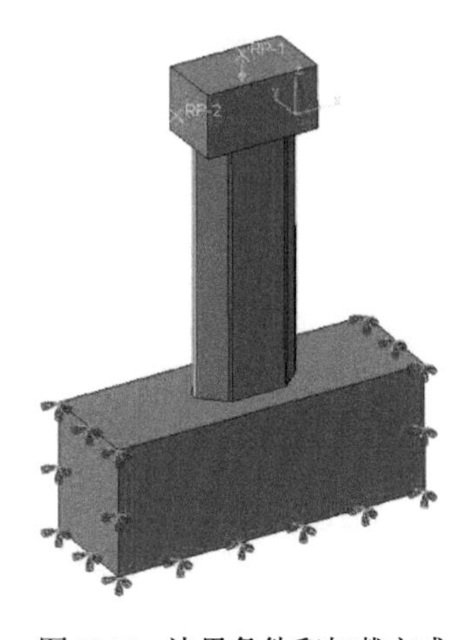

图 5-45　边界条件和加载方式

5.3.2　荷载-位移曲线

各试件计算与实测曲线对比如图 5-46 所示，由图 5-46 可见，计算结果与试验结果符合较好。

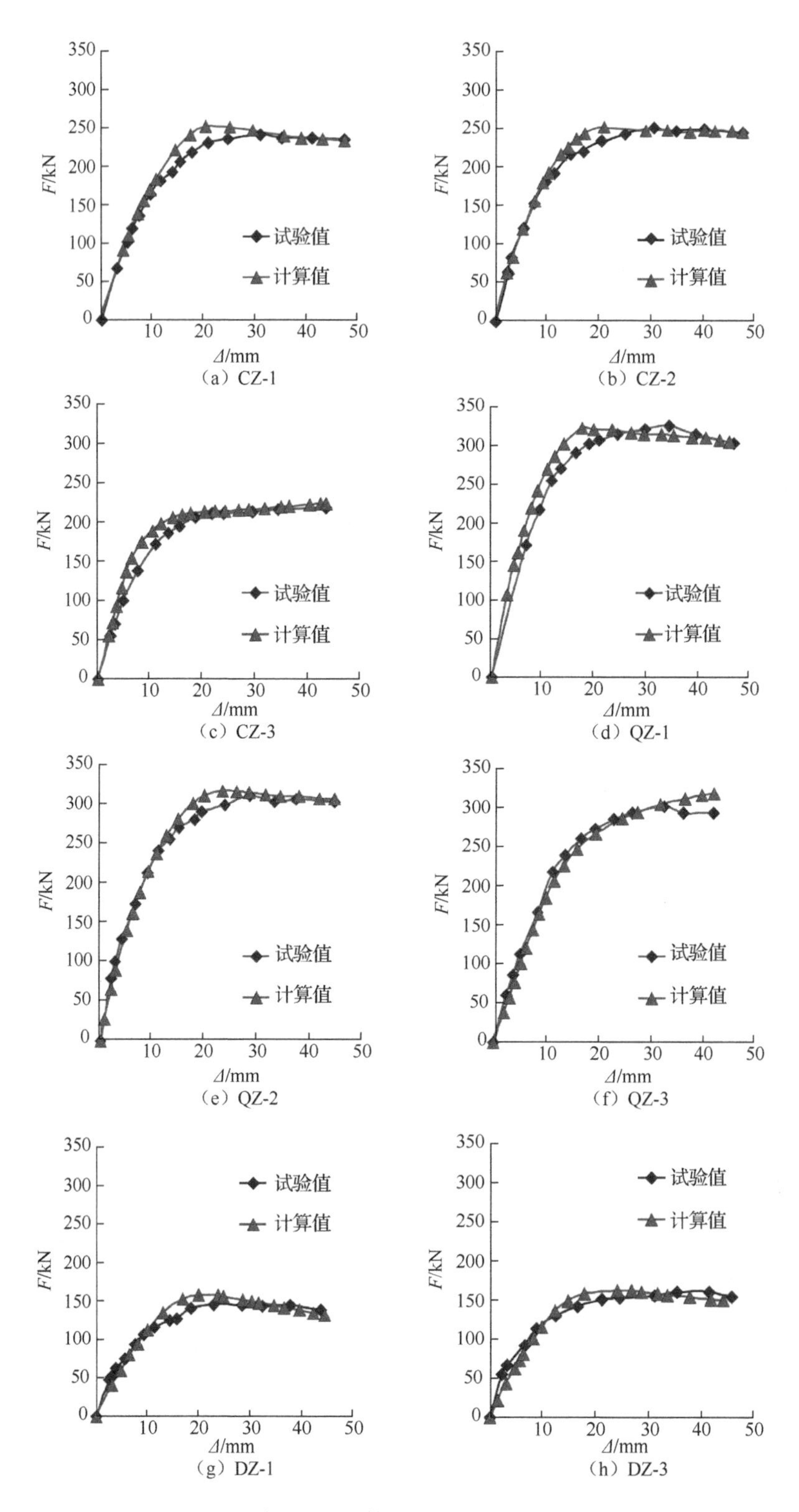

图 5-46　计算与试验曲线对比

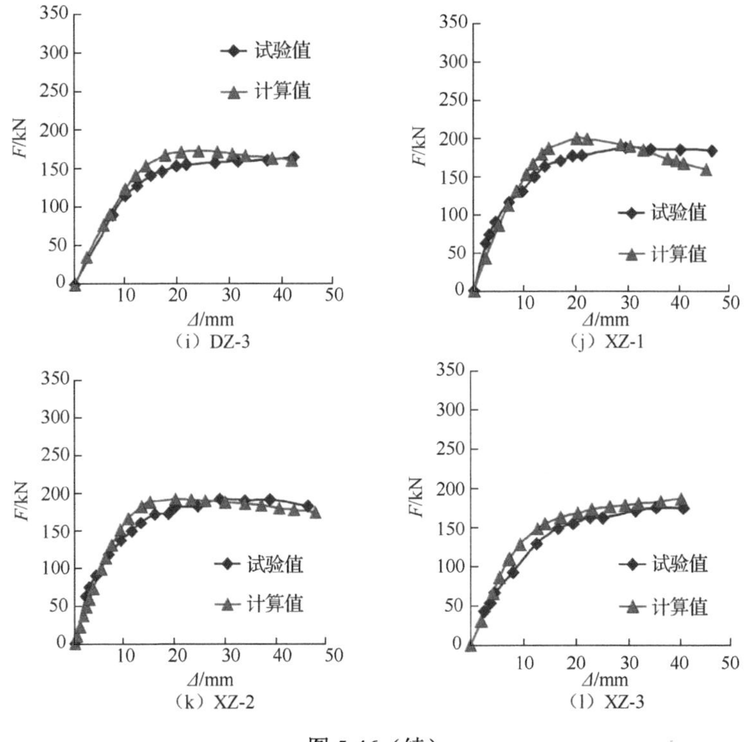

图 5-46（续）

5.3.3　各阶段工作性能

为了研究异形截面多腔钢管混凝土柱的应力、应变等微观受力状态在不同阶段的发展情况，选取了有代表性的试件 CZ-1、XZ-1、DZ-1 进行模拟计算结果的分析。每个试件选取了 3 个特征点的时刻进行分析，分别为试件达到屈服时所对应的点、试件水平荷载达极限时的对应点，以及最终破坏时所对应的点。

采用的混凝土塑性损伤模型对于混凝土的开裂定义为：混凝土单元中出现受拉塑性应变（最大主塑性应变）时，即表示混凝土开裂，裂缝开展的方向垂直于受拉塑性应变的方向，受拉塑性应变越大，即表示裂缝开展越明显。与最大主塑性应变垂直的最小主塑性应变则更为直观地表示了混凝土的开裂方向。因此，通过 ABAQUS 后处理中对于试件主塑性应变矢量的描述，可以近似得到多腔钢管混凝土柱核心混凝土的裂缝开展与分布情况。矢量图中，三种颜色的箭头分别代表最大主塑性应变（红色）、最小主塑性应变（蓝色）以及介于两者之间的主塑性应变（黄色），矢量的长度代表了应变的大小。

本节选用主应力矢量图来描述核心混凝土的应力分布情况，三种颜色分别代表了最大主应力（红色）、最小主应力（蓝色）和中间主应力（黄色）。

1. 试件屈服时刻

图 5-47（a）、图 5-48（a）和图 5-49（a）为屈服时刻三个试件的核心混凝土主塑性应变矢量图。图 5-47（b）、图 5-48（b）和图 5-49（b）所示为屈服时刻三个试件的核心混凝土主应力矢量图。

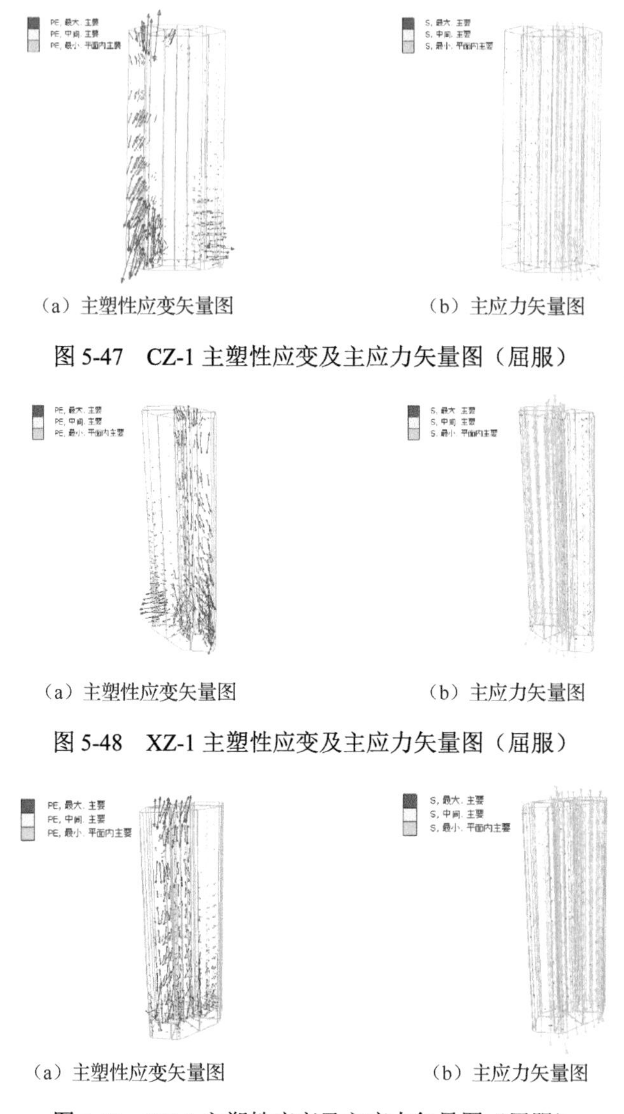

（a）主塑性应变矢量图　　（b）主应力矢量图

图 5-47　CZ-1 主塑性应变及主应力矢量图（屈服）

（a）主塑性应变矢量图　　（b）主应力矢量图

图 5-48　XZ-1 主塑性应变及主应力矢量图（屈服）

（a）主塑性应变矢量图　　（b）主应力矢量图

图 5-49　DZ-1 主塑性应变及主应力矢量图（屈服）

由图 5-47～图 5-49 可见：核心混凝土受拉塑性应变与受压塑性应变相比，矢量值明显大于后者。各试件受拉塑性应变的位置主要集中在混凝土受拉一侧，其中柱头和柱脚位置的应变矢量值较大；受压塑性应变主要集中在核心混凝土受压一侧，但其矢量值相对小。各试件在屈服时，核心混凝土的主应力主要为压应力，其中混凝土受压侧尤为明显。受拉侧混凝土分布有矢量值较小的拉应力。

对试件多腔钢管采用了实体单元进行模拟计算，Mises 应力云图能够有效地反映钢管的应力分布，图 5-50 为三个试件屈服时刻的 Mises 应力云图。由图 5-50 可见，各试件的最大应力出现在多腔钢管柱脚截面受压的位置。模拟计算的各试件屈服荷载：CZ-1

为 183.65kN，DZ-1 为 134.75kN，XZ-1 为 152.44kN。试验的各试件屈服荷载：CZ-1 为 200.92kN，DZ-1 为 135.06kN，XZ-1 为 154.06kN。试验与模拟计算的结果符合较好。

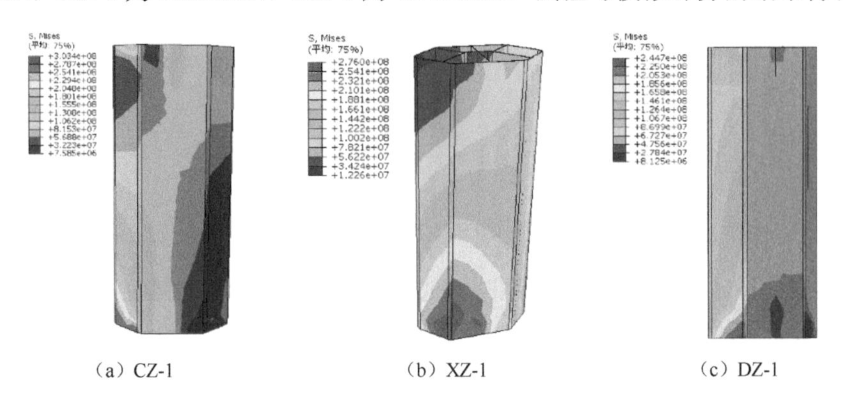

（a）CZ-1　　（b）XZ-1　　（c）DZ-1

图 5-50　试件屈服时刻的 Mises 应力云图（屈服）

2. 峰值荷载点

图 5-51（a）、图 5-52（a）和图 5-53（a）为峰值时刻三个试件的核心混凝土主塑性应变矢量图。图 5-51（b）、图 5-52（b）和图 5-53（b）所示为峰值时刻三个试件的核心混凝土主应力矢量图。

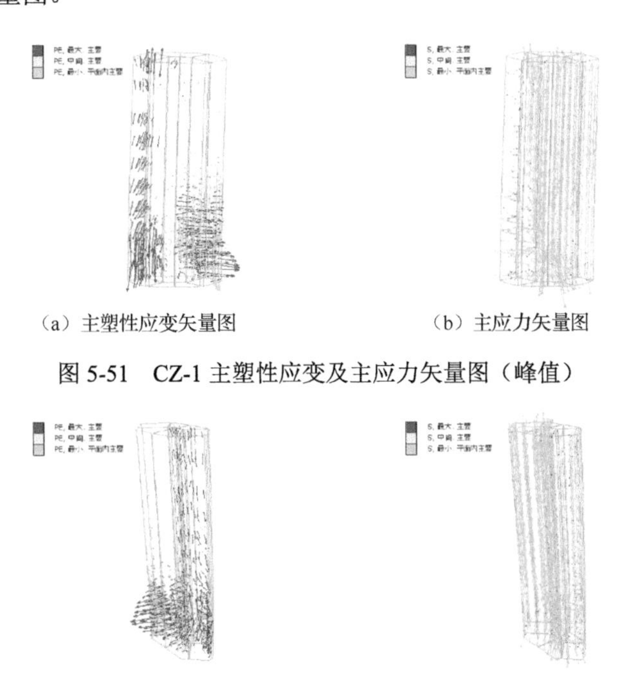

（a）主塑性应变矢量图　　（b）主应力矢量图

图 5-51　CZ-1 主塑性应变及主应力矢量图（峰值）

（a）主塑性应变矢量图　　（b）主应力矢量图

图 5-52　XZ-1 主塑性应变及主应力矢量图（峰值）

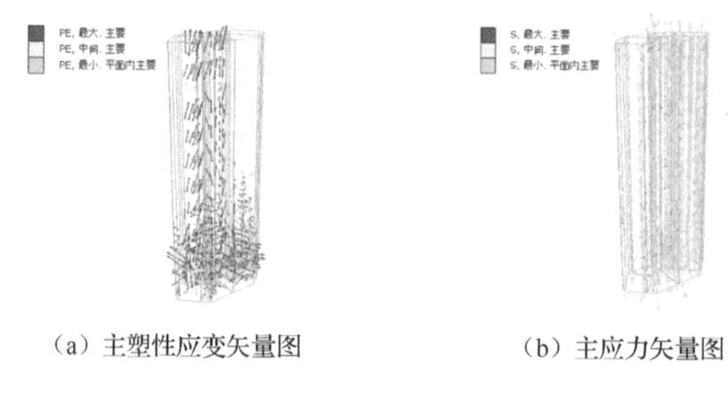

（a）主塑性应变矢量图　　（b）主应力矢量图

图 5-53　DZ-1 主塑性应变及主应力矢量图（峰值）

由图 5-51～图 5-53 可见：与屈服时刻的核心混凝土相比，核心混凝土最大主塑性应变区域有所变化，柱脚位置的受拉与受压塑性应变区域向试件内部和高处扩展。此外，各位置的主塑性应变矢量值整体增加，尤其在核心混凝土柱脚位置的受压区，混凝土的受压塑性应变增加较为显著。

试件峰值荷载时的 Mises 应力云图如图 5-54 所示。由图 5-54 可见，相比于各试件在屈服时刻的多腔钢管应力分布，最大应力出现的位置仍然分布在柱脚截面受压的位置，但应力值有所增加，应力最大的位置钢板屈服。模拟计算的各试件极限荷载：CZ-1 为 251.98kN，DZ-1 为 157.13kN，XZ-1 为 199.30kN。实测的各试件极限荷载：CZ-1 为 240.52kN，DZ-1 为 165.21kN，XZ-1 为 194.97kN。实测与模拟计算的结果符合较好。

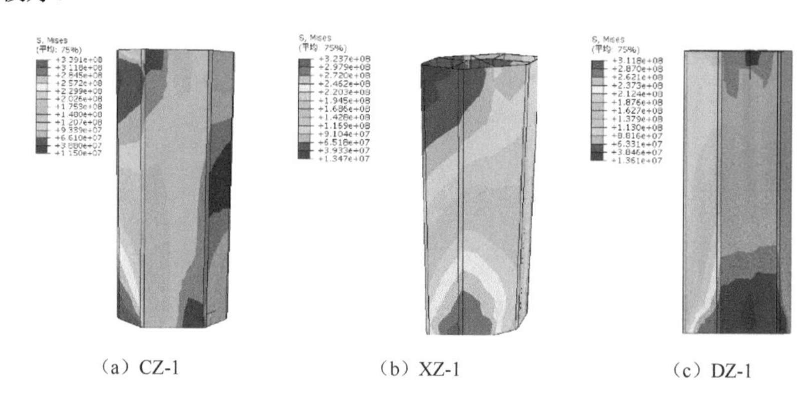

（a）CZ-1　　（b）XZ-1　　（c）DZ-1

图 5-54　试件峰值荷载时的 Mises 应力云图（峰值）

3. 破坏荷载点

由于实测各试件的荷载-位移曲线不尽相同，取试件的水平位移达 40mm（位移角为 1/28）时作为试件的破坏荷载点。

图 5-55（a）、图 5-56（a）和图 5-57（a）为破坏荷载点时刻三个试件的核心混凝土主塑性应变矢量图。图 5-55（b）、图 5-56（b）和图 5-57（b）所示为破坏荷载点时刻三个试件的核心混凝土主应力矢量图。

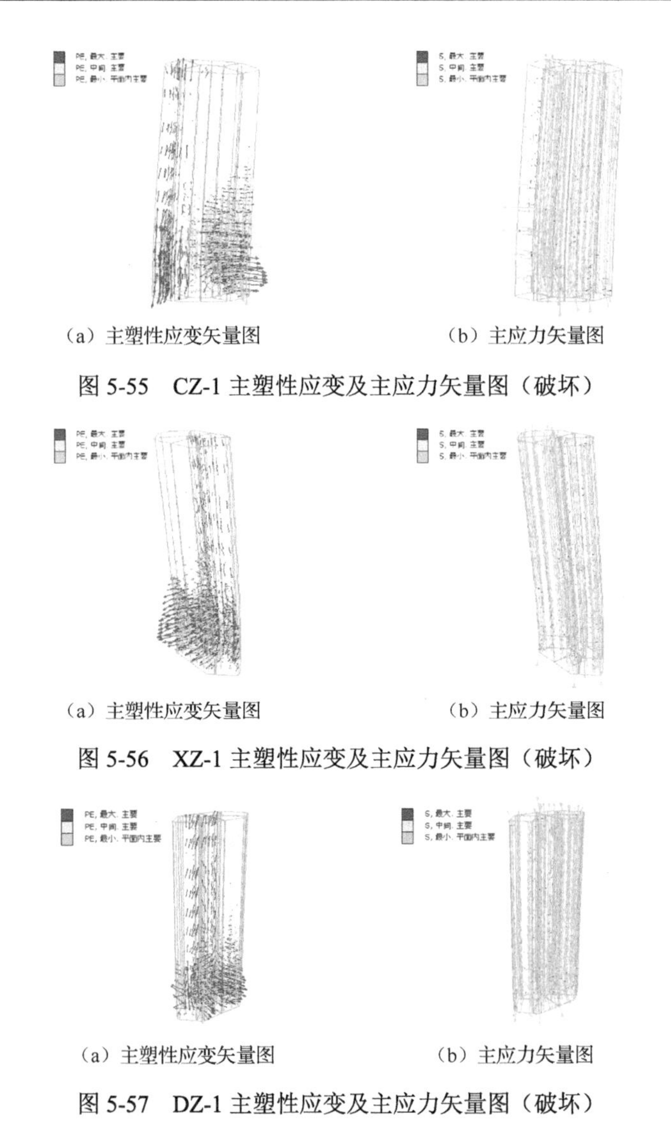

（a）主塑性应变矢量图　　（b）主应力矢量图

图 5-55　CZ-1 主塑性应变及主应力矢量图（破坏）

（a）主塑性应变矢量图　　（b）主应力矢量图

图 5-56　XZ-1 主塑性应变及主应力矢量图（破坏）

（a）主塑性应变矢量图　　（b）主应力矢量图

图 5-57　DZ-1 主塑性应变及主应力矢量图（破坏）

由图 5-55～图 5-57 可见：各试件在破坏荷载点时刻的主塑性应变矢量图显示，核心混凝土受拉塑性应变的区域继续扩大。其中，水平荷载沿试件截面长轴方向施加的试件 CZ-1，柱脚横截面上已基本贯通，沿高度向上发展至接近试件 1/2 高度处，受压塑性应变的区域也有所扩大。水平荷载沿与截面长轴 45° 方向和沿截面短轴方向施加的试件 XZ-1 和 DZ-1，受拉塑性应变和受压塑性应变在试件柱脚位置最为集中。

试件破坏时的 Mises 应力云图如图 5-58 所示。由图 5-58 可见，各试件的多腔钢管在柱脚受压的位置，其应力值均已达到试件钢板的实测最大值。对于水平荷载沿截面长轴方向加载的试件 CZ-1，多腔钢管柱脚的受拉侧钢板应力也达到了最大值，这与试验中部分试件的多腔钢管在受拉侧钢板断裂的现象相符。模拟计算的各试件破坏时的荷载：CZ-1 为 235.40kN，DZ-1 为 137.87kN，XZ-1 为 169.91kN。相应位移时的各试件实测位移：CZ-1 为 236.92kN，DZ-1 为 143.87kN，XZ-1 为 183.77kN。模拟与实测的结果符合较好。

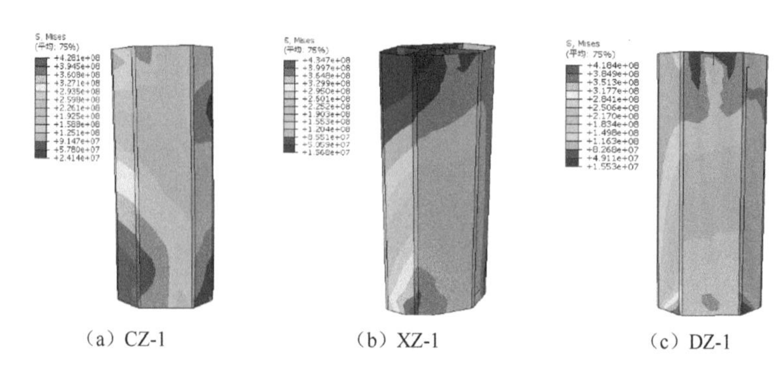

（a）CZ-1　　　　（b）XZ-1　　　　（c）DZ-1

图 5-58　试件破坏时的 Mises 应力云图

利用 ABAQUS 软件对异形截面多腔钢管混凝土柱试件进行了弹塑性有限元分析，主要结论如下。

（1）异形截面多腔钢管混凝土柱模拟所得荷载-位移关系曲线与实测所得低周反复荷载作用下的骨架曲线符合较好；试件模拟所得应力云图与实测应变情况符合较好。

（2）通过对异形截面多腔钢管混凝土柱有限元模型的分析，较好地模拟了试件的受力过程，说明材料本构关系、单元类型、网格划分等建模是合理的，能够为实际工程的设计提供依据。

5.4　工程案例与应用

天津高银 117 大厦位于天津市滨海高新区中央商务区，该项目由天津海泰新星房地产开发有限公司投资开发，建筑高度约 597m，总建筑面积约 37 万 m^2，地下 3 层、地上 117 层。结构平面为正方形，首层建筑平面尺寸约 65m×65m，向上尺寸逐渐减小，渐变至顶层时平面尺寸约 45m×45m。中央混凝土核心筒为矩形，平面尺寸约 37m×37m，主要用作高速电梯、设备用房和服务用房。该工程采用巨型框架-核心筒结构作为主要抗侧力体系，巨型框架的主框架包括巨型桁架梁、巨型支撑和本文研究的异形截面多腔钢管混凝土巨型柱。巨型桁架梁沿高度设置 9 层，其作用在于将次框架传来的荷载传递到巨型柱上；巨型支撑的最底层为人字撑，上部均为交叉撑，这种设计在满足建筑设计要求的同时最大限度地提高了结构整体抗侧刚度；巨型柱位于建筑的四角，其截面尺寸在建筑底部最大，横截面面积达 45m^2，沿高度向上逐渐减小，构造措施也有变化。结构为六边形钢管混凝土巨型柱，具有以下优点：多个腔体的设置将钢管内体积较大的混凝土分隔为多个尺寸较小的混凝土柱，避免了大体积混凝土的缺点；各腔体内钢筋束的配置形成了混凝土芯柱，从而增加了混凝土抗压能力和构件的抗弯能力；每个腔体内的混凝土由钢板包裹，形成独立的钢管混凝土，各钢管混凝土柱相邻，不但减少了构件局部屈曲现象的发生，同时也增强了钢管混凝土自身的套箍效应，提高了混凝土的抗压强度，改善了其破坏形态。因此，采用异形截面多腔钢管混凝土巨型柱及其巨型框架有效提高了结构的竖向承载力、抗侧刚度、延性等方面的性能。工程实景如图 5-59（a）所示，工程主体结构布置如图 5-59（b）所示，底层标准层平面如图 5-59（c）所示，底部巨型柱截面如图 5-59（d）所示。

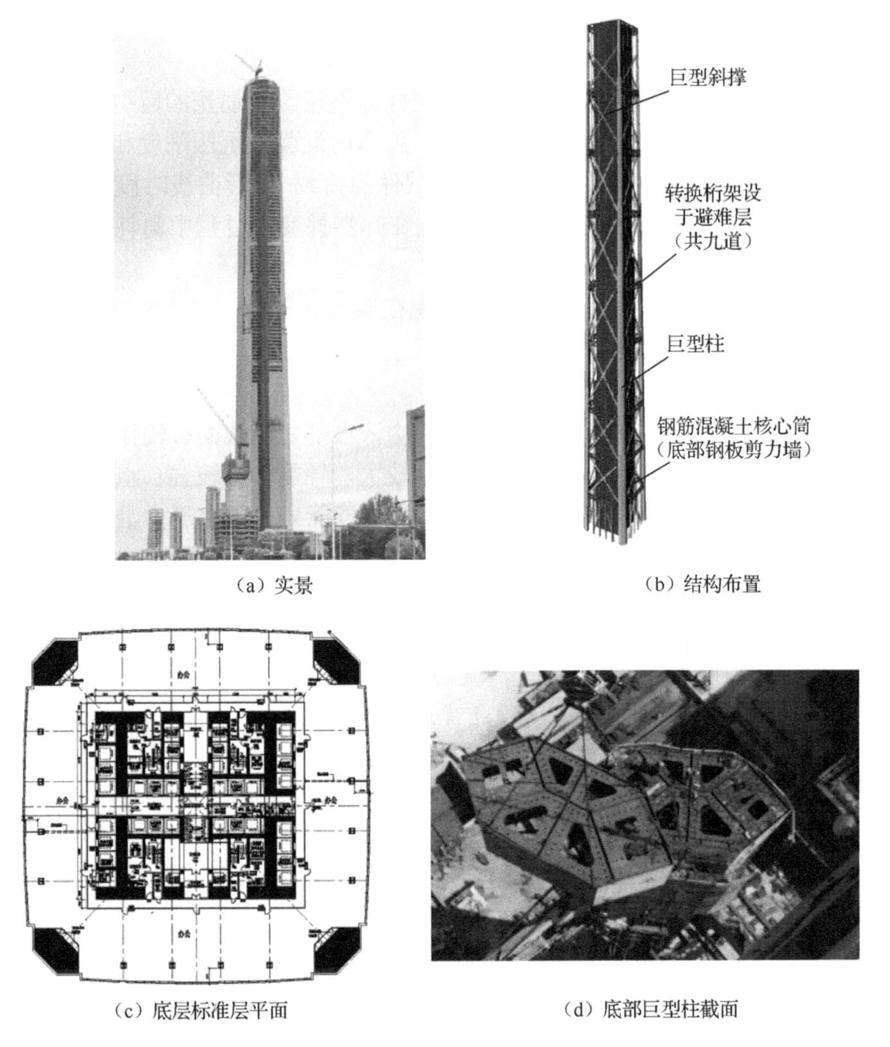

（a）实景　（b）结构布置

（c）底层标准层平面　（d）底部巨型柱截面

图 5-59　天津高银 117 大厦

作者与奥雅纳工程咨询（上海）有限公司北京分公司合作，进行了六边形多腔体钢管混凝土巨型柱受压性能和抗震性能试验研究、理论分析和设计研究。

本章研究为天津高银 117 大厦六边形多腔体钢管混凝土巨型柱设计提供了依据。

5.5　小　结

本章以天津高银 117 大厦六边形多腔体钢管混凝土巨型柱为原型，进行了 6 个 1/12 缩尺的巨型柱模型受压性能试验和 12 个 1/25 缩尺试件的低周反复荷载试验，主要结论如下。

（1）由于多腔钢管混凝土巨型柱的多个腔体钢管形成了对腔体内混凝土的复合式约束，比单腔体钢管混凝土柱对混凝土的约束能力增强，提高了巨型柱的抗压强度与刚度。

（2）设置钢筋笼的多腔体钢管混凝土巨型柱与不设置钢筋笼的巨型柱相比，其腔内钢筋笼强化了对腔体内混凝土的约束，提高了腔体内混凝土抗压刚度和承载力，综合抗压工作性能明显提高。实测所得有钢筋笼的试件的荷载-变形曲线时段较长，工作性能相对稳定，有利于抗震设计中充分发挥巨型柱在弹塑性变形过程中消耗地震输入结构能量的作用。

（3）多腔体钢管混凝土巨型柱的截面应变在偏心受压条件下基本符合平截面假定。

（4）加强型试件比普通型试件的刚度、承载力、延性和耗能能力均有所提高，两者在弹塑性变形过程中的刚度退化规律接近。

（5）在异形截面多腔体钢管混凝土巨型柱中，水平力沿截面长轴作用的试件与沿截面短轴作用的试件相比，其承载力较高，刚度较大，耗能能力较强；水平力沿与长轴及短轴呈 45°方向作用的试件，其承载力、刚度和耗能能力介于水平力沿截面长轴作用的试件和沿截面短轴作用的试件之间。

（6）轴向力为拉力试件比压力试件的水平承载力有所降低，其中，普通型试件降低了 14.96%，加强型试件降低了 3.63%。说明加强型试件即便在轴向拉力下，仍有相对较高的水平承载力。

（7）研究的多腔体钢管混凝土巨型柱具有良好的受力性能，可用于超高层建筑巨型柱设计。

第 6 章　六边形钢管混凝土巨型柱框架抗震性能

6.1　底部三层巨型柱框架抗震性能试验

6.1.1　试件设计

本试验设计了 1 榀 1/25 缩尺的异形截面多腔钢管混凝土巨型柱框架模型。该模型取自天津高银 117 大厦巨型框架结构底部三个巨型层，其巨型柱为六边多腔体钢管混凝土柱，巨型梁为钢桁架梁，巨型桁架梁的杆件为箱形截面钢构件，底部巨型层加设人字巨型支撑和一根横梁，二、三巨型层加设 X 形巨型支撑，巨型支撑为箱形截面钢支撑。巨型框架从基础底面至顶端高 7293mm，宽 2450mm。

巨型框架试验模型设计图如图 6-1 所示。三个巨型层的巨型柱截面图如图 6-2（a）至图 6-2（c）所示，其中，底部巨型层的巨型柱截面外廓尺寸为 450mm×210mm，钢管壁厚为 2.5mm；二层巨型层的巨型柱截面外廓尺寸为 450mm×210mm，钢管壁厚为 1.5mm；三层巨型层的巨型柱截面外廓尺寸为 421mm×210mm，钢管壁厚为 1.5mm。一、二层巨型层的巨型柱包含 6 个腔体，三层巨型层的巨型柱包含 5 个腔体，巨型柱各腔体内设置钢筋笼。三个巨型层的巨型桁架梁及其杆件截面尺寸如图 6-2（d）和图 6-2（e）所示，图中钢板侧面标注的数字为钢板厚度。三个巨型层的巨型支撑截面如图 6-2（f）至图 6-2（h）所示，其中，底部巨型层的巨型支撑截面外廓尺寸为 36mm×60mm，长边钢板壁厚为 4mm，短边钢板壁厚为 2mm；横梁的外廓尺寸为 36mm×52mm，长边钢板壁厚为 4mm，短边钢板壁厚为 2mm；二、三层巨型层的巨型支撑截面相同，其外廓尺寸为 72mm×36mm，长边钢板壁厚为 5mm，短边钢板壁厚为 2mm。

巨型框架模型的基础设在两个巨型柱根部，基础截面的刚度和强度均比巨型柱截面大，以形成对巨型柱的固端约束作用；每个巨型柱下部基础上留有四个锚固圆孔，将螺杆从上穿过基础锚固圆孔及与锚固圆孔对应的试验台座圆孔后，上下拧紧螺母固定。巨型框架基础的尺寸如图 6-2（i）所示。

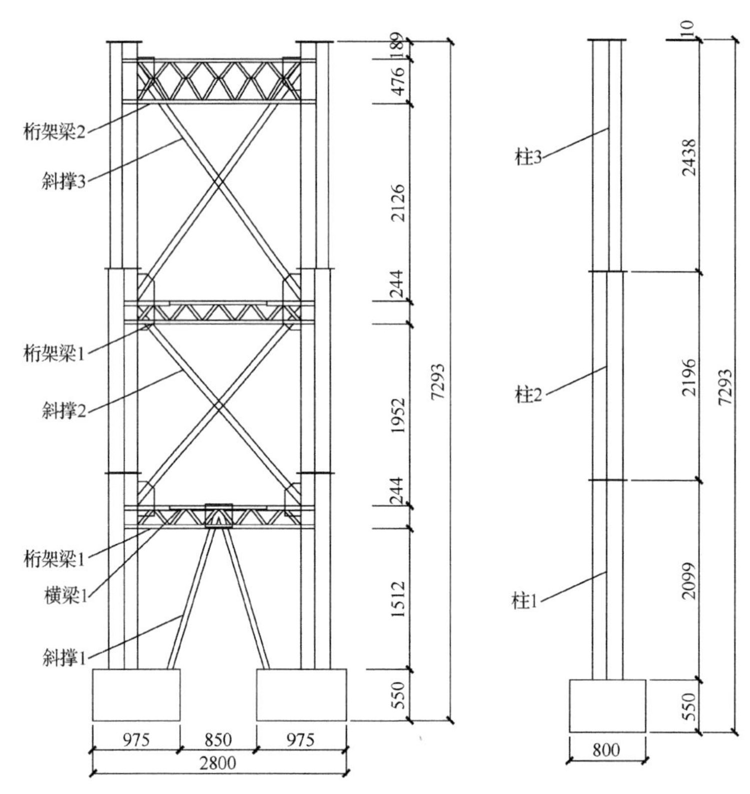

图 6-1　巨型框架试验模型设计图（尺寸单位：mm）

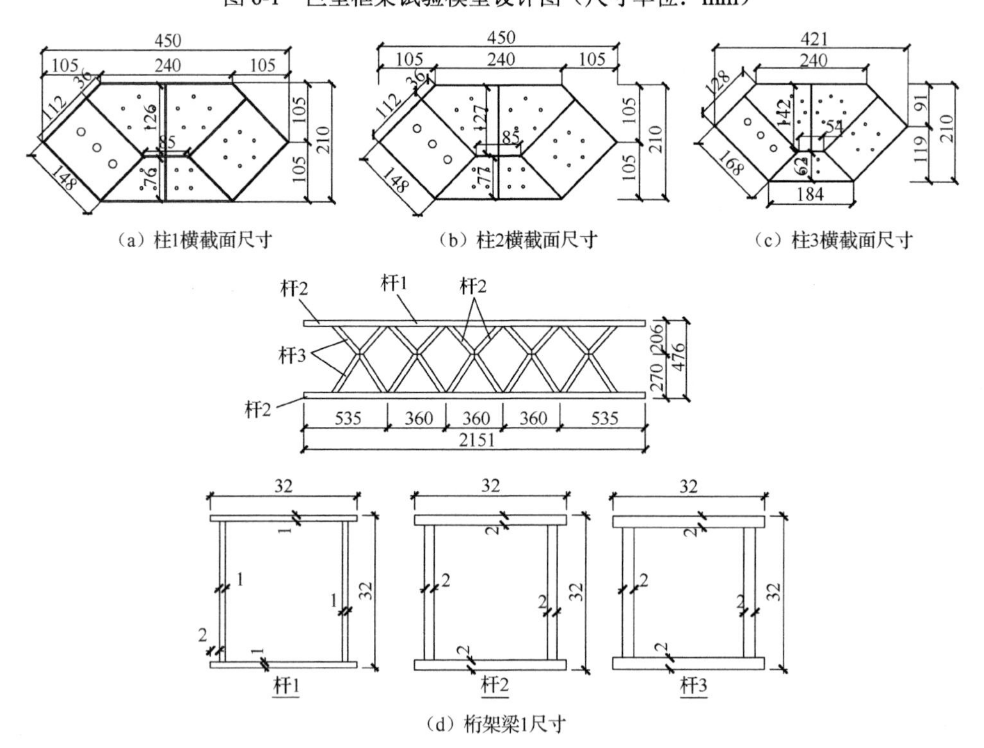

图 6-2　巨型框架模型截面图（尺寸单位：mm）

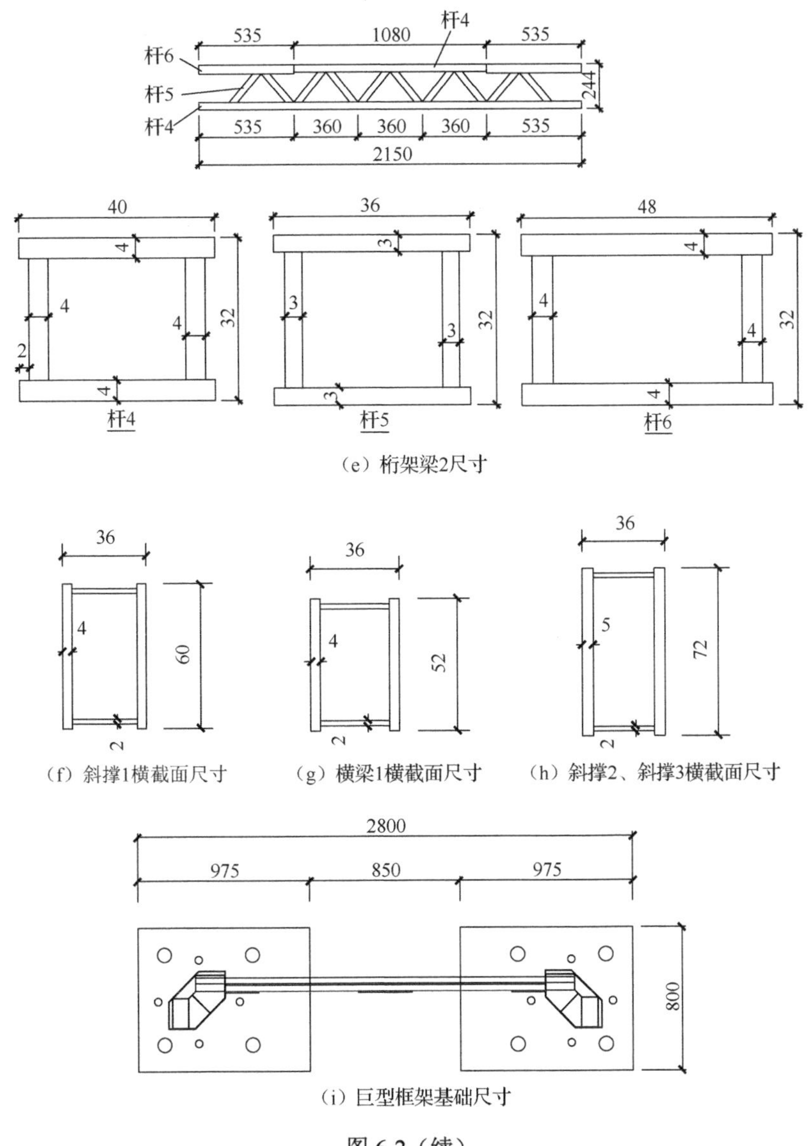

（e）桁架梁2尺寸

（f）斜撑1横截面尺寸　（g）横梁1横截面尺寸　（h）斜撑2、斜撑3横截面尺寸

（i）巨型框架基础尺寸

图 6-2（续）

6.1.2　材料性能

试件的钢板采用 Q235 钢材，所有钢板连接处采用坡口焊焊接，钢结构及内部钢筋笼由加工厂制作，构件制作完毕并组装成上、中、下三部分，运输至试验室外场地，内部浇筑混凝土后由吊车吊进试验室内焊接组装到一起，之后焊接其他巨型框架构件。

浇筑混凝土时，多腔钢管柱及其基础内同时浇捣。混凝土为 C40 细石混凝土，实测混凝土标准立方体抗压强度为 41.97MPa，实测弹性模量为 3.30×10^4MPa。巨型框架制作过程如图 6-3 所示。巨型框架各构件钢板实测力学性能见表 6-1。

（a）多腔钢管

（b）桁架梁

（c）斜支撑

（d）巨型框架底层

（e）桁架梁与钢管柱节点

（f）焊接完成

（g）准备试验

图 6-3　巨型框架制作过程

表 6-1　实测钢板实测力学性能

材料	屈服强度 f_y /MPa	极限强度 f_u /MPa	弹性模量 E_s/MPa	延伸率 δ/%
1.5mm 厚钢板	316	439	1.99×10^5	31.1
2.0mm 厚钢板	312	440	2.01×10^5	30.0
2.5mm 厚钢板	324	437	2.06×10^5	27.8
3.0mm 厚钢板	293	445	2.03×10^5	25.6
4.0mm 厚钢板	297	408	1.96×10^5	28.9
5.0mm 厚钢板	296	428	1.98×10^5	25.6

6.1.3　加载方案及测试内容

1. 加载装置

框架竖向荷载采用自平衡方式加载，为实施竖向自平衡方式加载，试验模型设计方案如下：在巨型框架巨型柱的顶部设有加载钢板，加载钢板上设有三个圆孔用于固定竖向千斤顶底座，竖向千斤顶上部放置刚度较大的方形钢板，方形钢板四角设置圆孔；在竖向千斤顶上部方形钢板和巨型柱底部基础之间安装 4 个钢制拉杆，钢制拉杆上端穿过竖向千斤顶上部方形钢板四角的圆孔并在钢板上下用螺母固定，钢制拉杆下端拧入巨型柱底部基础内预埋的长孔螺母内。框架平面外方向利用搭载在龙门架上的两根横梁阻止其失稳。在两个巨型柱顶和上部加载方形钢板之间各放一个 100t 竖向千斤顶。试验加载装置如图 6-4 所示。

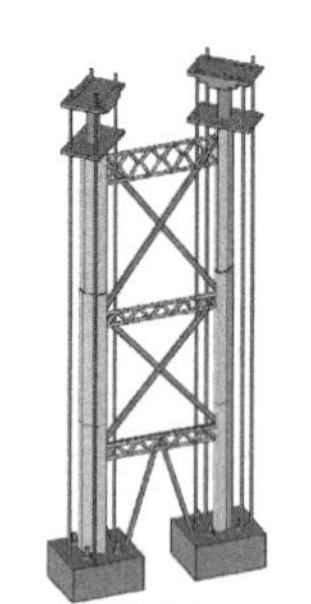
（a）竖向荷载加载示意图

（b）试验现场

图 6-4　试验加载装置

2. 加载制度

试验中，首先施加竖向荷载，两个竖向千斤顶的荷载均加至 650kN，并在试验过程中保持不变。之后，在距基础顶面 6316mm 高度处施加低周反复水平荷载。试验初始阶段采用位移与荷载联合控制加载，进入弹塑性阶段后采用位移控制加载。

3. 测试内容及测点布置

为了测量巨型框架各高度处的水平位移及巨型层对角线方向位移，共布置了 6 个测试水平位移的位移计：位移计 1 和位移计 2 布置在顶部桁架梁的上方和下方；位移计 3 和位移计 5 布置在中部桁架梁上弦杆水平位置；位移计 4 和位移计 6 布置在底部桁架梁上弦杆水平位置。同时，在第二、第三巨型层斜对角线之间各布置了 1 个拉线式位移计：拉线位移计 1 用于测量第三巨型层对角线相对位移，拉线位移计 2 用于测量第二巨型层对角线相对位移。位移计布置如图 6-5 所示。巨型框架各构件的应变反映了巨型框架的抗震机理与破坏机制，各构件的应变片布置如图 6-6 所示。

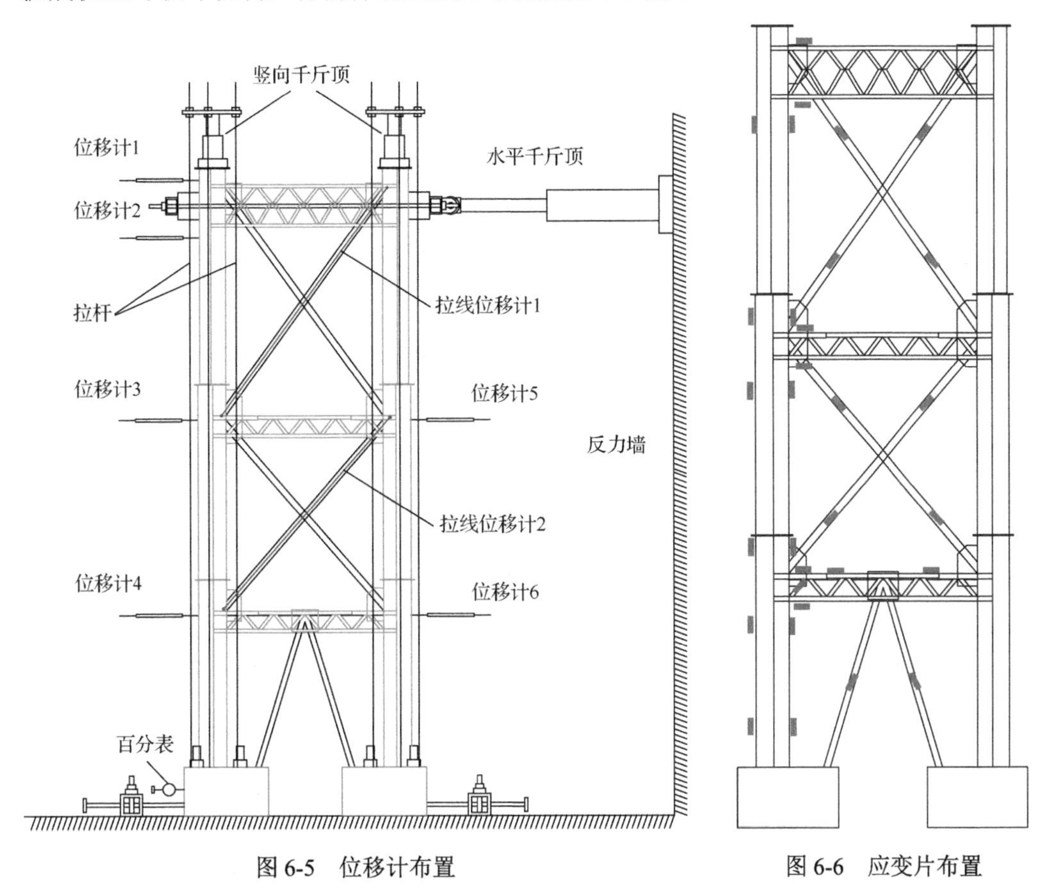

图 6-5　位移计布置　　图 6-6　应变片布置

加载过程中，记录各构件钢板的屈服与屈曲以及混凝土破碎现象，记录现象发生的位置、尺寸和相应的荷载及所在循环次数。测点的位移、荷载、应变由 IMP 应变仪及计算机控制采集。

6.1.4　试验结果及分析

1. 承载力

巨型框架的特征荷载实测值见表 6-2。

表 6-2　特征荷载实测值

F_y /kN			F_u /kN			F_y/F_u		
正向	负向	均值	正向	负向	均值	正向	负向	均值
257.24	246.44	251.84	287.02	257.57	272.30	0.90	0.96	0.92

由表 6-2 可见：结构正负两向的屈服荷载较为接近，仅相差 4.38%；结构正负两向的极限荷载相差 11.43%，比结构正负两向屈服荷载相差比例加大。首先实施的是正向加载，因此正向加载时屈服、屈曲的支撑杆件受负向荷载时，其性能有所退化，荷载值因此有所减小。

2. 位移与延性

巨型框架与水平加载点高度对应的特征位移实测值见表 6-3，表中 Δ_y 为试件屈服位移；Δ_u 为与试件极限荷载对应的位移；Δ_d 为试件的最大弹塑性位移，其值为极限荷载下降到 85%时对应的位移；$\theta_y=\Delta_y/h$ 为屈服位移角；$\theta_u=\Delta_u/h$ 为极限荷载对应的位移角；$\theta_d=\Delta_d/h$ 为最大弹塑性位移角；h 为水平加载点至巨型框架基础顶面的高度，h=6316mm，计算位移角时取正负两向位移均值与 h 的比值。

表 6-3　特征位移实测值

Δ_y/mm		$\theta_y=\Delta_y/h$	Δ_u/mm		$\theta_u=\Delta_u/h$	Δ_d/mm		$\theta_d=\Delta_d/h$
正向	负向		正向	负向		正向	负向	
29.10	34.64	1/198	43.38	59.41	1/123	92.57	90.41	1/69

分析表 6-3 和试验破坏现象可知：当正负两向位移角均值达 1/198 时，巨型框架的支撑杆件进入屈服，巨型框架-巨型撑结构显现屈服的特征；当正负两向位移角均值达到 1/123 时，巨型框架的承载力达到极限荷载；当正负两向位移角均值达到 1/69 时，巨型框架的支撑屈曲严重，巨型梁的上下弦杆屈曲损伤，巨型框架结构破坏。

3. 刚度

实测所得巨型框架不同阶段刚度及其退化系数见表 6-4，表中 $K=F/\Delta$ 为试件抗侧移刚度，其中 F 为水平荷载，Δ 为与水平荷载值相对应的位移；K_0 为试件的初始弹性刚度；K_y 为试件明在显屈服时的割线刚度；β_{y0} 为明显屈服割线刚度与初始弹性刚度的比值，反映了试件从加载初始阶段到明显屈服阶段的刚度退化。试件实测的刚度-位移角（K-θ）关系曲线如图 6-7 所示。

表 6-4　巨型框架刚度实测值

K_0/(kN/mm)			K_y/(kN/mm)			β_{y0}		
正向	负向	平均	正向	负向	平均	正向	负向	平均
13.85	12.09	12.97	8.84	7.11	7.98	0.64	0.59	0.62

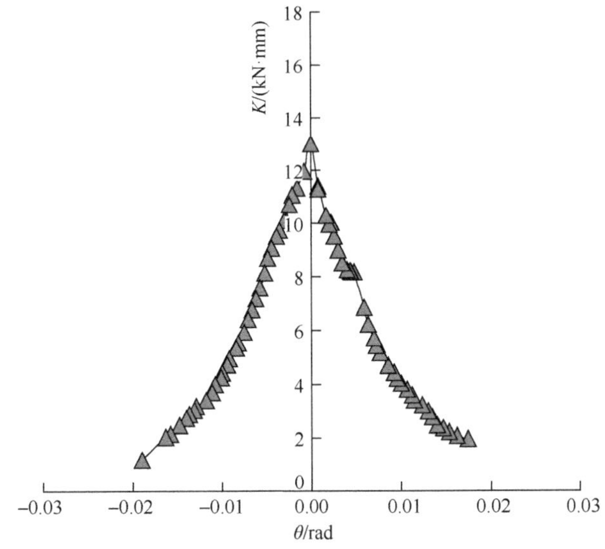

图 6-7　刚度-位移角关系曲线

由表 6-4 和图 6-7 可见：该巨型框架的刚度退化，经历了较快退化到缓慢退化的过程；在这一刚度退化过程中，巨型框架工作性能退化相对稳定，表明其原型设计较为合理。

4. 荷载-位移曲线

实测所得巨型框架距基础表面 6316mm、3904mm 和 1708mm 高度处的荷载-位移（F-$\varDelta$）滞回曲线如图 6-8（a）至图 6-8（c）所示。实测所得巨型框架第二、第三巨型层对角线之间的相对位移滞回曲线如图 6-8（d）和图 6-8（e）所示。与图 6-8 实测滞回曲线相应的骨架曲线如图 6-9 所示。

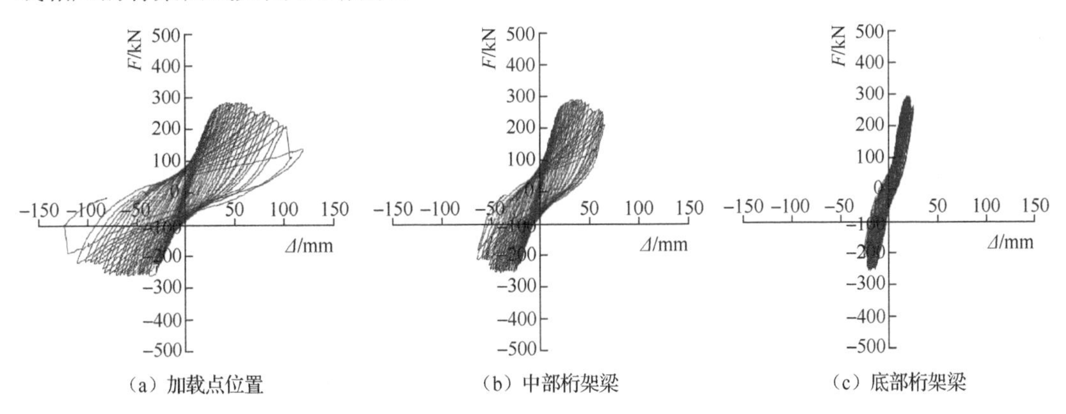

（a）加载点位置　（b）中部桁架梁　（c）底部桁架梁

图 6-8　不同高度处的荷载-位移滞回曲线

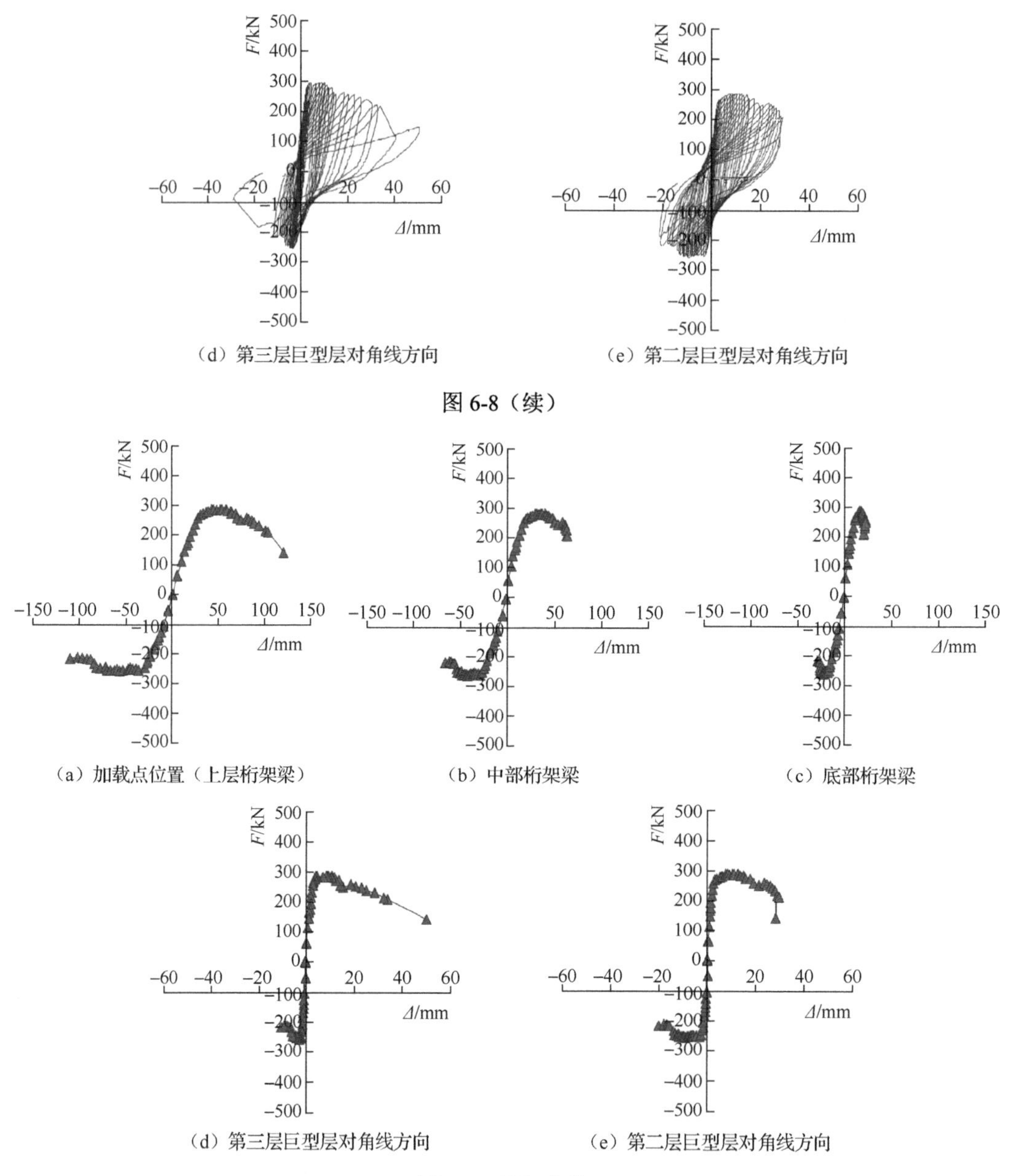

（d）第三层巨型层对角线方向　　（e）第二层巨型层对角线方向

图 6-8（续）

（a）加载点位置（上层桁架梁）　　（b）中部桁架梁　　（c）底部桁架梁

（d）第三层巨型层对角线方向　　（e）第二层巨型层对角线方向

图 6-9　骨架曲线

由图 6-8 和图 6-9 可见：研究的巨型框架具有良好的抗震耗能性能，其滞回环饱满，中部捏拢较轻，工作性能较为稳定；底部巨型层位移角相对较小，第二、第三巨型层位移角相对大些；第三巨型层的对角线位移大于第二巨型层对角线的位移。

5. 破坏特征分析

图 6-10（a）～（c）分别列出了巨型框架最终破坏时支撑和桁架梁变形示意图。图 6-11 为巨型框架最终破坏时的构件破坏形态。

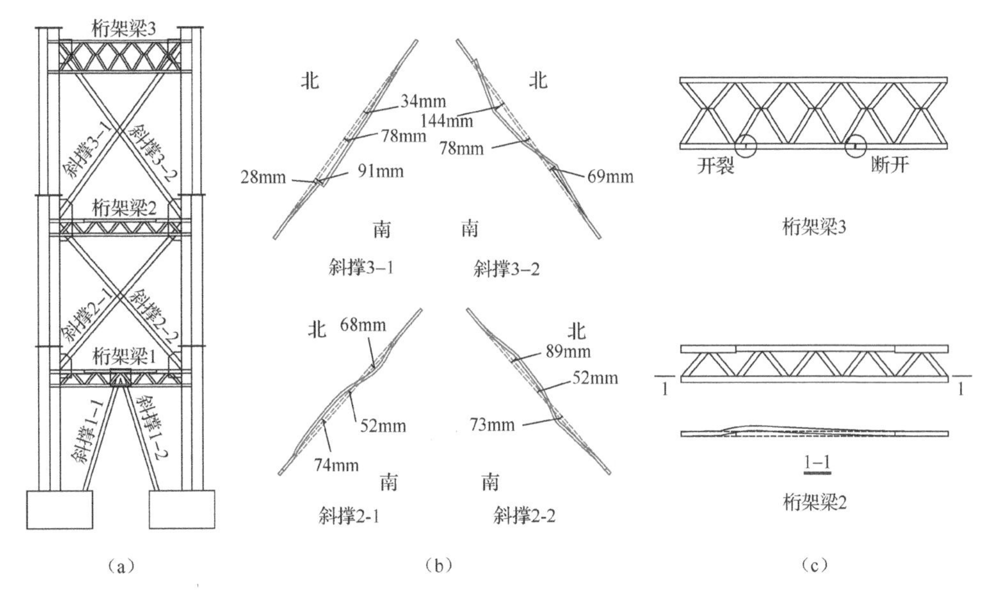

图 6-10　最终破坏时支撑和桁架梁变形示意图

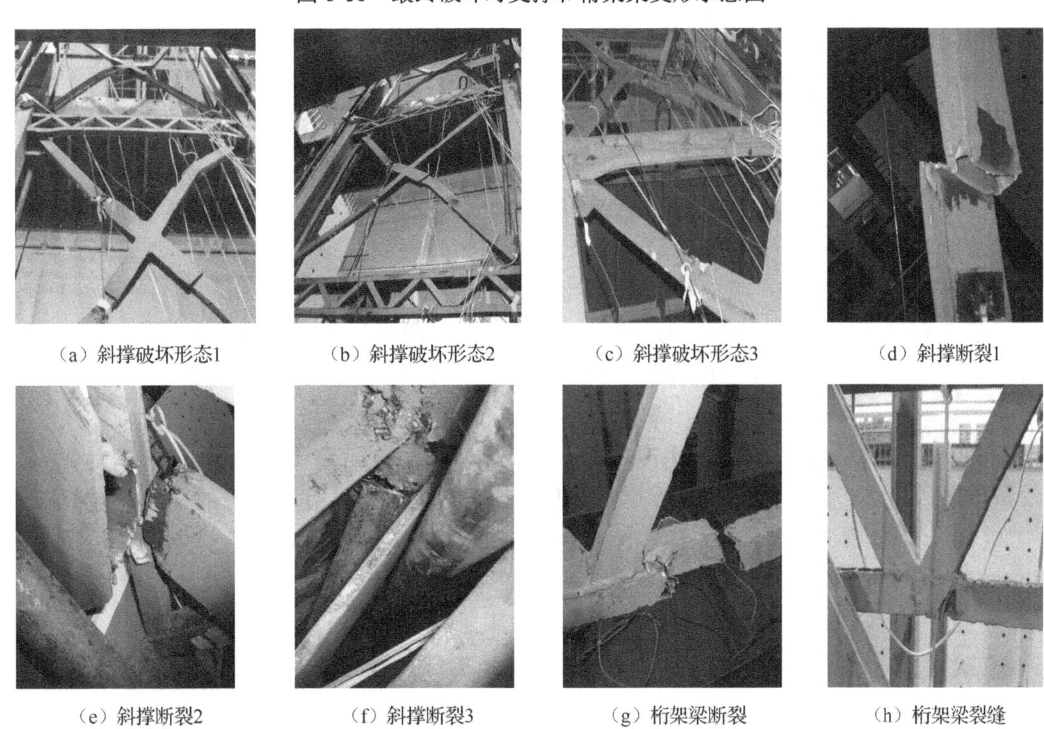

（a）斜撑破坏形态1　（b）斜撑破坏形态2　（c）斜撑破坏形态3　（d）斜撑断裂1

（e）斜撑断裂2　（f）斜撑断裂3　（g）桁架梁断裂　（h）桁架梁裂缝

图 6-11　巨型框架最终破坏时的构件破坏形态

试件的主要破坏过程描述如下。

（1）试验加载初期，框架处于弹性阶段，没有出现可见的破坏现象。

（2）第 15 循环负向加载过程中，框架中层交叉斜撑的受压支撑（斜撑 2-1）在节点板下方，出现肉眼可见的平面外屈曲，屈曲的方向向南。

（3）第 16 循环正向加载过程中，斜撑 2-1 由第 15 循环负向加载过程中的受压撑成为受拉撑，屈曲的位置由于受拉变为平直；此循环的受压撑（斜撑 2-2）未出现可见的破坏现象。

（4）第 17 循环至第 18 循环加载过程中，斜撑 2-1 的屈曲程度逐渐增大，同时，其位于节点板上方处也出现平面外屈曲，屈曲方向向北，至第 18 循环正向加载完毕，屈曲处最大挠度接近 2cm；斜撑 2-2 在第 18 循环正向加载过程中，节点板上方出现肉眼可见的平面外屈曲，屈曲方向向南。

（5）第 19 循环加载过程中，斜撑屈曲位置的挠度逐渐增加，第 19 循环正向加载完毕时，斜撑 2-2 在节点板下方出现肉眼可见的屈曲，屈曲方向向北；第 19 循环负向加载完毕时，斜撑 3-1 节点板上方和下方也出现平面外屈曲，上方屈曲方向向南，下方屈曲方向向北。

（6）第 20 循环正向加载过程中，斜撑 3-2 节点板上方和下方也出现平面外屈曲，上方屈曲方向向南，下方屈曲方向向北；第 21 循环负向加载完毕时，斜撑 2-1 节点板下方的屈曲弧度较大，位于节点板上方的屈曲发展成为弯折，弯折处漆皮脱落，斜撑钢板出现折痕。

（7）第 22 循环至第 27 循环加载过程中，斜撑平面外屈曲的挠度逐渐增加，第 24 循环正向加载过程中，斜撑 2-2 节点板上方的平面外屈曲发展成为弯折，弯折处漆皮脱落，斜撑钢板出现折痕；第 27 循环正向加载过程中，中层桁架梁（桁架梁 2）左侧与巨型柱的节点附近，下弦杆出现方向向南的平面外屈曲；第 27 循环加载完毕时，斜撑 2-1 节点板上方弯折处的折痕发展为裂缝，并延至钢管的三面钢板上。

（8）第 28 循环至第 30 循环加载过程中，斜撑平面外屈曲的挠度继续增加，第 28 循环负向加载过程中，斜撑 3-1 节点板上方的平面外屈曲发展成为弯折，弯折处漆皮脱落，斜撑钢板出现折痕；第 29 循环正向加载过程中，顶层桁架梁（桁架梁 3）下弦杆上第二节点右侧位置，弦杆被拉裂；第 29 循环负向加载过程中，斜撑 3-2 受压，其上端与巨型柱的节点处，出现受拉裂缝；第 30 循环正向加载过程中，桁架梁 3 下弦杆上，第四、五节点间突然断裂，发出响亮脆响。

（9）第 31 循环正向加载过程中，斜撑 3-2 节点板下方的平面外屈曲发展成为弯折，弯折处漆皮脱落，斜撑钢板出现折痕；桁架梁 3 下弦杆上第二节点右侧的开裂处被拉断。

（10）第 33 循环负向加载过程中，斜撑 3-2 受拉，节点板下方的弯折处被突然拉断，此时框架正向水平承载力大幅下降。

（11）第 34 循环正向加载过程中，斜撑 3-1 受拉，其上端与巨型柱的节点处位置被突然拉断，框架负向水平承载力大幅下降。试验加载过程结束。

6.2　中部两层框架抗震性能试验

6.2.1　试件设计

1 榀 1/25 缩尺的多腔体钢管混凝土柱巨型框架模型的原型为天津高银 117 大厦巨型

框架结构 9 个巨型层的第六和第七两个巨型层。取这两个巨型层的目的是，研究第 7 巨型层的柱截面比第 6 巨型层柱截面尺寸明显缩进情况下，其巨型柱在变截面部位受力特点及其对相邻巨型框架层的影响。其巨型柱为六边形多腔体钢管混凝土巨型柱，巨型梁为钢桁架梁，其巨型桁架梁的杆件为箱形截面钢构件，两个巨型层均加设 X 形巨型支撑，巨型支撑为箱形截面钢支撑。

巨型框架试验模型设计如图 6-12 所示。两个巨型层的巨型柱截面图如图 6-13（a）至图 6-13（b）所示，其中下部巨型层的巨型柱截面外廓尺寸为 358mm×164mm，钢管壁厚为 1.2mm；上部巨型层的巨型柱截面外廓尺寸为 290mm×130mm，钢管壁厚为 1.2mm。两个巨型层的巨型柱包含 5 个腔体，巨型柱各腔体内按照原型缩尺配置钢筋。两个巨型层的巨型支撑截面相同，如图 6-13（c）所示。巨型支撑截面外廓尺寸为 72mm×36mm，长边钢板壁厚为 5mm，短边钢板壁厚为 2mm。两个巨型层的巨型桁架梁及其杆件截面尺寸如图 6-13（d）和图 6-13（e）所示，图中钢板侧面标注的数字为钢板厚度。巨型框架模型的基础设在两个巨型柱根部，基础截面的刚度和强度均比巨型柱截面大，以形成对巨型柱的固端约束作用；每个巨型柱下部基础上留有四个锚固圆孔，将螺杆从上穿过基础锚固圆孔及与锚固圆孔对应的试验台座圆孔后上下拧紧螺母固定。

试件钢材和混凝土的力学性能同 6.1.2 节。

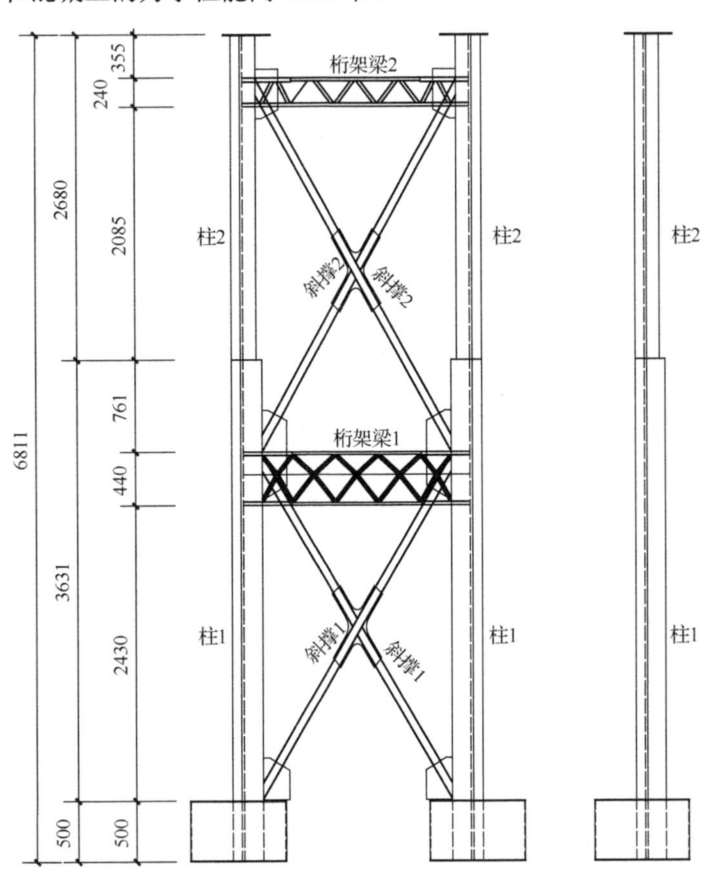

图 6-12 巨型框架模型设计图（尺寸单位：mm）

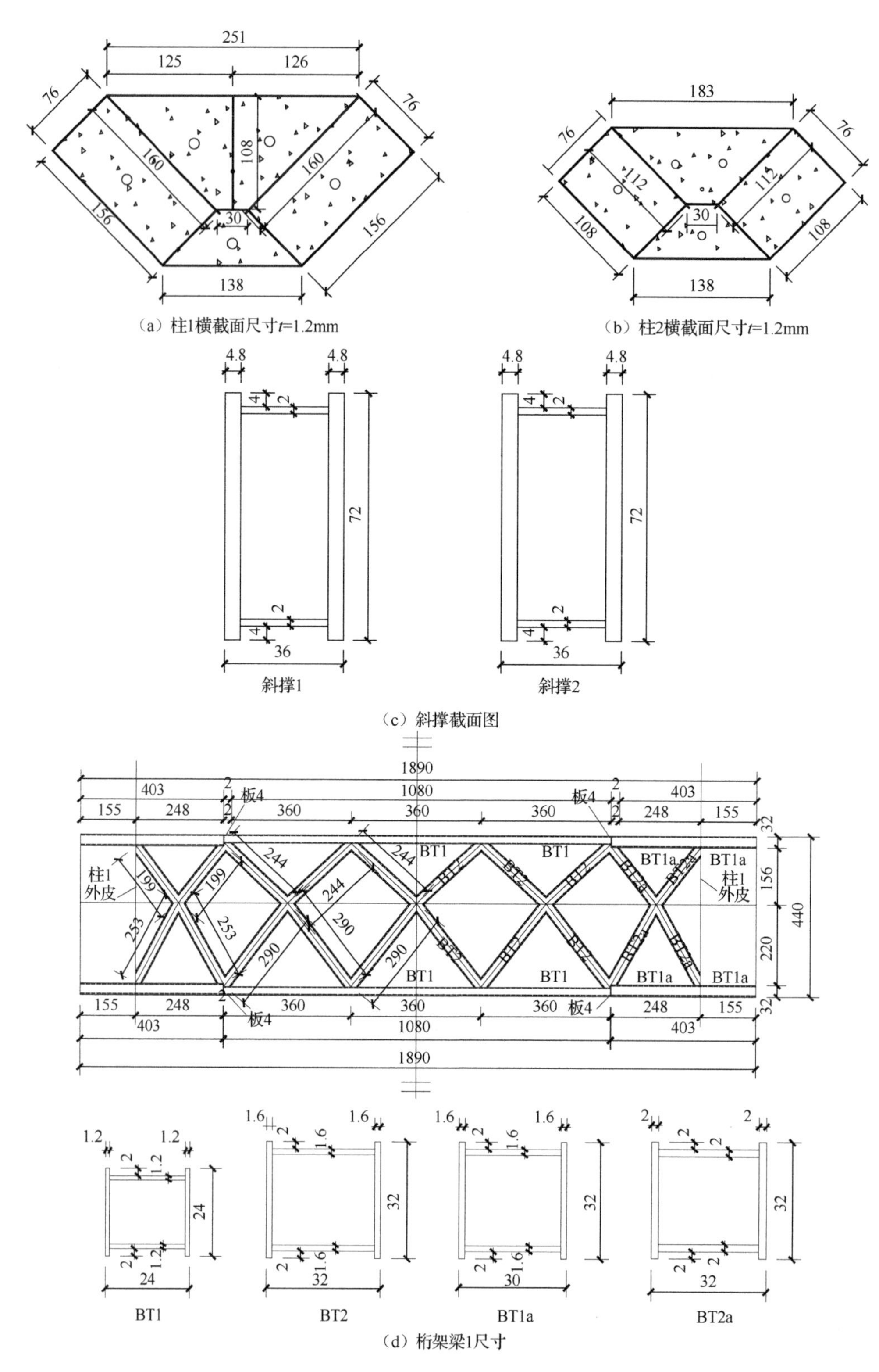

图 6-13　巨型框架模型截面图（尺寸单位：mm）

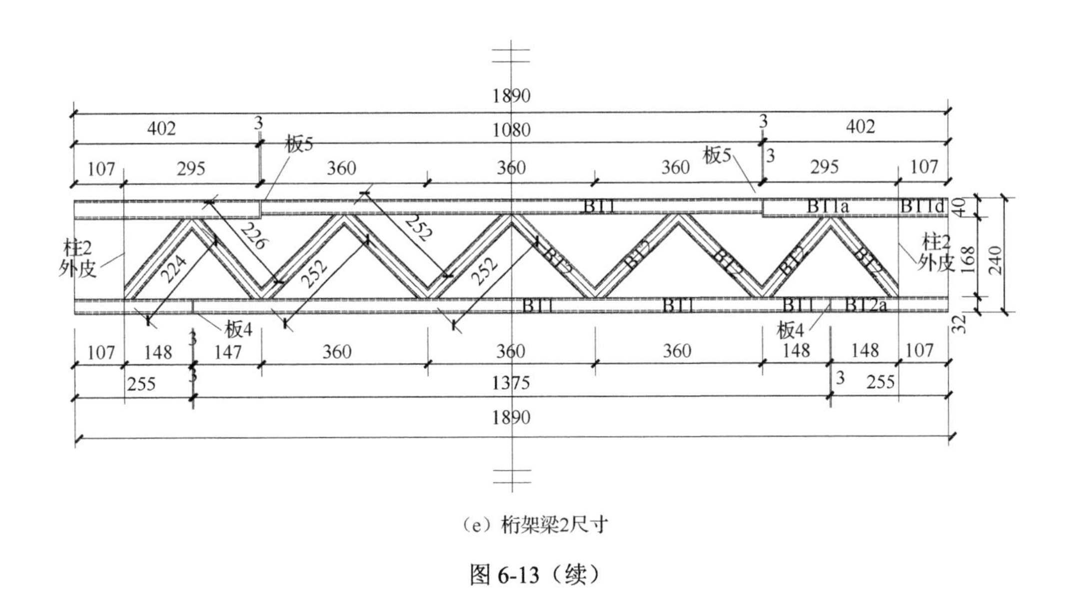

（e）桁架梁2尺寸

图 6-13（续）

6.2.2　试验方案与测点布置

1. 加载装置

本节采用的加载装置同 6.1 节。

2. 加载制度

试验中，首先施加竖向荷载。两个竖向千斤顶的荷载均加至 600kN，并在试验过程中保持不变。之后，在距基础顶面 5836mm 高度处施加低周反复水平荷载。试验初始阶段采用位移与荷载联合控制加载，进入弹塑性阶段后采用位移控制加载。

3. 测试内容及测点布置

为了测量巨型框架各高度处的水平位移及巨型层对角线方向位移，共布置了 4 个测试水平位移的位移计：位移计 1 和位移计 2 布置在上部桁架梁的上方和下方；位移计 3 和位移计 4 布置在下部桁架梁上弦杆水平位置。同时，在两个巨型层斜对角线之间各布置了 1 个拉线式位移计：拉线位移计 1 用于测量上部巨型层对角线相对位移，拉线位移计 2 用于测量下部巨型层对角线相对位移。位移计布置如图 6-14 所示。巨型框架各构件的应变反映了巨型框架的抗震机理与破坏机制，各构件的应变片布置如图 6-15 所示。加载过程中，记录各构件钢板的屈服与屈曲，以及混凝土破碎现象，记录现象发生的位置、尺寸和相应的荷载及所在循环次数。测点的位移、荷载、应变由 IMP 应变仪及计算机控制采集。

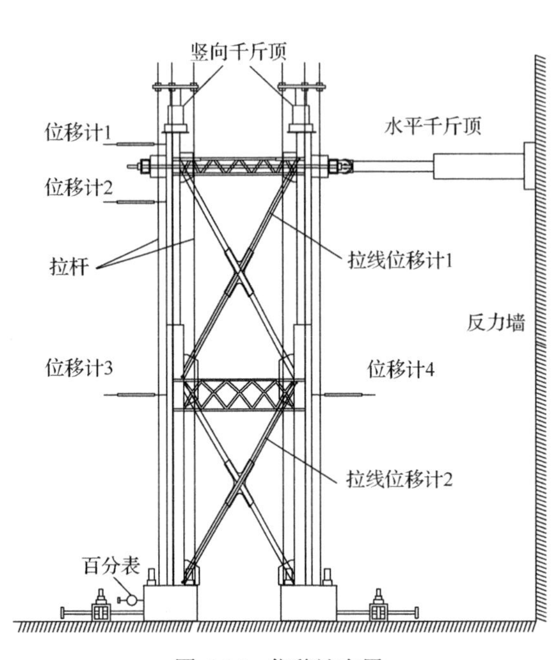

图 6-14　位移计布置

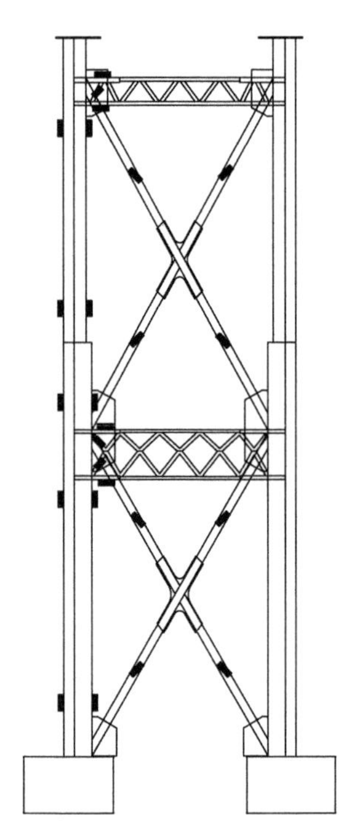

图 6-15　应变片分布

6.2.3　试验结果及分析

1. 承载力

巨型框架特征荷载实测值见表 6-5，表中 F_y 为上部巨型层层间屈服剪力，F_u 为上部巨型层层间极限剪力。

表 6-5　特征荷载实测值

F_y /kN			F_u /kN		
正向	负向	均值	正向	负向	均值
144.19	123.22	152.38	191.71	181.55	186.63

由表 6-5 可见：结构正负两向的上部巨型层层间极限剪力较为接近，相差 5.29%；上部巨型层层间屈服剪力与层间极限剪力的比值为 0.82。

试验表明：①模型上、下两层巨型柱截面结合部位工作性能较好，未出现该部位明显损伤破坏现象；②上部巨型层承载能力小于下部巨型层。本次试验只在二层巨型梁位置施加低周反复水平荷载，因此，上、下巨型层的层间剪力均等于所施加的水平荷载值，当上部巨型层达到屈服层间剪力时，下部巨型层尚未出现明显屈服现象。该试验模型的屈服水平荷载事实上是上部巨型层的层间屈服剪力，极限水平荷载也是上部巨型层的层间极限剪力。

2. 刚度

实测的上部巨型层层间刚度-层间位移角（K-θ）关系曲线如图 6-16 所示。实测所得巨型框架上部巨型层不同阶段刚度及其退化系数列于 0。

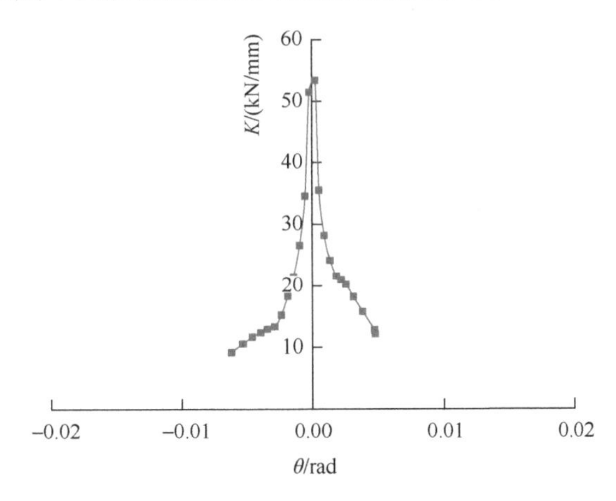

图 6-16　上部巨型层层间刚度-层间位移角关系曲线

由图 6-16 和表 6-6 可知：随着上部巨型层位移角的增大，上部巨型层的层间刚度逐渐退化；开始阶段退化速度较快，其中负向从初始加载至 1/419 位移角刚度退化速度较快，正向从初始加载至 1/463 位移角刚度退化速度较快；之后，正负两向刚度退化的速度明显减慢，减慢趋势近似线性。

表 6-6　不同阶段刚度及其退化系数

K_0 /(kN/mm)			K_y /(kN/mm)			β_{y0}		
正向	负向	平均	正向	负向	平均	正向	负向	平均
53.39	51.48	52.44	20.21	12.96	16.59	0.38	0.25	0.32

3. 滞回特性及骨架曲线

实测所得巨型框架距基础表面 5836mm 高度处的水平荷载-顶点位移（F-Δ）滞回曲线如图 6-17 所示，相应的骨架曲线如图 6-18 所示。

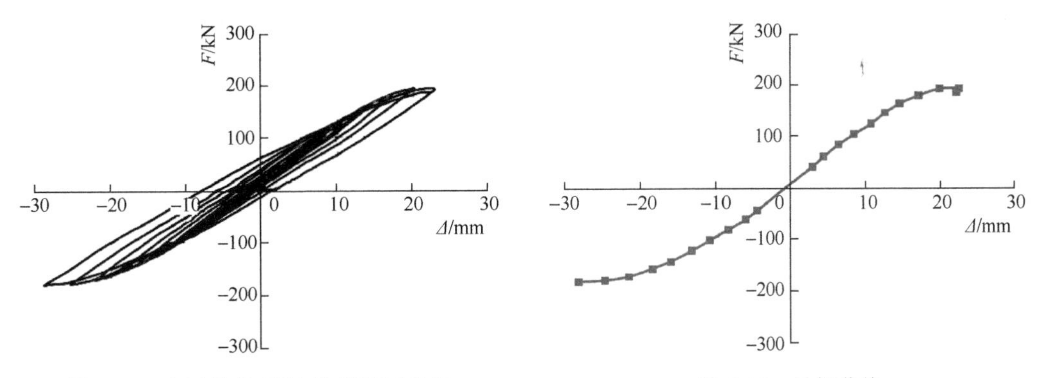

图 6-17　水平荷载-顶点位移滞回曲线　　图 6-18　骨架曲线

实测所得上、下巨型层的层间剪力-层间位移（F-Δ_i）滞回曲线如图 6-19（a）、图 6-19（b）所示，相应的骨架曲线如图 6-19（c）、图 6-19（d）所示。其中，Δ_1 为下部巨型层层间位移，Δ_2 为上部巨型层层间位移。实测所得上、下巨型层的层间剪力-对角线位移（F-$\Delta_{\Delta i}$）滞回曲线如图 6-20（a）、图 6-20（b）所示，相应的骨架曲线如图 6-20（c）、图 6-20（d）所示。其中，$\Delta_{\Delta 1}$ 为下部巨型层对角线位移，$\Delta_{\Delta 2}$ 为上部巨型层对角线位移。

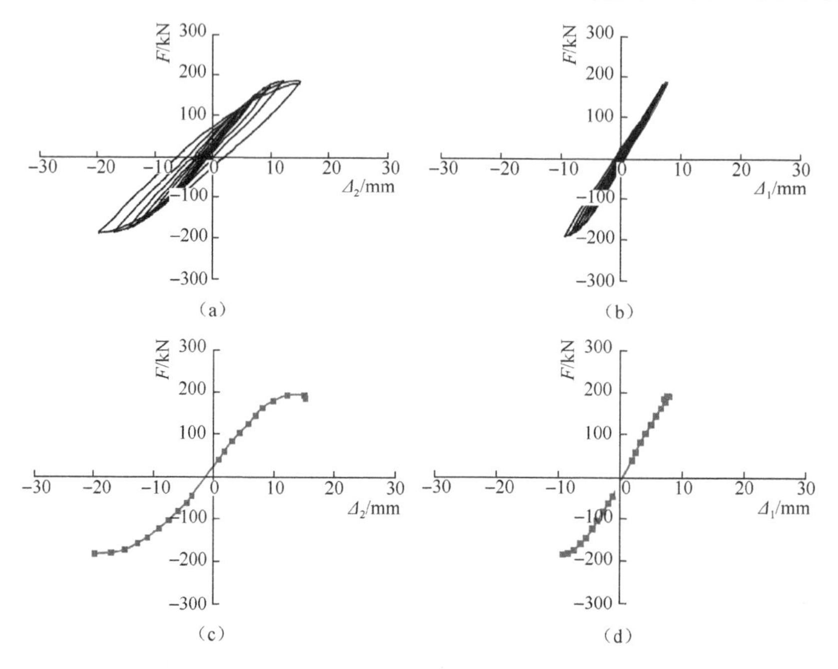

图 6-19　层间剪力-层间位移关系曲线

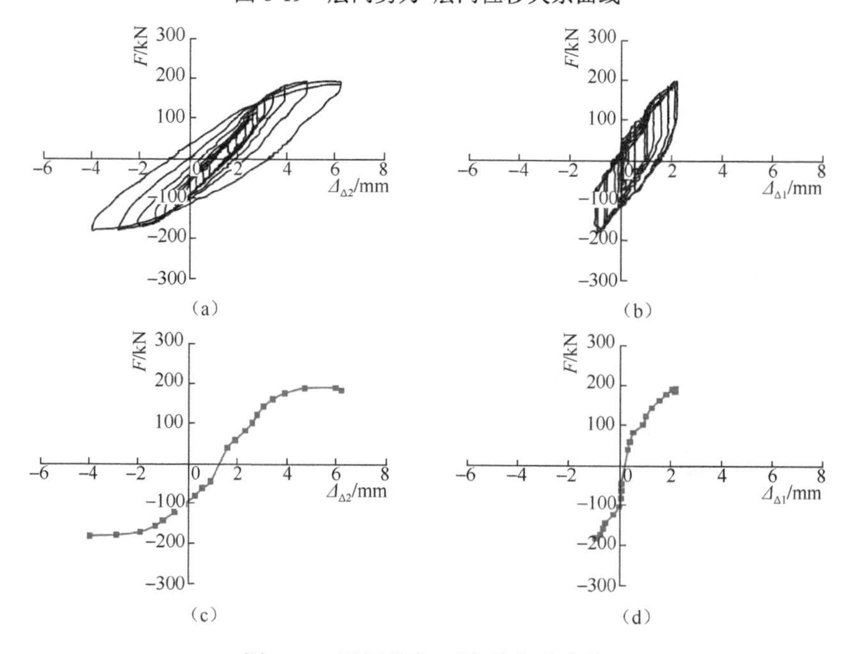

图 6-20　层间剪力-对角线位移曲线

由图 6-19 和图 6-20 可见，巨型框架具有良好的抗震耗能性能，工作性能较为稳定；下部巨型层层间位移角相对较小，上部巨型层层间位移角相对大些；上部巨型层的对角线位移大于下部巨型层对角线的位移。

4. 破坏特征

图 6-21 为巨型框架最终破坏时的构件破坏形态。

（a）斜撑1屈曲变形

（b）斜撑1断裂

图 6-21　巨型框架最终破坏时的构件破坏形态

由图 6-21 可见，巨型框架支撑作为第一道防线首先屈服、屈曲，之后巨型框架发挥关键的抗震作用。

6.3　工程案例与应用

对天津高银 117 大厦巨型框架第 6 和第 7 两个巨型层框架进行了 1/25 缩尺的六边形多腔体钢管混凝土柱巨型框架模型的低周反复荷载试验，分析研究了巨型框架的承载力、延性、刚度、滞回特性及破坏过程，研究结果表明：

（1）研究的天津高银 117 大厦巨型柱框架 9 个巨型层的第 6 层和第 7 层两个巨型层框架，实现了支撑作为第一道防线首先屈服，之后巨型框架的桁架梁端上、下弦杆屈服的“强柱、弱梁”延性屈服机制。

（2）研究的巨型框架具有良好的抗震耗能性能，工作性能较为稳定；第 6 巨型层位移角相对较小，第 7 巨型层位移相对大，均满足抗震设计要求。

作者与奥雅纳工程咨询（上海）有限公司北京分公司合作，分别进行了天津高银 117 大厦 9 个巨型层的底部三层巨型框架模型、第 6 和第 7 巨型层框架模型的低周反复荷载试验研究、理论分析和设计研究。

本章研究为天津高银 117 大厦六边形多腔体钢管混凝土巨型柱框架抗震设计提供了依据。

6.4 小　结

通过对2榀1/25缩尺的六边形钢管混凝土巨型柱框架的低周反复荷载试验，分析研究了巨型框架的承载力、延性、刚度、滞回特性及破坏过程，主要结论如下。

（1）研究的巨型框架结构，实现了支撑作为第一道防线首先屈服，之后巨型框架的桁架梁端上下弦杆屈服的“强柱、弱梁”延性屈服机制。

（2）研究的巨型框架具有良好的抗震耗能性能，其滞回环饱满，中部捏拢较轻，工作性能较为稳定；底部巨型层位移角相对较小，第三巨型层的对角线位移大于第二巨型层对角线的位移。

（3）该巨型框架的刚度退化，经历了较快退化到缓慢退化的过程；在这一刚度退化过程中，巨型框架工作性能退化相对稳定，表明其原型设计较为合理。

作者与奥雅纳工程咨询（上海）有限公司北京分公司合作，分别进行了天津高银117大厦9个巨型层的底部三层巨型框架模型、第6和第7巨型层框架模型的低周反复荷载试验研究、理论分析和设计研究。

本章研究为天津高银117大厦六边形多腔体钢管混凝土巨型柱框架抗震设计提供了依据。

第 7 章　八边形钢管混凝土巨型柱受压性能与抗震性能

7.1　轴压性能试验

7.1.1　试验概况

1. 试件设计

结合北京中国尊大厦底部八边形十三腔体钢管混凝土巨型柱，设计了 3 个多边异形截面钢管混凝土柱试件，试件缩尺为1/13，截面强轴尺寸为1060mm，弱轴尺寸为476mm，截面面积为 0.378m^2。3 个试件主要区别为截面构造不同，试件 CFST-1 为基本型截面，与原型结构相比基本保留了钢筋笼、横隔板、管壁栓钉等内部构造；试件 CFST-2 为简化型试件，与试件 CFST-1 相比，取消内部钢筋笼；试件 CFST-3 为加强型试件，在试件 CFST-1 基础上，在强轴两端腔体内设置圆钢管。多腔钢管采用 4mm 钢板焊接而成；纵向加劲肋采用 3mm 厚钢板，宽度为 23mm，沿试件高度通长布置；钢筋笼纵筋和箍筋均采用ϕ2 铁丝；角部腔体圆钢管外直径为 90mm，壁厚 4mm。所有试件均设置 4mm 厚水平横隔板，横隔板间距为 300mm，横隔板宽度为 50mm，横隔板上设置有直径 10mm 圆孔，用于钢筋笼穿过横隔板进行搭接，横隔板尺寸经过有限元分析在极限状态时能够达到屈服确定。栓钉用于增强钢管与混凝土的界面黏结性能，按照原型设计参数布置。试件截面设计如图 7-1 所示。试件详细参数见表 7-1。

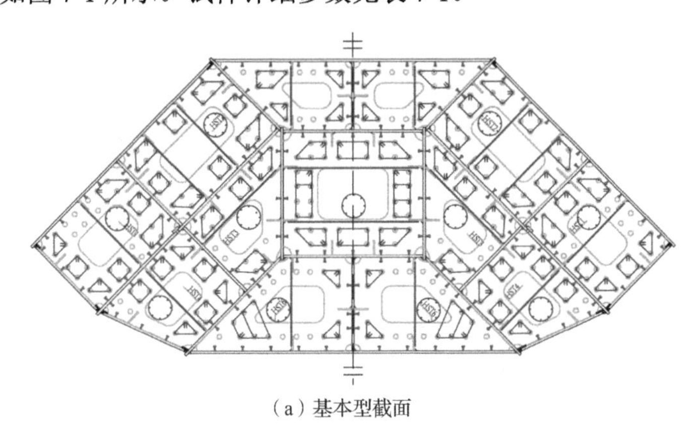

（a）基本型截面

图 7-1　试件截面设计（尺寸单位：mm）

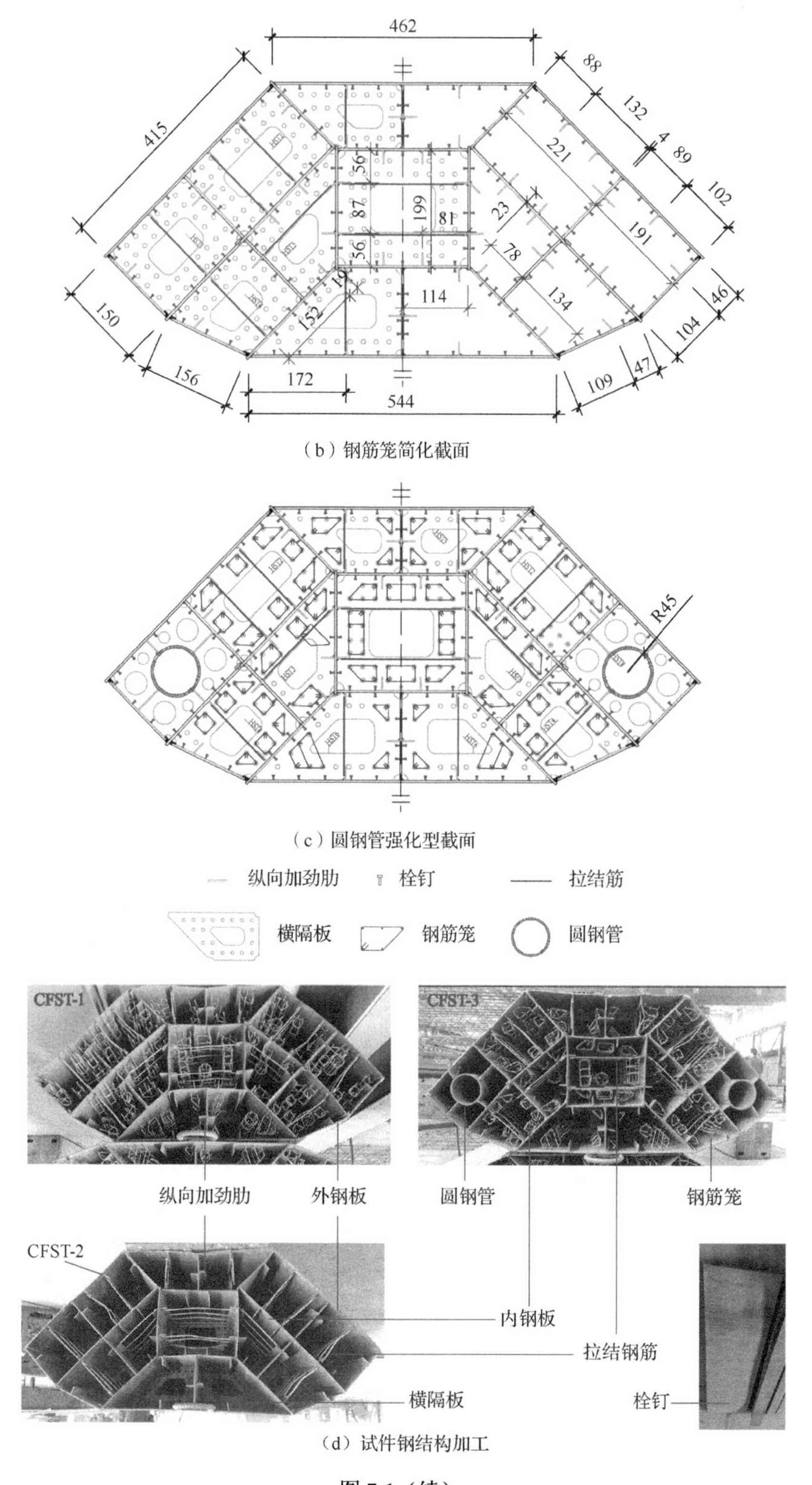

（b）钢筋笼简化截面

（c）圆钢管强化型截面

（d）试件钢结构加工

图 7-1（续）

表 7-1　试件详细参数

试件	构造特征	面积（截面含钢率）/(10^4mm^2)					
		总面积 A_t	钢管 A_s	纵向加劲肋 A_{ls}	纵向钢筋 A_r	圆钢管 A_{cs}	混凝土 A_c
CFST-1	内置钢筋笼	37.8	2.3（6.47%）	0.41（1.63%）	0.15（0.41%）		34.9
CFST-2	无钢筋笼	37.8	2.3（6.47%）	0.41（1.63%）			35.1
CFST-3	内置圆钢管	37.8	2.3（6.47%）	0.41（1.63%）	0.15（0.41%）	0.21（0.60%）	34.8

为了避免柱在两端加载位置处发生局部屈曲，在柱两端设置 250mm 高加载端头，柱（包括钢管和混凝土）内嵌入加载端头内。加载端头为内填混凝土的钢箱，钢箱钢板厚度为 10mm，内填混凝土与多腔钢管混凝土内混凝土相同。同时，为了保证竖向力均匀的作用在截面上，避免出现偏心受压，加载头的形心与试件截面形心重合。试件外部尺寸设计如图 7-2 所示。

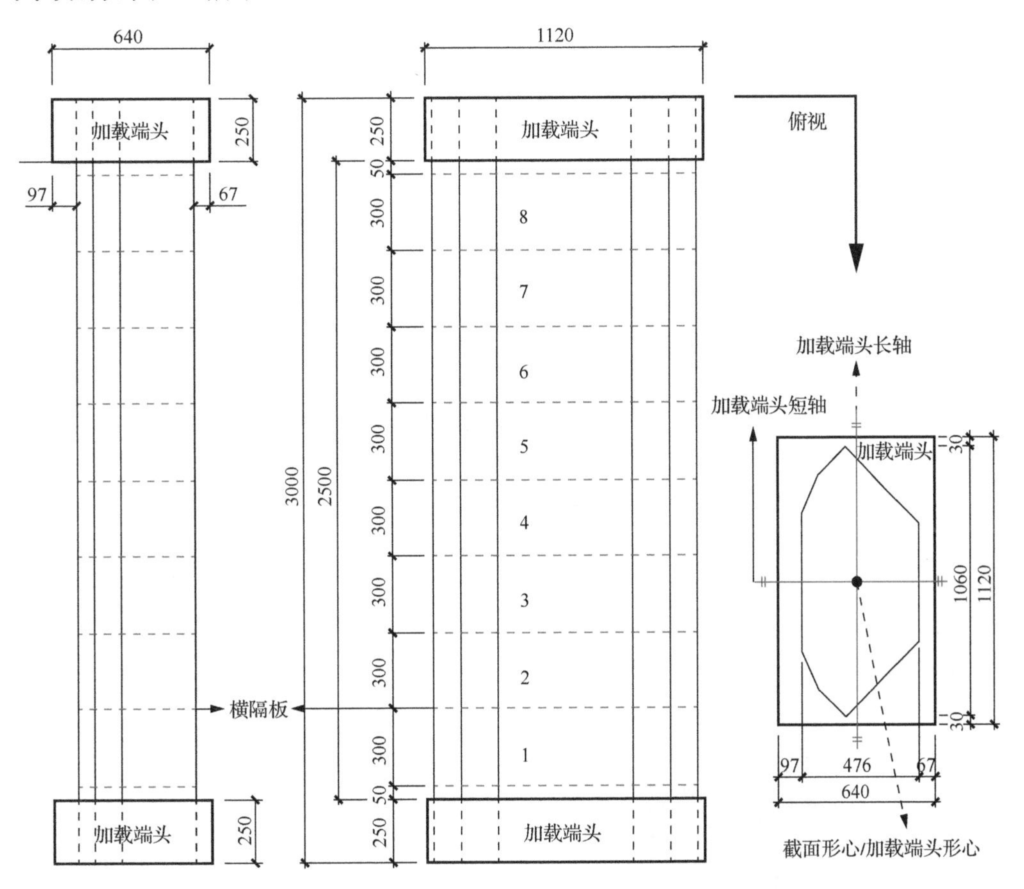

图 7-2　试件外部尺寸设计（尺寸单位：mm）

2. 试件制作

试件截面构造非常复杂，零部件较多。因此，为了保证加工过程能够顺利进行，对试件加工步骤进行拆图，并采用 SolidWorks 软件对试件的加工装配过程进行模拟，分析在加工过程中各零部件之间的相互干涉问题并及时予以修正，确定合理的加工顺序。拆图方案及 SolidWorks 三维模型如图 7-3 所示。试件加工过程如图 7-4 所示。

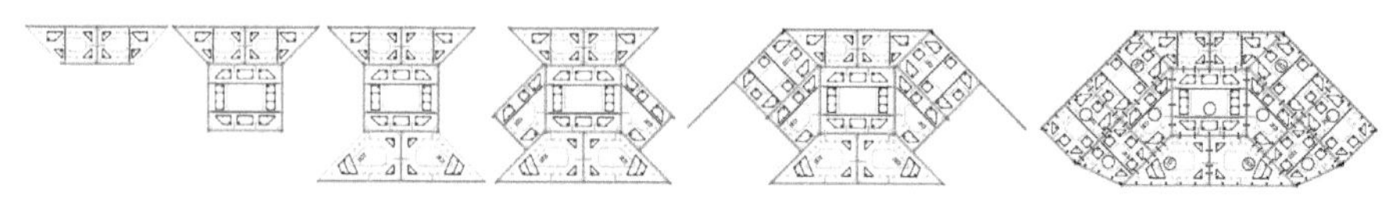

（a）CAD 拆图顺序（部分过程）

（b）SolidWorks 三维建模

图 7-3　拆图方案及 SolidWorks 三维模型

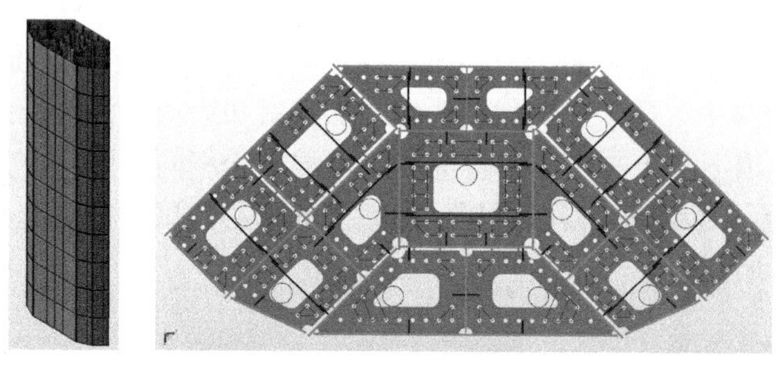

图 7-4　试件加工过程

3. 材料性能

为保证后期理论计算以及有限元分析的准确性，对试件加工过程中使用的各种钢材实际尺寸进行测量，并测量其实际力学性能。材料性能测试现场如图 7-5 所示。

（a）混凝土抗压强度测试

（b）钢材应力-应变曲线测试

图 7-5　材料性能测试现场

4mm 厚钢板实测厚度为 3.75mm，3mm 厚钢板实测厚度为 2.85mm，2mm 铁丝实测直径为 2.16mm，圆钢管实测外直径为 89.00mm，实测壁厚为 3.85mm。混凝土立方体抗压强度采用 150mm×150mm×150mm 立方体试块测得，实测立方体抗压强度f_{cu}=51.2MPa，弹性模量 E_c=3.0×10^{4}MPa。表 7-2 为钢材实测力学性能，其中 f_y 为钢材屈服强度，f_u 为钢材极限强度，E_s 为钢材弹性模量，δ 为钢材伸长率。

表 7-2　钢材实测力学性能

材料	用途	实际厚度（直径）/mm	f_y/MPa	f_u/MPa	E_s/MPa	δ/%
4mm 钢板	多腔钢管/横隔板	3.75	393.1	527.8	1.9×10^5	28.6
ϕ2 钢丝	钢筋笼	2.16	438.1	457.2	2.2×10^5	16.4
ϕ90×4 圆钢管	圆钢管	3.85	361.3	531.7	2.0×10^5	17.1
3mm 钢板	纵向加劲肋	2.95	338.3	471.0	2.0×10^5	27.0

4. *加载方案*

试验在北京工业大学 40000kN 大型压力机上进行，加载装置如图 7-6 所示。

图 7-6　加载装置

在上、下加载端头之间布置 4 个竖向位移计（分别编号为位移 1、2、3、4）监测试件整体压缩变形，用于判断试件是否发生明显的不均匀变形，预防试件发生倾覆。考虑到加载端头对柱产生环箍作用，影响区域近似为截面短边尺寸。因此，选择试件中部 1200mm 标距段内设置两个竖向位移计（位移 5、6），监测标距段位移，以此减小端头环箍效应对试件变形测量值的影响。位移计 5、6 的平均值用于计算试件的等效压缩应变。

横隔板将试件纵向分为 8 层，在每层均设置有应变片。在每层中部位置设置两种纵向应变片：一种为腔体中部纵向应变片，设置在腔体中间位置，用于监测腔体中部纵向压应变，如应变 a1、a2、b1、b2、d1、d3、d5、d7、d9、d11、e1、e2、e3、e4、e5、e6、f1、f2、g1、g2、g3、g4、g5、g6、h1、h2、i1、i2；另一种为腔体边缘应变片，在截面转角处以及内部有内钢板处设置，用于监测腔体边缘处纵向应变发展，如应变 d2、d4、d6、d8、d10、d12。两种纵向应变片用于判断截面应变发展是否符合平截面。

钢管混凝土柱中钢管对混凝土的约束作用为被动约束，即内部混凝土膨胀使钢管被迫对混凝土产生约束作用，此时钢管横向表现为拉伸变形。为了判断钢管对核心混凝土是否具有约束作用，在钢管腔体中部对应纵向应变片设置横向应变片，如应变 d1h、d3h、d5h、d7h、d9h、d11h、g1h、g2h、g3h、g4h、g5h。在钢管混凝土柱中，横隔板具有与 RC 柱箍筋类似的作用，对混凝土的横向膨胀也会产生约束作用。为了判断横隔板约束作用，在横隔板处同样设置了横向应变片，如应变 c1h、c2h、c3h、c4h、c5h、c6h。位移计及应变片布置如图 7-7 所示。

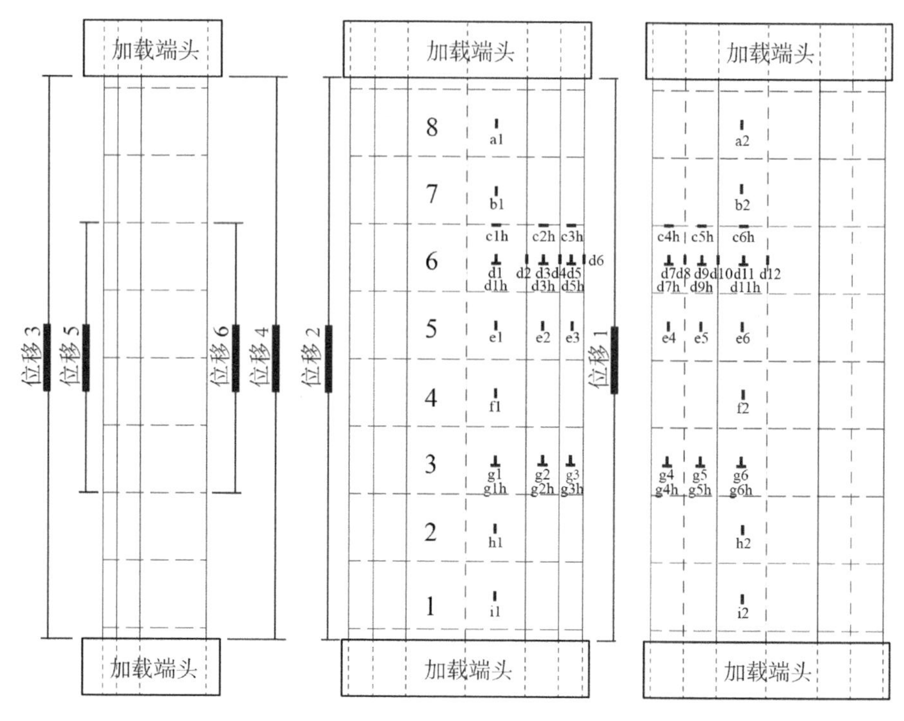

图 7-7　位移计及应变片布置

试件加载制度采用荷载-位移联合控制。在试件出现明显屈服之前，采用荷载控制，每级荷载增量为 2000kN，试件出现明显屈服（此时明显屈服位移定义为$\bar{\Delta}_y$），之后采用位移控制加载，每级位移增量为$\bar{\Delta}_y$。每级加载均卸载至 2000kN 后开始下一级加载；当承载力下降至极限荷载 85%以下时，停止试验。加载制度如图 7-8 所示。

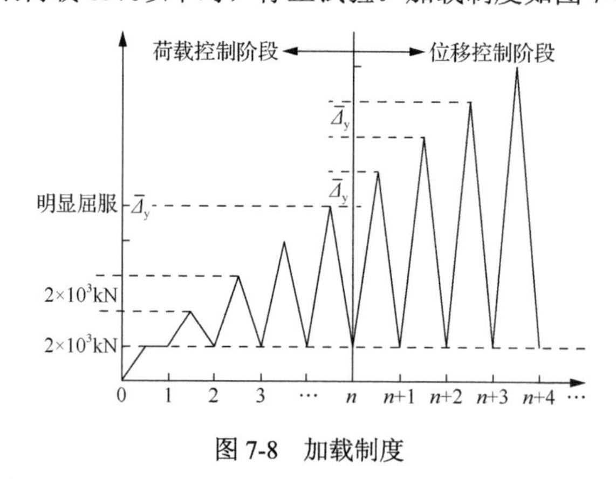

图 7-8　加载制度

7.1.2　损伤过程

试件截面形式为八边形十三腔体，为了更加清晰地描述损伤发展的过程，对钢管腔体及外钢板进行编号，如图 7-9 所示。试件 CFST-1 与试件 CFST-2 的损伤发展过程基本相同，而试件 CFST-3 损伤过程与 CFST-1 存在一些差异。

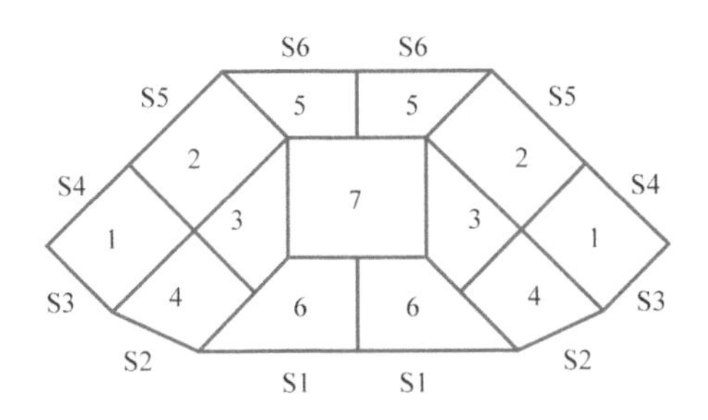

图 7-9　钢管腔体及外钢板编号

1. 试件 CFST-1 和试件 CFST-2 损伤过程

试件 CFST-1 和试件 CFST-2 的损伤发展过程基本一致，没有显著差别，说明内置钢筋笼对试件的损伤发展没有显著的影响。钢管明显鼓曲首先发生在腔体 6 的 3～6 层，然后沿高度方向向加载端发展，这说明两端端头对试件的环箍效应对试件损伤发展的影响是客观存在的。因此，选择中部 1200mm（3～6 层）作为标距段是合理的。随着荷载增加，腔体 5 开始出现明显鼓曲，鼓曲位置同样发生在 3～6 层范围。腔体 5 鼓曲产生晚于腔体 6，分析原因为钢板 S1 长度大于钢板 S6，钢板 S1 宽厚比较大，更容易发生屈曲。因为截面沿弱轴的截面惯性矩小于截面沿强轴的截面惯性矩，因此最初损伤沿弱轴方向发展。随着弱轴方向损伤加剧，应力发生重分布，损伤开始沿强轴方向发展，腔体 1 钢板开始出现鼓曲变形，腔体 1 角部焊缝开裂，可以看到内填混凝土被压碎，钢筋笼发生明显屈曲变形。在纵向应变达到 2.4×10^{-3} 时，S6 首先出现 45° 滑移线，然后滑移线出现区域沿强轴逐渐发展，45° 滑移线在钢管中部区域及横隔板位置均有出现。最终，试件形成沿弱轴方向的斜向破坏面。试件 CFST-1 破坏形态如图 7-10 所示。

图 7-10　试件 CFST-1 破坏形态

2. 试件 CFST-3 损伤过程

试件 CFST-3 与试件 CFST-1 相比，损伤发展过程基本一致，但因为在角部腔体内置圆钢管，从而导致腔体 1 损伤发展有一些不同。对于试件 CFST-1，滑移线首先出现在腔体 6，然后沿强轴向两端发展。试件 CFST-3 滑移线同时出现在 S6 和 S3，说明内置圆钢管提高了腔体 1 对内部混凝土的约束作用。对于试件 CFST-1，焊缝开裂首先发生在腔体 1 角部，而试件 CFST-3 腔体 1 在达到破坏点时仍然未发生撕裂，说明腔体 1 处于截面形状突变处，存在应力集中现象，而圆钢管能够显著改善应力集中对损伤发展的影响。试件 CFST-3 最终破坏面也是沿弱轴方向的斜面。试件 CFST-3 破坏形态如图 7-11 所示。

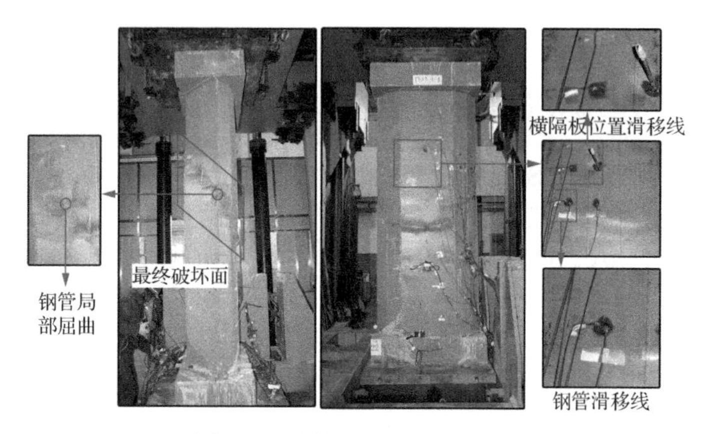

图 7-11　试件 CFST-3 破坏形态

3. 损伤特征分析

各试件的最终破坏面均为沿弱轴方向的斜向剪切面，与短柱轴压试件破坏现象试件类似，说明钢板及混凝土材料性能得到了充分利用，同时也说明对于不对称截面，弱轴方向为薄弱受力方向。试件损伤过程中，在钢板中部及横隔板位置均出现了 45° 方向滑移线。滑移线的出现与钢材拉伸屈服有关，而纵向钢板在轴压作用下近似认为处于纵向受压，横向受拉的平面应力状态。滑移线的出现说明钢管和横隔板具有较高的横向拉应力水平。因此，初步判断钢管及横隔板均能够为混凝土提供有效的约束作用。

7.1.3　试验结果及分析

1. 荷载-变形曲线

图 7-12 为实测试件荷载-位移（N-Δ）曲线，其中，底部横坐标为标距段平均位移，顶部横坐标为标距段等效应变［按照（Δ/1200mm）$\times 10^6$ 计算］。线 1 为拟合弹性阶段加载线，线 2 为极限状态时拟合加载线，线 3 为极限状态时拟合卸载线，线 4 为破坏点对应的拟合加载线，线 5 为破坏点对应的拟合卸载线。可以看出，多次加载卸载过程中，各试件加载刚度和卸载刚度退化不明显。对于混凝土在加卸载作用下的加载、卸载及再加载刚度的相关研究表明：素混凝土的加载、卸载及再加载刚度逐渐减小，而当混凝土受到有效的围压作用时，其加载、卸载及再加载刚度退化显著减缓，典型混凝土加卸载应力-应变曲线如图 7-13 所示。这说明多腔钢管对混凝土具有良好的约束作用。

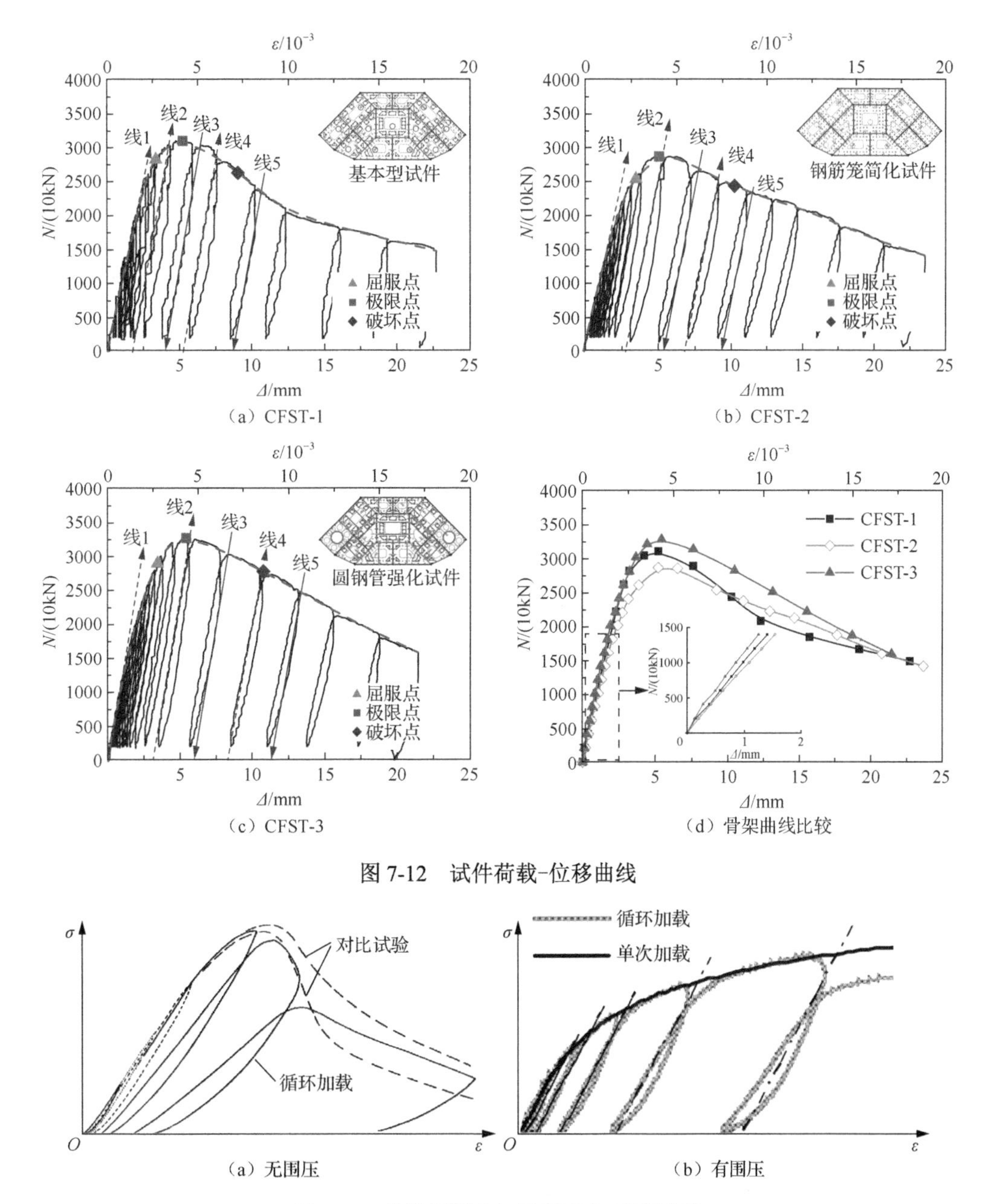

(a) CFST-1　(b) CFST-2

(c) CFST-3　(d) 骨架曲线比较

图 7-12　试件荷载-位移曲线

(a) 无围压　(b) 有围压

图 7-13　典型混凝土加卸载应力-应变曲线

由图 7-12（d）骨架曲线可知以下结论。

（1）试件加载初期，试件 CFST-3、CFST-1、CFST-2 曲线斜率依次下降，刚度依次减小，说明钢筋笼能够有效提高试件的初始刚度，圆钢管能够进一步提高试件初始刚度。

（2）试件 CFST-3、CFST-1、CFST-2 承载力依次下降，说明内置圆钢管及钢筋笼能够有效提高试件承载能力。试件 CFST-1 在极限承载力以后曲线下降明显较快，分析原因可能为试件进入塑性阶段后，因为箍筋间距较大，对纵筋屈曲约束较弱，纵筋屈曲加速了混凝土的劈裂过程，导致曲线下降加快，其具体原因还需进一步的分析。试件 CFST-3 同样内置钢筋笼，但因为角部内置圆钢管，后期曲线并未出现明显的加速下降，说明角部内置圆钢管在提高试件承载能力的同时能够显著改善试件的后期工作稳定性。

2. 承载力分析

表 7-3 为主要特征点实测数据。其中，N_y 为屈服荷载，采用能量法计算，能量法计算模型如图 7-14 所示；Δ_y 为屈服位移，对应屈服荷载；N_u 为极限荷载；Δ_u 为极限位移，对应极限荷载；N_d 为破坏荷载，为极限荷载的 85%；Δ_d 为破坏位移，对应破坏荷载；η 为屈强比，$\eta=N_y/N_u$，代表结构从屈服状态到极限状态的强度储备能力，屈强比越小，强度储备能力越好；μ 为位移延性系数，$\mu=\Delta_d/\Delta_y$，μ 越大，延性越好。

表 7-3　主要特征点实测数据

试件	N_y/ 10kN	Δ_y/ mm	ε_y/ 10^{-6}	N_u/ (10kN)	Δ_u/ mm	ε_u/ 10^{-6}	N_d/ (10kN)	Δ_d/ mm	ε_d/ 10^{-6}	η	μ
CFST-1	2815.9	3.35	2788	3087.1	5.21	4342	2624.0	9.02	7517	0.912	2.69
CFST-2	2518.0	3.60	3003	2850.0	5.20	4333	2422.5	10.35	8625	0.884	2.88
CFST-3	2861.7	3.43	2862	3262.5	5.44	4529	2773.1	10.81	9008	0.877	3.15

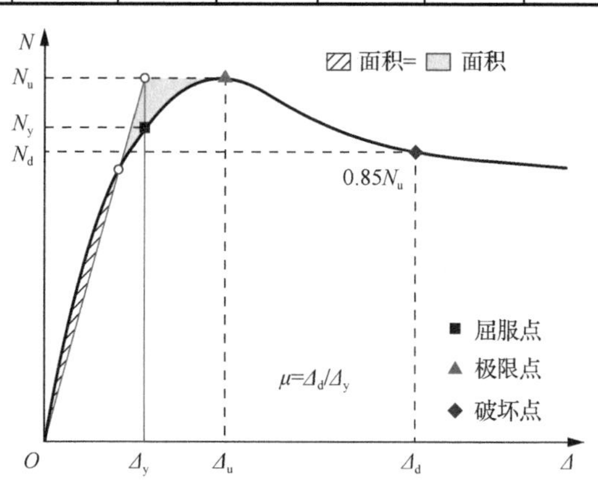

图 7-14　能量法计算模型

分析表 7-3 及图 7-12 中实测结果如下。

（1）与无钢筋笼试件 CFST-2 相比，有钢筋笼试件 CFST-1 承载力（2371kN）提高 8.32%，屈服荷载（2384kN）提高 9.25%。试件 CFST-1 中纵筋面积 A_r=1465.0mm^2，纵筋对承载力的直接贡献为 $N_r=A_r\times f_{yr}$=759kN<2371kN，这表明纵筋对承载力的贡献不仅仅表现在自身产生的直接贡献，而是同时对混凝土产生约束作用，对承载力提供额外的贡献。

（2）与内置钢筋笼试件 CFST-1 相比，内置圆钢管试件 CFST-3 承载力（1754kN）提高 5.68%，屈服荷载（458kN）提高 1.63%。试件 CFST-3 中内置圆钢管面积为 A_{cs}=2059.8mm^2，钢管对承载力的直接贡献为 $N_{cs}=A_{cs}\times f_{ycs}$=744kN<1754kN，表明圆钢管除直接的强度贡献外，还对混凝土产生约束作用，对承载力提供额外的贡献。

（3）有钢筋笼试件 CFST-1 因屈服后较快达到极限荷载，屈强比显著较大。无钢筋笼试件 CFST-2 因为屈服荷载较低，所以屈强比较小。虽然圆钢管试件 CFST-3 与钢筋笼试件 CFST-1 相比屈服荷载提升不明显，但是从骨架曲线可以看出，达到屈服后，圆钢管试件 CFST-3 承载力仍然具有更大的上升空间，因此具有更小的屈强比。

（4）比较试件 CFST-1 和试件 CFST-3 骨架曲线可以看出，试件进入屈服以后，圆钢管试件 CFST-3 荷载仍然有明显上升，钢筋笼试件 CFST-1 荷载上升不明显。这与圆钢管对混凝土的约束机制有关，圆钢管对核心混凝土的峰值应变提高程度较非圆形钢管大。因此，当应变超过非圆形钢管核心混凝土峰值应变后，圆钢管混凝土仍然能够继续提供承载力，从而使承载力继续增加。

3. 延性分析

从表 7-3 中延性系数可以看出以下几点。

（1）试件 CFST-1、CFST-2、CFST-3 延性系数依次增加，延性逐渐增强。

（2）结合图 7-12 可以看出，加载后期试件 CFST-1 曲线明显下降较快。因此，钢筋笼试件 CFST-1 延性系数较无钢筋笼试件 CFST-2 减小，延性降低。分析原因可能为：因为纵向钢筋直径较小，所以钢筋笼采用钢筋为光圆钢筋。光圆钢筋与混凝土界面黏结性能较差，容易发生界面分离。同时，箍筋间距较大，钢筋笼中配箍率较低，对纵筋的屈曲变形缺少约束能力。因此，加载后期，钢筋笼与混凝土黏结界面损伤严重，此时纵筋的弯曲会加剧混凝土劈裂，其具体原因有待进一步研究。

（3）内置圆钢管试件 CFST-3 延性系数较钢筋笼试件 CFST-1 明显增加，与试件 CFST-2 基本相同。说明内置圆钢管与多腔钢管在加载后期仍然具有良好的共同工作性能，有效提高试件的延性。

4. 恢复能力分析

当外荷载撤离时，结构具有一定的恢复能力，引入变形恢复系数 γ 表示试件恢复能力。γ 为每级加载达到的最大位移与竖向荷载卸载至 2000kN 时残余位移的比值，如式（7-1）所示。其中，$\varDelta_i$ 为每级加载达到的最大位移，$\varDelta_j$ 为试件从 $\varDelta_i$ 卸载至 2000kN 时的残余位移。γ 越大，表明试件恢复能力越强，变形能力越好，残余变形越小。图 7-15 为各试件 γ-$\varDelta$ 曲线。

$$\gamma = \frac{\varDelta_i}{\varDelta_j} \tag{7-1}$$

分析图 7-15 可知以下结论。

（1）钢筋笼试件 CFST-1 变形恢复系数明显较小，恢复能力较无钢筋笼试件 CFST-2 弱，分析原因为，钢筋笼与混凝土存在大量黏结界面，黏结界面的分离具有不可恢复性，导致卸载之后试件较难恢复到初始状态。

（2）内置圆钢管试件 CFST-3 变形恢复系数明显较大，移除外力后试件具有较强的恢复能力。说明圆钢管与多腔钢管共同工作性能良好，性能得到充分的利用，显著提高试件恢复能力。

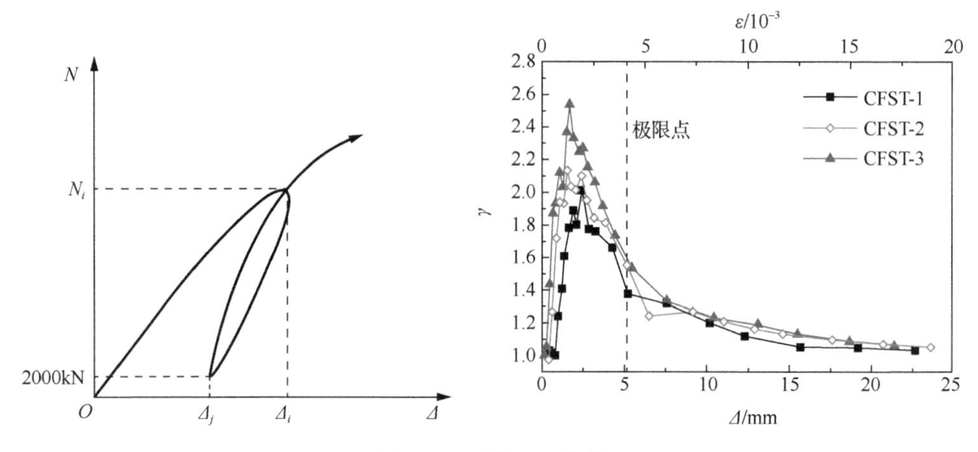

图 7-15　试件 γ-Δ 曲线

5. 刚度及刚度退化分析

图 7-16 为各试件刚度退化曲线，采用原点割线刚度-位移（K-Δ）曲线分析刚度退化规律，原点割线刚度按照式（7-2）计算。其中，N_i 为每级加载峰值荷载，Δ_i 为对应的竖向位移。

$$K = \frac{N_i}{\Delta_i} \tag{7-2}$$

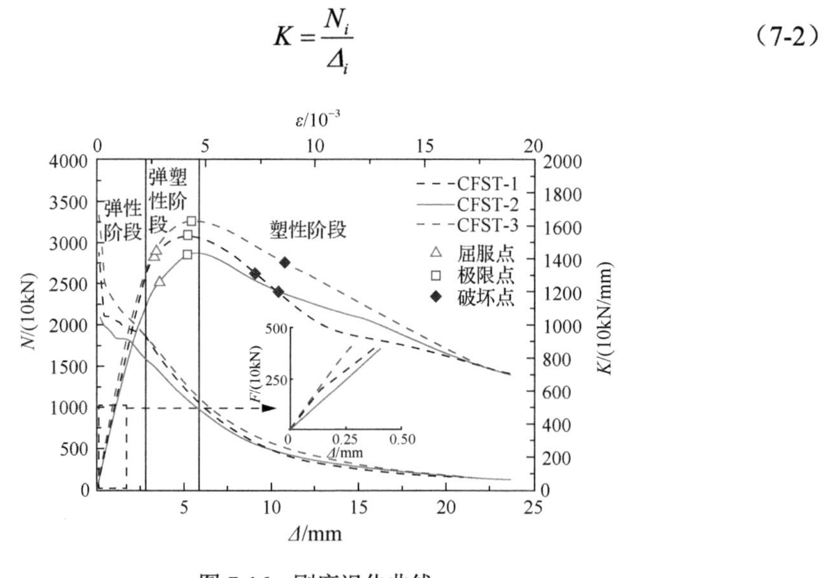

图 7-16　刚度退化曲线

分析图 7-16 可得以下结论。

（1）各试件刚度退化曲线具有较明显的规律性，试件发生明显屈服前，刚度退化速度较慢，此时试件基本处于弹性阶段；当试件达到屈服荷载时，刚度退化曲线出现明显的拐点，刚度退化速度明显加快，此时试件进入弹塑性阶段；当荷载达到极限荷载时，刚度退化曲线逐渐趋于平缓，试件进入塑性状态。

（2）有钢筋笼试件 CFST-1 较无钢筋笼试件 CFST-2 弹性段与弹塑性段刚度明显提高，

进入塑性阶段后刚度很快趋于一致。内置圆钢管试件 CFST-3 刚度有显著提高，且进入塑性阶段后，刚度仍经过较长时间与其他试件趋于一致。内置圆钢管能够有效提高试件工作稳定性。

6. 应变分析

图 7-17 为截面不同位置纵向应变发展图，图中 d1、d3、d5、d7、d9、d11 为腔体中部纵向应变片，d2、d4、d6、d8、d10、d12 为腔体交界处纵向应变片。由图 7-17 可以看出：

（1）随着加载的进行，各位置应变逐渐增大，在达到屈服荷载时，各位置应变均达到屈服应变，截面应变发展基本符合平截面。

（2）内置圆钢管对其所在腔体应力发展产生一定的影响。选择应变 d-4、d-5、d-6、d-7、d-8 来分析这种影响。由图 7-17（b）、（d）可以看出，在试件未达到屈服荷载之前，各应变发展均衡，基本处于平截面状态。当试件屈服之后，钢筋笼试件 CFST-1 出现较明显的应力集中现象，应变 d-6、d-7、d-8 增长较快。因为圆钢管混凝土具有较大的极限应变，所以试件 CFST-3 屈服后仍然能够保持良好的受力性能，角部应变未发生明显的突变，截面仍然保持较好的平截面状态。

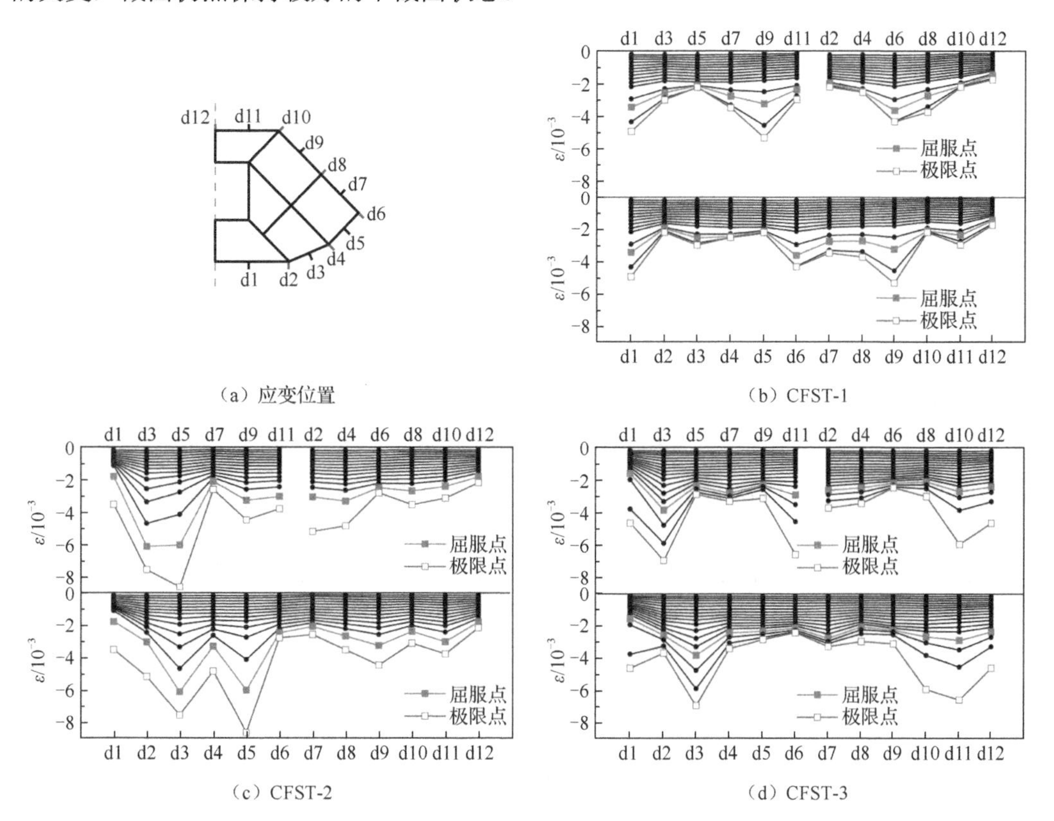

（a）应变位置　（b）CFST-1

（c）CFST-2　（d）CFST-3

图 7-17　截面不同位置纵向应变发展图

第 6 层横向应变分为两种：一种布置在横隔板处，如 c1、c2、c3、c4、c5、c6；另一种布置在钢板中间位置，如 d1h、d2h、d5h、d7h、d9h、d11h。图 7-18 为截面不同位置横向应变发展图，可以看出达到屈服荷载之前的各位置横向应变发展过程，试件达到屈服荷载后横向应变发展加快，在达到极限荷载时横隔板处应变与钢板中间横向应变均接近或者达到屈服应变，超过极限荷载后各位置横向应变均未出现明显的退化，说明横隔板及钢管对混凝土的约束作用是有效且稳定的。

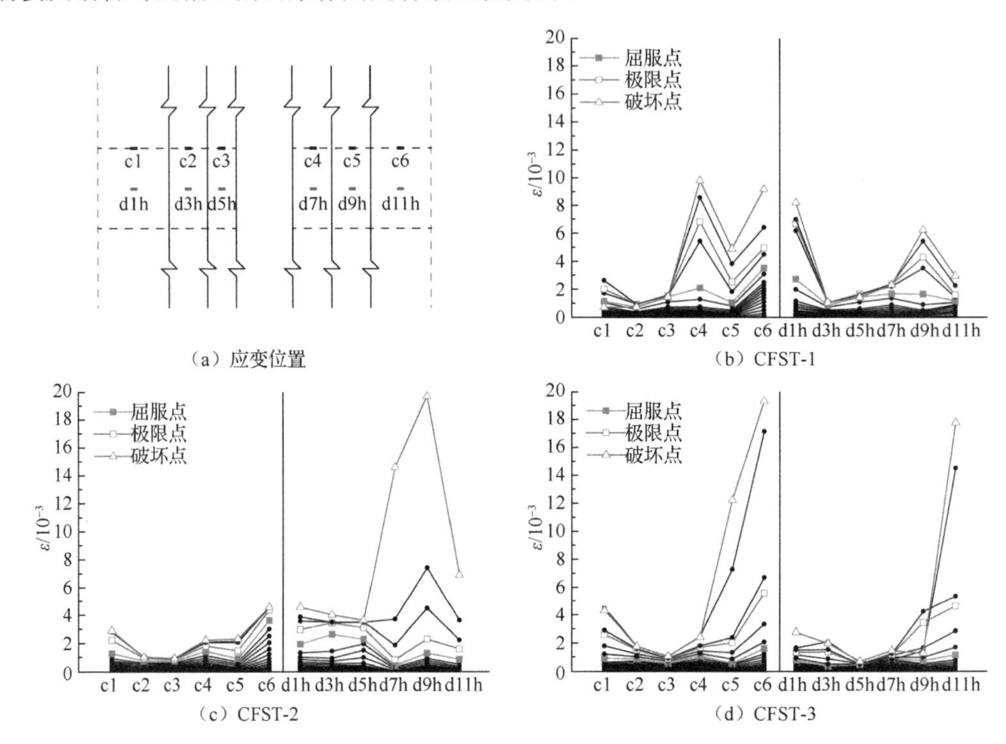

图 7-18　截面不同位置横向应变发展图

钢管对混凝土的约束作用还可以通过横向应变与纵向应变的比值来体现。其中钢管的横向应变来源于两个方面。

（1）在钢管混凝土中，认为钢管处于平面应力状态。当受到轴向荷载作用时，轴力钢板纵向产生压应变 ε_{vn}，而横向产生拉应变 ε_{hn}。不考虑约束作用时，ε_{hn} 与 ε_{vn} 的比值应为钢材的泊松比。

（2）混凝土的泊松比约为 0.2，钢材的泊松比约为 0.283。在加载初期，钢管的横向膨胀速度快于混凝土膨胀速度，此时钢管对混凝土不产生约束作用，甚至产生“负约束”。随着混凝土损伤发展，混凝土泊松比逐渐增加，横向膨胀加快，钢管开始对混凝土的膨胀产生约束作用。混凝土的膨胀使钢板横向产生拉应变 ε_{he}。因此，钢管的横向应变 ε_h 由 ε_{he} 和 ε_{hn} 共同组成。如果 $\varepsilon_h/\varepsilon_l$ 大于 0.283，那么可以认为钢管对混凝土产生了约束作用。

图 7-19 为部分应变测点的纵横向应变比值，可以得出以下结论。

（1）在加载初期，钢管的横纵向应变比值略小于钢材泊松比。在此阶段，钢管与混凝土之间存在负紧箍力，此时钢管对混凝土没有约束作用。

（2）随着混凝土损伤发展，混凝土泊松比增加。钢管的横纵向应变比值逐渐增大并超过钢材泊松比，此时钢管对混凝土产生约束作用。

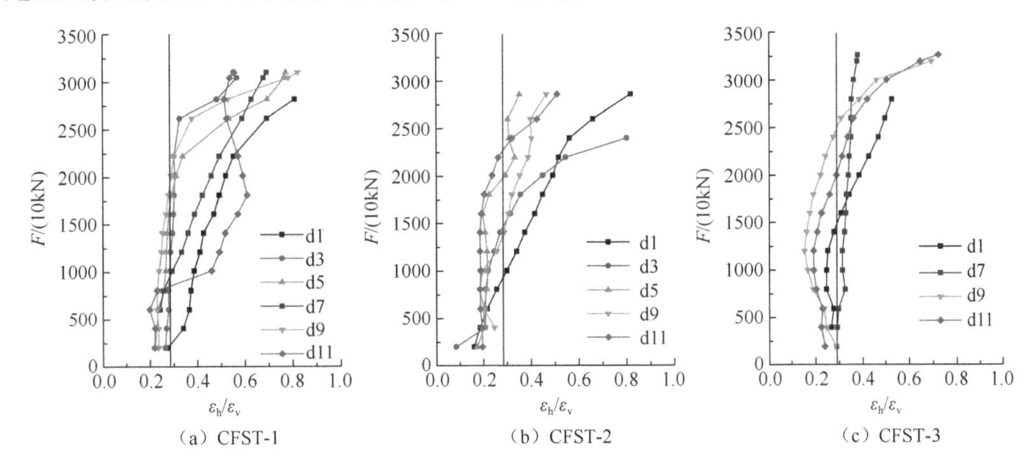

图 7-19　部分应变测点的纵横向应变比值

钢管混凝土受到轴压作用时，纵向应力（f_v）、环向应力（f_h）及横向应力同时存在。但是由于钢管壁较薄，认为其横向应力较小，从而忽略横向应力，认为在轴压作用下，竖向钢板处于纵向受压，水平受拉的平面应力状态。根据 von Mises 平面应力状态下屈服准则，钢板屈服状态满足

$$f_v^2 + f_h^2 - f_v f_h = f_y^2 \tag{7-3}$$

根据胡克定律，钢管的纵向与横向应变关系还应满足以下方程。

1）弹性阶段

横向应力及环向应力按照式（7-4）～式（7-6）计算，此时钢材的弹性模量（E_s）及泊松比（μ_s）为定值，可以统一为式（7-7）。

$$\mathrm{d}f_h = \sum_{i=0}^{k} \mathrm{d}f_{hi} = \frac{E_s}{1-\mu_s}\sum_{i=0}^{k}\left[\left(\varepsilon_{h(i-1)} - \varepsilon_{hi}\right) + \mu_s\left(\varepsilon_{v(i-1)} - \varepsilon_{vi}\right)\right] \tag{7-4}$$

$$\mathrm{d}f_v = \sum_{i=0}^{k} \mathrm{d}f_{vi} = \frac{E_s}{1-\mu_s}\sum_{i=0}^{k}\left[\left(\varepsilon_{v(i-1)} - \varepsilon_{vi}\right) + \mu_s\left(\varepsilon_{h(i-1)} - \varepsilon_{hi}\right)\right] \tag{7-5}$$

$$\overline{f} = \sqrt{f_h^2 + f_v^2 - f_h f_v} \tag{7-6}$$

$$\begin{bmatrix} f_h \\ f_v \end{bmatrix} = \frac{E_s}{1-\mu_s}\begin{bmatrix} 1 & \mu_s \\ \mu_s & 1 \end{bmatrix}\begin{bmatrix} \varepsilon_h \\ \varepsilon_v \end{bmatrix} \tag{7-7}$$

2）弹塑性阶段

进入弹塑性阶段后，钢材应力-应变曲线的切线刚度及泊松比不再是一个定值，其随着应变的增加而逐渐变化，按照式（7-8）、式（7-9）进行计算。弹塑性阶段的应力增量、横向以及环向应力可以按照式（7-10）～式（7-13）计算。

$$E_s^p = \frac{\left(f_y - \overline{f}\right)\overline{f}}{\left(f_y - f_p\right)f_p} E_s \tag{7-8}$$

$$\mu_s^p = 0.217\frac{\overline{f} - f_p}{f_y - f_p} + 0.283 \tag{7-9}$$

$$\mathrm{d}f_{\mathrm{h}}=\sum_{i=k}^{n}\mathrm{d}f_{\mathrm{h}i}=\frac{E_{\mathrm{s}}^{\mathrm{p}}}{1-\mu_{\mathrm{s}}^{\mathrm{p}}}\sum_{i=k}^{n}\left[\left(\varepsilon_{\mathrm{h}(i-1)}-\varepsilon_{\mathrm{h}i}\right)+\mu_{\mathrm{s}}^{\mathrm{p}}\left(\varepsilon_{\mathrm{v}(i-1)}-\varepsilon_{\mathrm{v}i}\right)\right] \tag{7-10}$$

$$\mathrm{d}f_{\mathrm{v}}=\sum_{i=k}^{n}\mathrm{d}f_{\mathrm{v}i}=\frac{E_{\mathrm{s}}^{\mathrm{p}}}{1-\mu_{\mathrm{s}}^{\mathrm{p}}}\sum_{i=k}^{n}\left[\left(\varepsilon_{\mathrm{v}(i-1)}-\varepsilon_{\mathrm{v}i}\right)+\mu_{\mathrm{s}}^{\mathrm{p}}\left(\varepsilon_{\mathrm{h}(i-1)}-\varepsilon_{\mathrm{h}i}\right)\right] \tag{7-11}$$

$$f_{\mathrm{h}}=f_{\mathrm{h}k}+\frac{E_{\mathrm{s}}^{\mathrm{p}}}{1-\mu_{\mathrm{s}}^{\mathrm{p}}}\sum_{i=k+1}^{n}\left[\left(\varepsilon_{\mathrm{h}(i-1)}-\varepsilon_{\mathrm{h}i}\right)+\mu_{\mathrm{s}}^{\mathrm{p}}\left(\varepsilon_{\mathrm{v}(i-1)}-\varepsilon_{\mathrm{v}i}\right)\right] \tag{7-12}$$

$$f_{\mathrm{v}}=f_{\mathrm{v}k}+\frac{E_{\mathrm{s}}^{\mathrm{p}}}{1-\mu_{\mathrm{s}}^{\mathrm{p}}}\sum_{i=k+1}^{n}\left[\left(\varepsilon_{\mathrm{l}(i-1)}-\varepsilon_{\mathrm{v}i}\right)+\mu_{\mathrm{s}}^{\mathrm{p}}\left(\varepsilon_{\mathrm{h}(i-1)}-\varepsilon_{\mathrm{h}i}\right)\right] \tag{7-13}$$

3）塑性强化阶段

钢管单向受力时，认为包辛格效应影响较小，因此，仍然采用 von Mises 屈服准则及普朗特-罗伊斯（Prandtl-Reuss）流动准则进行分析。此阶段钢管横向及纵向应力按式（7-14）～式（7-17）进行计算。

$$f_{\mathrm{h}}=f_{\mathrm{h}n}+\frac{E_{\mathrm{s}}^{\mathrm{p}}}{Q}\sum_{i=n+1}^{m}\left[\left(f_{\mathrm{h}i}^{2}+2p\right)\left(\varepsilon_{\mathrm{h}(i+1)}-\varepsilon_{\mathrm{h}i}\right)\right]+\frac{E_{\mathrm{s}}^{\mathrm{p}}}{Q}\sum_{i=n+1}^{m}\left[\left(-f_{\mathrm{v}i}f_{\mathrm{h}i}+2\mu_{\mathrm{s}}^{\mathrm{p}}p\right)\left(\varepsilon_{\mathrm{v}(i+1)}-\varepsilon_{\mathrm{v}i}\right)\right] \tag{7-14}$$

$$f_{\mathrm{v}}=f_{\mathrm{v}n}+\frac{E_{\mathrm{s}}^{\mathrm{p}}}{Q}\sum_{i=n+1}^{m}\left[\left(f_{\mathrm{v}i}^{2}+2p\right)\left(\varepsilon_{\mathrm{v}(i+1)}-\varepsilon_{\mathrm{v}i}\right)\right]+\frac{E_{\mathrm{s}}^{\mathrm{p}}}{Q}\sum_{i=n+1}^{m}\left[\left(-f_{\mathrm{h}i}f_{\mathrm{h}i}+2\mu_{\mathrm{s}}^{\mathrm{p}}p\right)\left(\varepsilon_{\mathrm{h}(i+1)}-\varepsilon_{\mathrm{h}i}\right)\right] \tag{7-15}$$

$$Q=\left(\frac{2f_{\mathrm{h}}-f_{\mathrm{v}}}{3}\right)^{2}+\left(\frac{2f_{\mathrm{v}}-f_{\mathrm{h}}}{3}\right)^{2}+2\mu_{\mathrm{s}}\left(\frac{2f_{\mathrm{h}}-f_{\mathrm{v}}}{3}\right)\left(\frac{2f_{\mathrm{v}}-f_{\mathrm{h}}}{3}\right)+\frac{2H'\left(1-\mu_{\mathrm{s}}\right)\overline{f}^{2}}{9G} \tag{7-16}$$

$$p=\frac{2H'}{9E_{\mathrm{s}}}\overline{f}^{2} \tag{7-17}$$

图 7-20～图 7-22 为各试件部分测点应力发展路径，可以得出以下结论。

（1）在加载初期，横向应力会在 0 附近浮动或者向负值发展。在加载初期，钢材的泊松比大于混凝土泊松比，钢材的横向变形大于混凝土的横向变形，又由于混凝土与钢管之间的界面黏结作用，钢管的横向变形反而受到混凝土的限制，从而应力发展较慢甚至向负值发展。但是这个过程较短。随着加载的进行，混凝土损伤发展，泊松比逐渐增大，横向应力开始向正值增加。

（2）在加载初期，等效应力与纵向应力发展趋势基本一致，随着横向应力的发展，曲线开始出现明显的差异。

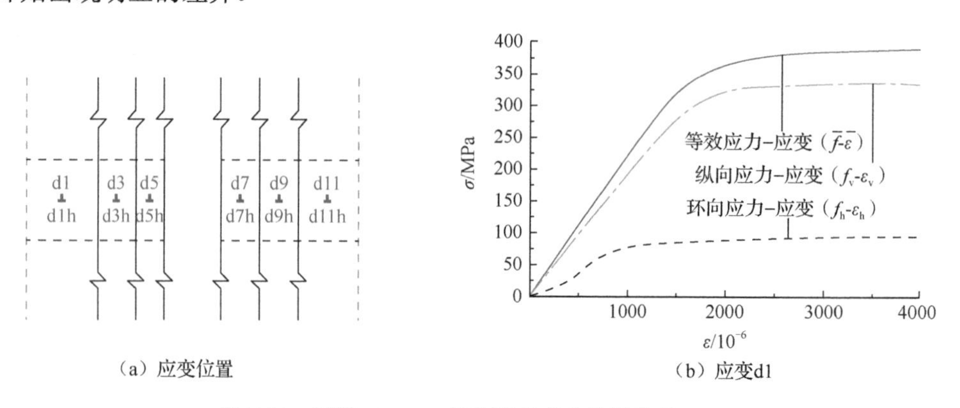

（a）应变位置　　　　（b）应变d1

图 7-20　试件 CFST-1 部分测点应力发展路径

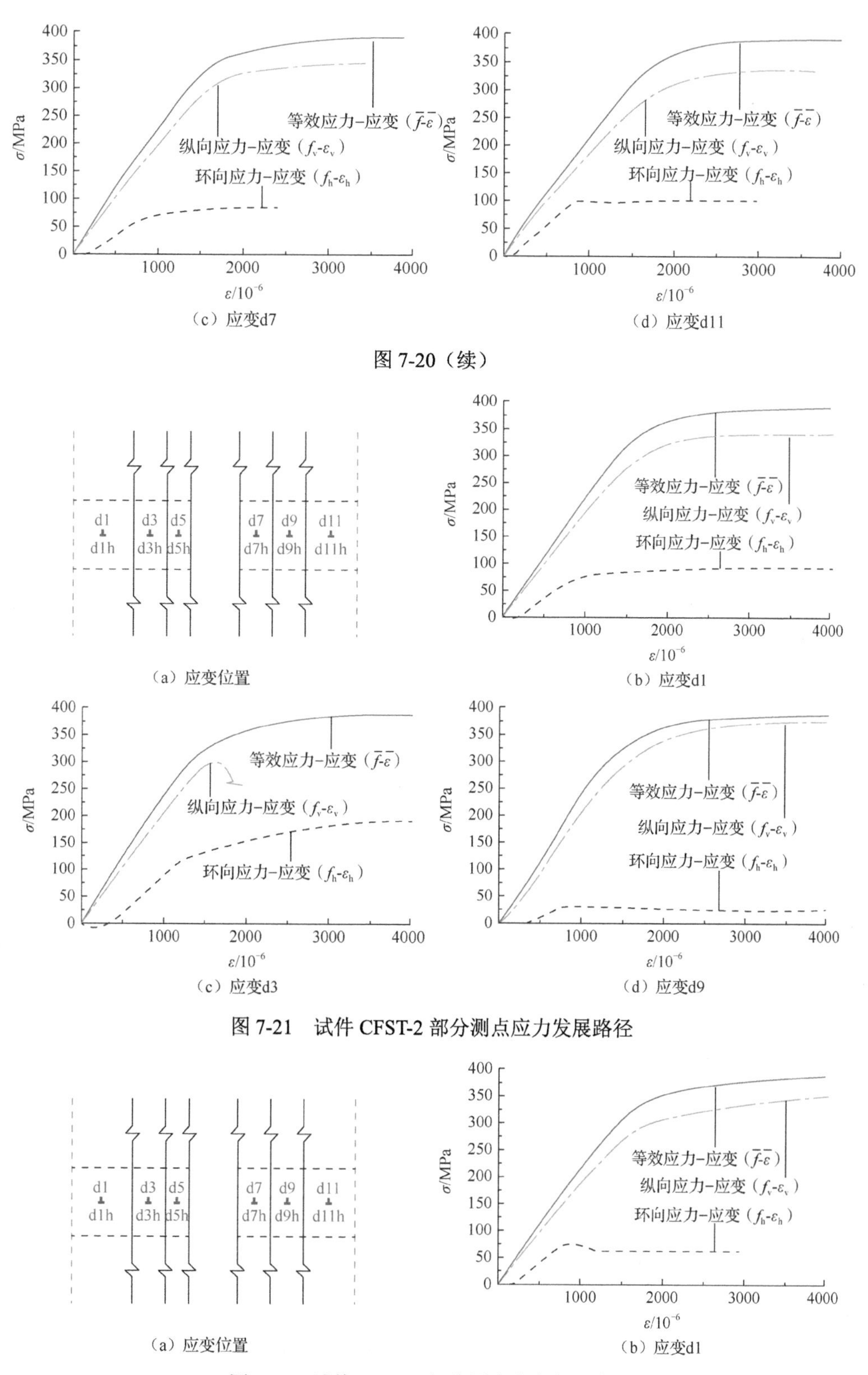

（c）应变d7

（d）应变d11

图 7-20（续）

（a）应变位置

（b）应变d1

（c）应变d3

（d）应变d9

图 7-21　试件 CFST-2 部分测点应力发展路径

（a）应变位置

（b）应变d1

图 7-22　试件 CFST-3 部分测点应力发展路径

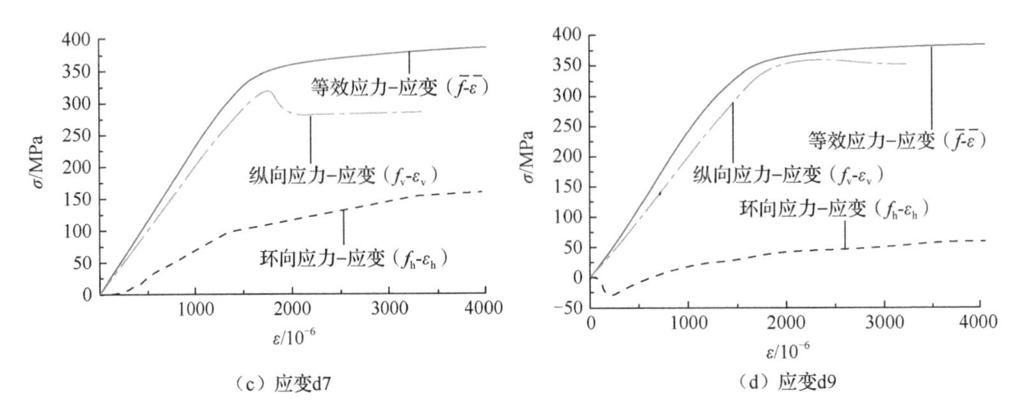

图 7-22（续）

7.1.4　轴压承载力计算

1. 各国规范中钢管混凝土轴压承载力计算方法

目前，国内外均出台了钢管混凝土标准，并给出了钢管混凝土柱轴压承载力计算公式，如 GB 50936—2014[1]、CECS 159：2004[2]、美国规范 AISC-LRFD[3]，欧洲规范 Eurocode 4[4]，日本规范 AIJ[5]。为了与试验实测结果比较，规范中采用的材料强度设计值均以实测材料强度代替。

1）Eurocode 4

$$N_u = \chi N_{pl,Rd} \tag{7-18}$$

$$N_{pl,Rd} = A_a f_{yd} + A_c f_{cd} + A_s f_{sd} \tag{7-19}$$

式中，A_a 为钢管面积；f_{yd} 为钢管屈服强度；A_c 为混凝土面积；f_{cd} 为混凝土圆柱体强度；A_s 为钢筋面积；f_{sd} 为钢筋强度；χ 为与长细比有关的折减系数。

2）AISC-LRFD

$$N_u = A_s F_{cr} \tag{7-20}$$

$$\begin{cases} F_{cr} = \left(0.658^{\lambda_c^2}\right) F_{my} & \lambda_c \leqslant 1.5 \\ F_{cr} = \left(0.877 / \lambda_c^2\right) F_{my} & \lambda_c > 1.5 \end{cases} \tag{7-21}$$

$$F_{my} = F_y + F_{yr}\left(A_r / A_s\right) + 0.85 f_c'\left(A_c / A_s\right) \tag{7-22}$$

式中，A_s 为钢管面积；F_y 为钢管屈服强度；F_{yr} 为钢筋屈服强度；A_r 为钢筋面积；f_c' 为混凝土圆柱体强度；λ_c 为换算长细比。

3）GB 50936—2014

$$N_u = A_{sc} f_{sc} \tag{7-23}$$

$$f_{sc} = (1.212 + B\theta + C\theta^2) f_c \tag{7-24}$$

$$\alpha_{sc} = A_s / A_c \tag{7-25}$$

$$\theta = \alpha_{sc} f / f_c \tag{7-26}$$

式中，A_{sc} 为截面总面积；B、C 为与钢管强度和截面形状有关的系数；f 为钢管屈服强度。

4）AIJ

$$N_u = A_s F + 0.85 f_c' A_c \text{（方钢管）} \tag{7-27}$$

$$N_u = (1+0.27) A_s F + 0.85 f_c' A_c \text{（圆钢管）} \tag{7-28}$$

$$F = \min(f_y, 0.7 f_u) \tag{7-29}$$

式中，A_s为钢管面积；f_y为钢管屈服强度；f_u为钢管极限强度。

5）CECS 159：2004

$$N_u = f_y A_s + f_c A_c \tag{7-30}$$

式中，$f_c = 0.76 f_{cu,m}$为混凝土棱柱体强度。

2. 相关文献中钢管混凝土柱轴压承载力计算方法

韩林海[6]给出了钢管混凝土轴压承载力的建议公式：

$$N_u = A_{sc} f_{scy} \tag{7-31}$$

$$f_{scy} = \begin{cases} (1.14 + 1.02\xi) f_{ck} & \text{圆钢管混凝土} \\ (1.18 + 0.85\xi) f_{ck} & \text{方/矩形钢管混凝土} \end{cases} \tag{7-32}$$

$$\xi = \frac{A_s f_y}{A_c f_{ck}} \tag{7-33}$$

式中，A_{sc}为钢管混凝土总面积；f_{ck}为混凝土强度标准值。

Du 等[7]中对钢管混凝土柱有效约束区域及非有效约束区进行了分析，在此基础上给出了考虑钢管宽厚比的轴压承载力计算公式：

$$N_u = A_s f_y + (1+k) f_c A_c \tag{7-34}$$

$$k = 0.5668 - 0.0039(h/t)\sqrt{f_y / 235} \tag{7-35}$$

式中，h/t为截面宽厚比。

3. 计算结果分析

表7-4为各试件承载力计算与实测比较，各国规范及相关文献中给出的钢管混凝土柱轴压承载力计算公式计算结果误差为-39.3%～-14.7%，均过于保守。因此，现有钢管混凝土柱计算方法均低估了多腔钢管对混凝土的约束作用。但是目前对于多腔钢管混凝土柱中核心混凝土的应力-应变关系相关研究很少，需要提出一种适用于多腔钢管混凝土应力-应变关系计算方法，从而对其承载力进行计算。

表7-4 承载力计算与实测比较

试件	实测值/kN	Eurocode 4		AISC-LRFD		GB 50936—2014		AIJ		CECS 159：2004		韩国规范		Du 等[7]	
		计算值/kN	误差/%	计算值/kN	误差/%	计算值/kN	误差/%	计算值/kN	误差/%	计算值/kN	误差/%	计算值/kN	误差/%	计算值/kN	误差/%
CFST-1	3087.1	2422.4	−21.5	2026.8	−34.3	2634.4	−14.7	2340.4	−24.2	2462.0	−20.2	1963.9	−36.4	2490.7	−19.3
CFST-2	2850.0	2368.7	−16.9	1805.4	−36.7	2418.8	−15.1	2107.1	−26.1	2585.2	−9.3	1730.6	−39.3	2425.0	−14.9
CFST-3	3262.5	2492.7	−23.6	2067.4	−36.6	2683.1	−17.8	2389.8	−26.7	2501.6	−23.3	1999.7	−38.7	2629.1	−19.4

7.1.5　有限元计算分析

1. 单元选择及网格划分

在钢管混凝土柱，钢管的厚度相对较小，通常认为钢管处于平面应力状态，忽略厚度方向应力。因此，为提高计算效率及收敛性，钢管、纵向加劲肋以及横隔板采用四边形缩减积分壳单元 S4R；混凝土采用 C3D8R 八节点线性六面体单元；钢筋采用 T3D2 两节点线性桁架单元；加载端头采用离散刚体。试件网格划分如图 7-23 所示。

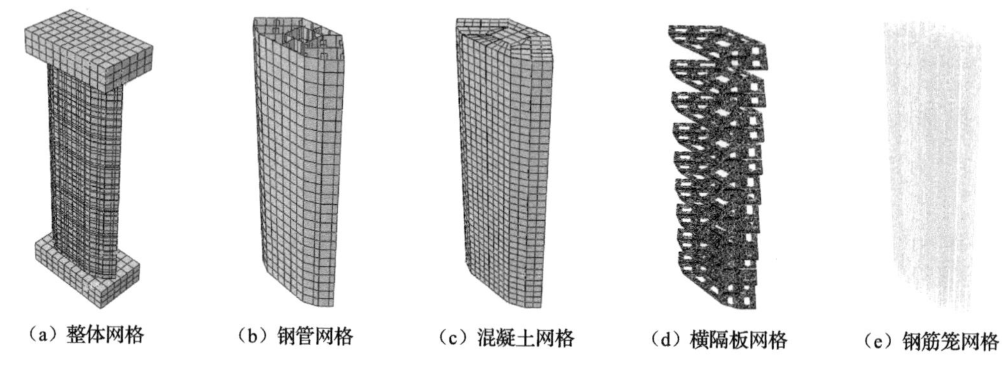

（a）整体网格　（b）钢管网格　（c）混凝土网格　（d）横隔板网格　（e）钢筋笼网格

图 7-23　试件网格划分

2. 部件之间相互作用

对于无抗剪连接件的钢管混凝土，钢管与混凝土之间存在相对滑移，通常采用设置表面-表面接触的方式考虑这种相对滑移。但是本试验中，各腔体钢管壁均设置有栓钉，同时设置有水平横隔板，能够有效地限制钢管与混凝土之间的相对滑移。因此，认为钢管混凝土之间相对滑移较小，钢板与混凝土之间采用绑定关系。钢筋笼采用内置区域的方式嵌入混凝土内。横隔板与钢管之间采用绑定的方式连接。

3. 材料本构关系选择

材料的本构关系是材料的物理特性，是材料宏观力学性能的综合反映。为了确定物体在外力作用下的响应，确定组成模型结构的准确材料本构关系是结构数值模拟分析的基础及重要依据。

采用韩林海[6]建议的用于 ABAQUS 有限元分析的钢管混凝土本构关系［式（7-36）～式（7-42）］。此前已经对钢筋笼和横隔板的约束作用进行了分析，认为横隔板和钢筋笼对混凝土均具有良好的约束作用。因此，对下降段参数约束效应系数 ξ 提出一种简化的修正方法，将横隔板和钢筋笼按照等用钢量的原则简化为钢管，计算考虑横隔板和钢筋笼的约束效应系数［式（7-42）］。

$$\frac{\sigma}{\sigma_0}=\begin{cases}\dfrac{2\varepsilon}{\varepsilon_0}-\left(\dfrac{\varepsilon}{\varepsilon_0}\right)^2 & \varepsilon/\varepsilon_0\leqslant 1\\ \dfrac{\varepsilon/\varepsilon_0}{\beta_0\left(\varepsilon/\varepsilon_0-1\right)^{\eta}+\varepsilon/\varepsilon_0} & \varepsilon/\varepsilon_0>1\end{cases} \tag{7-36}$$

$$\sigma_0=f_c' \tag{7-37}$$

$$\varepsilon_0=\varepsilon_c+800\xi^{0.2}\times10^{-6} \tag{7-38}$$

$$\varepsilon_c=\left(1300+12.5f_c'\right)\times10^{-6} \tag{7-39}$$

$$\eta=\begin{cases}2 & \text{圆钢管混凝土}\\ 1.6+1.5\varepsilon/\varepsilon_0 & \text{矩/方形钢管混凝土}\end{cases} \tag{7-40}$$

$$\beta_0=\begin{cases}0.2\times\left(2.36\times10^{-5}\right)^{\left[0.25+(\xi-0.5)^7\right]}\cdot\left(f_c'\right)^{0.5}\geqslant 0.12 & \text{圆钢管混凝土}\\ \dfrac{\left(f_c'\right)^{0.1}}{1.2\sqrt{1+\xi}} & \text{矩/方形钢管混凝土}\end{cases} \tag{7-41}$$

$$\xi=\left(\alpha_1+\frac{f_2}{f_1}\alpha_2+\frac{f_3}{f_1}\alpha_3\right)\frac{f_1}{f_{ck}} \tag{7-42}$$

式中，α_1为多腔钢管的截面含钢率；α_2为横隔板等效为钢管后的截面含钢率；α_3为钢筋笼箍筋等效为钢管后的截面含钢率；f_1为多腔钢管屈服强度；f_2为横隔板屈服强度，f_3为钢筋笼箍筋屈服强度。

钢材本构关系采用理想弹塑性模型。

4. 计算荷载-位移曲线分析

图 7-24 为采用修正后韩林海本构关系计算所得荷载-位移曲线，表 7-5 为极限位移与极限承载力比较，可以看出：①有限元计算荷载-位移曲线上升段与试验结果吻合良好，极限承载力误差在 5%以内，极限位移误差在 5%以内；②计算曲线下降段与试验曲线吻合较好，说明对韩林海本构关系下降段的修正具有一定的合理性；③有限元模型可以良好地模拟试件的峰值前及峰值后受力性能，可用于多边异形截面钢管混凝土柱轴压性能有限元分析。

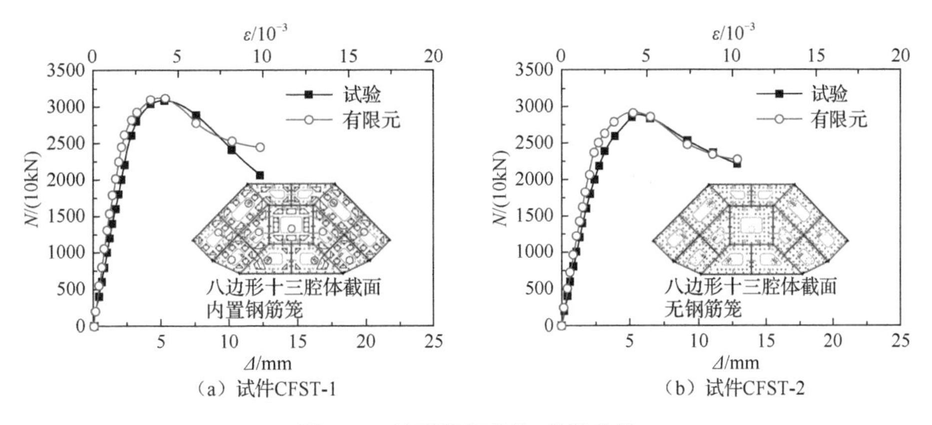

（a）试件CFST-1　（b）试件CFST-2

图 7-24　计算所得荷载-位移曲线

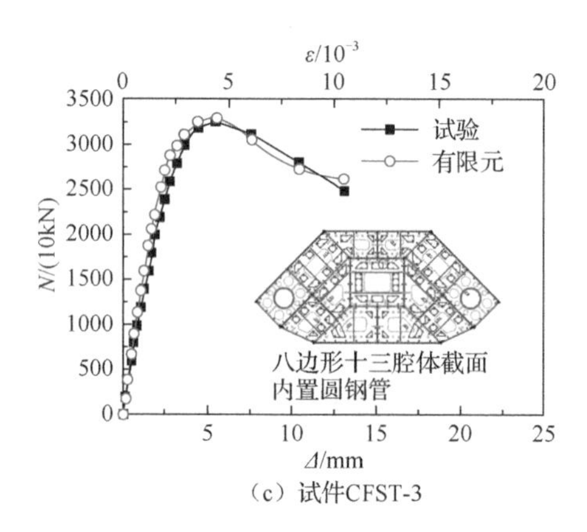

（c）试件CFST-3

图 7-24（续）

表 7-5　极限位移与极限承载力比较

试件编号	极限荷载			极限位移		
	试验/kN	计算/kN	误差/%	试验/mm	计算/mm	误差/%
CFST-1	3087.1	3116.2	0.9	5.21	5.31	1.9
CFST-2	2850.0	2911.8	2.2	5.20	5.27	1.3
CFST-3	3262.5	3288.7	0.8	5.44	5.54	1.9

5. 计算云图分析

1）钢管应力发展

为研究钢管应力发展过程，选择屈服点和极限点时钢管的 von Mises 应力进行分析。各试件钢管 von Mises 应力云图如图 7-25 所示。由图 7-25 可以看出：①各试件钢管应力发展趋势基本一致，没有显著区别；②达到屈服点时，除两端加载端头位置仍有部分钢管未达到屈服状态，其余位置钢管均达到屈服状态。达到极限点时，钢管应力状态几乎没有改变。

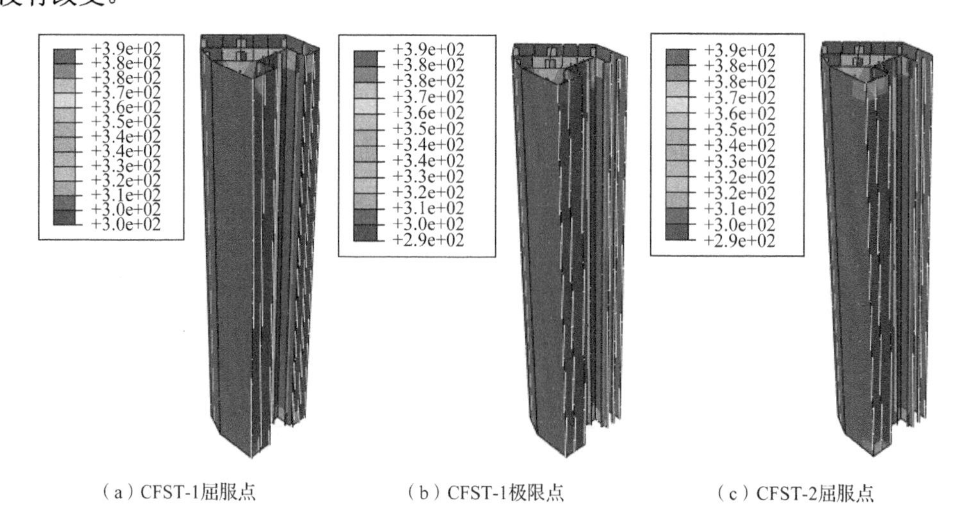

（a）CFST-1屈服点　　（b）CFST-1极限点　　（c）CFST-2屈服点

图 7-25　钢管 von Mises 应力云图

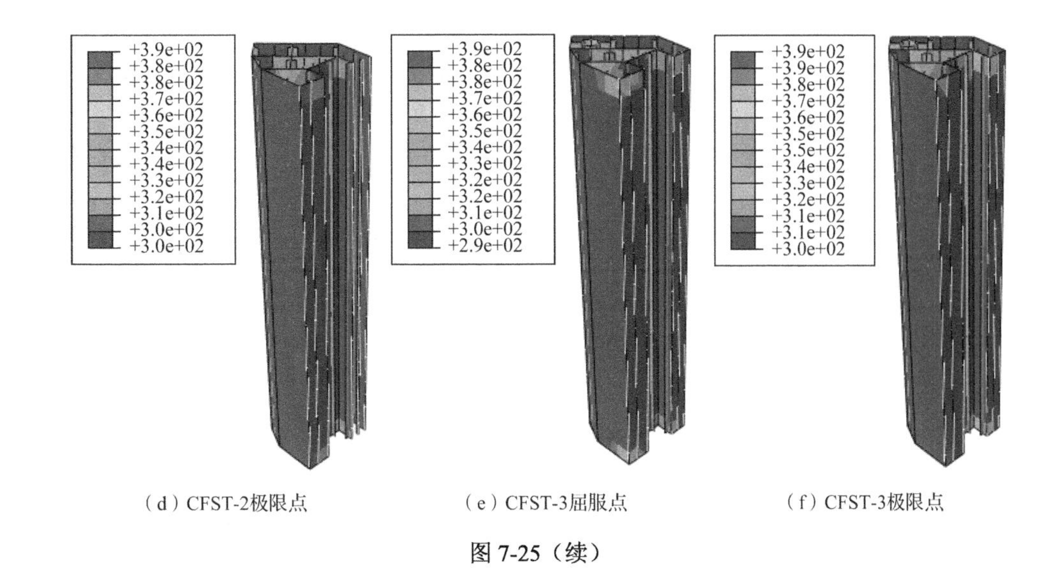

（d）CFST-2极限点　　（e）CFST-3屈服点　　（f）CFST-3极限点

图 7-25（续）

2）钢筋笼应力发展

试验结果表明，钢筋笼对混凝土具有约束作用，但因试件加工的限制，难以在钢筋笼上设置应变片。因此通过有限元模拟分析钢筋笼的应力发展情况。试件 CFST-2 为无钢筋笼试件，选择试件 CFST-1、CFST-3 钢筋笼在屈服点和极限点时的应力状态。图 7-26 为钢筋笼 von Mises 应力云图。

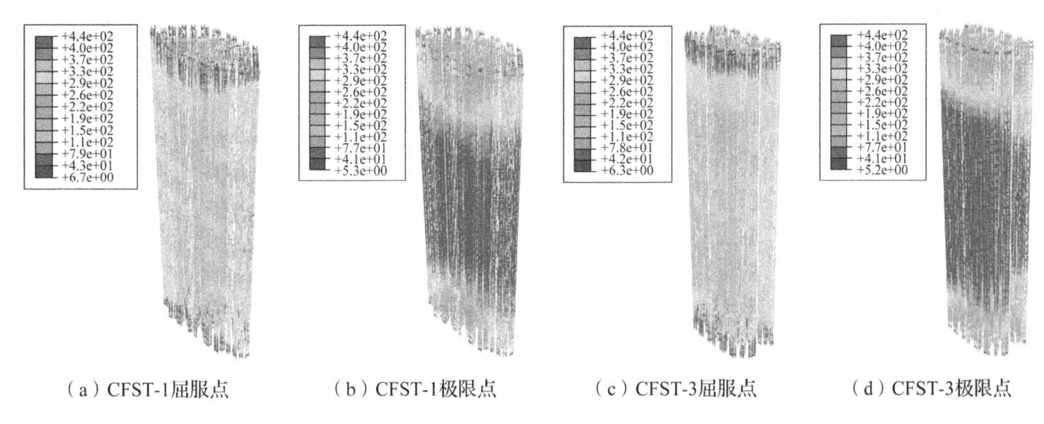

（a）CFST-1屈服点　　（b）CFST-1极限点　　（c）CFST-3屈服点　　（d）CFST-3极限点

图 7-26　钢筋笼 von Mises 应力云图

分析图 7-26 可以看出：①试件屈服点时，除钢筋笼两端靠近加载端头位置应力发展较快，钢筋笼其余位置应变发展均匀，但未达到屈服状态；②达到极限点时，钢筋屈服区域集中于试件中部约 1200mm 位置，且不仅纵筋达到屈服，箍筋也同样达到屈服状态。这说明箍筋对混凝土产生了约束作用。

3）横隔板应力发展

试验结果分析表明，横隔板具有较大的水平应变，具有较高的应力水平，能够对混凝土形成有效的约束。通过有限元模拟对横隔板的应力发展进行分析。图 7-27 为各试件横隔板 von Mises 应力云图。

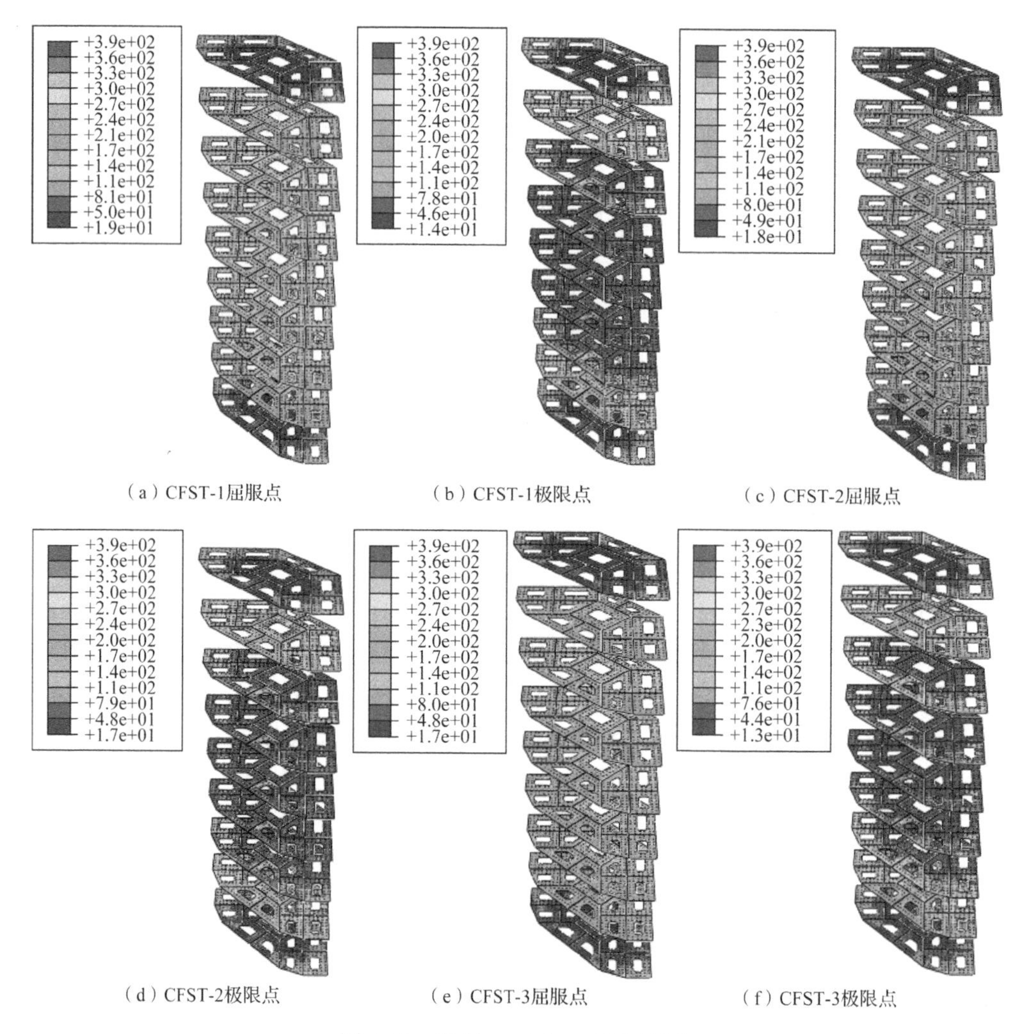

（a）CFST-1屈服点　（b）CFST-1极限点　（c）CFST-2屈服点

（d）CFST-2极限点　（e）CFST-3屈服点　（f）CFST-3极限点

图 7-27　隔板 von Mises 应力云图

由图 7-27 可以看出：①各试件横隔板的应力发展趋势基本一致；②达到屈服点时，除两端靠近加载端头位置横隔板应力较小，其余横隔板应力基本均匀发展，但横隔板整体上未达到屈服；③达到极限荷载时可以看出，试件中部约 1200mm 区域（中部 5 层横隔板）基本达到屈服状态，其他横隔板未进入屈服状态。横隔板的屈服是因为混凝土的膨胀使其发生横向变形，两端横隔板未屈服说明加载端头对试件具有环箍作用，限制了柱靠近端头位置的横向变形，试件的损伤主要集中在试件的中部，这与试验现象是一致的。

4）混凝土应力发展

图 7-28 为各试件中部截面屈服点以及极限点对应的混凝土纵向应力云图，可以看出：①各腔体混凝土应力发展并不均匀，这是因为各腔体形状不同，对混凝土的约束作用也不同；②在达到屈服点时，混凝土压应力基本达到混凝土抗压强度；而达到极限点时，混凝土压应力已经超过混凝土立方体抗压强度，这说明多腔钢管对混凝土具有良好的约束作用；③圆钢管位置混凝土强度显著高于周围混凝土强度，说明圆钢管对混凝土具有良好的约束作用。

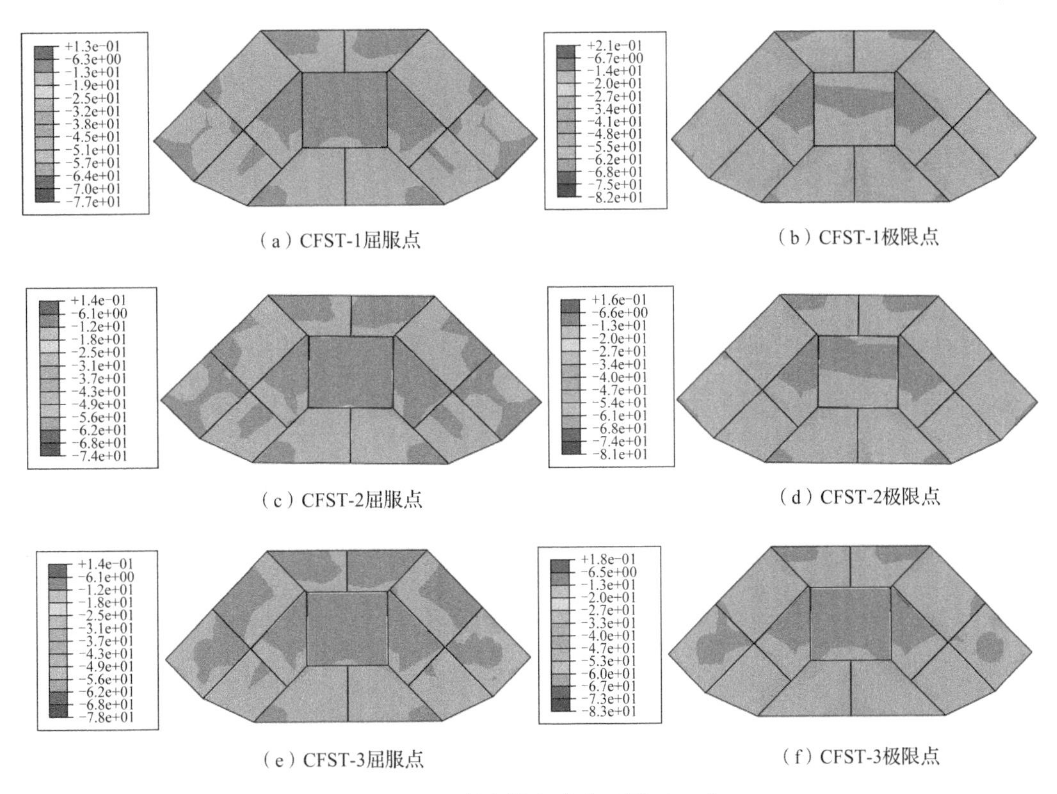

（a）CFST-1屈服点　（b）CFST-1极限点

（c）CFST-2屈服点　（d）CFST-2极限点

（e）CFST-3屈服点　（f）CFST-3极限点

图 7-28　混凝土纵向应力云图（S22）

5）混凝土损伤及钢管屈曲形态

图 7-29 为混凝土损伤云图。图 7-30 为试件中部截面钢管屈曲形态，因为各试件损伤发展趋势相似，这里以试件 CFST-1 为例。

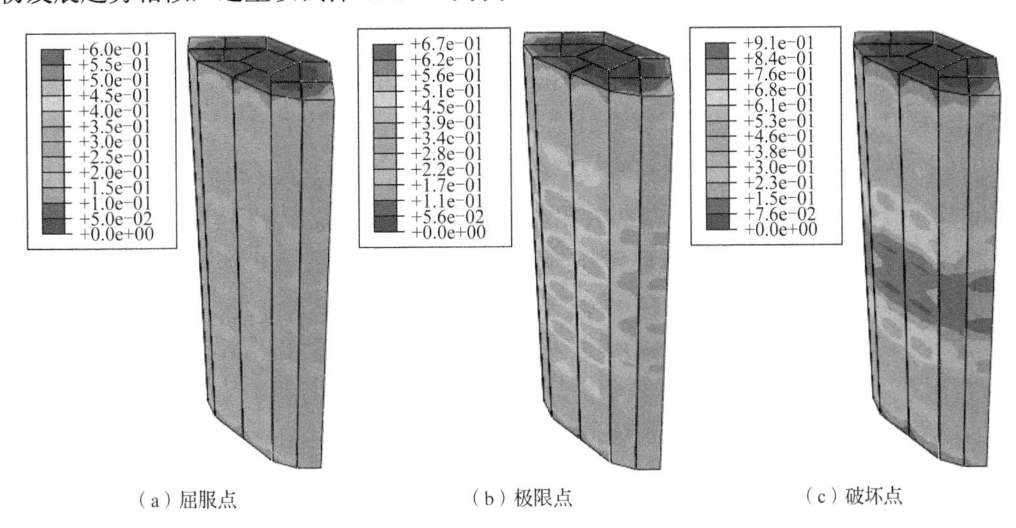

（a）屈服点　（b）极限点　（c）破坏点

图 7-29　混凝土损伤云图

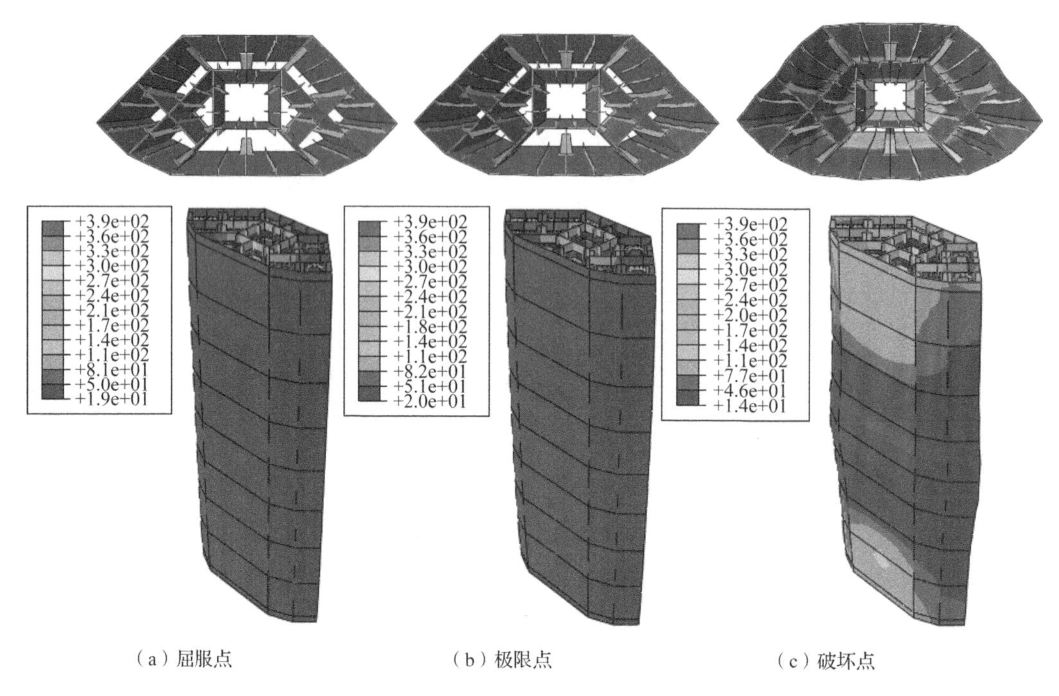

（a）屈服点　（b）极限点　（c）破坏点

图 7-30　试件中部截面钢管屈曲形态

由图 7-29、图 7-30 可知以下几点：①达到屈服点时，混凝土的损伤发展基本均匀；随着加载进行，试件中部 1200mm 范围混凝土损伤发展逐渐加快；达到破坏点时，试件中部 1200mm 范围内混凝土损伤严重。这与试验现象是一致的。②随着加载进行，钢管的屈曲逐渐加重，破坏点时，钢管发生明显的屈曲变形。在多腔钢管混凝土柱中存在内钢板，钢管在水平方向形成双波形屈曲，内钢板受到两侧混凝土的约束，屈曲显著小于外钢管。③横隔板有效地限制了钢管的屈曲，钢管在纵向的屈曲同样表现为双波形，这与试验钢管屈曲形态一致。④随着试件中部区域损伤的发展，应力发生了重分布，试件两端靠近加载头位置钢管退出屈服状态。

7.1 节为研究八边十三腔体钢管混凝土巨型柱轴压性能以及不同构造措施对其轴压性能的影响，进行了 3 个较大尺度的巨型柱模型试件轴压试验，分析了各试件损伤过程、承载力、变形能力、刚度退化；基于试验研究，建立了有限元分析模型，对其轴压受力过程进行了理论分析。研究表明：①八边形钢管混凝土巨型柱具有良好的轴压受力性能；②八边形钢管混凝土巨型柱的截面突变处为薄弱位置，该位置损伤较为严重；③多腔体钢管混凝土巨型柱的各腔体中内置钢筋笼能够对核心混凝土提供约束作用，有效提高试件的刚度以及承载能力；④截面圆钢管加强构件，因其对混凝土具有良好的约束作用，可有效提高混凝土的峰值应变以及峰值应力，显著提高试件的刚度、承载力、延性以及恢复能力；⑤横隔板具有较大的横向应变，说明内置横隔板起到了类似于箍筋的作用，对核心混凝土提供有效的约束；⑥与单腔构造相比，多腔构造减小了截面的弱约束区，内部钢板屈曲因受到两侧混凝土的约束而减轻；⑦采用多国规范以及现有钢管混凝土柱承载力计算方法计算八边形钢管混凝土巨型柱轴压承载力，承载力误差分布在−39.3%～−14.7%，计算结果偏于安全；⑧综合考虑钢筋笼以及横隔板对混凝土的约束作用，对韩林海钢管混凝土本构关系进行了简单的修正，并用于 ABAQUS 有限元分析。计算荷载-位移曲线与实测曲线符合较好。

7.2　偏压性能试验

7.2.1　试验概况

1. 试件设计

以北京中国尊大厦底部八边形十三腔体钢管混凝土巨型柱为原型，设计了 2 个不同构造的八边形十三腔体钢管混凝土巨型柱模型试件，试件缩尺为 1/13。试件 ECFST-1 截面为基本型截面，截面强轴（x 轴）尺寸为 1060mm，弱轴（y 轴）尺寸为 476mm，截面面积达到 0.378m^2。多腔钢管由 4mm 钢板焊接而成；纵向加劲肋采用 3mm 钢板；横隔板采用 4mm 钢板，宽度为 50mm，设置有 10mm 圆孔用于钢筋笼穿过，横隔板净宽度为 30mm；钢筋笼纵筋及箍筋均采用 2mm 钢丝，箍筋间距为 60mm。同时，多腔钢管设置有栓钉以及拉结钢筋，用来增强混凝土和钢管的共同工作性能。试件 ECFST-2 截面为强化型截面，与试件 ECFST-1 截面区别在于截面角部腔体构造不同。试件 ECFST-2 在角部腔体设置圆钢管，圆钢管尺寸为ϕ90×4。试件截面设计如图 7-31 所示，试件加载偏心距均为 150mm，偏心率为 0.3。

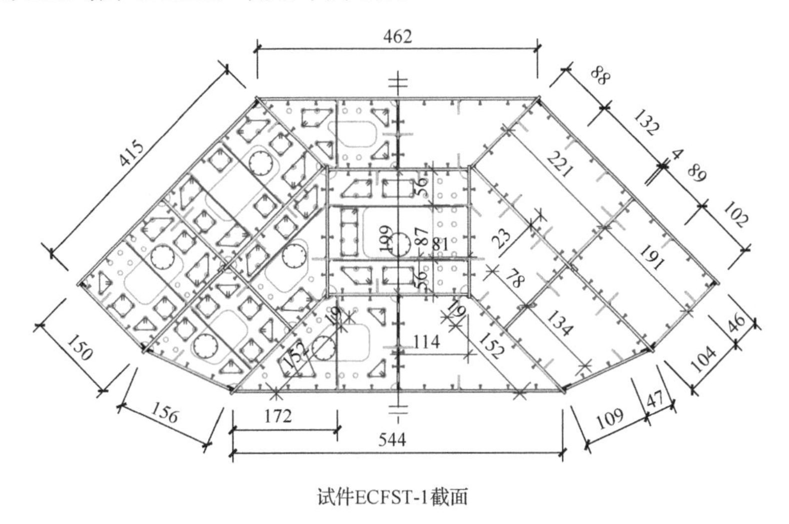

试件ECFST-1截面

图 7-31　试件截面设计（尺寸单位：mm）

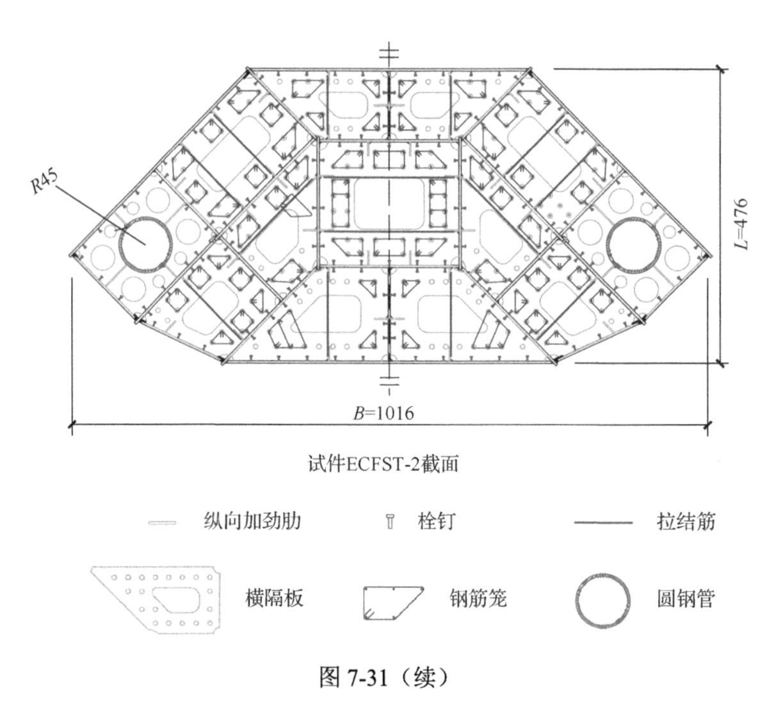

试件ECFST-2截面

图 7-31（续）

2. 材料性能

设计中使用的各种钢板实际厚度与标称厚度存在误差。4mm 厚钢板实际厚度为 3.75mm，3mm 厚钢板实际厚度为 2.85mm，$\phi 2$ 钢丝实际直径为 2.16mm，圆钢管实际尺寸为$\phi 89 \times 3.85$。实测混凝土标准立方体抗压强度f_{cu}=51.2MPa，弹性模量 $E_c=3.0\times10^4$MPa。实测钢材力学性能见表 7-6。其中，f_y 为钢材屈服强度，f_u 为钢材极限强度，E_s 为钢材弹性模量，δ 为钢材伸长率。

表 7-6　实测钢材力学性能

材料	实际厚度（直径）/mm	f_y/MPa	f_u/MPa	E_s/MPa	δ/%
4mm 钢板	3.75	393.1	527.8	1.9×10^5	28.6
$\phi 2$ 铁丝	2.16	438.1	457.2	2.2×10^5	16.4
$\phi 89$ 圆钢管	3.85	361.3	531.7	2.0×10^5	17.1
3mm 钢板	2.95	338.3	471.0	2.0×10^5	27.0

3. 加载制度和测量装置

试验采用荷载位移联合控制，在荷载-位移曲线出现明显弯曲之前采用荷载控制，每级增量约为 10%预估承载力。荷载-位移曲线出现明显弯曲之后采用位移控制。每级荷载卸载至 2000kN 之后开始下一级加载。

试验在北京工业大学 40000kN 大型压力机上进行。各试件均布置了 5 个水平位移计用来监测试件的挠度，并用于验证多腔钢管混凝土柱挠度曲线是否符合正弦半波曲线。

横隔板将试件纵向分为 8 层，在各层设置有应变片。设置了两种纵向应变片：腔体中部纵向应变片，设置在腔体中间位置，用于监测腔体中部纵向压应变，如应变 b1、b2、 d1、d3、d5、d7、d9、d11、e1、e2、e3、e4、e5、e6、f1、f2、g1、g2、g3、g4、g5、g6、h1、h2；边界应变片，在截面转角处以及内部有内钢板处设置，用于监测边界处应变发展，如应变 d2、d4、d6、d8、d10、d12。

钢管对混凝土的约束作用来自于内部混凝土膨胀，此时钢管横向表现为拉伸变形。为了判断钢管对核心混凝土是否具有约束作用，在钢板中部设置了横向应变片，如应变 d1h、d3h、d5h、d7h、d9h、d11h、g1h、g2h、g3h、g4h、g5h、g6h。横隔板对混凝土的变形也会产生约束作用，为了判断横隔板约束作用的大小，在横隔板处设置了横向应变片，判断其横向应变水平，如应变 e1、e2、e3、e4、e5、e6。h 表示纵向应变测点位置相应的横向应变测点，如横向应变测点 d1h 与纵向应变测点 d1 相对应。

位移测点及应变测点布置如图 7-32 所示。

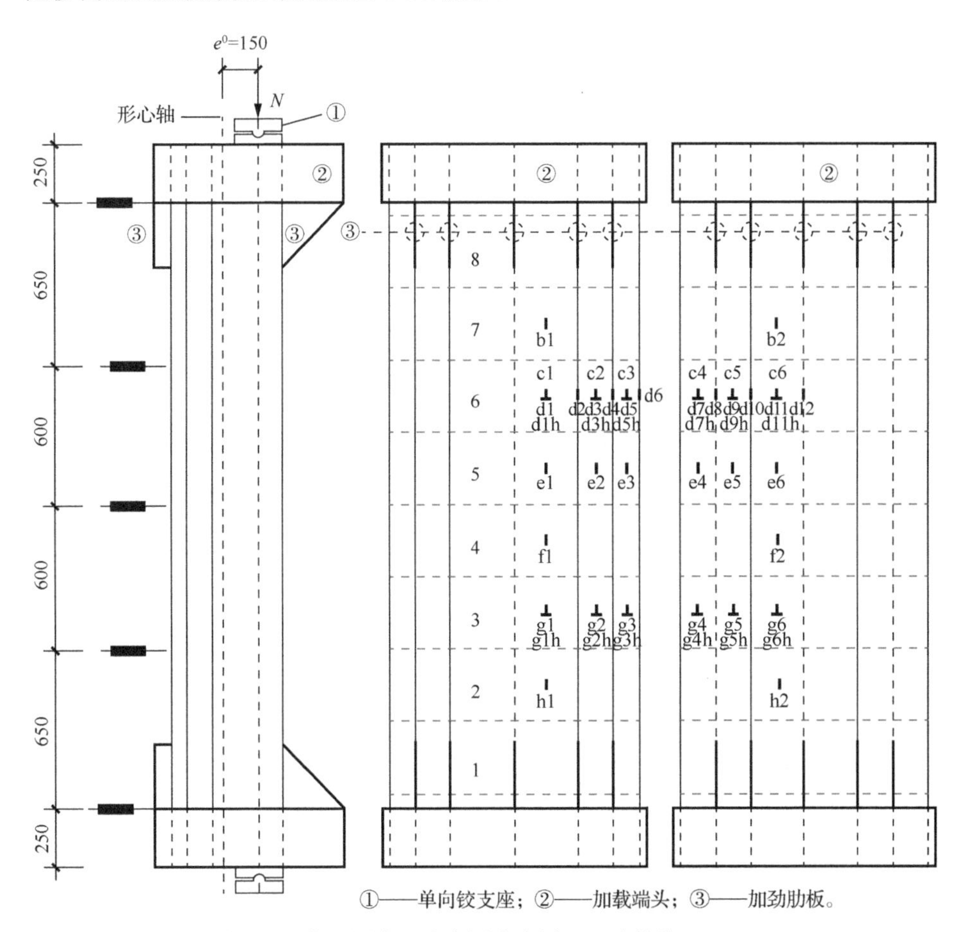

①——单向铰支座；②——加载端头；③——加劲肋板。

图 7-32　位移测点及应变测点布置（尺寸单位：mm）

7.2.2　试验结果及分析

1. 损伤过程分析

试件损伤发展过程如图 7-33 所示。为了便于描述现象，将各外钢板进行编号，如

图 7-33（d）所示。

1）受拉区损伤过程

试件 ECFST-1 受拉区钢板开裂大致可以分为三个阶段。第一阶段（极限荷载）：因焊缝位置延性较差，水平裂缝首先出现在钢板 S2 和钢板 S3 交界焊缝处。第二阶段：钢管开裂向 S3 延伸并逐渐贯通整个 S2、S3。第三阶段：因为 S2、S3 裂缝贯通后退出工作，无焊缝钢板 S1 难以继续提供受拉区承载力并开裂。最终形成整个受拉区贯通的横向裂缝，受拉区边缘钢管完全退出工作。受拉区损伤如图 7-33（a）、（b）所示。

试件 ECFST-2 受拉区钢板开裂与试件 ECFST-1 有明显不同。第一阶段（极限荷载）：钢管开裂同样首先出现在钢板 S2 与 S3 交界焊缝处，这与试件 ECFST-1 相同。第二阶段：S2 裂缝向 S3 延伸，但因受圆钢管的限制，S3 裂缝发展在圆钢管位置停止，S3 未形成贯通裂缝。第三阶段：因 S3 未完全退出工作，受拉区承载力由 S3 以及 S1 共同提供。因此，S1 的横向裂缝几乎没有发展，受拉区边缘钢管仍继续工作。

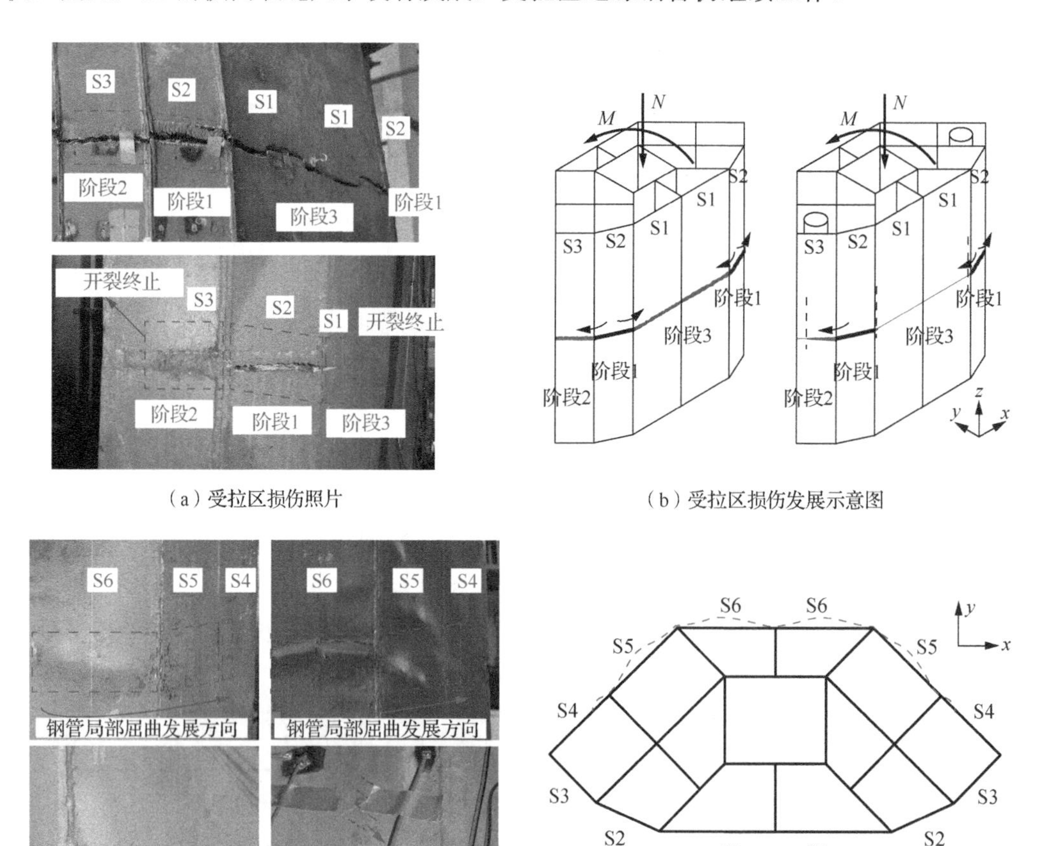

（a）受拉区损伤照片

（b）受拉区损伤发展示意图

（c）受压区损伤照片

（d）受压区损伤发展示意图

图 7-33　试件损伤发展

2）受压区损伤过程

当试件达到屈服荷载时，试件 ECFST-1 受压区第一次明显屈曲位置为钢板 S6；在荷载达到极限荷载之前，钢板 S6 屈曲逐渐加重，并沿 z 轴方向纵向发展，但是并未沿 y 轴水平发展；当达到极限承载力后，屈曲范围开始沿强轴水平向 S5 以及 S4 延伸；最终钢板 S5 全部屈曲而钢板 S4 发生部分屈曲。

试件 ECFST-2 与试件 ECFS-1 受压区损伤发展过程相近，当试件达到屈服荷载时，试件受压区首次出现明显屈曲，屈曲位置同样为钢板 S6；在竖向荷载达到极限荷载之前，屈曲范围沿 z 轴纵向发展；达到极限荷载之后，屈曲范围延 y 轴水平发展；最终受压区损伤同样表现为钢板 S5 全部屈曲而钢板 S4 发生部分屈曲。

因为受到内部钢板以及横隔板的限制，试件 ECFST-1 和试件 ECFST-2 受压区钢管纵向屈曲以及水平方向屈曲变形均表现出双波形。

3）损伤发展分析

偏心受压试件有几种典型的破坏模式，如整体失稳破坏、材料强度破坏，以及受压破坏、受拉破坏。图 7-34（a）为典型的 N-M 相关曲线和两种典型的实测 N-M 曲线（OA 和 OB）。如果实测 N-M 曲线和 N-M 相关曲线相交于最大竖向荷载之后，如曲线 OA，则试件破坏形态为整体失稳破坏，否则为材料强度破坏，如曲线 OB。在图 7-34（b）中，典型的 N-M 相关曲线被分为 CA 和 CB 两个部分。当实测 N-M 曲线与 N-M 相关曲线相交于 CA 段时，破坏形态为受压破坏，否则为受拉破坏。

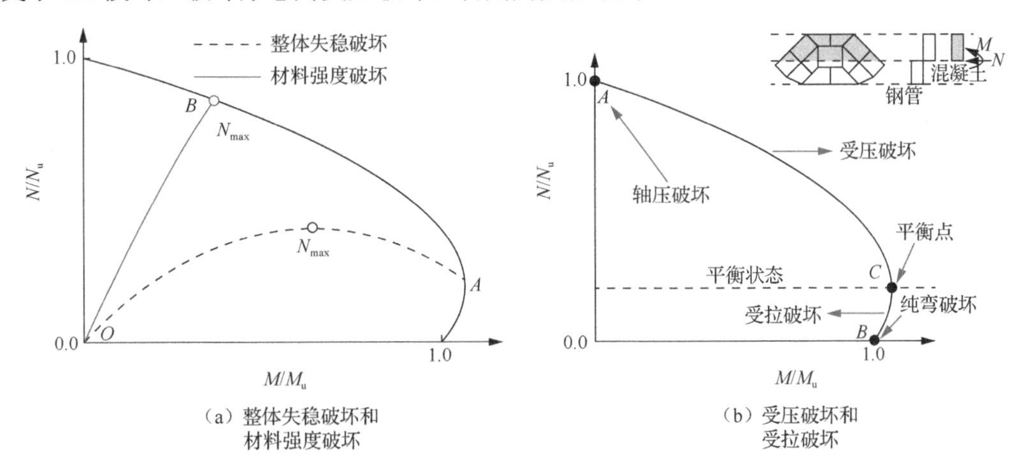

（a）整体失稳破坏和材料强度破坏　　（b）受压破坏和受拉破坏

图 7-34　偏心受压试件典型 N-M 相关曲线

为了进一步分析各试件属于强度破坏还是失稳破坏，并且判断属于受拉破坏或者受压破坏。采用纤维模型法计算 N-M 相关曲线，并将各试件实测 N-M 曲线绘于 N-M 相关曲线中，试件破坏形态如图 7-35 所示。其中，实测弯矩 $M=N(e_0+\Delta)$，e_0 是初始偏心距，Δ 为竖向荷载作用下试件中部的最大挠度。可以看到，实测 N-M 曲线与 N-M 相关曲线相交于极限荷载附近，且交点位于 N-M 相关曲线的受压破坏区。因此，两个试件破坏形态均属于受压区破坏控制的强度破坏。

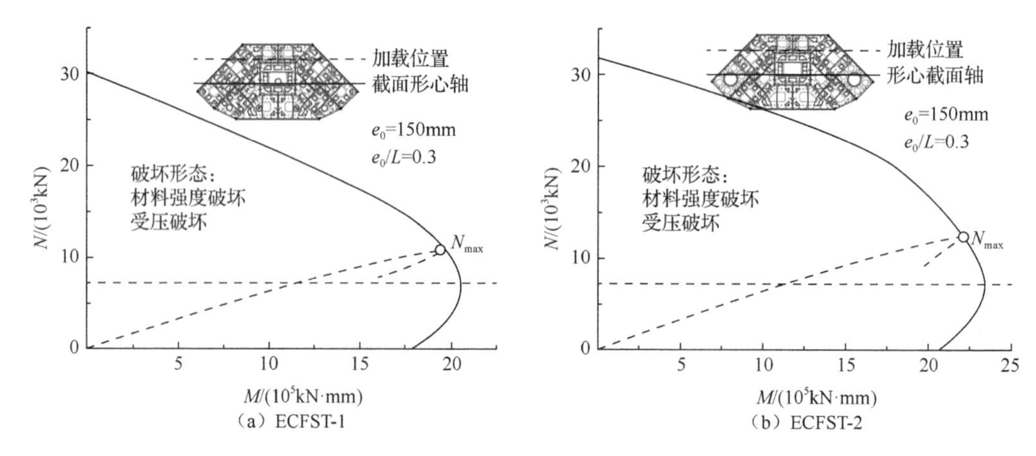

（a）ECFST-1　（b）ECFST-2

图 7-35　试件破坏形态

2. 荷载-位移曲线分析

图 7-36 为两个试件的荷载-变形（N-Δ）曲线及其骨架曲线比较。其中，下横坐标轴为试件 1500mm 高度处挠度，上横坐标轴为按照正弦半波曲线计算所得曲率，纵坐标为竖向荷载。表 7-7 为试件特征点实测结果。其中，N_y是屈服荷载，按照图 7-14 计算；Δ_y是屈服位移；N_u是极限荷载；Δ_u是极限位移；N_d是破坏荷载，取极限荷载的 85%；Δ_d是破坏位移；μ 为延性系数，等于 Δ_d/Δ_y，μ 越大说明延性越好。

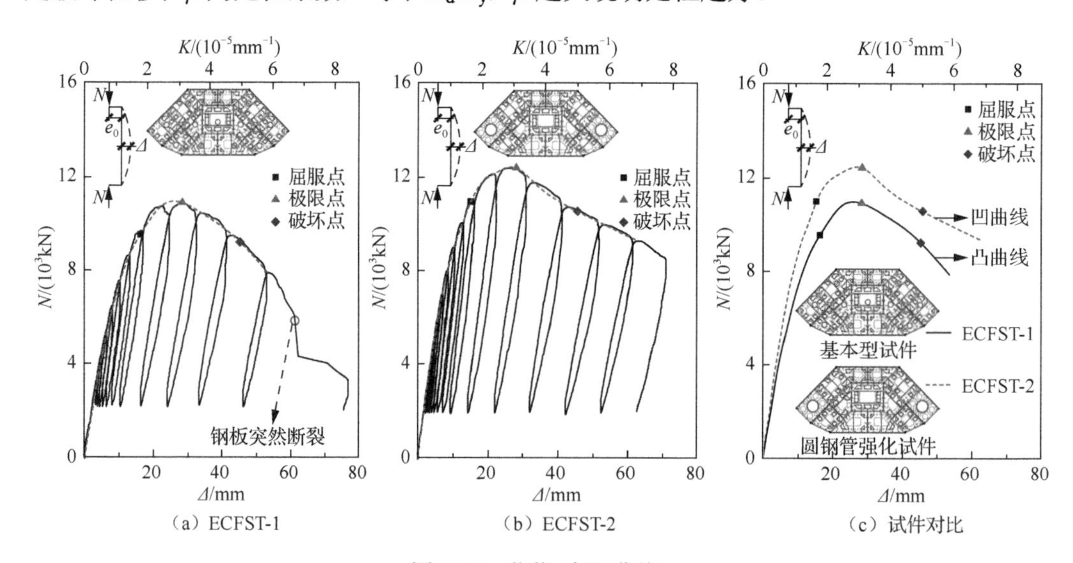

（a）ECFST-1　（b）ECFST-2　（c）试件对比

图 7-36　荷载-变形曲线

表 7-7　特征点实测结果

试件编号	N_y/(10kN)	Δ_y/mm	N_u/(10kN)	Δ_u/mm	N_d/(10kN)	Δ_d/mm	μ
ECFST-1	943.0	15.97	1088.5	28.28	925	45.20	2.83
ECFST-2	1097.0	15.16	1241.4	28.33	1055	45.78	3.02

分析图 7-36 以及表 7-7 可知以下结论。

（1）整个试验过程中各试件加载刚度、卸载刚度及再加载刚度稳定。与轴压试验性能类似，素混凝土加载刚度、卸载刚度及其再加载刚度会逐渐减小，但当混凝土受到有效围压作用时，其再加载刚度、卸载刚度及再加载刚度会保持稳定。因此，多腔钢管对内部混凝土具有良好的约束作用，在加卸载作用下工作性能稳定。

（2）试件 ECFST-1 为基本型试件，其曲线下降段为凸曲线，这说明其承载力的退化越来越快。试件 ECFST-2 为角部圆钢管强化型试件，其曲线下降段为凹曲线，这说明其承载力退化速度越来越慢。这是因为基本型试件随着受拉区钢管开裂的延伸，其受拉区损伤越来越严重，其承载力下降也越来越快。圆钢管强化型试件的受拉区钢管开裂受到圆钢管的限制，受拉区损伤得到有效控制，受拉区钢管对承载力的贡献较大，所以承载力呈现退化减缓的趋势。

（3）管试件 ECFST-2 与试件 ECFST-1 相比，其屈服荷载及极限荷载均显著提高。说明截面角部圆钢管与多腔钢管混凝土共同工作性能良好，圆钢管良好的压弯性能得到了有效利用。试件 ECFST-2 和试件 ECFST-1 均出现了受拉区横隔板处钢板水平拉裂的现象，但试件 ECFST-1 的钢管开裂延伸迅速，最后受拉区钢管开裂突然贯通，因此其承载力表现出了明显的突降。

3. 延性分析

延性系数是破坏位移与屈服位移的比值，可以用来描述试件延性的大小。延性系数越大，试件延性越好。由表 7-7 中的延性系数可知，试件 ECFST-2 延性系数大于试件 ECFST-1，说明内置圆钢管能够有效提高试件的延性。试件 ECFST-1 达到破坏点后，因受拉区钢板开裂迅速发展贯通，表现为脆性破坏，承载力呈现加速下降趋势。试件 ECFST-2 在达到破坏点后，圆钢管约束了受拉区钢板开裂的发展，承载力下降趋于平缓，破坏形式变现为延性破坏，说明圆钢管与多腔钢管的共同工作性能良好，能够有效预防受拉区钢板拉裂时出现脆性破坏。

4. 恢复能力分析

竖向荷载卸载时，试件变形会逐渐恢复。图 7-37（a）为各试件残余变形-位移曲线，其中 $\varDelta_{un}$ 为每级工况的卸载位移，$\varDelta_{pl}$ 为承载力卸载至 2000kN 时的残余位移。为了描述挠度恢复能力引入残余变形系数 γ，即

$$\gamma = \frac{\varDelta_{pl}}{\varDelta_{un}} \tag{7-43}$$

因此，γ 越小，残余变形越小，试件恢复能力越强。图 7-37（b）为残余变形系数随位移的变化曲线。分析可知以下几方面。

（1）在加载初期，残余变形的增长相对较慢；随着位移增加，残余变形增长越来越快。当达到极限承载力后，曲线形状基本为一条直线，试件的损伤趋于稳定。此时直线斜率约为 1，加载位移增加量与残余位移增加量一致，说明此时的新增变形几乎全部为塑性变形。

（2）内置圆钢管试件 ECFST-2 残余变形小于试件 ECFST-1，而且残余变形恢复系数显著小于试件 ECFST-1，说明内置圆钢管能够有效减小试件的残余变形，提高试件的恢复能力。

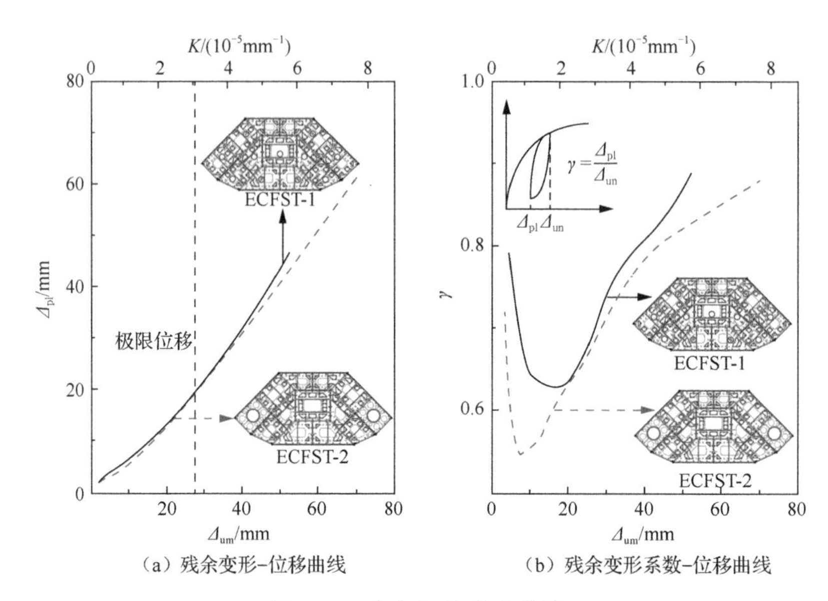

（a）残余变形-位移曲线　（b）残余变形系数-位移曲线

图 7-37　残余变形-位移曲线

5. 应变分析

图 7-38 为试件 ECFST-1 不同位置应变发展图，可以得出以下结论。

（1）各位置纵向应变发展稳定，与荷载-位移曲线发展趋势基本一致，说明试件工作性能稳定。

（2）受拉区钢管横向应变主要来自于钢管的纵向变形。因此受拉区钢管横向应变较小，且为压应变。受压区钢管环向应变均为拉应变，而且受压区边缘的钢管横向应变与纵向应变的比值随着加载的进行在达到极限荷载之前超过 0.283，说明受压区钢管对混凝土具有约束作用。

图 7-39 为根据实测应变绘制的试件中部截面处应变发展图，图 7-40 为最大拉应变和最大压应变发展图，可以得出以下结论。

（1）各试件中部截面应变发展稳定，在极限荷载时仍然基本符合平截面假定。

（2）在达到极限荷载之前，试件 ECFST-1 和试件 ECFST-2 受拉区应变发展过程基本一致，但是达到极限荷载之后，试件 ECFST-1 因为受拉区钢板开裂，受拉区应变发展显著减缓，甚至减小；试件 ECFST-1 受压区应变发展较快。

（3）达到峰值荷载时，两个试件最大压应变及最大拉应变均达到屈服应变。但最大压应变发展明显快于最大拉应变发展，当最大压应变达到屈服应变时，最大拉应变未达到屈服，表明两个试件的破坏为受压区破坏控制的强度破坏。

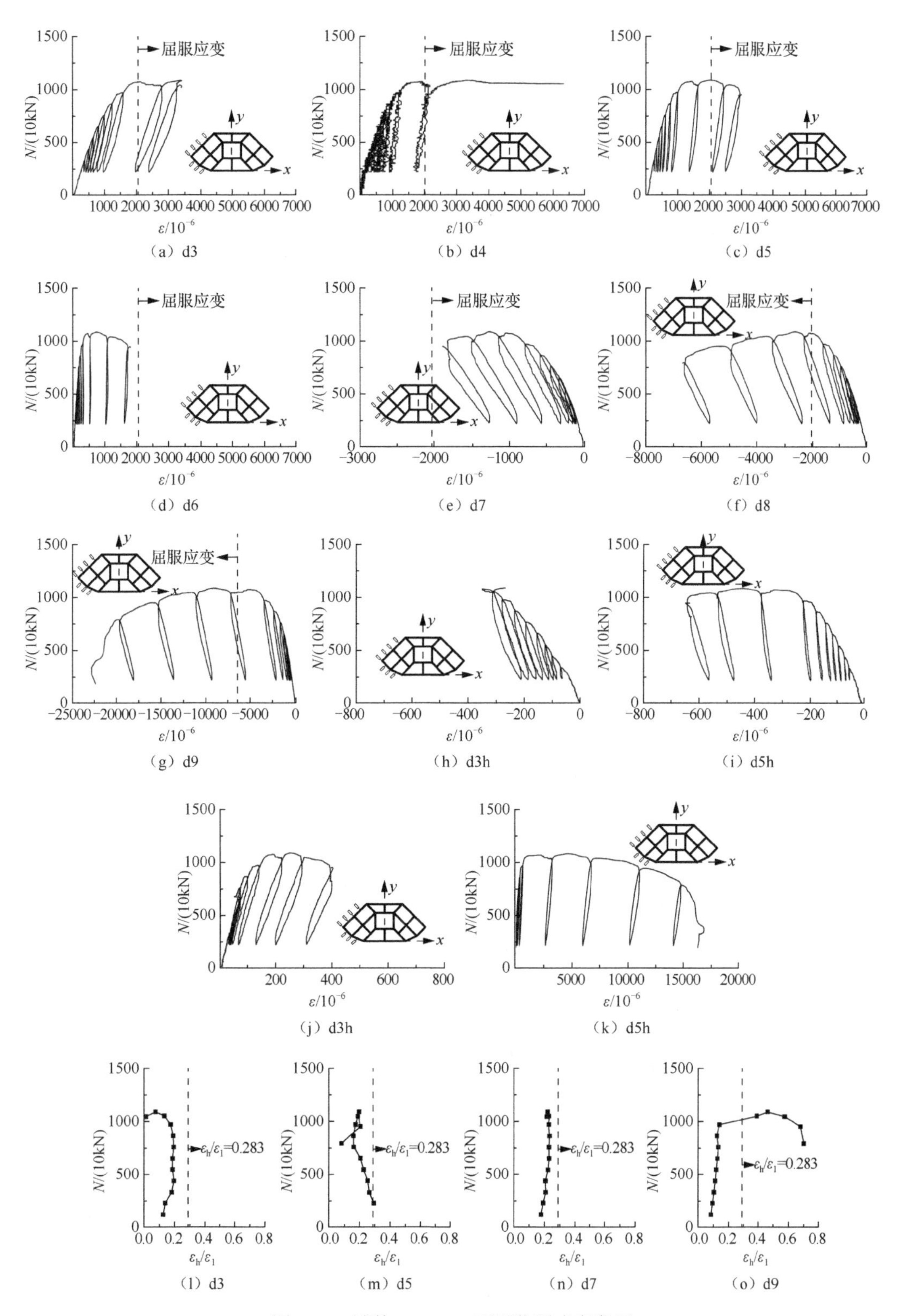

图 7-38　试件 ECFST-1 不同位置应变发展

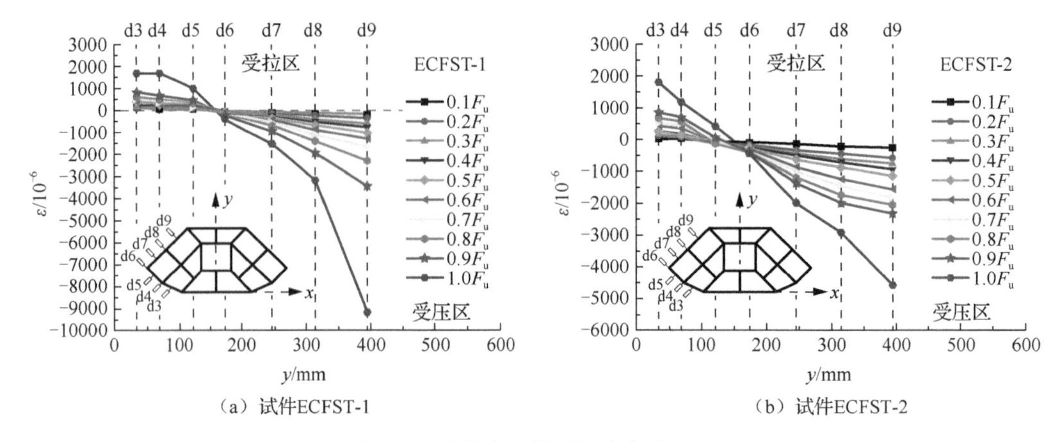

（a）试件ECFST-1　　（b）试件ECFST-2

图 7-39　试件中部截面处应变发展图

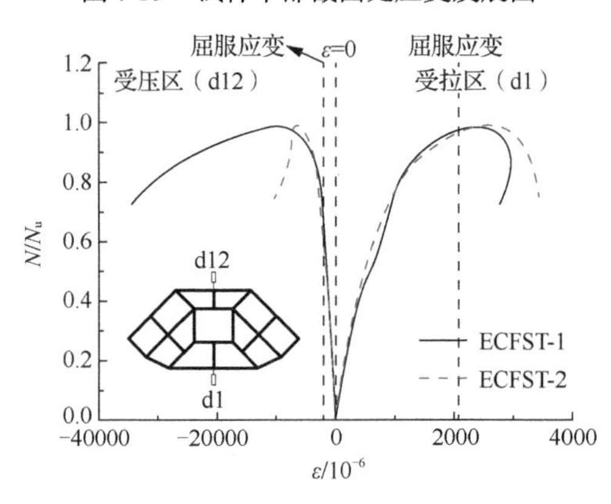

图 7-40　最大拉应变和最大压应变发展图

7.2.3　有限元分析

基于试验研究，采用 ABAQUS 有限元软件建立了八边形十三腔体钢管混凝土柱偏压性能计算有限元模型，计算了各试件荷载-变形曲线，分析了不同阶段的应力、应变，以及损伤发展。

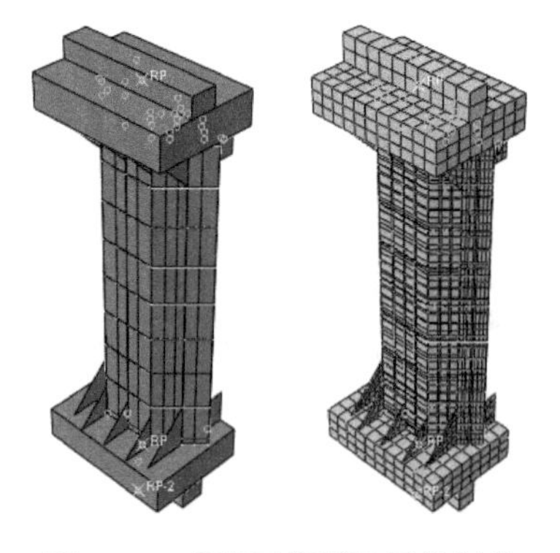

图 7-41　有限元模型及网格划分

1. 模型建立

两个偏压试件 ECFST-1 和 ECFST-2 柱的构造与轴压试件 CFST-1 和试件 CFST-3 完全相同。因此，柱的建模过程，包括单元选择、部件间相互作用关系，以及材料本构关系的选择均与 7.1 节中轴压试件的建模方式相同。与轴压试件不同之处在于，偏压试件加载端头设置有牛腿加劲肋，加载端增设单向铰。牛腿采用壳单元、加载端头及单向铰均采用离散刚体。有限元模型及网格划分如图 7-41 所示。

2. 计算荷载-位移曲线分析

图 7-42 为有限元计算荷载-位移曲线与实测荷载-位移曲线比较，表 7-8 为极限承载力以及极限位移比较。

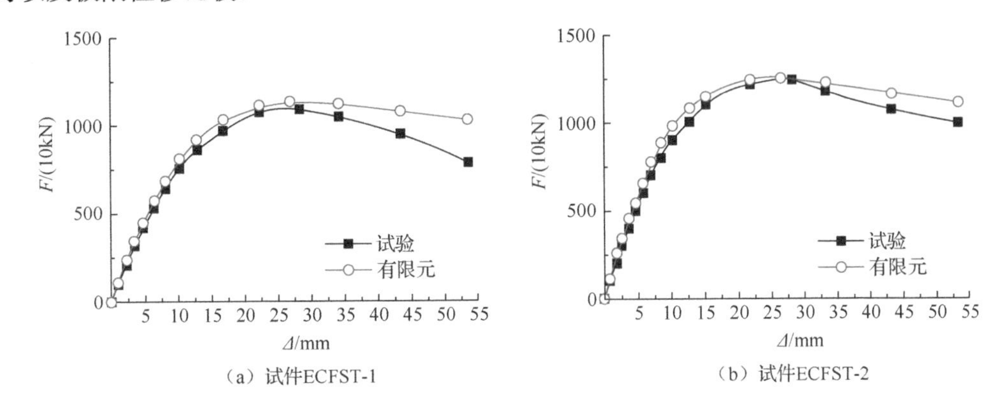

（a）试件ECFST-1　　（b）试件ECFST-2

图 7-42　计算荷载-位移曲线与实测荷载-位移曲线比较

表 7-8　极限承载力以及极限位移比较

试件编号	极限荷载			极限位移		
	试验/kN	计算/kN	误差/%	试验/mm	计算/mm	误差/%
ECFST-1	1088.5	1133.1	4.1	28.28	26.90	−4.9
ECFST-2	1241.4	1249.5	0.7	28.33	26.56	−6.2

分析图 7-42 及表 7-8 可以得出以下结论。

（1）计算曲线与试验曲线上升段吻合良好，极限荷载以及极限位移误差均小于 10%，能够较好地反映试件的峰值前受力性能。

（2）试件 SCFST-1 计算荷载-位移曲线的下降段较实测荷载-位移曲线平缓，这是因为试验过程中受拉区钢管在达到极限荷载后开始出现损伤开裂，此时部分受拉区钢管完全退出工作，而有限元分析中未考虑钢管开裂问题。

（3）试件 SCFST-2 圆钢管限制了受拉区钢管的开裂，受拉区钢管开裂范围较小，试件下降段受钢管开裂影响较小，其下降段与计算曲线下降段相比下降趋势也较缓。

3. 计算云图分析

1）钢管应力发展

图 7-43 为钢管在屈服点以及极限点对应的 von Mises 应力云图，试件 ECFST-2 在角部剖切露出内部圆钢管，以便于观察圆钢管的应力发展。

分析应力云图可知：①在达到屈服点时，试件受压区边缘钢管已经达到屈服状态，但受拉区边缘钢管未达到屈服状态，受压区应力发展快于受拉区；②在达到极限点时，钢管受拉区边缘以及受压区边缘钢管均达到屈服状态，受压区屈服范围显著大于受拉区屈曲范围；③在达到极限点时，角部内置的圆钢管基本达到了屈服状态，具有较高的应力水平，说明圆钢管性能得到了有效的利用。

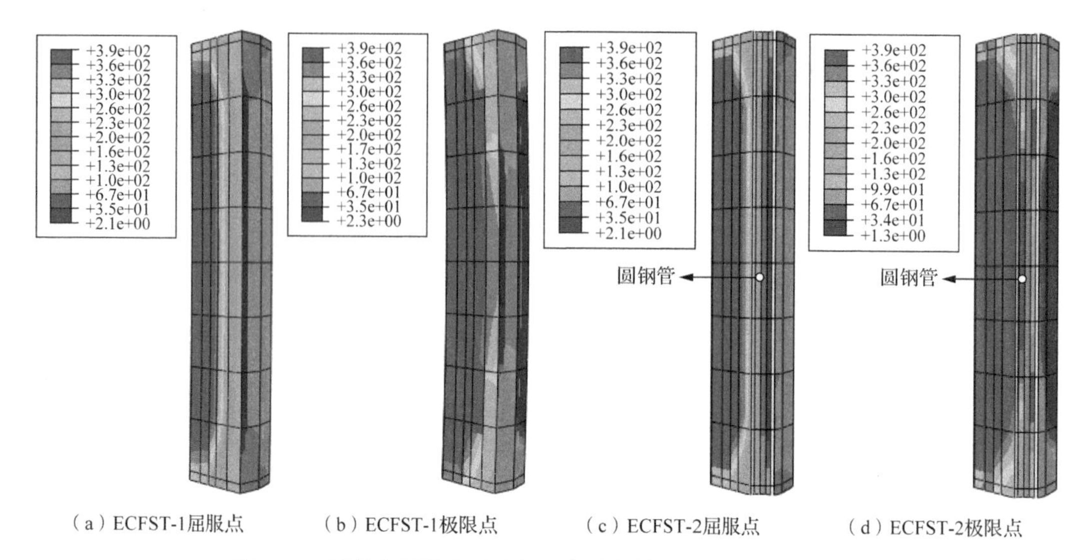

（a）ECFST-1屈服点　（b）ECFST-1极限点　（c）ECFST-2屈服点　（d）ECFST-2极限点

图 7-43　钢管在屈服点以及极限点对应的 von Mises 应力云图

2）钢筋笼应力发展

图 7-44 为各试件屈服点以及极限点对应钢筋笼 von Mises 应力云图，可以看出：①达到屈服点时，各试件受拉区钢筋笼以及受压区钢筋笼应力均未达到屈服状态，但是受压区钢筋笼应力发展快于受拉区钢筋笼应力发展；②达到极限点时，各试件靠近受拉区边缘钢筋笼纵筋均达到屈服，但箍筋未达到屈服；③受压区边缘钢筋笼纵筋及箍筋均达到屈服，说明受压区钢筋笼能够对混凝土具有约束作用；④受压区钢筋笼屈服区域大于受拉区钢筋笼屈服区域。

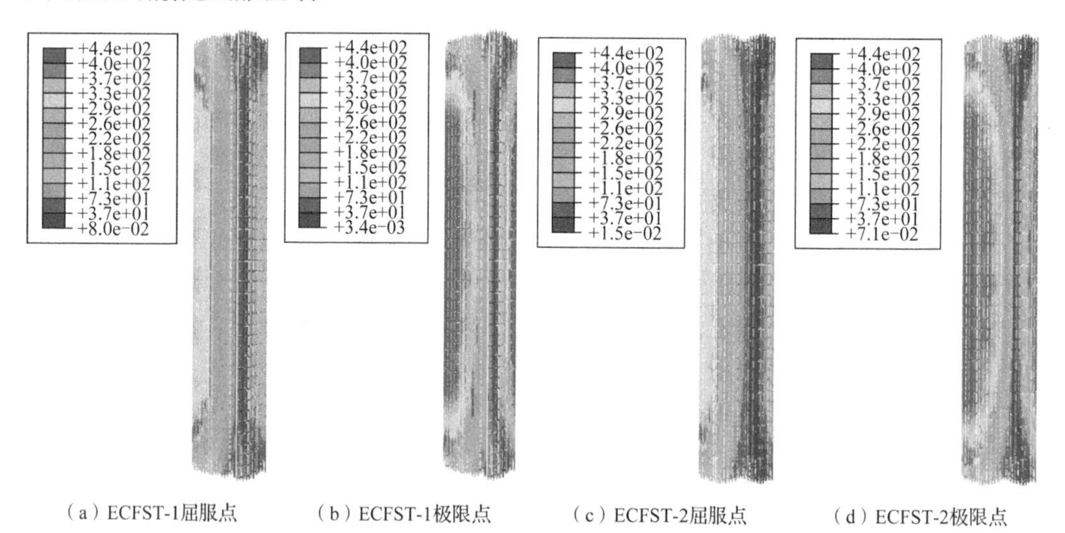

（a）ECFST-1屈服点　（b）ECFST-1极限点　（c）ECFST-2屈服点　（d）ECFST-2极限点

图 7-44　各试件屈服点以及极限点对应钢筋笼 von Mises 应力云图

3）横隔板应力发展云图

图 7-45 为各试件屈服点以及极限点对应横隔板 von Mises 应力发展图，可以看出：

①达到屈服点时，受压区靠近边缘横隔板应力发展明显，但仍未达到屈服状态；②达到极限点时，受压区靠近边缘横隔板达到屈服状态，这说明受压区横隔板对混凝土具有约束作用；③因为横隔板的受力机理类似于钢筋笼中的箍筋，其应力发展主要来自混凝土的受压膨胀。因此，受压区横隔板应力逐渐发展并能够达到屈服状态，而受拉区横隔板始终未达到屈服状态，且应力极小。

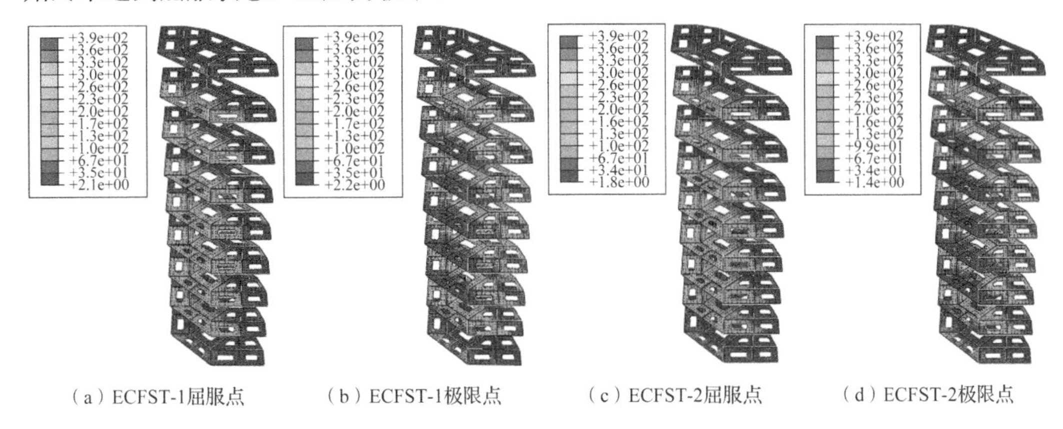

（a）ECFST-1屈服点　（b）ECFST-1极限点　（c）ECFST-2屈服点　（d）ECFST-2极限点

图 7-45　各试件屈服点以及极限点对应横隔板 von Mises 应力发展图

4）混凝土应力发展

图 7-46 为各试件屈服点以及极限点对应的试件中部（1500mm 高度处）截面混凝土纵向应力（S22）云图，可以看出：①各试件混凝土纵向应力等值线近似于水平直线，说明试件截面变形均匀，基本符合平截面；②内置圆钢管试件 ECFST-2 圆钢管位置的混凝土纵向应力等值线与试件 ECFST-1 相比，在圆钢管位置出现不连续现象，有向受压区偏移的趋势，说明圆钢管对局部混凝土具有一定的约束作用。

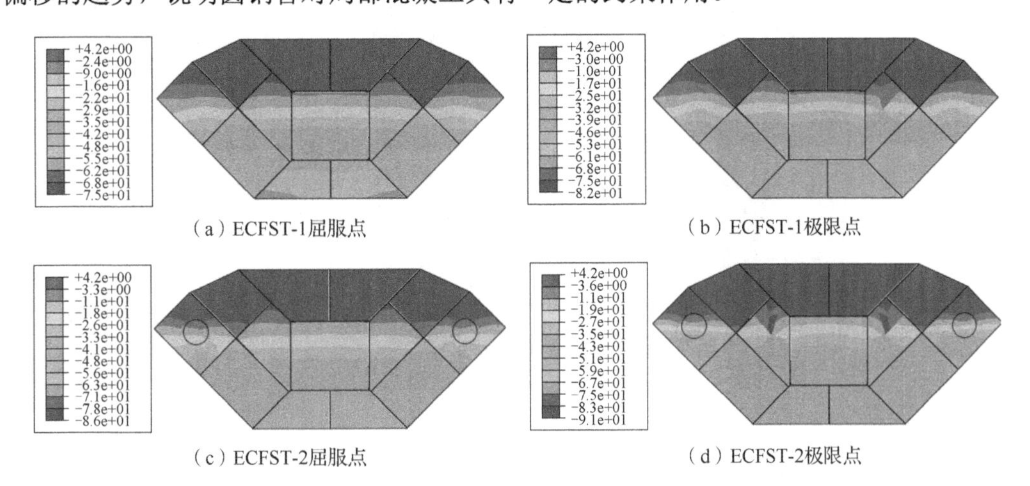

（a）ECFST-1屈服点　（b）ECFST-1极限点

（c）ECFST-2屈服点　（d）ECFST-2极限点

图 7-46　各试件屈服点以及极限点对应的试件中部截面混凝土纵向应力（S22）云图

5）极限状态平截面验证

图 7-47 为各试件在极限点时混凝土以及钢管纵向应变分量（E22）等高线，可以看出：①无论是钢管还是混凝土，其纵向应变分量等高线均基本为一条直线，说明截面应变发展均匀，基本符合平截面假定；②纵向应变分量受拉区和受压区有明显的分界线，即截面的中性轴，应变云图中中性轴的位置与实测应变所得中性轴的位置基本一致。

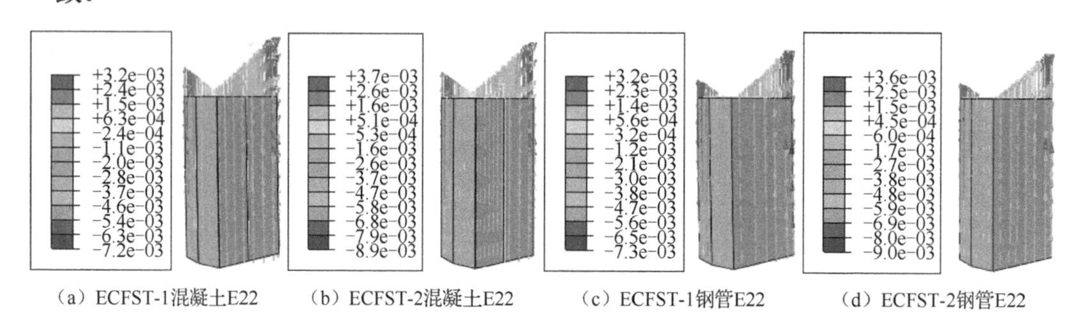

（a）ECFST-1混凝土E22　（b）ECFST-2混凝土E22　（c）ECFST-1钢管E22　（d）ECFST-2钢管E22

图 7-47　试件在极限点时混凝土以及钢管纵向应变分量（E22）等高线

6）混凝土受压损伤发展

图 7-48 为受压区混凝土在屈服点、极限点以及破坏点对应的损伤发展。从图 7-48 可以看出：①试件 ECFST-1 和试件 ECFST-2 混凝土损伤发展趋势基本是一致的，没有明显区别，实际试验过程中两试件受压区破坏现象也没有显著区别。②在达到屈服点时，受压区混凝土损伤发展沿纵向仍然较均匀，但随着加载进行，损伤逐渐集中在试件中部挠度较大区域，最终混凝土的破坏发生在试件中部。

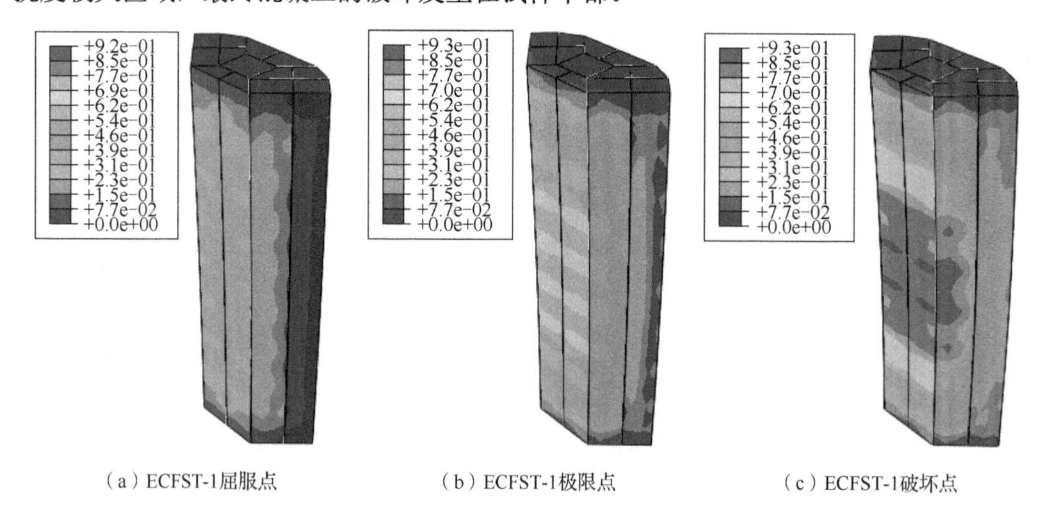

（a）ECFST-1屈服点　（b）ECFST-1极限点　（c）ECFST-1破坏点

图 7-48　受压区混凝土在屈服点、极限点以及破坏点对应的损伤发展

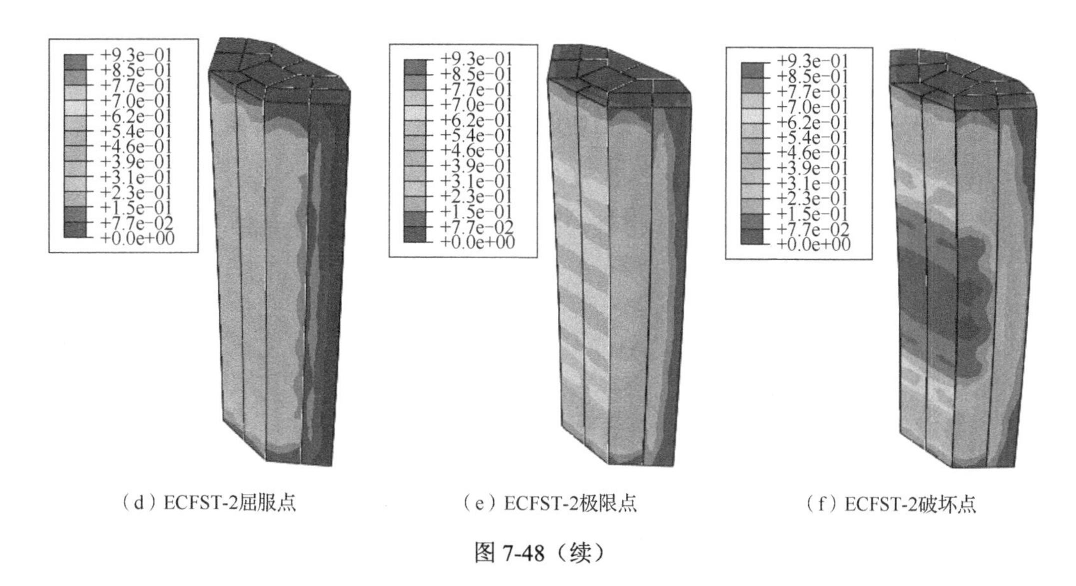

（d）ECFST-2屈服点　（e）ECFST-2极限点　（f）ECFST-2破坏点

图 7-48（续）

为了研究八边形十三腔体钢管混凝土巨型柱在偏压荷载下的受力性能，结合北京中国尊底部八边形十三腔体巨型柱设计方案，7.2 节进行了 2 个不同截面构造的八边形十三腔体钢管混凝土巨型柱模型试件的偏压试验研究及理论分析，研究表明：①截面圆钢管加强型试件的圆钢管与多腔钢管混凝土柱之间具有良好的共同工作性能，能够有效地提高试件的承载力、延性以及恢复能力，减轻试件损伤；②八边形钢管混凝土巨型柱受压区横隔板以及钢筋笼在极限荷载时能够达到屈服，横隔板及钢筋笼对受压区混凝土可提供有效的约束作用；③采用提出的修正后韩林海本构关系对八边形钢管混凝土巨型柱偏压性能进行有限元分析，计算荷载-位移曲线与实测曲线符合较好，试件应力应变发展以及损伤形态与试验结果基本相符。

7.3　低周反复荷载试验

7.3.1　试验概况

1. 试件设计

结合北京中国尊大厦底部八边形钢管混凝土巨型柱设计方案，设计了 10 个八边形十三腔体钢管混凝土巨型柱模型试件，模型缩尺比例为 1/30，进行低周反复荷载下的抗震性能试验研究。试件设计参数包括 4 种不同的截面构造、3 种不同的加载方向，以及 2 种不同的轴力施加形式。

4 种不同的构造截面外轮廓相同，内部构造不同。截面 1：基本型截面，以中国尊大厦为原型设计的 13 个腔体，多腔钢管所用钢板厚 2mm，横隔板宽度为 10mm，纵向加劲肋宽度 10mm，通长布置，截面配钢率（A_s/A_c）为 7.54%。截面 2：简化型截面，5 个腔体简化型构造与 13 腔体基本型构造相比，减少部分分腔板以及纵向加劲肋和横隔板，截面配钢率为 5.58%。截面 3：角钢加强型构造，内置的等边角钢尺寸为 40mm×3mm，其他构造与基本型截面相同，截面配钢率为 8.29%。截面 4：圆钢管加强型构造，角部内置圆钢管尺寸为ϕ45×3，其他构造与基本型截面相同，截面配钢率为 8.83%。试件截面设计如图 7-49 所示。

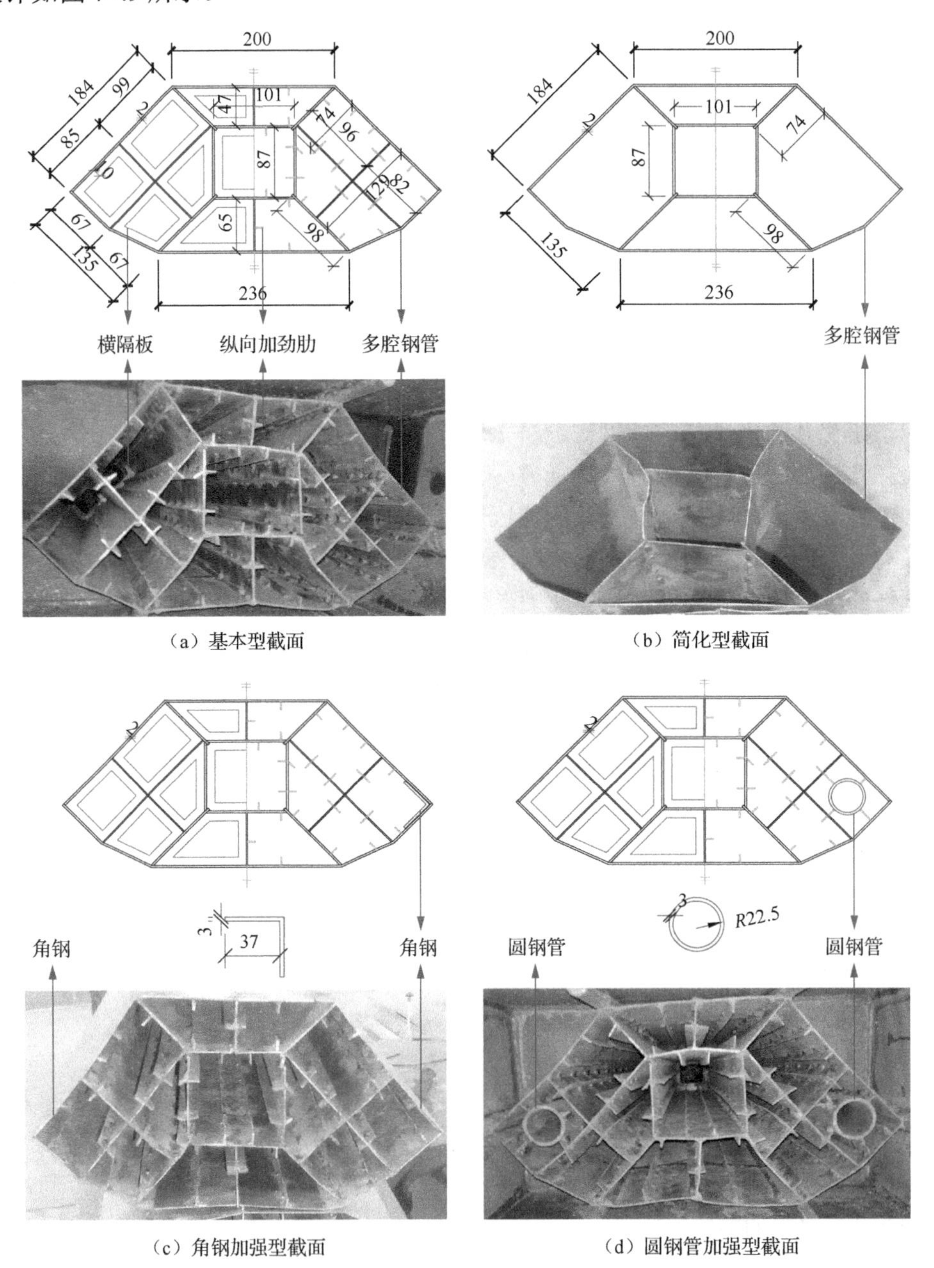

（a）基本型截面　（b）简化型截面

（c）角钢加强型截面　（d）圆钢管加强型截面

图 7-49　试件截面设计（尺寸单位：mm）

三种加载方向包括强轴加载、弱轴加载、45°加载。在地震荷载作用下，八边形多腔体钢管混凝土巨型柱会受到不同方向地震作用影响。不同加载方向受压试件设计图如

图 7-50 所示，不同加载方向受拉试件设计图如图 7-51 所示。

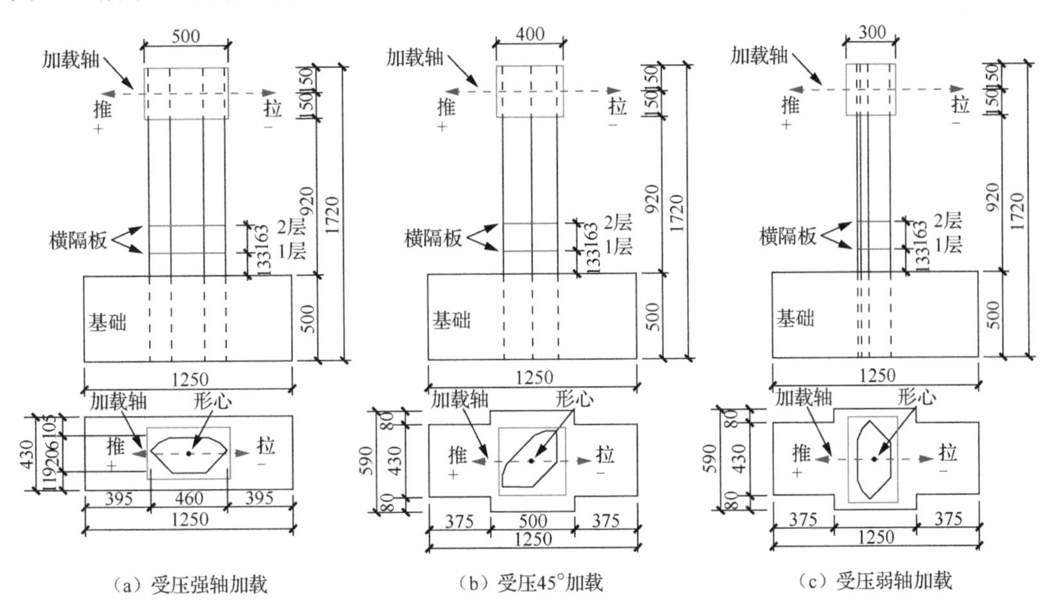

(a) 受压强轴加载　(b) 受压45°加载　(c) 受压弱轴加载

图 7-50　不同加载方向受压试件设计图（尺寸单位：mm）

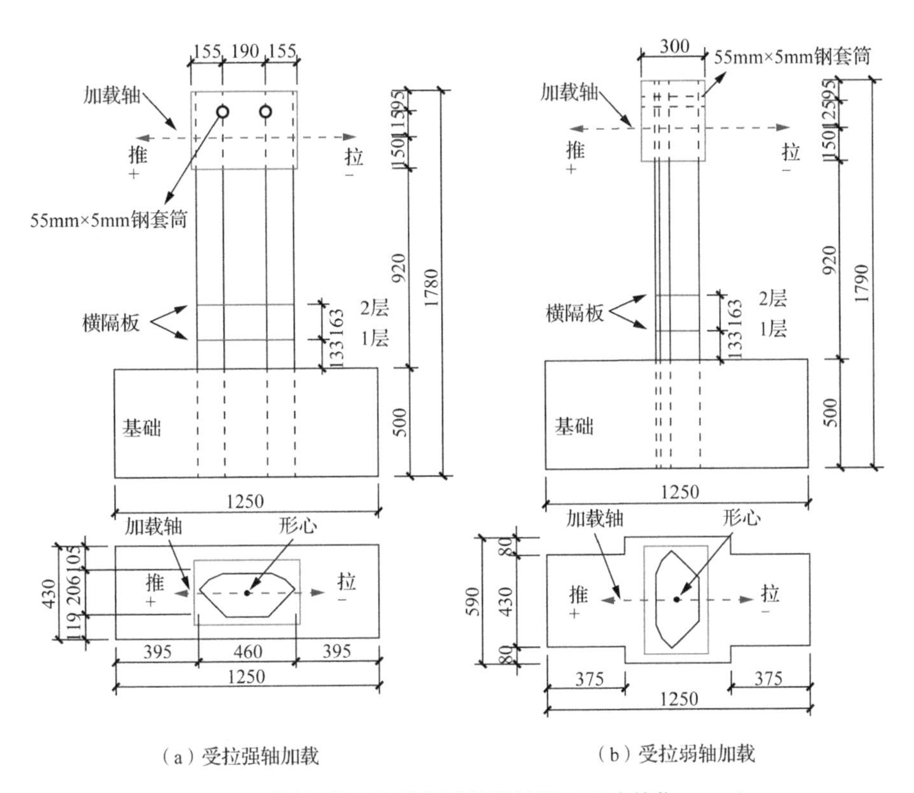

(a) 受拉强轴加载　(b) 受拉弱轴加载

图 7-51　不同加载方向受拉试件设计图（尺寸单位：mm）

两种轴力即轴压力以及轴拉力。在巨型框架中，当框架承受水平荷载作用时，框架柱可能会处于竖向受拉状态。轴压力为 900kN，轴压比 n_c 约为 0.2，$n_c=N_c/(A_sf_y+A_cf_c)$；轴拉力为 200kN，n_t 约为 0.1，$n_t=N_t/(1.1A_sf_y)$。

受压试件高度为 1720mm，其中基础高 500mm，加载端头高 300mm，柱身高 920mm；强轴加载受拉试件高度为 1780mm，其中基础高度 500mm，加载端头高度 360mm，柱身高 920mm；弱轴加载受拉试件高度为 1790mm，其中基础高度 500mm，加载头高度 370mm（比受拉强轴加载试件高 10mm，便于作动器连接），柱身高 920mm。受拉试件加载端头设置 2 个 55mm×5mm 钢套筒，用于竖向作动器螺栓穿过套筒施加竖向拉力。受压试件与受拉试件水平荷载加载点高度一致，距离基础顶面 1070mm。因截面为八边形截面，为保证轴力施加均匀，试件不出现扭转，加载端头截面形心、柱截面形心、基础截面形心在同一条垂直轴上，水平作动器轴线通过加载端头形心。表 7-9 为试件特征及编号含义。

表 7-9　试件特征及编号含义

<table>
<tr><th>试件编号</th><th>截面类型</th><th>加载方向</th><th>轴力</th><th>编号含义</th></tr>
<tr><td>C-B-X</td><td>基本型截面</td><td>强轴</td><td>压力 900kN</td><td rowspan="10">C：轴力为压力
T：轴力为拉力
B：基本型截面
S：简化型截面
AR：角钢强化型截面
CR：圆钢管强化型截面
X：沿强轴加载
Y：沿弱轴加载
Z：沿 45°方向加载</td></tr>
<tr><td>C-B-Y</td><td>基本型截面</td><td>弱轴</td><td>压力 900kN</td></tr>
<tr><td>C-B-Z</td><td>基本型截面</td><td>45°</td><td>压力 900kN</td></tr>
<tr><td>C-S-X</td><td>简化型截面</td><td>强轴</td><td>压力 900kN</td></tr>
<tr><td>C-S-Y</td><td>简化型截面</td><td>弱轴</td><td>压力 900kN</td></tr>
<tr><td>C-AR-X</td><td>角钢强化型截面</td><td>强轴</td><td>压力 900kN</td></tr>
<tr><td>C-CR-X</td><td>圆钢管强化型截面</td><td>强轴</td><td>压力 900kN</td></tr>
<tr><td>T-B-X</td><td>基本型截面</td><td>强轴</td><td>拉力 200kN</td></tr>
<tr><td>T-B-Y</td><td>基本型截面</td><td>弱轴</td><td>拉力 200kN</td></tr>
<tr><td>T-CR-X</td><td>圆钢管强化型截面</td><td>强轴</td><td>拉力 200kN</td></tr>
</table>

2. 材料性能

试件钢管及横隔板采用 2mm 厚钢板（钢板实测厚度 1.91mm），角钢采用 3mm 厚钢板（实测钢板厚度 3.00mm），圆钢管采用ϕ45×3 无缝圆钢管（实测钢板厚度 3.00mm）。实测混凝土标准立方体抗压强度 f_{cu}=44MPa，弹性模量 $E_s=3.21\times10^4$MPa。实测钢材力学性能见表 7-10。

表 7-10　实测钢材力学性能

材料	实测厚度/mm	f_y/MPa	f_u/MPa	E_s/MPa	δ/%
多腔钢管	1.91	338.13	463.80	2.09×10^5	16.39
角钢	3.00	328.12	457.19	2.15×10^5	16.39
圆钢管	3.00	383.80	531.67	2.09×10^5	13.85

7.3.2　试验装置及测量设备

为防止基础发生水平滑移以及竖向翻转，水平方向使用两个千斤顶限制基础的水平位移，竖向使用两个横梁将基础压在地面上。试件轴向压力采用竖向千斤顶施加，轴压下低周反复荷载试件现场照片及加载装置示意图如图7-52所示。试件轴向拉力采用竖向作动器施加，轴拉下低周反复荷载试件现场照片和加载装置示意图如图7-53所示。

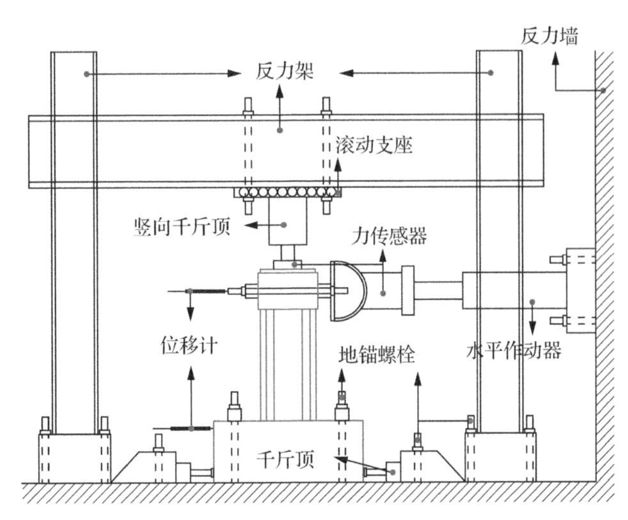

图7-52　轴压下低周反复荷载试件现场照片及加载装置示意图

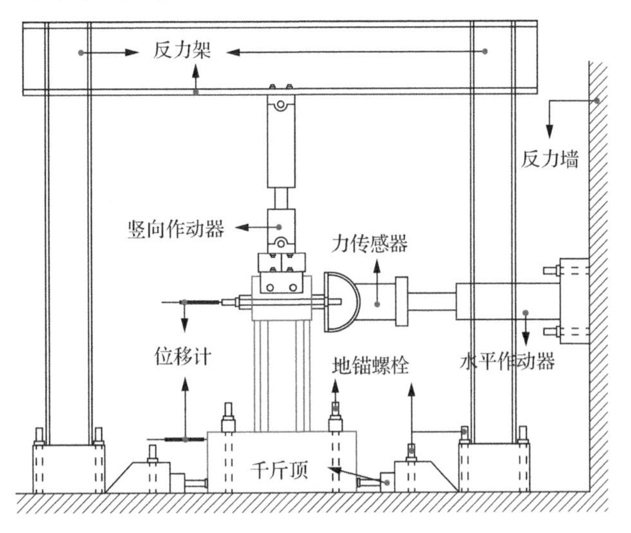

图7-53　轴拉下低周反复荷载试件现场照片和加载装置示意图

试验时，首先施加竖向荷载并在试验过程中保持竖向荷载不变；之后，分级施加低周反复水平荷载。水平荷载采用位移控制加载，每级荷载循环两次；试件位移角达到1/50（21.40mm）之前，每级位移增量为2.675mm（1/400位移角），位移角达到1/50（21.40mm）之后，每级位移增量为5.35mm（1/200位移角）；当正负两向荷载均下降至极限荷载的85%以下时，结束试验。在试验过程中，加载速率保持一致。加载历程如图7-54所示。

在试件加载端头加载点高度处布置水平位移计1，用于测试试件的水平位移。虽然在试验设计中为了避免试件出现偏心加载的情况考虑了加载点的位置，但仍然设置了位移计 2 和位移计 3，用以监测试件的平面外变形。基础布置 4 个位移计，位移计 4、位移计 5 监测基础水平滑移，位移计 6、位移计 7 监测基础倾覆变形。应变测点从试件底部往上分 a、b、c、d 四层布置，字母 h 代表应变片方向为横向。位移计和应变片布置如图 7-55 所示。

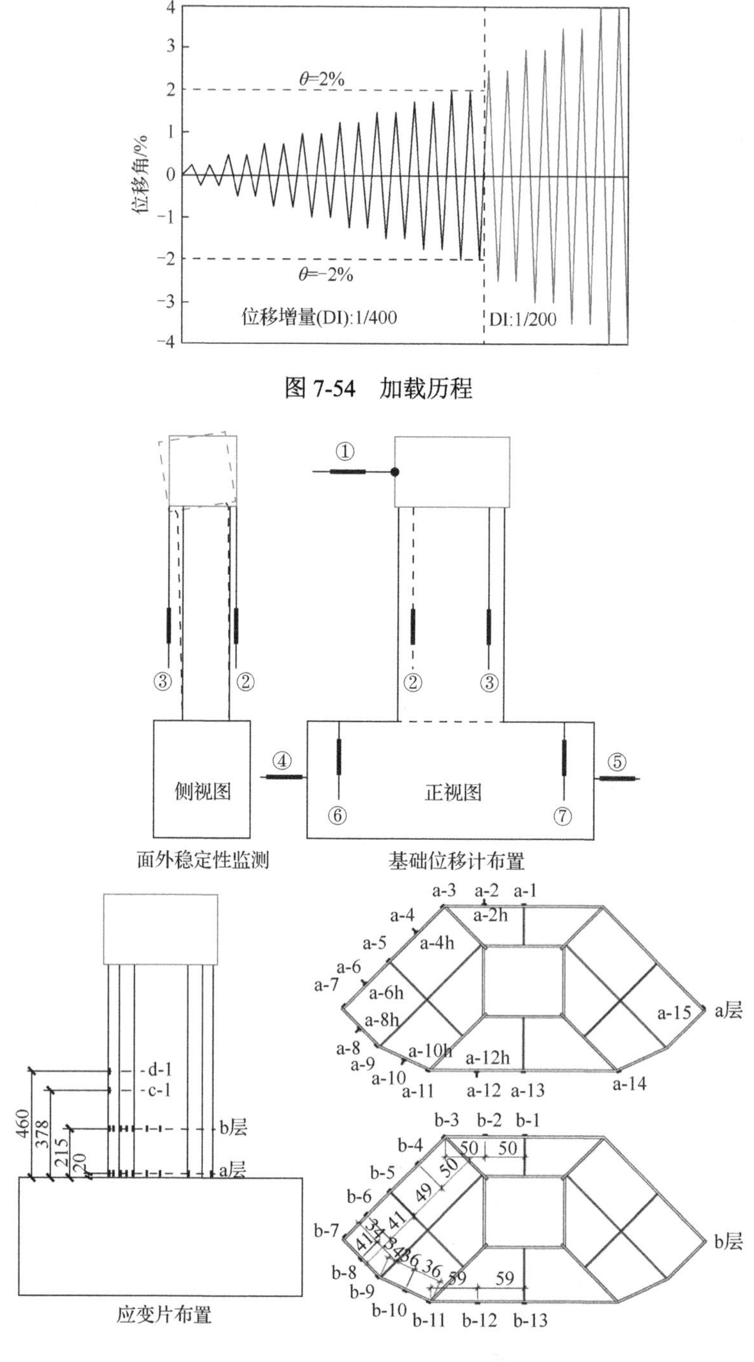

图 7-54　加载历程

图 7-55　位移计和应变片布置（尺寸单位：mm）

7.3.3　试验结果及分析

1. 损伤过程分析

1）轴压下强轴方向加载试件

试件 C-B-X、C-AR-X、C-CR-X 破坏特征相似。

试件 C-B-X 和试件 C-S-X 破坏特征如图 7-56 所示，主要特征如下。

（1）在垂直方向：试件 C-B-X 钢管屈曲基本上较均匀地分布在基础顶面与第一层横隔板之间，没有出现单个明显的局部屈曲；试件 CFT-S-X 钢管屈曲范围更加集中，其在基础顶面附近出现单个明显的局部屈曲。

（2）在水平方向：受到内分腔板的影响，试件 C-B-X 的钢管屈曲范围主要集中在加载轴端部，向试件截面中部延伸较少；而试件 C-S-X 的钢管屈曲范围向截面中部发展范围明显较大。

（3）受到焊接的热影响，试件 C-B-X 钢管在横隔板处延性变差。因此，钢管的撕裂发生在第一层横隔板处。试件 C-S-X 的钢板撕裂更加靠近基础顶面附近。

图 7-56　试件 C-B-X 和试件 C-S-X 破坏特征

2）轴压下弱轴方向加载试件

试件 C-B-Y 和试件 C-S-Y 的破坏特征如图 7-57 所示，主要特征如下。

（1）在垂直方向：与强轴方向加载试件类似，试件 C-B-Y 的钢管屈曲基本均布在基础顶面与第一层横隔板之间，没有出现单个明显的局部屈曲；而试件 C-S-Y 的钢管屈曲集中在基础顶面附近，出现单个明显的局部屈曲。

（2）在水平方向：试件 C-B-Y 钢管屈曲范围集中在加载轴端部区域，向截面中部延伸范围较小；而试件 C-S-Y 的钢管屈曲范围向截面中部延伸范围显著增大。

（3）与强轴方向加载试件不同，弱轴方向加载试件 C-B-Y、C-S-Y 受拉区钢管均未出现钢板撕裂。这是因为弱轴方向加载试件的加载轴两端截面形状没有明显的突变，而强轴方向加载试件的加载轴两端为 90° 尖角，其应力集中现象较为明显，损伤较为严重。

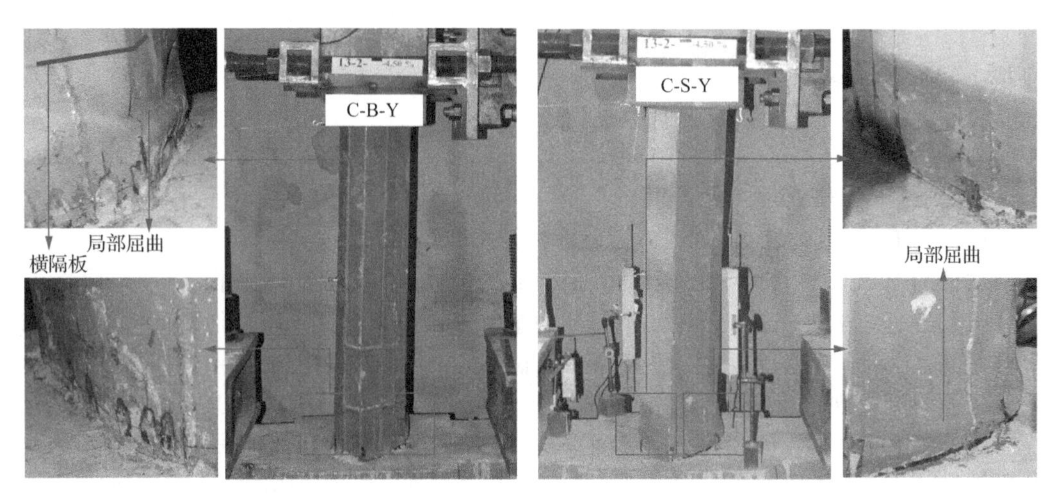

图 7-57　试件 C-B-Y 和试件 C-S-Y 的破坏特征

3）轴压下 45° 方向加载试件

与强轴方向加载试件 C-B-X 破坏现象类似，试件 C-B-Z 的钢管屈曲在基础顶面和第一层横隔板之间，没有出现单个明显的屈曲。因为在受拉区边缘存在焊缝，达到峰值荷载以后，钢管在第一层焊缝处发生突然开裂，导致承载力突降。试件 C-B-Z 破坏特征如图 7-58 所示。

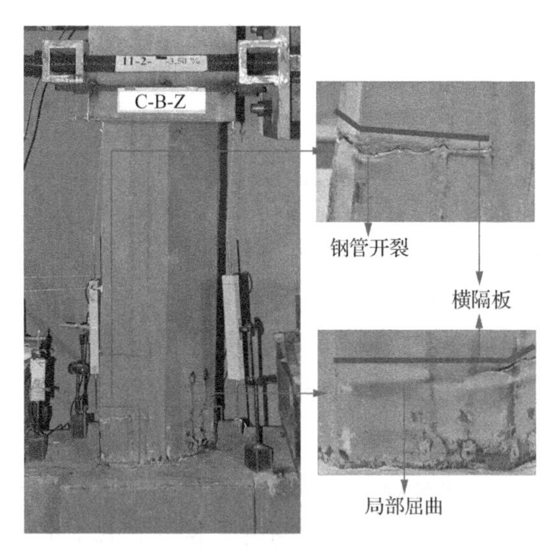

图 7-58　试件 C-B-Z 破坏特征

4）轴拉下强轴方向加载试件

与受压下强轴方向加载试件类似，试件 T-B-X 与试件 T-CR-X 的破坏现象也基本相同，选择试件 T-B-X 描述试件损伤发展，试件 T-B-X 破坏特征如图 7-59 所示，主要破坏如下。

（1）受拉下强轴方向加载试件与受压下强轴方向加载试件相比，最显著的区别在于，由于轴向拉力的影响，受拉试件钢管开裂较早，在达到极限荷载之前，钢管即发生撕裂。

当水平位移达到 8.03mm（0.75%位移角）时，试件受拉区钢板在第一层横隔板处发生开裂。钢管开裂发生在极限承载力之前，对其极限承载力会产生较大影响。

（2）与受压下强轴方向加载试件相比，在轴拉力下，截面受压区高度减小，钢管的屈曲范围明显较小，且钢管损伤程度相对较轻，钢管局部屈曲更加靠近第一层横隔板位置。应变分析同样表明在轴拉力下，截面的受压区高度减小。

5）轴拉下弱轴方向加载试件

受拉下弱轴方向加载试件 T-B-Y 破坏特征如图 7-60 所示，可以得出以下结论。

（1）在受拉下弱轴方向加载试件 T-B-Y，当水平位移达到 21.40mm（2.00%位移角）时，受拉区钢管在第一层横隔板焊缝处发生撕裂；而受压下弱轴方向加载试件 C-B-Y 的钢管到破坏点时，钢管仍然未发生开裂。

（2）试件 T-B-Y 与受压下弱轴方向加载试件 C-B-Y 相比，其受压区钢管屈曲范围较小，这也与应变分析结果相一致。

图 7-59　试件 T-B-X 破坏特征

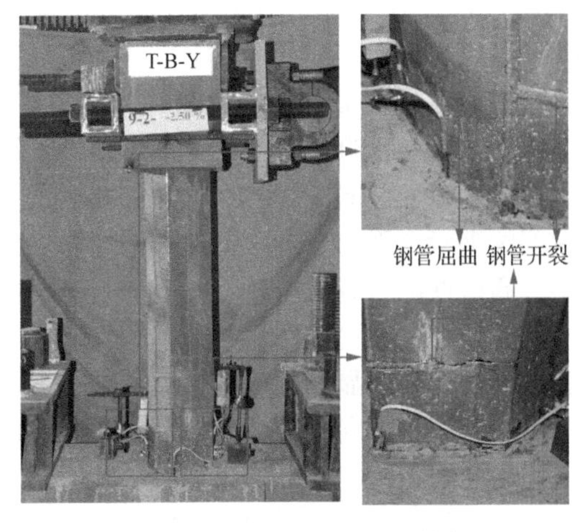

图 7-60　试件 T-B-Y 破坏特征

6）损伤过程分析

通过试验分析结论如下。

（1）带横隔板试件损伤范围从柱底延伸至第一层横隔板处，损伤高度变大，但损伤程度较轻，横隔板的设置使钢板局部高宽比从 H/B 减小为 H'/B，局部短柱模型如图 7-61 所示，形成局部的短柱受压模式，钢板发生整体破坏，而不是局部屈曲损伤。

（2）取消部分分腔钢板后，屈曲损伤范围沿加载轴向截面中部发展范围明显变大，说明内分腔板对损伤的横向发展起到约束作用，横向损伤发展如图 7-62 所示。

（3）与受压下低周反复加载试件相比，受拉下低周反复加载试件钢管开裂较早，受拉下强轴方向加载试件在达到极限荷载之前，钢管已经发生开裂，其极限承载力明显受到钢管开裂的影响。

（4）各试件损伤主要表现为加载轴两端的拉压损伤，没有出现明显的剪切损伤特征。

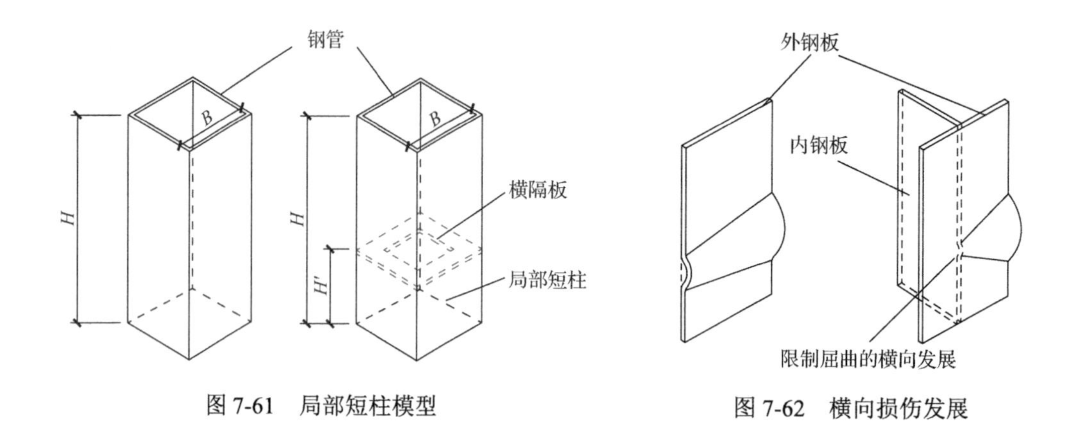

图 7-61　局部短柱模型　　图 7-62　横向损伤发展

2. 滞回性能分析

图 7-63 为实测得到的 10 个试件的水平力-水平位移（F-Δ）滞回曲线以及各级加载第一循环峰值点连线所得骨架曲线，可以得出以下结论。

（1）各试件滞回曲线饱满，未出现明显突降，表现出良好的抗震性能，只有试件 C-B-Z 因加载后期焊缝出现突然开裂导致荷载发生突降。

（2）加强型试件 C-AR-X、C-CR-X 滞回曲线比 C-B-X 更加饱满，承载力显著提高，说明圆钢管加强构造及角钢加强构造与多腔钢管混凝土柱共同工作性能良好，能够有效地提高试件的抗震性能。

（3）腔体简化试件 C-S-X，单个腔体较大，混凝土与钢板之间相对滑移较大，滞回曲线捏缩现象明显，因截面含钢量较小，滞回曲线饱满程度明显下降。

（4）弱轴方向加载试件 C-S-Y、C-B-Y 与强轴方向加载试件 C-S-X、C-B-X 相比，其滞回曲线相对饱满。

（5）每级加载中，与第一循环加载相比，第二循环加载时滞回曲线上升段有所降低，卸载段曲线基本重合。

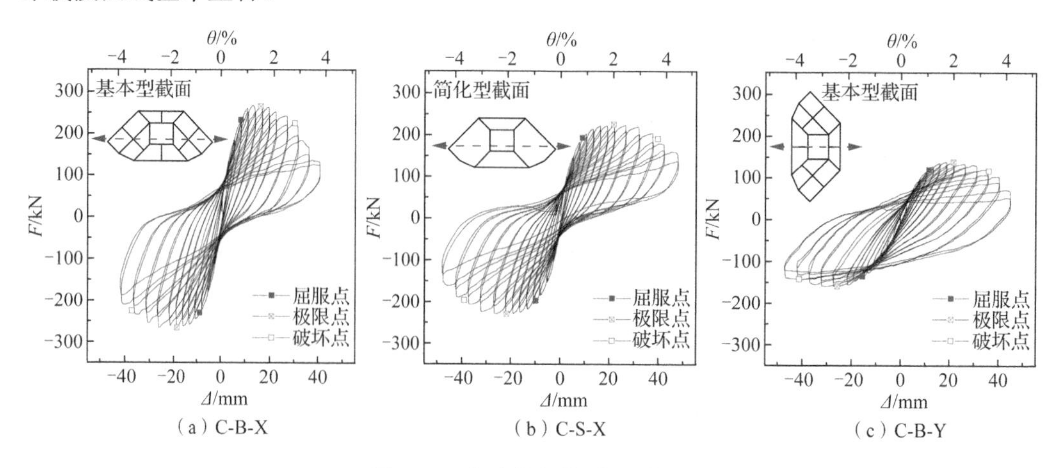

（a）C-B-X　（b）C-S-X　（c）C-B-Y

图 7-63　各试件荷载-位移曲线

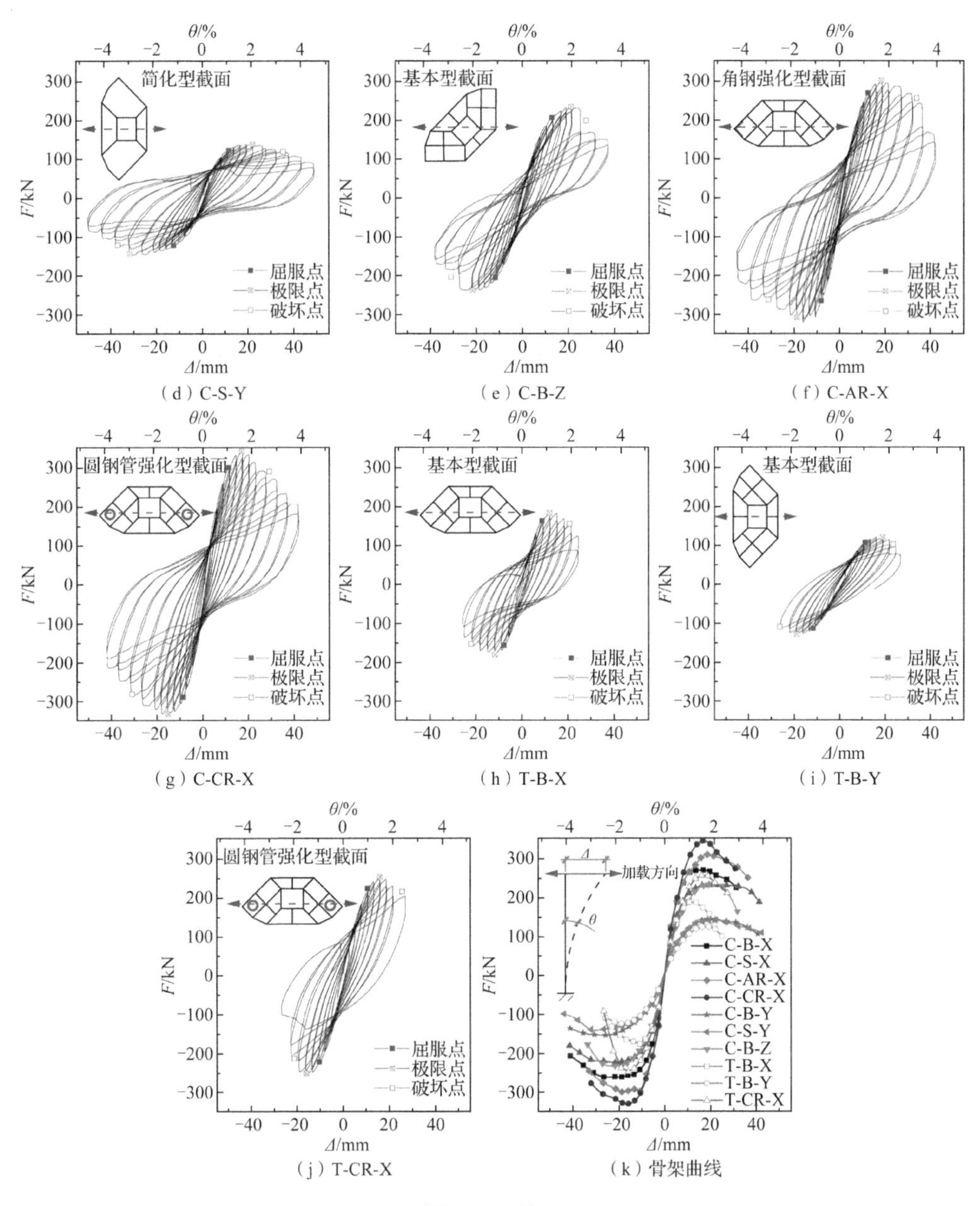

（d）C-S-Y　（e）C-B-Z　（f）C-AR-X

（g）C-CR-X　（h）T-B-X　（i）T-B-Y

（j）T-CR-X　（k）骨架曲线

图 7-63（续）

3. 承载力分析

实测各试件受力特征点数据见表 7-11。表 7-11 中，F_y 为屈服荷载，采用能量法确定；Δ_y 为屈服位移；θ_y 为屈服位移角；F_u 为极限荷载；Δ_u 为极限位移；θ_u 为极限位移角；F_d 为破坏荷载，F_d=0.85F_u；Δ_d 为破坏位移；θ_d 为破坏位移角；μ 为延性系数，μ=Δ_d/Δ_y。

表 7-11　各试件受力特征点实测数据

试件编号	加载方向	F_y/kN	Δ_y/mm	θ_y	F_u/kN	Δ_u/mm	θ_u	F_d/kN	Δ_d/mm	θ_d	μ
C-B-X		231.5	8.46	1/127	263.6	19.04	1/56	225.7	33.64	1/32	3.966
C-B-Y	+	121.1	11.76	1/91	139.2	21.75	1/49	118.0	35.61	1/29	3.028
	−	135.1	15.32	1/70	158.4	25.61	1/42	135.0	41.00	1/26	2.676
C-B-Z	+	200.0	11.89	1/90	230.0	21.23	1/50	196.0	27.70	1/39	2.330
	−	204.0	11.92	1/90	236.0	21.67	1/49	201.0	30.96	1/35	2.597
C-S-X		195.0	9.43	1/114	227.5	21.67	1/49	193.4	39.33	1/27	4.171
C-S-Y	+	119.0	10.73	1/100	137.0	21.81	1/49	116.4	36.57	1/29	3.408
	−	125.0	13.22	1/81	144.0	31.92	1/33	122.4	37.14	1/29	2.809
C-AR-X		267.0	10.42	1/102	305.0	18.54	1/58	259.3	32.39	1/33	3.108
C-CR-X		294.5	10.07	1/106	337.0	16.17	1/66	286.5	30.00	1/36	2.979
T-B-X		159.6	7.46	1/143	181.97	10.77	1/99	154.67	19.49	1/55	2.613
T-B-Y	+	106.3	11.56	1/93	119.9	18.96	1/56	102.0	23.57	1/45	2.039
	−	113.3	11.55	1/93	128.9	18.80	1/57	109.6	26.12	1/41	2.261
T-CR-X		222.6	10.49	1/102	251.73	15.99	1/67	213.97	23.35	1/46	2.226

1）截面构造的影响

（1）试件 C-CR-X、C-AR-X 与试件 C-B-X 相比，极限承载力分别提高了 27.8%、15.7%，用钢量分别增加了 17.1%、9.9%。试件 T-CR-X 与试件 T-B-X 相比，极限承载力提高了 38.3%，用钢量增加了 17.1%。说明采用角钢和圆钢管加强的构造措施可有效地提高试件的承载力；特别是圆钢管对混凝土有更好的约束作用，采用圆钢管的加强措施对承载力提高更加显著。

（2）试件 C-S-X 与试件 C-B-X 相比，承载力降低了 13.7%；试件 C-S-Y 与试件 C-B-Y 相比，承载力降低了 5.4%。

2）水平加载方向的影响

（1）水平加载方向从强轴方向到 45°方向，再到弱轴方向变化，虽然试件截面的面积不变，但垂直于加载方向的截面宽度变大，而沿加载方向的截面高度减小，截面惯性矩逐渐减小（这是截面高度的变化对截面惯性矩的影响显然大于截面宽度变化的缘故），相应地截面抗弯模量也随之减小，试件承载力降低。

（2）随着水平加载方向从强轴方向到 45° 方向、弱轴变化，试件达到极限荷载时的极限位移增加，而各试件的轴力保持不变，这就导致 $P\text{-}\Delta$ 效应的影响增大，即当试件达到极限荷载时，轴力产生的附加弯矩（$N\Delta_m$）增加，轴力产生的附加弯矩增加，水平力下降。

3）轴向加载方向的影响

轴向加载方向对试件承载力有显著的影响，轴向受拉下试件的承载力显著小于轴向受压下试件的承载力。

（1）强轴方向加载，基本型截面构造的轴拉下试件 T-B-X 与基本型截面构造的轴压下试件 C-B-X 相比，承载力降低了 31.0%。

（2）强轴方向加载，圆钢管加强型截面构造的轴拉下试件 T-CR-X 与圆钢管加强型截面构造的轴压下试件 C-CR-X 相比，承载力降低了 25.3 %，明显小于 31.0%。

（3）弱轴方向加载，基本型截面构造的轴拉下试件 T-B-Y 与基本型截面构造的轴压下试件 C-B-Y 相比，承载力降低了 16.4%，明显小于 31.0%。

4. 承载力退化分析

每级加载，第二循环加载时，承载力比第一循环下降。图 7-64 为承载力退化曲线，其中，F_2 为第二循环加载时承载力，F_1 为第一循环加载时承载力，F_2/F_1 越大，表明强度退化越慢。

1）轴压下低周反复加载试件

（1）由图 7-64（b）可以看出：截面构造加强型试件 C-CR-X、C-AR-X 承载力退化慢于截面构造基本型试件 C-B-X，说明加强型试件在反复荷载作用下，能够更好地保持承载力，具有更加稳定的工作性能。

（2）由图 7-64（c）可以看出：截面简化型试件 C-S-X、C-S-Y 承载力退化也分别慢于截面构造基本型试件 C-B-X、C-B-Y。这是由于截面简化型试件周边钢板占总配钢比例较大的缘故。

（3）由图 7-64（d）可以看出：截面构造基本型试件 C-B-X、C-B-Z、C-B-Y，随着水平加载方向从强轴方向到 45° 方向，再到弱轴方向变化，虽然承载力降低，但承载力退化速度逐渐降低，工作性能更加稳定。

2）轴拉下低周反复加载试件

（1）由图 7-64（e）可以看出：强轴方向加载试件，截面圆钢管加强型试件 T-CR-X 的承载力退化慢于基本型试件 T-B-X，说明在轴向拉力和低周反复荷载作用下，截面圆钢管加强措施能够有效地提高试件的受力性能。

（2）由图 7-64（e）可以看出：弱轴方向加载试件 T-B-Y 的承载力退化慢于强轴方向加载试件 T-B-X。

（3）由图 7-64（f）、（g）、（h）可以看出：轴压下低周反复加载试件与轴拉下低周反复加载试件相比，在加载初期，轴拉下试件的承载力退化慢于轴压下试件；当水平荷载接近极限荷载时，轴拉下试件的承载力退化速度显著加快。

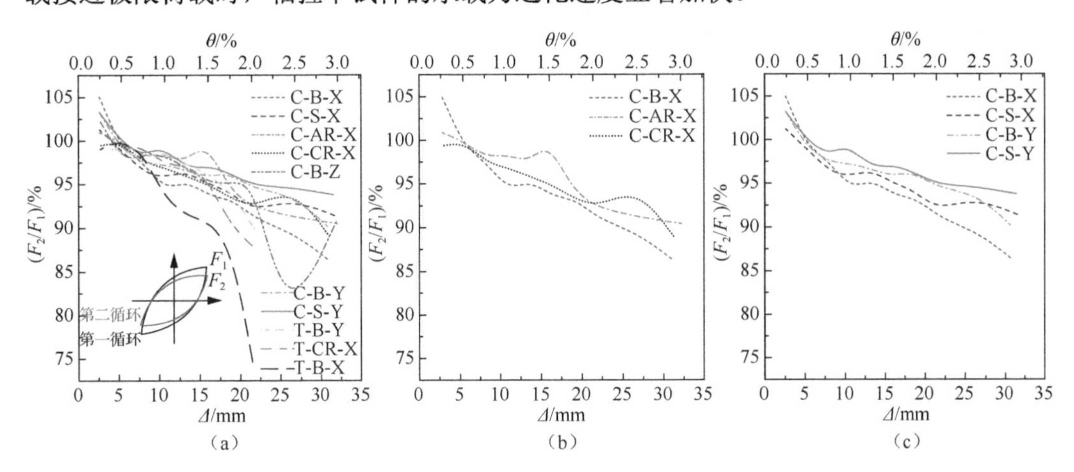

图 7-64　承载力退化曲线

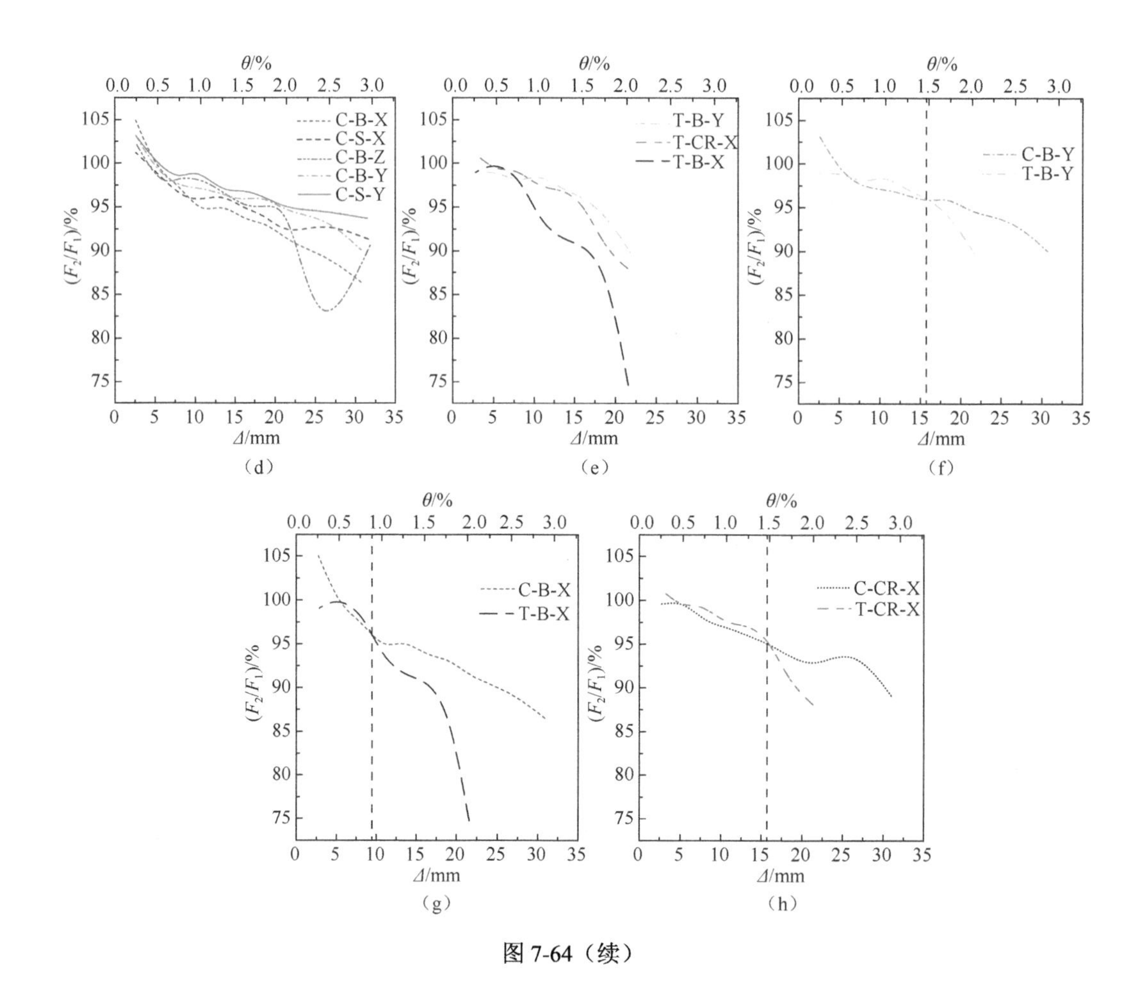

图 7-64（续）

5. 延性分析

分析表 7-11 可知：受压各试件延性系数为 2.330～4.178，平均值为 3.124；受拉各试件延性系数为 2.030～2.610，平均值为 2.283。各试件具有较好的延性。

6. 耗能能力分析

采用累积耗能（E_p）比较不同试件之间耗能能力的差别，分析不同参数对耗能能力的影响。图 7-65 为各试件累积耗能-位移曲线。

1）截面构造影响

由图 7-65（b）可以看出：与截面基本型试件 C-B-X 相比，强化型试件 C-AR-X 和强化型试件 C-CR-X 累积耗能显著增加。说明截面角钢强化构造和截面圆钢管强化构造与多腔钢管共同工作性能良好，能够显著提高试件的耗能能力。

由图 7-65(c)可以看出：与截面基本型试件 C-B-X 相比，因为截面简化型试件 C-S-X 含钢量降低，累积耗能减小。

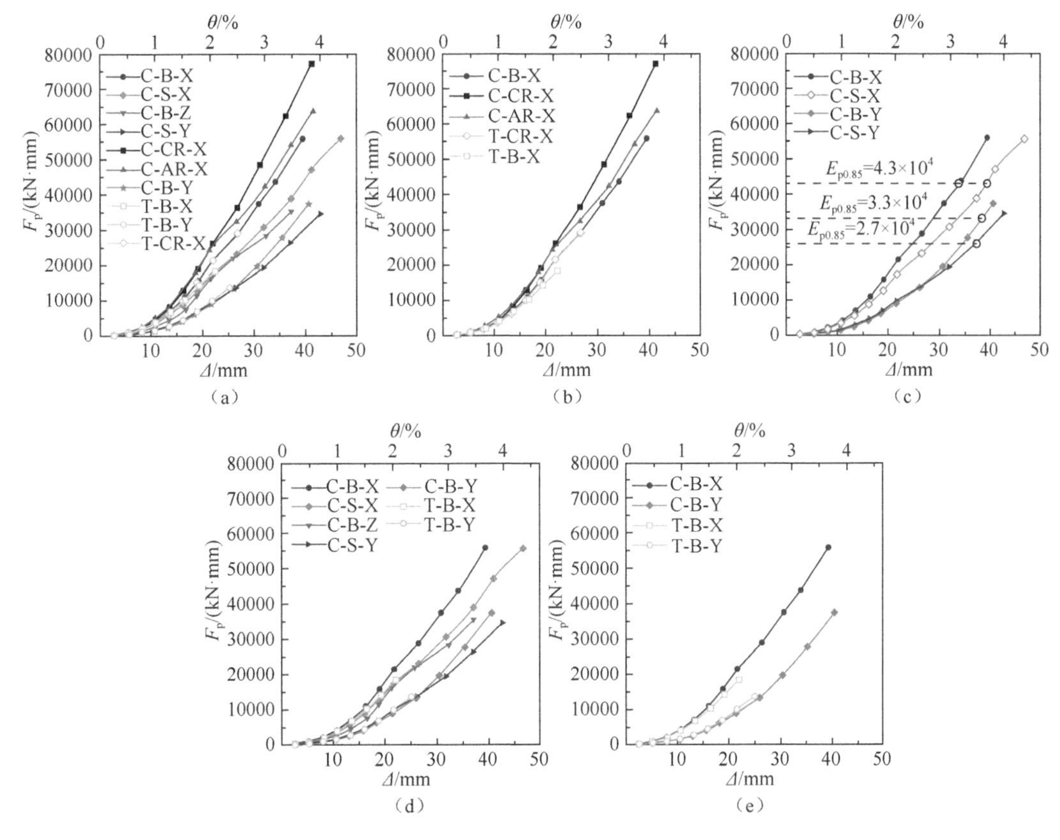

图7-65　各试件累积耗能-位移曲线

2）加载方向及轴力形式影响

由图7-65（d）可以看出：随着水平加载方向由强轴方向到45°方向，再到弱轴方向变化，试件承载力逐渐下降。因此，对于轴压下截面构造基本型试件、轴压下截面构造简化型试件、轴拉下截面构造基本型试件，累积耗能均随着水平加载方向由强轴方向到45°方向，再到弱轴方向变化并逐渐降低。

由图7-65（e）和图7-66可以看出：轴拉下试件T-B-Y与轴压下试件C-B-Y相比，累积耗能曲线基本重合。从承载力以及滞回环饱满程度两个方面进行分析，承载力越大、滞回环越饱满则累积耗能越大。

等效黏滞阻尼系数（h_e）能够反映滞回环饱满程度，等效黏滞阻尼系数越大，则滞回环越饱满。等效黏滞阻尼系数计算方法如图7-67及式（7-44）所示。

由图7-66可以得出以下结论。

（1）轴拉下试件T-B-Y等效黏滞阻尼系数较轴压下试件C-B-Y大，滞回环更加饱满，虽承载力下降16.3%，但下降比例较小，此时滞回环的饱满程度对耗能的影响更加显著，因此最终表现出这两个试件具有基本相同的累积耗能能力。但是，轴压下试件C-B-Y具有更好的变形能力。

（2）与轴压下试件 C-B-X 及 C-CR-X 相比，轴拉下试件 T-B-X 和 T-CR-X 承载力下降，累积耗能能力明显下降。

（3）轴拉下试件等效黏滞阻尼系数较轴压下试件大，滞回环较为饱满，但是比轴压下试件承载力分别下降了 31.0%、25.4%，降低比例较大，此时承载力对累积耗能的影响显著。

$$h_e=\frac{1}{2\pi}\frac{S_{BEC+BGC}}{S_{\triangle OED+\triangle OGA}} \tag{7-44}$$

式中，$S_{BEC+BGC}$ 为滞回环面积；$S_{\triangle OED+\triangle OGA}$ 为 $\triangle OED$ 和 $\triangle OGA$ 的面积。

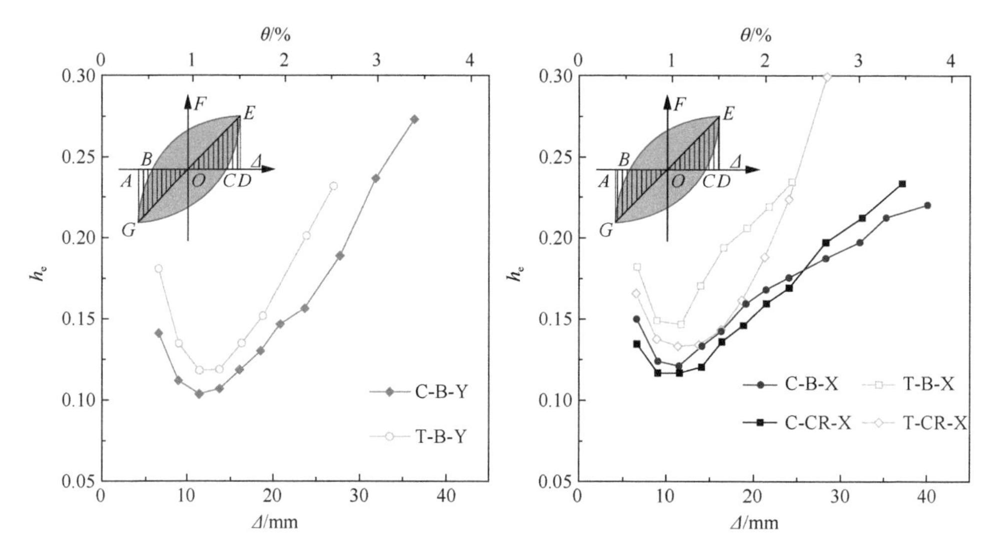

图 7-66　等效黏滞阻尼系数-位移曲线

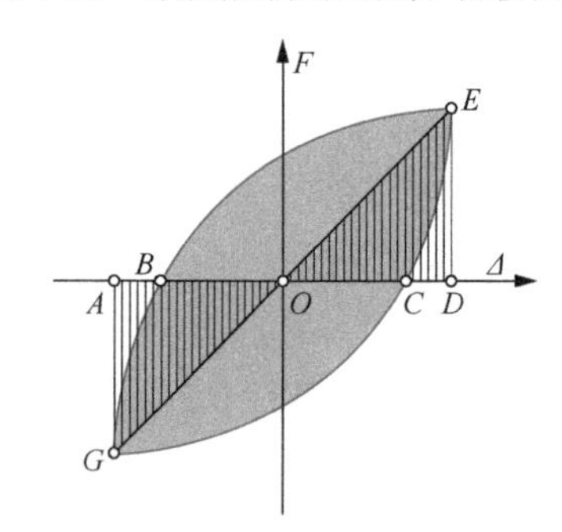

图 7-67　等效黏滞阻尼系数计算模型

7. 应变分析

为了验证八边形多腔体钢管混凝土巨型柱变形是否仍然符合平截面假定，在试件底部截面不同位置布置了应变测点，实测试件底部截面不同受力阶段应变发展曲线如图 7-68 所示。

（1）总体上来说，在达到屈服荷载时，各试件的截面应变发展稳定，能够较好地符合平截面假定；达到极限荷载时，截面应变发展仍然基本符合平截面假定。因此，可以采用纤维模型法对各试件荷载-位移曲线进行分析。

（2）各试件在达到屈服荷载时，受压区边缘以及受拉区边缘应变均达到屈服应变，且试件屈服后截面应变仍然稳定增长。因此，可以在此基础上将其应力分布等效为矩形应力分布，建立简化的 *N-M* 相关曲线计算方法。

（3）与轴压下试件相比，轴拉下试件截面的中性轴位置显著偏离截面形心，即受压区高度显著减小。

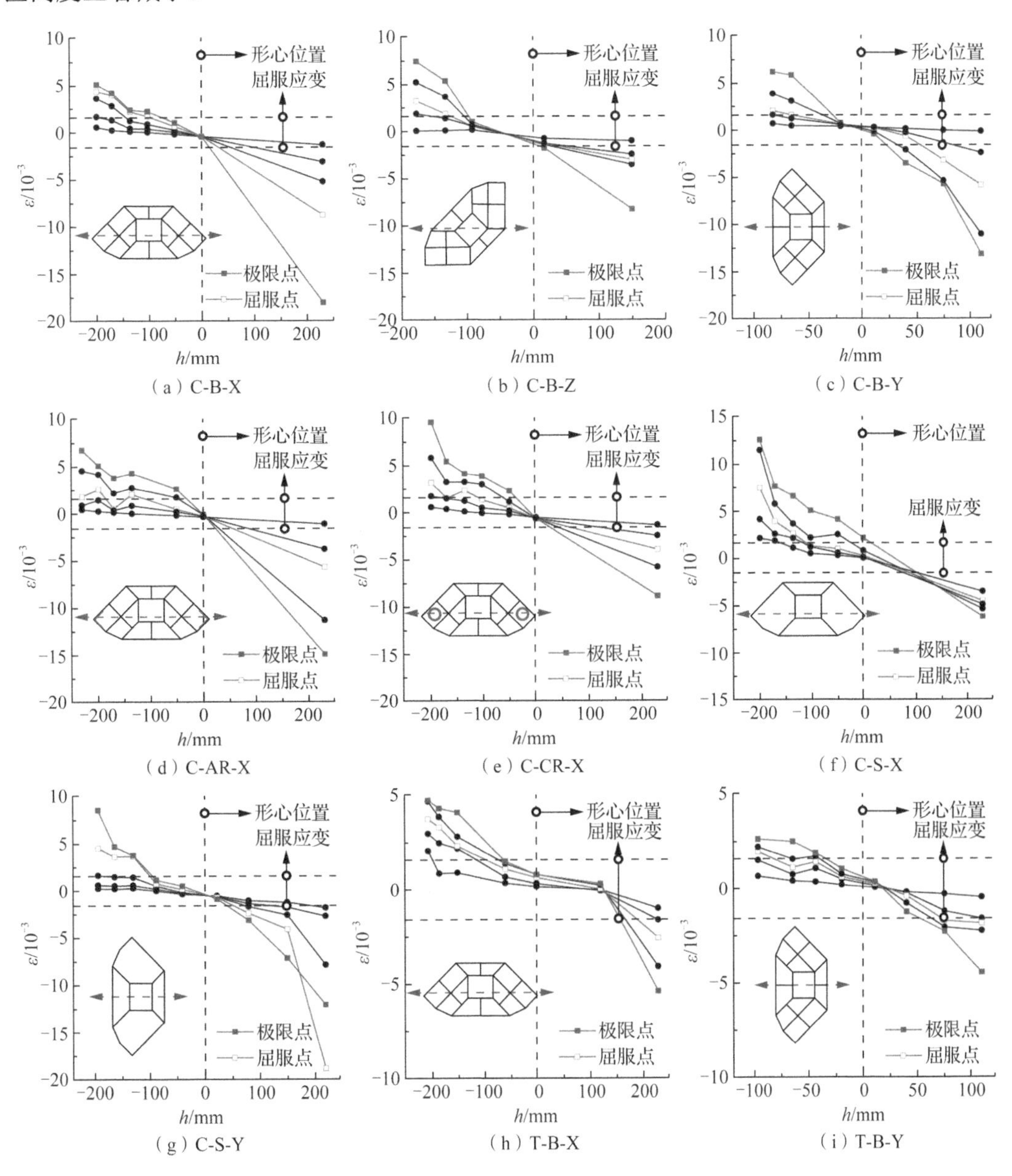

图 7-68　试件平截面假定

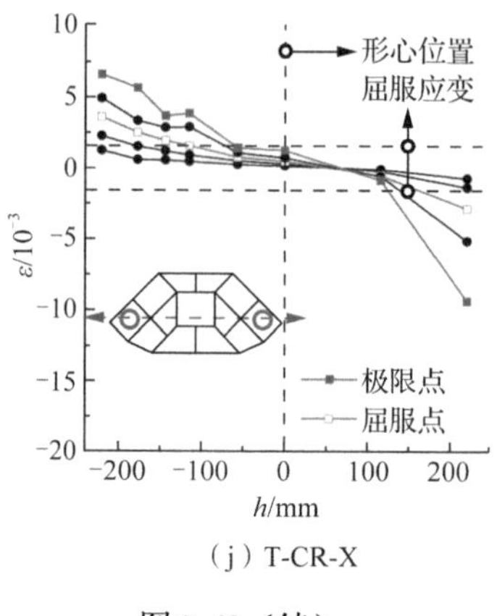

（j）T-CR-X

图 7-68（续）

为了进一步分析腔体数量对损伤过程的影响，选择试件 C-B-X 和试件 C-S-X，分析应变 a-2、a-3、a-5、a-7、b-7、c-1、d-1 沿试件强轴以及沿试件角部高度方向应变发展，如图 7-69 所示。

（1）水平方向：试件 C-S-X 应变 a-2、a-3 发展明显快于试件 C-B-X，应变 a-5、a-7 发展规律逐渐趋于一致。说明简化型试件损伤发展向截面中部延伸范围更大。

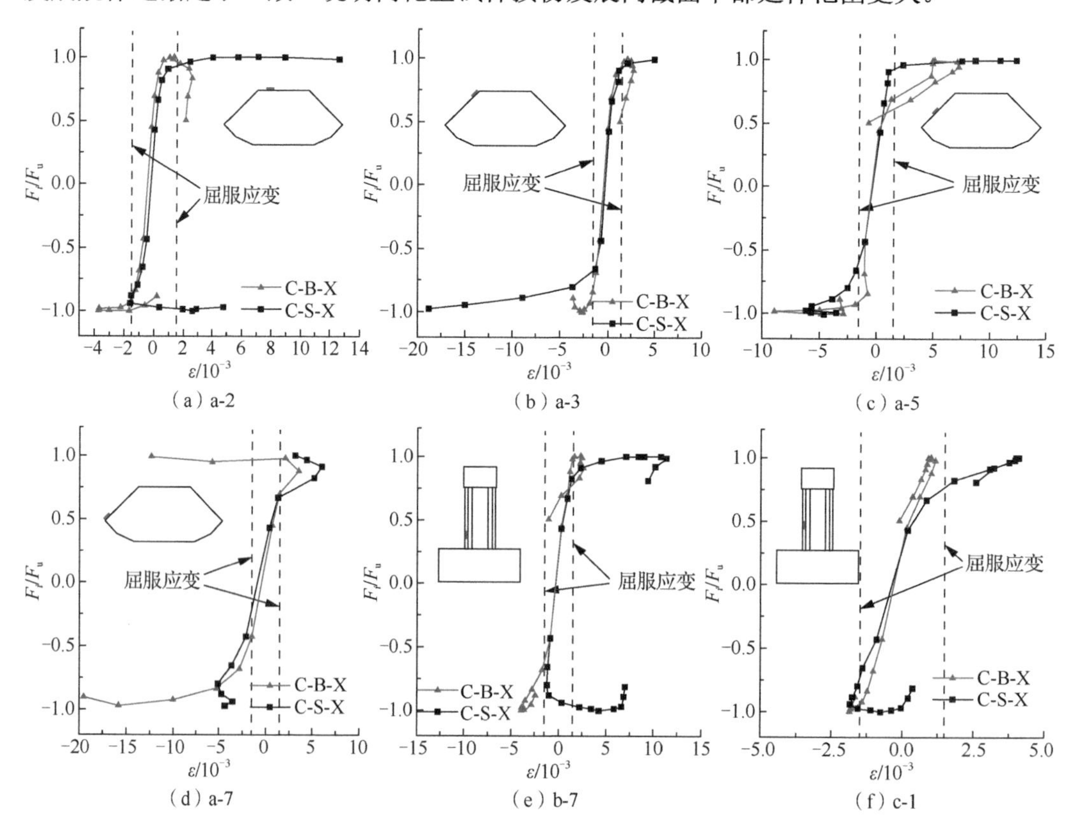

图 7-69　试件 C-B-X 与试件 C-S-X 应变发展比较

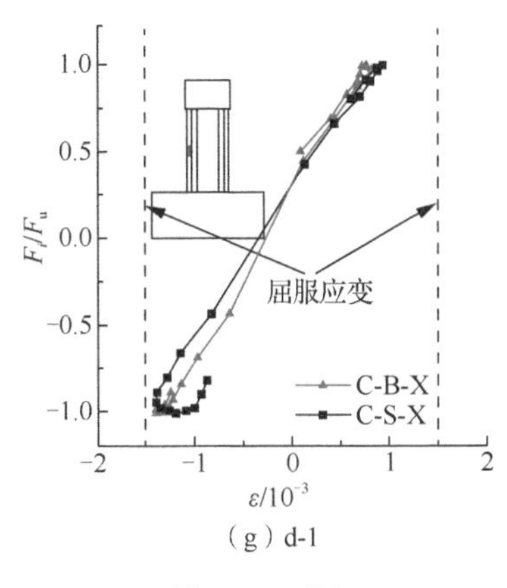

（g）d-1

图 7-69（续）

（2）垂直方向：试件角部随着高度的增加，试件 C-S-X 应变 b-7 大于试件 C-B-X。试件 C-S-X 应变 c-1 拉压应变均达到屈服荷载，而试件 C-B-X 只有压应变达到屈服。说明简化型试件损伤发展沿高度方向延伸范围更大。

7.3.4　有限元分析

1. 模型建立

1）材料本构关系

本构关系方程同 7.1 节。

2）接触关系

因试件截面尺寸相对小，试件设计中钢管壁与混凝土之间未设置栓钉，所以钢管与混凝土之间存在一定程度的相对滑移。ABAQUS 有限元软件提供了“接触”的相互作用关系用于模拟钢管与混凝土之间的相对滑移。在接触属性中，法向行为采用“硬”接触，即相互接触的两个部件之间能够传递界面压力，且允许两部件在接触之后发生分离。切向行为采用“罚”函数模型模拟混凝土与钢管之间的界面剪力，此时钢管与混凝土界面可以传递剪应力直到剪应力达到临界值 τ_{crit}。界面剪应力与界面压力 p 成正比，本节中界面摩擦系数 μ=0.3，“硬”接触及“罚”函数模型如图 7-70 所示。混凝土钢管之间采用表面-表面接触，离散化方法采用表面-表面接触，滑移公式采用有限滑移。

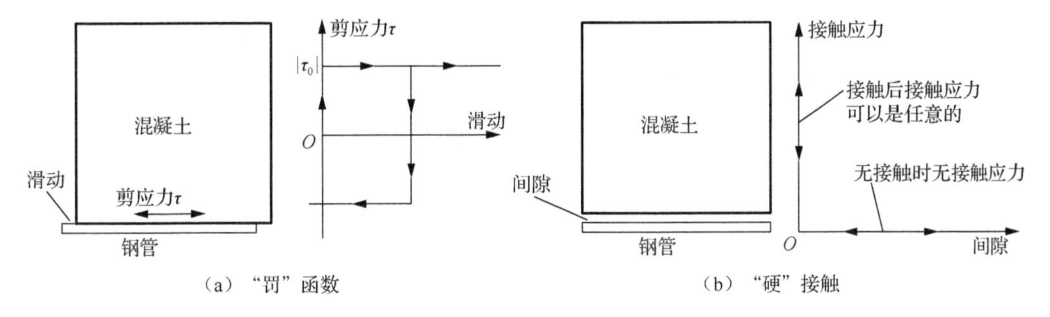

（a）“罚”函数　　（b）“硬”接触

图 7-70　接触属性设置

3）边界条件及加载位置

在实际试验中，基础整体刚度虽然大于试件刚度，但考虑到基础局部混凝土的轻微损伤，以及试件通常是嵌入基础内。试件在基础顶面的截面边界条件也不是完全刚性的边界条件，试件刚度尤其是初始刚度难免受到一定的影响。为保证模拟刚度准确性，建立的有限元模型中，基础建模采用与实际构造完全相同的形式，柱嵌入基础内，且嵌入基础的钢管部分与基础之间同样采用接触关系；加载端头对试件性能影响较小，采用实体单元，赋予较大的弹性模量，使其类似于刚体；加载点位置与试验中水平千斤顶球铰位置保持一致，加载点边界条件按照可以水平移动的球铰设置；轴力加载点为加载端头形心处，与试验中加载位置保持一致，边界条件为可以水平移动的球铰；实际试验过程中基础与地面相对滑移极小，可忽略不计，因此对基础底边采用完全固结的边界条件。模型基础形式以及加载点位置如图 7-71（a）、（b）所示。

4）单元选取及网格划分

八边形钢管混凝土巨型柱构造及混凝土与钢管之间的相互作用复杂。在钢管混凝土柱中，钢管的厚度相对较小，通常认为钢管处于平面应力状态，忽略厚度方向应力。因此，为提高计算效率及收敛性，钢板采用四边形缩减积分壳单元 S4R，使用四面体网格划分法划分网格。混凝土采用三维实体单元 C3D8R，并用六面体结构网格划分法划分网格。试件网格划分如图 7-71（c）所示。

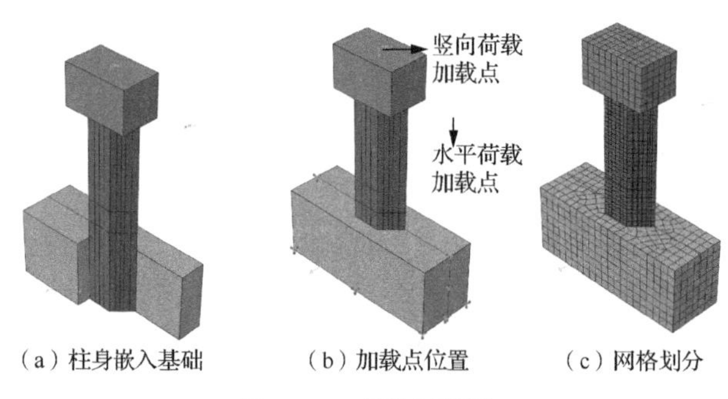

（a）柱身嵌入基础　（b）加载点位置　（c）网格划分

图 7-71　有限元模型

5）加载方式

由于单调加载与往复加载对骨架曲线的影响较小，水平荷载的加载方式采用单调加载。加载过程分为两个分析步，竖向轴力在第一个分析步施加并传递到第二个分析步；水平荷载采用位移的方式在第二个分析步单调加载。

6）模型合理性分析

模型结构形式以及钢管与混凝土之间的相互关系与试验保持一致；荷载加载方式及边界条件与试验完全相同；模拟采用单次加载方式，与试验相比，累积损伤较小，因此加载后期材料损伤较轻，但对中前期性能影响较小。因此，总体上有限元模型较好合理。

2. 计算结果分析

图 7-72 为试验及有限元计算 F-Δ 曲线对比。图 7-73 和表 7-12 为有限元计算结果与试验结果比较。其中，因轴拉下试件无下降段，轴拉下试件计算极限荷载取对应实测极限位移的数值。

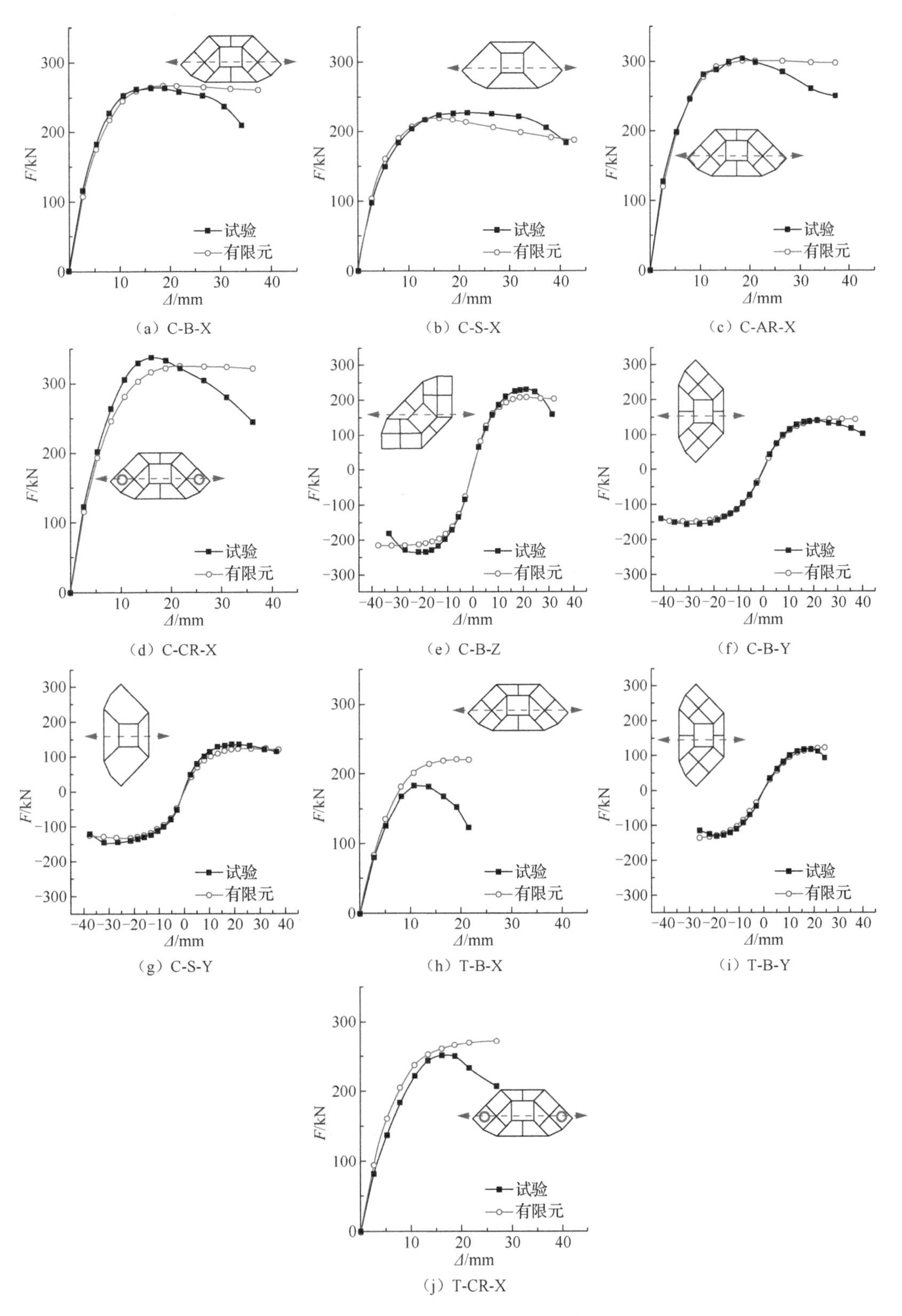

图 7-72　试验及有限元计算 F-Δ 曲线对比

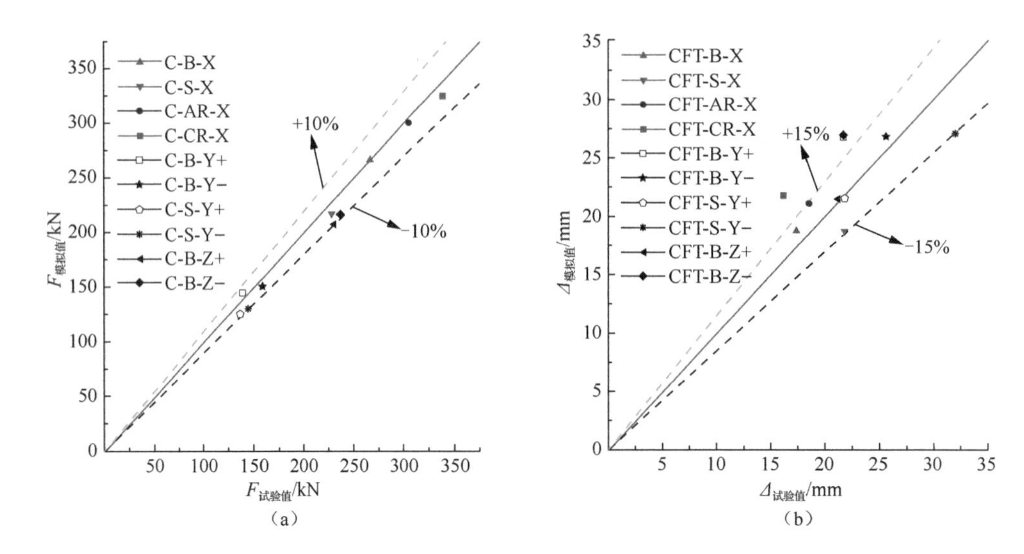

图 7-73 轴压下试件有限元计算结果与试验结果比较

表 7-12 计算结果和试验结果比较

试件编号	加载方向	F_u			Δ_u		
		实测/kN	计算/kN	误差/%	实测/mm	计算/mm	误差/%
C-B-X	+、−	265.5	266.7	0.45	19.04	18.76	−1.47
C-AR-X	+、−	305.0	301.1	−1.28	18.54	21.12	13.92
C-CR-X	+、−	337.0	324.5	−3.71	16.17	21.86	35.19
C-B-Y	+	139.2	144.5	3.81	21.75	26.72	22.85
	−	158.4	150.1	−5.24	25.61	26.78	4.57
C-B-Z	+	230.0	208.1	−9.52	21.23	21.42	0.89
	−	236.0	217.0	−8.05	21.67	26.91	24.18
C-S-X	+、−	227.5	216.9	−4.66	21.67	18.75	−13.47
C-S-Y	+	137.0	125.0	−8.76	21.81	21.42	−1.79
	−	144.0	130.6	−9.31	31.92	27.01	−15.38
T-B-X	+、−	182.0	202.4	11.21	10.77		
T-B-Y	+	119.9	120.3	−0.33	18.96		
	−	128.9	127.3	−1.24	18.80		
T-CR-X	+、−	251.7	261.2	3.77	15.99		

分析图 7-72、图 7-73 以及表 7-12 可知以下结论。

1）轴压作用下低周反复荷载试件

（1）模拟骨架曲线与试验骨架曲线在达到极限荷载之前吻合良好。

（2）模拟骨架曲线下降段不明显。这与钢材本构关系的选取以及加载方式有关。模拟采用单调加载方式，实际试验为低周往复加载，材料损伤较快，随着损伤累积，加载后期材料损伤差异更加明显，实际材料损伤要快于有限元分析材料损伤；钢材本构关系并未考虑钢管的开裂，而试验加载后期，钢管存在拉断退出工作的情况，受拉区钢材面积明显减小，而有限元模型中钢板不会拉断，导致模拟与试验下降段差异较大，对于截面含钢率较高的沿强轴方向加载的基本型试件以及强化型试件，下降段更加不明显。同时，钢板拉断后，对混凝土的约束作用明显减弱，也导致承载力下降较快。

（3）模拟曲线与试验骨架曲线相比，极限荷载误差为−9.52%～3.81%，极限位移误差多集中在−15%～15%。

2）轴拉作用下低周反复荷载试件

（1）对于试件 T-B-X 以及试件 T-CR-X，加载初期计算曲线与试验曲线吻合较好。但随着加载进行，承载力增加明显加快，极限承载力偏大。结合 7.3 节中对于受拉试件损伤发展的分析可知，在拉力作用下，钢管在加载早期即出现开裂，部分钢管退出工作，而在有限元模型中，并未考虑钢管的开裂问题。

（2）试件 T-B-X、T-CR-X 的极限承载力误差分别为 11.21%、3.77%，内置圆钢管试件误差相对较小，工作性能更加稳定。

（3）对于试件 T-B-Y，其达到极限荷载前曲线吻合良好，对应试验极限位移的承载力与实测承载力误差正负向分别为−0.33%和−1.24%，但是极限荷载后计算曲线没有下降段。结合 7.3 节的损伤分析可知，T-B-Y 钢管开裂发生在极限荷载后，其主要对下降段产生影响，对极限荷载影响较小。

3. 计算云图分析

1）破坏点对应破坏形态

图 7-74 为各试件达到破坏位移 Δ_d 时，试件钢管的 von Mises 应力云图以及破坏形态，分析可知以下结论。

（1）达到破坏位移时，轴压下强轴方向加载试件的柱底钢管均达到屈服状态，且受压区的钢管纵向屈服高度大于受拉区纵向屈服高度；轴拉下强轴方向加载试件钢管受拉区纵向屈服高度大于受压区试件。

（2）截面简化型试件 C-S-X 的受压区屈服高度略高于截面基本型试件 C-B-X；截面简化型试件鼓曲程度大于截面基本型试件，且屈曲靠近基础，表现为单个较大的鼓曲；截面基本型试件屈曲发生在基础顶面和第一层横隔板之间，未出现单个较大鼓曲。计算结果与试验现象符合。

（3）轴压下强轴方向加载试件，钢管受拉区边缘表现出明显的颈缩变形，这在实际试验过程中，对应钢板发生拉断现象，但在模拟中钢板颈缩后未出现拉断，因此模拟所得骨架曲线下降段不明显。

（4）轴压下弱轴方向加载试件，截面简化型试件 C-S-Y 达到破坏点时，底部截面全部进入屈服状态，钢管屈曲表现为单个较大鼓曲；截面基本型试件 C-B-Y 仍有部分弹性区，且未出现明显的单个较大鼓曲。

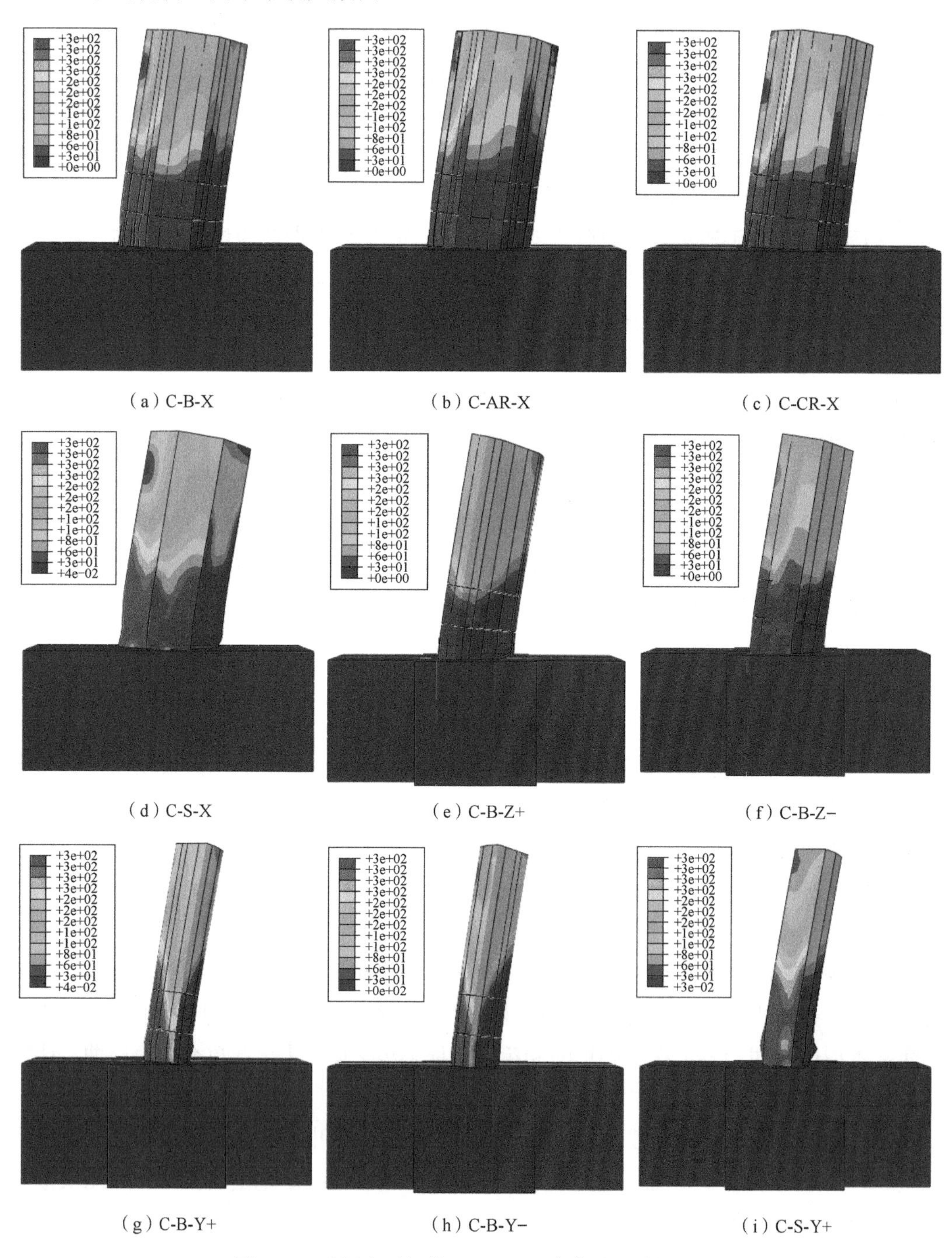

（a）C-B-X　（b）C-AR-X　（c）C-CR-X

（d）C-S-X　（e）C-B-Z+　（f）C-B-Z−

（g）C-B-Y+　（h）C-B-Y−　（i）C-S-Y+

图 7-74　破坏点时钢管 von Mises 应力以及破坏形态

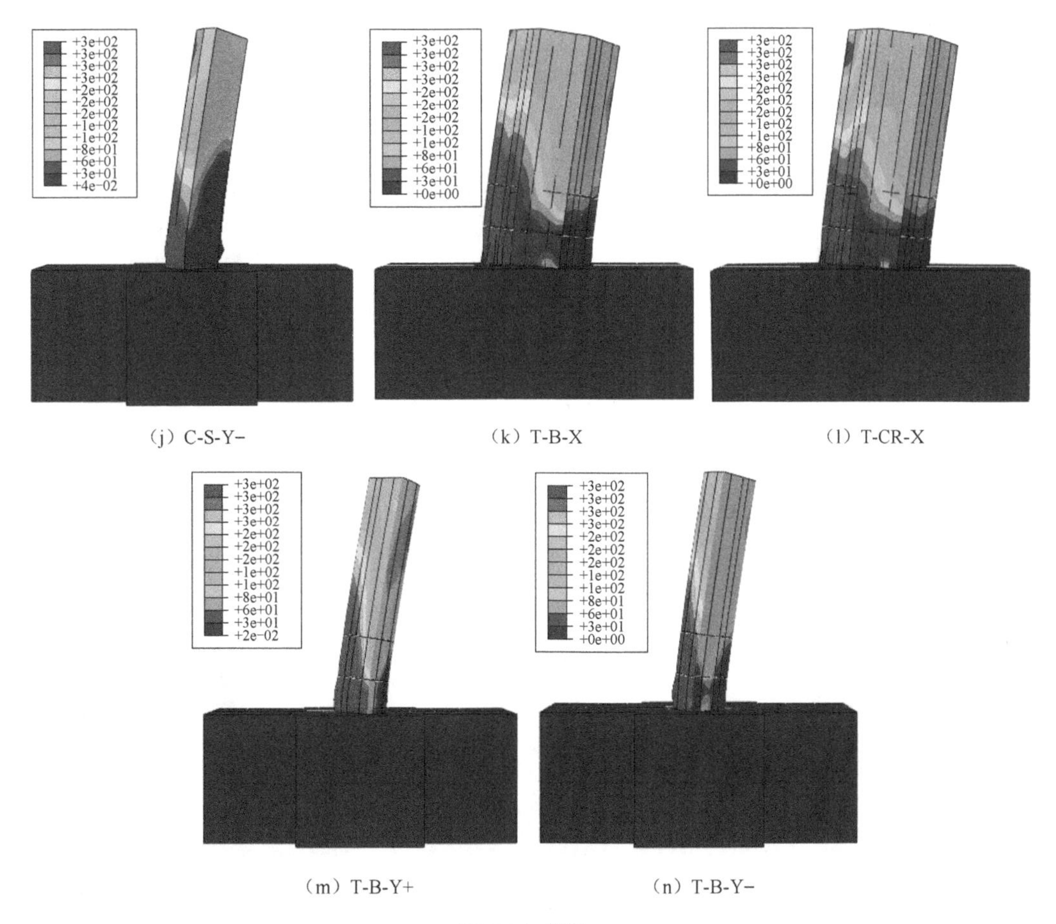

（j）C-S-Y−　（k）T-B-X　（l）T-CR-X

（m）T-B-Y+　（n）T-B-Y−

图 7-74（续）

2）极限状态时钢管及混凝土应力发展

选择达到极限位移 Δ_u 时钢管的 von Mises 应力以及混凝土的竖向应力分量 S22 分析钢管以及混凝土的应力发展情况。图 7-75 为极限状态时钢管 von Mises 应力云图，图 7-76 为混凝土竖向应力分量 S22 应力云图。分析可见：

（1）与破坏点相比，钢管沿高度方向以及沿水平方向的屈服区域均减小，截面中部弹性区域较大。

（2）混凝土受拉区（深红色部分）与混凝土受压区（其他颜色部分）具有明显分界线，分界线约在截面的中性轴位置，计算与实测结果符合较好。

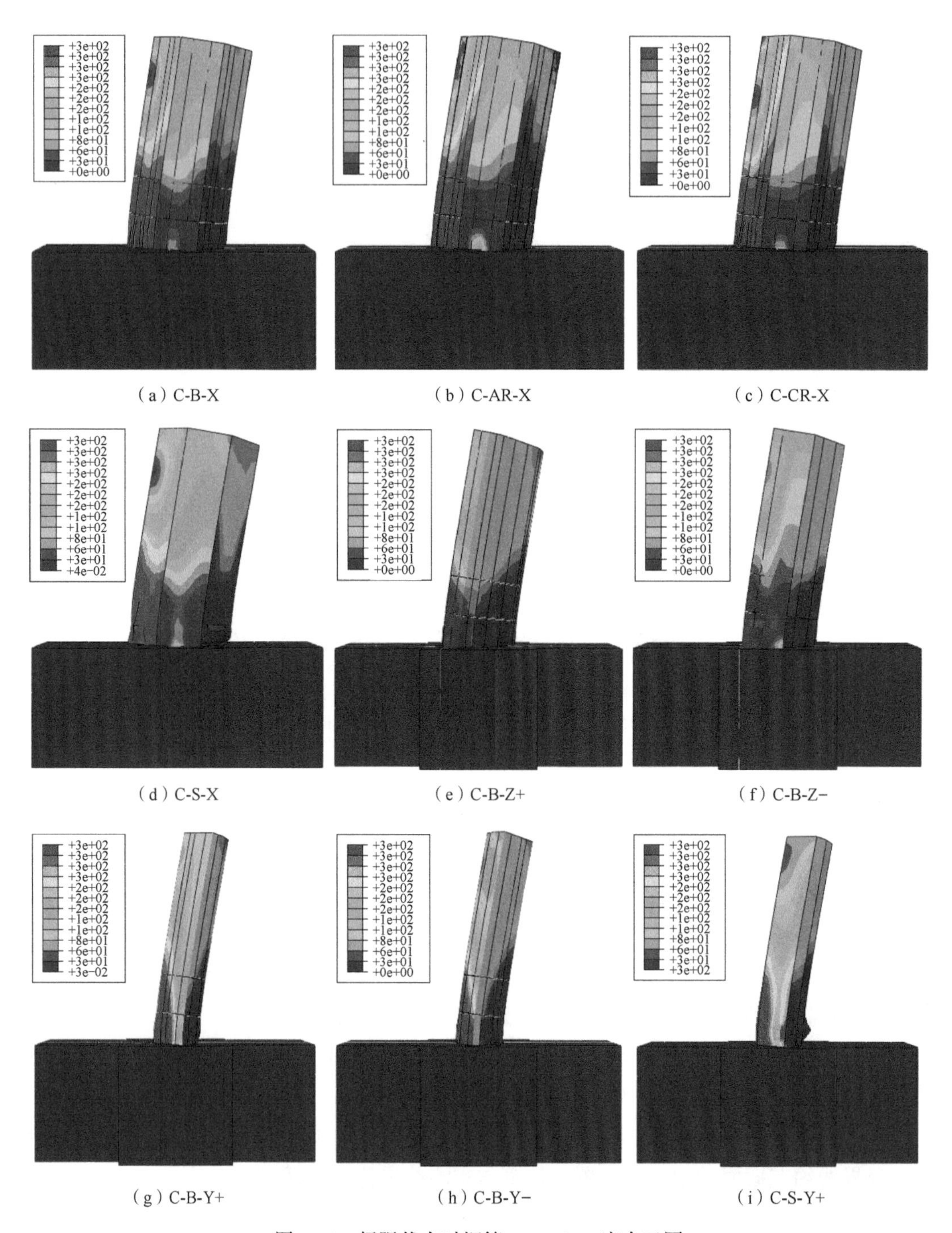

（a）C-B-X　（b）C-AR-X　（c）C-CR-X

（d）C-S-X　（e）C-B-Z+　（f）C-B-Z−

（g）C-B-Y+　（h）C-B-Y−　（i）C-S-Y+

图 7-75　极限状态时钢管 von Mises 应力云图

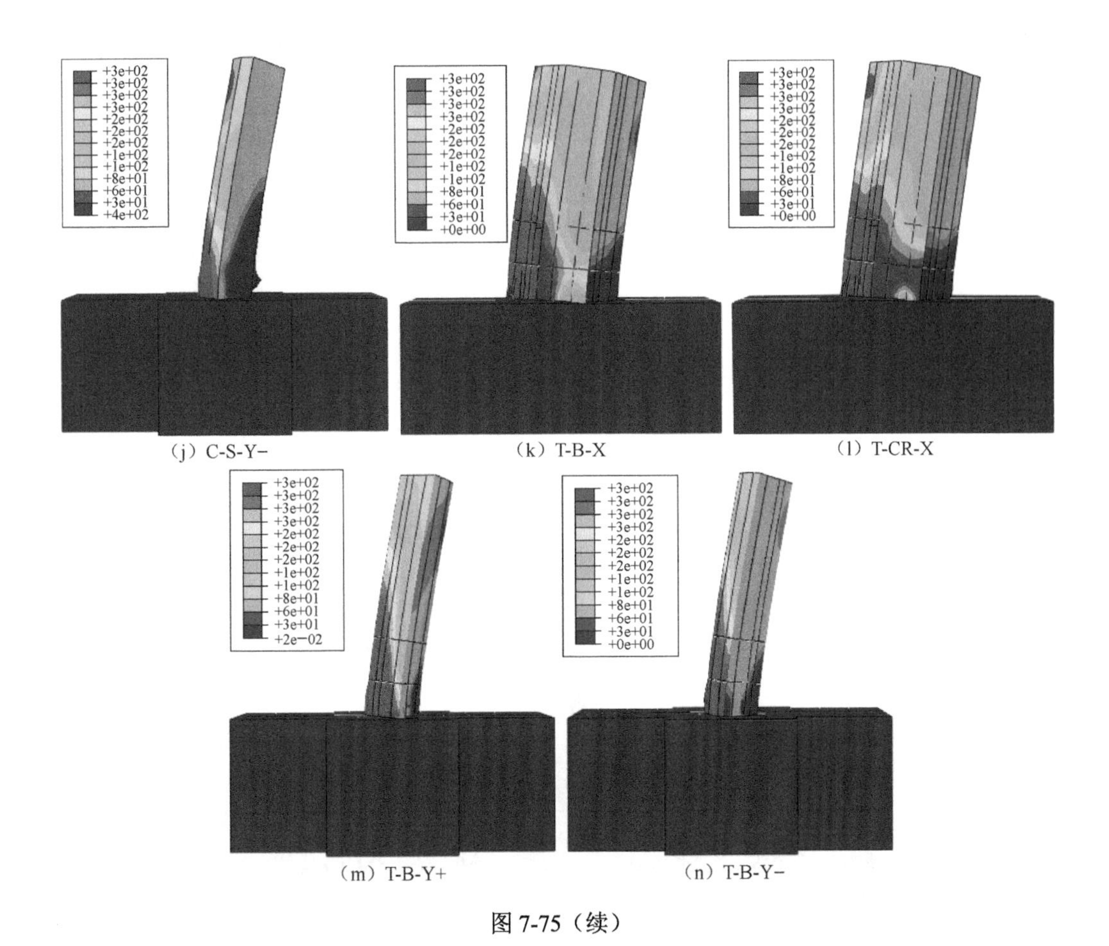

（j）C-S-Y−　（k）T-B-X　（l）T-CR-X

（m）T-B-Y+　（n）T-B-Y−

图 7-75（续）

（a）C-B-X　（b）C-AR-X　（c）C-CR-X

图 7-76　混凝土竖向应力分量 S22 应力云图

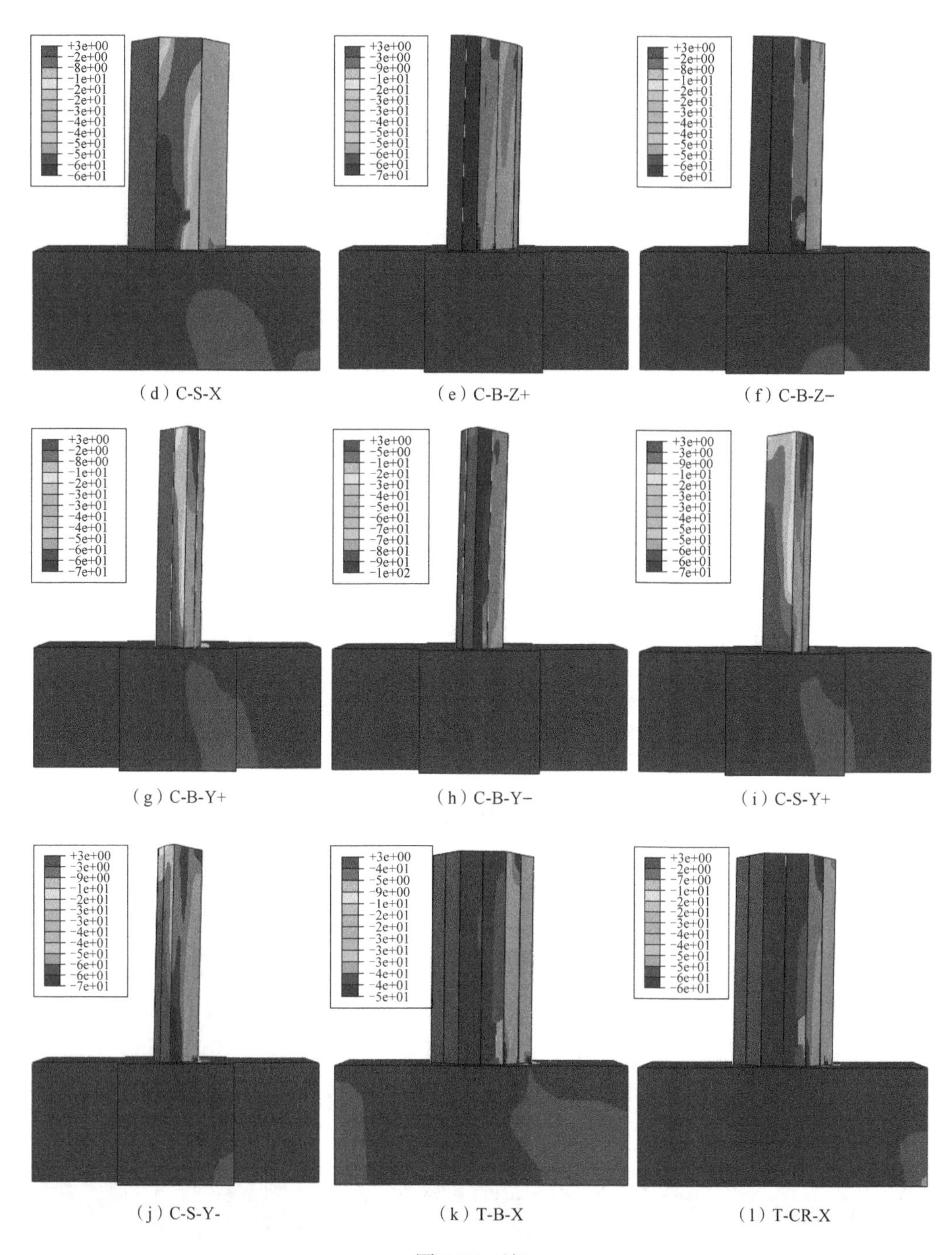

(d) C-S-X　(e) C-B-Z+　(f) C-B-Z−

(g) C-B-Y+　(h) C-B-Y−　(i) C-S-Y+

(j) C-S-Y-　(k) T-B-X　(l) T-CR-X

图 7-76（续）

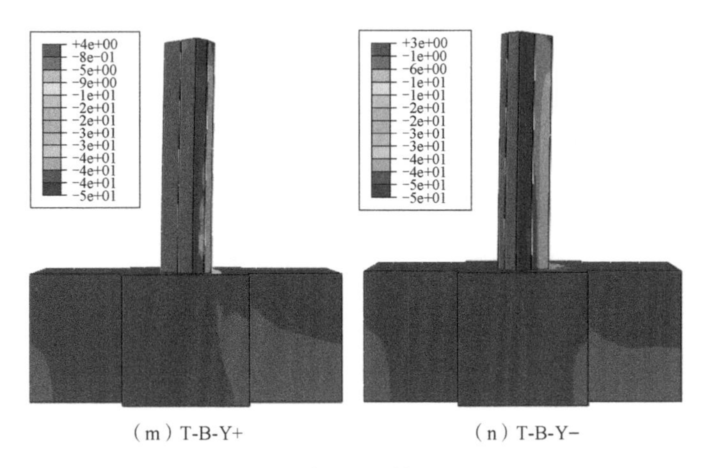

（m）T-B-Y+　　（n）T-B-Y−

图 7-76（续）

3）极限状态时平截面验证

选择柱在基础顶面位置的截面分析截面变形。应变分量 E22 为竖向应变分量，因此采用应变分量 E22 验证截面变形是否符合平截面。图 7-77 为混凝土 E22 应变分量，图 7-78 为极限点时钢管 E22 应变分量。

（1）无论是混凝土还是钢管，其受压区竖向应变分量 E22 和受拉区竖向应变分量 E22 等高线基本为一条直线，说明底部截面的发展基本符合平截面假定，与试验结果相符。

（2）底部截面的拉应变以及压应变具有明显的分界线，该分界线即为截面的中性轴位置，与实测应变分析所得中性轴位置基本一致，有限元模型能够较好地反映试件截面应变的发展。

（3）试验过程中，达到极限点后试件损伤较严重，其截面变形和平截面假定有一定的区别，这也一定程度上使计算曲线的下降段与实测骨架曲线存在差异。

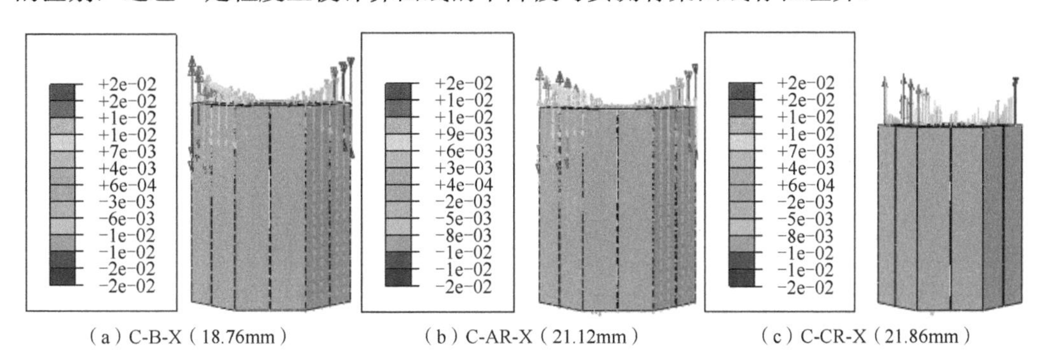

（a）C-B-X（18.76mm）　（b）C-AR-X（21.12mm）　（c）C-CR-X（21.86mm）

图 7-77　极限点时混凝土 E22 应变

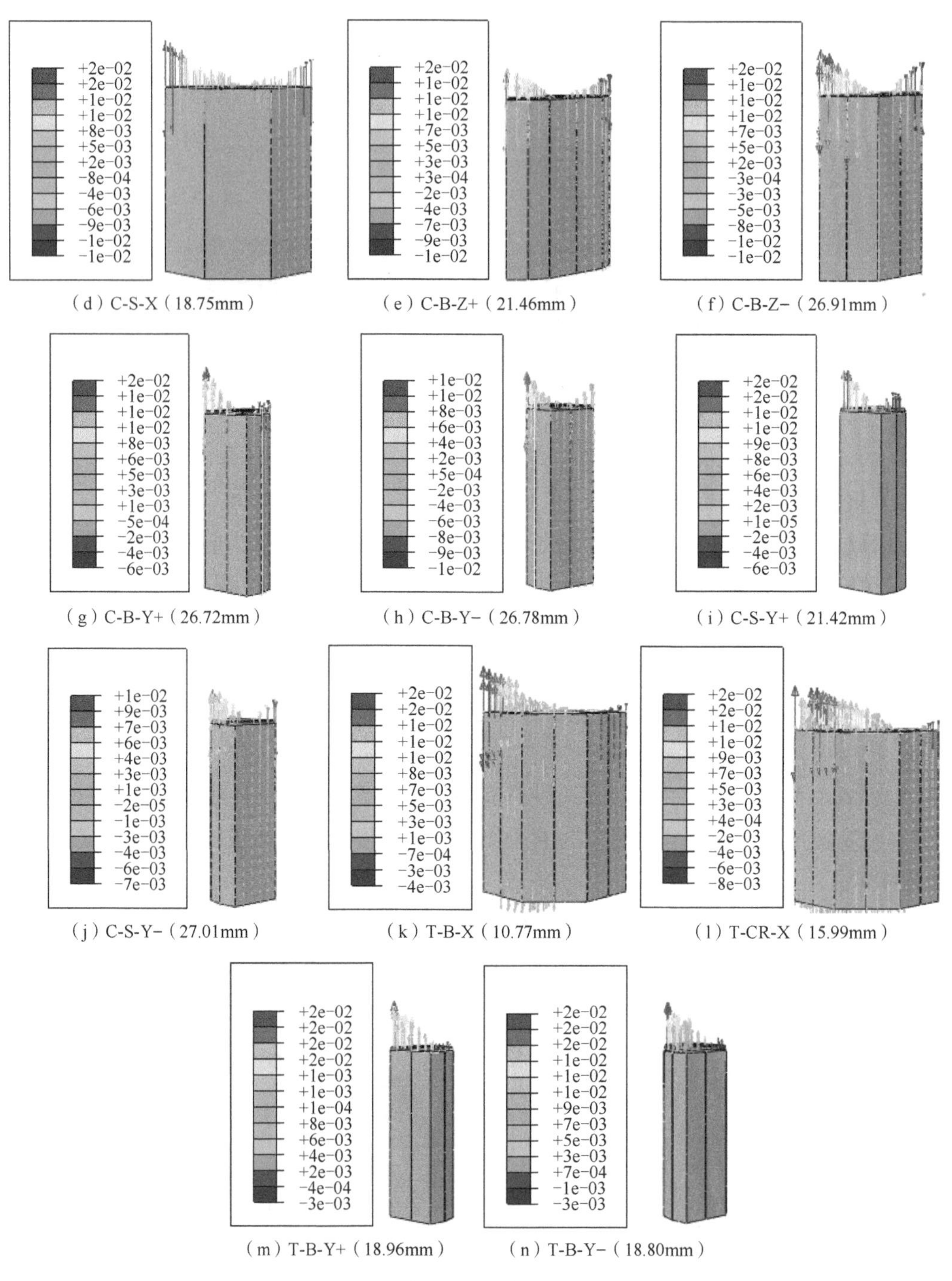

（d）C-S-X（18.75mm）　（e）C-B-Z+（21.46mm）　（f）C-B-Z−（26.91mm）

（g）C-B-Y+（26.72mm）　（h）C-B-Y−（26.78mm）　（i）C-S-Y+（21.42mm）

（j）C-S-Y−（27.01mm）　（k）T-B-X（10.77mm）　（l）T-CR-X（15.99mm）

（m）T-B-Y+（18.96mm）　（n）T-B-Y−（18.80mm）

图 7-77（续）

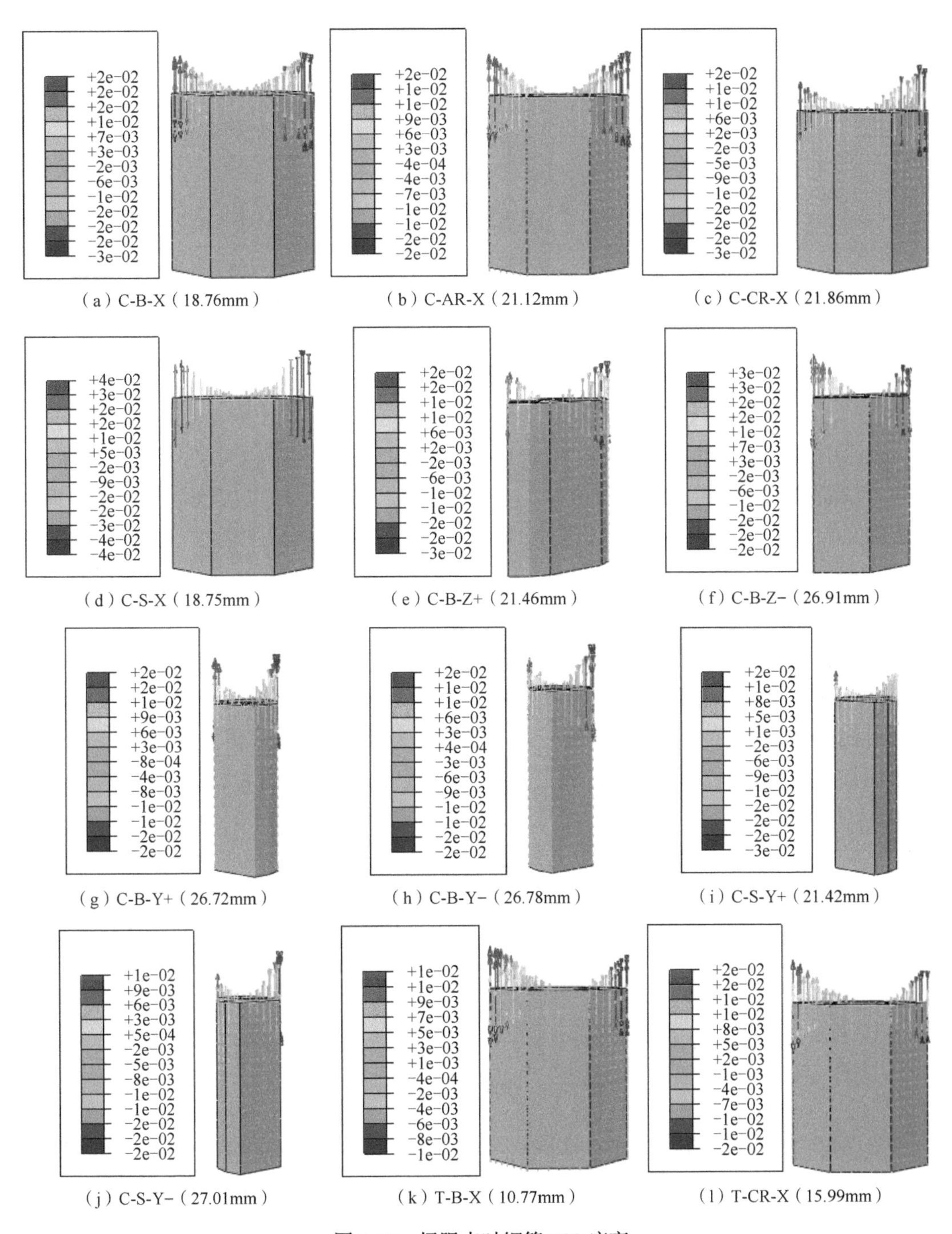

图 7-78　极限点时钢管 E22 应变

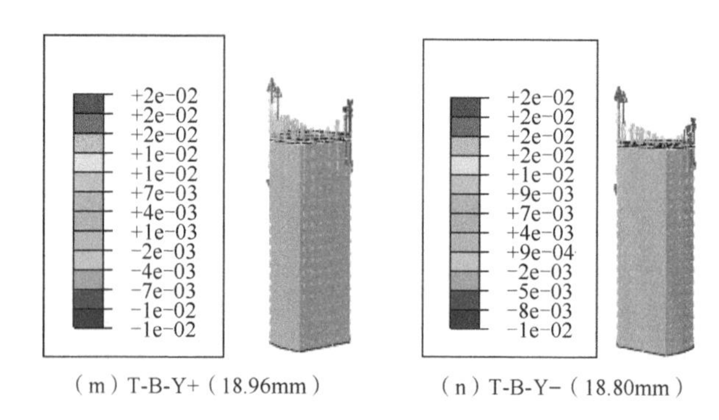

（m）T-B-Y+（18.96mm）　（n）T-B-Y-（18.80mm）

图 7-78（续）

4. 参数分析

轴压下截面加强型试件 C-AR-X、C-CR-X 与截面基本型试件 C-B-X 受力过程相似，轴拉下截面基本型试件 T-B-X、T-B-Y，以及截面加强型试件 T-CR-X 有限元模拟中钢管开裂的影响仍然需要进一步研究。因此，选择轴压下试件 C-B-X、C-B-Y、C-B-Z、C-S-X、C-S-Y 进行进一步的参数分析。

1）钢筋笼影响

实际工程中，截面各腔体内设置有钢筋笼。在试验中，因试件缩尺比例较大，单个腔体尺寸较小，设置钢筋笼会影响混凝土浇筑质量，所以试验设计中没有设置钢筋笼。对钢筋笼进行有限元模拟分析，原型截面配筋率为 0.5%，模拟中将各腔体中的多个钢筋笼简化为一个钢筋笼，钢筋屈服强度取 335MPa，图 7-79 为钢筋笼尺寸及布置。

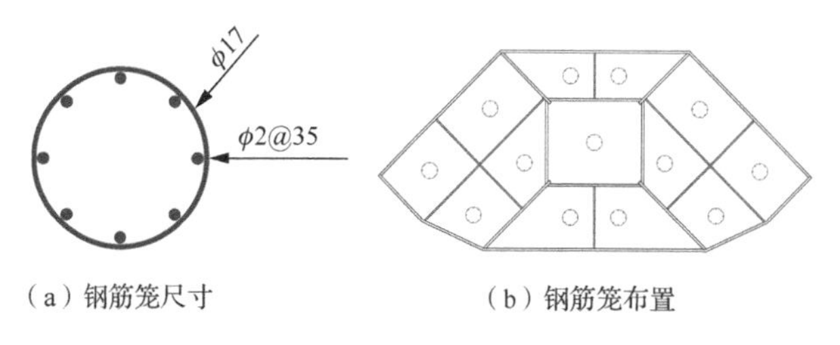

（a）钢筋笼尺寸　（b）钢筋笼布置

图 7-79　钢筋笼尺寸及布置

图 7-80 为增加钢筋笼后 F-Δ 曲线，可以看出：①钢筋笼对各试件初始刚度影响较小；②增加钢筋笼后，各试件承载力均有提高，但提高幅度随加载方向（从强轴方向加载，到弱轴方向加载）逐渐降低；③对截面含钢率较小的试件，增加钢筋笼对承载力提高更加明显。

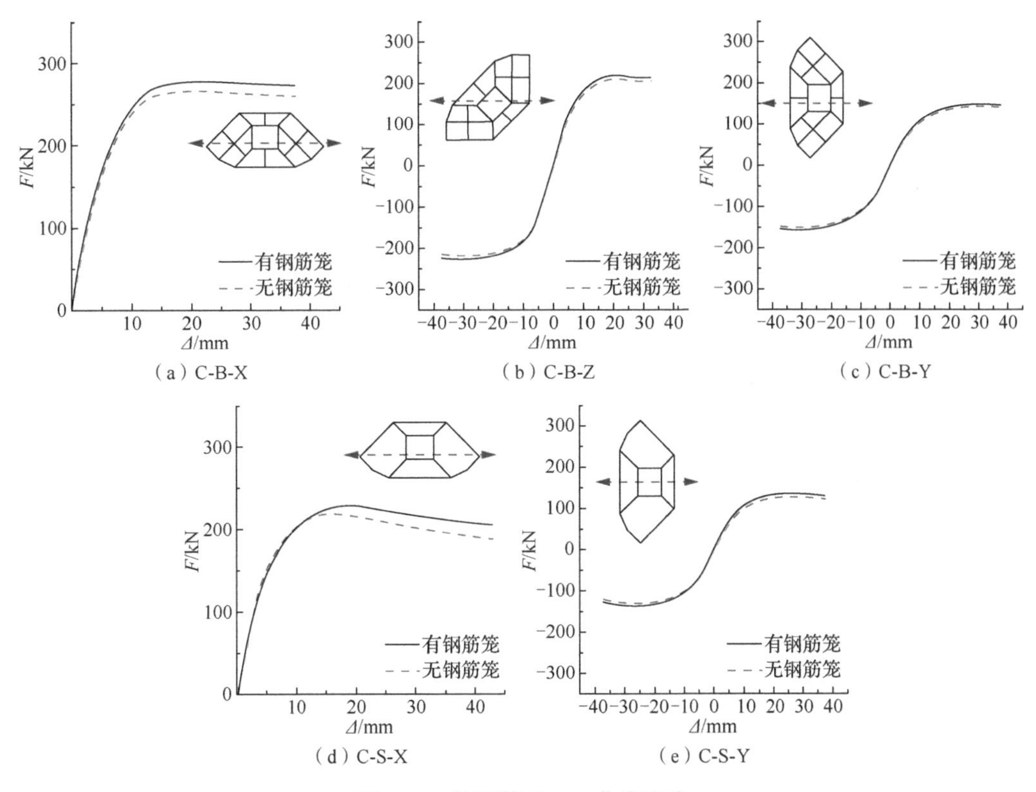

图 7-80　钢筋笼对 F-Δ 曲线影响

2）轴压比影响

轴压比为影响柱抗震性能及破坏特征的重要因素，对轴压比为 0.2、0.4、0.6、0.8 工况进行模拟，图 7-81 为各试件不同轴压比下计算 F-Δ 曲线。分析可见：①随着轴压比增大，承载力逐渐减小；②轴压比较小时，轴压比对初始刚度影响较小，但当轴压比较大时，试件初始刚度随轴压比增大而减小；③F-Δ 曲线下降段随着轴压比增大而逐渐变陡，延性逐渐降低。

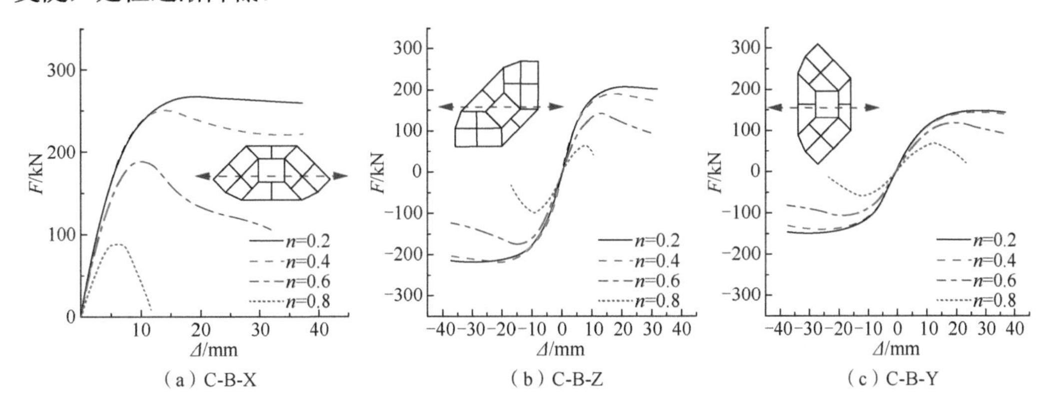

图 7-81　轴压比对 F-Δ 曲线影响

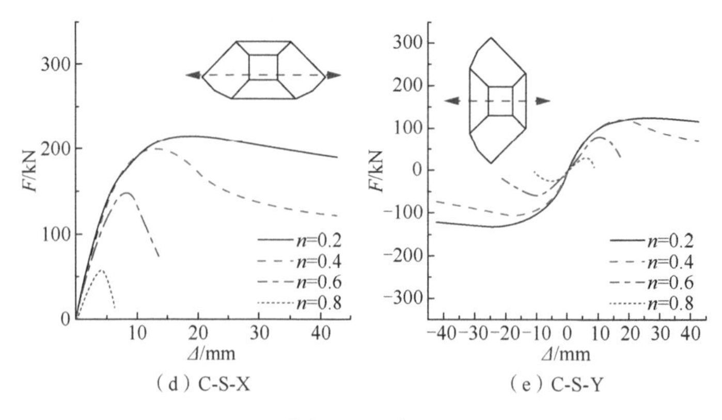

（d）C-S-X　（e）C-S-Y

图 7-81（续）

3）混凝土强度影响

为研究不同强度混凝土对试件性能的影响，对轴压比为 0.2 时混凝土强度等级分别为 C30、C45、C60 的三种工况进行模拟。图 7-82 为不同混凝土强度计算 F-Δ 曲线，可以看出：试件承载力随混凝土强度增大而增大，但随着加载方向由强轴方向向弱轴方向变化，承载力提高程度越来越小。

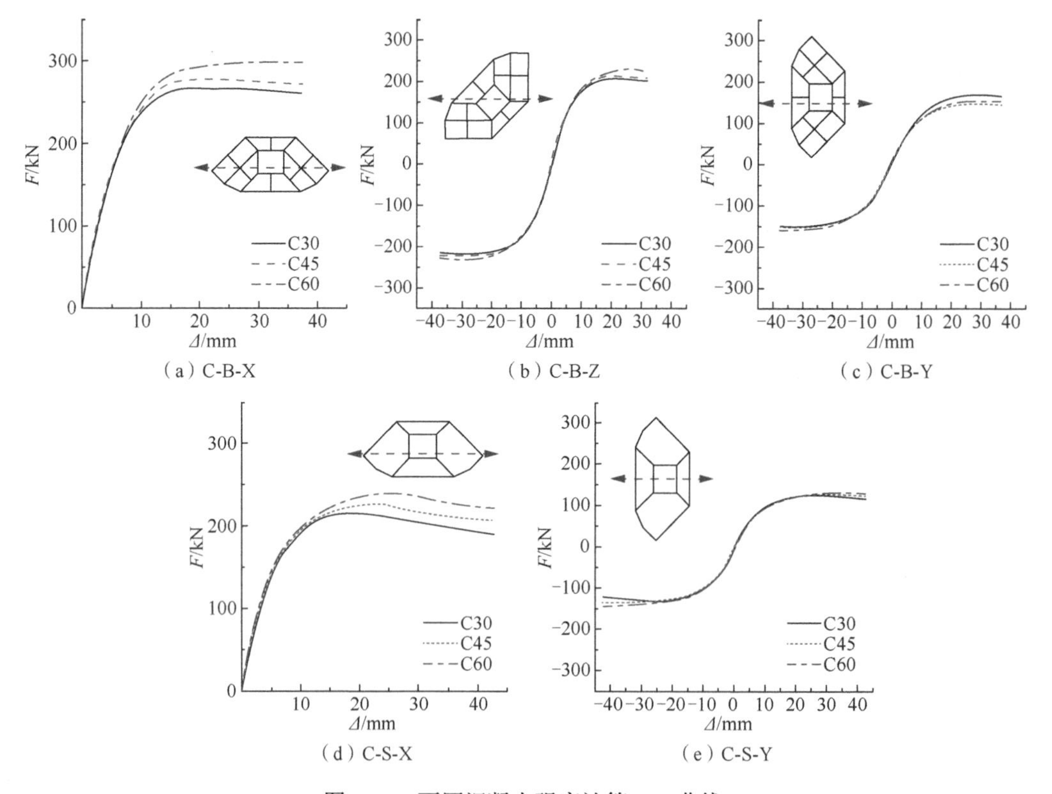

（a）C-B-X　（b）C-B-Z　（c）C-B-Y

（d）C-S-X　（e）C-S-Y

图 7-82　不同混凝土强度计算 F-Δ 曲线

结合北京中国尊大厦底部巨型柱设计，对八边形十三腔体钢管混凝土巨型柱的抗震性能进行试验研究，分析不同截面构造、不同水平加载方向、轴拉下或轴压下的巨型柱抗震性能的差异，并进行了有限元计算分析。研究表明：

（1）八边形十三腔体钢管混凝土巨型柱具有良好的抗震性能。八边形钢管混凝土柱外形不规则、钢材的分布不均匀，以及各腔体对混凝土的约束作用存在差异，因此其在不同水平加载方向的抗震性能有明显差异。

（2）研发的截面角钢加强型试件、截面圆钢管加强型试件能够有效地提高试件承载力、耗能能力。圆钢管加强型试件抗震能力提高更为显著。

（3）与截面基本型试件相比，截面简化型试件承载力以及累积耗能降低。

（4）轴拉下试件的承载力发生明显退化，耗能能力降低，但是截面圆钢管加强型试件承载力退化程度明显小于截面基本型试件。

（5）基于试验研究，建立了 ABAQUS 有限元分析模型，计算荷载-位移曲线与试验结果吻合较好，破坏形态以及应力应变发展与试验结果基本一致。

7.4　工程案例与应用

北京中国尊大厦位于北京市朝阳区 CBD 核心区 Z15 地块，总建筑面积为 43.7 万 m^2，其中地上 35 万 m^2，地下 8.7 万 m^2，建筑总高 528m，建筑层数地上 108 层、地下 7 层（不含夹层），是北京最高的地标建筑，也是目前 8 度区的最高建筑。工程实景图如图 7-83（a）所示。结构平面为正方形，首层建筑平面尺寸约 78m×78m，向上尺寸逐渐减小，高度为 385m 时，平面尺寸为 54m×54m；高度为 528m 时，平面尺寸为 69m×69m。中央混凝土核心筒为方形，平面尺寸约 39m×39m，主要用作高速电梯、设备用房和服务用房，如图 7-83（b）所示。该工程采用巨型框架-核心筒结构作为主要抗侧力体系，巨型框架的主框架包括巨型环带桁架梁、巨型支撑和八边形钢管混凝土巨型分叉柱。巨型桁架梁沿高度设置 8 道，其作用在于将次框架及巨型支撑传来的荷载传递到巨型柱上；巨型支撑的最底层为人字撑，上部均为交叉撑，这种设计在满足建筑设计要求的同时最大程度提高了结构整体抗侧刚度。巨型柱位于建筑的四角，其截面尺寸在建筑底部最大，横截面面积达 63.9m^2，沿高度向上逐渐减小。

结构采用本书研究的异形截面多腔钢管混凝土巨型分叉柱，具有以下优点：多个腔体的设置将钢管内体积较大的混凝土分隔为多个尺寸较小的混凝土柱，避免了大体积混凝土的缺点；各腔体内钢筋束的配置形成了混凝土芯柱，从而增加了混凝土抗压能力和构件的抗弯能力；每个腔体内的混凝土由钢板包裹，形成独立的钢管混凝土，各钢管混凝土柱相邻，不但减少了构件局部屈曲现象的发生，同时也增强了钢管混凝土自身的套箍效应，提高了混凝土的抗压强度，改善了其破坏形态。因此，使用本书研究的异形截面多腔钢管混凝土巨型柱及其巨型框架有效提高了结构的竖向承载力、抗侧刚度、延性等方面的性能。工程主体结构如图 7-83（c）所示，底层标准层平面如图 7-83（d）所示。

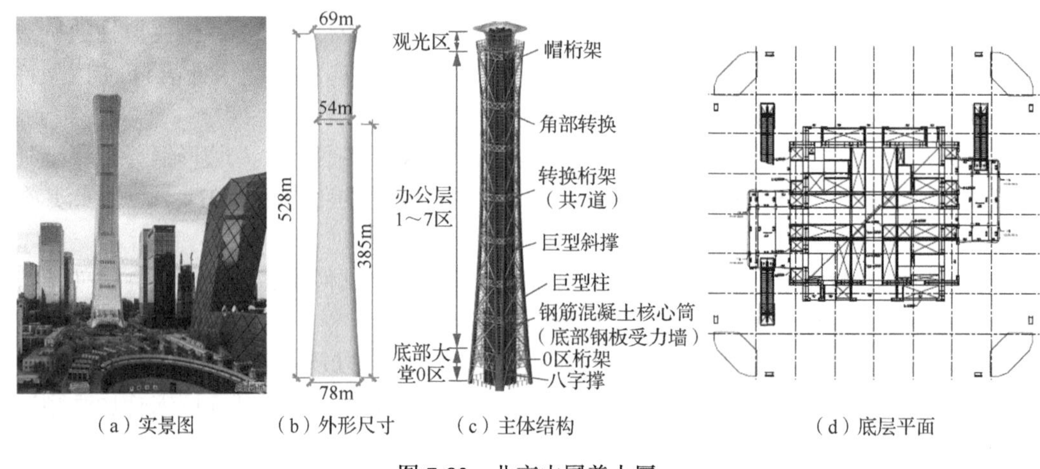

（a）实景图　（b）外形尺寸　（c）主体结构　（d）底层平面

图 7-83　北京中国尊大厦

7.5　小　结

本章基于北京中国尊大厦重大工程，对八边形钢管混凝土柱进行了轴压、偏压以及低周反复荷载作用下受力性能，揭示其受力机理，主要结论如下。

1）八边形钢管混凝土柱受压性能

（1）八边形钢管混凝土柱的截面突变处为薄弱位置，该位置损伤更加严重。同时，截面弱轴为受力薄弱方向，试件最终发生沿弱轴的斜向破坏。

（2）在各腔体中内置钢筋笼能够对核心混凝土提供额外的约束作用，有效提高试件的刚度以及承载能力，建议在多腔钢管混凝土柱中增加钢筋笼构造。

（3）圆钢管因其对混凝土具有良好的约束作用，有效提高混凝土的峰值应变以及峰值应力。因此，内置圆钢管能够有效地提高试件的刚度、承载力、延性和恢复能力。同时，在薄弱腔体设置圆钢管能够有效地缓解该腔体的损伤发展。

（4）横隔板具有较大的横向应变，说明内置横隔板起到了类似于箍筋的作用，对核心混凝土提供有效的约束作用。

（5）内置圆钢管与多腔钢管混凝土柱之间具有良好的共同工作性能，能够有效地提高试件的偏压受力性能，提高试件的承载力、延性和恢复能力，减轻试件损伤。

（6）在八边形钢管混凝土柱中，受压区横隔板以及钢筋笼在极限荷载时仍能达到屈服，横隔板及钢筋笼能够对受压区混凝土提供有效的约束作用。

2）八边形钢管混凝土柱抗震性能

（1）八边形钢管混凝土柱具有良好的抗震性能。因为多边异形截面钢管混凝土柱外形不规则、钢材的分布不均匀，以及各腔体对混凝土的约束作用存在差异，所以多边异形截面钢管混凝土柱不同方向抗震性能有明显差异，沿同一加载轴的正负加载抗震性能也有一定的差异。

（2）因为圆钢管对混凝土具有更好的约束作用，圆钢管的强化效果好于角钢，所以在关键腔体内置角钢和圆钢管能够有效地提高试件承载力、耗能能力等抗震性能。

（3）与基本型试件相比，简化型试件承载力以及累计耗能降低，但简化型试件屈服区域更大，更多的材料参与工作，延性提高，破坏点对应的最大累计耗能与基本型试件相当。因此，合理设计分腔形式，使截面材料得到更高效的利用，提升综合受力性能是多边异形截面钢管混凝土柱设计的重点。

（4）竖向拉力作用下，试件的承载力发生明显退化，耗能能力降低，但是内置圆钢管试件承载力退化程度小于基本型试件承载力退化。内置圆钢管试件能够有效提高试件在不同轴力形式下的工作稳定性。

作者与奥雅纳工程咨询（上海）有限公司北京分公司、北京市建筑设计研究院有限公司合作，较系统地进行了北京中国尊大厦八边形十三腔体钢管混凝土巨型柱模型的轴压性能、偏压性能、低周反复荷载下抗震性能试验研究，以及理论分析和构造设计研究。

本章研究为北京中国尊大厦八边形十三腔体钢管混凝土巨型柱构造优化设计提供了依据。

参 考 文 献

[1] 中华人民共和国住房和城乡建设部. 钢管混凝土结构技术规范: GB 50936—2014[S]. 北京: 中国建筑工业出版社, 2014.
[2] 同济大学, 浙江杭萧钢构股份有限公司. 矩形钢管混凝土结构技术规程: CECS 159: 2004[S]. 北京: 中国计划出版社, 2004.
[3] American Institute of Steel Construction. Load and resistance factor design specification for structural steel buildings[S]. Chicago: American Institute of Steel Construction, 1999.
[4] European Committee for Standardization. Eurocode 4: Design of composite steel and concrete structures Part 1-1:General rules and rules for buildings: EN 1994-1-1: 2004[S]. Brussels: European Committee for Standardization, 2004.
[5] Architectural Institute of Japan. Recommendations for design and construction of concrete filled steel tubular structures[S]. Tokyo: Architectural institute of Japan, 1997.
[6] 韩林海. 钢管混凝土结构：理论与实践[M]. 2 版. 北京：科学出版社, 2007.
[7] DU Y S, CHEN Z H, XIONG M X. Experimental behavior and design method of rectangular concrete-filled tubular columns using Q460 high-strength steel[J]. Construction and Building Materials, 2016, 125(32):856-872.

第 8 章　异形截面钢管混凝土巨型分叉柱受压性能与抗震性能

8.1　受压性能试验

8.1.1　试件设计

北京中国尊大厦底部第一个巨型层的四角各布置一根八边形十三腔体钢管混凝土巨型柱，每根巨型柱截面面积 63.9m^2，底部第一个巨型层和第二个巨型层转换的位置，每根八边形十三腔体钢管混凝土巨型柱分叉成两个六边形四腔体钢管混凝土巨型柱，分叉后的巨型柱截面面积为 19.5m^2，形成了底部一根八边形十三腔体钢管混凝土巨型柱、巨型分叉节点、上部两根六边形四腔体钢管混凝土巨型柱构成的异形截面钢管混凝土巨型分叉柱。以北京中国尊大厦巨型分叉柱为原型，提出了角部和分叉部位强化型异形截面钢管混凝土巨型分叉柱，进行了 7 个 1/10 缩尺的不同构造形式的异形截面钢管混凝土巨型分叉柱的压弯性能试验，比较了其受压性能。

1. 试件参数

试件截面特征如下。①试件 WAC：腔体内不设置纵向加劲肋及钢筋笼，为减弱型试件；②试件 BAC：腔体内设置纵向加劲肋及钢筋笼，为基本型试件；③试件 SAC-2：腔体内设置纵向加劲肋及钢筋笼并在分叉节点上下柱之间设置圆钢管加强；④试件 BEC：腔体内设置纵向加劲肋及钢筋笼，为基本型试件；⑤SEC-1：下柱顶部分叉区域及分叉柱肢钢板加厚，为加强型试件；⑥试件 SEC-2：下柱顶部分叉区域刚度加强，为加强型试件；⑦试件 SEC-3：下柱顶部分叉区域刚度加强并在上下柱之间设置圆钢管，为加强型试件。

试件受力特征如下：①轴心受压试件包括试件 WAC、试件 BAC 和试件 SAC-2；②偏心受压试件包括试件 BEC、试件 SEC-1、试件 SEC-2 和试件 SEC-3，偏心率为 0.31。

试件参数见表 8-1。

表 8-1　试件参数

试验类型	序号	试件编号	e/b	构造安排
轴压试件	1	WAC	0.00	
	2	BAC	0.00	加劲肋+钢筋笼
	3	SAC-2	0.00	加劲肋+钢筋笼+圆钢管

续表

试验类型	序号	试件编号	e/b	构造安排
偏心试件	4	BEC	0.31	加劲肋+钢筋笼
	5	SEC-1	0.31	下柱顶部区域及柱肢钢板加厚
	6	SEC-2	0.31	下柱顶部区域刚度加强
	7	SEC-3	0.31	下柱顶部区域刚度加强+圆钢管

截面受压承载力不但与截面面积有关，还与截面形状有关，因此须计算试件柱肢的截面几何性质，包括截面惯性矩、形心主惯性矩及截面面积，见表 8-2。下柱变形以弹性变形为主，故表 8-2 中未给出。需要说明的是，表 8-2 中钢管和混凝土填充物组合体的形心与混凝土或钢管各自的形心位置略有差异，为了比较混凝土和钢管部分的形心，取组合体形心位置，当惯性积为零时，x 轴与 x_c 轴的夹角略有不同。

表 8-2　截面几何性质

试件		图例*	大形心主惯性矩 $I_{xc}/(10^9mm^4)$	小形心主惯性矩 $I_{yc}/(10^9mm^4)$	惯性矩 $I_x/(10^9mm^4)$	惯性矩 $I_y/(10^9mm^4)$	截面面积/ (10^5mm^2)
WAC	组合体	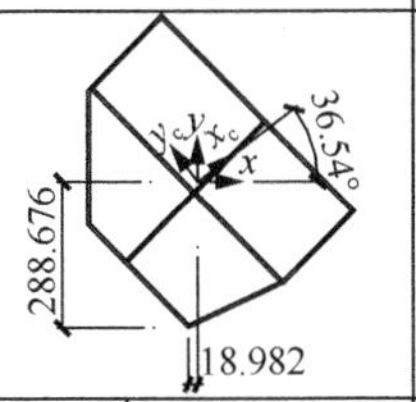	4.2702	2.3140	3.5768	3.0074	1.9489
	混凝土	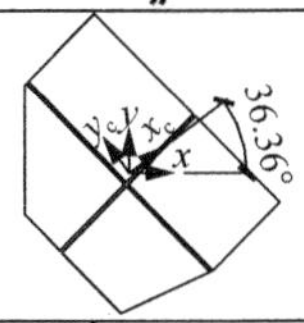	3.7878	2.0298	3.1698	2.6478	1.7914
	钢管	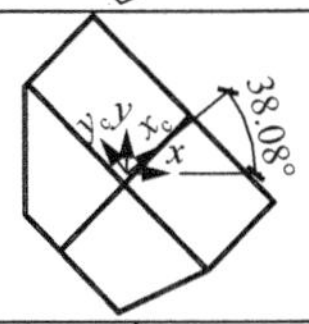	0.4825	0.2841	0.4071	0.3596	0.1575
BAC BEC SEC-2	组合体	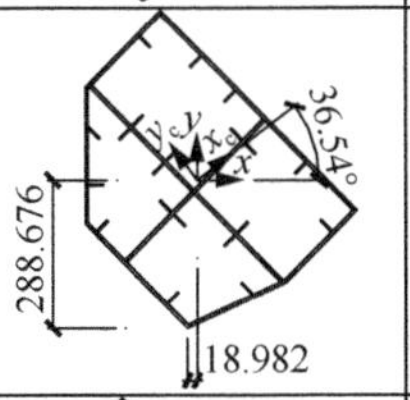	4.2702	2.3140	3.5768	3.0074	1.9489
	混凝土	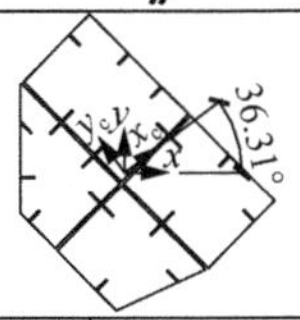	3.7505	2.0056	3.1385	2.6176	1.7731
	钢管	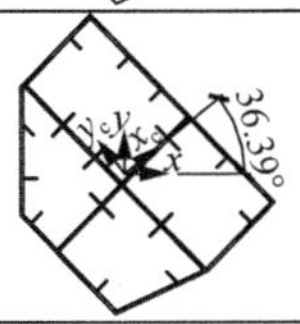	0.5199	0.3082	0.4383	0.3898	0.1758

续表

试件		图例*	大形心主惯性矩 $I_{xc}/(10^9mm^4)$	小形心主惯性矩 $I_{yc}/(10^9mm^4)$	惯性矩 $I_x/(10^9mm^4)$	惯性矩 $I_y/(10^9mm^4)$	截面面积/ (10^5mm^2)
SEC-1	组合体	290.731; 19.168; 36.54°	4.3808	2.3823	3.6725	3.0906	1.9759
	混凝土	36.25°	3.6972	1.9767	3.0957	2.5783	1.7476
	钢管	38.31°	0.6839	0.4053	0.5768	0.5123	0.2283
SAC-2 SEC-3	组合体	288.677; 18.976; 37.46°	4.2702	2.3140	3.5768	3.0074	1.9489
	混凝土	36.31°	3.7056	1.9764	3.1287	2.5539	1.7476
	钢管	45.87°	0.5646	0.3377	0.4481	0.4535	0.2013

* 尺寸单位为mm。

2. 试件设计

试件截面构造如图 8-1 所示。①异形截面多腔钢管混凝土巨型分叉柱轴心受压及偏心受压基本型试件，即试件 BAC、试件 BEC，两个试件下柱截面为截面构造 I 、分叉柱肢截面为截面构造 II，如图 8-1（a）、（b）所示。试件截面构造包括竖向分腔板、水平横隔板、纵向加劲肋、栓钉、拉结钢筋、纵向钢筋及箍筋。②异形截面多腔钢管混凝土巨型分叉柱偏心受压试件 SEC-1，为增强型试件，下柱截面为截面构造III、分叉柱肢截面为截面构造IV，如图 8-1（c）、（d）所示。这两个试件在试件 BAC、试件 BEC 基础上，其下柱顶部区域及分叉柱肢竖向分腔板厚度增大，其他构造不变，以研究增大竖向分腔板的含钢率对分叉节点及柱肢受力性能提升的贡献。③异形截面多腔钢管混凝土巨型分叉柱轴心受压减弱型试件 WAC，试件下柱截面为截面构造Ⅴ、分叉柱肢截面为截面构造Ⅵ，如图 8-1（e）、（f）所示。该试件是在试件 BAC 的基础上做了弱化处理，即去掉了腔体纵向加劲肋和钢筋笼。④异形截面多腔钢管混凝土巨型分叉柱偏心受压增强型试件 SEC-2，试件下柱截面为截面构造Ⅶ、分叉柱肢截面为截面构造Ⅱ，如图 8-1（g）、（b）所示。该试件是在试件 BEC 的基础上，将分叉节点变截面处的拉结钢筋用竖向分腔板代替，以增大下柱顶部区域的刚度，增强对分叉柱肢的约束，同时抵抗环带桁架弦杆、腹杆及楼板产生的复杂作用力，改善封板可能出现的应力集中现象，分叉柱肢截面同基本型截面构造Ⅱ。⑤异形截面多腔钢管混凝土巨型分叉柱轴心受压增强型试件 SAC-2，下柱截面为截面构造Ⅷ、分叉柱肢截面为截面构造Ⅸ，如图 8-1（h）、（i）所示。该试件在试件 BAC 的分叉节点下柱和分叉柱肢上下连续的腔体内设置圆钢管，具有强化节点域的作用。⑥异形截面多腔钢管混凝土巨型分叉柱偏心受压增强型试件 SEC-3，试件下柱截面为截面构造Ⅹ、分叉柱肢截面为截面构造Ⅸ，如图 8-1（h）、（j）所示。该试件在试件 SEC-2 的分叉节点下柱和分叉柱肢上下连续的腔体内设置圆钢管，具有进一步强化节点域的作用。试件立面图如图 8-2 所示，各试件截面如图 8-3～图 8-8 所示。

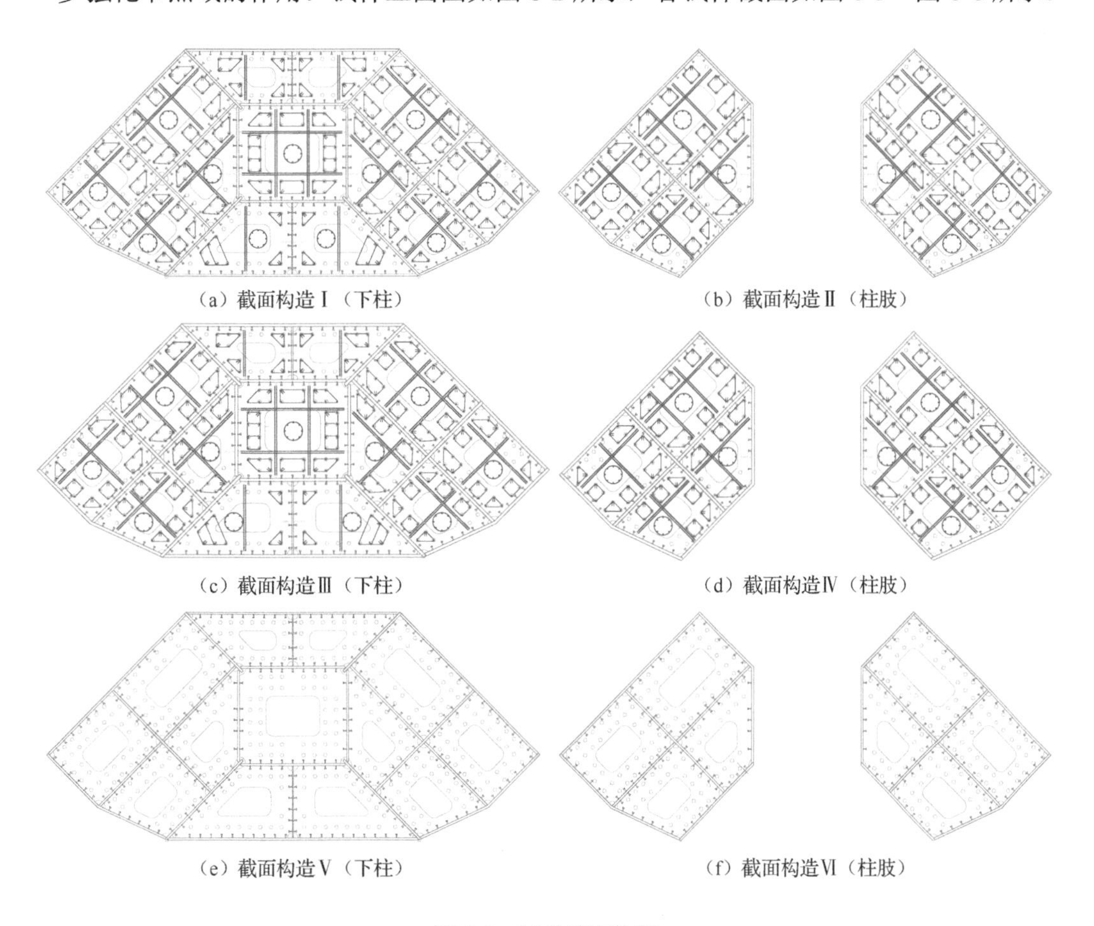

（a）截面构造Ⅰ（下柱）　（b）截面构造Ⅱ（柱肢）

（c）截面构造Ⅲ（下柱）　（d）截面构造Ⅳ（柱肢）

（e）截面构造Ⅴ（下柱）　（f）截面构造Ⅵ（柱肢）

图 8-1　试件截面构造

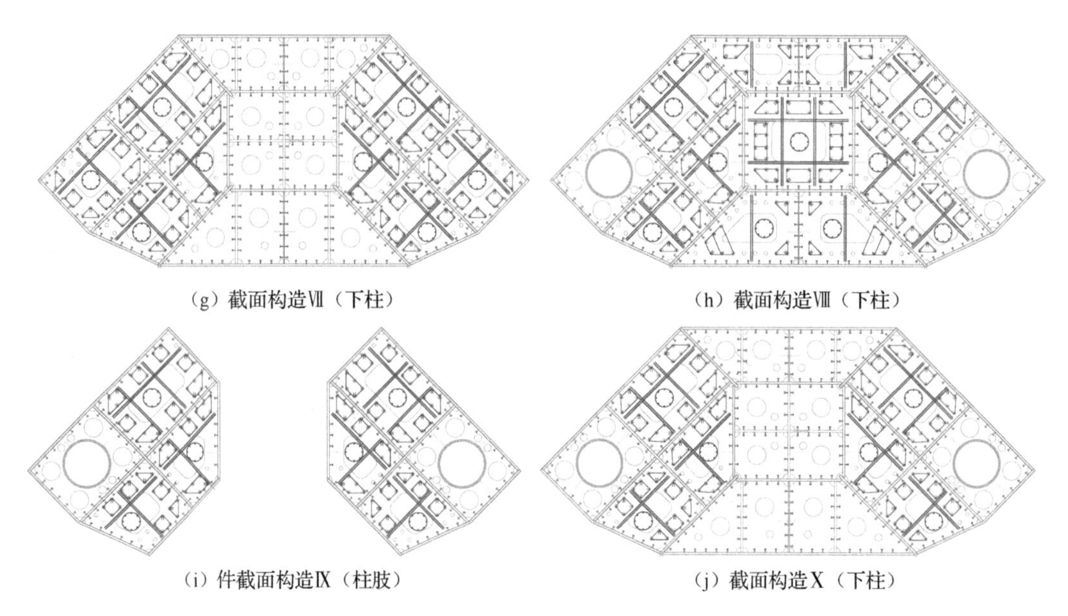

（g）截面构造Ⅶ（下柱）　　（h）截面构造Ⅷ（下柱）

（i）件截面构造Ⅸ（柱肢）　　（j）截面构造Ⅹ（下柱）

图 8-1（续）

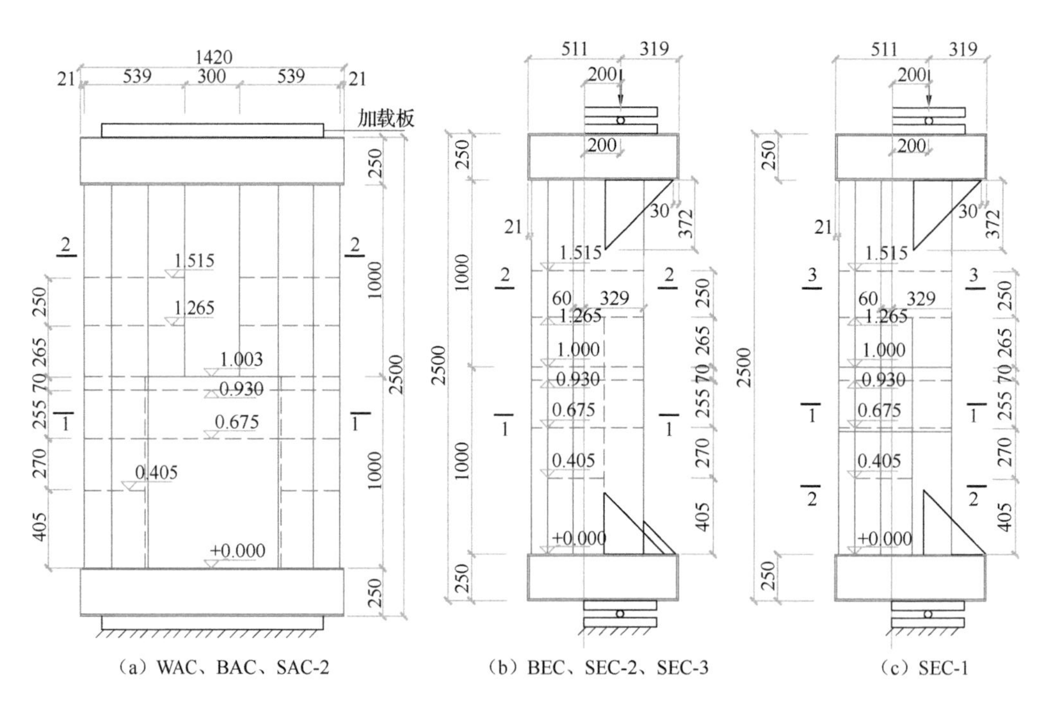

（a）WAC、BAC、SAC-2　　（b）BEC、SEC-2、SEC-3　　（c）SEC-1

图 8-2　试件立面图（尺寸单位：mm）

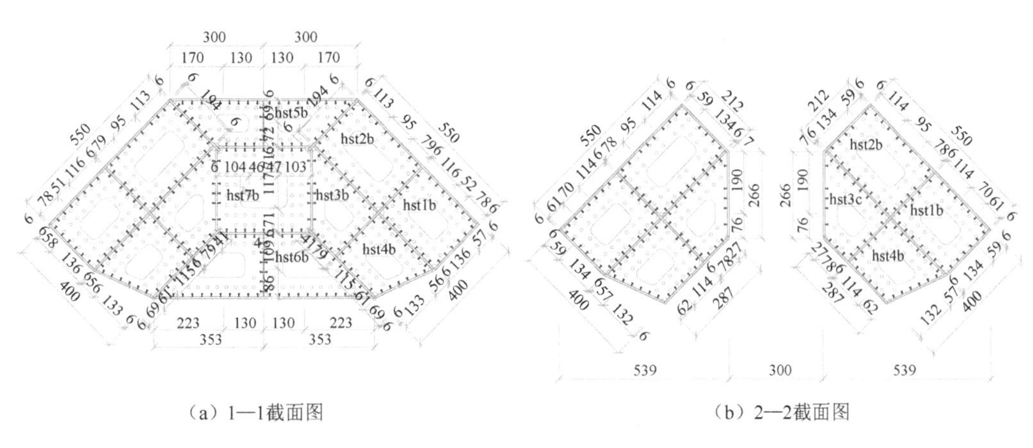

（a）1—1截面图　　（b）2—2截面图

图 8-3　试件 WAC 截面图（尺寸单位：mm）

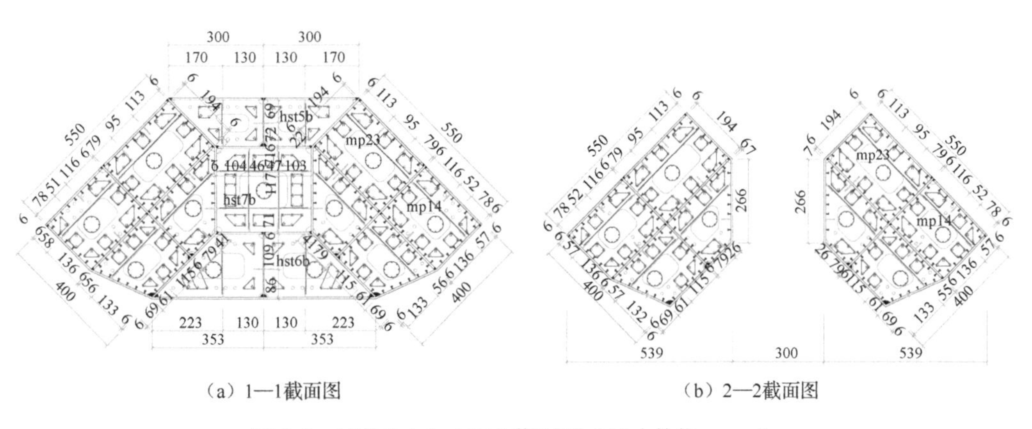

（a）1—1截面图　　（b）2—2截面图

图 8-4　试件 BAC、BEC 截面图（尺寸单位：mm）

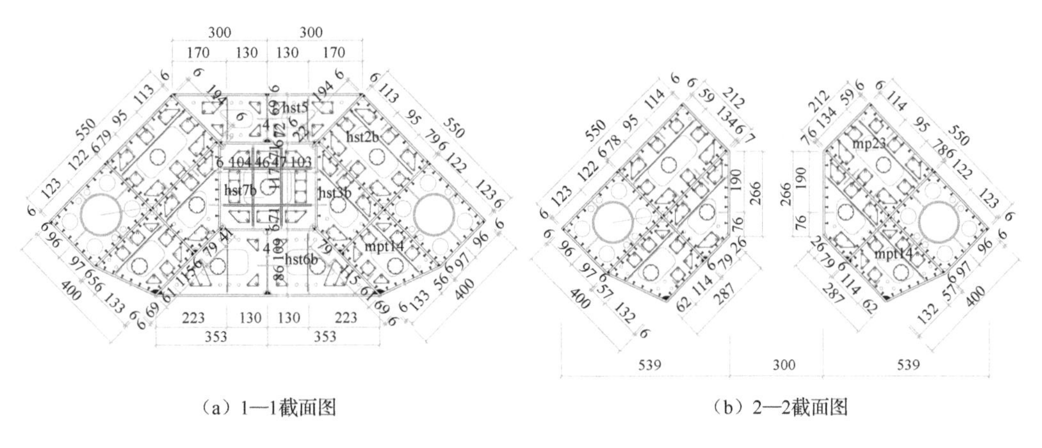

（a）1—1截面图　　（b）2—2截面图

图 8-5　试件 SAC-2 截面图（尺寸单位：mm）

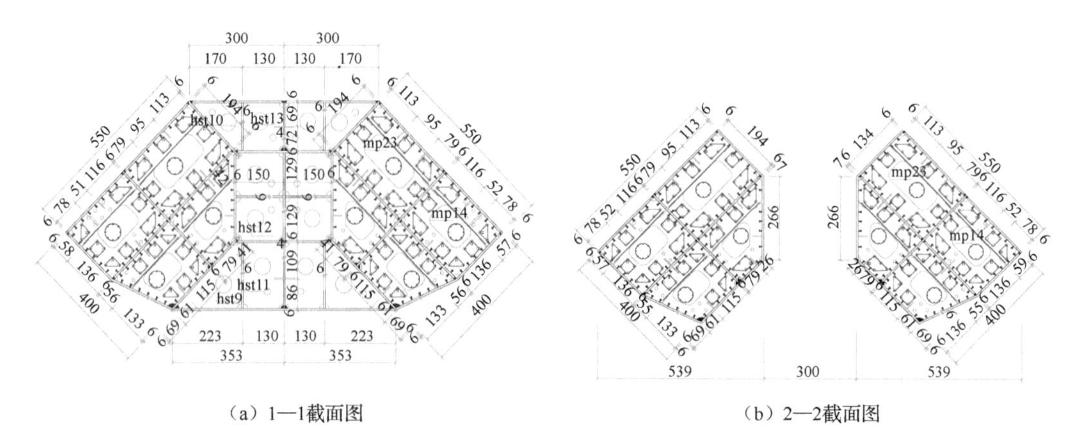

（a）1—1截面图　　　　（b）2—2截面图

图 8-6　试件 SEC-2 截面图（尺寸单位：mm）

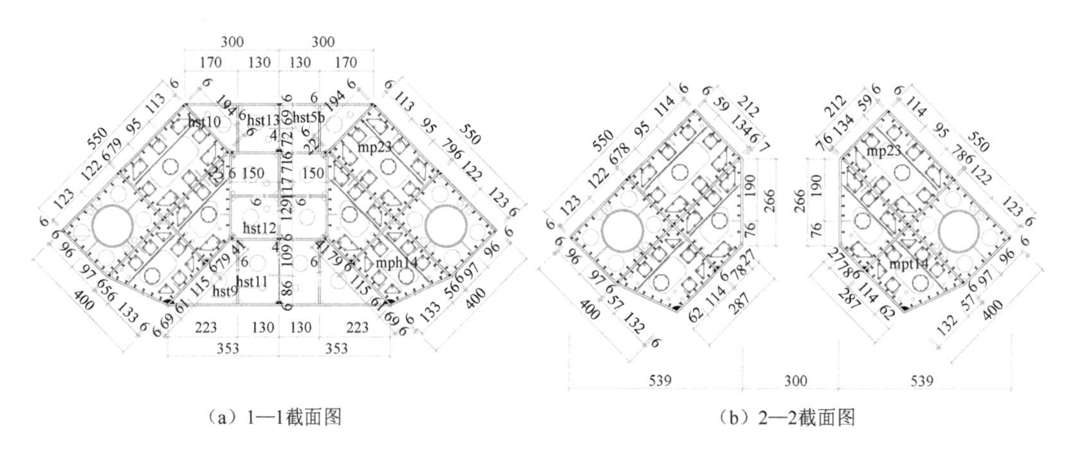

（a）1—1截面图　　　　（b）2—2截面图

图 8-7　试件 SEC-3 截面图（尺寸单位：mm）

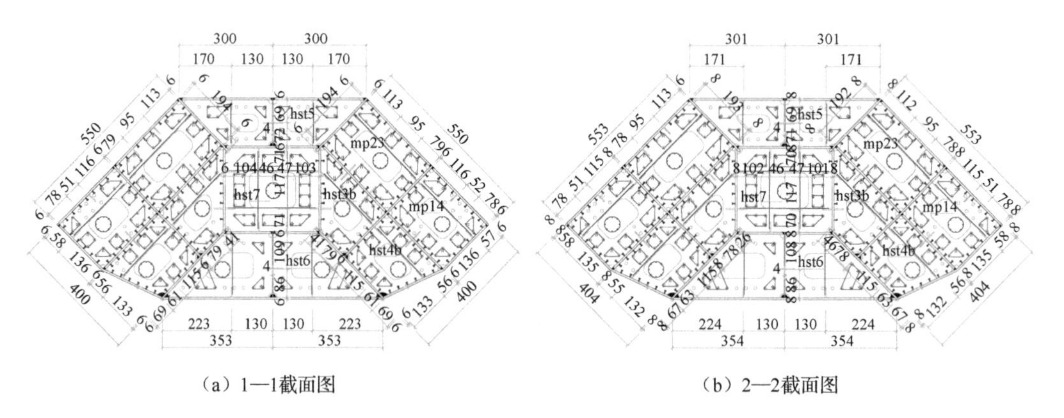

（a）1—1截面图　　　　（b）2—2截面图

图 8-8　试件 SEC-1 截面图（尺寸单位：mm）

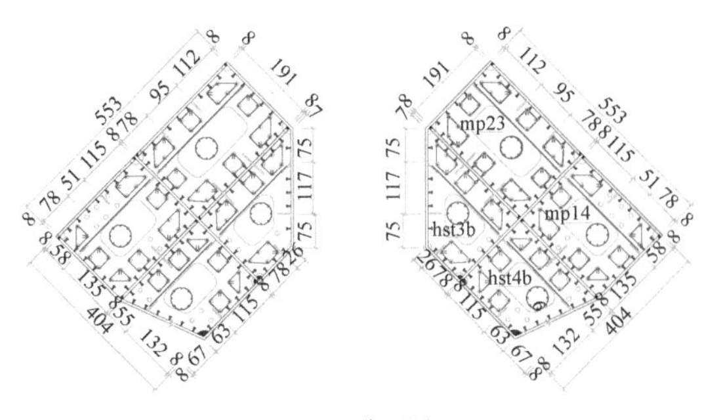

（c）3—3截面图

图 8-8（续）

考虑到异形截面多腔钢管混凝土巨型分叉柱缩尺试件制作的复杂性，须选用合理的拆图方案。拆图设计时考虑了以下几方面。

1）试件制作前的有限元分析

从前期的有限元分析可知，试件柱肢及下柱顶部区域处应力较大，其他部位应力较小。结合有限元分析结果，考虑到竖向分腔板在竖向的整体性、横隔板安装焊接的宜实施性，将下柱中部腔体的栓钉去掉，分叉柱肢腔体栓钉布置延伸至距下柱顶面 350mm 处。

2）北京中国尊大厦巨型柱施工拼装图

实际工程的拼装图充分考虑了现场吊装设备的起吊能力、拼装工艺的可行性及焊接工艺的可操作性等。模型试件须考虑原型试件板材的整体性并对模型试件的钢板下料进行控制。如图 8-9（a）所示，6mm 厚 Q345B 级钢板型材的实际尺寸（1510mm×6000mm）、宽度尺寸（1510mm）作为 p1 的截面尺寸，沿长度尺寸 6000mm 方向进行高度方向下料，经折弯机整体折弯后形成外围钢板 p1。内部钢板 p2 同样采用整体折弯的办法，这样 p1、p2 及 p3 构成了试件的整体钢构骨架，需要拆分的竖向钢板块数减少，焊缝数量减少，焊接残余应力的影响降低。

3）试验采用的加载方式

试件拟采用的加载方式包括轴压和偏压两种。根据这两种施力形式，拆图时须考虑试件加工制作要具有对称性，对于偏心受力试件，在弯矩作用平面内或与该平面相交的纵向分腔板需有足够的整体性，即尽量不要对这些板材进行拆分，确保平面内有足够的抗弯刚度。

4）试件制作的可操作性

拆图设计的目的是使设计图纸满足施工制作要求，模型试件施工空间较小，尽量满足焊接工艺所需要的操作空间。

5）试件各组成部件的整体工作性能

拆图时，需尽量保证钢板的完整性，即尽可能使钢材的母材受力，减少板材的焊接。焊缝本身的强度较高，有较强的承载能力，但焊缝边缘存在较大的残余应力，这些部位在荷载的作用下易发生脆性断裂；试件制作时应尽可能保证同一块竖向分腔板在柱头、横隔板及柱脚之间的竖向共面性，确保竖向传力路径明确，确保由竖向分腔板、横隔板及纵向加劲肋等主要板件构成的钢构部分具有较好整体工作性能。

6）内部腔体应变信号采集

在腔体内部竖向分腔板上布置竖向及横向应变片，有助于了解内部竖向分腔板对核心混凝土的约束效应。拆图时，导线如何布置，应变片的引线方向，导线所穿过竖向分腔板的孔洞留置等都需认真考虑。

依据上述分析，对 7 个试件形成了加工图设计，拆图步骤（局部）如图 8-9 所示。因试件在竖向及横向有着复杂的装配关系，为了推演拆图设计的可行性，采用 SolidWorks 三维建模软件进行装配模拟，以确保拆图顺序的合理性，提高试件的加工精度。三维模型装配如图 8-10 所示。

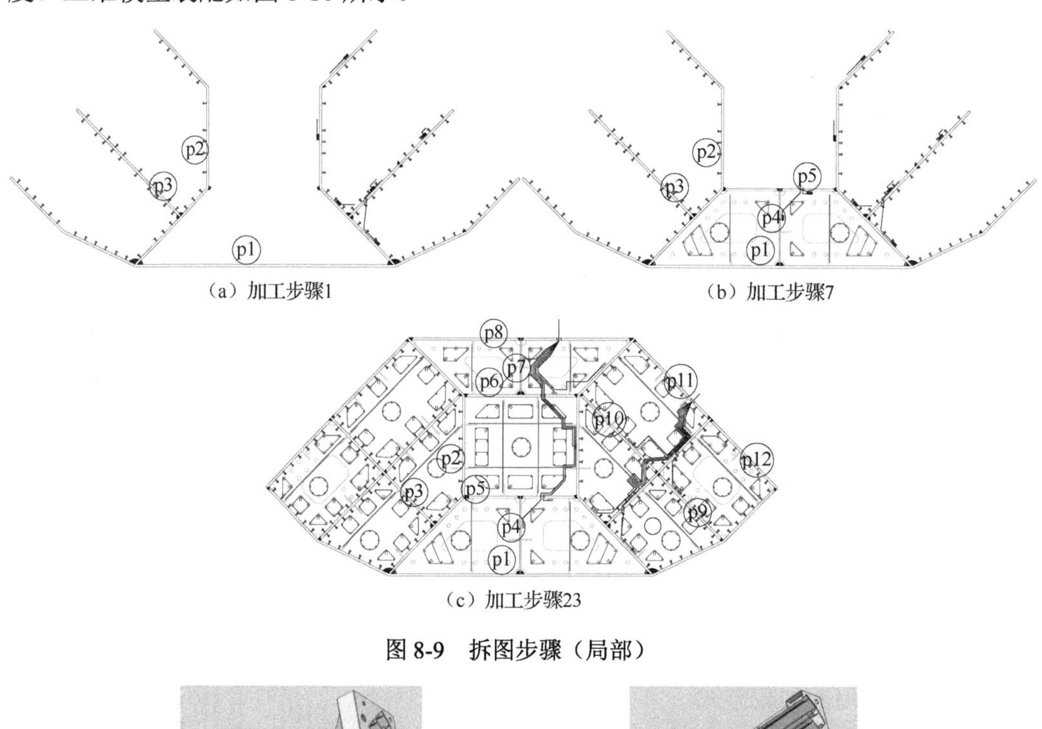

（a）加工步骤1　　（b）加工步骤7

（c）加工步骤23

图 8-9　拆图步骤（局部）

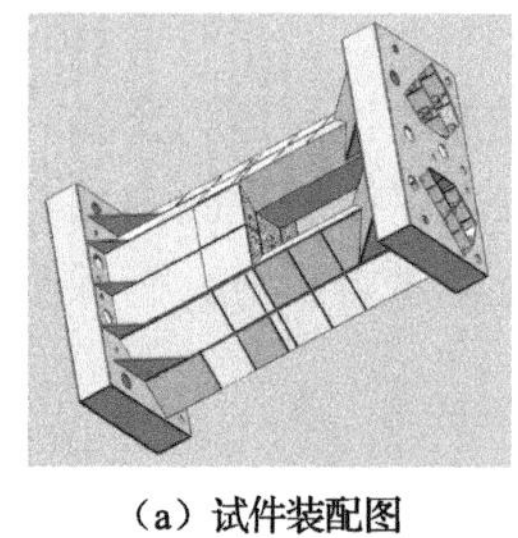

（a）试件装配图

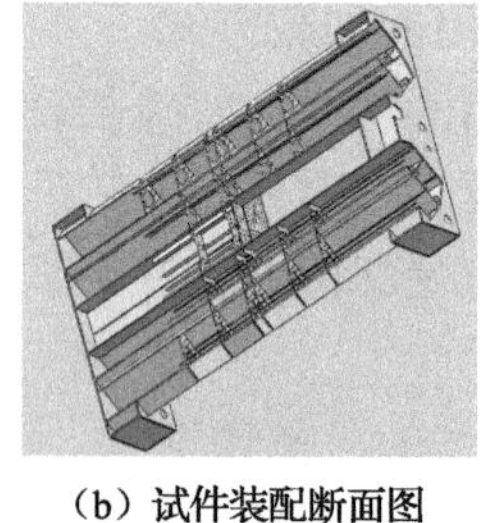

（b）试件装配断面图

图 8-10　三维模型装配

8.1.2　试件加工

腔体内竖向分腔板、横隔板、纵向加劲肋及钢筋笼的竖向布置如图 8-11 所示，腔体内纵肋、钢筋笼分布及板的编号如图 8-12 所示。由图 8-11 及图 8-12 可见，竖向分腔板 p9～p12、纵向加劲肋及竖向钢筋笼在柱脚、横隔板及柱头之间进行了分割；拉结钢筋进行了等效处理并去掉了无法设置的拉结钢筋。在图 8-2～图 8-8 中，横隔板 hst1、横隔板 hst4 连接处竖向分腔板须分割处理，否则无法进行焊接加工。将横隔板 hst1 及横隔板 hst4 合并，形成整体横隔板 mp14，以减少焊接残余应力。将横隔板 hst2 及横隔板 hst3 也做相同处理，形成整体横隔板 mp23。其中，px 及 px-y 表示第 x 竖向分腔板的第 y 段；hst$x$ 表示第 x 腔横隔板；hst$x$—1m 表示标高 1m 处的横隔板；mpxy—表示腔 x 与腔 y 合并的整体横隔板；cx-lr$y$ 表示腔 x 的第 y 段纵向加劲肋；rc-x 表示沿高度方向（从底至顶）的第 x 段钢筋笼；cx 表示第 x 腔。

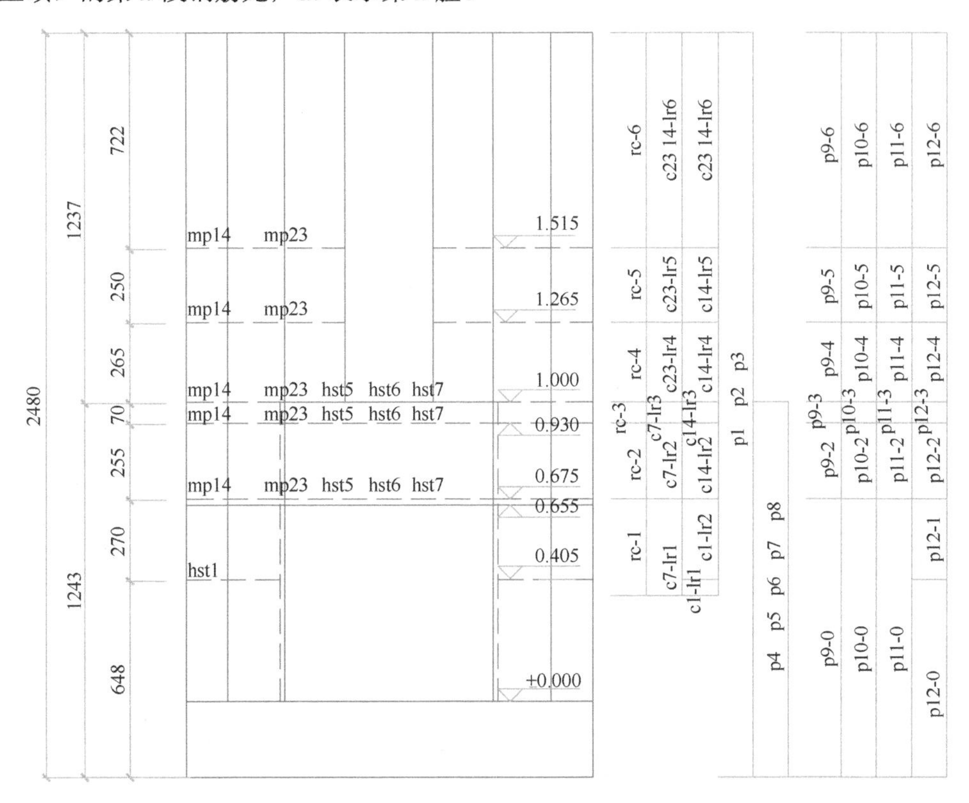

图 8-11　腔体内竖向分腔板、横隔板、纵向加劲肋及钢筋笼的竖向布置（尺寸单位：mm）

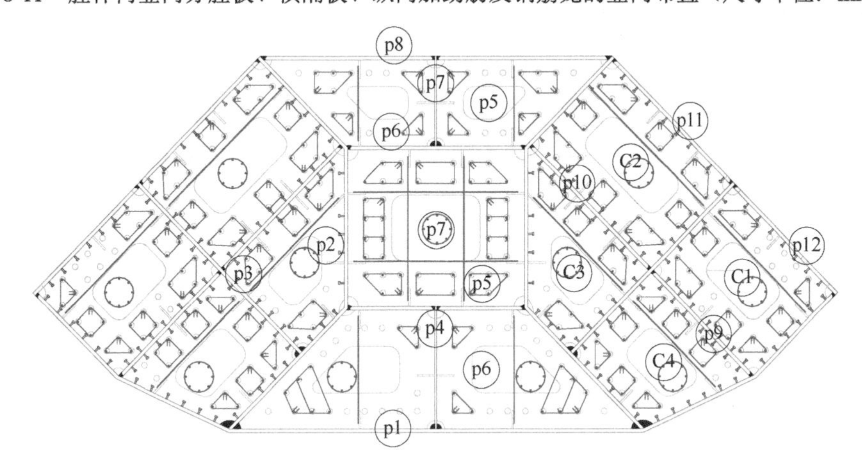

图 8-12　腔体内纵肋、钢筋笼分布及板的编号

Q345B 级 6mm 厚竖向分腔板采用剪板机及折板机进行下料及加工。Q345B 级 8mm 钢板采用数控火焰切割机下料并用折板机进行折弯。Q345 级 10mm 厚柱头及柱脚钢板采用数控火焰切割机下料。Q345B 级 6mm 厚及 Q235B 级 3mm 厚横隔板采用激光切割制作。Q235B 级 3mm 厚纵向加劲肋采用剪板机下料。纵向钢筋采用 12 号镀锌铁丝，箍筋采用 14 号镀锌铁丝，拉结钢筋采用 10 号镀锌铁丝制作，箍筋与纵筋采用人工焊接连接。部分板件及钢筋笼如图 8-13 所示。试件钢构拼装及混凝土浇筑照片如图 8-14 所示。

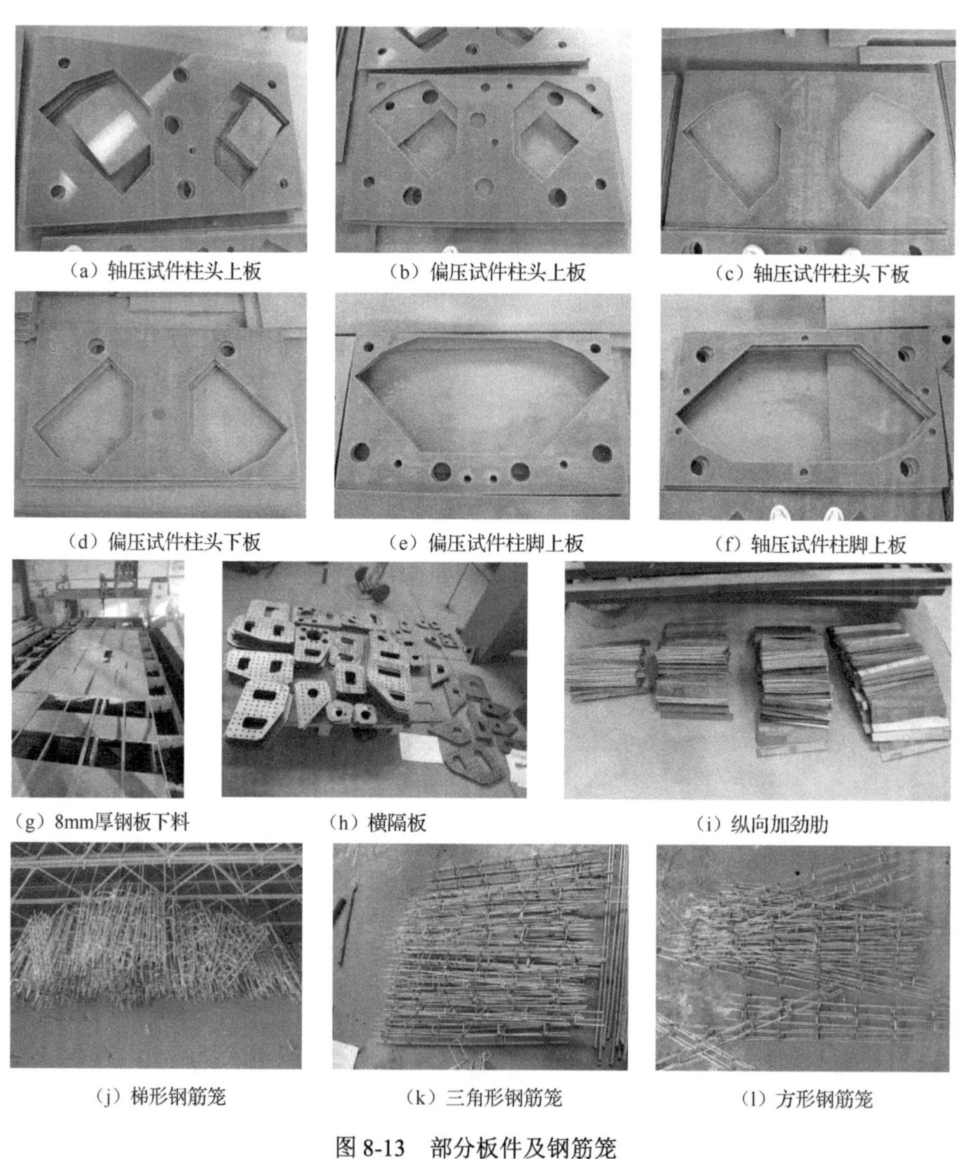

（a）轴压试件柱头上板　（b）偏压试件柱头上板　（c）轴压试件柱头下板

（d）偏压试件柱头下板　（e）偏压试件柱脚上板　（f）轴压试件柱脚上板

（g）8mm厚钢板下料　（h）横隔板　（i）纵向加劲肋

（j）梯形钢筋笼　（k）三角形钢筋笼　（l）方形钢筋笼

图 8-13　部分板件及钢筋笼

图 8-14 试件钢构拼装及混凝土浇筑

8.1.3 材料性能

实测钢材力学性能见表 8-3。f_y、f_u、E_s、ν、δ 分别为钢材的屈服强度、抗拉强度、弹性模量、泊松比、断后延伸率，ε_y、ε_{sh}、ε_u 分别为屈服应变、强化段起点应变、峰值应变。

表 8-3 实测钢材力学性能

钢材种类	实测厚度（或直径）/mm	f_y /MPa	f_u /MPa	E_s /(10^5MPa)	ν	ε_y /10^{-3}	ε_{sh} /10^{-2}	ε_u /10^{-1}	δ /%
钢板	Q235B	2.75	321	456	2.16	0.272	1.486	2.480	1.650
	Q345B	3.75	405	527	2.19	0.269	1.849	2.030	1.912
	Q345B	5.75	369	516	2.05	0.267	1.800	1.820	1.530
	Q345B	7.75	366	494	2.15	0.268	1.702	1.820	1.740
钢管	Q235	ϕ133×6	339	491	2.20	0.282	1.541	1.820	1.560
钢筋	10# GIW	ϕ3.5	313	375	1.76	0.300	1.778		2.329
	12# GIW	ϕ2.75	269	374	1.66	0.300	1.620		2.321
	14# GIW	ϕ2.4	239	356	1.53	0.300	1.562		3.592

实测混凝土力学性能见表 8-4。

表 8-4 实测混凝土力学性能

设计强度等级	试件编号	f_{cu} /MPa		E_c /(10^4MPa)	ν
		28 天龄期	试验当日		
C50	BAC	56.6	53.5	3.08	0.196
	WAC				
	SAC-2				
	BEC	47.8	46.0	2.32	0.221
	SEC-1				
	SEC-2				
	SEC-3				

注：3 个轴压试件同一天、同一车混凝土浇筑，4 个偏压试件同一天、同一车混凝土浇筑。

8.1.4 试验方案

1. 试验装置

试验采用北京工业大学的 40000kN 大型结构构件加载装置，进行巨型分叉柱试件的轴压、偏压试验，试验装置如图 8-15 所示。

图 8-15　试验装置

2. 加载制度及数据采集

试验采用竖向重复加载，即在加载至每级预估荷载后缓慢卸载（为保证试验加载的安全，每级加载后，卸载至 2000kN），有利于采集每级荷载下的残余变形。试验前，先预加载 2000kN，以观测加载系统、数据采集系统及各测点（应变测点和位移计测点）工作的可靠性。采用分级加载的方式，每级加载至该级预估荷载峰值后持荷 2～3min，观测试件的变形与损伤情况。试件弹性工作阶段，采用荷载控制加载，每级预估荷载约取计算极限荷载的 1/10；试件屈服进入塑性阶段，采用位移控制加载。数据采集采用 IMP 数据采集系统实时记录竖向荷载、竖向位移和钢板应变，人工记录试件钢板的破坏现象及塑性变形。

3. 应变测点布置

应变测点布置充分考虑了截面几何特征（表 8-2）、分叉柱受力均匀性的有限元校核、柱肢塑性变形可能发展趋势、横隔板间距变化对变形发展的影响、区隔中部和边缘应变差异及平截面假定校核共六方面因素。轴压试件 BAC 应变片布置如图 8-16 所示，偏压试件 BEC 应变片布置如图 8-17 所示，图中应变片编号 CxE(I)LLy(Tz)中的 C 表示腔体，x 表示腔体编号，E 表示外部，I 表示内部，第一个 L 表示左侧，第二个 L 表示纵向，y 表示纵向应变片编号，T 表示横向，z 表示横向应变片编号。试件 WAC、试件 SAC-1、试件 SAC-2 未布置 0.540m 高度截面的内、外横向应变片，其他位置应变片同试件 BAC。试件 SEC-1、试件 SEC-2、试件 SEC-3 未布置 1.387m 高度截面的内部纵应变片，其他位置截面应变片布置同试件 BEC。应变片型号 BE120-3AA 电阻值为 120Ω，灵敏系数为 2.22。

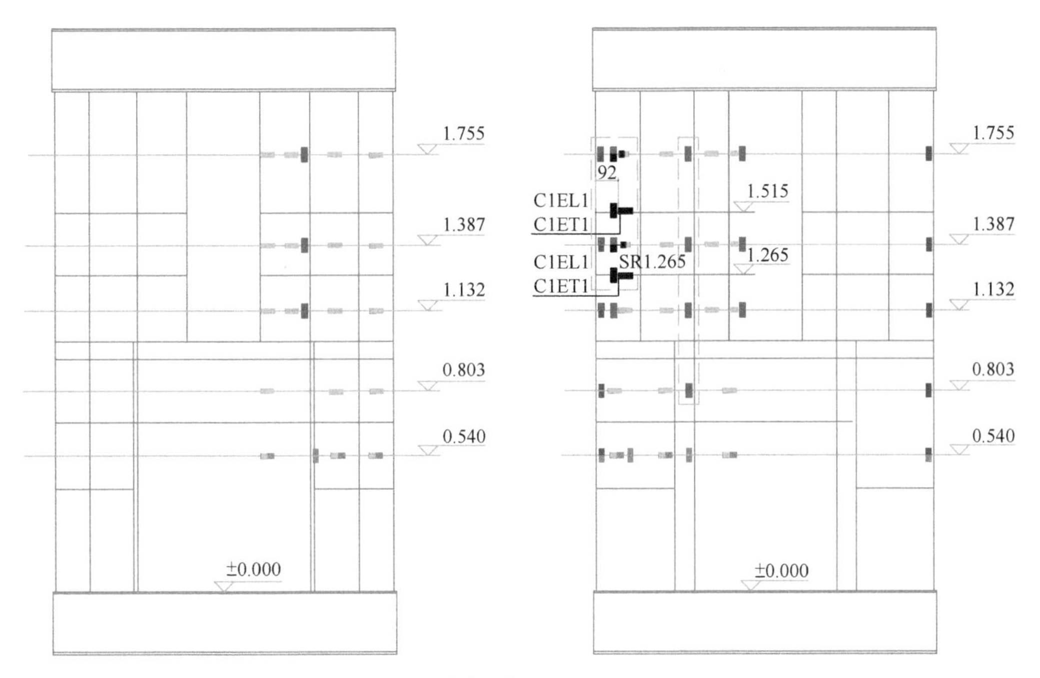

（a）应变片布置立面图

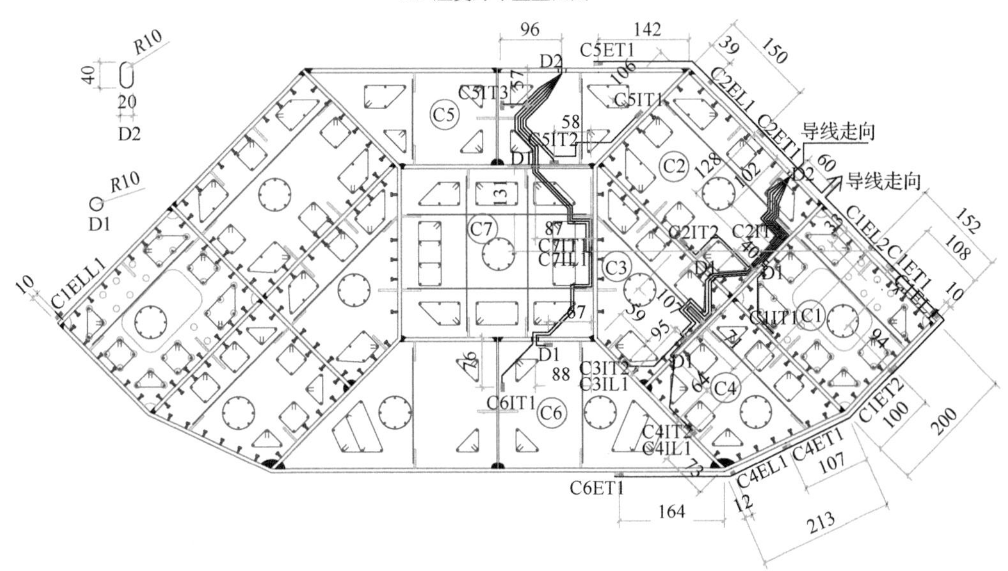

（b）0.540m高度截面应变片布置

图 8-16　轴压试件 BAC 应变片布置（尺寸单位：mm）

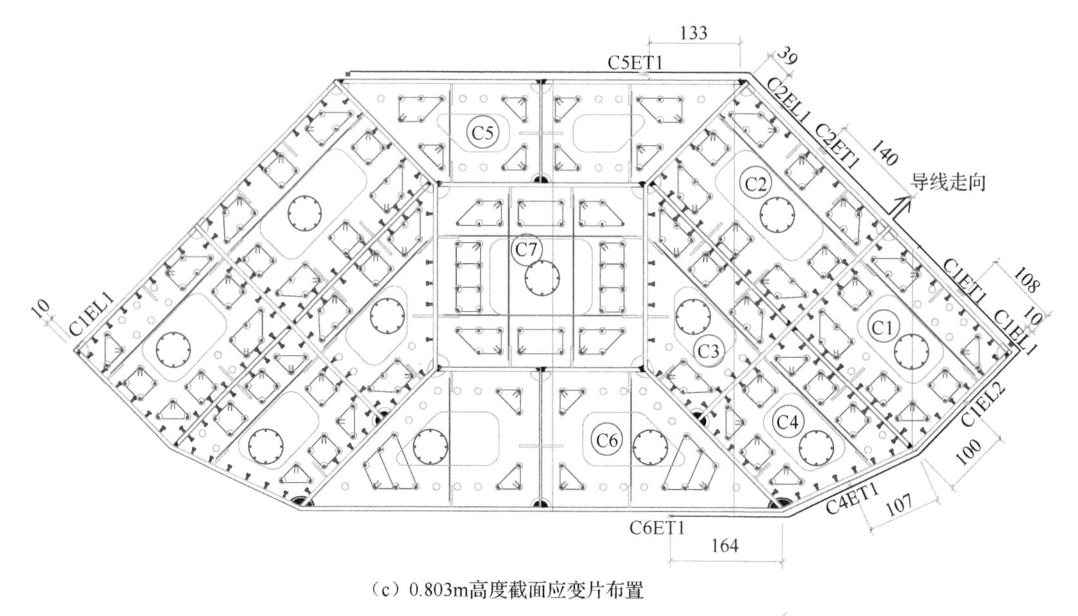

（c）0.803m高度截面应变片布置

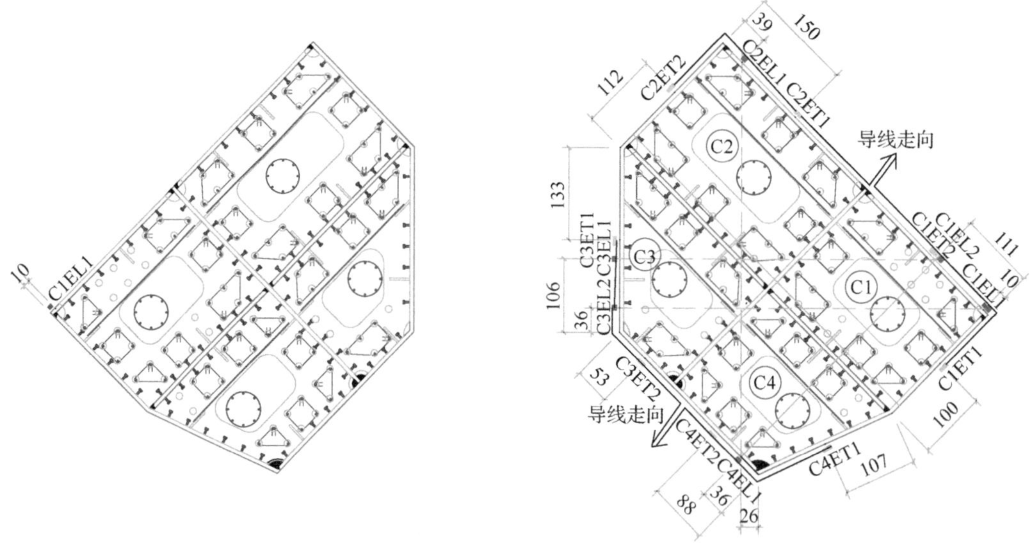

（d）1.132~1.755m高度截面应变片布置

图 8-16（续）

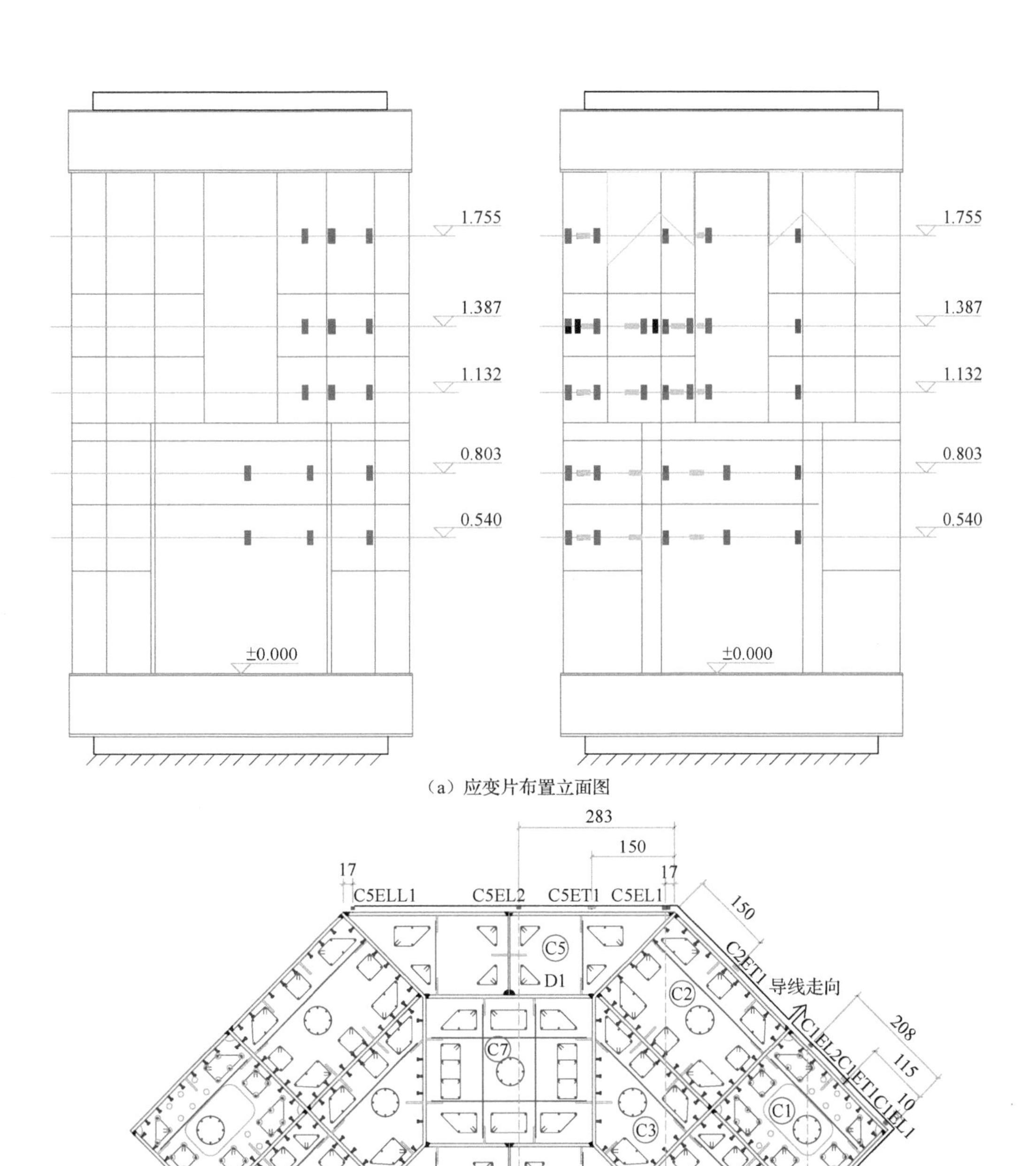

（a）应变片布置立面图

（b）0.540m高度截面应变片布置

图 8-17　试件 BEC 应变片布置（尺寸单位：mm）

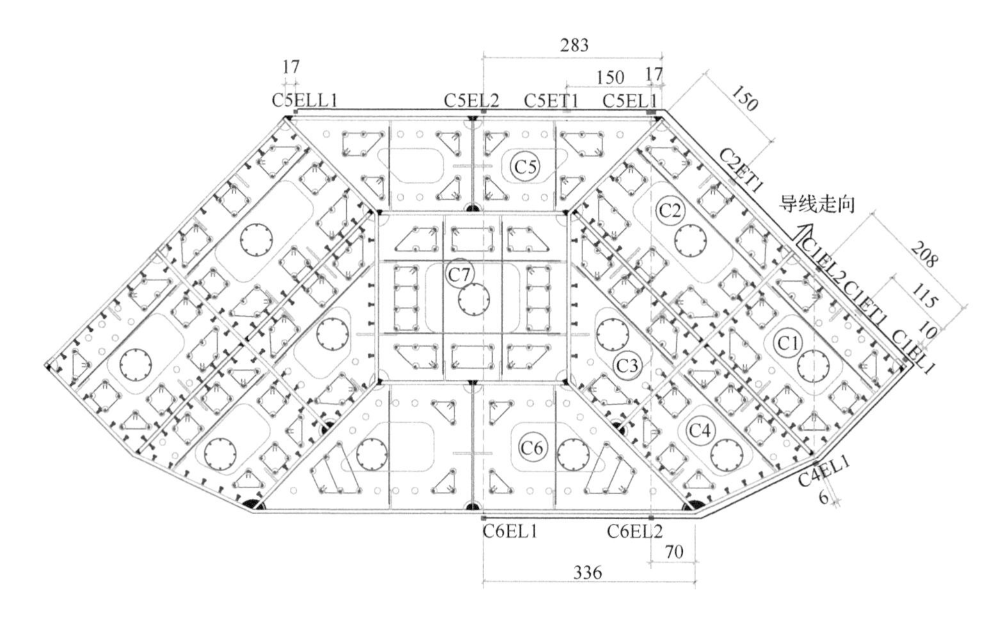

（c）0.803m高度截面应变片布置

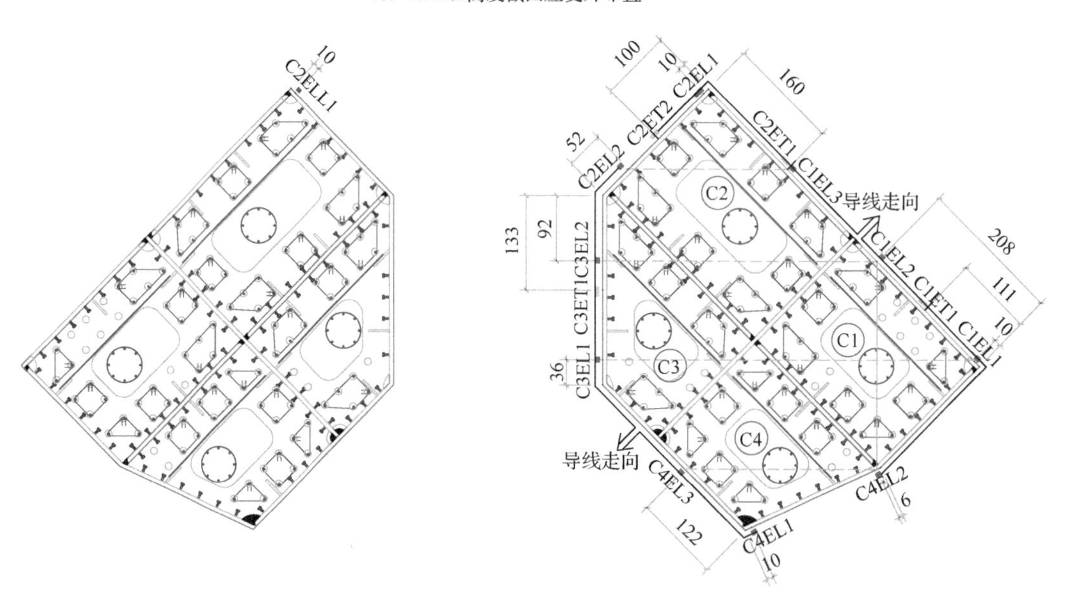

（d）1.132m、1.755m高度截面应变片布置

图 8-17（续）

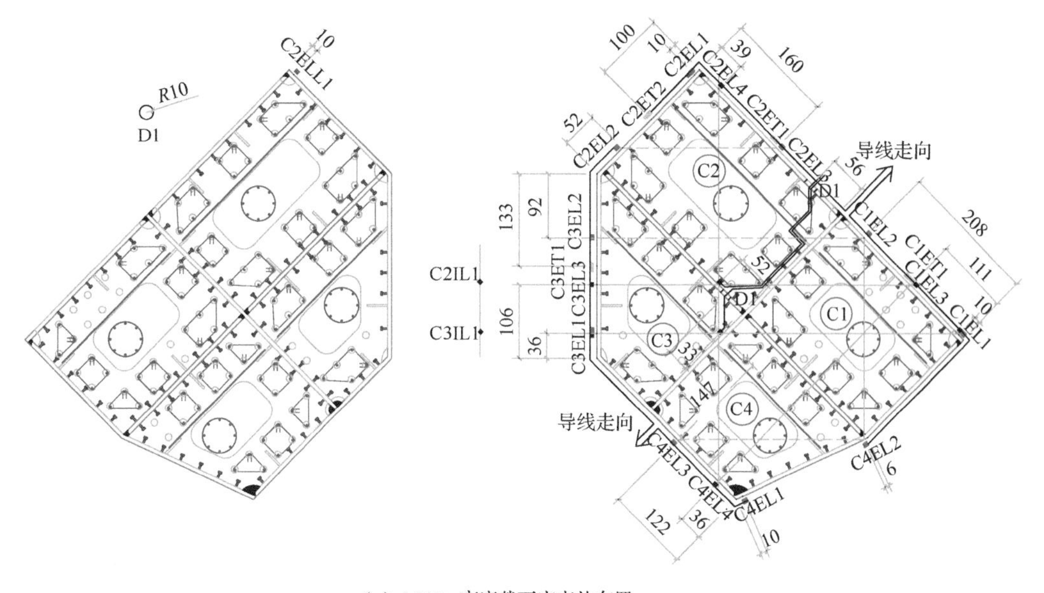

（e）1.387m高度截面应变片布置

图 8-17（续）

4. 轴压试件位移测点布置

轴心受压试件在每个试件的短边各布置三个竖向位移计，其中一边三个位移计测量柱肢及下柱整体变形，另一边三个位移计仅测量柱肢位移，下柱以弹性变形为主，通过计算获得。根据分叉柱的截面几何性质，预测柱肢部分在弹塑性、塑性阶段的可能变形，每个试件在距变截面封板 290mm 处平行柱脚长边方向布置两个水平位移计。轴压试件位移计布置如图 8-18 所示。VD-1～VD-6 采用 LXW 拉线位移传感器。HD-7 及 HD-8 采用电子百分表。

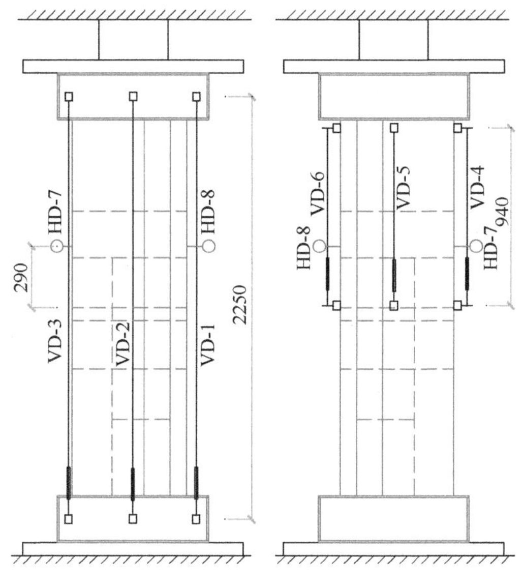

图 8-18　轴压试件位移计布置（尺寸单位：mm）

5. 偏压试件理论最大侧向位移

1）试件理论侧向位移曲线方程

弯矩作用在杆件左端时，偏压试件的计算简图及坐标系如图 8-19 所示。

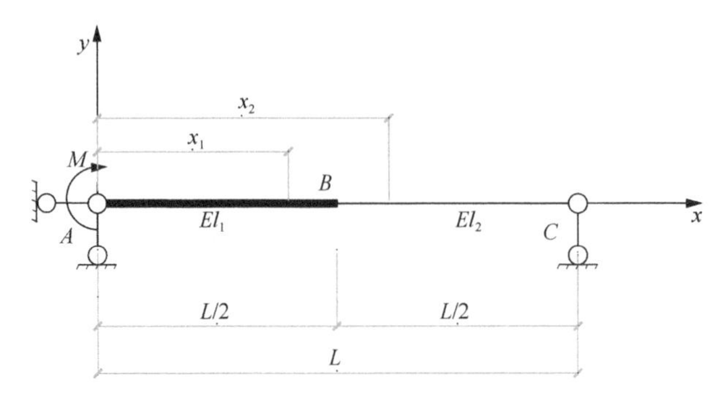

图 8-19　偏压试件的计算简图及坐标系

根据材料力学挠曲线方程，对试件分段建立位移及转角方程。

AB 段（$0 \leqslant x_1 \leqslant L/2$）

$$f_{cc}=f_{c0}\left(-1.254+2.254\sqrt{1+\frac{7.94\sigma_1}{f_{c0}}}-2\frac{\sigma_1}{f_{c0}}\right)$$

$$M(x_1)=M\left(1-\frac{x_1}{L}\right) \tag{8-1}$$

$$\frac{\mathrm{d}^2 y_1}{\mathrm{d}x_1^2}=\frac{M}{EI_1}\left(1-\frac{x_1}{L}\right) \tag{8-2}$$

$$\theta_1=\frac{\mathrm{d}y_1}{\mathrm{d}x_1}=\int_0^{x_1}\frac{M}{EI_1}\left(1-\frac{x_1}{L}\right)\mathrm{d}x_1+C_1=\frac{M}{EI_1}\left(x_1-\frac{x_1^2}{2L}\right)+C_1 \tag{8-3}$$

$$y_1=\int_0^{x_1}\theta_1\mathrm{d}x_1=\frac{M}{EI_1}\left(\frac{x_1^2}{2}-\frac{x_1^3}{6L}\right)+C_1x_1+D_1 \tag{8-4}$$

BC 段（$L/2 \leqslant x_2 \leqslant L$）

$$M(x_2)=M\left(1-\frac{x_2}{L}\right) \tag{8-5}$$

$$\frac{\mathrm{d}^2 y_2}{\mathrm{d}x_2^2}=\frac{M}{EI_2}\left(1-\frac{x_2}{L}\right) \tag{8-6}$$

$$\theta_2=\frac{\mathrm{d}y_2}{\mathrm{d}x_2}=\int_{L/2}^{x_1}\frac{M}{EI_2}\left(1-\frac{x_2}{L}\right)\mathrm{d}x_2+C_2=\frac{M}{EI_2}\left(x_2-\frac{x_2^2}{2L}-\frac{3L}{8}\right)+C_2 \tag{8-7}$$

$$y_2=\int_a^{x_2}\theta_2\mathrm{d}x_2=\frac{M}{EI_2}\left(-\frac{x_2^3}{6L}+\frac{x_2^2}{2}-\frac{3L}{8}x_2+\frac{L^2}{12}\right)+C_2\left(x_2-\frac{L}{2}\right)+D_2 \tag{8-8}$$

边界条件：$x_1=0$ 时，$y_1=0$；$x_1=x_2=L/2$ 时，$y_1=y_2$，$\dfrac{\mathrm{d}y_1}{\mathrm{d}x_1}=\dfrac{\mathrm{d}y_2}{\mathrm{d}x_2}$；$x_2=L$ 时：$y_2=0$。

将边界条件代入方程式（8-3）～式（8-8），解得

$$D_1=0 \tag{8-9}$$

$$C_1=-\frac{7ML}{24EI_1}-\frac{ML}{24EI_2} \tag{8-10}$$

$$C_2=\frac{ML}{12EI_1}-\frac{ML}{24EI_2} \tag{8-11}$$

$$D_2=-\frac{ML^2}{24EI_1}-\frac{ML^2}{48EI_2} \tag{8-12}$$

挠曲线方程如下。

AB 段（$0\leqslant x_1\leqslant L/2$）

$$\theta_1=\frac{M}{EI_1}\left(x_1-\frac{x_1^2}{2L}\right)-\left(\frac{7ML}{24EI_1}+\frac{ML}{24EI_2}\right) \tag{8-13}$$

$$y_1=\frac{M}{EI_1}\left(\frac{x_1^2}{2}-\frac{x_1^3}{6L}\right)-\left(\frac{7ML}{24EI_1}+\frac{ML}{24EI_2}\right)x_1 \tag{8-14}$$

BC 段（$L/2\leqslant x_2\leqslant L$）

$$\theta_2=\frac{M}{EI_2}\left(x_2-\frac{x_2^2}{2L}-\frac{3L}{8}\right)+\frac{ML}{12EI_1}-\frac{ML}{24EI_2} \tag{8-15}$$

$$y_2=\frac{M}{EI_2}\left(-\frac{x_2^3}{6L}+\frac{x_2^2}{2}-\frac{3L}{8}x_2+\frac{L^2}{12}\right)+\left(\frac{ML}{12EI_1}-\frac{ML}{24EI_2}\right)\left(x_2-\frac{L}{2}\right)-\left(\frac{ML^2}{24EI_1}+\frac{ML^2}{48EI_2}\right) \tag{8-16}$$

弯矩作用在杆件右端时，偏压试件的计算简图及坐标系如图 8-20 所示。计算方法同上。

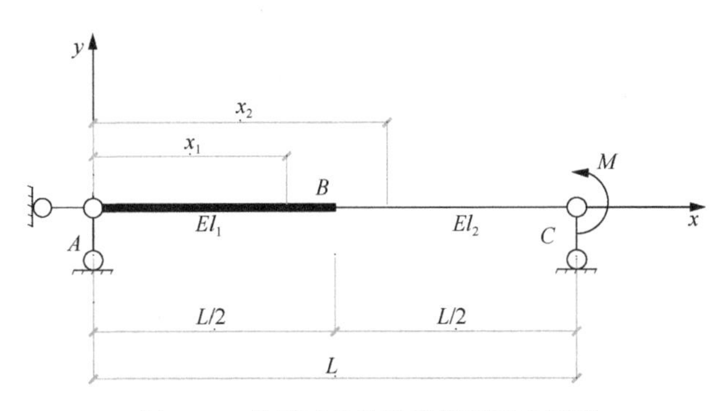

图 8-20　偏压试件的计算简图及坐标系

2）理论最大侧向位移

根据叠加原理，求得侧向位移曲线方程如下。

AB 段（$0\leqslant x_1\leqslant L/2$）

$$y_1=\frac{M}{EI_1}\left(\frac{x_1^2}{2}-\frac{x_1^3}{6L}\right)-\left(\frac{7ML}{24EI_1}+\frac{ML}{24EI_2}\right)x_1+\frac{M}{EI_1}\frac{x_1^3}{6}-\left(\frac{ML}{12EI_1}+\frac{ML}{12EI_2}\right)x_1 \tag{8-17}$$

BC 段（$L/2\leqslant x_2\leqslant L$）

$$\begin{aligned}y_2=&\frac{M}{EI_2}\left(-\frac{x_2^3}{6L}+\frac{x_2^2}{2}-\frac{3L}{8}x_2+\frac{L^2}{12}\right)+\left(\frac{ML}{12EI_1}-\frac{ML}{24EI_2}\right)\left(x_2-\frac{L}{2}\right)-\left(\frac{ML^2}{24EI_1}+\frac{ML^2}{48EI_2}\right)\\&+\frac{M}{EI_2}\left(\frac{x_2^3}{6}-\frac{L^2}{8}x_2+\frac{L^3}{24}\right)+\left(\frac{ML}{24EI_1}-\frac{ML}{12EI_2}\right)\left(x_2-\frac{L}{2}\right)-\left(\frac{ML^2}{48EI_1}+\frac{ML^2}{24EI_2}\right)\end{aligned} \tag{8-18}$$

计算最大侧向位移，由 $\frac{\mathrm{d}y_2}{\mathrm{d}x_2}=0$，$y_2$ 取最大值，解得

$$x_2'=\frac{L}{8}\left(5-\frac{EI_2}{EI_1}\right) \tag{8-19}$$

将式（8-19）代入式（8-18）得弹性最大侧向位移为

$$\begin{aligned}y_{\max}=&\left[\frac{M}{EI_2}\left(-\frac{x_2^3}{6L}+\frac{x_2^2}{2}-\frac{3L}{8}x_2+\frac{L^2}{12}\right)+\left(\frac{ML}{12EI_1}-\frac{ML}{24EI_2}\right)\left(x_2-\frac{L}{2}\right)-\left(\frac{ML^2}{24EI_1}+\frac{ML^2}{48EI_2}\right)\right.\\&\left.+\frac{M}{EI_2}\left(\frac{x_2^3}{6L}-\frac{L}{8}x_2+\frac{L^2}{24}\right)+\left(\frac{ML}{24EI_1}-\frac{ML}{12EI_2}\right)\left(x_2-\frac{L}{2}\right)-\left(\frac{ML^2}{48EI_1}+\frac{ML^2}{24EI_2}\right)\right]_{x_2'}\end{aligned} \tag{8-20}$$

抗弯刚度按式（8-21）计算，本书考虑了纵向加劲肋及圆钢管的抗弯刚度贡献。

$$EI=E_{\mathrm{s}}I_{\mathrm{s}}+E_{\mathrm{c}}I_{\mathrm{c}}+E_{\mathrm{sr}}I_{\mathrm{sr}}+E_{\mathrm{sc}}I_{\mathrm{sc}} \tag{8-21}$$

式中，E_{s}、E_{sr}、E_{sc} 分别指构成异形钢管钢材、纵向加劲肋及圆钢管的弹性模量；I_{s}、I_{sr}、I_{sc} 分别指构成异形钢管钢材、纵向加劲肋及圆钢管的绕 y 轴惯性矩；E_{c}、I_{c} 分别指混凝土的弹性模量及绕 y 轴惯性矩。根据表 8-2～表 8-4 中截面几何性质及材性数据，计算 4 个偏心受压试件分叉柱肢与下柱抗弯刚度比 EI_2/EI_1=（0.214～0.224），代入式（8-19）可得计算最大侧向位移点距柱脚底平面距离为 1.493～1.496m。为便于水平位移计安放，取最大侧向位移点距变截面封板 290mm 处，即距柱脚底平面 1.540m 处。

6. 偏压试件位移计布置

偏心受压试件在轴压试件的基础上增设 6 个水平位移计测量侧向变形，位移计布置如图 8-21 所示。VD-1～VD-6 采用 LXW 拉线位移传感器。HD-7 及 HD-8 采用电子百分表。HD-1～HD-6 采用 YHD 型电位计式位移传感器，其中 HD-4 对应点靠近理论最大侧向位移点。

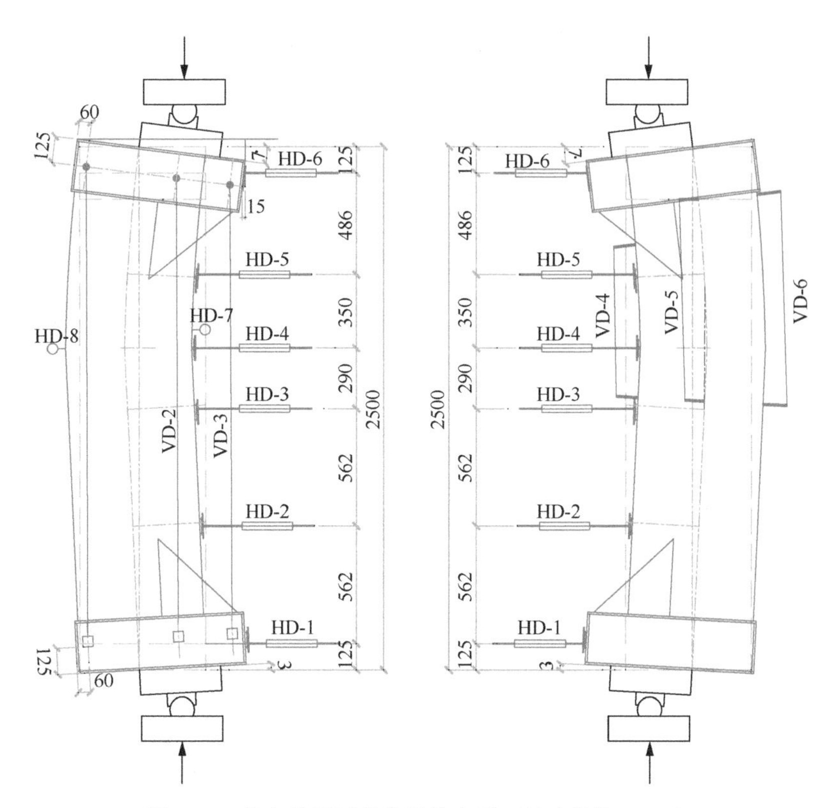

图 8-21　偏心受压试件位移计布置（尺寸单位：mm）

8.1.5　轴压试验结果

1. 宽厚比

宽厚比或径厚比是钢管混凝土柱局部屈曲性能、承载力、刚度及延性的重要影响因素。对分叉柱柱肢各腔体边缘板件的宽厚比进行计算并与现行有关规范的钢板宽厚比或径厚比进行对比，见表 8-5。试件 WAC 的宽厚比最大值接近《钢管混凝土结构技术规范》(GB 50936—2014) 规定的计算限值[1]，高于美国混凝土协会规范（ACI 318-14）[2]、英国标准协会规范（BS 5400-2005）[3]及欧洲规范（Eurocode 4）[4]规定的计算限值，低于美国钢结构协会规范（ANSI/AISC 360-10）[5]规定的计算值。试件 BAC 及试件 SAC-2 宽厚比或径厚比值均低于上述规范规定的计算值。宽厚比或径厚比计算公式如下。

1）《钢管混凝土结构技术规范》（GB 50936—2014）

$$\frac{B}{t} \leqslant 60\sqrt{\frac{235}{f_y}} \tag{8-22}$$

$$\frac{D}{t} \leqslant 135\frac{235}{f_y} \tag{8-23}$$

2）美国混凝土协会规范（ACI 318-14）及英国标准协会规范（BS 5400-2005）

$$\frac{B}{t} \leqslant \sqrt{\frac{3E_{\mathrm{s}}}{f_{\mathrm{y}}}} \tag{8-24}$$

$$\frac{D}{t} \leqslant \sqrt{\frac{8E_{\mathrm{s}}}{f_{\mathrm{y}}}} \tag{8-25}$$

3）欧洲规范（Eurocode 4）

$$\frac{B}{t} \leqslant 52\sqrt{\frac{235}{f_{\mathrm{y}}}} \tag{8-26}$$

$$\frac{D}{t} \leqslant 90\frac{235}{f_{\mathrm{y}}} \tag{8-27}$$

4）美国钢结构协会规范（ANSI/AISC 360-10）

$$\frac{B}{t} \leqslant 2.26\sqrt{\frac{E_{\mathrm{s}}}{f_{\mathrm{y}}}} \tag{8-28}$$

$$\frac{D}{t} \leqslant \frac{0.15E_{\mathrm{s}}}{f_{\mathrm{y}}} \tag{8-29}$$

表 8-5　钢板宽厚比或径厚比进行对比

试件	C1		C2	C3	C4	ACI 318-14		ANSI/AISC 360-10		BS 5400-2005		Eurocode 4		GB 50936—2014	
	B/t	D/t	B/t	B/t	B/t	B/t	D/t	B/t	D/t	B/t	D/t	B/t	D/t	B/t	D/t
WAC	40.8		47.8	43.5	33.5	40.8		53.3		40.8		41.5		47.9	
BAC	22.1		22.2	18.1	23.1	40.8		53.3		40.8		41.5		47.9	
SAC-2	21.6	22.2	22.2	18.1	23.1	40.8	72.0	53.3	97.3	40.8	72.0	41.5	62.4	47.9	93.6

2. 破坏特征

为便于描述 3 个轴压试件 WAC、BAC 及 SAC-2 的破坏特征，试件腔体及腔体外钢板编号如图 8-22 所示。

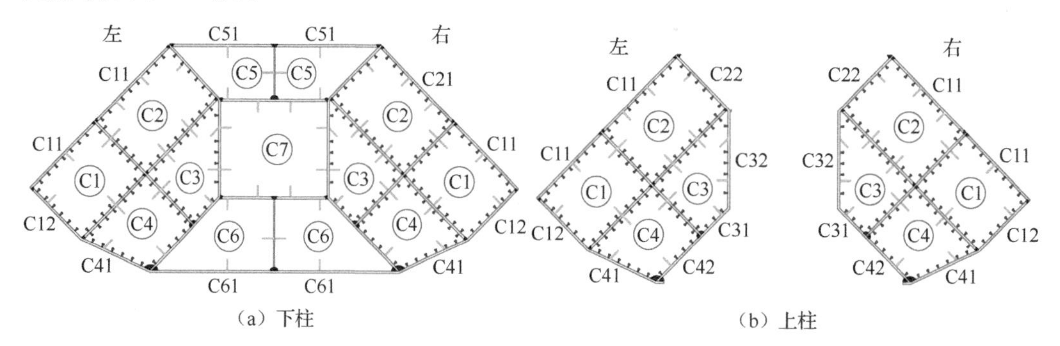

（a）下柱　　（b）上柱

图 8-22　试件腔体及腔体外钢板编号

试件 WAC 主要破坏过程如图 8-23 所示。

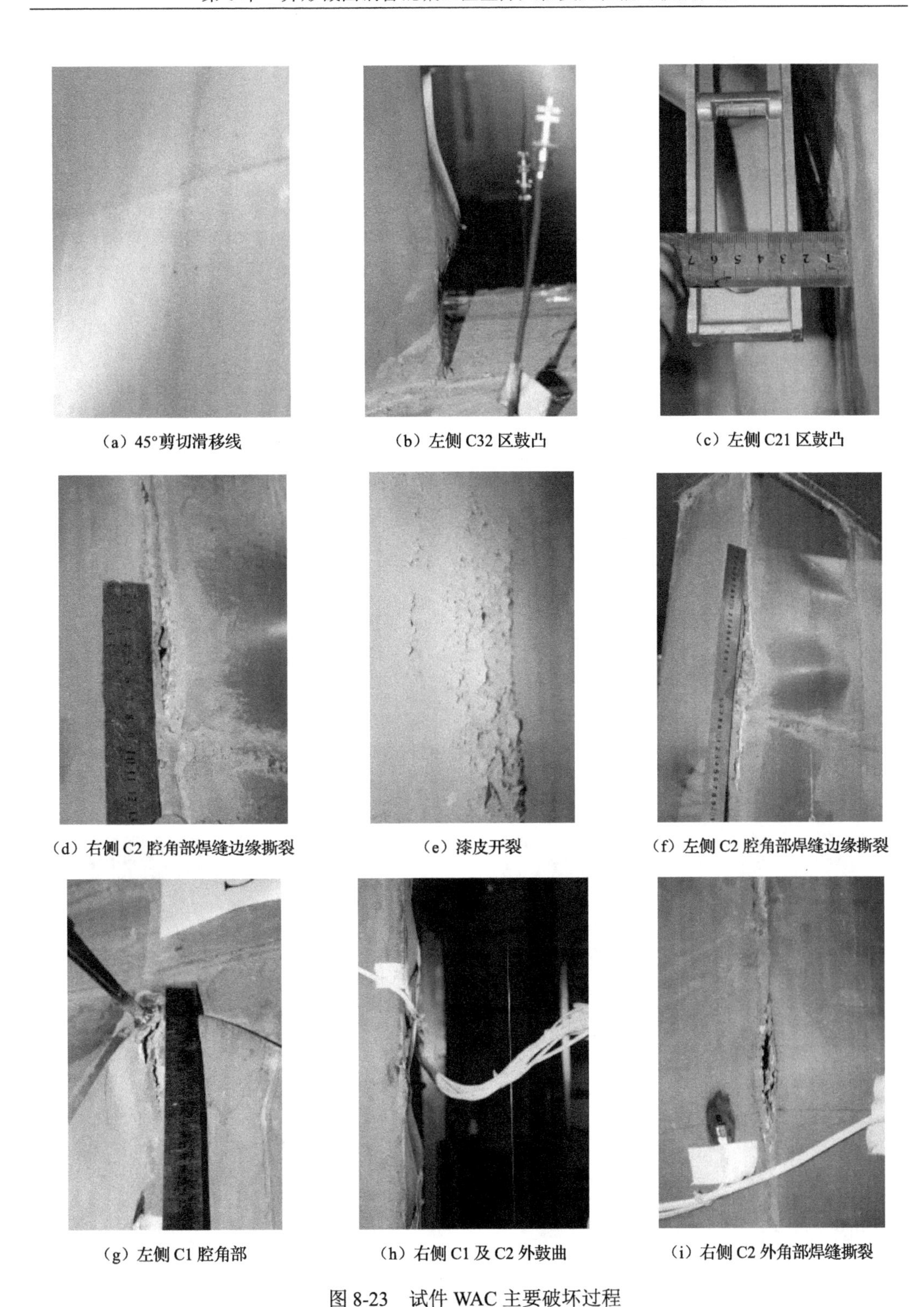

（a）45°剪切滑移线　（b）左侧 C32 区鼓凸　（c）左侧 C21 区鼓凸

（d）右侧 C2 腔角部焊缝边缘撕裂　（e）漆皮开裂　（f）左侧 C2 腔角部焊缝边缘撕裂

（g）左侧 C1 腔角部　（h）右侧 C1 及 C2 外鼓曲　（i）右侧 C2 外角部焊缝撕裂

图 8-23　试件 WAC 主要破坏过程

试件 BAC 主要破坏过程如图 8-24 所示。

（a）左侧 C1 及 C2 外侧鼓凸

（b）左侧 C2 外侧焊缝撕裂及鼓凸

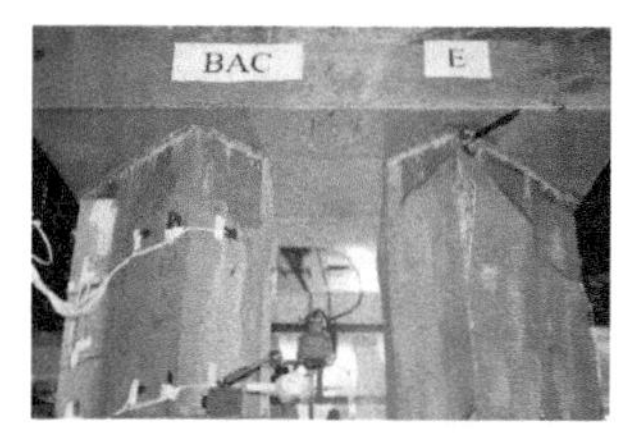

（c）左侧 C2 腔角部焊缝撕裂及鼓凸

（d）左侧 C12 区轻微鼓凸

（e）左侧 C2 腔尖角焊缝撕裂

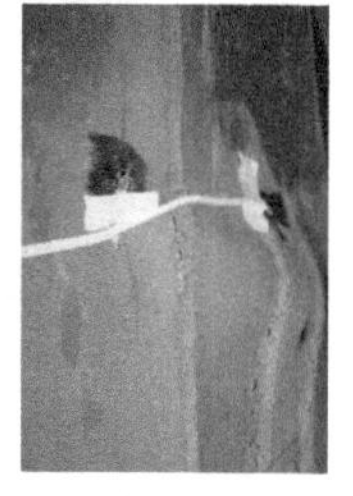
（f）右侧 C2 腔尖角

（g）左侧 C2 腔尖角

（h）左侧 C1、C2 焊缝撕裂

（i）右侧 C2 焊缝开裂

图 8-24　试件 BAC 主要破坏过程

试件 SAC-2 主要破坏过程如图 8-25 所示。

（a）右侧 C2 腔鼓凸

（b）右侧 C3 腔鼓凸

（c）右侧 C2 角部焊缝轻微开裂

（d）右侧 C2 角部

（e）右侧 C2 腔角部

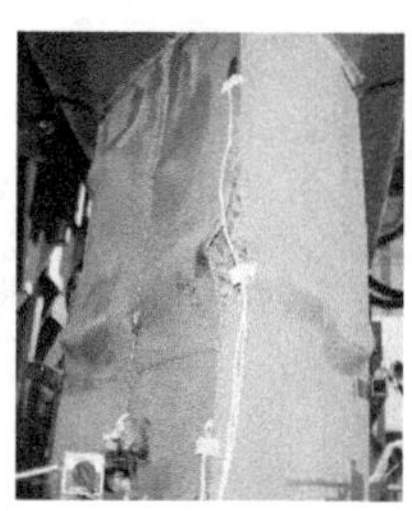
（f）左侧 C1 腔角部

（g）左侧 C2 腔角部

图 8-25　试件 SAC-2 主要破坏过程

1）3 个轴压试件整体破坏过程与破坏形态

当荷载到达峰值荷载以前，试件 WAC、BAC、SAC-2 加载值分别为峰值荷载的 53%、40%、39%时，试件出现 45° 剪切滑移线；随着荷载的增大，当达到峰值荷载时，3 个试件均开始出现局部屈曲。试件 WAC 峰值出现局部屈曲说明，表 8-5 中，《钢管混凝土结构技术规范》（GB 50936—2014）[1]关于宽厚比的规定与试验现象有很好的一致性；规范峰值荷载过后，当荷载下降到峰值荷载的 85%时，3 个试件的破坏形态如图 8-26（a）所示，3 个试件均发生一定鼓曲现象，与试件 WAC 相比，带有加劲肋试件 BAC 及带有加劲肋及圆钢管的试件 SAC-2 的鼓曲未发生在加劲肋所在的位置。当荷载下降到峰值荷载的 75%时，3 个试件的破坏形态如图 8-26（b）所示，除试件 WAC 外，分叉柱柱肢的焊缝和横隔板被撕裂，柱中混凝土局部被压碎。当荷载下降到峰值荷载的 65%时，3 个试件最终破坏，破坏形态如图 8-26（c）所示。试件 WAC 及试件 BAC 最终的破坏形态均是分叉柱的一肢较另一肢严重，而试件 SAC-2 分叉柱的两肢有相似破坏形态，说明该试件上柱中设置的圆钢管受力性能良好。3 个试件从 85%F_u 下降至 65%F_u 经历的加载次数看，试件 WAC、BAC 及 SAC-2 依次为 2 次、3 次及 8 次，说明 3 个试件延性依次增强。因此，在多腔钢管混凝土柱中，增设圆钢管可以提高异形截面柱的受力性能。

（a）荷载降至 85%峰值荷载的破坏形态

（b）荷载降至 75%峰值荷载的破坏形态

图 8-26　试件整体破坏模式

（c）荷载降至65%峰值荷载的破坏形态

图8-26（续）

2）破坏特征

3个轴压试件，加载至峰值荷载的53%、40%、39%时，试件WAC、BAC、SAC-2开始出现水平漆皮褶皱及45°剪切滑移线，其中剪切滑移线出现的位置均是1.265或1.515标高处，即横隔板与竖向分腔板焊接位置。加载至峰值荷载时，轻微鼓曲开始出现。加载至峰值荷载的75%、81%、82%时，试件WAC、BAC、SAC-2的C2腔体角部出现焊缝边缘撕裂。试件WAC、BAC、SAC-2在峰值荷载前仅有漆皮褶皱或45°剪切滑移线出现，鼓曲均始于峰值荷载，峰值荷载过后，鼓曲加重并出现焊缝开裂。试件WAC、试件BAC分叉柱的一个柱肢破坏较重、另一个破坏较轻。试件SAC-2分叉柱的两个柱肢破坏较均匀，3个试件下柱均未出现明显的破坏现象。

3. 应变

1）试件应变分析

试件WAC、BAC、SAC-2外轮廓尺寸相同，区别在于内部构造不同，应变片布置如图8-16所示，应变以受拉为正，受压为负。图8-27中给出3个试件的应变图，应变终点取$0.85F_u$对应的应变。从图8-27中可以看出，在峰值荷载以前，各试件在分叉柱左、右柱肢相同标高处应变变化是较均匀的。峰值荷载后，荷载曲线进入下降段，在荷载作用下，分叉柱两个柱肢较薄弱的一根柱肢（两个分叉柱肢，尽管对称设计，但制作的结果会略有差异）的钢板鼓曲及后期的焊缝撕裂均是较薄弱的肢柱严重。试件的应变片如果靠近破坏严重部位，相应的应变数值会激增；下柱的左右应变达到钢材屈服应变，说明虽然下柱整体平均应变低于钢材的屈服应变，但下柱角部应力集中处仍可达到钢材的屈服应变。

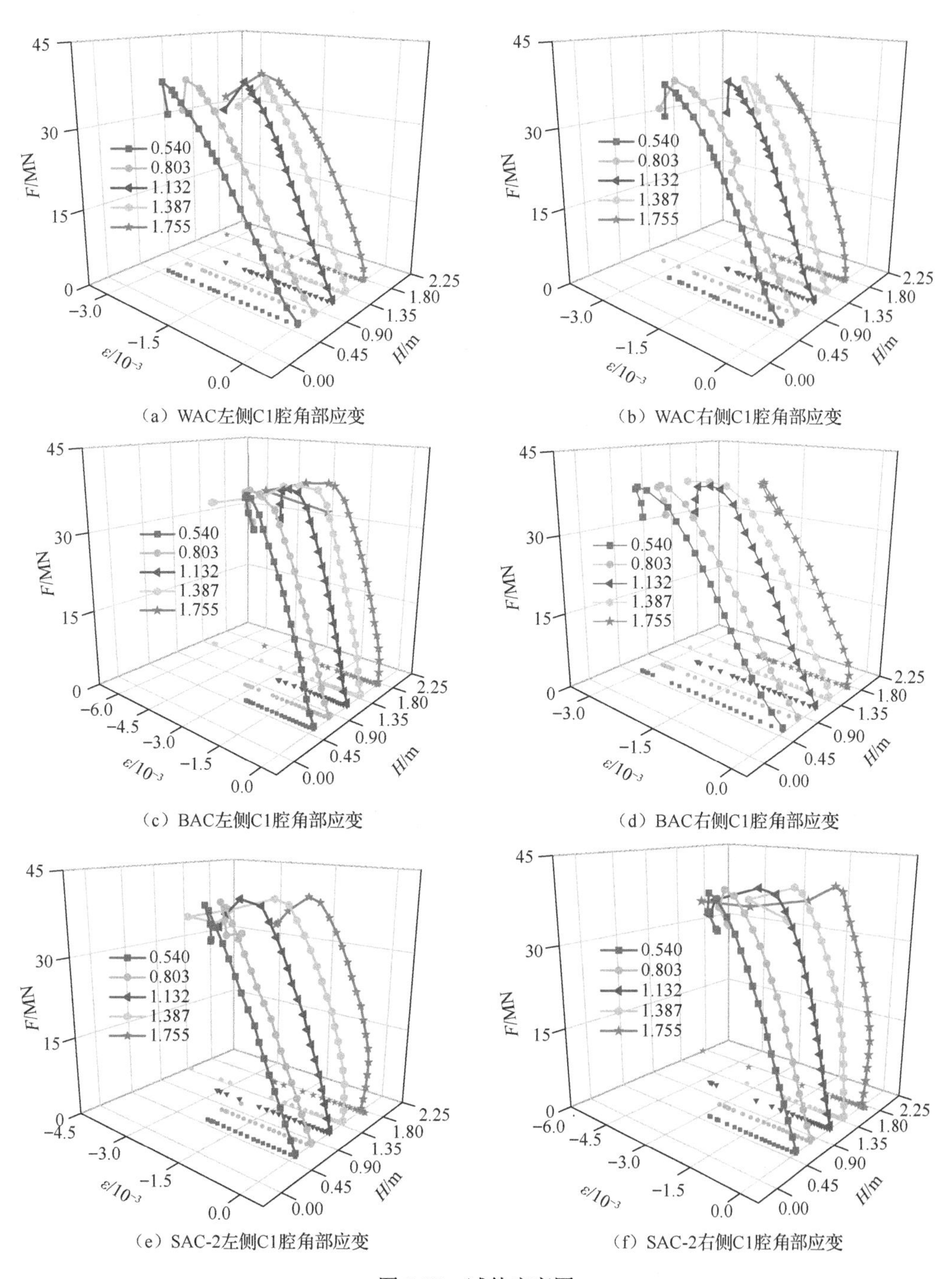

（a）WAC左侧C1腔角部应变　（b）WAC右侧C1腔角部应变

（c）BAC左侧C1腔角部应变　（d）BAC右侧C1腔角部应变

（e）SAC-2左侧C1腔角部应变　（f）SAC-2右侧C1腔角部应变

图 8-27　试件应变图

2）变截面区域应变分析

试件 WAC、BAC、SAC-2 距基础顶面 1.132m 处的荷载-纵向应变全过程曲线如图 8-28 所示。C2 腔与 C4 腔纵向应变连线平行于试件长边垂线，如图 8-16 所示。从

图 8-28 可以看出，试件 WAC 加载至峰值荷载以前，C1 腔受力较小，C3 腔内侧受力较大，C2、C4 腔受力接近；峰值荷载以后，C1 腔竖向应变增长较快，压缩变形逐渐增大，其他 3 个腔体应变减小，有压缩变形减小的趋势，说明分叉柱柱肢在加载过程中出现了内力重分布。试件 BAC 在峰值荷载以前，纵向应变变化规律和试件 WAC 类似。峰值荷载以后，C4 腔竖向应变持续增大，C2 腔应变持续减小，C1 及 C3 腔均是先增后减，这是由于试件 BAC 比试件 WAC 增设纵向加劲肋及构造钢筋，其抗压、抗弯、抗扭刚度均增大，可提升分叉柱柱肢后期变形性能。试件 SAC-2 在峰值荷载前后，纵向应变变化规律和试件 WAC 类似。

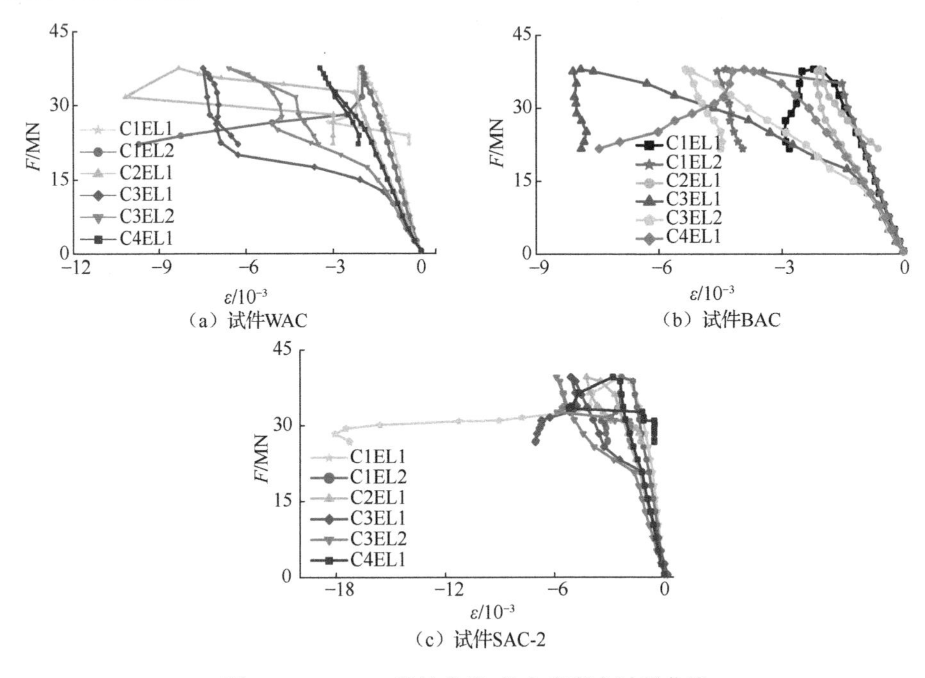

图 8-28　1.132m 处的荷载-纵向应变全过程曲线

试件 WAC、BAC、SAC-2 距基础顶面 0.803m 处的荷载-横向应变全过程曲线如图 8-29 所示。由图 8-29 可见，试件 WAC、BAC 下柱均是 C4 腔横向应变较大，其他腔体横向应变均未达到钢材屈服应变。试件 SAC-2 的 C1、C2 及 C5 腔横向应变均较大。3 个试件 C6 腔横向应变均大于 C5 腔横向应变，说明分叉柱两柱肢存在相对扭转的趋势。试件 WAC、BAC、SAC-2 距基础顶面 1.132m 处的荷载-横向应变全过程曲线如图 8-30 所示。与图 8-29 相比，可以看出，试件 WAC 在横隔板上下对应位置横向应变变化差异较大，而试件 BAC、SAC-2 在横隔板上下对应位置横向应变变化差异不大，说明布置纵向加劲肋有助于调整节点处横隔板上下区钢板横向应变分布。分析图 8-28 与图 8-30 可见，C1EL2、C1ET2 与 C3EL1、C3ET1 是对应点的纵向应变及横向应变。在荷载作用下，忽略混凝土和钢板之间的挤压力，竖向分腔钢板受力符合平面应力状态，两个主应力按 Mises 屈服椭圆的第四象限应力图变化，从 C3EL1、C3ET1 与 C1ET2、C1EL2

应变变化趋势可以看出其应力大致变化规律。图 8-30 中，试件 WAC 的 C1ET2、C2ET2 横向应变较大，说明 C1、C2 腔对应横向应变片处有鼓曲发生；试件 BAC 的 C2ET1、C4ET2 横向应变较大，说明 C2ET1、C4ET2 处均有鼓曲发生；试件 SAC-2 的 C3ET2、C4ET2 横向应变较大，说明 C3、C4 腔对应横向应变片处有鼓曲发生。

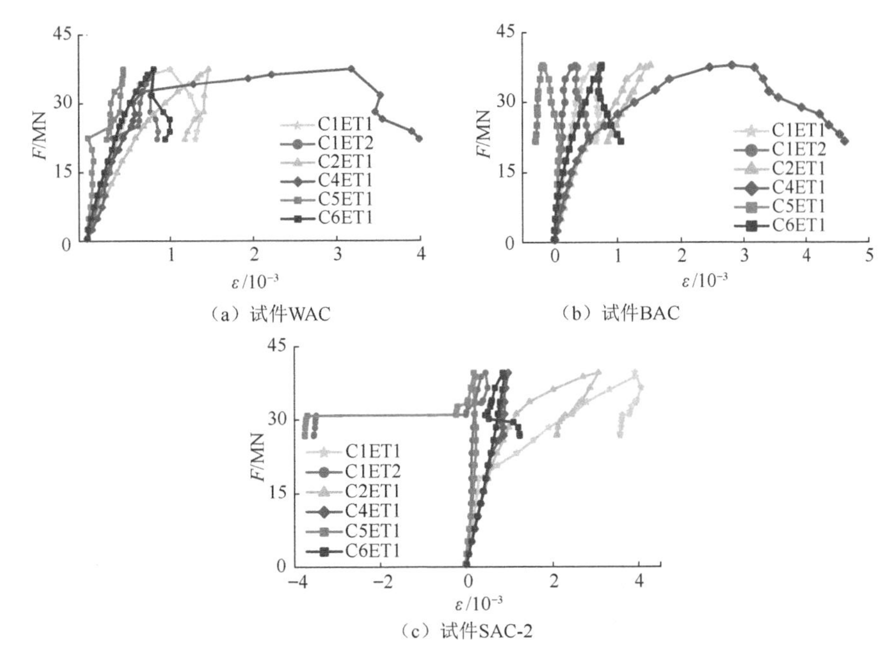

图 8-29　0.803m 处的荷载-横向应变全过程曲线

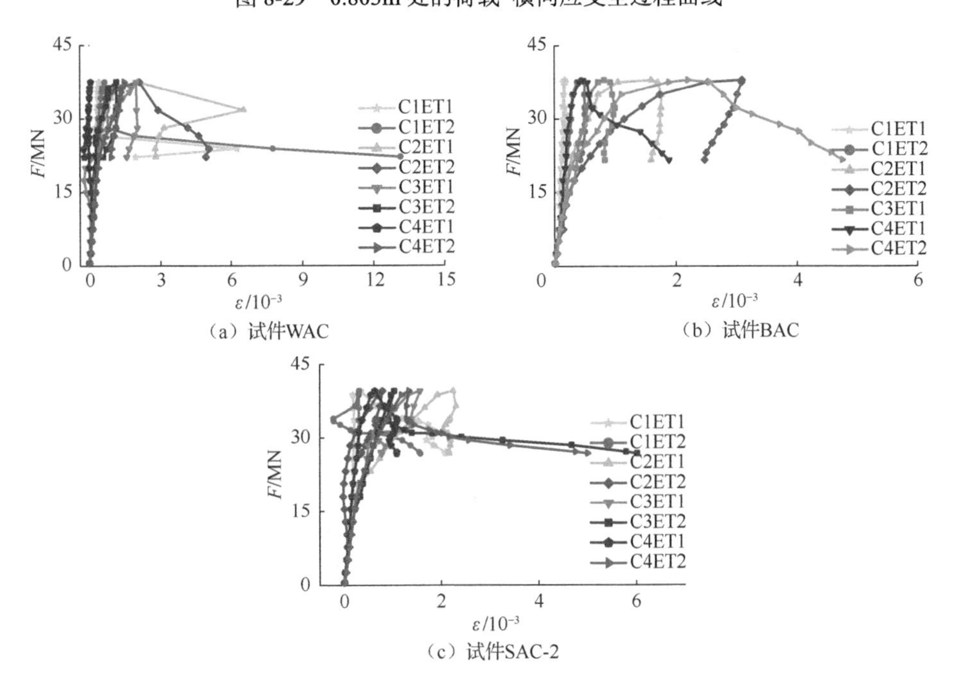

图 8-30　1.132m 处的荷载-横向应变全过程曲线

3）腔体内应变分析

以试件 BAC 为例，说明腔体内纵向及横向应变变化。图 8-31（a）给出了下柱标高 0.540m 处柱内荷载-纵向应变曲线，由图可见，C7IL1 点纵向应变先受拉后受压，C3IL1 及 C4IL1 纵向应变几乎为零，外部的三点均受压，由外至内六点纵向应变呈现出由受压向受拉变化。

图 8-31（b）～（h）为 C1～C7 腔体荷载-横向应变曲线，在忽略钢板厚度方向应变梯度的情况下，C1IT1、C2IT1、C2IT2、C3IT1、C3IT2、C4IT1、C5IT1、C5IT2、C6IT2、C7IT1 为内部应变片，C1ET1、C1ET2、C2ET1、C4ET1、C5ET1、C6ET1 为外部应变片。

图 8-31（b）中，C1 腔内所有横向应变均低于钢材屈服应变，在 C1 腔内长边方向，横向应变 C1IT1、C1ET2 较短边方向应变 C2IT1、C1ET1 大，且长、短边方向均是外部应变大于内部应变。

图 8-31（c）中，与 C1 腔体横向应变比，C2 腔体横向应变总体上比 C1 腔体小。长边应变变化规律与 C1 腔体类似，不同的是 C5IT1 表现出压应变，说明右侧柱肢产生扭转对下柱钢板横向应变有影响。

图 8-31（d）中，C4 腔最大横向应变与 C1 腔体接近，两平行内部横向应变，C1IT1 较 C4IT1 大，说明尺寸较大边对应的横向应变大。

图 8-31（e）中，C3 腔体是梯形形状，靠近试件的中心，所以横向应变较 C1、C2、C4 腔体横向应变小。

图 8-31（f）中，加载初期，C5 腔体横向应变多数为正值，即钢板受拉，随着荷载的增加，最终所有横向应变均为负值，说明 C5 腔体在横向是受到挤压的，且由外向内挤压程度逐渐加强。

图 8-31（g）中，C6 腔体横向应变均是正值，即钢板均是受拉的，与 C1、C2、C4 腔体不同的是，最大横向应变出现在内部钢板。

图 8-31（h）中，C7 腔体横向应变有正、有负，C7IT1 横向应变在-4000～4000 微应变内变化；达到峰值荷载时，C7IT1 横向应变接近零，可以近似看作 C7 腔体在 y 轴方向为横向拉压受力变化的分界线。

分析图 8-31：纵向应变表明分叉柱柱肢荷载不能均匀传递至下柱截面；腔体内横向应变表明，下柱中部区域腔体的受力与柱肢的截面几何性质有关，尤其是试件进入塑性阶段后，柱肢变形导致下柱中部区域腔体的受力复杂化；腔体内部竖向分腔钢板的横向应变多数小于边缘钢板的横向应变，且边长越短横向应变越小，原因在于内部钢板两侧均存在混凝土约束，致使钢板不容易发生局部屈曲。在相同受力情况下，内部钢板较腔体存在较强的横向约束作用，较外围钢板横向变形小。

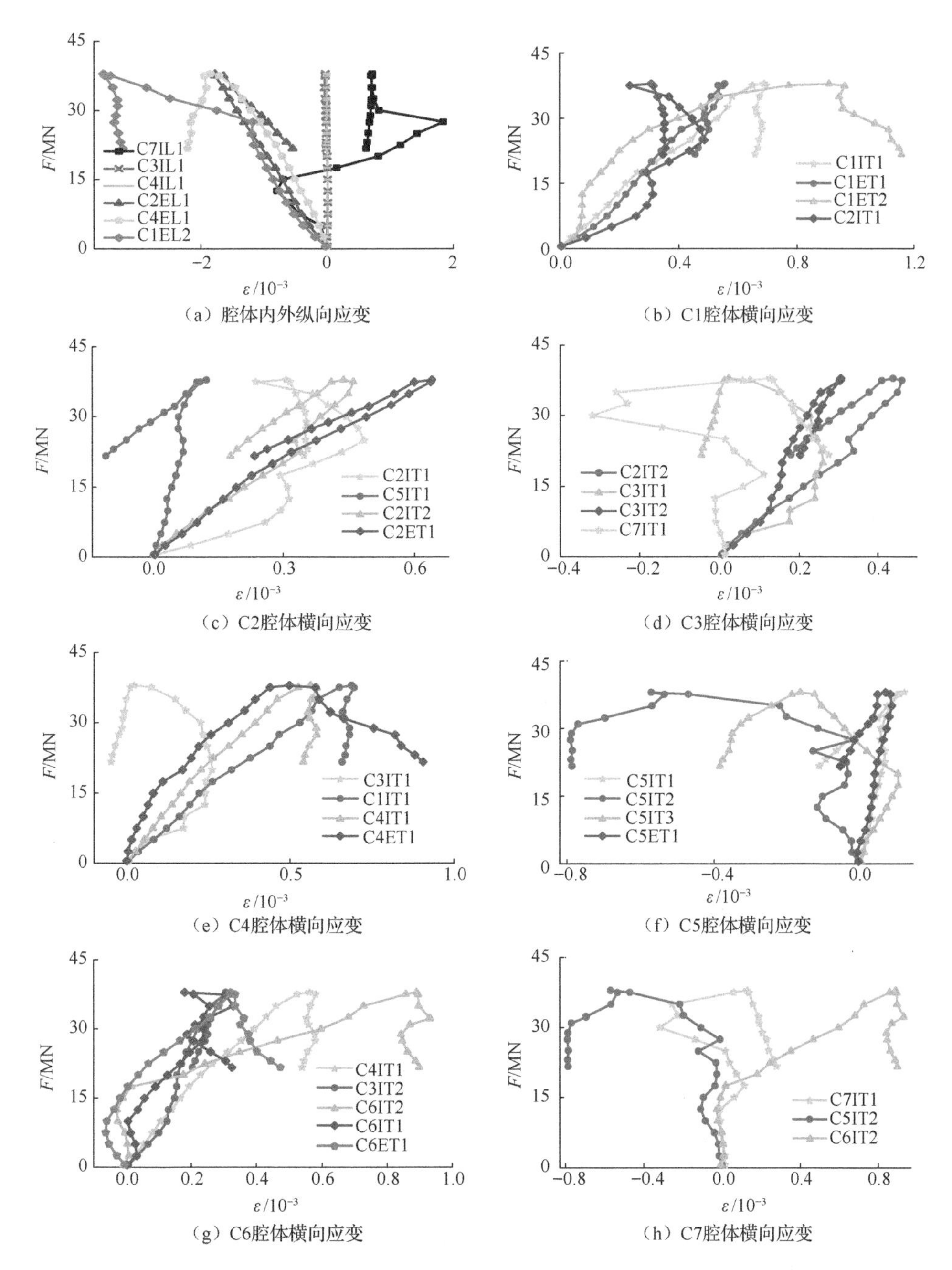

图 8-31　试件 BAC 0.540m 处柱内轴向荷载-应变曲线

4. 变形

试件 WAC、BAC、SAC-2 的轴向荷载-柱肢相对位移曲线如图 8-32 所示，位移计的位置如图 8-18 所示。由图 8-18 可见：试件 WAC 在加载至 30000kN 以前，荷载和位移近似是线性变化。30000kN 至峰值荷载，位移计 HD-7 与 HD-8 所测位移相差不大，均是随荷载增大分叉柱的双肢相对位移增大。峰值荷载以后，分叉柱 HD-8 相对位移较

HD-7 相对位移增长加快，下降至 $0.85F_u$ 时，HD-7 均匀增长，HD-8 增长较快；HD-7 下降至 $0.75F_u$ 时，相对位移由增大变为逐渐减小；HD-8 下降至 $0.64F_u$ 时，相对位移由增大变为逐渐减小，HD-7 与 HD-8 相对位移差有增长趋势。宏观变形导致分叉柱左肢产生顺时针轻微扭转，右肢产生逆时针轻微扭转，微观变化从图 8-29 中 C5ET1 及 C6ET1 后期横向应变可以看到。试件 BAC 在峰值荷载前，与试件 WAC 变化相似。峰值荷载后，HD-7 相对位移线性降低，HD-8 相对位移线性减小至 $0.85F_u$ 后继续增大，相应微观变化从图 8-29 中 C5ET1 及 C6ET1 后期横向应变可以看到。试件 BAC 的 HD-7 与 HD-8 的相对位移差较试件 WAC 小，再次从宏观上说明了纵向加劲肋对后期变形的作用。

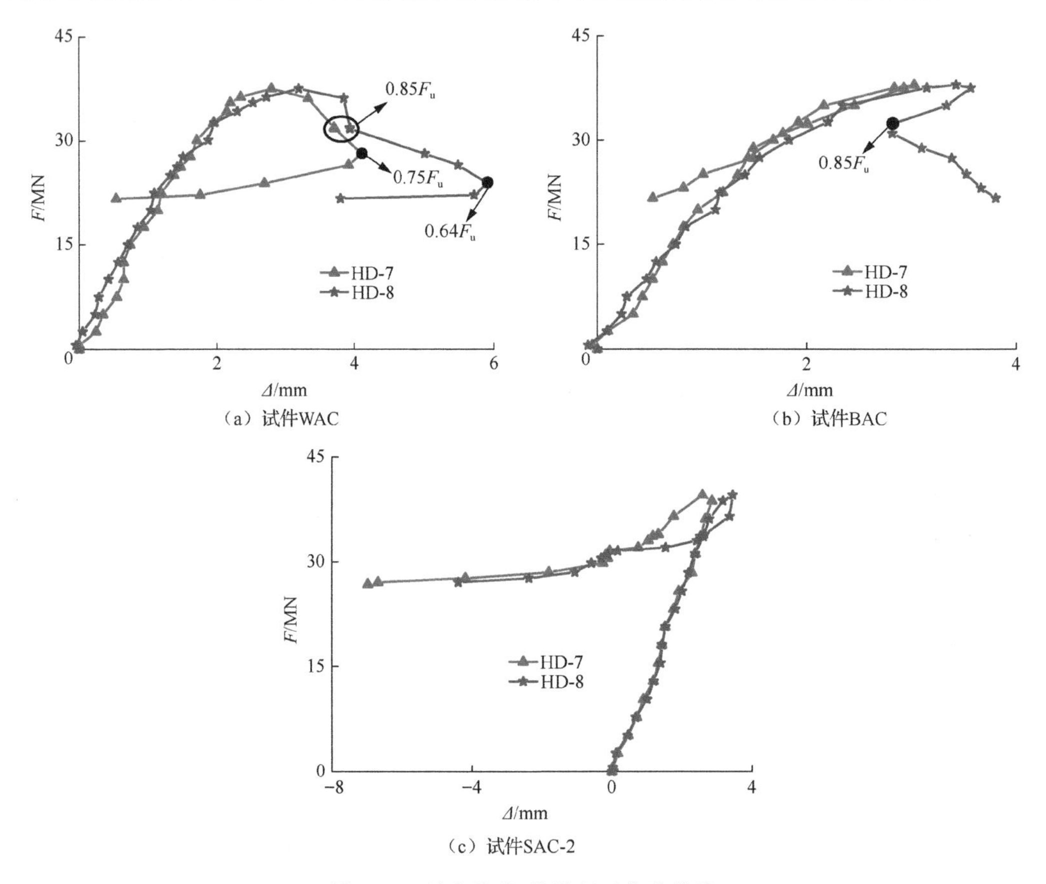

图 8-32　轴向荷载-柱肢相对位移曲线

以上分析表明，异形截面多腔钢管混凝土巨型分叉柱截面的几何性质（表 8-2）对后期变形有影响，即试件受力进入弹塑性或塑性阶段，塑性变形有绕最小形心主惯性轴转动的趋势，而增设竖向构造加劲肋和构造钢筋有利于限制后期变形的发展。试件 SAC-2 的 HD-7 与 HD-8 的相对位移差变化较试件 WAC、BAC 小，且在加载全程变化较一致，说明腔体内设置几何性质各向同性的圆钢管有利于提升柱肢的变形性能。

5. 荷载-竖向位移曲线

试件 WAC、BAC、SAC-2 的轴向荷载-竖向位移曲线如图 8-33 所示，从图 8-33 中可以看出：

（1）当荷载较小时，分叉柱处于弹性工作状态，加载、卸载曲线与所包围的面积较小，荷载与位移基本呈线性关系。试件卸载刚度与初始刚度一致，卸载后残余变形很小，在荷载-位移曲线上表现为加载和卸载曲线几乎重叠。

（2）随着荷载不断增大，试件的荷载-位移不再保持线性关系，当荷载-位移曲线出现弯折的趋势，表明试件弹性状态已结束，开始进入弹塑性状态，此时刚度逐渐开始退化。

（3）当荷载超过峰值以后，试件 WAC 的承载力、刚度均发生退化突变现象，而试件 BAC、SAC-2 承载力、刚度退化均较缓慢，试件 WAC 与试件 BAC 最终破坏时的位移、剩余承载力均相差不大，但均较试件 SAC-2 小。

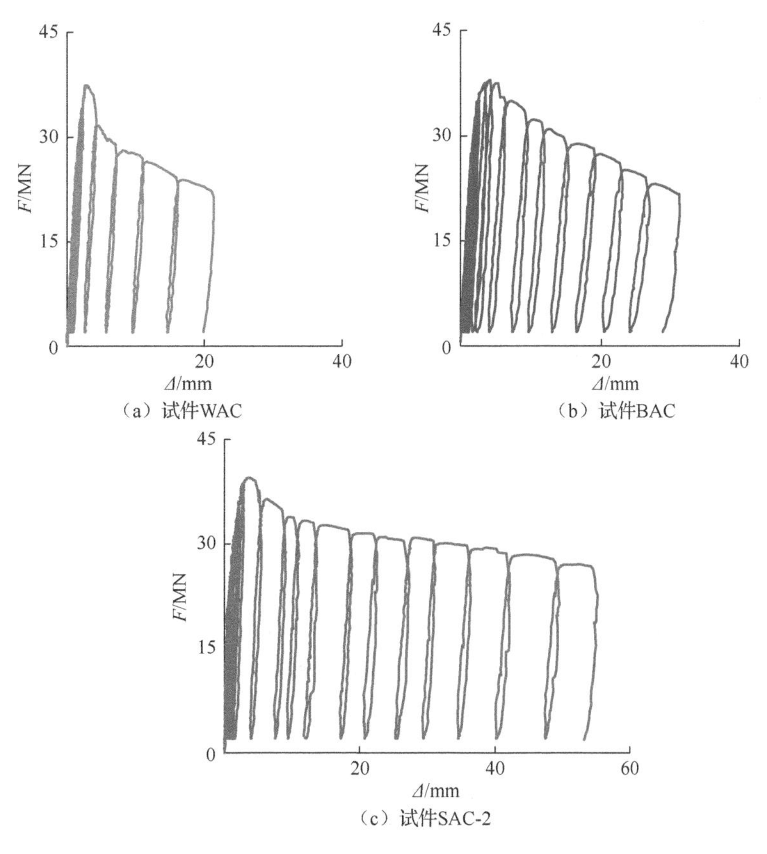

图 8-33　荷载-竖向位移曲线

6. 骨架曲线和承载力

试件 WAC、BAC、SAC-2 轴向荷载-竖向位移骨架曲线如图 8-34 所示。从图 8-34 可以看出，骨架曲线可以分为弹性段、弹塑性段和下降段。在峰值荷载以前，3 个试件的变形规律相似；峰值荷载之后，试件 WAC 承载力、刚度退化明显，试件 SAC-2 下降段较为平缓，剩余承载力较大。

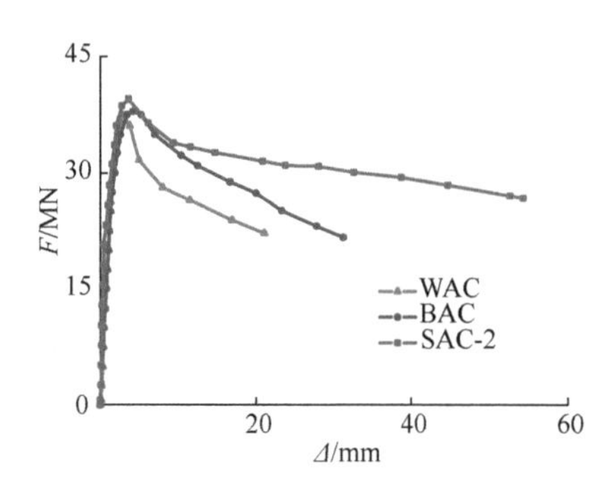

图 8-34　轴向荷载-竖向位移骨架曲线

骨架曲线上各特征点的荷载值见表 8-6。表 8-6 中 F_y 为构件屈服点荷载，取荷载-竖向位移曲线明显转折点对应的荷载值；F_u 为极限荷载即峰值点荷载值；F_d 为破坏荷载，取荷载约下降至 $0.85F_u$ 时对应的荷载值。分析表 8-6 可以看出，随试件含钢率的增大，构件屈服点、峰值荷载、破坏荷载均增大，但屈强比相差不大。

表 8-6　各特征点的荷载值

试件编号	柱肢含钢率/%	F_y		F_u		F_d		屈强比
		试验值/kN	相对值	试验值/kN	相对值	试验值/kN	相对值	F_y/F_u
WAC	8.10	26249	1.000	37482	1.000	31712	1.000	0.700
BAC	9.92	27515	1.048	37952	1.013	32259	1.017	0.725
SAC-2	11.40	28418	1.083	39552	1.055	33908	1.069	0.718

注：各项特征点荷载均是分叉柱柱肢所承受的合力。

7. 刚度

采用加、卸载曲线峰值点的割线刚度来描述试件在竖向重复荷载作用下的刚度衰减规律，刚度退化曲线如图 8-35 所示。在试件的峰值点以前，试件 SAC-2 刚度退化较快；在峰值点以后，试件 WAC 刚度退化较快，说明在异形截面多腔钢管混凝土柱中适当配置构造钢筋和增设纵向加劲肋或增设圆钢管均可提高构件抗压刚度，提升构件抵抗塑性变形的能力。

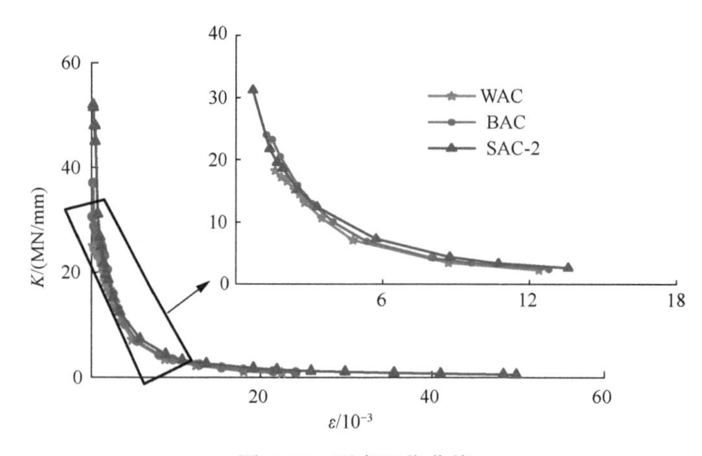

图 8-35　刚度退化曲线

8. 截面组合刚度及延性

在异形截面多腔钢管混凝土巨型分叉柱截面分析时，截面组合刚度是基本的因素。在柱截面中，绝大多数受压部分是混凝土，因此柱的组合弹性模量要充分考虑混凝土的弹性模量的取值方法。规范 Eurocode 2[6]中，混凝土弹性模量取单轴本构关系 0 至 $0.4f_{cm}$ 的割线值，f_{cm} 指混凝土圆柱体抗压强度的平均值。规范 ACI 318 取单轴本构关系 0 至 $0.45f_c'$，f_c'为混凝土规范的抗压强度[2]。类似地，文献[7]取单轴本构关系 $0.4f_c$ 处的割线值作为弹性模量，f_c 为棱柱体抗压强度。Wang 等[8]在荷载-应变曲线上取应变为 0.05%～0.10%的数据点做线性回归确定曲线的斜率作为截面组合刚度。本节结合前人的研究方法取 0.4 倍峰值荷载以内的数据做线性回归确定试件柱肢的截面组合刚度。考虑到截面组合刚度应该取自柱肢中截面更为合理，故荷载-纵向应变曲线中，应变在钢材局部屈曲之前采用由分叉柱肢标高 1.387m 处的纵向平均应变确定，该应变由应变片测得；钢材局部屈曲后的应变由位移计的计算平均值确定[9]，该轴向荷载-纵向应变曲线如图 8-36 所示，线性回归结果如图 8-37 所示。按《钢管混凝土结构技术规范》(GB 50936—2014)[1]及 LRFD[10]计算的截面组合刚度公式如下。

$$(EA)_{CNs} = E_s A_s + E_{sr} A_{sr} + E_c A_c \tag{8-30}$$

$$(EA)_{LRFD} = E_s A_s + E_{sr} A_{sr} + 0.4 E_c A_c \tag{8-31}$$

式中，E_s、E_{sr} 分别指按不同钢材面积加权计算的钢材弹性模量及铁丝弹性模量；A_s、A_{sr} 分别指钢材及镀锌铁丝总面积；E_c、A_c 分别指分叉柱上柱混凝土的弹性模量及面积。

延性可分为材料、截面、构件或结构整体的延性，本节仅研究截面延性。王传志等[11]给出的延性定义指截面或构件在承载能力没有显著下降的情况下承受变形的能力，本节延性系数用 $\mu=\varepsilon_{85\%}/\varepsilon_y$ 来表征[12]。其中，$\varepsilon_{85\%}$ 指荷载下降到峰值荷载的 85%时的应变值，ε_y 按 $\varepsilon_{75\%}/0.75$ 计算，其中，$\varepsilon_{75\%}$ 取荷载-应变曲线上升段 75%峰值荷载所对应的应变值。

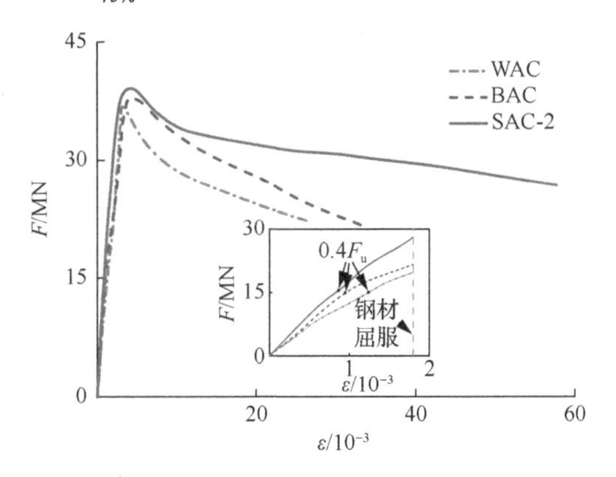

图 8-36　轴向荷载-纵向应变曲线

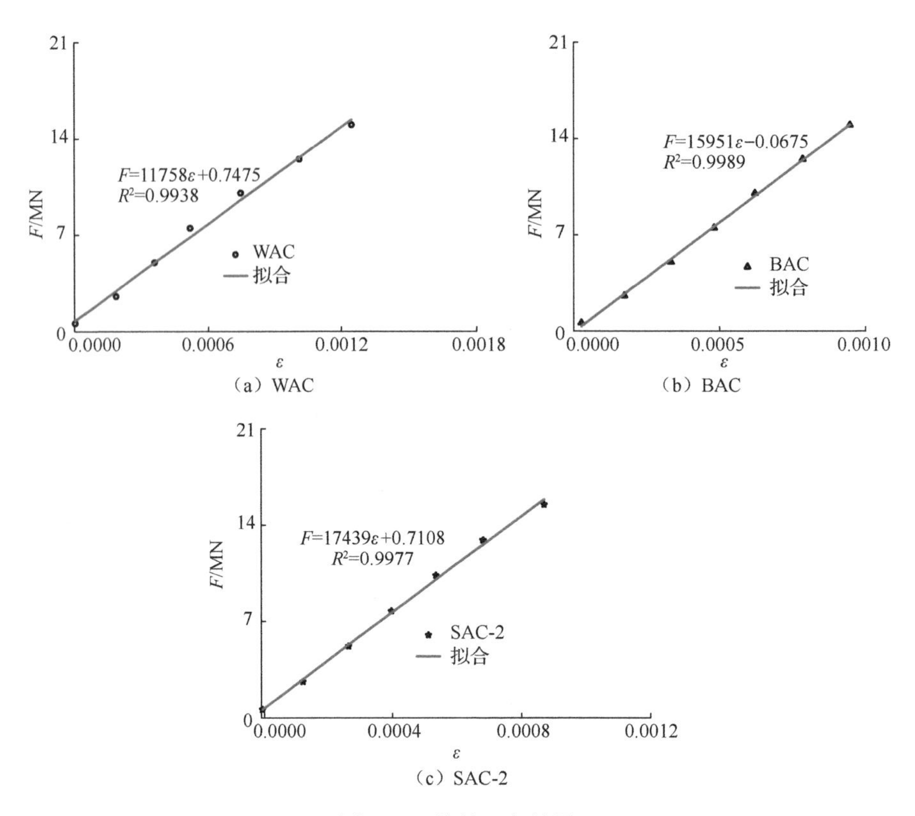

图 8-37　线性回归结果

实测截面组合刚度、计算截面刚度及延性系数见表 8-7，表中 RCA 指混凝土的实际面积；SA 指钢材的总面积；GIWA 指铁丝的总面积。分析表 8-7 中数据表明：带有不同构造即不同板件宽厚比的试件，按式（8-30）计算将低估截面组合刚度，按式（8-31）计算将高估截面组合刚度；带有加劲肋及构造钢筋的试件 BAC 及带有加劲肋及圆钢管等组合构造措施的试件 SAC-2 截面延性都有明显提高。

表 8-7　截面刚度及延性系数

试件编号	RCA/mm^2	SA/mm^2	GIWA/mm^2	$(EA)_{com}$ /MN	$\frac{(EA)_{com}}{(EA)_{LRFD}}$	$\frac{(EA)_{com}}{(EA)_{CNs}}$	ε_y /%	$\varepsilon_{85\%}$ /%	μ
WAC	339981	31502		11758	1.104	0.695	0.316	0.580	1.835
BAC	335391	35165	1663	15951	1.402	0.908	0.350	1.130	3.229
SAC-2	330212	39950	1235	17439	1.392	0.944	0.255	1.241	4.867

8.1.6　偏压试验结果

1. 破坏过程

本节进行了 4 个偏压试件的受压试验，试件分别是 BEC、SEC-1、SEC-2 和 SEC-3。为了方便描述试验破坏特征，试件腔体及腔体外钢板编号如图 8-22 所示。试件 BEC 破坏过程如图 8-38 所示。

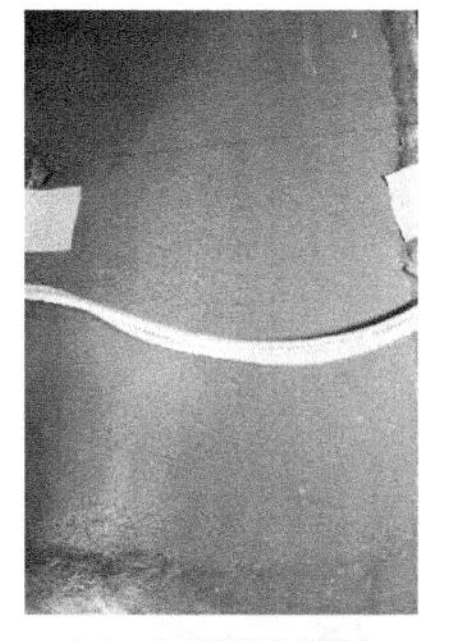
（a）水平漆皮褶皱

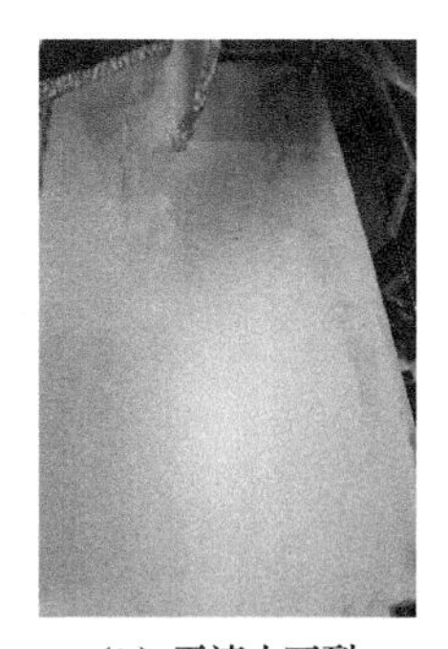
（b）平漆皮开裂

（c）左侧 C21 区鼓凸

（d）漆皮开裂较重

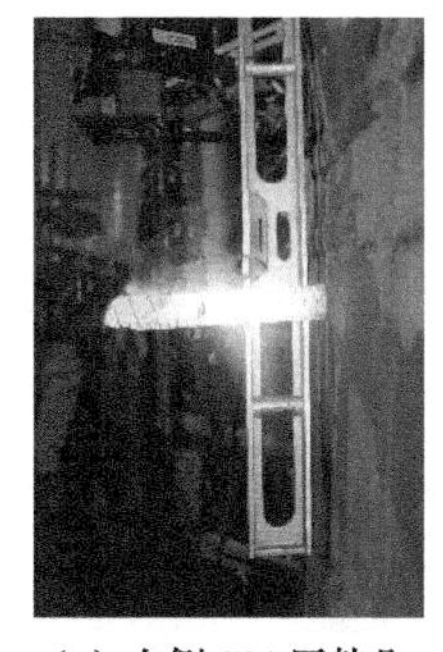
（e）左侧 C21 区鼓凸

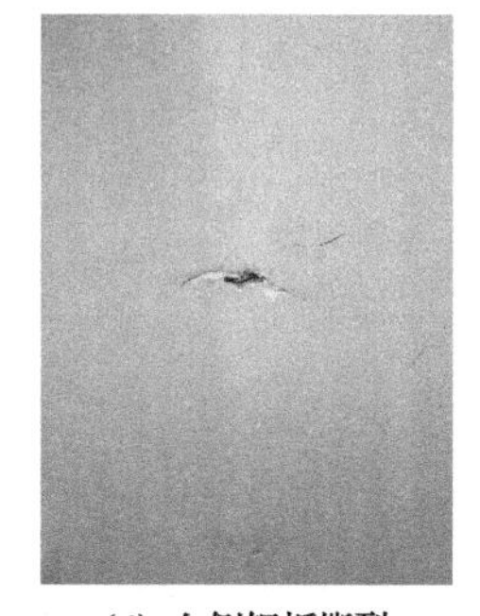
（f）左侧钢板撕裂

（g）右侧钢板收缩

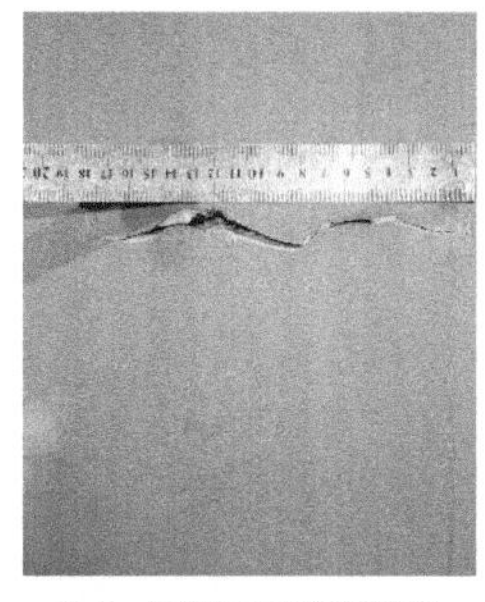
（h）左侧钢板撕裂加重

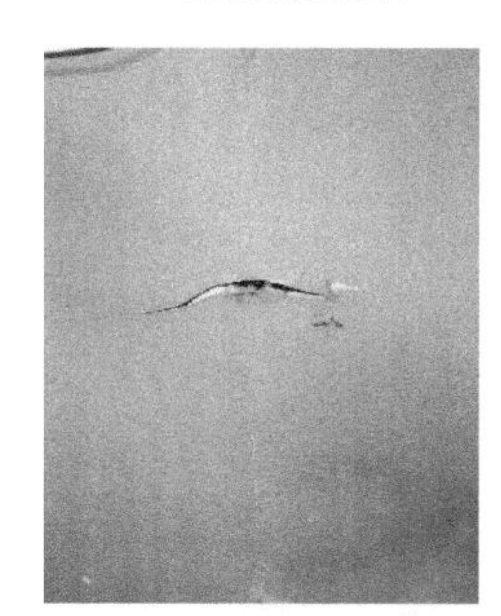
（i）右侧钢板撕裂加重

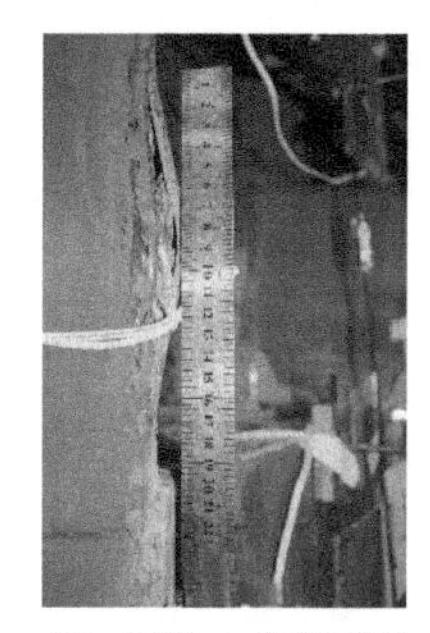
（j）右侧 C2 角部开裂

图 8-38　试件 BEC 破坏过程

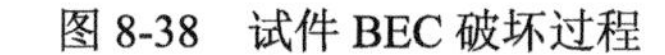

试件 SEC-1 破坏过程如图 8-39 所示。

（a）水平漆皮褶皱

（b）左侧 C21 区鼓凸

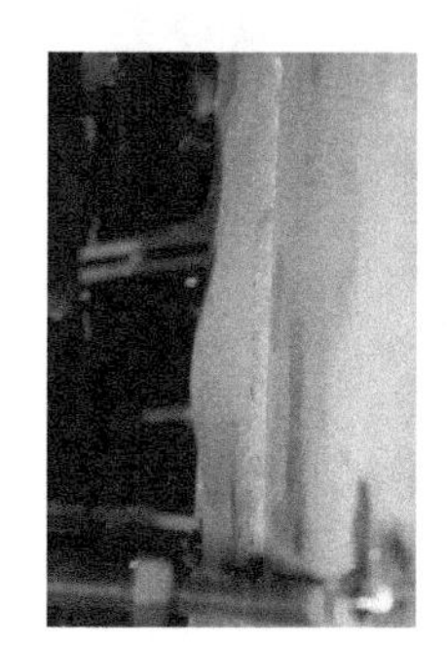
（c）右侧 C21 区鼓凸

图 8-39　试件 SEC-1 破坏过程

（d）45°剪切滑移线　（e）右侧 C21 区鼓凸　（f）左侧 C21 区鼓凸　（g）钢板收缩

（h）左侧 C21 区鼓凸　（i）右侧 C22 区鼓凸　（j）右侧 C2 角部鼓凸

（k）左侧钢板撕裂　（l）右侧钢板撕裂　（m）右侧 C2 角部焊缝撕裂

（n）左侧钢板撕裂　（o）右侧钢板撕裂　（p）右侧 C2 角部焊缝撕裂

图 8-39（续）

试件 SEC-2 破坏过程如图 8-40 所示。

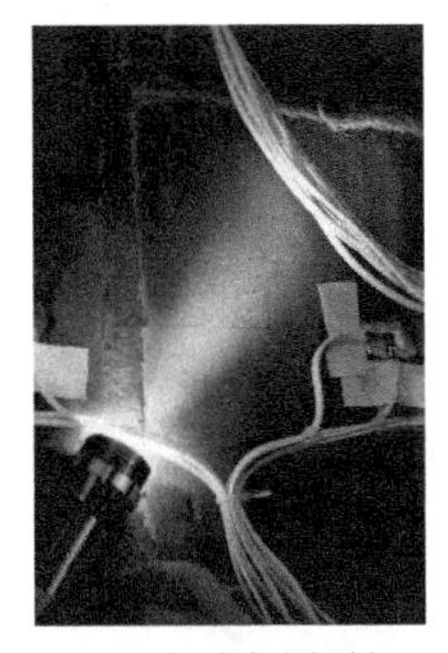
（a）水平漆皮褶皱

（b）左侧 C21 区鼓凸

（c）水平漆皮褶皱

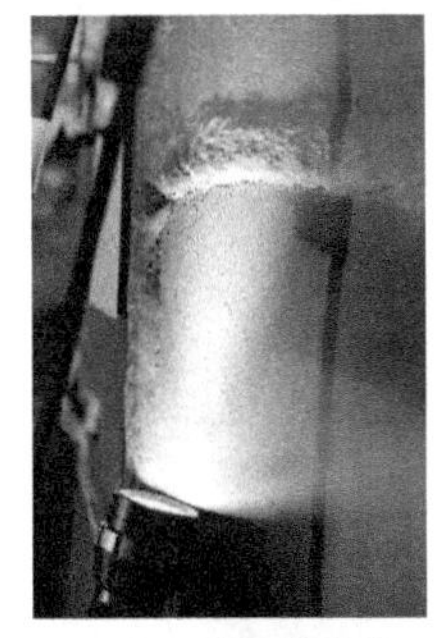
（d）45°剪切滑移线

（e）右侧 C21 区鼓凸

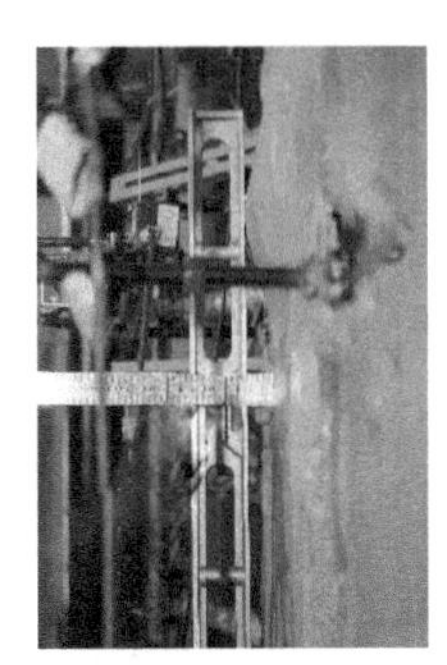
（f）左侧 C21 区鼓凸

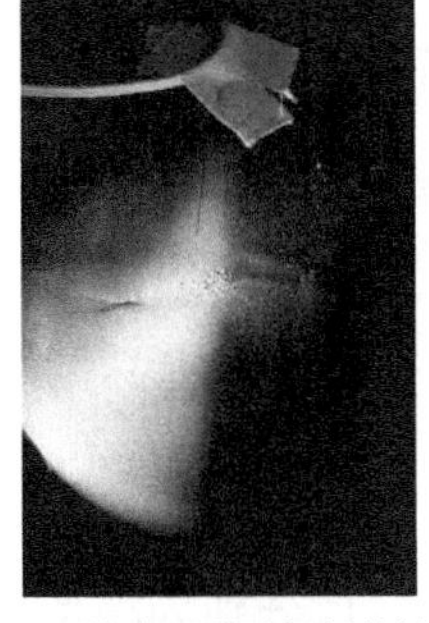
（g）漆皮开裂及钢板收缩

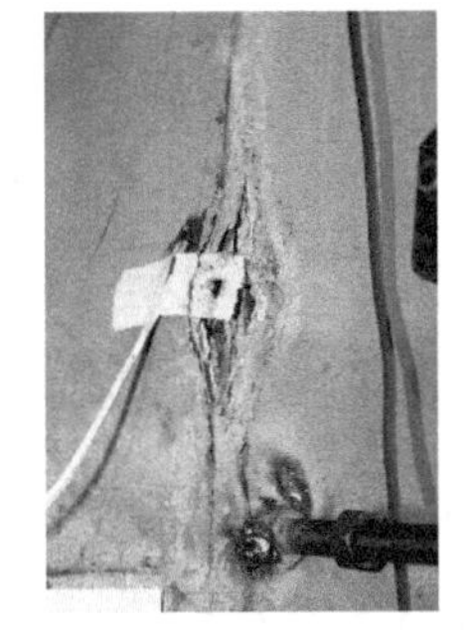
（h）左侧 C2 腔角部开裂

（i）右侧 C2 腔角部开裂

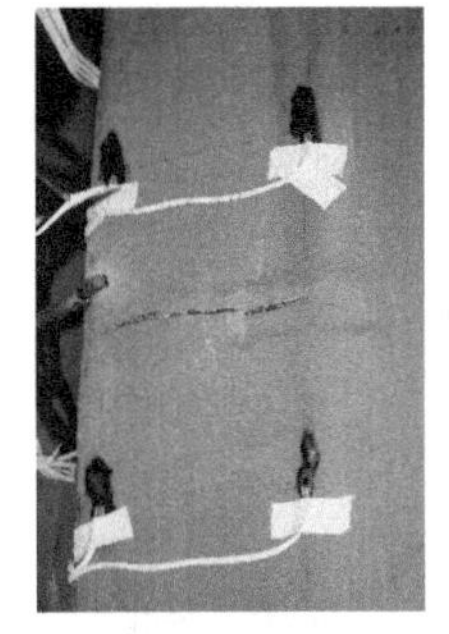
（j）右侧钢板撕裂

图 8-40　试件 SEC-2 破坏过程

试件 SEC-3 破坏过程如图 8-41 所示。

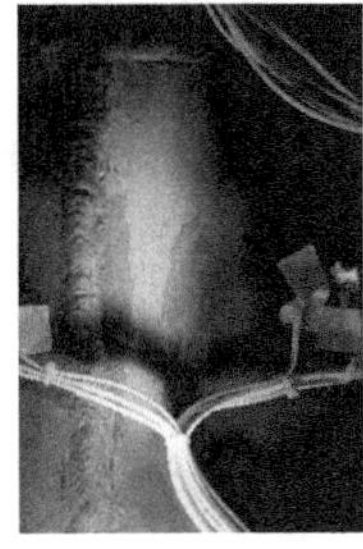
（a）水平漆皮褶皱

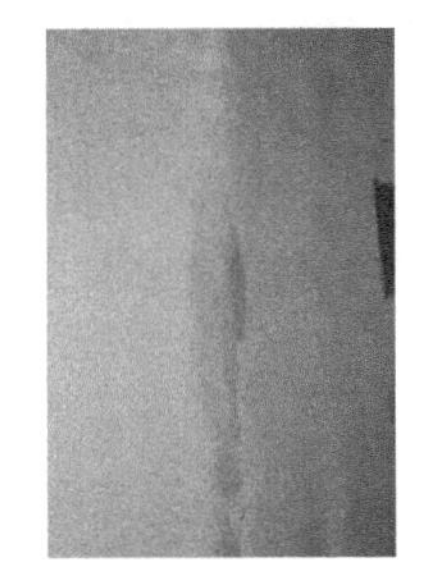
（b）45°剪切滑移线（一）

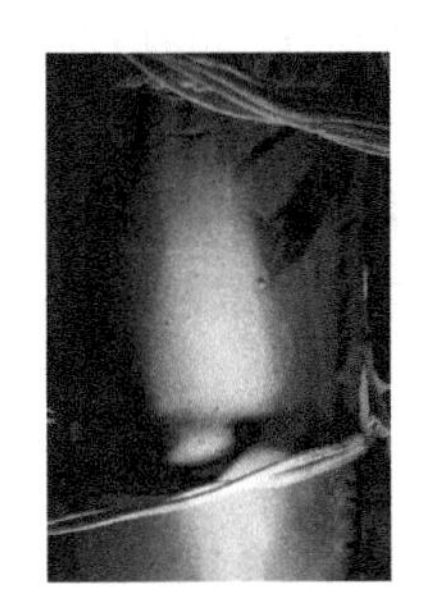
（c）45°剪切滑移线（二）

图 8-41　试件 SEC-3 破坏过程

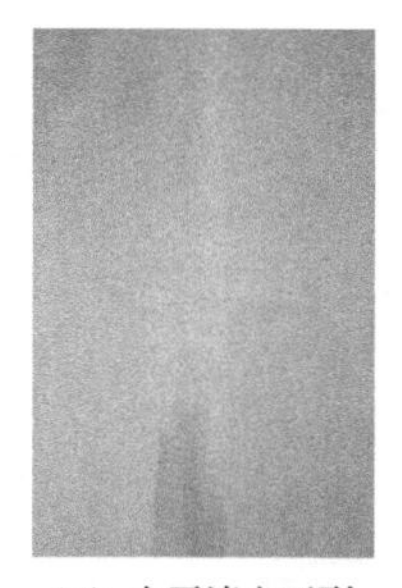

（d）水平漆皮开裂

（e）左 C21 区鼓凸

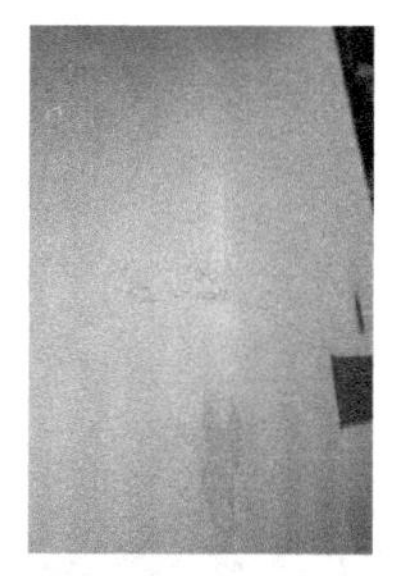

（f）漆皮开裂加重

（g）左 C21 区鼓凸

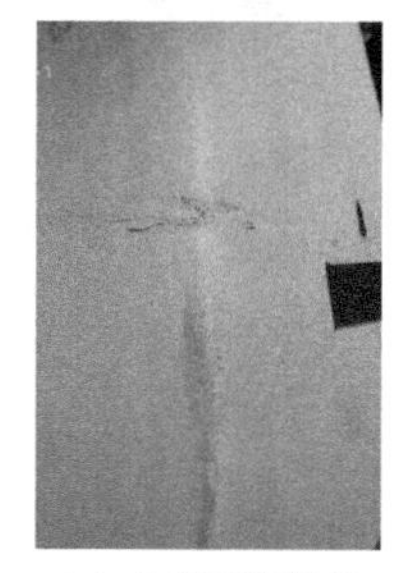

（h）左侧钢板收缩

（i）左侧钢板撕裂

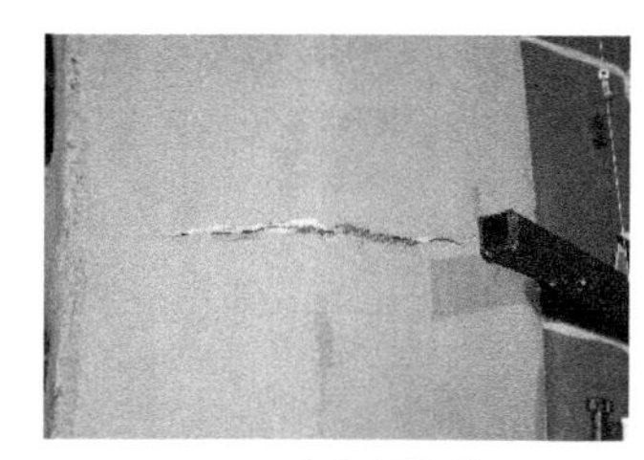

（j）左侧钢板撕裂

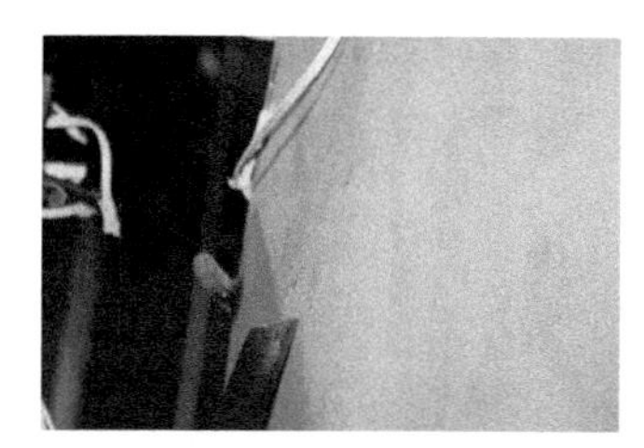

（k）右侧钢板撕裂

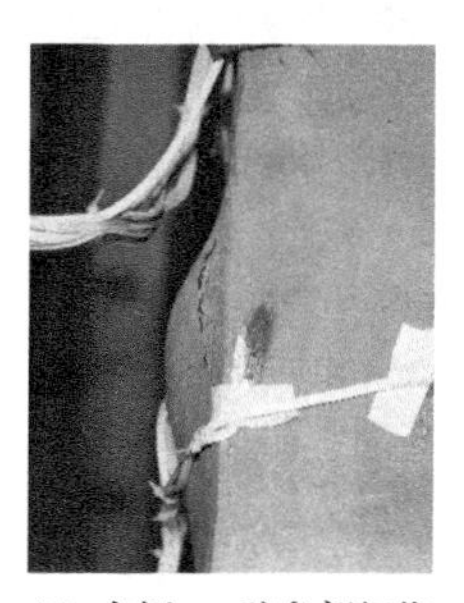

（l）右侧 C2 腔角部损伤

图 8-41（续）

荷载达到峰值荷载前，当试件 BEC、SEC-1、SEC-2、SEC-3 加载值分别为峰值荷载的 78%、90%、97%、80%时，试件出现水平漆皮褶皱或 45° 剪切滑移线；当加载至峰值荷载时，4 个试件中仅有 SEC-1 出现局部轻微鼓曲；当荷载降至峰值荷载的 99%、97%、99%时，试件 BEC、SEC-2、SEC-3 分别出现轻微鼓凸。

荷载达到峰值荷载后，当荷载降至峰值荷载的 89%、76%、84%、75%时，试件 BEC、SEC-1、SEC-2、SEC-3 在受拉区 1.265m 标高处分叉柱的左右柱肢均出现钢板开裂现象，除试件 SEC-3 外，试件 SEC-1、SEC-2 受压区的左右柱肢 C2 腔体角部出现焊缝撕裂。

与轴压试件类似，4 个偏压试件最终的破坏同样是分叉柱的一个柱肢较另一柱肢严重。

2. 应变

1）C5 腔体应变

图 8-42 为标高 0.803m 处 C5 腔外侧纵向应变，图中 A 表示峰值荷载之前，D 表示

峰值荷载后。在偏压荷载的作用下，试件下柱可以近似看作是分叉柱柱肢的固定端，柱肢传来的轴向力及附加力矩主要作用在下柱截面左右两个端部，而中间部分直接受力较小。从图 8-42 中可以看出：4 个试件受压区的纵向应变分布是不均匀的，在轴向力及附加力矩的作用下，未直接受力部分的纵向压应变 C5EL2 较小，而靠近直接受力分叉柱肢的压应变 C5EL1 较大；与试件 BEC 相比，试件 SEC-1、SEC-2、SEC-3 在未直接受力部分增强了刚度，纵向应变有所减小。

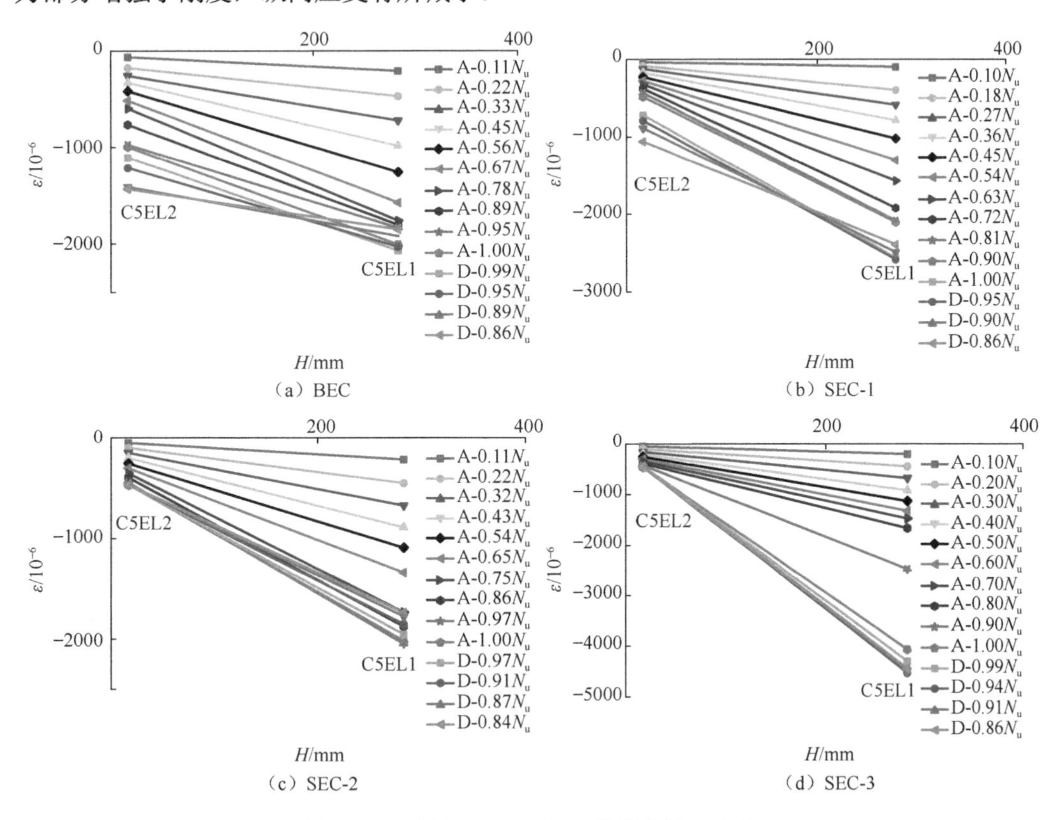

图 8-42　标高 0.803m 处 C5 腔外侧纵向应变

图 8-43 为标高 0.803m 处 C5 腔体外侧横向应变。从图 8-43 可以看出：除试件 SEC-3 外，其余 3 个试件 C5 腔体外侧横向应变 C5ET1 接近于零或为负值，说明分叉柱两柱肢在偏压荷载作用下存在相对转动的趋势，而试件 SEC-3 在两个角腔内增设圆钢管可以使应力分布较为均匀；4 个试件最大横向应变均发生在 C2 腔体外侧，说明分叉柱两个柱肢的内力未在下柱顶端靠近变截面处均匀分配；C1ET1 均为正值，说明该应变片所处位置为受压区，中和轴在该位置下方。

2）C6 腔体外侧纵向应变

图 8-44 为标高 0.803m 处 C6 腔外侧纵向应变。与图 8-42 类似，在偏压荷载的作用下，柱肢传来的轴向力及附加力矩主要作用在下柱截面左右两个端部，而中间部分直接受力较小，直接受力柱肢的纵向应变大，非直接受力部分的纵向应变小，但 SEC-1 柱肢和下柱顶部区域刚度加强，非直接受力部分与直接受力部分应变接近。与试件 BEC 相比，试件 SEC-2、SEC-3 非直接受力部分刚度增大，两个试件 C6EL1 应变较小。

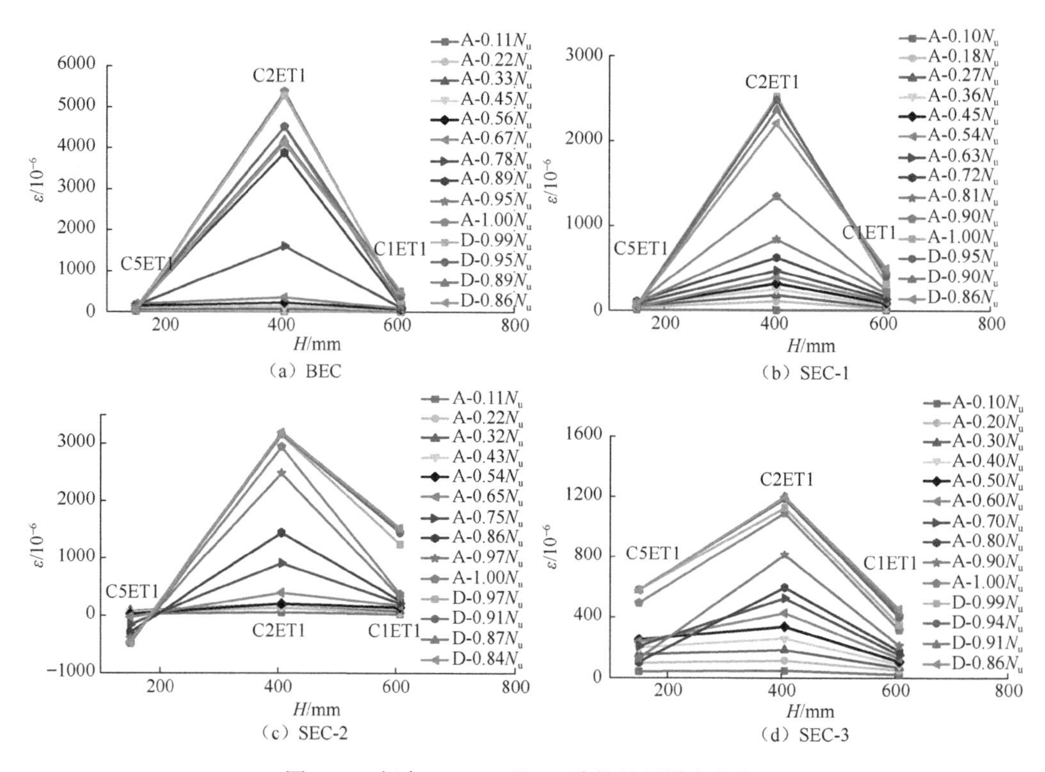

图 8-43　标高 0.803m 处 C5 腔体外侧横向应变

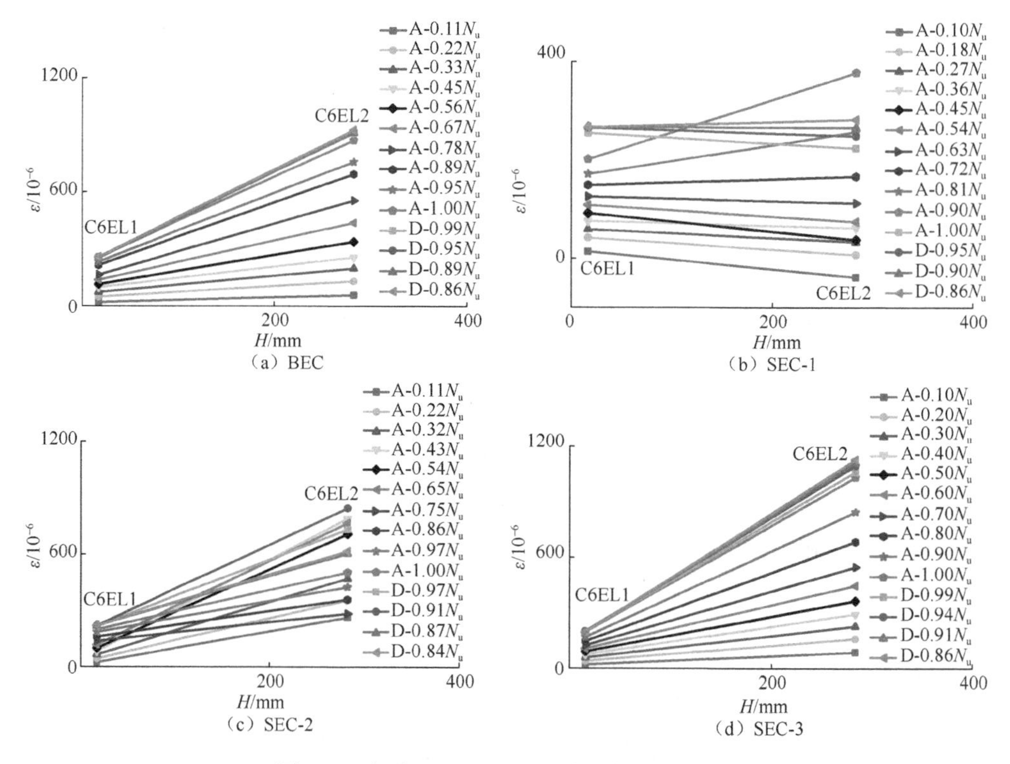

图 8-44　标高 0.803m 处 C6 腔外侧纵向应变

3）平截面假定

图 8-45 为标高 1.387m 处腔体外侧纵向应变。图 8-45 中横坐标的零点为试件偏心方向形心点位置，可以看出，在加载过程中，中和轴的位置始终位于图中形心点的左侧。在受拉区及受压区，纵向拉、压应变值低于钢材屈服应变 1.8×10^{-3} 时，1.387m 处截面近似平面；接近 3×10^{-3} 时，该处截面基本保持平面。说明异形截面多腔钢管混凝土柱偏压计算平截面假定是适用的。

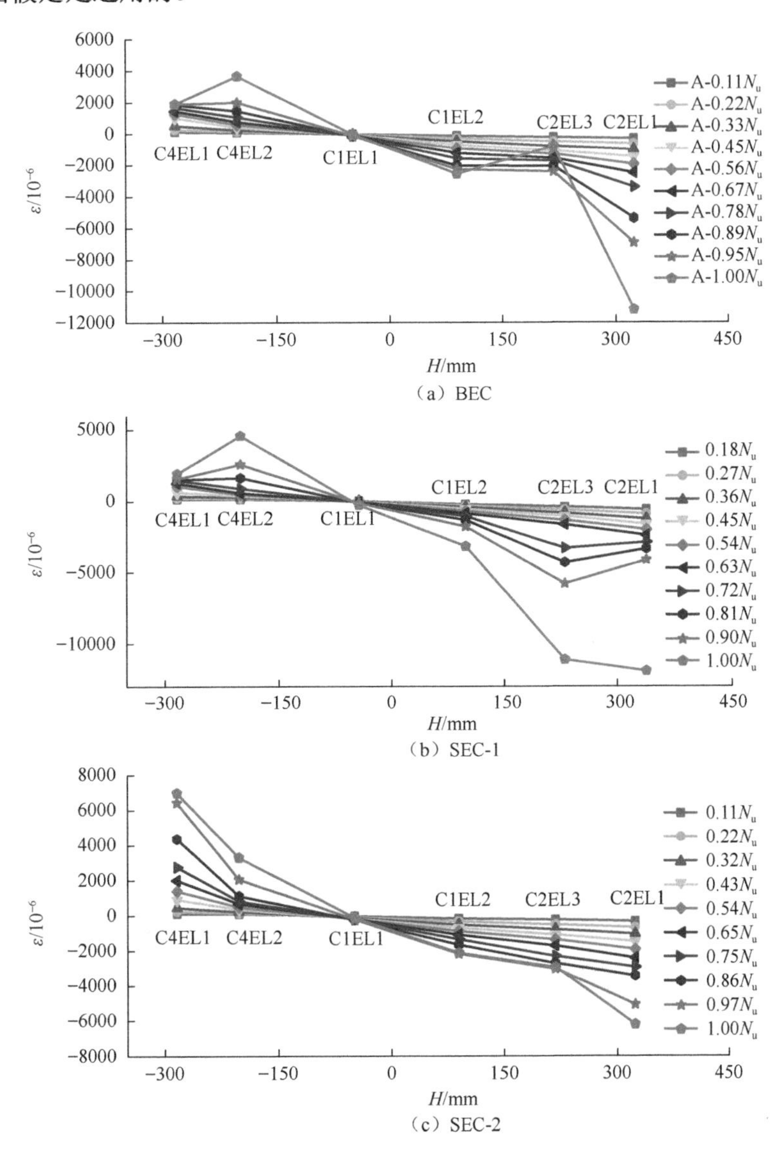

图 8-45　标高 1.387m 处腔体外侧纵向应变

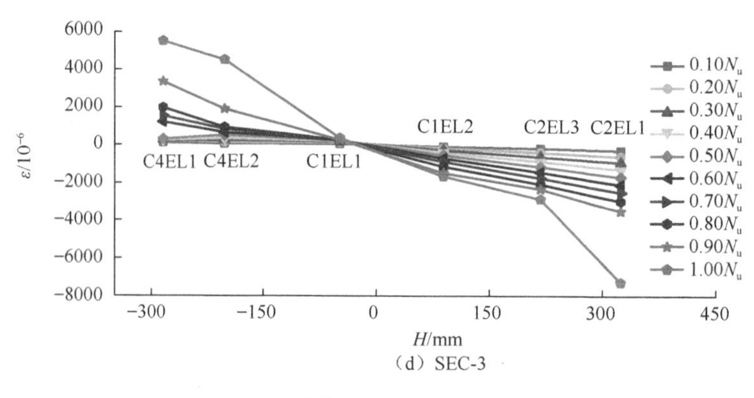

（d）SEC-3

图 8-45（续）

3. 变形

1）侧向位移

图 8-46 为试件的侧向位移图，图中横坐标表示位移计沿试件高度所处的位置。从图 8-46 中可以看出，除试件 SEC-3 外，位移计 HD-4 均较好地反映了试件的最大侧向位移，与理论计算的最大侧向位移位置相符。柱头、柱脚未考虑支座转动所产生的影响，下柱变形以弹性变形为主并伴有轻微的刚体转动。弹塑性变形主要发生在分叉柱柱肢部分，峰值荷载后，侧向位移增量明显加大。

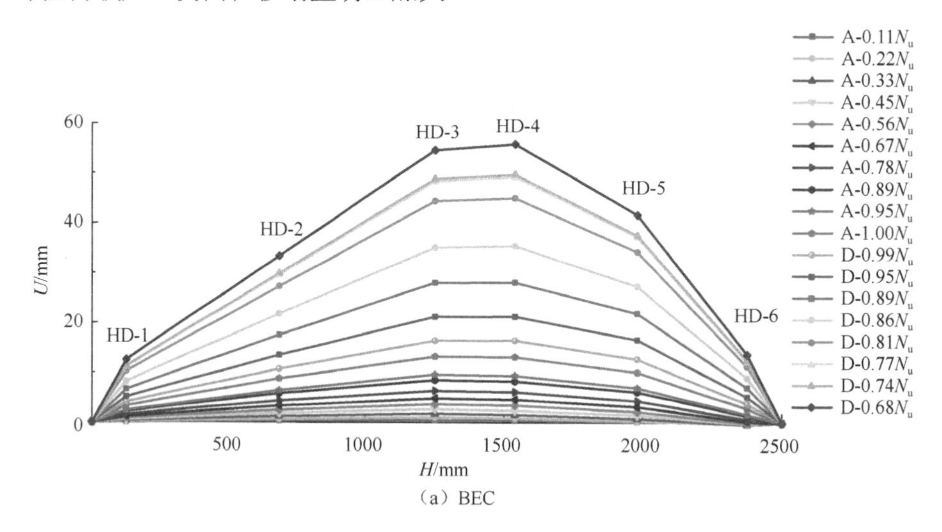

（a）BEC

图 8-46　侧向位移

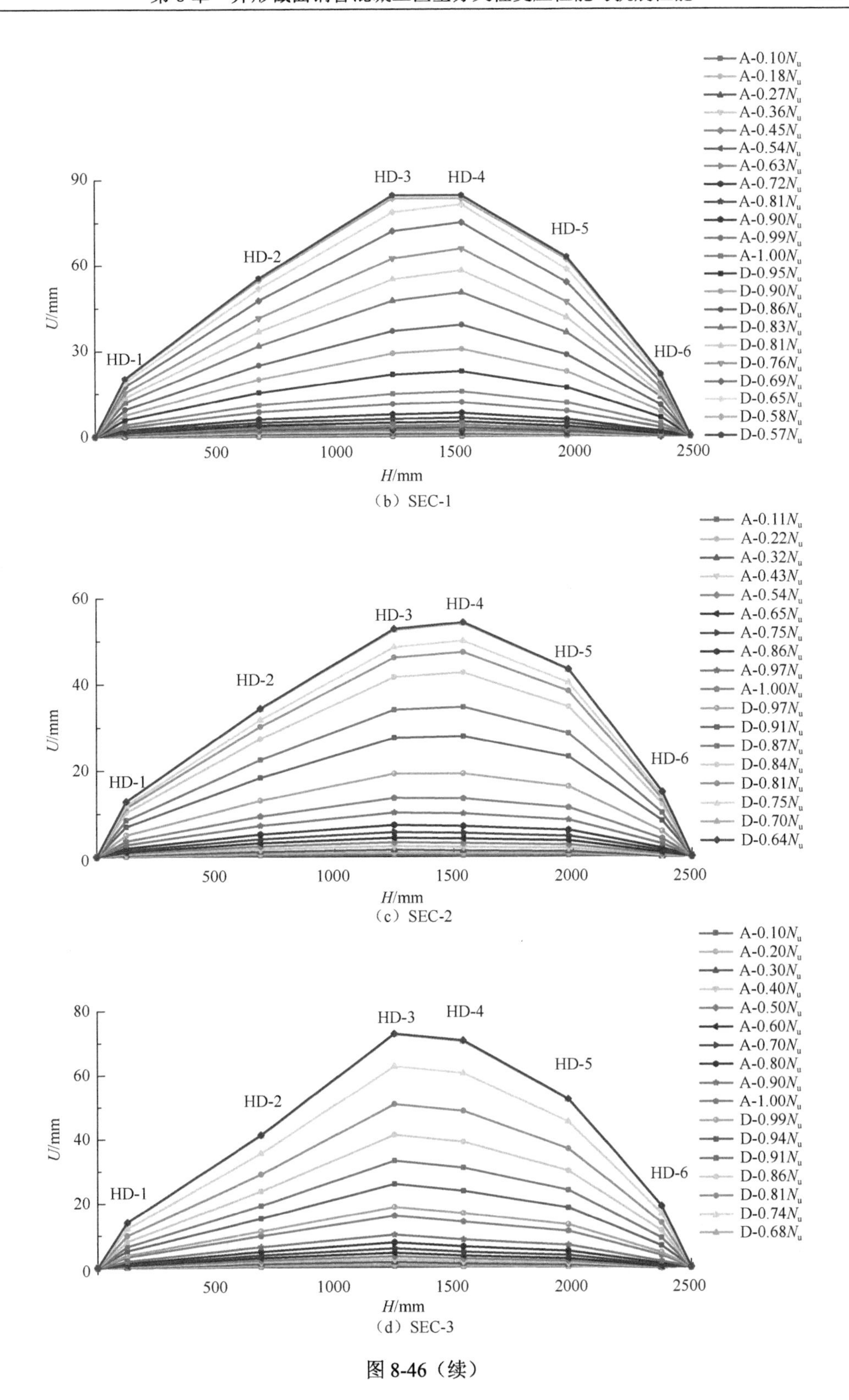

（b）SEC-1

（c）SEC-2

（d）SEC-3

图 8-46（续）

2）荷载-柱肢相对位移曲线

图 8-47 为荷载-柱肢相对位移曲线。试件 BEC 与试件 SEC-2 柱肢完全相同，差别在于试件 SEC-2 下柱顶端刚度增大；2 个试件在荷载达峰值荷载前，位移计 HD-7 及 HD-8 所测得的相对位移发展趋势相同，相对位移也较接近；峰值荷载后，相对位移的变化趋势略有不同；最终破坏时，试件 BEC 相对位移差较试件 SEC-2 略大，说明下柱柱顶的刚度对限制柱肢的相对扭转有明显作用。试件 SEC-1 增强了下柱柱顶及上柱的含钢率，增大了相应位置的抗扭刚度，因此位移计 HD-7 及 HD-8 的相对位移接近且在峰值荷载前后变化较均匀。试件 SEC-3 与试件 SEC-2 相比，在构造上两个 C1 角腔增设圆钢管，布置圆钢管试件的分叉柱的两个柱肢相对位移较为接近。

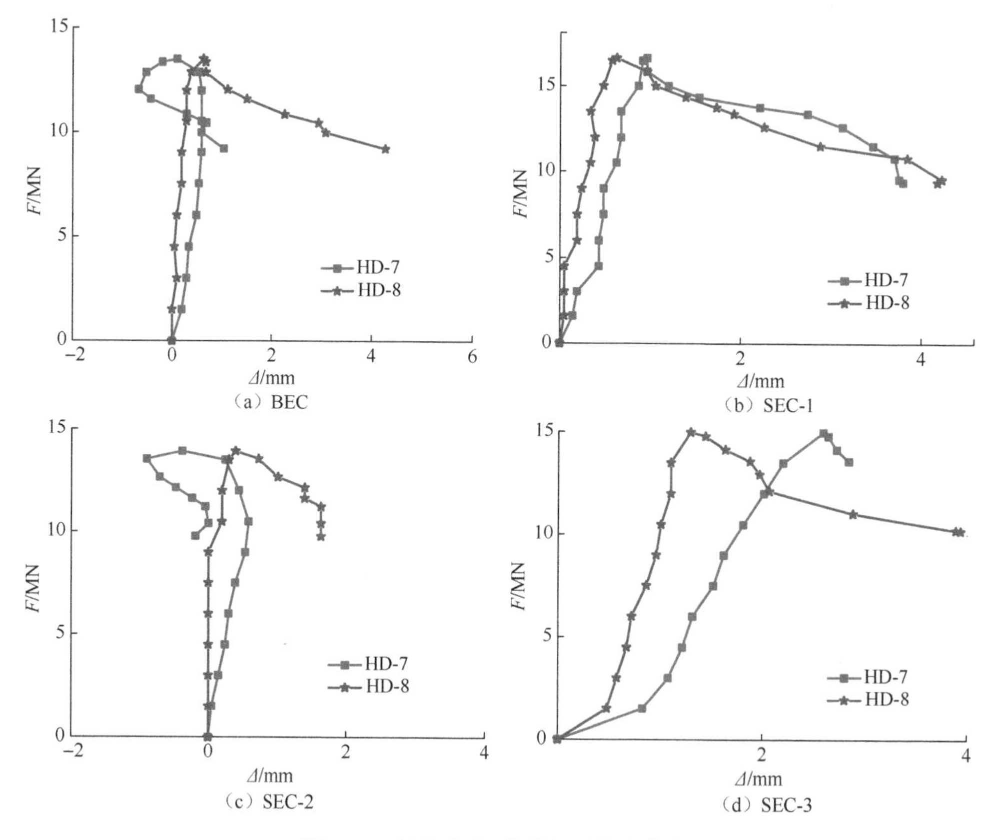

图 8-47　轴向荷载-柱肢相对位移曲线

4. 荷载-最大侧向位移曲线

图 8-48 为试件 BEC、SEC-1、SEC-2、SEC-3 的荷载-最大侧向位移曲线，图中位移数据由位移计 HD-4 测得。分析图 8-48 中数据可以得出以下结论。

（1）当竖向重复荷载较小时，分叉柱处于弹性工作状态，加载、卸载曲线与所包围的面积较小，荷载与位移呈线性关系。试件卸载刚度与初始刚度近似一致，卸载后残余变形很小，在荷载-位移曲线上表现为加载和卸载曲线几乎重叠。

（2）随着竖向重复荷载不断增大，试件的荷载-位移不再保持线性关系，表明试件弹性状态已结束，开始进入弹塑性状态，此时刚度逐渐开始退化。

（3）当竖向重复荷载超过峰值以后，试件的承载力、刚度均发生退化突变现象。

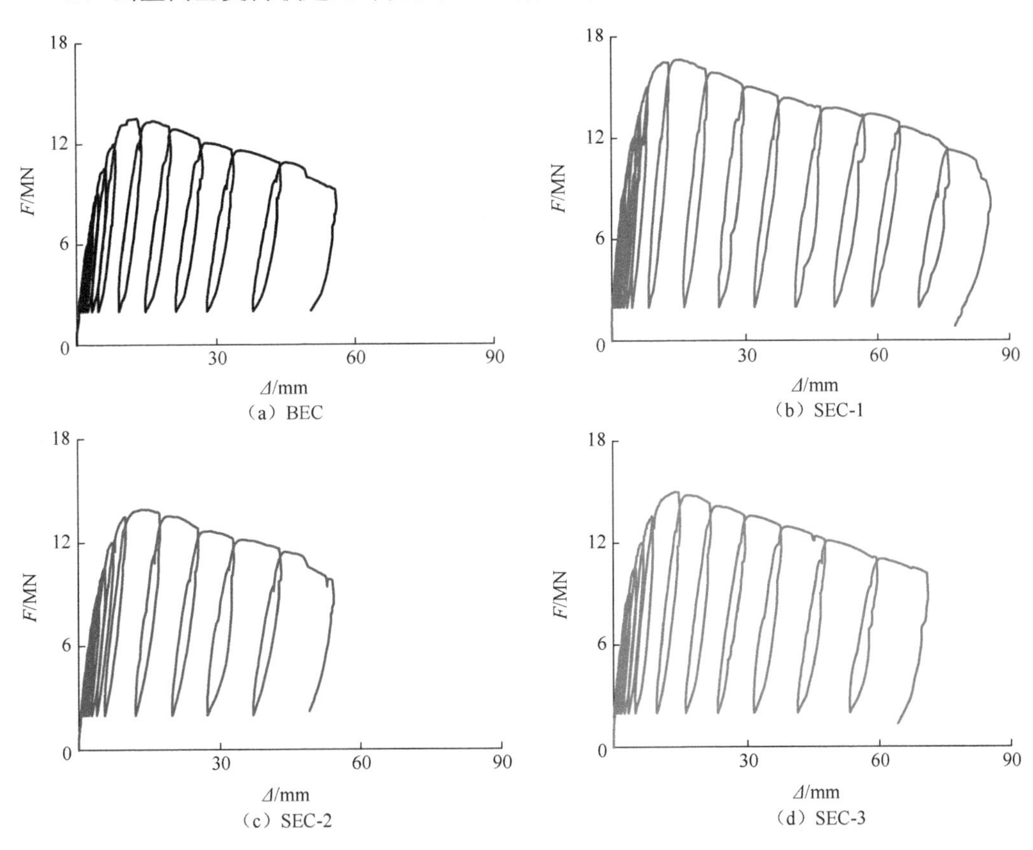

图 8-48　荷载-最大侧向位移曲线

5. 骨架曲线与承载力

图 8-49 为 4 个偏压试件的轴向荷载-最大侧向位移骨架曲线。由图 8-49 可见：试件 SEC-1 的初始刚度较大，试件 BEC 的初始刚度较小；随着含钢率的提高，试件的峰值荷载及相应峰值位移均增大，且曲线下降段出现承载力和刚度增大趋势；试件破坏时，除 SEC-3 外，试件 BEC、SEC-1、SEC-2 均出现承载力和刚度突变点。特征荷载及位移如表 8-8 所示，表中屈服点取曲线明显出现弯折时对应的荷载值，破坏荷载取荷载下降至峰值荷载的 85%时对应的荷载值，含钢率按试件实际截面面积计算并考虑纵向加劲肋的影响。分析表 8-8 可见，随着含钢率增大，屈服

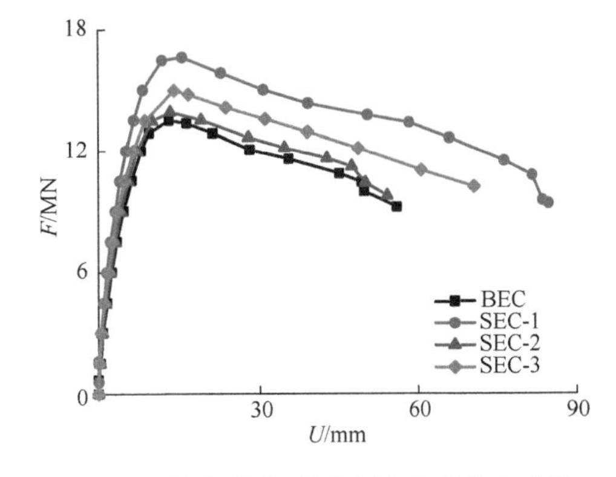

图 8-49　轴向荷载-最大侧向位移骨架曲线

荷载、峰值荷载、破坏荷载、峰值位移相应增大。

表 8-8　特征荷载及位移

试件编号	含钢率		屈服荷载		峰值荷载		破坏荷载		峰值位移	
	试验值/%	相对值	试验值/kN	相对值	试验值/kN	相对值	试验值/kN	相对值	试验值/mm	相对值
BEC	10.38	1.00	9045	1.00	13513	1.00	11603	1.00	13.19	1.00
SEC-1	13.50	1.30	10509	1.16	16627	1.23	14349	1.24	15.69	1.19
SEC-2	10.36	1.00	9001	1.00	13923	1.03	11639	1.00	13.47	1.02
SEC-3	11.96	1.15	10504	1.16	14987	1.11	12935	1.11	14.19	1.08

6. 刚度

试件的侧向弯曲刚度-曲率曲线如图 8-50 所示。图 8-50 中，纵坐标 K 为刚度，即

$$K = Ne / \varphi$$

式中，N 为竖向压力；e 为偏心距；曲率 $\varphi = (U_6 - U_4)/(dL)$。$U_4$ 与 U_6 为位移计 VD-6 及 VD-4 的测量值；d 为位移计 VD-6 及 VD-4 间距；L 为位移计 VD-6 及 VD-4 标距段长度的平均值。可以看出：在峰值荷载前，试件 SEC-1 的初始弯曲刚度较大，刚度退化较慢；峰值荷载后，试件 BEC 弯曲刚度退化较快。说明增加分叉节点区域及柱肢部分含钢率可以增强整个分叉节点区域的弯曲刚度。

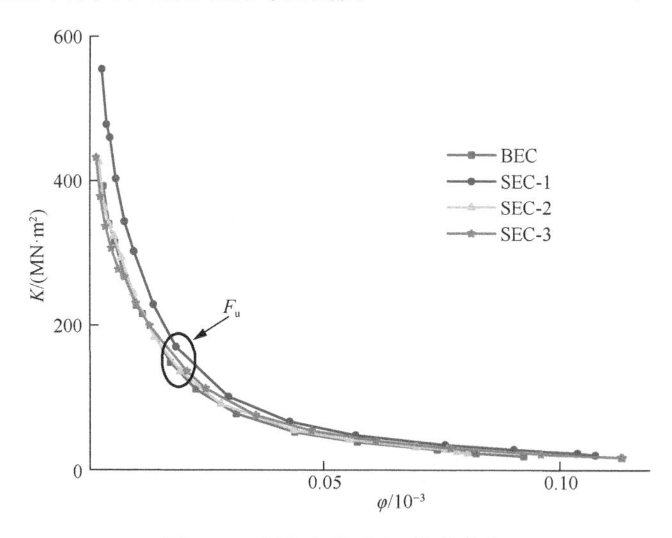

图 8-50　侧向弯曲刚度-曲率曲线

8.1.7　偏压承载力非线性分析

1. 基本假定

按照偏压试件应变分析结果（图 8-45）及侧向位移（图 8-46），承载力非线性分析程序仅考虑分叉柱柱肢截面。根据编制程序需要，基本假定如下。

（1）在试件整个加载、变形过程中，截面始终保持平面，即截面满足平截面假定。

（2）钢管与混凝土之间没有相对位移，忽略两者之间的摩擦。当试件受力处在弹塑性或塑性阶段时，钢管与核心混凝土是存在微小相对位移和摩擦的，该假定以保证同一计算微单元的不同位置两种材料纵向应变相等。

（3）不考虑受拉区混凝土的抗拉强度。受拉区包括部分多腔钢管腔体内的混凝土，由于混凝土抗拉强度较低，峰值拉应变为（70～120）$\times 10^{-6}$[7]，远低于受压混凝土的屈服应变和钢材的屈服应变，所以不考虑受拉区的混凝土强度。

（4）忽略轴向变形和剪切变形的影响。压弯构件主要以弯曲破坏为主，故忽略轴向变形和剪切变形。

（5）忽略拉结筋的作用，考虑横隔板及多腔钢管的约束效应。实际上，拉结筋的作用较小，而横隔板的约束效应较强，程序通过选择混凝土本构关系考虑外围多腔钢管对混凝土的约束效应，通过改进核心混凝土本构关系考虑内部竖向分腔钢板与横隔板的组合约束效应。

2. 材料本构模型

1）钢材本构模型

（1）理想弹塑性模型（钢材 1）如下：

$$\sigma_s=\begin{cases}-f_y & \varepsilon_s<-\varepsilon_y\\ E_s\varepsilon_s & -\varepsilon_y\leqslant\varepsilon_s\leqslant\varepsilon_y\\ f_y & \varepsilon_s>\varepsilon_y\end{cases}\tag{8-32}$$

式中，σ_s、ε_s 分别为钢材的应力和应变；f_y、ε_y 分别为钢材的屈服强度和屈服应变；E_s 为钢材的弹性模量。

（2）线性硬化模型（钢材 2）。

钢材 2 是表 8-3 中 6mm 厚钢板真实应力-应变曲线的简化模型。

$$\sigma_s=\begin{cases}-1.61f_y & \varepsilon_s<-79\varepsilon_y\\ -f_y+0.009E_s\left(\varepsilon_s+10\varepsilon_y\right) & -79\varepsilon_y\leqslant\varepsilon_s<-10\varepsilon_y\\ -f_y & -10\varepsilon_y\leqslant\varepsilon_s<-\varepsilon_y\\ E_s\varepsilon_s & -\varepsilon_y\leqslant\varepsilon_s\leqslant\varepsilon_y\\ f_y & \varepsilon_y<\varepsilon_s\leqslant10\varepsilon_y\\ f_y+0.009E_s\left(\varepsilon_s-10\varepsilon_y\right) & 10\varepsilon_y<\varepsilon_s\leqslant79\varepsilon_y\\ 1.61f_y & \varepsilon_s>79\varepsilon_y\end{cases}\tag{8-33}$$

式中，硬化段起点应变 $\varepsilon_{sh}=10\varepsilon_y$；峰值应变 $\varepsilon_u=79\varepsilon_y$；抗拉强度 $f_u=1.61f_y$。

钢材 1 及钢材 2 的计算简图，即钢材本构模型如图 8-51 所示。

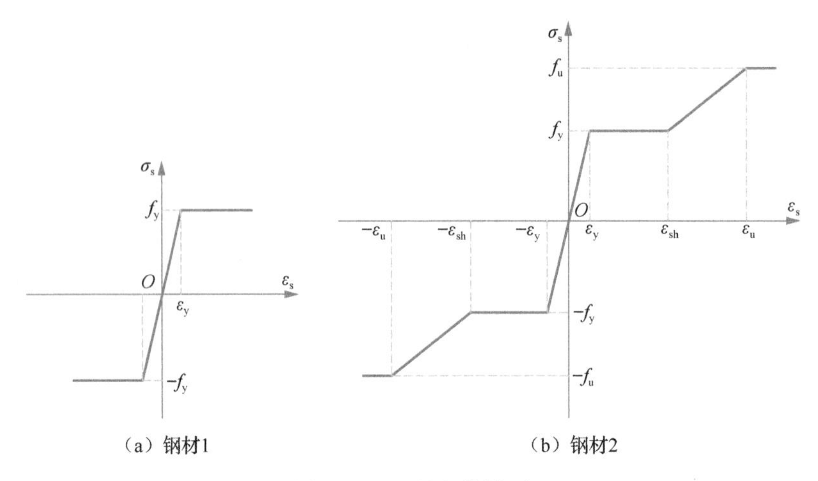

（a）钢材1　　（b）钢材2

图 8-51　钢材本构模型

2）核心混凝土本构关系

核心混凝土本构关系按未考虑钢管对核心混凝土约束效应的《混凝土结构设计规范（2015 年版）》（GB 50010—2010）（GB 模型）[13]、考虑钢管对核心混凝土约束效应的 Han 本构关系（Han 模型）[14]及 Hsuan-The Hu 本构关系（Hu 模型）[15]。

（1）GB 模型。

当 $x \leqslant 1$ 时

$$\sigma_c = \left[\alpha_a x + (3 - 2\alpha_a)x^2 + (\alpha_a - 2)x^3\right] f_c \tag{8-34}$$

当 $x > 1$ 时

$$\sigma_c = \frac{x f_c}{\alpha_d (x-1)^2 + x} \tag{8-35}$$

$$x = \varepsilon_c / \varepsilon_0' \tag{8-36}$$

$$\varepsilon_0' = \left(700 + 172\sqrt{f_c}\right) \times 10^{-6} \tag{8-37}$$

$$\alpha_a = 2.4 - 0.0125 f_c \tag{8-38}$$

$$\alpha_d = 0.157 f_c^{0.785} - 0.905 \tag{8-39}$$

式中，σ_c、ε_c、ε_0' 分别为混凝土的应力、应变和峰值应变；f_c 为混凝土轴心抗压强度。

（2）Han 模型。

矩形钢管内核心约束混凝土应力-应变关系如下。

当 $x \leqslant 1$ 时

$$\sigma_c = \left(2x - x^2\right)\sigma_0 \tag{8-40}$$

当 $x > 1$ 时

$$\sigma_c = \frac{x \sigma_0}{\beta (x-1)^\eta + x} \tag{8-41}$$

$$x = \varepsilon_c / \varepsilon_0 \tag{8-42}$$

$$\xi = A_s f_y / (A_c f_c) \tag{8-43}$$

$$\sigma_0=\left[1+\left(-0.0135\xi^2+0.1\xi\right)\left(\frac{24}{f_c'}\right)^{0.45}\right]f_c' \tag{8-44}$$

$$\varepsilon_{cc}=\left(1300+12.5f_c'\right)\times 10^{-6} \tag{8-45}$$

$$\varepsilon_0=\varepsilon_{cc}+\left[1330+760\left(\frac{f_c'}{24}-1\right)\right]\xi^{0.2}\times 10^{-6} \tag{8-46}$$

$$\eta=1.6+\frac{1.5}{x} \tag{8-47}$$

$$\beta=\begin{cases}\dfrac{\left(f_c'\right)^{0.1}}{1.35\sqrt{1+\xi}} & \xi\leqslant 3.0\\ \dfrac{\left(f_c'\right)^{0.1}}{1.35\sqrt{1+\xi}\left(\xi-2\right)^2} & \xi>3.0\end{cases} \tag{8-48}$$

圆形钢管内核心约束混凝土应力-应变关系如下。

当 $x\leqslant 1$ 时

$$\sigma_c=\left(2x-x^2\right)\sigma_0 \tag{8-49}$$

当 $x>1$ 时

$$\sigma_c=\begin{cases}\left[1+q\left(x^{0.1\xi}-1\right)\right]\sigma_0 & \xi\geqslant 1.12\\ \dfrac{x\sigma_0}{\beta\left(x-1\right)^{\eta}+x} & \xi<1.12\end{cases} \tag{8-50}$$

$$\sigma_0=\left[1+\left(-0.054\xi^2+0.4\xi\right)\left(\frac{24}{f_c'}\right)^{0.45}\right]f_c' \tag{8-51}$$

$$\varepsilon_0=\varepsilon_{cc}+\left[1400+800\left(\frac{f_c'}{24}-1\right)\right]\xi^{0.2}\times 10^{-6} \tag{8-52}$$

$$q=\frac{\xi^{0.745}}{2+\xi} \tag{8-53}$$

$$\beta=\left(2.36\times 10^{-5}\right)^{\left[0.25+\left(\xi-0.5\right)^7\right]}f_c'\times 3.51\times 10^{-4} \tag{8-54}$$

式中，A_s、A_c为多腔钢管和混凝土截面面积；ξ为约束效应系数；σ_0、ε_0分别为核心约束混凝土峰值应力与核心约束混凝土峰值应变；f_c'为混凝土圆柱体抗压强度。

（3）Hu 模型。

当 $17\leqslant B/t\leqslant 29.2$ 时

$$f_L=\left[0.055048-0.001885\left(B/t\right)\right]f_y \tag{8-55}$$

当 $17\leqslant B/t\leqslant 70$ 时

$$k_3=0.000178\left(B/t\right)^2-0.02492\left(B/t\right)+1.2722 \tag{8-56}$$

$$\sigma_0=f_c'+k_1 f_L \tag{8-57}$$

$$\varepsilon_0 = \varepsilon_c'\left(1 + k_2 f_L / f_c'\right) \tag{8-58}$$

当 $x \leqslant 1$ 时

$$\sigma_c = \frac{E_c \varepsilon_0 x}{1 + \left(R + R_E - 2\right)x - \left(2R - 1\right)x^2 + Rx^3} \tag{8-59}$$

$$R = \frac{R_E\left(R_\sigma - 1\right)}{\left(R_\varepsilon - 1\right)^2} - \frac{1}{R_\varepsilon} \tag{8-60}$$

$$R_E = \frac{E_c \varepsilon_0}{\sigma_0} \tag{8-61}$$

$$E_c = 4700\sqrt{\sigma_0} \tag{8-62}$$

当 $x > 1$ 时

$$\sigma_c = \frac{\left(k_3 - 1\right)\sigma_0}{10}\left(x - 1\right) + \sigma_0 \tag{8-63}$$

式中，x 与式（8-36）相同；B/t 为多腔钢管受压区平均管壁宽厚比，取 20；计算系数 k_1、k_2 分别取 4.1 和 20.5；ε_c' 为无约束混凝土峰值应变，取 0.003；f_L 为约束应力；计算系数 R_σ、R_ε 均为 4；E_c 为混凝土弹性模量。

图 8-52 为核心混凝土本构关系，计算时 f_c 取 0.76 f_{cu}，f_c' 取 0.83 f_{cu}。

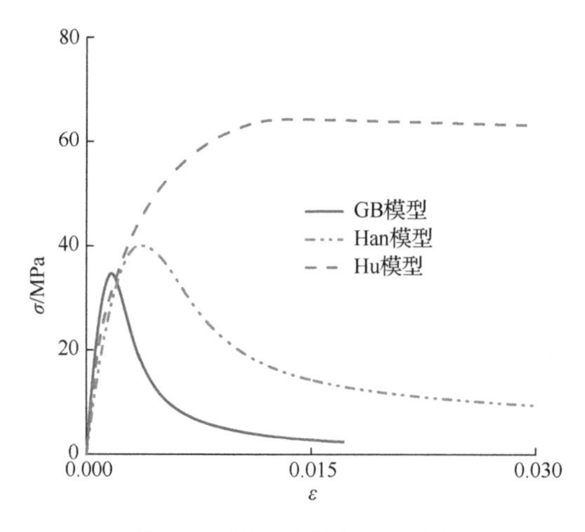

图 8-52　核心混凝土本构关系

3. 计算简图

为了便于编制计算弯矩-曲率曲线的程序，这里规定压应变为正，拉应变为负。由于分叉柱肢截面形状为不规则的六变形，划分单元需考虑截面高度及截面宽度变化的影响，柱肢截面分段及应变分布如图 8-53 所示。图 8-53（f）中，纵向加劲肋的分布不便于编程计算，故将每一腔体相应边上的纵向加劲肋按面积相等的方法计算等效厚度，等效长度为核心混凝土的对应边长。图 8-53（b）、（e）中，核心混凝土截面边长的方程依 xy 坐标系建立。

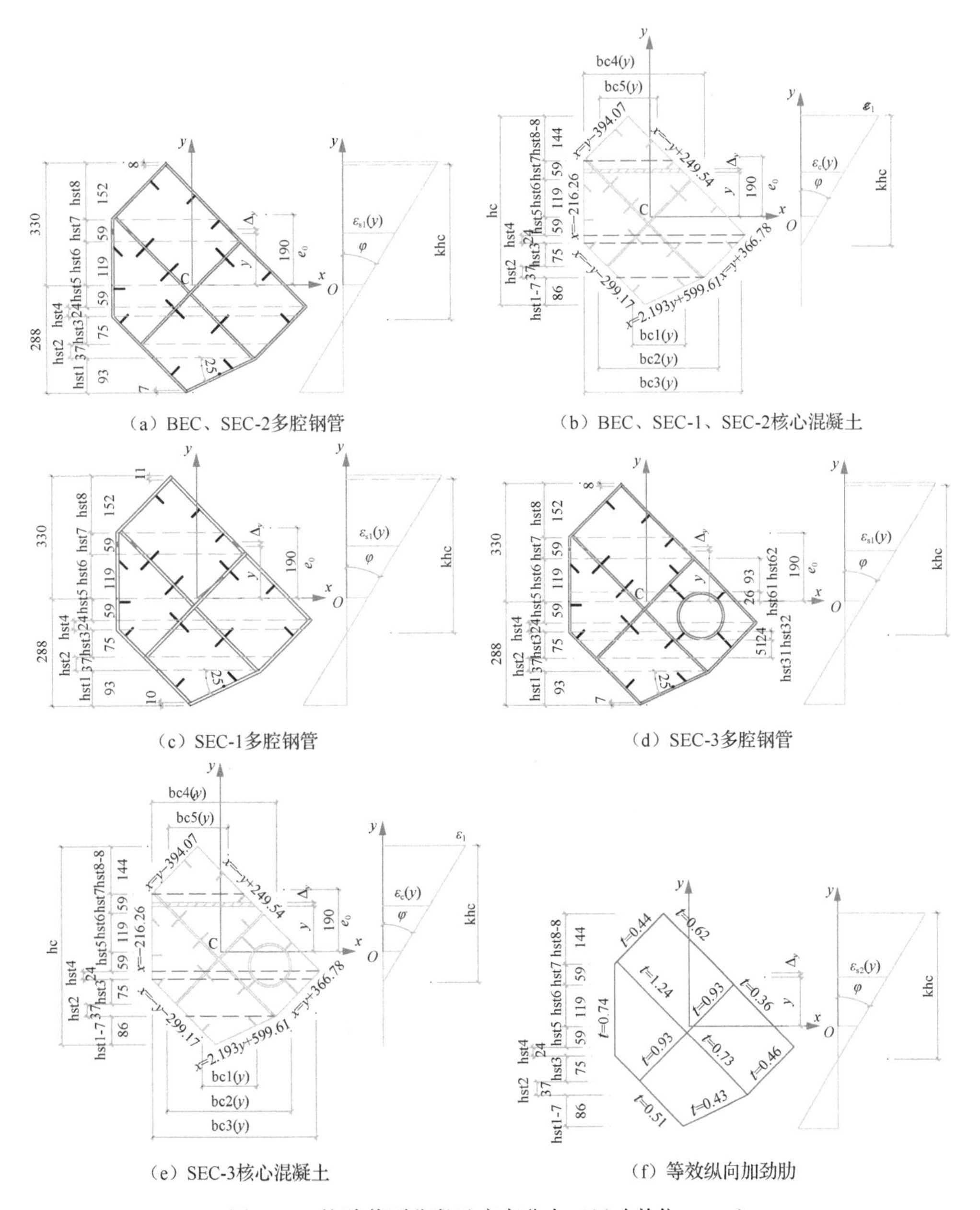

（a）BEC、SEC-2多腔钢管　　（b）BEC、SEC-1、SEC-2核心混凝土

（c）SEC-1多腔钢管　　（d）SEC-3多腔钢管

（e）SEC-3核心混凝土　　（f）等效纵向加劲肋

图 8-53　柱肢截面分段及应变分布（尺寸单位：mm）

4. 计算公式

$$\varphi = \varepsilon_1 / (kh_c) \tag{8-64}$$

$$\varepsilon_c(y) = \varphi(kh_c - h_{s6} - h_{s7} - h_{s8} + y + 8) \tag{8-65}$$

$$\varepsilon_s(y) = \varphi(kh_c - h_{s6} - h_{s7} - h_{s8} + y) \tag{8-66}$$

由 $\sum N = 0$ 可知

$$N = N_c + N_s \tag{8-67}$$

$$N_{\mathrm{c}}=\sum_{i=1}^{n}\sigma_{\mathrm{c}}(y)bc_{j}(y)\varDelta_{\mathrm{y}} \tag{8-68}$$

$$N_{\mathrm{s}}=\sum_{i=1}^{n}\left[\sigma_{\mathrm{s1}}(y)t_{1}+\sigma_{\mathrm{s2}}(y)t_{2}\right]/(\cos\theta_{k}\Delta_{\mathrm{y}}) \tag{8-69}$$

由$\sum M=0$可知

$$M=M_{\mathrm{c}}+M_{\mathrm{s}} \tag{8-70}$$

$$M_{\mathrm{c}}=\sum_{i=1}^{n}\sigma_{\mathrm{c}}(y)bc_{j}(y)y\varDelta_{\mathrm{y}} \tag{8-71}$$

$$M_{\mathrm{s}}=\sum_{i=1}^{n}\left[\sigma_{\mathrm{s1}}(y)t_{1}+\sigma_{\mathrm{s2}}(y)t_{2}\right]/(\cos\theta_{k}y\varDelta_{\mathrm{y}}) \tag{8-72}$$

$$\rho=\frac{\left|M/N-\left[e_{0}+\tan(\varphi L_{1})L_{2}\right]\right|}{e_{0}+\tan(\varphi L_{1})L_{2}}\leqslant 0.002 \tag{8-73}$$

式中，φ为曲率；ε_1为核心混凝土受压区边缘应变；k为相对受压区高度；h_{c}为柱肢核心混凝土截面高度；h_{sx}第x段钢材在y方向分段高度；t_1、t_2分别为多腔钢管管壁厚度和纵向加劲肋等效厚度；$\sigma_{\mathrm{c}}(y)$、$\sigma_{\mathrm{s1}}(y)$、$\sigma_{\mathrm{s2}}(y)$分别为y位置处的核心混凝土应力、多腔钢管钢板应力及纵向加劲肋钢板应力；$\varepsilon_{\mathrm{c}}(y)$、$\varepsilon_{\mathrm{s}}(y)$分别为混凝土及钢板应变；$\varDelta_{\mathrm{y}}$为计算单元宽度，程序中取3mm；$\theta_k$为计算单元内第$k$段钢板与$y$轴夹角；$bc_j(y)$为$y$位置处第$j$段核心混凝土条带长度；$e_0$为偏心距，取190mm；$L_1$为位移计标距段一半的长度，取443mm；$L_2$为柱顶至HD-4的距离，取710mm。

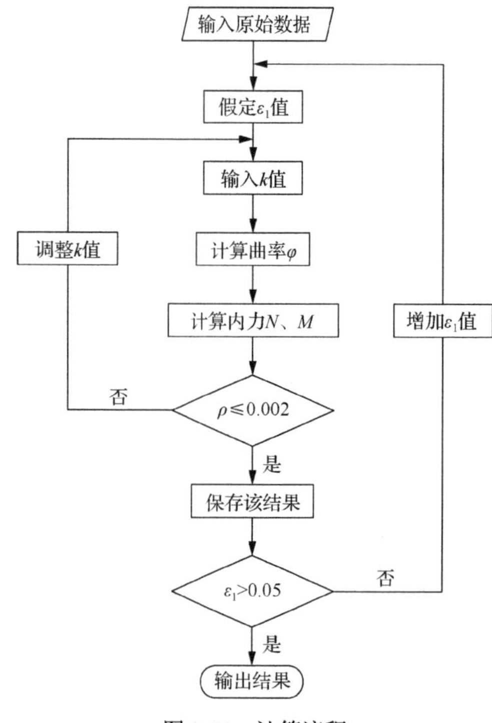

图8-54　计算流程

5. 计算流程图

计算流程如图8-54所示。计算时先输入已知数据，如材料强度、弹性模量、分段长度、计算单元宽度等；之后，计算曲率求解内力，满足收敛条件保存结果；最后，控制总应变，输出结果。

6. 计算结果分析

图8-55为计算所得竖向荷载作用下的弯矩-曲率曲线。分析可得以下几方面结论。

（1）图8-55中：2个试件的弯矩值均按是否考虑挠曲二阶效应分别计算，曲率由位移计VD-4及VD-6的相对位移差除以标距段长度与两位移计水平投影长度的乘积计算，δ为侧向位移值，取位移计HD-4的测量值。

（2）图8-55（a）中：核心混凝土采用

GB 模型时，即未考虑多腔钢管对核心混凝土的约束作用，计算结果与用实测轴力值计算的弯矩及曲率峰值相差均较大，且下降段曲线变化趋势略有差异，说明 GB 模型不适合做多腔钢管混凝土构件非线性分析。核心混凝土采用 Hu 模型计算时，考虑多腔钢管对核心混凝土的约束作用，计算结束曲线没有明显的下降段，且峰值曲率与实测值计算曲线差异较大，说明 Hu 模型也不适合做多腔钢管混凝土柱非线性分析。核心混凝土采用 Han 模型，考虑多腔钢管对核心混凝土的约束作用，可以看出该弯矩-曲率曲线与实测值计算的考虑二阶效应的弯矩-曲率曲线变化趋势一致，区别是峰值相差较大。参考 Giakoumelis 和 Lam 的做法[16]，对 Han 模型中的圆柱体抗压强度 f_c' 分别乘以 1.3、1.5、1.7 的计算系数改进 Han 模型，对应图 8-55（a）中的 Han 模型改进 1、Han 模型改进 2 及 Han 模型改进 3。结果表明：改进 1 模型计算弯矩值峰值有所提高，但仍然低于未考虑挠曲二阶效应的弯矩-曲率曲线峰值；改进 2 模型计算弯矩值曲率-曲线与未考虑挠曲二阶效应的弯矩-曲率曲线有很好的一致性；改进 3 模型计算弯矩曲线峰值与考虑挠曲二阶效应的曲线很接近，但曲线下降段计算值略低。

（3）图 8-55（b）中：试件 BEC 采用相同的混凝土本构关系、不同钢材本构关系的计算曲线，可以看出，理想弹塑性模型与线性硬化模型相差不大，也说明图 8-55（a）中钢材采用理想弹塑性模型计算是合理的。

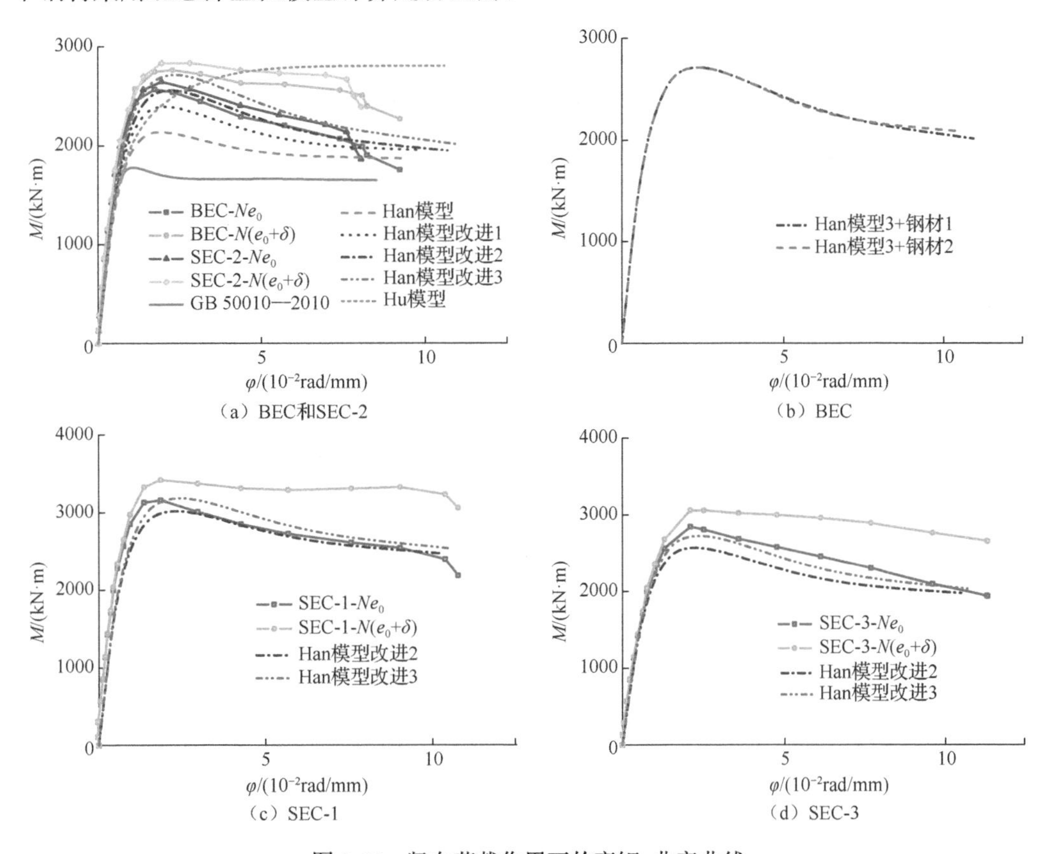

图 8-55　竖向荷载作用下的弯矩-曲率曲线

（4）图 8-55（c）、（d）中：试件 SEC-1、SEC-3 计算曲线与实测曲线对比，在钢材采用理想弹塑性模型、混凝土采用 Han 模型改进 2 及 Han 模型改进 3 并与试件 BEC、SEC-2 相比时，表明含钢率增大，计算与实测承载力相对误差有增大趋势，含钢率增大内部纵向分腔钢板所产生的约束效应会增大，因此横向含钢率对本构模型的影响有待进一步探索，弯矩-曲率计算曲线下降段有待改进。

8.1 节以北京中国尊大厦异形截面多腔钢管混凝土巨型分叉柱为工程依托，对该巨型分叉柱模型试件及所提出的改进构造措施模型试件进行了轴压及偏压性能试验与理论研究，主要结论有以下几点。

（1）轴压试验表明，减弱构造试件及基本试件破坏主要发生在分叉柱的一个柱肢，而加强型试件两个柱肢破坏过程接近，受力性能较好。

（2）偏压试验表明：试件破坏形态均以弯曲破坏为主，且破坏均发生在抗弯刚度较小的柱肢部分；应变分析表明，下柱以弹性变形为主，下柱柱顶区域非直接受力部分应力较小，但该区域应力复杂；变形分析表明，侧向位移主要发生在刚度较小的柱肢部分，受截面几何性质影响明显，分叉柱两个柱肢存在相对扭转效应；增大含钢率可以提高峰值强度及峰值位移；增强下柱柱顶分叉节点区域及柱肢构造措施，可以明显减缓刚度、承载力退化速度，提高延性。

（3）偏压试件承载力非线性分析表明：GB 混凝土本构模型、Hu 混凝土本构模型不适于异形截面多腔钢管混凝土柱非线性分析；钢材采用理想塑性模型，混凝土采用 Han 模型，计算结果与实测曲线具有较好的一致性；钢材采用理想塑性模型，混凝土采用 Han 改进模型，计算曲线与实测曲线峰值接近，下降段走势略有差异；随试件含钢率增大，计算与实测承载力相对误差有增大趋势，弯矩-曲率计算曲线下降段有待改进。

8.2 抗震性能试验

8.2.1 试件设计

以北京中国尊大厦异形截面多腔钢管混凝土巨型分叉柱为原型，设计了 13 个 1/30 缩尺的模型试件，包括 2 种轴向力形式、3 种加载方向、5 种截面构造，编号分别为 CFTC1-X、CFTT1-X、CFTC1-Y、CFTT1-Y、CFTC1-Z、CFTC2-X、CFTC2-Y、CFTC3-X、CFTT3-X、CFTC3-Y、CFTT3-Y、CFTC4-X、CFTC5-X。其中，CFT 代表钢管混凝土，字母 C 代表轴向力为压力，字母 T 代表轴向力为拉力；数字 1 代表基本型，即与原型截面构造相同，称为试件构造 1；数字 2 代表从节点过渡区下一层至上柱钢板厚度加厚的构造形式，称为试件构造 2；数字 3 代表分叉面下一层柱增加腔体的加强构造，以提高下柱在变截面处即分叉面处对分叉柱肢约束能力，称为试件构造 3；数字 4 代表在加载方向两端角部柱身增设角钢加强构造，称为试件构造 4；数字 5 代表在加载方向两端角部柱身腔体内增设圆钢管加强构造，称为试件构造 5。字母 X、Y、Z 分别代表水平力沿柱长轴方向、短轴方向和与长轴呈 45° 方向加载。

13 个试件的上柱及下柱截面外形尺寸均相同。试件构造 1，上柱由 2mm 厚钢板焊接成六边形四腔体的截面形式，其主要纵向受力钢板（外钢管钢板和分腔钢板）向下延伸，作为下柱的外钢管钢板及分腔钢板，再在两者之间设置 2mm 厚构造联系钢板，将其连接成整体，形成八边形 13 腔体下柱，各腔体内钢板壁焊接 10mm×2mm 竖向通长加劲肋，分叉面以上设置 3 层水平隔板，分叉面及以下也设置 3 层水平隔板，以增加各主要纵向受力钢板的稳定性，各腔体中水平隔板截面尺寸为 2mm×10mm。试件构造 2 在试件构造 1 基础上，将上柱及分叉面下一层纵向受力钢板厚度由 2mm 增加至 3mm。试件构造 3 在试件构造 1 基础上的分叉面下一层钢管腔体中增设分腔钢板，形成八边形 20 腔体的截面构造。试件构造 4 在试件构造 3 基础上的上柱、下柱加载方向远端角部贴焊∟40×2 角钢。试件构造 5 在试件构造 3 基础上的上柱、下柱加载方向远端角部腔体内设置ϕ45×2 圆钢管。各试件通过调整柱身与基础、加载梁的角度，实现沿截面长轴、短轴、45° 方向加载，轴向力为拉力试件加载梁设有圆孔，与竖向作动器连接，提供轴向拉力。各试件主要参数见表 8-9，部分试件几何尺寸及构造如图 8-56 所示。

表 8-9　试件主要参数

<table>
<tr><th rowspan="2">试件编号</th><th colspan="2">截面面积 A/mm^2</th><th colspan="2">含钢率 ρ/%</th><th colspan="2">套箍系数 ξ</th><th colspan="2">试验轴压比 η_t</th><th colspan="2">设计轴压比 η_d</th><th rowspan="2">加载方向</th><th rowspan="2">节点构造</th></tr>
<tr><th>上柱</th><th>下柱</th><th>上柱</th><th>下柱</th><th>上柱</th><th>下柱</th><th>上柱</th><th>下柱</th><th>上柱</th><th>下柱</th></tr>
<tr><td>CFTC1-X</td><td rowspan="5">21655</td><td rowspan="5">71032</td><td rowspan="5">9.97</td><td rowspan="5">8.73</td><td rowspan="5">1.096</td><td rowspan="5">0.898</td><td rowspan="3">0.320</td><td rowspan="3">0.201</td><td rowspan="3">0.536</td><td rowspan="3">0.347</td><td>长轴</td><td rowspan="5">基本</td></tr>
<tr><td>CFTC1-Y</td><td>短轴</td></tr>
<tr><td>CFTC1-Z</td><td>45°</td></tr>
<tr><td>CFTT1-X</td><td rowspan="2">−0.136</td><td rowspan="2">−0.095</td><td rowspan="2">−0.177</td><td rowspan="2">−0.123</td><td>长轴</td></tr>
<tr><td>CFTT1-Y</td><td>短轴</td></tr>
<tr><td>CFTC2-X</td><td rowspan="2">22235</td><td rowspan="2">72114</td><td rowspan="2">13.73</td><td rowspan="2">8.73
(12.07)</td><td rowspan="2">1.515</td><td rowspan="2">0.898
(1.242)</td><td rowspan="2">0.271</td><td rowspan="2">0.201
(0.174)</td><td rowspan="2">0.433</td><td rowspan="2">0.347
(0.287)</td><td>长轴</td><td rowspan="2">钢板加厚</td></tr>
<tr><td>CFTC2-Y</td><td>短轴</td></tr>
<tr><td>CFTC3-X</td><td rowspan="6">21655</td><td rowspan="6">71032</td><td rowspan="4">9.97</td><td rowspan="4">8.73
(10.41)</td><td rowspan="4">1.096</td><td rowspan="4">0.898
(1.092)</td><td rowspan="2">0.320</td><td rowspan="2">0.201
(0.186)</td><td rowspan="2">0.536</td><td rowspan="2">0.347
(0.312)</td><td>长轴</td><td rowspan="4">多腔</td></tr>
<tr><td>CFTC3-Y</td><td>短轴</td></tr>
<tr><td>CFTT3-X</td><td rowspan="2">−0.136</td><td rowspan="2">−0.095
(−0.079)</td><td rowspan="2">−0.177</td><td rowspan="2">−0.123
(−0.104)</td><td>长轴</td></tr>
<tr><td>CFTT3-Y</td><td>短轴</td></tr>
<tr><td>CFTC4-X</td><td>10.69</td><td>9.17
(10.85)</td><td>1.185</td><td>0.947
(1.144)</td><td>0.309</td><td>0.197
(0.183)</td><td>0.512</td><td>0.337
(0.304)</td><td>长轴</td><td>多腔角钢</td></tr>
<tr><td>CFTC5-X</td><td>11.22</td><td>9.49
(11.17)</td><td>1.238</td><td>0.977
(1.174)</td><td>0.304</td><td>0.195
(0.181)</td><td>0.500</td><td>0.332
(0.300)</td><td>长轴</td><td>多腔钢管</td></tr>
</table>

注：①上柱相关参数均由单肢上柱计算所得，下柱括号中的数值为节点区加强试件分叉面下一层截面参数，所有参数计算均考虑了纵向加劲肋的贡献；②套箍系数、试验轴压比、设计轴压比计算时不考虑混凝土的抗拉贡献轴压比为负值时代表轴向力为拉力；③试验时，轴向压力为 900kN，轴向拉力为 200kN。

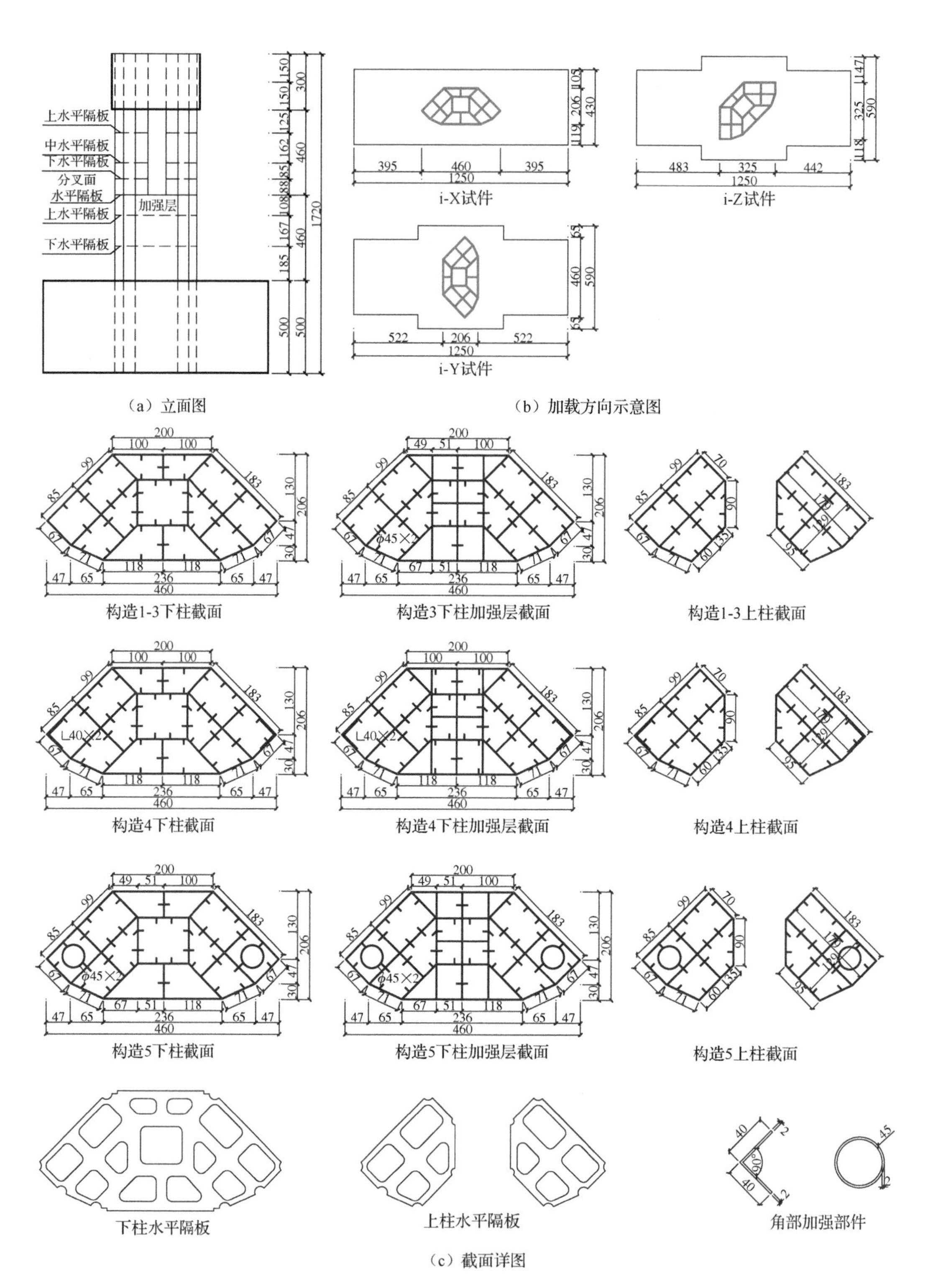

图 8-56　试件几何尺寸及构造（尺寸单位：mm）

8.2.2　材料性能

试件混凝土分两批浇筑，首先浇筑上柱与下柱贯通腔体混凝土，实测混凝土标准立方体（150mm×150mm×150mm）抗压强度平均值 $f_{\mathrm{cu,m}}$ 为 45.4MPa，则混凝土轴心抗压强度平均值 $f_{\mathrm{c,m}}=0.76f_{\mathrm{cu,m}}=34.5\mathrm{MPa}$；然后浇筑下柱中间腔体混凝土，实测混凝土标准立方体抗压强度平均值 $f_{\mathrm{cu,m}}$ 为 51.7MPa，则混凝土轴心抗压强度平均值 $f_{\mathrm{c,m}}=0.76f_{\mathrm{cu,m}}=39.3\mathrm{MPa}$。

实测钢材屈服强度 f_{y}、极限强度 f_{u}、弹性模量 E_{s}、延伸率 δ 见表 8-10。

表 8-10　钢材力学性能

钢材类型	f_{y}/MPa	f_{u}/MPa	E_{s}/MPa	δ/%
2mm 钢板	341.7	463.8	2.02×10^5	26.3
3mm 钢板	328.1	457.2	2.01×10^5	23.6
ϕ45×2 钢管	310.1	422.5	2.00×10^5	18.3

试件钢构件焊缝布置及钢板编号如图 8-57 所示，部分试件制作过程如图 8-58 所示。

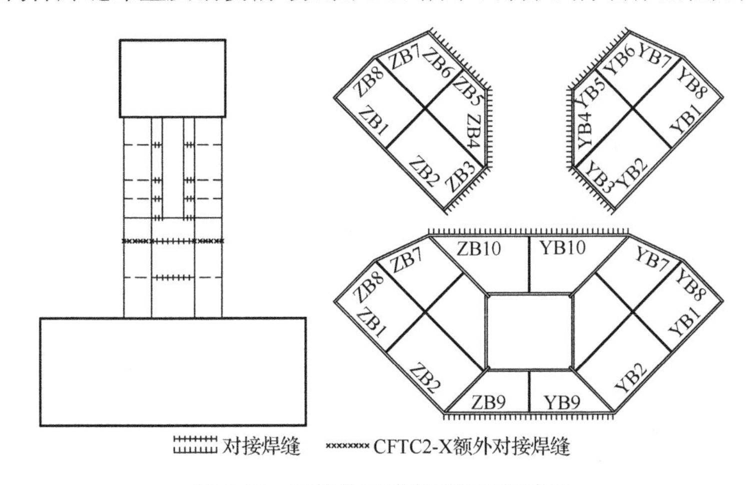

图 8-57　钢构件焊缝布置及钢板编号

（a）钢构件加工

图 8-58　部分试件制作过程

（b）浇筑混凝土

（c）室外养护

图 8-58（续）

8.2.3　加载方案与数据采集

轴力为压力作用试件，其试验加载装置如图 8-59 所示。竖向荷载通过 300T 液压千斤顶施加，水平荷载由 100T 拉压作动器施加。千斤顶和作动器与柱头之间设置力传感器以采集荷载数据，竖向千斤顶和反力架之间设置滚轴支座，使竖向千斤顶可沿水平方向移动，水平作动器两端设置双向铰，可在一定程度上转动。试件基础梁由钢压梁、丝杠、螺旋千斤顶、反力支座定于试验台座上。

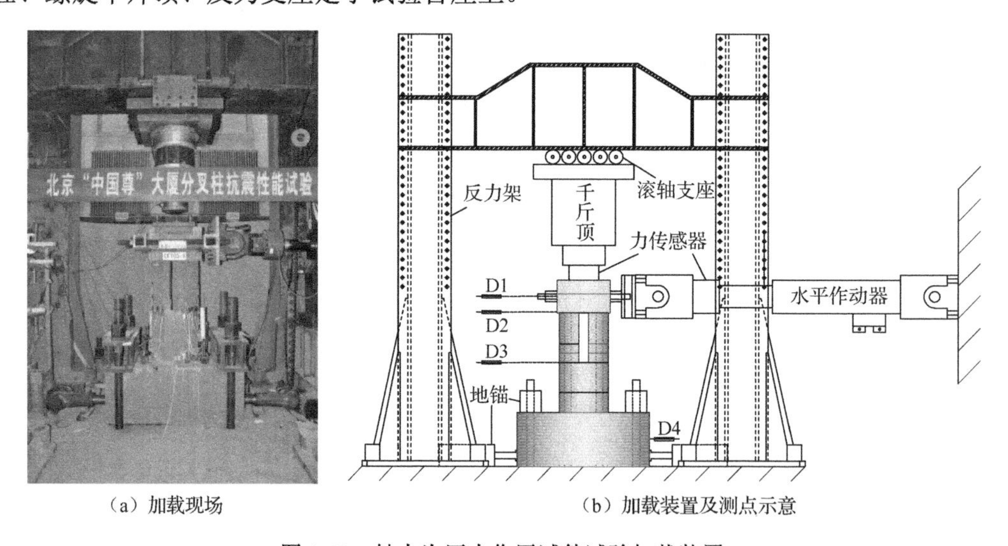

（a）加载现场　　（b）加载装置及测点示意

图 8-59　轴力为压力作用试件试验加载装置

轴力为拉力作用试件，其试验加载装置如图 8-60 所示。竖向作动器通过拉力转换端头与试件连接施加轴向拉力，通过螺栓与反力梁连接，其不能随柱头水平位移而滑动，但由于竖向作动器两端球铰距离较大，试件水平位移导致的竖向作动器转角非常微小，故忽略其引起的水平力，认为轴向力始终保持竖直向上。其他水平加载装置、试件禁锢装置均与轴力为压力作用试件相同。

（a）加载现场

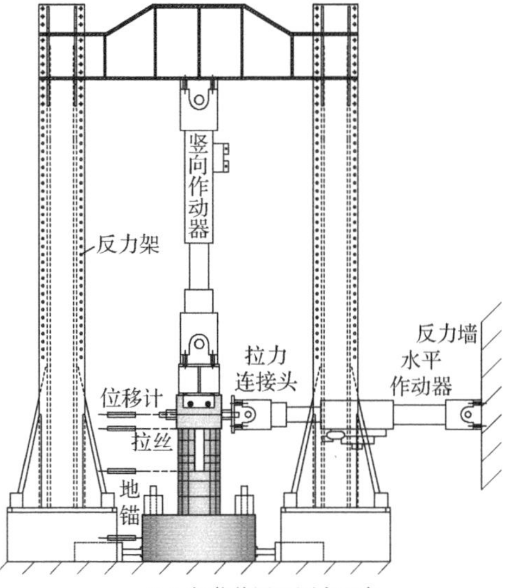

（b）加载装置及测点示意

图 8-60　轴力为拉力作用试件试验加载装置

试验时，首先施加轴向力，并控制其在试验过程中保持不变；之后，在柱头中部距基础顶面 1070mm 高度处分级施加低周反复水平荷载。水平加载采用试件加载点高度位移计控制，初始每级荷载为 0.25%位移角，每级循环 2 次；当试件位移角达到 2%后，每级荷载为 0.5%位移角，每级循环 2 次；加载至正负两向荷载，下降至极限荷载的 85%以下或无法继续安全加载后，认为试件破坏，停止加载。加载历程如图 8-61 所示。

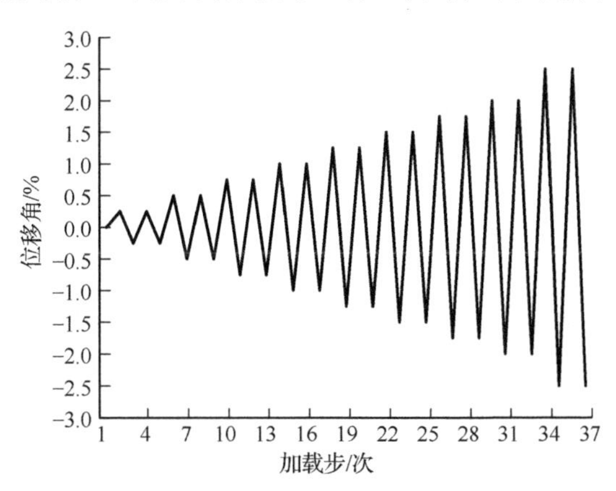

图 8-61　加载历程

试验量测内容：水平荷载和竖向荷载、位移，以及关键位置的应变。在水平和竖向作动器端部设置力传感器；在距基础顶面 460mm 处（分叉面）、距基础顶面 920mm 处（上柱顶端）、距基础顶面 1070mm（加载点）处分别布置了位移计以测定不同位置分叉柱的变形，在基础侧面和端面布置了位移计监测其水平滑移和转动；在基础顶面下柱根部处、分叉面上柱根部沿柱外钢板布置了应变测点，位移计和应变测点布置如图 8-62

所示。图 8-62 中 ZB/YB+数字为钢板编号，数字为竖向应变片编号，数字-H 为横向应变片编号，由于试件截面为对称截面，故各试件均在对称轴一侧截面贴较多的水平及竖向应变片，另一侧仅在重要位置贴竖向应变片，贴片位置主要集中为腔体边中部及腔体角部钢板。

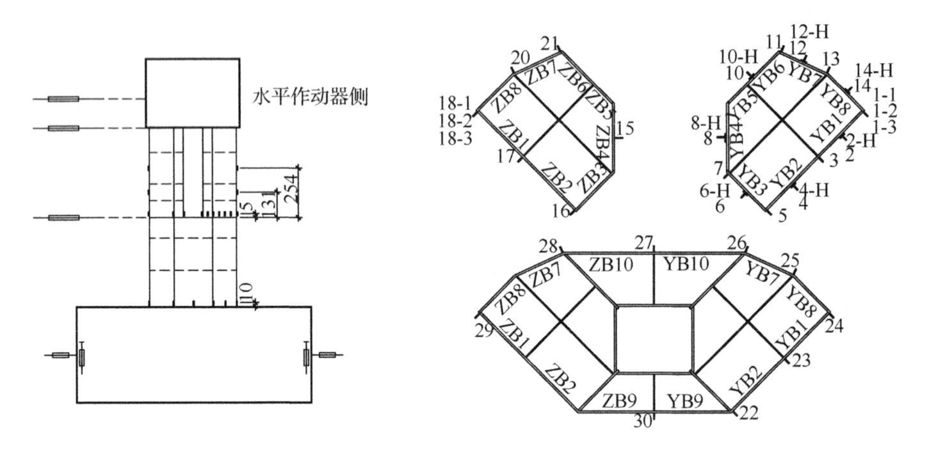

图 8-62　位移计和应变测点布置（尺寸单位：mm）

8.2.4　破坏特征

1. 轴压下沿截面长轴方向加载试件比较

试件 CFTC1-X、CFTC2-X、CFTC3-X、CFTC4-X 和 CFTC5-X 的破坏过程相似。

（1）试件 CFTC1-X 损伤破坏照片如图 8-63 所示。

（a）正向 YB7、YB8 钢板撕裂

（b）正向 ZB1、ZB2、ZB8 钢板屈曲

（c）负向 ZB1、ZB2、ZB9 钢板撕裂

（d）分叉面无明显破坏

图 8-63　试件 CFTC1-X 损伤破坏照片

（2）试件 CFTC2-X 损伤破坏照片如图 8-64 所示。

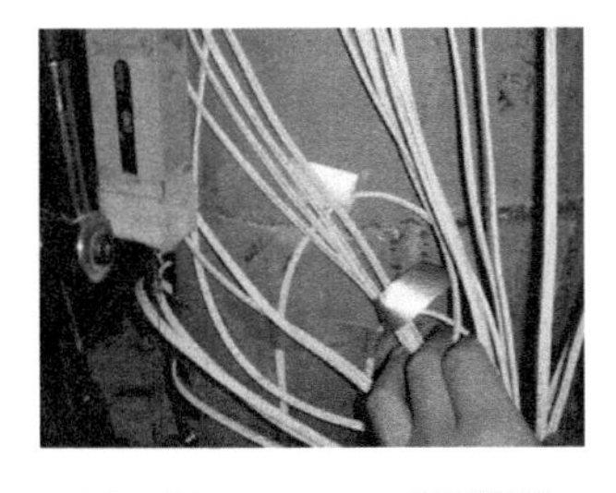
（a）正向 YB7、YB8 钢板撕裂

（b）正向 YB1、YB2 钢板撕裂

（c）负向 YB1、YB2 钢板屈曲

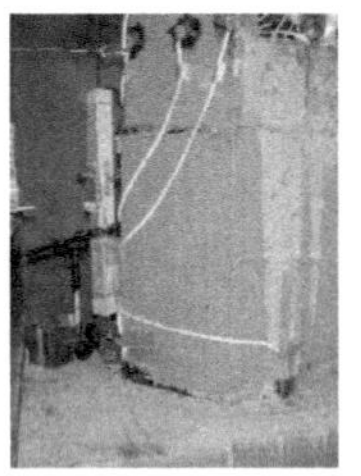
（d）负向 ZB1、ZB2 钢板撕裂

图 8-64　试件 CFTC2-X 损伤破坏照片

（3）试件 CFTC4-X 损伤破坏照片如图 8-65 所示。

（a）正向 YB1、YB2、YB9 钢板撕裂

（b）正向 YB8、YB7、YB10 钢板撕裂

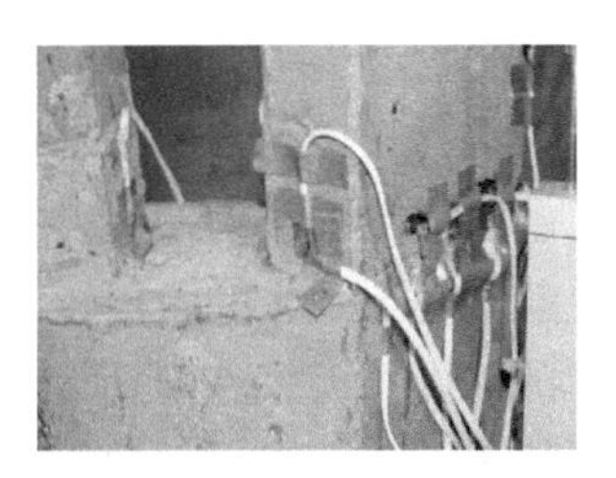
（c）负向分叉面 YB1、YB2 屈曲

图 8-65　试件 CFTC4-X 损伤破坏照片

（4）试件 CFTC5-X 损伤破坏照片如图 8-66 所示。

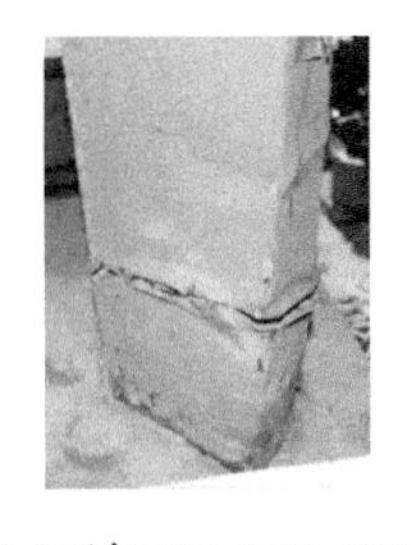
（a）正向 YB1、YB2、YB8 钢板撕裂

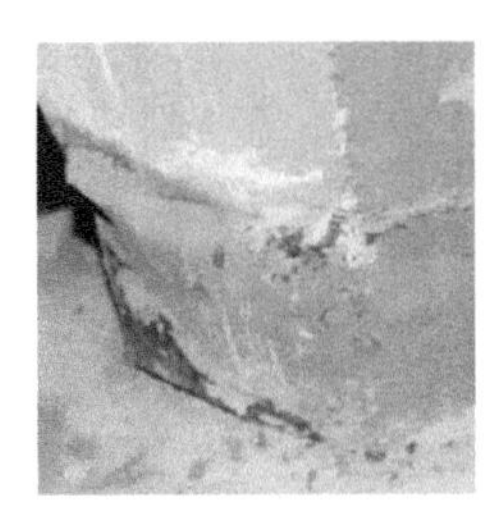
（b）正向 ZB1、ZB2 局部屈曲

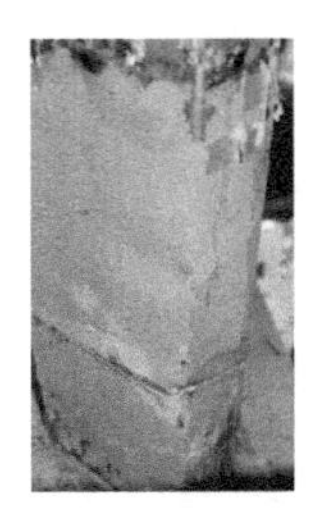
（c）负向 YB1、YB2 钢板屈曲

（d）负向 ZB1、ZB2 钢板撕裂

图 8-66　试件 CFTC5-X 损伤破坏照片

试件 CFTC1-X：①位移角不大于 1.00%时，异形截面多腔钢管无明显可见现象；②位移角为 1.25%时，沿加载方向远端受压侧钢板 ZB1、YB1、ZB8、YB8 基础顶面处轻微起鼓；③此后，基础顶面处钢管受压侧起鼓位置不断增多，并向中性轴发展，至 1.75%位移角时，起鼓变形区域向上发展，下柱下水平隔板附近、下柱上水平隔板附近、分叉面水平隔板附近均出现肉眼可见的起鼓变形，但起鼓变形主要发生在基础顶面处；④位移角为 2%时，在下柱下水平隔板处，钢板 YB10 焊缝边缘轻微开裂，受压侧钢板漆皮起皱，出现水平裂纹；⑤位移角为 2.5%时，下柱受压侧钢板起鼓变形高度增大、区域扩展，下柱下水平隔板上下起鼓突出较为陡峭，下水平隔板处受拉侧焊缝边缘大部轻微开

裂，此时试件约加载至峰值荷载，变形主要集中在下柱下水平隔板附近；⑥位移角为 3%时，受拉侧钢板 ZB2、YB2、ZB7、YB7 在下柱下水平隔板处由焊缝向加载方向远端撕裂，此时试件承载力进入下降段；⑦位移角为 4%时，受拉侧钢板几乎在下柱下水平隔板处撕裂贯通，试件承载力急剧下降，停止加载，此时上柱及分叉面位置无明显的损伤屈服现象。

与试件 CFTC1-X 相比，试件 CFTC2-X 在分叉面附近无明显的起鼓变形，起鼓变形区域主要集中在下柱上水平隔板以下部分。由于试件 CFTC2-X 在下柱上水平隔板处钢板厚度由 3mm 变为 2mm，钢板 ZB1、YB1、ZB2、YB2、ZB7、YB7、ZB8、YB8 在该位置均有对接焊缝，试件破坏时，一侧焊缝边缘撕裂发生在下柱上水平隔板处，另一侧钢板焊缝撕裂发生在下柱下水平隔板处。试件 CFTC3-X 由于分叉面下一层采用了增加腔体的方式进行加强，截面的抗弯刚度增大，加强层变形减小，引起分叉面附近、下柱底钢板起鼓相对较高，最终试件在下柱下水平隔板处钢板撕裂贯通破坏。试件 CFTC4-X 分叉面附近钢板起鼓变形明显突出，较试件 CFTC3-X 也较突出，但发展到一定高度后不再增大，最终试件在下柱下水平隔板处钢板撕裂贯通破坏，但发展速度相对缓慢，这是由于角部加强构造明显提高了截面的抗弯能力和变形能力。试件 CFTC5-X 受压侧钢板起鼓变形发生的阶段较早，这可能是由于钢板 ZB1、YB1、ZB8、YB8 所在腔体内置了圆钢管，该腔体钢板与圆钢管之间空隙较小，混凝土浇筑质量受到了一定影响，最终试件在下柱下水平隔板处发生钢板撕裂贯通破坏。

2. 轴拉作用下试件比较

（1）试件 CFTT1-X 损伤破坏照片如图 8-67 所示。

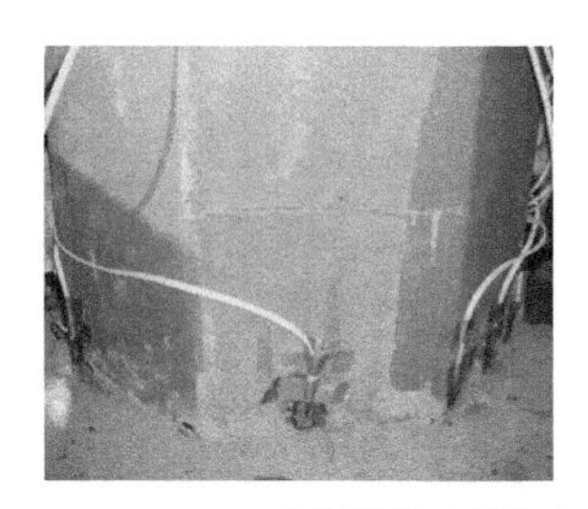

（a）ZB9、YB9 钢板焊缝开裂贯通

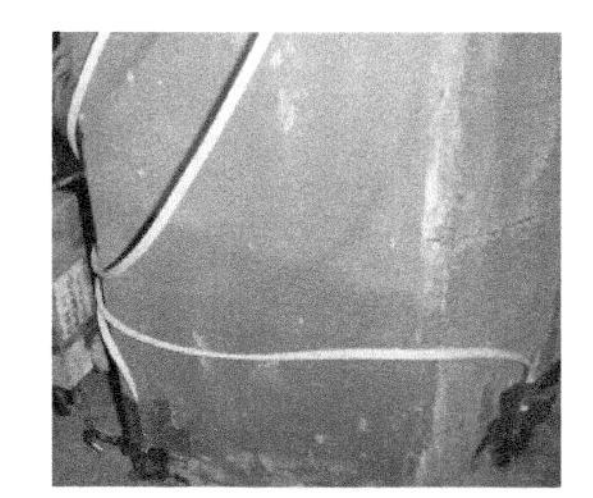

（b）ZB1、YB1 漆皮起皱

图 8-67　试件 CFTT1-X 损伤破坏照片

（2）试件 CFTT3-X 损伤破坏照片如图 8-68 所示。

（a）ZB4、ZB5、ZB6 钢板开裂

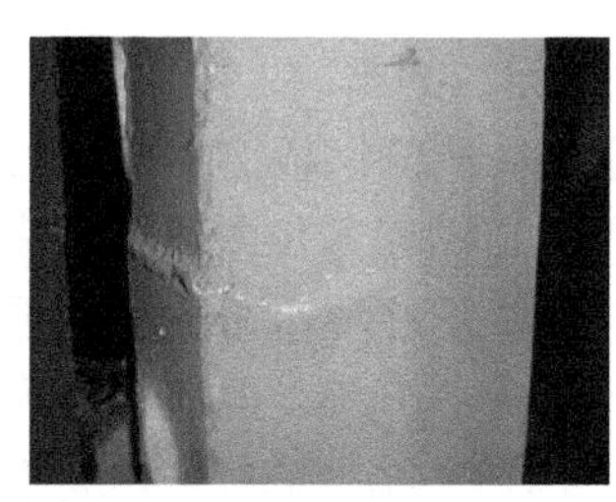

（b）ZB7 钢板屈曲

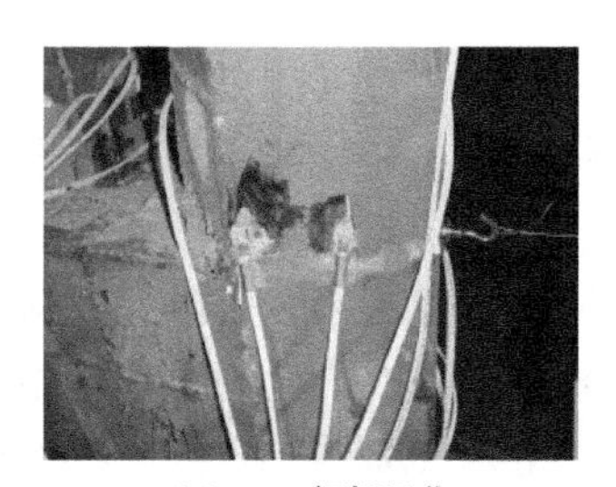

（c）ZB8 钢板屈曲

图 8-68　试件 CFTT3-X 损伤破坏照片

（3）试件 CFTT1-Y 损伤破坏照片如图 8-69 所示。

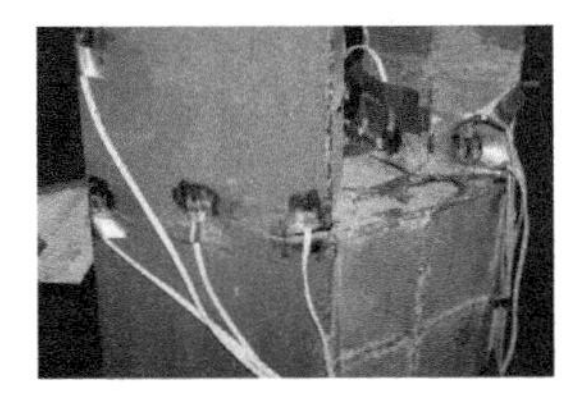

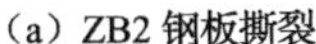
（a）ZB2 钢板撕裂

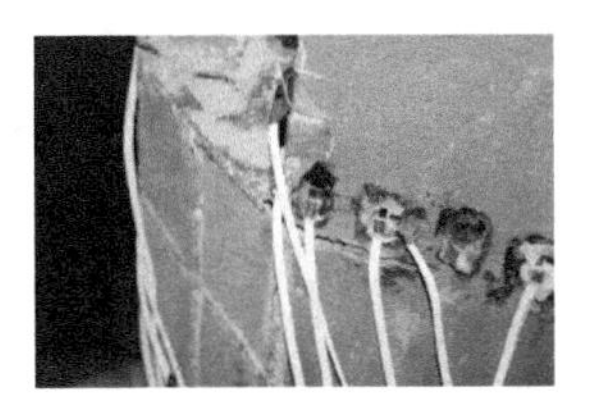
（b）YB2 钢板撕裂

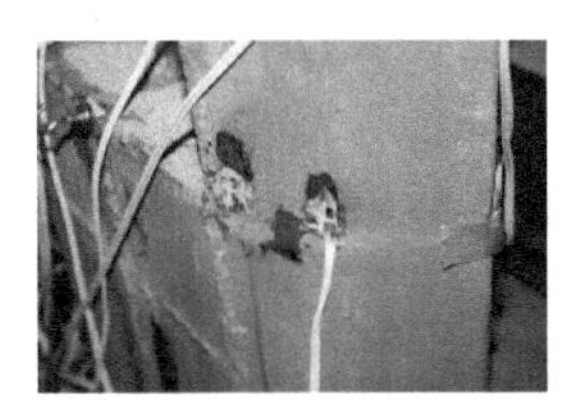
（c）YB7、YB8 钢板屈曲

图 8-69　试件 CFTT1-Y 损伤破坏照片

（4）试件 CFTT3-Y 损伤破坏照片如图 8-70 所示。

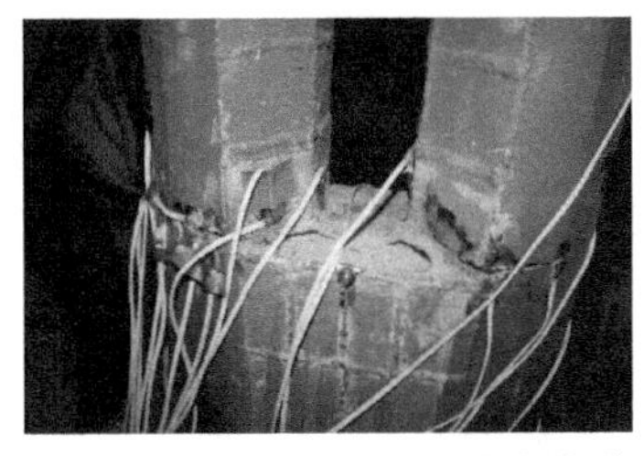
（a）ZB6、ZB7、YB6、YB7 钢板撕裂

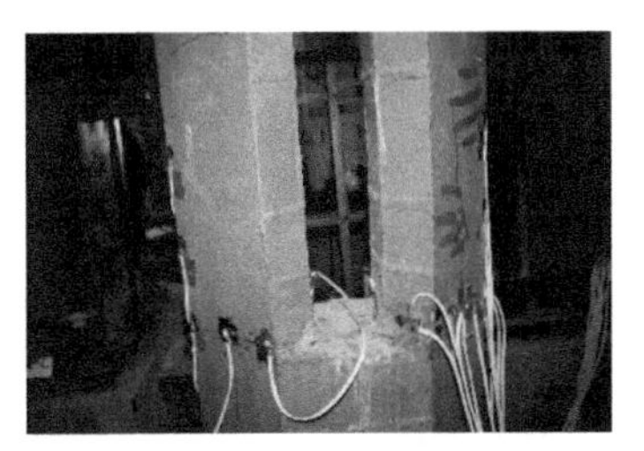
（b）ZB2、ZB9、YB2、YB9 钢板屈曲

图 8-70　试件 CFTT3-Y 损伤破坏照片

轴拉作用下，试件 CFTT1-X、CFTT1-Y、CFTT3-X、CFTT3-Y 的破坏过程不尽相同。初始加载，试件 CFTT1-X 处于弹性状态，无明显损伤屈服；加载至约 1.0%位移角，试件分叉面处混凝土轻微开裂；加载至约 1.25%位移角，此时试件已达极限承载力，钢板 ZB9、YB9、ZB10 在下柱下水平隔板处焊缝撕裂；加载至约 1.5%位移角，钢板 ZB2、ZB7、YB2、YB7 在该位置撕裂，加载方向远端钢板 ZB1、ZB8、YB1、YB8 受压时局部屈曲，最大起鼓变形高度为 8mm。试件 CFTT3-X 初始加载与试件 CFTT1-X 相似；加载至约 1.25%位移角，此时试件已达极限承载力，上柱上水平隔板处，钢板 YB3、YB4、YB5、YB6、ZB3、ZB4 在焊缝处撕裂；加载至约 1.5%位移角，在该位置钢板 YB3、YB4、YB5、YB6 最大开裂高度为 3mm，ZB1、ZB2 最大起鼓变形为 2mm，分叉面水平隔板弯曲最大高度为 2mm；加载至约 2.0%位移角，上柱上水平隔板处受拉侧焊缝贯通，受压侧局部屈曲，分叉面处受拉一侧钢板被拉断贯通，试件承载力大幅降低。初始加载，试件 CFTT1-Y 处于弹性状态，无明显损伤屈服；加载至约 0.75%位移角，试件分叉面处混凝土轻微开裂；加载至约 1.0%位移角，分叉面处，钢板 ZB2 与 ZB3、YB2 与 YB3、ZB6 与 ZB7、YB6 与 YB7 角部焊缝轻微开裂；加载至约 1.25%位移角，分叉面处加载方向远端角部焊缝开裂向中性轴发展，相邻钢板被撕裂，受压区钢板起鼓变形；加载至约 1.5%位移角，分叉面处钢板撕裂和受压钢板起鼓变形区域向中性轴继续延伸；加载至 1.75%位移角，分叉面处受拉钢板严重撕裂，受压区钢板局部屈曲严重，试件承载力大幅降低。试件 CFTT3-Y 损伤破坏过程与试件 CFTT1-Y 相似，但发展速度相对缓慢。

沿截面长轴方向加载的两个试件破坏过程有较大区别，试件 CFTT1-X 下柱发生严重破坏，试件 CFTT3-X 上柱发生严重破坏，这可能是因为，分叉面下一层加强后，该层的抗弯能力提高，其可以更多地将上柱传递的弯矩和拉力传递至下柱外侧，因而近中性轴的钢板拉应力减小，焊缝热影响区钢板不易撕裂，最终在分叉面截面与下柱下横隔板截面抗弯刚度相差10%以内的情况下，试件CFTT3-X下柱破坏较轻，上柱破坏较重。沿截面短轴方向加载的两个试件破坏过程大致相似，分叉面节点区域发生严重破坏。

3. 轴拉作用与轴压作用下试件比较

（1）试件CFTC1-Y损伤破坏照片如图8-71所示。

（a）正向ZB2钢板撕裂

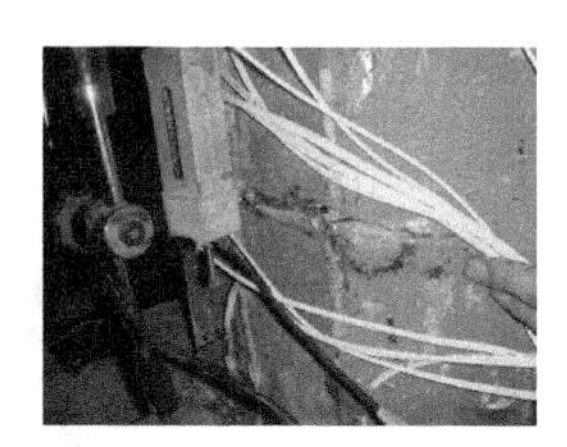

（b）正向YB2钢板撕裂

（c）正向ZB7、ZB8钢板屈曲

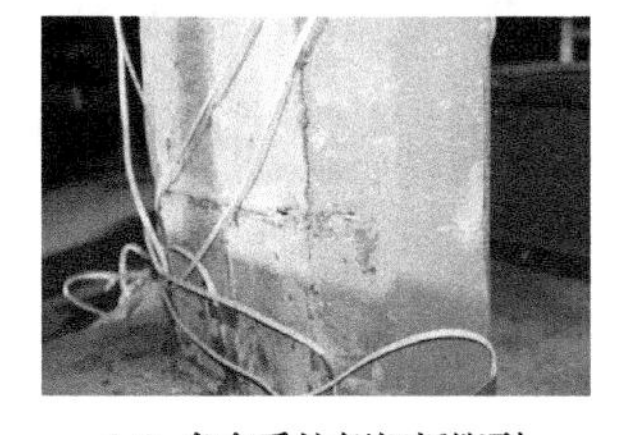

（d）负向受拉侧钢板撕裂

（e）负向受压侧钢板屈曲

图8-71　试件CFTC1-Y损伤破坏照片

（2）试件CFTC2-Y损伤破坏照片如图8-72所示。

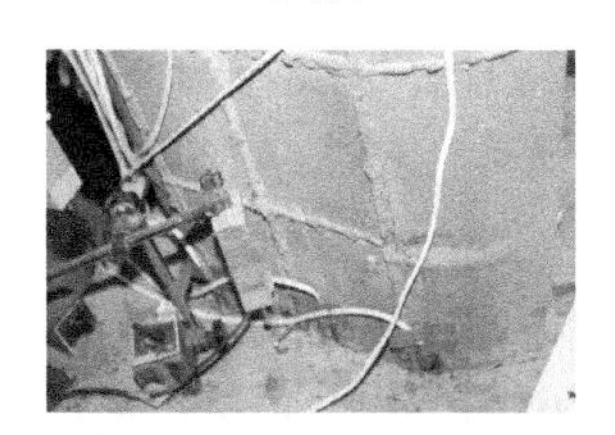

（a）正向ZB7、ZB8钢板屈曲

（b）正向ZB9、YB9钢板撕裂

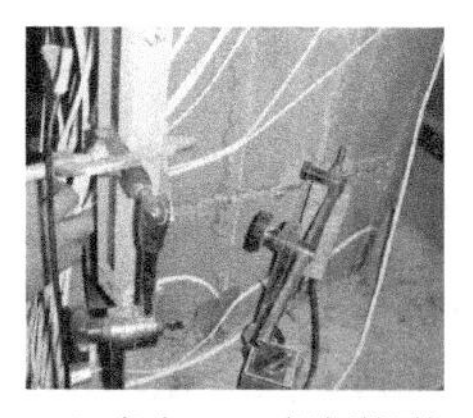

（c）负向YB7钢板撕裂

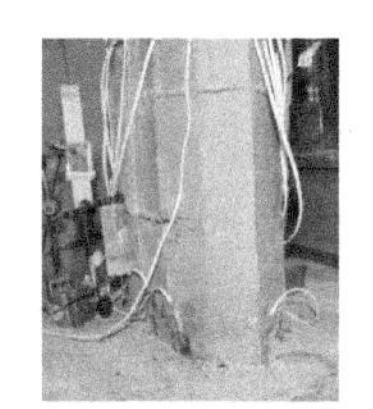

（d）负向ZB7钢板撕裂

图8-72　试件CFTC2-Y损伤破坏照片

（3）试件CFTC3-Y损伤破坏照片如图8-73所示。

（a）正向ZB9、YB9钢板撕裂

（b）负向ZB1、YB1、ZB2、YB2钢板屈曲

图8-73　试件CFTC3-Y损伤破坏照片

（4）试件 CFTC1-Z 损伤破坏照片如图 8-74 所示。

（a）正向 ZB9、YB9、YB2、YB1 钢板撕裂

（b）负向 ZB8、ZB7、ZB10 钢板撕裂

（c）YB2、YB1 钢板撕裂

图 8-74 试件 CFTC1-Z 损伤破坏照片

试件 CFTC1-X、CFTT1-X、CFTC1-Y、CFTT1-Y、CFTC3-X、CFTT3-X、CFTC3-Y 和 CFTT3-Y 的破坏过程不尽相同，其中焊缝布置位置、轴向力作用方向是影响试件破坏的主要因素。试件 CFTC1-X、CFTT1-X、CFTC1-Y、CFTC3-X、CFTC3-Y 最终破坏形态表现为下柱下水平隔板处钢板撕裂。试件 CFTT3-X、CFTT1-Y、CFTT3-Y 最终破坏表现为上柱根部钢板在分叉面处撕裂。

试件 CFTC1-X：①位移角不大于 1.00%时，无明显可见现象；②位移角为 1.25%时，受压侧钢板 ZB1、YB1、ZB8、YB8 基础顶面处轻微起鼓；③位移角为 1.75%时，起鼓变形由下向上发展，下柱下水平隔板附近、下柱上水平隔板附近、分叉面水平隔板附近均出现起鼓变形；④位移角为 2%时，钢板 YB10 在下柱下水平隔板处焊缝边缘轻微开裂；⑤位移角为 2.5%时，下柱下水平隔板上下严重起鼓变形，受拉侧焊缝边缘基本全部轻微开裂；⑥位移角为 3%时，钢板 ZB2、YB2、ZB7、YB7 受拉时在下柱下水平隔板处由焊缝向加载方向远端撕裂，试件承载力下降；⑦位移角为 4%时，受拉侧钢板几乎在下柱下水平隔板处撕裂贯通，试件承载力急剧下降，停止加载。

试件 CFTT1-X 与试件 CFTC1-X 相比：损伤破坏发展较快，位移角为 1.25%时钢板 ZB9、YB9、ZB10 在下柱下水平隔板处焊缝边缘开裂；位移角为 1.5%时钢板 ZB2、ZB7、YB2、YB7 受拉时在下柱下水平隔板处撕裂，试件破坏。

试件 CFTC3-X 与试件 CFTC1-X 相比：性能基本接近，由于分叉面下一层采用了增加腔体的方式进行加强，截面的抗弯刚度增大，变形减小，导致基础顶面处钢板起鼓相对较高，最终试件在下柱下水平隔板处钢板撕裂贯通破坏。

试件 CFTC1-Y 与试件 CFTC3-Y 相比：破坏过程基本接近，位移角为 1.5%时，钢板 ZB9、YB9、ZB10、YB10 下柱下水平隔板处焊缝边缘轻微开裂；位移角为 2.0%时，下柱下水平隔板处焊缝开裂贯通，基础顶面明显起鼓变形；位移角为 2.5%时，下柱下水平隔板处，焊缝开裂导致相邻钢板 ZB7、YB7、ZB2、YB2 轻微撕裂，受压时起鼓变形明显；3.0%位移角时，下柱下水平隔板处钢板撕裂长度增加，起鼓变形增大；3.5%位移角时，试件承载力急剧下降，试件破坏。

试件 CFTT3-X：位移角为 1.25%时，上柱上水平隔板处，钢板 YB3、YB4、YB5、YB6、ZB3、ZB4 焊缝边缘开裂；位移角为 1.5%时，上柱上水平隔板处，钢板 YB3、YB4、YB5、YB6 受拉时最大开裂高度 3mm，钢板 ZB1、ZB2 受压时最大起鼓变形 2mm，分叉面水平隔板弯曲最大高度 2mm；位移角为 2.0%时，上柱上水平隔板处受拉侧焊缝贯通，受压侧局部屈曲，分叉面处受拉一侧钢板被拉断贯通，试件承载力大幅降低。

试件 CFTT1-Y：位移角为 1.0%时，分叉面处棱 ZB2/ZB3、棱 YB2/YB3、棱 ZB6/ZB7、棱 YB6/YB7 角部焊缝轻微开裂；位移角为 1.25%时，分叉面处角部焊缝开裂向中性轴发展，相邻钢板被撕裂，受压区钢板起鼓变形；位移角为 1.75%时，分叉面处钢板受拉时严重撕裂，受压时起鼓变形严重，试件承载力大幅降低。

试件 CFTT3-Y：损伤破坏过程与试件 CFTT1-Y 相似，但发展速度相对缓慢。

综上所述：①焊缝布置引导了试件的破坏，焊接残余应力在一定程度上降低了钢板的强度和变形能力，从而导致试件从水平隔板处钢板撕裂破坏；②试件 CFTT1-X 下柱破坏，但试件 CFTT3-X 上柱破坏，这是由于分叉面下一层加强后，该层的抗弯能力提高，其可以更多地将上柱传递的弯矩和拉力传递至下柱外侧，因而近中性轴的钢板拉应力减小，焊缝热影响区钢板不易撕裂，最终在分叉面截面与下柱最下横隔板截面抗弯刚度相差 10%以内的情况下，试件 CFTT3-X 下柱破坏较轻，上柱破坏较重；③短轴方向加载，轴压作用试件发生下柱破坏，而轴拉作用试件发生上柱破坏，这可能是由受拉侧钢板的应力状态引起。轴拉作用时，上柱钢板截面面积较小，混凝土承担的拉力有限，在轴向拉力和水平力作用下，上柱受拉侧钢板较下柱被拉裂得早；轴压作用时，混凝土可较好地发挥受压作用，在下柱截面最大弯矩为上柱截面最大弯矩 2 倍情况下，下柱较早地达到其承载力，故发生下柱破坏。

8.2.5　荷载-位移曲线

试验得到了各试件的水平荷载-水平位移（位移角）滞回曲线及骨架曲线，如图 8-75 所示。图 8-75 中 F 为水平作动器施加的荷载，Δ 为加载点位移、上柱或下柱的净层间位移，θ 为相应的位移角；加载点位移由位移计 D1～D4 所得，上柱净水平位移由位移计 D2～D3 所得，下柱净水平位移由位移计 D3～D4 所得。

由图 8-75 可得以下结论。

（1）轴压作用下的试件。

①轴压作用下，各试件滞回曲线较为饱满，无明显的捏缩现象，上柱滞回曲线较下柱滞回曲线饱满程度略高，上柱、下柱均较好地发挥了消耗地震能量的作用；②沿截面长轴加载的各试件滞回环饱满程度由高到低依次为 CFTC5-X、CFTC4-X、CFTC2-X、CFTC3-X、CFTC1-X，加载方向远端腔体内设置圆钢管加强构造效果最好，角部贴焊角钢构造次之，上柱及下柱分叉面下一层增厚钢板构造再次之，分叉面下一层增加腔体构造效果最差；③沿截面短轴方向加载的各试件滞回环饱满程度接近，试件 CFTC2-Y、CFTC3-Y 较试件 CFTC1-Y 略高，加强构造对其性能影响不明显；④沿截面 45°方向加载试件 CFTC1-Z 滞回环饱满程度介于试件 CFTC1-X 和试件 CFTC1-Y 之间；⑤各试件的加载点骨架曲线介于上柱骨架曲线和下柱骨架曲线之间，上柱变形相对较大，下柱变形相对较小。

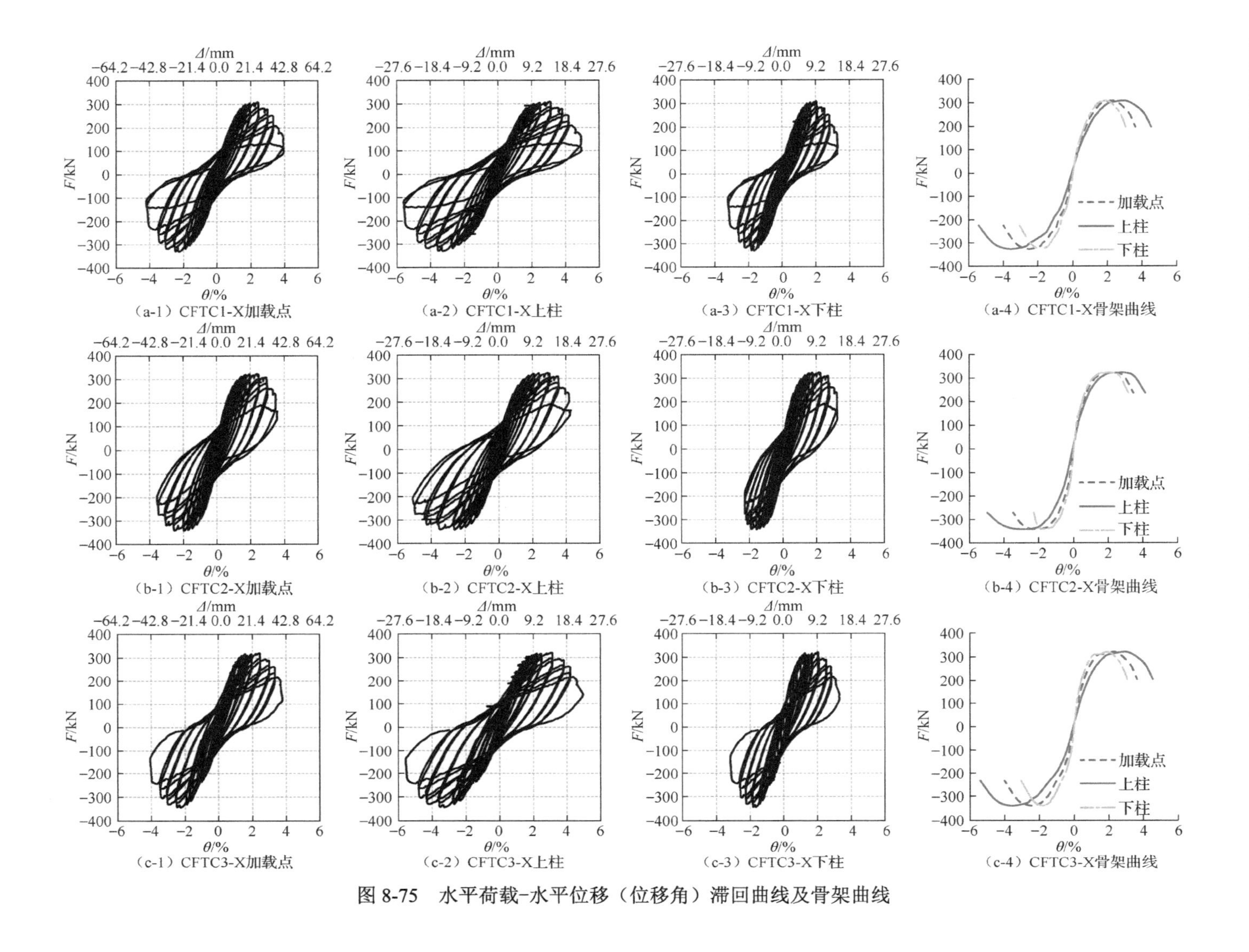

图 8-75　水平荷载-水平位移（位移角）滞回曲线及骨架曲线

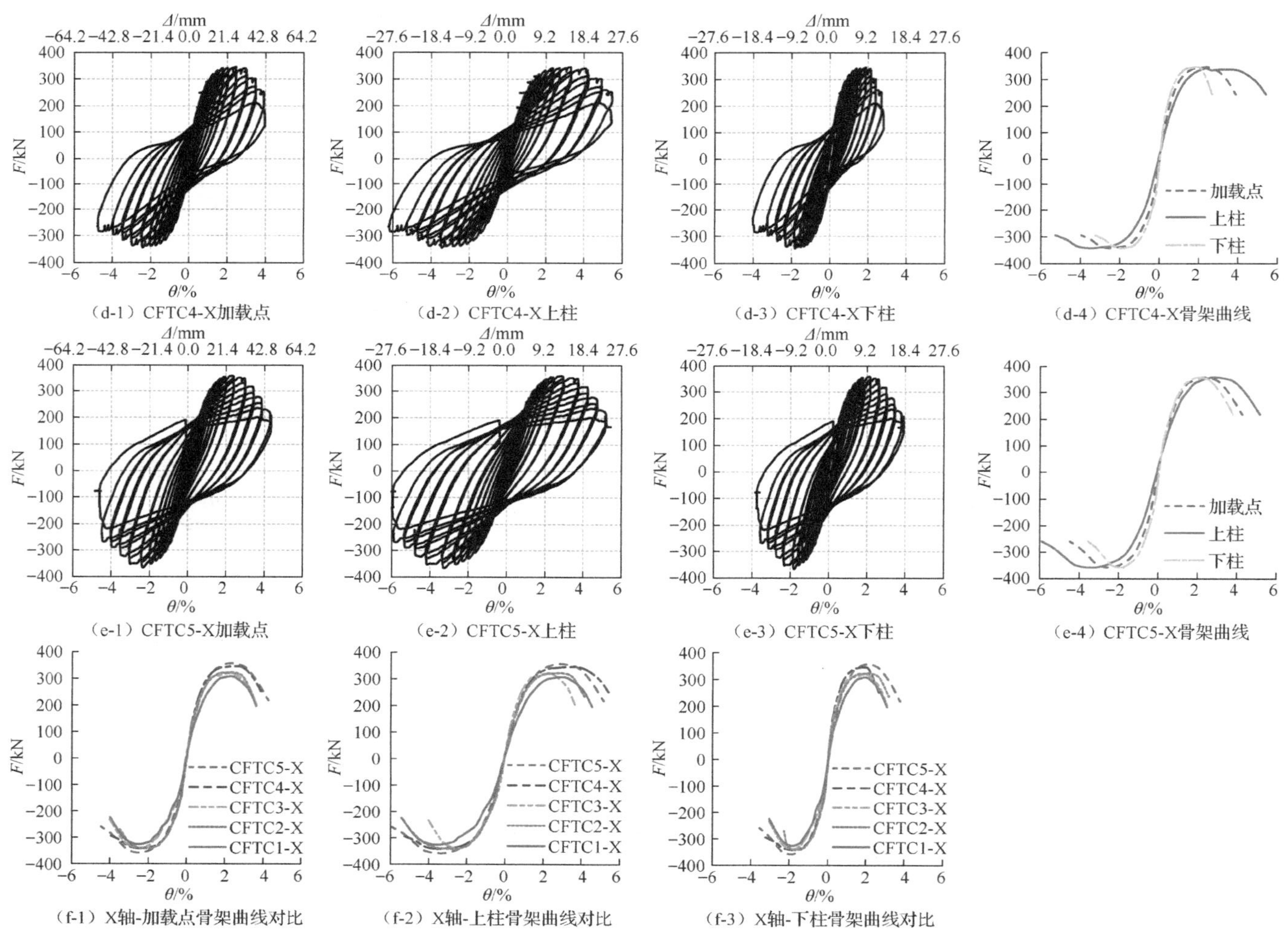
Δ/mm
F/kN
θ/%
（d-1）CFTC4-X加载点
（d-2）CFTC4-X上柱
（d-3）CFTC4-X下柱
加载点
上柱
下柱
（d-4）CFTC4-X骨架曲线
（e-1）CFTC5-X加载点
（e-2）CFTC5-X上柱
（e-3）CFTC5-X下柱
（e-4）CFTC5-X骨架曲线
CFTC5-X
CFTC4-X
CFTC3-X
CFTC2-X
CFTC1-X
（f-1）X轴-加载点骨架曲线对比
（f-2）X轴-上柱骨架曲线对比
（f-3）X轴-下柱骨架曲线对比

图 8-75（续）

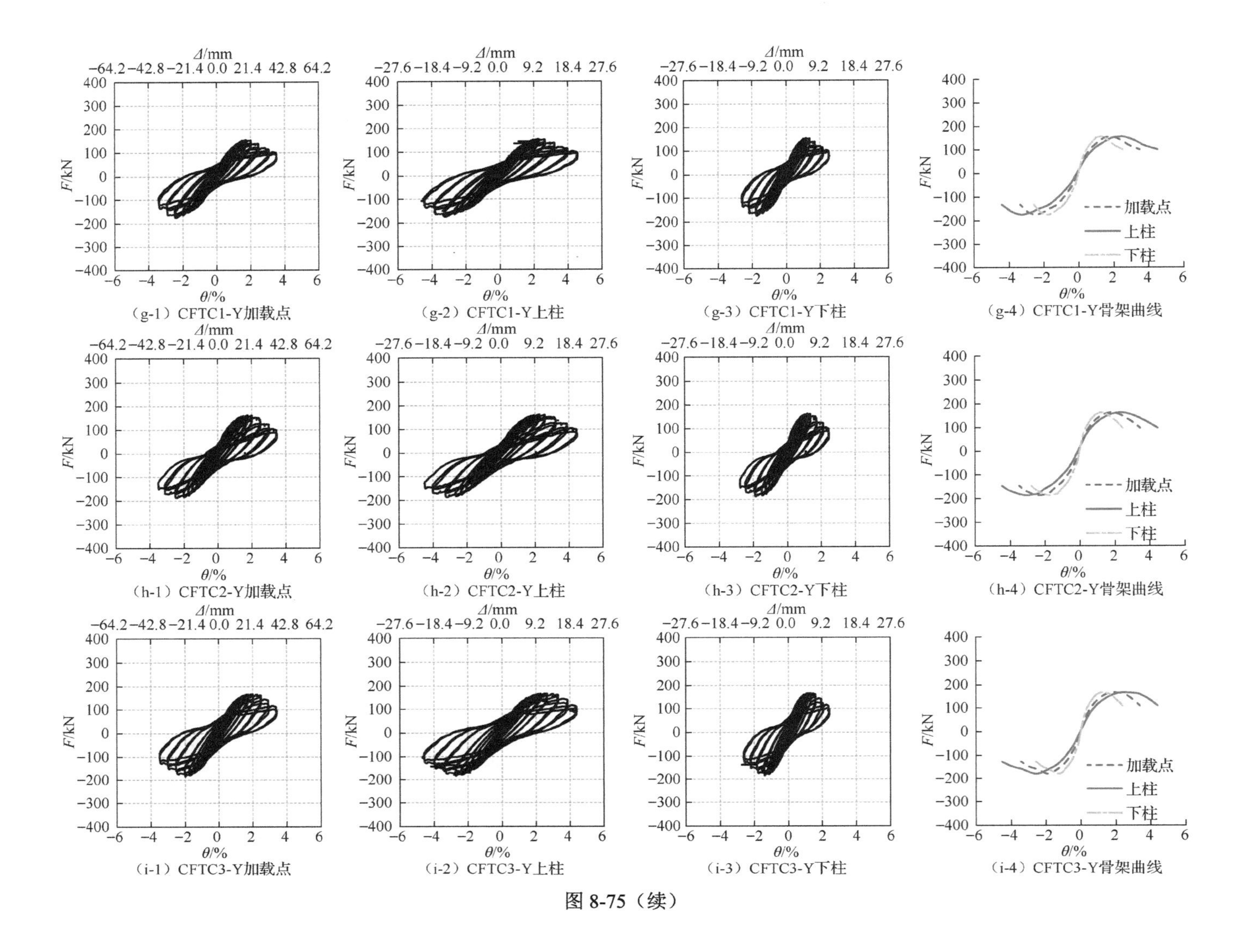
F/kN
Δ/mm
θ/%
（g-1）CFTC1-Y加载点
（g-2）CFTC1-Y上柱
（g-3）CFTC1-Y下柱
（g-4）CFTC1-Y骨架曲线
（h-1）CFTC2-Y加载点
（h-2）CFTC2-Y上柱
（h-3）CFTC2-Y下柱
（h-4）CFTC2-Y骨架曲线
（i-1）CFTC3-Y加载点
（i-2）CFTC3-Y上柱
（i-3）CFTC3-Y下柱
（i-4）CFTC3-Y骨架曲线
加载点
上柱
下柱

图 8-75（续）

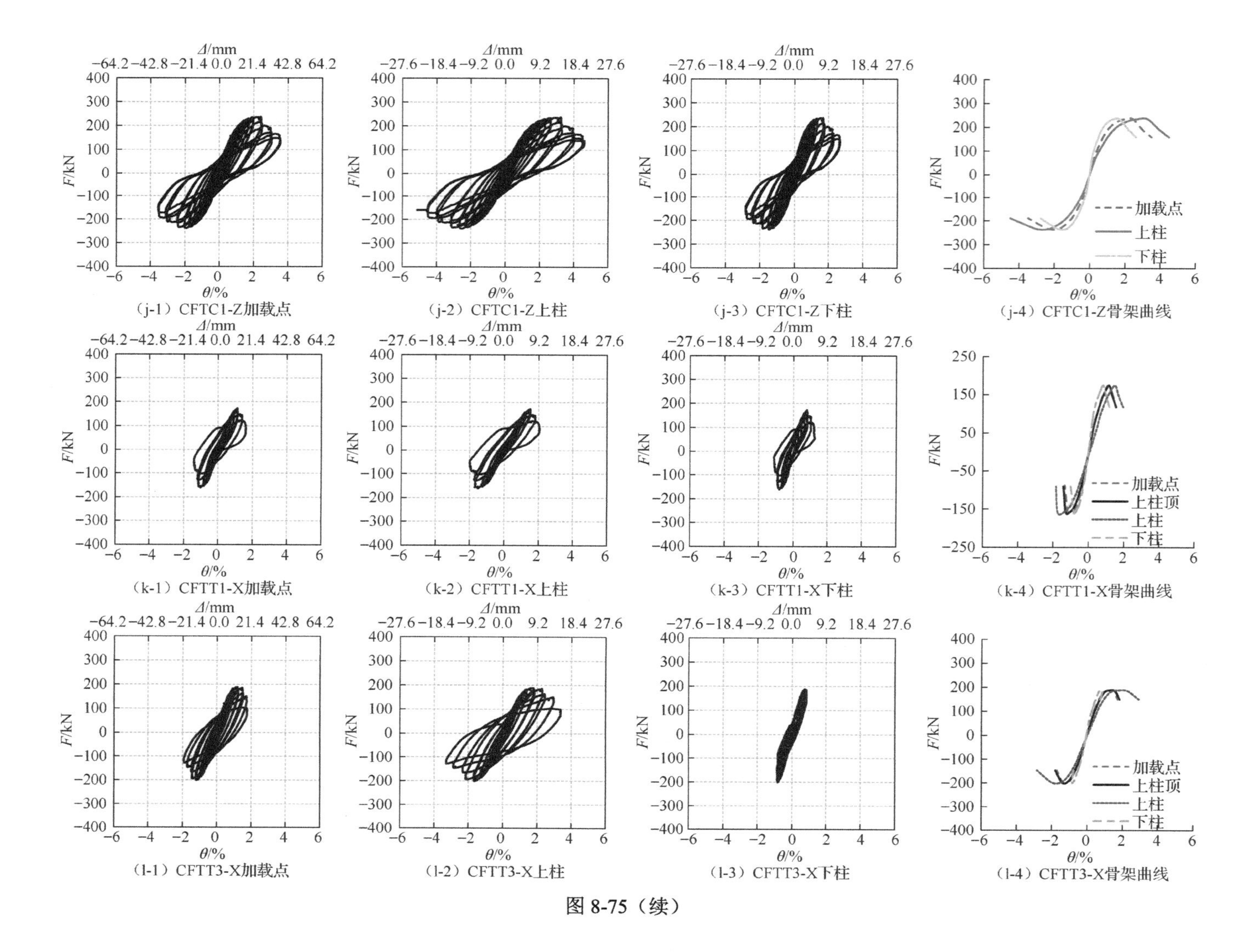

（j-1）CFTC1-Z加载点
（j-2）CFTC1-Z上柱
（j-3）CFTC1-Z下柱
（j-4）CFTC1-Z骨架曲线
（k-1）CFTT1-X加载点
（k-2）CFTT1-X上柱
（k-3）CFTT1-X下柱
（k-4）CFTT1-X骨架曲线
（l-1）CFTT3-X加载点
（l-2）CFTT3-X上柱
（l-3）CFTT3-X下柱
（l-4）CFTT3-X骨架曲线
F/kN
θ/%
Δ/mm
加载点
上柱顶
上柱
下柱

图 8-75（续）

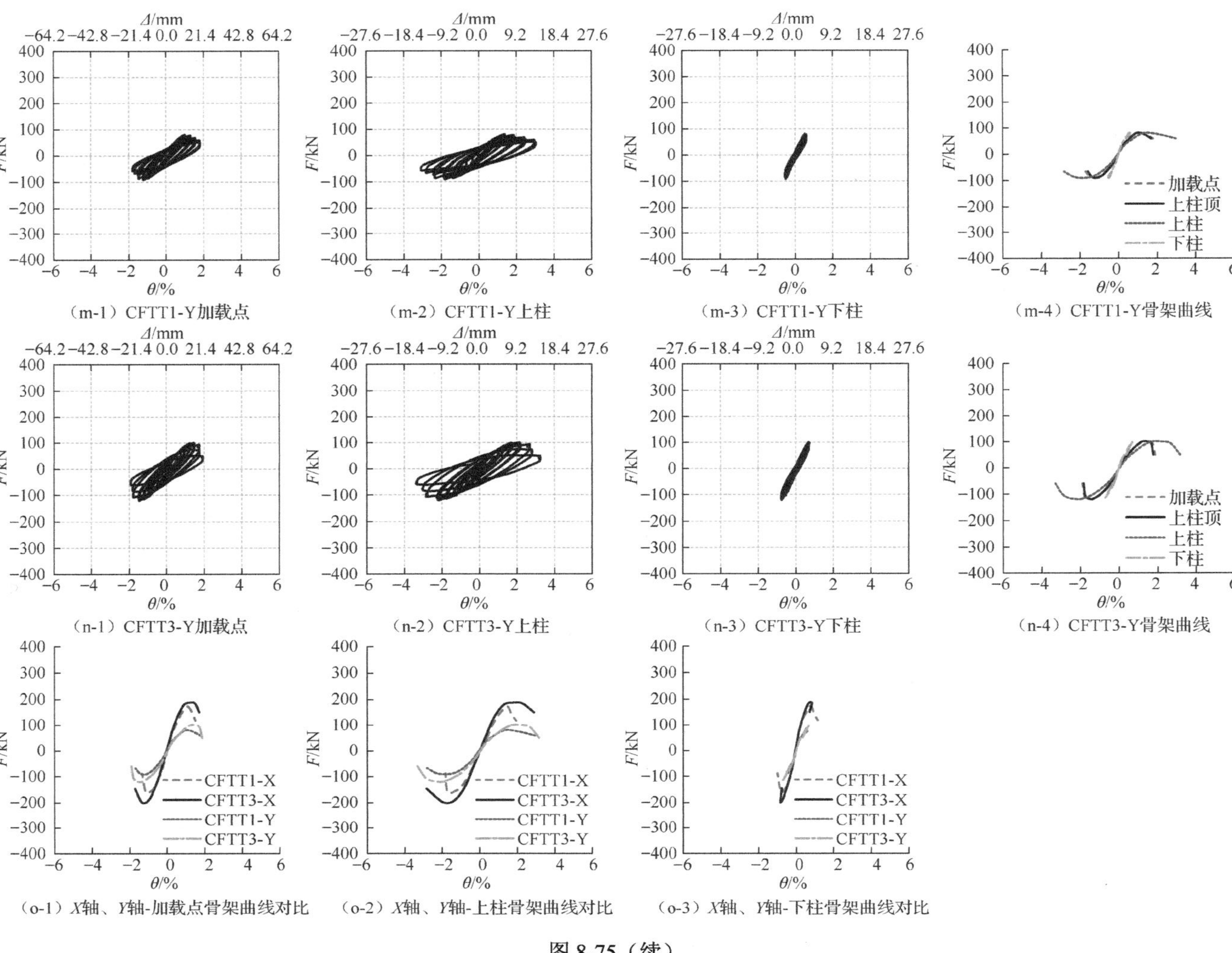

（m-1）CFTT1-Y加载点　（m-2）CFTT1-Y上柱　（m-3）CFTT1-Y下柱　（m-4）CFTT1-Y骨架曲线

（n-1）CFTT3-Y加载点　（n-2）CFTT3-Y上柱　（n-3）CFTT3-Y下柱　（n-4）CFTT3-Y骨架曲线

（o-1）X轴、Y轴-加载点骨架曲线对比　（o-2）X轴、Y轴-上柱骨架曲线对比　（o-3）X轴、Y轴-下柱骨架曲线对比

图 8-75（续）

（2）轴拉作用下的试件。

①轴拉作用下，各试件整体及上柱滞回曲线相对饱满，无明显的捏缩现象，下柱滞回曲线饱满程度较低，故上柱是消耗地震能量的主要部分；②与相同构造轴压作用下相应试件相比，滞回环的饱满程度明显降低；③分叉面下一层多腔体构造加强试件CFTT3-X、CFTT3-Y较试件CFTT1-X、CFTT1-Y，承载力高、变形能力强、滞回环饱满程度高、综合耗能能力强；④各试件加载点骨架曲线与上柱顶骨架曲线基本重合，仅在加载后期有一定的差异，说明加载端头基本保持刚体运动，后续分析中可忽略其产生的变形及耗能；⑤除试件CFTT1-X外，其余试件过峰值荷载后，其下柱每一加载步中的峰值位移随加载点荷载工况位移的增大而减小，这是由于损伤屈服主要发生在分叉面节点的上柱根部，下柱损伤屈服较轻，故在过极限荷载后，随着荷载工况作动器位移的增大和峰值荷载的减小，下柱变形相应减小。

8.2.6 承载力

实测所得各试件主要阶段的试验结果见表8-11。表8-11中，F_y为名义屈服荷载，受压为正，受拉为负，由R. Park法确定；F_p为峰值荷载；$\varDelta_y$为名义屈服位移；$\varDelta_p$为峰值荷载对应位移；$\varDelta_u$为荷载下降至峰值荷载85%时对应位移；$\theta_y=\varDelta_y/H$、$\theta_p=\varDelta_p/H$、$\theta_u=\varDelta_u/H$为相应阶段的位移角；H为加载点至基础顶面距离，H=1070mm；$\mu=\varDelta_u/\varDelta_y$为试件的延性系数。

表8-11　各试件主要阶段的试验结果

试件编号	加载方向	名义屈服				峰值				极限（0.85F_p）		F_y/F_p	μ
		F_y/kN	均值	$\varDelta_y$/mm	θ_y	F_p/kN	均值	$\varDelta_p$/mm	θ_p	$\varDelta_u$/mm	θ_u		
CFTC1-X	+	252.2	258.9	12.37	1/81	306.6	316.1	26.68	1/40	34.16	1/30	0.819	2.72
	−	−265.6		−14.06		−325.6		−26.79		−37.78			
CFTC2-X	+	263.5	266.5	10.04	1/111	321.8	331.3	26.46	1/45	34.19	1/31	0.804	3.60
	−	−269.4		−9.20		−340.8		−21.17		−35.09			
CFTC3-X	+	258.3	262.3	9.56	1/93	318.9	328.8	26.25	1/41	34.20	1/30	0.798	3.12
	−	−266.3		−13.49		−338.6		−25.84		−37.79			
CFTC4-X	+	278.4	272.2	9.75	1/114	345.5	343.5	26.23	1/41	37.80	1/27	0.792	4.27
	−	−265.9		−9.01		−341.5		−26.14		−42.27			
CFTC5-X	+	286.4	282.5	10.30	1/106	356.9	357.4	25.41	1/42	36.84	1/28	0.790	3.76
	−	−278.6		−9.92		−357.9		−25.67		−39.16			
CFTC1-Y	+	121.5	132.4	10.14	1/82	153.9	164.2	21.52	1/45	27.91	1/35	0.806	2.34
	−	−143.2		−16.09		−174.5		−26.16		−33.44			
CFTC2-Y	+	126.7	140.1	8.83	1/91	163.3	174.6	18.71	1/47	28.39	1/34	0.802	2.70
	−	−153.4		−14.76		−185.9		−26.47		−35.23			
CFTC3-Y	+	133.4	139.9	10.12	1/91	166.2	172.4	21.50	1/50	30.77	1/35	0.811	2.59
	−	−146.4		−13.47		−178.6		−21.32		−30.29			
CFTC1-Z	+	193.6	193.9	11.37	1/93	235.5	236.5	25.94	1/45	30.64	1/33	0.820	2.82
	−	−194.1		−11.55		−237.4		−21.43		−34.04			

续表

试件编号	加载方向	名义屈服				峰值				极限（$0.85F_p$）		F_y/F_p	μ
		F_y/kN	均值	Δ_y/mm	θ_y	F_p/kN	均值	Δ_p/mm	θ_p	Δ_u/mm	θ_u		
CFTT1-X	+	150.1	141.6	8.79	1/141	173.6	167.1	12.02	1/89	16.21	1/71	0.847	1.99
	−	−133.0		−6.42		−160.5		−12.08		−14.13			
CFTT3-X	+	161.0	169.6	7.91	1/124	188.7	194.9	12.90	1/83	17.73	1/62	0.870	1.99
	−	−178.1		−9.37		−201.0		−12.77		−16.58			
CFTT1-Y	+	65.9	72.6	7.47	1/129	80.2	85.5	10.58	1/91	16.71	1/64	0.849	2.03
	−	−79.2		−9.07		−90.8		−12.98		−16.91			
CFTT3-Y	+	89.4	94.7	10.69	1/104	100.8	110.9	15.64	1/68	18.87	1/56	0.854	1.86
	−	−100.0		−9.82		−120.9		−15.73		−19.18			

采用同一水平位移往复加载时，第 2 次往复加载的最大水平力 F_i^2 与第 1 次往复加载时最大水平力 F_i^1 之比，即承载力退化系数 F_i^2/F_i^1。考察累积损伤引起的试件承载能力下降，不同位移角时的退化系数曲线如图 8-76 所示。

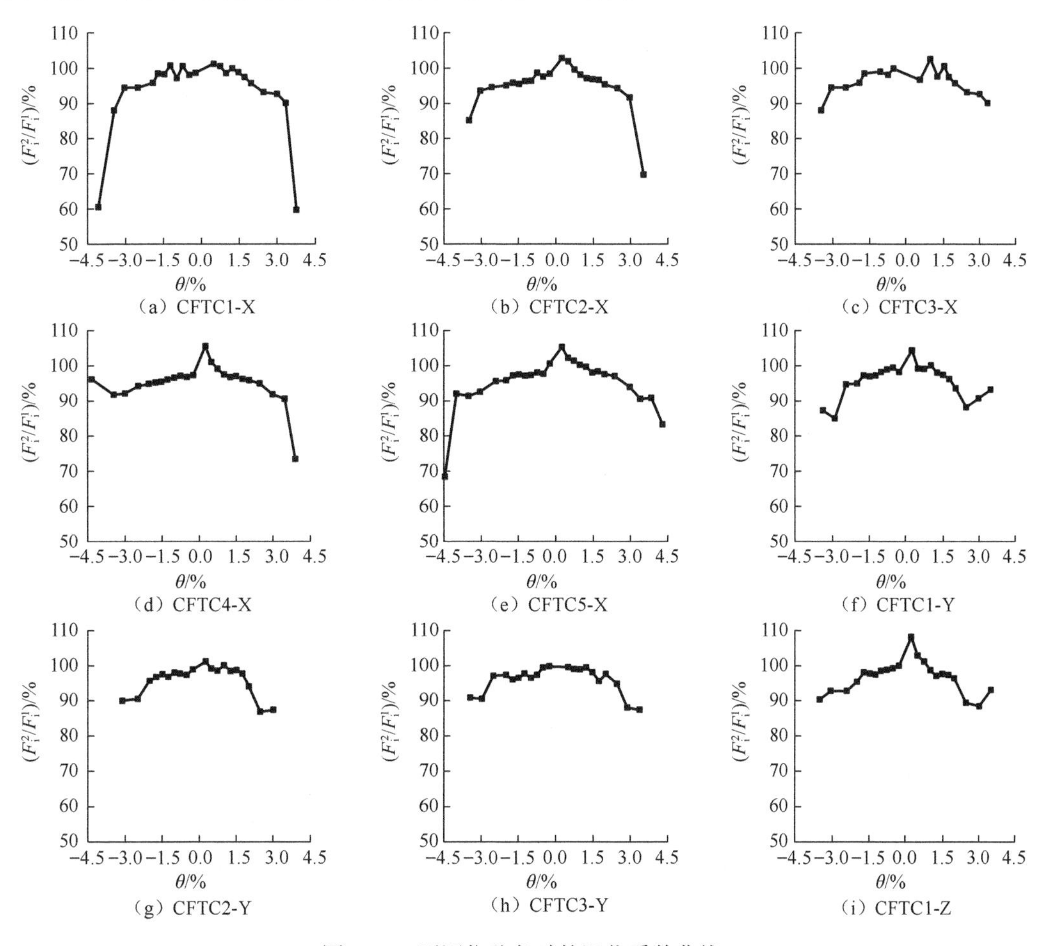

（a）CFTC1-X　（b）CFTC2-X　（c）CFTC3-X
（d）CFTC4-X　（e）CFTC5-X　（f）CFTC1-Y
（g）CFTC2-Y　（h）CFTC3-Y　（i）CFTC1-Z

图 8-76　不同位移角时的退化系数曲线

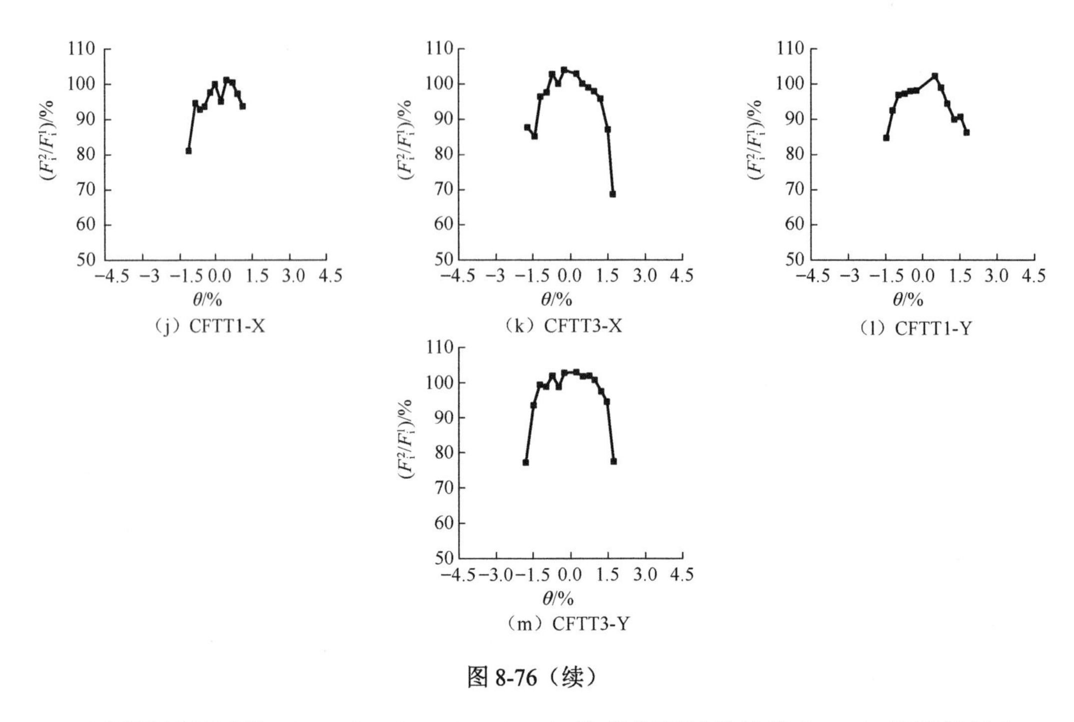

图 8-76（续）

实测所得各试件 1/100（1%）、1/50（2%）位移角下试件承载力 F_θ 与峰值承载力 F_p 的比值如图 8-77 所示。

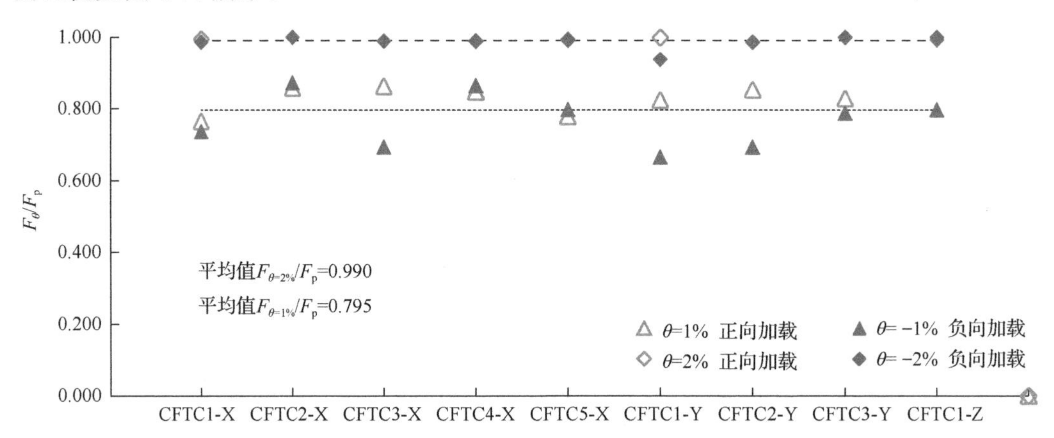

图 8-77　试件承载力与峰值承载力的比值

分析表 8-11、图 8-76 和图 8-77 可知以下结论。

（1）轴压作用下的试件。

①加强构造对试件的承载力有一定的影响，沿截面长轴加载各试件与试件 CFTC1-X 的屈服荷载和峰值荷载均值相比，试件 CFTC2-X 分别提高 2.9%、4.8%，试件 CFTC3-X 分别提高 1.3%、4.0%，试件 CFTC4-X 分别提高 5.1%、8.7%，试件 CFTC5-X 分别提高 9.1%、13.1%，试件 CFTC2-X、CFTC3-X 提高的比例较小，这是因为其最终破坏主要发生在下柱下水平隔板处，该截面处 3 个试件是相同的，不同在于上部加强构造改善了上

柱荷载向下柱的传递，应力重新进行了分布。②沿截面短轴加载各试件与试件 CFTC1-Y 的屈服荷载和峰值荷载均值相比，试件 CFTC2-Y 分别提高 5.8%、6.3%，试件 CFTC3-Y 分别提高 5.7%、5.0%。③沿截面 45° 加载试件 CFTC1-Z，试件 CFTC1-X 屈服荷载均值较其值高 33.5%，试件 CFTC1-Y 较其值低 31.8%，试件 CFTC1-X 峰值荷载均值较其值高 33.7%，试件 CFTC1-Y 较其值低 30.5%。④水平力作用方向对试件的承载力有明显的影响，试件 CFTC1-X、CFTC2-X、CFTC3-X 较试件 CFTC1-Y、CFTC2-Y、CFTC3-Y，屈服荷载均值分别高 95.7%、90.3%、87.5%，峰值荷载均值分别高 92.5%、89.7%、90.7%。⑤各试件的名义屈服荷载为峰值荷载的 80%左右。⑥各试件均有一定的承载力退化现象，在加载初期即出现，并随着加载的进行退化速度加快。⑦达 1/50 位移角时，同一位移两次往复加载的试件的承载力退化系数约为 95%，具有较好的抵抗累积损伤能力。⑧加载至 1/100 位移角时各试件此时承载力平均为其峰值承载力的 79.5%，加载至 1/50 位移角时各试件此时承载力平均为其峰值承载力的 99%，说明各试件均具有良好的承载力储备，形成的结构具有良好的抗倒塌能力。

（2）轴向拉力作用下的试件。

①水平力作用方向对试件的承载力有较大的影响，试件 CFTT1-X、CFTT3-X 较试件 CFTT1-Y、CFTT3-Y，屈服荷载均值分别提高了 94.9%、79.0%，峰值荷载均值分别提高了 95.4%、75.7%，多腔构造加强试件提高的比例相对小；②试件 CFTT3-X、CFTT3-Y 较试件 CFTT1-X、CFTT1-Y，屈服荷载均值分别提高 19.8%、30.4%，峰值荷载分别提高 16.6%、29.7%，说明节点区下柱加强构造对提高弱轴方向承载力更为有效；③相同构造轴压作用下试件 CFTC1-X、CFTC3-X、CFTC1-Y、CFTC3-Y 较轴拉作用下试件 CFTT1-X、CFTT3-X、CFTT1-Y、CFTT3-Y，屈服荷载均值高 61.8%、54.7%、82.2%、47.7%，峰值荷载均值高 89.2%、68.7%、92.0%、55.5%；④各试件的名义屈服荷载为峰值荷载的 85%左右；⑤各试件均有一定的承载力退化现象，试件 CFTT1-X、CFTT1-Y 在加载初期即出现，并随着加载的进行退化速度加快，但试件 CFTT3-X、CFTT3-Y 在加载初期无退化现象且有一定的强化，约超过屈服位移角后出现退化现象，说明加强节点核心区可在一定程度上延缓损伤屈服的发展；⑥沿截面短轴方向加载试件较沿截面长轴方向加载试件，承载力退化相对缓慢；⑦各试件达峰值荷载对应位移角时，承载能力下降 10%以内，极限位移角时，承载能力下降 20%左右，故设计中应考虑累积损伤对最大弹塑性位移角取值的影响；⑧轴拉作用下各试件较轴压作用下各试件承载力退化速度明显快，1/50 位移角时，轴拉作用下各试件承载力退化系数均已低于 85%。

8.2.7　变形能力

实测所得各试件名义屈服、峰值、极限时对应的加载点高度水平位移 Δ 和位移角 θ 及延性系数 μ 见表 8-11。由实测不同高度处位移计算所得上柱、下柱变形比例-位移角（η_d-θ）曲线如图 8-78 所示，曲线以上部分为上柱变形部分，以下部分为下柱变形部分，横坐标为试件整体位移角。

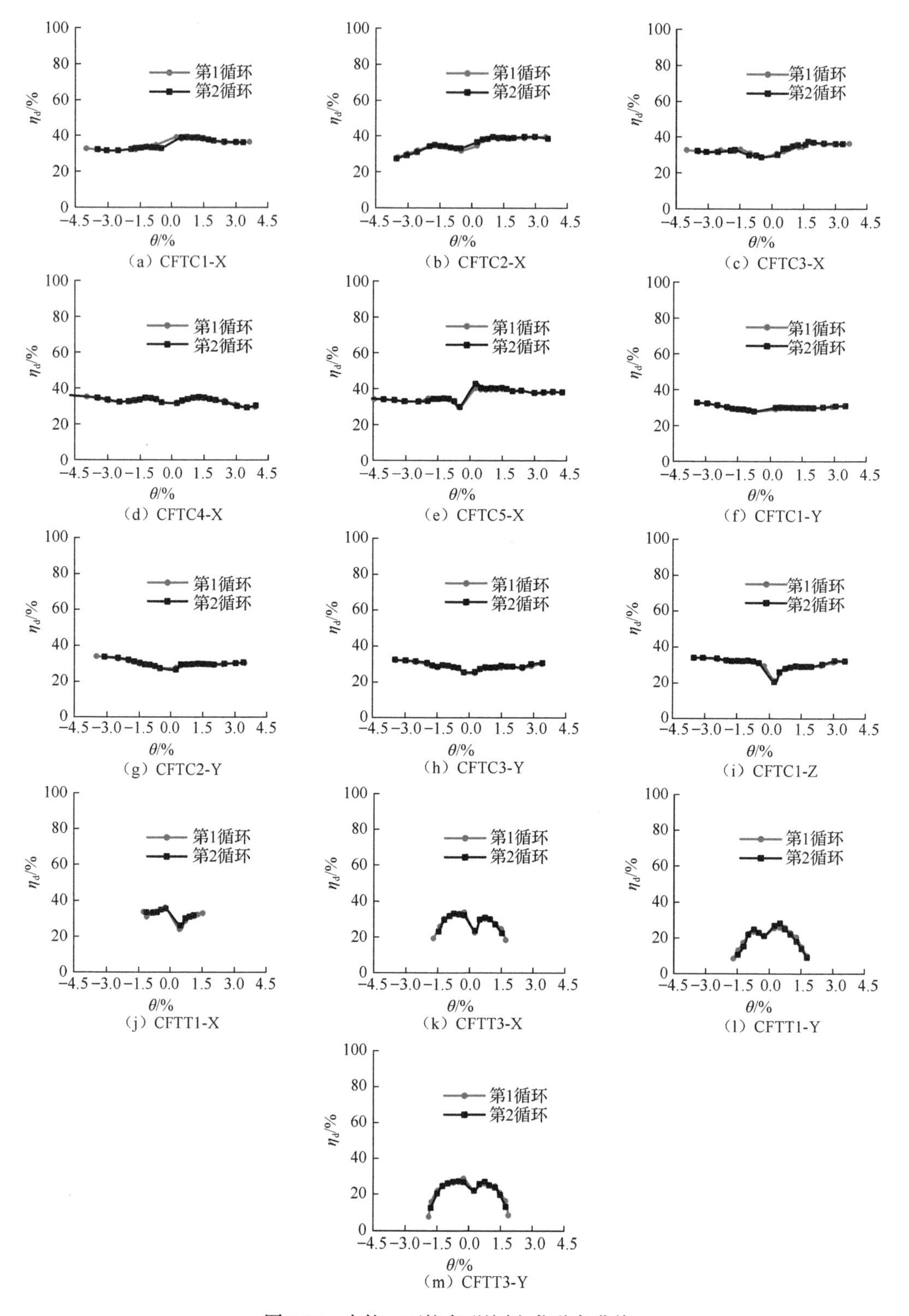

（a）CFTC1-X　（b）CFTC2-X　（c）CFTC3-X　（d）CFTC4-X　（e）CFTC5-X　（f）CFTC1-Y　（g）CFTC2-Y　（h）CFTC3-Y　（i）CFTC1-Z　（j）CFTT1-X　（k）CFTT3-X　（l）CFTT1-Y　（m）CFTT3-Y

图 8-78　上柱、下柱变形比例-位移角曲线

分析表 8-11 可知以下结论。

（1）轴压作用下的试件。

①试件名义屈服时，其位移角为 1/114～1/81，达峰值荷载时，其位移角为 1/50～1/40，荷载下降至 85%峰值荷载时，其位移角为 1/35～1/26，说明其具有良好的弹塑性变形能力；②沿截面长轴方向加载试件，与试件 CFTC1-X 相比，试件 CFTC2-X 屈服位移均值降低了 37.4%，试件 CFTC3-X 降低了 14.7%，试件 CFTC4-X 降低了 40.9%，试件 CFTC5-X 降低了 30.7%，表现为节点约束区加强钢材越向加载轴两端截面角部分布，屈服位移角降低越多；③与试件 CFTC1-X 相比，试件 CFTC2-X 最大弹塑性位移降低了 3.8%，试件 CFTC3-X 提高了 0.1%，试件 CFTC4-X 提高了 10.2%，试件 CFTC5-X 提高了 5.27%，两个角部加强型试件具有更好的弹塑性变形能力；④沿截面短轴及 45° 方向加载试件与试件 CFTC1-Y 相比，试件 CFTC2-Y 屈服位移均值降低了 10.1%，试件 CFTC3-Y 降低了 10.1%，试件 CFTC1-Z 降低了 12.6%，最大弹塑性位移角各试件基本接近；⑤沿长轴加载试件的各试件的延性系数为 2.72～4.27，沿短轴及 45° 方向加载试件延性系数为 2.34～2.82，较基本型试件，各加强构造试件延性系数均有较大的提高。

（2）轴拉作用下的试件。

①试件名义屈服时其位移角为 1/141～1/104，达峰值荷载时其位移角为 1/91～1/68，荷载下降至 85%峰值荷载时其位移角为 1/71～1/56，明显小于相同截面轴向力为压力的试件最大弹塑性位移角，说明轴向拉力作用下，钢管钢板受拉区损伤屈服发展较快，试件变形能力有较大降低；②试件 CFTT1-X、CFTT3-X 较试件 CFTT1-Y、CFTT3-Y，屈服位移角均值分别降低了 8.0%、15.7%，最大弹塑性位移角分别降低了 9.8%、9.8%；③试件 CFTT3-X、CFTT3-Y 较试件 CFTT1-X、CFTT1-Y，屈服位移角均值分别提高了 13.6%、24.0%，最大弹塑性位移角分别提高了 13.1%、13.2%，说明下柱节点核心区多腔体构造较好地协调了上下柱的应力分布，试件变形能力提高；④各试件的延性系数为 1.86～2.05，这是因为名义屈服位移较大，但并不表明该分叉柱的变形能力差。

由图 8-78 可知以下结论。

（1）轴压作用下的试件。

①各试件的下柱变形比例总体上呈现加载初期低，随加载过程的进行而逐渐升高的趋势，在试件破坏前，下柱变形比例大致占试件总变形的 30%～40%；②沿截面长轴方向加载试件较沿截面短轴及 45° 方向加载试件，下柱变形比例略高，这是由于长轴方向两上柱总截面惯性矩为下柱的 93.2%，上柱钢管截面惯性矩为下柱的 94.3%，短轴方向两上柱总截面惯性矩为下柱的 41.9%，上柱钢管截面惯性矩为下柱的 47.6%，因此弹性阶段长轴方向加载试件上、下柱变形差值较小，短轴方向加载试件上、下柱变形差值较大；③同一水平位移往复加载时，第 2 循环加载与第 1 循环加载的上、下柱变形比例基本一致。

（2）轴拉作用下的试件。

①各试件的下柱变形比例总体上呈现加载初期高，随加载过程的进行而逐渐降低的趋势，该趋势与轴压作用下试件相反，这是由于试件破坏位置引起的，所有受压试件及受拉试件 CFTT1-X 由于最终破坏位置出现在下柱，在加载历程的中后期，下柱变形比

例相对较高，在 35%左右，试件 CFTT3-X、CFTT1-Y、CFTT3-Y 最终破坏位置出现在上柱根部，停止加载时，下柱变形比例已低于 20%，这是由于下柱损伤较小，承载力较高，整个加载历程中上柱传递下来的荷载未超过其承载力，故随着整个试件位移增大及外荷载的降低，下柱变形减小；②沿截面长轴加载试件较沿截面短轴方向加载试件下柱变形比例较高；③同一水平位移往复加载时，第 2 循环加载与第 1 循环加载的上、下柱变形比例基本一致；④各轴压作用下试件的下柱变形比例相对稳定，而各轴拉作用下试件的下柱变形比例降低较快。

8.2.8　耗能

由于各试件的加载历程存在微小差异，采用累积耗能易引入并放大误差，故采用平均滞回耗能-位移角（E_a-θ）关系曲线描述试件的耗能性能，如图 8-79 所示。平均滞回耗能表示某级位移加载循环 1 次的滞回耗能值，由该级位移多次加载循环的滞回耗能总和除以加载循环次数所得，其中各加载循环的滞回耗能由相应的荷载-位移滞回曲线包围的面积计算得到。每级荷载下每一循环正负两向的平均等效黏滞阻尼系数-位移角（h_e-θ）关系曲线如图 8-80 所示。每级荷载下每一循环正负两向上、下柱耗能比例-位移角（η_e-θ）关系曲线如图 8-81 所示，图中上、下柱耗能由水平荷载对其各自的净水平位移积分所得，曲线以上部分为上柱耗能比例，曲线以下部分为下柱耗能比例。

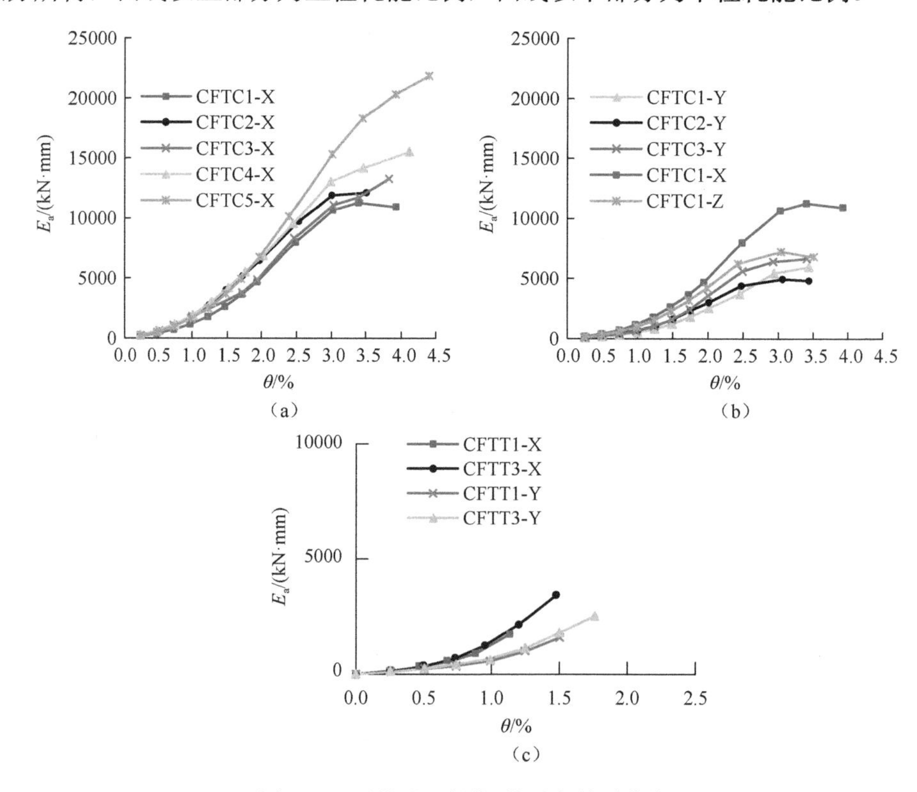

图 8-79　平均滞回耗能-位移角关系曲线

由图 8-79 可见：

（1）轴压作用下的试件。

①各试件的平均滞回耗能随加载位移角的增大而增大，并且增大的速度也加快，接近试件破坏时，增大的速度有所减缓。②沿截面长轴加载试件，加载至 2%位移角前，试件 CFTC1-X 与试件 CFTC3-X 平均滞回耗能接近，试件 CFTC2-X、试件 CFTC4-X 和试件 CFTC5-X 的平均滞回耗能接近；加载至超过 2%位移角后，平均滞回耗能大小依次为试件 CFTC5-X、试件 CFTC4-X、试件 CFTC2-X、试件 CFTC3-X、试件 CFTC1-X。③沿截面短轴方向加载试件，加载至 2%位移角前，加强型试件 CFTC2-Y、CFTC3-Y 平均滞回耗能接近，但均高于基本型试件 CFTC1-Y；加载至 2%位移角以后，平均耗能大小依次为试件 CFTC3-Y、试件 CFTC2-Y、试件 CFTC1-Y，但在位移角超过 2.7%后，试件 CFTC2-Y 平均耗能能力降为最低。④沿截面 45° 方向加载试件，平均滞回耗能介于沿截面长轴和沿截面短轴加载试件，加载后期耗能能力更偏向于沿截面短轴加载试件。

（2）轴拉作用下的试件。

①各试件的平均滞回耗能随加载位移角的增大而增大，并且增大的速度也加快，这是由于加载过程中试件塑性变形所占比例增大的缘故；②试件 CFTT1-X、CFTT3-X 较试件 CFTT1-Y、CFTT3-Y，1%位移角下的平均滞回耗能分别高 107.8%、120.3%，试件 CFTT3-X、CFTT3-Y 较试件 CFTT1-X、CFTT1-Y，1%位移角下的平均滞回耗能高 10.0%、16.7%；③相同截面构造轴拉作用下试件的平均滞回耗能较轴压作用下试件低，且由于其破坏较早，其综合耗能能力也较低。

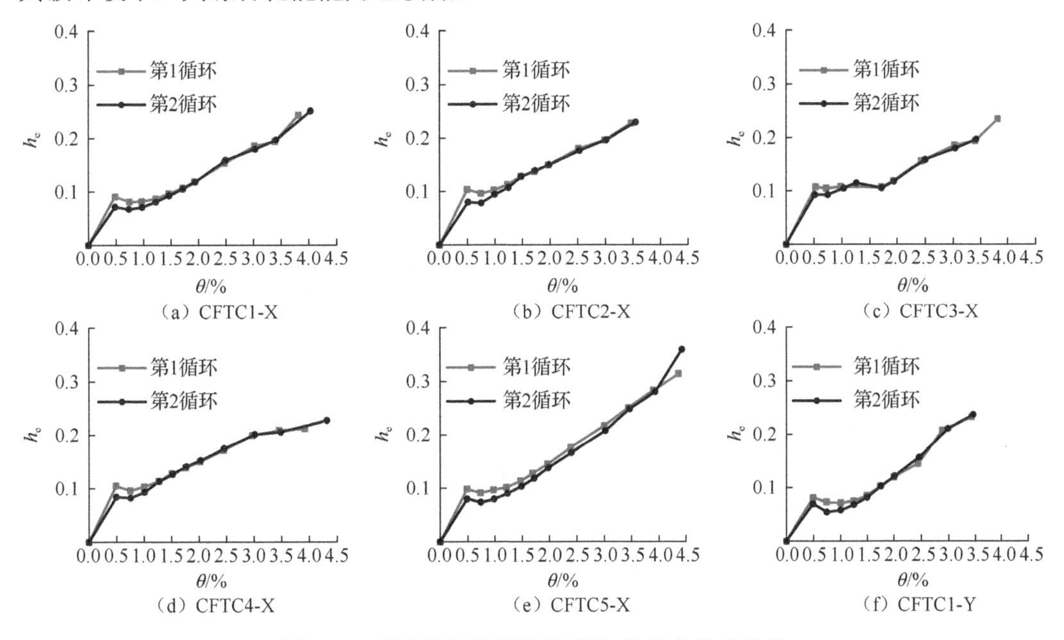

（a）CFTC1-X　（b）CFTC2-X　（c）CFTC3-X

（d）CFTC4-X　（e）CFTC5-X　（f）CFTC1-Y

图 8-80　平均等效黏滞阻尼系数-位移角关系曲线

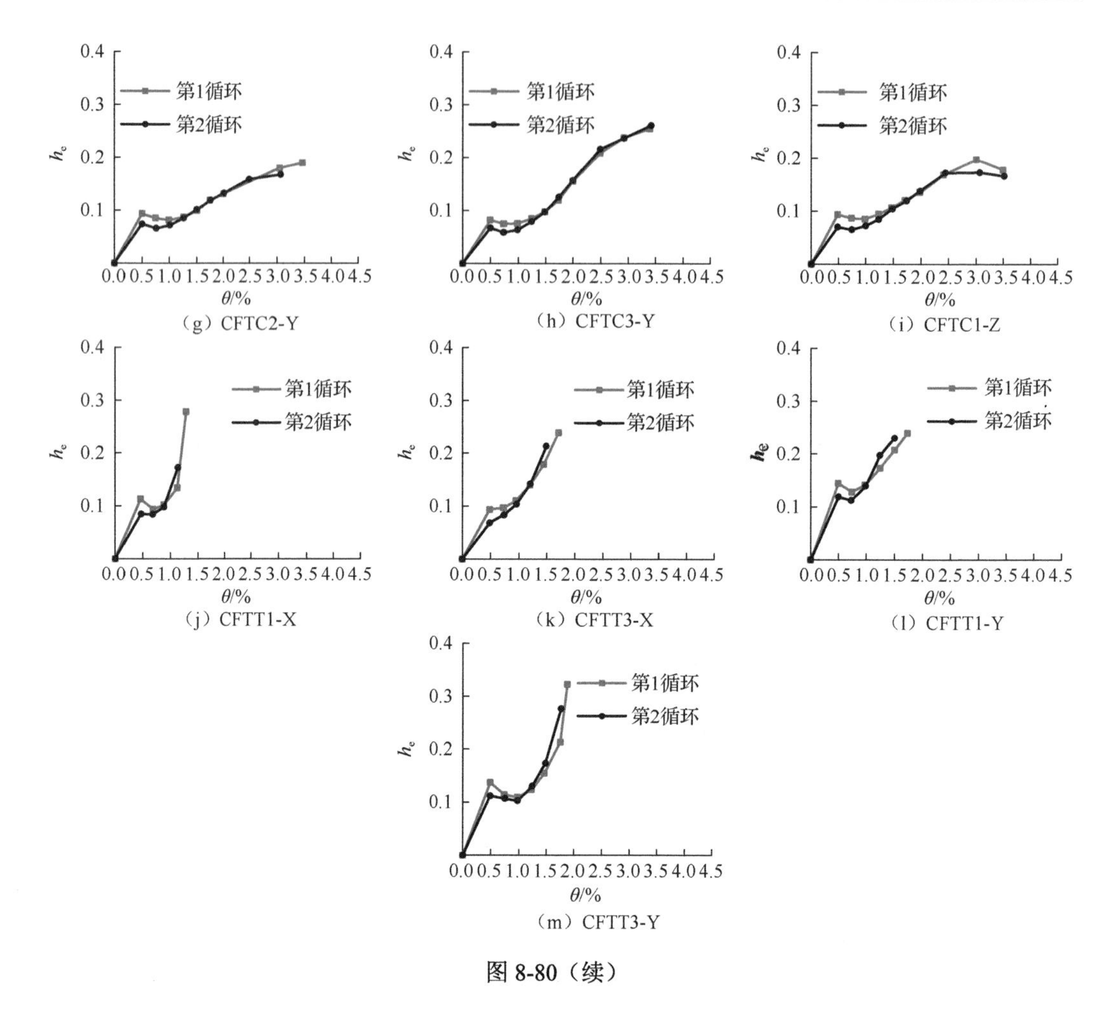

（g）CFTC2-Y

（h）CFTC3-Y

（i）CFTC1-Z

（j）CFTT1-X

（k）CFTT3-X

（l）CFTT1-Y

（m）CFTT3-Y

图 8-80（续）

由图 8-80 可见：①各试件的等效黏滞阻尼系数随加载位移角的增大而增大；②各试件的等效黏滞阻尼系数，在加载初期第 1 循环数值略大于第 2 循环，说明累积损伤对试件耗能性能有一定影响；③相同位移角下，轴压作用下沿截面长轴加载各试件的平均等效黏滞阻尼系数大小趋势依次为试件 CFTC5-X、CFTC4-X、CFTC2-X、CFTC3-X、CFTC1-X，说明其耗能能力依次减弱；④相同位移角下，轴压作用下沿截面短轴加载各试件的平均等效黏滞阻尼系数带下趋势依次为试件 CFTC3-Y、CFTC2-Y、CFTC1-Y；⑤轴压作用下沿截面 45° 加载试件与沿截面长轴、短轴加载试件的平均等效黏滞阻尼系数接近，这是由于其截面构造相同，耗能性能接近；⑥相同位移角下，轴拉作用下试件 CFTT3-X、CFTT3-Y 较试件 CFTT1-X、CFTT1-Y 等效黏滞阻尼系数略小，这是由于节点核心区加强后，上下柱内力传递更加平稳，同位移角下的塑性变形略少的缘故；⑦同位移角下，轴拉作用试件较轴压作用试件的平均等效黏滞阻尼系数高，表征了同位移角下轴拉试件耗能性能好，但并不代表其耗能能力（或者说耗能量）高。

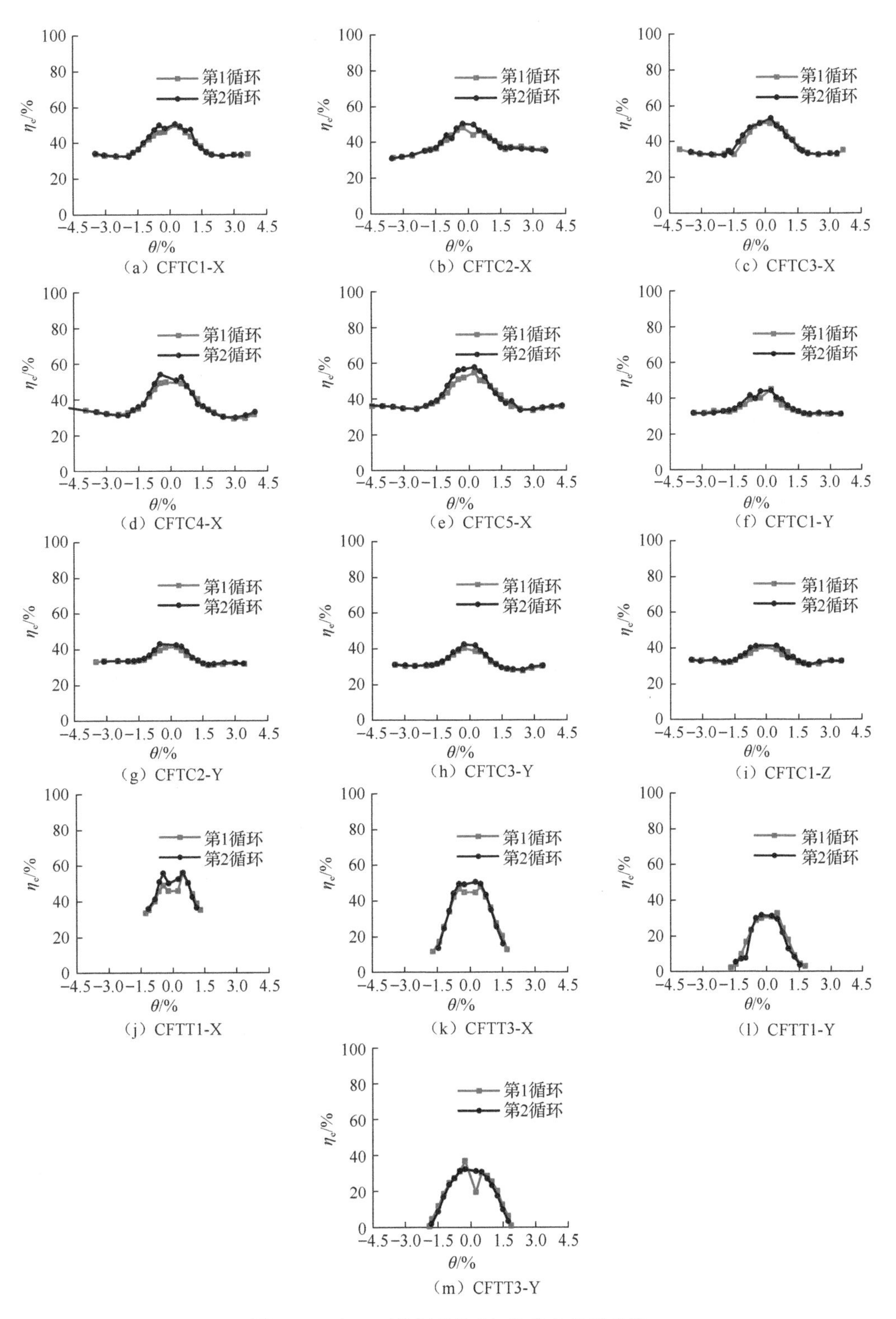

图 8-81　上、下柱耗能比例-位移角关系曲线

由图 8-81 可知以下结论。

（1）轴压作用下的试件。

①各试件的下柱耗能比例总体表现为加载初期较高，随着加载位移的增大而略微降低。②沿截面长轴加载各试件，1%位移角前，各试件的下柱耗能比例大于 40%，1%位移角后至试件破坏，下柱耗能比例为 30%～40%；试件 CFTC5-X 较其他试件下柱耗能比例明显高，这是由于其增设的角部圆钢管具有高的承载力，减小了上柱与下柱承载力的差异。③沿截面短轴及 45°方向加载试件，各试件的下柱耗能比例基本接近，1.5%位移角前的下柱耗能比例较沿截面长轴加载试件低，之后的下柱耗能比例趋近与长轴加载试件。④各试件每级荷载下第 1 循环与第 2 循环的上、下柱耗能比例基本一致。

（2）轴拉作用下的试件。

①各试件的下柱耗能比例总体表现为加载初期较高，随着加载位移的增大而逐渐较低。②试件 CFTT1-X 较试件 CFTT3-X 下柱耗能比例明显高，这是由于其损伤屈服破坏主要发生在下柱所致。③加载初期，试件 CFTT1-X、CFTT3-X 下柱耗能比例约为 50%，试件 CFTT1-Y、CFTT3-Y 下柱耗能比例约为 30%；加载中后期，试件 CFTT1-X、CFTT3-X 下柱耗能比例也明显高于试件 CFTT1-Y、CFTT3-Y。④与轴压作用试件相比，轴拉作用试件的下柱耗能比例随位移角降低的速度明显快，这是由于轴拉试件的变形主要集中在上柱部分，上柱是耗能的主要部分。⑤各试件每级荷载下第 1 循环与第 2 循环的上、下柱耗能比例基本一致。

8.2.9　有限元分析

1. 单调 P-Δ 关系曲线

模拟所得轴压作用下试件加载点处、上柱、下柱的荷载-位移骨架曲线对比如图 8-82 所示。

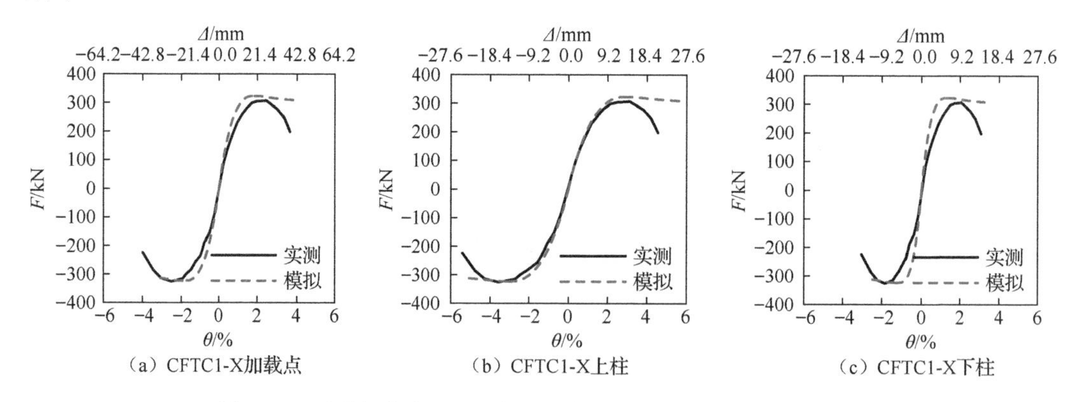

（a）CFTC1-X加载点　（b）CFTC1-X上柱　（c）CFTC1-X下柱

图 8-82　试件加载点处、上柱、下柱的荷载-位移骨架曲线对比

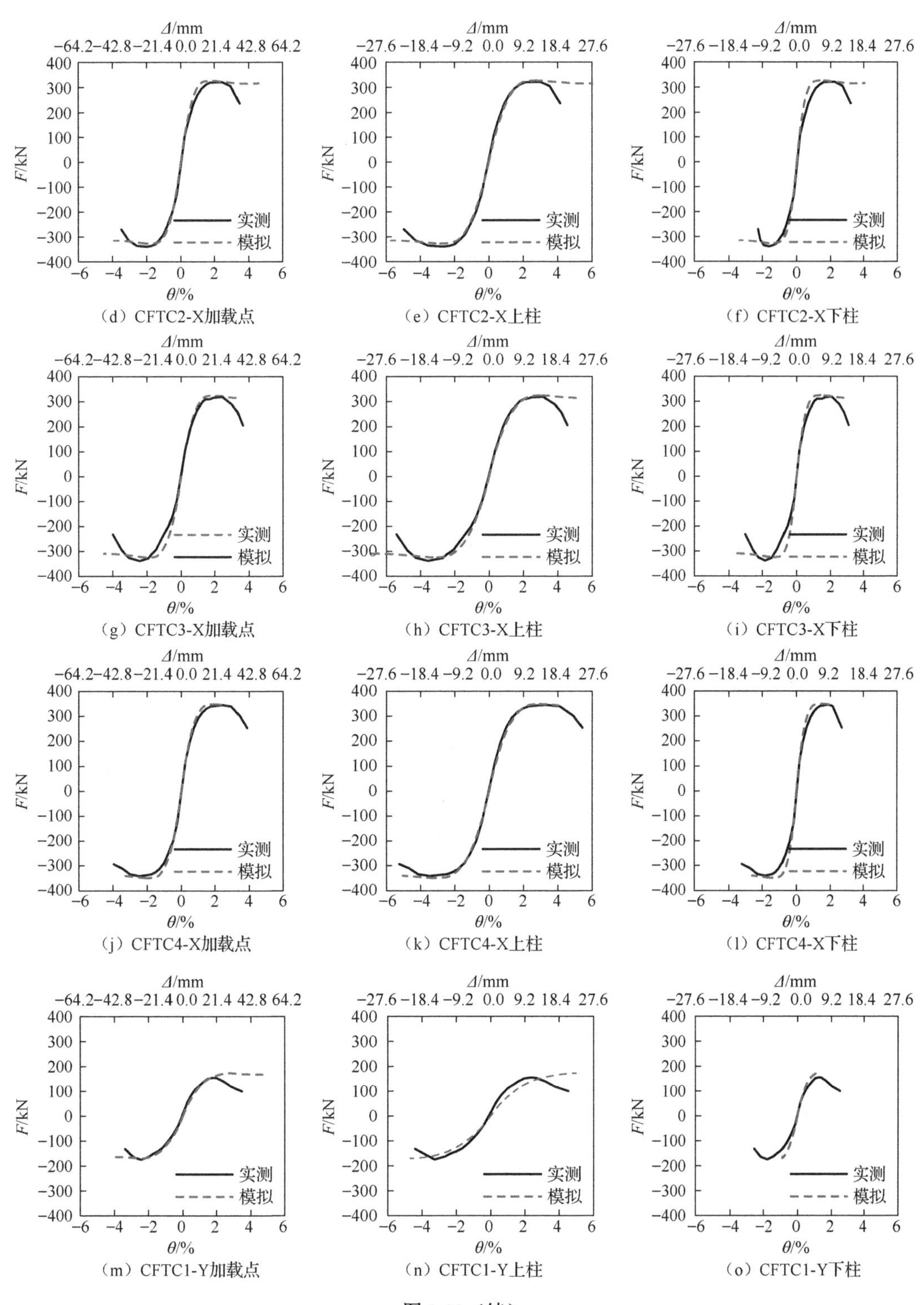

（d）CFTC2-X加载点　（e）CFTC2-X上柱　（f）CFTC2-X下柱

（g）CFTC3-X加载点　（h）CFTC3-X上柱　（i）CFTC3-X下柱

（j）CFTC4-X加载点　（k）CFTC4-X上柱　（l）CFTC4-X下柱

（m）CFTC1-Y加载点　（n）CFTC1-Y上柱　（o）CFTC1-Y下柱

图 8-82（续）

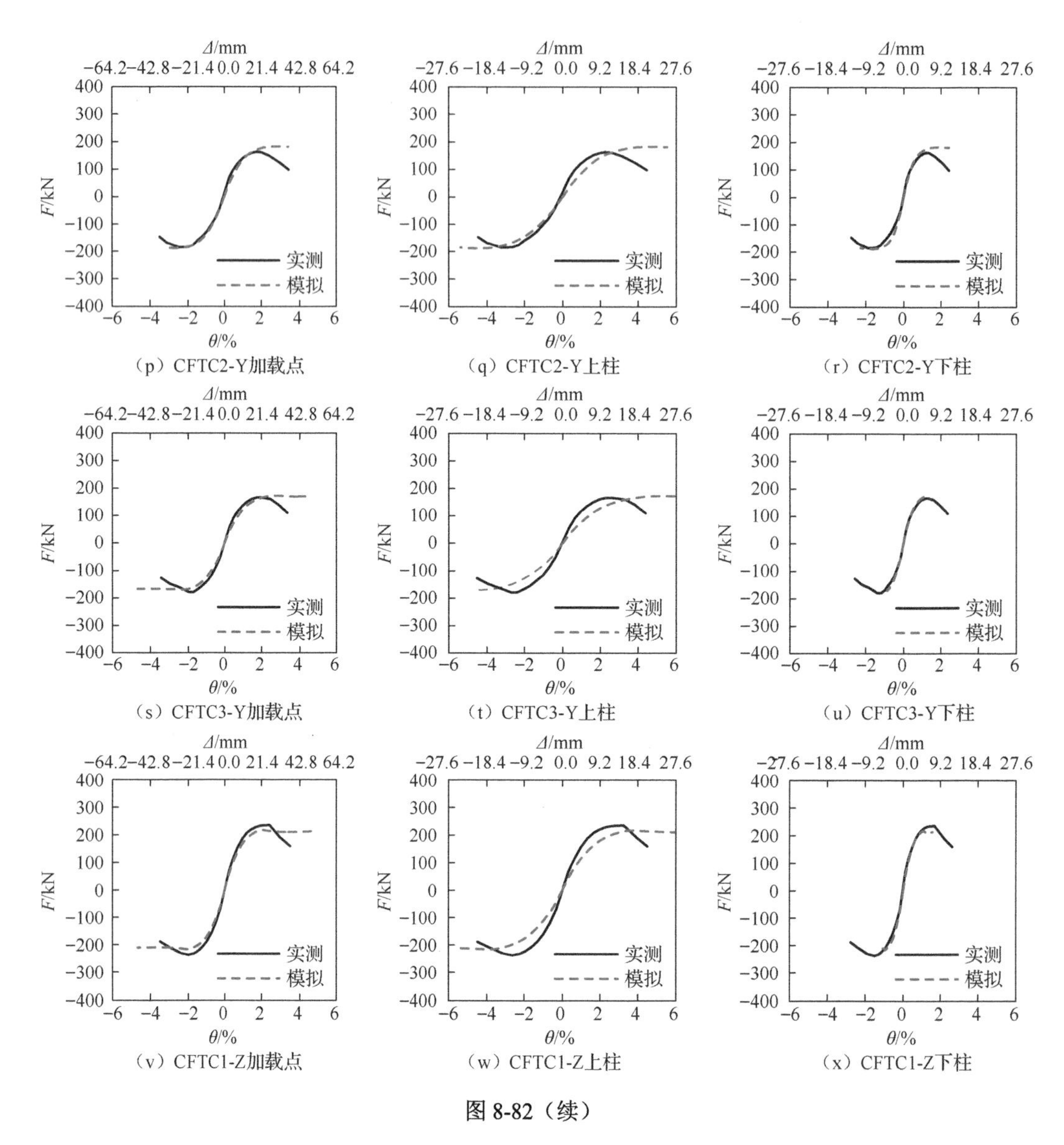

（p）CFTC2-Y加载点　（q）CFTC2-Y上柱　（r）CFTC2-Y下柱

（s）CFTC3-Y加载点　（t）CFTC3-Y上柱　（u）CFTC3-Y下柱

（v）CFTC1-Z加载点　（w）CFTC1-Z上柱　（x）CFTC1-Z下柱

图 8-82（续）

由图 8-82 可见，轴压作用下各试件加载点、上柱、下柱骨架曲线模拟与实测符合较好，说明本节采用的混凝土本构模型和有限元建模方法是合理的。需要特别说明的是，有限元结果中，沿截面短轴加载时，试件 CFTC1-Y、CFTC3-Y 下柱顶面位移在达峰值荷载后不再增大，这可能是由于峰值荷载后，试件在分叉面处钢板和混凝土损伤较重，最终破坏发生的分叉面处所致。

2. 有限元云图

有限元模拟得到了各试件的屈服损伤全过程，主要结果有钢管的应力、混凝土应力、混凝土损伤等。其中，屈服荷载和峰值荷载时，试件钢管与混凝土的状态是较为重要的内容。由表 8-11 可知，各试件实测屈服荷载对应的加载点位移为 8.83～14.76mm，峰值荷载对应的加载点位移为 18.71～26.68mm，为便于比较，取有限元模拟所得加载点 Δ=10mm 时为屈服状态、Δ=20mm 时为峰值状态。模拟所得试件屈服时，钢管屈服状态云图如图 8-83 所示，钢管 Mises 应力云图如图 8-84 所示，混凝土纵向应力云图如图 8-85 所示，混凝土受压损伤云图如图 8-86 所示；峰值时，钢管屈服状态云图如图 8-87 所示，钢管 Mises 应力云图如图 8-88 所示，混凝土纵向应力云图如图 8-89 所示，混凝土受压损伤云图如图 8-90 所示。图 8-83～图 8-90 均为正向加载时的状态，沿截面长轴方向加载试件仅给出了单侧的云图，沿截面短轴加载试件和沿截面 45° 加载试件分别给出了受压侧和受拉侧的云图。

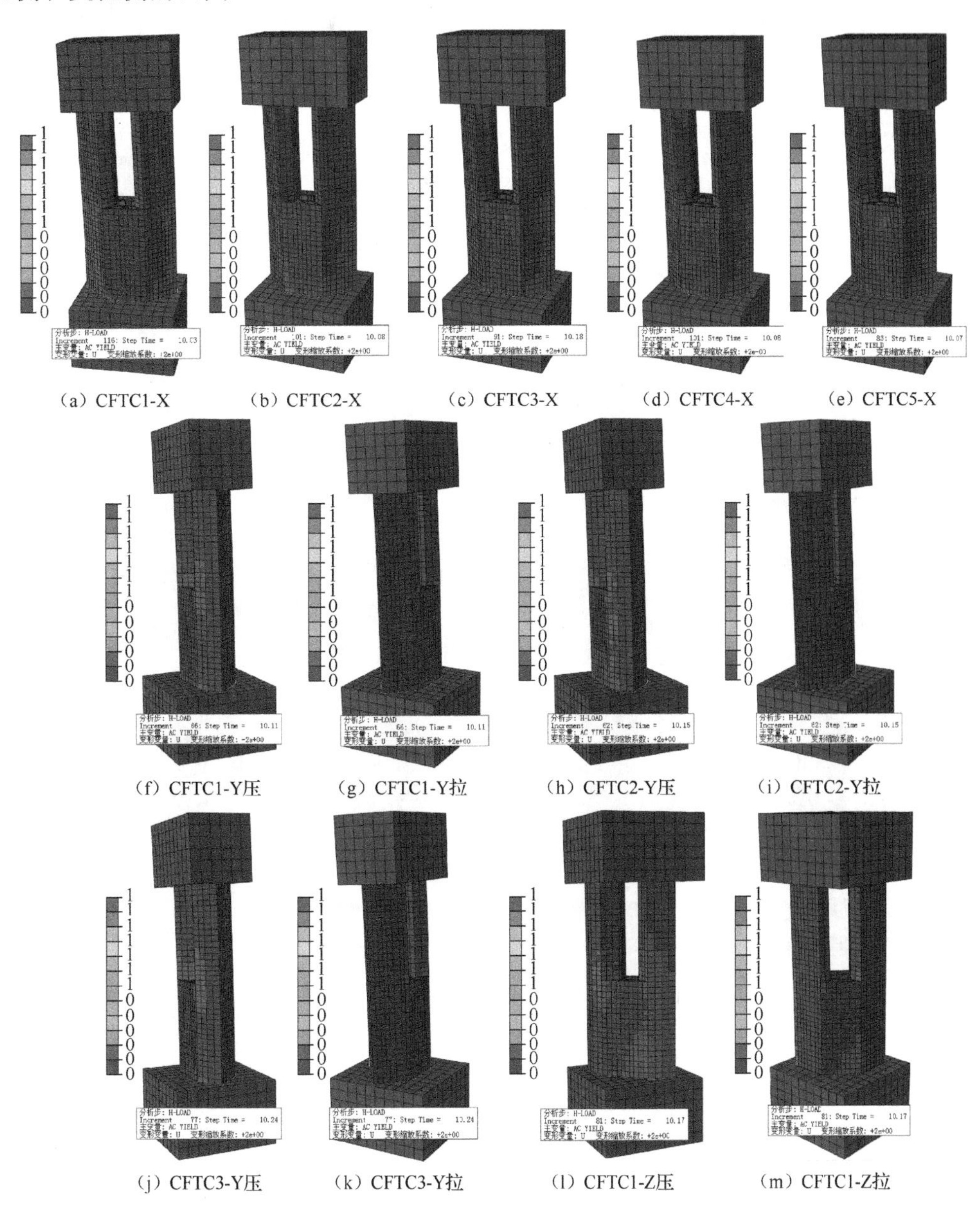

图 8-83　屈服时钢管屈服状态云图

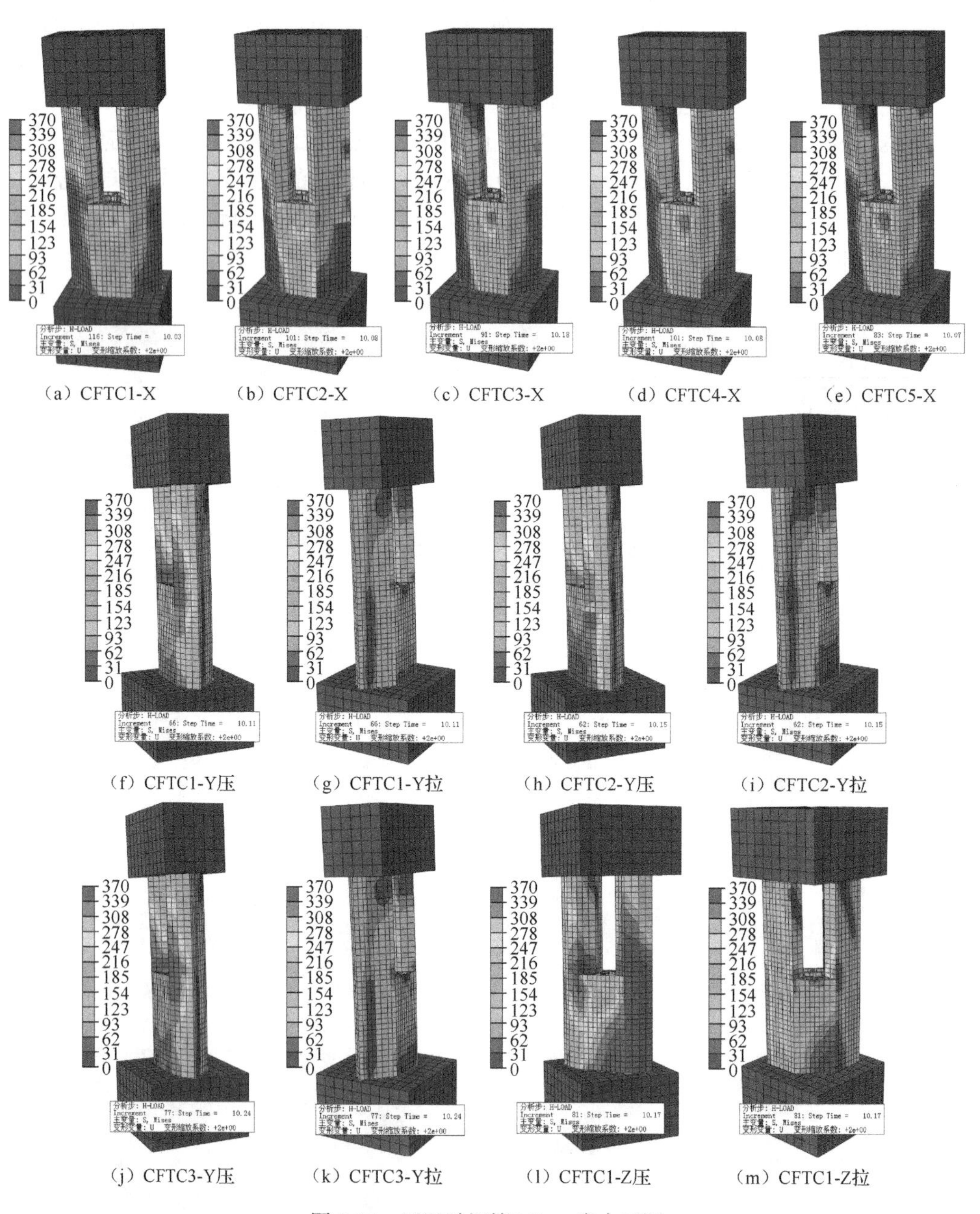

（a）CFTC1-X　（b）CFTC2-X　（c）CFTC3-X　（d）CFTC4-X　（e）CFTC5-X

（f）CFTC1-Y压　（g）CFTC1-Y拉　（h）CFTC2-Y压　（i）CFTC2-Y拉

（j）CFTC3-Y压　（k）CFTC3-Y拉　（l）CFTC1-Z压　（m）CFTC1-Z拉

图 8-84　屈服时钢管 Mises 应力云图

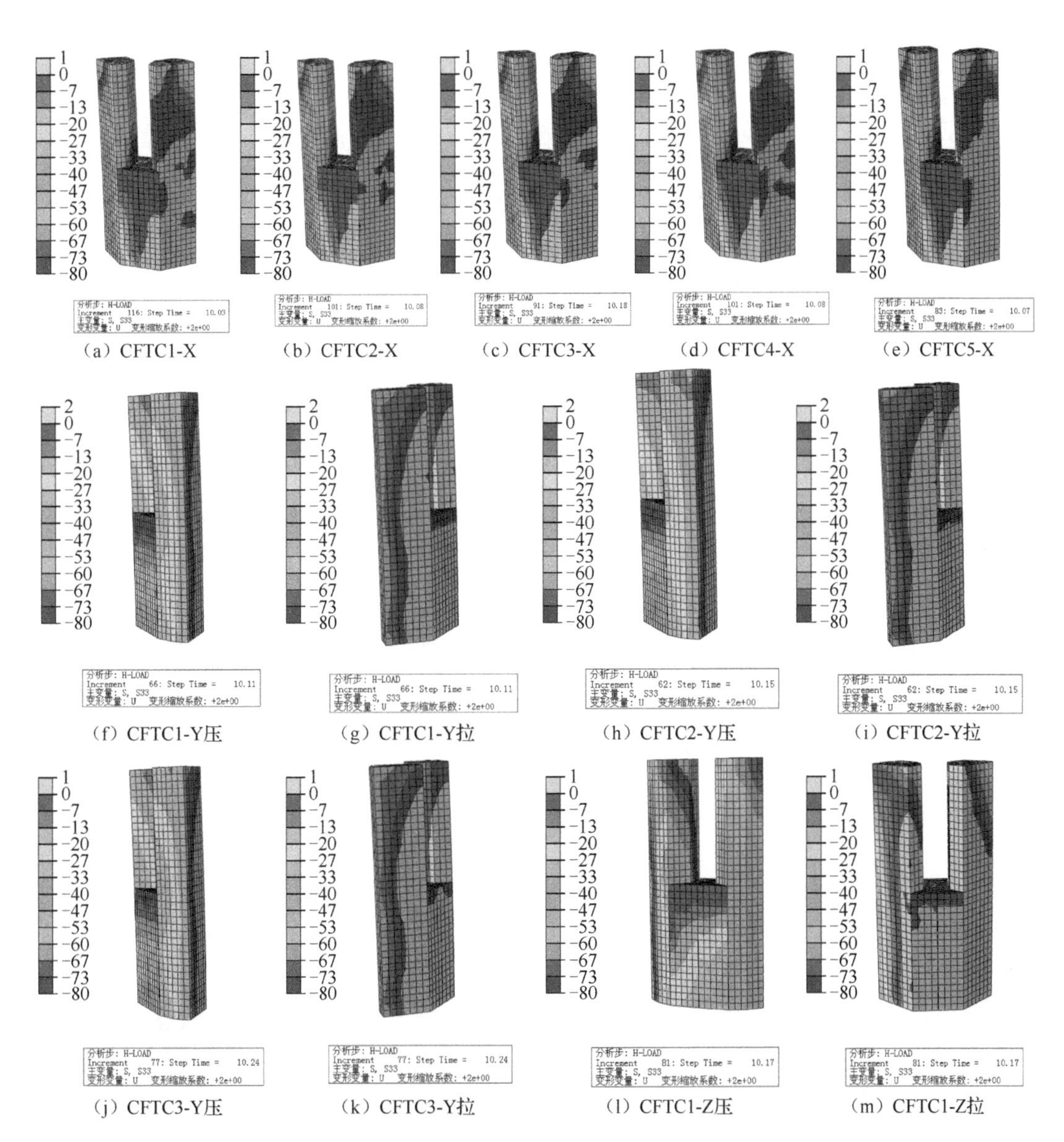

（a）CFTC1-X　（b）CFTC2-X　（c）CFTC3-X　（d）CFTC4-X　（e）CFTC5-X

（f）CFTC1-Y压　（g）CFTC1-Y拉　（h）CFTC2-Y压　（i）CFTC2-Y拉

（j）CFTC3-Y压　（k）CFTC3-Y拉　（l）CFTC1-Z压　（m）CFTC1-Z拉

图 8-85　屈服时混凝土纵向应力云图

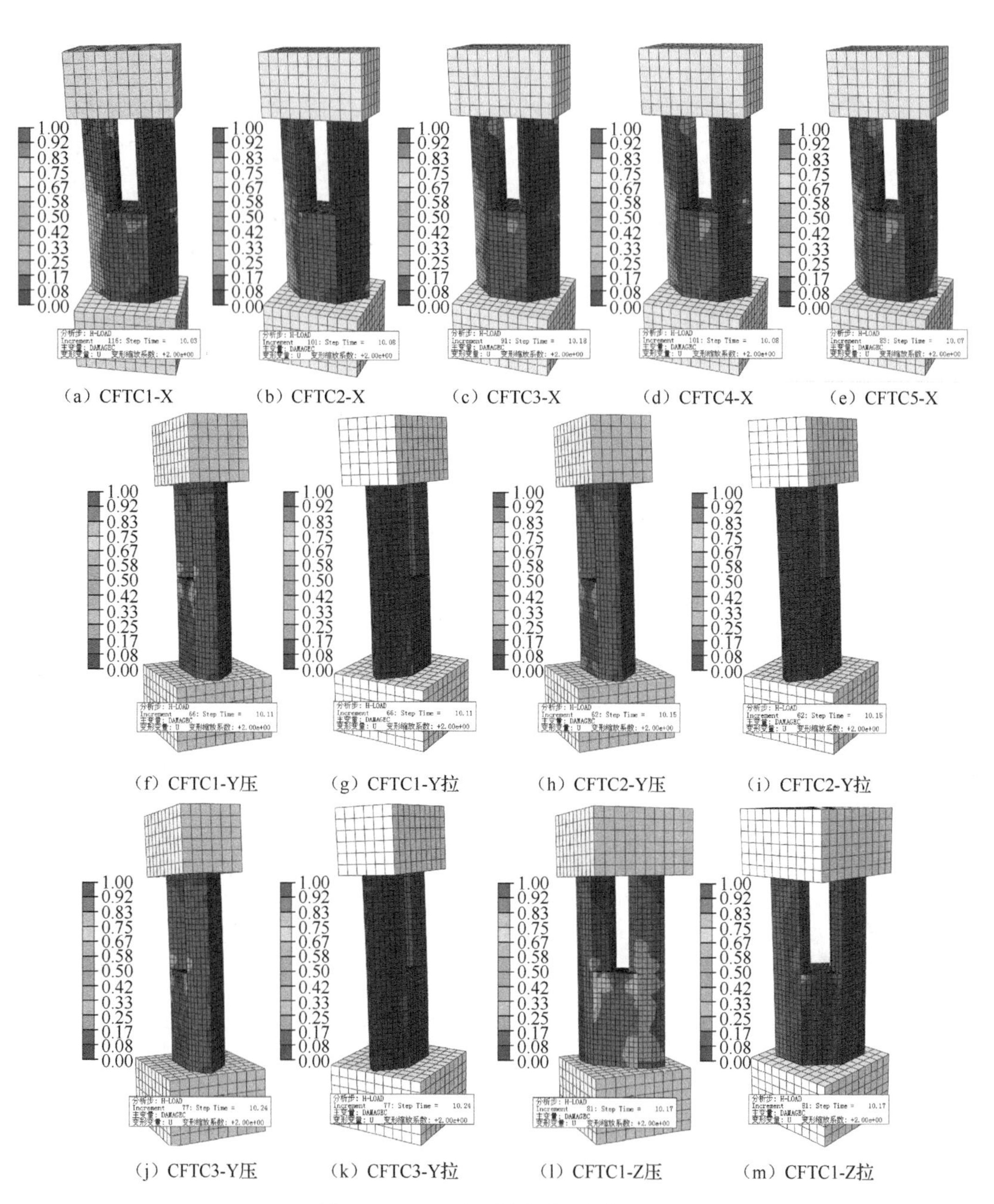

（a）CFTC1-X　（b）CFTC2-X　（c）CFTC3-X　（d）CFTC4-X　（e）CFTC5-X

（f）CFTC1-Y压　（g）CFTC1-Y拉　（h）CFTC2-Y压　（i）CFTC2-Y拉

（j）CFTC3-Y压　（k）CFTC3-Y拉　（l）CFTC1-Z压　（m）CFTC1-Z拉

图 8-86　屈服时混凝土受压损伤云图

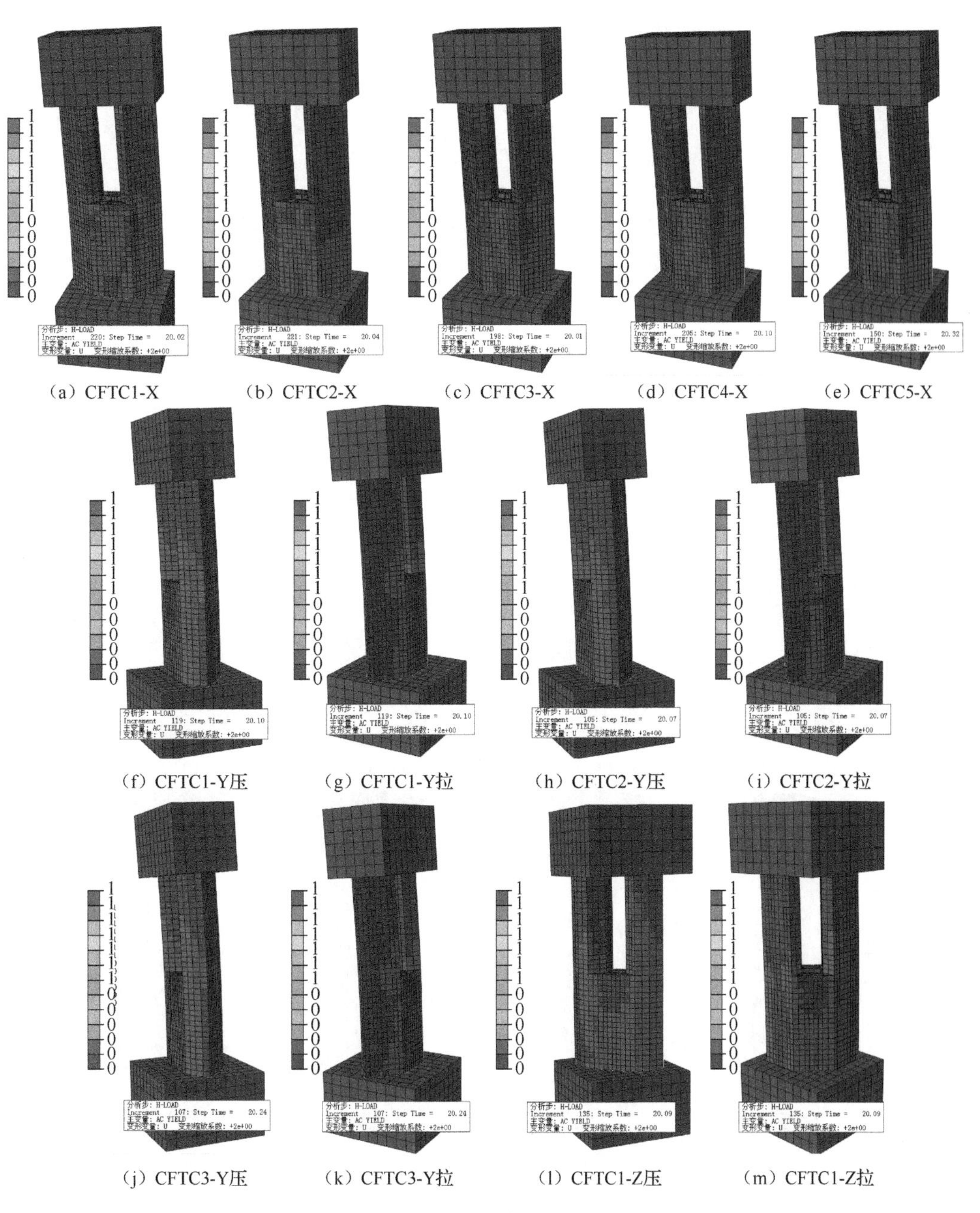

(a) CFTC1-X　(b) CFTC2-X　(c) CFTC3-X　(d) CFTC4-X　(e) CFTC5-X

(f) CFTC1-Y压　(g) CFTC1-Y拉　(h) CFTC2-Y压　(i) CFTC2-Y拉

(j) CFTC3-Y压　(k) CFTC3-Y拉　(l) CFTC1-Z压　(m) CFTC1-Z拉

图 8-87　峰值时钢管屈服状态云图

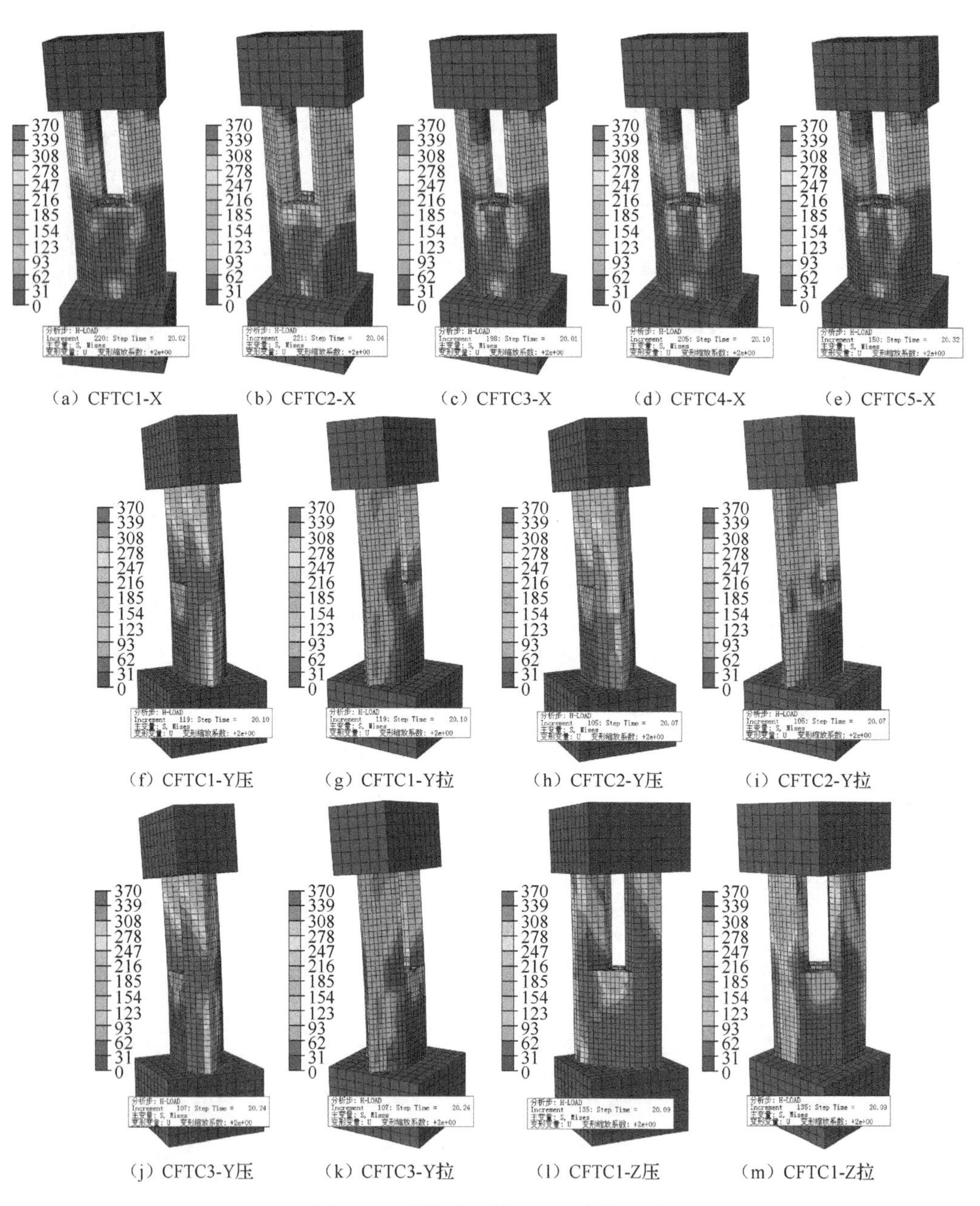

（a）CFTC1-X　（b）CFTC2-X　（c）CFTC3-X　（d）CFTC4-X　（e）CFTC5-X

（f）CFTC1-Y压　（g）CFTC1-Y拉　（h）CFTC2-Y压　（i）CFTC2-Y拉

（j）CFTC3-Y压　（k）CFTC3-Y拉　（l）CFTC1-Z压　（m）CFTC1-Z拉

图 8-88　峰值时钢管 Mises 应力云图

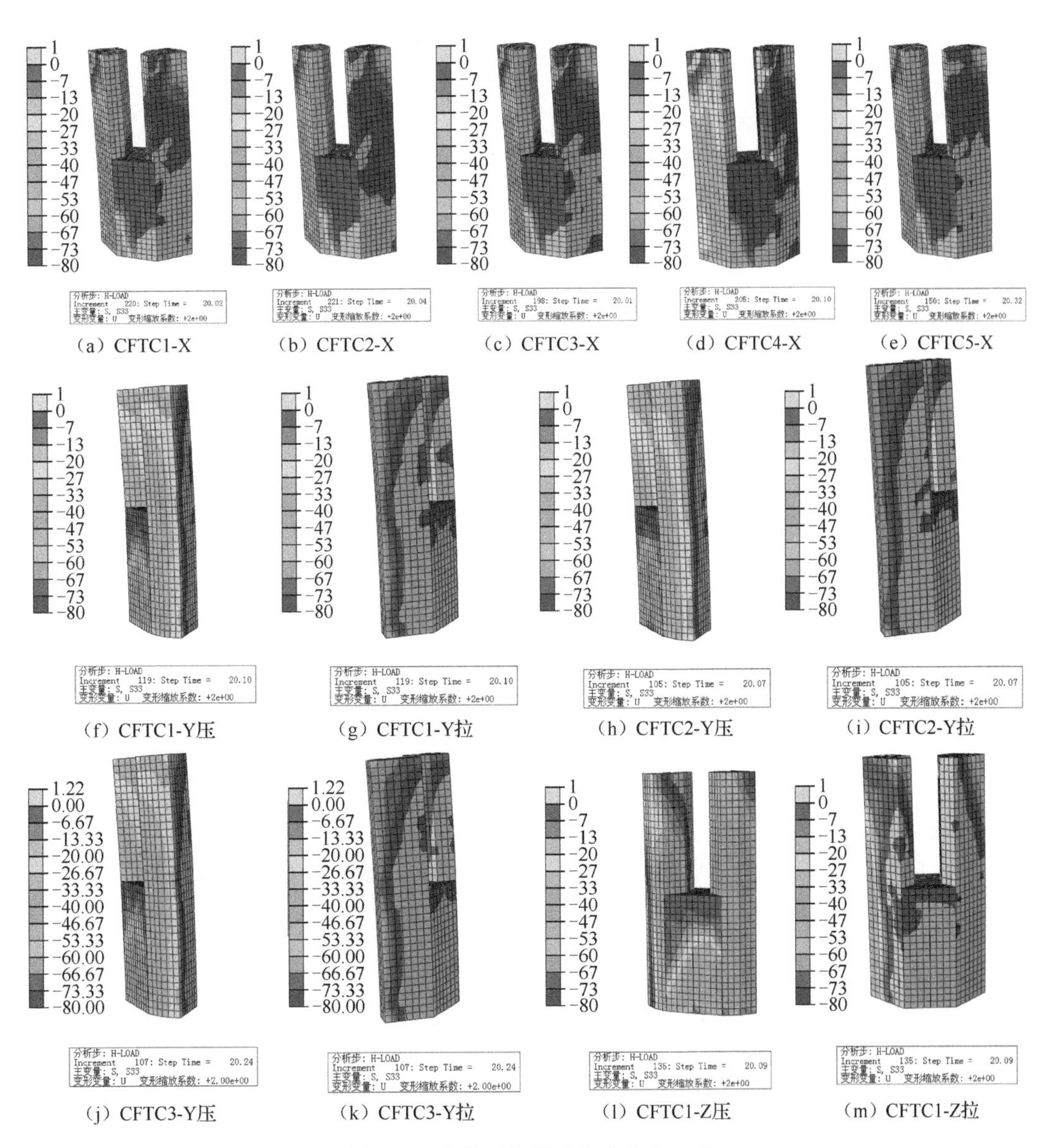

（a）CFTC1-X　（b）CFTC2-X　（c）CFTC3-X　（d）CFTC4-X　（e）CFTC5-X

（f）CFTC1-Y压　（g）CFTC1-Y拉　（h）CFTC2-Y压　（i）CFTC2-Y拉

（j）CFTC3-Y压　（k）CFTC3-Y拉　（l）CFTC1-Z压　（m）CFTC1-Z拉

图 8-89　峰值时混凝土纵向应力云图

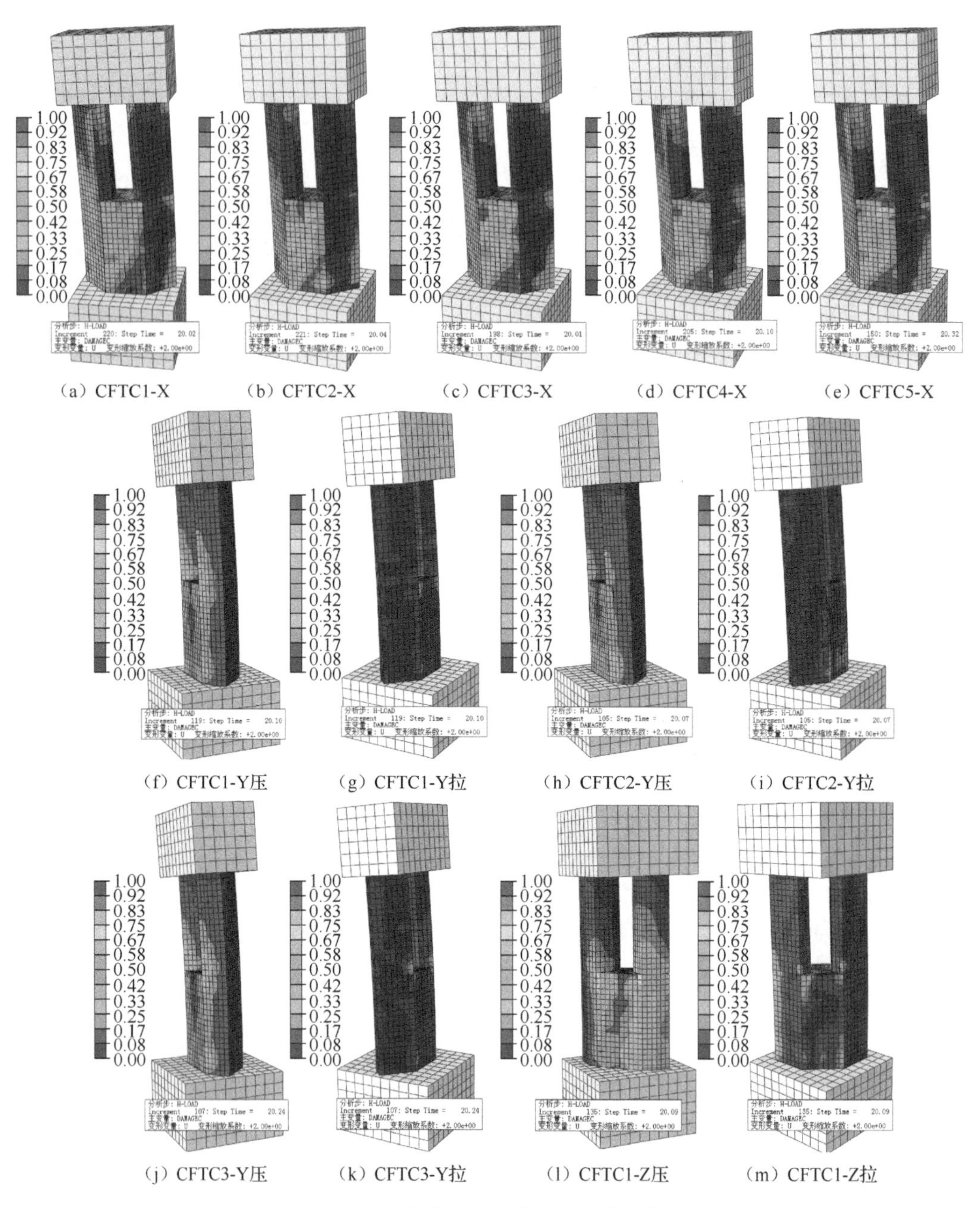

（a）CFTC1-X　（b）CFTC2-X　（c）CFTC3-X　（d）CFTC4-X　（e）CFTC5-X

（f）CFTC1-Y压　（g）CFTC1-Y拉　（h）CFTC2-Y压　（i）CFTC2-Y拉

（j）CFTC3-Y压　（k）CFTC3-Y拉　（l）CFTC1-Z压　（m）CFTC1-Z拉

图 8-90　峰值时混凝土受压损伤云图

由图 8-83～图 8-90 可得以下结论。

屈服荷载时：①加强层及上柱钢管钢板增厚为 3mm 构造试件长轴加载时，较基本型试件，加强层及上柱钢板屈服区域明显减少，其他加强构造试件钢管屈服区域略有减少；沿截面短轴加载时，3mm 钢板增厚构造试件下柱根部钢管屈服区域增大，但上柱根部钢管屈服区域减少，加强层多腔加强构造变化不明显。②3mm 钢板增厚构造试件在加强层与其下部下柱钢管连接的边缘存在着明显的应力突变。③各试件钢管钢板的屈服区域主要集中在整个全高下柱加载方向两端和上柱根部，混凝土受压损伤较重的区域也基本类似钢板屈服区域分布，混凝土受拉区主要分布在全高下柱受拉侧和受拉侧上柱中下部，这与试验中上柱根部、下柱根部均有起鼓变形相符。

峰值荷载时：①钢管钢板屈服区域向下发展，下柱截面几乎全高屈服，其中 3mm 钢板加厚加强构造试件加强层以下屈服明显，以上屈服不明显。②混凝土受压损伤区域也向下发展。③沿截面长轴加载试件损伤屈服向下发展现象较沿截面短轴加载试件重，这也解释了试验中沿截面长轴加载试件上柱根部仅出现轻微的起鼓变形，随后起鼓变形不再增大，而下柱起鼓变形不断增大，最终在往复荷载和累积损伤作用下，在焊缝热影响区边缘钢板撕裂破坏，沿截面短轴方向加载试件，上柱根部鼓凸变形相对较大，但最终也在下柱发生钢板撕裂破坏。

1）轴压用下的试件

①轴向压力和水平往复荷载下，异形截面多腔钢管混凝土分叉柱的主要破坏大多发生在下柱下水平隔板处，主要破坏表现为焊缝边缘热影响区钢板开裂及延伸引起的整钢板撕裂；焊缝布置位置是试件破坏形态的主要影响因素。②试件的水平力-位移角滞回曲线较为饱满，无明显的捏拢现象；角部角钢、特别是圆钢管加强试件滞回环饱满程度明显提高，承载力、变形能力、耗能能力均有大幅提高；3mm 钢板加厚加强试件承载力提高，变形能力下降，综合耗能 2%与角部加强试件接近，但试件配钢率偏高；多腔加强试件抗震性能与基本试件接近，提高不明显。③每级荷载下，第 2 循环较第 1 循环，1/50（2%）位移角时，承载能力下降约 5%以内，承载力退化不明显。④试件下柱变形约占总变形的 30%～40%，比例相对稳定，下柱耗能比例初始加载时约为 50%，随着加载进行，比例降低，在 1/67（1.5%）位移角后，趋于稳定，下柱耗能为 30%～40%。

2）轴拉作用下的试件

①轴向拉力作用下，异形截面多腔钢管混凝土分叉柱的主要破坏大多发生在截面突变的分叉面处，主要破坏表现为焊缝边缘焊接热影响区的钢板撕裂。②试件的水平力-位移角滞回曲线较为饱满，无明显的捏拢现象；沿截面长轴方向加载试件较沿截面短轴方向加载试件承载力高 75.7%～95.4%，但变形能力低 9.8%～9.8%，1%位移角下综合耗能高 107.8%～120.3%；节点核心区下柱多腔构造加强试件较普通试件承载力高 16.6%～29.7%，最大弹塑性位移角分别提高 13.1%～13.2%，1%位移角下综合耗能高为 10.0%～16.7%。③试件每级荷载下，第 2 循环较第 1 循环，达峰值荷载对应位移角时，承载能力下降 10%以内，最大弹塑性位移角时，承载能力下降 20%左右，但耗能性能变化很小。④试件的变形及耗能主要发生在上柱部分，并随着加载的进行，上柱所占比例不断提高。⑤试件峰值荷载对应位移角为 1/91～1/68，大于超高层建筑巨型框架-核心筒结构大震作用下的层间位移角限值。

8.3　工程案例与应用

北京中国尊大厦采用巨型框架+巨型斜撑+内藏型钢及钢板混凝土核心筒混合结构

图 8-91　北京中国尊大厦振动台试验

体系。外部巨型框架+巨型斜撑所构成的外框筒与内部核心筒利用钢梁连接，钢梁两端均采用铰接。底部第一巨型层的四角各布置一根八边十三腔体钢管混凝土巨型柱，每根巨型柱截面面积 63.9m^2；底部第一个巨型层和第二个巨型层转换位置在43.15m标高处，在该转换位置每根八边十三腔体钢管混凝土巨型柱分叉成两个六边四腔体钢管混凝土巨型柱，分叉后的巨型柱截面面积为 19.5m^2，形成了底部一根八边十三腔体钢管混凝土巨型柱、巨型分叉节点、上部两根六边四腔体钢管混凝土巨型柱构成的异形截面钢管混凝土巨型分叉柱。中国建筑科学研究院进行了北京中国尊大厦结构模型振动台试验，试验模型如图 8-91 所示。试验表明巨型分叉柱的分叉节点破坏相对严重。为此，本章提出了新型构造的异形截面钢管混凝土巨型分叉柱。

8.4　小　　结

本章基于超高层建筑北京中国尊大厦异形截面钢管混凝土巨型分叉柱，进行了缩尺模型试件的受压性能试验和抗震性能试验，主要结论如下。

1）受压性能

（1）简化构造试件及基本试件破坏主要发生在一个柱肢，而加强型试件两个柱肢破坏形态接近，峰值荷载过后，相同承载力衰减幅度情况下 3 个试件经历的加载次数增多。

（2）应变分析表明下柱以弹性变形为主，顶部区域非直接受力部分应力较小，但该区域应力环境复杂，内部纵向分腔钢板对核心混凝土的约束效应更强，腔体内适当设置截面几何性质各项同性的圆钢管有利于改善异形柱的塑性变形性能。

（3）偏压试件破坏形态均以弯曲破坏为主，且均发生在抗弯刚度较小的柱肢部分，侧向位移主要发生在刚度较小的柱肢部分，受截面几何性质影响，两个柱肢存在相对扭转效应。

2）抗震性能

（1）轴向压力和水平往复荷载下，异形截面钢管混凝土分叉柱的主要破坏大多发生在下柱下水平隔板处，主要破坏表现为焊缝边缘热影响区钢板开裂及延伸引起的整钢板撕裂；焊缝布置位置是试件破坏形态的主要影响因素。

（2）试件的水平力-位移角滞回曲线较为饱满，无明显的捏拢现象；角部角钢、特别是圆钢管加强试件滞回环饱满程度明显提高，承载力、变形能力、耗能能力均有大幅提高；3mm 钢板加厚加强试件承载力提高，变形能力下降，综合耗能 2%与角部加强试件接近，但试件配钢率偏高；多腔加强试件抗震性能与基本试件接近，提高不明显。

（3）试件下柱变形约占总变形的 30%～40%，比例相对稳定，下柱耗能比例初始加载时约为 50%，随着加载进行，耗能比例降低，1/67（1.5%）位移角后，变形趋于稳定，约为总变形的 30%～40%。

（4）轴向拉力和水平往复荷载下，异形截面钢管混凝土分叉柱的主要破坏大多发生在截面突变的分叉面处，主要破坏表现为焊缝边缘焊接热影响区的钢板撕裂。

作者与奥雅纳工程咨询（上海）有限公司北京分公司、北京市建筑设计研究院有限公司合作，以北京中国尊大厦异形截面钢管混凝土巨型分叉柱为原型，进行了不同构造的巨型分叉柱模型的轴压性能、偏压性能、低周反复荷载下抗震性能试验研究、理论分析、数值模拟和构造设计研究。

本章研究为北京中国尊大厦异形截面钢管混凝土巨型分叉柱的构造优化设计提供了依据。

参 考 文 献

[1] 中华人民共和国住房和城乡建设部. 钢管混凝土结构技术规范: GB 50936—2014[M]. 北京: 中国建筑工业出版社, 2014.

[2] American Concrete Institute. Building code requirements for structural concrete: ACI 318-14[S]. Farmington Hills: American Concrete Institute, 2014.

[3] British Standards Institution. Steel, Concrete and Composite Bridges. Part 4. Code of Practice for the Design of Composite Bridges:BS 5400-2005[S]. BSI: London, UK, 2005.

[4] British Standards Institution. Eurocode 4: Design of composite steel and concrete structures -Part 1-1: General rules and rules for buildings: BS EN1994-2004[S]. London: British Standards Institute, 2004.

[5] American Institute of Steel Construction. Specification for structural steel buildings:ANSI/AISC 360-10[S]. Chicago: American Institute of Steel Construction, 2010.

[6] British Standards Institution. Eurocode 2: Design of concrete structures-Part 1-1: General rules and rules for buildings[S]. London: British Standards Institution, 2004.

[7] 过镇海. 混凝土的强度和变形: 试验基础和本构关系[M]. 北京: 清华大学出版社, 1997.

[8] Wang S H, Hu H T, Huang C S, et al. Axial load behavior of stiffened concrete-filled steel columns[J]. Journal of Structural Engineering, 2002, 128(9):1222-1230.

[9] Tao Z, Han L H, Wang D Y. Strength and ductility of stiffened thin-walled hollow steel structural stub columns filled with concrete [J]. Thin-Walled Structures, 2008, 46(10): 1113-1128.

[10] American Institute of Steel Construction. Load and resistance factor design specification for structural steel buildings: LRFD 1999[J]. Chicago: American Institute of Steel Construction, 1999.

[11] 王传志. 钢筋混凝土结构理论[M]. 北京: 中国建筑工业出版社, 1989.

[12] Tao Z, Han L H, Wang D Y. Experimental behaviour of concrete-filled stiffened thin-walled steel tubular columns [J]. Thin-Walled Structures, 2007, 45(5): 517-527.

[13] 中华人民共和国住房和城乡建设部. 混凝土结构设计规范(2015 年版): GB 50010—2010[S]. 北京: 中国建筑工业出版社, 2015.

[14] Han L H, Yao G H, Zhao X L. Tests and calculations for hollow structural steel (HSS) stub columns filled with self-consolidating concrete (SCC)[J]. Journal of Constructional Steel Research, 2005, 61(9):1241-1269.

[15] Hu H T, Asce M, Huang C S, et al. Nonlinear analysis of axially loaded concrete-filled tube columns with confinement effect[J]. Journal of Structural Engineering, 2003, 129(10):1322-1329.

[16] Giakoumelis G, Lam D. Axial capacity of circular concrete-filled tube columns [J]. Journal of Constructional Steel Research, 2004, 60(7):1049-1068.

第 9 章　圆形钢管混凝土巨型柱抗震性能

9.1　抗震性能试验

以海口塔底部区域圆钢管混凝土巨型柱（钢管尺寸 4200mm×80mm）为原型，进行了 6 种截面形式、2 种剪跨比共 12 个圆钢管混凝土巨型柱 1/8.27 缩尺模型试件的低周反复荷载试验。试件钢构包括 6 种截面构造：圆钢管，圆钢管腔内焊接环向肋板，圆钢管腔内焊接环向及竖向肋板，圆钢管腔内焊接环向及竖向肋板并设置钢筋笼，圆钢管内置圆钢管，圆钢管内置圆钢管并设置分腔焊接钢板。试件剪跨比为 3.0 和 2.2，各试件的轴力相等。试验研究了各试件的承载力、刚度退化、滞回特性、延性、耗能及破坏特征。

9.1.1　剪跨比 3.0 试件试验概况

1. 试件设计、制作及材料性能

设计了 6 个圆钢管混凝土柱试件，试件编号分别为 CFST1-1～CFST1-6。钢管混凝土柱外径 D_0=508mm，钢管壁厚 t_0=9mm（说明：按照缩尺比例，钢管壁厚应为 9.67mm，由于无缝钢管型号限制，选用了钢管壁厚 9mm），径厚比 D_0/t_0=56.4，满足《钢管混凝土结构技术规范》（GB 50936—2014）的要求。实际剪跨比 $\lambda=H/D_0$，其中，H 为试件实际高度（柱高 H_i+柱顶距球铰转动中心的距离 250mm）。定义构件的含钢率 $\rho=V_s/V_c$，其中，V_s 为钢管混凝土柱中钢材的总体积，V_c 为混凝土的体积。试件基本参数见表 9-1。试件基础采用 6 块方钢板焊接形成箱体，并在内部浇灌混凝土，基础高度 600mm。上钢板在中心位置开圆孔，钢管从开孔穿入，并与下底板焊接。在基础加载方向两侧，各设置一竖向加劲肋板，加劲肋板分别与钢管、下底板和上顶板焊接。加载方法为试件钢管柱上端固定，试件下端基础通过试验机的水平作动器推拉进行低周反复荷载试验。为便于将柱上端固定，柱头为方形柱头，采用四周焊接 20mm 厚方钢板实现。以试件 CFST1-6 为例，几何尺寸及构造如图 9-1 所示。图 9-1（a）为试件俯视图，图 9-1（b）为试件腔体构造立体图。通过在内圆钢管与外圆钢管之间设置分腔焊接钢板，可以解决大体积混凝土水化热的问题，在分腔钢板上设置长方孔便于浇筑混凝土时各个腔体内的混凝土贯通，以提高试件截面的整体性。图 9-1（e）为试件立体图。

表 9-1　试件基本参数

试件编号	腔体构造	H_i/mm	ρ/%	λ	N/kN	n
CFST1-1		1270	7.48	3.0	9180	0.59
CFST1-2	环肋	1270	8.10	3.0	9180	0.57

续表

试件编号	腔体构造	H_i/mm	ρ/%	λ	N/kN	n
CFST1-3	环肋+竖肋	1270	8.63	3.0	9180	0.56
CFST1-4	环肋+竖肋+钢筋笼	1270	10.14	3.0	9180	0.54
CFST1-5	内置圆钢管	1270	10.11	3.0	9180	0.46
CFST1-6	内置圆钢管+分腔焊接钢板	1270	11.90	3.0	9180	0.43

注：H_i为柱高；ρ为含钢率；λ为实际剪跨比；N为轴力；n为试验轴压比。

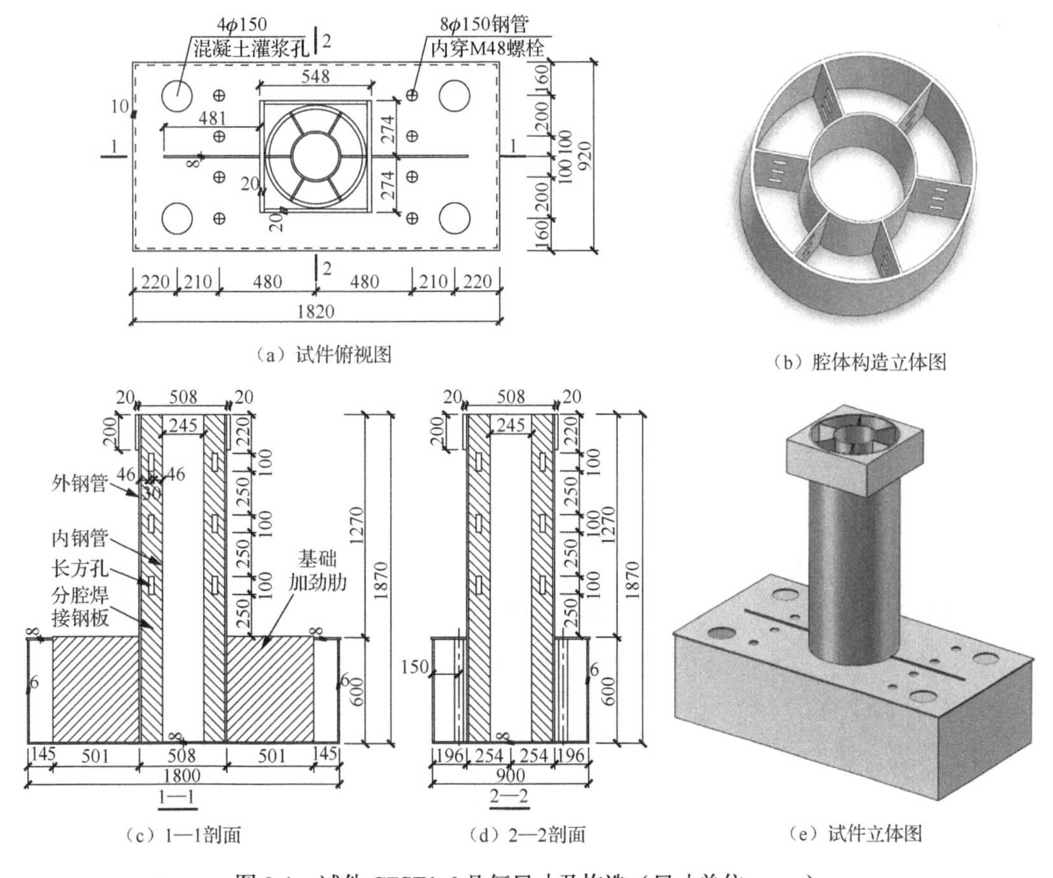

（a）试件俯视图　（b）腔体构造立体图

（c）1—1剖面　（d）2—2剖面　（e）试件立体图

图 9-1　试件 CFST1-6 几何尺寸及构造（尺寸单位：mm）

图 9-2 为各试件的截面构造形式：试件 CFST1-1 钢构为圆钢管；试件 CFST1-2 钢构为圆钢管腔内焊接环向肋板，肋板宽度 b_1=40mm，厚度 t_1=4mm，距离基础顶面以上 100mm 位置处布置第一道环向肋板，沿柱身高度每间距 200mm 布置一道，共布置 6 道环向肋板；试件 CFST1-3 钢构为圆钢管腔内焊接环向及竖向肋板，竖向肋板宽度 b_2=37mm，厚度 t_2=4mm，沿环向 6 等分布置；试件 CFST1-4 是依据实际工程截面构造的原型缩尺试件，圆钢管腔内焊接环向及竖向肋板，并在钢管内配置 3 圈钢筋笼，内圈纵筋 6⌀8，中圈纵筋 14⌀8，外圈纵筋 20⌀8，纵筋中心线距离截面原点的距离分别为 65mm、123mm 和 180mm，配筋率为 1.07%，箍筋采用⌀6@120，体积配箍率为 0.52%；试件 CFST1-5 与试件 CFST1-4 内部构造用钢量（包括环向肋板、竖向肋板、纵筋和箍

筋）相等的原则设计双圆钢管混凝土柱，其中内圆钢管外径 D_i=245mm，壁厚 t_i=6mm；试件 CFST1-6 是在试件 CFST1-5 的基础上，焊接分腔钢板将内外钢管连接成整体，起到协调变形的作用，形成多腔钢管混凝土柱，并在分腔焊接钢板上设置贯通各腔体混凝土的长方孔。试件的钢构在工厂制作并完成焊接拼装，各试件钢构制作照片如图 9-3 所示。

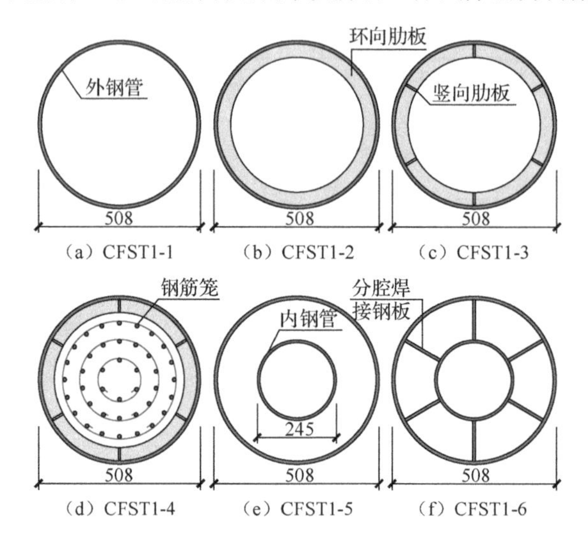

图 9-2　试件截面形式（单位：mm）

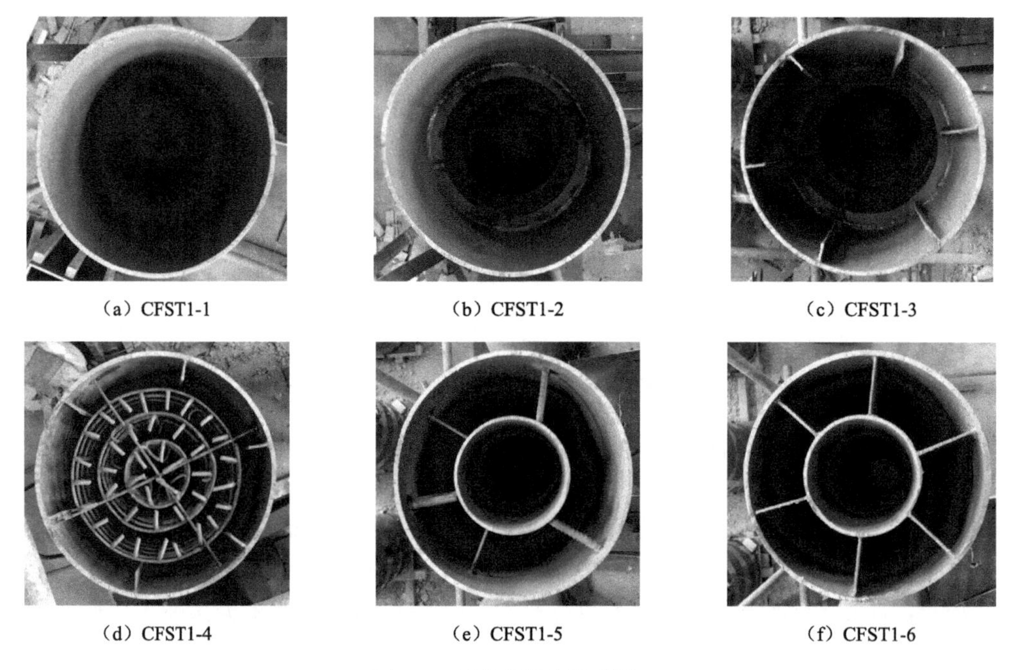

图 9-3　试件钢构制作照片

试件钢构制作完毕后，运到实验室场地，现场浇筑混凝土，混凝土设计强度等级为 C60，混凝土配合比为水∶水泥∶细骨料∶粗骨料=162∶321∶738∶1019。

基础和钢管内采用同一等级强度混凝土，实测 3 个边长为 150mm 的同条件件养护混凝土立方体试块的抗压强度平均值 $f_{cu,m}$=61.85MPa；混凝土强度变异系数 ζ 由试验确定，其值为 0.039。混凝土立方体抗压强度标准值 $f_{cu,k}=f_{cu,m}(1-1.645\zeta)$=57.88MPa，混凝土轴心抗压强度平均值 $f_{c,m}=(0.66+0.002f_{cu,k})f_{cu,m}$=47.98MPa，弹性模量 E_c=33.5GPa。

外层钢管和内层钢管均采用热轧无缝钢管，分腔焊接钢板使用普通热轧钢。对试件所用钢材进行了拉伸性能试验，实测钢管、分腔焊接钢板的力学性能见表 9-2。

表 9-2 钢管、分腔焊接钢板的力学性能

材性指标		f_y/MPa	f_u/MPa	δ/%
钢管	t_0=9mm	324	462	23.4
	t_i=6mm	343	445	25.3
肋板	t=4mm	358	476	14.6
钢筋	d=8mm	716	966	15.9
	d=6mm	608	870	16.7

注：f_y 为钢材的实测屈服强度；f_u 为实测抗拉强度；δ 为钢材的伸长率。

2. 试验装置与加载制度

利用北京工业大学 40000kN 大型试验装置进行低周反复荷载试验，试件固定在试件基础可以水平滑动的试验台座上，水平加载装置作用于试件基础以施加水平往复荷载，试验加载方向为南北向。试验装置上端为球铰，该球铰与试件顶部矩形端头连接，可限制试件端头发生水平位移，竖向荷载通过试验装置上端的球铰施加。试验加载装置示意图如图 9-4 所示，现场照片如图 9-5（a）所示。试验中分别在地面和试验台座上布置拉线位移计 1 和 2，分别采集基础的水平位移和基础与试验台座之间的相对滑移。试验结果表明，基础固定牢靠，试件与台座间的相对滑移可以忽略不计。

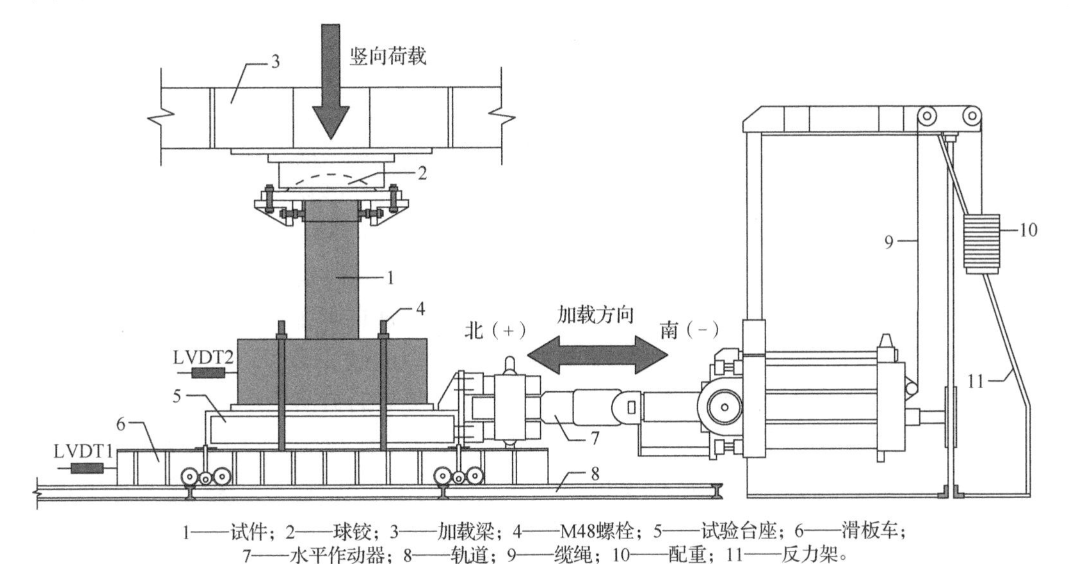

1——试件；2——球铰；3——加载梁；4——M48螺栓；5——试验台座；6——滑板车；
7——水平作动器；8——轨道；9——缆绳；10——配重；11——反力架。

图 9-4 加载装置示意图

试验开始时先对试件施加轴压力到预设值，并在水平反复加载过程中保持恒定不变，然后通过水平作动器对基础施加水平往复荷载。试验轴压比 $n=N/N_0$，其中，N_0 为钢管混凝土柱的实际轴心受压承载力；为研究试件在较高轴压比下的抗震性能，各试件施加轴压力值相同，均为 N=9180kN。各试件的试验轴压比见表 9-1。

试验采用位移加载控制，加载制度：位移角为 1/1000、1/500、1/300 和 1/250 时，各往复加载 1 次；位移角为 1/200、1/150、1/100、1/75、1/50、1/33 及 1/25 时，各往复加载 2 次。加载历程如图 9-5（b）所示。

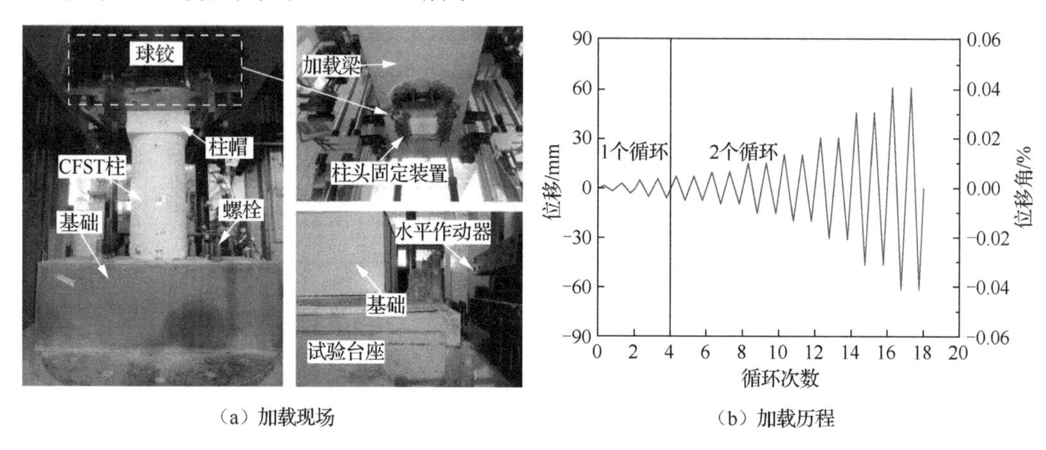

（a）加载现场　　（b）加载历程

图 9-5　加载现场及加载历程

9.1.2　剪跨比 3.0 试件试验结果及分析

1. 破坏过程与破坏形态

6 个试件均表现出压弯破坏的特征，现对试件 CFST1-1 的破坏过程进行详细描述。位移角小于 1/250 时，钢管外壁无变化。位移角为 1/200 时，北侧距柱底 50mm 高度范围内，壁面略有外鼓触感；反向加载时，鼓凸能被拉平，无残余变形。位移角为 1/100 时，南北两侧均发生鼓凸变形并逐渐向上扩展到距柱底 100mm 高度处。位移角为 1/75 时，南北两侧鼓凸变形继续加大，北侧距离柱底 100mm 处漆皮开始掉落，反向加载时有残余变形。位移角为 1/50 时，南北两侧鼓凸变形开始向东西两侧延伸并逐渐贯通，北侧漆皮掉落现象更加严重，同时钢管内混凝土发出响声。位移角为 1/33 时，东西两侧也发生漆皮掉落现象。位移角为 1/25 时，距离柱底 170mm 高度范围内的漆皮全部脱落，柱底四周鼓凸变形完全贯通，呈半波形鼓凸，钢管局部屈曲严重。

试件 CFST1-2、CFST1-3 和试件 CFST1-4 具有相似的破坏形态。当位移角达到 1/25 时，3 个试件并没有像试件 CFST1-1 在柱底四周形成贯通的鼓凸变形。鼓凸变形发生在南北两侧，东西两侧几乎没有变形。南北侧鼓凸变形集中在距离柱底 70～90mm 高度范围内。3 个试件柱身的漆皮掉落现象也没有像试件 CFST1-1 那样严重，主要发生在南北侧。

试件 CFST1-5、CFST1-6 鼓凸变形高度较其他 4 个试件均有所增大。当位移角达到 1/25 时，试件 CFST1-5 的鼓凸变形集中在距离柱底 120～140mm，东西两侧只有轻微鼓凸变形。漆皮掉落现象发生在柱身 140mm 高度范围内，且东西侧比南北侧严重。试件 CFST1-6 的鼓凸变形发生在距离柱底 125～175mm，东西侧几乎没有变形。漆皮掉落现象集中在南北侧，东西侧非常轻微。各试件破坏形态如图 9-6 所示。

（a）CFST1-1破坏形态　（b）CFST1-1细部量测

（c）CFST1-2破坏形态　（d）CFST1-2细部量测

（e）CFST1-3破坏形态　（f）CFST1-3细部量测

图 9-6　试件破坏形态

（g）CFST1-4 破坏形态　　（h）CFST1-4 细部量测

（i）CFST1-5 破坏形态　　（j）CFST1-5 细部量测

（k）CFST1-6 破坏形态　　（l）CFST1-6 细部量测

图 9-6（续）

2. 滞回特性

试验测得的水平荷载-柱顶位移（F-Δ）滞回曲线如图 9-7 所示，F 表示水平荷载，Δ 表示水平位移。

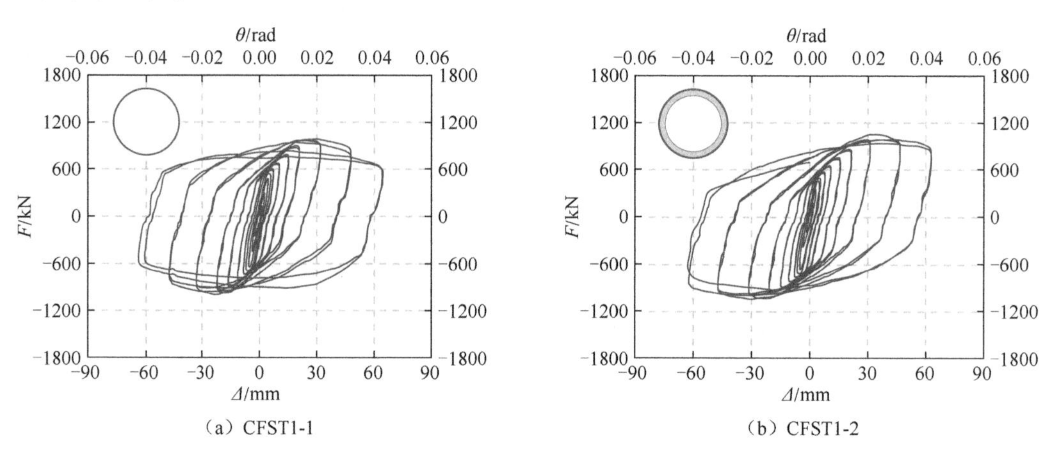

（a）CFST1-1　　（b）CFST1-2

图 9-7　水平荷载-柱顶位移滞回曲线

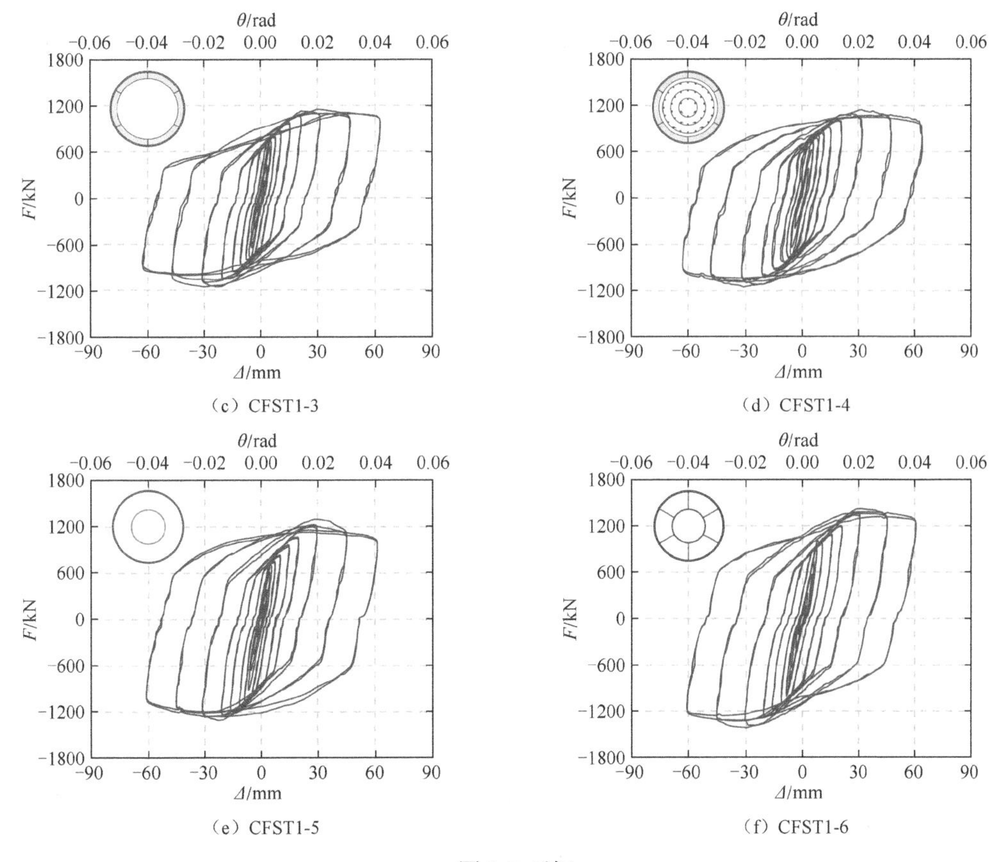

（c）CFST1-3　（d）CFST1-4

（e）CFST1-5　（f）CFST1-6

图 9-7（续）

由图 9-7 可知：①各试件的滞回曲线饱满，形状为梭形，无明显捏缩现象，滞回性能稳定。②各试件的滞回曲线在位移角加至 1/250 之前，基本呈线性变化，且卸载时无残余变形，试件处于弹性工作状态。随着水平位移角的逐级增大，当水平荷载卸载至零时，位移不再为零，表明试件此时已产生残余变形。③各试件同级位移角第循环与第二循环的加载和卸载曲线基本重合，表明各试件累积损伤较小。④试件 CFST1-5、CFST1-6 滞回曲线相较于其他试件更加饱满，承载力相对较高。

各试件骨架曲线如图 9-8 所示。各试件水平力在约 60%峰值荷载以前，骨架曲线近似呈线性；水平力大于 60%峰值荷载后，试件进入弹塑性工作状态，骨架曲线非线性；水平力达到峰值荷载后，各试件骨架曲线进入下降段，但下降段退化速度各不相同。试件 CFST1-1 下降段退化速度最快，当位移角达到 1/25 时，承载力已下降至峰值荷载的 62.8%。试件 CFST1-6 下降段退化速度最慢，在达到相同位移角时，其承载力下降至峰值荷载的 88.4%，仍具有较强的承载能力。从试验结果可以看出，轴压比是影响试件下降段退化速

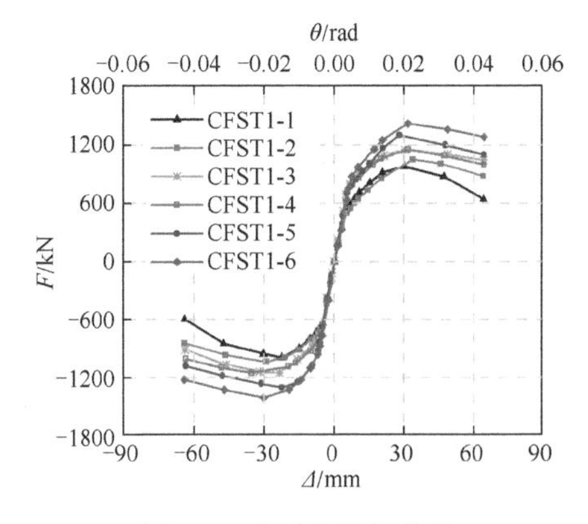

图 9-8　各试件骨架曲线

度的一个重要因素，轴压比越大，二阶效应对结构抗弯承载力和稳定的影响越显著。试件 CFST1-1 在加载后期钢管根部局部屈曲严重，承载力保持能力较低。

3. 承载力

采用能量等值法，由骨架曲线计算各试件的名义屈服荷载 F_y。F_p 为峰值荷载；极限荷载定义为水平力下降至峰值荷载 85%时的荷载，用符号 F_u 表示。各试件特征荷载位移见表 9-3 和图 9-9。

表 9-3　试件特征荷载位移

试件编号	屈服点		峰值点		极限点		F_y/F_p	μ
	F_y/kN	θ_y/rad	F_p/kN	θ_p/rad	F_u/kN	θ_u/rad		
CFST1-1	816.3	1/113	987.9	1/58	839.8	1/31	0.826	3.64
CFST1-2	858.1	1/96	1043.9	1/48	887.4	1/25	0.822	3.89
CFST1-3	970.8	1/111	1152.9	1/65	980.0	1/26	0.842	4.16
CFST1-4	983.8	1/105	1153.5	1/46	1002.0	1/24	0.853	4.42
CFST1-5	1097.0	1/109	1304.9	1/60	1109.1	1/25	0.841	4.33
CFST1-6	1202.0	1/107	1409.9	1/50	1224.8	1/23	0.853	4.52

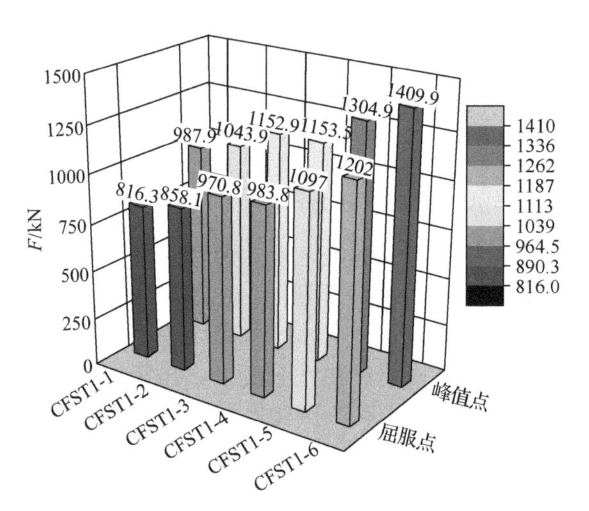

图 9-9　试件特征荷载

由表 9-4 和图 9-9 可知：①随着截面含钢率的增加，各试件的屈服荷载和峰值荷载均随之提高，试件 CFST1-6 较试件 CFST-1 截面含钢率增加了 4.42%，屈服荷载和峰值荷载分别提高了 47.25%和 42.72%；②试件 CFST1-2 较试件 CFST1-1 截面含钢率增加了 0.62%，屈服荷载和峰值荷载分别提高了 5.12%和 5.67%，设置环向肋板后，虽然构件水平承载力提高不显著，但是环向肋板对钢管混凝土柱局部稳定性增强作用显著，延缓了钢管屈曲发生的时间，从骨架曲线也可以看出，当增加环向肋板后，下降段退化速度显著减慢；③试件 CFST1-3 较试件 CFST1-2 截面含钢率增加了 0.53%，屈服荷载和峰值荷载分别提高了 13.13%和 10.44%，表明竖向肋板对构件抗弯承载力提高作用明显；④核心构造钢筋对构件承载力影响较小；⑤内置圆钢管对核心区混凝土约束作用显著，试件 CFST1-5 的水平承载力较试件 CFST1-1 提高了 32.09%；⑥试件 CFST1-5 与试件 CFST1-4 含钢率相同，而屈服荷载和峰值荷载分别提高了 11.51%和 13.13%；⑦试件 CFST1-6 在试件 CFST1-5 的基础上，在内钢管与外钢管之间设置分腔焊接钢板，使构件承载力进一步提高，屈服荷载和峰值荷载分别提高了 9.57%和 8.05%。同时，当位移角达到 1/25 时，其承载力并没有达到破坏荷载，仍具有继续承载能力。

4. 刚度退化

采用平均割线刚度表征试件的刚度退化，即第 i 级加载滞回曲线正负向峰值荷载与相应位移比值的平均值，刚度退化曲线反映了各试件在低周反复荷载作用下的损伤程度及损伤规律，计算平均割线刚度的方程为

$$K_i = \sum_{j=1}^{m}\left(\left|+F_{i,j}\right| + \left|-F_{i,j}\right|\right) \bigg/ \sum_{j=1}^{m}\left(\left|+\varDelta_{i,j}\right| + \left|-\varDelta_{i,j}\right|\right) \tag{9-1}$$

式中，m 为某一级位移角加载的次数；$\varDelta_{i,j}$ 和 $F_{i,j}$ 分别为在第 i 级位移角第 j 次加载所对应的最大水平位移与水平力。

表 9-4 为各试件从 1/250 位移角加载至停止加载的各级位移角所对应的平均割线刚度。刚度退化曲线如图 9-10 所示。从图 9-10 可以看出，各试件刚度退化趋势基本一致，都是前期刚度退化速度较快，后期较慢。试验结果表明，环向肋板对初始刚度影响较小，竖向肋板可显著提高构件初始刚度，试件 CFST1-3 较试件 CFST1-2 初始刚度提高了 19.53%。核心构造钢筋的设置减缓了刚度退化的速度，试件 CFST1-4 较试件 CFST1-3 初始刚度提高了 6.42%。比较试件 CFST1-4 与试件 CFST1-5，两者截面含钢率相同，对于双圆钢管混凝土柱，由于其核心混凝土受到外层钢管和内层钢管的双重约束作用，截面刚度显著提高。从刚度退化曲线可以看出，试件 CFST1-5 在每一级位移角下所对应的割线刚度均大于试件 CFST1-4。试件 CFST1-6 截面含钢率最大，其刚度退化速度最慢。

表 9-4　试件平均割线刚度

θ_d/rad	K/(10^4 kN/m)					
	CFST1-1	CFST1-2	CFST1-3	CFST1-4	CFST1-5	CFST1-6
1/250	91.38	95.66	114.34	121.68	125.66	120.74
1/200	80.49	76.44	83.25	96.71	107.64	120.51
1/150	63.86	64.19	69.27	79.27	89.31	95.16
1/100	48.86	50.12	53.61	59.40	66.06	71.55
1/75	38.10	41.54	41.87	48.54	54.42	57.21
1/50	26.22	29.92	28.35	32.65	38.45	43.18
1/33	14.77	19.52	19.23	20.19	24.72	28.01
1/25	7.47	13.41	13.27	14.74	16.33	19.76

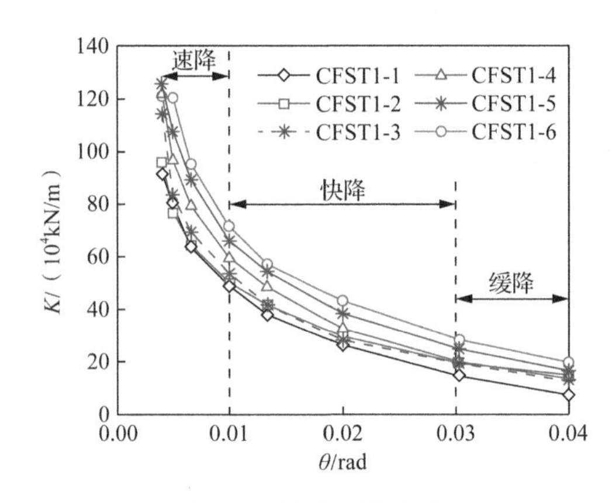

图 9-10　刚度退化曲线

5. 延性

位移延性系数为μ，$\mu=\Delta_u/\Delta_y$，其中，Δ_u为承载力下降至峰值荷载85%时所对应的位移，Δ_y为名义屈服荷载所对应的位移。位移延性系数取推拉两个方向的平均值，当有两个加载循环时，取两个循环位移延性系数的平均值，各试件位移延性系数计算结果见表 9-4。6 个试件位移延性系数的平均值为 4.16，试件 CFST1-1 的位移延性系数最小为 3.64，表明圆钢管混凝土柱在高轴压比下仍具有较好的变形能力。由于各试件均施加相同轴力，而截面含钢率各不相同，计算结果表明轴压比较小的试件，位移延性系数相对较大。由于试件 CFST1-4、CFST1-6 在停止加载时，承载力仍未下降至峰值荷载的 85%，在计算Δ_u时取两个试件在最后一个加载循环时所达到的水平位移作为其极限位移，实际的位移延性系数要大于计算的数值。比较试件 CFST1-4、CFST1-3，当在钢管内布置核心构造钢筋后，构件的延性得到有效提升。这是因为水泥水化热会使混凝土内部产生较大的温度应力，在混凝土外表面产生裂缝，这会减弱钢管与混凝土之间的黏结滑移作用，同时混凝土的收缩变形也会降低黏结强度。研究表明，钢管与其核心混凝土之间拥有较强的界面黏结力使构件具有较好的延性。核心构造钢筋可以起到温度钢筋的作用，减小混凝土的收缩变形，从而增强钢管与混凝土之间的界面黏结强度，提高构件的延性。在腔体内设置内圆钢管后，钢管混凝土柱的位移延性系数提高了 18.96%。各试件的弹塑性位移角均大于 1/31，表明钢管混凝土柱具有较好的塑性变形性能。

6. 耗能能力

耗能能力是评价构件抗震性能的一个重要指标，以累积耗能作为其评价指标。钢管混凝土结构依靠钢管的塑性变形、混凝土微裂缝的发展，以及钢管与混凝土之间的黏结滑移耗散吸收的能量。累积耗能的计算方法为各试件达到某一级位移角时，之前各级位移角所对应的水平力-位移滞回曲线所包围的面积和，其中E_p为各试件达到峰值荷载时的累积耗能，E_t为各试件达到极限位移角时的累积耗能。各试件的累积耗能计算结果如表 9-5 和图 9-11 所示。与试件 CFST1-1 相比，采取不同腔体构造措施的试件 CFST1-2～CFST1-6，耗能能力均得到显著提高，试件达到峰值荷载时的累积耗能 E_p 分别提高了 44.2%、51.5%、59.8%、96.8%和 95.3%；试件达到极限位移角时的累积耗能 E_t 分别提高了 3.1%、6.8%、13.7%、28.4%和 45.4%。计算结果表明，腔体构造措施对 E_p 的影响大于 E_t。试件 CFST1-4 与试件 CFST1-5 的用钢量相等，试件 CFST1-5 的 E_p 和 E_t 分别比试件 CFST1-4 提高了 37%和 14.7%，其原因为内置圆钢管增大了钢管与混凝土之间的界面接触面积，使组合柱可以充分利用黏结滑移作用耗散吸收的能量。试件 CFST1-6 的截面含钢率最高，其累积耗能最大。

表 9-5　累积耗能计算结果

试件编号	E_p/(MN·mm)	E_t/(MN·mm)
CFST1-1	188.943	950.806
CFST1-2	272.449	980.249
CFST1-3	286.272	1015.051
CFST1-4	301.263	1081.123
CFST1-5	371.930	1220.641
CFST1-6	369.072	1380.011

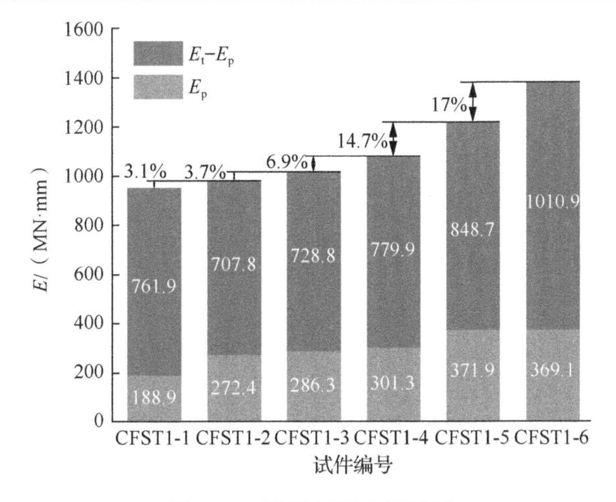

图 9-11　累积耗能计算结果

7. 应变分析

图 9-12（a）为各试件在柱根部应变片的布置位置，在距离基础顶面以上 50mm 高度处布置竖向应变片 1 和横向应变片 2 以观测试件的变形情况。6 个试件应变变化规律基本一致，图 9-12（b）～图 9-12（g）为典型试件 CFST1-4、CFST1-5 和 CFST1-6 的水平荷载-应变关系曲线。

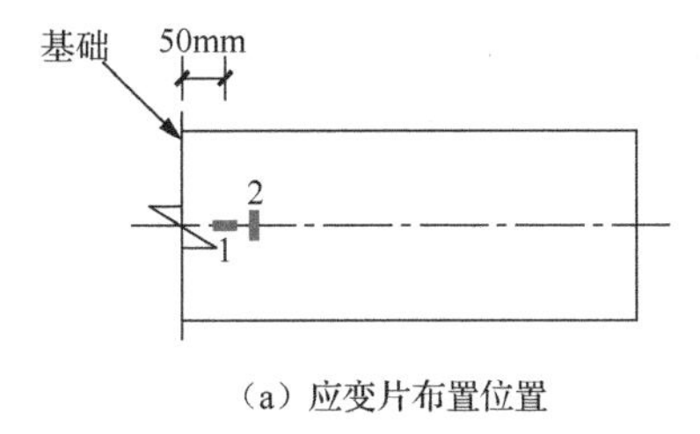

（a）应变片布置位置

图 9-12　水平荷载-应变关系曲线

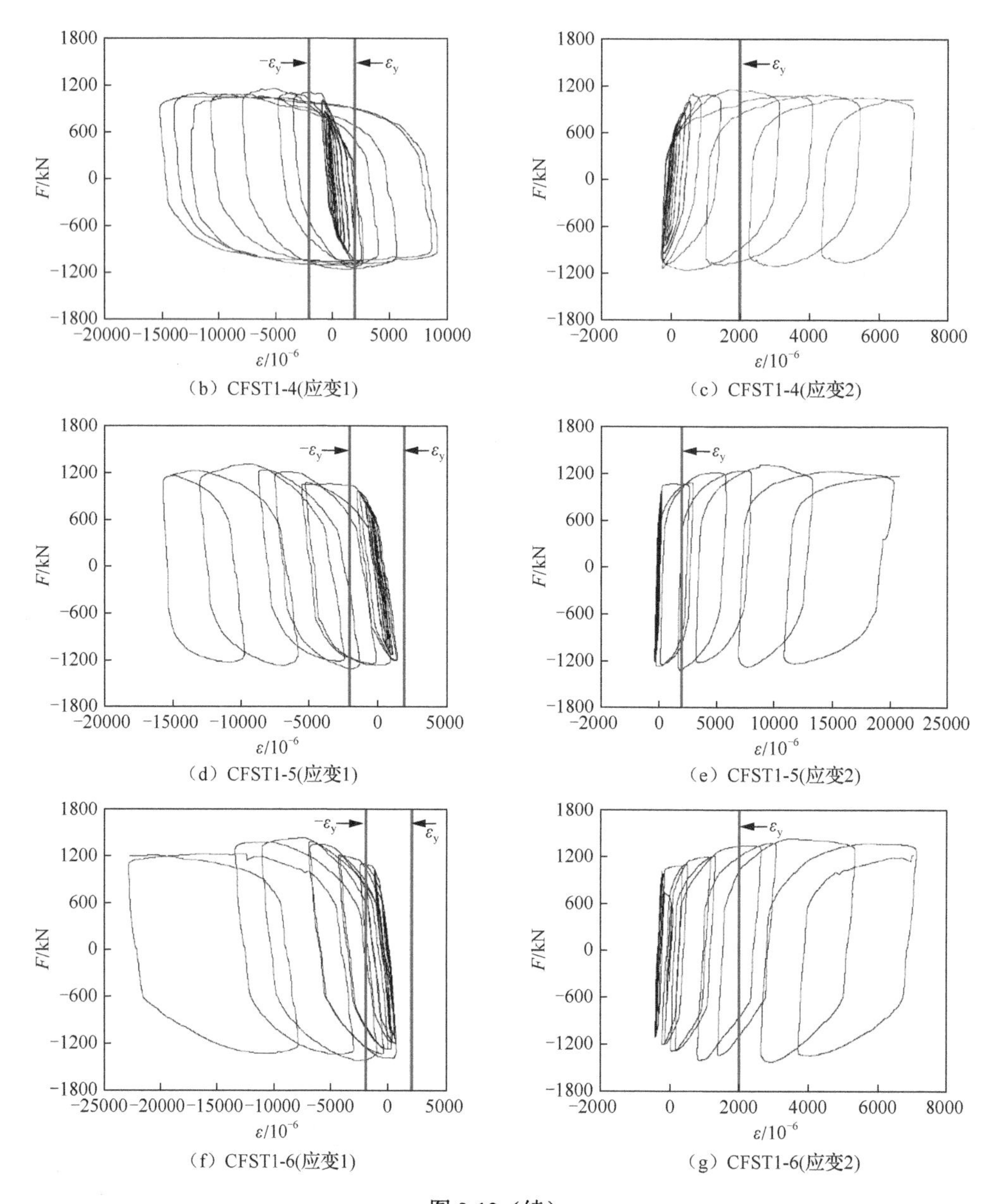

（b）CFST1-4(应变1)　（c）CFST1-4(应变2)

（d）CFST1-5(应变1)　（e）CFST1-5(应变2)

（f）CFST1-6(应变1)　（g）CFST1-6(应变2)

图 9-12（续）

由试件水平荷载-应变关系曲线可知，加载初期柱根部沿纵向处于拉压交替变化中，随着位移角的逐级增大，纵向始终处于受压状态。试件 CFST1-5、CFST1-6 竖向应变在受拉方向没有达到屈服，试件 CFST1-4 同时设置了环向及竖向肋板，改变了外钢管应变测点四周的受力状态，使其在受拉方向同时达到屈服。由于核心混凝土受压膨胀，且在水平往复荷载作用下横向挤压钢管，各试件横向应变始终处于受拉状态，且均已达到屈服应变值。

9.1.3　剪跨比 2.2 试件试验概况

1. 试件设计

剪跨比为 2.2 的钢管混凝土柱试件的截面形式与剪跨比为 3.0 的钢管混凝土柱试件完全相同。以试件 CFST2-6 为例，其几何尺寸及构造如图 9-13 所示。试件基本参数见表 9-6。

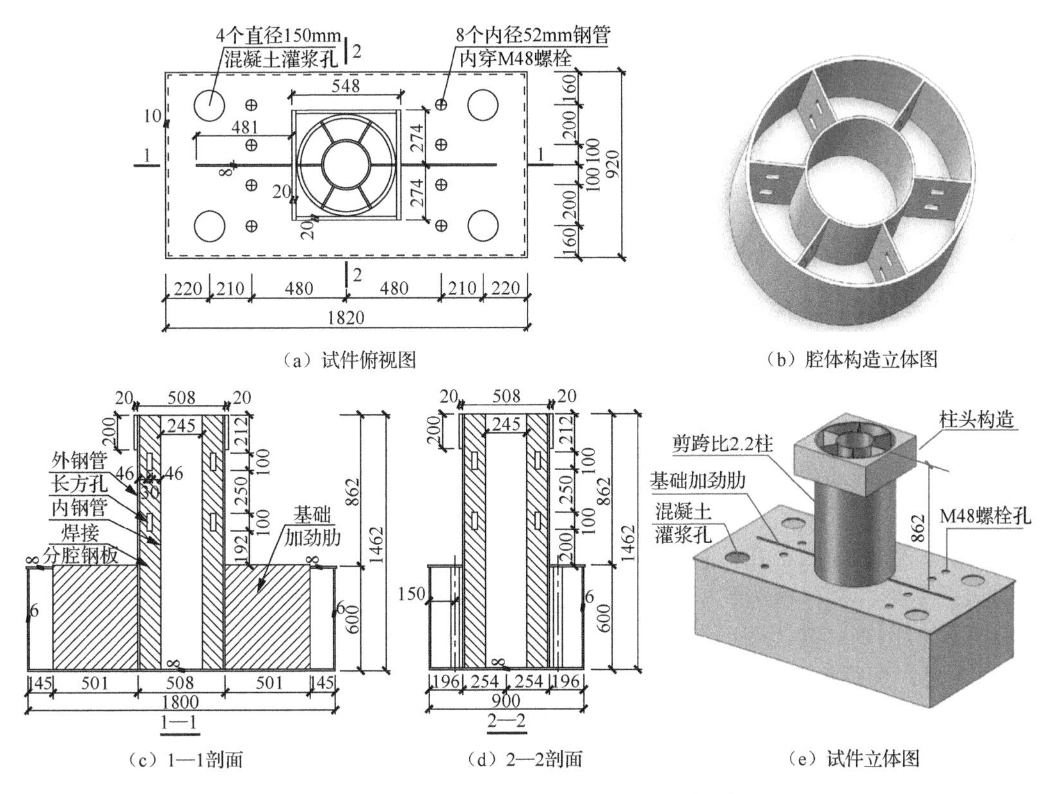

图 9-13　试件 CFST2-6 几何尺寸及构造（尺寸单位：mm）

表 9-6　试件基本参数

试件编号	腔体构造	H_i/mm	ρ/%	λ	N/kN	n
CFST2-1		862	7.48	2.2	9180	0.59
CFST2-2	环肋	862	8.10	2.2	9180	0.57
CFST2-3	环肋+竖肋	862	8.63	2.2	9180	0.56
CFST2-4	环肋+竖肋+钢筋笼	862	10.14	2.2	9180	0.54
CFST2-5	内置圆钢管	862	10.11	2.2	9180	0.46
CFST2-6	内置圆钢管+分腔焊接钢板	862	11.90	2.2	9180	0.43

注：H_i 为柱高；ρ 为截面含钢率；λ 为实际剪跨比；N 为轴力；n 为试验轴压比。

2. 试验装置与加载制度

剪跨比为 2.2 的钢管混凝土柱试件同样采用位移加载控制制度，位移角为 1/1000、1/500、1/300 和 1/250 时，各往复加载 1 次；位移角为 1/200、1/150、1/100、1/75、1/50、

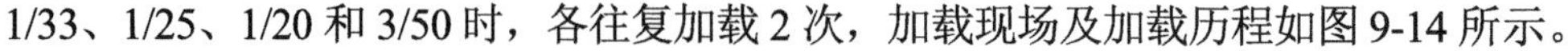
1/33、1/25、1/20 和 3/50 时，各往复加载 2 次，加载现场及加载历程如图 9-14 所示。

（a）加载现场

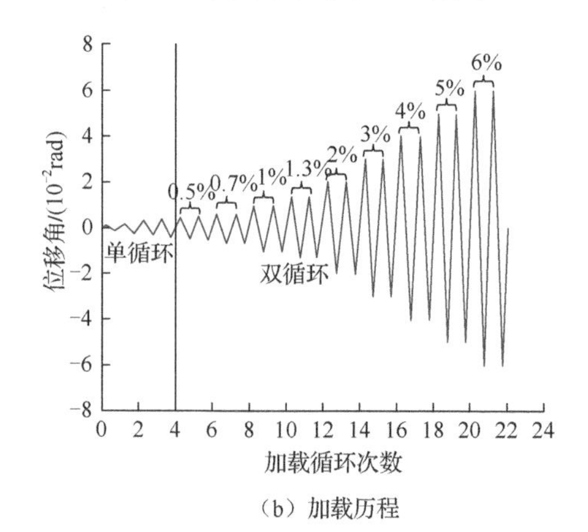

（b）加载历程

图 9-14　加载现场及加载历程

9.1.4　剪跨比 2.2 试件试验结果与分析

1. 破坏过程与破坏形态

（1）试件 CFST2-1 在位移角 1/33 前，柱根部屈服，且发生明显的鼓凸变形；至位移角 1/33 第 2 循环加载时，柱根部钢管裂开，随即停止加载。试件破坏形态如图 9-15（a）、（b）所示。

（2）试件 CFST2-2 在位移角达到 1/150 时，加载侧距离基础顶面以上 50～60mm 有轻微鼓凸变形；位移角达到 1/100 时，鼓凸变形略有增大，并持续向柱身上部发展；位移角达到 1/75 时，鼓凸变形继续增大，加载侧柱根部开始出现漆皮掉落现象；位移角达到 1/50 时，加载侧距离基础顶面以上 80mm 高度处有横向漆皮褶皱，且漆皮掉落现象开始向非加载侧延伸；当位移角加载至 1/25 时，承载力开始迅速下降，出于试验安全考虑，随即停止加载。试件破坏形态如图 9-15（c）、（d）所示。

（3）试件 CFST2-3 在位移角达到 1/200 时，加载侧柱根部钢管壁面略有外鼓；位移角达到 1/150 时，加载侧距离基础顶面以上 90mm 高度处有轻微鼓凸变形，进行同级第 2 循环位移角加载时，鼓凸变形有增大的趋势；位移角达到 1/100 时，鼓凸变形继续增大，并且开始向非加载侧方向延伸；位移角达到 1/33 时，加载侧距离基础顶面以上 100mm 高度处漆皮掉落现象严重；位移角达到 1/25 时，加载侧鼓凸变形持续增大，承载力下降速度逐渐加快，停止加载。试件破坏形态如图 9-15（e）、（f）所示。

（4）试件 CFST2-4 在位移角达到 1/20 前，柱根部屈服，且发生显著的鼓凸变形，鼓凸变形集中在基础顶面至第一道环向肋板间区域，表明环向肋板的设置对钢管径向鼓凸变形有显著的约束作用。位移角达到 1/20 时，正负两个方向的承载力均已下降至峰值荷载的 85%，停止加载。试件破坏形态如图 9-15（g）、（h）所示。

（5）试件 CFST2-5 在位移角达到 1/17 前，柱根部屈服，且发生更为显著的鼓凸变形，形成腰鼓形，但加载方向鼓凸程度明显大于非加载方向。位移角达到 1/17 时，柱根部钢管屈曲变形快速增大，停止加载。试件 CFST2-5 在加载过程中表现出典型的压弯破坏的特征，现对其破坏过程进行详细描述：水平位移角达到 1/250 前，钢管壁无鼓凸；位移角达到 1/200 时，加载侧距柱底 50mm 高度范围内，壁面略有外鼓触感；位移角达到 1/150 时，肉眼能看到加载侧 70mm 高度范围内有外鼓迹象；位移角达到 1/75 时，加载侧鼓凸变形加大，鼓凸高度向上扩展，反向加载时，部分鼓凸变形能被拉平；位移角达到 1/33 时，加载侧 70～90mm 高度处涂漆有掉落现象，在同级水平位移角第 2 循环加载时，起鼓高度继续向上扩展达到 100mm，漆皮掉落现象更加严重；位移角达到 1/25 时，加载侧鼓凸高度约为 120mm，距柱底 120mm 高度处起皮现象严重，起皮开始向非加载侧延伸，非加载侧在 200～280mm 漆皮掉落现象严重，同时也发生明显鼓凸；位移角达到 1/20 时，柱底部鼓凸变形继续增大，同时观察到非加载侧漆皮掉落现象比加载侧严重，非加载侧起皮高度最大达到 420mm；位移角达到 3/50 时，加载侧和非加载侧鼓凸连通，形成腰鼓形，钢管变形饱满，柱底加载侧鼓出高度为 27～29mm，鼓凸高度约为 120mm。试件破坏形态如图 9-15（i）、（j）所示。

（6）试件 CFST2-6 在位移角达到 1/100 时，加载侧距离基础顶面以上 100mm 高度处有微鼓曲；位移角达到 1/33 时，距离基础顶面以上 70～100mm 有漆皮掉落现象，且鼓凸变形增大；位移角达到 1/25 时，加载侧 100mm 和 170mm 高度处漆皮掉落现象严重，鼓凸变形继续增大，漆皮掉落现象开始延伸到非加载侧；位移角达到 3/50 时，钢管柱根部鼓凸饱满，变形发展充分。试件破坏形态如图 9-15（k）、（l）所示。

（a）CFST2-1破坏照片

（b）CFST2-1鼓凸变形

（c）CFST2-2破坏照片

（d）CFST2-2鼓凸变形

图 9-15　试件破坏形态

（e）CFST2-3破坏照片

（f）CFST2-3鼓凸变形

（g）CFST2-4破坏照片

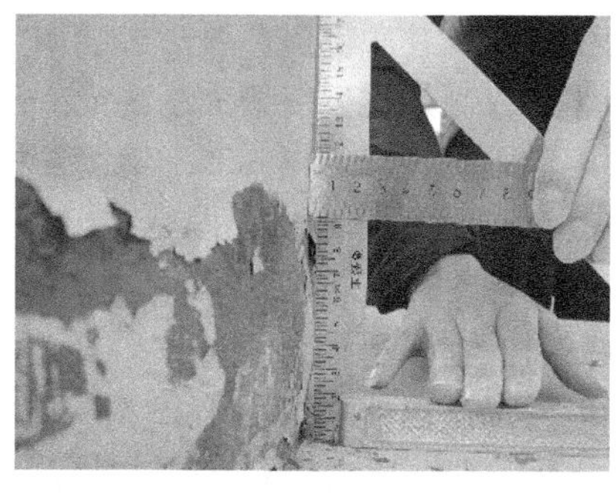

（h）CFST2-4鼓凸变形

（i）CFST2-5破坏照片

（j）CFST2-5鼓凸变形

（k）CFST2-6破坏照片

（l）CFST2-6鼓凸变形

图 9-15（续）

2. 滞回特性

图 9-16 为各试件的水平力-位移（F-Δ）滞回曲线，由图可知：

（1）各试件的滞回曲线在位移角加至 1/250 之前，基本呈线性变化，且卸载时无残余变形，试件处于弹性工作状态。随着水平位移的逐级增大，钢管混凝土柱试件开始产生残余变形，即当水平力为零时，水平位移已不能完全恢复。

（2）试件 CFST2-1 的滞回曲线有轻微的捏拢现象，表明在高轴压比下，钢管和混凝土之间产生了一定的滑移；试件 CFST2-5 的滞回曲线较为饱满，呈梭形，表明试件的塑性变形能力强，具有很好的耗能能力与抗震性能，且无捏拢现象，滞回性能稳定；当在内圆钢管与外圆钢管之间设置分腔焊接钢板后，滞回曲线的饱满程度进一步提升，分腔焊接钢板不仅将内外钢管联系起来，使其协同工作，同时将混凝土分割在 6 个小腔体单元中，每个单元中的混凝土受到的约束作用进一步增强，混凝土的脆性得到有效改善。

（3）各试件同级位移角第 1 循环与第 2 循环的加卸载曲线基本重合，表明各试件累积损伤较小。

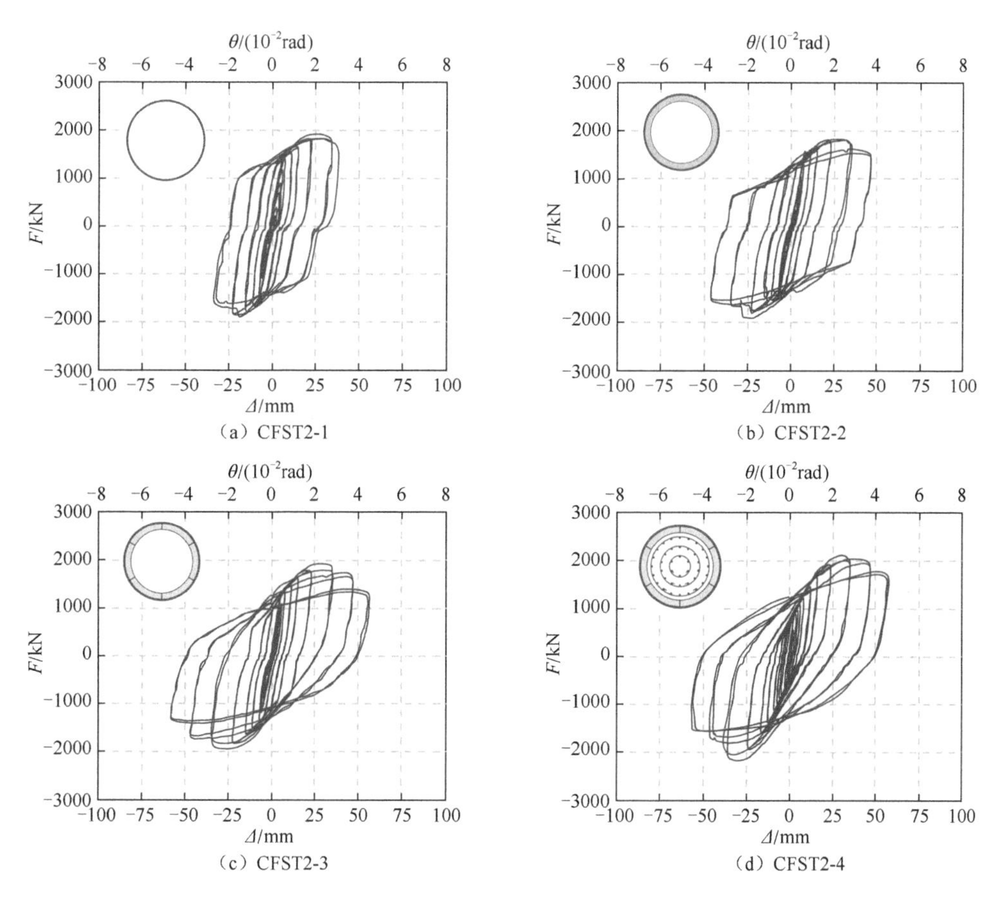

（a）CFST2-1　（b）CFST2-2

（c）CFST2-3　（d）CFST2-4

图 9-16　水平力-位移滞回曲线

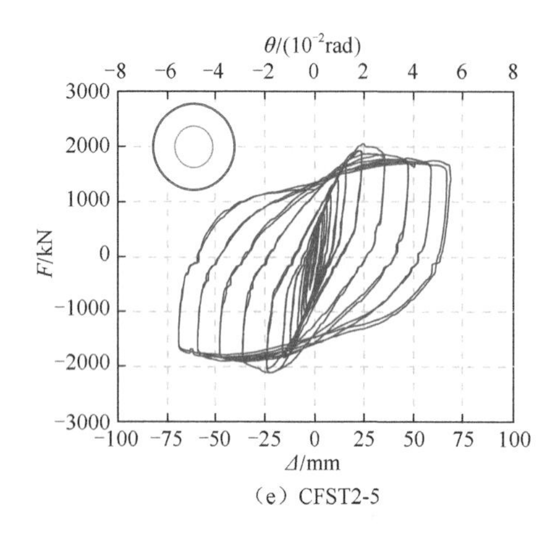

（e）CFST2-5

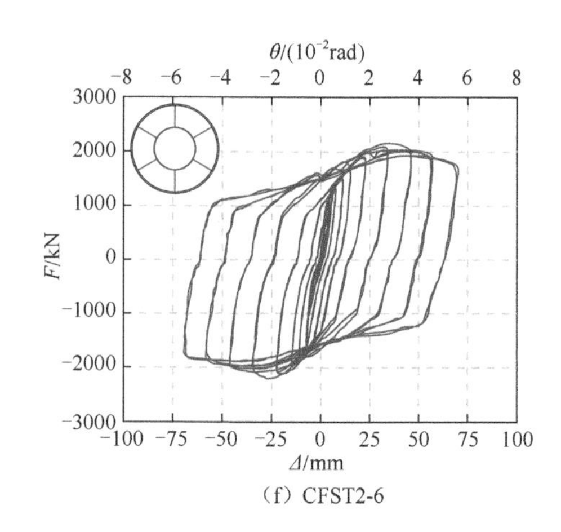

（f）CFST2-6

图 9-16（续）

图 9-17 为各试件的骨架曲线，钢管柱在工厂加工及安装过程中垂直度难免存在偏差，因此骨架曲线并不完全对称。由图 9-17（a）可知，各试件水平力在约 40%峰值荷载以前，骨架曲线呈线性，试件处于弹性工作状态；水平力大于 40%峰值荷载后，试件进入弹塑性工作状态，骨架曲线表现出非线性；水平力达到峰值荷载后，各试件骨架曲线进入下降段，但水平力下降速度和下降段长度各不相同。为更加直观而详尽地比较不同腔体构造钢管混凝土柱骨架曲线的差异，现将其分为 4 组，如图 9-17（b）～（e）所示。

图 9-17（b）为分腔复式钢管混凝土柱试件与无腔体构造钢管混凝土柱试件骨架曲线的对比，试件 CFST2-6 较试件 CFST2-1 截面含钢率增加了 4.42%，其骨架曲线下降段更加平缓，塑性变形发展充分。图 9-17（c）比较了钢构件分别为圆钢管、圆钢管腔内焊接环向肋板、圆钢管腔内焊接环向及竖向肋板、圆钢管腔内焊接环向及竖向肋板并设置钢筋笼的试件骨架曲线的差异，随着腔体构造的逐级增加，各试件峰值荷载时的水平位移角逐渐增大，表明构件从线弹性阶段至骨架曲线上升段所经历的时间变长，安全储备逐渐提高。由图 9-17（d）可知，试件 CFST2-4、CFST2-5 含钢率相同，而试件 CFST2-5 水平力下降速度更慢，且下降段平缓，后期变形能力强，延性更好。这是因为双圆钢管混凝土柱的核心区混凝土同时受到内层和外层钢管的双重约束作用，截面受压承载力显著提高，在轴力大小相同的情况下，降低了构件的轴压比，延性得到提高。由于截面剪应力分布形式为中心大、两边小，内置圆钢管提高了构件的受剪承载力，增强了试件的塑性变形能力。由图 9-17（e）可知，试件 CFST2-5 和 CFST2-6 骨架曲线较为接近，试件 CFST2-6 的水平承载力和延性略有提高。

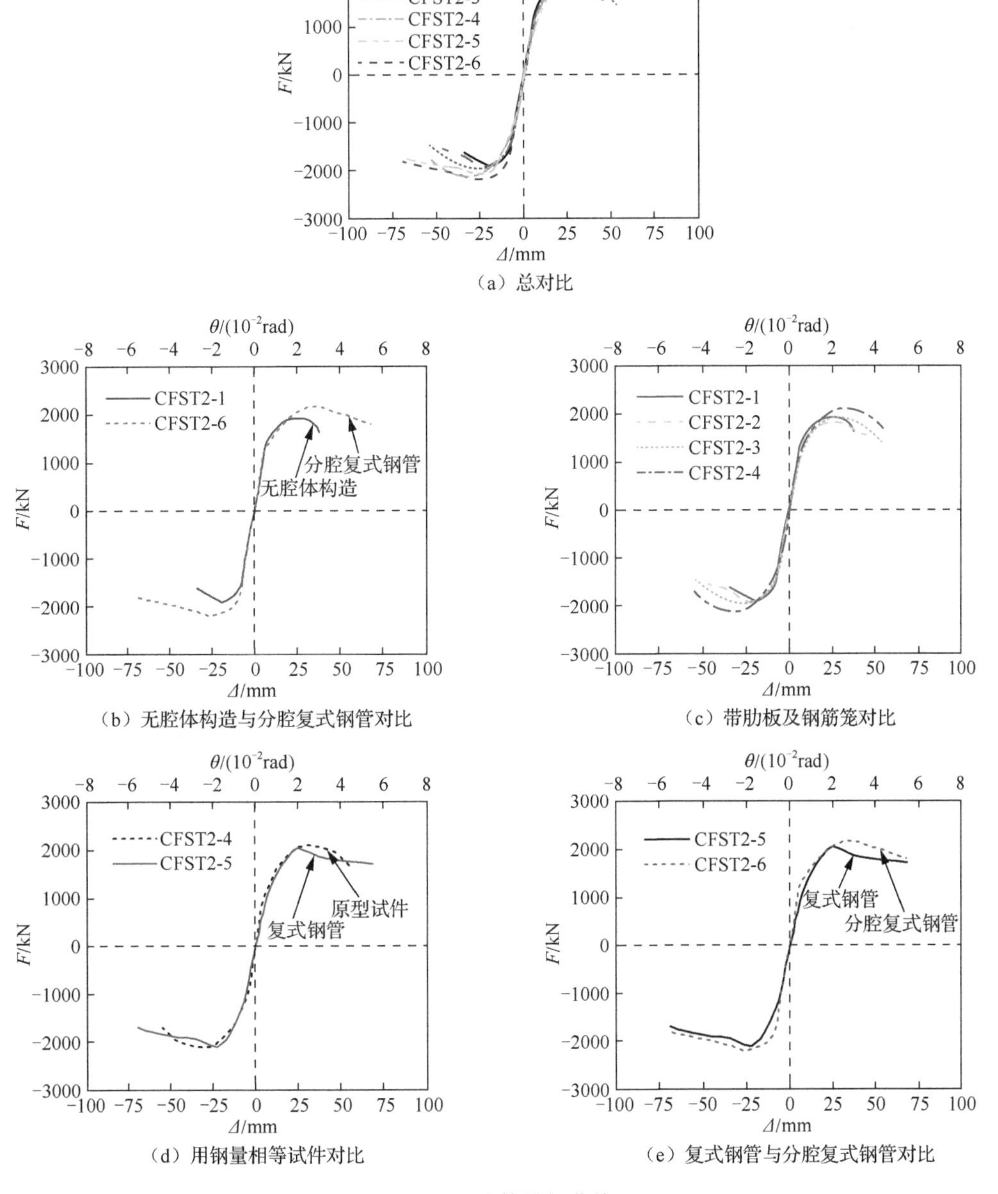

图 9-17　试件骨架曲线

3. 承载力

6 个试件在屈服点及峰值点时的水平荷载柱状图如图 9-18 所示，与剪跨比为 3.0 的 6 个试件相比，腔体构造措施对剪跨比 2.2 的试件的承载力影响并不显著。试件 CFST2-2～CFST2-6 较试件 CFST2-1 的峰值荷载分别提高了 0.17%、1.43%、11.94%、

8.81%和 15.12%。由计算结果可知，核心构造钢筋除了起到温度钢筋的作用外，还可以使核心混凝土受到更强地约束作用，提高其抗压强度，从而提高组合柱的水平承载力。各试件屈强比的平均值为 0.879，随着截面含钢率的提高，屈服荷载有增大的趋势。

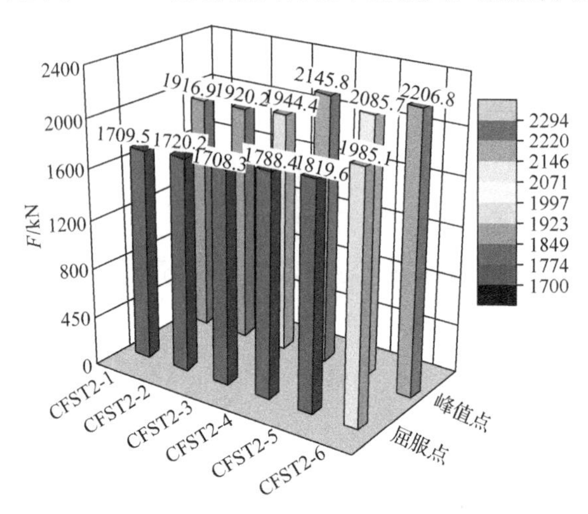

图 9-18　水平荷载柱状图

4. 刚度退化

图 9-19 为各试件从位移角 1/200 加载开始至破坏时各级位移角所对应的刚度退化曲线。由图 9-19 可见：各试件在加载初期，平均割线刚度较大；随着水平位移角的逐级增加，试件刚度迅速降低；当位移角达到 3/100 后，刚度退化速度开始逐渐降低，最终各试件割线刚度趋于一致；试件 CFST2-6 的初始割线刚度最大，这是因为分腔复式钢管混凝土柱试件对核心混凝土的约束作用较强，同时截面含钢率较大，构件弹性受弯模量及组合截面惯性矩大于其他试件；试件 CFST2-1 在位移角 1/50 前，退化速率较快，表明在加载初期轴压比较大的试件刚度退化速度较快，二阶效应对其影响较为显著。

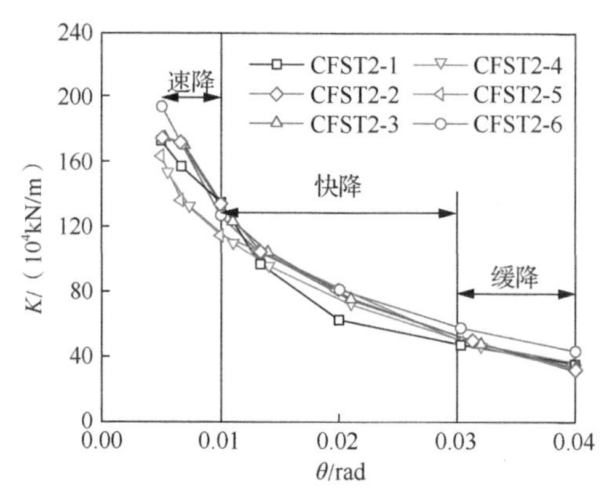

图 9-19　刚度退化曲线

5. 延性

采用能量等值法和 $P\text{-}\Delta$ 骨架曲线确定各试件的名义屈服点，可得到名义屈服位移

Δ_y。定义水平力下降至峰值荷载的 85%对应的点为破坏点，对应的位移为极限水平位移 Δ_u。特征荷载及位移见表 9-7。

表 9-7　特征荷载及位移

试件编号	屈服点		峰值点		极限点		F_y/F_p	μ
	F_y /kN	θ_y/rad	F_p /kN	θ_p/rad	F_u /kN	θ_u/rad		
CFST2-1	1709.5	1/95	1916.9	1/49	1628.9	1/31	0.892	3.07
CFST2-2	1720.2	1/93	1920.2	1/50	1632.2	1/29	0.896	3.11
CFST2-3	1708.3	1/92	1944.4	1/41	1652.7	1/24	0.879	3.16
CFST2-4	1788.4	1/75	2145.8	1/37	1823.9	1/23	0.833	3.20
CFST2-5	1819.6	1/67	2085.7	1/47	1772.3	1/17	0.872	4.11
CFST2-6	1985.1	1/76	2206.8	1/41	1875.8	1/17	0.900	4.37

由表 9-8 可知以下结论。

（1）各试件位移延性系数的平均值均大于 3，试件 CFST2-6 的平均位移延性系数最高，达到 4.37，分别比试件 CFST2-1、CFST2-2、CFST2-3、CFST2-4 和 CFST2-5 提高了 42.35%、40.51%、38.29%、36.56%和 6.33%。双圆钢管混凝土柱在与试件 CFST2-4 含钢率相同的条件下，水平峰值荷载虽略有降低，但变形性能更加优越。这是因为内置圆钢管使核心混凝土受到的约束作用显著增强，混凝土的脆性得到有效改善，同时混凝土又对钢管起到更强的支撑作用，延缓钢管屈曲失稳。

（2）各试件的最大水平位移角的平均值为 1/23.5。这是因为钢管与核心混凝土之间的相互作用、协同工作，使钢管混凝土压弯剪构件具有良好的塑性变形能力。同时可以看出，外圆内圆复式钢管混凝土柱与分腔复式钢管混凝土柱的弹塑性变形能力显著大于其他 4 个试件。

6. 耗能能力

采用各试件达到极限位移角时的累积耗能 E 与等效黏滞阻尼系数 h_e 两项指标考察试件的耗能能力。其中累积耗能 E 为各试件达到极限位移角时，各级位移角所对应的水平荷载-位移滞回曲线包围的面积和。各试件的累积耗能和等效黏滞阻尼系数计算结果如表 9-8 及图 9-20 所示。

表 9-8　累积耗能和等效黏滞阻尼系数计算结果

试件编号	E/（10^5kN·mm）	等效黏滞阻尼系数 h_e
CFST2-1	7.9	0.41
CFST2-2	10.2	0.47
CFST2-3	14.2	0.49
CFST2-4	15.0	0.53
CFST2-5	22.9	0.58
CFST2-6	25.9	0.64

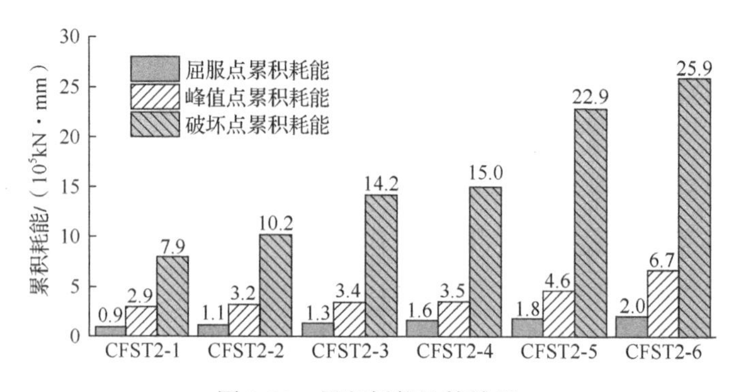

图 9-20　累积耗能计算结果

分析表 9-8 及图 9-20 可知：试件 CFST2-6 的耗能能力最强，分腔焊接钢板不仅起到拉结内外钢管的作用，使外钢管的局部稳定性得到显著增强，同时增加了钢管与混凝土的接触面积，使构件可以通过黏结滑移作用耗散更多的能量；试件 CFST2-4、CFST2-5 较试件 CFST2-1 含钢率增加了 2.63%，而累积耗能分别提高了 90.00%和 190.00%，表明双圆钢管混凝土柱的耗能能力显著高于其他两个试件；外钢管在往复加载过程中，可近似认为处于轴向受压和环向受拉的平面应力状态，其抗剪能力随着轴力的增加而降低；内置圆钢管使核心混凝土分担更多的轴力，外钢管所受的轴力减小，塑性变形能力得到有效改善。

计算各试件在每一级水平位移角对应的等效黏滞阻尼系数 h_e 度量试件的耗能能力，各试件等效黏滞阻尼系数与水平位移关系曲线如图 9-21 所示。

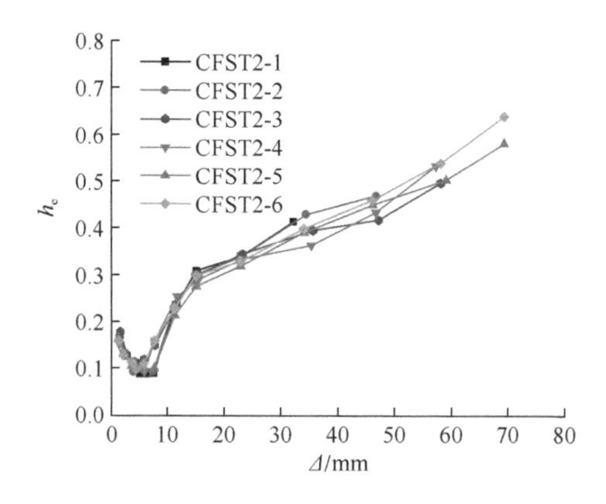

图 9-21　等效黏滞阻尼系数与水平位移关系曲线

由图 9-21 可知：各试件在加载初期曲线基本重合，当位移角小于 1/200 时，h_e 有小范围的退化区间，这是因为混凝土内部存在未闭合的孔隙及微缺陷，构件在水平荷载作用下，混凝土被压实，孔隙逐渐闭合，曲线开始上升；当位移角大于 1/200 时，h_e 随着位移的增加而增大，且在破坏前有突然增大的迹象；各试件破坏时的等效黏滞阻尼系数分别为 0.41、0.47、0.49、0.53、0.58 和 0.64，表明分腔复式钢管混凝土柱的耗能能力最好，这与累积耗能所得到的结果一致。

9.1.5 应变分析

外钢管表面在加载方向两侧距离基础顶面以上 508mm 高度范围内布置纵向和横向应变片，应变片布置位置如图 9-22 所示。

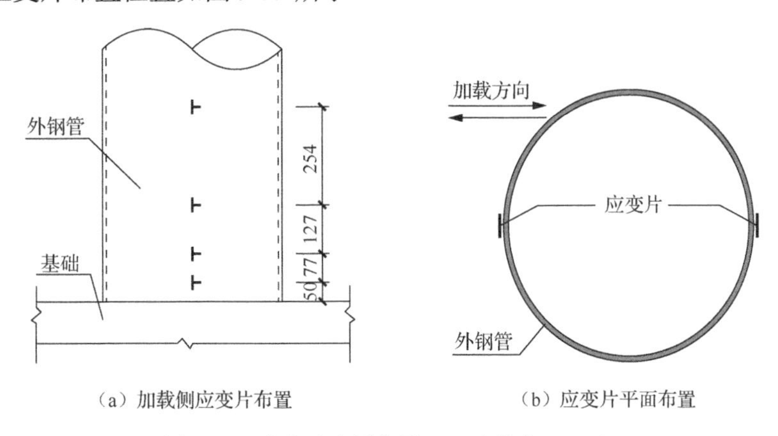

（a）加载侧应变片布置　（b）应变片平面布置

图 9-22　应变片布置位置（尺寸单位：mm）

图 9-23 为试件 CFST2-1、CFST2-4 和试件 CFST2-5 距离基础顶面以上 50mm 高度处的水平荷载-纵向应变、水平荷载-横向应变的关系曲线。

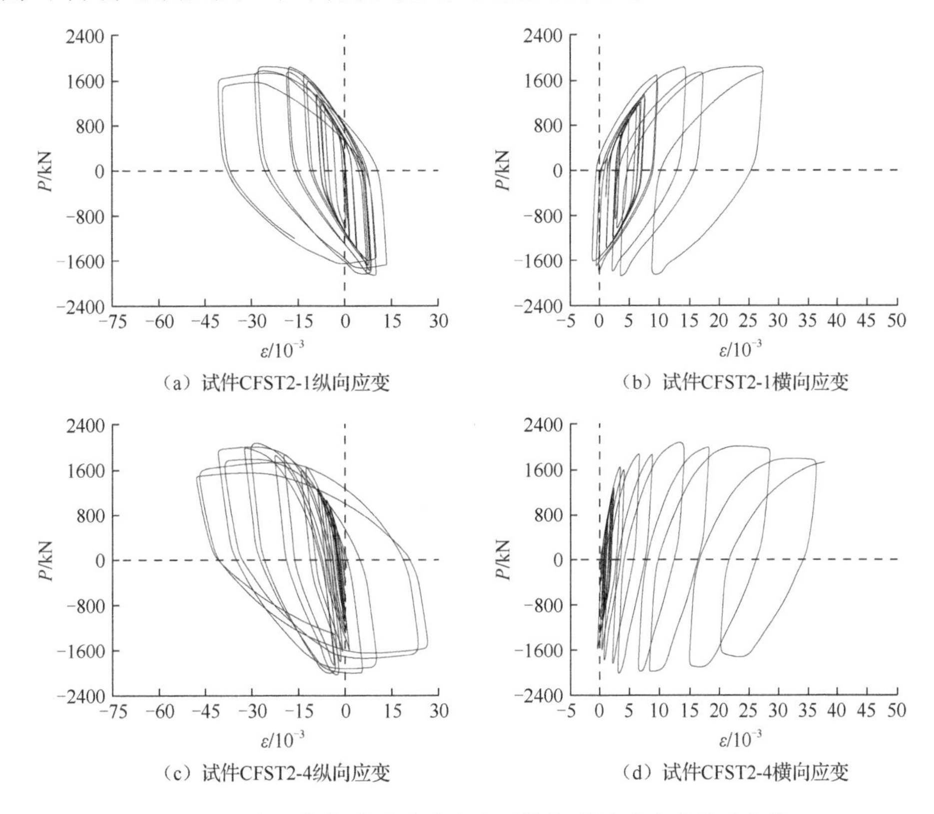

（a）试件CFST2-1纵向应变　（b）试件CFST2-1横向应变

（c）试件CFST2-4纵向应变　（d）试件CFST2-4横向应变

图 9-23　水平荷载-纵向应变和水平荷载-横向应变的关系曲线

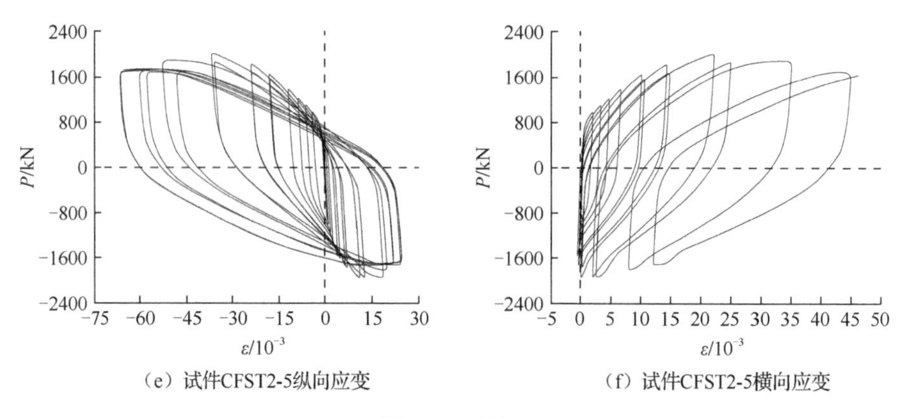

（e）试件CFST2-5纵向应变　（f）试件CFST2-5横向应变

图 9-23（续）

由图 9-23 可知：钢管壁表面纵向应变在往复加载过程中处于拉压交替状态，压应变大于拉应变，拉压应变都已达到钢材屈服应变；试件 CFST2-5 的滞回曲线更加饱满，这是因为核心混凝土受到双重约束作用，通过轴力重分布，分担到更多的轴向压力，外钢管的抗剪能力得以提升，使得钢材的材料性能得到充分发挥；钢管壁表面横向应变始终处于受拉状态，这是由于在加载过程中，混凝土膨胀对钢管产生的环向拉力所致；图 9-23（f）表明，试件 CFST2-5 的复位能力较强，残余变形较小，说明复式钢管混凝土柱的塑性变形能力较好。

9.1.6　不同剪跨比钢管混凝土柱抗震性能比较

1. 骨架曲线

比较相同截面形式、不同剪跨比试件的骨架曲线如图 9-24 所示。

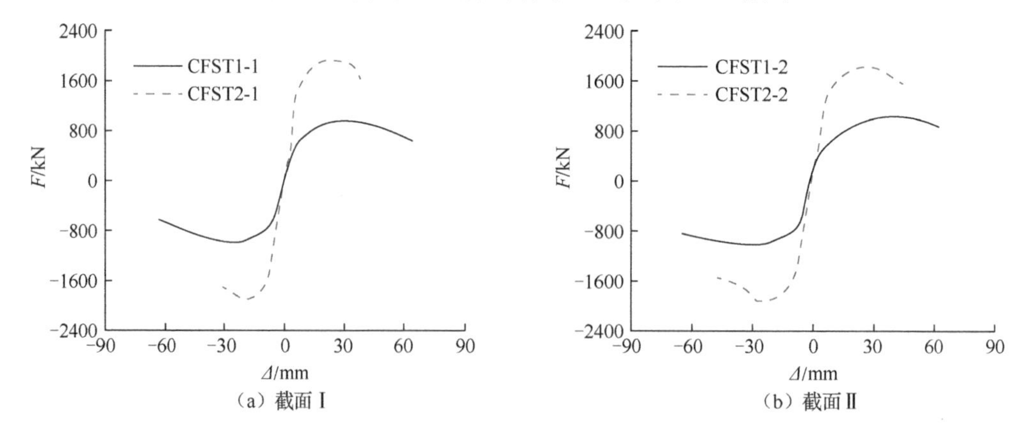

（a）截面 Ⅰ　（b）截面 Ⅱ

图 9-24　不同剪跨比试件的骨架曲线

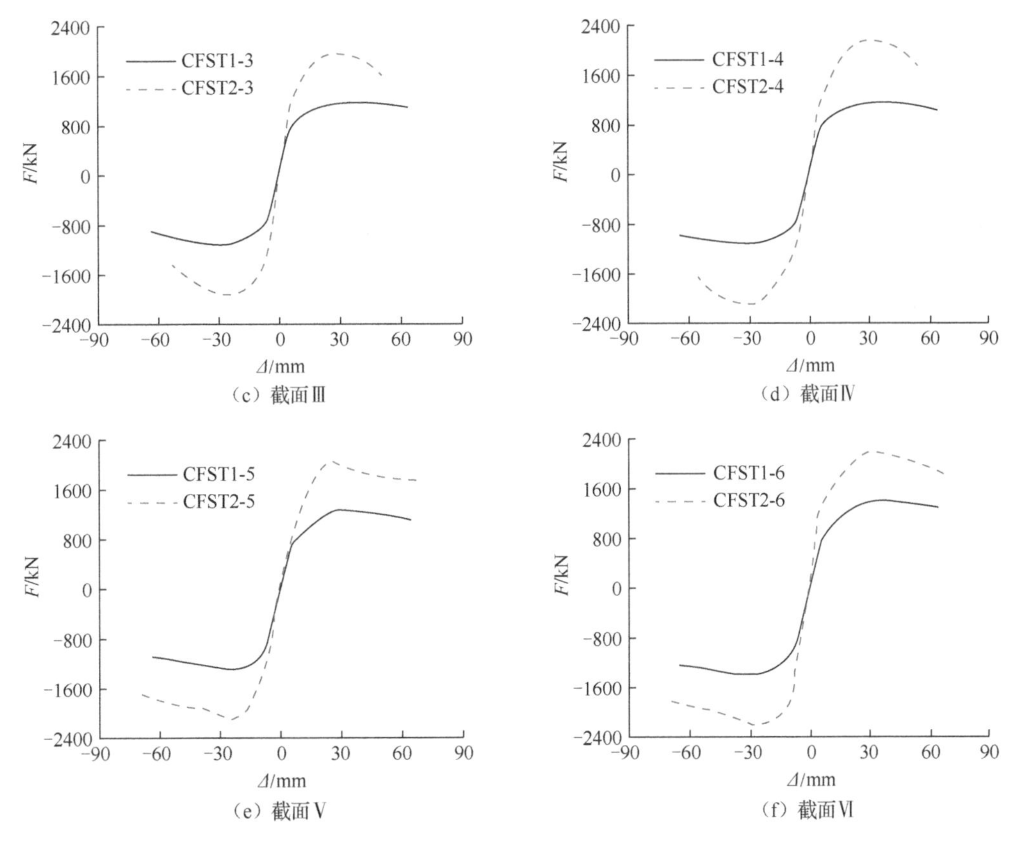

（c）截面Ⅲ　（d）截面Ⅳ

（e）截面Ⅴ　（f）截面Ⅵ

图 9-24（续）

分析表明：剪跨比较小的试件，承载力较高，骨架曲线上升段和强化段较陡峭，到达峰值荷载后，下降段亦较陡；试件 CFST2-1 在到达峰值承载力后，承载力迅速下降，随即发生破坏；试件 CFST1-6 骨架曲线的下降段最为平缓，这是因为分腔焊接钢板的拉结作用，使内外钢管协同工作，变形性能得到显著提升；内置圆钢管对提高较小剪跨比试件的延性作用显著，试件 CFST2-5 在破坏过程中表现出压弯破坏的特征；外圆钢管、内圆钢管复式钢管混凝土柱在承受水平剪力时，由于核心混凝土受到较强的约束作用，截面抗剪强度显著提高，构件的塑性变形能力得到有效改善。

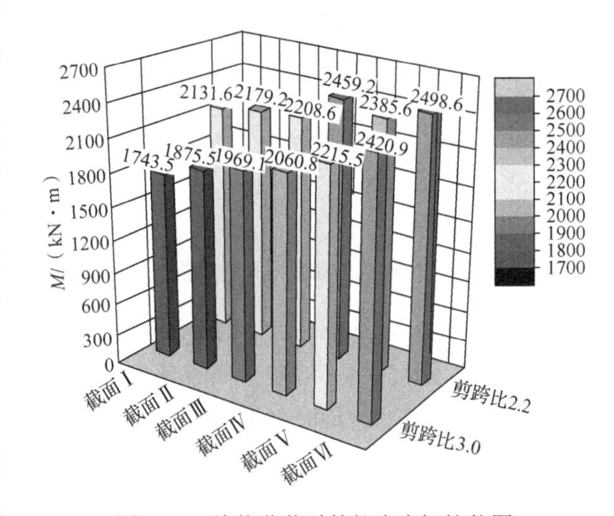

图 9-25　峰值荷载时的柱底弯矩柱状图

2. 承载力

图 9-25 为 12 个试件水平力达到峰值荷载时的柱底弯矩柱状图，结果

表明：强化腔体构造对提高较大剪跨比试件承载力的作用更加明显；截面形式相同时，较小剪跨比试件的承载力较高。

承载力退化：比较各试件在位移角达到 1/25 时的承载力退化情况，承载力退化曲线如图 9-26 所示，承载力退化系数 ω 定义为同级位移角加载下，试件第二循环水平力的最大值 $F_{j,2}$ 与第一循环水平力的最大值 $F_{j,1}$ 之比，即 $\omega = F_{j,2}/F_{j,1}$。由图 9-26 可知：①在加载初期，试件出现了承载力强化的现象，这是因为钢材塑性变形较小时，增加其塑性变形会对承载力有一定强化作用；继续增大塑性变形，便会出现退化现象；②未设置腔体构造的钢管混凝土柱在加载后期承载力退化速度较快，工作性能较差；分腔复式钢管混凝土柱的承载力退化速度较慢，承载力保持能力较强。

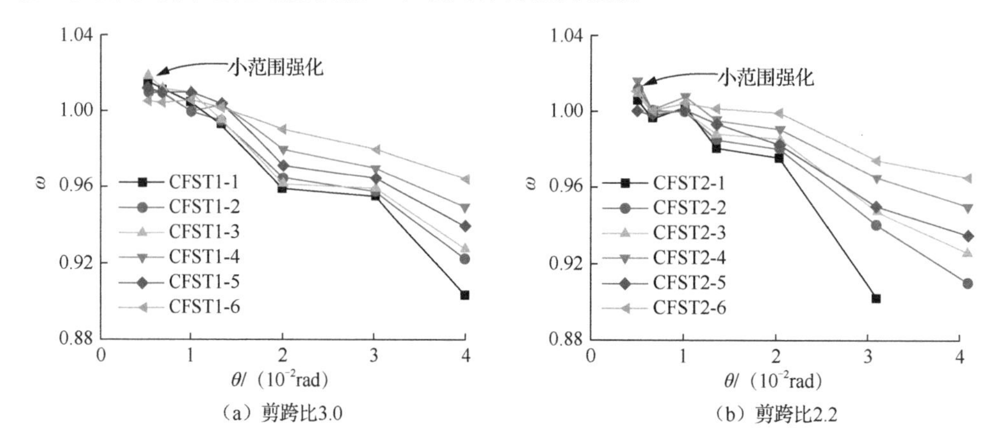

图 9-26　承载力退化曲线

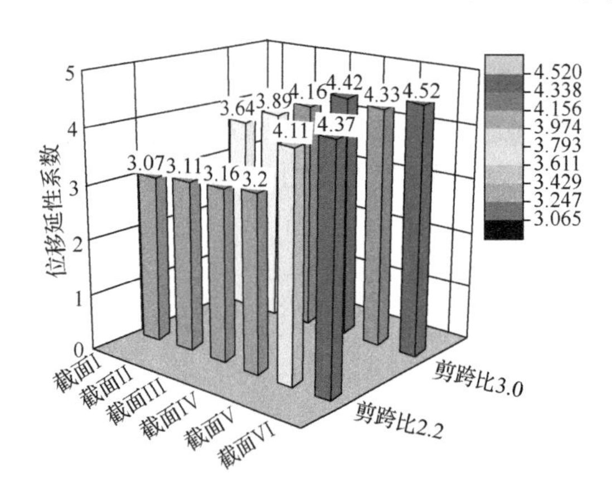

图 9-27　位移延性系数对比柱状图

3. 延性

图 9-27 为各试件位移延性系数对比柱状图。由图 9-27 可见：截面形式相同时，剪跨比较小的试件的位移延性系数小于剪跨比较大的试件；试件 CFST2-1 较试件 CFST1-1 位移延性系数降低了 18.6%；试件 CFST2-2 较试件 CFST1-2 位移延性系数降低了 25.1%；试件 CFST2-3 较试件 CFST1-3 位移延性系数降低了 31.6%；试件 CFST2-4 较试件 CFST1-4 位移延性系数降低了 38.1%；试件 CFST2-5 较试件 CFST1-5 位移延性系数降低了 5.4%；试件 CFST2-6 较试件 CFST1-6 位移延性系数降低了 3.4%；复式钢管混凝土柱的核心混凝土同时受到内、外层钢管的双重约束作用，抗压强度显著提高，混凝土的后期变形能力提高，因此位移延性系数较大；分腔焊接钢板可以起到协调变形的作用，同时对每一个小腔体单元内的混凝土有附加套箍作用，进一步提高了构件的延性；设置内圆钢管及分腔焊接钢板对提高较小剪跨比试件延性的作用更加显著；随着剪跨比的减小，试件延性降低；随着截面含钢率的增加，试件延性提高。

4. 刚度退化

图 9-28 为相同截面形式、不同剪跨比试件刚度退化曲线对比。由图 9-28 可知：剪跨比较小的试件的割线刚度显著大于剪跨比较大的试件；当位移角 θ=1/200 时，对于截面Ⅰ～截面Ⅵ，剪跨比较小的试件的割线刚度较剪跨比较大的试件的割线刚度分别提高了 116.2%、80.2%、53.5%、27.0%、52.7%和 61.8%；剪跨比较小的试件的刚度退化曲线较为陡峭，退化快，累积损伤效应显著。

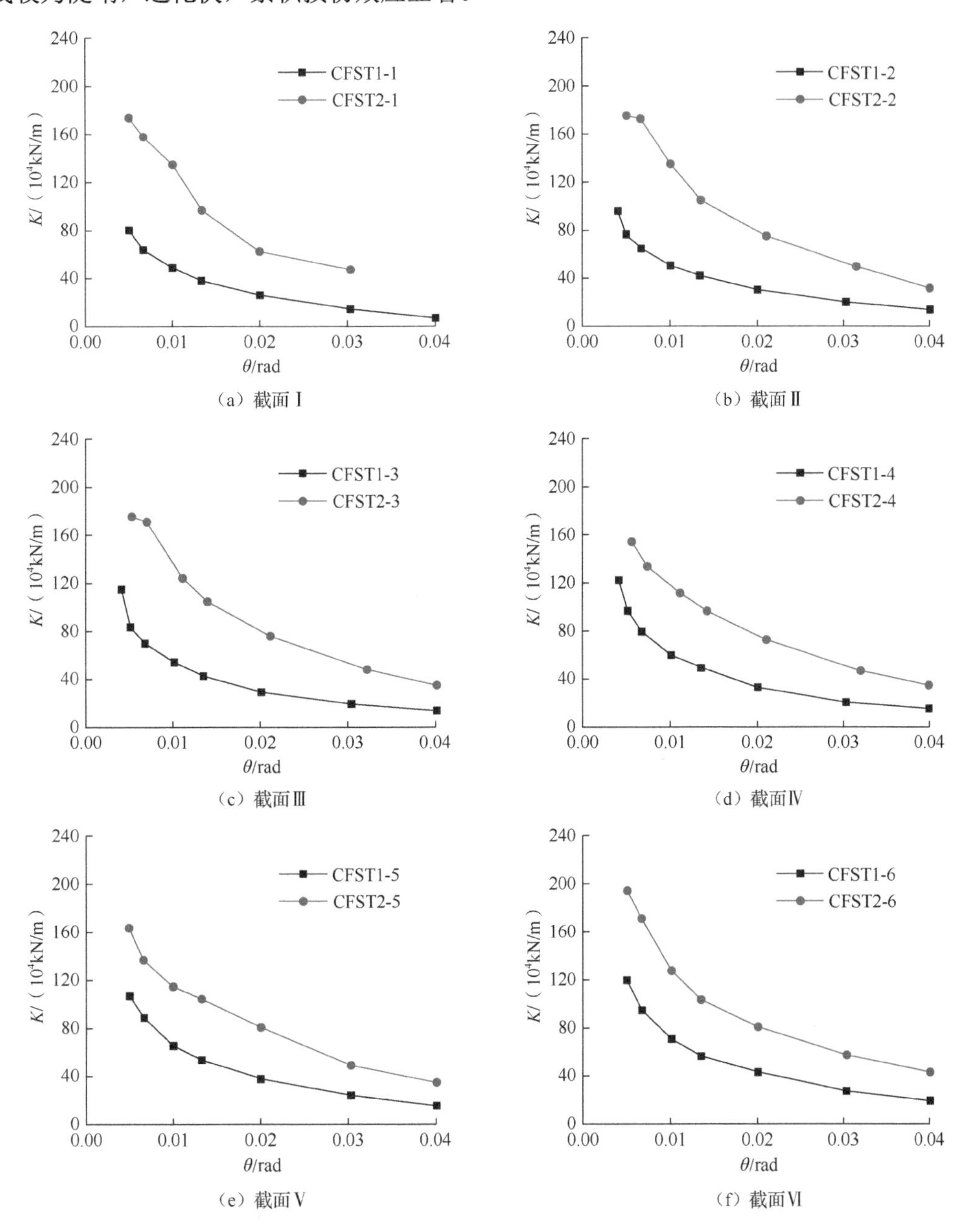

图 9-28　刚度退化曲线对比

9.1.7　耗能

图 9-29 为位移角与该级位移角循环耗能的关系曲线。由图 9-29 可知，位移角达到 1/150 前，各试件耗能值接近，曲线平缓；相邻两级位移角循环耗能基本相等；位移角达到 1/100 之后，各试件循环耗能差异逐步显著；两种剪跨比试件的耗能曲线规律基本相同，均为前期耗能较低，随着位移角的逐级增加，循环耗能随之增大。

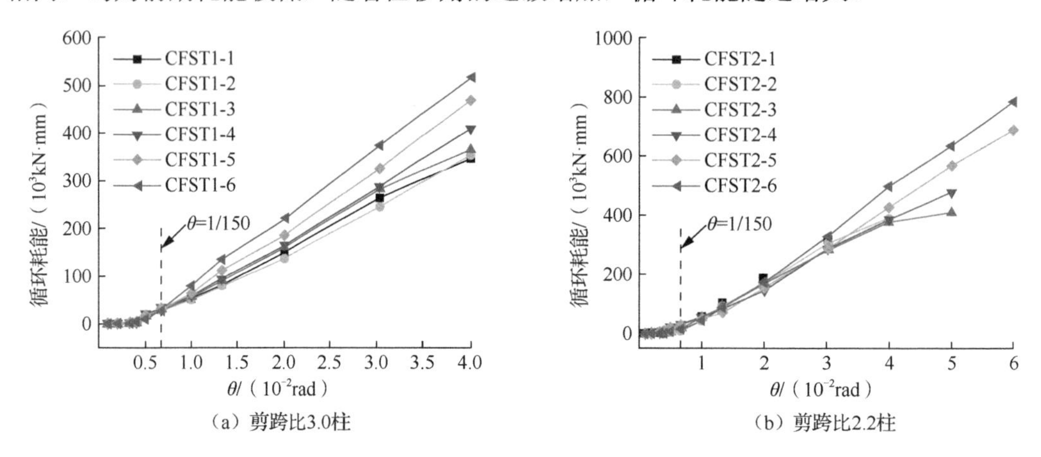

（a）剪跨比3.0柱　　（b）剪跨比2.2柱

图 9-29　位移角与该级位移角循环耗能的关系曲线

采用两种方法进行不同剪跨比试件累积耗能对比分析，分别为 θ=4%和 $\theta=\theta_p$。

实际工程中，工程师更加关心的是不同剪跨比试件达到相同位移角时的性能差异，因此取位移角 4%进行比较分析。但这种比较方法并没有充分考量较小剪跨比试件的耗能潜力，此时的位移角仍未达到其极限位移角，因此另取 $\theta=\theta_p$ 比较各试件的累积耗能。

图 9-30 为 12 个试件累积耗能对比柱状图。由图 9-30（a）、（b）可知：对于无腔体构造的钢管混凝土柱试件，剪跨比较大的试件的累积耗能较大。①对于第一种比较方式，即比较不同剪跨比试件在 θ=4%时的累积耗能，结果表明，截面形式相同时，剪跨比较大的试件的累积耗能较大，此时剪跨比较小的试件并没有达到其极限位移角，从而低估了其耗能能力；②对于第二种比较方法，即比较不同剪跨比试件在达到极限位移角时的累积耗能，除无腔体构造的试件外，其余试件均为剪跨比较小的试件的累积耗能较高，这是因为设置腔体构造对较小剪跨比试件的变形能力提高作用更加显著，且较小剪跨比试件的水平承载力较高，在相同侧移下，水平荷载-位移滞回曲线所包围的面积更大，因此其累积耗能能力更大。

剪跨比相同时，设置内圆钢管和分腔焊接钢板后，组合截面抗压强度显著提高，构件延性得到有效改善，同时增大了钢与混凝土的界面接触面积，使构件可以通过黏结滑移作用耗散吸收的能量，因此耗能能力强于其他试件。

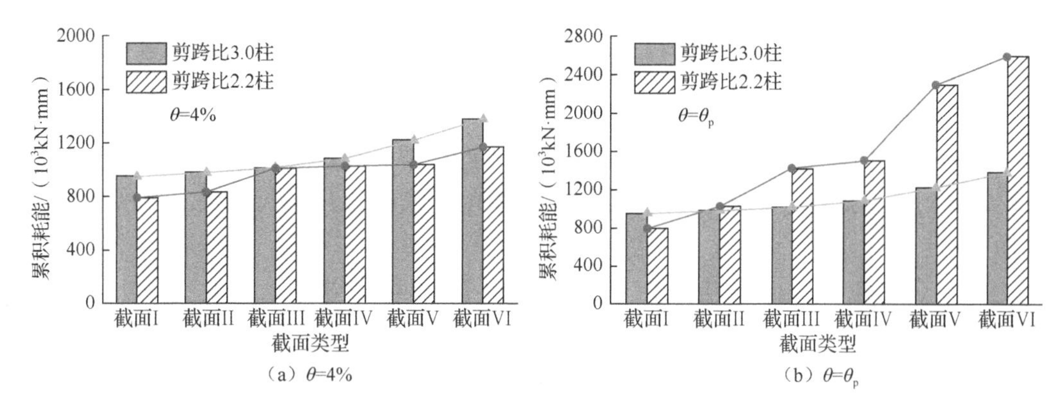

（a）θ=4%　　（b）$\theta=\theta_p$

图 9-30　试件累积耗能对比柱状图

9.2　承载力计算

钢管混凝土在压、弯、剪的受力状态下，其截面会引起正应力和剪应力。本次试验采用悬臂式加载，构件处于轴心受压，然后再横向受剪的复合受力状态。本节采用文献[1]提出的钢管混凝土压弯剪构件承载力实用计算方法计算各试件的承载力。强度关系曲线分为两个部分，可用两个数学表达式来描述，即

当 $N/N_u \geqslant 2\eta_0 \sqrt[2.4]{1-(V/V_u)^2}$ 时

$$\left(\frac{N}{N_u}+\frac{a}{d}\frac{M}{M_u}\right)^{2.4}+\left(\frac{V}{V_u}\right)^2=1 \tag{9-2}$$

当 $N/N_u < 2\eta_0 \sqrt[2.4]{1-(V/V_u)^2}$ 时

$$\left[-b\left(\frac{N}{N_u}\right)^2-c\left(\frac{N}{N_u}\right)+\frac{1}{d}\frac{M}{M_u}\right]^{2.4}+\left(\frac{V}{V_u}\right)^2=1 \tag{9-3}$$

式中，N、M 和 V 分别为作用于构件的轴心压力、弯矩和剪力；N_u、M_u 和 V_u 分别为轴压强度承载力、抗弯承载力和抗剪承载力；$a=1-2\eta_0$；$b=(1-\zeta_0)/\eta_0^2$；$c=2(\zeta_0-1)/\eta_0$；$d=1-0.4N/N_E$；$\zeta_0=0.18\xi^{-1.15}+1$，$\xi$ 为约束效应系数；$N_E=\pi^2 E_{sc}A_{sc}/\lambda^2$ 为欧拉临界力，λ 为长细比，E_{sc} 和 A_{sc} 分别为钢管混凝土构件的弹性模量和截面面积。

分腔复式钢管混凝土柱的组合截面抗弯弹性模量为

$$E_{scm}=\frac{E_s I_{so}+E_s I_{si}+E_c I_{co}+E_c I_{ci}+\sum E_s I_{sr}}{I_{so}+I_{si}+I_{co}+I_{ci}+\sum I_{sr}}$$

式中，I_{so}、I_{si}、I_{co}、I_{ci}、I_{sr} 分别为外钢管、内钢管、外混凝、内混凝土和分腔焊接钢板的截面惯性矩；E_s 和 E_c 分别钢材和混凝土的弹性模量。对于设置有竖向肋板及核心构造钢筋的试件，则将式中分腔焊接钢板的截面惯性矩 I_{sr} 换为相应构造的材料弹性模量及截面惯性矩。η_0 为

$$\eta_0=\begin{cases}0.5-0.245\xi & \xi\leqslant 0.4\\ 0.1+0.14\xi^{-0.84} & \xi>0.4\end{cases} \tag{9-4}$$

采用叠加法计算竖向肋板及分腔焊接钢板对钢管混凝土构件受压承载力的贡献；当核心混凝土受压膨胀而横向挤压外钢管时，水平肋板可以对其提供约束作用，因此在计算中需要对套箍指标进行修正[2]，设置环向肋板的钢管混凝土构件的轴压承载力计算公式为

$$N=[1.212+B(\xi_1+\xi_{hr})+C(\xi_1^2+\xi_{hr}^2)]f_cA_{sc} \tag{9-5}$$

式中，ξ_1为无腔体构造的钢管混凝土构件的套箍系数；ξ_{hr}为水平肋板对核心混凝土提供的套箍系数，$\xi_{hr}=f_{y,hr}A_{hr}/(f_cA_c)$，$f_{y,hr}$和$A_{hr}$分别为水平肋板的屈服强度和折算面积，$f_c$和$A_c$分别为核心混凝土的轴心抗压强度和截面面积，$A_{hr}=nV_{hr}/H$，$n$为水平肋板沿柱身布置的数量，$V_{hr}$为单个水平肋板的体积，$H$为柱高。$A_{sc}$为钢管混凝土截面的面积，即外钢管的面积及核心混凝土的面积之和。核心构造钢筋根据强度和配筋率，按照加权平均的方法对混凝土强度进行修正[3]。外圆内圆复式钢管混凝土的轴压强度承载力，可按极限平衡理论的叠加原则进行计算[4]，核心混凝土要同时考虑本层及外层钢管的套箍效应。设A_{s1}和A_{s2}分别为外层和内层钢管的横截面面积，A_{c1}和A_{c2}分别为外层和内层钢管所包围的核心混凝土面积，f_{s1}和f_{s2}分别为外层和内层钢管的屈服强度，f_{c1}和f_{c2}分别为外层和内层钢管内的混凝土抗压强度，则外层、内层钢管所提供的约束效应系数ξ_1和ξ_2分别为$A_{s1}f_{s1}/(A_{c1}f_{c1})$和$A_{s2}f_{s2}/(A_{c2}f_{c2})$，套箍效应系数$\alpha_1$和$\alpha_2$分别为$1+\xi_1^{1/2}$和$1+(\xi_1+\xi_2)^{1/2}$。

外圆内圆复式钢管混凝土柱的轴压强度承载力可通过式（9-6）～式（9-8）进行计算。

$$f'_{c1}=f_{c1}(1+\alpha_1\xi_1) \tag{9-6}$$

$$f'_{c2}=f_{c2}[1+\alpha_2(\xi_1+\xi_2)] \tag{9-7}$$

$$N_u=\varphi_l\eta[A_{c1}f'_{c1}+A_{c2}(f'_{c2}-f'_{c1})] \tag{9-8}$$

式中，φ_l为考虑长细比影响的承载力折减系数；η为考虑各层钢管混凝土的峰值荷载不同步而引入的叠加折减系数；f'_{c1}和f'_{c2}分别为外层、内层混凝土的抗压强度。

采用叠加法考虑竖向肋板及分腔焊接钢板对钢管混凝土构件受弯承载力的贡献[5]，以分腔复式钢管混凝土柱为例，在进行分腔复式钢管混凝土受弯承载力计算时，可采用三部分承载力叠加的形式，分别为外钢管与夹层混凝土、内钢管与核心混凝土及分腔焊接钢板。

$$M_u=\gamma_{m1}W_{sco}f_{sco}+\gamma_{m2}W_{sci}f_{sci}+\gamma_{m3}W_sf_s \tag{9-9}$$

$$f_{sco}=(1.212+B\xi_1+C\xi_1^{\ 2})f_c \tag{9-10}$$

$$f_{sci}=[1.212+B(\xi_1+\xi_2)+C(\xi_1^{\ 2}+\xi_2^{\ 2})]f_c \tag{9-11}$$

式中，γ_{m1}、γ_{m2}和γ_{m3}分别为中空夹层钢管混凝土、截面中心钢管混凝土及分腔焊接钢板的截面抗弯塑性发展系数；对于圆形钢管混凝土$\gamma_m=1.1+0.48\ln(\xi+1)$；$W_{sco}$为中空夹层钢管混凝土的截面抗弯模量；$W_{sci}$为内钢管混凝土的截面抗弯模量；$W_s$为分腔焊接钢板的截面抵抗矩；$f_{sco}$和$f_{sci}$分别为圆中空夹层和截面中心钢管混凝土的组合截面抗压强

度；f_s 为分腔焊接钢板的钢材抗拉强度。计算复式分腔钢管混凝土柱的抗剪承载力同样采用三部分承载力叠加的形式。

$$V_u = \gamma_{v1}(A_{s1} + A_{c1} - A_{s2} - A_{s2})\tau_{sco} + \gamma_{v2}(A_{s2} + A_{c2})\tau_{sci} + \gamma_{v3}A_p f_v \tag{9-12}$$

$$\tau_{sco} = (0.422 + 0.313\alpha_1^{2.33})\xi_1^{0.134} f_{sco} \tag{9-13}$$

$$\tau_{sci} = (0.422 + 0.313\alpha_2^{2.33})(\xi_1^{0.134} + \xi_2^{0.134}) f_{sci} \tag{9-14}$$

式中，γ_{v1}、γ_{v2} 和 γ_{v3} 分别为中空夹层钢管混凝土、内钢管混凝土及分腔焊接钢板的截面抗剪塑性发展系数；对于圆钢管混凝土 $\gamma_v = 0.97 + 0.2\ln(\xi)$；$\alpha_1$ 和 α_2 分别为中空夹层钢管混凝土及内钢管混凝土的含钢率；A_p 为分腔焊接钢板的横截面面积；f_v 为分腔焊接钢板的抗剪强度；τ_{sco} 和 τ_{sci} 分别为中空夹层钢管混凝土和截面中心钢管混凝土的组合截面抗剪强度。

12 个试件的计算值与试验值对比见表 9-9。结果表明，试验值平均比计算值大 15.17%，偏于安全。

表 9-9　计算值与试验值对比

试件编号	试验值 M_t/(kN·m)	计算值 M_c/(kN·m)	M_t/M_c
CFST1-1	1743.50	1600.58	1.09
CFST1-2	1875.53	1659.29	1.13
CFST1-3	1969.06	1758.04	1.12
CFST1-4	2060.76	1907.41	1.08
CFST1-5	2215.46	2013.64	1.10
CFST1-6	2420.93	2141.59	1.13
CFST2-1	2131.59	1761.64	1.21
CFST2-2	2179.16	1786.20	1.22
CFST2-3	2208.62	1824.79	1.21
CFST2-4	2459.20	2015.57	1.22
CFST2-5	2385.58	2073.91	1.15
CFST2-6	2498.58	2153.45	1.16

9.3　有限元分析

采用 ABAQUS 有限元软件进行钢管混凝土柱抗震性能的数值模拟分析。首先建立不同腔体构造的钢管混凝土柱有限元模型，将数值模拟结果与试验结果进行对比，验证模型建立的正确性。在此基础上，研究不同截面构造对钢管混凝土柱抗震性能的影响。

9.3.1　材料本构模型

1. 钢材

钢材的本构模型采用 ABAQUS 提供的经典金属材料塑性本构模型，使用 Mises 屈服面定义各向同性屈服。钢材和钢筋选用考虑强化的二折线弹塑性模型，屈服荷载及屈服应变使用实测值，泊松比取 0.3，强化类型为随动强化。

2. 混凝土

圆钢管内混凝土的单轴受压应力-应变关系采用韩林海[1]提出的约束混凝土本构模型。

1）对于圆钢管混凝土

$$\begin{cases} y = 2x - x^2 & x \leqslant 1 \\ y = 1 + q(x^{0.1\xi} - 1) \quad \xi \geqslant 1.12 & x > 1 \\ y = \dfrac{x}{\beta(x-1)^2 + x} \quad \xi < 1.12 & x > 1 \end{cases} \tag{9-15, 9-16}$$

$$\sigma_0 = \left[1 + (-0.054\xi^2 + 0.4\xi)\left(\frac{24}{f_c'}\right)^{0.45}\right] f_c' \tag{9-17}$$

$$\varepsilon_0 = \varepsilon_{cc} + \left[1400 + 800\left(\frac{f_c'}{24} - 1\right)\right]\xi^{0.2}(\mu\varepsilon) \tag{9-18}$$

$$\varepsilon_{cc} = 1300 + 12.5 f_c'(\mu\varepsilon) \tag{9-19}$$

$$q = \frac{\xi^{0.745}}{2 + \xi} \tag{9-20}$$

$$\beta = (2.36\times10^{-5})^{[0.25+(\xi-0.5)^7]} f_c'^2 3.51\times10^{-4} \tag{9-21}$$

式中，$x = \dfrac{\varepsilon}{\varepsilon_0}$；$y = \dfrac{\sigma}{\sigma_0}$；$f_c'$ 为混凝土圆柱体轴心抗压强度。

2）对于方钢管混凝土

$$y = 2x - x^2 \quad x \leqslant 1 \tag{9-22}$$

$$y = \frac{x}{\beta(x-1)^\eta + x} \quad x > 1 \tag{9-23}$$

$$\sigma_0 = \left[1 + (-0.0135\xi^2 + 0.1\xi)\left(\frac{24}{f_c'}\right)^{0.45}\right] f_c' \tag{9-24}$$

$$\varepsilon_0 = \varepsilon_{cc} + \left[1330 + 760\left(\frac{f_c'}{24} - 1\right)\right]\xi^{0.2}(\mu\varepsilon) \tag{9-25}$$

$$\varepsilon_{cc} = 1300 + 12.5 f_c'(\mu\varepsilon) \tag{9-26}$$

$$\eta = 1.6 + 1.5/x \tag{9-27}$$

$$\beta = \begin{cases} \dfrac{(f_c')^{0.1}}{1.35\sqrt{1+\xi}} & \xi \leqslant 3.0 \\ \dfrac{(f_c')^{0.1}}{1.35\sqrt{1+\xi(\xi-2)^2}} & \xi > 3.0 \end{cases} \tag{9-28}$$

圆钢管核心混凝土的本构模型如图 9-31 所示。混凝土泊松比取 0.2。在 ABAQUS

中需要将名义应力 σ_{norm} 和名义应变 ε_{norm} 分别通过公式 $\sigma_{true}=(1+\varepsilon_{norm})\sigma_{norm}$ 和 $\varepsilon_{true}=\ln(1+\varepsilon_{norm})$ 转换为真实应力 σ_{true} 和真实应变 ε_{true}。

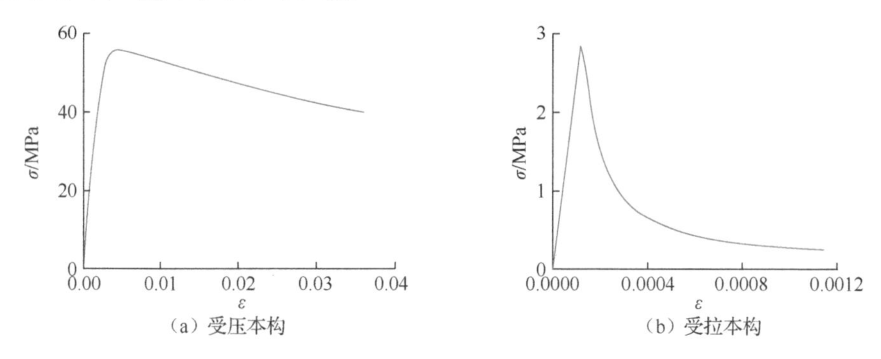

（a）受压本构　（b）受拉本构

图 9-31　圆钢管核心混凝土的本构模型

9.3.2　单元选取

钢管、加劲肋和分腔焊接钢板采用 S4R 壳单元，混凝土采用 C3D8R 实体单元。以试件 CFST1-6 腔体钢构为例，各组成部分的单元选取如图 9-32 所示。基础定义为刚体，钢管柱上端建立一个边长为 528mm、厚度为 20mm 的正方体刚体，用来对试件施加竖向均布荷载。由于试件破坏发生在柱底部，上端在试验过程中基本处于弹性工作状态，因此在建模时简化柱上端的构造，不同剪跨比试件的柱高取试件实际剪跨比的高度值。

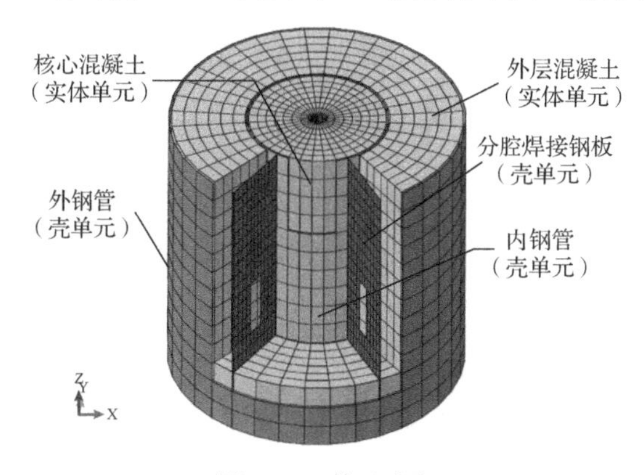

图 9-32　单元选取

9.3.3　边界条件及网格划分

试件边界条件：固定基础在三个方向的平动和转动自由度；在上端承压板上施加竖向均布荷载 32.93kN/m^2，合力为 9180kN，并在试验过程中保持恒定不变；在柱顶施加水平往复位移，位移加载历程与试验相同，有限元模型受力机理与试验相同。

钢管与混凝土之间的接触定义为表面与表面接触，法向行为采用硬接触，切向行为的摩擦公式采用罚函数，摩擦系数为 0.4。将加劲肋与钢管进行绑定约束，与混凝土重合的部分采用埋入的方式。钢筋采用 truss 单元，并埋入混凝土中。圆钢管混凝土柱试件钢构部分的网格划分如图 9-33 所示，试件模型整体网格划分如图 9-34 所示。

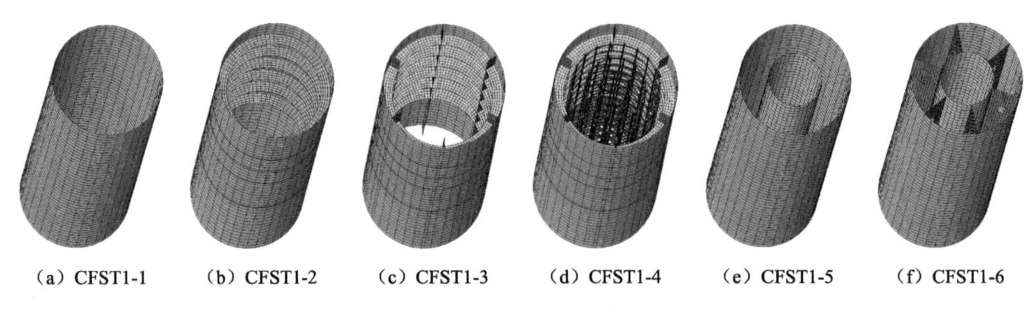

图 9-33　钢构部分的网格划分

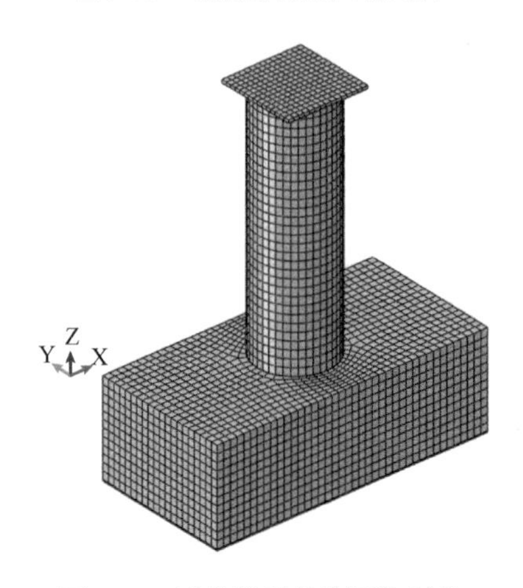

图 9-34　试件模型整体网格划分

9.3.4　有限元计算

图 9-35 为 12 个不同剪跨比、不同腔体构造的圆钢管混凝土柱滞回曲线有限元模拟结果与试验结果的对比，表 9-10 为各试件峰值荷载试验值与有限元模拟值的对比，计算结果与试验符合较好。

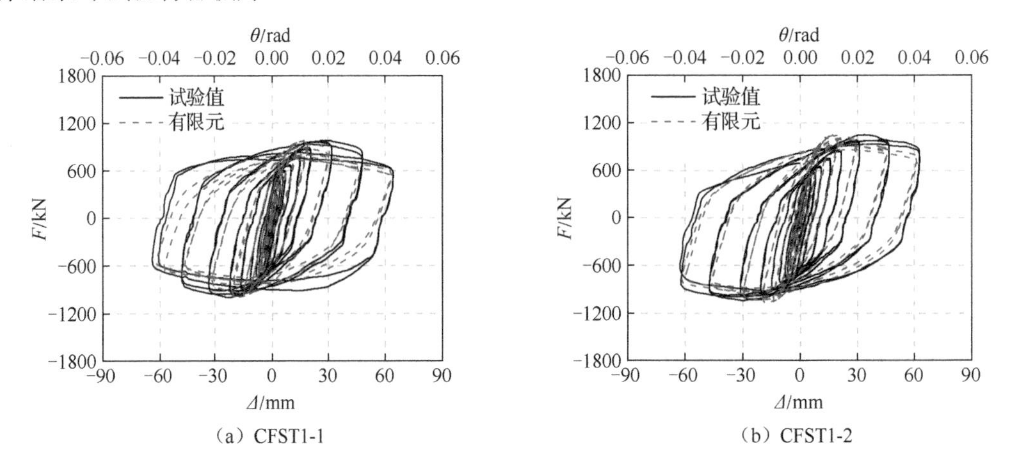

图 9-35　试件滞回曲线数值模拟结果与试验结果

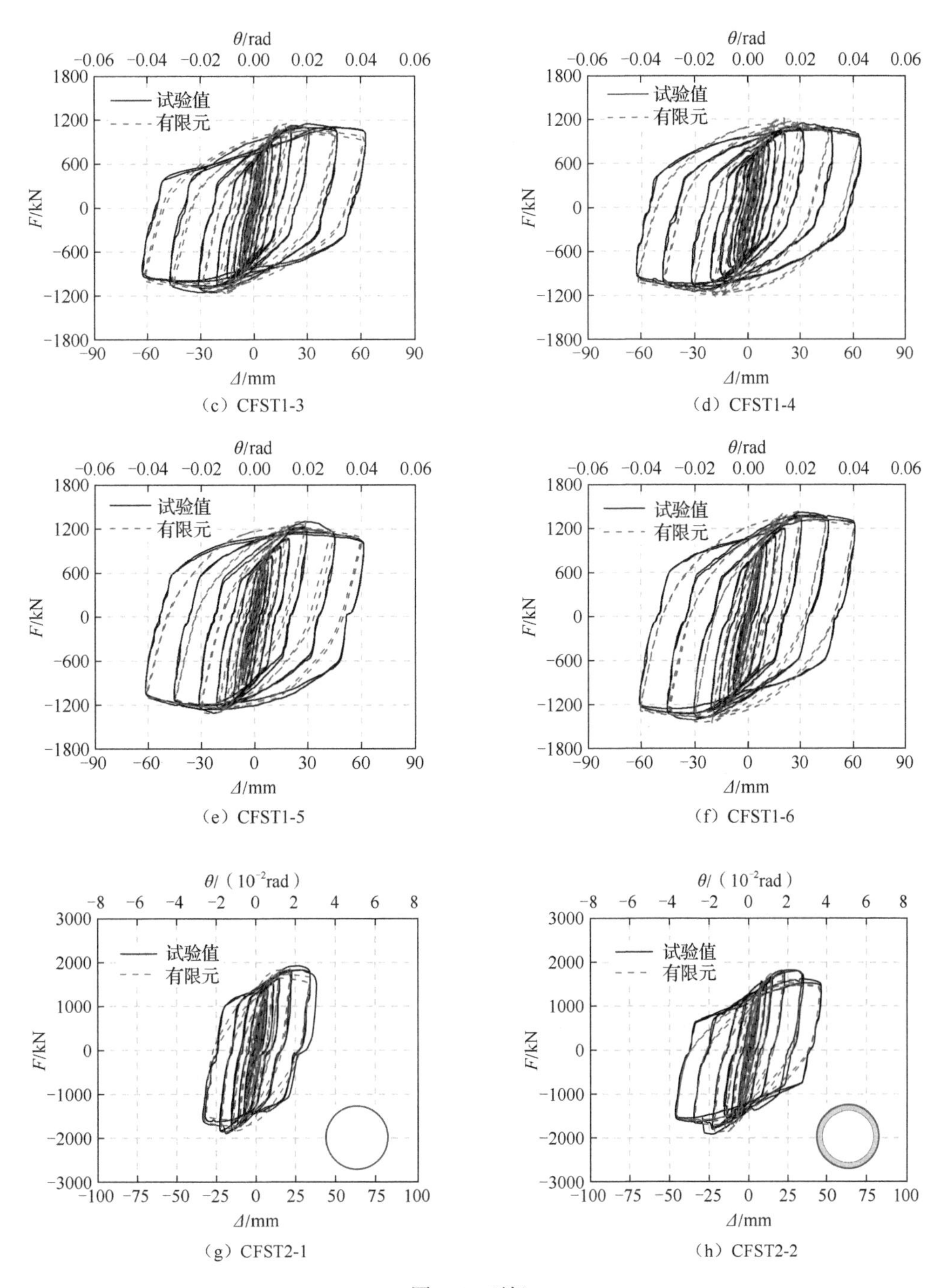
θ/rad
F/kN
Δ/mm
试验值
有限元
(c) CFST1-3
(d) CFST1-4
(e) CFST1-5
(f) CFST1-6
θ/ (10⁻²rad)
(g) CFST2-1
(h) CFST2-2

图9-35（续）

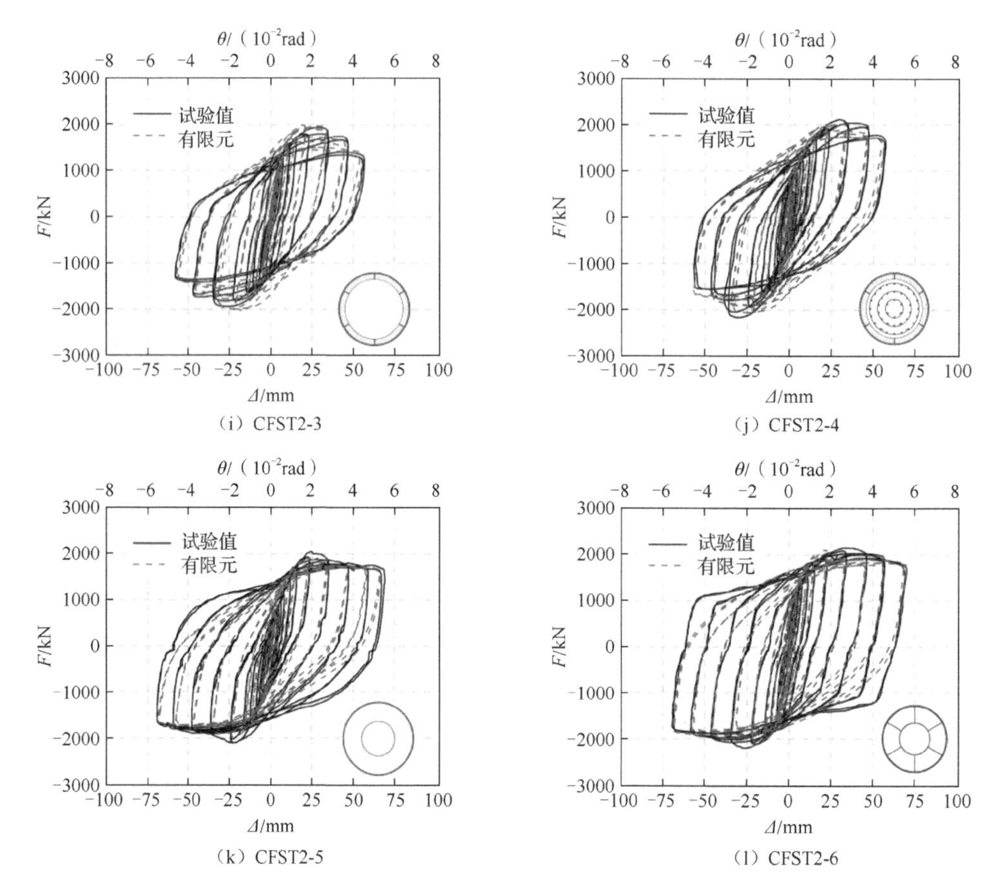

（i）CFST2-3

（j）CFST2-4

（k）CFST2-5

（l）CFST2-6

图 9-35（续）

表 9-10　峰值荷载试验值与模拟值

试件编号	F_{test}/kN	$F_{simulate}$/kN	$F_{simulate}/F_{test}$
CFST1-1	987.9	985.5	0.998
CFST1-2	1043.9	1068.6	1.024
CFST1-3	1152.9	1161.9	1.008
CFST1-4	1153.5	1214.6	1.053
CFST1-5	1304.9	1312.4	1.006
CFST1-6	1409.9	1447.6	1.027
CFST2-1	1916.9	1861.2	0.971
CFST2-2	1920.2	1908.2	0.994
CFST2-3	1944.4	2031.6	1.045
CFST2-4	2145.8	2064.3	0.962
CFST2-5	2085.7	2044.5	0.980
CFST2-6	2206.8	2166.1	0.982

图 9-36～图 9-49 分别为剪跨比λ为 3.0 和 2.2 的试件达到极限位移角时外钢管 Mises 应力云图、混凝土最小主应力应力云图、钢管混凝土柱根部核心混凝土截面竖向和切向应力、应变云图及试件腔体钢构的 Mises 应力云图。由图 9-36 可知，无腔体构造的钢管混凝土柱根部屈曲变形最为严重，Mises 应力值相对较高；强化腔体构造后，柱根部鼓

凸变形得到有效缓解；设置水平加劲肋和竖向加劲肋的试件，柱身进入屈服的范围更广，钢材的性能得到充分发挥。由图 9-37 可知：混凝土主压应力显著大于主拉应力，随着截面含钢率的提高，混凝土最小主应力有增大的趋势；混凝土最小主应力的数值大于在混凝土本构模型中输入的峰值荷载，这是因为钢管内的核心混凝土处于三向受力状态，抗压强度显著提升。

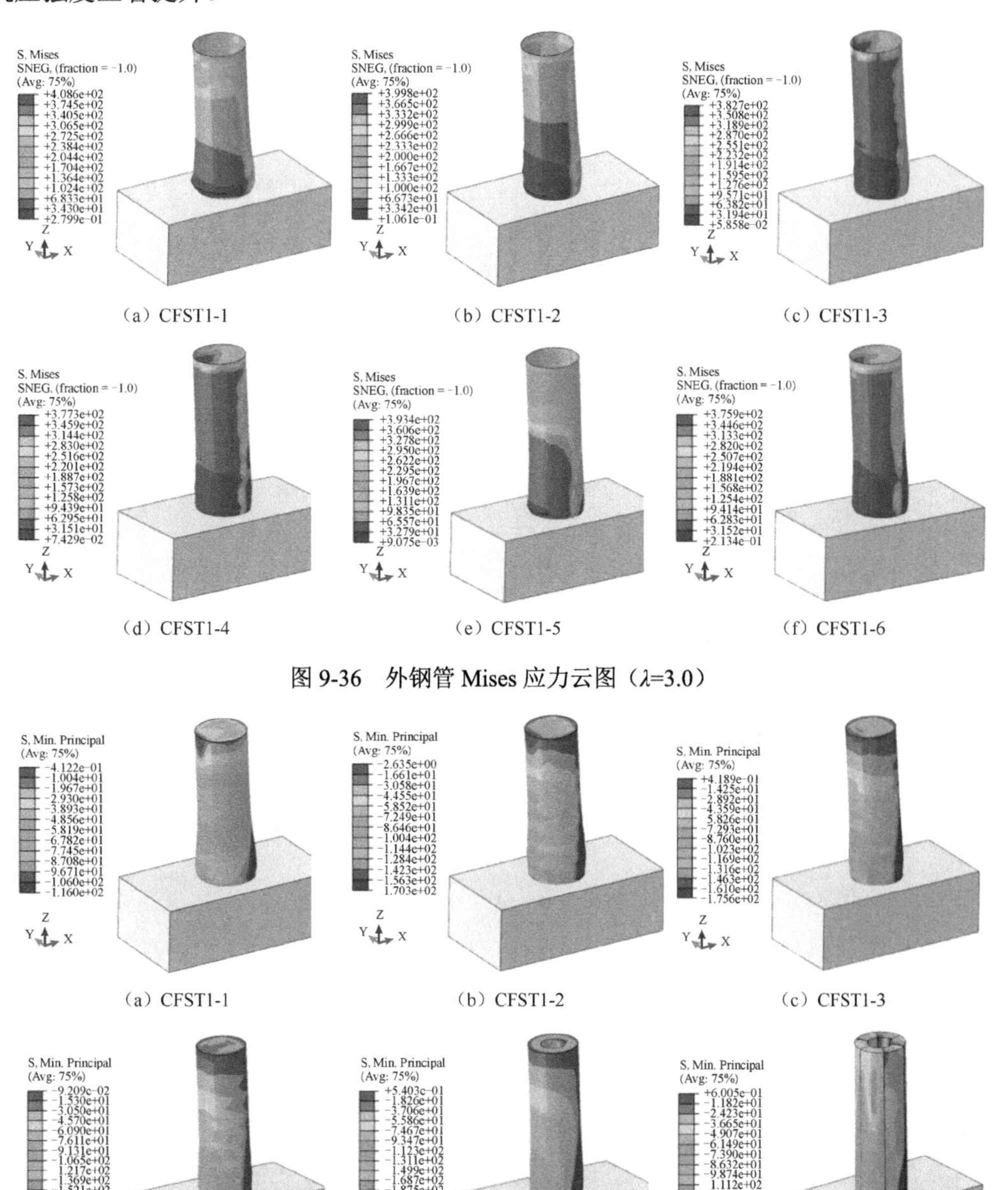

（a）CFST1-1　（b）CFST1-2　（c）CFST1-3

（d）CFST1-4　（e）CFST1-5　（f）CFST1-6

图 9-36　外钢管 Mises 应力云图（λ=3.0）

（a）CFST1-1　（b）CFST1-2　（c）CFST1-3

（d）CFST1-4　（e）CFST1-5　（f）CFST1-6

图 9-37　混凝土最小主应力云图（λ=3.0）

由图 9-38 可知：当在圆钢管内设置腔体构造后，混凝土截面受拉区面积和竖向最大压应力数值有增大的趋势；复式钢管混凝土柱和复式分腔钢管混凝土柱的核心混凝土较夹层混凝土在受压区承担更多的竖向荷载；试件 CFST1-6 外层混凝土受压区竖向应变最小，后期变形能力最强。由图 9-39～图 9-41 可知，混凝土截面受压区剪应力大于受拉区，剪应力的最大值位于受压区中心部位；切应变在受压和受拉侧边缘处数值较大，中和轴附近切应变较小，且受压侧切应变大于受拉侧切应变。图 9-42 为各试件腔体钢构的 Mises 应力云图。由图 9-42（a）可知：下部 5 道水平加劲肋在受压侧均已达到屈服，上面 2 道水平加劲肋发挥的作用较小；由于内圆钢管距离中和轴距离较近，因此内钢管受压侧 Mises 应力小于外钢管相同高度对应部位的 Mises 应力。

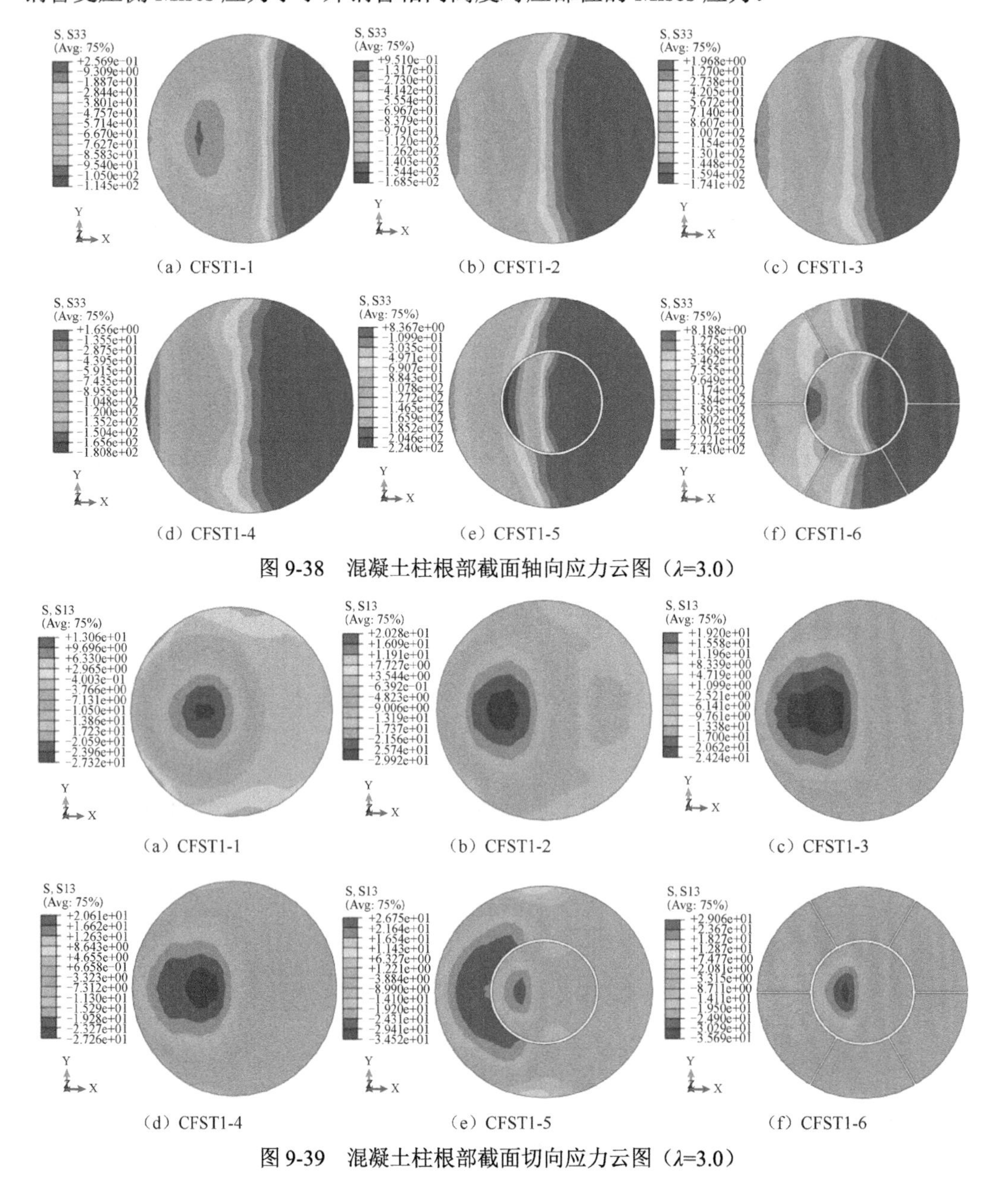

图 9-38　混凝土柱根部截面轴向应力云图（λ=3.0）

图 9-39　混凝土柱根部截面切向应力云图（λ=3.0）

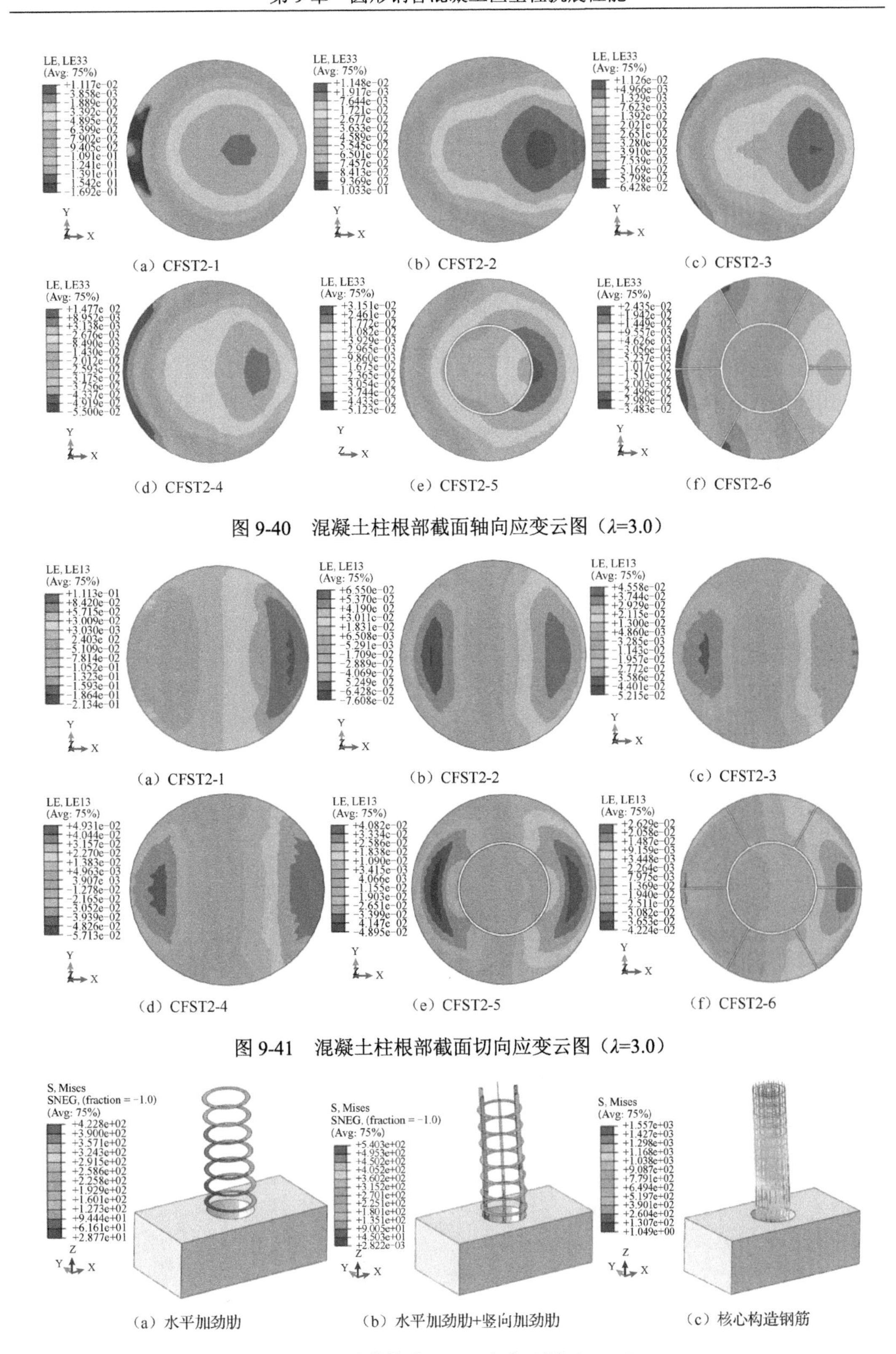

（a）CFST2-1　（b）CFST2-2　（c）CFST2-3

（d）CFST2-4　（e）CFST2-5　（f）CFST2-6

图9-40　混凝土柱根部截面轴向应变云图（λ=3.0）

（a）CFST2-1　（b）CFST2-2　（c）CFST2-3

（d）CFST2-4　（e）CFST2-5　（f）CFST2-6

图9-41　混凝土柱根部截面切向应变云图（λ=3.0）

（a）水平加劲肋　（b）水平加劲肋+竖向加劲肋　（c）核心构造钢筋

图9-42　腔体构造Mises应力云图（λ=3.0）

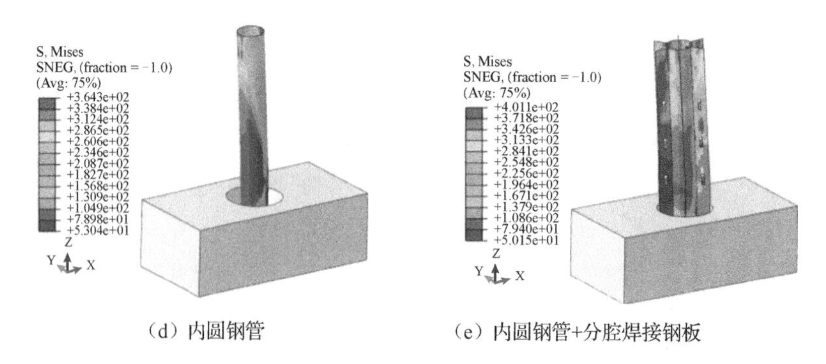

（d）内圆钢管　　（e）内圆钢管+分腔焊接钢板

图 9-42（续）

由图 9-43～图 9-49 可知：不同剪跨比试件柱根部混凝土截面的应力、应变云图具有相似的分布规律；设置内圆钢管对缓解外钢管屈曲变形效果显著，设置分腔焊接钢板后，柱根部鼓凸变形得到进一步抑制。

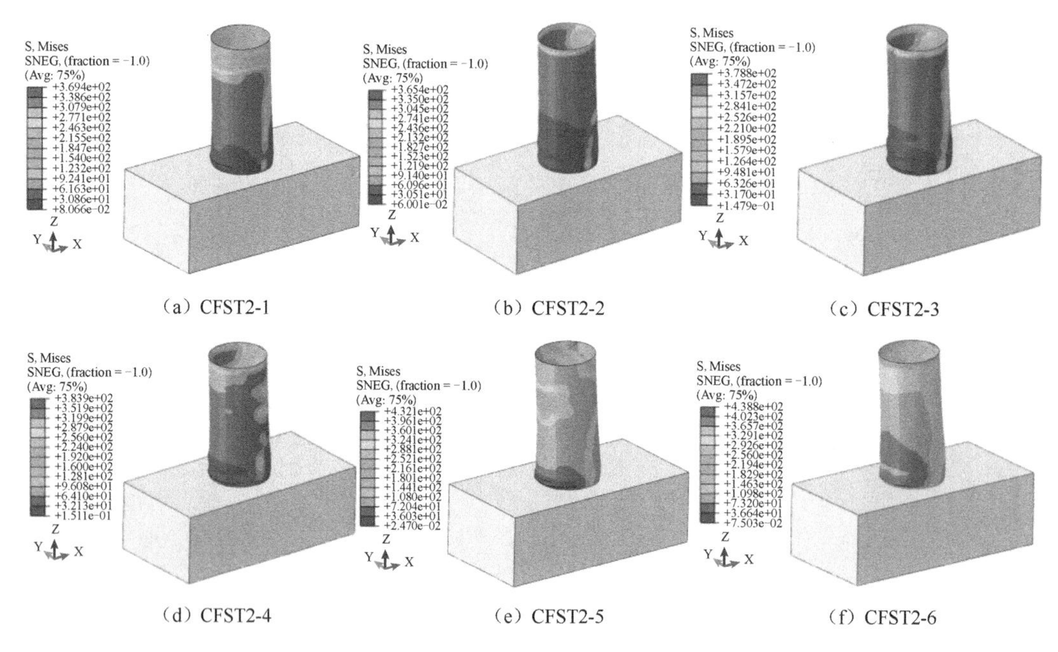

（a）CFST2-1　　（b）CFST2-2　　（c）CFST2-3

（d）CFST2-4　　（e）CFST2-5　　（f）CFST2-6

图 9-43　外钢管 Mises 应力云图（λ=2.2）

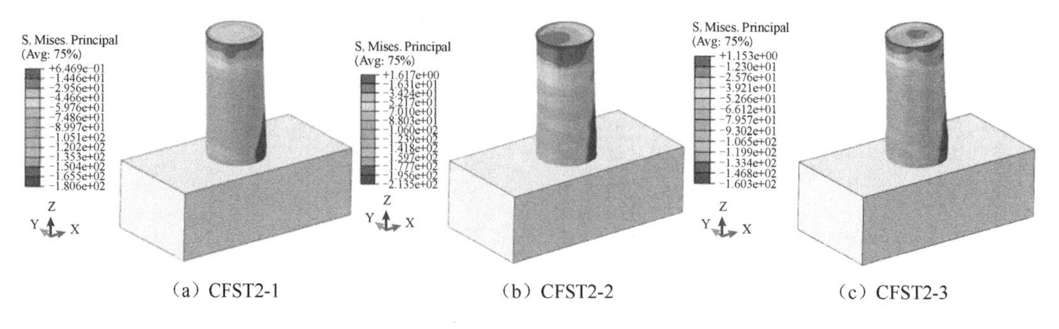

（a）CFST2-1　　（b）CFST2-2　　（c）CFST2-3

图 9-44　混凝土最小主应力应力云图（λ=2.2）

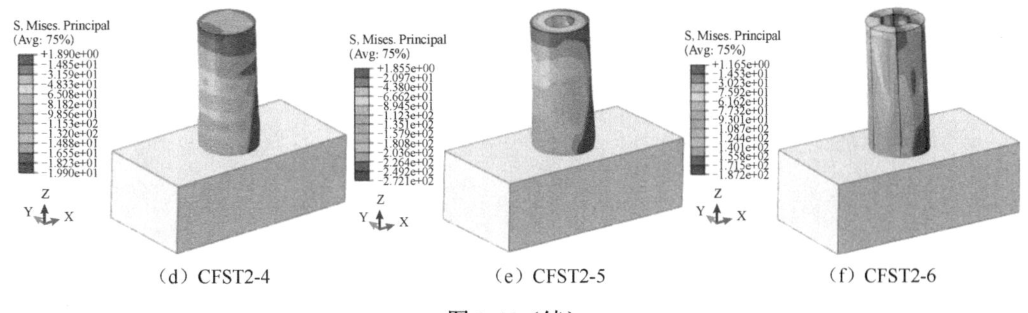

（d）CFST2-4　　（e）CFST2-5　　（f）CFST2-6

图 9-44（续）

由图 9-45 可知：由于内圆钢管对核心混凝提供较强的约束作用，使其在低周反复荷载作用过程中可分担更多的竖向压力，因此复式钢管混凝土柱混凝土截面轴向 Mises 应力较大。

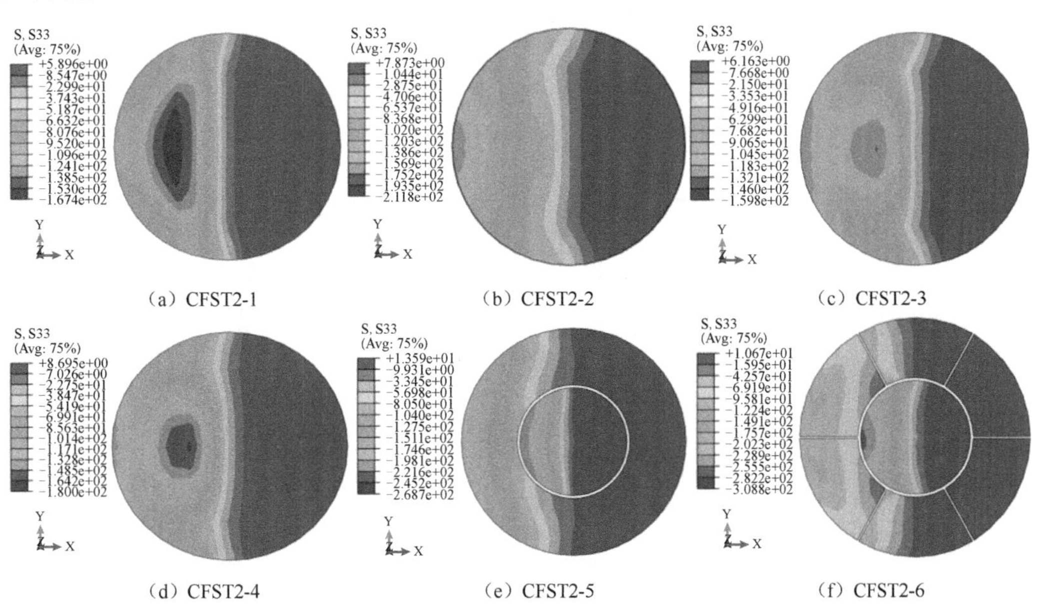

（a）CFST2-1　　（b）CFST2-2　　（c）CFST2-3

（d）CFST2-4　　（e）CFST2-5　　（f）CFST2-6

图 9-45　混凝土柱根部截面轴向应力云图（λ=2.2）

由图 9-46 可知：由于剪跨比减小后，水平承载力显著提高，因此当截面形式相同时，剪跨比较小的试件的截面剪应力较大。

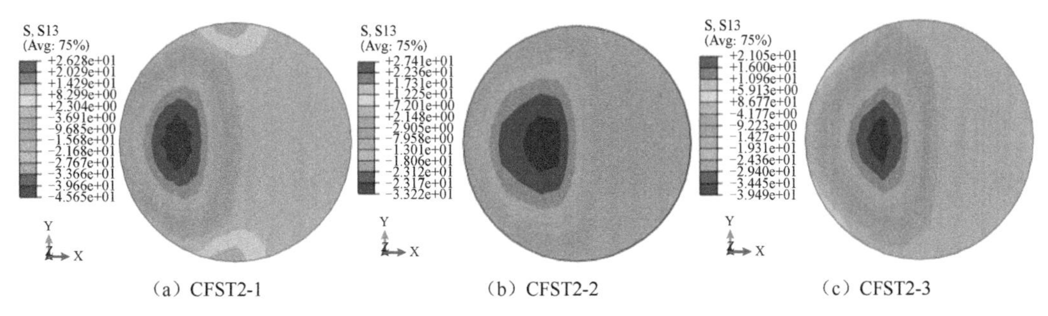

（a）CFST2-1　　（b）CFST2-2　　（c）CFST2-3

图 9-46　混凝土柱根部截面切向应力云图（λ=2.2）

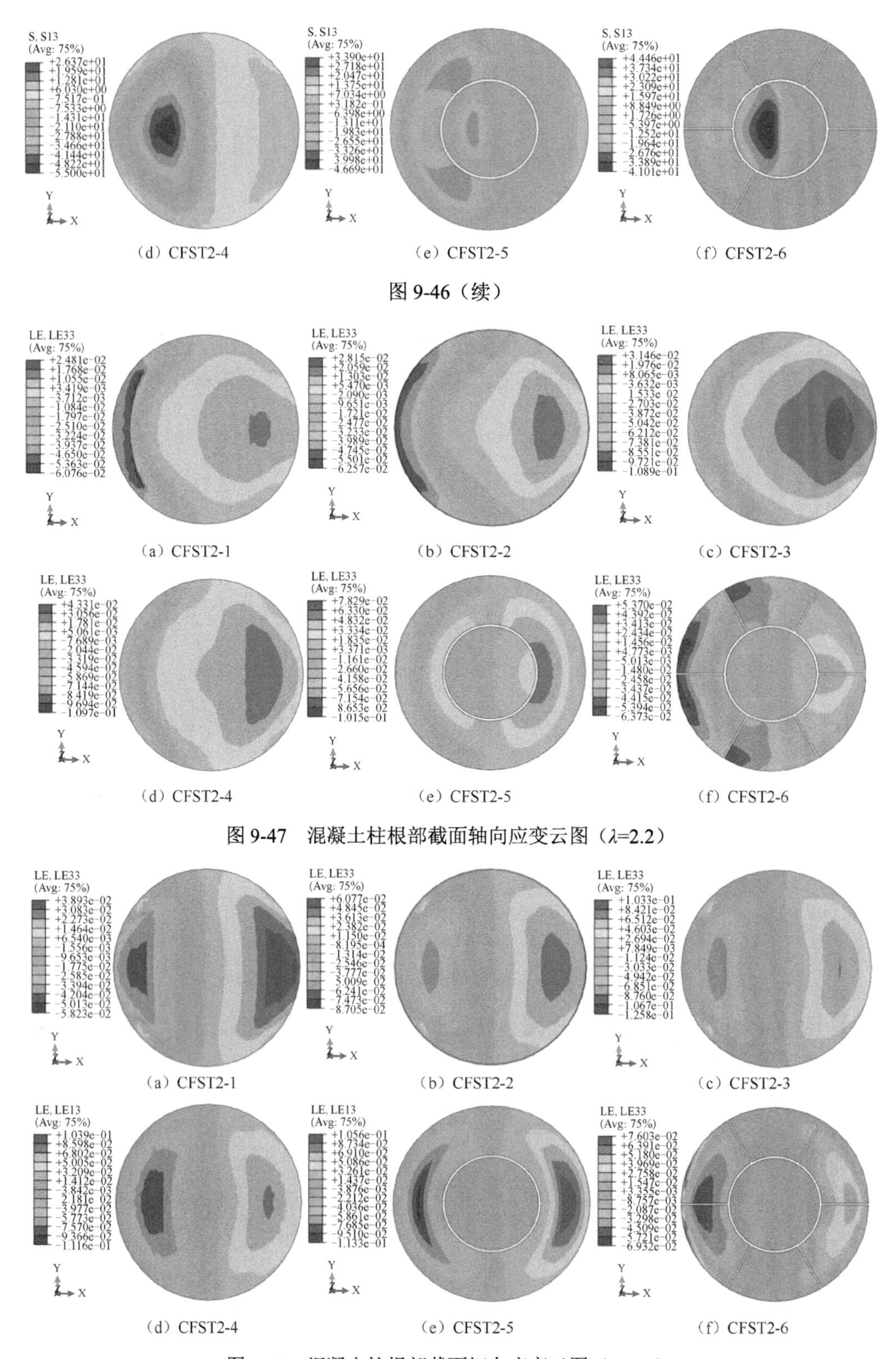

图 9-46（续）

图 9-47　混凝土柱根部截面轴向应变云图（λ=2.2）

图 9-48　混凝土柱根部截面切向应变云图（λ=2.2）

由图 9-49 可知：由于试件剪跨比较小，因此 6 道水平加劲肋在受压侧均达到屈服；核心构造钢筋在距离基础顶面以上外钢管直径高度范围内达到屈服，上部基本处于弹性工作状态。

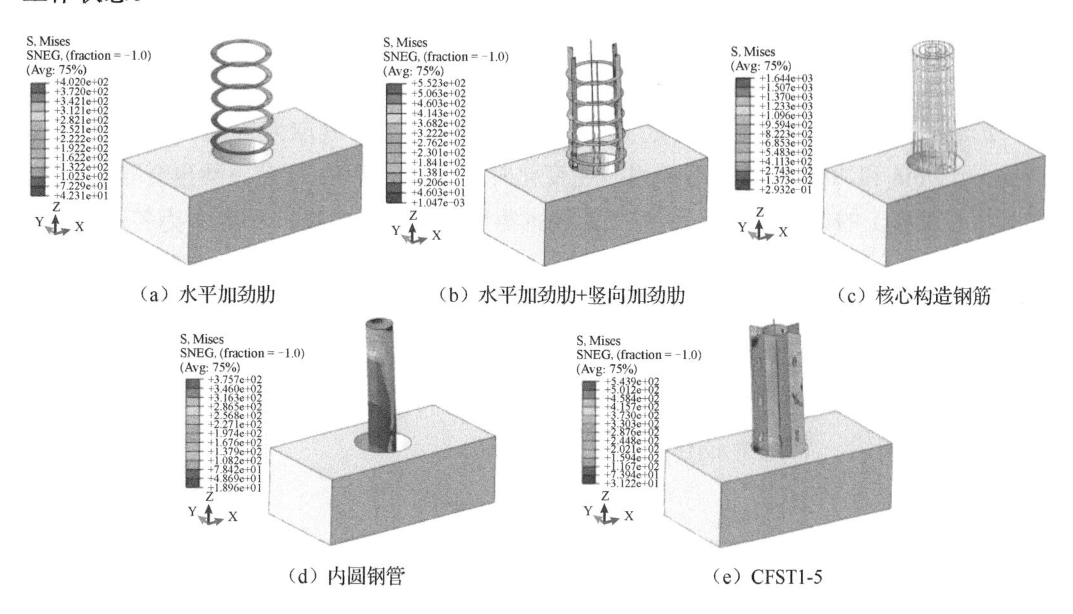

（a）水平加劲肋　（b）水平加劲肋+竖向加劲肋　（c）核心构造钢筋

（d）内圆钢管　（e）CFST1-5

图 9-49　腔体构造 Mises 应力云图（λ=2.2）

9.3.5　试件参数对其性能影响有限元分析

借助 ABAQUS 有限元软件建立不同腔体构造钢管混凝土柱有限元模型，模拟结果与试验结果符合较好。试件参数有径厚比、轴压比、钢材强度和混凝土强度。截面形状包括方钢管混凝土柱和圆钢管混凝土柱。比较方钢管混凝土柱与圆钢管混凝土柱在含钢率相等条件下的抗震性能差异。截面腔体构造：对腔体构造进行更细致的研究。上述研究采用正交变化法，即改变模型中的一个参数，其他参数保持不变，从而研究该参数变化对结果的影响。各试件采用位移加载制度，不考虑加载循环次数对累积损伤的影响，即每级位移角只循环一次，同时为了更加精确地模拟钢管混凝土柱在往复水平力作用下的响应，将位移加载间隔由试验的每 1%rad 加载一级缩减到每 0.5%rad 加载一级，数值模拟加载制度如图 9-50 所示。除有特殊说明外，所有试件的剪跨比均为 3.0，柱顶施加竖向荷载 9180kN。

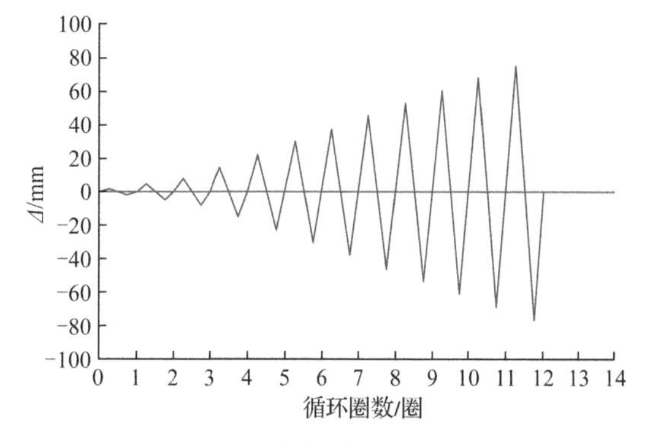

图 9-50　数值模拟加载制度

1. 径厚比（套箍指标）

国家标准《钢管混凝土结构技术规范》（GB 50936—2014）规定[6]，对受压为主的钢管混凝土构件，圆形截面的钢管外径与壁厚之比 D/t 不应大于 $135\times(235/f_y)$；对受弯为主的钢管混凝土构件，圆形截面的钢管外径与壁厚之比 D/t 不应大于 $177\times(235/f_y)$。

选取 6 种径厚比进行研究，钢管直径 D=508mm，壁厚 t 分别取为 9mm、12mm、16mm、18mm、19mm 和 20mm。当钢管壁厚发生变化时，截面含钢率、套箍系数也会随之变化，同时核心混凝土的单轴受压应力-应变曲线也需要进行相应调整。表 9-11 为各试件基本参数。图 9-51 为不同径厚比下核心混凝土受压本构关系，随着钢管壁厚的增加，径厚比逐渐减小，截面含钢率随之提高，混凝土受到的约束作用不断增强，抗压强度显著提高，且下降段随着约束效应系数的提高更加平缓，延性更好，但混凝土强度提高的幅度随着约束效应系数的继续增大而逐渐减小。图 9-52 和图 9-53 为不同径厚比试件的水平力-位移滞回曲线、水平力-位移骨架曲线。

表 9-11　试件基本参数

试件编号	径厚比	截面含钢率/%	套箍系数	轴压比 n
CFST-t9	56.4	7.48	0.51	0.59
CFST-t12	42.3	10.16	0.69	0.51
CFST-t16	31.8	13.90	0.95	0.44
CFST-t18	28.2	15.84	1.08	0.41
CFST-t19	26.7	16.82	1.15	0.40
CFST-t20	25.4	17.82	1.22	0.39

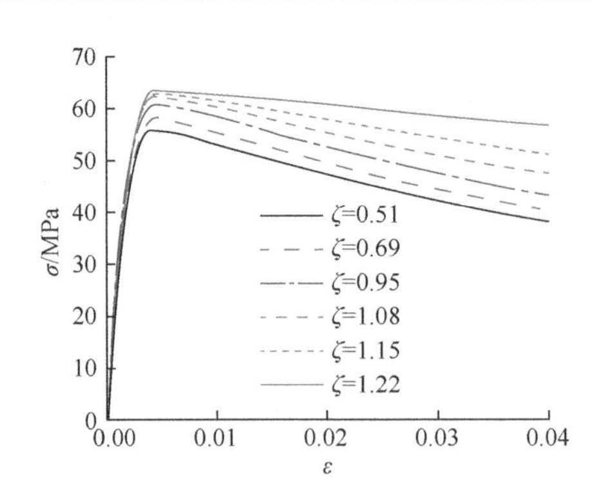

图 9-51　不同径厚比下核心混凝土受压本构关系

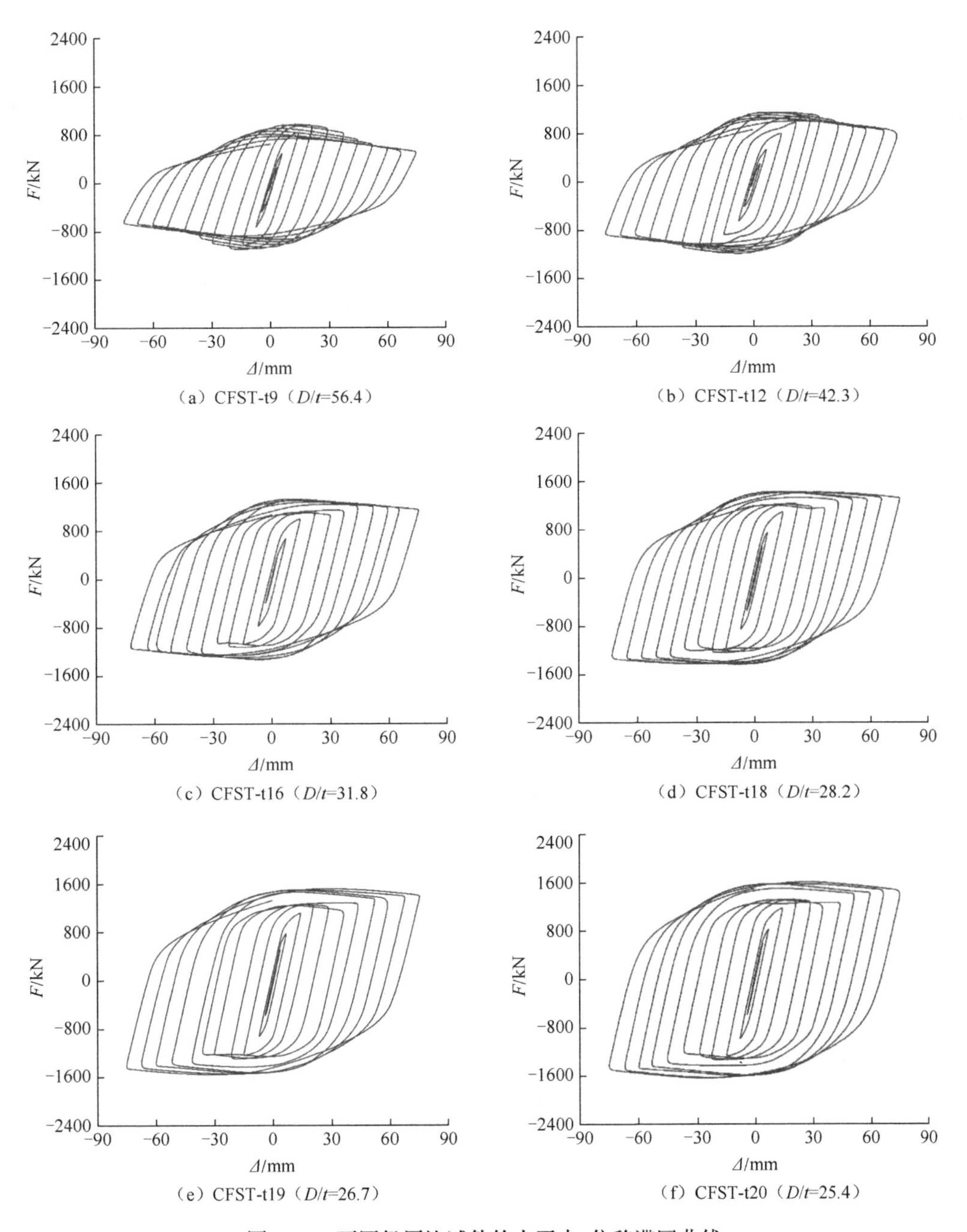

（a）CFST-t9（D/t=56.4）　（b）CFST-t12（D/t=42.3）

（c）CFST-t16（D/t=31.8）　（d）CFST-t18（D/t=28.2）

（e）CFST-t19（D/t=26.7）　（f）CFST-t20（D/t=25.4）

图 9-52　不同径厚比试件的水平力-位移滞回曲线

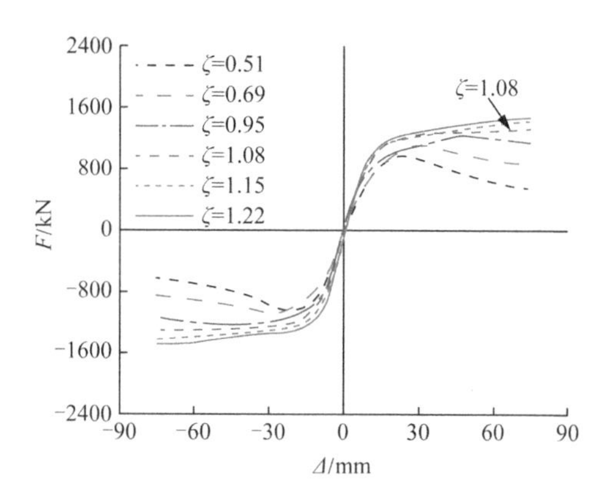

图 9-53　不同径厚比试件的水平力-位移骨架曲线

由图 9-52 可知：增加钢管壁厚、减小径厚比，可使滞回曲线更加饱满，同时提高构件的耗能能力。由图 9-53 可知：骨架曲线的下降段随着约束效应系数的提高而逐渐平缓，当 $\zeta=1.08$ 时，骨架曲线达到峰值荷载后，并没有出现下降段，而基本处于水平状态，并随着套箍指标的继续增大，表现出一定的强化性质。

表 9-12 为不同径厚比试件的峰值荷载，随着径厚比的减小，峰值荷载随之提高。

径厚比与峰值荷载关系曲线如图 9-54 所示，随着径厚比的增大，峰值荷载降低的幅度逐渐减小；将不同径厚比下得到的峰值荷载进行拟合，发现径厚比与峰值荷载呈现二次函数的关系。

表 9-12　不同径厚比试件的峰值荷载

试件编号	径厚比	峰值荷载/kN
CFST-t9	56.4	987.01
CFST-t12	42.3	1157.07
CFST-t16	31.8	1317.96
CFST-t18	28.2	1418.59
CFST-t19	26.7	1530.35
CFST-t20	25.4	1609.30

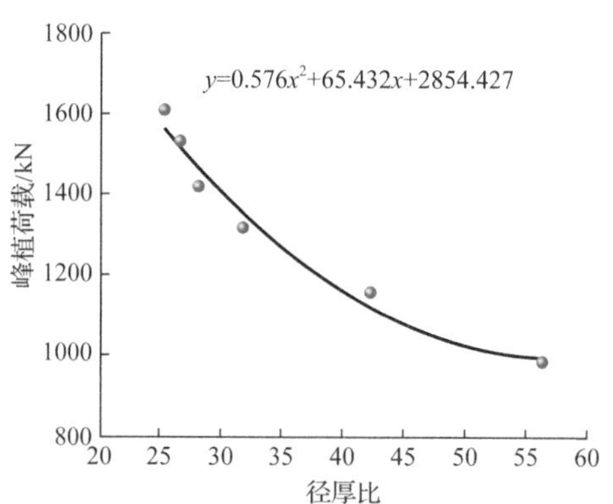

图 9-54　径厚比与峰值荷载关系曲线

图 9-55～图 9-57 分别为位移角达到 1/20 时，各试件外钢管 Mises 应力云图、混凝土最小主应力云图和混凝土损伤云图。由图 9-55 可知，壁厚最小（t=9mm）的试件，柱根部屈曲最为严重，柱身进入屈服的范围更广；随着壁厚的增加，Mises 应力的最大值有减小的趋势。由图 9-56 可知，随着径厚比的减小，最小主应力的绝对值有增大的趋势，表明混凝土受到的约束作用显著增强，可以通过轴力重分配分担更多的竖向荷载，充分发挥混凝土抗压强度高的优点，减小了外钢管所承受的轴向压力，避免钢管发生局部屈曲失稳破坏。

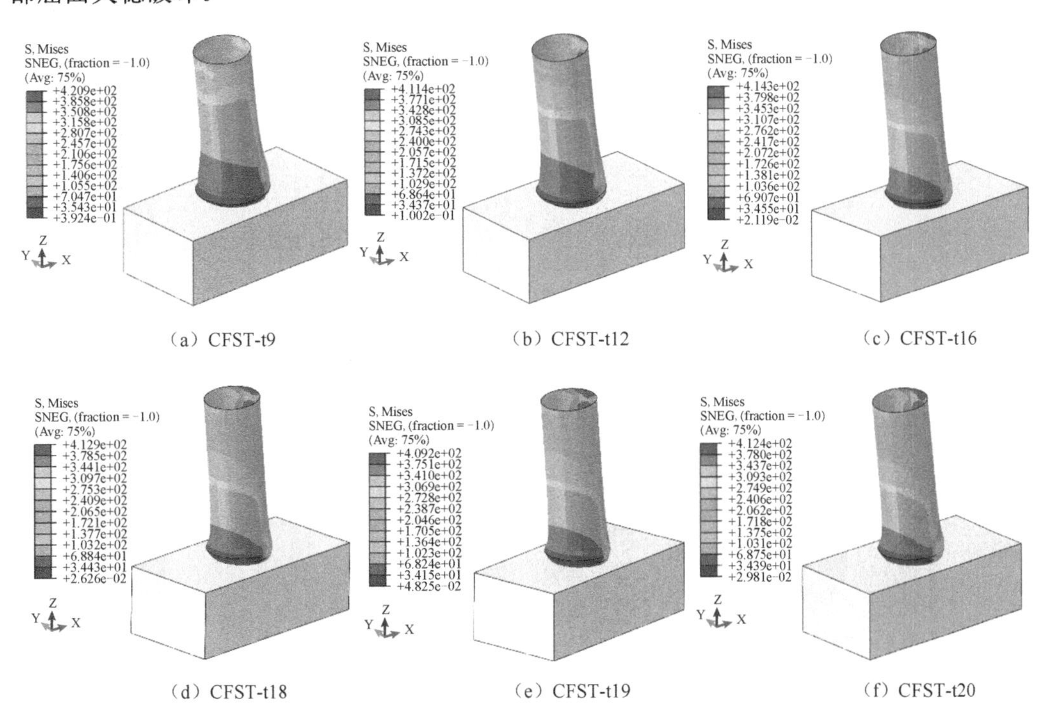

（a）CFST-t9　（b）CFST-t12　（c）CFST-t16

（d）CFST-t18　（e）CFST-t19　（f）CFST-t20

图 9-55　位移角达到 1/20 时外钢管 Mises 应力云图

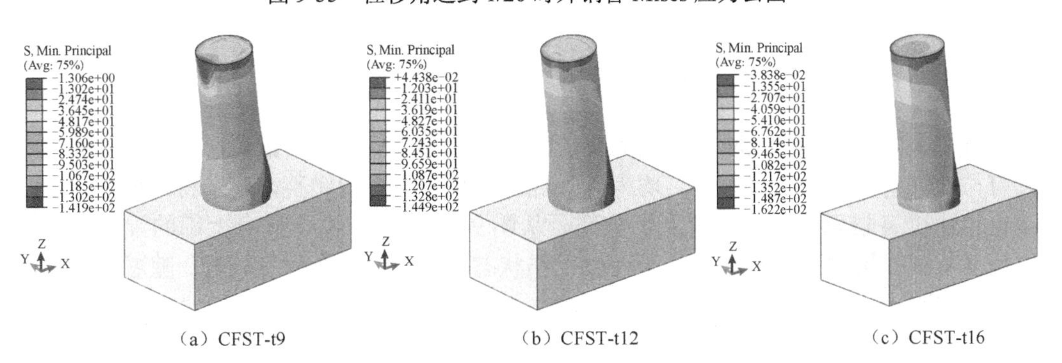

（a）CFST-t9　（b）CFST-t12　（c）CFST-t16

图 9-56　位移角达到 1/20 时混凝土最小主应力云图

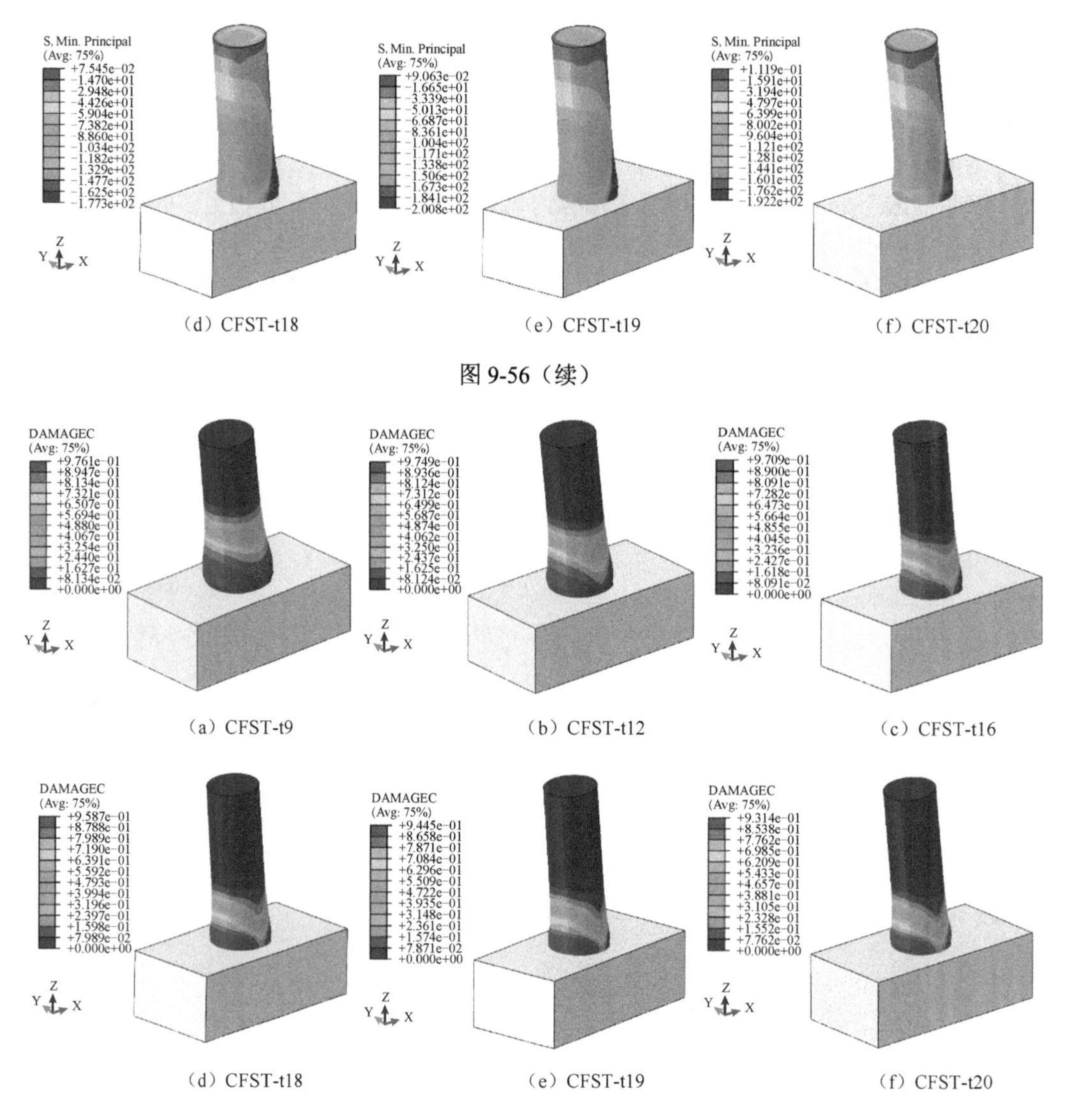

（d）CFST-t18　（e）CFST-t19　（f）CFST-t20

图 9-56（续）

（a）CFST-t9　（b）CFST-t12　（c）CFST-t16

（d）CFST-t18　（e）CFST-t19　（f）CFST-t20

图 9-57　位移角达到 1/20 时混凝土损伤云图

研究表明，在钢管混凝土柱低周反复荷载试验结束后，剥开钢管，发现核心混凝土具有与外钢管类似的变形形态，均为向外鼓凸，其表面光滑完整，并未粉碎松散，这一结论也通过有限元数值模拟得到了验证。从图 9-57 可知，由于柱身上部的混凝土在低周反复荷载作用的过程中基本处于弹性工作状态，因此其损伤程度较轻。随着径厚比的减小，混凝土损伤的范围和程度均不断减小。

图 9-58、图 9-59 分别为各试件柱底部混凝土截面在位移角为 1/20 时的竖向应力、应变云图。由图 9-58 可知：截面受拉区的应力较小，这是因为试件所受竖向荷载较大，由弯矩所产生的拉应力被轴力所抵消，因此截面主要处于受压状态；随着径厚比的减小，截面竖向应力和应变的最大值有增大的趋势，且截面处于受压状态的区域逐渐增多。

图 9-60、图 9-61 分别为位移角为 1/20 时各试件柱底部混凝土截面的切向应力、切

向应变云图。由图 9-60、图 9-61 可见：截面剪应力的最大值随着径厚比的增加而逐渐增大；受压侧剪切变形大于受拉侧，随着径厚比的提高，切向应变有减小的趋势。

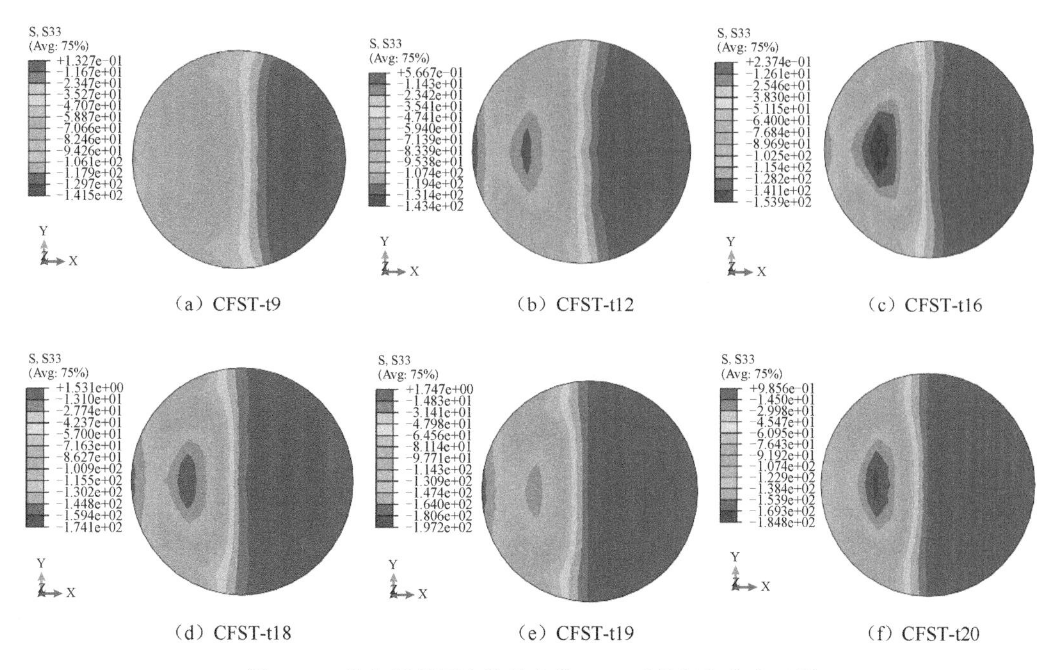

图 9-58 柱底部截面在位移角为 1/20 时的竖向应力云图

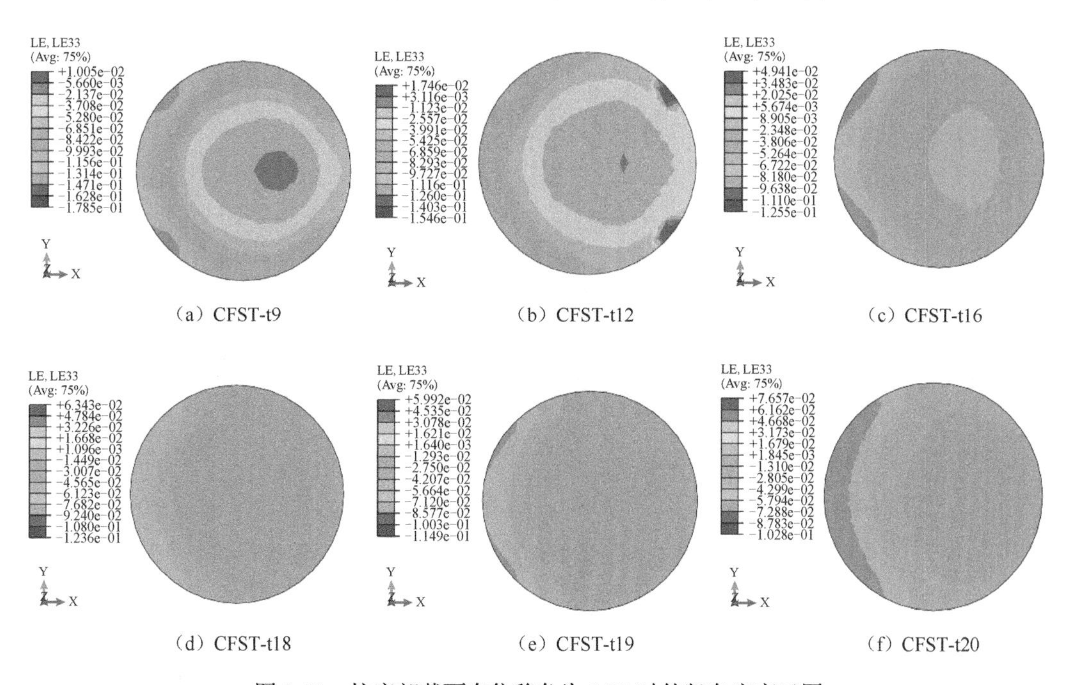

图 9-59 柱底部截面在位移角为 1/20 时的竖向应变云图

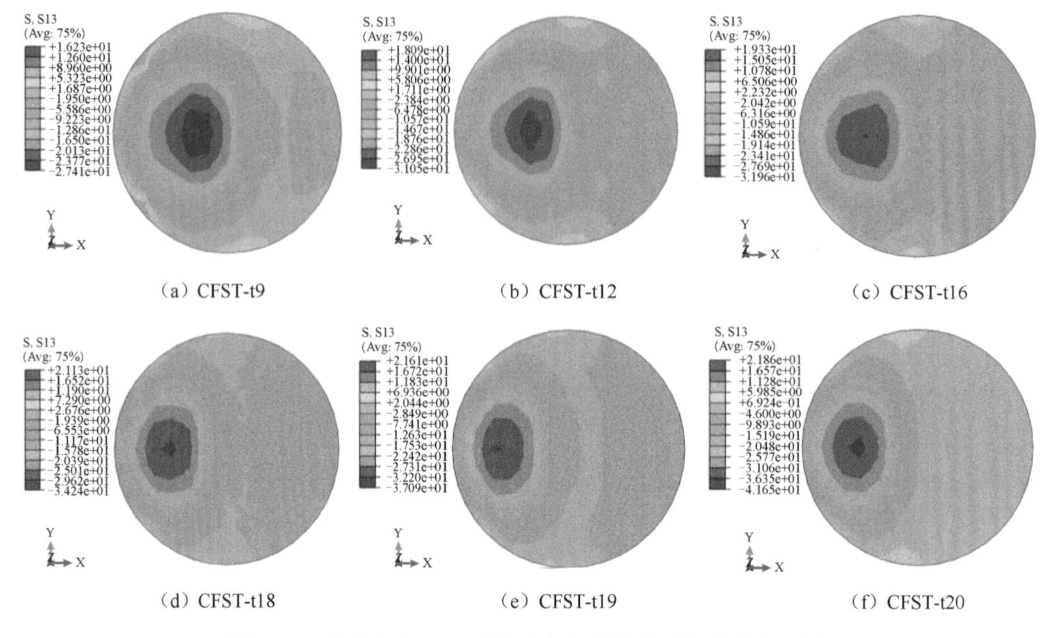

(a) CFST-t9　(b) CFST-t12　(c) CFST-t16

(d) CFST-t18　(e) CFST-t19　(f) CFST-t20

图 9-60　位移角为 1/20 时柱底部混凝土截面切向应力云图

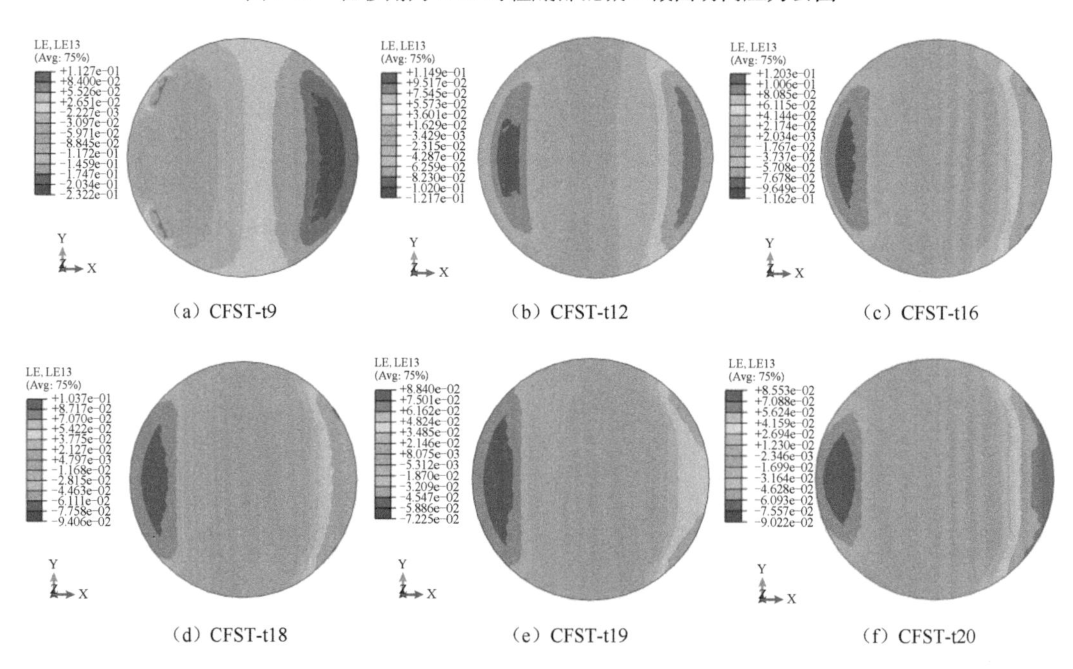

(a) CFST-t9　(b) CFST-t12　(c) CFST-t16

(d) CFST-t18　(e) CFST-t19　(f) CFST-t20

图 9-61　位移角为 1/20 时柱底部混凝土截面切向应变

2. 轴压比

保持其他参数不变，变化轴压比，研究轴压比对钢管混凝土柱抗震性能的影响。选取轴压比分别为 0.05、0.15、0.30、0.59、0.75 和 0.90，对应的竖向荷载分别为 770kN、2350kN、4670kN、9180kN、11730kN 和 14000kN，各试件基本参数见表 9-13。

表 9-13　试件基本参数

试件编号	轴力/kN	轴压比 n
CFST-n0.05	770	0.05
CFST-n0.15	2350	0.15
CFST-n0.30	4670	0.30
CFST-n0.60	9180	0.60
CFST-n0.75	11730	0.75
CFST-n0.90	14000	0.90

当轴力较小时，钢管混凝土柱表现出较好的弹塑性变形能力，破坏始于受拉侧钢管屈服，受压侧钢管外壁并没有发生明显的局部屈曲现象。当轴压比为 0.3 时，试件表现出典型的压弯破坏模式，构件最终由受压侧钢管发生局部屈曲而破坏。钢管混凝土柱在同时受到轴向压力和水平剪力的作用时，其水平力-位移曲线分为弹性阶段、弹塑性阶段和塑性阶段。在弹性阶段，混凝土刚度较大，截面部分受压区处于卸载状态，水平力-位移关系曲线呈直线关系。随着横向位移的继续增大，截面受压和受拉区的面积不断扩大，构件刚度开始降低。当横向位移增加到一定程度后，二阶效应的作用更加显著，构件承受的水平剪力开始降低。

图 9-62、图 9-63 分别为各试件的水平力-位移滞回曲线和骨架曲线。由图 9-62 可知，各试件滞回曲线随着轴压比的增大，饱满程度逐渐降低。轴压比为 0.3 时，水平承载力达到最大值，当轴压比继续增大时，水平承载力开始降低，表明构件开始由受拉破坏转变为受压破坏。由各试件骨架曲线可知，轴压比为 0.05 的试件，骨架曲线下降段最为平缓，具有较强的承载力保持能力；轴压比为 0.9 时，骨架曲线下降段最为陡峭，承载力到达峰值荷载后迅速下降，试件被压坏。表 9-14 为计算所得各试件峰值荷载、峰值位移角和极限位移角等特征荷载位移。由表 9-14 可知，试件的极限位移角随着轴压比的增大而逐渐减小。轴压比为 0.05 的试件的位移延性系数和极限位移角时的累积耗能均远高于其他试件，构件表现出延性破坏的特征。由于钢管和核心混凝土之间存在组合作用的缘故，其水平承载力退化速度较慢。

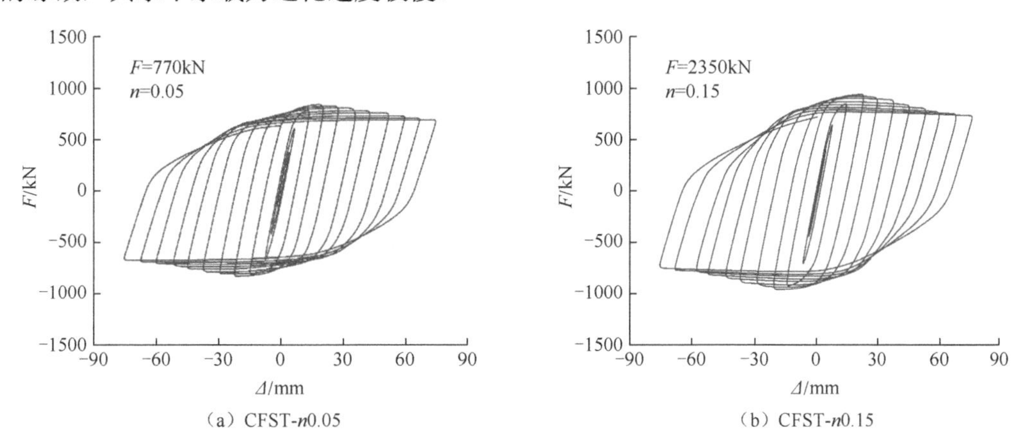

（a）CFST-n0.05　（b）CFST-n0.15

图 9-62　试件的水平力-位移滞回曲线

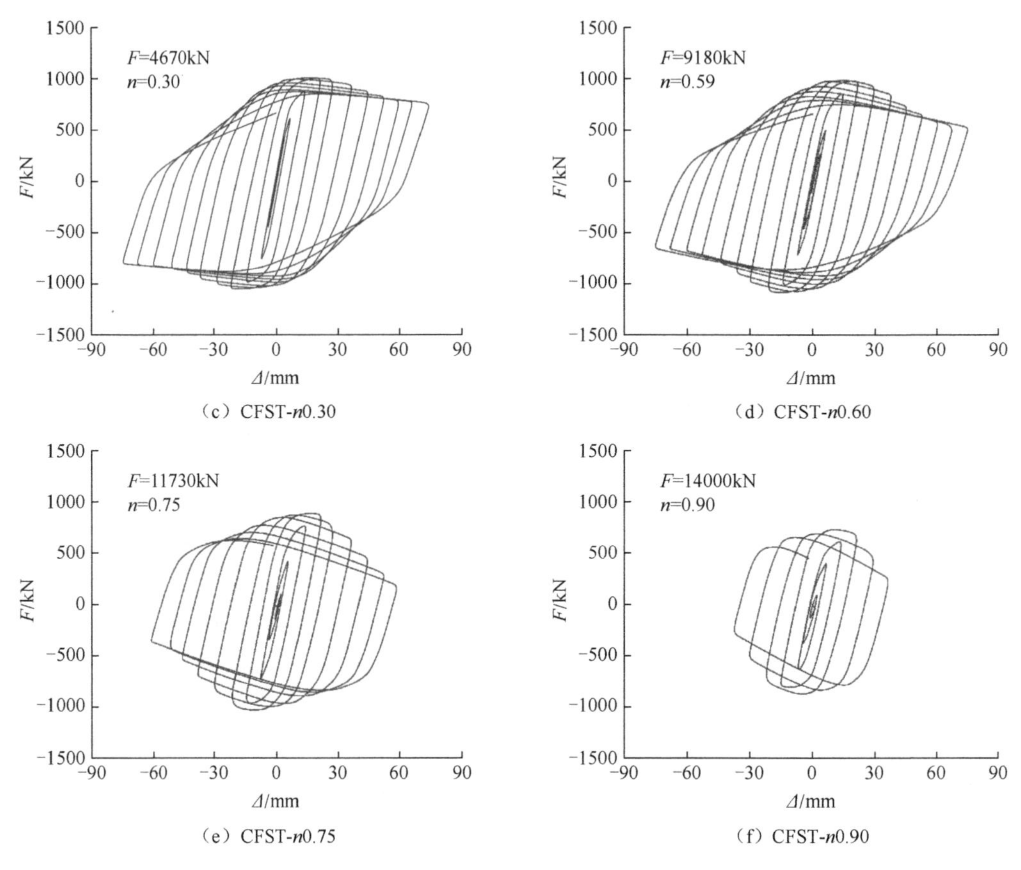

（c）CFST-n0.30　　（d）CFST-n0.60

（e）CFST-n0.75　　（f）CFST-n0.90

图 9-62（续）

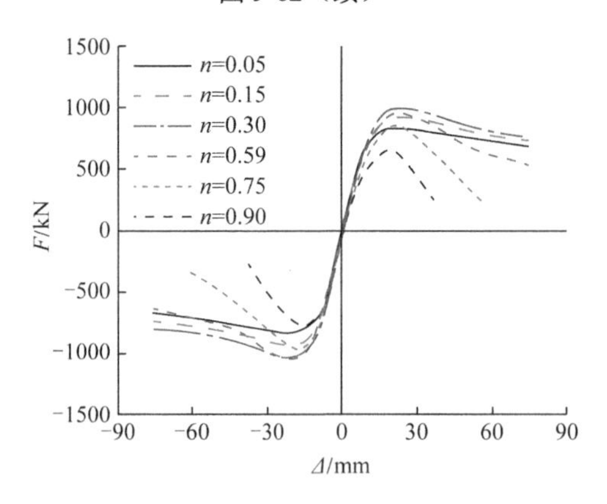

图 9-63　试件的骨架曲线

表 9-14　特征荷载位移

试件编号	竖向荷载/kN	峰值荷载/kN	θ_p	θ_u	μ	E_t/(kN·m)
CFST-n0.05	770	837.98	1/66	1/22	6.31	567.04
CFST-n0.15	2350	936.32	1/60	1/27	5.44	477.97
CFST-n0.30	4670	1011.13	1/62	1/29	3.91	363.01

续表

试件编号	竖向荷载/kN	峰值荷载/kN	θ_p	θ_u	μ	E_t/(kN·m)
CFST-*n*0.59	9180	987.01	1/63	1/36	3.20	247.83
CFST-*n*0.75	11730	900.10	1/61	1/47	2.41	144.21
CFST-*n*0.90	14000	729.05	1/62	1/54	2.40	69.83

图 9-64～图 9-66 分别为各试件在达到最后一级位移角时，外钢管 Mises 应力云图、混凝土最小主应力应力云图和混凝土损伤云图。由图 9-64 可知：当轴压比小于 0.3 时，受拉侧 Mises 应力大于受压侧，受压侧钢管没有发生屈曲破坏；当轴压比大于 0.3 后，构件破坏始于受压侧钢管的局部屈曲，柱根部鼓凸变形明显；随着轴压比的增大，鼓凸变形越严重。由图 9-65 可知：随着轴压比的增大，混凝土受拉区域不断减小；当轴压比达到 0.59 时，混凝土柱身处于受压状态，混凝土最小主应力随着轴压比的增大而增大；轴压比较小时，混凝土柱根部损伤的范围较小，损伤程度较轻；随着轴力的不断增大，柱根部混凝土损伤的程度不断加剧，损伤范围不断延伸扩展。

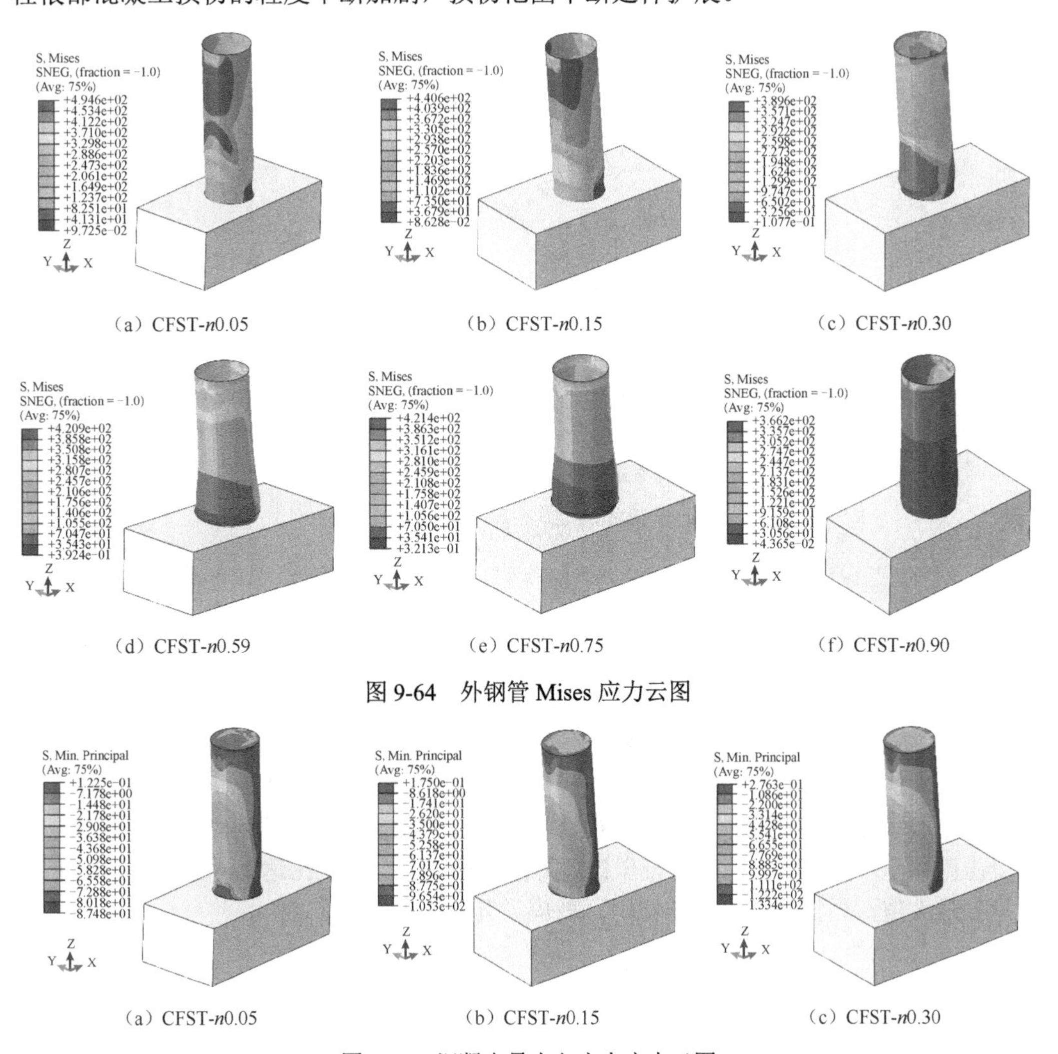

（a）CFST-*n*0.05　（b）CFST-*n*0.15　（c）CFST-*n*0.30

（d）CFST-*n*0.59　（e）CFST-*n*0.75　（f）CFST-*n*0.90

图 9-64　外钢管 Mises 应力云图

（a）CFST-*n*0.05　（b）CFST-*n*0.15　（c）CFST-*n*0.30

图 9-65　混凝土最小主应力应力云图

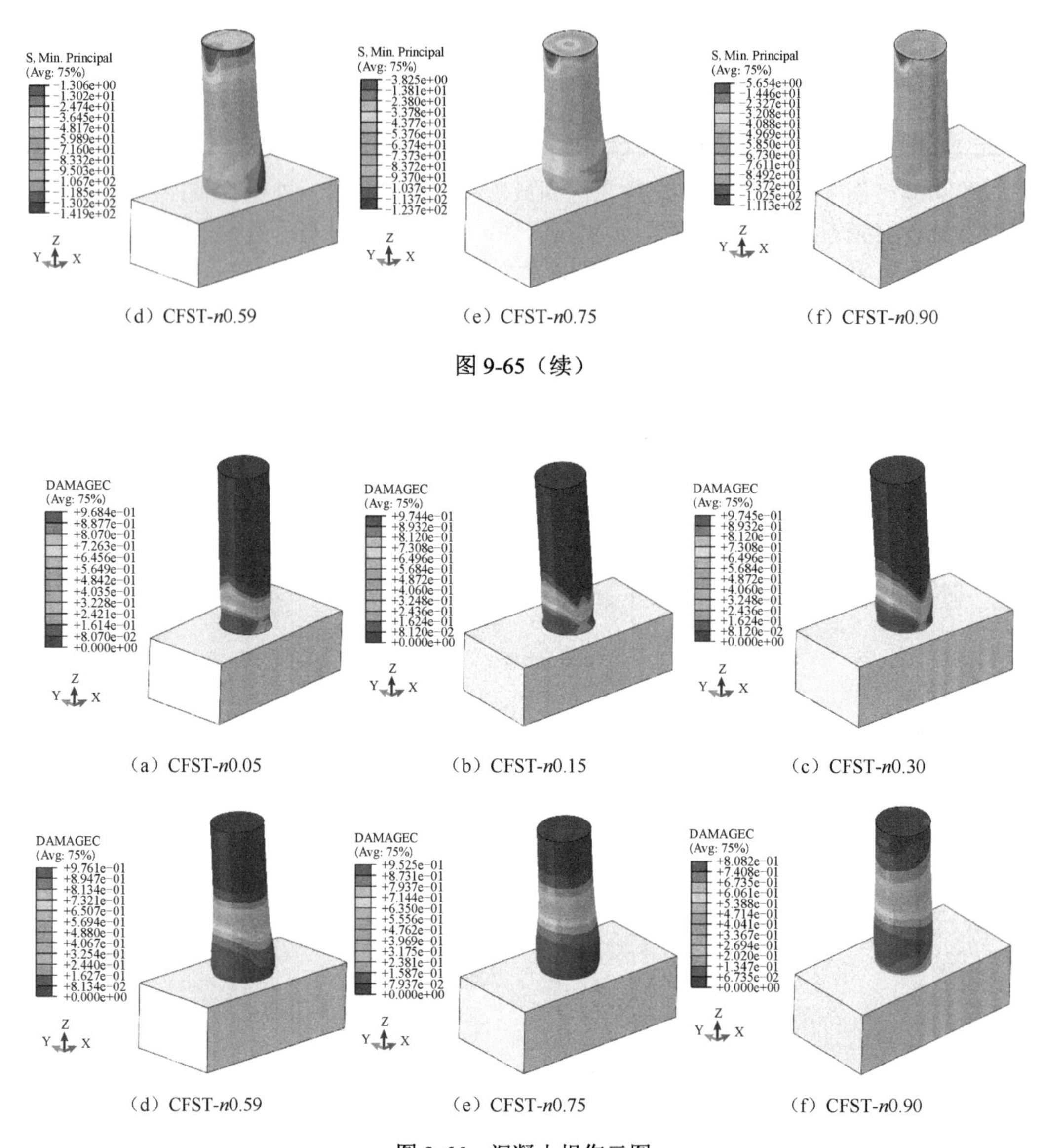

（d）CFST-n0.59　　（e）CFST-n0.75　　（f）CFST-n0.90

图 9-65（续）

（a）CFST-n0.05　　（b）CFST-n0.15　　（c）CFST-n0.30

（d）CFST-n0.59　　（e）CFST-n0.75　　（f）CFST-n0.90

图 9-66　混凝土损伤云图

图 9-67～图 9-70 为计算所得钢管混凝土柱根部混凝土截面竖向应力、应变云图和沿加载方向的切向应力、应变云图。当轴压比由 0.05 变化到 0.90 时，混凝土截面受拉区面积逐渐减小；轴压比为 0.05 时，构件接近于纯弯状态，此时截面受拉区面积显著大于受压区面积。截面剪应力随着轴压比的提高而提高，当轴压比达到 0.59 时，截面剪应力达到最大值，当继续增大轴压比时，剪应力开始降低。

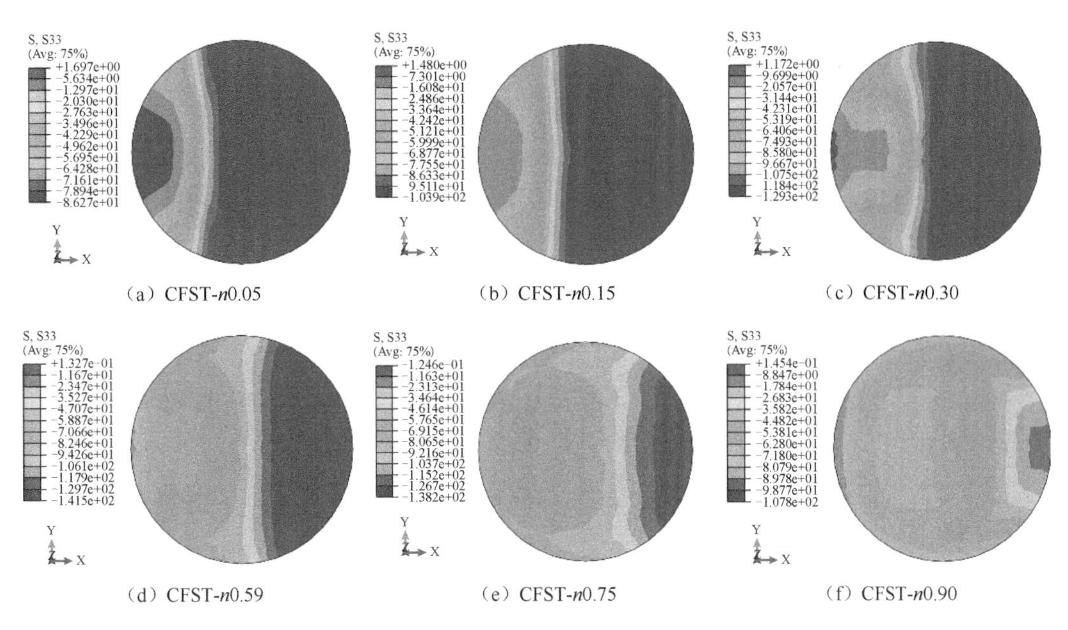

（a）CFST-*n*0.05　（b）CFST-*n*0.15　（c）CFST-*n*0.30

（d）CFST-*n*0.59　（e）CFST-*n*0.75　（f）CFST-*n*0.90

图 9-67　柱根部混凝土截面竖向应力云图

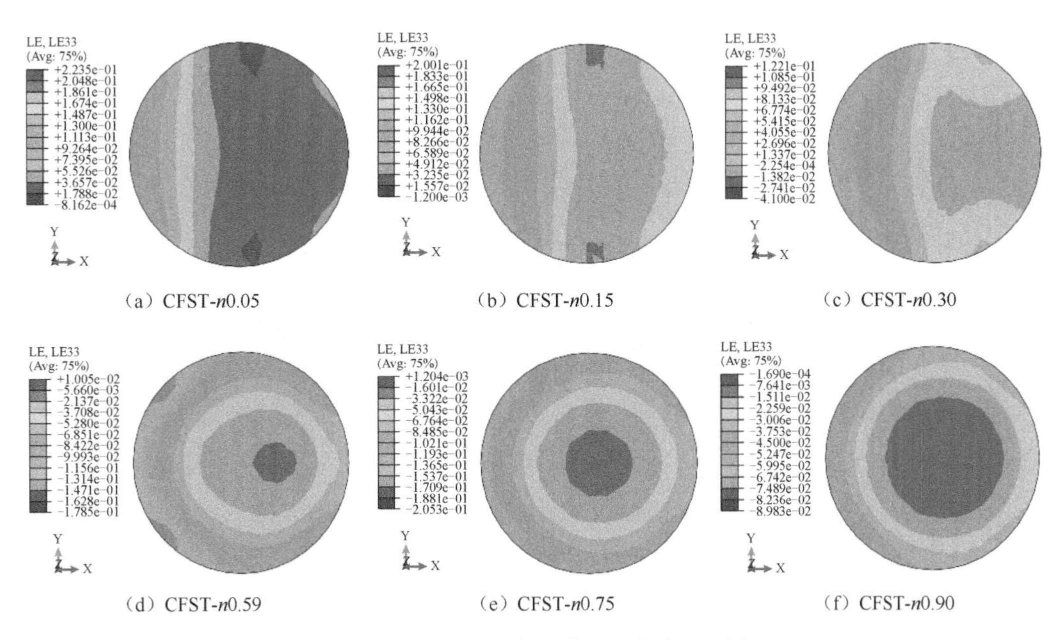

（a）CFST-*n*0.05　（b）CFST-*n*0.15　（c）CFST-*n*0.30

（d）CFST-*n*0.59　（e）CFST-*n*0.75　（f）CFST-*n*0.90

图 9-68　柱根部混凝土截面竖向应变云图

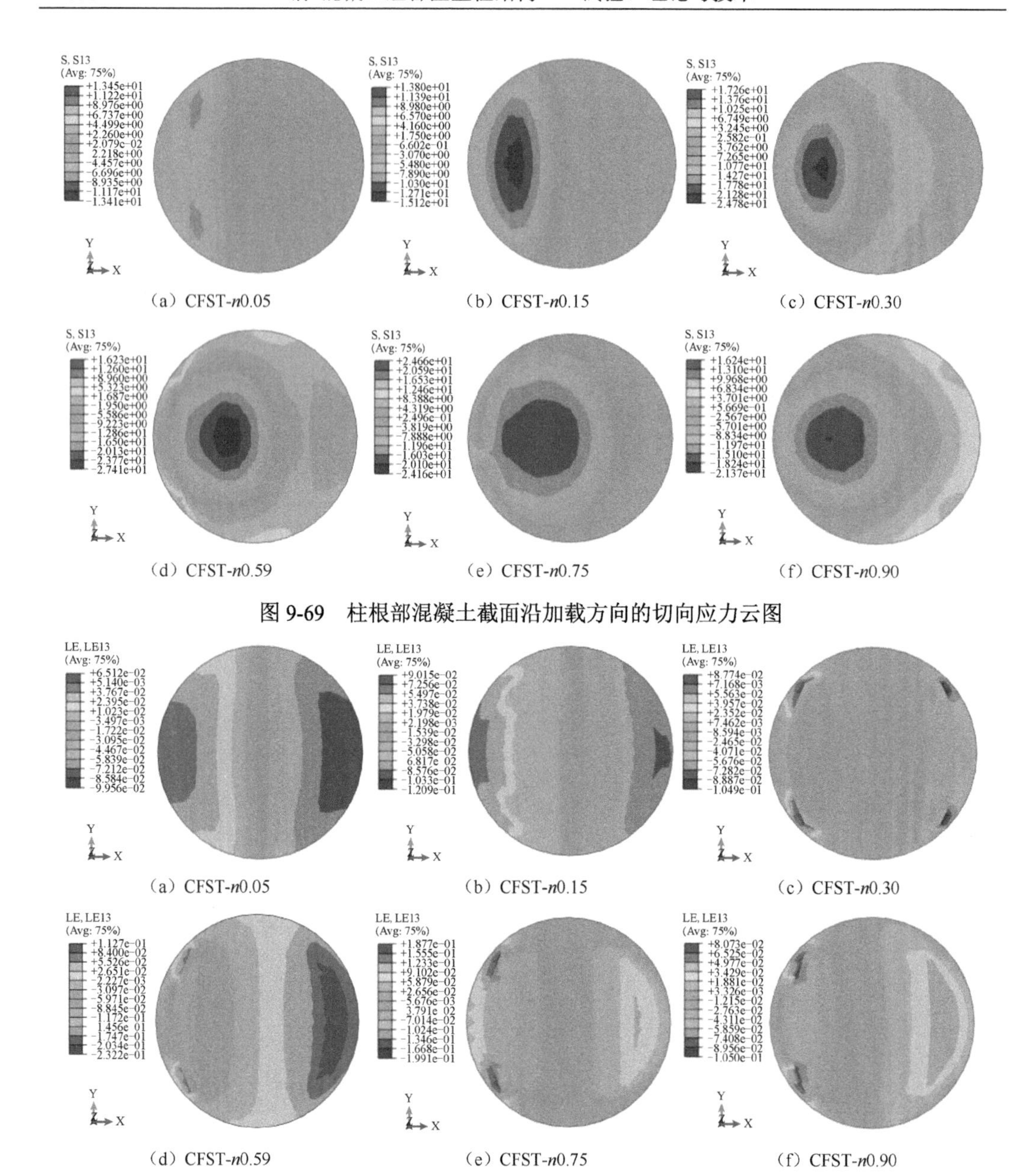

（a）CFST-*n*0.05　（b）CFST-*n*0.15　（c）CFST-*n*0.30

（d）CFST-*n*0.59　（e）CFST-*n*0.75　（f）CFST-*n*0.90

图 9-69　柱根部混凝土截面沿加载方向的切向应力云图

（a）CFST-*n*0.05　（b）CFST-*n*0.15　（c）CFST-*n*0.30

（d）CFST-*n*0.59　（e）CFST-*n*0.75　（f）CFST-*n*0.90

图 9-70　柱根部混凝土截面沿加载方向的切向应变云图

3. 材料强度

1）混凝土强度

保持其他参数不变，改变混凝土强度等级，研究不同强度混凝土对钢管混凝土柱抗震性能的影响。选取的混凝土强度等级分别为 C50、C60、C70、C80，当混凝土强度发生变化时，核心混凝土的本构关系也会随之发生变化。各强度等级混凝土的应力-应变本构关系如图 9-71 所示，随着混凝土强度的提高，应力-应变曲线的峰值荷载随之提高，但曲线下降段更加陡峭，延性变差。

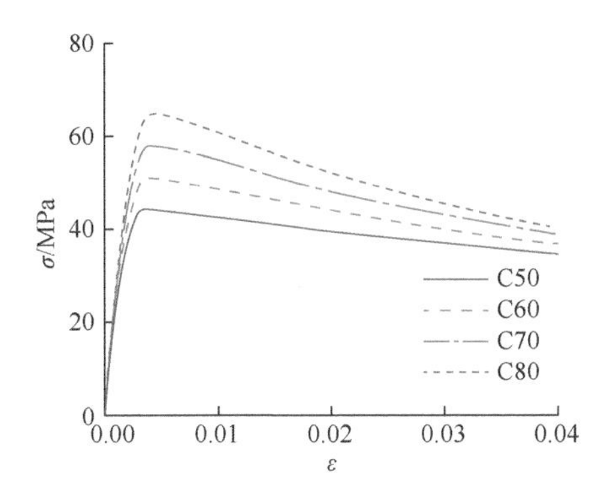

图 9-71　各强度等级混凝土的应力-应变本构关系

图 9-72、图 9-73 分别为计算所得各试件的水平力-位移滞回曲线和骨架曲线。计算结果表明，钢管内混凝土强度等级由 C50 变化到 C80，骨架曲线上升段基本重合，试件的初始刚度受混凝土强度的影响较小。表 9-15 为计算所得各试件峰值荷载、峰值荷载位移角、极限位移角、位移延性系数等特征荷载位移。由表 9-15 可知：混凝土强度为 C80 的试件较 C50 的试件峰值荷载提高了 14.31%，改变混凝土强度对试件极限位移角的影响不显著。随着混凝土强度等级的提高，虽然水平承载力略有提高，但是位移延性系数随之减小，变形能力逐渐降低。各试件在达到极限位移角时的累积耗能基本相同。

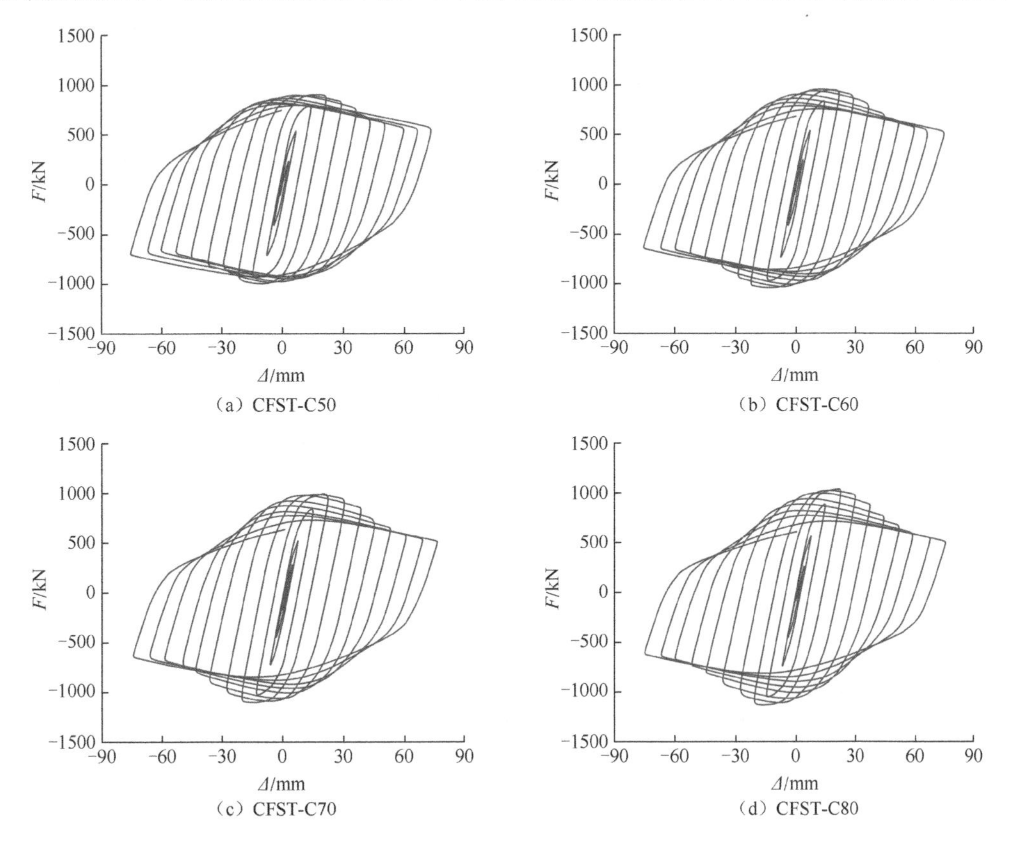

图 9-72　试件的水平力-位移滞回曲线

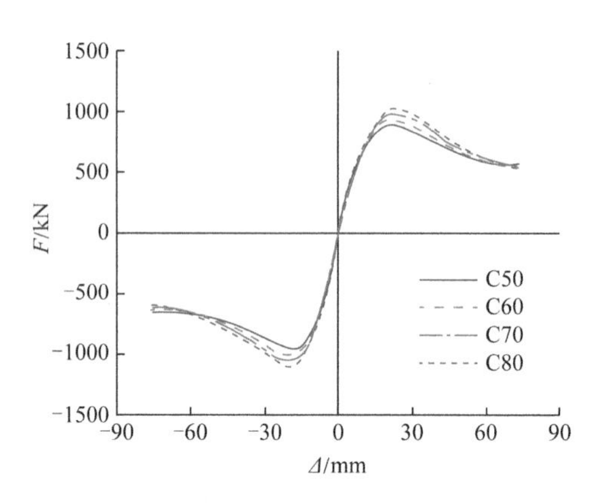

图 9-73　试件的骨架曲线

表 9-15　特征荷载位移

试件编号	轴压比	峰值荷载/kN	θ_p	θ_u	μ	E_t/(kN·m)
CFST-C50	0.66	951.20	1/63	1/38	3.25	245.87
CFST-C60	0.59	987.01	1/65	1/37	3.20	247.83
CFST-C70	0.54	1044.28	1/64	1/36	2.76	247.58
CFST-C80	0.49	1087.29	1/60	1/37	2.61	248.79

2）钢材强度

保持其他参数不变的情况下，改变钢材强度等级，分析不同钢材强度对钢管混凝土柱抗震性能的影响。钢材强度取 Q235、Q345、Q460 三种。当钢材强度发生变化时，轴压比也会随之发生变化，3 个试件的基本参数见表 9-16。随着外钢管钢材强度的提高，核心混凝土受到的约束作用也逐渐增强，图 9-74 为不同钢材强度所对应的混凝土受压本构关系。由图 9-74 可知，钢材强度的改变对混凝土延性改变不大，而混凝土应力-应变曲线的峰值荷载有一定程度地提高。为更加清晰地比较不同钢材等级对钢管混凝土柱的抗震性能的影响，采用理想弹塑性本构模型模拟钢材的受拉受压行为。

表 9-16　试件基本参数

试件编号	钢材等级	轴压比 n
CFST-Q235	Q235	0.68
CFST-Q345	Q345	0.57
CFST-Q460	Q460	0.49

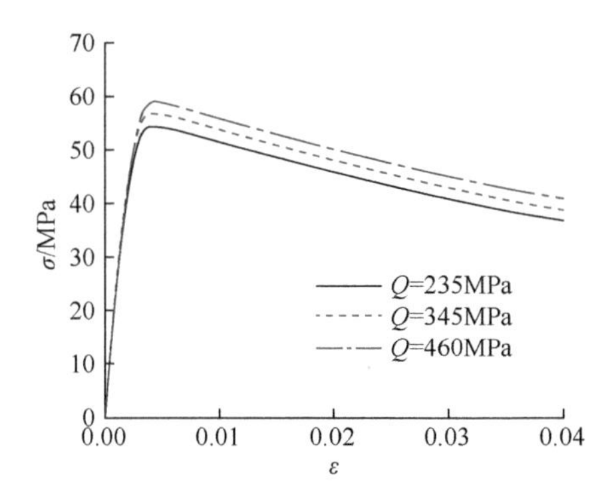

图 9-74　不同钢材强度所对应的混凝土受压本构关系

图 9-75 和图 9-76 为计算所得 3 个不同钢材强度等级试件的水平力-位移滞回曲线和骨架曲线。由图 9-75 可知：钢材强度对钢管混凝土柱水平力-位移滞回曲线的形态有显著影响，随着钢材强度的提高，滞回曲线更加饱满，骨架曲线的下降段更加平缓，后期变形和承载力保持能力均显著提高。

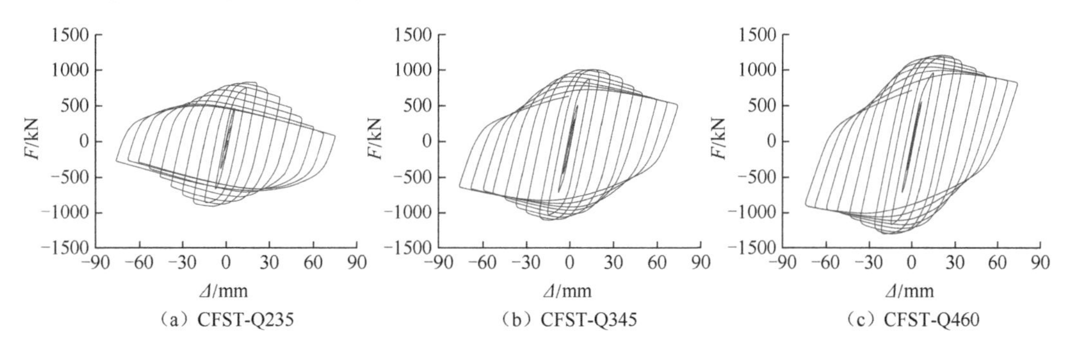

图 9-75　试件的水平力-位移滞回曲线

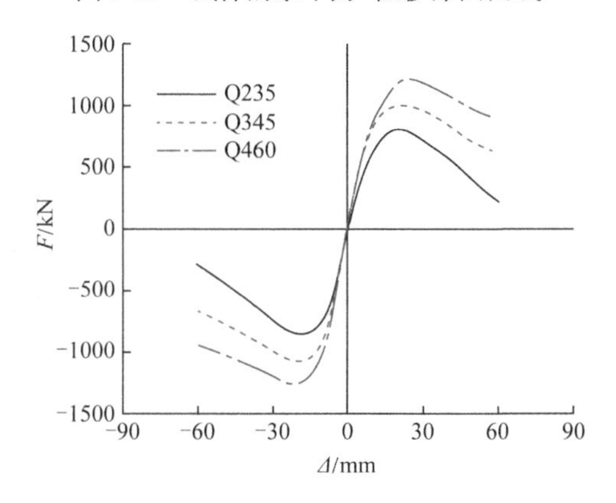

图 9-76　试件的骨架曲线

表 9-17 给出了计算所得 3 个试件主要特征荷载及位移。结果表明：钢材强度等级为 Q345 和 Q460 的试件较钢材强度等级为 Q235 的试件，峰值荷载分别提高了 22.10%和 44.47%，极限位移角分别提高了 27.5%和 45.71%；在变形初期，钢管主要承担作用

于试件顶部的竖向荷载，随着横向位移的增加，钢管承担的轴力逐渐减小，核心混凝土承担的轴力逐渐增加，随着位移的继续增大，钢管和混凝土承担轴力变化趋于平缓。当钢管强度较高时，试件初始刚度较大。提高钢材强度可使构件在达到极限位移角时的累积耗能显著增大，这是因为随着钢材强度的提高，水平承载力随之增大，滞回环所包围的面积不断增加，构件耗能能力得到显著改善。相较于改变混凝土强度，改变钢材强度会对钢管混凝土柱的抗震性能产生明显的影响。

表 9-17　特征荷载及位移

试件编号	轴压比	峰值荷载/kN	θ_p	θ_u	μ	E_t/(kN·m)
CFST-Q235	0.68	867.01	1/61	1/45	3.05	136.85
CFST-Q345	0.57	1058.59	1/66	1/36	3.14	248.00
CFST-Q460	0.49	1252.53	1/57	1/32	3.25	327.86

图 9-77～图 9-79 为计算所得各试件位移角为 1/25 时外钢管 Mises 应力云图、核心混凝土最小主应力云图及混凝土损伤云图。由图 9-77 可知：当钢材强度较低时，外钢管柱身整体进入屈服，构件丧失抵抗变形的能力；随着钢材强度等级的提高，混凝土受到的约束作用随之增强，混凝土最小主应力增大，柱身损伤区域逐渐减小。

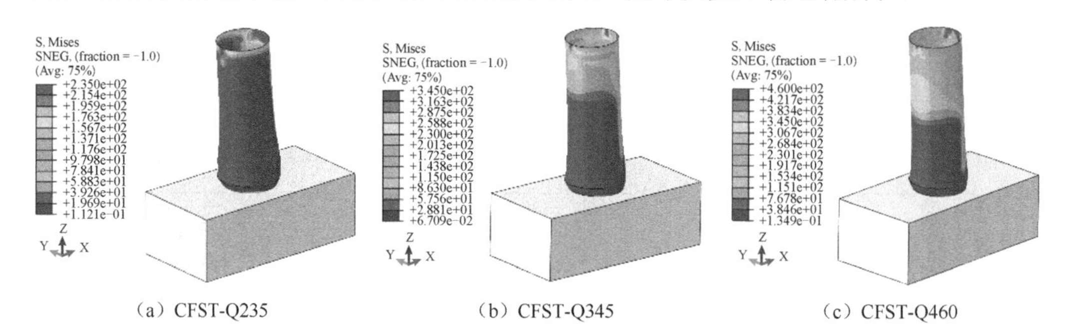

（a）CFST-Q235　　（b）CFST-Q345　　（c）CFST-Q460

图 9-77　位移角为 1/25 时外钢管 Mises 应力云图

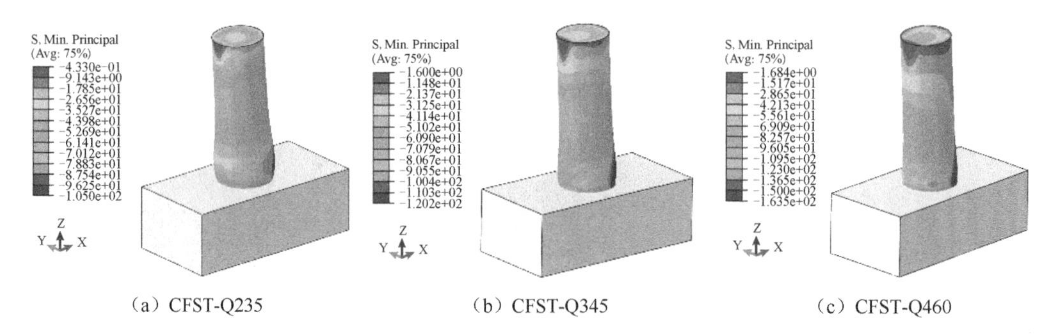

（a）CFST-Q235　　（b）CFST-Q345　　（c）CFST-Q460

图 9-78　位移角为 1/25 时核心混凝土最小主应力云图

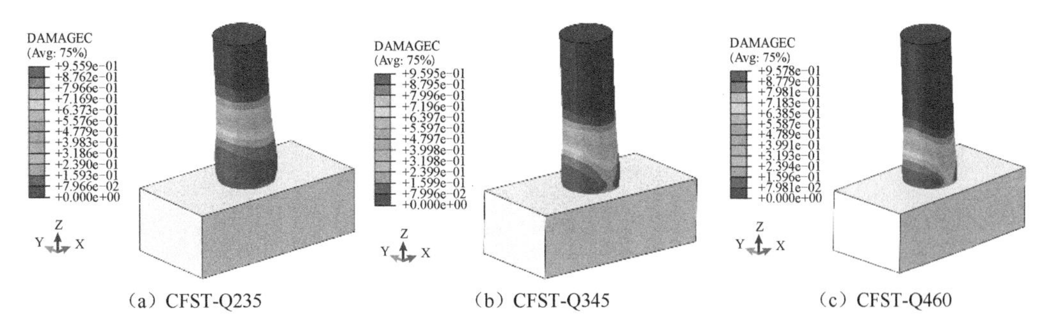

（a）CFST-Q235　　（b）CFST-Q345　　（c）CFST-Q460

图 9-79　混凝土损伤云图

图 9-80～图 9-83 为计算所得柱根部混凝土截面竖向应力、应变和切向应力、应变云图。随着钢材强度的提高，混凝土截面受拉区面积不断增大，受压区边缘压应变逐渐减小，受压侧剪应力大于受拉侧。提高钢材强度可显著增大水平承载力，因此截面切向应力亦随之增大。受拉和受压侧边缘位置处切向应力较大，距离中和轴越近，切向应力越小。

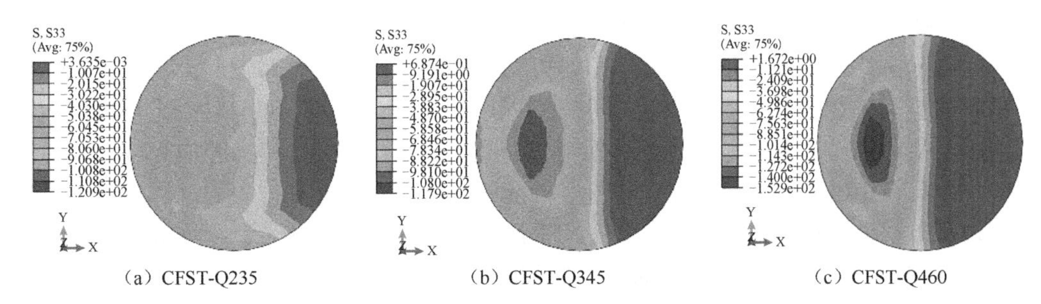

（a）CFST-Q235　　（b）CFST-Q345　　（c）CFST-Q460

图 9-80　柱根部混凝土截面竖向应力云图

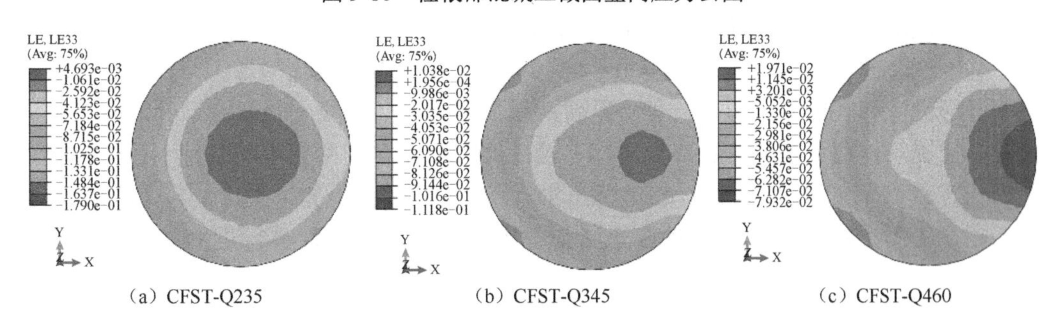

（a）CFST-Q235　　（b）CFST-Q345　　（c）CFST-Q460

图 9-81　柱根部混凝土截面竖向应变云图

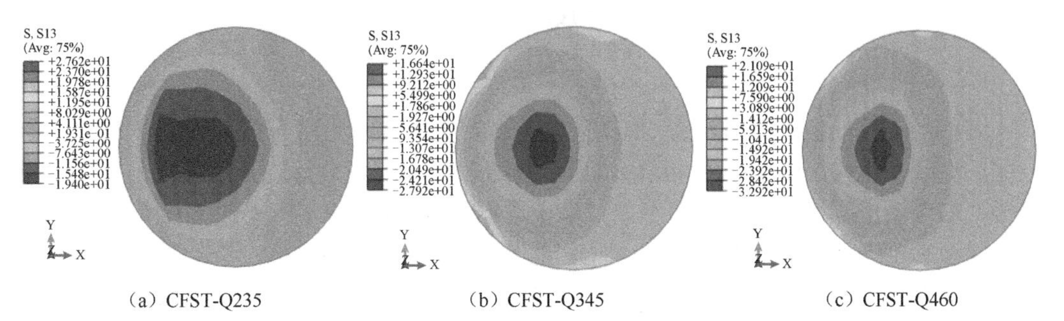

（a）CFST-Q235　　（b）CFST-Q345　　（c）CFST-Q460

图 9-82　柱根部混凝土截面切向应力云图

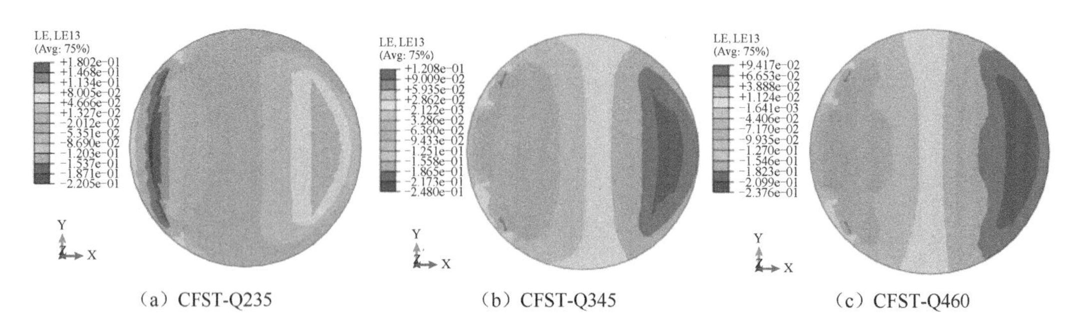

（a）CFST-Q235　　（b）CFST-Q345　　（c）CFST-Q460

图 9-83　柱根部混凝土截面切向应变云图

通过 9.3 节对不同腔体构造的大截面尺寸圆钢管混凝土柱试件的低周反复荷载试验及分析表明：分腔复式钢管混凝土巨型柱抗震承载力较大、滞回曲线饱满、刚度退化较慢、延性好、综合抗震能力强；复式钢管混凝土巨型柱，其内圆钢管可较大程度提升对腔体混凝土的约束效果，在外钢管损伤较为严重的受力阶段，内钢管仍具有承受较大竖向轴力的作用，因而减轻了复式钢管环带混凝土的轴向压力，对提高巨型柱抗震延性有显著的贡献；腔体设置环向肋，可明显约束钢管向外膨胀，增强对混凝土的约束，在巨型框架节点区域及其上下不小于巨型柱截面 50%范围内设置环向肋，对提高节点域钢管与混凝土共同工作的性能、有效传递钢管与混凝土之间的应力、提高腔体混凝土的约束效应，均具有良好的效果；腔体内设置竖向肋板，对防止钢管局部失稳、提高钢管抗弯能力均具有明显的作用，在上下环肋之间采用设置竖向肋板的构造，可有效防止非环向肋板区域钢管受压鼓凸，相应增强了对腔体混凝土的约束效应；在巨型钢管混凝土柱较大腔体内，设置钢筋笼可防止大体积混凝土收缩徐变，增强对混凝土的约束效果，有效保证钢管混凝土成型后的质量，明显提高钢管混凝土巨型柱的抗震性能。

基于试验建立圆钢管混凝土巨型柱有限元模型。随着轴压比的增大，圆钢管混凝土柱的变形性能和耗能能力显著降低；提高钢材强度较提高混凝土强度对钢管混凝土柱抗震性能的提升作用更加显著；在剪跨比、轴压比及截面含钢率相等的条件下，圆钢管混凝土柱较方钢管混凝土柱具有更加优越的变形性能和耗能能力。基于试验和有限元模拟，建立的考虑腔体构造特点的圆钢管混凝土巨型柱承载力计算模型的计算结果偏于安全。

9.4　工程案例与应用

海口塔项目，位于海口市新 CBD 区大英山新城中心的 D15 号地块。该项目包括商业区、高级写字楼、SOHO、五星级酒店、顶级餐厅和观景台等。该工程由一座超高层塔楼、东西两个配楼及地下车库组成。塔楼地上 94 层，地下 4 层，建筑高度为 428m，结构屋面高度为 402.8m；配楼地上 4 层，地下 4 层；地下车库为纯地下结构，地下共四层；总建筑面积约为 38.8 万 m^2，其中塔楼地上建筑面积约为 26.3 万 m^2，配楼地上建筑面积约为 1.3 万 m^2，地下室总建筑面积约为 11.3 万 m^2。建筑立面图如图 9-84 所示。

该塔楼采用巨型支撑框架-核心筒-伸臂桁架抗侧结构体系，该体系由三部分组成：部分楼层内设置钢板或型钢的钢筋混凝土核心筒，设置 6 道腰桁架加强层和设置巨型支撑的巨型支撑框架，连接核心筒和巨型支撑框架的 2 道伸臂桁架。塔楼底层结构宽度约为 55.2m，高宽比约为 7.3。核心筒宽度为 30.7m，核心筒高宽比为 13.1。沿建筑物外侧布置了 8 根巨型柱，B4～L73 层巨型柱采用圆钢管混凝土柱，B4～L19 巨柱钢管 4200mm×80mm，L20～L35 巨柱钢管 3800mm×70mm，L36～L51 巨柱钢管 3400mm×60mm，L52～L73 巨柱钢管 3000mm×80mm，圆钢管混凝土巨型柱的轴压比控制在 0.65 以内。结构抗侧力体系示意图如图 9-85 所示。

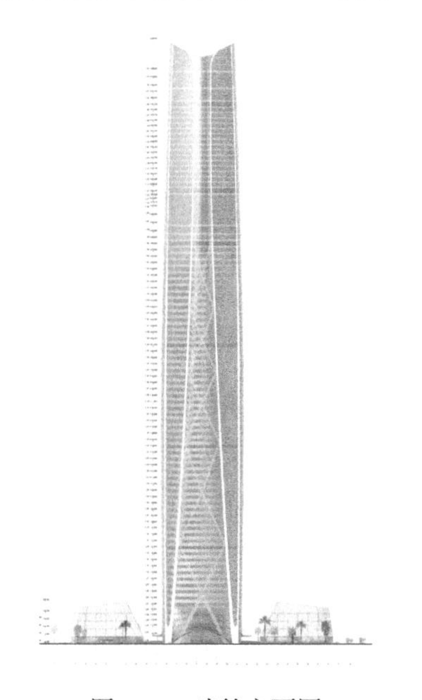

图 9-84　建筑立面图

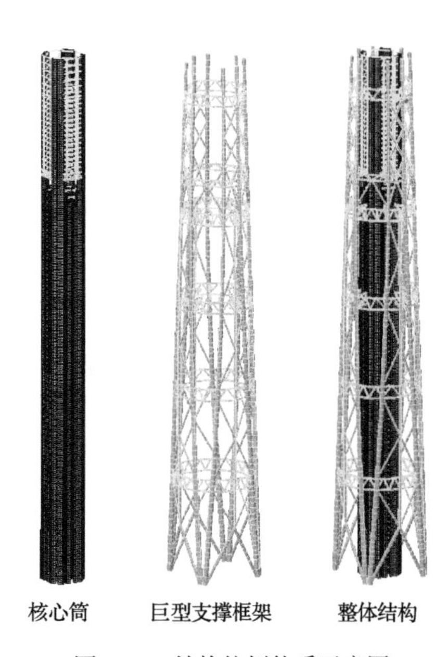

图 9-85　结构抗侧体系示意图

9.5　小　　结

本章进行了 6 种截面形式、2 种剪跨比共 12 个圆钢管混凝土巨型柱 1/8.27 缩尺模型试件的低周反复荷载试验，主要结论如下。

（1）不同腔体构造的大截面尺寸圆钢管混凝土柱试件，分腔复式钢管混凝土巨型柱抗震承载力较大、滞回曲线饱满、刚度退化较慢、延性好，综合抗震能力强。

（2）复式钢管混凝土巨型柱，其内圆钢管可较大程度提升对腔体混凝土的约束效果，在外钢管损伤较为严重的受力阶段，内钢管仍具有承受较大竖向轴力的作用，因而减轻了复式钢管环带混凝土的轴向压力，对提高巨型柱抗震延性有显著的贡献。

（3）腔体设置环向肋，可明显约束钢管向外膨胀，增强对混凝土的约束，在巨型框架节点区域及其上下不小于巨型柱截面 50%范围内设置环向肋，对提高节点域钢管与混凝土共同工作的性能，有效传递钢管与混凝土之间的应力，提高腔体混凝土的约束效应，均具有良好的效果。

（4）腔体内设置竖向肋板，对防止钢管局部失稳、提高钢管抗弯能力均具有明显的作用，在上下环肋之间采用设置竖向肋板的构造，可有效防止非环向肋板区域钢管受压鼓凸，相应增强了对腔体混凝土的约束效应。

作者与中国中元国际工程有限公司合作，以海口塔大厦圆钢管混凝土巨型柱为原型，进行了截面钢构不同构造的巨型柱模型的低周反复荷载下抗震性能试验研究、理论分析、数值模拟和构造研究。

本章研究为海口塔圆钢管混凝土巨型柱的构造优化设计提供了依据。

参 考 文 献

[1] 韩林海. 钢管混凝土结构理论与实践[M]. 3 版. 北京: 科学出版社, 2016.

[2] 郝炯明. 设置内部肋板圆形钢管高强混凝土巨柱轴压性能研究[D]. 北京: 清华大学, 2017.

[3] 范重, 王倩倩, 李振宝, 等. 大直径钢管混凝土柱抗震性能试验研究及承载力计算[J]. 建筑结构学报, 2017, 38(11): 34-41.

[4] 蔡绍怀, 焦占拴. 复式钢管混凝土柱的基本性能和承载力计算[J]. 建筑结构学报, 1997(6): 20-25.

[5] 福州大学, 福建省建筑科学研究院. 钢管混凝土结构技术规程: DBJ/T13-51—2010[S]. 福州: 福建省住房和城乡建设厅, 2010.

[6] 中华人民共和国住房和城乡建设部. 钢管混凝土结构技术规范:GB 50936—2014[S]. 北京: 中国建筑工业出版社, 2014.

第 10 章　圆形截面型钢混凝土巨型柱抗震性能

10.1　试 验 概 况

10.1.1　试件设计

成都绿地中心塔楼，采用了圆形截面内置 H 型钢混凝土巨型柱，巨型柱截面直径为 2800mm，含钢率为 5.84%，配筋率为 1.00%，体积配箍率为 0.85%。设计了 2 个 1/4 缩尺的模型试件，试件截面直径为 700mm。

合肥恒大中心塔楼，采用了两种截面的型钢混凝土巨型柱，一种是圆形截面内置十字形带翼缘型钢混凝土巨型柱，另一种是矩形截面内置王字形带翼缘型钢混凝土巨型柱。本章研究其圆形截面内置十字形带翼缘型钢混凝土巨型柱，巨型柱截面直径为 3300mm，含钢率为 4.00%，配筋率为 1.00%，体积配箍率为 0.55%；设计了 5 个 1/4.7 缩尺的模型试件，试件截面直径为 700mm。

本节共设计了 7 个圆形截面型钢混凝土巨型柱模型试件。试件编号分别为 CLI-1-X、CHI-2-X、CLII-1-X、CHII-2-X、CHII-3-X、CHII-4-Z、CHII-5-Z。其中字母 C 代表圆形截面，L 代表 C50 混凝土，H 代表 C70 混凝土，I 代表内置 H 型钢，II 代表内置十字形带翼缘型钢，X 代表沿对称轴方向（H 型钢的腹板方向，或十字形带翼缘型钢的其中一个腹板方向）加载，Z 代表沿与对称轴呈 45° 方向加载。

各试件的外轮廓尺寸及配筋均相同，柱截面为圆形，直径为 700mm；柱高为 1800mm。柱截面配筋：纵筋为 12 根ϕ20 钢筋，配筋率为 1.5%，沿截面外周均匀分布。箍筋为ϕ12@75，配箍率为 0.98%；混凝土保护层厚度为 25mm；沿柱头高度方向 300mm 范围内箍筋加密为ϕ12@50，以防止柱头局部受压破坏，影响试验结果。型钢采用 Q345 钢板焊接而成，试件 CLI-1-X、CHI-2-X 的 H 型钢翼缘厚 25mm、宽 290mm，腹板厚 20mm，宽 410mm；试件 CLII-1-X、CHII-2-X、CHII-3-X、CHII-4-Z 中的十字形钢翼缘和腹板厚度均为 14mm，翼缘宽为 190mm，腹板高为 430mm；试件 CHII-5-Z 中十字形钢翼缘和腹板厚度均为 10mm，翼缘宽为 190mm，腹板高为 430mm；试件 CHII-5-Z 含钢率为 4.21%，其余 6 个试件含钢率均为 5.90%。各试件计算剪跨比 $\lambda=H/(1.6r)=3.66$，其中，$H=h+250$mm，h 为柱身高度（1800mm），250mm 为试验机端头球铰中心到柱身顶面的距离，r 为柱身截面半径（350mm）。试件顶部竖向 200mm 范围为边长 700mm 的方形柱帽，四周为 6mm 厚钢板焊接而成的方钢管套箍，以便于加载。基础采用钢管混凝土制作，采用 8mm 厚钢板焊接而成，内部浇筑与柱身同批混凝土，同时预留 8 个竖向螺栓孔，以便于通过高强螺栓与试验机钢性滑板连接，防止试件基础与钢性滑版之间产生滑移。为实现柱身与基础刚性连接，将试件圆形截面柱身的型钢、钢筋下端与基础底板焊接，以防止柱身从基础中拔出滑移。试件基本参数见表 10-1。由表 10-1 可见试件包括两种型钢截面、两种混凝土强度等级、两个水平荷载方向、三种试验轴力、两种含钢率。试件几何尺寸及构造如图 10-1 所示。

表 10-1　试件基本参数

试件编号	配钢型式	强度等级	加载方向	设计轴压比 n_d	试验轴力/kN	含钢率/%
CLI-1-X	H 型钢	C50	X	0.62	9000	5.90
CHI-2-X	H 型钢	C70	X	0.60	9000	5.90
CLII-1-X	十字形钢	C50	X	0.62	9000	5.90
CHII-2-X	十字形钢	C70	X	0.60	9000	5.90
CHII-3-X	十字形钢	C70	X	0.90	13500	5.90
CHII-4-Z	十字形钢	C70	Z	0.90	13500	5.90
CHII-5-Z	十字形钢	C70	Z	0.90	12000	4.21

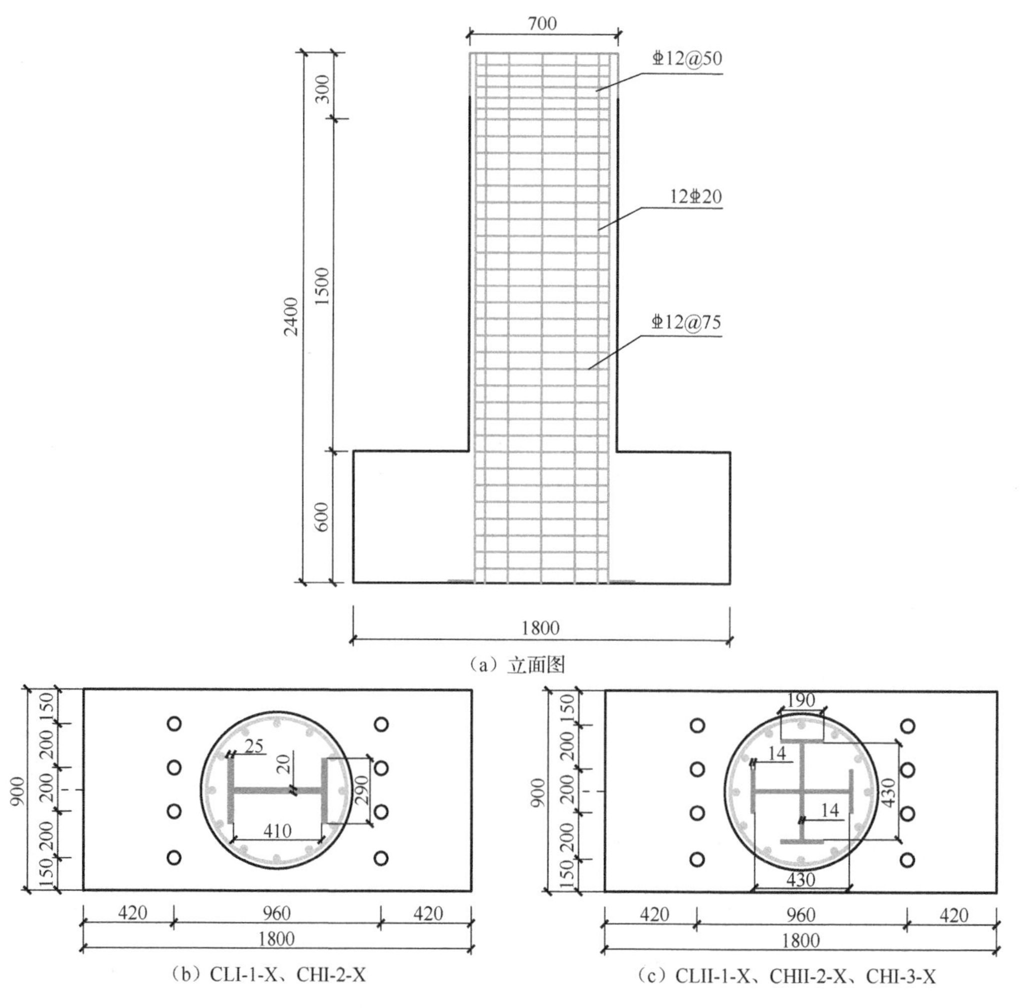

图 10-1　试件几何尺寸及构造（尺寸单位：mm）

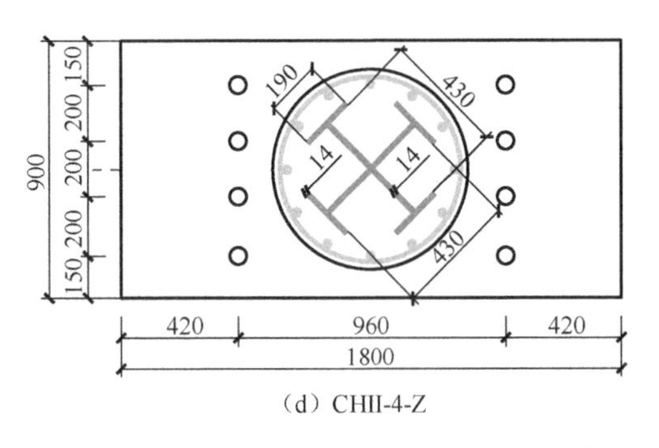

（d）CHII-4-Z

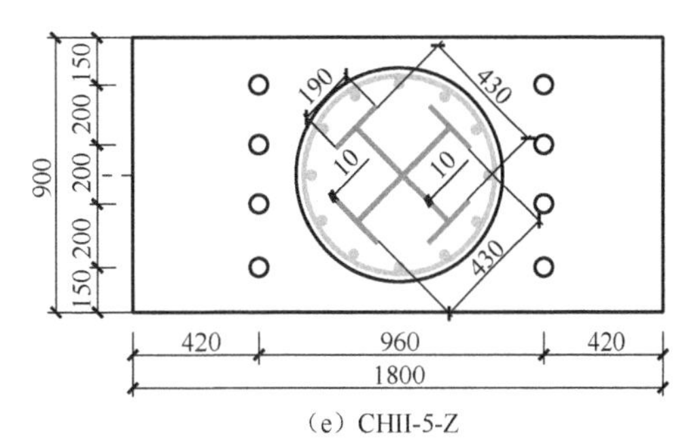

（e）CHII-5-Z

图 10-1（续）

10.1.2 材料性能

试件基础采用 C60 商品混凝土灌注，柱身混凝土采用表 10-2 所示的设计配合比进行拌制，其中水泥采用 52.5 级普通硅酸盐水泥、石子粒径选用 5～16mm。与试件同条件养护的 150mm×150mm×150mm 立方体试块在混凝土浇筑的同时预留。实测混凝土立方体抗压强度平均值见表 10-2。

表 10-2 设计配合比

混凝土强度	水泥/kg	硅灰/kg	矿粉/kg	粉煤灰/kg	砂/kg	石子/kg	减水剂/kg	水/kg	水胶比	$f_{cu,m}$/MPa
C70	512	30	60	60	623	1108	17.5	185	0.28	74.8
C50	353	0	73	73	640	1100	13.3	186	0.37	58.7

型钢所采用钢板为 Q345 级，钢筋为 HRB400 级，实测钢材力学性能见表 10-3。

表 10-3 钢材力学性能

类型	屈服强度 f_y/MPa	极限强度 f_u/MPa	弹性模量 E_s/(10^5MPa)	屈服应变 $\varepsilon/10^{-6}$	伸长率 δ/%
ϕ20 纵筋	521.7	645.0	2.04	2582	18.3
ϕ12 箍筋	465.0	639.0	2.10	2214	21.0
25mm 钢板	363.3	537.5	2.06	1746	27.1
20mm 钢板	368.5	522.0	2.06	1795	28.5
14mm 钢板	344.8	532.3	2.04	1692	33.1
10mm 钢板	344.8	518.0	2.05	1717	23.6

试件制作如图 10-2 所示。

（a）型钢固定

（b）固定钢筋笼

（c）支模板

（d）混凝土养护

图 10-2 试件制作

10.1.3　加载方案与测点布置

试验采用 40000kN 大型加载装置进行加载，柱顶通过柱帽两侧 L 形夹具夹紧，以防止柱帽与试验机加载端头发生水平相对位移；试件基础通过高强螺栓与滑动刚性平台连接，3000kN 水平拉压作动器与滑动刚性平台连接，试验加载装置示意图如图 10-3 所示。

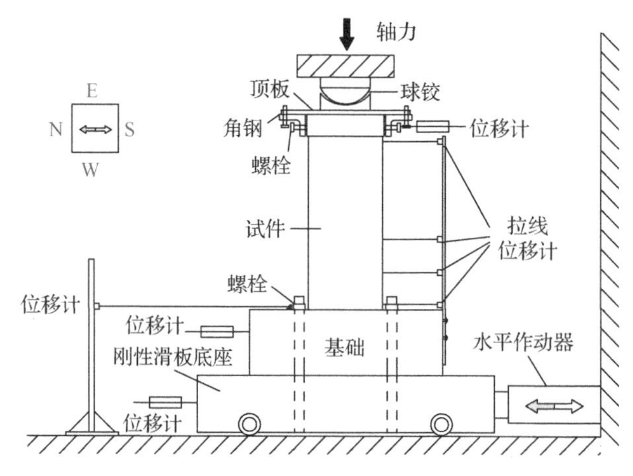

图 10-3　加载装置示意图

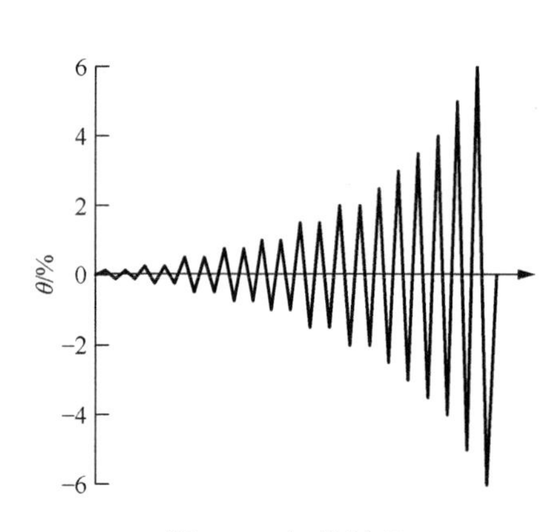

图 10-4　加载制度

试验采用变幅位移角控制加载，将竖向轴力加到指定值后保持整个试验过程中不变，水平方向通过水平作动器施加反复荷载。1%位移角前加载步距 $\Delta\theta$=0.25%，1%位移角后加载步距 $\Delta\theta$=0.5%，其中位移角 $\theta=\Delta/H$（Δ 为柱底水平位移，H 为球铰球面中心到柱身顶面的距离 2050mm），加载制度如图 10-4 所示。

由于型钢高强混凝土柱承载力下降段较为缓慢，达到试验机允许的最大位移角时，承载力下降幅度较小，规定试件加载至试验机允许的最大位移角 5%或水平承载力下降到峰值荷载的 85%时停止试验。

竖向荷载力和水平荷载由荷载传感器采集，在柱身距基础上表面 50mm、350mm、650mm 及柱帽高度布置水平拉线位移计，用来采集柱身位移；同时在试验机刚性滑板、刚性滑板与试件基础之间布置水平拉线位移计，用来测试相对滑移。在距试件基础上表面 650mm 范围内的纵筋及型钢沿同一截面对应位置布置应变片，用来采集钢筋和型钢应变并监测其是否屈服以及它们之间是否存在相对滑移。应变片布置如图 10-5 所示，纵筋应变片编号为 Z1-1～Z1-7，型钢应变片编号为 S1-1～S8-3。图 10-5 中字母 Z 表示纵筋上的应变片，S 表示型钢上的应变。

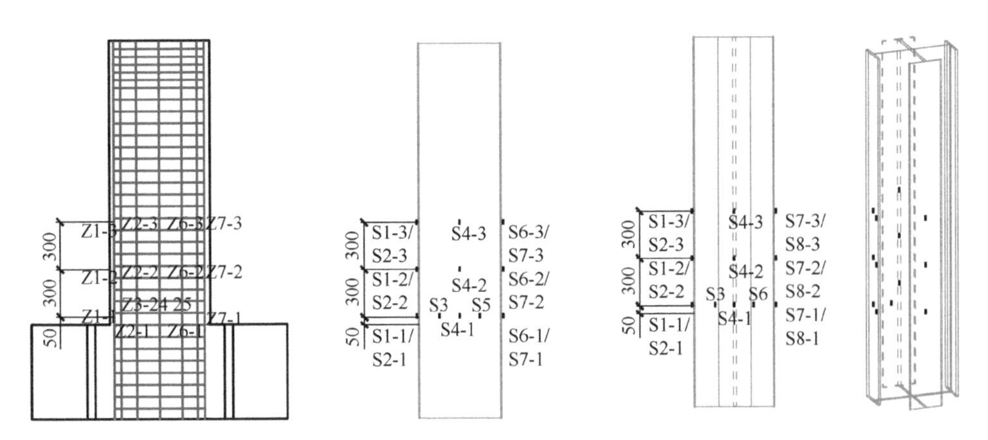

图 10-5　应变片布置（尺寸单位：mm）

10.2　试验结果及分析

10.2.1　试件破坏过程

为方便描述试验现象，做如下规定：①描述现象时说的高度是指基础上表面以上的高度；②水平作动器推力方向为加载正方向，拉力方向为负方向；③与水平加载方向垂直的两个面分别为南面和北面；④与水平加载方向平行的两个面分别为东面和西面。

各试件破坏过程与最终破坏形态：①水平加载沿南北方向往复进行，试件加到预定轴力后，开始施加水平荷载，初始位移角较小，试件没有明显的现象。②当加到位移角为 1/200～1/150 时，试件根部 50～300mm 出现细小的水平裂缝；继续加载，水平裂缝逐渐加宽，水平裂缝延伸成斜裂缝；受压侧柱脚有局部混凝土被压碎，同时出现少量竖向裂缝；位移角继续增大，裂缝继续变宽，斜裂缝逐渐向两侧延伸。③当位移角达到 1/50～1/30 时，承载力达到峰值，随后承载力缓慢下降，表现出型钢高强混凝土柱较好的延性，随着混凝土的剥落，柱根部钢筋屈曲外露，试件承载力下降较快。④当位移角达到试验机允许的最大位移角 1/20 或承载力下降到峰值荷载的 85%时，停止试验。⑤各试件最终破坏形态均以弯曲破坏为主。

试件 CLI-1-X 破坏过程和局部破坏形态如图 10-6 和图 10-7 所示。

（a）屈服荷载时

（b）峰值荷载时

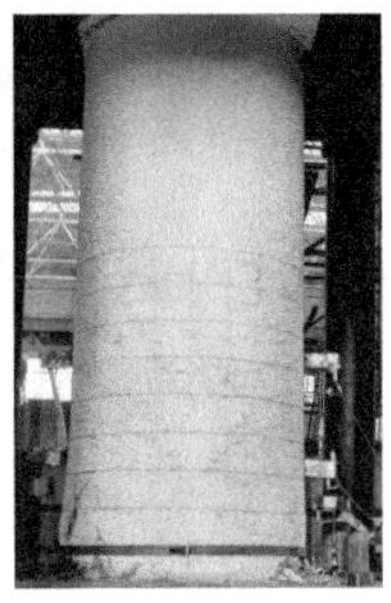

（c）最终破坏时

图 10-6　试件 CLI-1-X 破坏过程

（a）北侧柱体裂缝

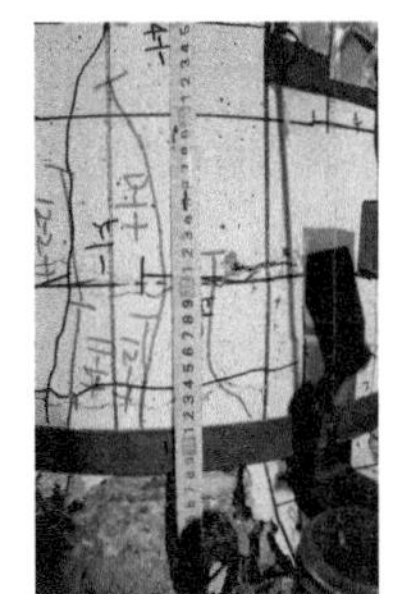

（b）南侧柱体裂缝

图 10-7　试件 CLI-1-X 局部破坏形态

试件 CHI-2-X 破坏过程和局部破坏形态如图 10-8 和图 10-9 所示。

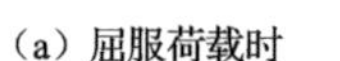
（a）屈服荷载时

（b）峰值荷载时

（c）最终破坏时

图 10-8　试件 CHI-2-X 破坏过程

（a）北侧混凝土

（b）南侧混凝土

图 10-9　试件 CHI-2-X 局部破坏形态

试件 CLII-1-X 破坏过程和局部破坏形态如图 10-10 和图 10-11 所示。

（a）屈服荷载时

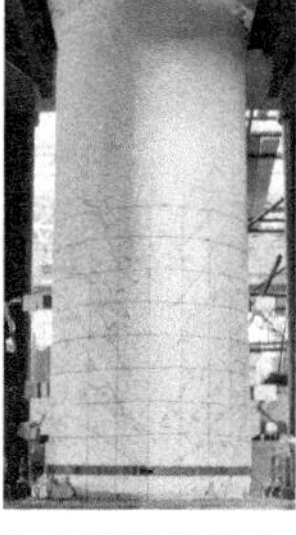
（b）峰值荷载时

（c）最终破坏时

图 10-10　试件 CLII-1-X 破坏过程

（a）南侧柱体裂缝

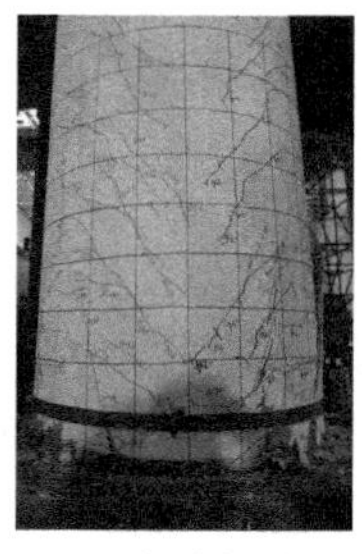
（b）西侧柱体裂缝

（c）北侧柱体裂缝

图 10-11　试件 CLII-1-X 局部破坏形态

试件 CHII-2-X 破坏过程和局部破坏形态如图 10-12 和图 10-13 所示。

（a）屈服荷载时

（b）峰值荷载时

（c）最终破坏时

图 10-12　试件 CHII-2-X 破坏过程

（a）南侧柱体裂缝

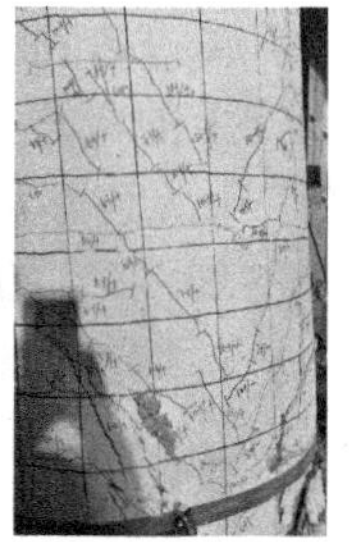
（b）西侧柱体裂缝

（c）北侧柱体裂缝

图 10-13　试件 CHII-2-X 局部破坏形态

试件 CHII-3-X 破坏过程和局部破坏形态如图 10-14 和图 10-15 所示。

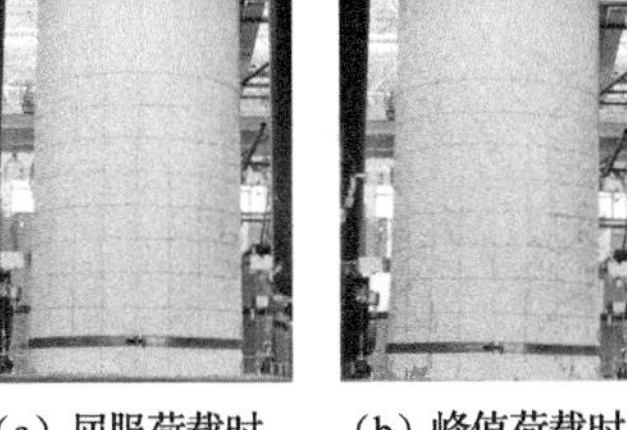
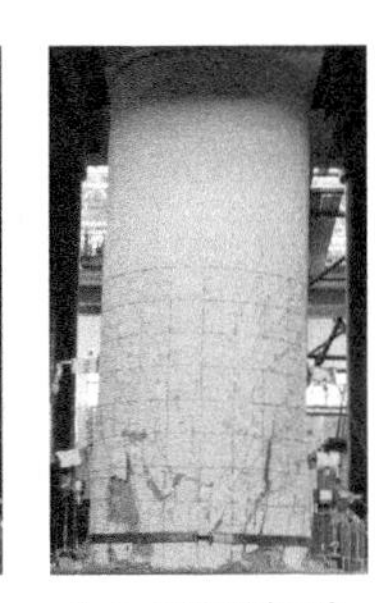
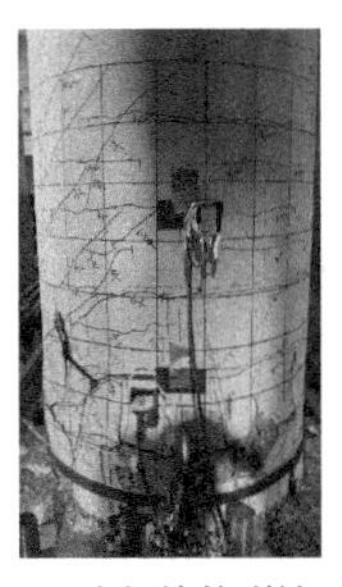
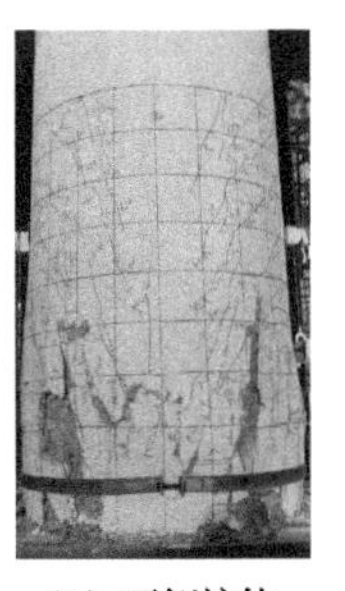
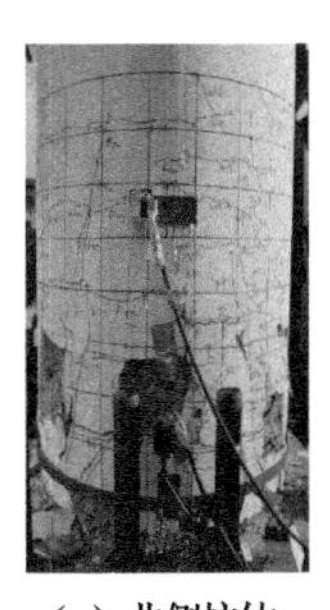

（a）屈服荷载时　（b）峰值荷载时　（c）最终破坏时

图 10-14　试件 CHII-3-X 破坏过程

（a）南侧柱体裂缝　（b）西侧柱体裂缝　（c）北侧柱体裂缝

图 10-15　试件 CHII-3-X 局部破坏形态

试件 CHII-4-Z 破坏过程和局部破坏形态如图 10-16 和图 10-17 所示。

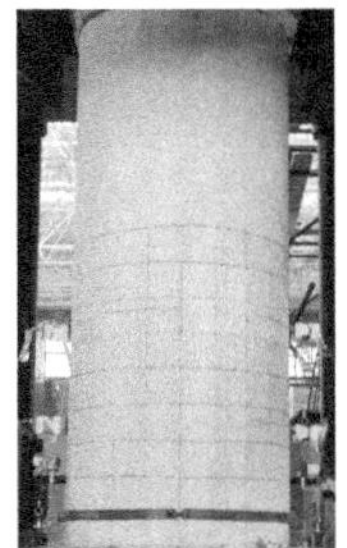
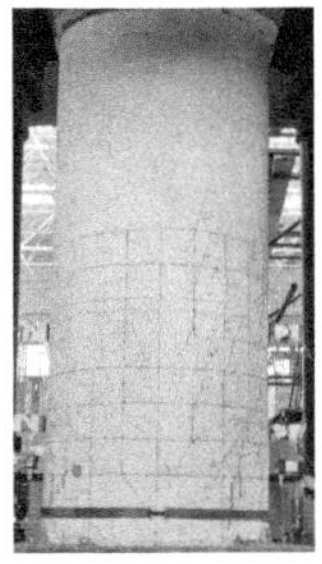

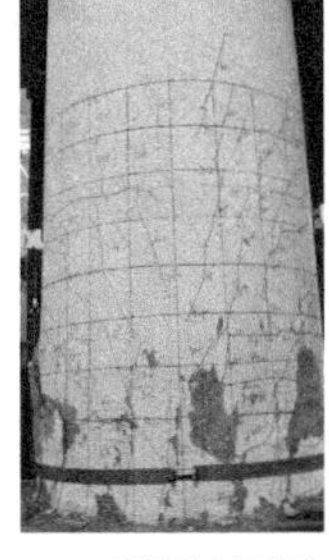

（a）屈服荷载时　（b）峰值荷载时　（c）最终破坏时

图 10-16　试件 CHII-4-Z 破坏过程

（a）南侧柱体裂缝　（b）西侧柱体裂缝　（c）北侧柱体裂缝

图 10-17　试件 CHII-4-Z 局部破坏形态

试件 CHII-5-Z 破坏过程和局部破坏形态如图 10-18 和图 10-19 所示。

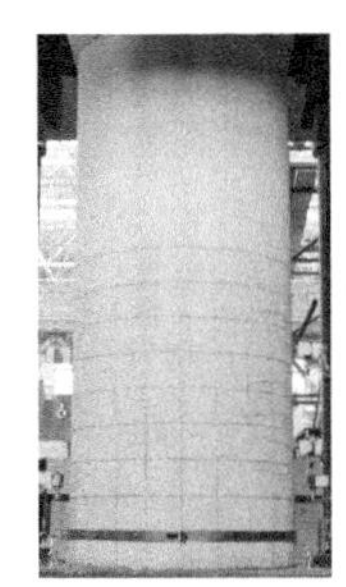
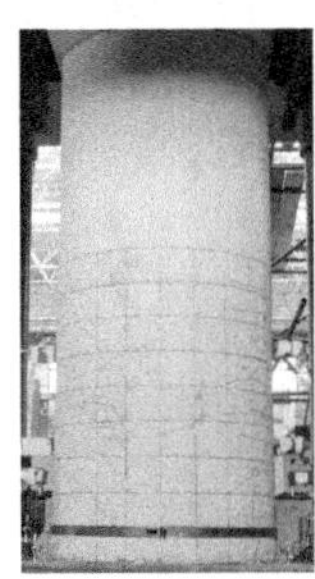

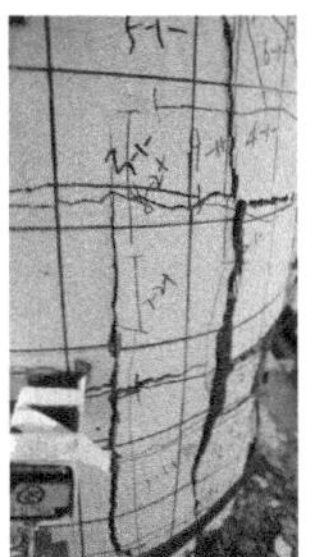

（a）屈服荷载时　（b）峰值荷载时　（c）最终破坏时

图 10-18　试件 CHII-5-Z 破坏过程

（a）南侧柱体裂缝　（b）东南侧柱体裂缝　（c）北侧柱体裂缝

图 10-19　试件 CHII-5-Z 局部破坏形态

10.2.2　滞回曲线

各试件的水平荷载-水平位移（F-Δ）滞回曲线如图 10-20 所示。图 10-20 中，各试件均显示了圆形截面内置型钢类型和水平荷载加载方向，部分试件显示了混凝土强度、混凝土强度和轴压比、含钢率和轴压比。

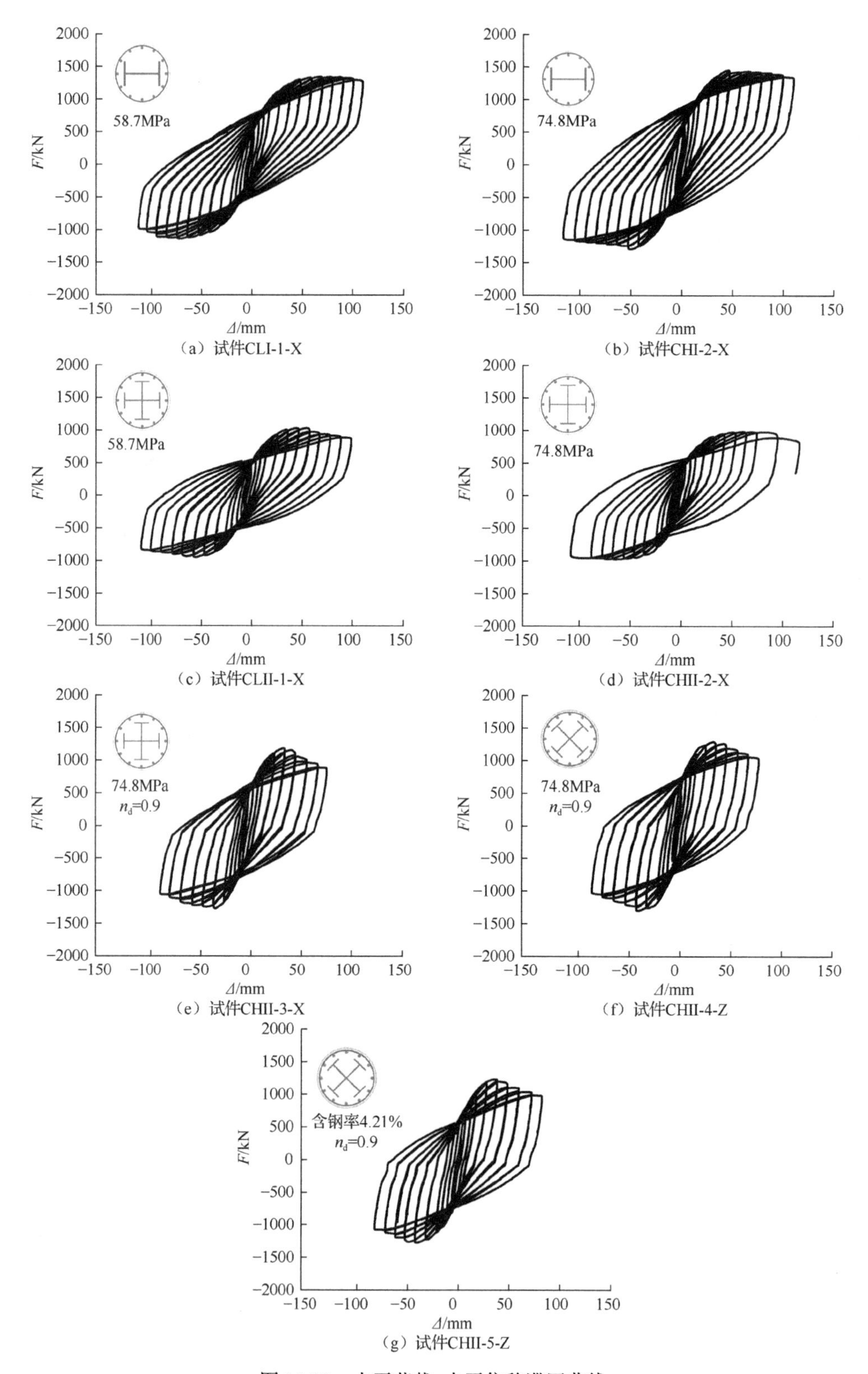

（a）试件CLI-1-X
（b）试件CHI-2-X
（c）试件CLII-1-X
（d）试件CHII-2-X
（e）试件CHII-3-X
（f）试件CHII-4-Z
（g）试件CHII-5-Z

图 10-20 水平荷载-水平位移滞回曲线

由图 10-20 可知：

（1）各试件在加载初期，滞回环包围的面积较小、刚度较大，水平荷载随位移呈线性变化，同一加载位移下的两次滞回环基本重合，整体刚度变化不大；随着加载位移角的不断增大，试件开裂进入弹塑性阶段，曲线斜率逐渐减小，滞回曲线包围面积逐渐增大，耗能逐渐增加。总体来看，各试件滞回曲线均较为饱满，没有明显的捏拢现象，表现出较好的滞回性能和耗能能力；各试件极限位移角均达到 1/25，且承载力下降缓慢，表现出了较好的抗震延性。

（2）对比图 10-20（a）与（b）可见，试件 CHI-2-X 较试件 CLI-1-X 滞回曲线更加饱满；其他变量相同的情况下，试件 CHI-2-X 比试件 CLI-1-X 峰值荷载高 10.9%，说明混凝土强度较高的试件具有更高的承载力。

（3）对比图 10-20（a）与（c）、（b）与（d）可见，含钢率相同条件下，内置 H 型钢混凝土柱沿强轴方向加载与内置十字形带翼缘型钢混凝土柱相比，滞回曲线更加饱满，具有更好的抗震耗能能力。

（4）对比图 10-20（d）与（e）可见，提高轴压比，试件承载力明显提高，但承载力下降较快；极限荷载对应的位移减小，延性变差。

（5）对比图 10-20（e）与（f）可见，内置十字形带翼缘型钢试件沿 Z 方向加载比沿 X 方向加载的滞回曲线较为饱满，峰值荷载提高 3.9%。

（6）对比图 10-20（f）与（g）可见，试件 CHII-4-Z 较试件 CHII-5-Z 滞回曲线饱满，说明含钢率较高的试件具有更好的抗震耗能能力。

10.2.3　骨架曲线

滞回曲线各级加载环峰值点连成的外包络线即试件的骨架曲线，其反映了整个试验过程中水平荷载 F 和水平位移 $\varDelta$ 的变化趋势。各试件骨架曲线对比如图 10-21 所示。

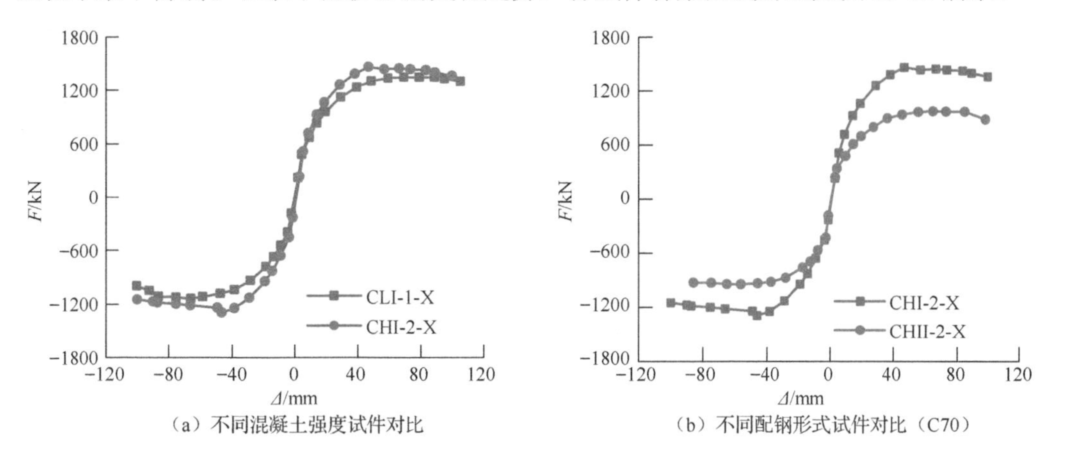

（a）不同混凝土强度试件对比　（b）不同配钢形式试件对比（C70）

图 10-21　各试件骨架曲线对比

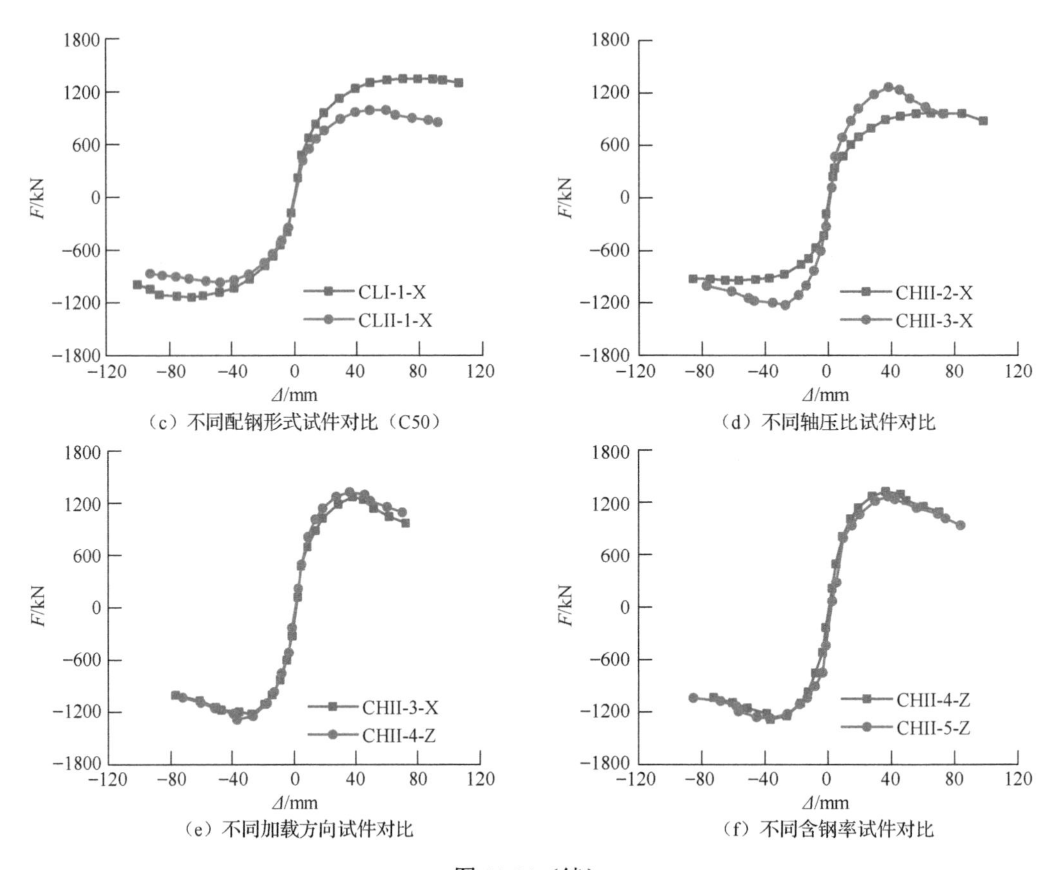

（c）不同配钢形式试件对比（C50）

（d）不同轴压比试件对比

（e）不同加载方向试件对比

（f）不同含钢率试件对比

图 10-21（续）

由图 10-21 可知以下结论。

（1）各试件骨架曲线形状相似，达到屈服荷载前，骨架曲线斜率较大且基本保持不变；继续加载至峰值荷载，骨架曲线斜率明显减小，直线段变成曲线段，进入缓慢增长阶段；加载至峰值点后，试件水平位移继续增大而水平荷载逐渐降低，此阶段为荷载下降段。

（2）图 10-21（a）为混凝土强度等级分别为 C50、C70 的试件骨架曲线对比，试件 CHI-2-X 较试件 CLI-1-X 峰值荷载高 10.9%；试件 CHI-2-X 全过程骨架曲线荷载值均大于试件 CLI-1-X 全过程骨架曲线响应点的荷载值，试件 CHI-2-X 的抗震耗能能力明显增强。

（3）图 10-21（b）、（c）为不同配钢形式的两组试件骨架曲线对比，可见相同水平位移下，含钢率相同的内置 H 型钢混凝土柱与内置十字形带翼缘型钢混凝土柱相比，水平承载力较高，这是内置 H 型钢混凝土柱沿强轴方向加载的缘故。

（4）图 10-21（d）为轴压比分别为 0.6、0.9 的试件骨架曲线对比，可见较高轴压比试件骨架曲线上升段更为陡峭，峰值荷载比较低轴压比试件提高 31.1%；同时也注意到轴压比提高，达到峰值荷载后，水平荷载下降较快速，试件延性变差。

（5）图 10-21（e）为内置十字形带翼缘型钢混凝土试件分别沿 X、Z 方向加载时的骨架曲线对比。屈服前，两试件骨架曲线基本重合；屈服后，试件 CHII-3-X 骨架曲线略高于试件 CHII-4-Z，说明圆形截面内置十字形带翼缘型钢混凝土柱在不同水平力作用方向的抗震性能接近。

（6）图 10-21（f）为含钢率分别为 5.90%、4.21%的试件骨架曲线对比。含钢率为 5.90%的试件（试件 CHII-4-Z）较含钢率为 4.21%的试件（试件 CHII-5-Z）峰值荷载提高 2.9%，可见提高含钢率可提高试件的水平承载力，对轴向承载力的提高应该更明显（没有进行相关试验）。

10.2.4 承载力与变形

各试件主要阶段特征荷载与位移角见表 10-4。表 10-4 中名义屈服强度 F_y 由等值能量法确定，F_p 为峰值荷载，F_u 为极限荷载（取试验机允许的最大位移角 5%对应的水平荷载或水平荷载下降到峰值荷载的 85%时对应的水平荷载），对应特征位移角分别为 θ_y、θ_p、θ_u，延性系数 $\mu=\theta_u/\theta_y$。

表 10-4 试件主要阶段特征荷载与位移角

试件编号	F_{cr}/kN	F_y/kN			θ_y/%			F_p/kN			θ_p/%			F_u/kN			θ_u/%			μ
		正向	负向	均值	正向	负向	均值	正向	负向	均值	正向	负向	均值	正向	负向	均值	正向	负向	均值	
CLI-1-X	436	854	739	797	0.92	0.88	0.90	1345	1138	1242	3.39	3.21	3.30	1198	1093	1146	5.12	4.89	5.01	5.57
CHI-2-X	483	728	983	856	1.04	1.04	1.04	1462	1291	1377	2.29	2.26	2.28	1356	1145	1251	4.86	4.88	4.87	4.68
CLII-1-X	380	724	721	723	0.82	0.84	0.83	991	970	981	2.86	2.30	2.58	851	867	859	4.49	4.50	4.50	5.42
CHII-2-X	385	742	692	717	1.09	0.64	0.87	976	942	959	3.16	2.80	2.98	837	908	873	5.18	4.82	5.00	5.75
CHII-3-X	498	1090	1147	1119	1.06	0.98	1.02	1270	1224	1247	1.86	1.34	1.60	968	1007	988	3.52	3.76	3.64	3.57
CHII-4-Z	505	1217	1203	1210	1.02	1.00	1.01	1327	1286	1307	1.77	1.79	1.78	1093	1035	1064	3.43	3.53	3.48	3.45
CHII-5-Z	515	1099	1130	1115	1.02	0.94	0.98	1267	1273	1270	1.84	1.81	1.83	1017	1076	1047	3.62	3.32	3.47	3.54

由表 10-4 可知以下结论。

（1）试件 CHI-2-X 较试件 CLI-1-X，屈服荷载、峰值荷载、极限荷载正负两向均值分别提高 7.5%、10.9%、9.2%，这是由于混凝土强度提高，试件弹性模量变大，整体刚度提高，承载力提高。两试件的屈强比 F_y/F_p 分别为 0.641、0.622，具有良好的承载力储备，延性系数 μ 均大于 4，且极限位移角近 5%，具有良好的变形能力。

（2）试件 CHI-2-X 较试件 CHII-2-X，屈服荷载、峰值荷载、极限荷载正负两向均值分别提高 19.4%、43.6%、43.3%，这主要是由于试件 CHI-2-X 型钢惯性矩是试件 CHII-2-X 的 2.14 倍且钢材分布距中性轴较远，在弯矩作用下可提供较大的内力臂。试件 CHI-2-X 较试件 CHII-2-X，屈服位移角提高 19.5%，但峰值荷载对应位移角降低 23.5%，说明试件 CHII-2-X 从屈服点到峰值荷载点的变形能力提高，这主要是由于十字形带翼缘型钢形成的半封闭空间较 H 型钢可对混凝土提供更好的约束，混凝土的变形能力提高。两试件屈强比 F_y/F_p 均值为 0.685，说明其具有良好的承载力储备；延性系数均超过 4，说明两者均具有良好的变形能力。

（3）试件 CHII-3-X 与试件 CHII-2-X 相比较，区别在于轴压比不同，屈服荷载提高 56.0%，峰值荷载提高 30.0%，极限荷载相近。试件 CHII-3-X 与试件 CHII-2-X 相比较，屈服位移角提高 17.2%，峰值位移角降低 46.3%，说明轴压比提高，试件较快达到承载力峰值。两试件的延性系数分别为 3.57、5.75，说明轴压比提高，试件延性变差。

（4）试件 CHII-4-Z 与试件 CHII-3-X 相比，对于内置十字形带翼缘型钢混凝土柱，在高轴压比下，沿 Z 方向加载比沿 X 方向加载屈服荷载、峰值荷载、极限荷载均略高，对应特征位移角基本相同，说明内置十字形带翼缘型钢混凝土柱各水平方向承载力较接近。

（5）试件 CHII-4-Z 与试件 CHII-5-Z 相比，含钢率为 5.90%的试件比含钢率为 4.21%的试件各特征点水平荷载提高，对应特征位移角基本相同，说明提高含钢率可提高试件承载力。

10.2.5　刚度退化

取每级加载形成的滞回环正、负向峰值荷载和对应水平位移之比，按式（10-1）计算得到每级荷载下的割线刚度，相应的割线刚度-位移计（K-θ）关系曲线如图 10-22 所示。

$$K=\frac{\left|+F_i\right|+\left|-F_i\right|}{\left|+\varDelta_i\right|+\left|-\varDelta_i\right|} \tag{10-1}$$

各试件主要阶段特征刚度值见表 10-5。表 10-5 中，K_0 为试件初始刚度；K_y 为试件割线屈服刚度；K_p 为试件峰值割线刚度；K_u 为试件极限割线刚度；β_{y0} 为 K_y 与 K_0 的比值，表示屈服点刚度退化的程度；β_{uy} 为 K_u 与 K_y 的比值，表示屈服点后试件刚度退化的程度。

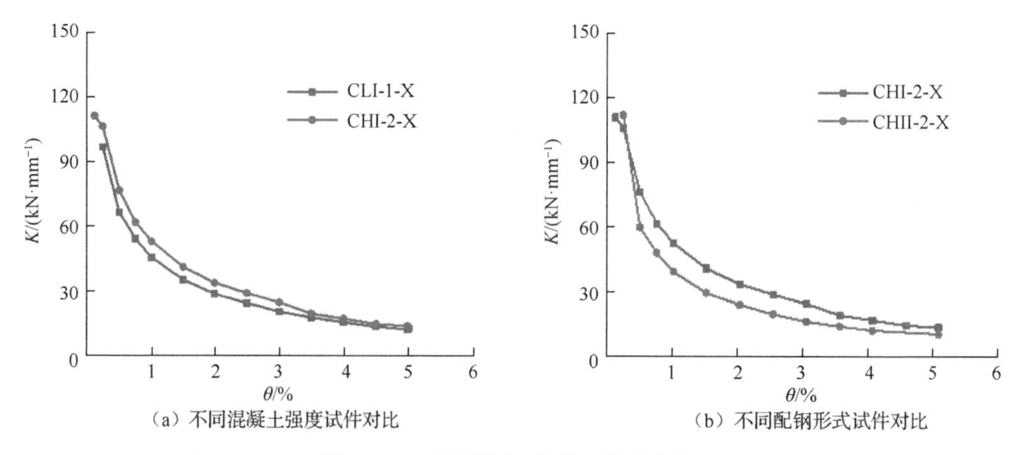

（a）不同混凝土强度试件对比　（b）不同配钢形式试件对比

图 10-22　割线刚度-位移角关系曲线

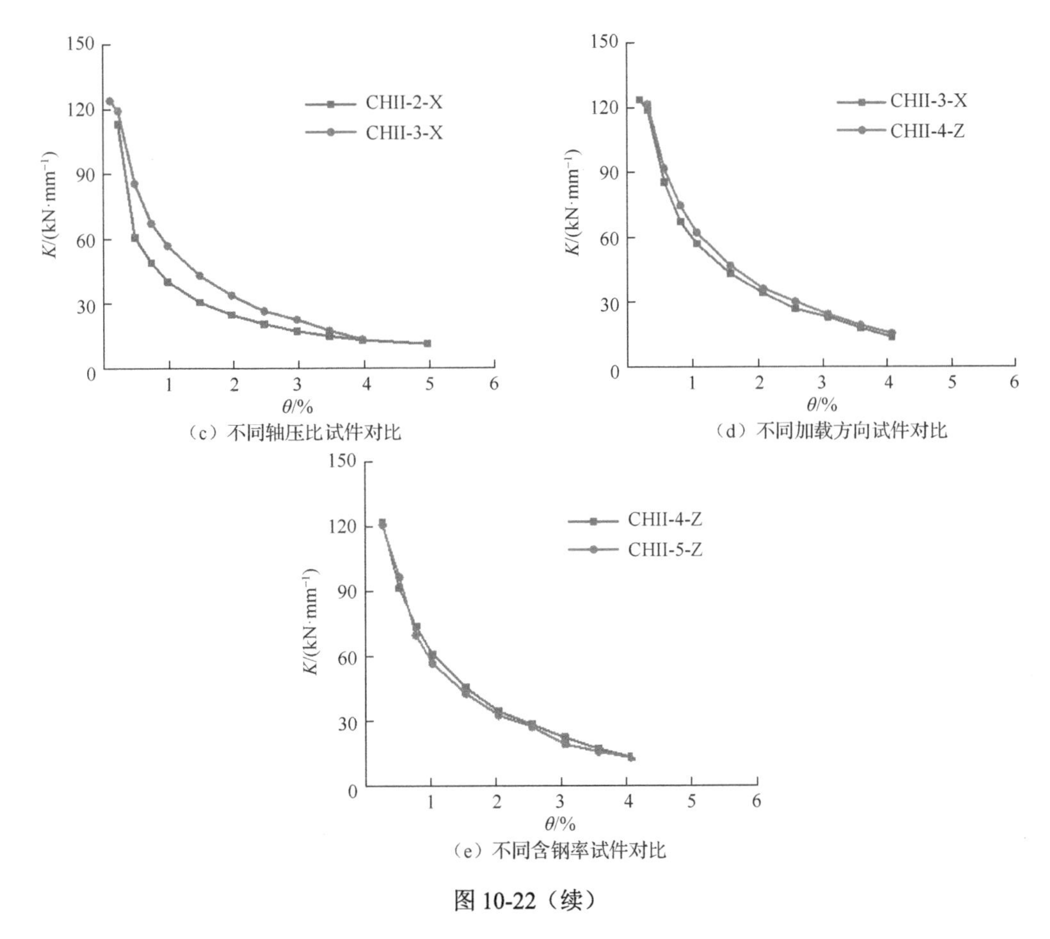

（c）不同轴压比试件对比

（d）不同加载方向试件对比

（e）不同含钢率试件对比

图 10-22（续）

表 10-5　特征刚度值

试件编号	K_0/(kN/mm)	K_y/(kN/mm)	K_p/(kN/mm)	K_u/(kN/mm)	β_{y0}	β_{uy}
CLI-1-X	104.15	45.87	18.34	13.69	0.44	0.30
CHI-2-X	111.57	53.36	29.54	14.35	0.48	0.27
CLII-1-X	105.67	38.93	20.54	9.32	0.37	0.24
CHII-2-X	121.45	40.05	14.75	8.69	0.33	0.22
CHII-3-X	123.50	56.59	33.56	13.24	0.46	0.23
CHII-4-Z	128.84	61.79	35.81	14.91	0.48	0.24
CHII-5-Z	130.32	57.62	33.97	14.73	0.44	0.26

由图 10-22 和表 10-5 可得以下结论。

（1）试件的初始刚度随着轴压比的提高而有所提高；混凝土强度提高，试件初始刚度有所提高，但相差不大；加载方向及含钢率改变时对内置十字形带翼缘型钢混凝土柱试件初始刚度影响不大。

（2）图 10-22（a）为不同混凝土强度试件刚度退化曲线对比图，可见同位移角下试件 CHI-2-X 的刚度均大于试件 CLI-1-X，这是由于试件 CHI-2-X 较试件 CLI-1-X 混凝土强度等级高，其他参数相同情况下，其弹性模量大则刚度大。

（3）图 10-22（b）为不同配钢形式试件刚度退化对比图，可见内置 H 型钢试件各阶段刚度均大于内置十字形带翼缘型钢试件；2%位移角时，试件 CHI-2-X 比试件 CHII-2-X 刚度高 39.3%，这主要是由于试件 CHI-2-X 配置的 H 型钢较试件 CHII-2-X 配置的十字形带翼缘型钢在加载方向上具有更大的截面惯性矩。

（4）图 10-22（c）为轴压比分别为 0.6、0.9 的内置十字形带翼缘型钢试件刚度退化对比图，同位移角下，轴压比为 0.9 的试件刚度均高于轴压比为 0.6 的试件刚度；2%位移角时试件 CHII-3-X 比试件 CHII-2-X 刚度高 36.1%。

（5）由图 10-22（d）可见，同位移角下，沿 Z 方向加载的试件刚度略高于沿 X 方向加载的试件刚度，但相差不多，加载方向对圆截面内置十字形带翼缘型钢混凝土柱试件刚度影响不大。

（6）由图 10-22（e）可见，同位移角下，含钢率为 5.90%的试件刚度高于含钢率为 4.21%的试件。

10.2.6　耗能

试件各加载级下循环加载两次，采用等效黏滞阻尼系数 h_e 表征各试件滞回环饱满程度，等效黏滞阻尼系数计算示意图如图 10-23 所示，其值可由式（10-2）进行计算。实测所得试件各加载级下两次循环加载滞回环耗能的累积耗能-位移角（E-θ）关系曲线如图 10-24 所示。实测各试件等效黏滞阻尼系数-位移角（h_e-θ）关系曲线如图 10-25 所示。

$$h_e = \frac{S_{ABCD}}{2\left(S_{OBH} + S_{ODG}\right)} \tag{10-2}$$

式中，S_{ABCD} 为滞回环面积；S_{OBH}、S_{ODG} 为峰值荷载对应三角形面积。

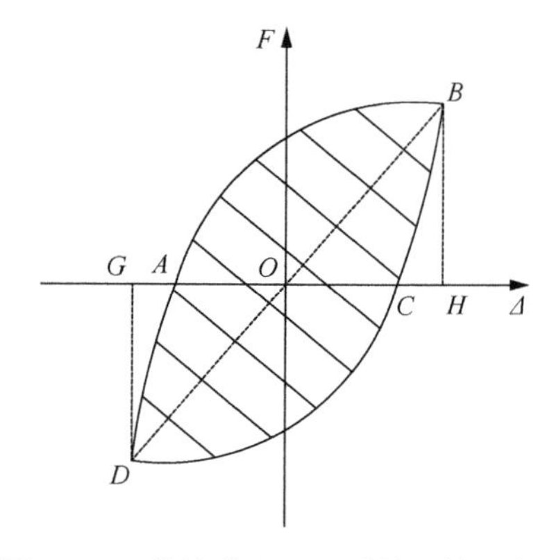

图 10-23　等效黏滞阻尼系数计算示意图

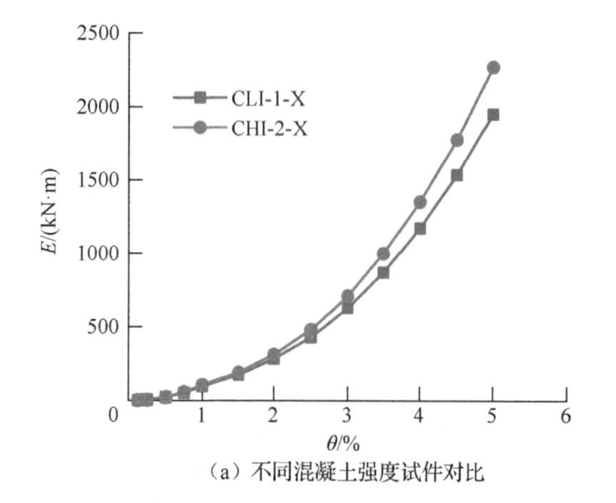

（a）不同混凝土强度试件对比

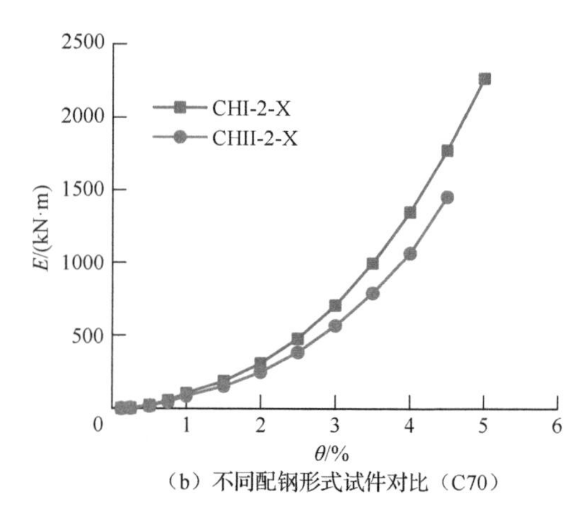

（b）不同配钢形式试件对比（C70）

图 10-24　累积耗能-位移角关系曲线

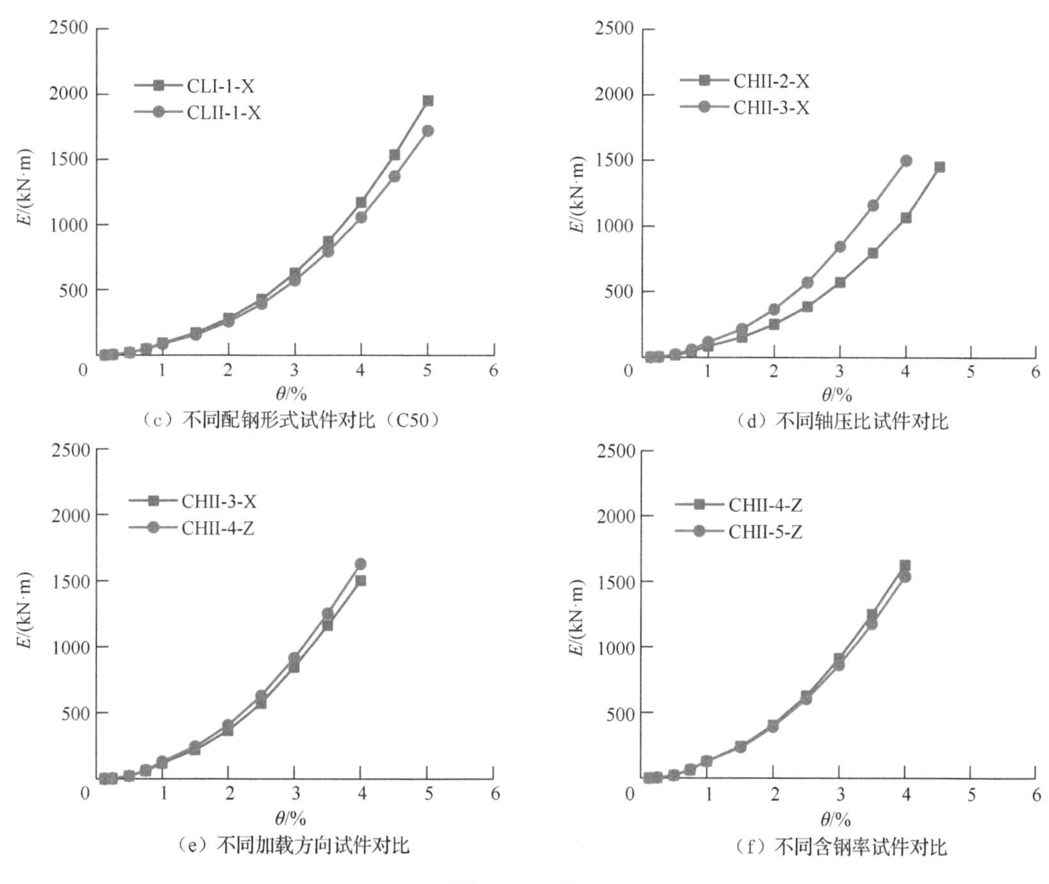

（c）不同配钢形式试件对比（C50）

（d）不同轴压比试件对比

（e）不同加载方向试件对比

（f）不同含钢率试件对比

图 10-24（续）

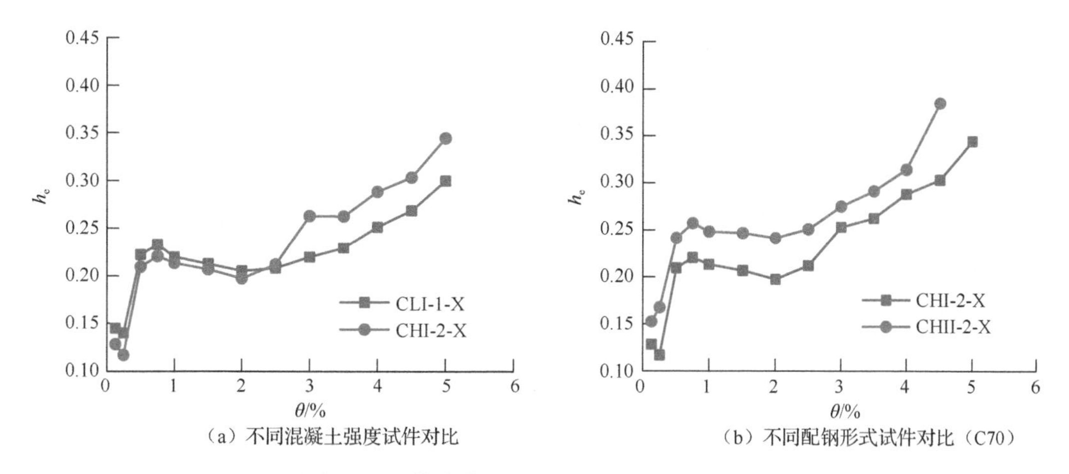

（a）不同混凝土强度试件对比

（b）不同配钢形式试件对比（C70）

图 10-25　等效黏滞阻尼系数-位移角关系曲线

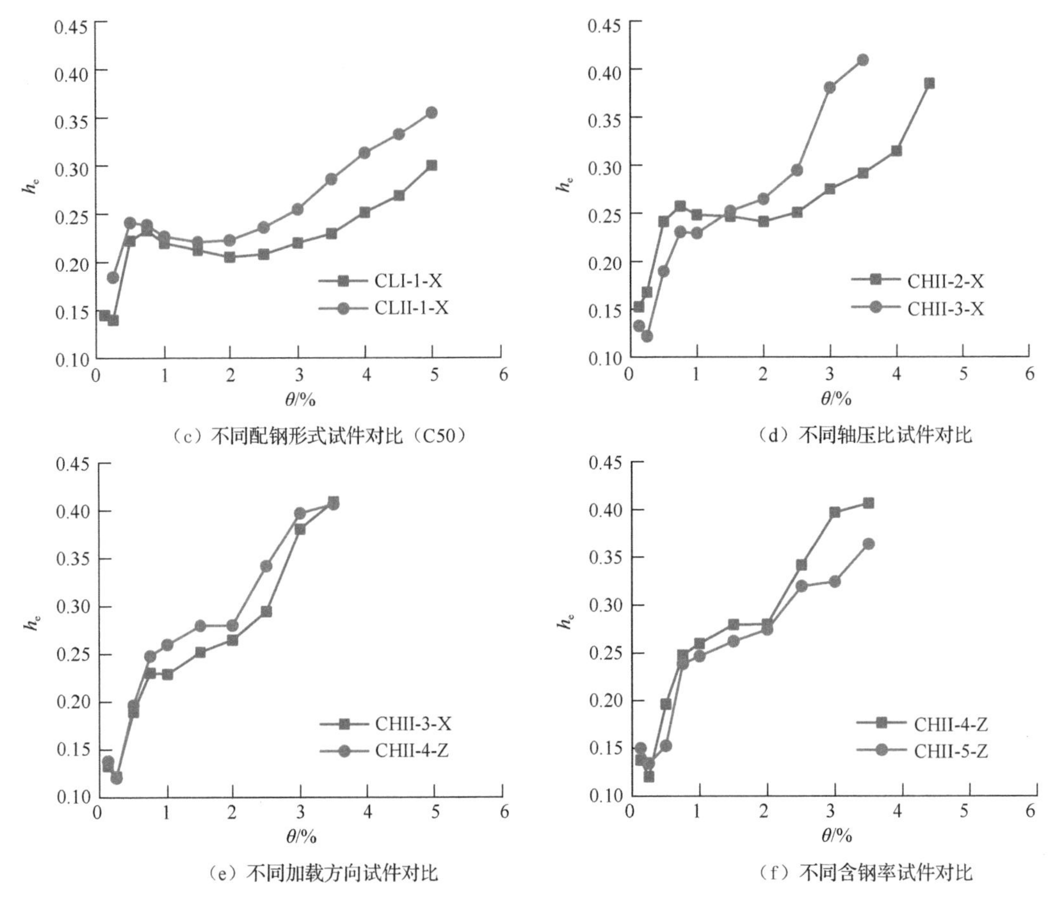

（c）不同配钢形式试件对比（C50）　（d）不同轴压比试件对比

（e）不同加载方向试件对比　（f）不同含钢率试件对比

图 10-25（续）

由图 10-24 可知以下结论。

（1）图 10-24（a）为不同混凝土强度试件累积耗能对比图，同位移角下，混凝土强度等级为 C70 的试件累积耗能高于混凝土强度等级为 C50 的试件，表明混凝土强度较高的试件具有更好的耗能能力；位移角为 2%时，混凝土强度等级为 C70 的试件累积耗能比混凝土强度等级为 C50 的试件高 10.2%。

（2）对比图 10-24（b）、（c），同位移角下，内置 H 型钢试件耗能值均高于内置十字形带翼缘型钢试件。说明等含钢量下的内置 H 型钢混凝土试件强轴方向较内置十字形带翼缘型钢混凝土试件耗能能力强。

（3）图 10-24（d）为轴压比为 0.6、0.9 的试件累积耗能值对比图，在同位移角时，较高轴压比试件的耗能值较大；2%位移角时，较高轴压比试件耗能值高 44.8%。

（4）图 10-24（e）为内置十字形带翼缘型钢试件分别沿 X、Z 方向加载时的累积耗能值对比图，同位移角下，沿 Z 方向加载的试件耗能值略高于沿 X 方向加载的试件，但相差不大，表明不同水平力作用方向其耗能能力较均衡。

（5）图 10-24（f）为含钢率分别为 5.90%、4.21%的试件累积耗能对比图，可见含钢率为 5.90%的试件（试件 CHII-4-Z）较含钢率为 4.21%的试件（试件 CHII-5-Z）耗能能力有提高。

由图 10-25 可知以下结论。

（1）图 10-25（a）为混凝土强度为 C50、C70 试件等效黏滞阻尼系数对比，位移角 1/40 前，两试件等效黏滞阻尼系数相差不大；位移角 1/40 后，试件 CHI-2-X 等效黏滞阻尼系数高于试件 CLI-1-X，表明混凝土强度较高的试件滞回曲线更加饱满。

（2）图 10-25（b）、（c）为混凝土强度等级分别为 C70、C50 时，不同配钢形式的试件等效黏滞阻尼系数对比，变形全过程中，内置 H 型钢混凝土试件等效黏滞阻尼系数均高于内置十字形带翼缘型钢混凝土试件，表明其滞回曲线较饱满，具有更好的耗能能力。

（3）图 10-25（d）为轴压比为 0.6、0.9 的试件等效黏滞阻尼系数对比，位移角 1/69 前，试件 CHII-2-X 等效黏滞阻尼系数高于试件 CHII-3-X；随着位移角继续增大，试件 CHII-3-X 等效黏滞阻尼系数高于试件 CHII-2-X，表明轴压比增大对试件弹塑性变形阶段耗能能力影响较大。

（4）图 10-25（e）为内置十字形带翼缘型钢混凝土试件沿 *X*、*Z* 方向加载等效黏滞阻尼系数对比，位移角 1/125 前，两试件等效黏滞阻尼系数相差不大；随着位移角增大，试件 CHII-4-Z 等效黏滞阻尼系数高于试件 CHII-3-X。表明试件处于弹性变形阶段时，两试件滞回曲线饱满程度相近；弹塑性变形阶段后，沿 Z 方向加载时，耗能能力高于 *X* 方向加载。

（5）图 10-25（f）为含钢率为 5.90%、4.21%的试件等效黏滞阻尼系数对比，在试件变形全过程中试件 CHII-4-Z 等效黏滞阻尼系数均高于试件 CHII-5-Z，表明含钢率较高的试件耗能能力较好。

10.3　承载力计算

圆形截面型钢混凝土柱正截面承载力计算的基本假定如下。

（1）截面满足平截面假定，忽略混凝土与型钢、钢筋之间的相对滑移，三者协同工作。

（2）不考虑受拉区混凝土拉应力。

（3）受拉区型钢、钢筋全部达到屈服强度。

10.3.1　圆形截面内置 H 型钢混凝土柱承载力计算

由于试件截面为圆形，混凝土受压区对中和轴取矩时需将混凝土划分为近似矩形的条带，采用积分可算出混凝土受压区对中和轴的力矩。以圆截面 H 型钢混凝土柱为例推导承载力计算公式，截面受力简图如图 10-26 所示。

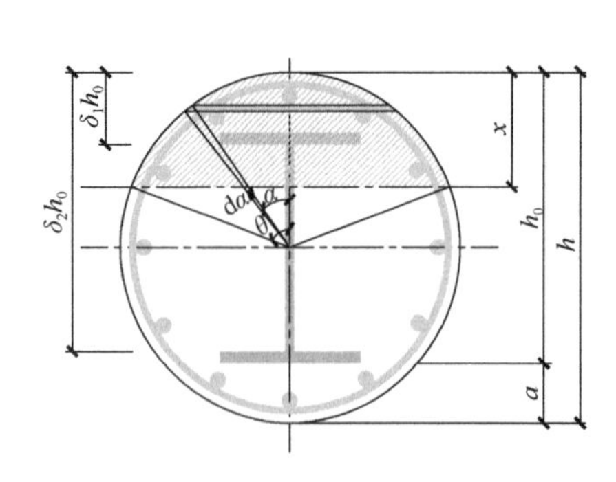

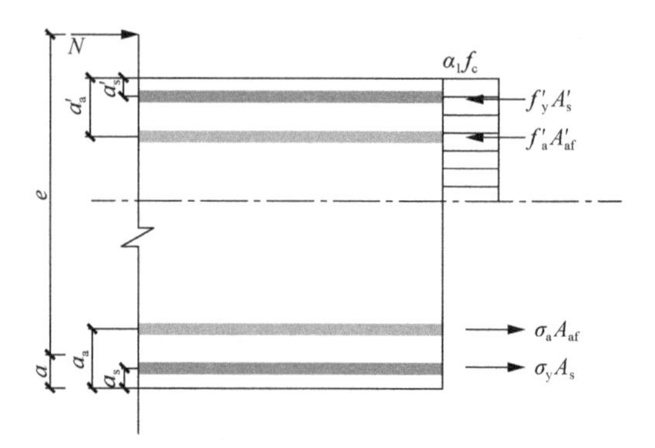

图 10-26　截面受力简图

由图 10-26 可知截面受力平衡条件：

$$N=\alpha_1 f_c\left(\theta r^2-\frac{1}{2}\times 2r\sin\theta\times r\cos\theta\right)+f_y'A_s'+f_a'A_{af}'-\sigma_s A_s-\sigma_a A_{af}+N_{aw}$$

$$=\alpha_1 f_c r^2(\theta-\sin\theta\cos\theta)+f_y'A_s'+f_a'A_{af}'-\sigma_s A_s-\sigma_a A_{af}+N_{aw} \tag{10-3}$$

根据力矩平衡条件对中和轴取矩：

$$Ne=\int_0^\theta (r\mathrm{d}\alpha\times\sin\alpha\times 2r\sin\alpha)\left[h_0-(r-r\cos\alpha)\right]+f_y'A_s'\left(h_0-a_s'\right)$$

$$+f_a'A_{af}'\left(h_0-a_s'\right)+M_{aw}$$

$$=\alpha_1 f_c r^2\left[(h_0-r)\left(\theta-\sin\theta\cos\theta\right)+\frac{2}{3}r\sin^3\theta\right]+f_y'A_s'\left(h_0-a_s'\right)$$

$$+f_a'A_{af}'\left(h_0-a_a'\right)+M_{aw} \tag{10-4}$$

式中，N_{aw}、M_{aw} 取值可参照式（10-5）～式（10-8）。

（1）当 $\delta_1 h_0<\dfrac{r(1-\cos\theta)}{\beta_1},\delta_2 h_0>\dfrac{r(1-\cos\theta)}{\beta_1}$ 时

$$N_{aw}=\left[\frac{2r(1-\cos\theta)}{\beta_1 h_0}-\left(\delta_1+\delta_2\right)\right]t_w h_0 f_a \tag{10-5}$$

$$M_{aw}=\left[0.5\left(\delta_1^2+\delta_2^2\right)-\left(\delta_1+\delta_2\right)+\frac{2r(1-\cos\theta)}{\beta_1 h_0}-\left(\frac{r(1-\cos\theta)}{\beta_1 h_0}\right)^2\right]t_w h_0^2 f_a \tag{10-6}$$

（2）当 $\delta_1 h_0<\dfrac{r(1-\cos\theta)}{\beta_1},\delta_2 h_0<\dfrac{r(1-\cos\theta)}{\beta_1}$ 时

$$N_{aw}=\left(\delta_2-\delta_1\right)t_w h_0 f_a \tag{10-7}$$

$$M_{aw}=\left[0.5\left(\delta_1^2-\delta_2^2\right)+\left(\delta_2-\delta_1\right)\right]t_w h_0^2 f_a \tag{10-8}$$

受拉或受压较小的钢筋应力 σ_s 和型钢翼缘应力 σ_a 可按下列规定计算。

当 $r(1-\cos\theta)\leqslant\xi_b h_0$ 时

$$\sigma_s=f_y,\sigma_a=f_a \tag{10-9}$$

当 $r(1-\cos\theta)>\xi_b h_0$ 时

$$\sigma_s=\frac{f_y}{\xi_b-\beta_1}\left(\frac{r(1-\cos\theta)}{h_0}-\beta_1\right) \tag{10-10}$$

$$\sigma_a=\frac{f_a}{\xi_b-\beta_1}\left(\frac{r(1-\cos\theta)}{h_0}-\beta_1\right) \tag{10-11}$$

ξ_b 为

$$\xi_b=\frac{\beta_1}{1+\dfrac{f_y+f_a}{2\times 0.003E_s}} \tag{10-12}$$

圆形截面型钢混凝土柱正截面承载力计算截面受力图如图 10-27 所示。

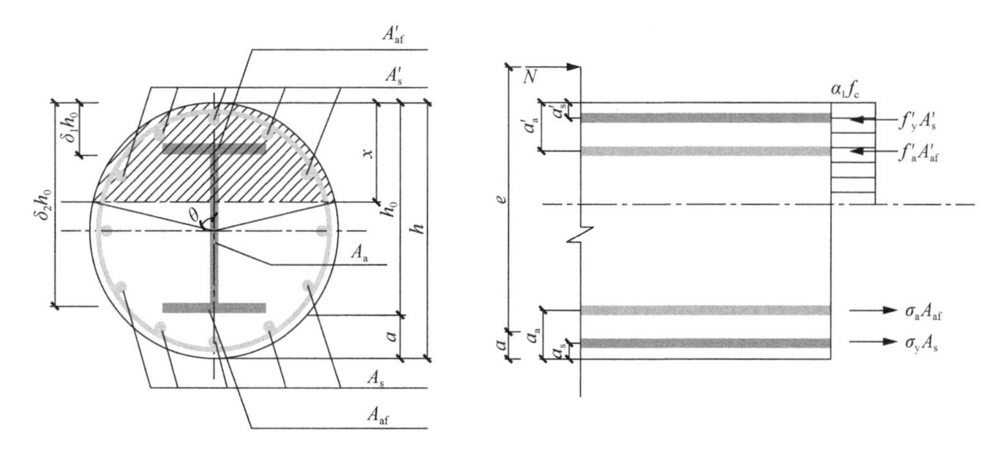

图 10-27　截面受力图

平衡条件如式（10-13）和式（10-14）所示。

$$N=\alpha_1 f_c r^2(\theta-\sin\theta\cos\theta)+f'_y A'_s+f'_a A'_{af}-\sigma_s A_s-\sigma_a A_{af}+N_{aw} \tag{10-13}$$

$$Ne=\alpha_1 f_c r^2\left[(h_0-r)\left(\theta-\sin\theta\cos\theta\right)+\frac{2}{3}r\sin^3\theta\right]+f'_y A'_s\left(h_0-a'_s\right)+f'_a A_{af}\left(h_0-a'_a\right)+M_{aw} \tag{10-14}$$

试件水平极限承载力 F 按式（10-15）～式（10-17）计算。

$$e_0=e+a-r-e_a \tag{10-15}$$

$$e_0=\frac{M}{N} \tag{10-16}$$

$$F=\frac{M}{H} \tag{10-17}$$

图 10-26、图 10-27 及式（10-13）～式（10-17）中，e 为轴向力作用点至纵向受拉钢筋和型钢受拉翼缘的合力点之间的距离；e_0 为轴向力对截面重心的偏心距；e_a 为附加偏心距；α_1 为受压区混凝土压应力影响系数；β_1 为受压区混凝土应力图形影响系数；N 为与弯矩设计值 M 相对应的轴向压力设计值；M 为柱端较大弯矩设计值，当需要考虑

挠曲产生的二阶效应时，柱端弯矩 M 应按现行国家标准《混凝土结构设计规范（2015年版）》（GB 50010—2010）的规定确定；F 为计算水平极限承载力；M_{aw} 为型钢腹板承受的轴向合力对受拉或受压较小边型钢翼缘和纵向钢筋合力点的力矩；N_{aw} 为型钢腹板承受的轴向合力；f_c 为混凝土轴心抗压强度设计值；f_a、f'_a 为型钢抗拉、抗压强度设计值；f_y、f'_y 为钢筋抗拉、抗压强度设计值；A_s、A'_s 为受拉、受压钢筋的截面面积；A_{af}、A'_{af} 为型钢受拉、受压翼缘的截面面积；r 为柱身截面半径；θ 为中和轴与柱身截面边缘交点和截面中心的连线与加载方向所成的夹角；H 为压力机球铰转动中心到试件基础上表面的距离；h_0 为截面有效高度；t_w 为型钢腹板厚度；ξ_b 为相对界限受压区高度；E_s 为钢筋弹性模量；x 为混凝土等效受压区高度；a_s、a_a 为受拉区钢筋、型钢翼缘合力点至截面受拉边缘的距离；a'_s、a'_a 为受压区钢筋、型钢翼缘合力点至截面受压边缘的距离；a 为型钢受拉翼缘与受拉钢筋合力点至截面受拉边缘的距离；δ_1 为型钢腹板上端至截面上边的距离与 h_0 的比值，$\delta_1 h_0$ 为型钢腹板上端至截面上边的距离；δ_2 为型钢腹板下端至截面上边的距离与 h_0 的比值，$\delta_2 h_0$ 为型钢腹板下端至截面上边的距离。

10.3.2　圆形截面内置十字形带翼缘型钢混凝土柱承载力计算

圆形截面内置十字形带翼缘型钢混凝土柱承载力计算与圆形截面内置 H 型钢混凝土柱计算方法类似，参照《组合结构设计规范》（JGJ 138—2016）[1]，计算时可将腹板两侧的侧腹板面积进行折算，等效腹板厚度 t'_m 见式（10-18），计算截面受力图如图 10-28 所示。

$$t'_w = t_w + \frac{0.5\sum A_{aw}}{h_w} \tag{10-18}$$

式中，$\sum A_{aw}$ 为两侧侧腹板总面积；h_w 为腹板高度。

试件水平极限承载力 F 按式（10-19）～式（10-25）计算。

$$\begin{aligned} N = {} & \alpha_1 f_c r^2(\theta - \sin\theta\cos\theta) + f'_y A'_s + f'_a A'_{af} - \sigma_s A_s \\ & - \sigma_a A_{af} - \sigma_{aa} A_{aaf} + N_{aw} \end{aligned} \tag{10-19}$$

$$\begin{aligned} Ne = {} & \alpha_1 f_c r^2\left[(h_0 - r)\left(\theta - \sin\theta\cos\theta\right) + \frac{2}{3} r \sin^3\theta\right] + f'_y A'_s\left(h_0 - a'_s\right) \\ & + f'_a A'_{af}\left(h_0 - a'_a\right) + \sigma_{aa} A_{aaf}\left(h_0 - \frac{h}{2}\right) + M_{aw} \end{aligned} \tag{10-20}$$

$$N_{aw} = \left[\frac{2r(1-\cos\theta)}{\beta_1 h_0} - \left(\delta_1 + \delta_2\right)\right] t'_w h_0 f_a \tag{10-21}$$

$$M_{aw} = \left[0.5\left(\delta_1^2 + \delta_2^2\right) - \left(\delta_1 + \delta_2\right) + \frac{2r(1-\cos\theta)}{\beta_1 h_0} - \left(\frac{r(1-\cos\theta)}{\beta_1 h_0}\right)^2\right] t'_w h_0^2 f_a \tag{10-22}$$

$$e_0 = e + a - r - e_a \tag{10-23}$$

$$e_0 = \frac{M}{H} \tag{10-24}$$

$$F = \frac{M}{H} \tag{10-25}$$

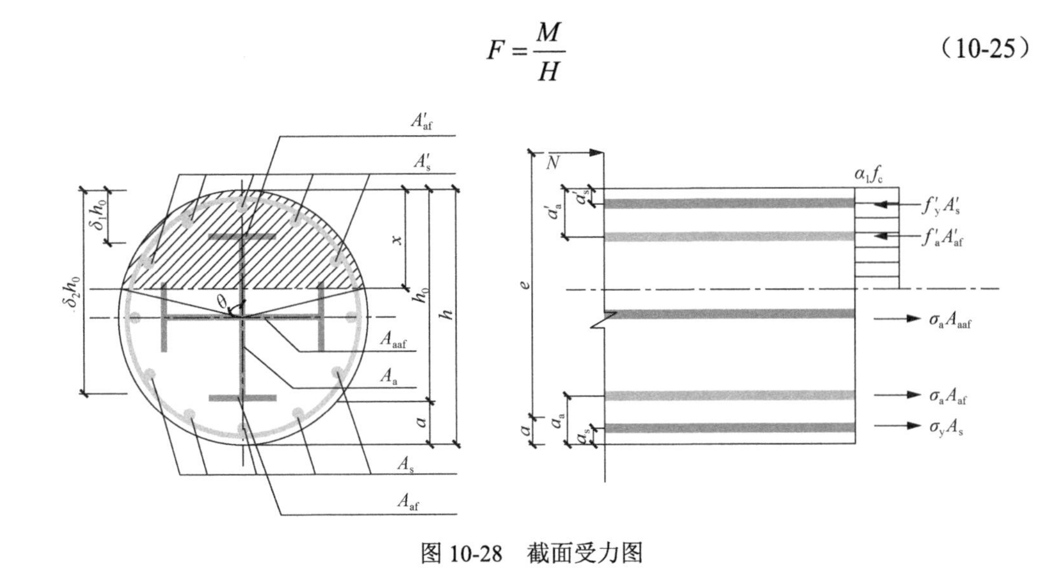

图 10-28　截面受力图

10.3.3　承载力计算结果

计算所得各试件计算水平承载力与实测水平荷载对比见表 10-6。

表 10-6　计算水平承载力与实测水平荷载对比

试件编号	计算水平承载力 F_1/kN	实测水平荷载 F_p/kN	F_1/F_p
CLI-1-X	1278.0	1241.3	1.03
CHI-2-X	1443.1	1376.1	1.05
CLII-1-X	941.5	980.2	0.96
CHII-2-X	911.4	958.7	0.95
CHII-3-X	1369.2	1247.0	1.10
CHII-4-Z	1408.8	1306.5	1.08
CHII-5-Z	1349.6	1270.2	1.06

由表 10-6 可知：7 个试件的水平极限承载力计算值与试验值符合较好。所给水平承载力计算公式可用于相同配钢形式的圆形截面型钢混凝土试件的承载力计算。

10.3.4　有限元分析

1. 混凝土损伤云图

各试件模拟加载至峰值荷载及破坏时，混凝土 PEMAG 应变云图如图 10-29 所示。可在混凝土损伤的发展过程中，各试件混凝土塑性应变发展主要集中在柱底塑性铰区域。

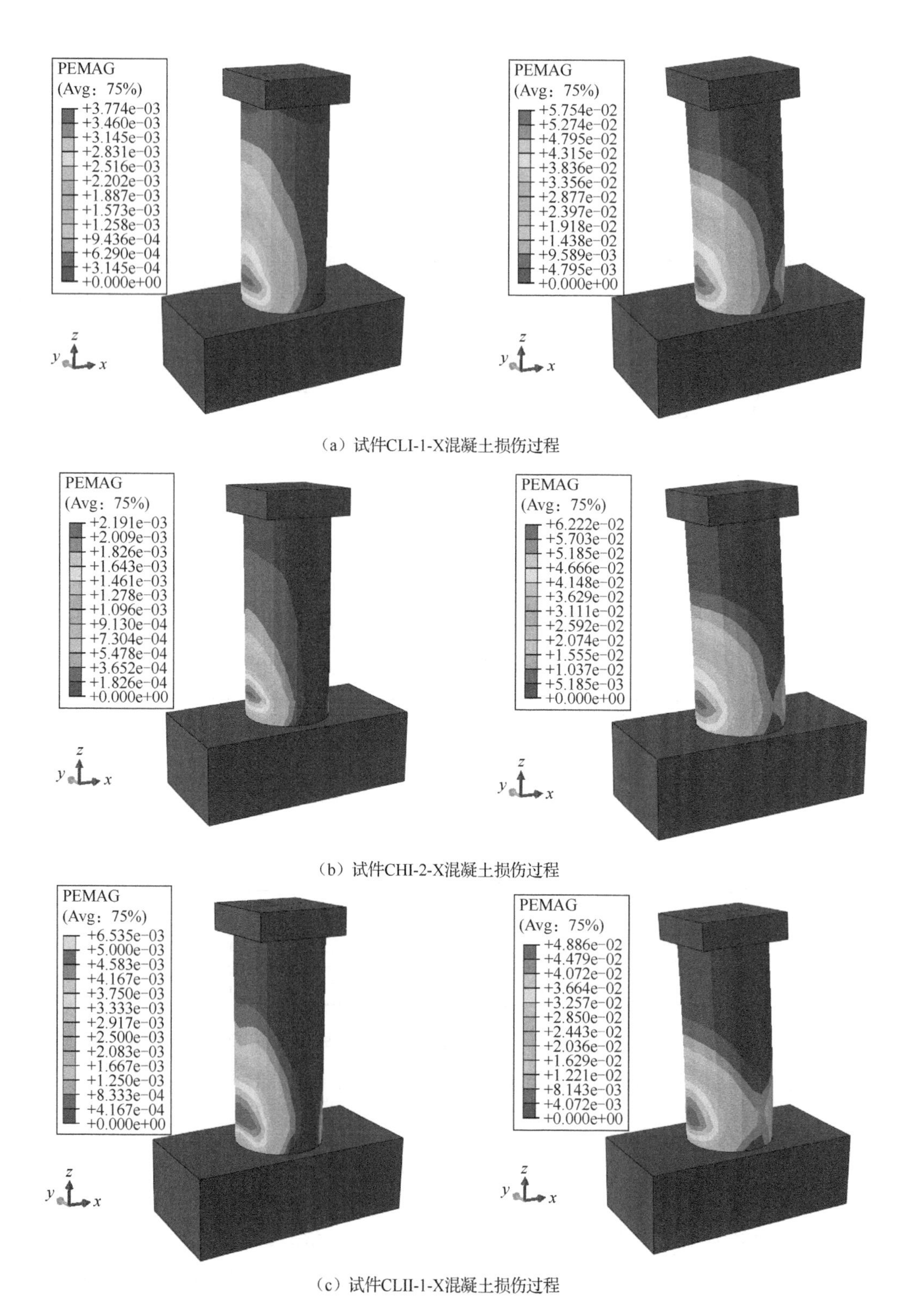

（a）试件CLI-1-X混凝土损伤过程

（b）试件CHI-2-X混凝土损伤过程

（c）试件CLII-1-X混凝土损伤过程

图 10-29　混凝土 PEMAG 应变云图

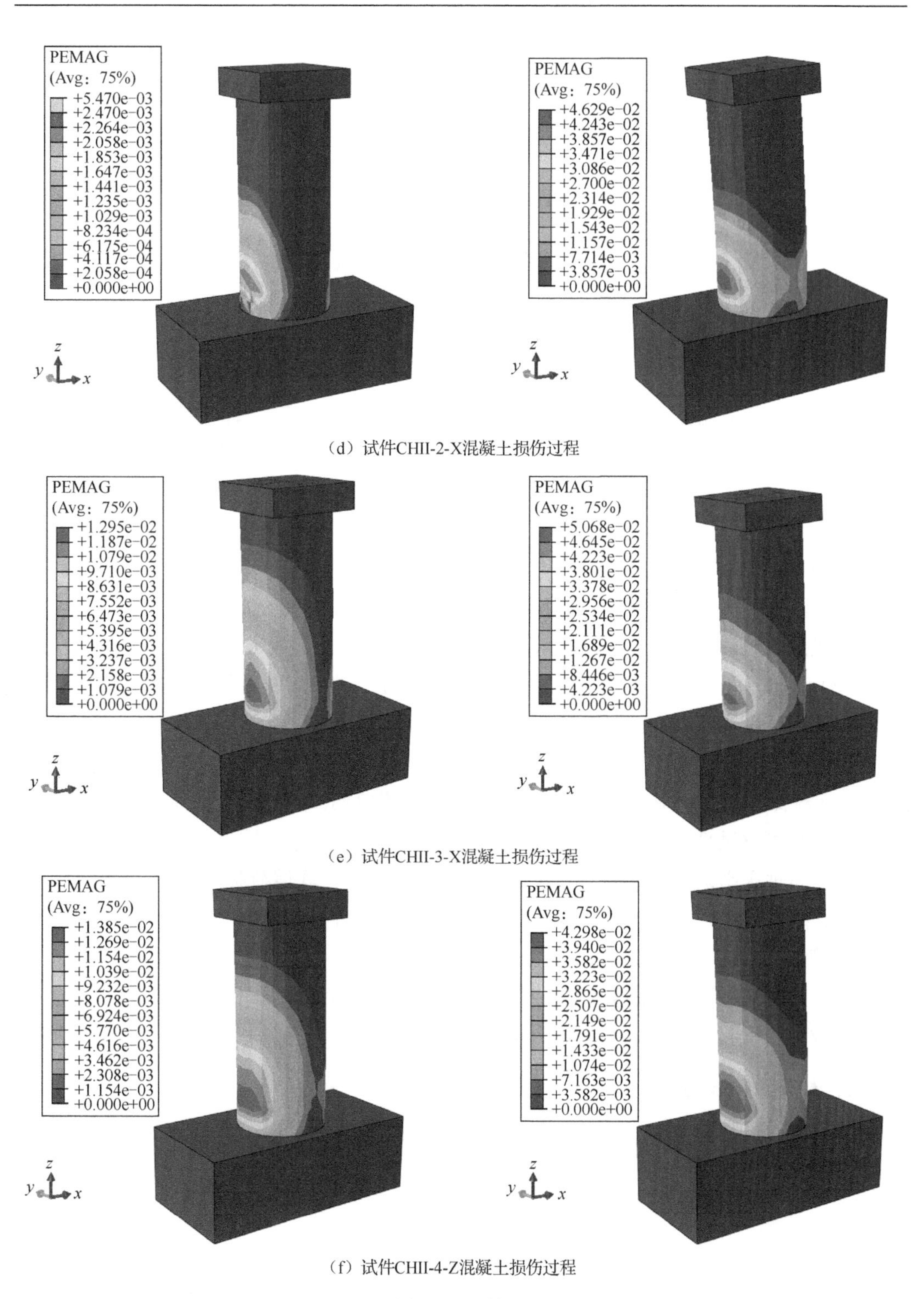

（d）试件CHII-2-X混凝土损伤过程

（e）试件CHII-3-X混凝土损伤过程

（f）试件CHII-4-Z混凝土损伤过程

图 10-29（续）

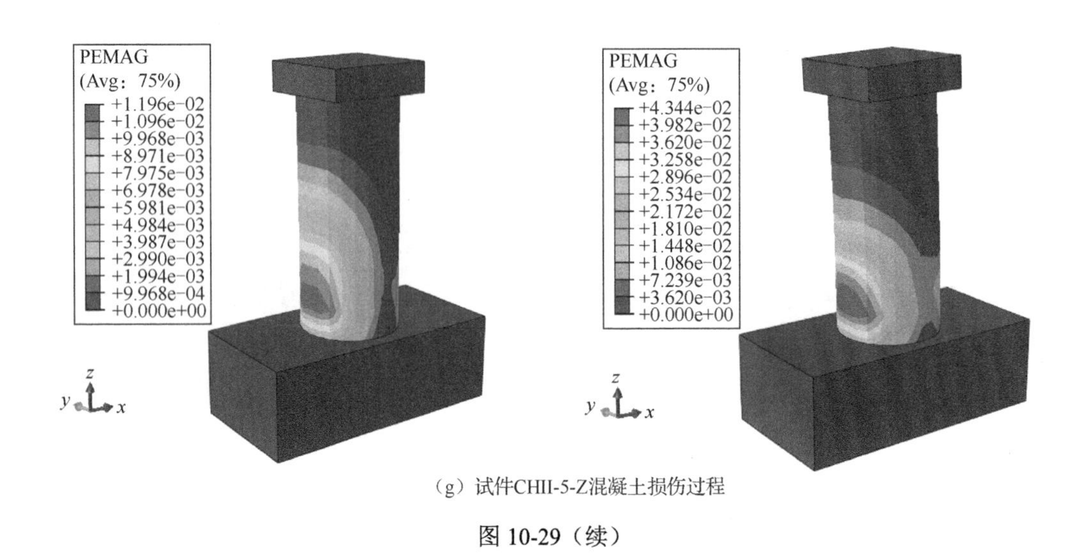

（g）试件CHII-5-Z混凝土损伤过程

图 10-29（续）

由图 10-29 可知以下结论。

（1）模拟所得各试件损伤与试验破坏形态基本一致，混凝土损伤主要集中在塑性铰区域，最后时刻混凝土受压应变明显超过极限压应变。

（2）对比不同混凝土强度等级两组试件，混凝土强度为 C50 的试件峰值荷载处应变大于混凝土强度为 C70 的试件，这与试验中混凝土强度为 C50 的试件峰值位移比混凝土强度为 C70 的试件大的结果一致。

（3）对比不同配钢形式的两组试件，内置 H 型钢的试件峰值荷载处应变小于内置十字形带翼缘型钢试件，这与其峰值荷载对应的位移较小有关。

（4）高轴压比试件峰值荷载处应变小于低轴压比试件峰值荷载处应变，这与试验结果一致；高轴压比试件极限荷载处应变大于低轴压比试件极限荷载处应变，这与其破坏形态相符。

（5）含钢率较高的试件峰值荷载处应变大于含钢率较低的试件，与试验结果一致；极限荷载处应变相差不大，与破坏形态相符。

2. 钢材损伤云图

各试件模拟加载至峰值荷载附近及破坏时，钢材 PEMAG 应变云图如图 10-30 所示。

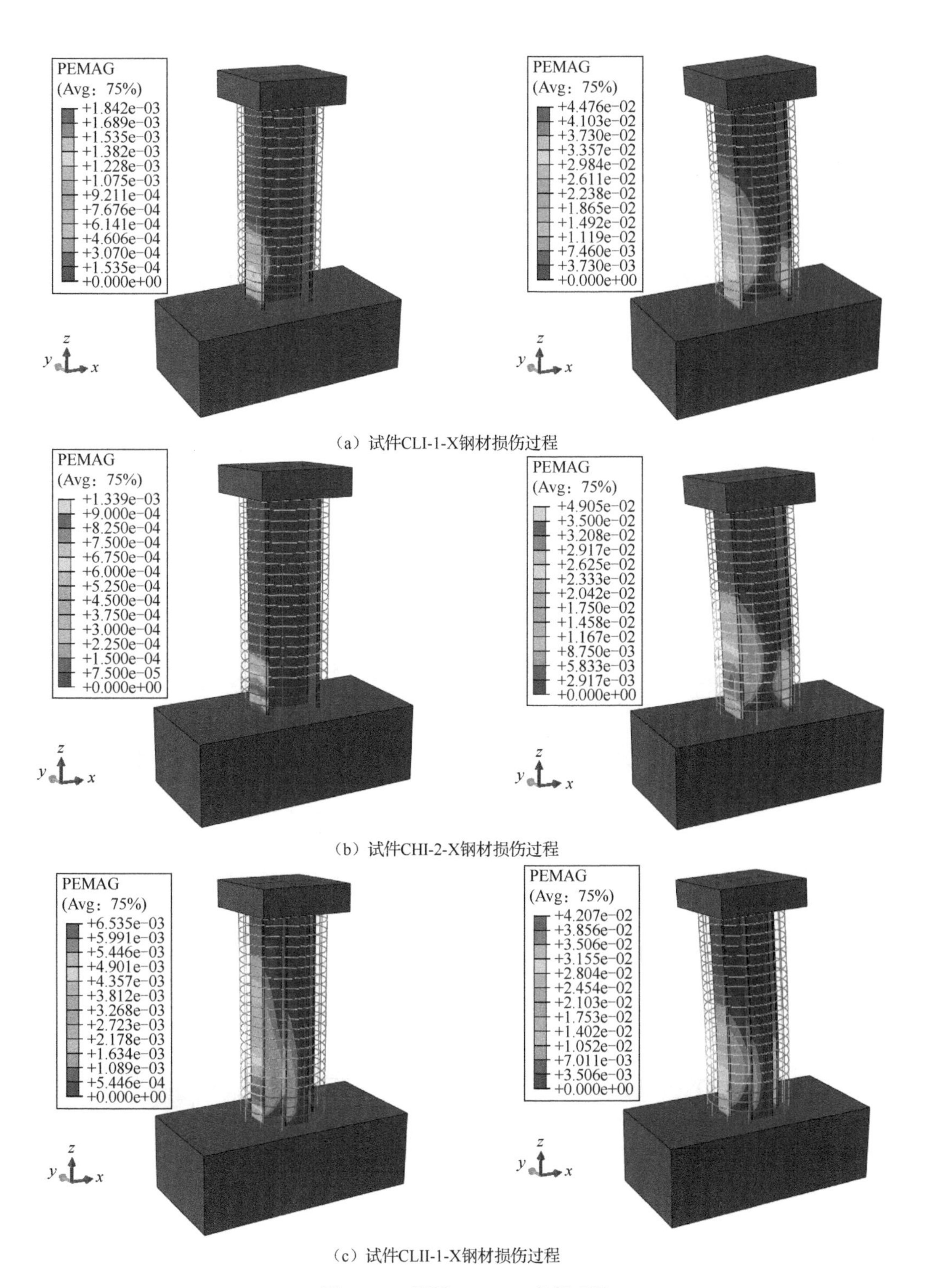

（a）试件CLI-1-X钢材损伤过程

（b）试件CHI-2-X钢材损伤过程

（c）试件CLII-1-X钢材损伤过程

图 10-30　钢材 PEMAG 应变云图

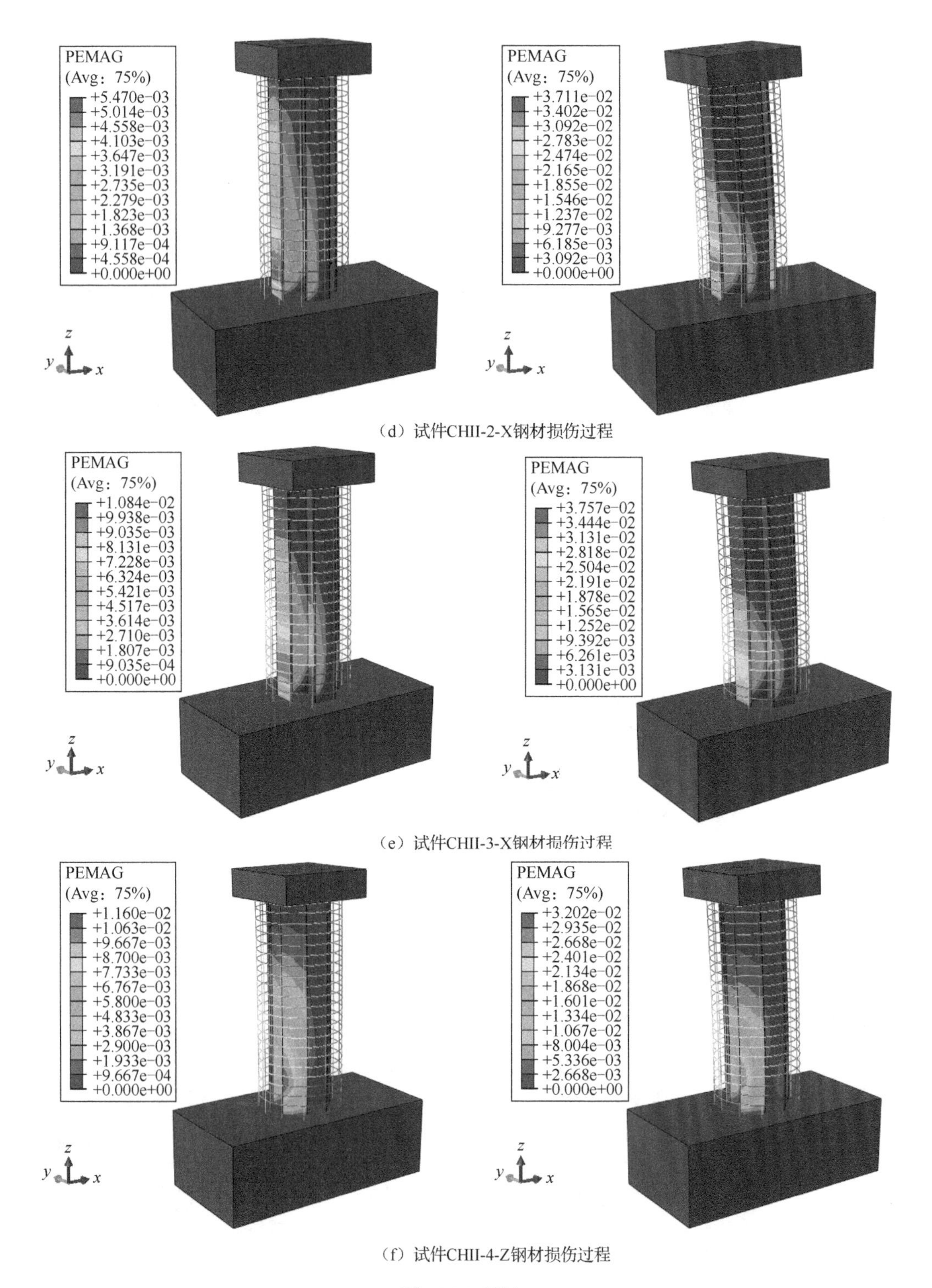

（d）试件CHII-2-X钢材损伤过程

（e）试件CHII-3-X钢材损伤过程

（f）试件CHII-4-Z钢材损伤过程

图 10-30（续）

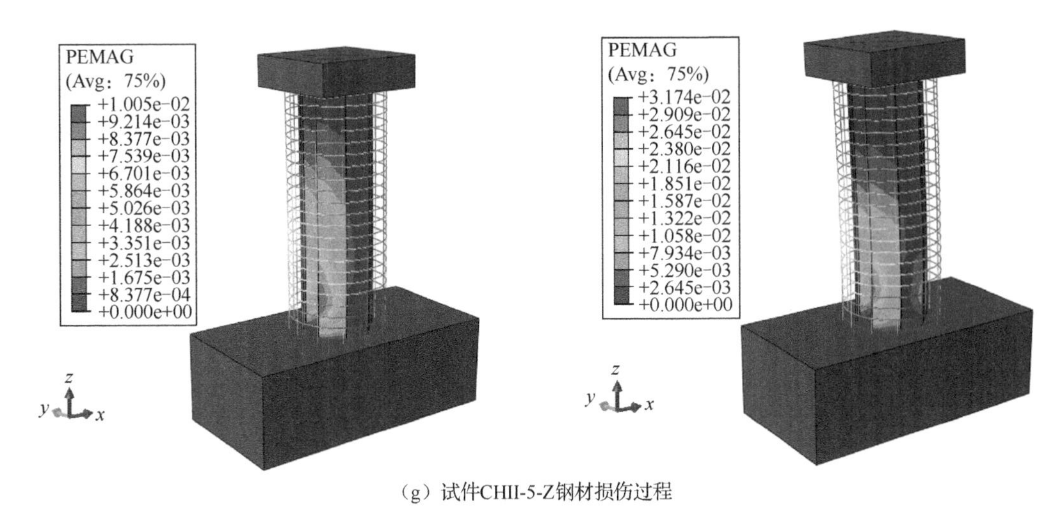

（g）试件CHII-5-Z钢材损伤过程

图 10-30（续）

由图 10-30 可见：各试件钢筋、型钢应变发展主要集中在柱底塑性铰区域；各试件钢筋、型钢应变均小于对应混凝土应变；峰值荷载时，应变主要集中在受压侧钢筋及型钢翼缘；随着位移增大，塑性损伤范围逐渐变大。

10.3.5　骨架曲线对比

各试件模拟所得骨架曲线与试验骨架曲线对比如图 10-31 所示。

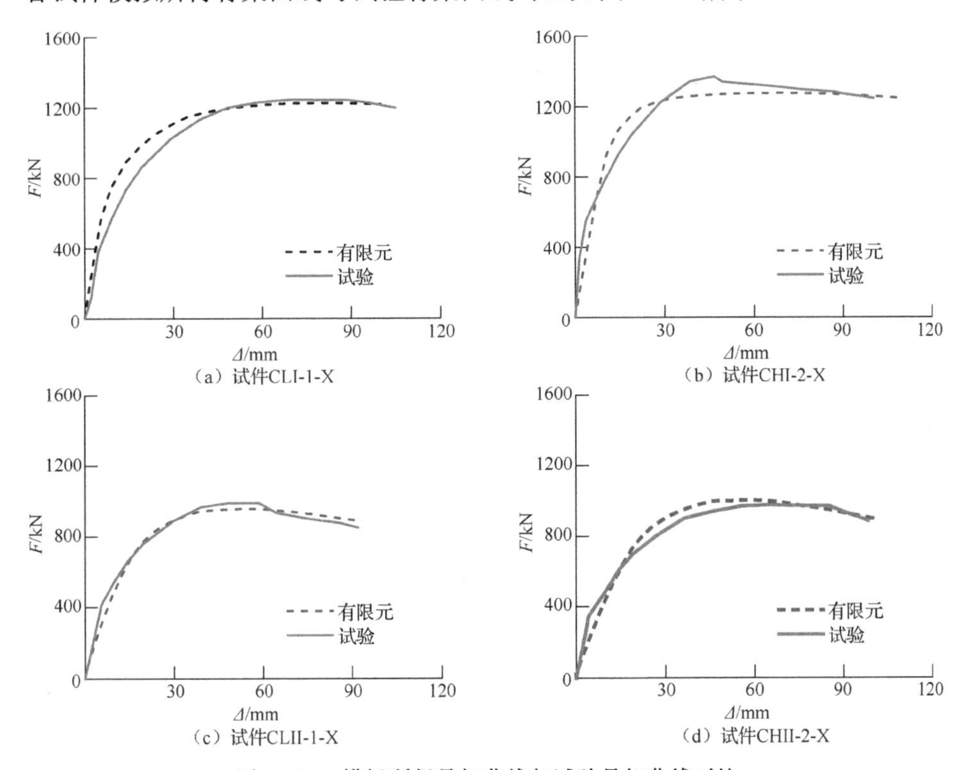

图 10-31　模拟所得骨架曲线与试验骨架曲线对比

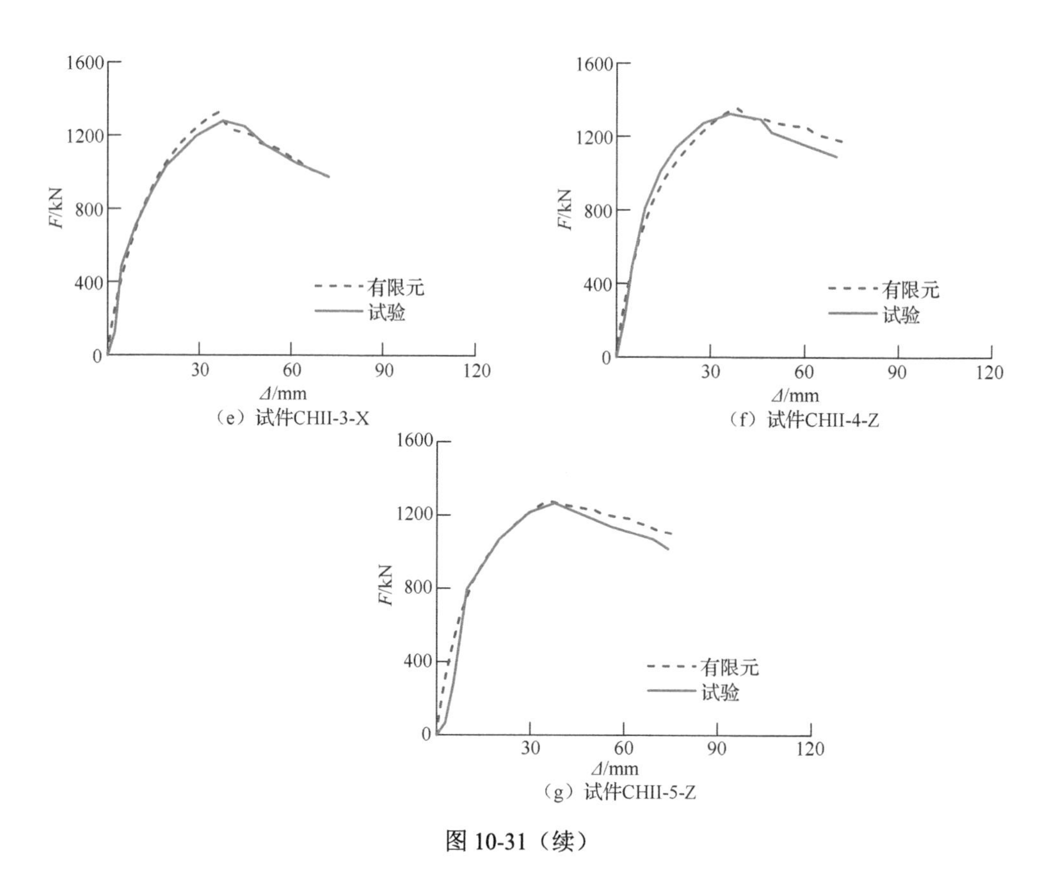

（e）试件CHII-3-X

（f）试件CHII-4-Z

（g）试件CHII-5-Z

图 10-31（续）

由图 10-31 可见：模拟所得骨架曲线上升段与试验骨架曲线符合较好；峰值点后模拟骨架曲线下降略为缓慢。

10.4　工程案例与应用

1）成都绿地中心塔楼

成都绿地中心塔楼地下 5 层，地上 101 层，建筑高度为 468m，总建筑面积 22.7 万 m^2，采用型钢混凝土巨型柱（16 根）框架主楼+支撑+混凝土核心筒（底部钢板剪力墙）+伸臂桁架抗侧力体系。建筑外形独特，外立面由沿塔楼平面中心对称且自下而上逐渐变化的三棱锥组成；与建筑体型相对应，在十六边形的每一个角部布置一个圆形截面内置 H 型钢混凝土巨型柱。成都绿地中心塔楼抗侧力体系效果图如图 10-32 所示。成都绿地中心塔楼典型楼层平面图及型钢混凝土巨型柱截面如图 10-33 所示。

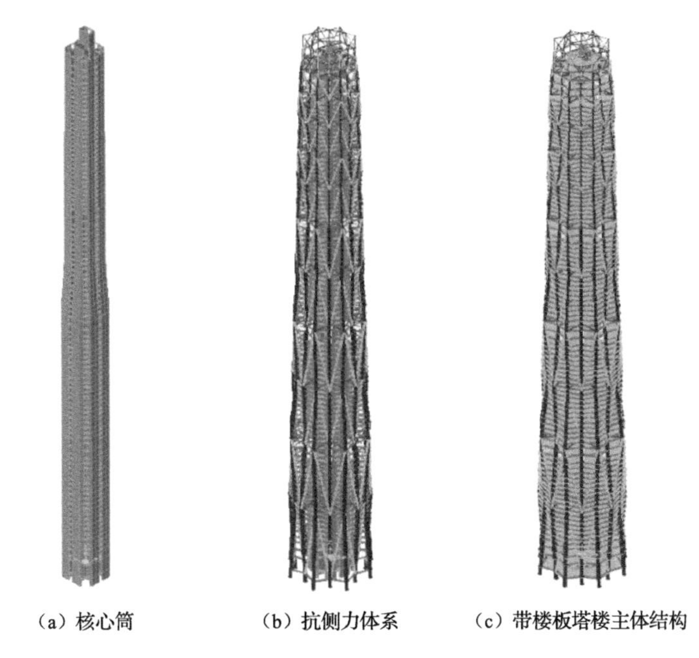

（a）核心筒　　（b）抗侧力体系　　（c）带楼板塔楼主体结构

图 10-32　成都绿地中心塔楼抗侧力体系效果图

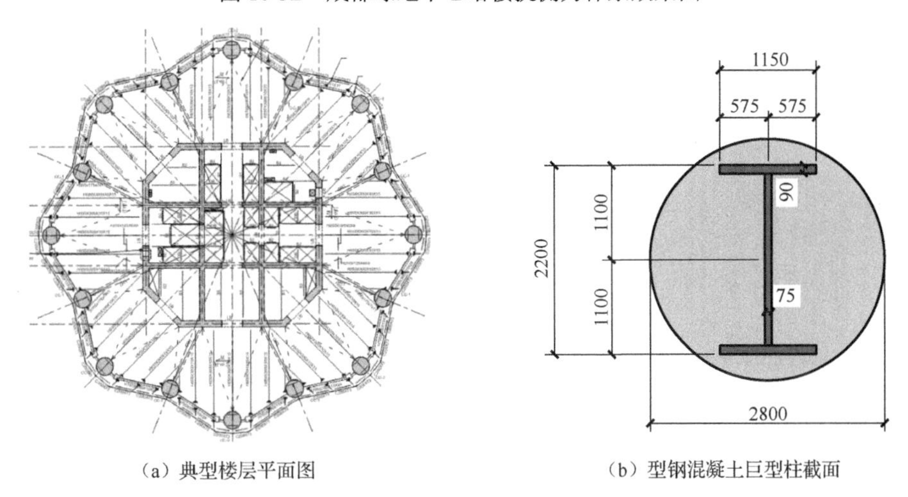

（a）典型楼层平面图　　（b）型钢混凝土巨型柱截面

图 10-33　成都绿地中心塔楼典型楼层平面图及型钢混凝土巨型柱截面（尺寸单位：mm）

2）合肥恒大中心塔楼

合肥恒大中心 C 地块塔楼为综合体项目，含有办公、酒店、服务式酒店等建筑功能。塔楼地上 102 层（自然层 108 层），地下 4 层，塔楼屋面高 505m，塔冠最高点为 518m，总建筑面积 30.7 万 m^2，采用型钢混凝土巨型柱（16 根）框架+混凝土核心筒（底部钢板剪力墙）+伸臂桁架抗侧力体系。巨型柱包括圆形截面内置十字形带翼缘型钢混凝土巨型柱、矩形截面内置王字形带翼缘型钢混凝土巨型柱。合肥恒大中心塔楼抗侧力体系效果图如图 10-34 所示。合肥恒大中心塔楼典型楼层结构平面图及型钢混凝土巨型柱截面如图 10-35 所示。

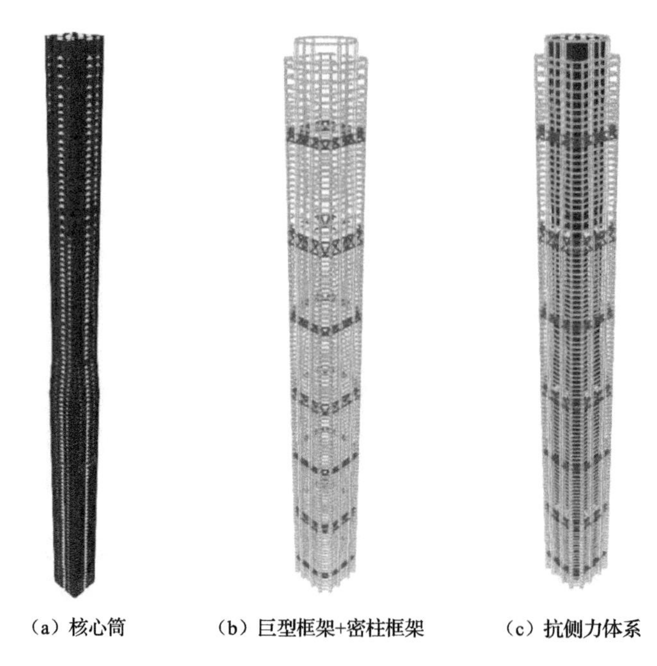

（a）核心筒　（b）巨型框架+密柱框架　（c）抗侧力体系

图 10-34　合肥恒大中心塔楼抗侧力体系效果图

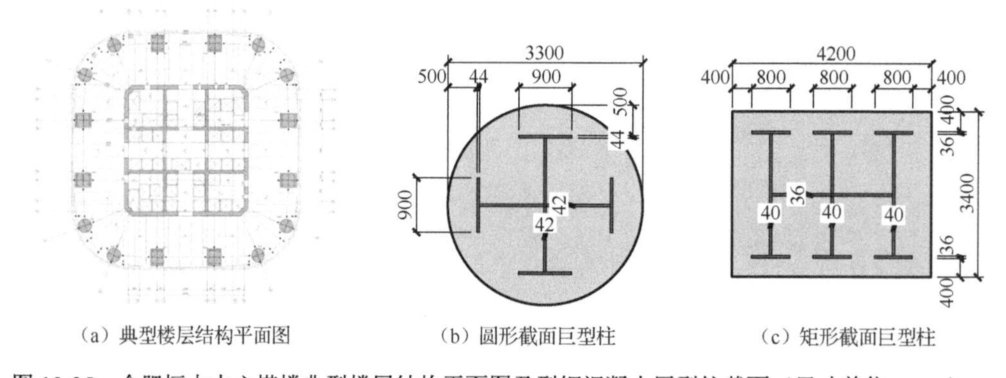

（a）典型楼层结构平面图　（b）圆形截面巨型柱　（c）矩形截面巨型柱

图 10-35　合肥恒大中心塔楼典型楼层结构平面图及型钢混凝土巨型柱截面（尺寸单位：mm）

10.5　小　　结

本章对 7 个圆截面型钢高强混凝土柱进行了低周往复荷载试验，分析了各试件的破坏过程和破坏形态、滞回性能、骨架曲线、承载力与变形、刚度退化、耗能能力等，主要结论如下。

（1）综合性能：各试件均呈现以弯曲为主的破坏特征，无脆性破坏现象；滞回曲线均较为饱满，未出现明显的捏拢现象；荷载达到峰值后，承载力下降缓慢，抗震承载能力稳定；延性系数均达到 3.4，具有较好的变形能力。

（2）混凝土强度提高，试件承载力、耗能能力均有所提高；混凝土强度高的试件刚度更大且刚度退化更慢。

（3）等配钢量下，H 型配钢高强混凝土柱强轴方向较十字型配钢高强混凝土柱承载力高 43.5%，变形能力接近。

（4）提高轴压比可较明显提高试件承载力及耗能能力，刚度更大且退化较慢；但轴压比提高，试件峰值位移、极限位移变小，变形能力有所降低。

（5）内置十字型钢高强混凝土柱沿 Z 轴方向加载较沿 X 轴方向加载承载力、刚度及耗能能力均有所提高，但不明显。

（6）高轴压比下，含钢率为 5.90%的内置十字型钢高强混凝土柱承载力比含钢率为 4.21%的提高 2.8%，试件刚度及耗能较接近。

作者与华东建筑设计研究院有限公司合作，以成都绿地中心塔楼圆形截面内置 H 型钢混凝土巨型柱、合肥恒大中心塔楼圆形截面内置王字形带翼缘型钢混凝土巨型柱为原型，进行了巨型柱模型的低周反复荷载下抗震性能试验研究、理论分析、数值模拟和构造研究。

本章研究为成都绿地中心塔楼圆形截面内置 H 型钢混凝土巨型柱、合肥恒大中心塔楼圆形截面内置王字形带翼缘型钢混凝土巨型柱的抗震设计提供了依据。

第 11 章　矩形截面型钢混凝土巨型柱抗震性能

11.1　试 验 概 况

11.1.1　试件设计

合肥宝能 T1 塔楼，采用了正方形截面内置连通带翼双王字形型钢混凝土巨型柱，底部巨型柱截面 4700mm×4700mm，含钢率 5.40%。设计了 1/6.7 缩尺的模型试件，试件截面 700mm×700mm。

合肥恒大中心塔楼，采用了两种截面的型钢混凝土巨型柱，一种是圆形截面内置十字形带翼缘型钢混凝土巨型柱，另一种是矩形截面内置带翼王字形型钢混凝土巨型柱。本章研究其矩形截面内置带翼王字形型钢混凝土巨型柱，底部巨型柱截面 4200mm×3400mm，含钢率 4.00%；设计了 1/6 缩尺的模型试件，试件截面 700mm×565mm。

大连绿地中心塔楼，采用了两种截面的型钢混凝土巨型柱，一种是正方形截面内置王字形型钢混凝土巨型柱，另一种是五边形截面内置钢板连接的分布式矩形钢管型钢混凝土巨型柱。本章研究其正方形截面内置王字形型钢混凝土巨型柱，底部巨型柱截面 2500mm×2500mm，含钢率 4.65%；设计了 1/3.57 缩尺的模型试件，试件截面 700mm×700mm。

设计的 9 个正方形截面及 2 个矩形截面型钢混凝土柱试件的试件编号：C1-7X9H、C2-7X9H、C2-7X9L、C4-5X6L、C4-7X6L、C1-7Y6H、C1-7Y9H、C1-7Y9L、C1-5Y6H、C3-7Y6H、C3-7Y9H。符号 C1～C4 代表截面类型；横线后第 1 个数字 5 或 7 分别表示混凝土强度等级为 C50 或 C70；横线后第 1 个字母 X 或 Y 代表加载方向，X 代表王字形型钢三横方向加载，Y 代表与 X 方向垂直的方向；横线后第 2 个数字 6 或 9 分别表示设计轴压比约为 0.6 或 0.9；横线后第 2 个字母 H 或 L 分别表示配钢率约为 5.6%或 4.1%。

截面 700mm×700mm 试件的截面类型分为 C1、C2、C3，截面类型 C1 内置连通带翼双王字形型钢，截面类型 C2 内置带翼王字形型钢，截面类型 C3 内置王字形型钢。截面 700mm×565mm 试件的截面类型为 C4，截面类型 C4 内置带翼王字形型钢。各试件柱高均为 1800mm；各试件均采用 HRB400 级钢筋，柱身纵筋直径 22mm，柱身箍筋直径 12mm、间距 70mm，在距柱顶 300mm 高度区域箍筋加密，间距为 50mm，同时在柱顶顶面及四周加设厚度为 8mm 的钢板，防止高轴压比使柱顶混凝土发生局部破碎现象。试件基础长、宽、高分别为 1800mm、900mm、600mm，由 8mm 厚钢板焊接成箱体后灌注混凝土形成。型钢及钢筋嵌入基础并与底部钢板焊接。

试件主要设计参数包括：配钢形式、配钢率、配筋率、体积配箍率、混凝土强度等级、轴压比、加载方向。试验轴压比 n_t 定义如下：$n_t=N/(f_cA_c+f_aA_a)$。其中 f_c 为混凝土轴心抗压强度（取 $f_c=0.76f_{cu}$，f_{cu} 为实测混凝土立方体抗压强度）；f_a 为实测型钢钢板的屈服强度；A_c 为混凝土的横截面面积；A_a 为型钢的截面面积。试件剪跨比 $\lambda=H/h$，其中，H 为基础顶面至加载装置球铰转动中心的距离［1800mm（柱高）+250mm（柱顶距转动中心的距离）=2050mm］；h 为柱截面高度。

试件设计参数见表 11-1。试件尺寸及配钢、配筋如图 11-1 所示。

表 11-1　试件设计参数

试件编号	柱截面	混凝土强度	剪跨比 λ	配钢率 ρ_{ss}/%	配筋率 ρ_s/%	体积配箍率 ρ_{sv}/%	设计轴压比 n_d	试验轴压比 n_t
C1-7X9H	700mm×700mm	C70	2.93	5.65	1.55	0.98	0.89	0.49
C2-7X9H	700mm×700mm	C70	2.93	5.49	1.55	0.98	0.89	0.49
C2-7X9L	700mm×700mm	C70	2.93	4.10	1.55	0.98	0.89	0.49
C4-7X6L	700mm×565mm	C70	2.93	4.34	1.54	0.98	0.61	0.34
C4-5X6L	700mm×565mm	C50	2.93	4.34	1.54	0.98	0.60	0.33
C1-7Y6H	700mm×700mm	C70	2.93	5.65	1.55	0.98	0.60	0.33
C1-7Y9H	700mm×700mm	C70	2.93	5.65	1.55	0.98	0.89	0.49
C1-7Y9L	700mm×700mm	C70	2.93	4.11	1.55	0.98	0.89	0.47
C1-5Y6L	700mm×700mm	C50	2.93	4.11	1.55	0.98	0.60	0.36
C3-7Y6H	700mm×700mm	C70	2.93	5.64	1.55	0.98	0.60	0.30
C3-7Y9H	700mm×700mm	C70	2.93	5.64	1.55	0.98	0.90	0.46

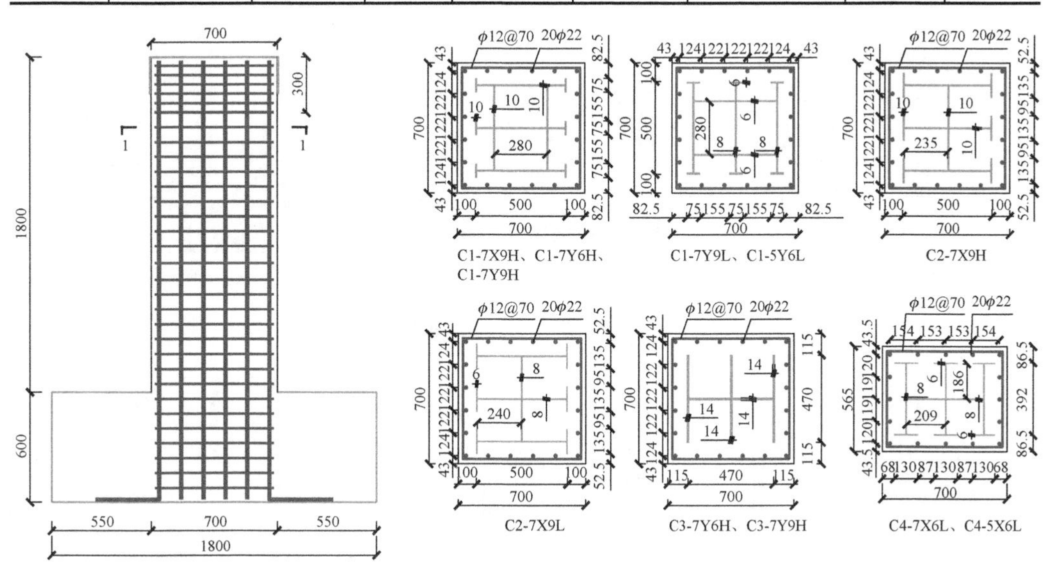

图 11-1　试件尺寸及配钢、配筋（尺寸单位：mm）

11.1.2　材料性能

试件基础采用 C60 商品混凝土灌注，柱身混凝土采用表 11-2 的设计配合比进行拌制，其中水泥采用 52.5 级普通硅酸盐水泥、石子粒径选用 5～16mm。与试件同条件养护的 150mm×150mm×150mm 立方体试块在混凝土浇筑的同时预留。实测混凝土立方体抗压强度平均值$f_{cu,m}$见表 11-2。

表 11-2　设计配合比

混凝土强度	水泥/kg	硅灰/kg	矿粉/kg	粉煤灰/kg	砂/kg	石子/kg	减水剂/kg	水/kg	水胶比	$f_{cu,m}$/MPa
C70	512	30	60	60	623	1108	17.5	185	0.28	74.8
C50	353	0	73	73	640	1100	13.3	186	0.37	58.7

纵筋与箍筋采用热轧 HRB400 级钢筋，型钢采用 Q345 级钢板焊接而成。钢筋和钢板力学性能见表 11-3。

表 11-3　钢筋和钢板力学性能

钢材种类	屈服强度f_y/MPa	极限强度f_u/MPa	弹性模量 E_s/(10^5MPa)	伸长率 δ/%
6mm 厚钢板	369	515	2.06	19.1
8mm 厚钢板	361	510	2.06	18.6
10mm 厚钢板	352	499	2.05	16.4
ϕ22 纵筋	468	645	2.02	22.3
ϕ12 箍筋	465	639	2.10	21.0

试件加工制作部分照片如图 11-2 所示。

（a）试件基础加工

（b）型钢加工

（c）钢筋笼绑扎

（d）基础混凝土浇筑

（e）支设柱身木模板

（f）试件浇筑并养护

图 11-2　试件加工制作部分照片

11.1.3　加载方案与测点布置

试验采用竖悬臂式加载，试验装置简图及位移计布置如图 11-3 所示。

先施加竖向荷载的 40%进行预加载，调试仪器及仪表；然后根据试验轴压比计算得到的竖向荷载通过柱顶施加，当加到指定荷载后持荷；水平加载采用位移角控制加载，加载历程如图 11-4 所示，每级位移角循环 2 次，水平荷载下降到峰值荷载的 85%时停止试验。其中，位移角 $\theta=\Delta/H$，Δ 为柱底水平位移；H 为基础顶面至加载装置球铰转动中心的距离。

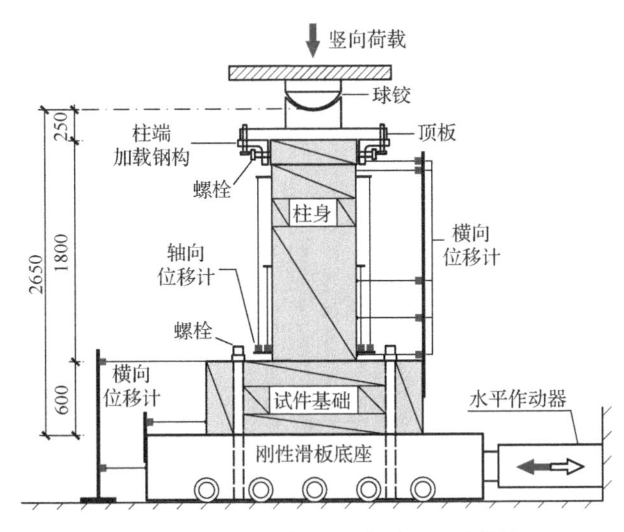

图 11-3　试验装置简图及位移计布置（尺寸单位：mm）

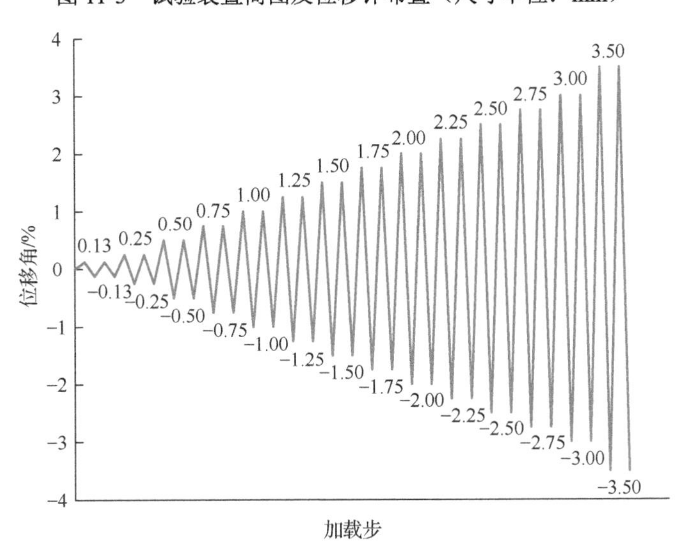

图 11-4　加载历程

竖向和水平加载装置处均布置力传感器；在水平滑动底座，柱基础底部，基础顶面柱脚位置，柱高 50mm、350mm、650mm、1550mm 及柱顶处分别布置水平方向的拉线位移计，以测定相应水平位移，柱基础底部的位移计用于监测基础与滑板底座间的滑移量，沿柱高布置的 4 个位移计用于获得加载过程中柱身水平变形随柱高变化的规律；在柱子南北两侧 50mm、350mm、650mm 高度处对称布置竖向拉线位移计，以测定对应高度的柱子转角，位移计布置如图 11-3 所示。在柱底距基础上面 50mm 高度处沿同一截面在纵筋上布置应变片，并在最外侧纵筋上沿高度隔 300mm 布置应变片，并在型钢与钢筋相对应的贴片位置贴应变片。应变片布置如图 11-5 所示。图 11-5 中，布置在纵筋上的应变片用字母 R 表示，布置在箍筋上的应变片用 G 表示，布置在型钢上的应变片用 S 表示。

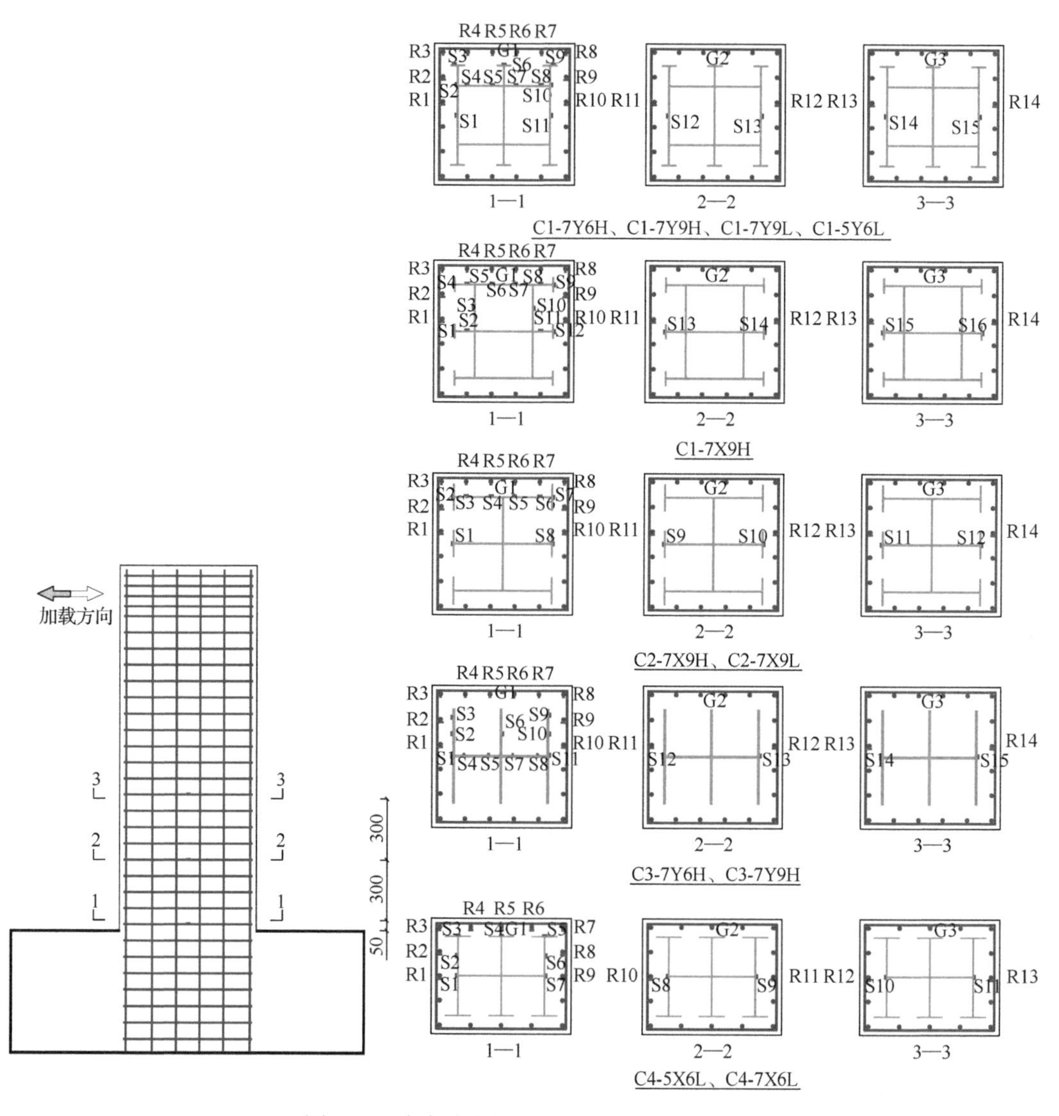

图 11-5　应变片布置图（尺寸单位：mm）

11.2　试验结果及分析

11.2.1　试件破坏形态

1. X 方向加载正方形截面试件

试件 C1-7X9H 主要阶段特征点破坏形态如图 11-6 所示。

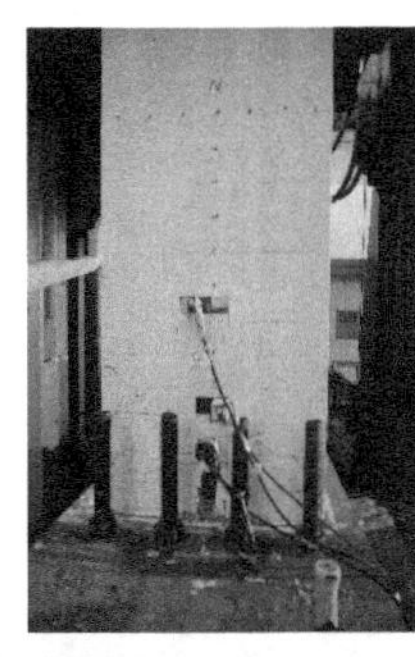

（a）屈服荷载时

（b）峰值荷载时

（c）最终破坏时

图 11-6　试件 C1-7X9H 主要阶段特征点破坏形态

试件 C2-7X9H 主要阶段特征点破坏形态如图 11-7 所示。

（a）屈服荷载时

（b）峰值荷载时

（c）最终破坏时

图 11-7　试件 C2-7X9H 主要阶段特征点破坏形态

试件 C2-7X9L 主要阶段特征点破坏形态如图 11-8 所示。

（a）屈服荷载时

图 11-8　试件 C2-7X9L 主要阶段特征点破坏形态

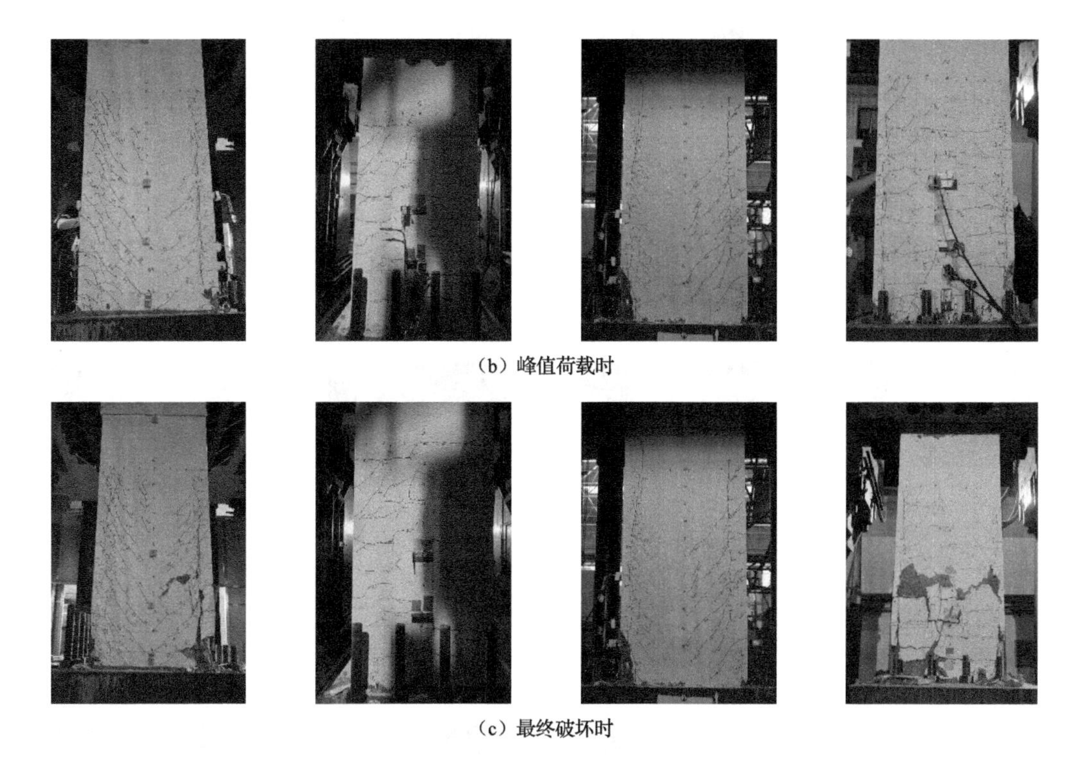

（b）峰值荷载时

（c）最终破坏时

图 11-8（续）

由图 11-6～图 11-8 可得以下结论。

（1）3 个正方形截面试件破坏过程相似，以弯曲破坏为主。位移角小于 0.50%时，试件未出现裂缝；随着位移角的增大，柱身南北两面在拉应力作用下出现水平裂缝，逐渐延伸至贯通，并继续延伸至平行于水平方向的柱身东西两面，柱脚出现竖向裂缝；随着水平位移角的增大，东西两面的水平裂缝逐渐向斜下方延伸，形成少量的交叉裂缝，柱脚处竖向裂缝数量增多并继续延伸，部分混凝土逐渐剥落；水平位移角继续增加到 3.00%时，角部混凝土受压开裂脱落，南北面一定高度内混凝土保护层脱落，角部混凝土压裂破碎，纵筋与箍筋外露并发生屈曲，试件达到最终破坏。

（2）内置连通带翼双王字形型钢试件 C1-7X9H，比带翼王字形型钢试件 C2-7X9H 的裂缝发展更加充分。

（3）相同配钢型式的试件 C2-7X9H 和试件 C2-7X9L，随着配钢率的提高，可有效抑制裂缝的发展，提升试件的变形能力。

2. X 方向加载矩形截面试件

试件 C4-5X6L 主要阶段特征点破坏形态如图 11-9 所示。

（a）屈服荷载时

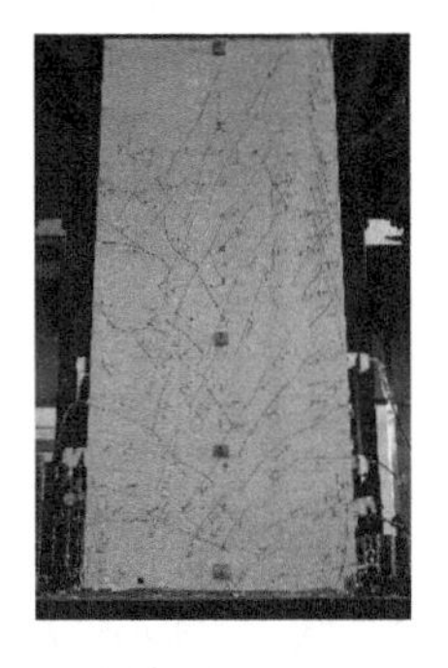

（b）峰值荷载时

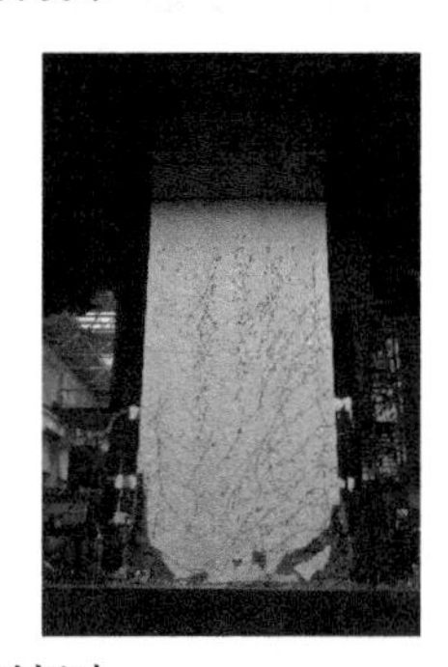
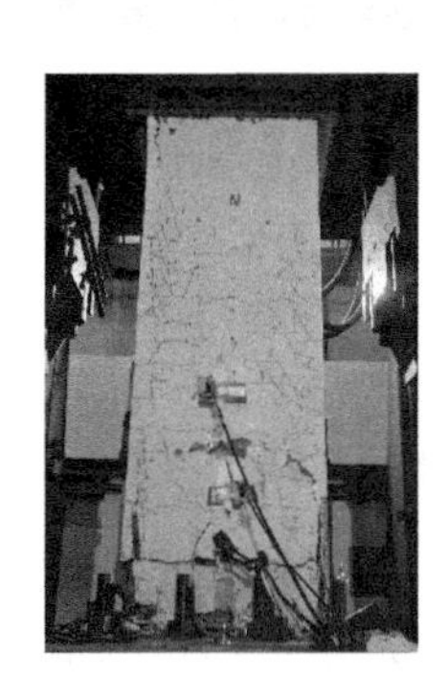

（c）最终破坏时

图 11-9　试件 C4-5X6L 主要阶段特征点破坏形态

试件 C4-7X6L 主要阶段特征点破坏形态如图 11-10 所示。

（a）屈服荷载时

图 11-10　试件 C4-7X6L 主要阶段特征点破坏形态

（b）峰值荷载时

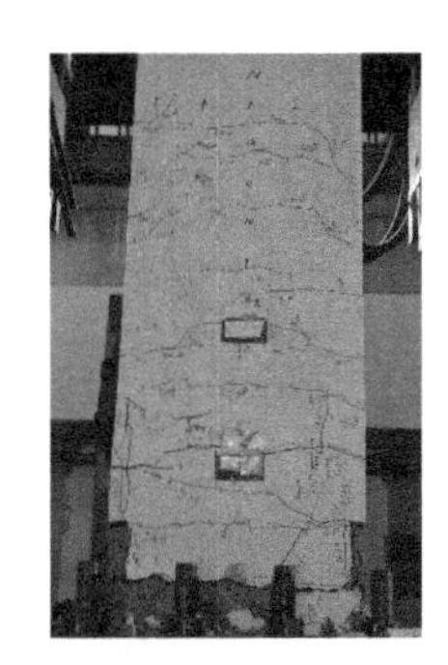

（c）最终破坏时

图 11-10（续）

由图 11-9、图 11-10 可得以下结论。

（1）2 个矩形截面试件破坏过程相似，以弯曲破坏为主。位移角小于 0.5%时，试件未出现裂缝；随着位移角的增大，柱身南北两面在拉应力作用下出现水平裂缝，逐渐延伸至贯通，并继续延伸至平行于水平方向的柱身东西两面，柱脚出现竖向裂缝；随着水平位移角的增大，东西两面的水平裂缝逐渐向斜下方延伸，形成少量的交叉裂缝，柱脚处竖向裂缝数量增多并继续延伸，部分混凝土逐渐剥落；水平位移角继续增加到 3.0%时，从角部混凝土受压脱落发展至南北面一定范围内混凝土保护层脱落，纵筋与箍筋外露并发生屈曲后破坏。

（2）C70 混凝土试件 C4-7X6L 与 C50 混凝土试件 C4-5X6L 相比，可以较好地发挥高强混凝土的抗力作用。

3. Y 方向加载正方形截面试件

试件 C1-7Y6H 最终破坏形态如图 11-11 所示。

（a）立面

（b）西面

（c）东面

（d）北面

（e）南面

图 11-11　试件 C1-7Y6H 最终破坏形态

试件 C1-7Y9H 最终破坏形态如图 11-12 所示。

（a）立面

（b）西面

（c）东面

（d）北面

（e）南面

图 11-12　试件 C1-7Y9H 最终破坏形态

试件 C1-7Y9L 最终破坏形态如图 11-13 所示。

（a）立面　　（b）西面　　（c）东面

（d）北面　　（e）南面

图 11-13　试件 C1-7Y9L 最终破坏形态

试件 C1-5Y6L 最终破坏形态如图 11-14 所示。

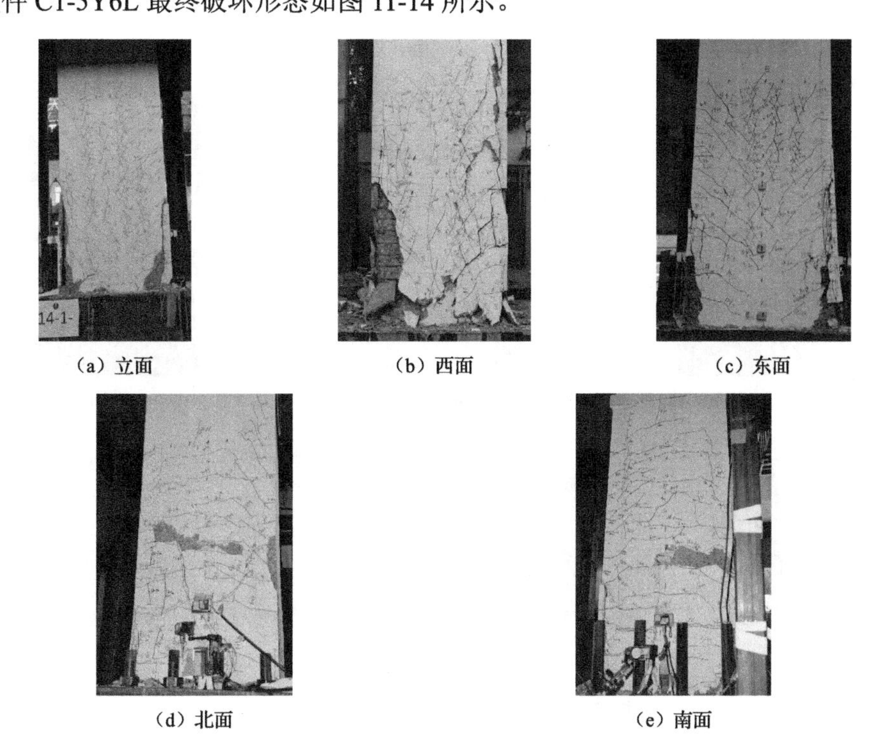

（a）立面　　（b）西面　　（c）东面

（d）北面　　（e）南面

图 11-14　试件 C1-5Y6L 最终破坏形态

试件 C3-7Y6H 最终破坏形态如图 11-15 所示。

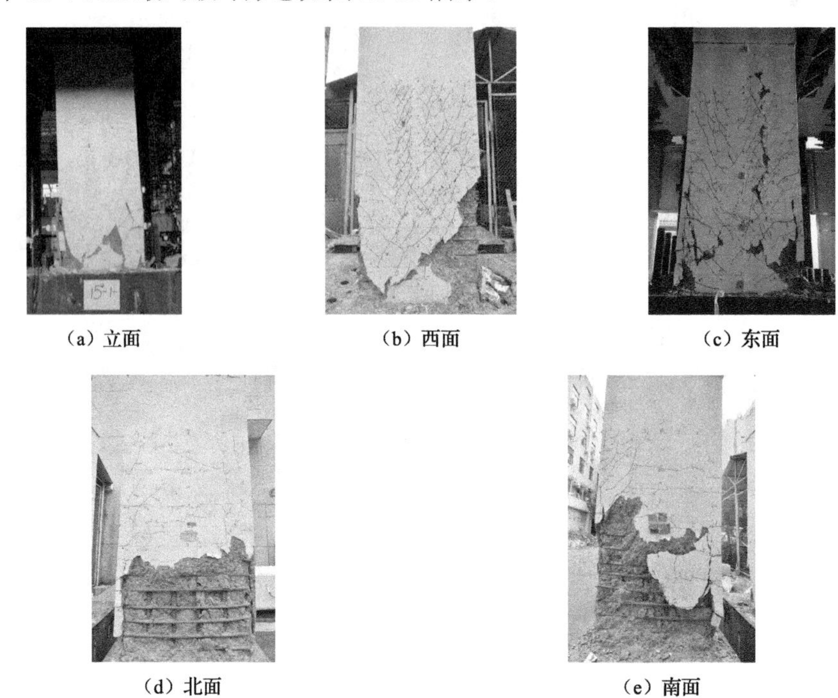

（a）立面　（b）西面　（c）东面

（d）北面　（e）南面

图 11-15　试件 C3-7Y6H 最终破坏形态

试件 C3-7Y9H 最终破坏形态如图 11-16 所示。

（a）立面　（b）西面　（c）东面

（d）北面　（e）南面

图 11-16　试件 C3-7Y9H 最终破坏形态

分析图 11-11～图 11-16 可得以下结论。

（1）各试件破坏形态类似，初始阶段试件大多在根部 100～400mm 处先出现水平荷载；混凝土开裂后，型钢外层混凝土持荷能力变弱，剪力逐渐向内部箍筋、型钢，以及型钢约束的内部混凝土芯柱传递；随着荷载继续增加，试件受拉侧出现水平贯通缝，且试件受拉侧裂缝从边缘向腹部斜下方开展，新裂缝出现的位置上移且增多，受压侧根部混凝土出现竖向裂缝；随着荷载和位移的不断加大，试验后期出现交叉裂缝，随着受拉裂缝宽度不断增加受压侧混凝土压酥，保护层混凝土剥落。最终由于试件承载力下降、变形过大而破坏。

（2）高轴压比试件损伤的面积更大，损伤位置更高。

（3）高配钢率试件较低配钢率试件早一个循环出现初始裂缝、水平贯通缝、斜裂缝，同时因此次试验的设计轴压比为 0.9，当处于弹塑性阶段时，配钢率越高，试件受压造成的竖向受压裂缝也发展较为明显。试件破坏后期，未被型钢约束的混凝土易损伤破碎，柱子下部箍筋外侧混凝土脱落，箍筋外露，配钢率高的试件外侧混凝土脱落更多，但配钢率高的试件的抗力明显提升。

（4）C50 混凝土试件 C1-5Y6L 比 C70 混凝土试件 C1-7Y6H 早一个试验循环出现水平裂缝和斜裂缝，且因为两个试件所施加试验轴力均为 11000kN，所以较低混凝土强度的 C1-5Y6L 会先出现中部受压竖向裂缝。试验后期，两个试件的损伤并无明显区别，均在 1/25 位移角达到峰值荷载的 85%，停止试验。

11.2.2　滞回曲线

实测各试件水平荷载-水平位移（F-Δ）滞回曲线如图 11-17 所示。

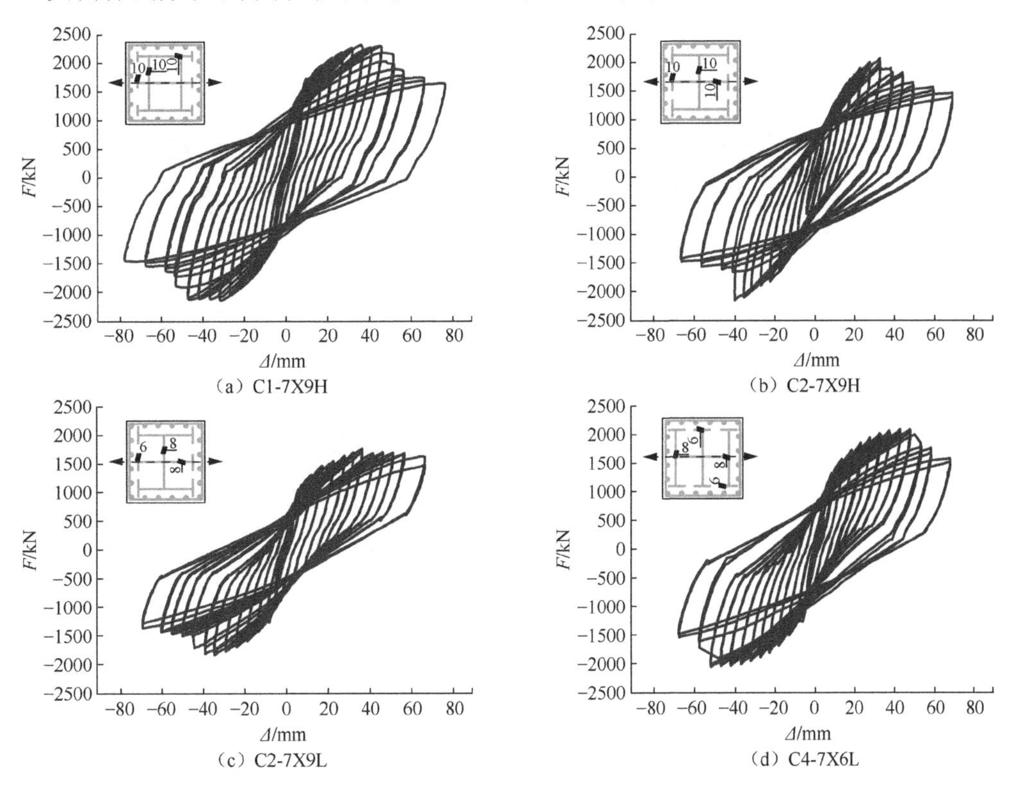

图 11-17　水平荷载-水平位移滞回曲线

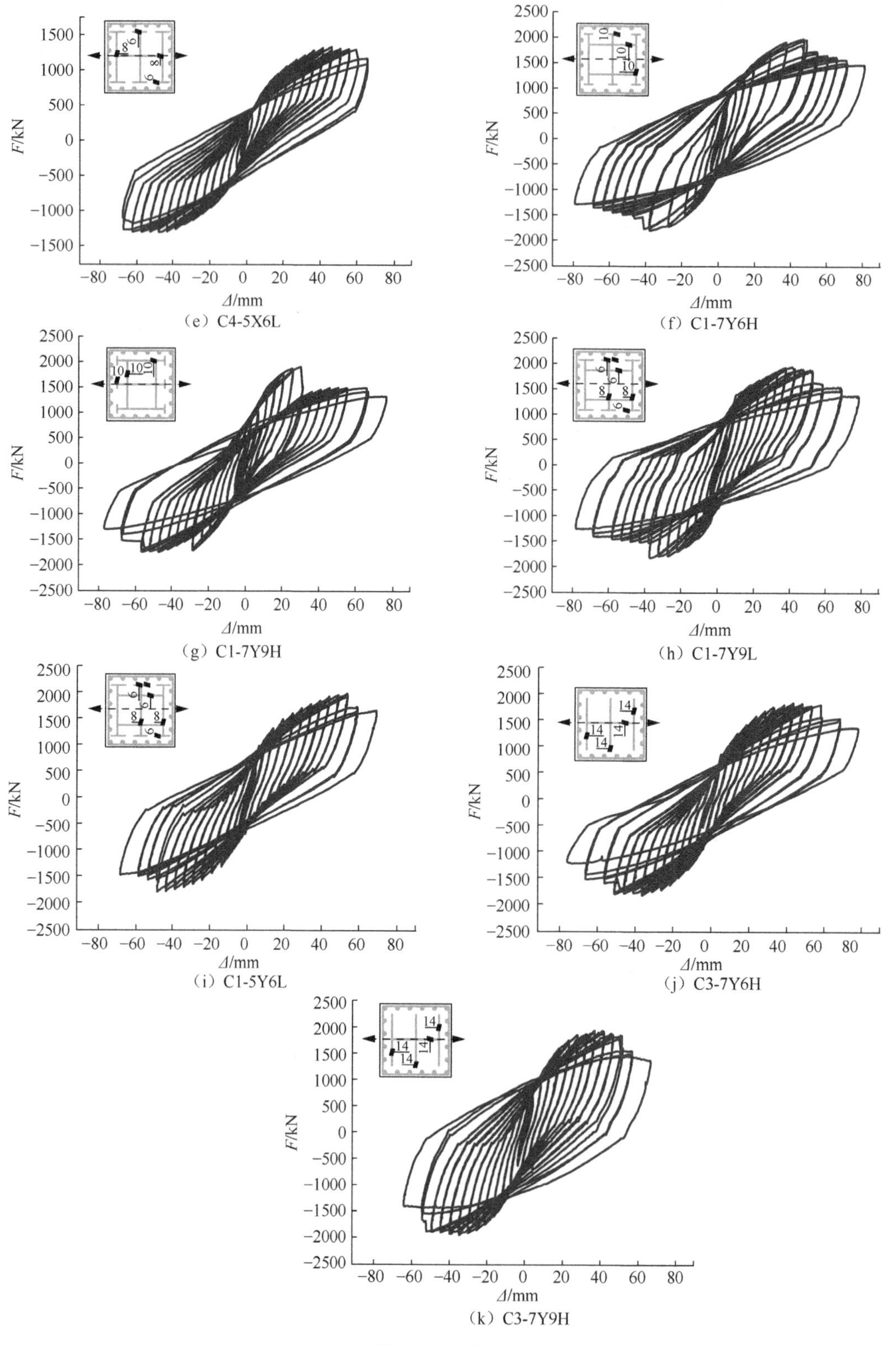
F/kN
Δ/mm
(e) C4-5X6L
(f) C1-7Y6H
(g) C1-7Y9H
(h) C1-7Y9L
(i) C1-5Y6L
(j) C3-7Y6H
(k) C3-7Y9H

图 11-17（续）

由图 11-17 可得以下结论。

（1）各试件滞回曲线较饱满，在同一位移循环中，由于存在累积损伤现象，后一循环的荷载峰值及曲线斜率均较前一次有所降低。

（2）X 方向加载高轴压比下的 3 个试件 C1-7X9H、C2-7X9H、C2-7X9L，试件 C1-7X9H 的滞回曲线最饱满；试件 C1-7X9H、C2-7X9H 配钢率相同，连通带翼双王字形配钢形式可较大地提高承载力与耗能性能；对比试件 C2-7X9H 和试件 C2-7X9L，在相同的配钢形式下，随着配钢率的提高，承载力提高，特别是滞回环的面积明显增大，试件的耗能性能有显著提高。

（3）C70 混凝土试件 C4-7X6L 与 C50 混凝土试件 C4-5X6L 相比，其抗震性能明显提高。

（4）对比内置连通带翼双王字形型钢混凝土试件 C1-7Y6H 和 C1-7Y9H，高轴压比试件的滞回曲线不如低轴压比试件的滞回曲线饱满，但从滞回曲线来看 C1-7Y9H 后期的延性较好。

（5）对比连通带翼双王字形型钢混凝土试件 C1-7Y6H 和 C1-5Y6L，在 0.6 设计轴压比下，混凝土强度对于滞回曲线的饱满程度和承载力影响较大；试件峰值之后，混凝土强度低的试件 C1-5Y6L 随位移增加荷载下降较快，外层混凝土易损伤，试件发生“嘭”的响声之后承载力快速下降。

（6）对比内置王字形型钢试件 C3-7Y6H 和 C3-7Y9H，高强混凝土试件中，轴压比较高的试件滞回曲线明显饱满，承载力略高。

（7）对比试件 C1-7Y6H 和 C3-7Y6H，相同型钢配钢率下，型钢配钢构造对试件的抗震性能也有较大影响。配置连通带翼双王字形型钢混凝土柱的滞回曲线更加饱满，试件达到峰值后由于带翼双王字形型钢所形成的钢管对核心混凝土具有较强的约束作用，试件的承载力、刚度、延性均表现出良好的性能。

11.2.3　骨架曲线

将试件水平荷载 F 与水平位移 Δ 的滞回曲线中的各级加载环的峰值点连成外包络线即为骨架曲线，各试件的骨架曲线对比如图 11-18 所示。

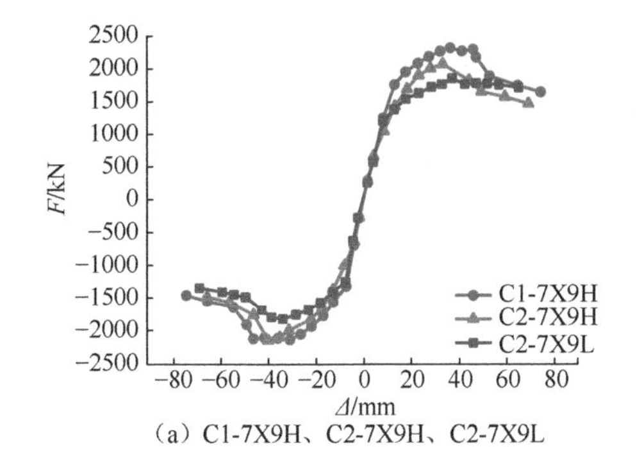

（a）C1-7X9H、C2-7X9H、C2-7X9L

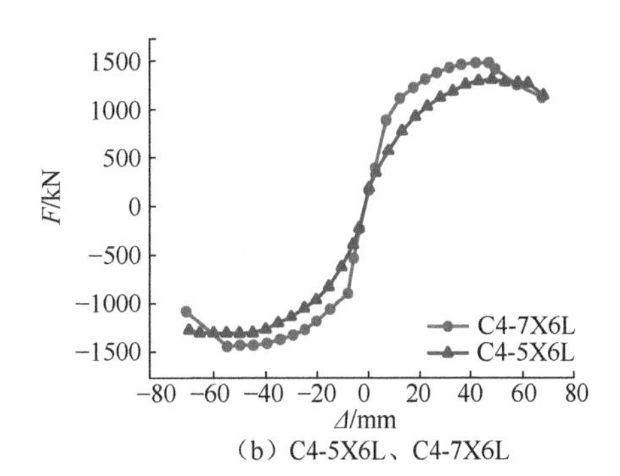

（b）C4-5X6L、C4-7X6L

图 11-18　各试件骨架曲线

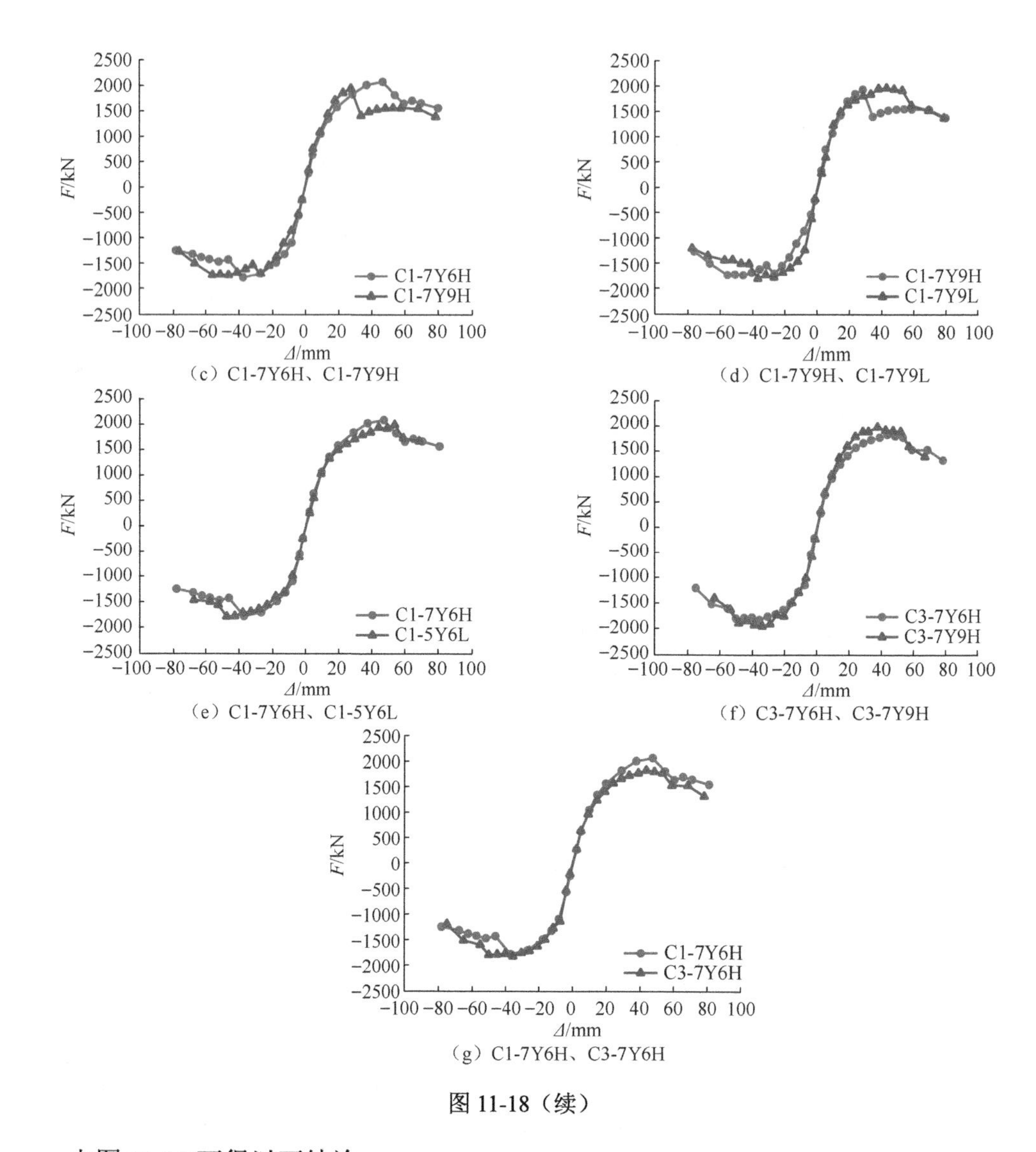

图 11-18（续）

由图 11-18 可得以下结论。

（1）各试件的骨架曲线大致呈现三个发展阶段，骨架曲线斜率基本保持不变为初始弹性阶段；继续加载至峰值荷载，进入弹塑性阶段，特点为明显减小的骨架曲线斜率；荷载峰值点后进入破坏阶段，水平荷载随位移角逐渐下降。

（2）内置连通带翼双王字形型钢试件 C1-7X9H 的承载力与刚度都明显高于带翼王字形型钢试件 C2-7X9H；相同配钢率下，内置连通带翼双王字形型钢试件能更充分地发挥钢材的抗震性能。

（3）在配钢形式一致的情况下，高配钢率试件 C2-7X9H 的承载力显著高于低配钢率试件 C2-7X9L，但峰值荷载之后，试件 C2-7X9H 承载力下降较快，最终两试件水平承载力趋于一致。

（4）C70 混凝土试件 C4-7X6L 承载力明显高于 C50 混凝土试件 C4-5X6L，但峰值荷载之后，试件 C4-7X6L 承载力下降较快，最终两试件水平承载力趋于一致。

（5）较高轴压比的高强混凝土试件，在峰值荷载之前，其水平承载力均比轴压比较低的高强混凝土试件略高；试件在 0.9 设计轴压比下，其水平承载力虽会在峰值后下降，但会因型钢和内部高强混凝土的作用再次稳定持荷。

（6）内置连通带翼双王字形型钢所形成的钢管，对核心区混凝土约束较强，对承载力起到了稳定支持的作用。

11.2.4　承载力与变形能力

各试件的开裂荷载 F_{cr}、屈服荷载 F_y、峰值荷载 F_p、极限荷载 F_u 及相应的水平位移 Δ、位移角 θ 和延性系数 μ 见表 11-4。表 11-4 中，试件水平承载力和位移均为正、负两向平均值；开裂荷载 F_{cr} 定义为加载过程中肉眼观测到的第一条裂缝出现时对应的水平荷载；屈服荷载 F_y 为名义屈服点对应的水平荷载，由等值能量法确定；极限荷载 F_u 为水平荷载下降到峰值荷载 85%时对应的荷载；Δ_y、Δ_p、Δ_u 分别为相应的水平位移；各位移角由公式 $\theta=\Delta/H$ 计算得到，Δ 为基础底的水平位移，H 为基础顶面到试件柱顶球铰的高度；延性系数 $\mu=\Delta_u/\Delta_y$。

表 11-4　特征荷载及位移

试件编号	开裂点	屈服点		峰值点		极限点		θ_y	θ_p	θ_u	μ
	F_{cr}/kN	F_y/kN	Δ_y/mm	F_p/kN	Δ_p/mm	F_u/kN	Δ_u/mm				
C1-7X9H	740.2	1739.8	14.5	2322.5	36.7	1974.1	49.2	1/141	1/56	1/42	3.39
C2-7X9H	703.4	1502.0	14.8	2072.2	36.4	1763.7	46.5	1/139	1/56	1/44	3.14
C2-7X9L	666.6	1434.6	14.1	1823.7	37.6	1549.6	62.8	1/145	1/55	1/33	4.45
C4-5X6L	405.6	951.4	18.1	1316.2	47.6	1299.5	57.0	1/113	1/43	1/36	3.15
C4-7X6L	522.2	1130.0	14.8	1462.8	47.0	1243.7	57.1	1/139	1/44	1/36	3.86
C1-7Y6H	633.7	1480.1	17.2	1922.9	42.1	1634.5	50.1	1/119	1/49	1/41	2.91
C1-7Y9H	652.5	1537.5	17.8	1836.9	27.3	1561.4	51.1	1/115	1/75	1/40	2.87
C1-7Y9L	660.8	1547.3	15.5	1884.1	39.7	1601.5	49.4	1/132	1/52	1/41	3.19
C1-5Y6L	597.8	1435.1	18.9	1849.6	43.3	1597.3	60.2	1/110	1/48	1/34	3.19
C3-7Y6H	625.0	1387.2	16.2	1824.9	39.5	1551.2	59.2	1/127	1/52	1/35	3.65
C3-7Y9H	659.2	1459.5	15.3	1961.0	35.5	1666.9	54.1	1/134	1/58	1/38	3.54

由表 11-4 可知以下结论。

（1）试件 C1-7X9H、C2-7X9H、C2-7X9L 均在 1/55 位移角左右达到峰值点，内置连通带翼双王字形型钢试件 C1-7X9H 比内置带翼王字形型钢试件 C2-7X9H 的承载力提高 12.1%；高含钢率试件 C2-7X9H 比低含钢率试件 C2-7X9L 的承载力提高 13.6%。

（2）试件 C4-5X6L、C4-7X6L 均在 1/44 位移角左右达到峰值点，混凝土强度 C70 的试件 C4-7X6L 的承载力比混凝土强度 C50 的试件 C4-5X6L 提高了 11.1%，可见提高混凝土强度可提高试件的承载力。

（3）试件 C1-7Y6H 和试件 C1-5Y6L 相比，试件 C1-7Y6H 混凝土强度较高、配钢率较大，抗震能力较强。

（4）各试件的延性系数大多小于 3.0，具有良好的变形能力。试件屈服位移角为 1/145～1/110，极限位移角为 1/44～1/33，说明试件均有良好的抗倒塌能力。

11.2.5　刚度退化

刚度取试件的割线刚度，即取试件加载时 F-Δ 滞回曲线每级滞回环正、负向峰值荷载及其相应水平位移的比值，即

$$K_i^+ = \frac{+F_i}{+\Delta_i},\quad K_i^- = \frac{-F_i}{-\Delta_i} \tag{11-1}$$

各试件刚度退化曲线如图 11-19 所示。

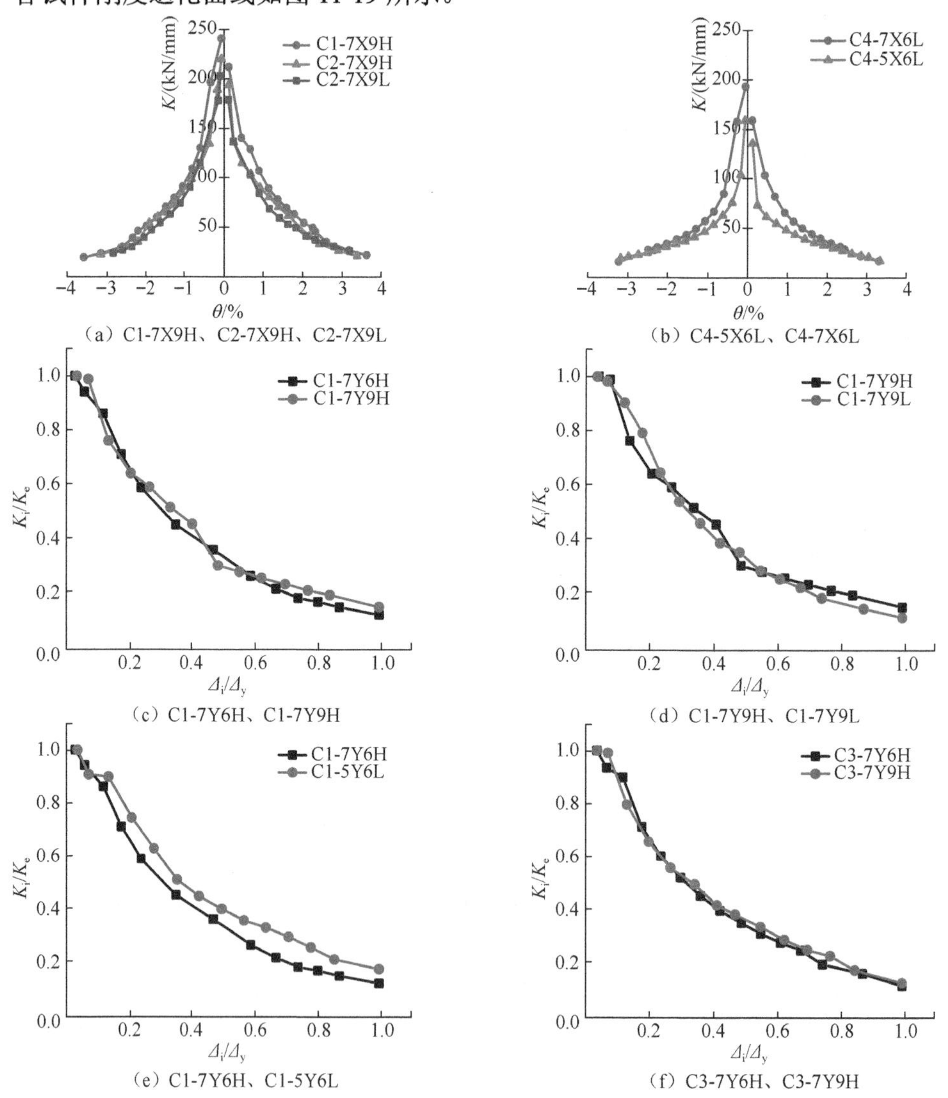

图 11-19　各试件刚度退化曲线

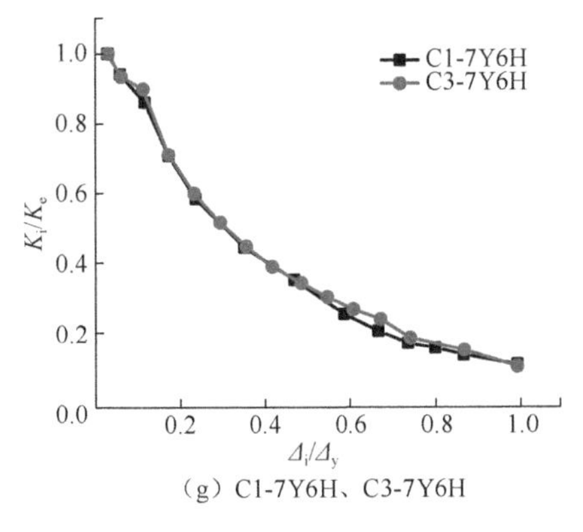

（g）C1-7Y6H、C3-7Y6H

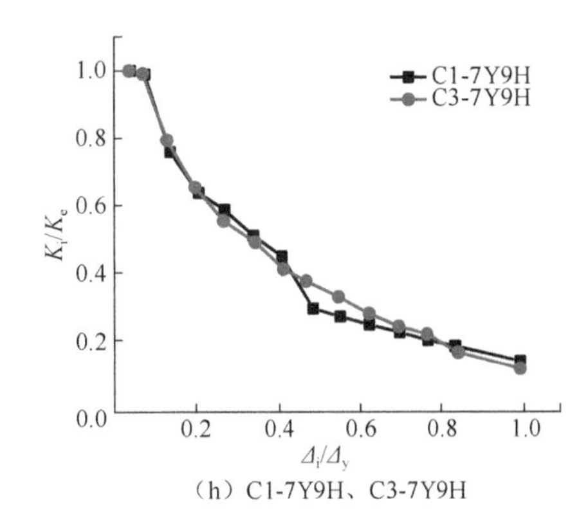

（h）C1-7Y9H、C3-7Y9H

图 11-19（续）

由图 11-19 可见：各试件的刚度退化发展规律相似，刚度发展呈现出陡降、缓降和趋于平稳的三个发展阶段，分别对应混凝土开裂及发展、钢筋屈服至受压区混凝土局部被压碎。

各试件初始刚度 K_0、屈服割线刚度 K_y、峰值割线刚度 K_p、极限割线刚度 K_u，实测所得各试件的这些特征刚度值见表 11-5。表 11-5 中，各特征刚度值均为正向值与负向值的平均值，β_{y0} 为 K_y 与 K_0 之比，β_{uy} 为 K_u 与 K_y 之比。

表 11-5　特征刚度值

试件编号	K_0/(kN/mm)	K_y/(kN/mm)	K_p/(kN/mm)	K_u/(kN/mm)	β_{y0}	β_{uy}
C1-7X9H	226.51	119.99	63.28	40.12	0.530	0.334
C2-7X9H	207.33	101.49	56.92	37.93	0.490	0.374
C2-7X9L	191.12	101.74	48.50	24.68	0.532	0.243
C1-7Y6H	138.96	82.25	37.42	26.99	0.592	0.328
C1-7Y9H	145.02	86.21	66.62	31.33	0.594	0.363
C1-7Y9L	140.86	97.59	40.87	34.53	0.693	0.354
C1-5Y6L	127.39	76.04	42.63	26.57	0.597	0.349
C3-7Y6H	138.81	86.80	45.68	26.35	0.625	0.304
C3-7Y9H	141.14	96.50	55.13	30.89	0.684	0.320

由图 11-19 和表 11-5 可知以下结论。

（1）内置连通带翼双王字形型钢试件 C1-7X9H 比内置带翼王字形型钢试件 C2-7X9H 的初始刚度提高了 9.25%；含钢率较高的试件 C2-7X9H 比含钢率较低的试件 C2-7X9L 的承载力提高了 8.48%。内置连通带翼双王字形型钢和提高含钢率均可提高试件的初始刚度。

（2）配钢率接近条件下，内置连通带翼双王字形型钢试件 C1-7X9H 的刚度大于带翼王字形型钢试件 C2-7X9H；在配钢形式一致下，配钢率较高的试件 C2-7X9H 与配钢率较低的试件 C2-7X9L 相比，在陡降阶段和平稳阶段刚度变化趋势一致，在缓降阶段 C2-7X9H 的刚度明显高于 C2-7X9L。

（3）试件的初始刚度随混凝土强度的提高明显地提高，混凝土强度 C70 的试件

C4-7X6L 初始刚度较混凝土强度 C50 的试件 C4-5X6L 提高了 19.39%；试件 C4-7X6L 的刚度在 2%位移角之前明显高于试件 C4-5X6L，在 2%位移角之后两试件刚度趋于一致。

11.2.6　耗能

采用累积耗能来评价各试件的耗能能力，累积耗能 E 定义为达到某一级位移角时，该级位移角前的各级第一次加载循环的滞回曲线所围的面积之和。图 11-20 为各试件在各级加载循环下累积耗能值与水平位移角的关系曲线。图 11-21 为各试件等效黏滞阻尼系数与水平位移角的关系曲线。

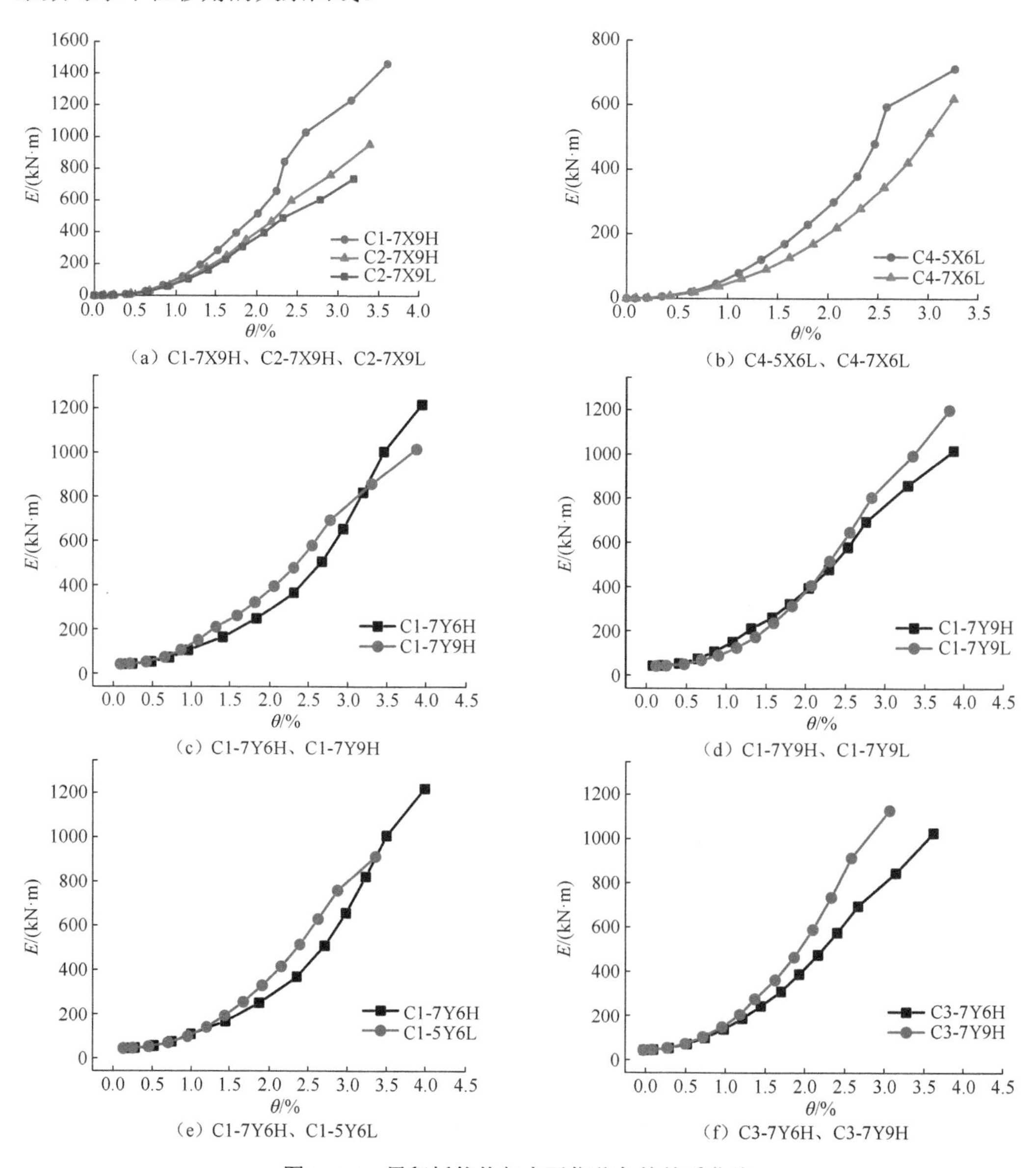

(a) C1-7X9H、C2-7X9H、C2-7X9L　(b) C4-5X6L、C4-7X6L

(c) C1-7Y6H、C1-7Y9H　(d) C1-7Y9H、C1-7Y9L

(e) C1-7Y6H、C1-5Y6L　(f) C3-7Y6H、C3-7Y9H

图 11-20　累积耗能值与水平位移角的关系曲线

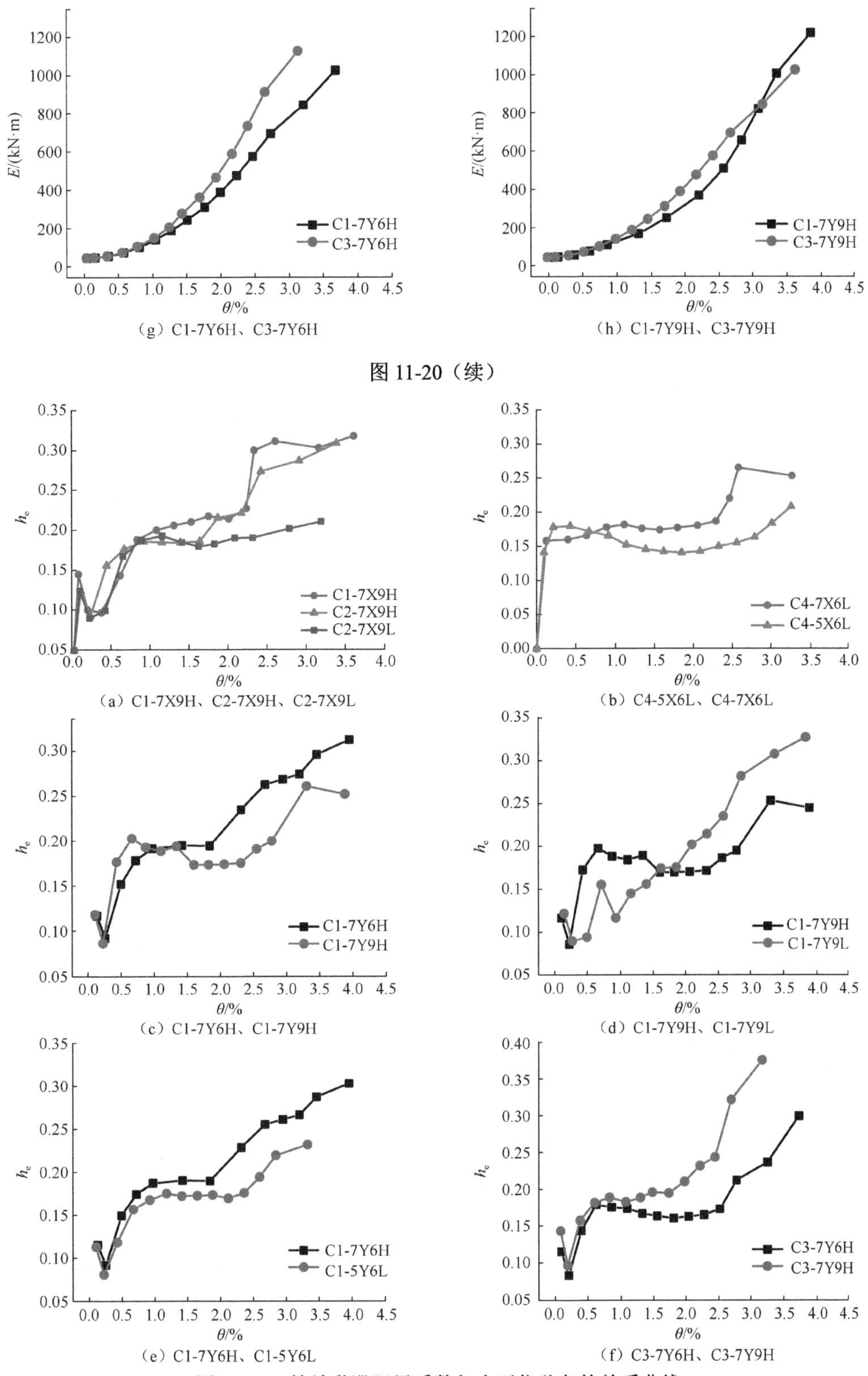

（g）C1-7Y6H、C3-7Y6H

（h）C1-7Y9H、C3-7Y9H

图 11-20（续）

（a）C1-7X9H、C2-7X9H、C2-7X9L

（b）C4-5X6L、C4-7X6L

（c）C1-7Y6H、C1-7Y9H

（d）C1-7Y9H、C1-7Y9L

（e）C1-7Y6H、C1-5Y6L

（f）C3-7Y6H、C3-7Y9H

图 11-21　等效黏滞阻尼系数与水平位移角的关系曲线

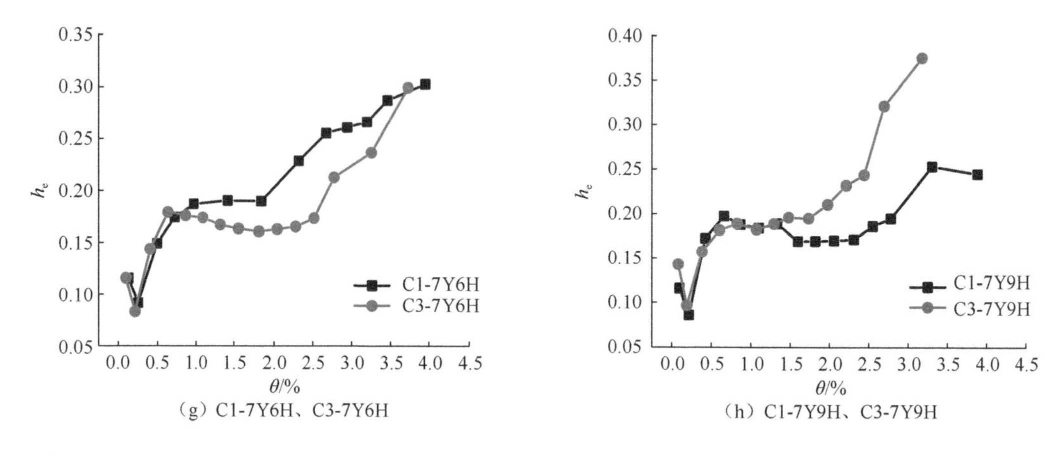

(g) C1-7Y6H、C3-7Y6H　　(h) C1-7Y9H、C3-7Y9H

图 11-21（续）

由图 11-20 和图 11-21 可知以下结论。

（1）对比内置连通带翼双王字形型钢试件 C1-7X9H 与内置带翼王字形型钢试件 C2-7X9H，试件 C1-7X9H 的累积耗能能力显著提高；对比试件 C2-7X9H 与试件 C2-7X9L，含钢率较高的试件 C2-7X9H 的累积耗能值明显更大。

（2）对比试件 C4-7X6L 与试件 C4-5X6L，混凝土强度较高的试件 C4-7X6L 累积耗能明显更高。

（3）对比内置连通带翼双王字形型钢试件 C1-7Y9H 与试件 C1-7Y6H，设计轴压比 0.6 的试件比设计轴压比 0.9 的试件累积耗能更高。

（4）在 2.0%位移角之前，高轴压比下配钢率高的试件耗能能力 E 和等效黏滞阻尼系数 h_e 高于配钢率低的试件。

（5）对比试件 C1-7Y6H 与试件 C1-5Y6L，高强混凝土试件累积耗能较高。

（6）各试件 h_e-θ 关系曲线随位移角增大整体呈增长趋势。在 1/400 位移角之前，各试件 h_e 近似为线性增长；在 1/400～1/61 位移角内，h_e 变化不大，说明耗能进入稳定阶段；在 1/61 位移角之后，高配钢率试件 h_e 增长趋势明显高于低配钢率试件。

11.2.7　柱底截面钢材应变

实测试件 C2-7X9H 距柱底 50mm 高度截面的部分型钢及纵向钢筋应变如图 11-22 所示。图 11-22（a）三条曲线分别为试件施加完轴向压力时、水平力达到屈服时、水平力达到峰值时，截面一侧纵向钢筋应变曲线，其他试件的截面纵向钢筋应变分布相似。施加轴压力后，整个截面内同侧纵向钢筋的压应变基本相同；受压侧纵筋在试件达到屈服荷载时，平截面假定仍然符合；受拉侧纵筋在试件达到峰值荷载时接近屈服，平截面假定也基本符合。图 11-22（b）、（c）为测点 S7、R8 对应的型钢翼缘和纵向钢筋应变，可见高轴压比下截面受压区型钢与钢筋均达到屈服，受拉区钢筋应变接近屈服。

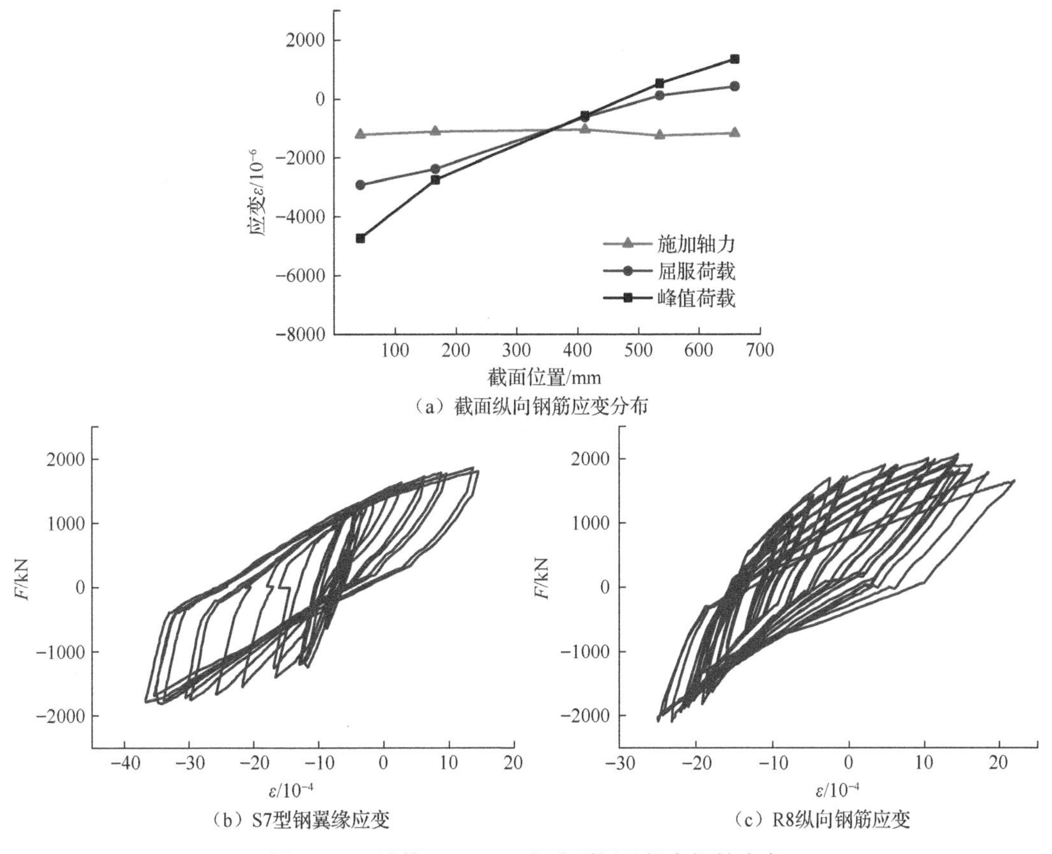

图 11-22　试件 C2-7X9H 部分型钢及纵向钢筋应变

本节进行了 11 个矩形截面型钢混凝土巨型柱模型试件的低周往复荷载试验，以截面尺寸、配钢形式、配钢率、混凝土强度等级为研究参数，分析了破坏形态、滞回曲线和骨架曲线、承载力及变形性能、刚度退化及耗能等力学性能，主要结论如下。

（1）各试件滞回曲线均较饱满，耗能性能良好。

（2）配钢率相同下，内置连通带翼双王字形型钢试件抗震性能较好。

（3）配钢形式相同下，配钢率较高试件与配钢率较低试件相比，其初始刚度、承载力、累积耗能均较大。

（4）混凝土强度较高的试件与混凝土强度较低的试件相比，其初始刚度、水平承载力、累积耗能均较大。

（5）各试件基本满足平截面假定。

11.3　承载力计算

本节对试件水平承载力的计算方法进行研究，并参考《组合结构设计规范》（JGJ 138—2016）[1]以及现有的相关研究成果[2-3]进行试件承载力的计算。

11.3.1　正截面承载力计算

采用型钢混凝土偏心受压柱正截面承载力计算理论，计算试件正截面承载力。计算正截面承载力，作如下基本假定。

（1）柱截面应变保持平面。

（2）不考虑混凝土的抗拉强度。

（3）受压边缘混凝土极限压应变 $\varepsilon_{\mathrm{cu}}$ 取 0.003，相应的最大压应力取混凝土轴心抗压强度实测值 f_{c}（由混凝土立方体抗压强度实测值 f_{c}=0.76×f_{cu} 换算得到）。

（4）拉、压梯形应力图形用于等效型钢腹板的应力图形。

图 11-23 为截面承载力极限状态计算受力图，考虑试件配钢构造特点，给出了试件持久、短暂设计状况下承载力计算的平衡方程式。

$$N \leqslant \alpha_1 f_{\mathrm{c}} bx + f'_{\mathrm{y}} A'_{\mathrm{s}} + f'_{\mathrm{a}} A'_{\mathrm{af}} + f'_{\mathrm{a}} A'_{\mathrm{aaf}} - \sigma_{\mathrm{s}} A_{\mathrm{as}} - \sigma_{\mathrm{a}} A_{\mathrm{af}} - \sigma_{\mathrm{aa}} A_{\mathrm{aaf}} + N_{\mathrm{aw}}$$

$$Ne \leqslant \alpha_1 f_{\mathrm{c}} bx\left(h_0 - \frac{x}{2}\right) + f'_{\mathrm{y}} A'_{\mathrm{s}}\left(h_0 - a'_{\mathrm{s}}\right) + f'_{\mathrm{a}} A'_{\mathrm{af}}\left(h_0 - a'_{\mathrm{s}}\right) + f'_{\mathrm{a}} A'_{\mathrm{aaf}}\left(h_0 - a'_{\mathrm{af}}\right)$$

$$-\sigma_{\mathrm{aa}} A_{\mathrm{aaf}}\left(\frac{h}{2} - a - 2a'_{\mathrm{af}}\right) + M_{\mathrm{aw}} \tag{11-2}$$

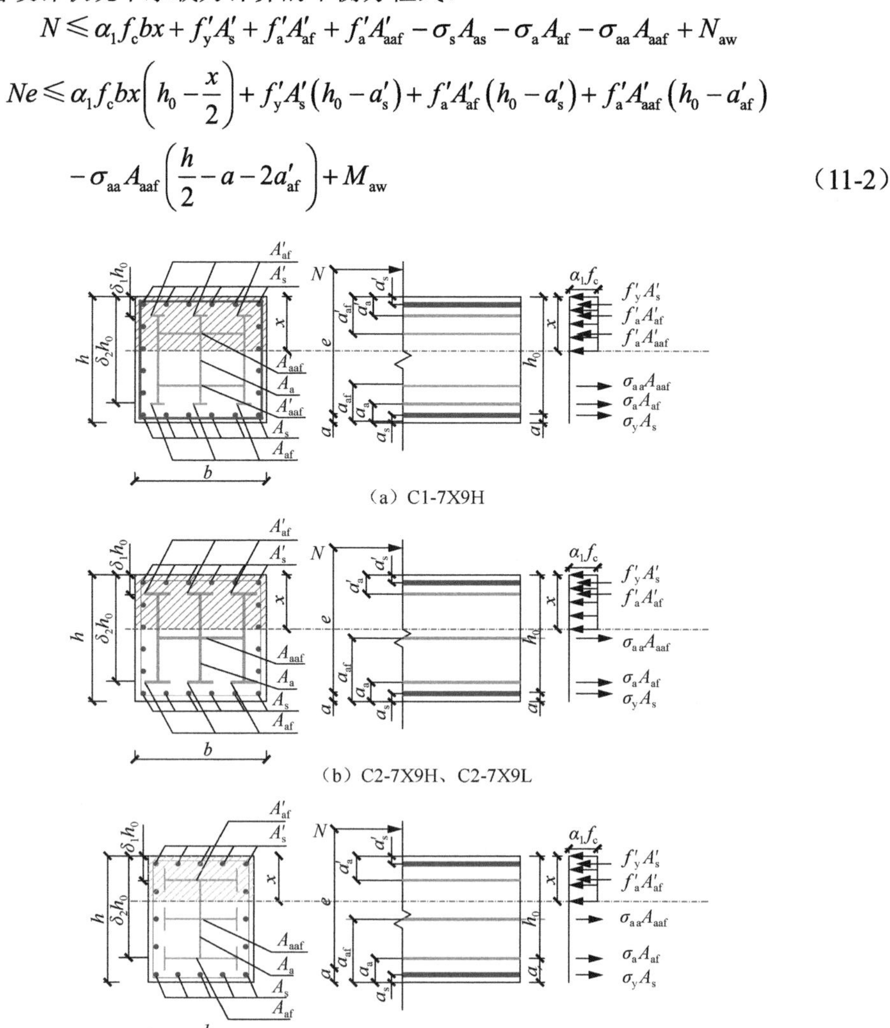

图 11-23　截面承载力极限状态计算受力图（尺寸单位：mm）

N_{aw}、M_{aw} 应按下列公式计算。

（1）当 $\delta_1 h_0 < \frac{x}{\beta_1}, \delta_2 h_0 > \frac{x}{\beta_1}$ 时

$$N_{aw} = \left[\frac{2x}{\beta_1 h_0} - (\delta_1 + \delta_2)\right] t_w h_0 f_a \tag{11-3}$$

$$M_{aw} = \left[0.5(\delta_1^2 + \delta_2^2) - (\delta_1 + \delta_2) + \frac{2x}{\beta_1 h_0} - \left(\frac{x}{\beta_1 h_0}\right)^2\right] t_w {h_0}^2 f_a \tag{11-4}$$

（2）当 $\delta_1 h_0 < \frac{x}{\beta_1}, \delta_2 h_0 < \frac{x}{\beta_1}$ 时

$$N_{aw} = (\delta_2 - \delta_1) t_w h_0 f_a \tag{11-5}$$

$$M_{aw} = \left[0.5(\delta_1^2 - \delta_2^2) + (\delta_2 - \delta_1)\right] t_w h_0^2 f_a \tag{11-6}$$

受拉或受压较小的钢筋应力 σ_s 和型钢翼缘应力 σ_a 可按下列规定计算。

（1）当 $x \leqslant \xi_b h_0$ 时

$$\sigma_s = f_y, \sigma_a = \sigma_{aa} = f_a \tag{11-7}$$

（2）当 $x > \xi_b h_0$ 时

$$\sigma_s = \frac{f_y}{\xi_b - \beta_1}\left(\frac{x}{h_0} - \beta_1\right) \tag{11-8}$$

$$\sigma_a = \frac{f_a}{\xi_b - \beta_1}\left(\frac{x}{h_0} - \beta_1\right) \tag{11-9}$$

$$\sigma_{aa} = \frac{f_a}{\xi_b - \beta_1}\left(\frac{x}{h_0} - \beta_1\right)\left(1 - \frac{\beta_1 x}{h_0 - x}\right) \tag{11-10}$$

其中

$$\xi_b = \frac{\beta_1}{1 + \frac{f_y + f_a}{2 \times 0.003 E_s}} \tag{11-11}$$

试件水平承载力计算：

$$F = M/H\text{，}\quad M = Ne_0\text{，}\quad e_0 = e + a - h/2 - e_a \tag{11-12}$$

式中，e 为轴向力作用点至纵向受拉钢筋和型钢受拉翼缘的合力点之间的距离；e_0 为轴向力对截面重心的偏心距；e_1 为初始偏心距；e_a 为附加偏心距，宜取 20mm 和偏心方向截面尺寸的 1/30 两者中的较大值；α_1 为受压区混凝土压应力影响系数；β_1 为受压区混凝土应力图形影响系数；M 为柱端较大弯矩设计值，当需要考虑挠曲产生的二阶效应时，柱端弯矩 M 应按现行国家标准《混凝土结构设计规范（2015 年版）》（GB 50010—2010）的规定确定；N 为与弯矩设计值 M 相对应的轴向压力设计值；M_{aw} 为型钢腹板承受的轴向合力对受拉或受压较小边型钢翼缘和纵向钢筋合力点的力矩；N_{aw} 为型钢腹板承受的轴向合力；f_c 为混凝土轴心抗压强度设计值；f_a、f_a' 为型钢抗拉、抗压强度设计值；f_y、f_y' 为钢筋抗拉、抗压强度设计值；A_s、A_s' 为受拉、受压翼缘的截面面积；A_{af}、A_{af}' 为

型钢受拉、受压翼缘的截面面积；A_{aaf}、A'_{aaf}为型钢受拉内侧、受压翼缘的截面面积；H为基础顶面至加载装置球铰转动中心的距离；b为截面宽度；h为截面高度；h_0为截面有效宽度；t_w为型钢腹板厚度；t_f、t'_f为型钢受拉、受压翼缘厚度；E_s为钢筋弹性模量；x为混凝土等效受压区高度；a_s、a_a为受拉区钢筋、型钢翼缘合力点至截面受拉边缘的距离；a'_s、a'_a为受压区钢筋、型钢翼缘合力点至截面受压边缘的距离；a_{af}、a'_{af}为受拉区及受压区型钢内侧翼缘合力点至截面受拉、受压边缘的距离；ξ_b为相对界限受压区高度；a为型钢受拉翼缘与受拉钢筋合力点至截面受拉边缘的距离；δ_1为型钢腹板上端至截面上边的距离与h_0的比值，为型钢腹板上端至截面上边的距离；δ_2为型钢腹板下端至截面上边的距离与h_0的比值，为型钢腹板下端至截面上边的距离。

按照式（11-12）的承载力计算公式，计算所得试件水平承载力计算值与实测值见表 11-6。

表 11-6 试件水平承载力计算值与实测值

试件编号	设计材料强度 F_1/kN	试验屈服荷载 F_y/kN	实测材料强度 F_2/kN	试验峰值荷载 F_p/kN	F_y/F_1	F_p/F_2
C1-7X9H	1227.7	1739.8	2218.1	2322.5	1.417	1.047
C2-7X9H	981.2	1502.0	2032.2	2072.2	1.531	1.020
C4-5X6L	771.3	1130.0	1518.5	1462.8	1.465	0.963
C2-7X9L	869.7	1434.6	1894.4	1823.7	1.650	0.963
C4-7X6L	713.6	951.4	1391.8	1316.2	1.333	0.946
C1-7Y6H	1218.8	1480.1	1947.9	1922.9	1.214	0.987
C1-7Y9H	1101.4	1298.3	2009.1	1949.1	1.179	0.970
C1-7Y9L	975.3	1547.3	1896.1	1884.1	1.586	0.994
C1-5Y6L	916.3	1458.7	1859.0	1879.2	1.592	1.011
C3-7Y6H	1189.1	1397.2	1871.2	1824.9	1.175	0.975
C3-7Y9H	1229.2	1459.5	1959.2	1961.0	1.187	1.001

由表 11-6 可知：采用材料强度设计值计算所得设计承载力F_1小于实测屈服荷载F_y；采用材料强度实测值计算所得峰值承载力F_2与实测峰值荷载F_p符合较好。

11.3.2 斜截面受剪承载力

参照《组合结构设计规范》（JGJ 138—2016）的规定，框架柱受剪截面在持久、短暂设计情况下应符合

$$V_c \leqslant 0.45\beta_c f_c b h_0 \tag{11-13}$$

$$\frac{f_a t_w h_w}{\beta_c f_c b h_0} \geqslant 0.10 \tag{11-14}$$

同时，偏心受压框架柱斜截面在持久、短暂设计情况下受剪承载力为

$$V_c \leqslant \frac{1.75}{\lambda+1} f_t b h_0 + f_{yv}\frac{A_{yv}}{s}h_0 + \frac{0.58}{\lambda} f_a t_w h_w + 0.07N \tag{11-15}$$

式中，N 为轴向压力设计值，当 $N > 0.3f_cA_c$ 时，$N = 0.3f_cA_c$；V_c 为剪力设计值；λ 为柱的计算剪跨比，按 $M/(Vh_0)$ 或 $H/2h_0$ 计算，小于 1 时取 1，大于 3 时取 3，其中，M 为弯矩，V 为剪力，h_0 为柱高，H 为层间柱高；f_{yv} 为箍筋屈服强度设计值；A_{yv} 为柱截面所有肢箍筋截面面积之和；f_c 为混凝土轴心抗压强度设计值；s 为箍筋间距；f_a 为柱中型钢屈服强度设计值；t_w 为柱中型钢腹板厚度；h_w 为柱中型钢腹板高度。

11.3.3　承载力计算结果

将计算所得的型钢混凝土巨型柱正截面抗弯承载力、斜截面抗剪承载力计算结果与实测结果列于表 11-7。表 11-7 中，F_u^t 为试验实测试件水平峰值荷载；F_u^c 为计算所得试件正截面抗弯承载力对应水平荷载；V_u^c 为计算所得试件的斜截面抗剪承载力对应的水平荷载。

表 11-7　型钢混凝土巨型柱正截面抗弯承载力、斜截面抗剪承载力计算结果与实测结果

试件编号	F_u^t /kN	F_u^c /kN	$0.45f_cbh_0$	V_u^c /kN	破坏类型
C1-7X9H	2322.5	2218.1	10010.1	3218.3	弯曲破坏为主，非剪切破坏
C2-7X9H	2072.2	2032.2	10010.4	3190.4	
C2-7X9L	1823.7	1894.4	10010.4	2991.1	
C4-5X6L	1462.8	1518.5	7520.5	2426.3	
C4-7X6L	1316.2	1391.8	6862.0	2254.5	
C1-7Y6H	1947.9	1922.9	11834.6	6493.7	
C1-7Y9H	2009.1	1949.1	11834.6	6494.1	
C1-7Y9L	1896.1	1884.1	11834.6	6490.7	
C1-5Y6L	1859.0	1879.2	9406.2	6311.0	
C3-7Y6H	1871.2	1824.9	11834.6	6493.7	
C3-7Y9H	1959.2	1961.0	11834.6	6494.1	

对比表 11-7 中 F_u^c 和 V_u^c 可见：试件正截面抗弯承载力小于斜截面抗剪承载力，故试件会发生受弯为主的破坏而非剪切破坏。

11.4　有限元分析

利用 ABAQUS 软件，建立了型钢混凝土巨型柱的有限元模型，模拟分析各试件的损伤破坏形态及峰值承载力等，与试验结果进行了对比。

11.4.1　混凝土柱应力云图

计算所得试件的应力云图与实测试件的损伤形态对比如图 11-24 所示，所取应力云图为峰值荷载对应的应力状态，可见计算所得应力云图与实测损伤形态基本相符。

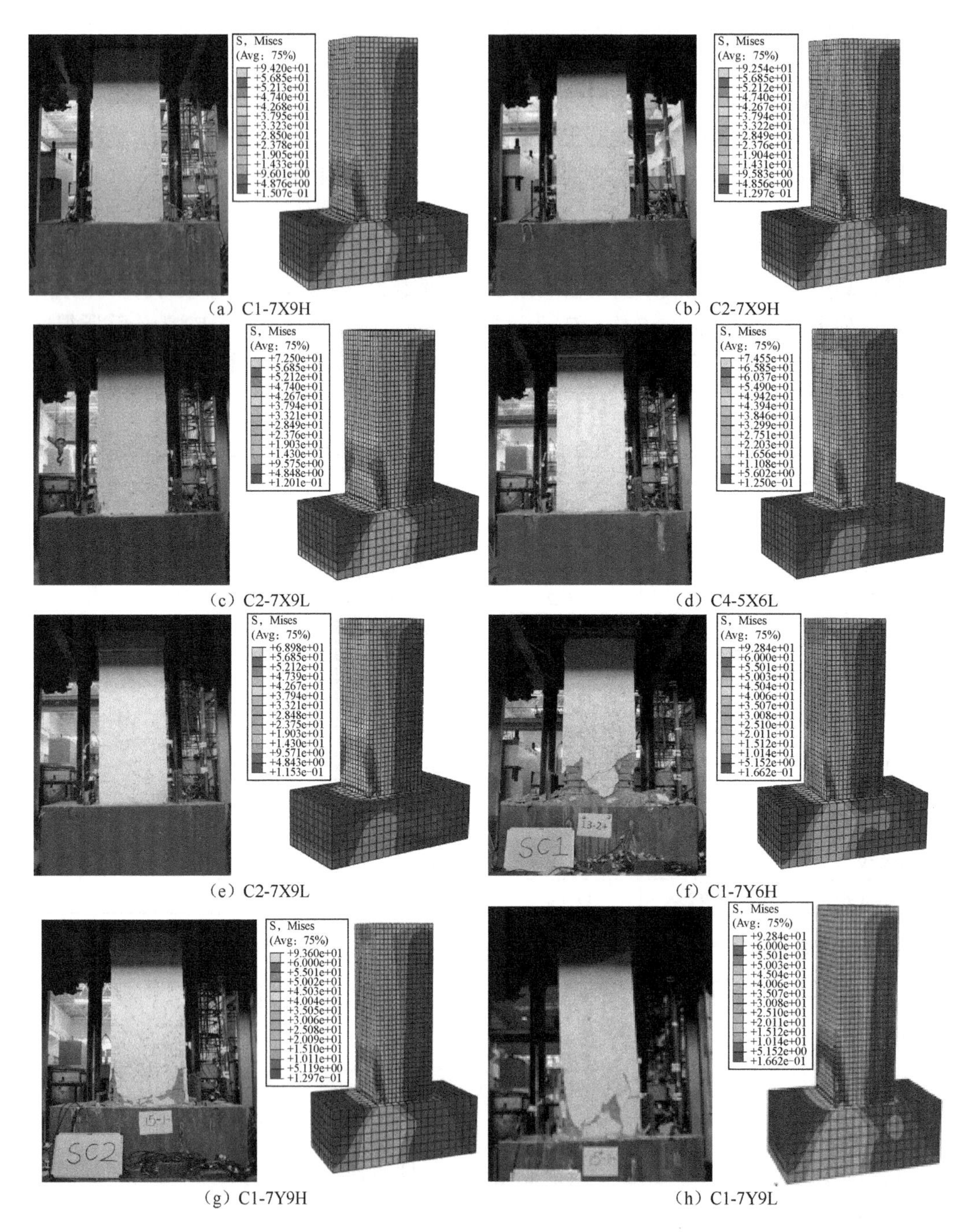

图 11-24　计算所得试件的应力云图与实测试件的损伤形态对比

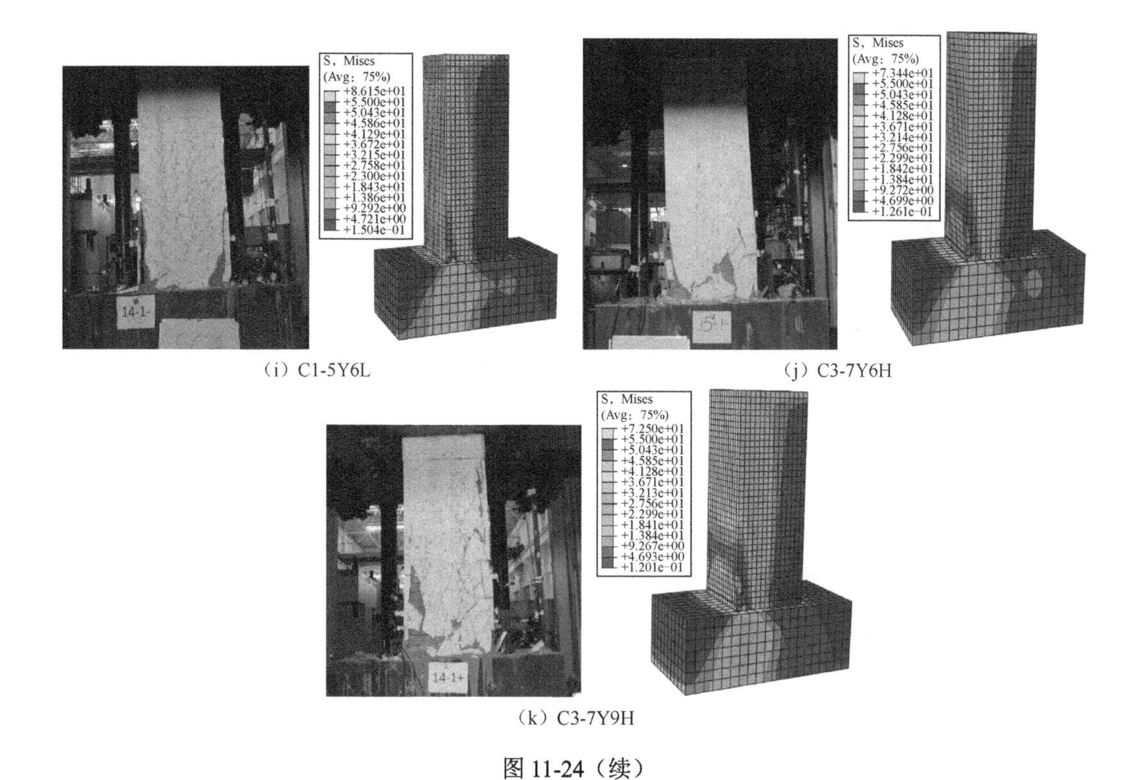

（i）C1-5Y6L　　（j）C3-7Y6H

（k）C3-7Y9H

图 11-24（续）

11.4.2　型钢及钢筋骨架应力云图

计算所得型钢与钢筋骨架的应力云图如图 11-25 所示，图中所取应力云图为峰值荷载对应的应力状态。

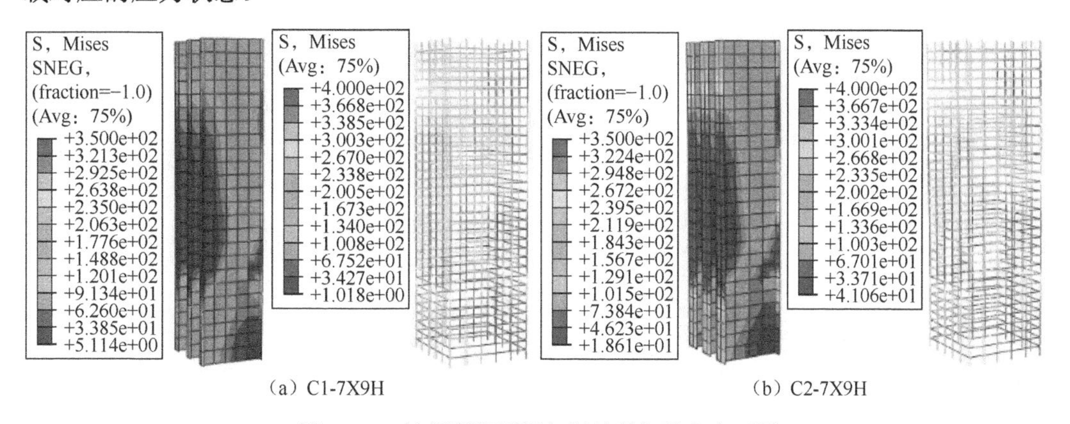

（a）C1-7X9H　　（b）C2-7X9H

图 11-25　计算所得型钢与钢筋骨架的应力云图

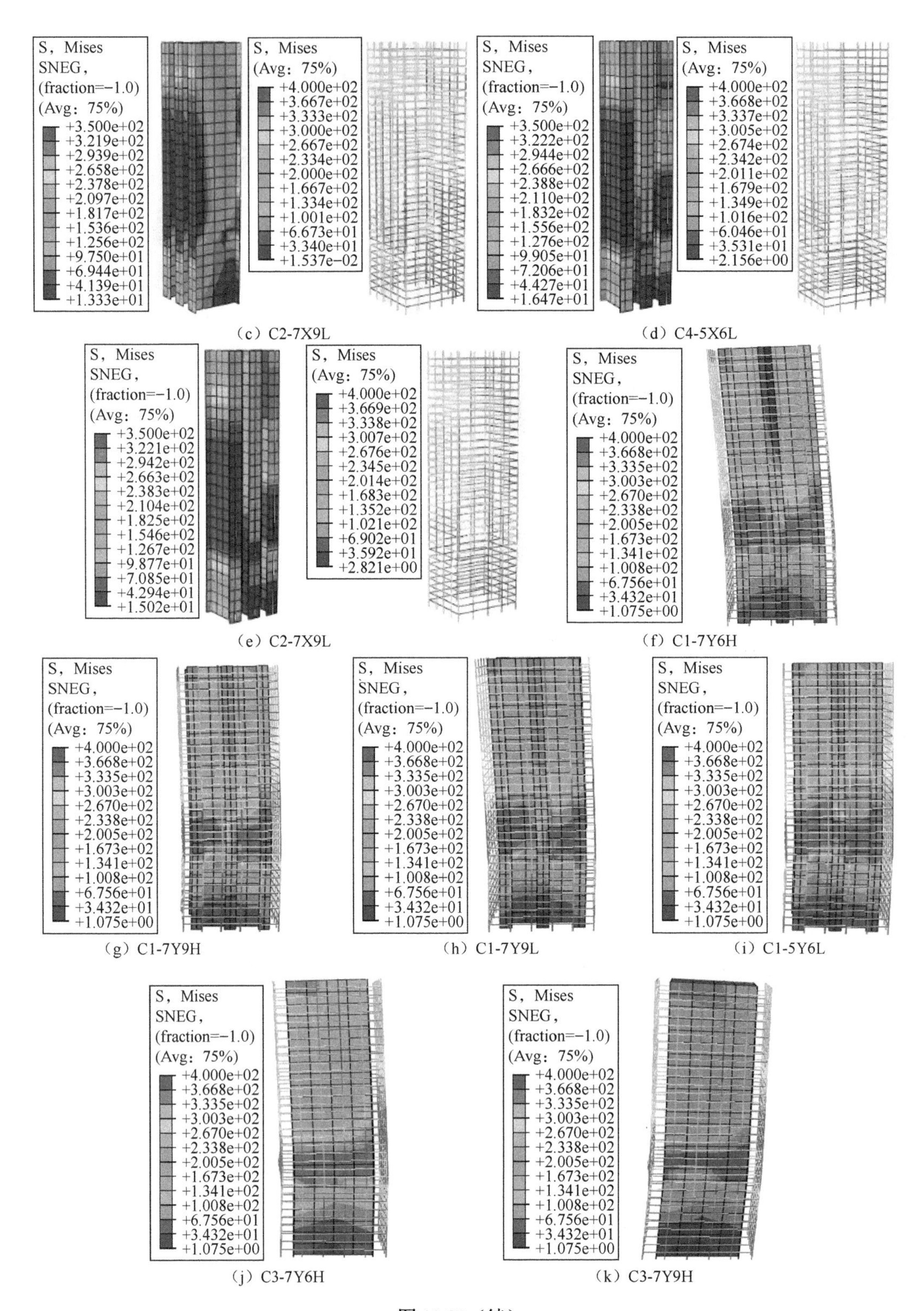

（c）C2-7X9L　（d）C4-5X6L

（e）C2-7X9L　（f）C1-7Y6H

（g）C1-7Y9H　（h）C1-7Y9L　（i）C1-5Y6L

（j）C3-7Y6H　（k）C3-7Y9H

图 11-25（续）

11.4.3　骨架曲线

部分试件计算所得水平荷载-水平位移（F-Δ）曲线与试验所得曲线对比如图 11-26 所示。由于试验中的混凝土为具有一定初始缺陷的非匀质材料，而有限元软件中采用的是理想的匀质材料，所以 ABAQUS 分析得到的试件刚度会略大于试验所得刚度。又因钢和混凝土两种材料间的黏结滑移在 ABAQUS 中被忽略了，所以有限元计算得到的峰值荷载对应的位移会小于试验所得对应的位移。

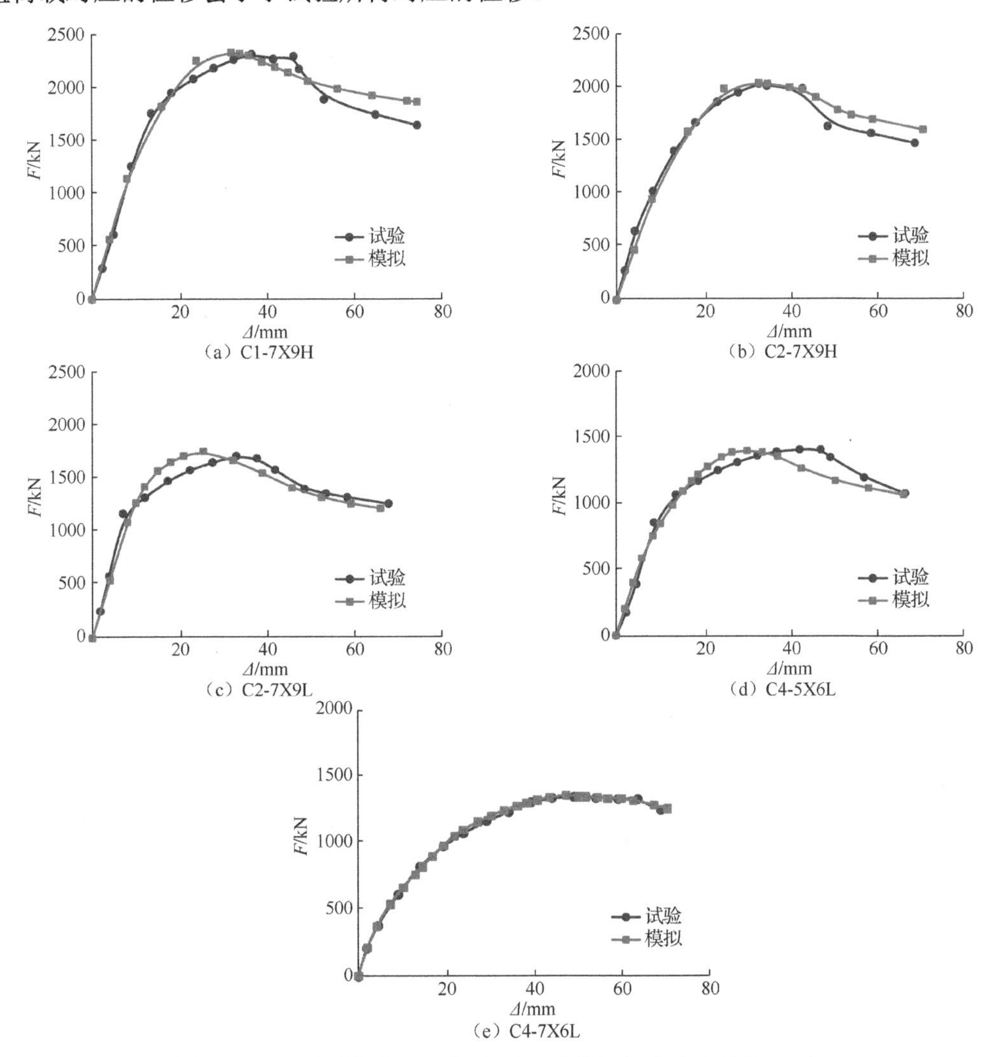

图 11-26　计算所得水平荷载-水平位移曲线与试验所得曲线对比

11.5　工程案例与应用

1）合肥宝能 T1 塔楼

合肥宝能 T1 塔楼，地下 5 层，地上 119 层，建筑高度 588m，结构高度 553m。建筑平面尺寸：底层 64.2m×64.2m，顶层 51.4m×51.4m；建筑功能为商业、办公和酒店；建筑面积地上约 37.8 万 m^2，地下约 2.0 万 m^2。平面四边布置 8 根矩形截面型钢混凝土巨型柱，每边 2 根，从下至上共分为 6 个截面，在各区分别与环形桁架相连，形成巨型框架；底部巨型柱截面 4.7m×4.7m，截面面积 22.09m^2，顶部截面 2.5m×2.5m，截面面积 6.25m^2。合肥宝能 T1 塔楼抗侧力体系效果图如图 11-27 所示。合肥宝能 T1 塔楼典型楼层结构平面图及型钢混凝土巨型柱截面如图 11-28 所示。

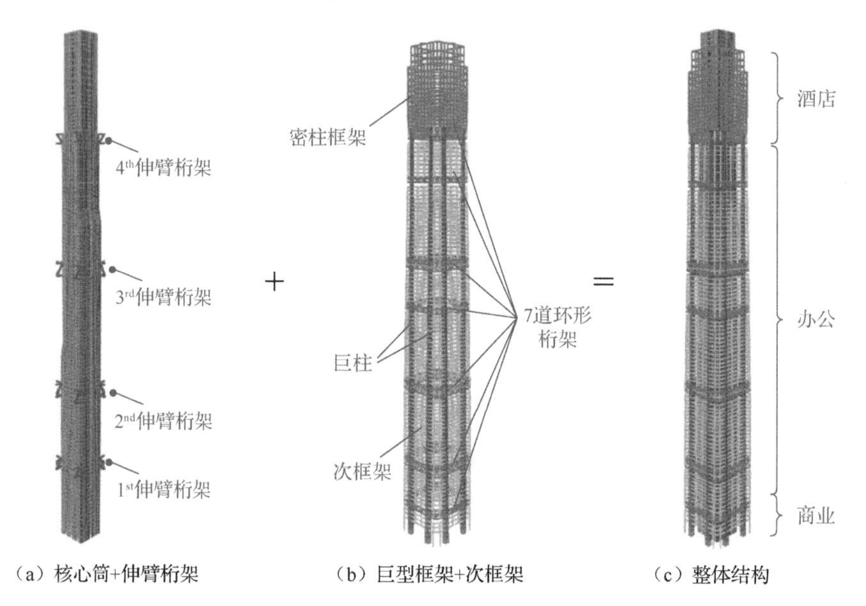

（a）核心筒+伸臂桁架　（b）巨型框架+次框架　（c）整体结构

图 11-27　合肥宝能 T1 塔楼抗侧力体系效果图

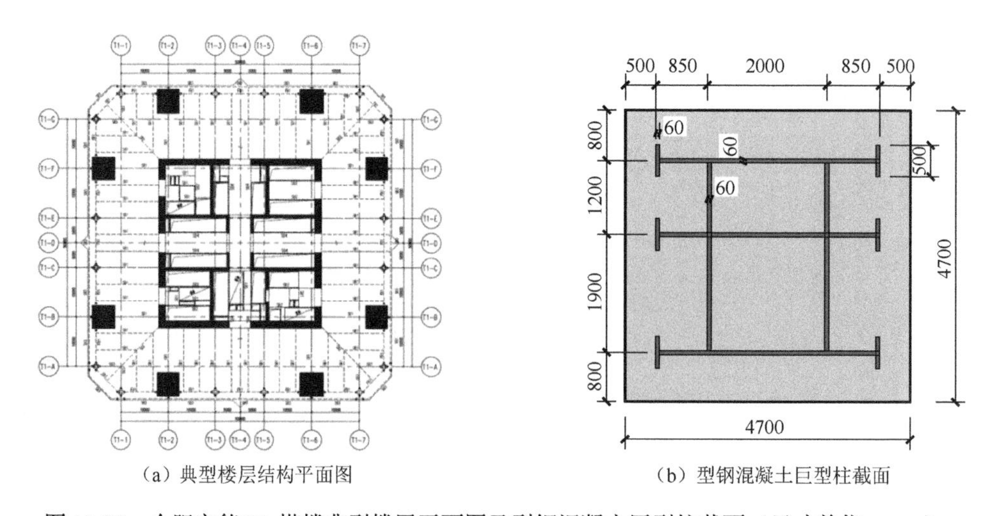

（a）典型楼层结构平面图　（b）型钢混凝土巨型柱截面

图 11-28　合肥宝能 T1 塔楼典型楼层平面图及型钢混凝土巨型柱截面（尺寸单位：mm）

2）合肥恒大中心塔楼

合肥恒大中心塔楼抗侧力体系效果图在图 12-34 给出。合肥恒大中心塔楼典型楼层结构平面图及型钢混凝土巨型柱截面在图 12-35 给出。

3）大连绿地中心塔楼

大连绿地中心塔楼是一幢以甲级写字楼为主，附有五星级豪华商务酒店、公寓及相关配套设施的超高层建筑。建筑塔冠高度为 518m，地上 83 层，地下 5 层，结构屋面标高为 400.8m。建筑物平面的三个角部布置 6 根五边形截面内置钢板连接的分布式矩形钢管型钢混凝土巨型柱，从基底贯通至结构顶部，在各区段分别与环形桁架相连，形成刚度很大的巨型框架。从基底到 38 层，巨型柱为直柱；从 39 层开始，位于六个角部的巨型柱开始逐渐倾斜。巨型柱底部截面面积约 $19m^2$，沿高度逐渐内收，外侧保持平齐，顶部楼层约 $8m^2$。低区平面环带桁架（兼作转换桁架）跨度较大，且为弧形状。为了减少转换桁架跨度且减小竖向荷载作用下环带桁架承担的扭矩，在位于三角形平面三边的中间布置 6 根正方形截面内置王字形型钢混凝土巨型柱，每边 2 根。高区平面由于建筑体型逐渐内收，转换桁架跨度逐渐减小，且尽可能将竖向荷载传递给角柱，以平衡水平荷载作用下巨型角柱承担的拉力。从 38 层开始取消边柱。巨型边柱从基底延伸至 38 层。巨型边柱为直柱，截面为矩形，底部截面面积为 $6.25m^2$，向上收为 $4.0m^2$。大连绿地中心塔楼抗侧力体系如图 11-29 所示。典型楼层结构平面图及型钢混凝土巨型柱截面如图 11-30 所示。

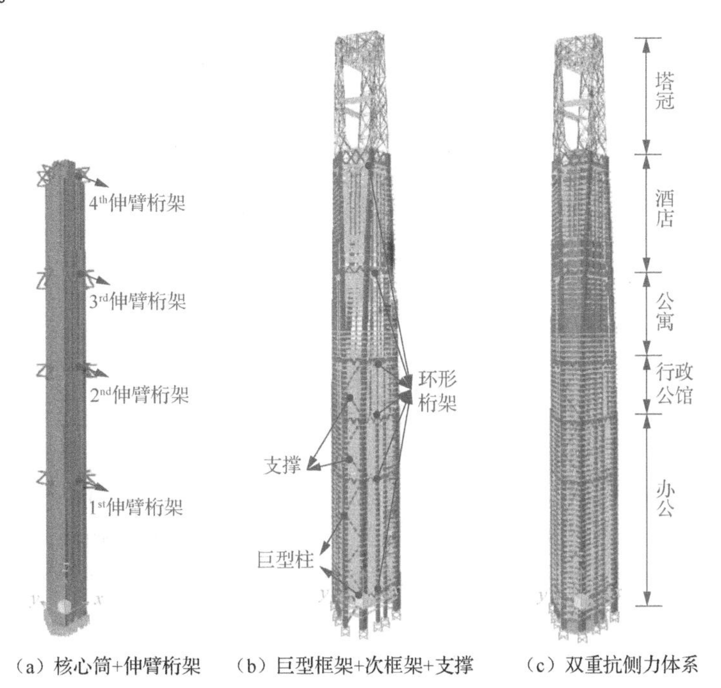

图 11-29　大连绿地中心塔楼抗侧力体系

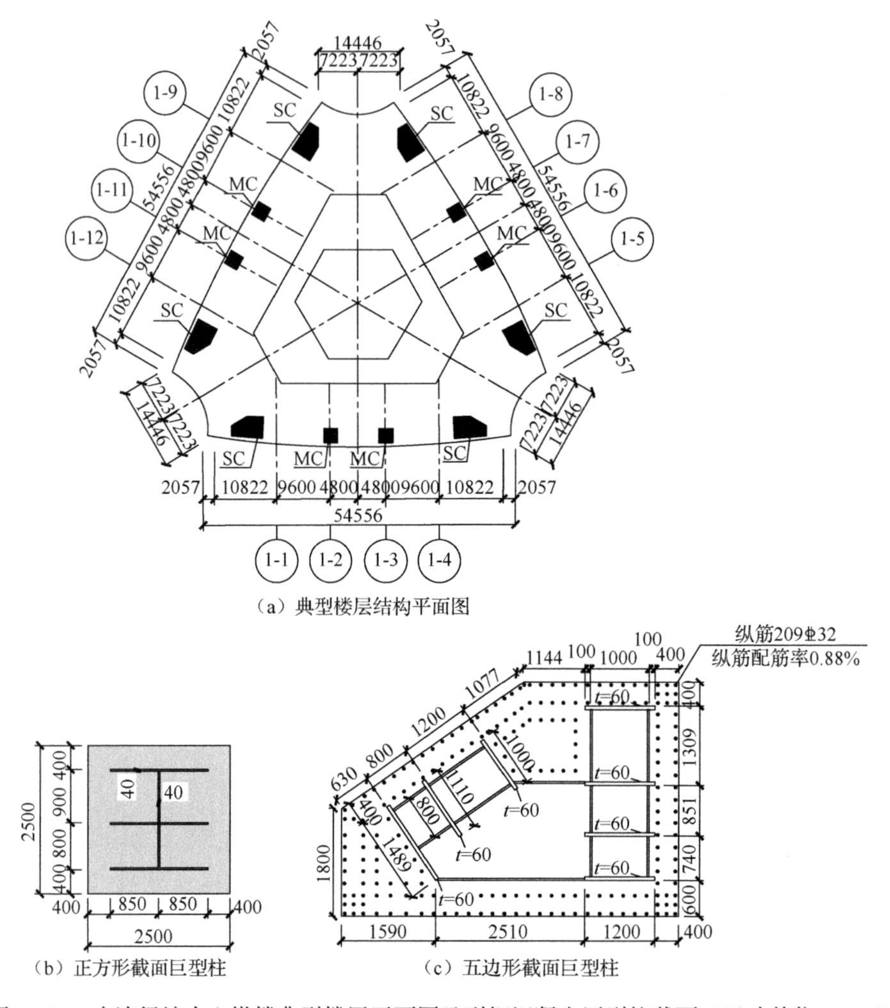

（a）典型楼层结构平面图

（b）正方形截面巨型柱　　（c）五边形截面巨型柱

图 11-30　大连绿地中心塔楼典型楼层平面图及型钢混凝土巨型柱截面（尺寸单位：mm）

11.6　小　　结

本章对 11 个高轴压比下方形、矩形截面型钢混凝土巨型柱试件进行了低周往复荷载试验，以配钢型式、配钢率和混凝土强度为研究参数，分析了破坏形态、滞回和骨架曲线、承载力及变形性能、刚度退化及耗能等力学性能的区别。主要结论如下。

1）沿 X 轴加载试件

（1）三个方形截面和两个矩形截面 SRC 巨型柱的滞回曲线均较饱满，耗能性能良好；方形截面试件极限位移角均值为 1/40，矩形截面试件极限位移角均值为 1/36，说明在高轴压比下各型钢混凝土巨型柱仍可以保持较好变形能力。

（2）配钢率相同的条件下，“连通带翼双王字形型钢”试件 C1-7X9H 的承载力和耗能能力明显高于“带翼王字形型钢”试件 C2-7X9H，水平承载力提高了 12.1%。

（3）配钢型式相同的条件下，配钢率 5.49%的试件 C2-7X9H 与配钢率 4.10%的试件 C2-7X9L 相比，承载力提高了 13.6%，初始刚度、累积耗能明显增大。

(4)混凝土强度为 C70 的试件 C4-5X6L 与混凝土强度为 C50 的试件 C4-7X6L 相比，水平承载力提高了 11.1%，初始刚度、累积耗能明显增大。

（5）各试件在高轴压比下仍基本满足平截面假定。

2）沿 Y 轴加载试件

（1）因此次试验的设计轴压比为 0.9，当处于弹塑性阶段时，配钢率越高，试件受压造成的竖向受压裂缝亦发展较为明显；试件破坏后期，外层混凝土易损伤破碎，柱子下部箍筋外侧混凝土脱落，箍筋外露，配钢率高的试件外侧混凝土脱落更多。

（2）高强度混凝土试件承载力更高，峰值之后刚度、强度退化较慢，延性更好，更适合作为高轴压比下的持荷构件。

（3）轴压比、型钢配钢率对于型钢混凝土柱的刚度退化影响不大，混凝土强度是型钢混凝土柱刚度退化的重要影响因素。

作者与华东建筑设计研究院有限公司合作，以合肥宝能 T1 塔楼正方形截面内置连通带翼双王字形型钢混凝土巨型柱、合肥恒大中心塔楼矩形截面内置带翼王字形型钢混凝土巨型柱、大连绿地中心塔楼正方形截面内置王字形型钢混凝土巨型柱为原型，进行了巨型柱模型试件的低周往复荷载下抗震性能试验研究、理论分析、数值模拟和构造研究。

本章研究为合肥宝能 T1 塔楼正方形截面巨型柱、合肥恒大中心塔楼矩形截面巨型柱、大连绿地中心塔楼正方形截面巨型柱的抗震设计提供了依据。

参 考 文 献

[1] 中华人民共和国住房和城乡建设部. 组合结构设计规范: JGJ 138—2016 [S]. 北京: 中国建筑工业出版社, 2016.

[2] 孙慧中, 沈文都, 陈才华, 等. 型钢混凝土偏心受压构件正截面受压承载力计算方法及试验验证[J]. 建筑结构, 2019, 49(19): 136-140.

[3] 曹源. 型钢混凝土规程对比研究[J]. 工业建筑, 2017(增刊): 1106-1112.

[4] 马辉. 型钢再生混凝土柱抗震性能及设计计算方法研究[D]. 西安: 西安建筑科技大学, 2013.

第 12 章　异形截面型钢混凝土巨型柱抗震性能

12.1　试 验 概 况

12.1.1　试件设计

大连绿地中心塔楼，采用了两种截面的型钢混凝土巨型柱，一种是正方形截面内置王字形型钢混凝土巨型柱；另一种是五边形截面内置钢板连接的分布式矩形钢管型钢混凝土巨型柱。本章研究五边形截面内置钢板连接的分布式矩形钢管型钢混凝土巨型柱，底部巨型柱截面最大边长为 5700mm，含钢率为 4.65%；设计了 1/8.14 缩尺的模型试件，试件截面最大边长为 700mm。

武汉绿地中心塔楼，楼体横切面为“三叶草”外形。外框巨型柱 12 根：6 根角柱为直角梯形截面内置带翼非规则 H 型钢混凝土巨型柱，底部巨型柱截面最大边长为 4738mm，含钢率为 4.0%；6 根边柱为直角梯形截面内置带翼非规则十字形型钢混凝土巨型柱，最大边长为 3720mm，含钢率为 4.0%。本章设计了 1/6.8 缩尺的直角梯形截面内置带翼非规则 H 型钢混凝土巨型柱的模型试件，试件截面最大边长为 700mm；设计了 1/5.3 缩尺的直角梯形截面内置带翼非规则十字形型钢混凝土巨型柱的模型试件，试件截面最大边长为 700mm。

本章共设计了 6 个异形截面型钢混凝土柱试件，编号分别为 SSC1～SSC6。试件截面参数：①试件 SSC1 和试件 SSC2，二者区别在于内置型钢形式不同；试件 SSC1 为五边形截面内置钢板连接的分布式矩形钢管型钢混凝土柱试件，试件 SSC2 为五边形截面内置分离式矩形钢管型钢混凝土柱试件，两者截面尺寸相同，截面最大边长为 700mm，柱身纵筋采用 14 根直径为 20mm 的 HRB400 级钢筋，纵筋截面总面积 A_s=4398mm^2，配筋率为 1.52%，柱身箍筋采用直径为 12mm、间距为 80mm 的 HRB400 级钢筋，体积配箍率为 1.16%，所用型钢由厚度为 6mm 的 Q345 钢板焊接而成，试件 SSC1 的含钢率为 5.16%，试件 SSC2 的含钢率为 3.91%。②试件 SSC3 和试件 SSC4 均为直角梯形截面内置带翼非规则 H 型钢混凝土柱试件，两者区别在于混凝土强度等级不同；两者截面尺寸相同，上底长 520mm，下底长 700mm，高为 465mm；柱身纵筋采用 14 根直径为 20mm 的 HRB400 级钢筋，纵筋截面总面积 A_s=4398mm^2，配筋率为 1.55%，柱身箍筋采用直径为 12mm、间距为 75mm 的 HRB400 级钢筋，体积配箍率为 1.29%，所用型钢为 Q345 钢板焊接而成，腹板和翼缘厚 8mm，翼缘端部翼板厚 6mm，含钢率为 3.98%。③试件 SSC5 和试件 SSC6 均为直角梯形截面内置带翼非规则十字形型钢混凝土柱试件，两者区别在于混凝土强度等级不同；两者截面尺寸相同，上底长 585mm，下底长 700mm，高为 564mm；试件柱身纵筋采用 18 根直径为 20mm 的 HRB400 级钢筋，纵筋截面总面

积 A_s=5655mm^2，配筋率为 1.56%，柱身箍筋采用直径为 12mm、间距为 70mm 的 HRB400 级钢筋，体积配箍率为 1.16%，所用型钢为 Q345 钢板焊接而成的带翼非规则十字形型钢，腹板厚度为 8mm，翼缘厚度分别为 10mm 和 12mm，含钢率为 4.10%。

6 个试件的柱身高为 1800mm，在柱顶 300mm 高度区域箍筋加密，箍筋间距为 50mm，同时在柱顶加设厚度为 6mm、高度为 200mm 的矩形钢板套箍，以防止柱顶侧面因受力不均被局部压碎，且便于柱顶与加载装置的矩形加载端头的连接。

设计轴压比 $n_d=N_d/(f_cA_c+f_aA_a)$，试验轴压比 $n_t=N/(f_{ck}A_c+f_{ay}A_a)$。其中，混凝土轴心抗压强度标准值 $f_{ck}=\alpha_{c1}\alpha_{c2}f_{cu}$，$\alpha_{c1}$=0.81，$\alpha_{c2}$=0.89；$f_{cu}$ 为混凝土立方体抗压强度，混凝土轴心抗压强度设计值 $f_c=f_{ck}/1.4$；N 为试验轴力，设计轴力 N_d=1.2N；A_c 为截面混凝土面积；A_a 为截面型钢面积；f_a 为型钢屈服强度设计值；f_{ay} 为型钢屈服强度。试件设计参数见表 12-1。表 12-1 中混凝土强度为实测混凝土立方体抗压强度。试件设计参数如图 12-1 所示。

表 12-1　试件设计参数

试件编号	配钢形式	混凝土抗压强度 f_{cu}/MPa	柱高/mm	试验轴力 F_N/kN	设计轴压比 n_d	试验轴压比 n_t
SSC1	整体式	58.7	1800	5150	0.58	0.29
SSC2	分离式	58.7	1800	5150	0.64	0.31
SSC3		58.7	1800	5150	0.65	0.32
SSC4		74.8	1800	5150	0.55	0.26
SSC5		58.7	1800	7500	0.73	0.36
SSC6		74.8	1800	7500	0.62	0.30

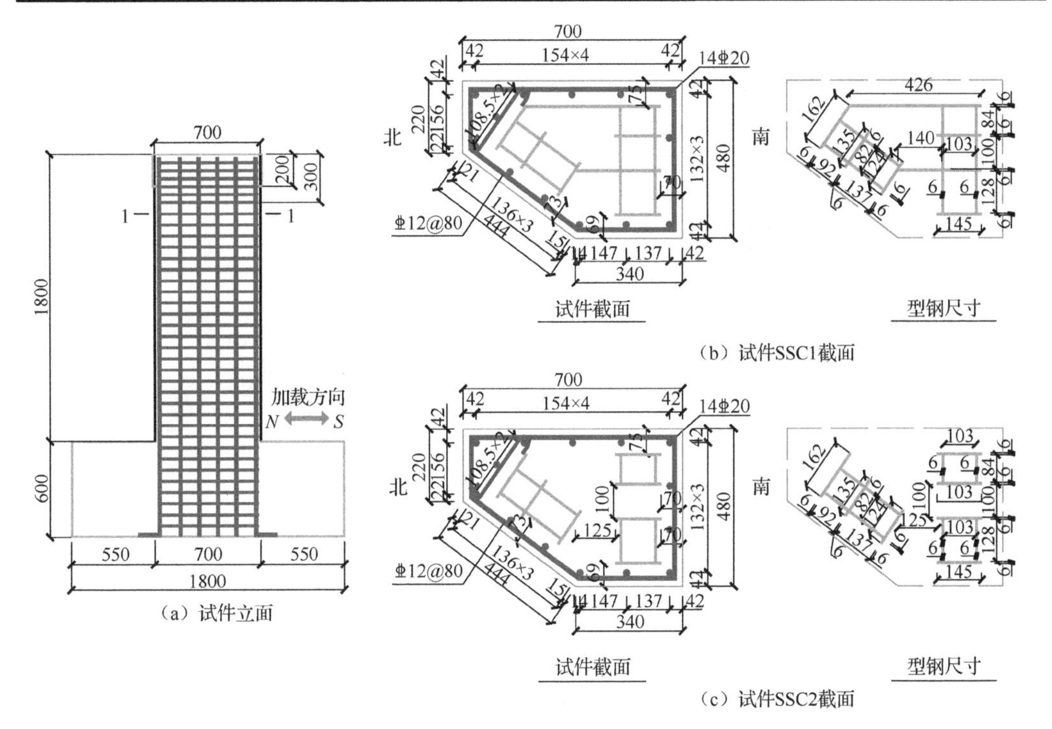

图 12-1　试件的几何尺寸、配筋及配钢（尺寸单位：mm）

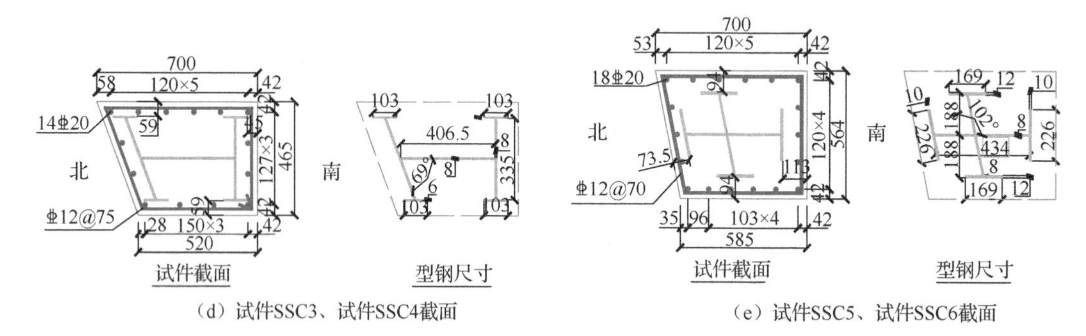

（d）试件SSC3、试件SSC4截面　　　　（e）试件SSC5、试件SSC6截面

图 12-1（续）

12.1.2　材料性能

实测钢筋和钢板材料力学性能如表 12-2 所示。

表 12-2　实测钢筋和钢板材料力学性能

钢材种类	屈服强度 f_y/MPa	极限强度 f_u/MPa	屈服应变 $\varepsilon/10^{-6}$	弹性模量 $E/(10^5\text{MPa})$	伸长率 δ/%
6mm 厚钢板	369	515	1791	2.06	19.1
8mm 厚钢板	361	510	1752	2.06	18.6
10mm 厚钢板	352	499	1717	2.05	16.4
12mm 厚钢板	374	542	1813	2.06	27.0
ϕ12 箍筋	465	639	2214	2.10	21.0
ϕ20 纵筋	522	645	2582	2.02	19.4

部分试件制作如图 12-2 所示。

（a）截面图

（b）立面图

图 12-2　部分试件制作

12.1.3　测点布置与加载方案

试验加载装置、加载方案及荷载位移测点布置同第 11 章。

在柱底距基础顶面 50mm、350mm、650mm 高度处沿同一截面布置纵筋应变片，并在相应位置布置箍筋和型钢应变片，以测量柱底预估塑性铰域各测点的应变。应变片布置及编号如图 12-3 所示，其中，字母 S 表示在型钢上布置的应变片，字母 Z 表示在纵筋上布置的应变片，字母 G 表示在箍筋上布置的应变片。

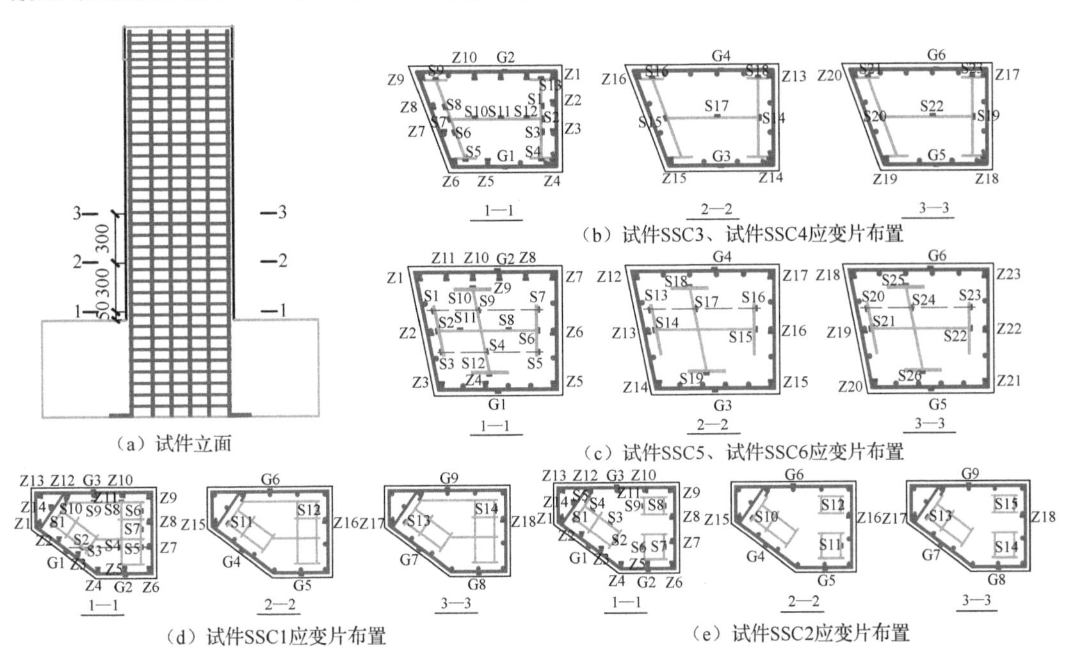

（a）试件立面

（b）试件SSC3、试件SSC4应变片布置

（c）试件SSC5、试件SSC6应变片布置

（d）试件SSC1应变片布置

（e）试件SSC2应变片布置

图 12-3　应变片布置及编号（尺寸单位：mm）

12.2　试验结果及分析

12.2.1　破坏形态

1）试件 SSC1

试件 SSC1 破坏过程如图 12-4 所示，最终破坏时裂缝开展情况如图 12-5 所示。

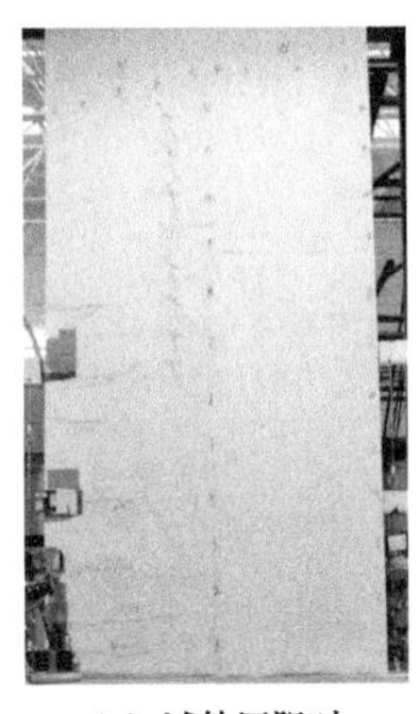
（a）试件屈服时

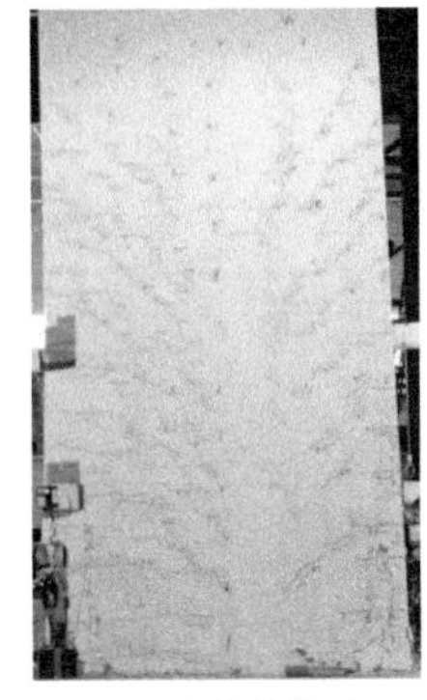
（b）峰值荷载时

（c）最终破坏时

图 12-4　试件 SSC1 破坏过程

（a）东面柱体裂缝

（b）北面、西北面柱体裂缝

（c）南面柱体裂缝

图 12-5　试件 SSC1 最终破坏时裂缝开展情况

2）试件 SSC2

试件 SSC2 破坏过程如图 12-6 所示，最终破坏时裂缝开展情况如图 12-7 所示。

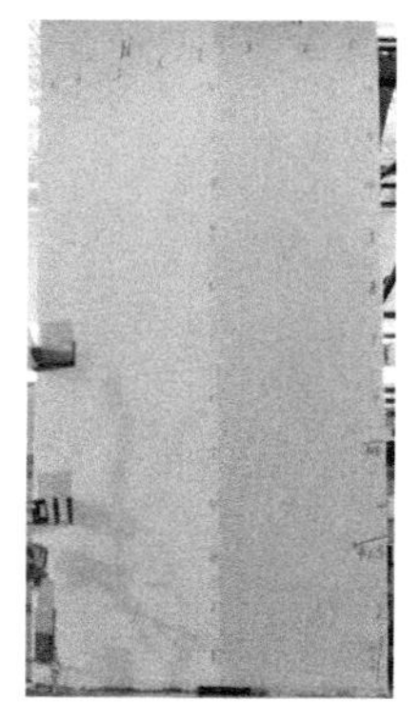
（a）试件屈服时

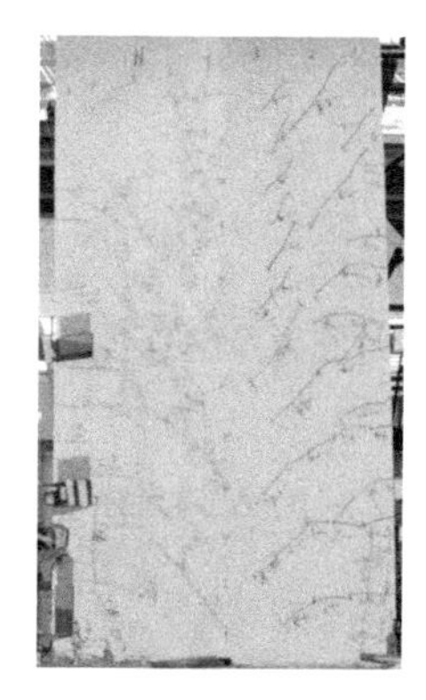
（b）峰值荷载时

（c）最终破坏时

图 12-6　试件 SSC2 破坏过程

（a）东面柱体裂缝

（b）北面、西北面柱体裂缝

（c）南面柱体裂缝

图 12-7　试件 SSC2 最终破坏时裂缝开展情况

试件 SSC1 与试件 SSC2 破坏形态对比如图 12-8 所示。

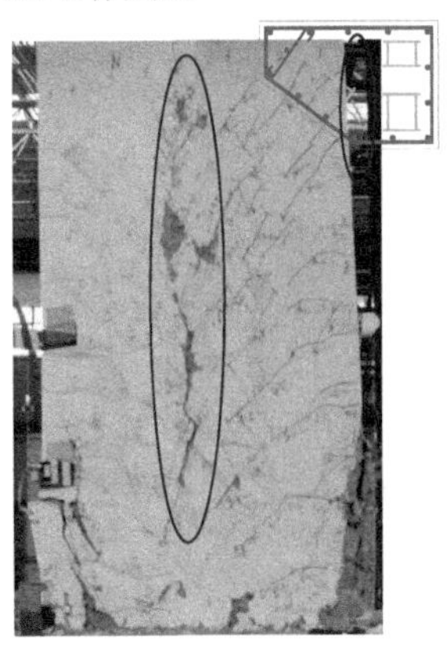

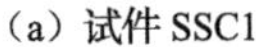

（a）试件 SSC1　　（b）试件 SSC2

图 12-8　试件 SSC1 与试件 SSC2 破坏形态对比

由图 12-4～图 12-8 可见：

（1）试件 SSC1 和试件 SSC2 经历了相似的损伤破坏过程。首先，试件的北面、西北面和南面在受拉时出现水平裂缝，在试验过程中水平裂缝逐渐延伸贯通，南北两面裂缝延伸至东西两面和西北面，并逐渐斜向下发展；其次，受压侧柱脚出现竖向裂缝，在试验过程中不断增多和向上延伸，底部混凝土经历起皮、压碎剥落、柱脚劈裂整体剥离等过程；最后，南北面保护层大量剥落并延伸至东面、西面和西北面，箍筋外露，纵筋压曲，试件承载力下降，达到最终破坏。因此，试件 SSC1 和试件 SSC2 均呈现以弯曲破坏为主的破坏。

（2）两试件的最终破坏形态有明显的差异，五边形截面内置钢板连接的分布式矩形钢管型钢混凝土柱试件 SSC1 比五边形截面内置分离式矩形钢管型钢混凝土柱试件 SSC2 截面型钢的整体性较好，没有出现试件 SSC2 柱身中部沿高开裂的现象，这种开裂，被试件 SSC1 截面内置分布式矩形钢管的连接钢板有效制约。

3）试件 SSC3

试件 SSC3 破坏过程如图 12-9 所示，最终破坏时裂缝开展情况如图 12-10 所示。

（a）试件屈服时

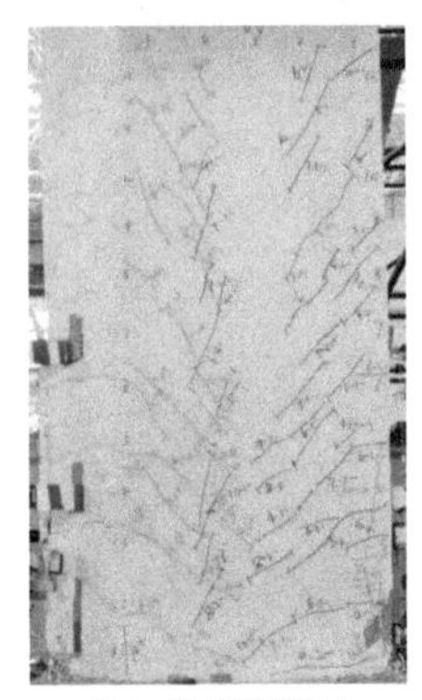

（b）峰值荷载时

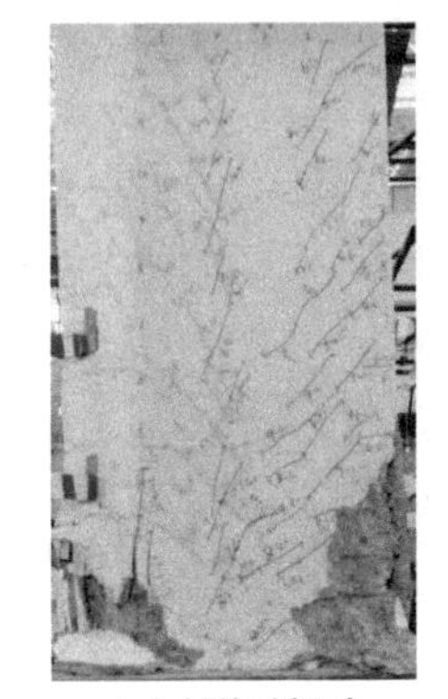

（c）最终破坏时

图 12-9　试件 SSC3 破坏过程

（a）东面柱体裂缝

（b）北面柱体裂缝

（c）南面柱体裂缝

图 12-10　试件 SSC3 最终破坏时裂缝开展情况

4）试件 SSC4

试件 SSC4 破坏过程如图 12-11 所示，最终破坏时裂缝开展情况如图 12-12 所示。

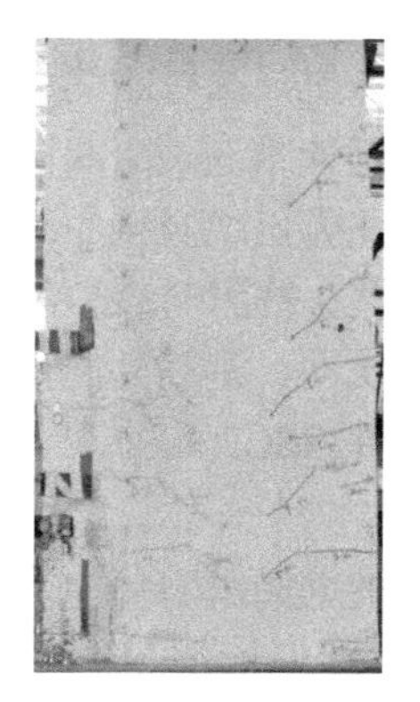
（a）试件屈服时

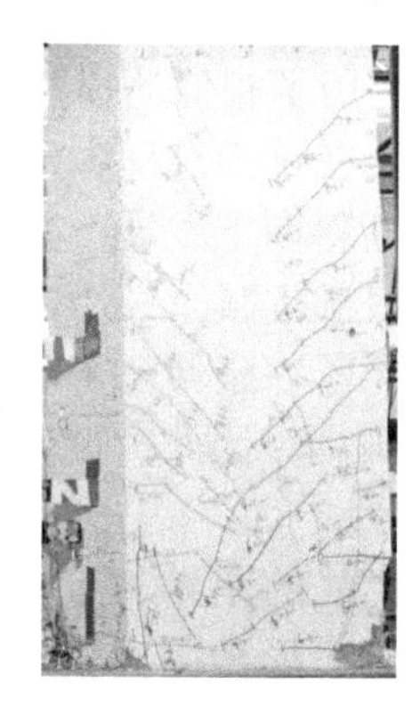
（b）峰值荷载时

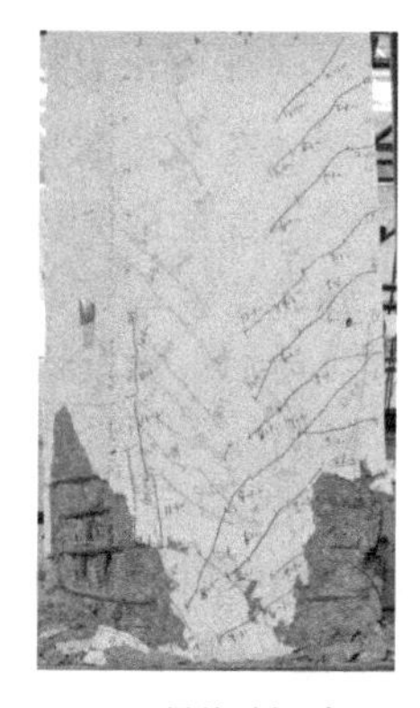
（c）最终破坏时

图 12-11　试件 SSC4 破坏过程

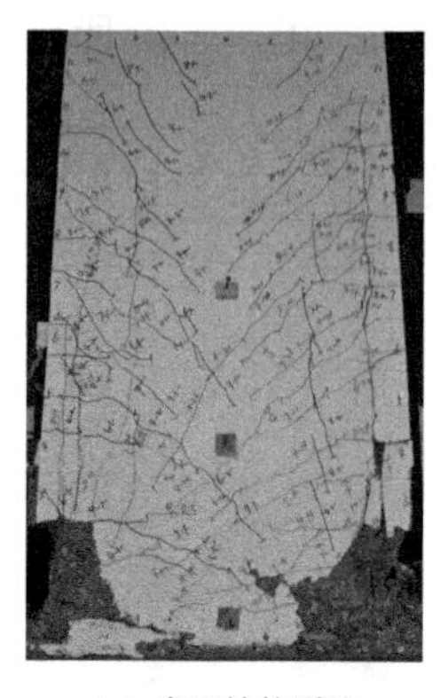
（a）东面柱体裂缝

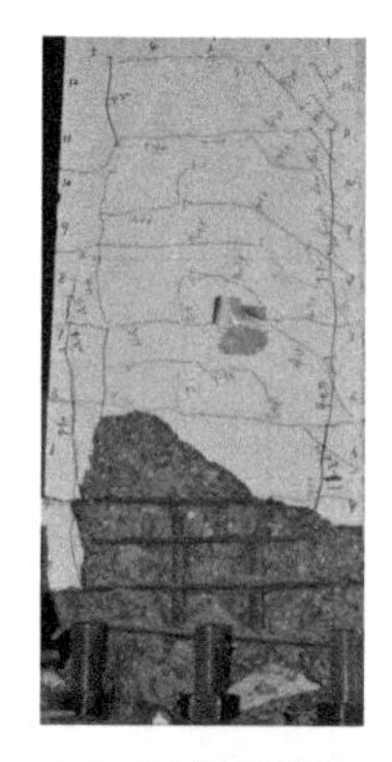
（b）北面柱体裂缝

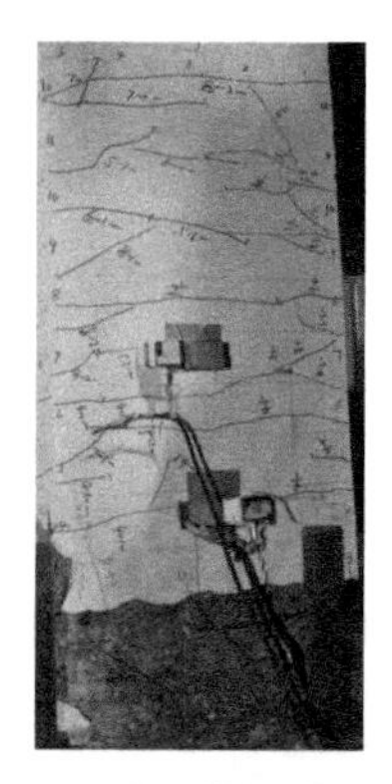
（c）南面柱体裂缝

图 12-12　试件 SSC4 最终破坏时裂缝开展情况

5）试件 SSC5

试件 SSC5 破坏过程如图 12-13 所示，最终破坏时裂缝开展情况如图 12-14 所示。

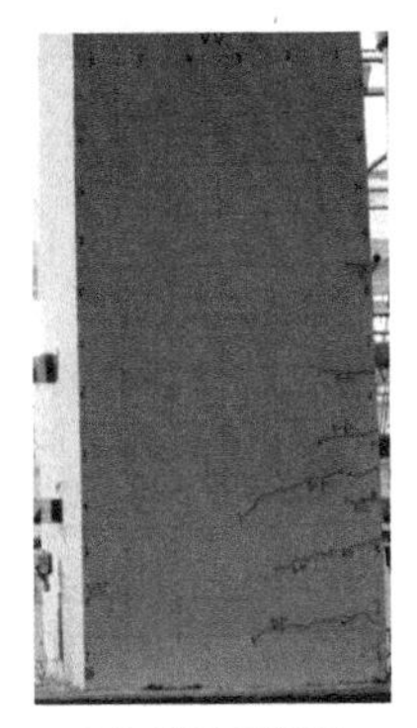

（a）试件屈服时

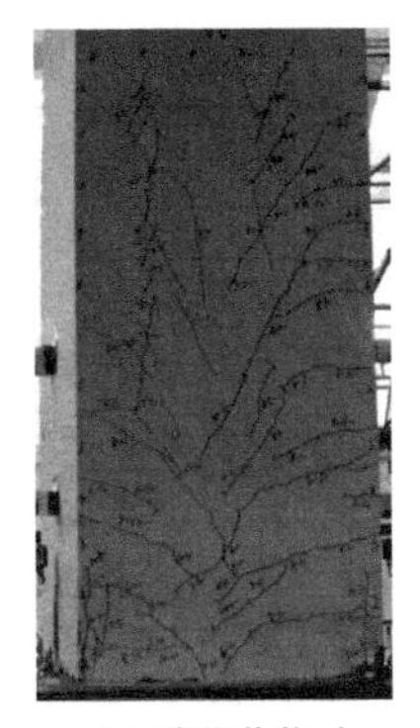

（b）峰值荷载时

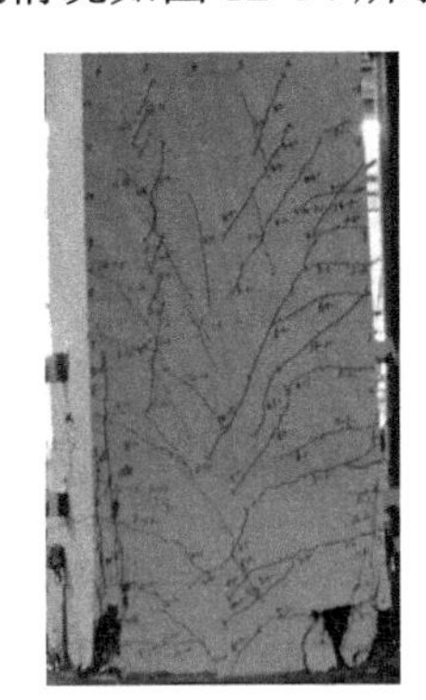

（c）最终破坏时

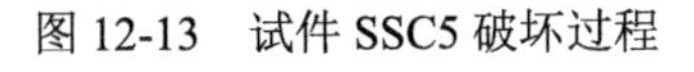

图 12-13　试件 SSC5 破坏过程

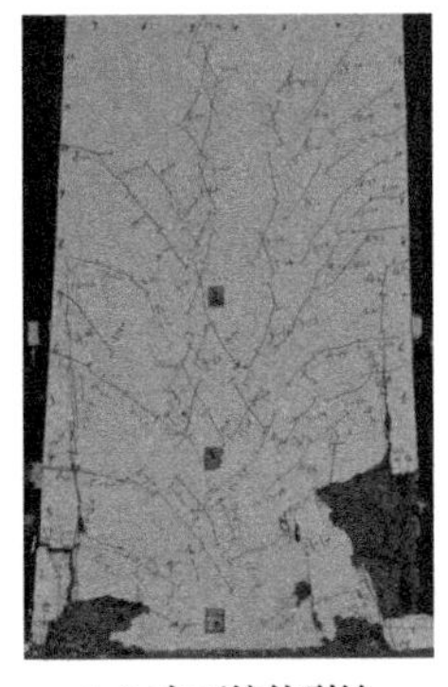

（a）东面柱体裂缝

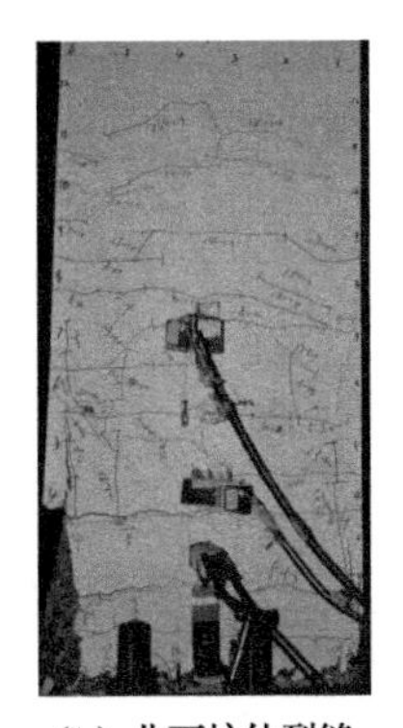

（b）北面柱体裂缝

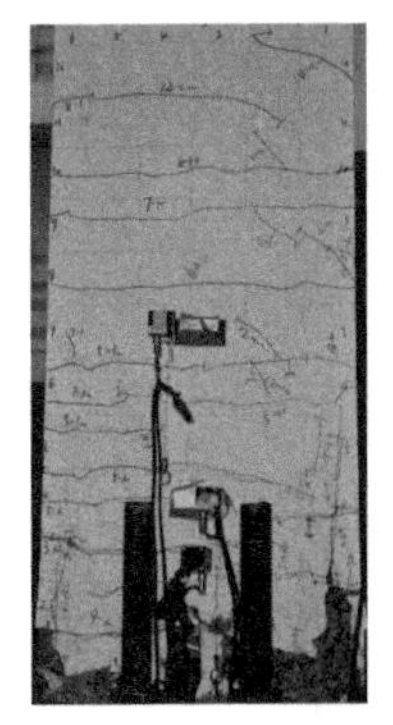

（c）南面柱体裂缝

图 12-14　试件 SSC5 最终破坏时裂缝开展情况

6）试件 SSC6

试件 SSC6 破坏过程如图 12-15 所示，最终破坏时裂缝开展情况如图 12-16 所示。

（a）试件屈服时

（b）峰值荷载时

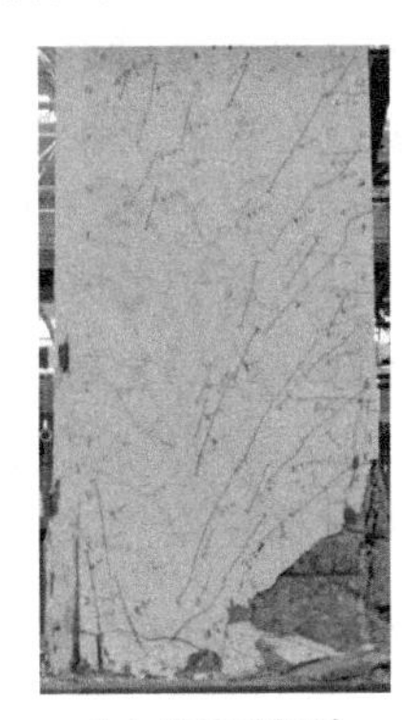

（c）最终破坏时

图 12-15　试件 SSC6 破坏过程

（a）东面柱体裂缝

（b）北面柱体裂缝

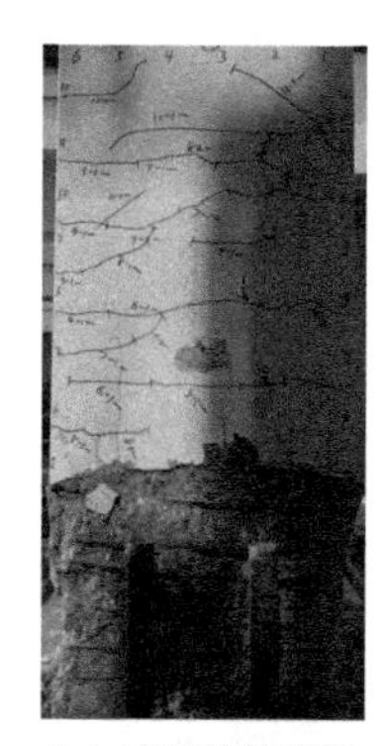

（c）南面柱体裂缝

图 12-16　试件 SSC6 最终破坏时裂缝开展情况

试件 SSC3～试件 SSC6 破坏形态对比如图 12-17 所示。

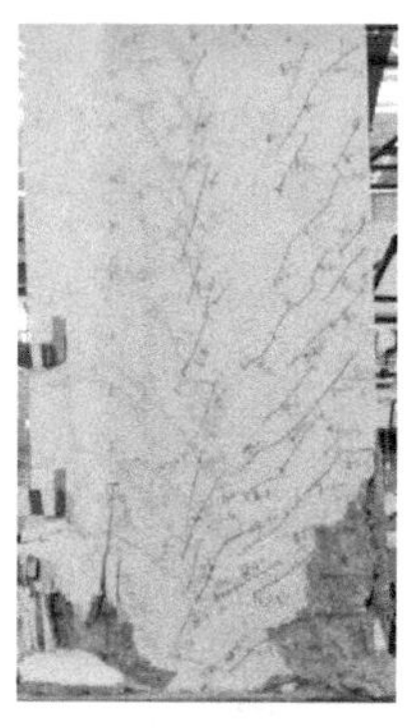

（a）试件 SSC3

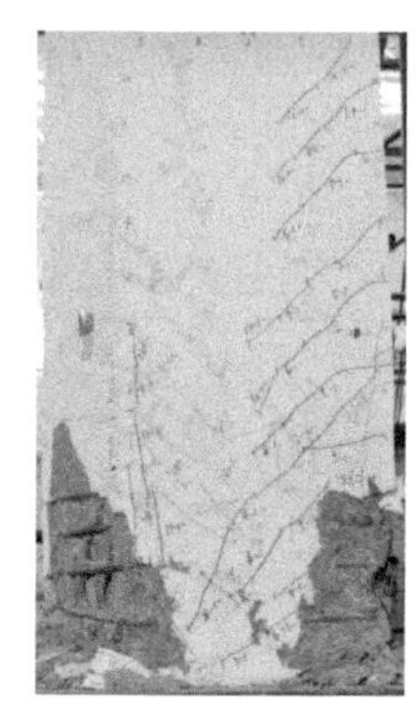

（b）试件 SSC4

（c）试件 SSC5

（d）试件 SSC6

图 12-17　试件 SSC3～试件 SSC6 破坏形态对比

由图 12-9～图 12-17 可得以下结论。

（1）各试件的损伤破坏历程基本相同。试件均在 1/200 位移角左右开裂，随后南北两面在受拉时水平裂缝出现、延伸和逐渐贯通，并延伸至东西两面；随着位移角增大，东西两面水平裂缝逐渐斜向下发展，柱脚处出现大量竖向裂缝，竖向裂缝数量增多并上延，裂缝宽度变宽，柱脚混凝土压劈脱落；最终南北两面保护层大量剥落，剥落面延伸至东西两面并形成三角形的剥落带，箍筋和纵筋外露屈曲，水平位移迅速增大，承载力下降，试件达到最终破坏。在试验加载过程中，箍筋有效约束了纵筋屈曲和混凝土的鼓凸，使得试件有良好的变形能力；最终试件因混凝土破碎和纵筋屈曲导致失效。

（2）混凝土强度较高的试件裂缝较多，保护层脱落面高度较低，塑性铰域混凝土耗能能力发挥更充分。

12.2.2　滞回曲线

实测试件 SSC1 和试件 SSC2 水平荷载-水平位移（F-Δ）滞回曲线如图 12-18 所示。

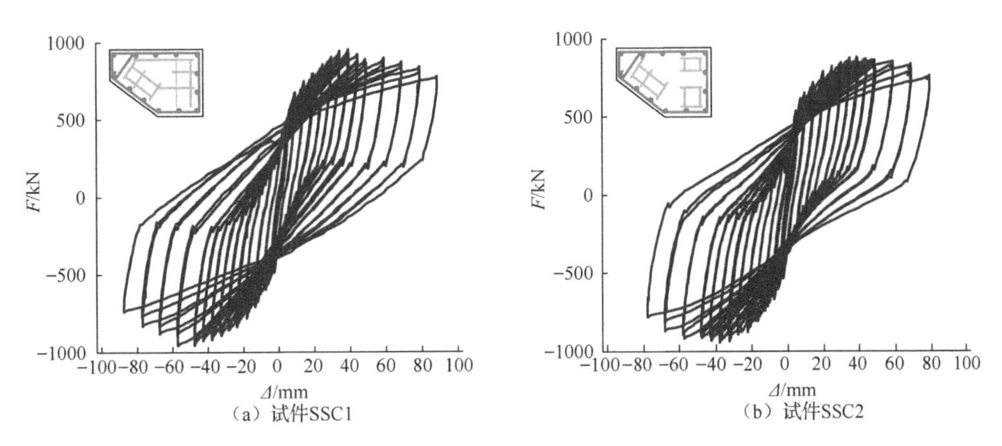

图 12-18　试件 SSC1 和试件 SSC2 水平荷载与水平位移滞回曲线

由图 12-18 可见：

（1）试件的滞回曲线较为相似，整体均较饱满，表明试件在反复加卸载的过程中均有较好的耗能能力。在加载初期，试件滞回环呈现细长形，滞回环包围面积较小，曲线基本呈线性，试件刚度退化不明显，试件处于弹性工作阶段。随着位移角增大，试件开裂至屈服，曲线斜率逐渐减小，滞回环呈现饱满的梭形，滞回曲线包围面积不断增大，试件刚度退化，进入弹塑性工作阶段，残余变形出现并逐渐增大；当位移角达 1/54～1/36 后，试件水平承载力逐渐降低，位移角迅速增加，残余变形进一步增大，滞回环面积增大。此时，在同一加载级的两个循环中，后一循环曲线斜率降低，刚度下降，峰值荷载略微下降，这是由于试件在循环加载中出现累积损伤。试件的滞回曲线在正反两个加载方向并不对称，这是试件截面、配钢和配筋不对称导致的结果。

（2）两个试件的滞回曲线形状相近，型钢整体性较好的试件 SSC1 的水平荷载在峰值点后下降较试件 SSC2 慢，加载级较试件 SSC2 多一级，极限位移角较大，表现出了较好的变形能力。

（3）对比 4%位移角（试件 SSC2 的极限位移角）前的滞回曲线可见，型钢整体性较好的试件 SSC1 的滞回曲线较为饱满，表现出了更好的耗能性能，这说明型钢的布置形式对试件的滞回性能有较大的影响。

实测试件 SSC3～试件 SSC6 水平荷载-水平位移（F-Δ）滞回曲线如图 12-19 所示。由于试件截面、配钢和配筋不对称，各试件的滞回曲线在正负方向加载均有不同程度的不对称。

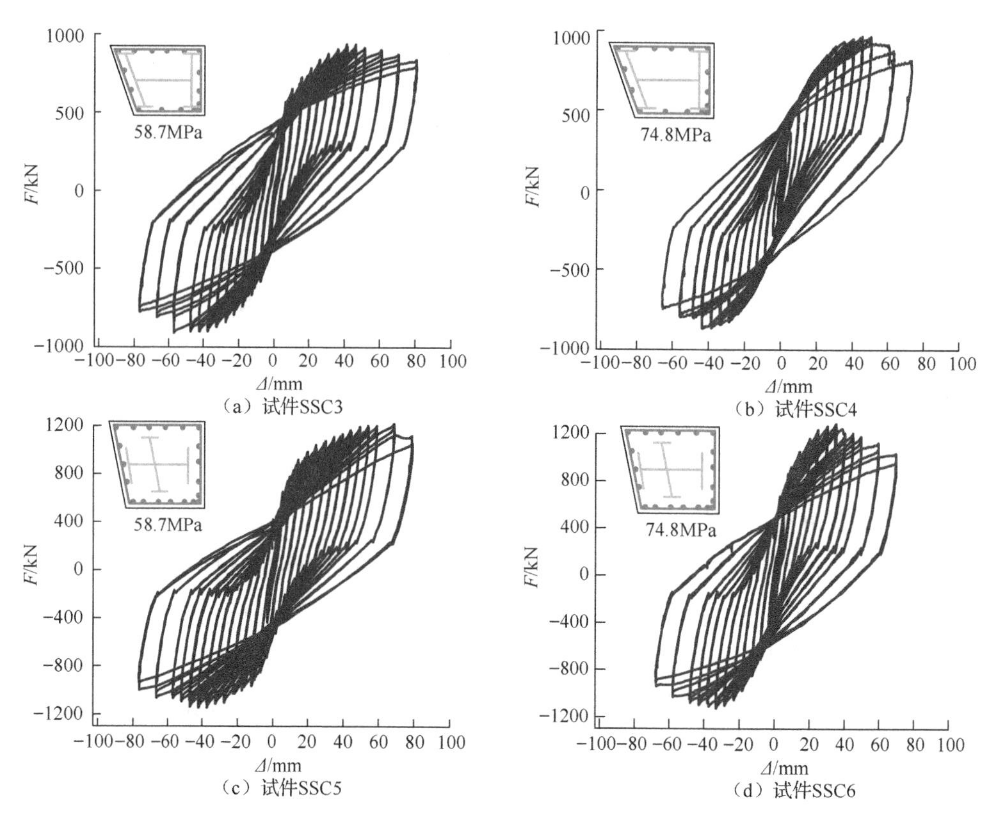

图 12-19　试件 SSC3～试件 SSC6 水平荷载-水平位移滞回曲线

分析图 12-19 可知以下结论。

（1）各试件的滞回曲线均较为饱满，表明试件在试验中均能较好地耗散能量。试验初期，各试件的滞回曲线呈细长的梭形，滞回环面积较小，试件处于弹性阶段；随着位移角增大，试件开裂，滞回曲线斜率减小，试件刚度开始退化，卸载后出现残余变形，滞回环面积增大，呈饱满的梭形，试件处于弹塑性阶段；当试件屈服后，试件承载力增长减缓；当位移角达 1/62～1/35 后，试件水平荷载逐渐降低，进入下降段，位移角迅速增加，残余变形和滞回环面积进一步增大。

（2）对比图 12-19（a）、（b）及（c）、（d）可得，随着混凝土强度的提高，试件的滞回曲线变得更为饱满，说明试件混凝土强度对滞回性能有明显的影响。

12.2.3　骨架曲线

取各试件水平荷载-位移（F-Δ）滞回曲线的各级加载循环峰值点，连接形成滞回曲线外包络线，形成骨架曲线，各试件骨架曲线对比如图 12-20 所示。

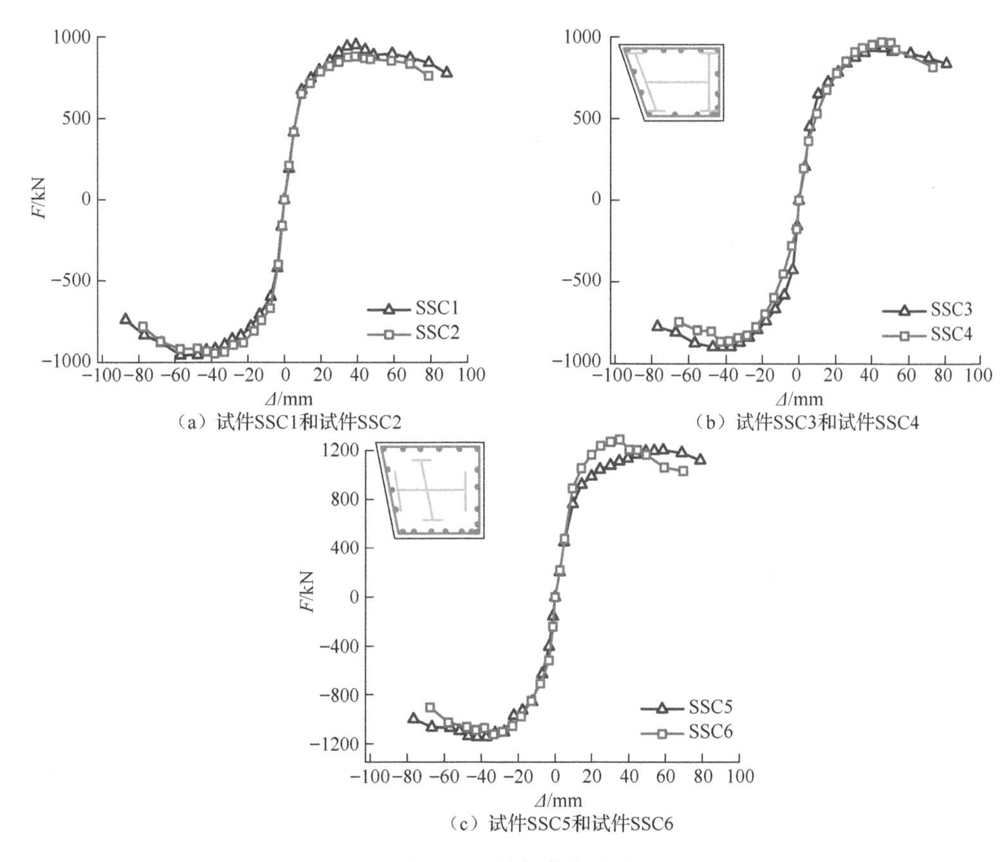

（a）试件SSC1和试件SSC2

（b）试件SSC3和试件SSC4

（c）试件SSC5和试件SSC6

图 12-20　骨架曲线对比

由图 12-20 可得以下结论。

（1）试件的骨架曲线形状相似，均大致由三个发展阶段组成。在加载初期，骨架曲线呈线性增长，斜率降低较少，试件在此阶段基本呈弹性，水平荷载较快增长；试件屈服后至水平荷载达到峰值点阶段，斜率逐级减小，骨架曲线由直线段变为曲线段，试件处于弹塑性阶段，水平荷载缓慢增长；加载达到峰值点后，水平荷载随水平位移的增大而逐渐降低，此阶段为水平荷载下降段。

（2）试件骨架曲线均不对称，这是由于试件的截面、配钢和配筋不对称。试件 SSC2 的负向峰值荷载较正向峰值荷载高，试件 SSC1 的不对称性不明显，这是由于连接钢板使得分布的矩形钢管型钢能够较好地共同作用。试件 SSC3～试件 SSC6，负向加载时，试件截面斜边受压，斜边上的尖角应力集中，容易首先压碎脱落，受压面减小，因此这 4 个试件的负向承载力均较正向承载力低。

（3）对比试件 SSC1 与试件 SSC2，加载初期两试件的荷载增长速率相近，内置分离式矩形钢管型钢的试件 SSC2 较早达到峰值荷载，而内置钢板连接的分布式矩形钢管型钢试件 SSC1 正负向峰值荷载均高于试件 SSC2。

（4）对比试件 SSC3 和试件 SSC4，试件 SSC5 和试件 SSC6 同轴力作用下，混凝土强度较高的试件承载力较高。

12.2.4　承载力与变形能力

表 12-3 列出了各试件屈服点（Δ_y，F_y）、峰值点（Δ_p，F_p）、极限点（Δ_u，F_u）及相应的屈服位移角 θ_y、峰值位移角 θ_p、极限位移角 θ_u 和延性系数μ。图 12-21 为试件各水平荷载特征值的比值。

表 12-3　各试件特征点实测结果

试件编号	方向	屈服点		峰值点		极限点		θ_y	θ_p	θ_u	μ
		F_y/kN	Δ_y/mm	F_p/kN	Δ_p/mm	F_u/kN	Δ_u/mm				
SSC1	正向	791.1	18.7	951.3	39.3	808.6	83.9	1/109	1/52	1/24	4.49
	负向	797.1	19.9	956.5	57.1	813.0	79.6	1/103	1/36	1/26	4.00
	均值	794.1	19.3	953.9	48.2	810.8	81.8	1/106	1/43	1/25	4.24
SSC2	正向	747.8	16.5	880.6	38.8	762.6	78.8	1/124	1/53	1/26	4.78
	负向	784.9	15.2	944.0	38.2	802.4	75.3	1/135	1/54	1/27	4.95
	均值	766.4	15.9	912.3	38.5	782.5	77.1	1/129	1/53	1/27	4.85
SSC3	正向	778.4	20.7	936.6	41.1	838.2	80.5	1/99	1/50	1/25	3.89
	负向	728.5	17.0	899.2	47.1	774.7	76.8	1/120	1/44	1/27	4.52
	均值	753.5	18.9	917.9	44.1	806.5	78.7	1/109	1/46	1/26	4.16
SSC4	正向	818.8	23.3	968.6	45.3	818.6	72.9	1/88	1/45	1/28	3.13
	负向	734.4	20.9	867.5	43.1	746.7	65.2	1/98	1/48	1/31	3.12
	均值	776.6	22.1	918.1	44.2	782.7	69.1	1/93	1/46	1/30	3.13
SSC5	正向	1023.6	22.7	1203.0	58.8	1013.4	79.0	1/90	1/35	1/26	3.48
	负向	935.1	18.4	1145.8	42.1	999.9	76.5	1/111	1/49	1/27	4.16
	均值	979.4	20.6	1174.4	50.5	1006.7	77.8	1/99	1/41	1/26	3.78
SSC6	正向	1116.1	17.5	1289.9	34.9	1096.4	56.0	1/117	1/59	1/37	3.20
	负向	913.0	15.6	1123.8	33.2	955.2	63.4	1/131	1/62	1/32	4.05
	均值	1014.6	16.6	1206.9	34.1	1025.8	59.7	1/124	1/60	1/34	3.60

注：水平作动器作用推力为正值，拉力为负值。

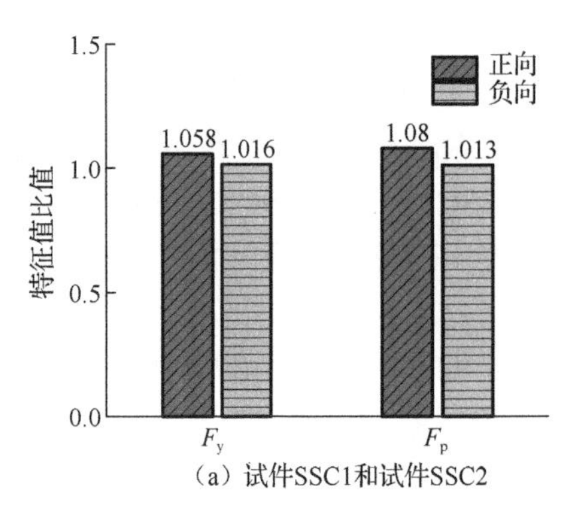

（a）试件SSC1和试件SSC2

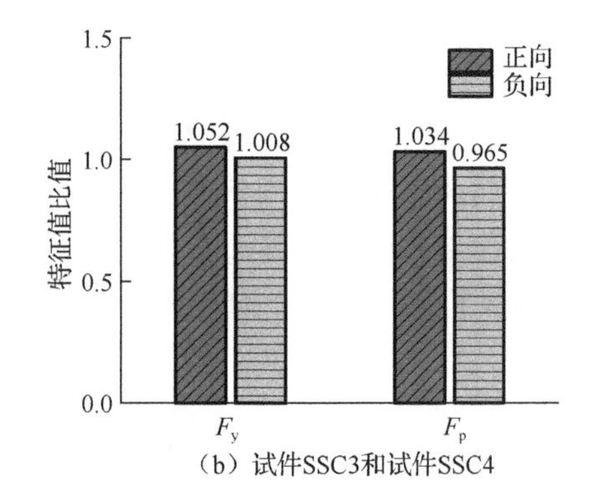

（b）试件SSC3和试件SSC4

图 12-21　水平荷载特征值的比值

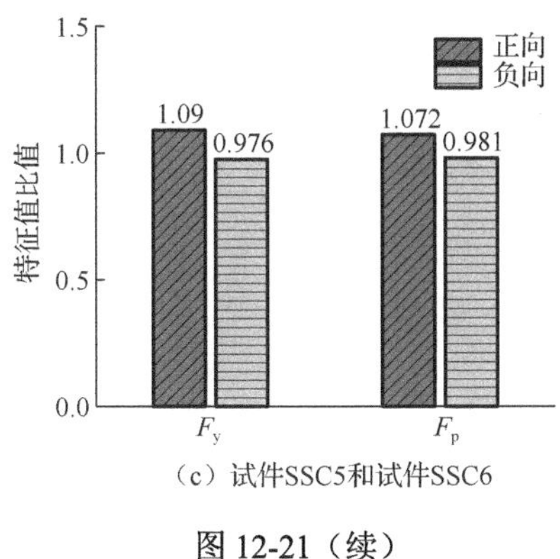

（c）试件SSC5和试件SSC6

图 12-21（续）

由表 12-3 和图 12-21 可知以下结论。

（1）试件 SSC1 与试件 SSC2 相比：屈服荷载正向和负向分别提高了 5.8%和 1.6%，均值提高 3.6%；峰值荷载正向和负向分别提高了 8.0%和 1.3%，均值提高 4.6%；屈服点位移正向和负向分别提高了 13.3%和 30.9%，均值提高 21.8%；峰值点位移正向和负向分别提高了 1.3%和 49.5%，均值提高 25.2%；极限点位移正向和负向分别提高了 6.5%和 5.7%，均值提高 6.1%。说明采用内置钢板连接的分布式矩形钢管型钢的截面配钢构造抗震性能较好。

（2）试件 SSC4 与试件 SSC3 相比，正负向屈服荷载均值高 3.1%；试件 SSC6 与试件 SSC5 相比，正负向屈服荷载均值高 3.6%，峰值荷载均值高 2.8%。说明高强混凝土试件的钢筋、型钢和混凝土共同工作较好。

（3）各试件的延性系数均大于 3，极限位移角均大于 1/40，表明各试件均具有良好的弹塑性变形能力。

12.2.5 刚度退化

各试件的刚度退化曲线如图 12-22 所示。表 12-4 为各试件实测特征刚度值，分别用 K_0、K_y、K_p、K_u 表示，其中 $\beta_{y0}= K_y/ K_0$；$\beta_{uy}= K_u/ K_y$。

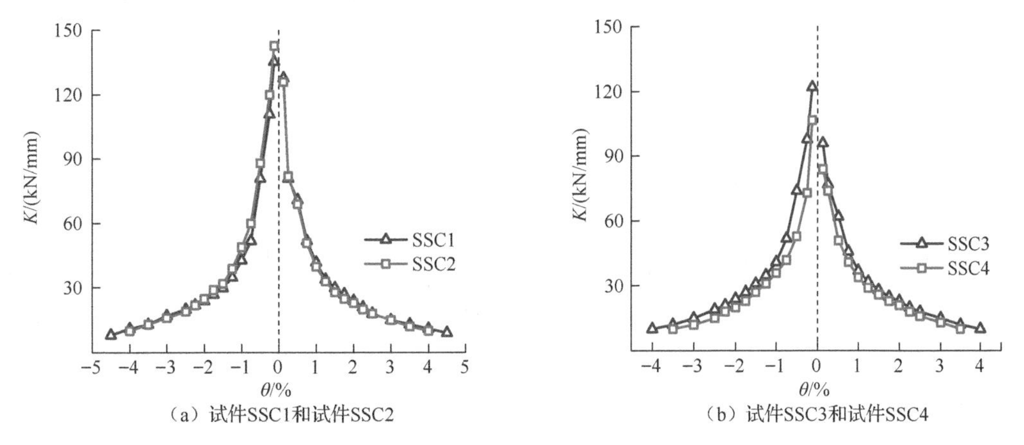

（a）试件SSC1和试件SSC2　　（b）试件SSC3和试件SSC4

图 12-22　刚度退化曲线

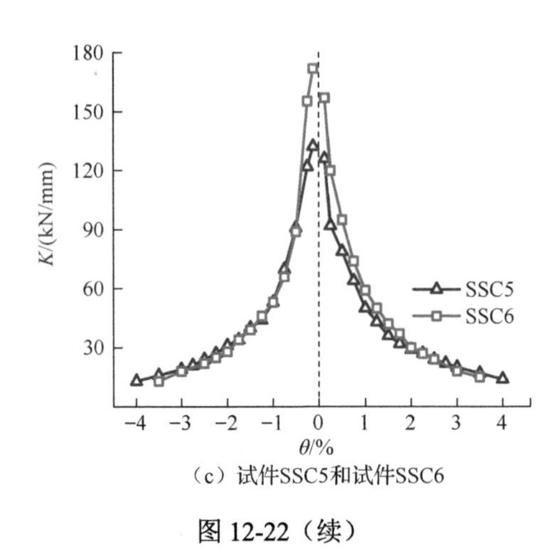

（c）试件SSC5和试件SSC6

图 12-22（续）

表 12-4　实测特征刚度值

试件编号	方向	K_0/(kN/mm)	K_y/(kN/mm)	K_p/(kN/mm)	K_u/(kN/mm)	β_{y0}	β_{uy}
SSC1	正向	127.78	42.20	24.24	9.64	0.330	0.228
	负向	135.44	40.00	16.77	10.21	0.295	0.255
	均值	131.61	41.10	20.51	9.92	0.312	0.241
SSC2	正向	126.08	45.24	22.70	9.68	0.359	0.214
	负向	142.76	51.75	24.74	10.66	0.362	0.206
	均值	134.42	48.50	23.72	10.17	0.361	0.210
SSC3	正向	96.15	37.54	22.82	10.41	0.390	0.277
	负向	122.28	42.75	19.09	10.08	0.350	0.236
	均值	109.21	40.15	20.96	10.25	0.368	0.255
SSC4	正向	83.91	35.19	21.37	11.23	0.419	0.319
	负向	106.81	35.22	20.13	11.45	0.330	0.325
	均值	95.36	35.21	20.75	11.34	0.369	0.322
SSC5	正向	126.22	45.00	20.46	12.83	0.357	0.285
	负向	132.25	50.74	27.21	13.07	0.384	0.258
	均值	129.24	47.87	23.84	12.95	0.370	0.271
SSC6	正向	157.48	63.88	36.97	19.57	0.406	0.306
	负向	171.90	58.36	33.84	15.07	0.339	0.258
	均值	164.69	61.12	35.41	17.32	0.371	0.283

由图 12-22 和表 12-4 可知：试件的刚度退化主要经历了 3 个阶段。第一阶段，试件屈服前，随着混凝土开裂，试件的损伤现象主要为水平裂缝迅速增多，受拉侧混凝土退出工作的面积增长较快，试件损伤累积较快，此阶段为快速退化阶段；试件屈服后，进入第二阶段，损伤现象主要为水平裂缝的张合和斜裂缝的发展，受拉侧混凝土退出工作

的速度减缓，试件截面塑性逐渐发挥出来，损伤累积速度相对前期减缓，刚度退化速度放缓，此阶段为较快退化阶段；第三阶段为峰值荷载后，试件进入塑性阶段，此阶段新裂缝不再产生，裂缝发展较慢，累积损伤已经达到一定程度，试件的刚度退化趋于平稳，此阶段为缓慢退化阶段。

12.2.6　耗能

在试验过程中，试件的累积耗能 E 为各级位移角加载循环滞回环所包围面积的累积值。图 12-23 和图 12-24 分别为各级累积耗能与位移角的关系曲线、等效黏滞阻尼与位移角的关系曲线。表 12-5 列出了试件 SSC1 和试件 SSC2 达到 4%位移角时的累积耗能特征值。表 12-6 列出了试件 SSC3～试件 SSC6 在 3.5%位移角时的耗能特征值。

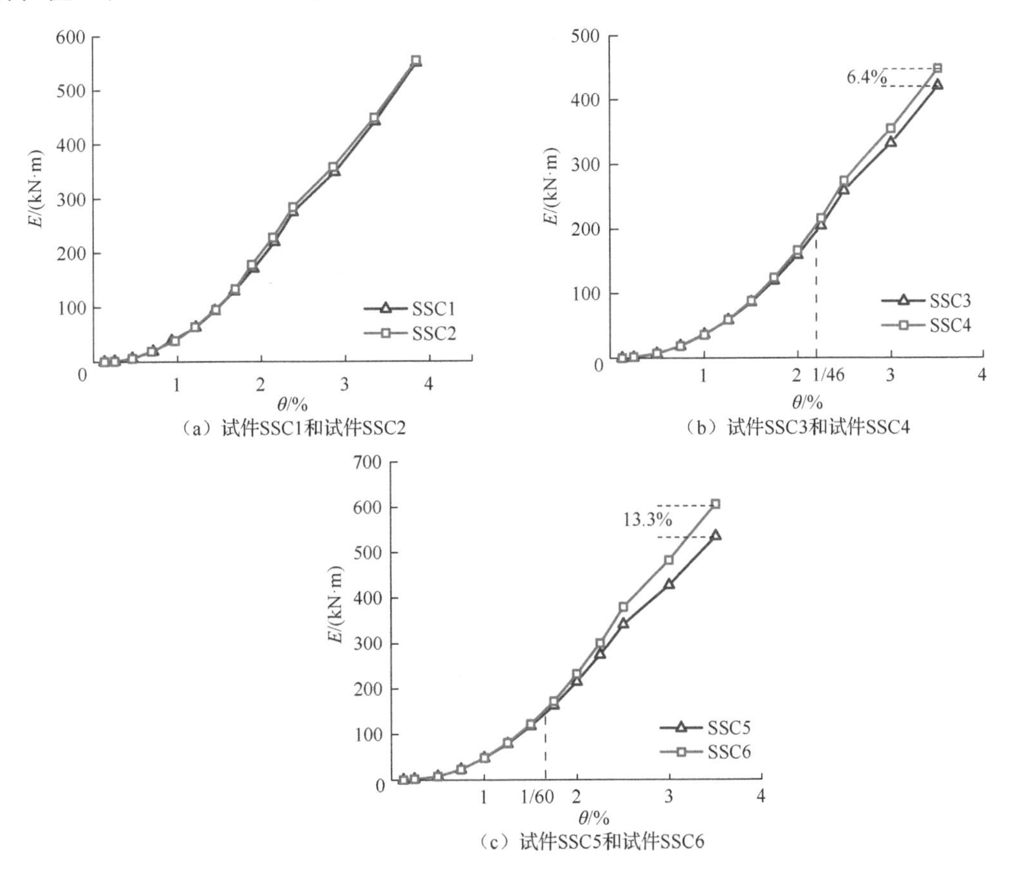

图 12-23　各级累积耗能与位移角的关系曲线

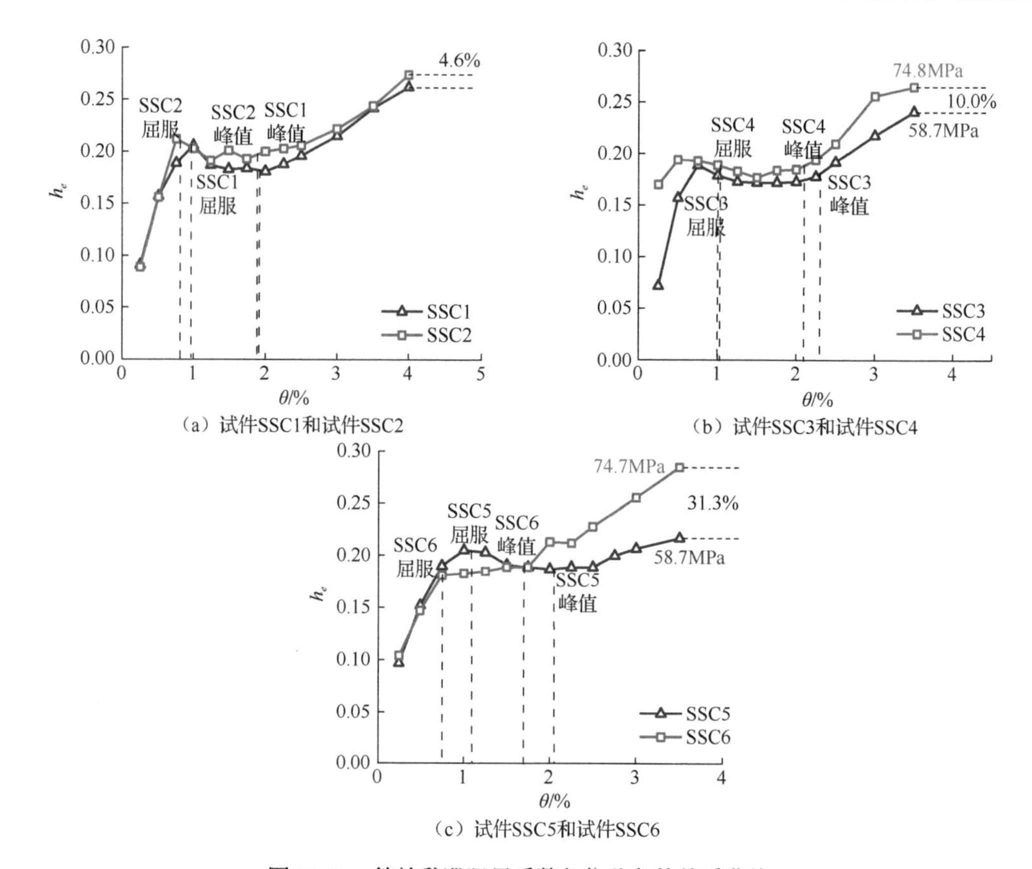

图 12-24　等效黏滞阻尼系数与位移角的关系曲线

表 12-5　试件 SSC1、试件 SSC2 在 4%位移角时耗能特征值

试件编号	E_u/(kN·m)	h_{ey}	h_{eu}	h_{eu}/h_{ey}
SSC1	550.5	0.187	0.262	140.1%
SSC2	554.9	0.203	0.274	135.0%

表 12-6　试件 SSC3～试件 SSC6 在 3.5%位移角时耗能特征值

试件编号	E_u/(kN·m)	h_{ey}	h_{eu}	h_{eu}/h_{ey}
SSC3	421.5	0.179	0.241	134.6%
SSC4	448.4	0.189	0.265	140.2%
SSC5	533.8	0.205	0.217	105.9%
SSC6	605.0	0.183	0.285	155.7%

由图 12-23、图 12-24、表 12-5 和表 12-6 可知以下结论。

（1）各试件的 h_e-θ 关系曲线增长趋势相似，基本经历了三个阶段：第一阶段，在试件屈服前，试件水平裂缝迅速出现并发展，试件在此阶段耗能性能迅速提高，等效黏滞阻尼系数 h_e 快速增长；第二阶段，在试件达到屈服后，试件新出裂缝较少，损伤现象多为原有裂缝的张合和稳定发展，此阶段试件的耗能性能稳定，h_e 变化不大，进入平稳阶段；第三阶段，随着试验荷载达到峰值，混凝土出现较为明显的挤碎、剥离和脱落的现象，钢筋逐渐屈服，试件累积损伤明显，试件耗能性能继续增大，h_e 继续增长，直至试验结束。试件 SSC1、试件 SSC2，在 4%位移角时，等效黏滞阻尼系数 h_{eu} 较屈服时分别增长了 40.0%、34.9%；试件 SSC3、SSC4、SSC5、SSC6 在 3.5%位移角时，等效黏滞阻尼系数 h_{eu} 分别较屈服时增长了 35.2%、40.1%、6.0%、55.4%，试件 SSC4 和试件 SSC6 增长的比例较大，说明混凝土强度较高的试件屈服后，耗能发展时段相对长。

（2）试件 SSC1 和试件 SSC2，各位移角加载循环下的累积耗能 E 相近，试件 SSC1 的等效黏滞阻尼系数 h_e 与试件 SSC2 基本相同；试件屈服后，试件 SSC1 的等效黏滞阻尼系数 h_e 略小于试件 SSC2，这是试件 SSC2 的损伤较试件 SSC1 略快的缘故。

（3）同一位移角下，混凝土强度较高的试件 SSC4 和 SSC6 累积耗能值分别较试件 SSC3 和试件 SSC5 高。在 3.5%位移角时，试件 SSC4 和试件 SSC6 达到极限荷载，其累积耗能 E_u 分别较试件 SSC3 和试件 SSC5 高 6.4%和 13.3%。

12.2.7 应变

以试件 SSC6 为例，每级加载荷载达到峰值时距基础顶面 50mm 高度处，试件截面的部分纵筋应变如图 12-25（a）所示，可见在峰值荷载前，试件变形基本符合平截面假定，型钢有类似的应变规律；每级加载峰值点的实测水平荷载-应变（F-ε）曲线如图 12-25（b）所示，在水平荷载达到峰值时，试件截面型钢外边缘和外侧纵筋均已屈服。试验表明，试件截面的应变分布基本符合平截面假定。

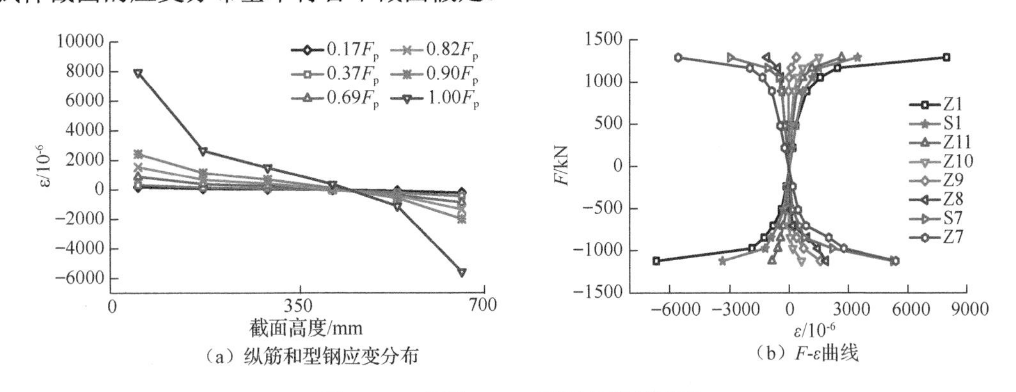

（a）纵筋和型钢应变分布　（b）F-ε曲线

图 12-25 试件 SSC6 型钢及纵筋应变

12.3 承载力计算

12.3.1 条带法

本节采用条带法简化模型，对 6 个试件的 N-M 相关曲线进行计算，以得出各试件的极限承载力。条带法的计算中，采用以下假设。

（1）截面应变分布符合平截面假定。

（2）同一条带上的应变分布均匀。

（3）受拉区和受压区型钢和纵筋应力均达到其屈服强度 f_{ay} 和 f_{yk}。

（4）型钢在峰值荷载前均不发生局部屈曲。

（5）受压区混凝土应力达到轴心抗压强度f_{ck}。

（6）忽略混凝土的抗拉强度。

（7）不考虑型钢、钢筋和混凝土之间的黏结滑移，认为其共同工作。

（8）不考虑剪切变形的影响。

基于上述假定，对各试件的正截面抗弯承载力进行计算。由于试验中仅对各试件施加单方向的水平反复荷载，因此仅沿加载轴方向划分条带进行计算。为使计算结果满足一定的精度，各试件条带宽度均取为 7mm，共划分 100 个条带，条带划分及截面受力如图 12-26 所示。

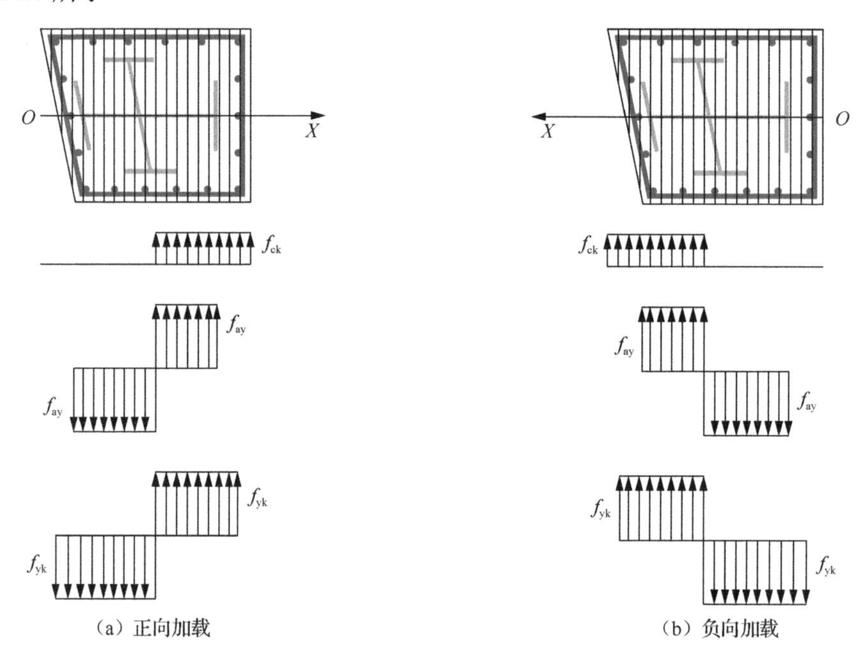

图 12-26　条带划分及截面受力

根据截面受力平衡条件和力矩平衡条件得

$$N = f_{ay}A'_a + f_{yk}A'_y + f_{ck}A'_c - f_{ay}A_a - f_{yk}A_y \tag{12-1}$$

$$M = M_N + M_a + M'_a + M_y + M'_y + M'_c \tag{12-2}$$

式中，N为试验轴压力；f_{ay}为型钢屈服强度；f_{yk}为纵筋屈服强度；f_{ck}为混凝土轴心抗压强度标准值；A'_a、A_a为受压、受拉型钢截面面积；A'_y、A_y为受压、受拉纵筋截面面积；A'_c为受压区混凝土截面面积；M为试件底部中性轴处弯矩；M_N为轴压力对中性轴弯矩；M'_a、M_a为受压、受拉型钢内力对中性轴的弯矩；M'_y、M_y为受压、受拉纵筋内力对中性轴的弯矩；M'_c为受压区混凝土内力对中性轴的弯矩。

以M'_c为例，$M'_c = \sum_{i=1}^{100} N_{ci} \cdot d_i$。其中，$N_{ci}$为第$i$条带混凝土轴力；$d_i$为第$i$条带形心与中性轴的距离；$M'_a$、$M'_y$、$M_a$、$M_y$的计算方法与$M'_c$类似。

当试件达到承载力极限状态时，试件的轴力值 N 和弯矩值 M 并不唯一，而是一种相互组合，不同的轴力值 N 对应于不同的极限弯矩值 M，每种内力组合受力状态对应于一种截面极限状态，可用如图 12-27 的 N-M 相关曲线表示。当构件处于小偏心受压状态下（AB 段），抗弯承载力 M 随着轴压力 N 的增大而减小；当构件处于大偏心受压状态下（BC 段），抗弯承载力 M 随着轴压力 N 的增大而增大；当试件处于界限状态时（B 点），其抗弯承载力 M 达到最大值 M_u。

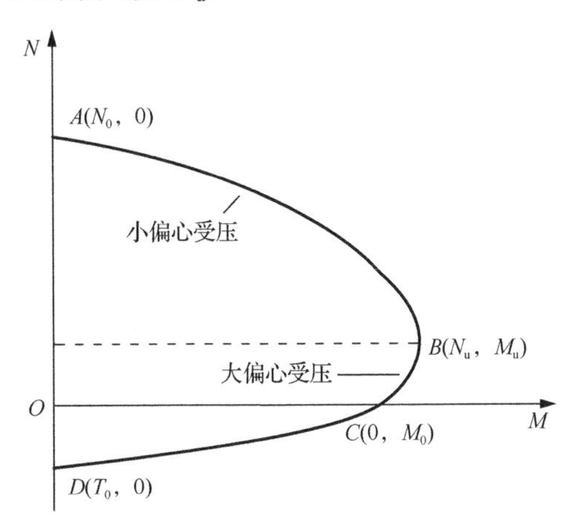

图 12-27　N-M 相关曲线

首先假定中性轴在试件截面边缘处，此时试件全截面受压，中性轴 X_z 位置为坐标原点，根据式（12-1）计算此时轴力 N，此时计算所得即为试件在轴心受压作用下的抗压承载力 N_0；接着将中性轴 X_z 沿着 X 轴正向逐次移动到各条带形心位置，计算得出试件截面中性轴在各次平移位置下试件的轴力 N 和弯矩 M，即为试件在不同受力状态下的 N-M 内力组合；当计算所得轴力 N=0，弯矩 M=M_0，此时试件处于纯弯状态；当中性轴 X_z 沿 X 轴移动至最后一条条带边缘时，试件全截面受拉，此时计算所得即为试件在轴心受拉作用下的抗拉承载力 T_0。

计算得出中性轴 X_z 在各条带形心位置下的内力组合 N-M，绘出各试件 N-M 相关曲线如图 12-28 所示。给定一个轴力 N，即可在 N-M 相关曲线上找到与之唯一对应的极限弯矩值 M，并判断出试件在该内力组合下的破坏类型，是发生大偏心受压破坏还是小偏心受压破坏。计算所得试件在试验轴压力作用下的极限弯矩 M_c 和试验极限弯矩 M_t 如表 12-7 所示。

试件在低周反复荷载试验中，水平荷载达到峰值时，对应的水平位移较大，P-Δ 效应较为显著。表 12-7 中 M_t 的计算中考虑轴力的二阶效应，由式（12-3）计算得出；M_u 为各试件 N-M 相关曲线上的界限状态下的抗弯承载力，即最大极限弯矩值。

$$M_t = F_p H + N\Delta_p \tag{12-3}$$

式中，F_p 为实测峰值水平荷载；Δ_p 为实测峰值水平荷载对应的位移；H 为试件基础顶面至加载装置球铰中心的距离，取 2050mm；N 为试验轴力。

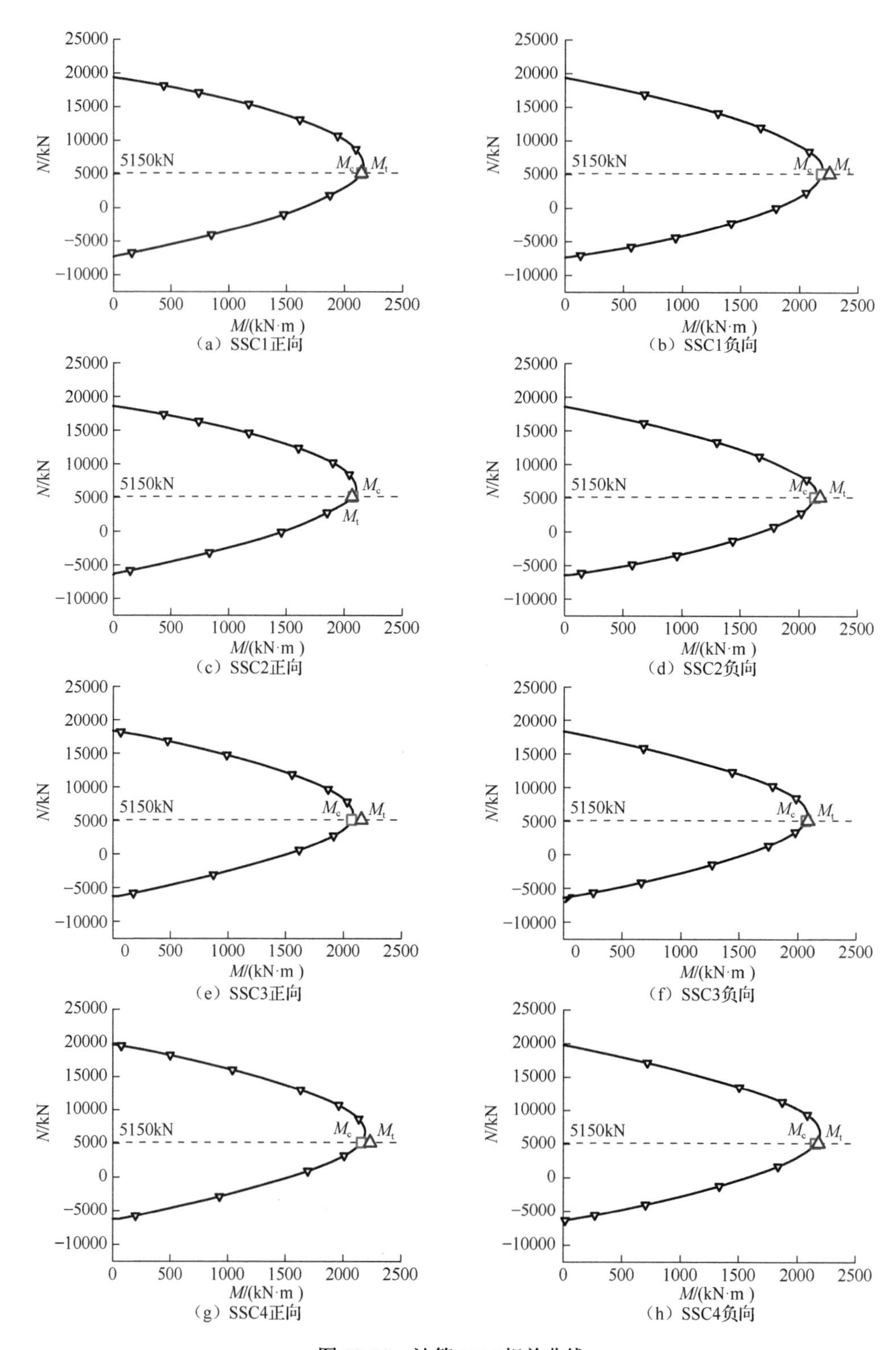

图 12-28　计算 *N-M* 相关曲线

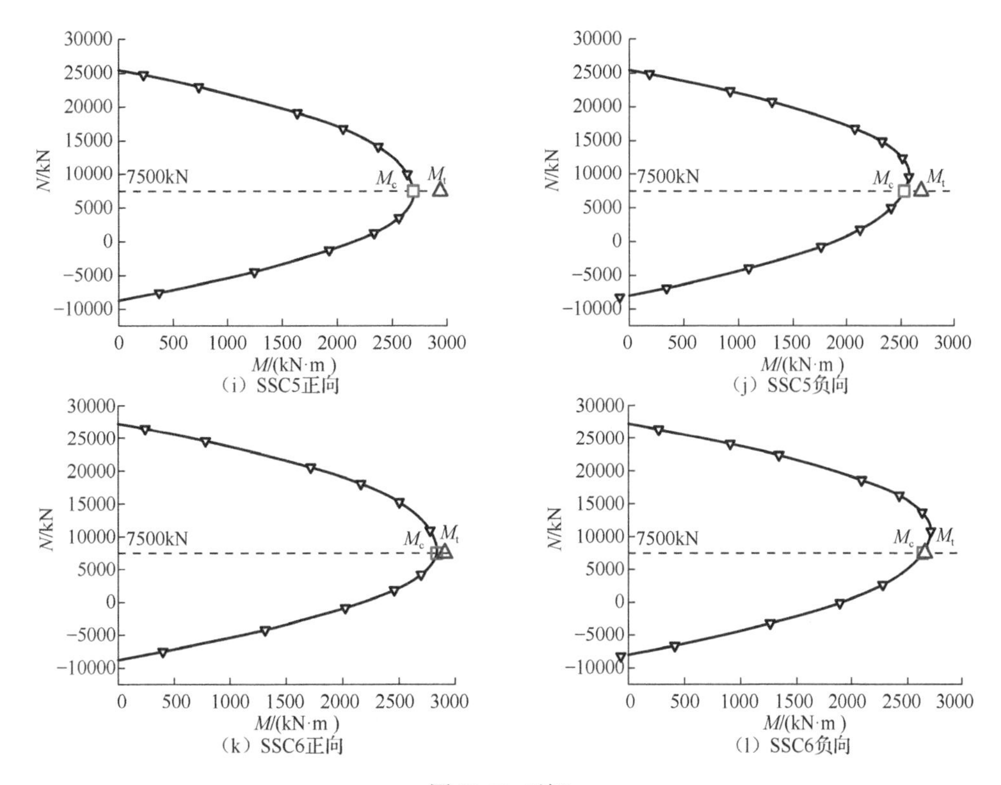

图 12-28（续）

表 12-7　计算极限弯矩和试验极限弯矩

试件编号	方向	N/kN	N_u /kN	N/N_u	破坏类型	M_c/(kN·m)	M_t/(kN·m)	M_u/(kN·m)	M_c/M_t
SSC1	正向	5150	6078	0.847	大偏压	2152	2152	2170	1.000
	负向	5150	5987	0.860		2185	2255	2193	0.969
	均值	5150	6033	0.854		2169	2204	2182	0.984
SSC2	正向	5150	6200	0.831	大偏压	2080	2070	2108	1.005
	负向	5150	5973	0.862		2135	2178	2144	0.980
	均值	5150	6087	0.846		2108	2124	2126	0.992
SSC3	正向	5150	6001	0.858	大偏压	2072	2160	2085	0.959
	负向	5150	5945	0.866		2069	2086	2082	0.992
	均值	5150	5973	0.862		2071	2123	2084	0.976
SSC4	正向	5150	6732	0.765	大偏压	2161	2239	2196	0.965
	负向	5150	6659	0.773		2156	2179	2192	0.989
	均值	5150	6696	0.769		2159	2209	2194	0.977
SSC5	正向	7500	7511	0.999	大偏压	2691	2937	2693	0.916
	负向	7500	9999	0.750		2526	2684	2571	0.941
	均值	7500	8755	0.857		2609	2811	2632	0.928
SSC6	正向	7500	7982	0.940	大偏压	2833	2906	2835	0.975
	负向	7500	10819	0.693		2634	2655	2709	0.992
	均值	7500	9401	0.798		2734	2781	2772	0.983
平均值：0.973 ；标准差：0.023 ；变异系数：0.024。									

由图 12-28、表 12-7 可以看出：条带法计算极限弯矩 M_c 和试验极限弯矩 M_t 相差在 0.1%～8.3%，各试件正负向 M_c 均值和正负向 M_t 均值之比的平均值为 0.973，标准差为 0.023，变异系数为 0.024，二者吻合良好；而且各试件试验轴力 N 与正负向计算界限状态轴力 N_u 均值的比值为 0.769～0.862，均小于 1，说明试件在试验轴压力作用下的低周反复荷载试验中，其破坏类型为大偏心受压破坏，与实际试验中各试件表现的以弯曲为主的破坏形态相符。以上结果表明：基于条带法计算得到的 N-M 相关曲线可用于异形截面型钢混凝土巨型柱的正截面抗弯承载力计算。

以试件 SSC1 为例，保持试件截面、混凝土强度、配筋一致，在型钢截面形式不变的前提下，改变型钢的钢板厚度。型钢含钢率不小于 4%，不大于 15%，除了试件 SSC1（型钢厚度为 6mm）以外，计算了 C1～C3 型钢厚度为 8mm、12mm、16mm 试件的 N-M 相关曲线。各试件含钢量见表 12-8，N-M 相关曲线如图 12-29（a）、（b）所示。对各试件的 N-M 相关曲线进行无量纲化处理，取大偏心受压和小偏心受压段作图，如图 12-29（c）、（d）所示。

以试件 SSC5 和试件 SSC6 为例，保持试件截面、配钢和配筋一致，改变混凝土强度，增加计算 C30、C40、C50、C80 混凝土强度试件的 N-M 相关曲线，如图 12-29（e）、（f）所示，对各试件的 N-M 相关曲线进行无量纲化处理，取大偏心受压和小偏心受压段作图，如图 12-29（g）、（h）所示。图 12-29 中，n 为轴压比，$n=N/N_0$；N 为各极限状态下的轴力值；N_0 为轴心受压状态下的轴力值；M/M_0 为轴压比为 n 时极限弯矩 M 与轴压比为 0 时极限弯矩 M_0 的比值。

表 12-8　试件含钢率

试件编号	型钢厚度/mm	含钢量/%
SSC1	6	5.2
C1	8	6.9
C2	12	10.3
C3	16	13.8

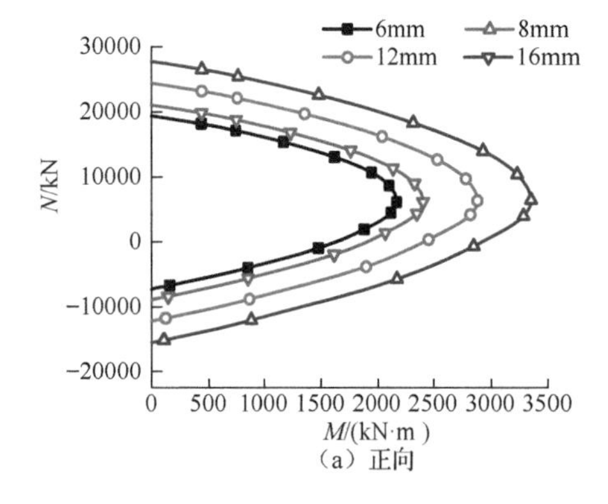

（a）正向

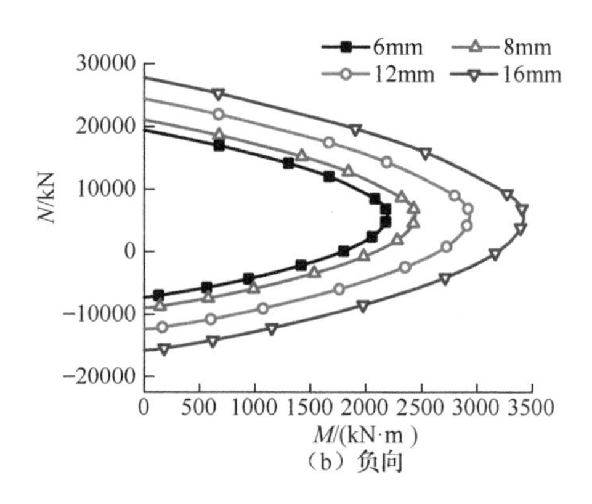

（b）负向

图 12-29　不同含钢率和混凝土强度试件的 N-M 相关曲线

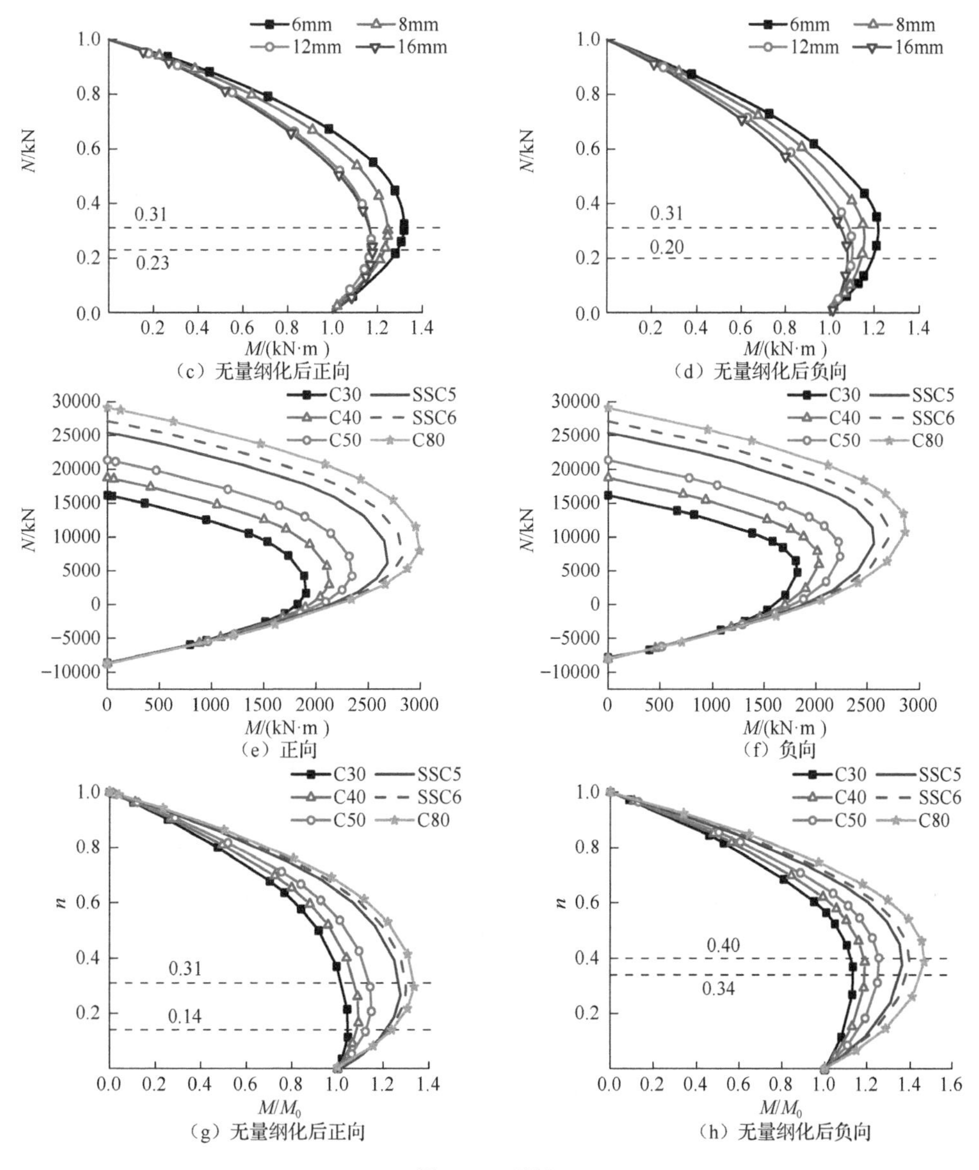

（c）无量纲化后正向　（d）无量纲化后负向
（e）正向　（f）负向
（g）无量纲化后正向　（h）无量纲化后负向

图 12-29（续）

由图 12-29 可知以下结论。

（1）在同轴力作用下，随着型钢含钢率的提高，试件的极限弯矩提高。

（2）随着型钢含钢率的提高，试件极限弯矩与纯弯状态下的极限弯矩值比值有所降低。以界限状态为例，型钢厚度分别为 6mm、8mm、12mm、16mm 的试件，正、负向加载时 M_u/M_0 的平均值分别为 1.27、1.20、1.14、1.13。

（3）在同轴力作用下，随着混凝土强度的提高，试件的极限弯矩提高；随着混凝土强度的提高，试件各极限状态下的极限弯矩与纯弯状态下的极限弯矩比值有所提高。以临界状态为例，混凝土强度由低到高的各试件，正、负向加载时 M_u/M_0 的平均值分别为 0.24、0.28、0.30、0.34、0.35、0.36，说明混凝土强度较大的大偏心受压试件随着轴压力的增大，试件的抗弯承载力提高幅度较为明显。

（4）试件在试验轴压比约为 0.3、设计轴压比约为 0.6 时，正、负向加载能达到较大的截面抗弯承载力。对于不同型钢含钢率的试件，正向加载时，截面轴压比为 0.23～0.31 时达到界限状态；负向加载时，截面轴压比为 0.20～0.31 时达到界限状态。对于不同混凝土强度的试件，正向加载时，截面轴压比为 0.14～0.31 时达到界限状态；负向加载时，截面轴压比为 0.34～0.40 时达到界限状态。

12.3.2　规范公式计算法

直角梯形截面型钢混凝土柱试件在低周反复荷载作用下，梯形截面斜边受压不均匀，尖角部位应力集中，尖角部位混凝土易先破坏。当尖角接近于直角时，截面斜边破坏现象跟直角边相差不大，试件的抗震性能与矩形截面型钢混凝土柱试件相似。本章试件截面尖角角度分别为 70° 和 78°，较接近于直角，可把梯形截面试件简化为矩形截面试件，并根据《组合结构设计规范》（JGJ 138—2016）对简化矩形截面试件正截面抗弯承载力进行计算。

以试件 SSC3 和试件 SSC4 为例，试件截面简化过程如下。

（1）过试件截面斜边中点作垂直于梯形截面上下底边的辅助线 1-1，过平行于斜边的型钢翼缘与腹板交点作平行于 1-1 的辅助线 2-2，如图 12-30（a）所示。

（2）绕斜边与 1-1 辅助线交点旋转斜边，使斜边旋转后与 1-1 辅助线重合，旋转前后混凝土面积保持不变。

（3）平行于斜边的纵筋和箍筋与斜边同步旋转，变换前后纵筋和箍筋与斜边保持平行，保护层厚度保持不变；为减小变换造成的误差，其他纵筋和箍筋位置保持不变。

（4）平行于斜边的型钢翼缘与斜边同步旋转，旋转变换后，型钢翼缘与辅助线 2-2 重合，变换前后型钢翼缘与斜边保持平行，保护层厚度保持不变。

（5）翼缘端部加强板面积折算至翼缘面积中，折算前后保持翼缘宽度不变，仅改变翼缘厚度。

试件 SSC3 和试件 SSC4 简化后矩形截面试件尺寸如图 12-30（b）所示，简化后型钢尺寸如图 12-30（c）所示。

试件 SSC5 和试件 SSC6 简化过程与试件 SSC3 和试件 SSC4 相似，不同的如下。

（1）过中翼缘与腹板交点作与 1-1 平行的辅助线 3-3，平行于斜边的中翼缘与斜边同步旋转，旋转变换后中翼缘与辅助线 3-3 重合，变换前后，中翼缘与斜边保持平行。

（2）根据《组合结构设计规范》（JGJ 138—2016），在计算型钢混凝土框架柱偏心受压的正截面承载力时，可通过公式 $t'_{\mathrm{w}} = t_{\mathrm{w}} + \dfrac{0.5\sum A_{\mathrm{aw}}}{h_{\mathrm{w}}}$，$\sum A_{\mathrm{aw}}$ 为两侧的侧腹板总面积，把配置的十字形型钢腹板两侧的侧腹板面积折算进腹板中，把十字形钢简化为工字形钢，使配置十字形钢的柱试件正截面计算公式与配置工字形钢的柱试件保持一致。

试件 SSC5 和试件 SSC6 简化前，截面和辅助线位置如图 12-30（d）所示，简化后矩形截面试件尺寸如图 12-30（e）所示，折算侧腹板面积后的工字形计算型钢尺寸如图 12-30（f）所示。

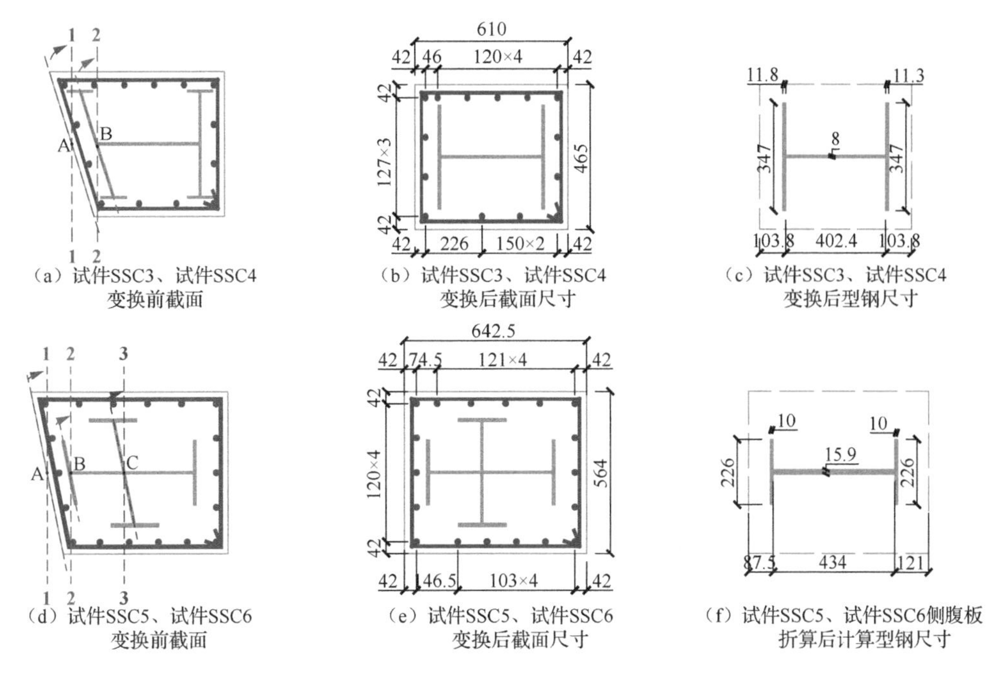

（a）试件SSC3、试件SSC4 变换前截面　（b）试件SSC3、试件SSC4 变换后截面尺寸　（c）试件SSC3、试件SSC4 变换后型钢尺寸

（d）试件SSC5、试件SSC6 变换前截面　（e）试件SSC5、试件SSC6 变换后截面尺寸　（f）试件SSC5、试件SSC6侧腹板折算后计算型钢尺寸

图 12-30　截面简化变换（尺寸单位：mm）

根据规范公式的计算中，满足以下基本假设。

（1）截面应变分布符合平截面假定。

（2）不考虑混凝土的抗拉强度。

（3）受压边缘混凝土极限压应变 ε_{cu} 取 0.003。

（4）型钢腹板的应力图形为拉压梯形应力图形，计算时简化为等效矩形应力图形。

（5）不考虑型钢、钢筋和混凝土之间的黏结滑移。

（6）不考虑剪切变形的影响。

偏心受压的型钢混凝土柱的破坏模式主要分为大偏心受压破坏和小偏心受压破坏两种，计算时可由受压区高度 x 的取值确定。当 $x<\xi_b h_0$ 时，型钢混凝土柱受拉区的型钢翼缘和纵筋首先屈服，随着钢筋和型钢翼缘塑性伸长，受压区面积逐渐减小，受压区纵筋和型钢翼缘受压屈服，最后受压区混凝土达到其极限压应变而被压碎，此时型钢混凝土柱发生大偏心受压破坏，大偏心受压破坏形态在试件破坏前有明显预兆，属于塑性破坏。当 $x>\xi_b h_0$ 时，受压区混凝土首先达到极限压应变被压碎，受压区纵筋和型钢翼缘受压屈服，远离轴压力一侧的纵筋和型钢翼缘应力往往达不到屈服强度，型钢混凝土柱发生小偏心受压破坏，此时试件的破坏主要由受压区混凝土的压碎引起，试件在破坏前的变形不会急剧增长，破坏没有明显预兆，属于脆性破坏。当 $x=\xi_b h_0$ 时，试件受拉区纵筋和型钢翼缘达到屈服的同时，受压区混凝土达到极限压应变，此时即为界限破坏。ξ_b 为型钢混凝土柱的界限相对受压区高度，即界限破坏状态下，混凝土等效矩形应力图受压区高度 x_b 与有效高度 h_0 之比。根据平截面假定的截面应变关系，ξ_b 可由式（12-4）～式（12-7）计算得到。以试件 SSC3 的简化矩形截面柱试件正向加载为例，试件大偏心受压和小偏心受压时的受力简图如图 12-31 所示。

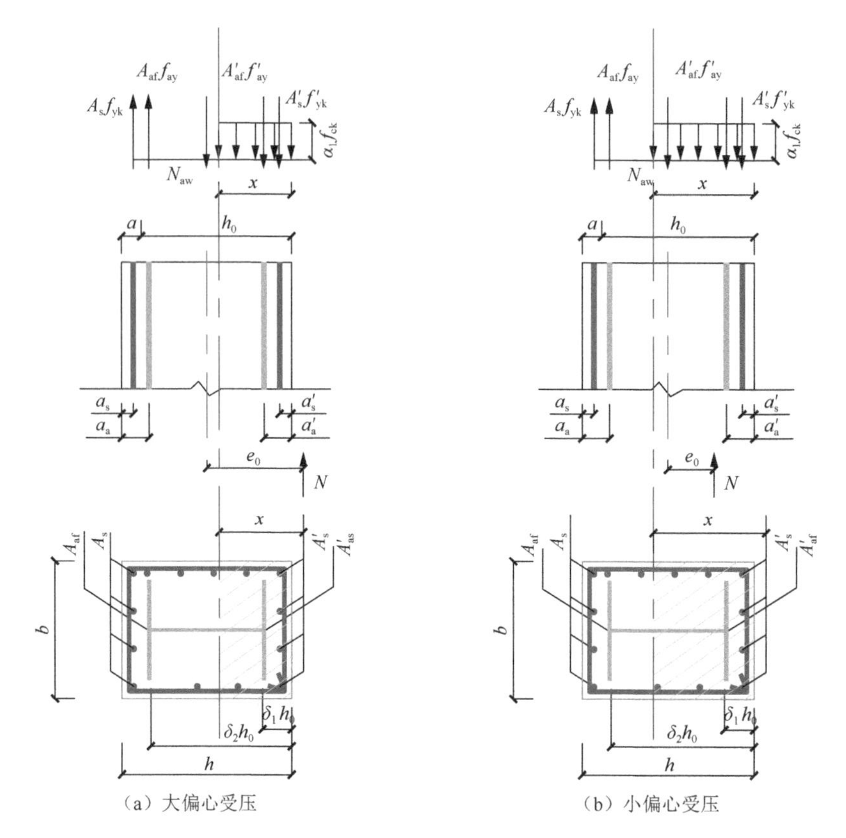

图 12-31　大偏心受压和小偏心受压受力简图

$$\frac{x_0}{h_0}=\frac{\varepsilon_{cu}}{\varepsilon_{cu}+\varepsilon_s} \tag{12-4}$$

$$x_0=\frac{h_0}{\frac{\varepsilon_{cu}+\varepsilon_s}{\varepsilon_{cu}}}=\frac{h_0}{1+\frac{\varepsilon_s}{\varepsilon_{cu}}} \tag{12-5}$$

$$x_b=\beta_1 x_0=\frac{\beta_1 h_0}{1+\frac{\varepsilon_s}{\varepsilon_{cu}}} \tag{12-6}$$

$$\xi_b=\frac{x_b}{h_0}=\frac{\beta_1}{1+\frac{\varepsilon_s}{\varepsilon_{cu}}}=\frac{\beta_1}{1+\frac{f_{yk}+f_{ay}}{2\times 0.003E_s}} \tag{12-7}$$

当 $x\leqslant\xi_b h_0$ 时，型钢混凝土柱试件发生大偏心受压破坏或界限破坏，根据柱截面力的平衡条件得

$$N=\alpha_1 f_{ck}bx+f'_{yk}A'_s+f'_{ay}A'_{af}-f_{yk}A_s-f_{ay}A_{af}+N_{aw} \tag{12-8}$$

再根据柱截面力矩平衡条件，对受拉纵向钢筋与型钢受拉翼缘合力点取矩可得

$$e=\left[\alpha_1 f_{ck}bx\left(h_0-\frac{x}{2}\right)+f'_{yk}A'\mathrm{s}(h_0-a'_s)+f'_{ay}A'_{af}(h_0-a'_a)+M_{aw}\right]\Big/N \tag{12-9}$$

$$h_0 = h - a \tag{12-10}$$

$$e_i = e + a - \frac{h}{2} \tag{12-11}$$

$$e_0 = e_i - e_a \tag{12-12}$$

大偏心受压柱试件的正截面抗弯极限弯矩为

$$M = Ne_0 \tag{12-13}$$

当 $x > \xi_b h_0$ 时，型钢混凝土柱试件发生小偏心受压破坏，根据柱截面力的平衡条件得

$$N = \alpha_1 f_{ck} bx + f'_{yk} A'_s + f'_{ay} A'_{af} - \sigma_s A_s - \sigma_a A_{af} + N_{aw} \tag{12-14}$$

$$\sigma_s = \frac{f_{yk}}{\xi_b - \beta_1}\left(\frac{x}{h_0} - \beta_1\right) \tag{12-15}$$

$$\sigma_a = \frac{f_{ay}}{\xi_b - \beta_1}\left(\frac{x}{h_0} - \beta_1\right) \tag{12-16}$$

对于大偏心受压破坏和小偏心受压破坏，N_{aw} 和 M_{aw} 均按以下公式计算。

当 $\beta_1\delta_1 h_0 < x < \beta_1\delta_2 h_0$ 时

$$N_{aw} = \left[\frac{2x}{\beta_1 h_0} - (\delta_1 + \delta_2)\right] t_w h_0 f_{ay} \tag{12-17}$$

$$M_{aw} = \left[\frac{1}{2}\left(\delta_1^2 + \delta_2^2\right) - \left(\delta_1 + \delta_2\right) + \frac{2x}{\beta_1 h_0} - \left(\frac{x}{\beta_1 h_0}\right)^2\right] t_w h_0^2 f_{ay} \tag{12-18}$$

当 $\beta_1\delta_2 h_0 < x$ 时

$$N_{aw} = (\delta_2 - \delta_1) t_w h_0 f_{ay} \tag{12-19}$$

$$M_{aw} = \left[\frac{1}{2}\left(\delta_1^2 - \delta_2^2\right) + (\delta_2 - \delta_1)\right] t_w h_0^2 f_{ay} \tag{12-20}$$

式（12-4）～式（12-20）中，e 为轴向力作用点至型钢受拉翼缘和纵向受拉钢筋合力点之间的距离；e_0 为轴向力对截面重心的偏心矩；e_i 为初始偏心矩；e_a 为附加偏心矩，宜取偏心方向截面尺寸的 1/30 和 20mm 两者中的较大值；α_1 为受压区混凝土压应力影响系数，C50 混凝土取 0.983，C70 混凝土取 0.950；β_1 为受压区混凝土应力图形影响系数，C50 混凝土取 0.783，C70 混凝土取 0.750；M 为柱试件正截面抗弯极限弯矩；N 为试验轴向压力；M_{aw} 为型钢腹板承受的轴向合力对受拉或受压较小边型钢翼缘和纵向钢筋合力点力矩；N_{aw} 为型钢腹板承受的轴向合力；f_{ck} 为混凝土轴心抗压强度标准值；f_{ay}、f'_{ay} 为型钢抗拉、抗压屈服强度；f_{yk}、f'_{yk} 为纵向钢筋抗拉、抗压屈服强度；A_s、A'_s 为受拉、受压纵向钢筋的截面面积；A_{af}、A'_{af} 为受拉、受压型钢翼缘的截面面积；b 为截面宽度；h 为截面高度；h_0 为截面有效高度，$h_0=h-a$；t_w 为型钢腹板厚度，对于配置十字形型钢的试件，取等效腹板厚度 t'_w；t_f、t'_f 为受拉、受压型钢翼缘的厚度；ξ_b 为相对界限受压区高度；E_s 为纵向钢筋弹性模量，实测为 2.02×10^5MPa；x 为混凝土等效受压区高度；x_0 为混凝土实际受压区高度；a_a、a_s 为受拉区型钢翼缘、纵向钢筋合力点至截

面受拉边缘的距离；a_a'、a_s'为受压区型钢翼缘、纵向钢筋合力点至截面受压边缘的距离；a为受拉纵向钢筋与型钢受拉翼缘合力点至截面受拉边缘的距离；δ_1为型钢腹板上端至截面上边的距离与h_0的比值，$\delta_1 h_0$为型钢腹板上端至截面上边的距离；δ_2为型钢腹板下端至截面上边的距离与h_0的比值，$\delta_2 h_0$为型钢腹板下端至截面上边的距离。

各直角梯形截面型钢混凝土柱试件的计算极限弯矩M_{cu}与实测极限弯矩M_t见表12-9。

表 12-9 计算极限弯矩与实测极限弯矩

试件编号	方向	M_{cu}/(kN·m)	M_t/(kN·m)	M_{cu}/M_t
SSC3	正向	1992	2160	0.922
	负向	1992	2086	0.955
	均值	1992	2123	0.938
SSC4	正向	2162	2239	0.966
	负向	2157	2179	0.990
	均值	2160	2209	0.978
SSC5	正向	2529	2937	0.861
	负向	2457	2684	0.915
	均值	2493	2810	0.887
SSC6	正向	2654	2906	0.913
	负向	2582	2655	0.973
	均值	2618	2780	0.942
平均值：0.936；标准差：0.037；变异系数：0.040				

由表12-9可知，对直角梯形截面型钢混凝土柱试件截面进行简化后，所得矩形截面型钢混凝土柱的正截面抗弯承载力计算值与实测值符合较好，各试件正负向计算极限弯矩均值与正负向实测极限弯矩均值之比的平均值为0.936，标准差为0.037，变异系数为0.040，说明当直角梯形截面斜边尖角角度接近于直角时，可简化计算矩形截面试件正截面抗弯承载力。

以试件屈服作为实际工程设计时的破坏状态，把实测屈服荷载和相应的位移代入式（12-3），计算得出试件实测屈服弯矩M_{ty}。把混凝土轴心抗压强度设计值f_c、型钢屈服强度设计值f_a和纵向钢筋屈服强度f_y代入式（12-4）～式（12-20），求得试件的计算弯矩M_{cy}。计算屈服弯矩与试验屈服弯矩如表12-10所示。

表 12-10 计算屈服弯矩与试验屈服弯矩

试件编号	方向	M_{cy}/(kN·m)	M_{ty}/(kN·m)	M_{cy}/M_{ty}
SSC3	正向	1427	1702	0.838
	负向	1436	1581	0.908
	均值	1431	1642	0.871
SSC4	正向	1594	1799	0.886
	负向	1598	1613	0.991
	均值	1596	1706	0.936

续表

试件编号	方向	M_{cy}/(kN·m)	M_{ty}/(kN·m)	M_{cy}/M_{ty}
SSC5	正向	1820	2269	0.802
	负向	1841	2055	0.896
	均值	1830	2162	0.846
SSC6	正向	1961	2419	0.811
	负向	1973	1989	0.992
	均值	1967	2204	0.892
平均值：0.887；标准差：0.038；变异系数：0.042				

由表 12-10 可知，采用材料强度设计值求得的试件正负向计算弯矩均值和正负向实测屈服弯矩均值之比的平均值为 0.887，标准差为 0.038，变异系数为 0.042，表明可采用材料强度设计值计算简化矩形截面型钢混凝土柱的弯矩。

12.4　工程案例与应用

1）大连绿地中心塔楼

大连绿地中心塔楼抗侧力体系效果图已在图 11-29 中给出。大连绿地中心塔楼典型楼层结构平面图及型钢混凝土巨型柱截面已在图 11-30 中给出。

2）武汉绿地中心塔楼

武汉绿地中心塔楼，地下 6 层，地上 100 层，建筑高度 475m。主塔楼抗侧力体系由混凝土核心筒、巨柱、外伸臂桁架、环带桁架组成。其中，外框环带桁架 9 道，伸臂桁架 3 道。41 层以下的核心筒内采用钢板剪力墙。武汉绿地中心楼体横切面为“三叶草”外形，外框巨型柱 12 根：6 根角柱为直角梯形截面内置带翼非规则 H 型钢混凝土巨型柱，最大边长为 4738mm；6 根边柱为直角梯形截面内置带翼非规则十字形型钢混凝土巨型柱，最大边长为 3720mm。武汉绿地中心塔楼施工阶段照片及典型楼层平面图如图 12-32 所示，型钢混凝土巨型柱截面如图 12-33 所示。

（a）塔楼施工阶段照片

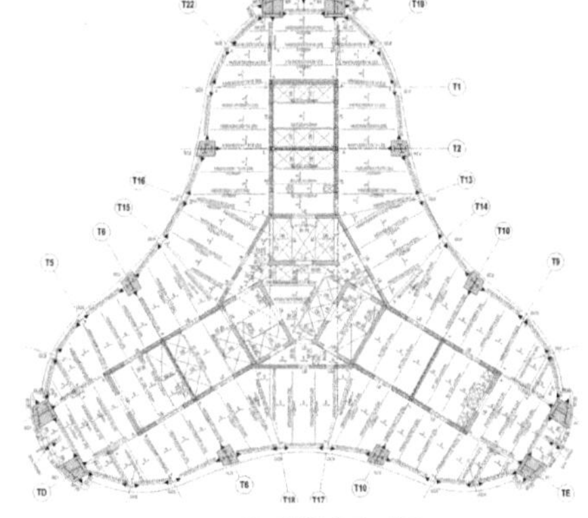
（b）典型楼层平面图

图 12-32　武汉绿地中心塔楼施工阶段照片及典型楼层平面图

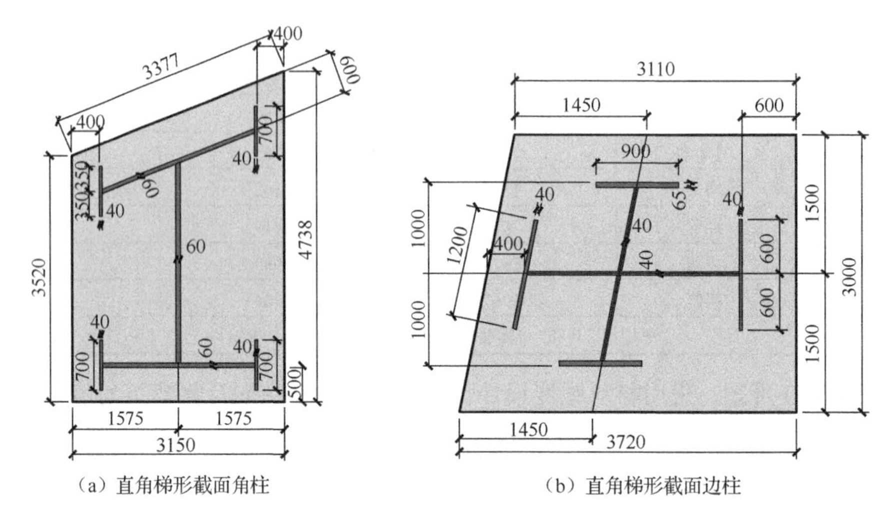

（a）直角梯形截面角柱　　（b）直角梯形截面边柱

图 12-33　武汉绿地中心型钢混凝土巨型柱截面（尺寸单位：mm）

12.5　小　　结

本章对异形截面型钢混凝土柱进行了低周反复荷载试验，分析了不同型钢布置形式、混凝土强度对各试件破坏现象、滞回特性、骨架曲线、水平承载力、位移特征值、刚度退化和耗能性能等力学性能的影响规律，主要结论如下。

（1）各试件最终破坏形态均为弯剪破坏，具有良好的变形性能和延性，极限位移角均大于 1/50，延性系数均大于 3，满足抗震要求，可以为实际工程应用提供依据。

（2）各试件损伤历程相似，以弯剪斜裂缝为主，主要破坏现象为混凝土保护层剥落，箍筋外露，纵筋压曲；型钢整体布置形式能有效提高试件的整体性，一定程度地提高了试件的承载能力和变形能力，最终避免沿高度方向的竖向裂缝的出现，改变试件的最终破坏形态。

（3）随着混凝土强度的提高，试件峰值承载力有所提高，但差异不大，峰值荷载后承载力下降较快，变形性能较差，延性变差，试件刚度退化较快，耗能性能显著提高。

（4）由于试件截面不对称，试件的承载力、刚度等性能均呈现不对称性。

（5）各试件的滞回曲线均较饱满，具有良好的耗能性能；两试件的耗能性能相差较小，型钢整体布置在明显提高试件整体性的同时保持试件良好的耗能性能。

作者与华东建筑设计研究院有限公司合作，以大连绿地中心塔楼五边形截面内置钢板连接的分布式矩形钢管型钢混凝土巨型柱、武汉绿地中心塔楼直角梯形截面内置带翼非规则 H 型钢混凝土巨型柱、直角梯形截面内置带翼非规则十字形型钢混凝土巨型柱为原型，进行了巨型柱模型试件的低周反复荷载下抗震性能试验研究、理论分析和构造研究。

本章研究为大连绿地中心塔楼角部异形截面巨型柱、武汉绿地中心塔楼角部异形截面巨型柱和边上异形截面巨型柱的抗震设计提供了依据。

第 13 章　异形截面多腔钢管混凝土柱承载力计算方法

13.1　多腔钢管混凝土本构关系

13.1.1　多腔钢管混凝土约束机理

根据 Mander 等[1]钢筋混凝土约束理论，假设钢管混凝土为箍筋间距为 0 的钢筋混凝土结构。根据这一假设，钢管对混凝土的约束作用分为强约束区与弱约束区，其边界近似认为是初始斜率为 1 的抛物线，强约束区与弱约束区划分如图 13-1 所示。

多腔钢管混凝土柱内部钢板因受到两侧混凝土的限制作用，难以发生屈曲变形，因此，可以近似认为内部钢板不存在弱约束区，内部钢板约束区划分如图 13-2 所示。在多腔钢管混凝土柱中，分腔钢板的存在相当于增加了外钢管的边数，将一个弱约束区分为多个弱约束区。

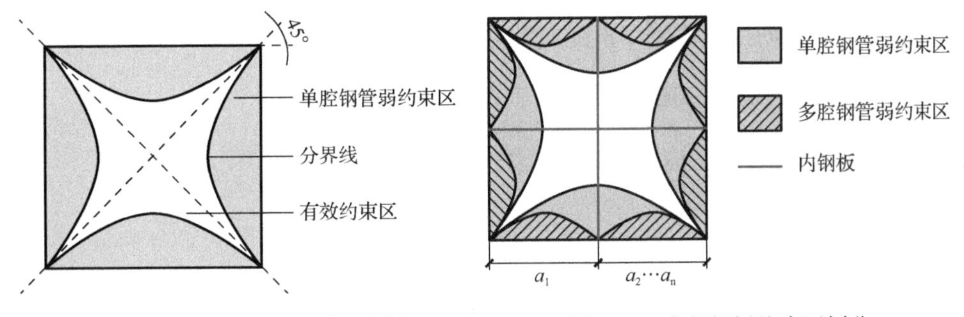

图 13-1　强约束区与弱约束区划分　　图 13-2　内部钢板约束区划分

图 13-1 中，弱约束区面积为

$$A_1 = \frac{\left(\sum_{i=1}^{n} a_i\right)^2}{6} \tag{13-1}$$

图 13-2 中，弱约束区面积为

$$A_2 = \frac{\sum_{i=1}^{n} a_i^2}{6} \tag{13-2}$$

$$A_1 - A_2 = \frac{a_1 \sum_{i=2}^{n} a_i + a_2 \sum_{i=3}^{n} a_i + \cdots + a_{n-1} \sum_{i=n}^{n} a_i}{3} > 0 \tag{13-3}$$

通过式（13-3）可知，分腔构造弱约束区面积小于单腔构造，即多腔构造对核心混凝土具有更好的约束作用，约束效率较单腔构造更高。因此，需要研究适用于多腔钢管混凝土的本构关系以及多腔钢管混凝土柱承载力计算模型。异形截面多腔钢管混凝土柱具有一些明显区别于单腔钢管混凝土柱的特征。

（1）多腔钢管混凝土柱截面各腔体可能具有不同的形状及面积，若是如此，其各腔体的极限状态是不同的，有必要单独计算每个腔体各自的极限状态。

（2）内钢板因不存在弱约束区，所以对混凝土具有更好的约束作用，但每一个内钢板的约束作用是由两个腔体所共用的，内钢板的约束作用在两个腔体之间的分配比例难以确定。因此，如何简化内钢板的约束模型是一个关键问题。

综合考虑：可将多腔体截面构造分割为多个单腔体，每个腔体单独享有共用钢板的约束作用，这种分割方法相当于增加了钢板的厚度；之后，对分割出的单腔体采用图 13-1 中单腔体约束模型，通过增加弱约束区来弱化这种影响。

第 7 章试验研究表明：①圆钢管、横隔板、钢筋笼对核心混凝土具有附加约束的作用，所以需要考虑圆钢管、横隔板、钢筋笼对混凝土约束作用的贡献。②附加圆钢管的总含钢率为 0.6%，但是集中在两个腔体中，在局部区域的含钢率较大，对该区域的混凝土本构关系产生较大影响，因此，需要对圆钢管及其核心混凝土建立单独的本构关系。③钢筋笼总含钢率为 0.41%，箍筋间距为 60mm，且分布在 13 个腔体中，相对多腔钢管含钢率为 6.47%明显较小，根据 Mander 模型，因箍筋间距过大，对混凝土的约束作用极小，但试验结果表明，钢筋笼产生了附加约束作用。因此，将箍筋的约束作用与横隔板做类比，可将箍筋按照等用钢量附加于横隔板中进行计算。

13.1.2 多腔钢管混凝土分离模型

多腔钢管混凝土应力-应变关系公式采用 Mander 公式。

$$f_c = \frac{f_{cc} x r}{r - 1 + x^r} \tag{13-4}$$

$$x = \frac{\varepsilon_c}{\varepsilon_{cc}} \tag{13-5}$$

$$r = \frac{E_c}{E_c - f_{cc} / \varepsilon_{cc}} \tag{13-6}$$

$$\varepsilon_{cc} = \varepsilon_{c0}\left[1 + \eta\left(f_{cc} f_c' - 1\right)\right] \tag{13-7}$$

$$f_{cc} = f_c'\left(-1.254 + 2.254\sqrt{1 + \frac{7.94 f_1}{f_c'}} - 2\frac{f_1}{f_c'}\right) \tag{13-8}$$

式中，f_c 和 ε_c 分别为混凝土压应力和压应变；f_{c0}、ε_{co} 和 E_c 分别为非约束混凝土轴心抗压强度、峰值应变和弹性模量；f_{cc} 和 ε_{cc} 分别为混凝土轴心抗压强度和峰值应变；η 为峰值应变修正系数；γ 为曲线形状参数；f_1 为混凝土侧向等效约束应力。

1. 有效约束系数确定

基于前述多腔钢管约束机理分析，建立异形截面多腔钢管混凝土分离模型，如图 13-3 所示。

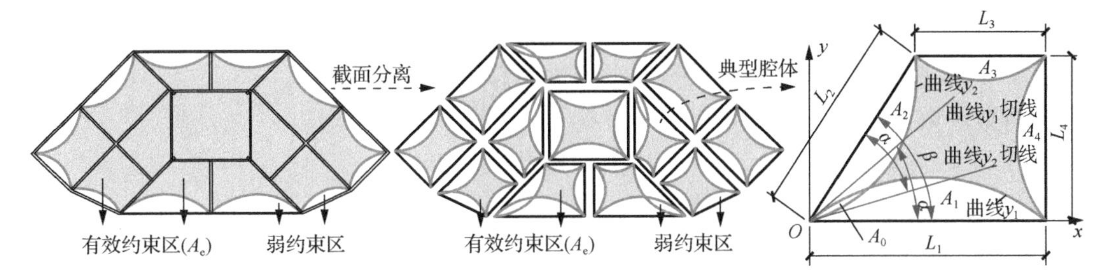

图 13-3　异形截面多腔钢管混凝土分离模型

以图 13-3 最右侧图左下角角点为原点，边 L_1 或边 L_2 为 x 轴建立 x-y 直角坐标系。曲线 y_1 方程为

$$y_1=-\frac{\tan\alpha}{L_1}x^2+\tan\alpha\cdot x \tag{13-9}$$

曲线 y_2 方程为

$$y_2=\begin{cases}-\dfrac{x}{\tan\beta}+\dfrac{L_2}{2\sin\beta}+\dfrac{L_2\cos\beta+L_2\sqrt{(\tan\alpha\sin\beta+\cos\beta)^2-\dfrac{4\tan\alpha\sin\beta}{L_2}x}}{2\tan\alpha\sin^2\beta},\\ y_2>-\dfrac{(\tan\alpha\sin\beta+\cos\beta)^2L_2}{4\tan\alpha\tan\beta\sin\beta}+\dfrac{L_2}{2\sin\beta}+\dfrac{L_2\cos\beta}{2\tan\alpha\sin^2\beta};\left(y_2^+\right)\\ -\dfrac{x}{\tan\beta}+\dfrac{L_2}{2\sin\beta}+\dfrac{L_2\cos\beta-L_2\sqrt{(\tan\alpha\sin\beta+\cos\beta)^2-\dfrac{4\tan\alpha\sin\beta}{L_2}x}}{2\tan\alpha\sin^2\beta},\\ 0\leqslant y_2\leqslant-\dfrac{(\tan\alpha\sin\beta+\cos\beta)^2L_2}{4\tan\alpha\tan\beta\sin\beta}+\dfrac{L_2}{2\sin\beta}+\dfrac{L_2\cos\beta}{2\tan\alpha\sin^2\beta};\left(y_2^-\right)\end{cases} \tag{13-10}$$

则有效约束区面积为

$$A_e=A_c-A_1-A_2-A_3-A_4+A_0\text{，其中 }A_i=\frac{L_i^2}{6},i=1\sim4 \tag{13-11}$$

当 $\alpha\leqslant\beta<2\alpha$ 时，令 $y_1=y_2$。可以求得曲线交点(0,0)和(x_0, y_0)。A_0 可以按照式（13-12）计算。

$$A_0=\begin{cases}\displaystyle\int_0^{x_0}(y_1-y_2^-)\mathrm{d}x,\\ 0\leqslant y_2\leqslant-\dfrac{(\tan\alpha\sin\beta+\cos\beta)^2L_2}{4\tan\alpha\tan\beta\sin\beta}+\dfrac{L_2}{2\sin\beta}+\dfrac{L_2\cos\beta}{2\tan\alpha\sin^2\beta}\quad(x_0,y_0)\text{在}y_2^-\\ \displaystyle\int_0^{x_0}(y_1-y_2^-)\mathrm{d}x+\int_{x_0}^{\frac{L_2(\tan\alpha\sin\beta+\cos\beta)^2}{4\tan\alpha\sin\beta}}(y_2^+-y_2^-)\mathrm{d}x,\\ y_2>-\dfrac{(\tan\alpha\sin\beta+\cos\beta)^2L_2}{4\tan\alpha\tan\beta\sin\beta}+\dfrac{L_2}{2\sin\beta}+\dfrac{L_2\cos\beta}{2\tan\alpha\sin^2\beta}\quad(x_0,y_0)\text{在}y_2^+\end{cases} \tag{13-12}$$

式（13-9）～式（13-12）中，L_1、L_2 为相邻两边的边长；y_1、y_2 为对应边长 L_1、L_2 的有效约束区与弱约束区的分界线；(x_0,y_0) 为曲线 y_1、y_2 除原点外的另一个交点；y_2^+ 为

曲线 y_2 位于交点 (x_0, y_0) 上方的部分；y_2^- 为曲线 y_2 位于交点 (x_0, y_0) 下方的部分；α 为曲线 y_1、y_2 过原点切线与对应边的夹角；β 为相邻两边的夹角。

有效约束系数为

$$k_e = A_e / A_c$$

2. 水平约束应力 f_1'

f_1' 为钢管对混凝土的水平约束用力。为了简化计算，假设钢管对混凝土的水平约束应力是均匀的。相关研究[2]表明，非圆形钢管混凝土的损伤形态与方形钢管混凝土类似。因此，将不规则截面简化为方形截面建立平衡方程计算混凝土受到的平均约束应力，如式（13-13）、式（13-14）所示。水平约束应力计算模型如图 13-4 所示。

$$\begin{cases} f_1'(L-2t) = 2f_h t & \text{非圆形截面} \\ \int_0^{\pi} f_1' \dfrac{d\theta}{\pi} \dfrac{\pi(L-2t)}{2} \sin\theta = f_1'(L-2t) = 2f_h t & \text{圆形截面} \end{cases} \tag{13-13}$$

$$f_1' = \frac{2f_h}{\overline{L}/t - 2} \tag{13-14}$$

式中，$\dfrac{\overline{L}}{t} = \dfrac{1}{n}\sum_1^n \dfrac{L_i}{t_i}$，是非圆形钢管的平均宽厚比或者圆形钢管的径厚比；$L$ 为非圆形截面边长或者圆形截面的直径；t 为钢管壁厚；f_h 为钢管水平应力。

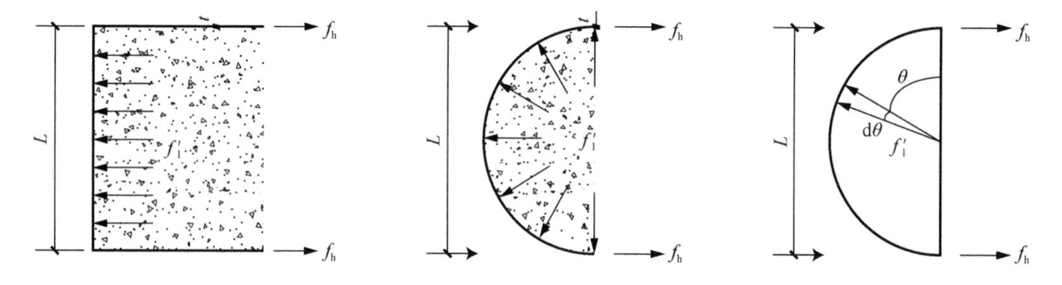

图 13-4　水平约束应力计算模型

截面宽厚比（W）是影响钢管损伤形态的主要参数[3]。当 $W>0.85$ 时，钢管会发生局部屈曲破坏；当 $W \leqslant 0.85$ 时，可以忽略局部屈曲。对于圆形钢管，同样忽略其局部屈曲。式（13-15）为截面宽厚比计算方法。式（13-16）为不同截面宽厚比下，钢管环向应力和纵向应力的关系。同时，环向和纵向应力还应遵守 von Mises 准则。

$$W = \frac{L}{t}\sqrt{\frac{12(1-\mu^2)}{4\pi^2}}\sqrt{\frac{f_y}{E_s}} \tag{13-15}$$

$$\begin{cases} \dfrac{f_v}{f_y} = \dfrac{1.2}{W} - \dfrac{0.3}{W^2} \leqslant 1 & W > 0.85 \\ f_h = -0.21 f_y, f_v = 0.89 f_y & W \leqslant 0.85 \text{ 或圆钢管} \end{cases} \tag{13-16}$$

η 是混凝土峰值应变修正系数，对多腔钢管混凝土柱的研究表明，可对单腔钢管混

凝土修正系数公式进行修正，即

$$\eta = 52.765(1+k_{\mathrm{e}})\left(\frac{\sqrt{f_{\mathrm{v}}/f_{\mathrm{c}}'}}{W^{0.36}}\right)^{-2.0531} \tag{13-17}$$

3. 有效水平约束应力 f_{l}

第 7 章应变分析表明，横隔板具有较高的应力水平。因此，需要考虑横隔板对混凝土的约束作用贡献。有效水平约束应力由钢管、横隔板共同提供，如式（13-18）、式（13-19）所示。其中，f_{ls} 为钢管提供的有效横向约束应力；f_{lh} 为横隔板提供的有效横向约束应力。

$$f_{\mathrm{l}} = f_{\mathrm{ls}} + f_{\mathrm{lh}} \tag{13-18}$$

$$f_{\mathrm{ls}} = k_{\mathrm{e}} f_{\mathrm{l}}' \tag{13-19}$$

在钢管混凝土中，横隔板对混凝土的约束作用可以通过两种途径传递。①类似于钢筋混凝土结构中的箍筋，约束作用可以通过混凝土进行传递；②横隔板对混凝土的约束作用可以通过钢管传递。在钢管混凝土柱中，横隔板对混凝土的约束作用沿纵向能够得到更加有效的传递，横隔板对混凝土的约束作用分布更加均匀，横隔板区域纵向弱约束区面积减小。横隔板纵向弱约束区如图 13-5 所示。

横隔板和钢管组成 T 形截面，从而具有较大的抗弯刚度。因此，横隔板在水平方向不容易发生向外的鼓曲。可以认为横隔板对混凝土水平方向具有良好的约束作用，水平方向弱约束区域较小。横隔板水平方向弱约束区如图 13-6 所示。

因此，横隔板对混凝土的水平有效约束应力可以近似计算为

$$f_{\mathrm{lh}} = \frac{A_{\mathrm{sh}} f_{\mathrm{hd}}}{\bar{L}H} \tag{13-20}$$

式中，A_{sh} 为横隔板的纵向截面面积；f_{hd} 为横隔板屈服强度；$\bar{L}$ 为单腔体平均边长；H 为横隔板间距。

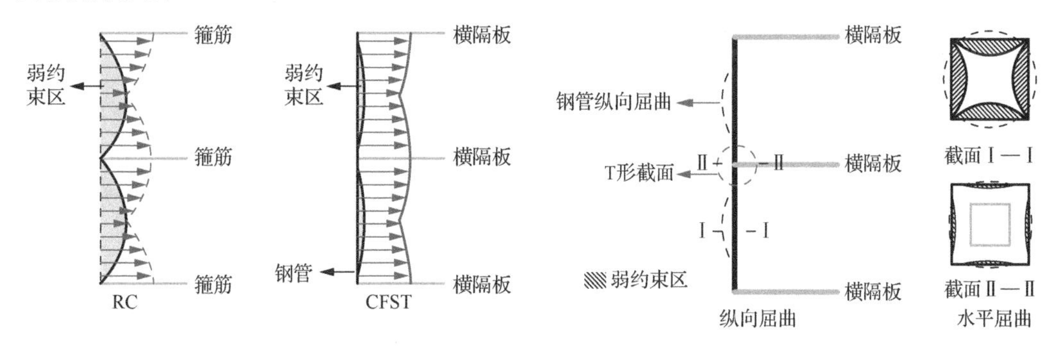

图 13-5　横隔板纵向弱约束区　　图 13-6　横隔板水平方向弱约束区

4. 钢材本构关系

目前，关于钢管混凝土中钢管的本构关系，不同的学者给出了不同的建议。韩林

海[4]给出了单调加载时的五段式本构关系［图 13-7（a）］，并建议在往复荷载作用时需要考虑钢材的包辛格效应，采用二次强化的本构关系［图 13-7（b）］。文献[5]考虑钢管的屈曲失稳及随动强化，给出了带下降段的钢材本构关系，如图 13-7（c）所示。文献[6]和文献[7]采用理想弹塑性模型，得到了较符合实际的计算结果，如图 13-7（d）所示。蔡绍怀[8]、钟善桐[9]也对这一问题进行了研究，认为钢管处于纵向受压、环向受拉、径向受拉的三向应力状态，但钢管壁厚较小，径厚比较大，径向应力影响较小，因此忽略径向应力，认为钢管处于纵向受压、环向受拉的平面应力状态，且平面应力状态符合 von Mises 准则。随着环向应力的增加，纵向的应力水平低于单调加载时的屈服强度。刘界鹏等[10]同样发现在钢管混凝土柱中，环向应力的发展导致钢管的纵向应力水平下降。因此，在钢管混凝土中，钢管处于复杂的受力状态，针对不同的加载情况，需要采用不同的钢材本构关系。

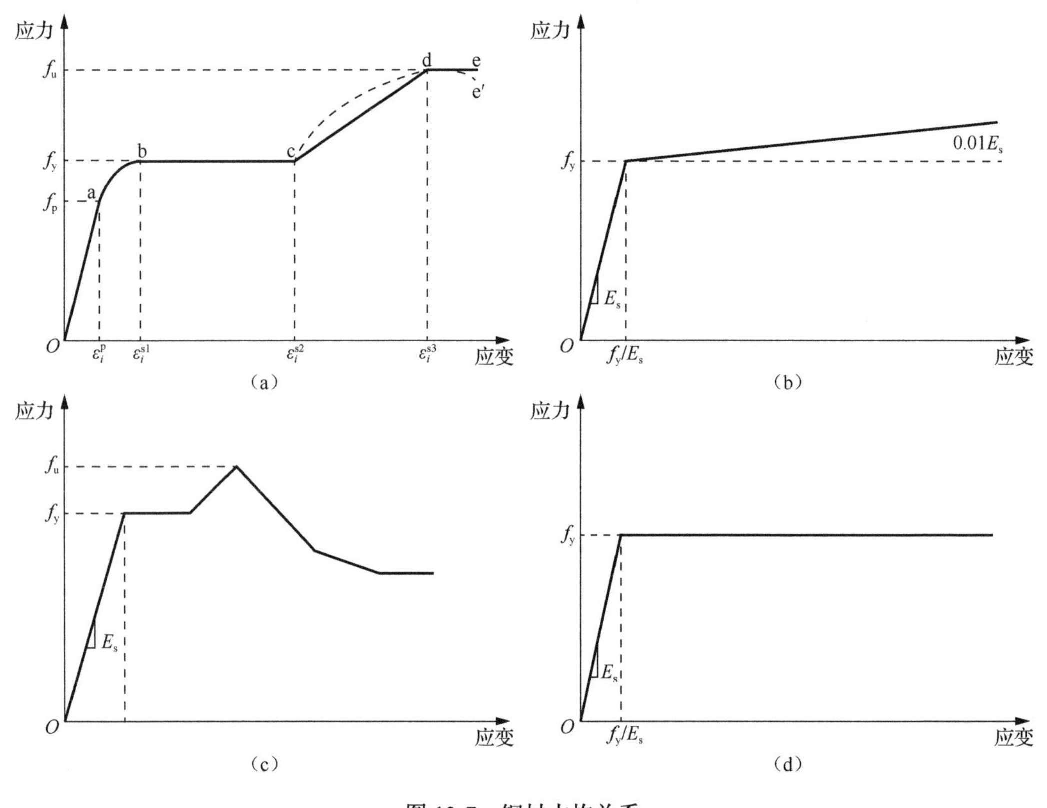

图 13-7　钢材本构关系

在本书轴压性能试验中，虽然加载采用了加卸载的方式，但是并未产生竖向拉荷载，钢管纵向始终处于受压应力状态，因此认为包辛格效应影响较小。同时考虑到环向应力对纵向应力的影响以及钢管发生局部屈曲，从而忽略钢管后期的强化现象。因此，钢管本构关系采用理想弹塑性模型，钢管屈服应力取 13.1.2 节计算值f_y，钢筋及纵向加劲肋屈服应力分别取实测值f_r和f_{ls}，钢材理想弹塑性模型如图 13-8 所示。

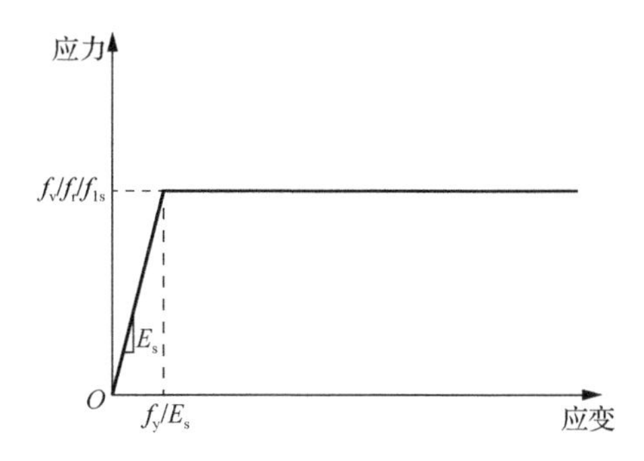

图 13-8　钢材理想弹塑性模型

13.2　分离模型法计算结果验证

除本节中提出的多腔钢管混凝土本构关系计算方法，还采用相关研究中提出的钢管混凝土本构关系计算多腔钢管混凝土柱荷载-变形曲线。同时，《混凝土结构设计规范（2015 年版）》（GB 50010—2010）[11]中给出了素混凝土本构关系。当采用其他混凝土本构关系对比计算时，钢材本构关系仍然按照其各自文献建议的公式确定。

1）韩林海提出了一种钢管混凝土本构关系[4]

$$\xi = \frac{A_s f_y}{A_c f_{ck}} \tag{13-21}$$

$$\sigma_0 = \begin{cases} \left[1 + \left(0.4\xi - 0.054\xi^2\right)\left(\dfrac{24}{f_c'}\right)^{0.45}\right] f_c' & \text{圆钢管} \\ \left[1 + \left(0.1\xi - 0.0135\xi^2\right)\left(\dfrac{24}{f_c'}\right)^{0.45}\right] f_c' & \text{矩形（方形）钢管} \end{cases} \tag{13-22}$$

$$\varepsilon_0 = \begin{cases} \varepsilon_c + \left[1400 + 800\left(\dfrac{f_c'}{24} - 1\right)\right]\xi^{0.2} \times 10^{-6} & \text{圆钢管} \\ \varepsilon_c + \left[1330 + 760\left(\dfrac{f_c'}{24} - 1\right)\right]\xi^{0.2} \times 10^{-6} & \text{矩形（方形）钢管} \end{cases} \tag{13-23}$$

$$\varepsilon_c = \left(1300 + 12.5 f_c'\right) \times 10^{-6} \tag{13-24}$$

式中，A_s 为钢管面积；f_y 为钢管屈服强度；A_c 为混凝土面积；f_{ck} 为混凝土抗压其强度标准值；f_c' 为混凝土圆柱体强度。

（1）对于圆钢管。

$$\frac{\sigma}{\sigma_0} = 2\frac{\varepsilon}{\varepsilon_0} - \left(\frac{\varepsilon}{\varepsilon_0}\right)^2 \qquad \frac{\varepsilon}{\varepsilon_0} \leqslant 1 \tag{13-25}$$

$$\begin{cases}\dfrac{\sigma}{\sigma_0}=1+q\cdot\left[\left(\dfrac{\varepsilon}{\varepsilon_0}\right)^{0.1\xi}-1\right] & \xi\geqslant 1.12\\ \dfrac{\sigma}{\sigma_0}=\dfrac{\varepsilon/\varepsilon_0}{\beta\cdot(\varepsilon/\varepsilon_0-1)^2+\varepsilon/\varepsilon_0} & \xi<1.12\end{cases}\quad \frac{\varepsilon}{\varepsilon_0}>1 \tag{13-26}$$

$$q=\frac{\xi^{0.745}}{\xi+2} \tag{13-27}$$

$$\beta=\left(2.36\times10^{-5}\right)^{\left[(\xi-0.5)^7+0.25\right]}f_c'\times3.51\times10^{-4} \tag{13-28}$$

（2）对于方钢管。

$$\frac{\sigma}{\sigma_0}=2\frac{\varepsilon}{\varepsilon_0}-\left(\frac{\varepsilon}{\varepsilon_0}\right)^2 \qquad \frac{\varepsilon}{\varepsilon_0}\leqslant 1 \tag{13-29}$$

$$\frac{\sigma}{\sigma_0}=\frac{\varepsilon/\varepsilon_0}{\beta\cdot(\varepsilon/\varepsilon_0-1)^{\eta}+\varepsilon/\varepsilon_0} \qquad \frac{\varepsilon}{\varepsilon_0}>1 \tag{13-30}$$

2）Hu 等[6]提出了一种基于单腔钢管的钢管混凝土本构关系

$$\sigma=\begin{cases}\dfrac{E_c\varepsilon}{1+(R+R_E-2)(\varepsilon/\varepsilon_0)-(2R-1)(\varepsilon/\varepsilon_0)^2+R(\varepsilon/\varepsilon_0)^3} & \varepsilon/\varepsilon_0\leqslant 1\\ [(k_3-1)(\varepsilon/\varepsilon_0-1)/10+1]\sigma_0 & \varepsilon/\varepsilon_0>1\end{cases} \tag{13-31}$$

3）《混凝土结构设计规范（2015 年版）》（GB 50010—2010）[11]给出了素混凝土本构关系

$$\sigma=\begin{cases}\left\{\dfrac{f_{c,r}}{E_c\varepsilon_{c,r}-f_{c,r}}\Big/\left[\dfrac{E_c\varepsilon_{c,r}}{E_c\varepsilon_{c,r}-f_{c,r}}-1+\left(\dfrac{\varepsilon}{\varepsilon_{c,r}}\right)^{\frac{E_c\varepsilon_{c,r}}{E_c\varepsilon_{c,r}-f_{c,r}}}\right]\right\}E_c\varepsilon & \dfrac{\varepsilon}{\varepsilon_{c,r}}\leqslant 1\\ \left\{\dfrac{f_{c,r}}{E_c\varepsilon_{c,r}}\Big/\left[\alpha_c\left(\dfrac{\varepsilon}{\varepsilon_{c,r}}-1\right)^2+\dfrac{\varepsilon}{\varepsilon_{c,r}}\right]\right\}E_c\varepsilon & \dfrac{\varepsilon}{\varepsilon_{c,r}}>1\end{cases} \tag{13-32}$$

式中，$f_{c,r}$为混凝土抗压强度，取 $0.76f_{cu}$；$\varepsilon_{c,r}$为峰值压应变，取 0.00179；E_c为混凝土弹性模量，取 30000MPa；α_c为下降段系数，取 1.94。

为了验证分离模型的准确性，除本章研究外，作者进行了一系列的异形截面多腔钢管混凝土柱轴压性能试验。第 4 章进行了 3 个带横隔板五边形多腔钢管混凝土柱轴压性能试验，试件 CF-1 为五边形单腔体内置钢筋笼试件，试件 CF-2 为五边形四腔体无钢筋笼试件，试件 CF-3 为五边形四腔体内置钢筋笼试件，截面设计如图 13-9（a）所示。第 8 章进行了 3 个带横隔板双肢六边形四腔体管混凝土柱轴压试验，WAC 为无钢筋笼试件，BAC 为有钢筋笼试件，SAC-2 为圆钢管试件，试件设计如图 13-9（b）所示。第 7 章进行了 3 个八边形十三腔体钢管混凝土柱轴压试验，CFT-1 为钢筋笼、横隔板、管壁栓钉等内部构造试件，CFT-2 为不带钢筋笼简化型试件，CFT-3 为增加圆钢管加强型试件，试件设计如图 13-9（c）所示。第 5 章进行了 3 个不带横隔板六边形六腔体多腔钢管混凝土柱轴压试验，CFST1 为带钢筋笼试件，混凝土强度等级为 C30；CFST3 为无钢筋笼试件，混凝土强度等级为 C40，CFST4 为带钢筋笼试件，混凝土强度等级为 C40，试件设计如图 13-9（d）所示。这些试件包含了不同截面形状、不同腔体数量、不同钢板厚度、不同钢管强度、不同混凝土强度、不同截面构造等参数，对研究异形截面多腔钢管混凝土柱受压承载力具有一定的代表性。

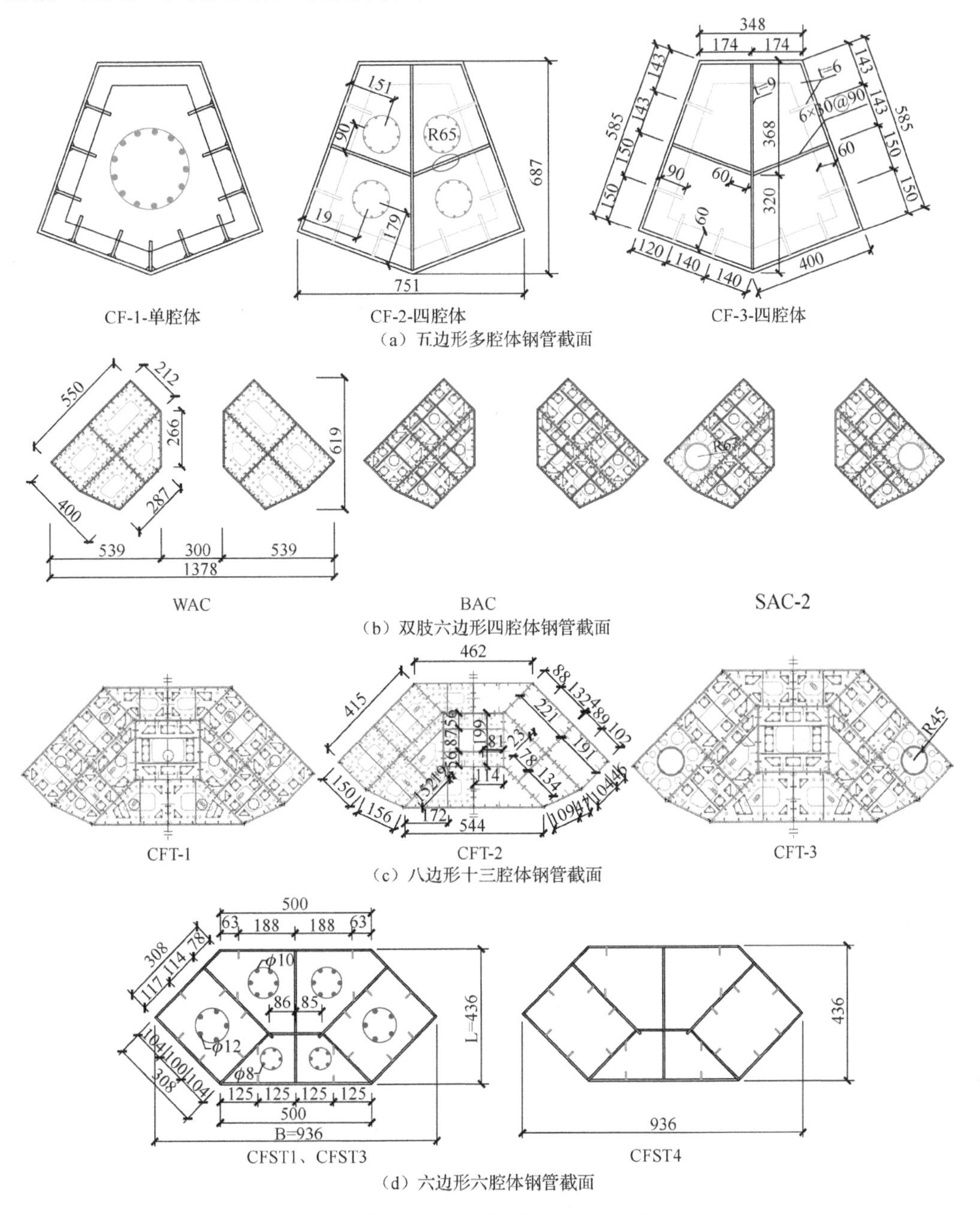

图 13-9　异形截面多腔钢管截面设计（尺寸单位：mm）

表 13-1 为采用不同的混凝土本构关系，计算结果与实测结果的比较，极限承载力及

极限位移误差分析如图 13-10 所示。计算荷载-位移曲线与实测曲线对比如图 13-11 所示。

表 13-1　计算结果与实测结果比较

试件编号	N_u/(10kN)			Δ_u/mm		
	试验值	计算值	误差/%	试验值	计算值	误差/%
CFT-1	3087.1	3017.4	−2.26	5.21	5.19	−0.38
CFT-2	2850.0	2874.5	0.86	5.20	5.19	−0.19
CFT-3	3262.5	3171.3	−2.80	5.44	5.59	2.76
CF-1	2623.3	2727.6	3.98	5.31	5.30	−0.19
CF-2	3211.9	3296.7	2.64	6.48	7.39	14.04
CF-3	3424.8	3368.7	−1.64	9.04	9.02	−0.22
WAC	3748.2	3570.0	−4.75	2.86	5.00	74.83
BAC	3795.2	3822.9	0.73	4.21	5.32	26.37
SAC-2	3955.2	3899.8	−1.40	3.60	4.90	36.11
CFST1	1480.4	1521.3	2.76	6.15	5.19	−15.61
CFST3	1740.6	1698.8	−2.40	3.67	4.12	12.26
CFST4	1668.7	1814.3	8.73	5.46	5.46	0.00

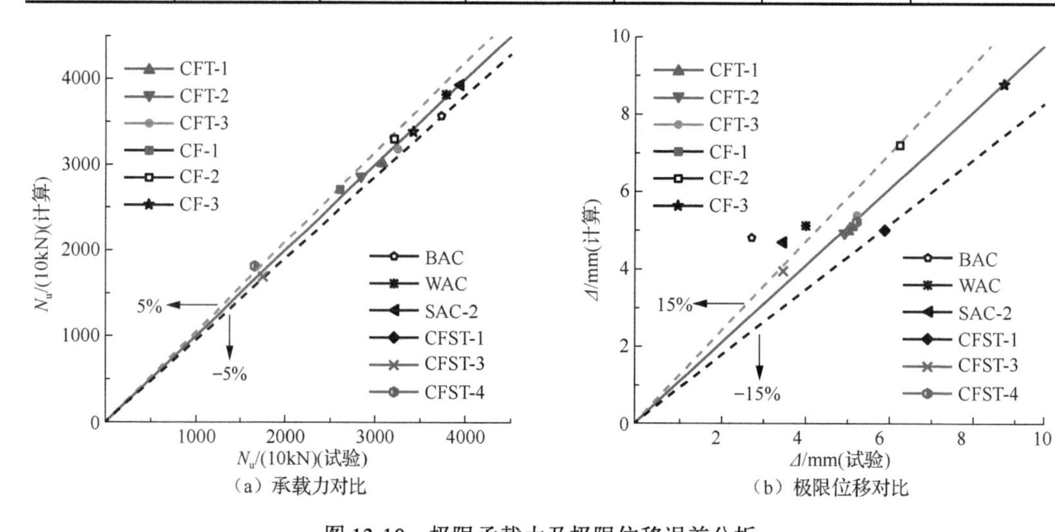

（a）承载力对比　　　　（b）极限位移对比

图 13-10　极限承载力及极限位移误差分析

由表 13-1、图 13-10 和图 13-11 可得以下结论。

（1）因为钢材的泊松比大于混凝土泊松比，所以在加载初期钢管对混凝土的约束作用很小，采用多种混凝土本构关系计算所得曲线在加载前期基本重合。

（2）采用素混凝土本构关系承载力计算结果显著小于试验结果，说明多腔钢管对混凝土具有良好的约束作用。

（3）采用韩林海[4]本构和 Hu 本构[6]的计算结果与素混凝土本构关系相比有显著的提高，但仍明显小于试验结果。

（4）对于单腔体试件 CF-1，采用韩林海本构、Hu 本构和分离模型计算所得承载力与试验结果相比较，其误差较多腔体试件误差小，这说明分离模型也可用于单腔钢管混凝土本构关系计算。对于单腔钢管试件 CF-1，采用韩林海本构、Hu 本构计算所得承载力与试验结果误差大于分离模型计算所得承载力与试验结果误差，这是因为其本构关系未考虑横隔板及钢筋笼的约束作用。

（5）采用分离模型计算的混凝土本构关系，其计算结果与试验曲线符合良好，所提出的多腔钢管混凝土本构关系计算方法能够较为准确地预测多腔钢管混凝土柱的轴压荷载-变形曲线，极限承载力误差基本在 5%左右，极限位移误差在 15%左右。

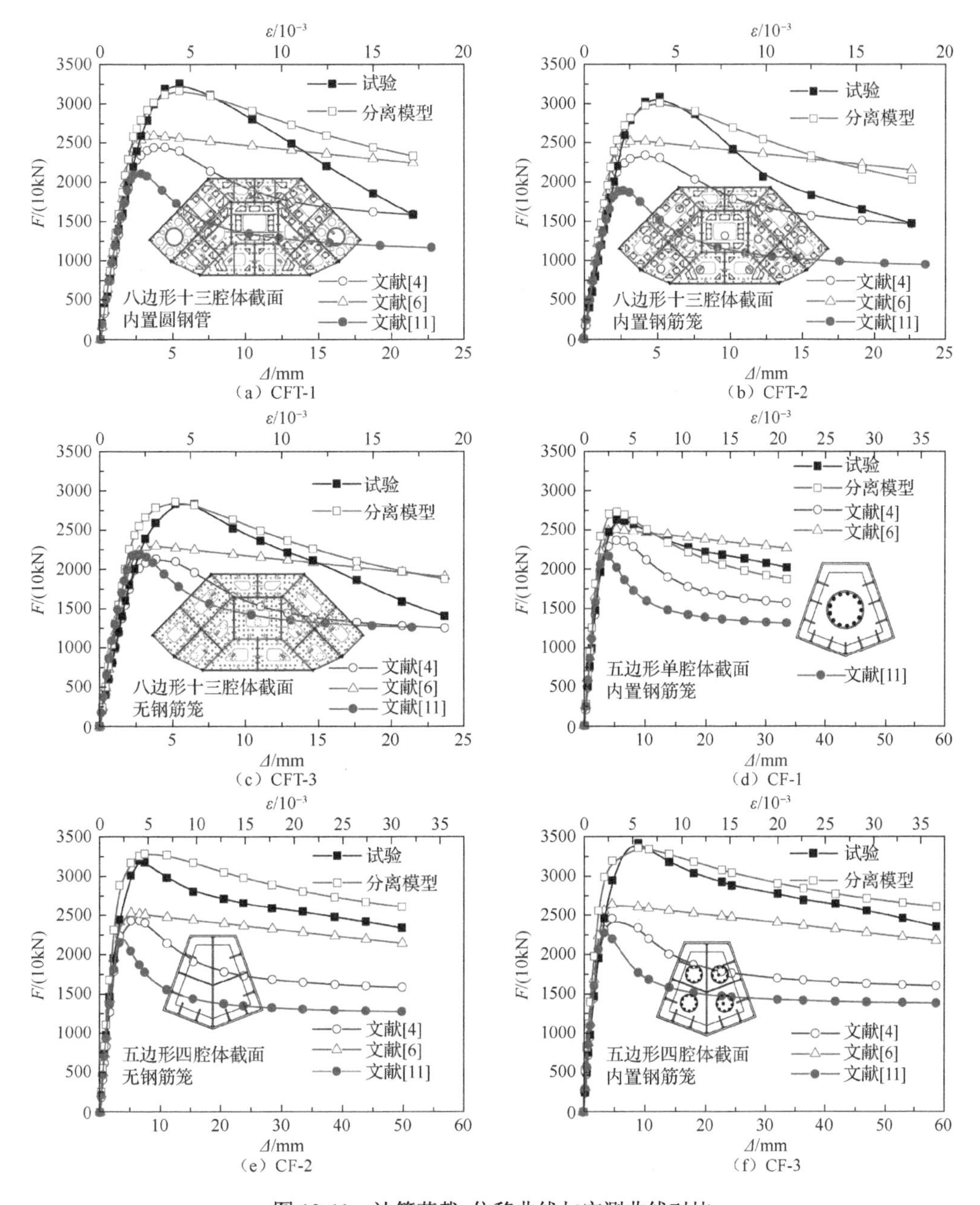

图 13-11　计算荷载-位移曲线与实测曲线对比

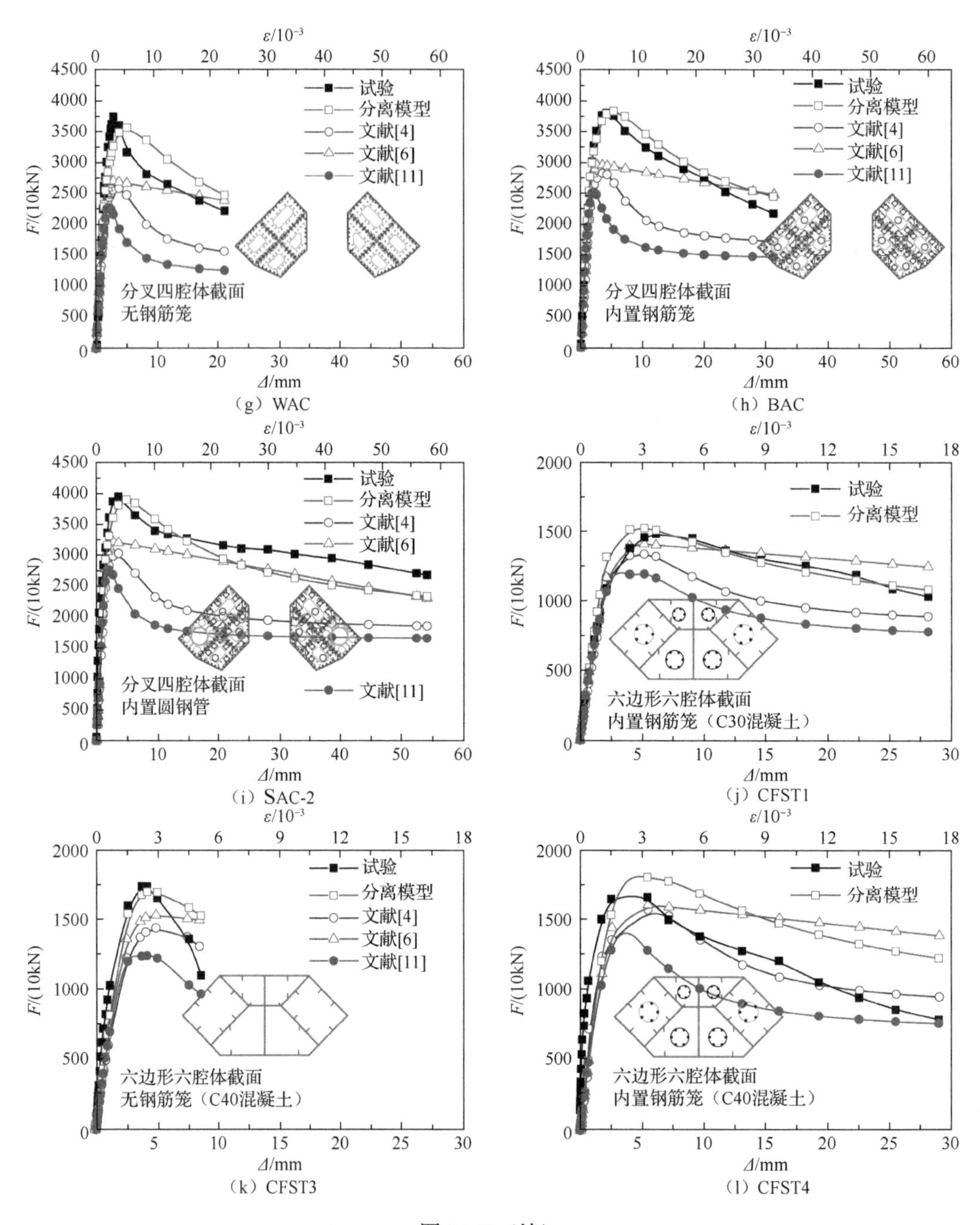

（g）WAC　（h）BAC　（i）SAC-2　（j）CFST1　（k）CFST3　（l）CFST4

图 13-11（续）

13.3　轴压承载力计算方法

前述基于 Mander 约束混凝土分离模型法的轴压承载力计算方法，须计算有效约束

应力 f_1 ，中间过程做了若干假设，且计算过程较为复杂。有时，在工程设计中仅需要计算其承载力，变形能力由构造措施来保证。为了简化轴压承载力计算，给出了一种基于统一理论的简化计算方法。

在规则异形截面等效过程中，根据截面几何图形等效变换计算分析易得截面参数总面积 A、含钢率 α、图形边数 n、周长 s、钢板厚度 t 的变化规律：①钢板面积 $A\alpha \approx st$；②在截面总面积、含钢率相等情况下，正多边形变换时，截面边数越多，则周长越小，钢板厚度越大；③在截面总面积、含钢率、截面边数相等变换时，规则正多边形周长最小，钢板厚度最大；④在周长、钢板厚度相等情况下，正多边形变换时，截面边数越多，则截面总面积越大，含钢率越小。

基于以上几何等效变换分析，引入两个参数，截面形状效率（与有效约束系数的含义类似）和截面规则性。截面形状效率描述了正多边形时，截面形状边数对约束效应的影响，圆形截面约束效果最好，三角形截面约束效果最差。截面规则性描述了边数相同时，截面规则性对约束效应的影响，正多边形约束效果最好，多边形边长差异越大时，约束效果越差。

结合异形截面多腔钢管对核心混凝土约束效应特点和钢管混凝土统一理论，假定：①不规则异形截面钢管混凝土有效与非有效约束区边界为二次曲线，初始切线角度 α 与其所在腔体内角 β 相关；②多腔体截面可拆分为若干单腔体截面分别计算，承载力计算满足叠加原理。

需要重点解决的 3 个问题：①混凝土有效约束区与非有效约束区边界初始切线角度 α 与内角 β 的关系；②考虑截面规则性对约束效应的修正；③不规则异形多腔体截面拆分方法。

13.3.1　规则截面边数与约束效应关系

为得到核心约束混凝土有效与非有效约束区边界二次曲线初始切线角度 α 与截面图形边数 n 或内角 β 的关系，即各种规则形状的形状效率系数 k_f 与边数 n 或内角 β 的关系，需将正三角形、正方形……正 n 边形转换为圆形截面。采用基于统一理论的圆形截面钢管混凝土轴压承载力计算方法计算，因为圆形截面钢管约束混凝土侧向约束应力均匀，计算中物理意义明确，不受截面规则性的影响。由几何关系可知，正多边形边数 n 与内角 β 关系为

$$\beta = 180^\circ \times (n-2)/n \tag{13-33}$$

1. 截面组合强度计算方法

异形截面多腔钢管混凝土柱腔体多由三角形、四边形和五边形组合而成，其腔体内角 β 为 60°～120°，故选取正三角形（β=60°）、正方形（β=90°）、正八边形（β=135°）进行计算分析，拟合 α 与 β 或 n 的关系曲线。依据《钢管混凝土结构技术规范》（GB 50936—2014）[12]给出的正方形、正八边形、圆形钢管混凝土短柱轴压承载力计算方法[式（13-34）～式（13-37）]，并结合韩林海[4]的正三角形截面钢管混凝土短柱轴压性能

试验进行验证，即

$$N_u = Af_{sc} \tag{13-34}$$

$$f_{sc} = (1.212 + B\theta + C\theta^2) f_c \tag{13-35}$$

$$\alpha' = A_s / A_c \tag{13-36}$$

$$\xi = A_s f_y / A_c f_c = \alpha' f_y / f_c \tag{13-37}$$

式中，α'为相对含钢率；ξ为套箍系数；B、C为截面形状对套箍系数的影响系数，见表 13-2。需要说明的是，计算中不考虑材料分项系数等折减，材料强度取标准值或平均值。

表 13-2　参数 *B*、*C* 的取值

截面形式	B	C
圆形和正十六边形	$0.176f_y/235+0.974$	$-0.104f_c/20+0.031$
正八边形	$0.140f_y/235+0.778$	$-0.070f_c/20+0.026$
正方形	$0.131f_y/235+0.723$	$-0.070f_c/20+0.026$

注：《钢管混凝土结构技术规范》(GB 50936—2014）中考虑了材料分项系数，供设计时用；本节计算不考虑材料分项，表中数据进行了相应修正。

选取钢材强度等级 Q235、Q345、Q390，混凝土强度等级 C30～C70，相对含钢率α'=0.04～0.20 的每组各 75 个正方形、正八边形截面，按照正方形及正八边形公式进行截面组合强度计算，得到的强度认为是真实值，记为 $f_{sc,t}$。然后，通过引入形状效率系数 k_f、折减套箍系数ξ后，采用圆形截面公式计算正方形、正八边形截面钢管混凝土组合强度，得到的强度为计算值，记作 $f_{sc,c}$。

2. *形状效率系数* k_f

根据前述假设，二次曲线与截面几何图形直线边相交于点$(-h/2,0)$和$(h/2,0)$，h 为钢板边长，交点处曲线的切线与 x 轴的夹角为α，正方形、正八边形核心约束混凝土每一边上有效与非有效约束区边界方程如式（13-38）所示，混凝土有效与非有效约束区划分如图 13-12 所示。

$$y = f(x) = -\frac{\tan\alpha}{h}x^2 + \frac{h}{4}\tan\alpha \tag{13-38}$$

每一边上非约束混凝土的面积为

$$A_{c,in} = \frac{h^2}{6}\tan\alpha \tag{13-39}$$

形状效率系数为

$$k_f = \frac{A_c - A_{c,in}}{A_c} \tag{13-40}$$

将式（13-33）、式（13-38）、式（13-39）代入式（13-40）并简化得

$$k_{\rm f}=1-\frac{4\tan\alpha}{6\tan\left(180\dfrac{n-2}{2n}\right)} \tag{13-41}$$

正方形、正八边形截面折减后套箍系数为

$$\xi'=k_{\rm f}\xi \tag{13-42}$$

将式（13-42）代入式（13-35）并采用圆形截面 B、C 参数即可得正方形、八边形截面组合强度 $f_{\rm sc,c}$。

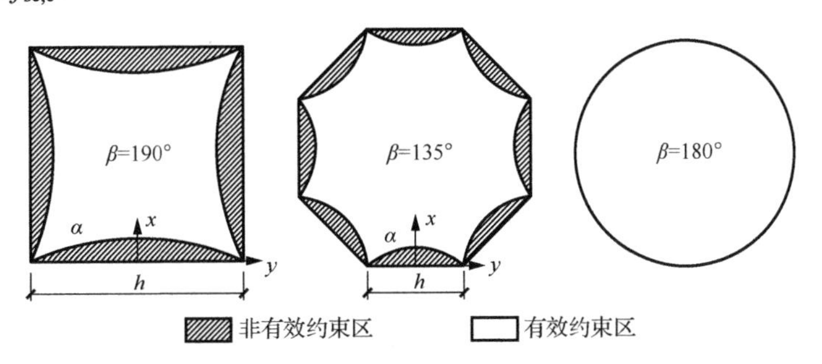

图 13-12　混凝土有效与非有效约束区划分

3. 切线角度α

若各组正方形、八边形截面计算所得 $f_{\rm sc,c}=f_{\rm sc,t}$，通过大量计算得到正方形截面（$\beta$=90°），$\alpha$可取 23°，正八边形截面（$\beta$=135°），$\alpha$可取 36°，此时计算组合强度 $f_{\rm sc,c}$ 与 $f_{\rm sc,t}$ 比较如图 13-13 所示。由图 13-13 可见，考虑形状效率系数折减约束效应并采用圆形截面计算公式计算结果与统一理论中正方形或正八边形计算公式结果符合较好，相对误差在 1.3%内，说明α取值较为合理。

根据大量试算研究，混凝土有效与非有效约束区边界二次曲线初始切线角度α与正 n 边形内角 β 可近似取为线性关系，其拟合关系如式（13-43）所示，初始切线角度-内角、初始切线角度-边数曲线如图 13-14 所示。

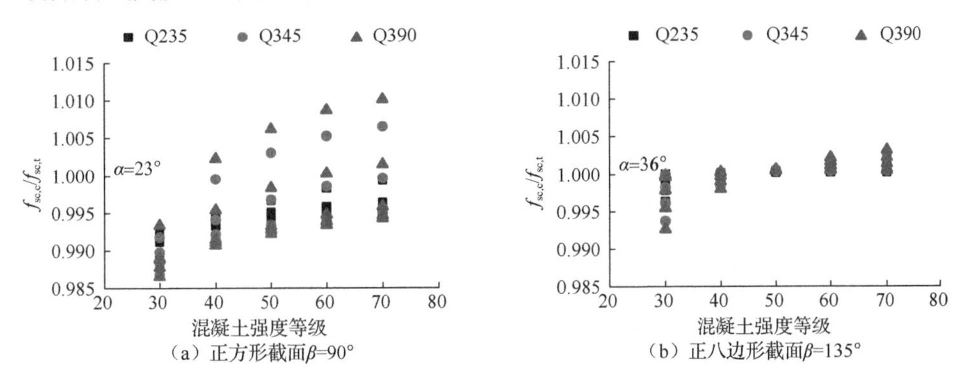

图 13-13　组合强度 $f_{\rm sc,c}$ 与 $f_{\rm sc,t}$ 比较

$$\varphi=0.2889\delta-3 \tag{13-43}$$

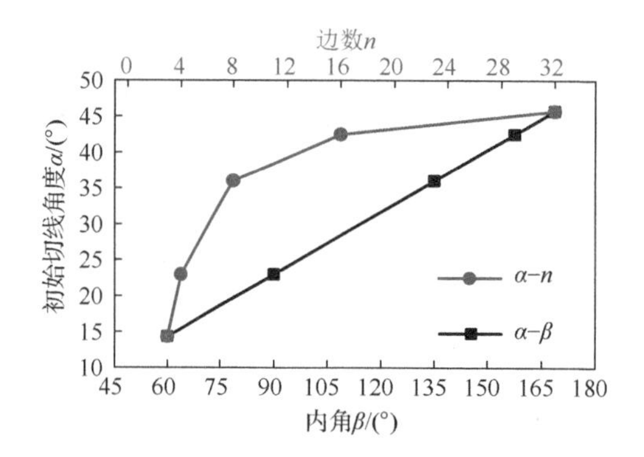

图 13-14　初始切线角度-内角、初始切线角度-边数曲线

4. 计算验证

为验证式（13-43）的可靠性，对正三角形、正十六边形、正三十二边形截面考虑形状效率系数折减的约束效应，并采用圆形截面计算公式进行组合强度 $f_{sc,c}$ 计算。$f_{sc,t}$ 计算中，根据《钢管混凝土结构技术规范》(GB 50936—2014)，正十六边形截面采用圆形截面公式，正三十二边形较正十六边形更接近于圆形，也采用圆形截面公式，三角形截面直接采用文献[2]中三角形截面钢管混凝土短柱轴压试件 tc1-1、tc3-1、tc3-2 试验结果。截面组合强度 $f_{sc,c}$ 与 $f_{sc,t}$ 比较如图 13-15 所示。

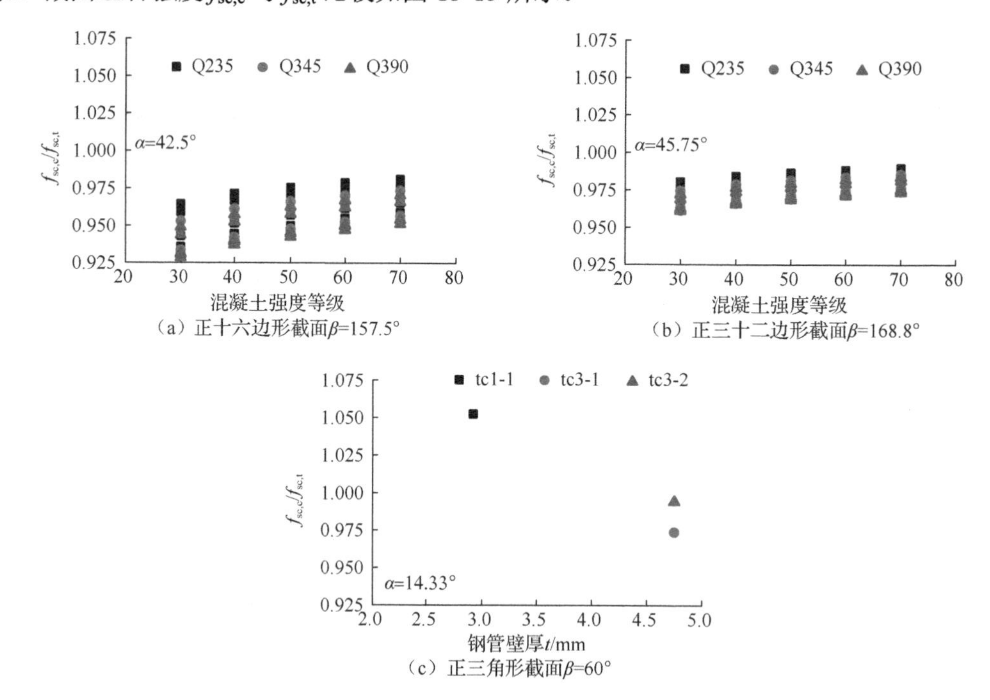

图 13-15　截面组合强度 $f_{sc,c}$ 与 $f_{sc,t}$ 比较

由图 13-15 可见，按照式（13-43）计算混凝土有效与非有效约束区边界二次曲线初始切线角度，考虑形状效率系数、折减约束效应后采用圆形截面钢管混凝土公式计算的

组合强度，较直接采用《钢管混凝土结构技术规范》（GB 50936—2014）中公式计算所得正十六边形、正三十二边形截面组合强度平均值分别低 4.7%、2.6%。这是由于《钢管混凝土结构技术规范》（GB 50936—2014）中直接采用了圆形截面公式计算正十六边形和正三十二边形组合强度值；较文献[2]中三角形截面钢管混凝土截面组合强度试验值平均高 0.7%，符合较好。

综上说明，在钢材强度等级为 Q235～Q390、混凝土强度等级为 C30～C70 及相对含钢率为 0.04～0.20 的情况下，提出的正多边形截面混凝土有效与非有效约束区划分方法及承载力计算方法是合理的。

13.3.2　不规则多边形截面约束效应

异形截面多腔钢管混凝土柱中截面腔体包含三角形、四边形、五边形等基本形状，其中四边形是最为普遍的一种截面形状，但其多为不规则四边形（非正方形），约束效应与正方形截面不同。以不规则四边形为例，研究截面不规则性对约束效应的影响，不规则三角形、五边形也可采用类似的方法进行分析。

除截面几何形状不规则性影响约束效应外，异形截面钢管的钢板厚度也影响约束效应。截面形状一定时，钢板厚度决定了其在竖向压力下的平面外刚度及临界屈曲荷载，钢板平面外的变形与混凝土侧向约束应力的强弱密切相关，因此其是影响混凝土约束效应的主要因素，特别是当相邻钢板厚度不同时。

根据研究所得钢管相邻钢板夹角即多边形内角 β 与混凝土有效与非有效约束区边界二次曲线初始切线角度α的关系，认为不规则四边形各边上的混凝土有效与非有效约束区的划分仅与相邻钢板夹角 β 相关，其夹角α越小，约束效应越强，各边混凝土有效与非有效约束区边界自边中点分为左右两个部分，不规则四边形混凝土有效与非有效约束区划分示意图如图 13-16 所示，图中 a～d 为四边形各边长，β_i（i=1～4）为各内角，α_i（i=1～4）为相应的二次曲线初始切线角度。需要特别说明的是，实际有效约束区与非有效约束的界限应为连续曲线，此处将其分为不连续的两段，是为了计算上的方便。研究表明，由此带来的误差很小，且分界线的数学表达式较为简洁。

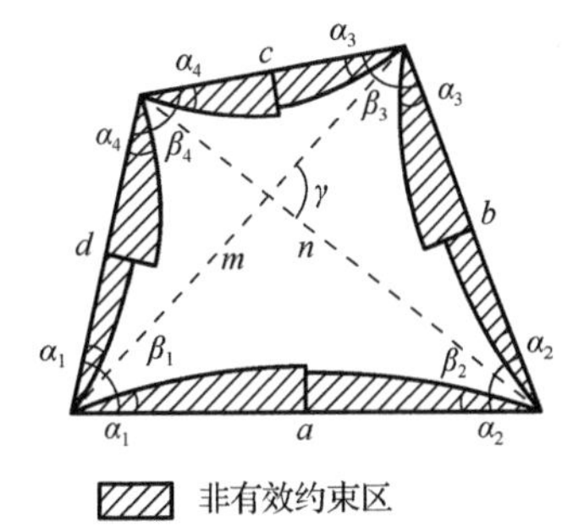

图 13-16　不规则四边形混凝土有效与非有效约束区划分

根据式（13-39）计算每一边上非约束混凝土的面积，则截面总非约束混凝土的面积为

$$A_{\mathrm{c,in}}=\frac{1}{12}[a^2(\tan\varphi_1+\tan\varphi_2)+b^2(\tan\varphi_2+\tan\varphi_3)+c^2(\tan\varphi_3+\tan\varphi_4)+d^2(\tan\varphi_1+\tan\varphi_4)] \tag{13-44}$$

式中，$\varphi_i=f(\beta_i)$，i=1～4，由式（13-43）计算。

数值分析后可得，相同截面面积和含钢率条件下，正方形时，a=b=c=d，$A_{\mathrm{c,in}}$ 为最小值，此时 k_{f} 为最大值，故规则截面的约束效果最好。

13.3.3　钢板厚度的影响

当截面钢板厚度不同时，钢板越薄，其对混凝土的约束效果越差，考虑对图 13-16 中混凝土有效与非有效约束区边界修正，将厚度低于平均厚度的各边边长修正为$\mu_a a$、$\mu_b b$、$\mu_c c$、$\mu_d d$、μ_i按照式（13-34）计算。此时，钢板厚度越薄，μ_i越大，则修正后的四边形边长在数值上人为放大用以考虑约束的变低，相应的混凝土非有效约束区的面积也变大。

$$\mu_i = \frac{\bar{t}}{t_i} = \frac{\sum it_i / \sum i}{t_i},\quad i = a、b、c、d \tag{13-45}$$

式中，$\mu_i \geqslant 1$；当$\mu_i < 1$时取 1。

修正后的截面非有效约束混凝土面积按式（13-46）计算。

$$A_{c,in} = \frac{1}{12}[(\mu_a a)^2(\tan\alpha_1 + \tan\alpha_2) + (\mu_b b)^2(\tan\alpha_2 + \tan\alpha_3) + (\mu_c c)^2(\tan\alpha_3 + \tan\alpha_4) + (\mu_d d)^2(\tan\alpha_1 + \tan\alpha_4)] \tag{13-46}$$

由几何关系可得，任意四边形的总面积为

$$A_c = \frac{1}{2}mn\sin\gamma \tag{13-47}$$

式中，m、n 分别是四边形对角线长度；γ 为对角线夹角。

据式（13-40）得形状效率系数 k_f，据式（13-42）可得折减后的套箍系数ξ'，据式（13-35）并采用表 13-2 中圆形截面 B、C 参数即可得截面组合强度$f_{sc,c}$。

由于专门针对不规则异形截面单腔钢管混凝土柱的试验研究较少，这里仅以 Xu 等[13]进行的不规则六边形钢管混凝土短柱轴心受压试验结果进行计算验证。6 个试件的截面均为边长为 100mm 的六边形，各试件高度均为 600mm，各试件的主要变化参数为钢管厚度 t，不规则六边形钢管混凝土柱截面如图 13-17 所示，主要参数见表 13-3，采用前述钢管约束混凝土有效与非有效约束区划分方法、轴压承载力计算方法计算所得轴压承载力见表 13-3。由表 13-3 可见，除试件 C2.5-2 外，其余试件计算结果均与实测符合较好。

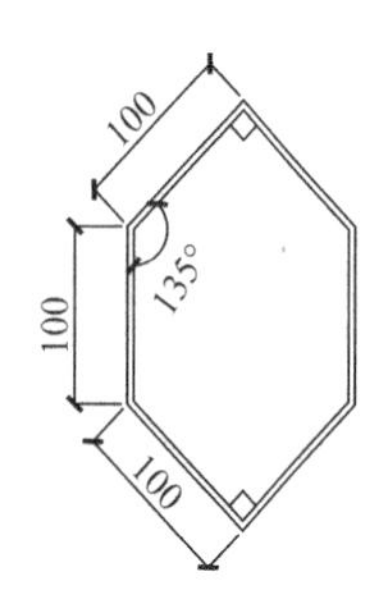

图 13-17　不规则六边形钢管混凝土柱截面（尺寸单位：mm）

表 13-3　不规则六边形钢管混凝土柱主要参数

试件编号	t/mm	f_y/MPa	$f_{cu,m}$/MPa	$f_{c,m}$/MPa	ξ'	N_{ue}/kN	N_{ud}/kN	N_{uc}/kN	N_{uc}/N_{ue}
C4-1	3.95	279	61.8	45.0	0.106	1865	1627	1802	0.966
C4-2	3.95	279			0.106	1845			0.977
C2.5-1	2.46	313			0.064	1598	1475	1661	1.040
C2.5-2	2.46	313			0.064	1492			1.114
C6-1	5.93	302			0.166	2062	1967	2107	1.022
C6-2	5.93	302			0.166	2195			0.960

13.3.4 异形截面多腔钢管混凝土柱轴压承载力计算方法

异形截面多腔钢管混凝土柱轴压承载力计算，可拆分为若干个腔体钢管混凝土柱轴压承载力的叠加，各腔体钢管混凝土柱的轴压承载力按 13.3.1～13.3.3 节的方法计算，以两类截面不同含钢率、不同混凝土强度、不同截面腔体构造的 6 个异形截面多腔钢管混凝土柱轴压试件为数据来源，如图 13-9（a）、（d）所示。

1. 截面拆分规则

截面拆分中，主要考虑了截面几何特征不变、截面物理参数不变、截面构造特征不变的原则进行拆分，主要规则如下。

（1）复杂截面按照腔体拆分为若干钢管混凝土柱，截面形式为三角形、四边形、五边形。

（2）腔体共用钢板一分为二，拆分后厚度变为原厚度的一半。

（3）各腔体内加劲肋构造按照等面积原则折算至所在边钢板厚度。

（4）腔体共用钢板处混凝土均划分为有效约束区，非腔体共用钢板处混凝土划分有效与非有效约束区。

（5）考虑钢板厚度对约束效应修正时，仅对非腔体共用钢板处进行修正。

（6）异形截面多腔钢管混凝土轴压承载力等于各腔体轴压承载力的叠加。

2. 算例

采用前述给出的腔体拆分方法，采用 13.3.1～13.3.3 节给出的计算方法对各腔体轴压承载力进行计算，并叠加各腔体承载力，得到各试件的轴压承载力计算值。

腔体钢筋笼内，混凝土受钢筋笼和钢管的双重约束作用，为反映这种影响，将钢筋笼及其核心混凝土看作一个独立单元，钢筋笼内混凝土强度按照 Mander 约束混凝土模型进行计算，其混凝土强度按照式（13-8）计算，其中 f_l 由式（13-48）计算[1]。

$$f_l=\frac{1}{2}\rho_s f_{yh}\frac{\left(1-\frac{s'}{2d_s}\right)^2}{1-\rho_{cc}} \tag{13-48}$$

式中，ρ_s 为箍筋的体积配箍率；f_{yh} 为箍筋的屈服强度；s' 为箍筋净距；d_s 为箍筋中心线的直径；ρ_{cc} 为纵向钢筋面积与核心混凝土面积的比值。

钢筋笼内混凝土由钢筋约束引起的强度提高值 Δf_c 为

$$\Delta f_c = f_{cc} - f_{c0} \tag{13-49}$$

在叠加各腔体承载力基础上，再叠加纵向钢筋的承载力及混凝土强度提高部分的承载力，即可得整个截面的轴压承载力。

截面拆分、混凝土有效与非有效约束区划分结果如图 13-18 所示，计算过程中主要参数及计算结果见表 13-4，计算中混凝土强度和钢材强度均取实测平均值，不考虑各种折减系数的影响。

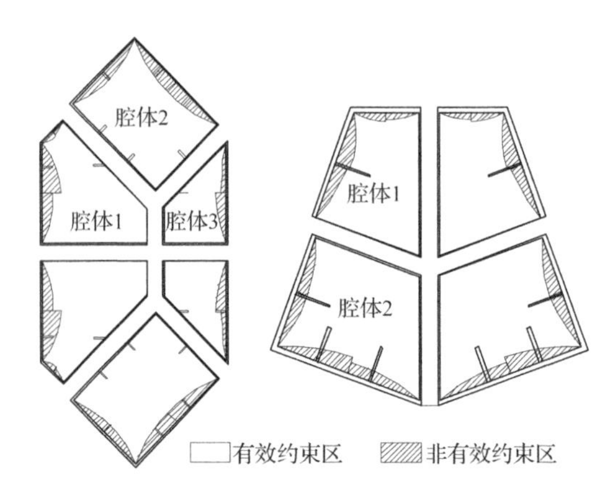

图 13-18　截面拆分、混凝土有效与非有效约束区划分结果

表 13-4　计算过程中主要参数及计算结果

试件编号	腔体编号	A/mm²	$A_{c,in}$/mm²	k_f	ξ	f_{sc}/MPa	CFT N_{ci}/kN	钢筋 N_s/kN	计算值 N_c/kN	试验值 N_t/kN	N_c/N_t
	1	57825	6337	0.884	0.721	45.19	2613				
CFST1	2	70597	9953	0.851	0.722	44.60	3149	877	15458	14800	1.044
	3	28128	2944	0.885	1.143	54.34	1528				
	1	57825	6337	0.884	0.527	55.52	3211				
CFST3	2	70597	9953	0.851	0.527	54.94	3878		17809	17400	1.024
	3	28128	2944	0.885	0.835	64.55	1816				
	1	57825	6337	0.884	0.527	55.52	3211				
CFST4	2	70597	9953	0.851	0.527	54.94	3878	877	18687	18277（17557）	1.022（1.064）
	3	28128	2944	0.885	0.835	64.55	1816				
CF-1	1	353655	95979	0.706	0.985	77.90	27550	568	28118	26233	1.072
CF-2	1	73287	8674	0.868	1.230	91.91	6835		32403	32118	1.009
	2	103541	15009	0.839	1.257	91.42	9466				
CF-3	1	73287	8674	0.868	1.230	91.91	6835	493	32896	33496	0.982
	2	103541	15009	0.839	1.257	91.42	9466				

注：试件 CFST4 轴压承载力实测值较试件 CFST3 相比明显偏低，可能是由于构造较密混凝土质量受到了影响，因此将其轴压承载力实测值修正为试件 CFST3 轴压承载力实测值加钢筋承载力计算值，括号中的数值为原始试验值。

由表 13-4 可知，除五边形单腔体试件 CFST1-2 计算值较实测值相对误差为 7.2%外，其他各试件计算结果相对误差在 5%以内；尽管大多数试件计算值高于实测值，这一方面是由于计算中均采用了材料强度实测平均值而非标准值，故计算值偏大；另一方面是由于模型尺寸限制，截面构造复杂，一定程度上影响了浇筑混凝土的密实性，导致实测值偏低。综上说明，本书提出的异形截面多腔钢管混凝土柱轴压承载力计算方法是较为合理的，且计算精度满足工程设计要求，但仍需更多的试验验证工作。

通过 13.3 节的理论分析并结合试验结果，以钢管混凝土统一理论为基础，通过合理拆分截面，并考虑形状效率和规则性对混凝土约束效应的影响，得到以下结论。

（1）正多边形钢管混凝土有效与非有效约束区边界二次曲线初始切线角度与正多边形内角呈线性关系，并随着边数的增多而增大。

（2）在常规材料强度及含钢率情况下，《钢管混凝土结构技术规范》（GB 50936—2014）中正方形、正八边形、正十六边形钢管混凝土轴压承载力，通过考虑形状效率系数折减约束效应后，可采用圆形截面公式及参数计算。

（3）截面规则性对钢管混凝土柱轴压承载力有一定影响，相同截面面积和含钢率条件下，正多边形约束效果好，轴压承载力高。

（4）基于截面拆分，考虑形状效率及规则性影响的异形截面多腔钢管混凝土柱轴压承载力计算结果与实测结果符合较好，可满足工程设计要求。

（5）提出了一种基于“统一理论”的精确计算异形截面多腔钢管混凝土柱轴压承载力的方法，但仍需更多试验数据验证。

13.4　偏心受压纤维模型法

13.4.1　基本假定

采用纤维模型法预测多腔钢管混凝土柱在偏压下的变形-荷载曲线。纤维模型法遵循以下基本假设。

（1）各试件挠度曲线符合正弦半波曲线。

（2）试件中部截面变形符合平截面假定。

（3）忽略轴向力对试件长度的影响。

（4）忽略受拉区混凝土抗拉强度。

第 7 章试验表明，试件中部截面应变基本符合平截面假定，各试件偏压工作性能稳定，与正弦半波曲线比较，各试件挠曲线均与标准正弦半波曲线基本符合，可以认为各试件挠曲线为正弦半波曲线，如图 13-19 所示。因此，试件的挠度曲线及中部截面曲率计算公式分别为

$$z=\varDelta_{\mathrm{m}}\sin\frac{\pi}{H}x \tag{13-50}$$

$$K=\frac{\left|z''\right|}{\left(1+z'^{2}\right)^{\frac{3}{2}}}=\frac{\pi^{2}}{H^{2}}\varDelta_{\mathrm{m}} \tag{13-51}$$

式中，z 为试件中部挠度；K 为试件中部截面曲率；H 为试件高度；$\varDelta_{\mathrm{m}}$ 为试件中部水平位移。

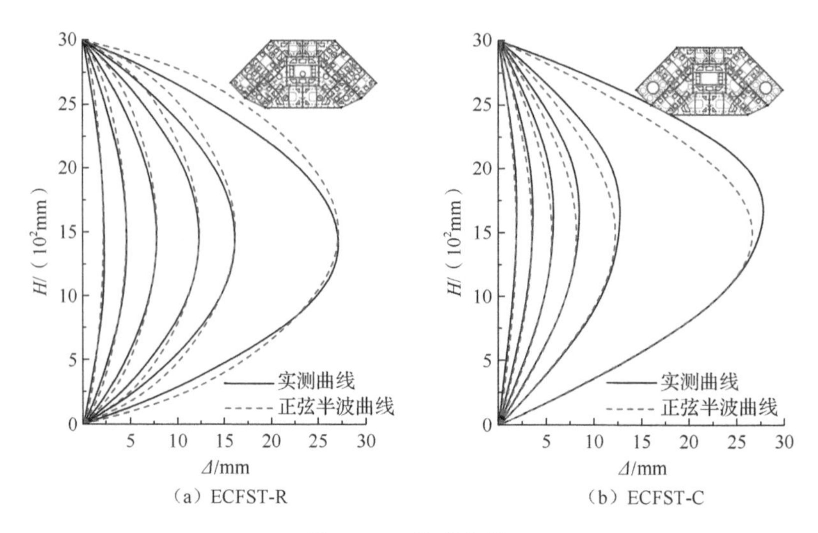

(a) ECFST-R　　(b) ECFST-C

图 13-19　挠度曲线

13.4.2　力和弯矩平衡方程

根据假设条件 2 及图 13-20 中截面微元选择方法，跨中截面上每个微元形心位置的应变可以表示为式（13-52）。其中 ε_i 为微元形心处的应变；ε_0 为截面形心处的应变；K 为挠曲线曲率；y_i 为微元形心到截面形心的距离。

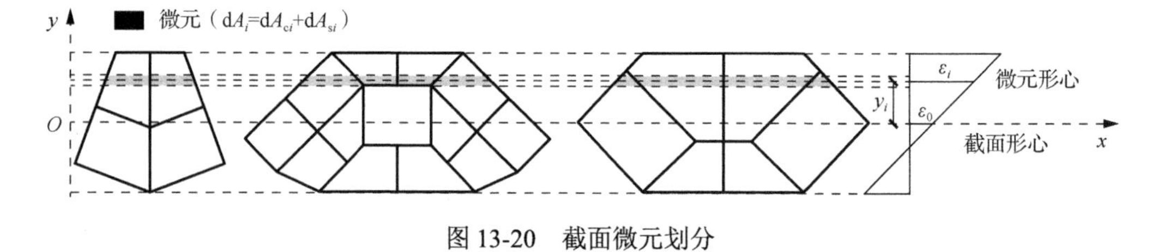

图 13-20　截面微元划分

$$\varepsilon_i = \varepsilon_0 + Ky_i \tag{13-52}$$

建立弯矩平衡方程及轴力平衡方程得

$$\begin{cases} N = N_{\text{in}} = \sum_{i=1}^{n}(\sigma_{si}\text{d}A_{si} + \sigma_{ci}\text{d}A_{ci}) \\ M_{\text{out}} = M_{\text{in}} = \sum_{i=1}^{n}(y_i\sigma_{si}\text{d}A_{si} + y_i\sigma_{ci}\text{d}A_{ci}) \\ M_{\text{in}} = N_{\text{in}}(e_0 + \varDelta_{\text{m}}) \end{cases} \tag{13-53}$$

式中，$\text{d}A_{ci}$ 为第 i 个微元中混凝土总面积；$\text{d}A_{si}$ 为第 i 个微元中钢管总面积；σ_{ci} 为第 i 个微元中混凝土应力；σ_{si} 为第 i 个微元中钢管应力。

13.1 节中对现有的混凝土本构关系进行了介绍，并基于多腔钢管对混凝土的约束特点提出了一种用于计算多腔钢管混凝土本构关系的分离模型，并对钢材的本构关系进行了详细的讨论。所进行的试验尽管竖向荷载为重复加载，但是均为压荷载，因此忽略钢材包辛格效应。对于受压区钢材，采用 13.1.2 节中建议的轴心受压试件的钢材本构关系。对于受拉区，钢管对混凝土不提供约束作用，且钢管不会发生屈曲变形。因此，受拉区钢材仍然采用理想弹塑性模型，屈服强度均取实测值。当采用其他混凝土本构关系对比计算时，钢材本构关系仍然按照文献[4]～[10]建议的公式。

分离模型认为多腔钢管混凝土中各腔体的混凝土本构关系不同，因此其计算结果为各腔体的单独的本构关系。所以，对于纤维模型中每一个基本微元混凝土的应力，应该是由不同腔体的混凝土应力构成的。对于式（13-53）进行如下修正。

$$\begin{cases} N = N_{\text{in}} = \sum_{i=1}^{n} \sigma_{si} \mathrm{d}A_{si} + \sum_{i=1}^{n} \sum_{j=1}^{m} \left(k_{ij} \sigma_{ij} \mathrm{d}A_{ci} \right) \\ M_{\text{out}} = M_{\text{in}} = \sum_{i=1}^{n} \sigma_{si} y_i \mathrm{d}A_{si} + \sum_{i=1}^{n} \sum_{j=1}^{m} k_{ij} \sigma_{ij} y_i \mathrm{d}A_{ci} \\ M_{\text{in}} = N_{\text{in}} (e_0 + \varDelta_{\text{m}}) \end{cases} \tag{13-54}$$

$$k_{ij} = \frac{\mathrm{d}A_{cij}}{\mathrm{d}A_{ci}} \tag{13-55}$$

式中，k_{ij} 为第 i 个微元中第 j 个腔体混凝土面积占微元混凝土总面积的比例；$\mathrm{d}A_{cij}$ 为第 i 个微元中第 j 个腔体混凝土面积；σ_{ij} 为第 i 个微元中第 j 个腔体混凝土应力。

采用 MATLAB 编程求解平衡方程。MATLAB 计算流程图如图 13-21 所示。

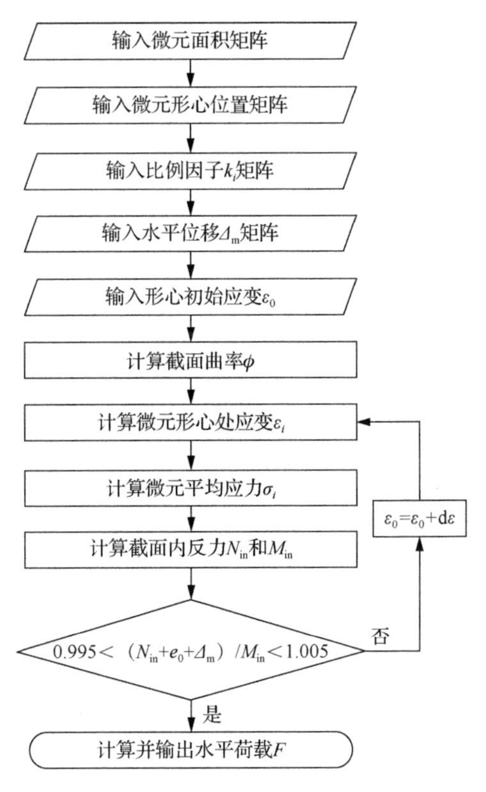

图 13-21　MATLAB 计算流程图

13.4.3 计算结果分析

13.2 节中采用韩林海[4]、Hu 等[6]及 GB 50010—2010[11]中建议的混凝土本构关系进行了对比分析。因此，除本章提出的分离模型外，这里仍采用前述多种混凝土本构关系计算各微元混凝土的实际应力 σ_i。

为了验证上述纤维模型的准确性，并比较不同混凝土本构关系的适用性，对已有试验研究中 2 个五边形异形截面多腔钢管混凝土柱及 3 个六边形异形截面多腔钢管混凝土柱荷载-变形曲线进行计算。五边形截面及六边形截面设计如图 13-22 所示。表 13-5 为各试件设计参数。

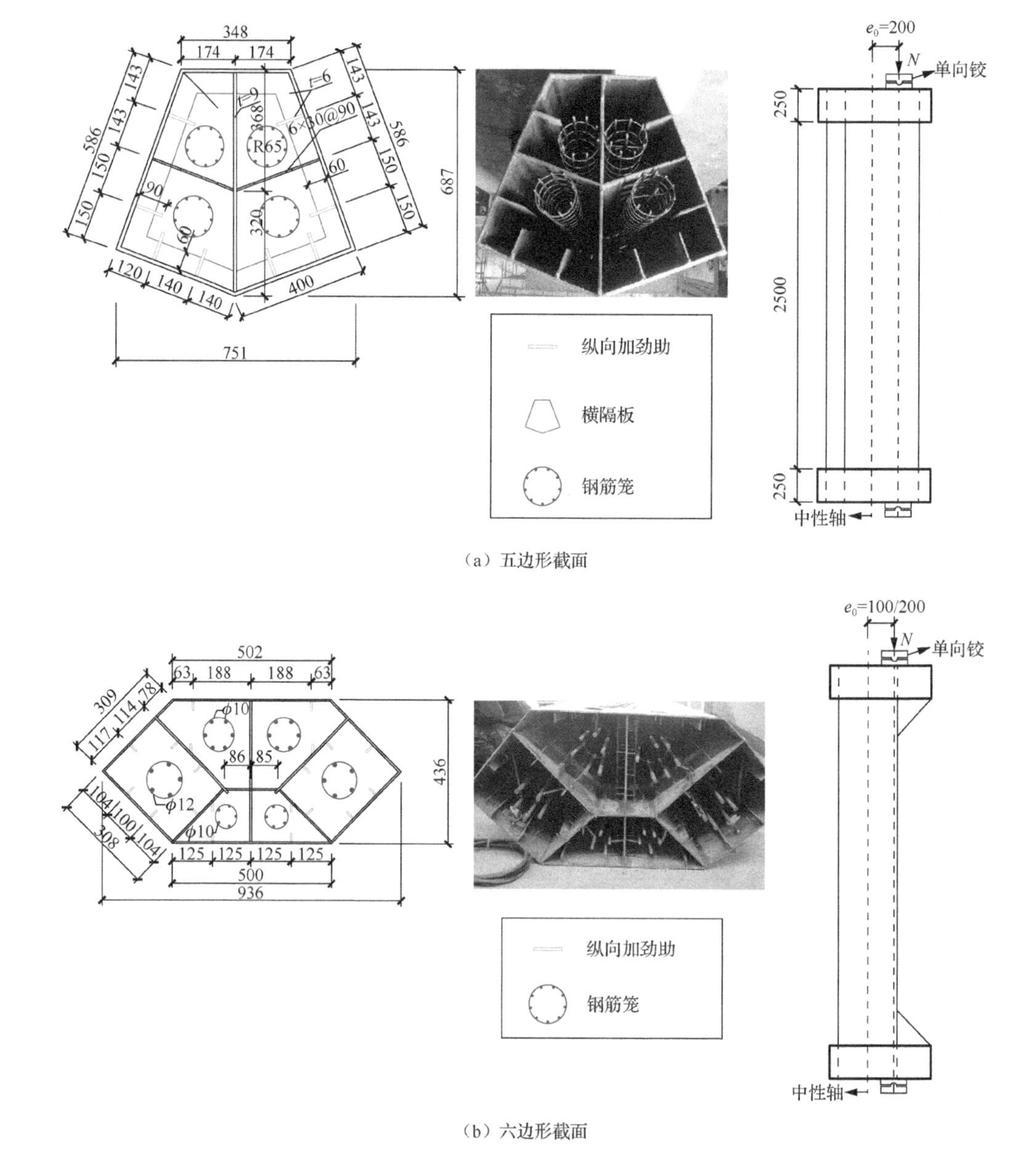

（a）五边形截面

（b）六边形截面

图 13-22 五边形截面及六边形截面设计（尺寸单位：mm）

表 13-5　试件设计参数

试件编号	截面形状	混凝土强度/MPa	偏心距/mm	偏心率	编号定义
FCFST-P	五边形截面	51.2	200	0.30	FCFST：五边形多腔钢管混凝土柱
FCFST-1	五边形截面	51.2	200	0.30	SCFST：六边形多腔钢管混凝土柱 P：内填素混凝土
SCFST-30	六边形截面	30.7	200	0.46	R：内填钢筋混凝土 30：混凝土强度为 30.7 MPa
SCFST-40	六边形截面	42.0	200	0.46	
SCFST-S	六边形截面	42.0	100	0.23	40：混凝土强度为 42.0 MPa S：偏心率为 0.23

图 13-23 为不同混凝土本构关系计算荷载-位移曲线与试验曲线比较，可以得出以下结论。

（1）在加载初期，不同约束混凝土本构关系计算曲线，素混凝土本构关系计算曲线与试验结果差距不明显。这与钢管对混凝土的约束机理相一致。在加载初期，因为钢材泊松比大于混凝土泊松比，钢管对混凝土没有约束作用。随着加载进行，各本构关系计算曲线开始出现明显差距。

（2）素混凝土本构关系计算曲线与试验曲线承载力以及曲线形状均有显著的差异，这说明多腔钢管对内部混凝土具有良好的约束作用。

（3）韩林海[4]和 Hu 等[6]建议的混凝土本构关系计算结果与素混凝土相比，误差显著减小，但是误差仍然在-30%～-10%。这说明两种约束混凝土本构关系均低估了多腔钢管对混凝土的约束作用。

（4）采用分离模型计算的荷载-位移曲线与试验曲线上升段及下降段均符合较好，极限承载力误差在-10%～5%，较为准确地反映了试件峰值前及峰值后受力性能。

（5）各试件具有不同的截面外形、腔体数量、截面构造措施、混凝土强度以及偏心率，具有一定的代表性。分离模型比较适用于异形截面多腔钢管混凝土柱偏压荷载作用下荷载-位移曲线计算。

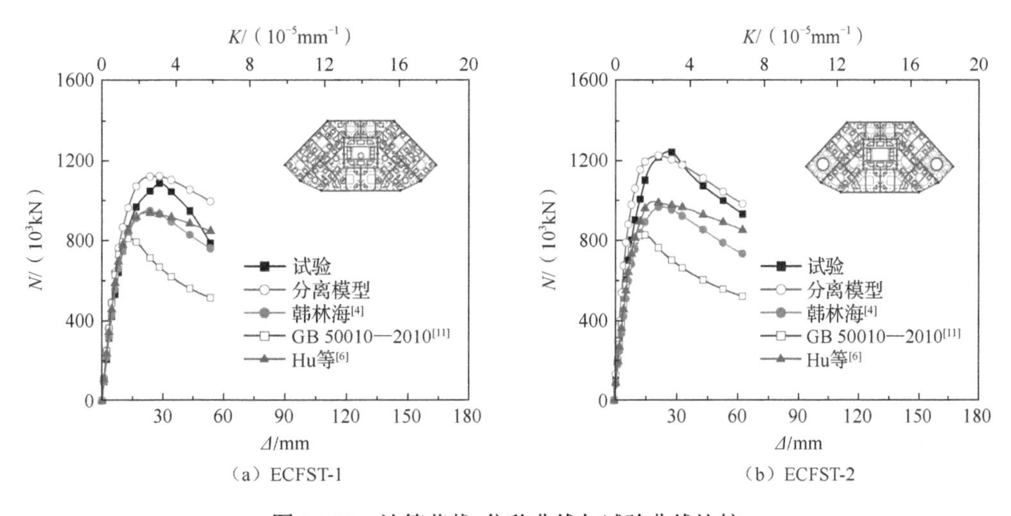

（a）ECFST-1　（b）ECFST-2

图 13-23　计算荷载-位移曲线与试验曲线比较

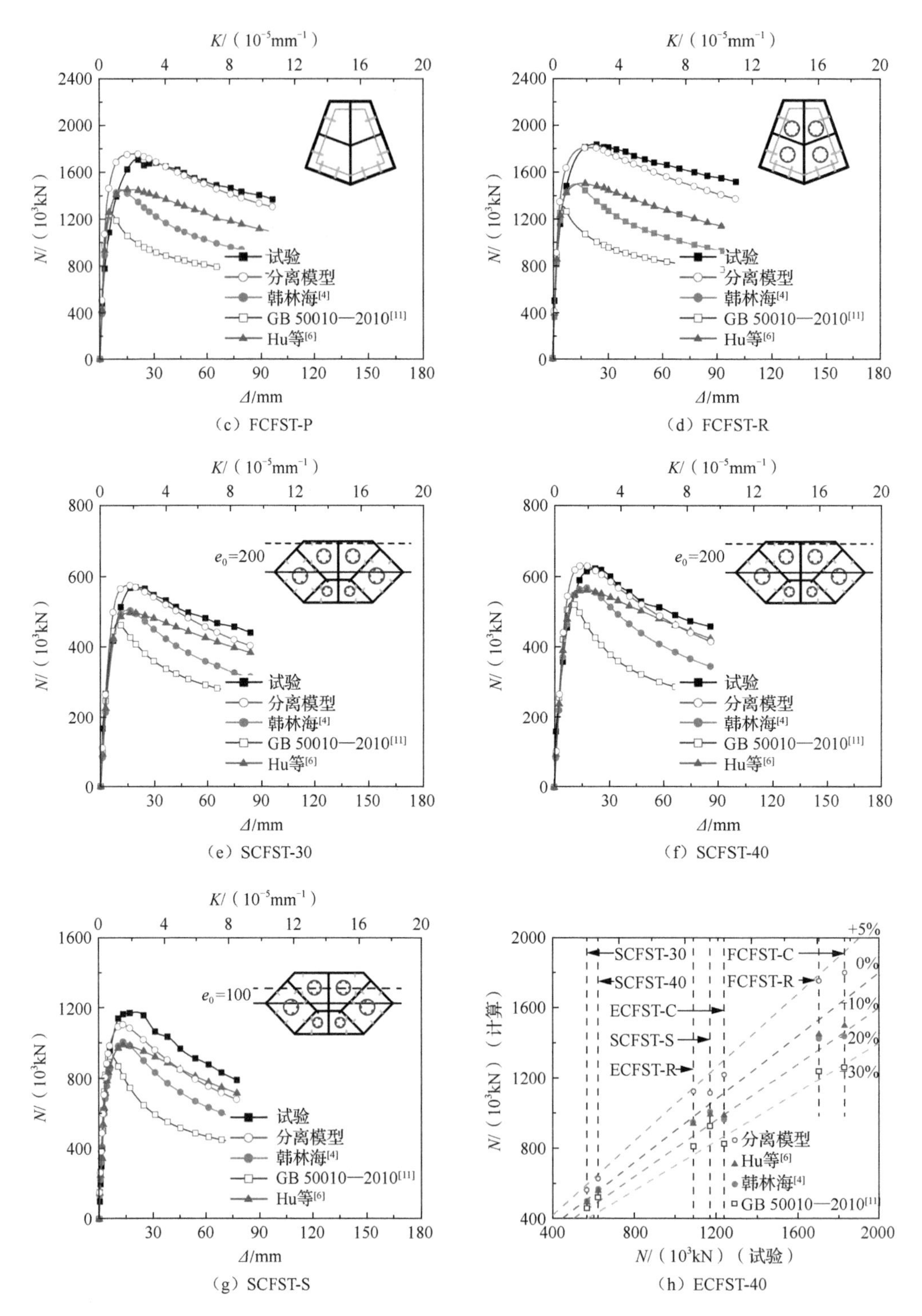

（c）FCFST-P　（d）FCFST-R
（e）SCFST-30　（f）SCFST-40
（g）SCFST-S　（h）ECFST-40

图 13-23（续）

13.5　偏心受压简化 N-M 曲线计算方法

根据 13.4 节计算的荷载-挠度曲线，可以进一步计算得到试件的 N-M 相关曲线，但计算过程略显复杂。因此，需要建立一种直接计算 N-M 相关曲线的简化计算方法。多个国家的标准和相关文献中均给出了直接计算 N-M 相关曲线的方法。

1）中国规范《钢管混凝土结构技术规范》（GB 50936—2014）

$$\begin{cases} \dfrac{N}{N_u}+\dfrac{\beta_m M}{1.5M_u\left(1-0.4N/N_E'\right)}\leqslant 1 & \dfrac{N}{N_u}\geqslant 0.255 \\ \dfrac{-N}{2.17N_u}+\dfrac{\beta_m M}{M_u\left(1-0.4N/N_E'\right)}\leqslant 1 & \dfrac{N}{N_u}<0.255 \end{cases} \tag{13-56}$$

2）美国规范 AISC-LRFD[14]

$$\begin{cases} \dfrac{N}{0.85N_u}+\dfrac{8M}{8.1M_u}\leqslant 1 & \dfrac{N}{0.85N_u}\geqslant 0.2 \\ \dfrac{N}{1.7N_u}+\dfrac{M}{0.9M_u}\leqslant 1 & \dfrac{N}{0.85N_u}<0.2 \end{cases} \tag{13-57}$$

3）欧洲规范 Eurocode 4 采用 4 点简化 N-M 相关曲线[15]（图 13-24）

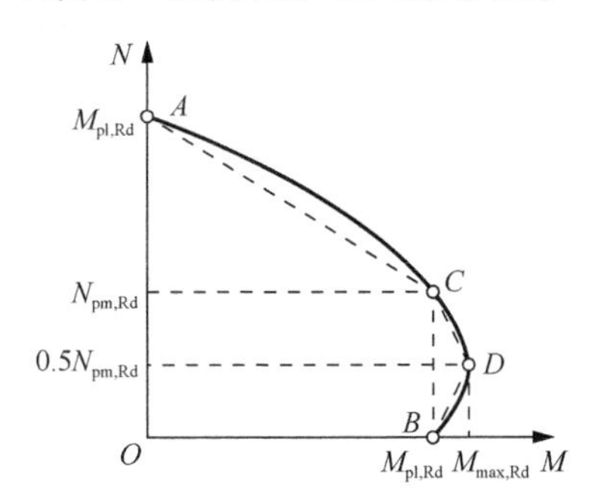

图 13-24　Eurocode 4 中 N-M 相关曲线

4）韩林海[4]建议方法

$$\begin{cases} \dfrac{N}{N_u}+\dfrac{a\beta_m M}{M_u}\leqslant 1 & \dfrac{N}{N_u}\geqslant 2\eta_0 \\ \dfrac{-bN^2}{N_u^2}-\dfrac{cN}{N_u}+\dfrac{\beta_m M}{M_u}\leqslant 1 & \dfrac{N}{N_u}<2\eta_0 \end{cases} \tag{13-58}$$

式中，N 为外轴力；M 为外弯矩；N_u 为轴心受压承载力；M_u 为受弯承载力；a、b、c、η_0 为相关系数；β_m 为等效弯矩系数。

图 13-25 为不同规范及文献计算结果与试验结果比较。可以看出，《钢管混凝土结构技术规范》（GB 50936—2014）计算结果较为接近，但仍然偏于保守，其他标准及文献计算结果与试验结果有明显的差异。参考 13.1 节、13.4 节中的纤维模型及多腔钢管混

凝土本构关系计算方法，建立了简化的 N-M 相关曲线计算模型。

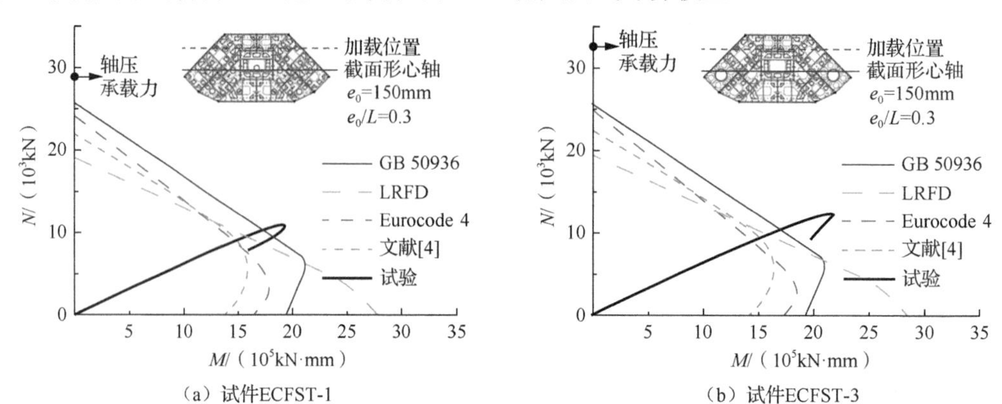

图 13-25　已有文献计算 N-M 相关曲线

截面极限状态应力-应变分布如图 13-26（b）、（c）、（d）所示。图 13-26（e）、（f）为截面等效矩形应力分布。欧洲规范 Eurocode 4 假设钢管混凝土柱全截面进入塑性，将非线性应力分布简化为矩形应力分布。为将非线性应力分布转换为矩形应力分布，采用以下基本假定：

（1）引入形状换算参数 α、β。混凝土达到峰值强度后会立即进入强度退化阶段，从而边缘腔体混凝土会较早达到峰值强度且更早地进入强度退化阶段。参考 Eurocode 4，取 α=0.85，β=1。

（2）忽略受拉区混凝土抗拉强度。

（3）钢材达到屈服强度后会进入屈服平台，在较大变形内能够保持屈服应力状态，各位置钢材强度相对更加均匀。因此，参考纤维模型法模型，受压区钢管屈服强度采用计算值 f_v，受拉区钢管屈服强度取实测值 f_y。

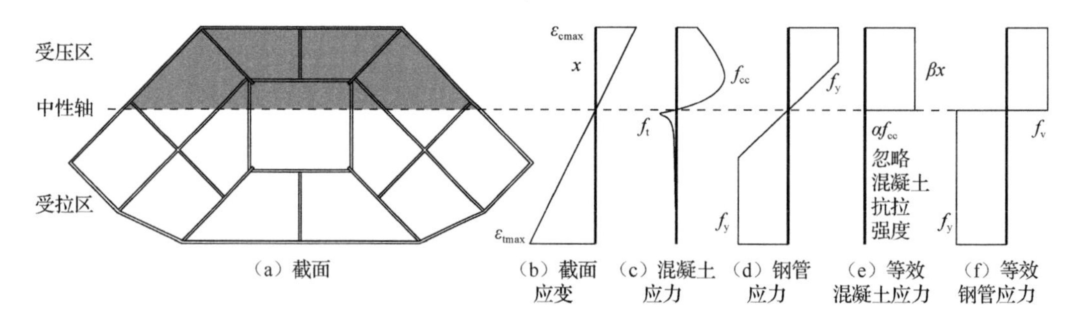

图 13-26　截面极限状态和等效矩形应力图

建立轴力平衡方程及弯矩平衡方程，如式（13-59）、式（13-60）所示。

$$\begin{cases} N = N_{\mathrm{C}} - N_{\mathrm{T}} \\ N_{\mathrm{C}} = \sum\limits_{j=1}^{n} \left(\sigma_{\mathrm{C}j} A_{\mathrm{C}j} \right) + f_{\mathrm{v}} A_{\mathrm{Cs}} \\ N_{\mathrm{T}} = f_{\mathrm{y}} A_{\mathrm{Ts}} \end{cases} \tag{13-59}$$

$$\begin{cases} M = M_{\mathrm{C}} - M_{\mathrm{T}} \\ M_{\mathrm{C}} = \sum_{j=1}^{n} \left(\sigma_{\mathrm{C}j} A_{\mathrm{C}j} y_{\mathrm{C}j} \right) + f_{\mathrm{v}} A_{\mathrm{s}} y_{\mathrm{v}} \\ M_{\mathrm{T}} = f_{\mathrm{y}} y_{\mathrm{y}} \end{cases} \tag{13-60}$$

式中，N_{C} 为受压区混凝土和钢材反力；N_{T} 为受拉区钢材反力；$\sigma_{\mathrm{C}j}$ 为受压区第 j 个腔体混凝土强度；$A_{\mathrm{C}j}$ 为受压区第 j 个腔体混凝土面积；f_{v} 为受压区钢管强度；A_{Cs} 为受压区钢管面积；f_{y} 为受拉区钢管强度；A_{Ts} 为受拉区钢管面积；$y_{\mathrm{C}j}$ 为受压区第 j 个腔体混凝土形心距中性轴的距离；y_{v} 为受压区钢管形心距中性轴的距离；y_{y} 为受拉区钢管形心距中性轴的距离。

根据以上简化方法，计算所得 *N-M* 相关曲线如图 13-27 所示，将实测荷载-挠度曲线计算所得 *N-M* 曲线以及纤维模型法计算所得 *N-M* 相关曲线列于图中，可以看出：

（1）简化计算方法计算 *N-M* 相关曲线与纤维模型法计算 *N-M* 相关曲线形状基本一致，平衡状态位置基本相同。计算结果均与试验结果符合较好，两种方法均可用于异形截面多腔钢管混凝土柱偏压荷载作用下 *N-M* 相关曲线计算。

（2）简化计算方法计算所得轴压承载力和实测轴压承载力相比，最大误差为-10%，整体计算结果偏于安全。该简化计算方法也可用于异形截面多腔钢管混凝土柱轴压承载力的计算。

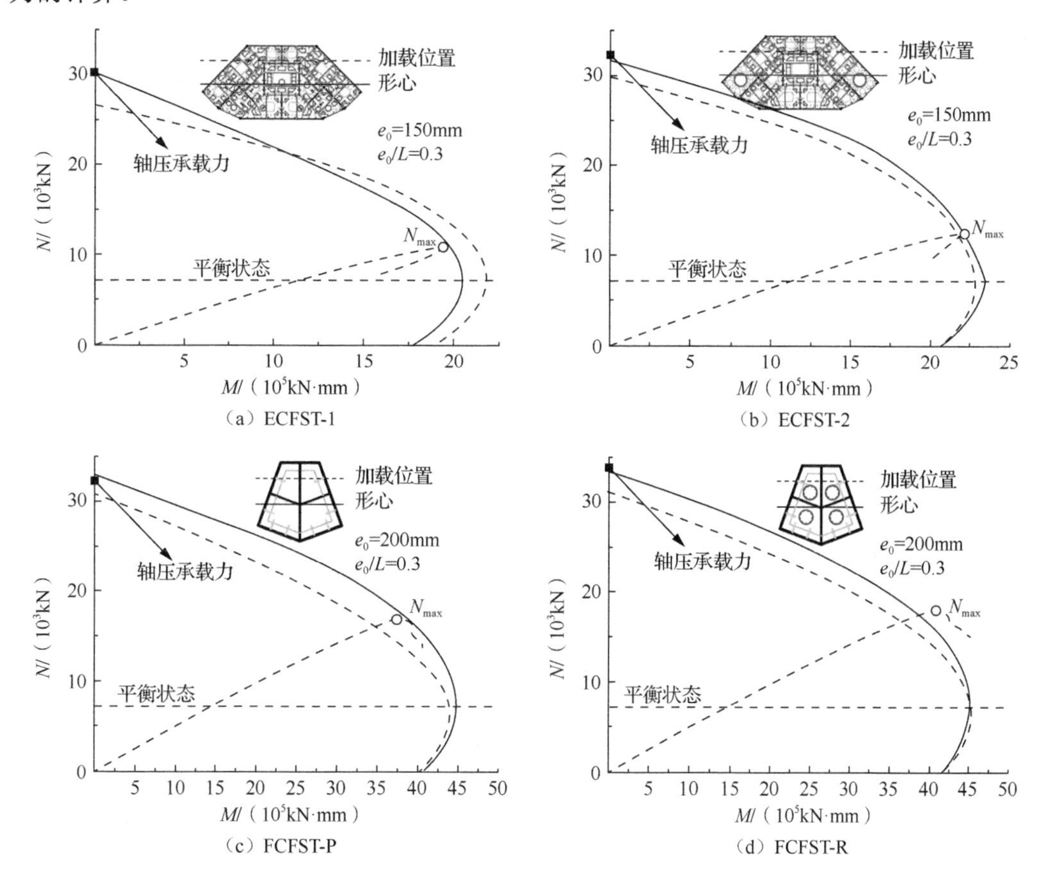

图 13-27　简化方法计算所得 *N-M* 相关曲线

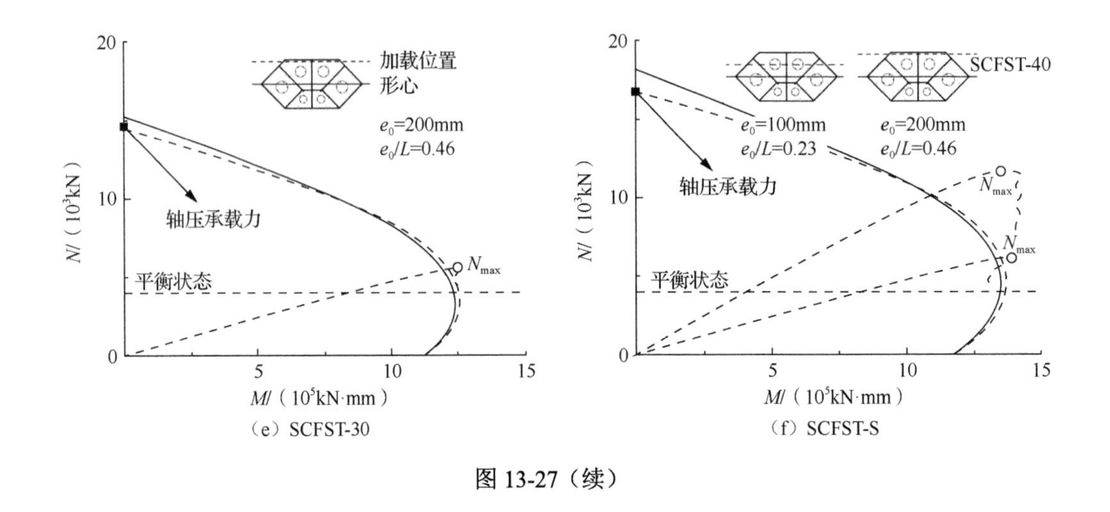

图 13-27（续）

13.6　低周反复荷载下 *N-M* 曲线计算方法

同样，采用 13.5 节的简化计算方法计算低周反复荷载下，异形截面多腔钢管混凝土柱的 *N-M* 曲线。由于荷载加载形式不同，钢材的本构关系选取方法需要进行如下修正。

（1）在低周反复荷载作用下，钢管会经历拉应力和拉应力往复的异号应力状态。钢材的包辛格效应显著，因此需要采用强化型本构关系。又考虑到受压区钢管的横向应力发展对纵向应力的削弱作用，受压区钢材的屈服强度取计算值f_v，受拉区钢管的屈服强度仍然为实测值f_y，如图 13-28（d）所示。

（2）为了简化计算，仍将截面钢材应力分布简化为矩形应力分布，但是这种简化忽略了钢材的强化现象。因此，钢材受拉区和受压区强度均取实测屈服强度f_y，以此减小忽略钢材强化带来的强度损失，如图 13-28（f）所示。

（3）混凝土抗压强度修正系数仍然采用 0.85，忽略受拉区混凝土抗拉强度。

修正后的截面应力分布如图 13-28（e）所示。

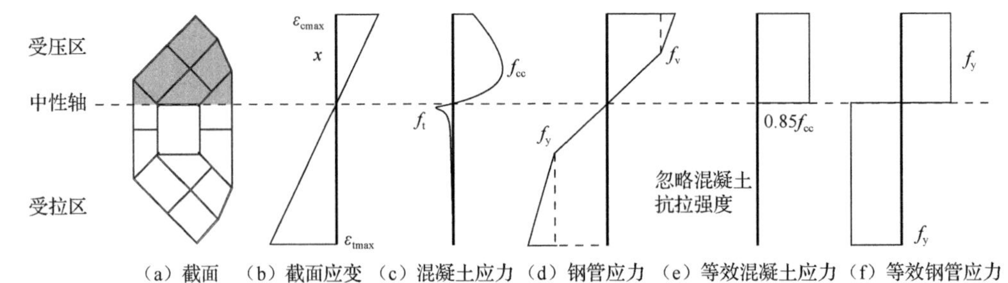

图 13-28　极限状态和等效矩形应力图

选择极限状态下的中性轴作为平衡轴，建立轴力平衡方程以及弯矩平衡方程得

$$\begin{cases} N = N_{\mathrm{C}} - N_{\mathrm{T}} \\ N_{\mathrm{C}} = \sum_{j=1}^{n}\left(\sigma_{\mathrm{C}j}A_{\mathrm{C}j}\right) + f_{\mathrm{y}}A_{\mathrm{Cs}} \\ N_{\mathrm{T}} = f_{\mathrm{y}}A_{\mathrm{Ts}} \end{cases} \tag{13-61}$$

$$\begin{cases} M = M_{\mathrm{C}} + M_{\mathrm{T}} \\ M_{\mathrm{C}} = \sum_{j=1}^{m}\left(\sigma_{\mathrm{C}j}A_{\mathrm{C}j}y_{\mathrm{C}j}\right) + f_{\mathrm{y}}A_{\mathrm{Cs}}y_{\mathrm{v}} \\ M_{\mathrm{C}} = f_{\mathrm{y}}A_{\mathrm{Ts}}y_{\mathrm{y}} \end{cases} \tag{13-62}$$

式中，N_{C}、M_{C} 分别为受压区混凝土以及钢材提供的反力和弯矩；N_{T}、M_{C} 分别为受拉区钢材提供的反力和弯矩；$\sigma_{\mathrm{C}j}$ 为受压区第 j 个腔体混凝土强度；$A_{\mathrm{C}j}$ 为受压区第 j 个腔体混凝土面积；f_{y} 为钢管实测屈服强度；A_{Cs} 为受压区钢管面积；A_{Ts} 为受拉区钢管面积；$y_{\mathrm{C}j}$ 为受压区第 j 个腔体混凝土形心距中性轴的距离；y_{v} 为受压区钢管形心距中性轴的距离；y_{y} 为受拉区钢管形心距中性轴的距离。

与偏压试件不同，低周反复荷载作用下试件不仅受到轴力及弯矩的作用，同样还会受到剪力的作用。参考欧洲规范 Eurocode 4 的规定，采用如下方法考虑剪力的影响：①当试件中钢管所受剪力（V_{s}）小于或等于钢管抗剪承载力（V_{sd}）的 50%时，不考虑剪力的作用；②当试件中钢管所受剪力大于钢管抗剪承载力的 50%时，考虑剪力对钢管强度的折减。

试件中钢管部分所受剪力按照式（13-63）计算。

$$V_{\mathrm{s}} = V_{\mathrm{sc}}\frac{M_{\mathrm{s}}}{M_{\mathrm{sc}}} \tag{13-63}$$

式中，V_{sc} 为试件所受剪力；M_{s} 为钢管部分的弹性抵抗弯矩；M_{sc} 为全截面的弹性抵抗弯矩。钢材强度折减系数按照式（13-64）进行计算。

$$\rho = \left(\frac{2V_{\mathrm{sc}}}{V_{\mathrm{d}}} - 1\right)^2 \tag{13-64}$$

式中，V_{d} 为全截面抗剪承载力；钢管抗剪承载力按照 EN1993-1-5-5 中方法计算。

根据以上分析，当钢管所受剪力超过钢管抗剪承载力 50%时，式(13-61)和式(13-62)应该修正为式（13-65）和式（13-66）。

$$\begin{cases} N = N_{\mathrm{C}} - N_{\mathrm{T}} \\ N_{\mathrm{C}} = \sum_{j=1}^{n}\left(\sigma_{\mathrm{C}j}A_{\mathrm{C}j}\right) + (1-\rho) f_{\mathrm{y}}A_{\mathrm{Cs}} \\ N_{\mathrm{T}} = (1-\rho) f_{\mathrm{y}}A_{\mathrm{Ts}} \end{cases} \tag{13-65}$$

$$\begin{cases} M = M_{\mathrm{C}} + M_{\mathrm{T}} \\ M_{\mathrm{C}} = \sum_{j=1}^{m}\left(\sigma_{\mathrm{C}j}A_{\mathrm{C}j}y_{\mathrm{C}j}\right) + (1-\rho) f_{\mathrm{y}}A_{\mathrm{Cs}}y_{\mathrm{v}} \\ M_{\mathrm{C}} = (1-\rho) f_{\mathrm{y}}A_{\mathrm{Ts}}y_{\mathrm{y}} \end{cases} \tag{13-66}$$

图 13-29 为采用简化方法计算所得 *N-M* 相关曲线，表 13-6 为实测弯矩 M_t 与计算弯矩 M_c 比较，可以得出以下结论。

（1）简化计算方法与试验值相比，误差基本上处于-10%～10%，平均值为 2.19%，计算结果与试验结果符合较好。简化计算方法可以用于异形截面多腔钢管混凝土柱低周反复荷载作用下的 *N-M* 相关曲线的计算。因为受拉长轴加载试件钢管在极限点前开裂，所以误差相对较大。

（2）与截面构造为基本型的试件相比，图 13-29（k）中角钢强化试件和圆钢管强化试件的 *N-M* 相关曲线显著外移。因为圆钢管对混凝土具有更好的约束作用，内置圆钢管对柱子性能的提高效果好于角钢加强构件。截面构造简化型试件的 *N-M* 相关曲线显著内移，且曲线形状发生变化，曲线顶点位置发生移动。

（3）沿 *Y* 轴和 45° 加载时，试件正、负向曲线不完全对称，如图 13-29（l）、（m）、（n）所示。这是因为异形截面多腔钢管混凝土柱各腔体具有不同的形状，多腔钢管中各腔体对混凝土约束作用不同，钢材分布也不同，因此异形截面多腔钢管混凝土柱设计时，应考虑各腔体材料的分布以及力学性能的均衡性。

（4）随着加载方向由 *X* 轴向 *Y* 轴变化，*N-M* 相关曲线逐渐内缩，相同轴力下对应的弯矩逐渐减小，如图 13-29（o）、（p）所示。异形截面多腔钢管混凝土柱设计时，应考虑不同方向水平荷载作用下受力性能的均衡性。

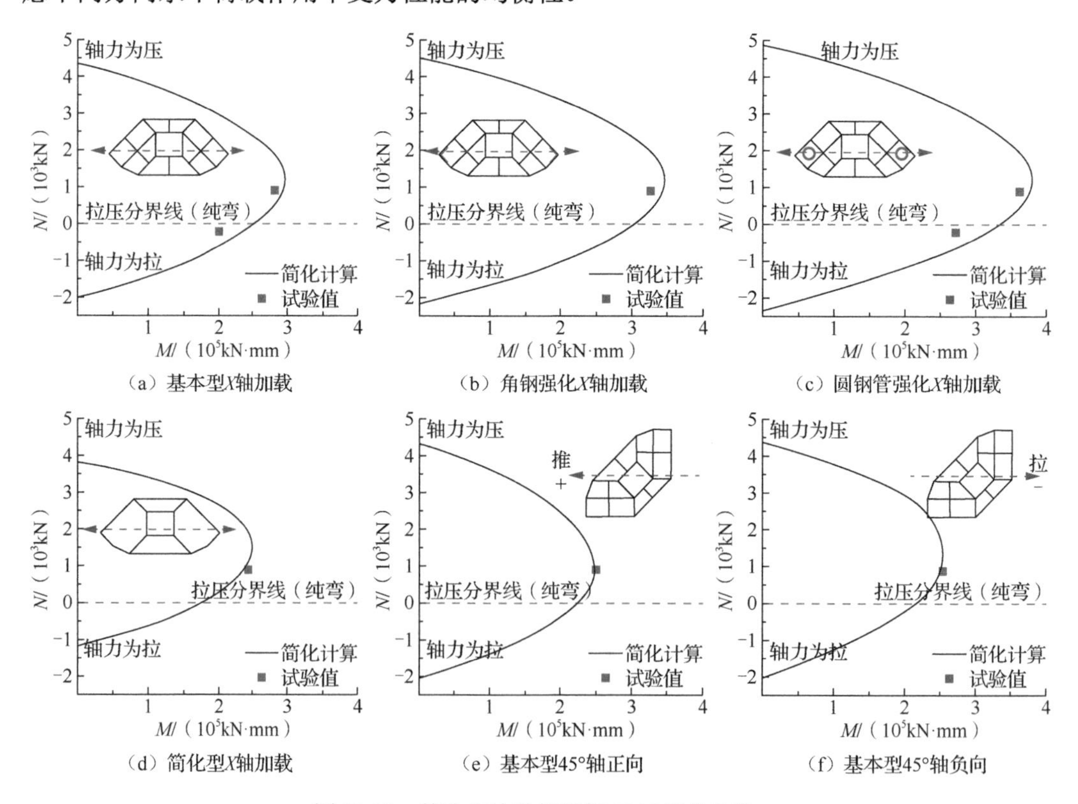

（a）基本型X轴加载　（b）角钢强化X轴加载　（c）圆钢管强化X轴加载

（d）简化型X轴加载　（e）基本型45°轴正向　（f）基本型45°轴负向

图 13-29　简化方法计算所得 *N-M* 相关曲线

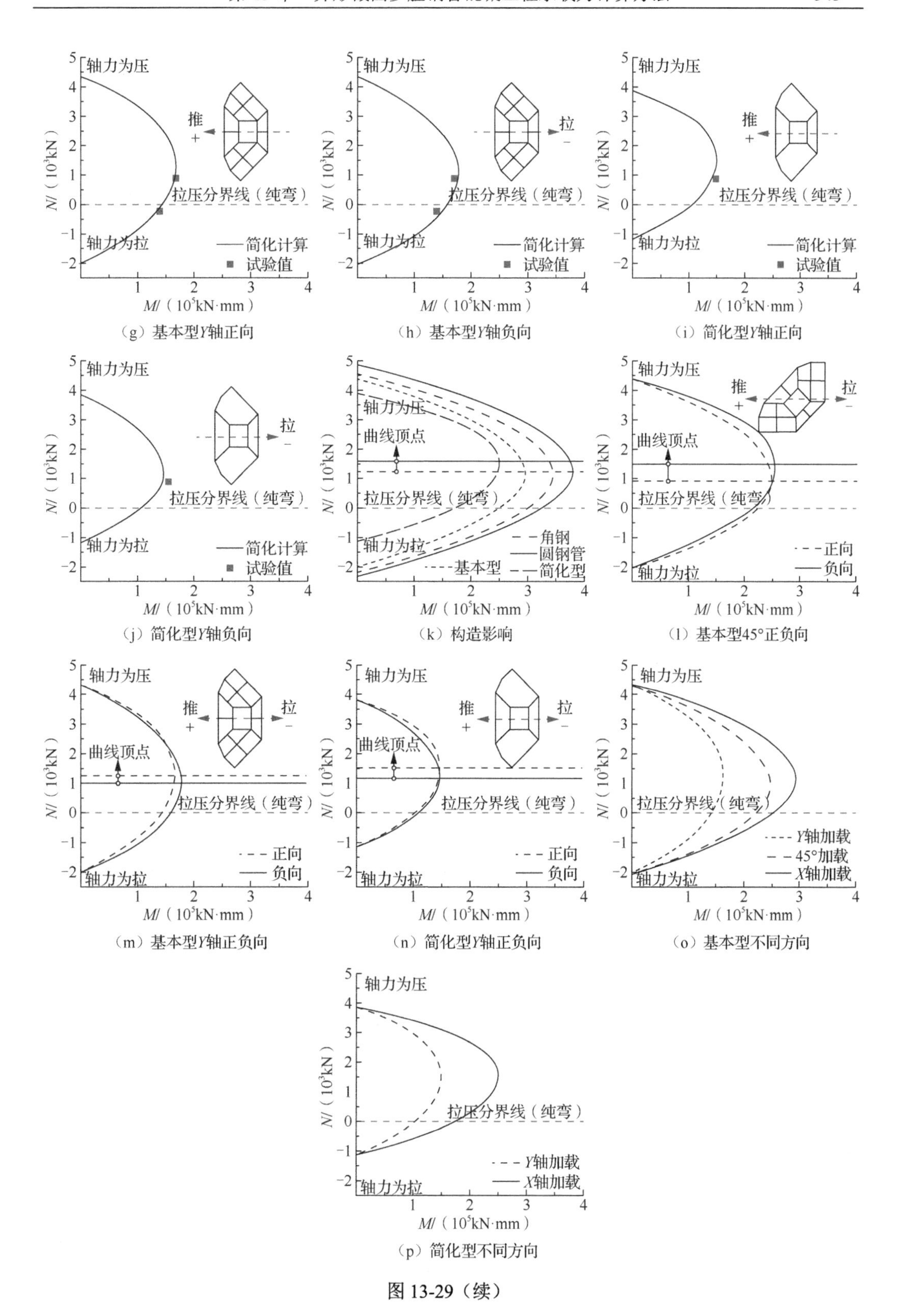

（g）基本型Y轴正向　（h）基本型Y轴负向　（i）简化型Y轴正向

（j）简化型Y轴负向　（k）构造影响　（l）基本型45°正负向

（m）基本型Y轴正负向　（n）简化型Y轴正负向　（o）基本型不同方向

（p）简化型不同方向

图 13-29（续）

表 13-6　实测弯矩 M_t 与计算弯矩 M_c 比较

试件编号	加载方向	M_t/(kN·m)	M_c/(kN·m)	误差/%
C-B-X		284	294	3.52
C-S-X		244	236	−3.28
C-AR-X		326	343	5.21
C-CR-X		360	376	4.44
C-B-Y	+	168	163	−2.98
	−	169	177	4.73
C-S-Y	+	146	140	−4.11
	−	154	145	−5.84
C-B-Z	+	246	243	−1.22
	−	252	249	−1.19
T-B-X		201	236	17.41
T-CR-X		270	310	14.81
T-B-Y	+	139	133	−4.32
	−	143	148	3.50

13.7　低周反复荷载下纤维模型法

13.7.1　基本假定

（1）试件在加载过程中截面变形符合平截面假定。

（2）忽略混凝土和钢板之间的相对滑移。

（3）忽略剪力对试件变形的影响。

（4）忽略轴力对试件高度变化的影响。

（5）柱挠度曲线简化模型如图 13-30 所示，柱挠度曲线符合正弦半波曲线。

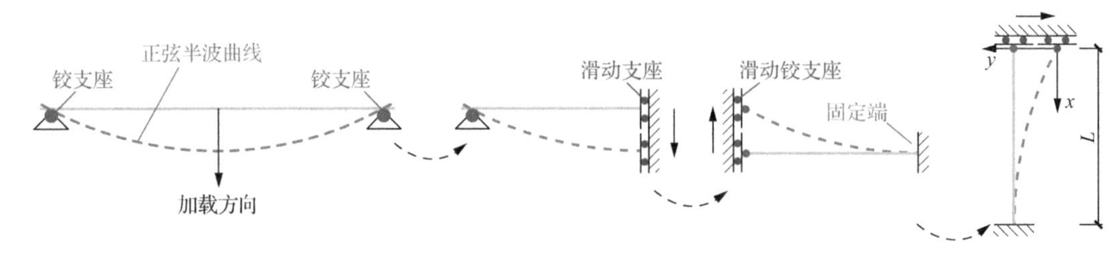

图 13-30　柱挠度曲线简化模型

13.7.2　模型建立

由图 13-30 可知，柱的挠度曲线可以表示为

$$y = \varDelta \sin\left(\frac{\pi}{2L}x\right) \tag{13-67}$$

柱底部截面曲率计算公式为

$$\phi = \frac{\Delta \pi^2}{4L^2} \tag{13-68}$$

根据基本假定（1），底部截面上每个单元形心处的应变可以表示为

$$\varepsilon_i = \varepsilon_0 + \phi y_i \tag{13-69}$$

截面形心处受力平衡，与偏压试件弯矩平衡方程以及轴力平衡方程类似，建立水平荷载作用下平衡方程得

$$\begin{cases} N = N_{\text{in}} = \sum_{i=1}^{n} \sigma_{si} \mathrm{d}A_{si} + \sum_{i=1}^{n}\sum_{j=1}^{m}\left(k_{ij}\sigma_{ij}\mathrm{d}A_{ci}\right) \\ M_{\text{out}} = M_{\text{in}} = \sum_{i=1}^{n} \sigma_{si} y_i \mathrm{d}A_{si} + \sum_{i=1}^{n}\sum_{j=1}^{m} k_{ij}\sigma_{ij} y_i \mathrm{d}A_{ci} \\ M_{\text{out}} = N\Delta_{\text{m}} + FH \end{cases} \tag{13-70}$$

$$k_{ij} = \frac{A_{cij}}{A_{ci}} \tag{13-71}$$

式中，k_{ij} 为第 i 个微元中第 j 个腔体混凝土面积占微元混凝土总面积的比例；σ_{ij} 为第 i 个微元中第 j 个腔体混凝土应力；$\mathrm{d}A_{cij}$ 为第 i 个微元中第 j 个腔体混凝土面积；$\mathrm{d}A_{ci}$ 为第 i 个微元中混凝土总面积；$\mathrm{d}A_{si}$ 为第 i 个微元中钢管总面积；σ_{si} 为第 i 个微元中钢管应力；y_i 为第 i 个微元形心距离截面形心的距离。

在低周反复荷载试验中，钢材会经历拉压往复的过程。此时，包辛格效应对钢材的应力-应变关系有显著影响，会使钢材达到屈服后出现强化现象。因此，钢材的应力-应变关系采用强化模型。考虑到钢管混凝土中混凝土膨胀带来的钢管环向应力会降低钢管的纵向应力水平，对于受压区钢管的屈服强度采用计算值 f_v，受拉区钢管的屈服强度采用实测值 f_y。对于轴拉试件，其在低周反复荷载作用下，部分钢管在早期发生撕裂，需要考虑轴拉试件受拉区部分钢管撕裂对承载力的影响。根据钢板开裂时对应的实测钢管应变，考虑钢管的开裂具有突然性，对轴拉试件钢管本构关系做出如下简化：受拉区钢管应变达到 0.005 时，多腔钢管应力降低为 $0.5f_y$（圆钢管不考虑开裂问题），受压区钢管本构关系不作修正。

混凝土本构关系采用提出的分离模型计算所得的本构关系、韩林海[4]建议的钢管混凝土本构关系、《混凝土结构设计规范（2015 年版）》（GB 50010—2010）给出的素混凝土本构关系。当采用其他混凝土本构关系对比计算时，钢材本构关系仍然按照其各自文献建议公式。

13.7.3　计算结果验证及分析

使用 MATLAB 编程计算 F-Δ 曲线，图 13-31 为 MATLAB 计算流程。

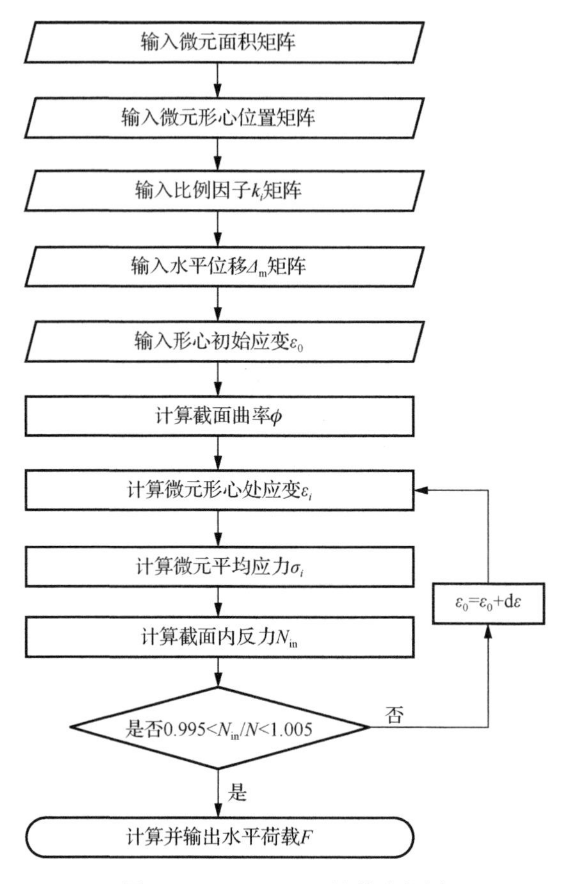

图 13-31　MATLAB 计算流程图

图 13-32 为计算骨架曲线与试验骨架曲线比较，表 13-7 为计算极限承载力，表 13-8 为计算极限位移，可以得出如下结论。

（1）轴向受压时低周反复荷载试件采用素混凝土计算曲线与试验曲线相比，计算极限承载力和极限位移显著偏小，曲线形状有明显差异。这说明多腔钢管对混凝土具有良好的约束作用，能够有效提高混凝土的峰值强度和峰值应变。

（2）轴向受压时低周反复荷载试件采用韩林海[4]建议钢管混凝土本构关系计算曲线与试验曲线相比，与试验曲线已经较为接近，承载力仍然偏小，极限位移误差较大，计算偏于安全，与 13.2 节单轴受压试件轴压承载力计算误差相比，误差显著减小。这是因为在低周反复荷载作用下，试件受压区较小，混凝土强度对承载力的贡献减小。

（3）轴向受压时低周反复荷载试件采用提出的分离模型计算曲线与试验曲线极限承载力及极限位移均符合较好，计算结果与试验结果接近。说明本章提出的混凝土本构关系计算方法及建立的纤维模型法计算模型较为合理，能够较好地预测异形截面多腔钢管混凝土柱低周反复荷载作用下的荷载-位移曲线。

（4）轴向受拉时低周反复荷载试件采用三种不同混凝土本构关系计算所得骨架曲线均与试验曲线符合较好。这是因为在轴向拉力作用下，试件受压区高度进一步减小，受压区混凝土对承载力的贡献也较小。

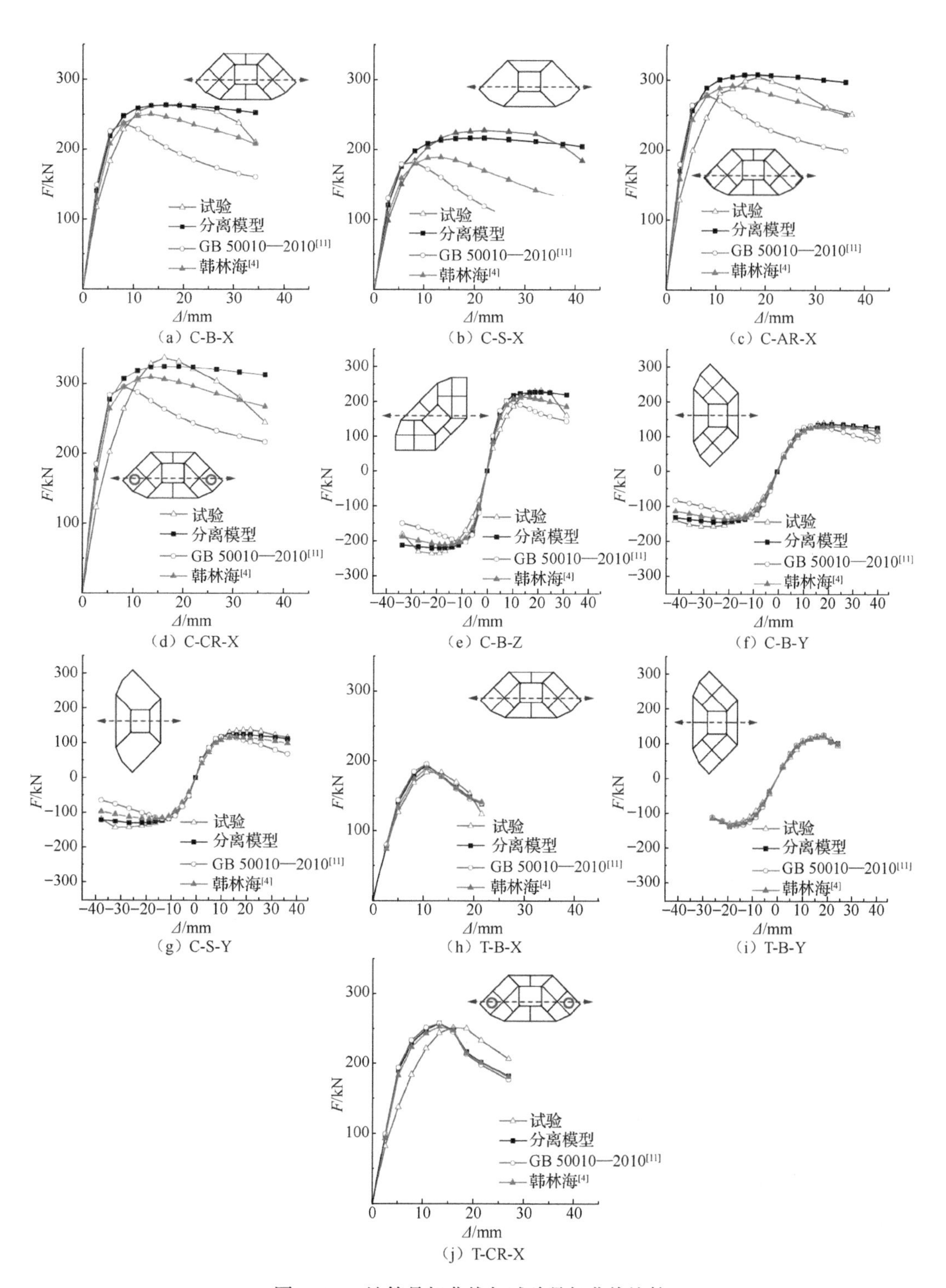

图 13-32　计算骨架曲线与试验骨架曲线比较

表 13-7　计算极限承载力

试件编号	F_{uT}/kN	F_{uF}/kN	误差/%	F_{uGB}/kN	误差/%	F_{uHan}/kN	误差/%
C-B-X	263.6	262.15	−0.55	236.5	−10.28	249.9	−5.20
C-S-X	227.5	216.6	−4.79	181.9	−20.04	189.3	−16.79
C-AR-X	305.0	308.0	0.98	279.0	−8.52	292.0	−4.26
C-CR-X	337.0	325.0	−3.56	296.1	−12.14	310.2	−7.95
C-B-Y-+	139.2	136.6	−1.87	132.0	−5.17	132.3	−4.96
C-B-Y--	158.4	146.1	−7.77	133.0	−16.04	136.1	−14.08
C-B-Z-+	230.0	226.1	−1.70	200.0	−13.04	212.0	−7.83
C-B-Z--	236.0	220.9	−6.40	204.2	−13.47	212.4	−10.00
C-S-Y-+	137.0	124.6	−9.05	118.1	−13.80	118.3	−13.65
C-S-Y--	147.0	130.6	−11.16	119.2	−18.91	120.4	−18.10
T-B-X	182.0	192.8	5.93	194.7	6.98	189.1	3.90
T-B-Y+	119.9	124.9	4.17	125.6	4.75	123.8	3.25
T-B-Y-	128.9	137.8	6.90	137.4	6.59	136.6	5.97
T-CR-X	251.7	257.5	2.30	258.0	2.50	253.2	0.60

表 13-8　计算极限位移

试件编号	Δ_{uT}/mm	Δ_{uF}/mm	误差/%	Δ_{uGB}/mm	误差/%	Δ_{uHan}/mm	误差/%
C-B-X	19.04	16.35	−14.13	7.98	−58.09	13.38	−29.73
C-S-X	21.67	21.67	0.00	7.94	−63.36	13.16	−39.27
C-AR-X	18.54	18.31	−1.24	8.05	−56.58	13.22	−28.69
C-CR-X	16.17	16.17	0.00	8.15	−49.60	13.50	−16.51
C-B-Y-+	21.75	21.75	0.00	13.22	−39.22	21.75	0.00
C-B-Y--	25.61	25.61	0.00	12.93	−49.51	21.25	−17.02
C-B-Z-+	21.23	21.23	0.00	7.63	−64.06	16.8	−20.87
C-B-Z--	21.67	21.67	0.00	11.13	−48.64	18.67	−13.84
C-S-Y-+	21.81	19.05	−12.65	13.47	−38.24	16.32	−25.17
C-S-Y--	31.92	26.49	−17.01	13.26	−58.46	18.50	−42.04
T-B-X	10.77	10.67	−0.93	10.67	−0.93	10.67	−0.93
T-B-Y+	18.96	18.96	0.00	18.96	0.00	18.96	0.00
T-B-Y-	18.80	18.80	0.00	18.80	0.00	18.80	0.00
T-CR-X	15.99	13.27	−17.01	13.27	−17.01	13.27	−17.01

然而，与试验所得荷载-位移曲线相比，无论采用哪种混凝土本构关系，纤维模型法计算曲线初始刚度均较大。原因在于，试件柱身嵌在基础中，柱底部截面边界不是绝对的刚性边界条件。在纤维模型法计算模型中，柱底部为绝对的刚性边界条件，从而导致计算得到的初始刚度大于试验骨架曲线初始刚度。以轴向受压下低周反复荷载试件为例，对纤维模型法计算初始刚度和试验实测初始刚度差异进行进一步分析。

1）采用《钢管混凝土结构技术规范》（GB 50936—2014）计算试件初始受弯刚度

$$B_{scm} = E_{scm} I_{sc} \tag{13-72}$$

$$E_{scm}=\frac{(1+\delta/n)(1+\alpha_{sc})}{(1+\alpha_{sc}/n)(1+\delta)}E_{sc} \tag{13-73}$$

$$n=E_c/E_s \tag{13-74}$$

$$\delta=I_s/I_c \tag{13-75}$$

式中，E_{scm}为钢管混凝土柱受弯弹性模量；I_s、I_c为钢管和混凝土截面惯性矩；E_s、E_c为钢管和混凝土弹性模量；I_{sc}为试件截面惯性矩。

2）根据纤维模型法计算初始刚度

$$B_{scm}=\frac{M}{\phi} \tag{13-76}$$

表 13-9 为各试件初始刚度计算值及实测值，B_{scm}^c 为规范计算值；B_{scm}^F 为纤维模型法计算值；B_{scm}^T 为试验实测值。

表 13-9　初始刚度计算值及实测值

试件编号	B_{scm}^c /(10^{4}kN·m)	B_{scm}^F /(10^{4}kN·m)	B_{scm}^T /(10^{4}kN·m)	B_{scm}^c / B_{scm}^T	B_{scm}^F / B_{scm}^T
C-B-X	3.40	3.46	3.08	0.98	
C-S-X	2.84	3.03	2.72	0.94	1.11
C-AR-X	3.69	3.91	3.11	0.94	
C-CR-X	3.88	4.23	3.00	0.92	
C-B-Y	0.92	1.05	1.04	0.88	1.00
C-B-Z	2.11	2.34	2.27	0.93	1.03
C-S-Y	0.83	1.01	1.00	0.83	1.01

从表 13-9 可以得出以下结论。

（1）试件 C-B-X、C-AR-X、C-CR-X 实测初始刚度均小于规范计算值以及纤维模型计算值，且三个试件实测初始刚度接近。这是因为，试验测得的初始刚度受试件基础刚度的影响较大。

（2）随着试件构造的简化，以及加载方向由强轴向弱轴变化，柱身刚度逐渐减小，实测初始刚度受基础刚度影响逐渐减小。试件实测刚度和纤维模型法计算刚度逐渐接近。

（3）采用非线性有限元软件 ABAQUS 对边界条件分析，进一步验证了基础刚度对初始刚度的影响。单向水平加载有限元建模第 9 章已述。

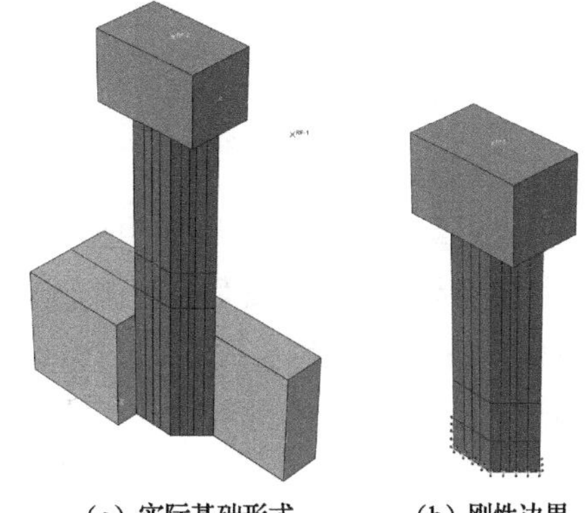

（a）实际基础形式　（b）刚性边界

图 13-33　完全固定边界条件

将 ABAQUS 模型中基础边界条件改为刚性，即将柱底部混凝土以及钢管设为完全固定边界条件（平动自由度及转动自由度均为 0），如图 13-33 所示。有限元计算 *F-Δ* 曲线与纤维模型法计算曲线比较如图 13-34 所示。可以看出，将 ABAQUS 模型基础改为刚性边界条件后，ABAQUS 计算 F-Δ 曲线与纤维模型法计算 F-Δ 曲线较为接近，进一步验证了边界条件对试件初始刚度的影响。

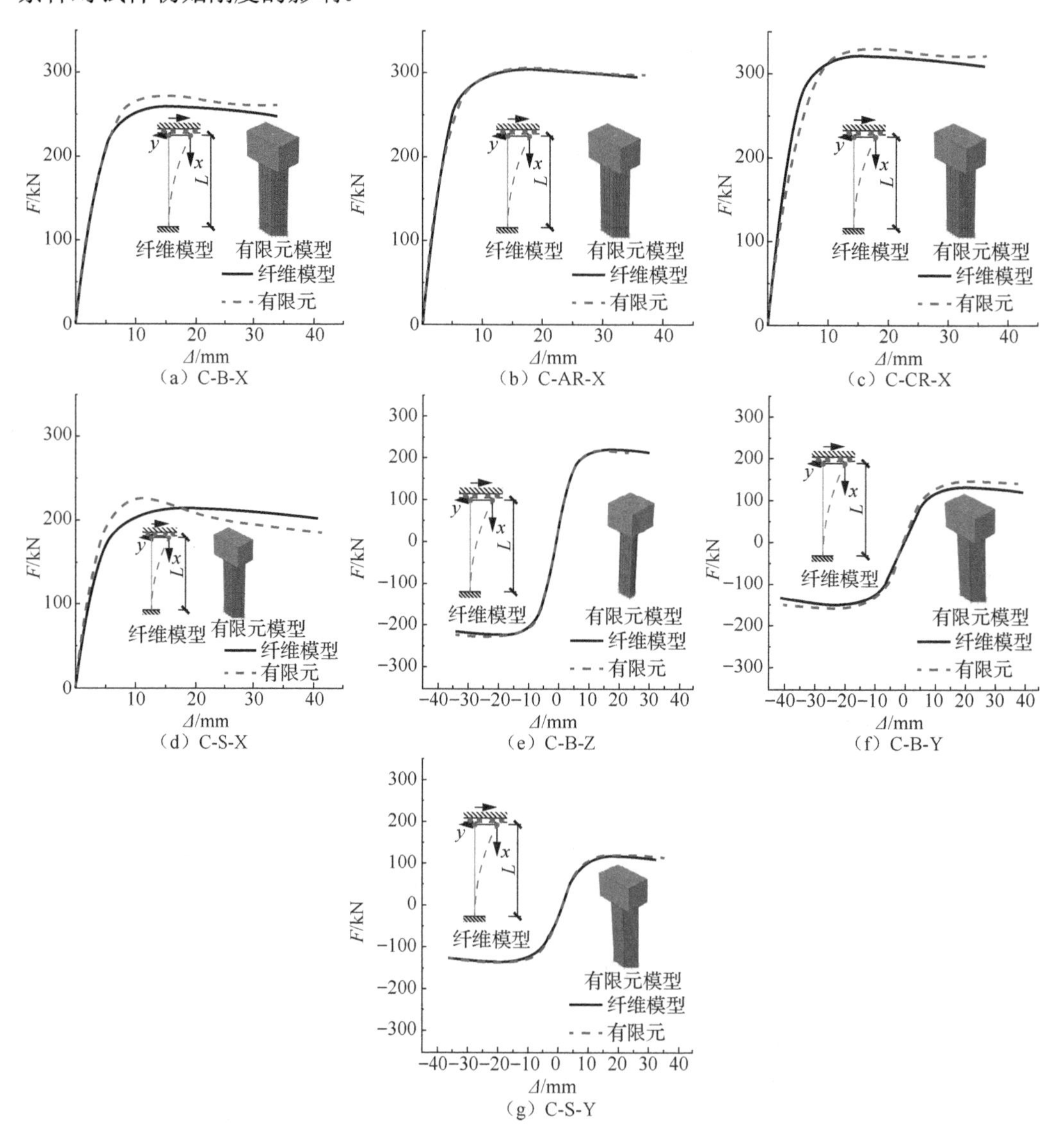

图 13-34　有限元计算 F-Δ 曲线与纤维模型法计算曲线比较

第 5 章对 8 个六边形六腔体异形截面多腔钢管混凝土柱进行了低周反复荷载试验。采用提出的异形截面多腔钢管混凝土柱本构关系计算方法及上述纤维模型法计算各试件的荷载-位移曲线，进一步验证提出的分离模型以及考虑不同腔体混凝土性能差异的纤维模型法的适用性。试件设计如图 13-35 所示，主要设计参数见表 13-10。

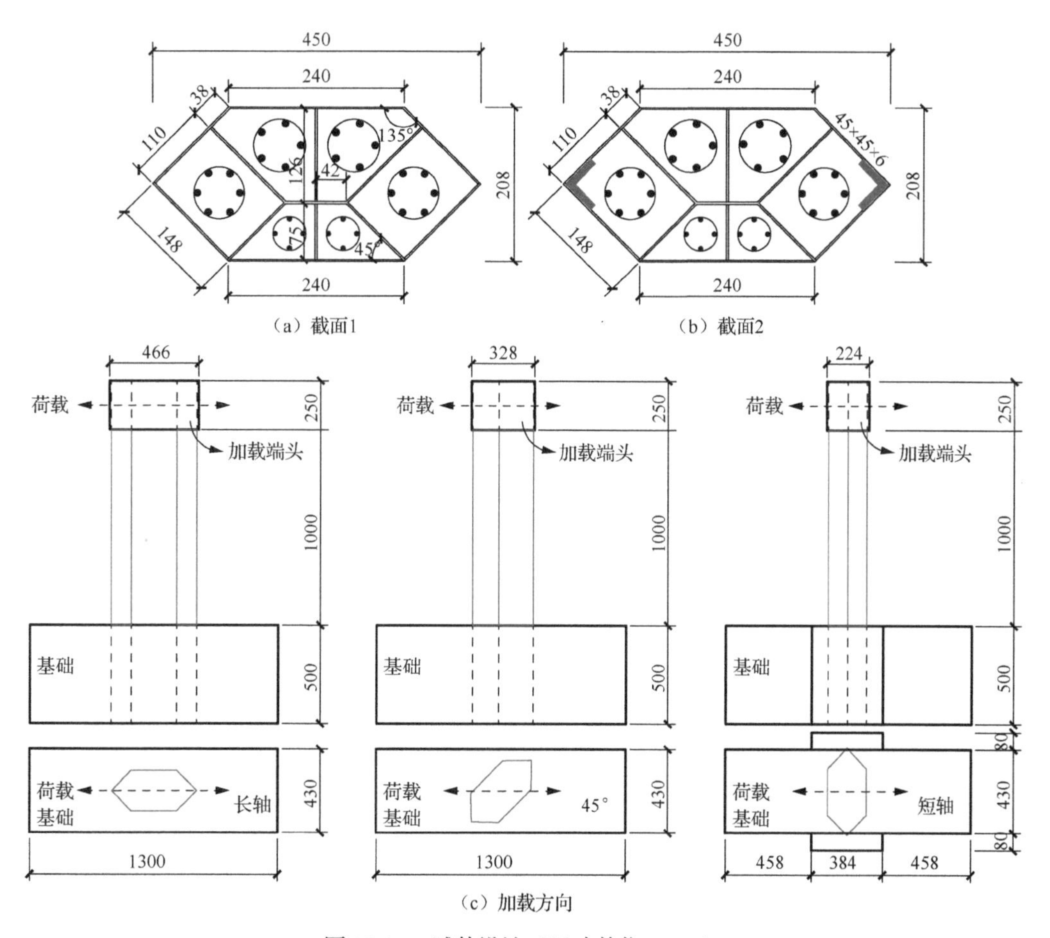

图 13-35　试件设计（尺寸单位：mm）

表 13-10　主要设计参数

试件编号	截面类型	加载方向	轴力 N/kN	轴压比/ n	混凝土面积 A_c/(10^4 mm^2)	钢管面积 A_s/(10^4 mm^2)
L-0.2	截面 1	强轴	750	0.2	6.65	0.46
L-0.4	截面 1	强轴	1500	0.4	6.65	0.46
X-0.2	截面 1	45°	750	0.2	6.65	0.46
X-0.4	截面 1	45°	1500	0.4	6.65	0.46
S-0.2	截面 1	弱轴	750	0.2	6.65	0.46
S-0.4	截面 1	弱轴	1500	0.4	6.65	0.46
R-0.2	截面 2	强轴	750	0.2	6.55	0.46
R-0.4	截面 2	强轴	1500	0.4	6.55	0.46

采用本书提出的分离模型、韩林海建议的钢管混凝土本构关系以及《混凝土结构设计规范（2015 年版）》（GB 50010—2010）中混凝土本构关系进行计算。六边形六腔体钢管混凝土柱荷载-位移计算曲线如图 13-36 所示，可以得出以下结论。

（1）计算曲线与试验曲线相比，初始刚度仍然较大，且随着试件加载方向由强轴向弱轴变化，计算曲线的初始刚度和试验曲线逐渐接近，这与八边形十三腔体试件规律一致，其原因也是受到基础刚度的影响。

（2）采用 GB 50010—2010 方法计算结果显著偏小，且曲线形状与实测曲线差异明显，说明六边形六腔体钢管对混凝土具有良好的约束作用。韩林海建议的钢管混凝土本构关系计算结果误差相对较小。随着轴压比的增加，计算结果误差变大，这是因为随着轴压比增加，受压区高度增加，混凝土强度对计算结果影响较大。

（3）采用分离模型计算所得各试件骨架曲线与试验曲线符合较好，极限承载力误差为-5.34%～-9.00%，平均值为-7.2%。进一步验证了分离模型适用于预测异形截面多腔钢管混凝土柱低周反复荷载作用下荷载-位移曲线。

（4）研究的六边形试件腔体数量较少，截面较为对称，因此计算极限承载力离散性较小。研究的八边形试件截面具有更强的不对称性，腔体数量较多，计算极限承载力离散性略大。

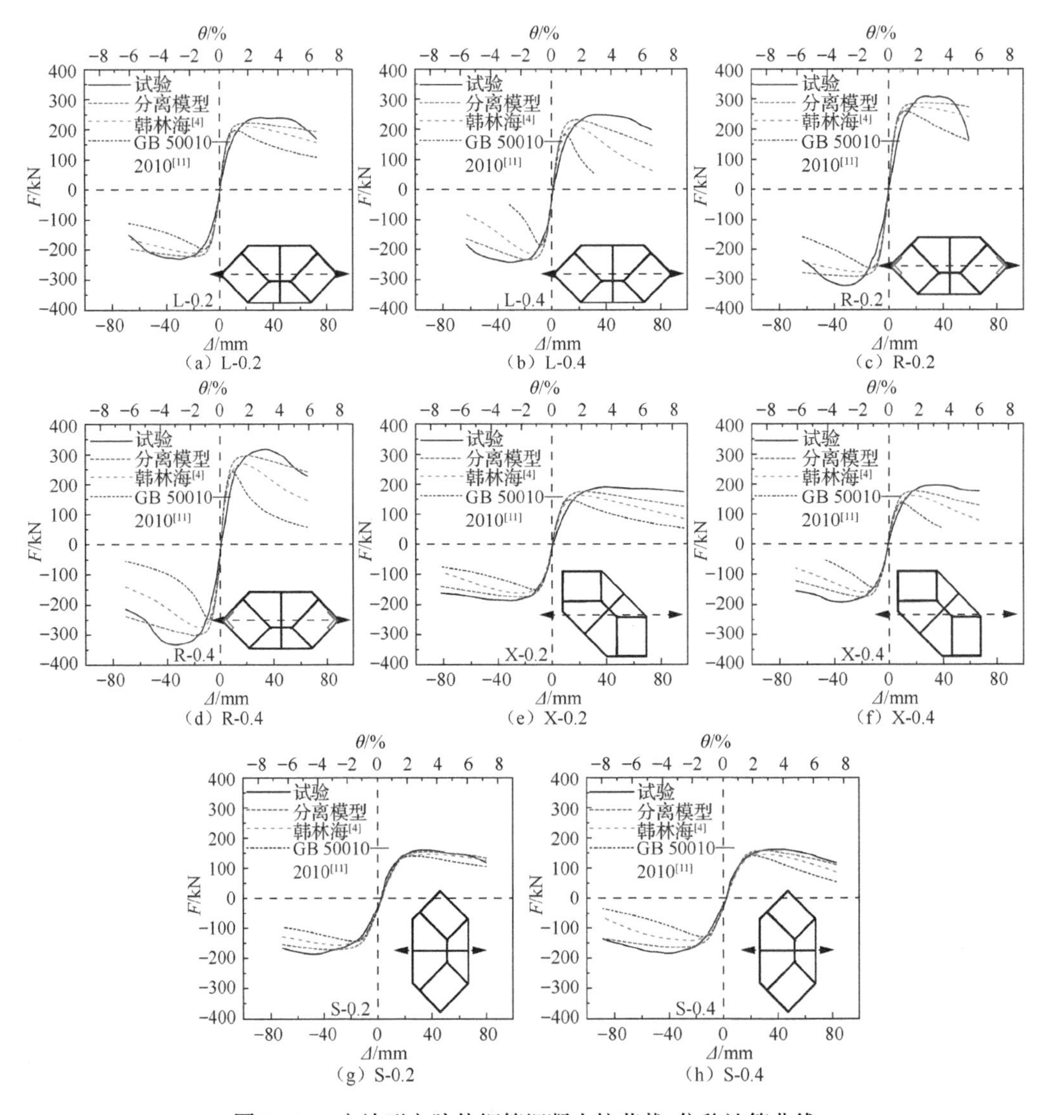

（a）L-0.2　（b）L-0.4　（c）R-0.2

（d）R-0.4　（e）X-0.2　（f）X-0.4

（g）S-0.2　（h）S-0.4

图 13-36　六边形六腔体钢管混凝土柱荷载-位移计算曲线

表 13-11　计算承载力与实测值比较

试件	实测值/kN	分离模型/kN	误差/%	韩林海[4]/kN	误差/%	GB 50010—2010[11]/kN	误差/%
L-0.2	237.2	223	−5.99	211	−11.05	198	−16.53
L-0.4	247.2	234	−5.34	212	−14.24	187	−24.35
X-0.2	191.3	176	−8.00	163	−14.79	151	−21.07
X-0.4	195.6	178	−9.00	162	−17.18	143	−26.89
S-0.2	174.1	164	−5.80	151	−13.27	144	−17.29
S-0.4	173.0	161	−6.94	144	−16.76	134	−22.54
R-0.2	315.7	289	−8.46	275	−12.89	262	−17.01
R-0.4	329.5	303	−8.04	274	−16.84	250	−24.13
平均误差			−7.20	—	−14.63		−21.22

13.8　小　　结

（1）轴心受压下异形截面多腔钢管混凝土柱。分析了多腔钢管和单腔钢管对核心混凝土约束机理的区别，提出了一种适用于计算异形截面多腔钢管混凝土本构关系的分离模型。对具有不同形状、不同腔体数量（单腔和多腔）、不同混凝土强度、不同钢材强度的异形截面多腔钢管混凝土柱轴压计算结果与试验进行了比较，二者极限承载力误差为-5%～5%，极限位移计算误差多集中在-15%～15%，说明基于分离模型的异形截面多腔钢管混凝土本构关系计算方法具有良好的适用性。

（2）偏心受压下异形截面多腔钢管混凝土柱。采用普通混凝土及多种钢管混凝土本构关系，计算了相关研究中 7 个试件的荷载-挠度曲线。结果表明：异形截面多腔钢管对混凝土具有良好的约束作用；基于单腔体钢管混凝土提出的本构关系计算结果与试验结果误差较大，而基于分离模型本构关系计算的结果与试验结果曲线形状、刚度、承载力复合较好。分离模型能够较好地预测异形截面多腔钢管混凝土柱偏压荷载作用下的荷载-变形曲线。相关标准及研究中给出了钢管混凝土柱 N-M 相关曲线计算方法，但用于异形截面多腔钢管混凝土柱时，计算结果均偏于保守。基于分离模型计算所得异形截面多腔钢管混凝土本构关系，提出了一种简化的 N-M 曲线计算方法，计算结果与试验结果符合较好。

（3）低周反复荷载下异形截面多腔钢管混凝土柱。采用素混凝土本构关系及韩林海建议钢管混凝土本构关系对相关研究中的18个低周反复荷载试件的荷载-位移曲线进行了计算。对于轴压下低周反复荷载试件：素混凝土计算极限承载力和极限位移误差较大，曲线形状显著不同；韩林海本构关系计算极限承载力偏于安全，随着轴压比的减小，截面受压区混凝土强度对试件承载力贡献减小，误差逐渐减小。

（4）采用提出的分离模型计算了异形截面多腔钢管混凝土本构关系，建立了低周反复荷载作用下考虑不同腔体性能差异的精细化纤维模型法计算模型，并用于 10 个八边形十三腔体试件及 8 个六边形六腔体试件低周反复荷载作用下的荷载-位移曲线计算，计算结果与试验结果符合较好。

（5）采用提出的异形截面多腔钢管混凝土本构关系确定方法，考虑异形截面多腔钢管混凝土柱各腔体之间的差异，以及低周反复荷载作用对钢材本构关系的影响，提出了一种简化的 *N-M* 相关曲线计算方法，计算弯矩与实测值误差平均值在 10%以内。

参 考 文 献

[1] Mander J B, Priestley M J N, Park R. Theoretical stress-strain model for confined concrete [J]. Journal of Structural Engineering, 1988, 114(8): 1804-1826.

[2] Ren Q X, Han L H, Lam D, et al. Experiments on special-shaped CFST stub columns under axial compression[J]. Journal of Constructional Steel Research, 2014, 98(9): 123-133.

[3] Ge H B, Usami T. Strength analysis of concrete-filled thin-walled steel box columns[J]. Journal of Constructional Steel Research, 1994, 30(3): 259-281.

[4] 韩林海. 钢管混凝土结构：理论与实践[M]. 2 版. 北京：科学出版社, 2007.

[5] Chung K S, Chung J, Choi S M. Prediction of pre- and post-peak behavior of concrete-filled square steel tube columns under cyclic loads using fiber element method[J]. Thin-Walled Structures, 2007, 45(9): 747-758.

[6] Hu H T, Huang C S, Wu M H, et al. Nonlinear analysis of axially loaded concrete-filled tube columns with confinement effect[J]. Journal of Structural Engineering, 2003, 129(10): 1322-1329.

[7] Du Y, Chen Z, Xiong M X. Experimental behavior and design method of rectangular concrete-filled tubular columns using Q460 high-strength steel[J]. Construction and Building Materials, 2016, 125: 856-872.

[8] 蔡绍怀. 现代钢管混凝土结构[M]. 北京：人民交通出版社, 2003.

[9] 钟善桐. 钢管混凝土结构[M]. 3 版. 北京：清华大学出版社, 2003.

[10] 刘界鹏, 张素梅, 郭兰慧. 方钢管约束高强混凝土短柱轴压力学性能[J]. 哈尔滨工业大学学报, 2008(10): 1542-1545.

[11] 中华人民共和国住房和城乡建设部. 混凝土结构设计规范(2015 年版)：GB 50010—2010[S]. 北京. 中国建筑工业出版社, 2002.

[12] 中华人民共和国住房和城乡建设部. 钢管混凝土结构技术规范: GB 50936—2014[S]. 北京. 中国建筑工业出版社, 2014.

[13] Xu W, Han L H, Li W. Performance of hexagonal CFST members under axial compression and bending[J]. Journal of Constructional Steel Research, 2016, 123: 162-175.

[14] American Institute of Steel Construction. Load and resistance factor design specification for structural steel buildings[S]. Chicago: American Institute of Steel Construction, 1999.

[15] European Committee for Standardization. Eurocode 4: Design of composite steel and concrete structures-Part 1-1. General rules and rules for buildings: EN1994-1-1[S]. Brussels: European Committee for Standardization, 2004.